Nr. 40 1956
S. 10837—11108 3. Oktober

Chemisches Zentralblatt

Vollständiges Repertorium für alle Zweige der reinen und angewandten Chemie

1830 gegründet. 1897—1945 von der Deutschen Chemischen Gesellschaft fortgeführt.
Im Auftrage der Deutschen Akademie der Wissenschaften zu Berlin, der Chemischen Gesellschaft in der Deutschen Demokratischen Republik, der Akademie der Wissenschaften zu Göttingen und der Gesellschaft Deutscher Chemiker
herausgegeben von Prof. Dr. **Maximilian Pflücke**

127. Jahrgang
1956

Chefredakteure: Dr. Eugen Kle und Prof. Dr. Maximilian Pflücke

Akademie-Verlag GmbH., Berlin — Verlag Chemie, GmbH., Weinheim/Bergstr.

Inhalt

Namenregister

Chemisches Zentralblatt

1956 Nr. 40 3. Oktober

A. Allgemeine, physikalische und anorganische Chemie.

A_1. Kernphysik und Kernchemie.

Armand Siegel und **Norbert Wiener,** *„Theorie der Messung" in der Quantentheorie des differentiellen Raumes.* Theoret. Betrachtungen über die abrupte Änderung in der Wellenfunktion, die eine abrupte Änderung in der statist. Beschreibung des Syst. zur Folge hat. (Physic. Rev. [2] **101.** 429—32. 1/1. 1956. Boston, Mass., Univ., Dep. of Phys.; Cambridge, Mass., MIT, Dep. of Math.) GERHARD SCHMIDT. 80

Karl Bechert, *Nichtlineare Feldtheorie.* (Vgl. C. **1956.** 6015.) Theoret. Ableitungen. (Z. Naturforsch. **11 a.** 177—82. März 1956. Gau-Algesheim b. Mainz.) G. HEINSOHN. 80

C. Y. Fan, *Ursprung von Höhenstrahlungen.* Unter Zugrundelegung der neuesten Betrachtungen über die hydromagnet. Turbulenz untersucht Vf. die Wechselwrkg. eines Höhenstrahlteilchens mit einer sich bewegenden interstellaren Wolke. Es ergibt sich, daß das Teilchen durch einen induktiven Mechanismus mit einem dem FERMIschen Stoßmechanismus vergleichbaren Wirkungsgrad beschleunigt werden kann. (Physic. Rev. [2] **101.** 314—19. 1/1. 1956. Williams Bay, Wis., Yerkes Observ.) GERHARD SCHMIDT. 85

Leverett Davis jr., *Modifizierter Fermi-Mechanismus für die Beschleunigung von Höhenstrahlen.* Verallgemeinerung der FERMIschen Behandlungen der Beschleunigung von Höhenstrahlen unter Einschluß der statist. Schwankungen in der Anzahl von beschleunigenden u. verlangsamenden Wechselwirkungen eines Teilchens mit einem sich ändernden Magnetfeld. (Physic. Rev. [2] **101.** 351—58. 1/1. 1956. Pasadena, Calif., California Inst. of Technol.) GERHARD SCHMIDT. 85

Ernest C. Ray, *Wirkungen eines Ringstromes auf die Höhenstrahlung.* Theoret. Analyse der Wrkg. eines äquatorialen Ringstromes auf die Breitenänderung der prim. Höhenstrahlung. (Physic. Rev. [2] **101.** 1142—48. 1/2. Erratum: **102.** 1689. 15/6. 1956. Iowa City, Io., State Univ. of Iowa, Dep. of Phys.) GERHARD SCHMIDT. 85

Herman Yagoda, *Ladungsspektrum und Zenitwinkelverteilung schwerer primärer Kerne, die in die Atmosphäre eintreten.* (Sitzungsbericht.) (Physic. Rev. [2] **99.** 1644—45. 1/9. 1955. Nat. Inst. of Health.) GERHARD SCHMIDT. 85

K. W. Geiger, *Über die Neutronenerzeugung durch Höhenstrahlen.* (Sitzungsbericht.) (Physic. Rev. [2] **99.** 1645. 1/9. 1955. Nat. Res. Counc.) GERHARD SCHMIDT. 85

C. J. D. Jarvis, A. Husain und **E. Pickup,** *Identifizierung von Höhenstrahlschauerteilchen in Emulsionen.* 1. Mitt. *Ionisation–Streuungs-Methode.* (Sitzungsbericht.) (Physic. Rev. [2] **99.** 1644. 1/9. 1955. Ottawa, Nat. Res. Counc.) GERHARD SCHMIDT. 85

B. Judek und **E. Pickup,** *Identifizierung von Höhenstrahlschauerteilchen in Emulsionen.* 2. Mitt. *Reichweite–Streuungs-Methode.* (Vgl. vorst. Ref.) (Sitzungsbericht.) (Physic. Rev. [2] **99.** 1644. 1/9. 1955.) GERHARD SCHMIDT. 85

Je. Ss. Fradkin, *Über die Renormalisierung in der Quantenelektrodynamik.* Es wird eine Formulierung der Gleichungen für die GREENsche Funktion gegeben, die nur renormalisierte Größen, ausgedrückt durch Ladung u. M. des Elektrons, enthält. (Журнал Экспериментальной и Теоретической Физики [J. exp. theoret. Physik] **26.** 751—54. Juni 1954. Physik. Lebedew-Inst. der Akad. der Wiss. der UdSSR.) M. WIEDEMANN. 90

Je. Ss. Fradkin, *Über die Asymptotik der Greenschen Funktion in der Mesonentheorie mit schwacher pseudoskalarer Bindung.* (Vgl. vorst. Ref.) Aus der nicht renormalisierten Gleichung für die GREENsche Funktion wird in der Mesonentheorie mit schwacher pseudoskalarer Bindung der asymptot. Ausdruck abgeleitet, der mit dem aus der renormalisierten Gleichung erhaltenen übereinstimmt. (Журнал Экспериментальной и Теоретической Физики [J. exp. theoret. Physik] **29.** 377—79. Sept. 1955.) M. WIEDEMANN. 90

Myron W. Knapp und **Wilson M. Powell,** *Negative Pionen aus dem Neutronenbeschuß von Deuteronen.* (Vgl. C. **1956.** 911.) Vff. beschießen eine mit D-Gas gefüllte Kammer mit dem Neutronenbündel des 184 in. Synchrocyclotrons, um weitere Informationen über die Neutron–Neutron-Wechselwrkg. zu erhalten. Das Spektr. des Neutronenbündels, das durch 340 MeV-Protonen auf ein 2,5 in.-LiD-Target erzeugt worden ist, weist eine Spitze bei 300 MeV auf u. erstreckt sich bis 340 MeV. Die Rkk. d(n,π^-p)d, d(n,π^-pn)p u. d(n,π^-)^{3}He werden untersucht. Insgesamt werden 310 Ergebnisse geprüft, die sich auf die 3 Rkk. mit 208, 80 bzw. 22 Ereignissen aufteilen. Die Winkelverteilungen im Laboratoriumssyst. sowie die Energiespektren der Mesonen werden wiedergegeben. Vergleiche mit der Theorie zeigen Übereinstimmung mit den Voraussagen der Hypothese der Ladungsunabhängigkeit. (Physic. Rev. [2] **101.** 1110—15. 1/2. 1956. Berkeley, Calif., Univ. of California, Dep. of Phys., Radiat. Labor.) GERHARD SCHMIDT. 90

L. Castillejo, R. H. Dalitz und **F. J. Dyson,** *Lows Streuungsgleichung für die geladenen und neutralen skalaren Theorien.* Vff. untersuchen die LOWsche Streuungsgleichung in der Einmeson-Approximation nach der Theorie sowohl geladener als auch neutraler skalarer Mesonen. (Physic. Rev. [2] **101.** 453—58. 1/1. 1956. Ithaca, N. Y., Cornell Univ., Labor. of Nucl. Stud.; Princeton, N. J., Inst. for Advanc. Stud.) GERHARD SCHMIDT. 90

G. A. Asskarjan, *Über den Einfluß der Schwingungen der Mesonenhülle des Nucleons auf die Wahrscheinlichkeit der Teilchenwechselwirkung.* Der Einfl. der Schwingungen der Mesonenhülle auf den Nucleonen-Wechselwirkungsquerschnitt wird behandelt. Dieser ergibt sich zu $\sigma_{nn} = 2\pi r^2_0(1 + w)w$ mit w = Wahrscheinlichkeit des Aufenthalts des Nucleons im angeregten Zustand. Ein Vgl. mit den experimentellen Daten liefert w = 35% (Журнал Экспериментальной и Теоретической Физики [J. exp. theoret. Physik] **26.** 751. Juni 1954. Physik. Lebedew-Inst. der Akad. der Wiss. der UdSSR.) M. WIEDEMANN. 90

I. Je. Tamm, Ju. A. Golfand und **W. Ja. Fainberg,** *Halbphänomenologische Theorie der Wechselwirkung von π-Mesonen mit Nucleonen.* 1. Mitt. *Streuung von Mesonen durch Nucleonen.* Vff. entwickeln eine halbphänomenolog. Theorie der Wechselwrkg. von Pionen mit Nucleonen, die relativist. invariant ist. Sie nehmen neben dem Grundzustand des Nucleons einen angeregten mit I = J = 3/2 u. $M_1 = M + \Delta$ an. Neben Δ werden 3 weitere Parameter so gewählt, daß Übereinstimmung mit den experimentellen Daten über die Streuung von Pionen durch Protonen bzgl. Energieabhängigkeit des Wirkungsquerschnitts u. Winkelverteilung erzielt wird. (Журнал Экспериментальной и Теоретической Физики [J. exp. theoret. Physik] **26.** 649—67. Juni 1954. Physik. Lebedew-Inst. der Akad. der Wiss. der UdSSR.) M. WIEDEMANN. 90

R. M. Sternheimer, *Totale Querschnitte für Streuung und Absorption von Pionen durch Kerne.* Vf. verwendet die Kausalitätsbedingungen von GOLDHABER für die Pion-Nucleon-Streuung zur Berechnung des Parameters k_1 des opt. Modells für die Streuung von Pionen aus Kernen. Diese Werte von k_1, zusammen mit den Werten des Absorptionskoeff. K in Kernmaterie, werden benutzt, um die totalen Absorptions- u. Beugungsquerschnitte von Pionen für *C, Cu* u. *Pb* im Bereich von 0—2,5 GeV zu erhalten. (Physic. Rev. [2] **101.** 384—87. 1/1. 1956. Upton, N. Y., Brookhaven Nat. Labor.) GERHARD SCHMIDT. 90

H. P. Noyes, *Wirkung des Versagens der Isotopenspinerhaltung auf die Pion-Nucleon-S-Wellen.* Phänomenolog. Berechnung der ladungsabhängigen Wirkungen der π^--π^0-Massendifferenz, der COULOMB-Wechselwrkg. u. der $\pi^- + p \rightarrow \gamma + n$-Strahlungsübergänge unter Verwendung des ladungsunabhängigen Potentialmodells für die Pion-Nucleon-S-Zustands-Wechselwirkung. (Physic. Rev. [2] **101.** 320—23. 1/1. 1956. Rochester, N. Y., Univ.) GERHARD SCHMIDT. 90

M. E. Blevins, M. M. Block und **E. M. Harth,** *π^+-p-Wechselwirkungen bei angenähert 500 MeV.* (Sitzungsbericht.) (Physic. Rev. [2] **99.** 1628. 1/9. 1955. Duke Univ.) H. LIEPACK. 90

Joseph Callaway, *Wechselwirkung von π^--Mesonen mit leichten Kernen.* (Sitzungsbericht.) (Physic. Rev. [2] **99.** 1628. 1/9. 1955. Univ. of Miami.) H. LIEPACK. 90

M. P. Balandin, B. D. Balaschow, W. A. Shukow, B. M. Pontecorvo und **G. I. Sseliwanow,** *Über die Bildungsmöglichkeit von Λ^0-Teilchen durch 700 MeV-Protonen.* Eine Graphitfolie von 0,5 cm Dicke wurde mit 670 MeV-Protonen eines Synchrocyclotrons bestrahlt. Die dabei gebildeten Hyperonen wurden durch ihren Zerfall nach $\Lambda^0 \rightarrow n + \pi^0$ nachgewiesen. Als Detektor für die γ-Strahlung beim Zerfall des π^0 diente ein Teleskop aus 2 Scintillations- u. 2 ČERENKOV-Zählern. Geladene Pionen wurden mittels eines BF_3-Zählers u. eines Doppelteleskops aus 3 Scintillationszählern erfaßt. Gemessen wurde die Intensität der γ-Strahlung in Abhängigkeit von der Orientierung der Graphitfolie. Für die Bldg. der Λ^0 fanden Vff. einen Wirkungsquerschnitt von $\lesssim 10^{-31}$ cm²/Nucleon, dieser ist mit einer Nucleonenumwandlung nach (N) $\rightleftharpoons$ (Λ^0) + schweres Meson verträglich. Eine Rk. nach $N + N \rightarrow \Lambda^0 + N$ erscheint ausgeschlossen. (Журнал Экспериментальной и Теоретической Физики [J. exp. theoret. Physik] **29.** 265—73. Sept. 1955. Inst. für Kernprobleme der Akad. der Wiss. der UdSSR.) M. WIEDEMANN. 90

Richard Bellman, *Dynamik einer gestörten linearen Kette.* Theoret. Ableitungen. (Physic. Rev. [2] **101.** 19. 1/1. 1956. Santa Monica, Calif., Rand Corp.) GERHARD SCHMIDT. 90

P. H. Fang, *Über Reziprozitätstheorie von Elementarteilchen.* (Sitzungsbericht.) (Physic. Rev. [2] **99.** 1658. 1/9. 1955. Philco Corp.) GERHARD SCHMIDT. 90

F. A. Kaempffer, *Einfaches Modell von Elementarteilchen.* (Sitzungsbericht.) (Physic. Rev. [2] **99.** 1659. 1/9. 1955. Univ. of Brit. Columbia.) GERHARD SCHMIDT. 90

Yü-Chang Hsieh und **Ingram Bloch,** *Einkörper-Wellenfunktionen und Zweikörperkräfte.* Einige der Eigenfunktionen eines HAMILTON-Operators, der Nucleonen-Wechselwirkungen nach dem HOOKEschen Gesetz enthält, lassen sich als Zustände unabhängiger Teilchen ausdrücken. (Physic. Rev. [2] **101.** 205–09. 1/1. 1956. Nashville, Tenn., Vanderbilt Univ.) GERHARD SCHMIDT. 90

Robert Mertens, *Beitrag zur Theorie der Mehrfachstreuung geladener Teilchen.* (Vgl. C. **1955.** 5468.) Für die n-te Annäherung der BOLTZMANNschen Gleichung werden mathemat. Beziehungen abgeleitet. (Simon Stevin, wis- en natuurkund. Tijdschr. **30.** 1–111. I–VII. 1954. Suppl., Gent, Rijksuniv.) W. WESLY. 90

M. A. Grace, L. E. Beghian, G. Preston und **H. Halban,** *Die unelastische Streuung schneller Neutronen.* (Vgl. BEGHIAN, C. **1951.** I. 819.) Vff. erweitern ihre Tabelle (l. c.) der γ-Energien u. unelast. Streuquerschnitte von *Be, Cu, Cr* u. *Fe.* Die Strahlung aus Cu u. Fe erwies sich als zweikomponentig, wobei die höhere Energiekomponenten aus der Reichweite der Sekundärelektronen, die niedrige aus der Form der Absorptionskurve bestimmt wurde. Die verschied. Niveaus scheinen getrennt angeregt zu werden. (Physic. Rev. [2] **82.** 969. 15/6. 1951. Oxford, Clarendon Labor.) W. GANS. 90

Hans O. Cohn und **J. L. Fowler,** *Elastische Streuung von Neutronen durch Neon.* (Sitzungsbericht.) (Physic. Rev. [2] **99.** 1625. 1/9. 1955. Oak Ridge Nat. Labor.) H. LIEPACK. 90

J. R. Patterson und **H. W. Newson,** *Neutronenresonanzen im Kilovoltbereich:* ^{19}F *und* ^{31}P. (Sitzungsbericht.) (Physic. Rev. [2] **99.** 1625. 1/9. 1955. Duke Univ.; Univ. of North Carolina.) H. LIEPACK. 90

A. L. Toller und **H. W. Newson,** *Neutronenresonanzen im Kilovoltbereich:* ^{23}Na *und* ^{27}Al. (Vgl. vorst. Ref.) (Sitzungsbericht.) (Physic. Rev. [2] **99.** 1625. 1/9. 1955.) H. LIEPACK. 90

H. L. Foote jr., *Resonanzstreuung langsamer Neutronen an* ^{235}U. (Sitzungsbericht.) (Physic. Rev. [2] **100.** 1248. 15/11. 1955. Brookhaven Nat. Labor.) R. STEIN. 90

Robert W. Hart, Ernest P. Gray und **William H. Guier,** *Statistische Näherung an Stoßprozesse. Anwendung auf Atomanregung.* Anwendung der statist. Mechanik auf Stoßprozesse, z. B. Atomanregung, für die wegen Abweichung von den experimentellen Werten eine neue Näherung entwickelt werden muß. (Physic. Rev. [2] **101.** 84–92. 1/1. 1956. Silver Spring, Md., Johns Hopkins Univ., Appl. Phys. Labor.) GERHARD SCHMIDT. 90

Ju. N. Demkow, *Symmetriegruppe des isotropen Oscillators.* Im Feld des isotropen Oscillators $U = m\omega^2 r^2/2$ wird eine zusätzliche Entartung der Energieniveaus durch die Symmetriegruppe Φ bedingt, deren Infinitesimaloperatoren angegeben sind. Ein physikal. Syst., das dieser Symmetrie entspricht, stellt Lichtquanten im Vakuum dar. (Журнал Экспериментальной и Теоретической Физики [J. exp. theoret. Physik] **26.** 757. Juni. 1954. Leningrad, Univ.) M. WIEDEMANN. 95

W. M. Kletschkowski, *Über die ersten Elektronen mit dem Wert l im neutralen Atom.* Vf. diskutiert die Formel für Z_l des Elements, bei dem in der Schale des neutralen nichtangeregten Atoms ein Elektron mit der Bahnquantenzahl l auftritt: $Z_l = 1/6(2l+1)^3 + 1/6(5-2l)$. Vf. kommt zu folgender Formel für Z_l, falls 2 Elektronen mit l in der betreffenden Schale auftreten: $Z_l = 1/6(2l+1)^3 + 1/6(11-2l)$, diese wird bis $l = 3$ bei He, C, Ti u. Ce bestätigt. (Журнал Экспериментальной и Теоретической Физики [J. exp. theoret. Physik] **26.** 760–61. Juni 1954. Moskau.) M. WIEDEMANN. 95

Luis Hurtado Acera, *Neue Tafel des Periodischen Systems und die künstlichen Elemente Athenium und Centurium.* Einordnung der neuen künstlichen Elemente in eine Tafel des Period. Syst. nach SCHENK. (Metalurgia y Electr. **15.** Nr. 164. 36–40. April 1951.) K. RUMPF. 95

J. P. Elliott, *Theoretische Untersuchungen über die Kernstruktur.* 5. Mitt. *Die Matrixelemente von Nichtzentralkräften mit einer Anwendung auf die 2p-Schale.* (4. vgl. C. **1955.** 6006.) Die Ergebnisse der vorläufigen Mitt. (vgl. C. **1951.** II. 1845) werden dadurch korr., daß in den Rechnungen die Spin-Bahn-Wechselwrkg. in der abgeschlossenen 1s-Schale berücksichtigt wird. Die Anwendung auf die Grundzustände von ^{6}Li, ^{7}Li u. ^{10}B ergibt befriedigende Resultate. (Proc. Roy. Soc. [London], Ser. A **218.** 345–70. 7/7. 1953. Southampton, Univ., Dep. of Math.) G. Kirschstein. 95

W. J. Robinson, *Eine Mischung von Zentral-, Tensor- und Zweiteilchen-Spin–Bahn-Wechselwirkungen für ^{14}N und ^{2}D.* (Vgl. vorst. Ref.) Die Berechnungen von Elliott (l. c.) über p-Schalen-Kerne von ^{6}Li, ^{7}Li u. ^{10}B werden auf den ^{14}N-Kern ausgedehnt, wobei nur die s^4p^{10}-Konfiguration betrachtet wird. Von den Zentral- u. Tensorpotentialen wird angenommen, daß sie die Yukawa-Form besitzen, während bei den Spin–Bahn-Potentialen sowohl die Yukawa- als auch die Case-Pais-Form betrachtet werden, deren Reichweiten als gleich angenommen werden. Im Falle des Deuterons wird nachzuweisen versucht, ob die aus den p-Schalen-Berechnungen gezogenen Schlüsse mit den Deuteronendaten verträglich sind. (Physic. Rev. [2] **93.** 1296–97. 15/3. 1954. Reading, Univ.) Gerhard Schmidt. 95

L. Levitt und **G. E. Tauber,** *Energieniveaus in H^-.* (Sitzungsbericht.) (Physic. Rev. [2] **99.** 1659. 1/9. 1955. Western Reserve Univ.; Ottawa, Nat. Res. Counc.) Gerhard Schmidt. 95

R. G. Eades, *Kernmagnetisches Resonanzspektrum von ^{27}Al in Euklas.* (Sitzungsbericht.) (Physic. Rev. [2] **99.** 1652. 1/9. 1955. Univ. of Brit. Columbia.) Gerhard Schmidt. 95

R. J. Blin-Stoyle und **J. A. Spiers,** *Zur Theorie des β-Zerfalls.* Vff. führen ein Schema an, wonach die Matrixelemente der n. β-Zerfallstheorie so geschrieben werden, daß neben β-Spektr. u. Winkelverteilung für beliebigen Verbotsgrad auch in einfacher Form die Auswahlregeln für beliebige Wechselwirkungstypen ermittelt werden können. (Physic. Rev. [2] **82.** 969–70. 15/6. 1951. Oxford, Clarendon Labor.) W. Gans. 103

Wilmot N. Hess und **Burton J. Moyer,** *Erzeugung von Deuteronen beim Beschuß von Kernen mit energiereichen Nucleonen und deren Verhalten auf die Kernladungsverteilung.* Vff. untersuchen die Deuteronen, die unter weiten Winkeln zu einem Bündel von 300 MeV-Neutronen u. 300 MeV-Protonen erzeugt worden sind. Die Querschnittsabhängigkeit von der Kernladungszahl für diese Deuteronen kann für leichte Elemente durch $\sigma = k \cdot A^{1,2}$ beschrieben werden. Diese Tatsache sowie die Energiespektren u. Winkelverteilung der Deuteronen zeigen, daß der diese Deuteronen erzeugende Prozeß mit dem indirekten pick-up-Prozeß von Bransden zusammenhängt. Es scheint sich hierbei um einen Zweistufenprozeß zu handeln, bei dem das auftreffende Nucleon oder sein Stoßpartner gestreut wird u. dann einen deuteronenbildenden Partner im gleichen Kern aufgreift. Die Tritonenausbeute beruht wahrscheinlich auf einem analogen Prozeß. Die A-Abhängigkeit des Querschnitts für die Deuteronenerzeugung läßt vermuten, daß diese Deuteronen an der Kernoberfläche erzeugt werden. Wegen dieser Abhängigkeit kann ein Vgl. der Deuteronenausbeuten bei Verwendung eines Neutronen- u. eines Protonenbündels weitere Information über die relative Anzahl von Neutronen u. Protonen an der Oberfläche des Kerns geben. Eine Analyse dieser Art führt zu dem möglichen Schluß, daß für schwere Kerne eine an Neutronen reiche Kernhaut vorliegt. Für leichte Kerne wird dieser Effekt nicht beobachtet. Falls sich diese Haut nur aus Neutronen zusammensetzt, muß ihre Dicke $\sim 0{,}8 \cdot 10^{-13}$ cm für Pb betragen. (Physic. Rev. [2] **101.** 337–50. 1/1. 1956. Berkeley, Calif., Univ. of California, Radiat. Labor.) Gerhard Schmidt. 103

Seishi Kikuchi, *Über die photonucleare Dissoziation von Kernen durch γ-Strahlen hoher Energie.* Vf. erhält für den absol. Querschnitt der Sternerzeugung (3 oder mehr Zacken), gemittelt über verschied. Elemente, bei 300 MeV Anregungsenergie $6{,}1 \pm 0{,}3 \cdot 10^{-27}$ cm². Die Winkelverteilung der Einzelprotonen zwischen 20 u. 60 MeV zeigt ausgeprägte Asymmetrie in der Vorwärtsrichtung zwischen 30 u. 60°. Vf. nimmt an, daß diese Protonen aus der Mesonenbldg. im Primärprozeß stammen, während Protonen höherer Energie der Mesonenabsorption zuzuordnen sind. (Physic. Rev. [2] **83.** 1255–56. 15/9. 1951. Ithaca, N. Y., Cornell Univ., Labor. of Nucl. Stud.) W. Gans. 103

G. B. Arfken, L. C. Biedenharn und **M. E. Rose,** *Eine Bemerkung zur Isotropie bei Kern-γ-Strahlung.* Vff. untersuchen die Möglichkeit parallel auftretender Strahlungen mit verschied. Winkelverteilung unter der Annahme, daß die eine Strahlung isotrop, die andere anisotrop ist. Ausgenommen die Fälle $3/2 \rightarrow 3/2$ u. $5 \rightarrow 4$ durch Quadrupolstrahlung, finden Vff., daß für den Fall isotroper Multipolstrahlung der Ordnung 2^L die parallel auftretende Strahlung auch isotrop ist, wenn $L \geq j - 1/2$, wobei j der Drehimpuls des emittierenden Zustandes ist. Ausnahmefälle werden für Strahlungen mit $L \leq 3$ diskutiert. (Physic. Rev. [2] **84.** 89–91. 1/10. 1951. Oak Ridge, Tenn., Oak Ridge Nat. Labor.) W. Gans. 103

M. M. Gordon, *Abstreiftheorie und die Reaktion $^{9}Be(p, d)^{8}Be$.* (Sitzungsbericht.) (Physic. Rev. [2] **99.** 1625–26. 1/9. 1955. Univ. of Florida.) H. Liepack. 103

W. T. Doyle und **A. B. Robbins,** *$^{14}N(\alpha, n)^{17}F$- und $^{23}Na(\alpha, n)^{26}Al$-Reaktionen.* Nach 2 verschied. Methoden, einem Protonenrückstoßteleskop u. einem Schwellendetektor für langsame Neutronen (angereicherter BF_3-Zähler) untersuchen Vff. die angeführten Rkk. mit 8,16 MeV-α-Strahlen als Beschußteilchen. In ^{17}F wird ein Energieniveau bei 0,54 ± 0,04 MeV beobachtet u. ein Grundzustands-Q-Wert von −4,76 ± 0,07 MeV bestimmt. Energieniveaus in ^{26}Al werden bei 0,3, 1,0, 1,48, 1,8, 2,5 u. 2,9 ± 0,2 MeV gefunden, ein Grundzustands-Q-Wert von −2,9 ± 0,2 MeV wird bestimmt. Bei letzterer Rk. wird eine Anregungskurve der 6,7 Sek.-β-Aktivität in ^{26}Al mit einem Schwellenwert Q von −3,2 ± 0,2 MeV beobachtet, der die Ggw. eines isomeren Zustandes in ^{26}Al bei ~300 keV anzeigt. (Physic. Rev. [2] **101.** 1056—58. 1/2. 1956. New Haven, Conn., Yale Univ., Sloane Phys. Labor.) GERHARD SCHMIDT. 103

T. K. Fowler und **J. I. Hopkins,** *Eine Untersuchung der α-Resonanzen in Aluminium.* (Sitzungsbericht.) (Physic. Rev. [2] **99.** 1629—30. 1/9. 1955. Vanderbilt Univ.) GERHARD SCHMIDT. 103

Arthur H. Snell und **Frances Pleasonton,** *Ladungsspektrum der ^{37}Cl-Rückstoßteilchen aus der Neutrinoemission im Elektroneneinfangzerfall von ^{37}Ar.* (Sitzungsbericht.) (Physic. Rev. [2] **99.** 1625. 1/9. 1955. Oak Ridge Nat. Labor.) H. LIEPACK. 103

Raymond K. Sheline und **Joseph R. Wilkinson,** *Eine neue Radioaktivität ^{53}Mn.* (Sitzungsbericht.) (Physic. Rev. [2] **99.** 1630. 1/9. 1955. Florida State Univ.) GERHARD SCHMIDT. 103

A. A. Caretto jr. und **G. Friedlander,** *Konkurrenz zwischen (p, pn)- und (p, 2p)-Reaktionen auf ^{142}Ce.* (Sitzungsbericht.) (Physic. Rev. [2] **99.** 1649—50. 1/9. 1955. Brookhaven Nat. Labor.) GERHARD SCHMIDT. 103

W. K. Dawson, *Winkel- und Energieverteilungen von Photoprotonen aus Aluminium, Kupfer, Rhodium und Gold.* (Sitzungsbericht.) (Physic. Rev. [2] **99.** 1648—49. 1/9. 1955. Queen's Univ.) GERHARD SCHMIDT. 103

M. T. Thieme und **E. Bleuler,** *Zerfall von ^{194}Au und ^{196}Au.* (Sitzungsbericht.) (Physic. Rev. [2] **99.** 1646. 1/9. 1955. Purdue Univ.) GERHARD SCHMIDT. 103

R. L. Graham, R. E. Bell, L. Yaffe und **J. S. Geiger,** *Einfangquerschnitte von ^{198}Au für thermische Neutronen und die Halbwertszeit des 209 keV-Zustandes in ^{199}Hg.* (Sitzungsbericht.) (Physic. Rev. [2] **99.** 1646. 1/9. 1955. Chalk River Labors.) GERHARD SCHMIDT. 103

J. D. Knight und **E. W. Baker,** *Einige Zerfallseigenschaften von ^{195}Tl, ^{197}Tl und ^{198m}Tl.* (Sitzungsbericht.) (Physic. Rev. [2] **99.** 1646. 1/9. 1955. Brookhaven Nat. Labor.) GERHARD SCHMIDT. 103

H. Daniel und **R. Nierhaus,** *Das kontinuierliche β-Spektrum des RaC.* Mit Hilfe eines magnet. Doppellinsenspektrographen wurde das β-Kontinuum des RaC aufgenommen. Maxima wurden bei 3,26 ± 0,03, 1,88 ± 0,08, 1,51 ± 0,05, 1,02 ± 0,12 u. 0,42 ± 0,15 MeV gefunden. In Übereinstimmung mit früheren Messungen anderer Autoren wurde die Halbwertszeit des RaC zu (19,9 ± 0,4) Min. gemessen. Eine Komponente von ~2,6 MeV, die zum (2 +)-Niveau des RaC′ bei 0,609 MeV führt, wurde nicht beobachtet. (Z. Naturforsch. **11 a.** 212—15. März 1956. Heidelberg, MPI für med. Forsch., Inst. für Phys.) G. HEINSOHN. 103

Walter L. Brown, *Der Hϱ-Wert der energiereichen inneren Konversionselektronen von Thorium D.* Der absol. Wert von Hϱ für die K-Konversionselektronen, die durch den 2,6 MeV-γ-Strahl von ThD ausgelöst werden, wurde mit einem magnet. 180°-Spektrometer neu vermessen. Für Hϱ ergab sich 9988,4 ± 2 Gauß·cm. Zur Eichung des Spektrometers wurde magnet. Protonenresonanz benutzt. (Physic. Rev. [2] **83.** 271—74. 15/7. 1951. Cambridge, Mass., Harvard Univ.) W. GANS. 103

W. P. Schamow und **O. W. Loshkin,** *Asymmetrie der Reichweiten von Spaltprodukten bei der Spaltung schwerer Kerne mit ultraschnellen Teilchen.* (Vgl. C. **1956.** 5184.) Ergänzend zu l. c. wird mitgeteilt, daß bei Anregungsenergien ≳400 MeV der Charakter der Spaltung bei *U*, *Bi* u. *W* der gleiche ist. Die symmetrischste Spaltung dürfte bei U bei einer Anregungsenergie von 60—100 MeV, bei Bi bei ~100 MeV erfolgen. (Журнал Экспериментальной и Теоретической Физики [J. exp. theoret. Physik] **29.** 286—91. Sept. 1955. Strahleninst. der Akad. der Wiss. der UdSSR.) M. WIEDEMANN. 103

O. W. Loshkin, N. A. Perfilow und **W. P. Schamow,** *Zur Frage der Winkelverteilung von Uranspaltprodukten bei großen Anregungsenergien.* Ausführliche Wiedergabe der C. **1956.** 9619 referierten Arbeit. (Журнал Экспериментальной и Теоретической Физики [J. exp. theoret. Physik] **29.** 292—95. Sept. 1955.) M. WIEDEMANN. 103

L. Je. Lasarewa, B. Ss. Ratner und **I. W. Schtranich,** *Verzögerte Neutronen, welche die Photospaltung von Uran und Thorium begleiten.* U- u. Th-Präpp. in Form von Scheiben mit 4 cm Durchmesser wurden im Innern eines Paraffinblocks mit den γ-Strahlen eines Synchrotrons bestrahlt, das Impulse von 20 μsec Dauer u. 150 Hz lieferte. Zum Nachw. der Neutronen diente eine mit BF_3 gefüllte Ionisationskammer. Beim U wurden verzögerte Neutronen mit Halbwertszeiten von 58 ± 8, 22 ± 3, 5,5 u. 2 sec gefunden. Die mittlere Energie der bei der Photospaltung unverzögert auftretenden Neutronen lag bei U u. Th bei 2 MeV, die der verzögerten bei 0,5 MeV; der Anteil der letzteren bei U betrug $0{,}41 \pm 0{,}02$%, bei Th $0{,}18 \pm 0{,}01$%. (Журнал Экспериментальной и Теоретической Физики [J. exp. theoret. Physik] **29.** 274—79. Sept. 1955. Physik. Lebedew-Inst. der Akad. der Wiss. der UdSSR.) M. Wiedemann. 103

B. N. Walujew, B. I. Gawrilow, G. N. Satzepina und **L. Je. Lasarewa,** *Mittlere Neutronenzahl aus einem Teilungsvorgang bei der Photospaltung von Uran und Thorium.* (Vgl. vorst. Ref.) Proben von U u. Th wurden in einem Paraffinblock von $80 \times 80 \times 70$ cm mit der γ-Strahlung des Synchrotrons von maximal 18,6 MeV bestrahlt. Die erzeugten Neutronen wurden mittels der Ionisationskammer nachgewiesen. Als Dosimeter für die γ-Strahlung diente eine dünne Ionisationskammer. Zur Zählung der Fragmente wurde eine Differentialionisationskammer benutzt. Die mittlere Zahl der Neutronen pro Photospaltung betrug bei U $6{,}2 \pm 0{,}5$, bei Th $14{,}2 \pm 1{,}2$; ihre Lebensdauer 183 ± 3 μsec. Die obere Grenze der Wahrscheinlichkeit der Spaltung der angeregten Kerne ^{238}U u. ^{232}Th wird zu 0,27—0,30 bzw. 0,10—0,11 abgeschätzt. (Журнал Экспериментальной и Теоретической Физики [J. exp. theoret. Physik] **29.** 280—85. Sept. 1955.) M. Wiedemann. 103

Herbert Diamond und **Raymond F. Barnes,** *α-Halbwertszeit von ^{244}Pu.* Durch Messung der Aktivität von *^{240}Np* nach zwei voneinander unabhängigen Methoden bestimmen Vff. die Halbwertszeit von ^{244}Pu zu $(7{,}6 \pm 2)\ 10^7$ Jahren. Das Extraktions- u. Reinigungsverf. (Methylisobutylketon u. Thenoyltrifluoraceton) werden beschrieben. Die Möglichkeit, ^{244}Pu in der Natur mit den laufenden Verff. nachzuweisen, u. die Rolle von ^{244}Pu u. seiner Nachfolgeprodd. als eine frühere Quelle terristr. Wärme werden diskutiert. (Physic. Rev. [2] **101.** 1064—66. 1/2. 1956. Lemont, Ill., Argonne Nat. Labor.) Gerhard Schmidt. 103

Donald A. Hicks, John Ise jr. und **Robert V. Pyle,** *Wahrscheinlichkeiten der Emission unverzögerter Neutronen aus spontaner Spaltung.* Vff. bestimmen die Anzahlverteilungen der Neutronen aus der spontanen Spaltung durch Verwendung eines fl. Scintillationstanks mit einem Cd/H-Verhältnis von 0,0019. Die experimentellen Verteilungen können roh durch binomiale Verteilungen approximiert werden. Die mittlere Anzahl von Neutronen pro spontaner Spaltung ergibt sich zu $2{,}30 \pm 0{,}19$ für *^{236}Pu*, $2{,}33 \pm 0{,}08$ für ^{238}Pu, $2{,}18 \pm 0{,}09$ für ^{242}Pu, $2{,}65 \pm 0{,}09$ für *^{242} Cm*, $2{,}84 \pm 0{,}09$ für ^{244}Cm u. zu $3{,}82 \pm 0{,}12$ für *^{252}Cf*, wobei sich alle Werte auf $2{,}257 \pm 0{,}046$ für ^{240}Pu gründen. (Physic. Rev. [2] **101.** 1016—20. 1/2. 1956. Berkeley, Calif., Univ. of California, Radiat. Labor.) Gerhard Schmidt. 103

J. P. Bernier, H. E. Johns und **D. V. Cormack,** *Eine calorimetrische Methode zur direkten Bestimmung der örtlich absorbierten Energie in einem bestrahlten Material.* (Sitzungsbericht.) (Physic. Rev. [2] **99.** 1640. 1/9. 1955. Univ. of Saskatchewan.) H. Liepack. 108

Andrew Gemant, *Diffusion von radioaktiven Gasen im Boden.* Vf. berechnet die Diffusion eines radioakt. Gases, das aus einer unterird. Röhre in den Erdboden entweicht unter Berücksichtigung 1. der Grenzbedingung, die von der Dispersion durch die Gaskonvektion an die Oberfläche bestimmt ist, u. 2. der möglichen Absorption u. Adsorption des Gases im Boden. Es werden die Ausschläge berechnet, die mit tragbaren Zählgeräten an der Oberfläche erhalten werden können. (Appl. sci. Res. A **5.** 137—44. 1955. Detroit, Mich., Detroit Edison Comp., Engng. Labor. and Res. Dep.) Max Schmidt. 112

Johanna Pohl-Rüling, *Über die Durchlässigkeit von Gummi und Plastikstoffen für Radiumemanation.* Vf. untersucht, ob beim Aufbewahren emanationshaltiger Luft in Gummisäcken etwas Emanation verloren geht. Absorption, Adsorption u. Diffusion durch die Sackwand bewirken einen beträchtlichen Verlust an Emanation, der in Abhängigkeit von der Zeit bestimmt wird. *Polyäthylen* u. *Polyvinylchlorid* verhalten sich qualitativ wie Gummi; dagegen zeigen Superpolyamidfolien (*Supronyl N*) prakt. keinen Emanationsverlust. (S.-B. österr. Akad. Wiss., math.-naturwiss. Kl., Abt. II. **163.** 167—72. **1954.** Innsbruck, Univ.; Gastein, Forschungsinst.) Max Schmidt. 112

D. V. P. Williams und **Dixon Callihan,** *Auflösungszeit von Geiger-Müller-Zählern.* (Sitzungsbericht.) (Physic. Rev. [2] **99.** 1626. 1/9. 1955. Oak Ridge Nat. Labor.) H. Liepack. 112

G. A. Ferguson, C. W. Peters und **F. E. Jablonski,** *Untersuchung von Bortrimethyl-Zählern.* (Sitzungsbericht.) (Physic. Rev. [2] **100.** 1239. 15/11. 1955. U. S. Naval Res. Labor.) R. Stein. 112

W. J. H. Beekman, *Ein Röntgenspektrometer mit Scintillationszähler für das 200 kV-Gebiet.* Beschreibung eines Röntgenspektrometers mit einem NaJ(Tl)-Scintillationszähler als Empfänger, der durch die nach Bündelung an einem Kristall reflektierte Primärstrahlung geführt wird. Das Gerät dient der Messung der Spitzenspannung von Röntgengeneratoren in Abhängigkeit von der Wellenform der Hochspannung. Die Spannungsmessung aus der kürzesten emittierten Wellenlänge ist im Bereich von 200 kV auf $\pm 5\%$ genau. (Instruments and Measurements Conf. Stockholm, Trans. **1952.** 84—87. Eindhoven, Philips Res. Labors.) H.-J. Eichhoff. 112

W. Franzen, P. Huber und **L. Schellenberg,** *Rückstoß-Koinzidenzmethode zur Erzeugung monoenergetischer d-d-Neutronen.* (Sitzungsbericht.) (Physic. Rev. [2] **100.** 1239. 15/11. 1955. Rochester, Univ.; Basel, Univ.) R. Stein. 112

K. Kandiah, *Ein einfacher Impulshöhenanalysator für kleine Zählgeschwindigkeiten.* (Instruments and Measurements Conf. Stockholm, Trans. **1952.** 126—30. — C. **1955.** 6211.) W. Reusse. 112

J. E. Francis jr., P. R. Bell und **J. C. Gundlach,** *Ein Einkanalanalysator.* (Vgl. C. **1952.** 1606 u. C. **1953.** 9381.) Es wird ein Einkanalanalysator zur Ausmessung der Impulsspektren von Scintillations- u. Proportionalzählern beschrieben. Er zählt die Impulse, deren Höhe im Bereich E bis E + ΔE liegt. Das Intervall ΔE ist bis auf $\pm 1{,}2\%$ im Bereich von 0—90 V konstant. (Rev. sci. Instruments **22.** 133—37. März 1951. Oak Ridge, Tenn., ORNL.) W. E. Reichardt. 112

L. M. Bollinger, R. E. Coté und **J. M. LeBlanc,** *Charakteristik des neuen Argonne-Unterbrechers für schnelle Neutronen.* (Sitzungsbericht.) (Physic. Rev. [2] **100.** 1239—40. 15/11. 1955. Argonne Nat. Labor.) R. Stein. 112

—, Proceedings of the International Conference on the Peaceful Uses of Atomic Energy held in Geneva, 8 August—20 August 1955; v. 4, Cross sections important to reactor design. New York: Columbia Univ. Press. 1956. (865 S. m. Abb. u. Diagr.) Q. $ 7,50.

—, Proceedings of the International Conference on the Peaceful Uses of Atomic Energy held in Geneva. 8 August—20 August 1955; v. 16, Record of the Conference. New York: Columbia Univ. Press. 1956. (213 S. m. Abb. u. Diagr.) Q. $ 5,—.

—, Proceedings of the International Conference on the Peaceful Uses of Atomic Energy held in Geneva, 8 August—20 August 1955; v. 15, Applications of radioactive isotopes and fission products in research and industry. New York: Columbia Univ. Press. 1956. (335 S. m. Abb. u. Diagr.) Q. $ 7,50.

—, Proceedings of the International Conference on the Peaceful Uses of Atomic Energy held in Geneva, 8 August—20 August 1955; v. 9, Reactor technology and chemical processing. New York: Columbia Univ. Press. 1956. (781 S. m. Abb. u. Diagr.) Q. $ 10,—.

—, Proceedings of the International Conference on the Peaceful Uses of Atomic Energy held in Geneva, 8 August—20 August 1955; v. 7, Nuclear chemistry and effects of irradiation. New York: Columbia Univ. Press. 1956. (691 S. m. Abb. u. Diagr.) Q. $ 10,—.

—, United Nations. Nuclear chemistry and effects of irradiation. Peaceful Uses of Atomic Energy: Proceedings of the International Conference at Geneva, Aug. 1955; vol. 7. London: H.M.S.O. 1956. 70s.

A_2. Optisches Verhalten der Materie.

A. G. W. Cameron, *Bildung elementarer Häufigkeiten, die sich aus dem Neutroneneinfang in Sternen ergeben.* (Sitzungsbericht.) (Physic. Rev. [2] **99.** 1653. 1/9. 1955. Chalk River Labors.) Gerhard Schmidt. 113

Harold Zirin, *Strahlungsopazität von Sternmaterie.* Es werden die Wellenfunktionen von freien u. gebundenen Elektronen für dichte, hochionisierte Sternmaterie nach einem Variationsprinzip von Hulthen bzw. nach dem Ritz-Prinzip berechnet. Es wird gezeigt, daß man das Potential in dem Gas als Summe des Kernpotentials u. des Potentials einer gleichmäßig verteilten Elektronenwolke betrachten kann. Es wird die frei–frei-Absorption für dieses Potential berechnet, u. man findet, daß der Gaunt-Faktor für diesen Prozeß im allg. < 1 ist. Es wird der Rosselandsche mittlere Opazitätskoeff. für verschied. Tempp. u. DD. einschließlich der frei–frei-Absorption, photoelektr. Absorption u. Streuung berechnet, wobei die Linienabsorption nicht berücksichtigt ist. Man findet, daß unter gewissen Voraussetzungen die frei–frei-Absorption in *H* u. *He* die in den schweren Elementen überwiegt. Es ist möglich, ein Potenzgesetz nur für die Opazität in dem begrenzten Gebiet hoher D. anzugeben, wo die Streuung unwesentlich ist. Die Opazität verhält sich dort wie $T^{-2,9}$, wogegen die Dichtevariation unregelmäßig ist. (Astrophysic. J. **119.** 371—85. März 1954. Harvard Coll. Observ.) H. Preuss. 113

D. M. Hunten, *Jahreszeitliche Intensitätsänderungen der Natriumemission in der Dämmerung.* (Sitzungsbericht.) (Physic. Rev. [2] **99.** 1637. 1/9. 1955. Univ. of Saskatchewan.) H. Liepack. 113

A. Vallance Jones, *Infrarotspektrum des Nachthimmels nahe 10000 Å.* (Vgl. C. **1956.** 8257.) (Sitzungsbericht.) (Physic. Rev. [2] **99.** 1637. 1/9. 1955. Univ. of Saskatchewan.) H. Liepack. 113

Pierre Callon, *Neue Bestimmung der K-Absorptionsfrequenzen von Caesium (55) und Barium (56).* Unter Verwendung von Cs_2SO_4 bzw. BaO als Absorber werden mit einem fokussierenden Spektrographen mit Glimmerkristall (r = 40 cm) die Wellenlängen der K-Absorptionskanten von Cs u. Ba neu bestimmt. Es werden folgende Werte gefunden (auf 0,07 X genau): *Cs* λ_K = 343,80 X; *Ba* λ_K = 330,35 X. (C. R. hebd. Séances Acad. Sci. **240.** 854—55. 21/2. 1955.) A. FAESSLER. 116

G. R. Harrison, R. C. Crawford und **J. I. Hopkins,** *Messungen der K-Serienfluorescenzausbeute an Ar, ^{65}Cu und ^{113}In.* (Sitzungsbericht) Physic. Rev. [2] **99.** 1629. 1/9. 1955. Vanderbilt Univ.) R. LEVI. 116

Pierre Callon, *L-Absorptionsspektren und Energieniveaus von Neodym (60) und Samarium (62).* Unter Verwendung der Sesquioxyde Nd_2O_3 u. Sm_2O_3 wurden mit einem fokussierenden Spektrographen mit Glimmerkristall (r = 40 cm) die L-Absorptionsspektren von ^{60}Nd u. ^{62}Sm untersucht. Die Wellenlängenwerte der drei L-Kanten u. ihrer Feinstrukturen werden wiedergegeben. Mit den bekannten Emissionsfrequenzen u. mit L_{III} als Bezugsabsorption werden sämtliche Energieniveaus von Nd u. Sm berechnet, mit Ausnahme des Niveaus $O_{IV,V}$. (C. R. hebd. Séances Acad. Sci. **240.** 615—17. 7/2. 1955.) A. FAESSLER. 116

K. Das Gupta und **E. Wood,** *Spektren der weichen Röntgenstrahlen von Magnesium–Aluminium-, Magnesium–Silicium- und Aluminium–Silicium-Legierungen.* Mit einem Konkavgitterspektrographen wurden die $L_{II,III}$-Emissionsbanden von Mg, Al u. Si in bin. Legierungen von Mg–Al, Mg–Si u. Al–Si verschied. Zuss. untersucht. Gegenüber den Spektren der freien Elemente zeigen die der Legierungen eine Verbreiterung der Emissionskanten, strukturelle Änderungen der Bandenformen u. in einem Fall eine wahrscheinliche Verminderung der Bandenbreite. (Philos. Mag. [7] **46.** 77—86. Jan. 1955. Liverpool, Univ.) A. FAESSLER. 116

Chintamani Mande, *Über die L-Absorptionsspektren von Gold im reinen Metall und in den Legierungen Gold–Palladium.* Es werden die Wellenlängen der drei L-Absorptionskanten von Gold im reinenMetall u. in zwei Au–Pd-Legierungen (88 bzw. 55 Gew.-% Au) gemessen. Gegenüber dem reinen Metall sind bei den Legierungen L_{II} u. L_{III} um ca. 1,8 eV, L_I um 2,5 eV nach der langwelligen Seite verschoben. Auf der kurzwelligen Seite von L_{III} liegen zwei Maxima, deren Abstände von der Hauptkante bei den Legierungen in zunehmendem Maße größer werden. Die Breite von L_{III} ist bei den Legierungen etwas größer als beim reinen Metall. (C. R. hebd. Séances Acad. Sci. **240.** 1205—07. 14/3. 1955.) A. FAESSLER. 116

Chintamani Mande, *Die L-Absorptionsspektren von Gold in den Legierungen Gold–Silber.* (Vgl. vorst. Ref.) Im Falle der Au–Ag-Legierungen (75 bzw. 50 Gew.-% Au) sind L_{II} u. L_{III} gegenüber dem reinen Metall um ca. 1,2 eV, L_I um ca. 1,8 eV nach der kurzwelligen Seite verschoben. Die Abstände der beiden Maxima auf der kurzwelligen Seite von L_{III} nehmen bei den Legierungen in steigendem Maße ab. Die Kantenbreiten sind in allen Fällen gleich. (C. R. hebd. Séances Acad. Sci. **240.** 2222—24. 6/6. 1955.) A. FAESSLER. 116

Yvette Cauchois, Ioana Manescu und **Françoise Le Berquier,** *Das L-Spektrum von Plutonium.* Unter Verwendung von ca. 10 mg PuO_2 aus dem Atomreaktor von Châtillon wurden die drei L-Kanten u. einige L-Emissionslinien (in Fluorescenz) des Pu aufgenommen u. vermessen. Die Wellenlängen in X. E. sind: L_{III} 685,25, L_{II} 555,95, L_I 535,4; L_{α_1} 866,8, L_{α_2} 878,4, L_{β_1} 676,5, L_{β_2} 717,0. Für L_{III} u. L_{II} werden die Wellenlängenwerte einiger Feinstruktureinzelheiten angegeben. (C. R. hebd. Séances Acad. Sci. **239.** 1780 bis 1782. 20/12. 1954.) A. FAESSLER. 116

P. G. Wilkinson und **N. B. Houk,** *Emissionsspektren von Stickstoff im Vakuum-Ultraviolett.* Die (b'–X)- u. (a–X)-Banden des N_2 werden in Emission (elektrodenlose Entladung) mit Hilfe eines Vakuumspektrographen (Dispersion 1,33 Å/mm) im Gebiet 920 bis 1700 Å aufgenommen. Banden der Systeme $b'^1\Sigma_u^+ - X^1\Sigma_g^+$ u. $a^1\Pi_g - X^1\Sigma_g^+$ werden zur Best. neuer Rotations- u. Schwingungskonstanten benutzt. Aus der beobachteten Λ-Typ-Verdopplung des $a^1\Pi_g$-Zustands werden die Rotationsenergiefunktionen F_c' u. F_d', die den beiden Λ-Komponenten entsprechen, berechnet. Es werden gefunden: Rotationsstörungen in den Niveaus v = o für den $a^1\Pi_g$-Zustand, v = o u. v = 1 für den $b'^1\Sigma_u$-Zustand, Schwingungsstörungen in den Niveaus v = 4,5 u. 6 für den $b'^1\Sigma_u$-Zustand; eine neue (schwache) Prädissoziation bei v = 4 u. J = 9 mit einer Energie von 13,233 $\pm$ 0,002 eV, einem Wert, der mit den bekannten Grundzustandsdissoziationsenergien von 9,756 oder 7,373 eV verträglich ist. (J. chem. Physics **24.** 528—34. März 1956. Chicago, Ill., Univ., Dep. of Phys.) J. RUDOLPH. 118

N. L. Singh, *Emissionsbanden in Cu_2.* (Sitzungsbericht.) (Physic. Rev. [2] **99.** 1624. 1/9. 1955. Univ. of North Carolina.) R. LEVI. 118

A. E. Douglas und **P. M. Routly**, *Das Spektrum des CN^+-Moleküls.* Bei einem Entladungsvorgang von He vermischt mit Spuren von C_2N_2 wurden zwei neue Bandensysteme gefunden. Es ist gezeigt worden, daß diese Systeme ihre Ursache in zwei $^1\Sigma \rightarrow {}^1\Sigma$ Übergängen des CN^+-Mol. haben. Für das erste Syst. sind die folgenden Konstanten bestimmt worden: $\nu_{00} = 45844{,}6$, $B_0' = 1{,}8870$, $B_0'' = 1{,}8868$, $\omega_e' = 2670{,}5$, $\omega_e'' = 2033{,}0\ cm^{-1}$. Das zweite Syst., welches denselben Grundzustand wie das erste hat, kann auf Grund von Störungen u. Überlappungen nicht vollständig analysiert werden. Wahrscheinliche Werte der Konstanten sind: $\nu_{00} = 31381{,}6$, $\omega_e' = 1265$, $B_0' = 1{,}402\ cm^{-1}$. Vier Bänder werden diskutiert, die bis jetzt nicht identifiziert worden sind. (Astrophysic. J. **119.** 303—11. März 1954. Ottawa, Nat. Res. Counc., Div. of Phys.) H. PREUSS. 118

Acey L. Floyd und **Robert B. King**, *Relative Schwingungsübergangswahrscheinlichkeiten der violetten CN-Banden.* Die relativen Intensitäten der $\Delta\nu = 0$-, $+1$- u. -1-Folgen der $B^2\Sigma - X^2\Sigma$-Banden von CN wurden in den in einem elektr. Ofen mit Graphitelektroden angeregten Emissionsspektren gemessen. Infolge des therm. Gleichgewichtes, in dem sich die CN-Radikale bei einer bekannten Temp. befinden, konnte die Verteilung zwischen den Schwingungs- u. Rotationsniveaus u. damit die relativen Schwingungsübergangswahrscheinlichkeiten berechnet werden. Verschied. Effekte, die die relativen Intensitäten beeinflussen, wurden untersucht u. die Ergebnisse entsprechend korrigiert. (J. opt. Soc. America **45.** 249—55. April 1955. Pasadena, Calif., California Inst. of Technol.) G. HEINSOHN. 118

R. F. Barrow und **H. C. Rowlinson**, *Die Absorptionsspektren der gasförmigen Monoxyde von Silicium, Germanium und Zinn im Schumann-Gebiet.* Die Absorptionsspektren von *SiO*, *GeO* u. *SnO* wurden nach der in einer früheren Arbeit (C. **1955.** 2360) angegebenen Meth. zwischen 1250 u. 2000 Å untersucht. Eine Anzahl neuer Bandensysteme wurden gefunden u. Schwingungsanalysen durchgeführt. Die Dissoziationsenergien wurden für GeO u. SnO in befriedigender Übereinstimmung mit calor. Bestimmungen zu $155{,}8 \pm 5{,}3$ bzw. $126{,}0 \pm 4{,}9$ kcal (0^0 K) bestimmt. Der Wert für SiO von $185{,}0 \pm 6{,}8$ kcal läßt darauf schließen, daß die Sublimationswärme für Si ca. 100 kcal beträgt. Die Beziehungen zwischen den Zuständen des CO u. SiO werden kurz diskutiert u. das Ionisationspotential für SiO vorläufig zu 10,51 eV angegeben. (Proc. Roy. Soc. [London], Ser. A **224.** 374—88. 7/7. 1954. Welwyn Garden City, Brit. Rubber Prod. Res. Assoc.) G. HEINSOHN. 118

W. Hoppe, *Die Untersuchung der Struktur von Einschlußverbindungen Zinkhydroxyd—Nitrophenole mit UV-Mikroabsorptionsspektralanalyse.* Im Bereich von 240—436 mμ werden die gemessenen UV-Absorptionsspektren von $Zn(OH)_2$-2.4-Dinitrophenol, $Zn(OH)_2$-2.6-Dinitrophenol, $Zn(OH)_2$-o-Nitrophenol u. $Zn(OH)_2$-p-Nitrophenol wiedergegeben. Die Messungen konnten mit einem Gerät zur Mikrospektralanalyse noch bei Kristallen der Größe $5\ \mu \cdot 5\ \mu$ durchgeführt werden. Die Polarisation des durchgehenden Lichtes wird untersucht u. daraus auf die Orientierung der eingebetteten Moll. geschlossen. (Z. Naturforsch. **11 b.** 65—68. Febr. 1956. Bern, Univ., Anorg.-chem. Inst.; München, TH, Robert-Koch-Inst., Physik.-chem. Inst.) ROLAND HÜTTENRAUCH. 118

M. Boudart und **J. T. Dubois**, *Stabilisierung energiereicher Moleküle.* 1. Mitt. *Energietransport mit Wasserstoff.* Die Fluorescenzausbeute von *β-Naphthylamin*-Dampf bei UV-Anregung wird in Ggw. bestimmter Fremdgase erhöht als Folge einer Übertragung von Schwingungsenergie beim Stoß vom angeregten Mol. M^{1*} auf das Fremdgasmol. u. als Folge eines Überganges des organ. Mol. vom Anregungszustand M_1^* in einen zweiten M_2^* mit größerer Lebensdauer. Für diese von NEPORENT (C. **1947.** E. 503 u. **1956.** 366) zuerst gefundene Stabilisierung der Fluorescenz wird in einer kinet. Analyse eine Beziehung abgeleitet, die der STERN-VOLMERschen Beziehung für die Löschwrkg. verschied. Gase entspricht. Aus weiteren Verss. der Fluorescenzstabilisierung mit D_2 u. SF_6 (186^0, Anregung mit 2650 Å) wird geschlossen, daß die Schwingungs- u. Rotationszustände des H_2- bzw. D_2-Mol. bei der Änderung der Schwingungsenergie des komplexen Mol. inaktiv sind. (J. chem. Physics **23.** 223 20. Febr. 1955. Princeton, N. Y., Univ., James Forrestal Res. Center.) J. RUDOLPH. 118

Hyman Rosenwasser, **Russell W. Dreyfus** und **Paul W. Levy**, *Durch Bestrahlung erzeugte Verfärbung von Natriumazid.* (Vgl. C. **1956.** 5468.) Die Verfärbung von NaN_3 unter Einw. von γ-Strahlen bzw. langsamen u. schnellen Neutronen wurde durch Reflexionsmessungen untersucht. γ-Strahlen allein erzeugen eine breite Absorptionsbande bei 3600 Å, die durch Erhitzen auf 90^0 wenig beeinflußt wird sowie 2 schlecht ausgebildete Banden bei 6600 u. 7600 Å, die bei Zimmertemp. völlig verschwinden. Bestrahlung mit langsamen Neutronen bei Zimmertemp. oder mit schnellen Neutronen bei 100^0 (bzw. bei Zimmertemp. u. darauffolgende Erwärmung auf ca. 90^0) läßt eine Bande bei 000 Å entstehen, die gleichfalls nach γ-Bestrahlung u. Erhitzung des Präp. auf höhere Tempp. auftritt. Erhitzen auf eine Temp. nahe der Zers. läßt für alle Bestrahlungsarten einander ähnliche Spektren entstehen; bei dieser Temp. tritt eine andere Bande auch noch bei 2800 Å auf. Allein durch Wärmebehandlung wird unbestrahltes Material prim. bei 3600 Å verfärbt, jedoch weniger stark als bestrahltes Material. Es scheint, daß einige der beobachteten Banden mit der (entweder durch Bestrahlung oder durch Wärmebehandlung bewirkten) Zers. der Verb. zusammenhängen. (J. chem. Physics **24.** 184—90. Febr. 1956. Dover, N. J., Picatinny Arsenal, Chem. Res. Sect.; Upton, N. Y., Brookhaven Nat. Labor., Phys. Dep.) G. RUBAN. 119

Bernard V. Haxby, *Einige optische Messungen an additiv verfärbten MgO-Einkristallen.* (Sitzungsbericht.) (Physic. Rev. [2] **99.** 1636. 1/9. 1955. Univ. of Minnesota.) R. LEVI. 119

Alvin J. Cohen, *Anisotropische Farbzentren in α-Quarz.* (Sitzungsbericht.) (Physic. Rev. [2] **99.** 1636. 1/9. 1955. Mellon Inst.) R. LEVI. 119

Herbert N. Hersh, *Farbzentren in KJ bei der Temperatur des flüssigen Heliums.* (Sitzungsbericht.) (Physic. Rev. [2] **99.** 1636. 1/9. 1955. Zenith Radio Corp.) R. LEVI. 119

G. A. Russell und **C. C. Klick,** *Experimentell bestimmte Konfigurations–Koordinaten-Kurven für F-Zentren in Alkalihalogenid-Kristallen.* (Sitzungsbericht.) (Physic. Rev. [2] **99.** 1636. 1/9. 1955. U. S. Naval Res. Labor.) R. LEVI. 119

Sadhan Basu, *Farbzentren in Metaphosphatglas.* In Erwiderung teilt Vf. mit, daß keine der von ihm im Phosphatglas beobachteten Banden in dem von SCHULMAN untersuchten Ag-freien Syst. vorhanden ist, während die 420 mμ-Bande von SCHULMAN vom Vf. nicht beobachtet wird. Eingehendere Unterss. sind nötig, bevor eine endgültige Bandenzuordnung erfolgen kann. (Nature [London] **177.** 287. 11/2. 1956. Calcutta, Univ., Dep. of Chem.) J. RUDOLPH. 119

R. L. Hines, *Reduzierung der optischen Reflexionsfähigkeit von Glas durch Beschuß mit positiven Ionen.* (Sitzungsbericht.) (Physic. Rev. [2] **100.** 1267. 15/11. 1955. Ford Motor Co.) R. STEIN. 119

J. Chapelle und **L. Taurel,** *Untersuchung der Rayleigh-Streuung in den Kristallen.* Vff. untersuchten die Streuung des Lichtes in Kristallen durch die Wellen der Wärmebewegung (mol. Streuung) in einfallendem u. gestreut polarisiertem Licht. Es ist möglich, die mol. Streuung, die proportional der absol. Temp. ist, von der falschen Streuung zu trennen, die von der Temp. unabhängig ist, wenn man die Verss. in Abhängigkeit von der Temp. durchführt. Für *Quarz* wurde die absol. Intensität der Streuung durch Vgl. mit der Streuung des Bzl. untersucht. In diesem Fall liefert die Theorie eine gute Annäherung für die Berechnung der gestreuten Intensitäten durch die verschied. Komponenten. Für *NaCl* war die Änderung der Streuung in Abhängigkeit von der Temp. etwa zwanzigmal größer als die Theorie verlangt. (J. Physique Radium **16.** 45 S. Juli 1955. Nancy, Fac. des Sci., Centre d'Études cristallograph.) C. GOTTFRIED. 119

Karl Fischer und **Armin Schram,** *Optische Eigenschaften polykristalliner Systeme in Abhängigkeit von der Temperatur.* Eine in irgendeinem Zustandsgebiet opt. anisotrope Substanz wird von linearpolarisiertem Licht durchsetzt. Das von der Substanz durchgelassene Licht passiert einen rotierenden Analysator u. wird schließlich durch Photozelle u. Schreiber registriert. Solange die Substanz noch nicht opt. anisotrop ist, wird die Kurve $I = I_0 \cdot \cos^2\varphi$ erhalten, wenn φ der Winkel zwischen den beiden Polarisationsrichtungen ist. Die gemessenen Lichtintensitäten schwanken dann zwischen O u. I_0. Tritt zu irgendeinem Zeitpunkt, z. B. als Folge einer Temperaturänderung der Probe, Anisotropie auf, erfolgen diese Schwankungen zwischen einem endlichen Minimal- u. Maximalwert. Die Auswertung der dabei erhaltenen Diagramme kann mit Hilfe des Depolarisationsgrades erfolgen. D stellt den Quotienten aus depolarisiertem Anteil u. Summe von depolarisiertem u. polarisiertem Anteil dar. Mit Hilfe dieses Verf. haben Vff. die Anisotropie u. Lichtstreuung von Polyäthylen als Funktion der Temp. ermittelt. Die Lichtstreuung der Probe beginnt demnach beim Abkühlen bereits vor Einsetzen einer meßbaren Depolarisation. Der bei etwas tieferen Tempp. auftretende Depolarisationsgrad nimmt mit weiter fallender Temp. rasch zu, während der Streuungsanteil zuerst ein Maximum, dann ein Minimum durchläuft u. schließlich konstant bleibt. D durchläuft vor Erreichen konstanter Werte ebenfalls ein Maximum, dessen Lage in gewissen Grenzen von den Abkühlungsbedingungen u. der Probe selbst abhängig ist. Diese Vorgänge zeigen deutliche Hysterese. Die Lichtstreuung vor Beginn einer Depolarisation deuten Vff. durch das Auftreten von Strukturen mit unterschiedlichen Dimensionen u. Brechungsindices. Ihr Ordnungszustand u. ihre Größe erlauben noch keine Depolarisation. Vff. ergänzen diese Unterss. durch Beobachtungen über den Einfl. niedrigstmol. Anteile in der Probe u. weisen darauf hin, daß mit Hilfe der beschriebenen Meth. anwendungs- u. fertigungstechn. wichtige Unterschiede zwischen verschied. Prodd. festgestellt werden können. (Angew. Chem. **68.** 406—11. 21/6. 1956. Hamburg, Deutsche Erdöl A.-G., Zentrallabor.) H. U. WOELK. 119

S. P. S. Porto und **G. H. Dieke,** *Infrarotspektrum von Wasserstoff und Deuterium zwischen 1 und 2 µ.* Vff. untersuchen die Emissionsspektren von H_2 u. D_2 mit PbS-Zellen u. messen 1180 D_2- u. 1515 H_2-Linien zwischen 1,15 u. 1,97 µ aus. Die meisten starken Linien unterhalb 1,65 µ gehören den bekannten Bandensystemen 3 $p^3\Sigma \rightarrow 2 s^3 \Sigma^4$ u. 2 s $^1\Sigma \rightarrow$ 2 p $^1\Sigma$ an. In 4 Tabellen sind die Meßergebnisse dieser charakterist. Bandensysteme von H_2 u. D_2 angegeben. Weitere 4 Tabellen bringen eine Zusammenstellung der Ursprünge der beobachteten Bandensysteme. Die jenseits 1,7 µ beobachteten starken Linien gehören keinen bekannten Bandensystemen an. (J. opt. Soc. America **45.** 447—50. Juni 1955. Baltimore, Md., Johns Hopkins Univ.) E. HAHN. 120

Elizabeth J. Allin, W. F. J. Hare und **H. L. Welsh,** *Infrarotabsorption von flüssigem und festem Wasserstoff und ihre Abhängigkeit vom ortho-para-Verhältnis.* (Sitzungsbericht.) (Physic. Rev. [2] **99.** 1639. 1/9. 1955. Univ. of Toronto.) H. LIEPACK. 120

David A. Dows und **George C. Pimentel,** *Infrarotspektren von gasförmiger und fester Stickstoffwasserstoffsäure und Deutero-Stickstoffwasserstoffsäure. Die thermodynamischen Eigenschaften von HN_3.* Die Infrarotspektren von gasförmigem u. festem HN_3 u. DN_3 u. von HN_3 in CCl_4-Lsg. werden untersucht. Durch Frequenzverschiebungen der NH- u. ND-Streckungsbewegungen (216 u. 151 cm^{-1}) wird die Wasserstoffbindung von HN_3 u. DN_3 im festen Zustand gezeigt, während für die Wasserstoffbindung in Lsgg. von HN_3 in CCl_4 bei Konzz. bis zu 0,3 M kein Beweis vorliegt. Dagegen wird beim Erwärmen von fester Stickstoffwasserstoffsäure über ca. 120°K ein irreversibler Phasenübergang beobachtet. (J. chem. Physics **23.** 1258—63. Juli 1955. Berkeley, Calif., Univ. of California, Dep. of Chem. and Chem. Engng.) E. HAHN. 120

Peter J. Lucchesi und **William A. Glasson,** *Infrarotuntersuchung von gebundenem Wasser in Hydraten.* Das Infrarotabsorptionsspektr. von in kristallinen Salzhydraten gebundenem W. wird im Bereich 4000—800 cm^{-1} mit der KBr-Plättchentechnik aufgenommen. Reines KBr gibt drei schwache Wasserabsorptionsbanden bei 3425, 2915 u. 1616 cm^{-1}. Bei den untersuchten Hydraten $LiJ \cdot 3\,H_2O$; $SrCl_2 \cdot 6\,H_2O$; $SrBr_2 \cdot 6\,H_2O$; $Na_3PO_4 \cdot 12\,H_2O$; $AlCl_3 \cdot 6\,H_2O$; $Al(NO_3)_3 \cdot 9\,H_2O$; $SnCl_2 \cdot 2\,H_2O$; $SnCl_4 \cdot 5\,H_2O$; wird eine leichte Verschiebung der Wasserabsorptionsbanden beobachtet. Diese Verschiebungen weisen auf Änderungen der Grundschwingungen des Wassermol. hin u. hängen mit der Natur u. Valenz von Salzkation u. -anion, der Koordinationszahl, der Struktur des Hydrates u. a. zusammen. Eine einfache Beziehung wird nicht gefunden. Die Verschiebung erfolgt nicht gleichsinnig für die drei Banden. Meistens ist die Verschiebung der 3425 cm^{-1}-Bande von einer geringen oder überhaupt keiner Verschiebung der 2915 cm^{-1}-Bande begleitet, während die 1616 cm^{-1}-Bande sich in entgegengesetzter Richtung verschiebt. (J. Amer. chem. Soc. **78.** 1347—48. 5/4. 1956. Chicago, Ill., Illinois Inst. of Technol., Dep. of Chem.) W. KRÖNERT. 120

George A. Kuipers, *Das Infrarotspektrum von Fluorwasserstoff.* (Sitzungsbericht.) (Physic. Rev. [2] **99.** 1624. 1/9. 1955. Carbide and Carbon Chem. Comp., Techn. Div.) R. LEVI. 120

D. F. Smith und **A. H. Neilsen,** *Das reine Rotationsspektrum von Fluorwasserstoff.* (Sitzungsbericht.) (Physic. Rev. [2] **99.** 1624—25. 1/9. 1955. Univ. of Tennessee.) R. LEVI. 120

John A. Herndon, A. H. Nielsen und **W. H. Fletcher,** *Das Infrarotspektrum von SCl_2.* (Sitzungsbericht.) (Physic. Rev. [2] **99.** 1624. 1/9. 1955. Univ. of Tennessee.) R. LEVI. 120

D. Krishnamurti, *Das Raman-Spektrum des Diamants.* Vf. untersucht das RAMAN-Spektr. von 14 verschied. Diamanten, die sich in ihrem opt. Verh. unterscheiden. In allen Fällen wird die RAMAN-Hauptlinie bei 1331,7 ± 0,2 cm^{-1} gefunden. Veränderungen in der Frequenzlage, Bandenbreite u. -intensität konnten nicht festgestellt werden. (Proc. Indian Acad. Sci., Sect. A **40.** 211—16. Nov. 1954. Bangalore, Raman Res. Inst.) H.-J. BECHER. 120

O. Hálová, *Potentielle und dynamische Konstanten der Moleküle der Reihe $GeCl_nBr_{4-n}$.* Inhaltlich ident. mit der C. **1956.** 3210 referierten Arbeit. (Collect. czechoslov. chem. Commun. **20.** 1201—08. Dez. 1955. [Orig.: engl.]) W. BARZ. 120

Lawrence K. Akers und **Ernest A. Jones,** *Schwingungsspektren, Struktur, Kraftkonstanten und thermodynamische Eigenschaften von Arsenpentafluorid.* (Sitzungsbericht.) (Physic. Rev. [2] **99.** 1624. 1/9. 1955. Vanderbilt Univ.) R. LEVI. 120

Hisao Negita und **Sumio Satou,** *Reine Quadrupolspektren von Phosphornitrilchloriden.* Es werden die von ^{35}Cl herrührenden reinen Quadrupolspektren der Verbb. $(PNCl_2)_n$, mit n = 3 u. 4, bei Zimmertemp. gemessen. Aus der Lage u. den relativen Intensitäten der Absorptionslinien von $(PNCl_2)_3$ u. $(PNCl_2)_4$ wird geschlossen, daß, im Widerspruch zu der Röntgenanalyse, mehr als zwei nichtäquivalente Cl-Atome in dem Kristall vorliegen. Die Existenz von disubstituierten Verbb., wie $P_4N_4(NH_2)_2Cl_6$, kann dem Quadrupolspektr. zufolge ohne Schwierigkeit erklärt werden. (J. chem. Physics **24**. 621–22. März 1956. Hiroshima, Univ., Dep. of Chem.; Takamatsu, Kagawa Univ., Dep. of Chem.) W. KRÖNERT. 121

Yosiharu Torizuka, Yuzo Kojima, Tosihiko Okamur und **Kozo Kamiryo,** *Der Zeeman-Effekt in Ammonium-Mikrowellenspektren.* Vff. untersuchen den Mikrowellen-ZEEMAN-Effekt in den Inversionsspektren von $^{14}NH_3$ bei einem starken magnet. Feld u. beobachten dabei den mol. g-Faktor in vollständig entkoppeltem Zustand. Zur Messung der Frequenzdifferenzen zwischen getrennten ZEEMAN-Komponenten werden zwei Methoden benutzt, deren Ergebnisse aber gut übereinstimmen. In der Nähe von 10000 Oe tritt an der J, K = 1, 1-Linie der Übergang vom ZEEMAN- zum PASCHEN-BACK-Effekt auf. (J. physic. Soc. Japan **10**. 417–20. Juni 1955. Sendai, Tohoko Univ., Res. Inst. for Sci. Measurem. u. Uda Labor., Res. Inst. of Electr. Communicat. [Auszug: engl.]) E. HAHN. 121

J. R. Young, *Verschlechterung von Leuchtphosphoren unter Beschuß durch positive Ionen.* (Sitzungsbericht.) (Physic. Rev. [2] **99**. 1648. 1/9. 1955. General Electric Res. Labor.) H. LIEPACK. 125

L. R. Koller, *Der Spannungsabfall durch einen Phosphorschirm und seine Bedeutung für die Ausführung einer Kathodenluminescenzlampe.* Gemessen wurde der Spannungsabfall beim Durchgang eines Elektronenstrahls durch Luminescenzschirme aus folgenden Materialien: *ZnO:Zn, ZnS:Zn, ZnCdS:Ag,* Zn_2SiO_4*:Mn, ZnS:Ag, ZnS:Mn,* z. T. nach verschied. Methoden hergestellt. Die Werte liegen zwischen einigen u. einigen hundert Volt je nach dem verwendeten Phosphor. Wenn man einen Phosphor geringen Widerstandes wählt, so ist der größte Teil des Spannungsabfalls in der Elektronenröhre für die Anregung verfügbar. Nach diesem Prinzip werden 120 V-Kathoden-Luminescenz-Lampen konstruiert. Die Charakteristiken verschied. Kathoden-Luminescenz-Lampen werden diskutiert. (J. electrochem. Soc. **103**. 214–18. April 1956. Schenectady, N. Y., Gen. Electric Comp., Res. Labor.) H. W. LEVI. 125

A. N. Ince, *Die Wirkung starker magnetischer Felder auf elektrolumineszierende pulverige Phosphore.* Die Unters. des Einfl. starker magnet. Felder (Feldimpulse bis maximal 130000 Oe) auf die Elektroluminescenz lichtstarker, schon durch geringere elektr. Felder (ca. 10000 V/cm) anregbarer Phosphore ergab im Gegensatz zur DESTRIAUschen Vermutung u. zur Theorie keinerlei Wrkg. auf Amplitude u. Wellenform der Leuchtwellen. Es wird vermutet, daß die Beschleunigungsprozesse der Elektronen in mikrokrist. Bezirken mit vielfach höheren elektr. Feldern erfolgen, so daß die angewandten magnet. Feldstärken für eine Löschwrkg. nicht ausreichen. (Proc. physic. Soc., Sect. B **67**. 870–74. 1/12. 1954. Cambridge, Univ., Dep. of Engng.) J. RUDOLPH. 125

P. D. Johnson, W. W. Piper und **F. E. Williams,** *Die Wirkung von Elektronenfallen auf die Elektroluminescenz.* Es wurden Messungen an einem in Lucit suspendierten pulverförmigen *ZnS:Cu, Al-Phosphor* u. an Einkristallen eines *ZnS:Cu-Phosphors* gemacht. Aus der Temperaturabhängigkeit der Luminescenzerscheinungen ergibt es sich, daß die Elektroluminescenzhelligkeit durch Elektronenfallen beeinflußt werden kann. Bei tiefen Tempp. können die Fallen infolge Feldionisation Elektronen im Gebiet hoher Felder ergänzen. Bei höherer Temp. sind sie therm. ionisiert u. vergrößeren das Feld im Barrierengebiet. In dem Gebiet, in dem sich die Rolle der Elektronenfallen ändert, nimmt die Helligkeit der Elektroluminescenz ab. (J. electrochem. Soc. **103**. 221–24. April 1956. Schenectady, N. Y., Gen. Electric Comp., Res. Labor.) H. W. LEVI. 125

W. A. Thornton, *Elektroluminescenz in Zinksulfid.* (Sitzungsbericht.) (Physic. Rev. [2] **100**. 1268. 15/11. 1955. Gen. Electric Res. Labor.) R. STEIN. 125

J. S. Prener und **F. E. Williams,** *Assoziierte Donator-Acceptor Luminescenzzentren.* Es wird über Unterss. an (*Zn, Cd*) (*S, Se*)-Phosphoren, die mit *Cu, Ag, Au, P, As* oder *Sb* aktiviert u. mit *Cl, Br, J, Al, Ga* oder *In* koaktiviert sind, berichtet. Die gleichzeitige Einführung von Aktivator u. Koaktivator bringt eine wesentliche Änderung der energet. Verhältnisse mit sich. Für die sich aus der Donator-Acceptor-Wechselwrkg. ergebende freie Energie wird eine Gleichung angegeben. Auf Grund der Donator-Acceptor-Assoziation lassen sich viele charakterist. Züge der Kantenemission erklären. (Physic. Rev. [2] **101**. 1427. 15/2. 1956. Schenectady, N. Y., Gen. Electric Res. Labor.) H. W. LEVI. 125

Albert Crozet und **Joseph Janin,** *Untersuchungen über die Ausleuchtbarkeit der Phosphorescenz von Calciumoxyd.* Vff. diskutieren die Erscheinungen der opt. u. therm. Phosphorescenzausleuchtung, die an CaO-Phosphoren mit den Aktivatoren *Pb* allein, sowie Pb u. *Mn, Pr, Sm* oder *Eu* beobachtet wurden (vgl. JANIN u. Mitarbeiter, C. **1952**.

6331). Bes. wird auf die zwei Ausleuchttypen eingegangen: 1. „Momentane" Ausleuchtung, charakterisiert durch trägheitslosen Anstieg bzw. Abfall der ausgeleuchteten Intensität J_A bei Ein- bzw. Ausschalten des ausleuchtenden Infrarots. 2. „Verzögerte" Ausleuchtung mit langsamem An- bzw. Abklingen von J_A, die für die Emission der Seltene Erden enthaltenden Phosphore charakterist. ist. Es wird ein Mechanismus für die Ausleuchtvorgänge vorgeschlagen, bei dem bestimmte Haftstellen- u. Zentrenarten sowie ein Retrapping eine Rolle spielen. (C. R. hebd. Séances Acad. Sci. **239.** 1031—34. 27/10. 1954.) J. RUDOLPH. 125

A₃. Elektrizität. Magnetismus. Elektrochemie.

N. L. Balazs, *Über die invariante Beziehung von Energie- und Impulsdichte des elektromagnetischen Feldes.* (Sitzungsbericht.) (Physic. Rev. [2] **99.** 1659. 1/9. 1955. Amer. Optic. Comp.) GERHARD SCHMIDT. 130

R. J. Lee und **R. G. Fowler,** *Elektrische Charakteristiken von Niederdruckfunkenentladungen.* (Sitzungsbericht.) (Physic. Rev. [2] **100.** 1234. 15/11. 1955. Melpar, Inc. u. Univ. of Oklahoma.) H. LIEPACK. 131

E. Gerjuoy und **S. Stein,** *Anregung der Rotation durch langsame Elektronen.* 2. Mitt. (1. vgl. C. **1956.** 2088.) Entsprechend der l. c. angegebenen Meth. berechnen Vff. den Energieverlust langsamer Elektronen (0,05 eV—0,6 eV), falls diese beim Stoß auf Doppelmoll. (H_2, p-H_2, D_2) diese bei 77° K zur Rotation anregen. Da in diesem Bereich der Elektronenenergie noch keine Schwingungsanregung erfolgt, müßten Experimente beweisen, daß in diesem Bereich der Rotation die erwartete Bedeutung zukommt. Die berechneten Energieverluste in H_2, p-H_2, D_2 unterscheiden sich dabei um 50%, eine Verfälschung der Ergebnisse durch unterschiedliche Wirkungsquerschnitte schließen Vff. durch theoret. Überlegungen aus. (Physic. Rev. [2] **98.** 1848—51. 15/6. 1955. Pittsburgh, Pa., Univ. and East Pittsburgh, Pa., Westinghouse Res. Labor.) GRETCHEN MÜLLER. 131

J. A. Weinman, J. R. Cameron und **R. G. Herb,** *Quelle für negative Wasserstoffionen.* (Sitzungsbericht.) (Physic. Rev. [2] **100.** 1239. 15/11. 1955. Univ. of Wisconsin.) R. STEIN. 131

L. S. Frost und **A. V. Phelps,** *Erzeugung und Verlust von angeregten Atomen in der positiven Heliumsäule.* (Sitzungsbericht.) (Physic. Rev. [2] **100.** 1234. 15/11. 1955. Westinghouse Res. Labors.) H. LIEPACK. 131

T. L. Bailey und **E. E. Muschlitz,** *Streuung energieschwacher H^--Ionen in Helium.* (Sitzungsbericht.) (Physic. Rev. [2] **100.** 1231—32. 15/11. 1955. Univ. of Florida.) H. LIEPACK. 131

Edward L. Hubbard und **Eugene J. Lauer,** *Ladungsverteilung von Sauerstoff- und Neonionen beim Durchgang durch Gase.* Die Elektronenabgabe beschleunigter O- u. Ne-Ionen beim Durchgang durch Gase wurde untersucht. Auswahl der Energie u. Ladung der einfallenden Ionen u. Best. der Ladungsverteilung nach Wechselwrkg. mit den Gasmoll. wurde mit Hilfe eines ablenkenden Magnetfeldes vorgenommen. Mit zunehmender Anzahl der in den Ionenweg gebrachten Gasmoll. steigt die mittlere Ladung der Ionen zunächst an u. bleibt dann nach Erreichen des Gleichgewichtszustandes zwischen Elektronenabgabe u. -aufnahme konstant. In *Ar* wird die Ladungsverteilung im Gleichgewicht durch eine Glockenkurve wiedergegeben, deren Öffnung bei halber Maximalhöhe 1,8 Ladungseinheiten beträgt. Die mittlere Ladung von 3,3, 6,1 u. 8,7 MeV O-Ionen beträgt 3,5, 4,8 u. 5,2 u. für 3,1, 7,1 u. 10,3 MeV Ne-Ionen: 3,3, 4,9 u. 6,0. Der Gasdruck betrug ca. 10^{-2}—10^{-1} Torr. Parallelverss. wurden in H_2, *He*, N_2, *Kr* u. *Xe* vorgenommen. (Physic. Rev. [2] **98.** 1814—17. 15/6. 1955. Berkeley, Calif., Univ. of California, Radiat. Labor.) B. MÜLLER. 131

Robert L. Gluckstern, *Elektronenaufnahme und -abgabe von Ionen in Gasen.* Die Wirkungsquerschnitte für die Aufnahme u. Abgabe von Elektronen beim Durchgang durch Gase geringer Drucke für Ionen der Ordnungszahl 8—18 werden berechnet. Die Anwendung einer modifizierten Form des BELLschen Modells (C. **1954.** 5003) führt zu einem geringeren Einfangsquerschnitt als das ursprüngliche Modell. Die resultierende Ladungsverteilung im Gleichgewicht stimmt gut mit den experimentellen Resultaten von HUBBARD u. LAUER (vgl. vorst. Ref.) überein. Die mögliche Abgabe oder Aufnahme von 2 Elektronen bei einem einzigen Zusammenstoß beeinflußt die Ladungsverteilung nicht wesentlich. Tabellen für das Verhältnis der Wirkungsquerschnitte für die Abgabe oder Aufnahme von Elektronen zum BOHRschen Ionenquerschnitt für die möglichen Ladungsübergänge von O^{2+}—O^{6+} bei verschied. Geschwindigkeiten sowie für das Mittel der Ladungsverteilung im Gleichgewicht werden für O-Ionen in H_2, N_2, *Ar* u. *Hg* angegeben. (Physic. Rev. [2] **98.** 1817—21. 15/6. 1955. New Haven, Conn., Yale Univ.) B. MÜLLER. 131

A. Güntherschulze, *Impulsbedingte Kathodenzerstäubung und Elektronenemission.* Es wird angenommen, daß es zwei verschied. Mechanismen der prim. Kathodenzerstäubung gibt. Die Zerstäubung des ersten Mechanismus beginnt bereits dicht oberhalb von 10 V u. ist sehr gering. Ihr Gesetz ist unbekannt. Von einem definierten Schwellwert von der Größenordnung 200 V an lagert sich über diesen ersten ein zweiter Mechanismus sehr viel stärkerer Zerstäubung. Er ist eine lineare Funktion des Impulses der stoßenden Kationen. In *Hg*-Dampf ist die Menge der von einem Hg-Kation prim. zerstäubten Atome nur vom Impuls u. nicht von der Art des zerstäubten Metalles abhängig, wie Verss. mit *Al, Si, Mn, Fe, (Ni), Zr, Mo, Ta* u. *W* zeigen. Ni u. sieben weitere Metalle zeigen eine stärkere Zerstäubung infolge Amalgambildung. Auch die durch den Stoß von Kationen hervorgerufene Elektronenemission hat einen Schwellwert u. nimmt von ihm an linear mit dem Impuls der Kationen zu. (Z. Physik **141.** 346—53. 1955. München, TH.) B. MÜLLER. 131

W. C. Walker und **G. L. Weissler,** *Photoionisationsausbeuten und Wirkungsquerschnitt in NH_3.* Absorptionsmessungen an NH_3 bei Wellenlängen λ von ca. 1200—700 Å zeigen einen Beginn der Photoionisation bei 1231 ± 5 Å (10,07 eV) in guter Übereinstimmung mit dem ersten Ionisationspotential des NH_3 (10,25 eV). Absorptions- (σ_a) u. Ionisationsquerschnitt (σ_i) werden für das genannte λ-Gebiet mitgeteilt. Das Kontinuum für $\lambda > 825$ Å ist vermutlich der direkten Ionisation des am schwächsten gebundenen Elektrons des NH_3-Mol. zuzuordnen. Bei 825 Å setzt ein steiler Anstieg von σ_a u. σ_i u. der Ionisationsausbeute ein, der durch Einsetzen eines 2. Kontinuums oder möglicherweise auch durch den Dissoziationsprozeß $NH_3 \rightarrow NH_2^+ + H + e^-$ verursacht wird. (J. chem. Physics **23.** 1540—41. Aug. 1955. Los Angeles, Calif., Univ. of South California, Dep. of Phys.) J. RUDOLPH. 131

S. R. Khastgir und **P. S. V. Setty,** *Einige Beobachtungen über den Einfluß des Lichtes auf „stille" elektrische Entladungen in Joddampf.* (Vgl. C. **1955.** 8550.) J_2-Dampf wird bei 3 mm (T = 40°) in einem Glasrohr von 15 cm Länge u. 1,8 cm Durchmesser einer „stillen" elektr. Entladung (540—2500 V, 50 Hz) teilweise unter gleichzeitiger Belichtung ausgesetzt. Die aufgenommenen Oscillogramme ergeben zwei verschied. Typen von Stromstößen verschied. Herkunft. Der in der Nähe des Schwellenpotentials beobachtete positive JOSHI-Effekt beruht auf der Erregung sogenannter „TOWNSEND-Stöße" unter dem Einfl. von Licht, während der beobachtete negative JOSHI-Effekt hauptsächlich auf der Unterdrückung der sogenannten Entladungsstöße unter dem Einfl. des Lichts beruht. — Vff. berichten ferner über weitere Ergebnisse über den JOSHI-Effekt durch direkte Messung des Entladungsstroms u. über die Feststellung, daß die mittels eines Radioempfängers aufgenommenen HF-Schwingungen durch die Wechselstromimpulse der „stillen" elektr. Entladung moduliert werden. (Proc. nat. Inst. Sci. India **19.** 631—39. Sept./Okt. 1953. Banaras, Hindu Univ.) M. SCHENK. 131

W. I. Ssarafanow, *Elektrische Festigkeit von Titanaten von Metallen der II. Gruppe des Periodischen Systems bei konstanter und 50 Hz-Wechselspannung.* Die Durchschlagsfeldstärke 0,25—0,80 mm starker *$XTiO_3$*- (*X = Mg, Ca, Zn*), *$SrTiO_3$*-, *$BaTiO_3$*-Proben unter Gleich- u. 50 Hz-Wechselspannung liegt bei $2-4 \cdot 10^5$ $V_{(eff)}$/cm, die von *$BaO \cdot 4TiO_2$* etwas niedriger. Bei Gleichspannung ist die Durchschlagsfeldstärke von $XTiO_3$ bei 20—180° prakt. temperaturunabhängig, d. h. der Durchschlag erfolgt „elektrisch". Die elektr. Festigkeit der übrigen Titanate geht dagegen bei Gleichstrom mit zunehmender Temp. zurück, ihr Durchschlag erfolgt „thermisch". Bei 50 Hz-Wechselspannung ist die Durchschlagsfeldstärke aller untersuchten Titanate bei 20—180° temperaturunabhängig, d. h. ihr Durchschlag erfolgt „thermisch". Für $XTiO_3$ trifft die von WOROBJEW (Доклады Академии Наук СССР [Ber. Akad. Wiss. UdSSR] [N. S.] **27.** [1940.] 934) für Alkalihalogenidkristalle gemachte Feststellung, wonach die Aktivierungsenergie mit der Durchschlagsfestigkeit zunimmt (0,71; 0,91; 1,334 eV → 351, 370, 493 kV/cm) bei Gleichspannung ebenfalls zu. (Журнал Экспериментальной и Теоретической Физики [J. exp. theoret. Physik] **27.** 590—94. Nov. 1954. Physikal. Lebedew-Inst. der Akad. der Wiss. der UdSSR.) R. AMBERGER. 132

G. I. Skanawi und **W. I. Ssarafanow,** *Elektrische Festigkeit von Titanaten der Metalle der II. Gruppe des Periodischen Systems bei Hochfrequenzspannung.* (Vgl. vorst. Ref.) Der Durchschlag polykristalliner Dielektriken von *$SrTiO_3$, $ZnTiO_3$, $MgTiO_3$, $CaTiO_3$* u. *$BaO \cdot 4TiO_2$* erfolgt oberhalb 1 MHz thermisch. Mit Ausnahme von $SrTiO_3$, bei dem der Durchschlag >100° therm. erfolgt, ist im Bereich 100 kHz—1 MHz u. 20—230° der Durchschlag weder therm. noch eigentlich elektr., sondern wahrscheinlich durch die in den Poren auftretende Wärme bedingt. Eine Überprüfung der „Thermionen"-

Hypothese führt zu einer Verbesserung der Formel für die Durchschlagsspannung gegenüber der von PIRJATINSKI (C. **1953.** 8169). (Журнал Экспериментальной и Теоретической Физики [J. exp. theoret. Physik] **27.** 595—604. Nov. 1954.) R. AMBERGER. 132

Raymond J. Munick, *Elektrische Leitung in Plexiglas.* (Sitzungsbericht.) (Physic. Rev. [2] **100.** 1256. 15/11. 1955. Argonne Nat. Labor.) R. STEIN. 132

Frank E. Harris und **Stephen G. Brush,** *Dipolmomente und dielektrische Polarisation in Lösungen.* Die statist.-mechan. Theorie der dielektr. Polarisation wird auf Mischungen erweitert u. auf verd. Lsgg. polarer Moll. in einem nichtpolaren Lösungsm. angewandt. Die verschied. Beiträge zu dem orientierungsabhängigen Anteil der dielektr. Polarisation werden in zwei Arten von Wechselwrkg. unterteilt. Die Wechselwrkg. zwischen einem polaren Mol. u. dem umgebenden Lösungsm. bewirkt durch Polarisation sowohl des polaren Mol. als auch des Lösungsm. eine Veränderung des effektiven Dipolmomentes des Moleküls. Diese Wechselwrkg. bleibt auch für kugelförmige Dipolmoll. bestehen, außer für verd. Lsgg. in der Gasphase. Als zweite Art von Wechselwrkg. tritt die zwischen je zwei polaren Moll. auf; diese Wechselwrkg. kann in genügend verd. Lsgg. vernachlässigt werden. Es resultiert eine Gleichung, die insofern beträchtlich von dem DEBYEschen Ausdruck abweicht, als das Glied für die Orientierungspolarisation den Faktor $[3/(\varepsilon + 2)]\,[3\,\varepsilon/(2\,\varepsilon + 1)]$ enthält. Mit dieser Gleichung ist die eindeutige experimentelle Best. eines genau definierten Dipolmomentes in Lsg. möglich. Es wird gezeigt, daß mit dem zugrunde liegenden Modell, bei dem das polare Mol. durch ein homogen polarisiertes Ellipsoid in einem kontinuierlichen Medium dargestellt wird, Lösungsmitteleffekte in guter Übereinstimmung mit den experimentellen Daten vorhergesagt werden können. Da die Berechnungen keine willkürlichen Parameter enthalten u. frei von empir. Ansätzen sind, muß beim Auftreten größerer Abweichungen von den berechneten Lösungsmitteleffekten auf das Vorliegen spezif. Wechselwirkungen geschlossen werden. Andere Möglichkeiten zur Berechnung der Verschiebungspolarisation werden diskutiert u. gefolgert, daß die CLAUSIUS-MOSOTTIsche Gleichung im allg. zu hinreichend genauen Resultaten führt. (J. Amer. chem. Soc. **78.** 1280—87. 5/4. 1956. Cambridge, Mass., Harvard Univ., Mallinckrodt Chem. Labor.) W. KRÖNERT. 132

J. Czekalla, *Zur Berechnung von Dipolmomenten aus Messungen an verdünnten Lösungen.* Vf. führt eine vergleichende Betrachtung der zur Auswertung von Dipolmomentmessungen in verd. Lsgg. nach DEBYE-CLAUSIUS-MOSOTTI (DMC) vorgeschlagenen Methoden durch. Dabei wird die Molpolarisation des gelösten Stoffes durch Extrapolation auf unendliche Verdünnung erhalten. Vf. betrachtet die Extrapolationsverff. von HOECKER (J. chem. Physics **4.** [1936.] 431), HEDESTRAND (Z. physik. Chem. Abt. B **2.** [1929.] 428), LE FÈVRE u. VINE (J. chem Soc. [London] **1937.** 1805), HALVERSTADT u. KUMLER (J. Amer. chem. Soc. **64.** [1942.] 2988), GUGGENHEIM (C. **1952.** 1446), SMITH (C. **1951.** II. 639), TREIBER u. POROD (C. **1950.** II. 2279), TREIBER u. KOREN (Mh. Chem. **81.** [1950.] 1147) u. TUOMIKOSKI, AIROLA u. HUUSKONEN (C. **1954.** 10676). Allen diesen Extrapolationsverff. ist gemeinsam, daß für die Konzentrationsabhängigkeit der Meßwerte ε, n^2 u. d bzw. $1/d = v$ (spezif. Vol.) empir. (in der Regel lineare) Ansätze gemacht werden. Diese werden in die DCM-Gleichungen eingesetzt u. dann der Grenzwertübergang für unendliche Verdünnung durchgeführt. Die Verff. unterscheiden sich bei den empir. Ansätzen lediglich in der Wahl der Konzentrationseinheit (Molenbruch oder Gewichtsbruch) u. in der Wahl der Dichtevariablen (d oder $1/d = v$). Vf. bringt eine einfache Ableitung der GUGGENHEIM-Beziehung, das Verf. hat allg. den Vorteil, daß die Dichtevariable herausfällt, Dichtemessungen also nicht notwendig sind. Der Brechungsindex kann bei der Na-D-Linie gemessen werden, denn der dabei gemachte Fehler ist bei Dipolmomenten > 1 D sehr gering. Der physikal. Inhalt aller Auswerteverff. ist gleich. (Z. Elektrochem., Ber. Bunsenges. physik. Chem. **60.** 145—47. März 1956. Würzburg, Univ., Inst. für phys. Chem.) H. GOETZ. 132

A. G. Chynoweth, *Der pyroelektrische Effekt in $BaTiO_3$.* (Sitzungsbericht.) (Physic. Rev. [2] **99.** 1642. 1/9. 1955. Bell Telephone Laborr.) R. LEVI. 133

V. A. Johnson, *Thermokraft in einem bei hoher Temperatur Entartung zeigenden Halbleiter.* (Sitzungsbericht.) (Physic. Rev. [2] **100.** 1251. 15/11. 1955. Purdue Univ.) R. STEIN. 133

H. Schilling, *Thermokraftmessungen an Kupferoxydul im Existenzgebiet.* In Fortführung früherer Verss. von MÜSER u. Vf. (vgl. C. **1952.** 7290) wurde die Thermokraft e von Cu_2O (**I**) in dessen Existenzgebiet (Temp. $t = 500-1025^0$, O_2-Druck $p = 4 \cdot 10^{-5}$ bis 100 Torr) gemessen. Die Messungen zeigen, daß in diesem p-t-Gebiet **I** als Defektleiter vorliegt; der frühere Befund (vgl. l. c.), daß **I** auch überschußleitend sein **kann,**

wird zwar bestätigt, doch handelt es sich hier nur um Übergangsformen. Bei konstantem p nimmt e mit fallendem t zu (Abnahme des O-Störstellengeh.), abgesehen von einem bei tiefer Temp. kurz vor der Existenzgrenze auftretenden Maximum. Bei konstantem t ist e zwischen p = 100 u. 10^{-3} Torr etwa konstant, steigt dann bis 10^{-4} an u. fällt bei noch kleinerem p wieder ab (Abnahme durch die Bldg. von Überschußelektronen bedingt). Aus der Abhängigkeit von e von p u. t wird auf die Lage der Existenzgrenze von I-CuO geschlossen; sie stimmt nicht mit der nach der NERNSTschen Gleichung berechneten überein, wohl aber mit der von HAUFFE (unveröffentlicht) aus Leitfähigkeitsmessungen bestimmten. (Ann. Physik [6] **16.** 84—92. 1955. Frankfurt/M., Univ., Physikal. Inst.) O. FUCHS. 133

E. A. Kmetko, *Einfluß der Umgebung auf die Thermokraft und Leitfähigkeit von Aggregaten von Germaniumteilchen.* (Sitzungsbericht.) (Physic. Rev. [2] **99.** 1642—43. 1/9. 1955. Sylvania Electr. Prod. Inc.) R. STEIN. 133

E. W. Kammer, E. I. Salkovitz und **A. I. Schindler,** *Untersuchungen von Brillouin-Zonen.* 5. Mitt. *Thermokraft verdünnter Magnesiumlegierungen.* (Sitzungsbericht.) (4. vgl. SCHINDLER u. SALKOVITZ C. **1956.** 7142.) (Physic. Rev. [2] **100.** 1257. 15/11. 1955. U. S. Naval Res. Labor.) R. STEIN. 133

E. L. Murphy und **R. H. Good jr.,** *Übergang zwischen Feld- und Thermionenemission.* (Sitzungsbericht.) (Physic. Rev. [2] **99.** 1650—51. 1/9. 1955. Pennsylvania State Univ.) R. STEIN. 134

Erwin W. Müller und **Kanwar Bahadur,** *Geschwindigkeitsverteilung bei der Feldionenemission.* (Sitzungsbericht.) (Physic. Rev. [2] **99.** 1651. 1/9. 1955. Pennsylvania State Univ.) R. STEIN. 134

E. G. Brock, *Feldemissionsbeobachtungen von Phasenumwandlungen in Titan.* (Sitzungsbericht.) (Physic. Rev. [2] **99.** 1651. 1/9. 1955. Gen. Electric Res. Labor.) R. STEIN. 134

J. A. Becker, *Einfluß von adsorbiertem Wasserstoff auf den Feldemissionsstrom der 310- und 210-Flächen von Wolfram.* (Sitzungsbericht.) (Physic. Rev. [2] **99.** 1643. 1/9. 1955. Bell Telephone Labors.) R. STEIN. 134

Junkichi Nakai und **Shōgo Nakamura,** *Über die Wirkung einer elektrolytischen Behandlung von Ni-Oberflächen auf ihre Elektronenemission.* Oxydkathoden auf Ni-Unterlage zeigen eine stark erhöhte Elektronenemission, wenn die Ni-Fläche vor dem Auftragen der Aktivierungsschicht in 10%ig. H_2SO_4 elektrolyt. poliert wird. Der günstigste Effekt wird mit ca. 1,5 Amp/cm² bei 25—30° erzielt, wobei 6 μ Ni-Schicht in 30 Sek. abgetragen werden. Vff. vermuten, daß durch diese Behandlung Oxyde aus dem Grundmetall nahe der Oberfläche entfernt werden, die sonst die Wrkg. der reduzierenden Behandlung bei der anschließenden Formierung beeinträchtigen. (J. physic. Soc. Japan **6.** 532—33. Nov./Dez. 1951. Osaka, Univ., Fac. of Engng. [Orig.: engl.]) H. NIEHRS. 134

Howard Skelton Barringer und **William Henry Bancroft jr.,** *Sekundäremissionen beim Beschuß von Metalloberflächen mit negativen Ionen.* (Sitzungsbericht.) (Physic. Rev. [2] **99.** 1631. 1/9. 1955. Alabama Polytechn. Inst.) R. LEVI. 134

Robert G. Lye, *Sekundärelektronenemission von Magnesiumoxydeinkristallen.* (Sitzungsbericht.) (Physic. Rev. [2] **99.** 1647. 1/8. 1955. Univ. of Minnesota.) H. LIEPACK. 134

F. S. Ham und **D. Mattis,** *Elektrische Eigenschaften von dünnen Halbleiterfilmen.* (Sitzungsbericht.) (Physic. Rev. [2] **99.** 1656. 1/9. 1955. Univ. of Illinois.) R. LEVI. 135

Ss. I. Pekar, *Über die Berechnung der Polaronen durch direkte Variationsmethoden.* Der von LEE, LOW u. PINES (C. **1954.** 2764) angegebene Wert für die Energie des Grundzustandes H = —0,09 eV ist auf die Benutzung der halbklass. Formel des Vf. zurückzuführen, während hier die quantentheoret. hätte angewendet werden müssen. Unter Berücksichtigung dieses Umstandes ist, wie Vf. an *NaCl, KCl, KBr* u. *KJ* zeigt, bei starker Kopplung des Elektrons mit Ionenschwingungen die Meth. des Vf. genauer u. erst mit zunehmend schwächerer Kopplung ($\alpha < 5$) ist das Verf. von LEE u. Mitarbeitern vorzuziehen. Nach Vf. ist die direkte Variationsmeth. von LEE zur Berechnung der Polaronenmasse nicht anwendbar. (Журнал Экспериментальной и Теоретической Физики [J. exp. theoret. Physik] **27.** 651—53. Nov. 1954. Inst. für Physik der Akad. der Wiss. der UkrSSR.) R. AMBERGER. 135

Frank S. Ham, *Streuung an ionisierten Störstellen in Halbleitern.* (Sitzungsbericht.) (Physic. Rev. [2] **100.** 1251. 15/11. 1955. Univ. of Illinois.) R. STEIN. 135

F. D'Altroy und **H. Y. Fan,** *Polarisation von Störstellen in Germanium.* (Sitzungsbericht.) (Physic. Rev. [2] **100.** 1260. 15/11. 1955. Purdue Univ.) R. STEIN. 135

R. E. Burgess, *Niederfrequenzrauschen in belichteten Germaniumdioden.* Auf Grund der elementaren Theorie der Strom–Spannungs-Charakteristik eines idealen p–n-Flächen- oder Punktgleichrichters bei Bestrahlung wird eine Deutung des zusätzlich zum therm. u. Schrotrauschen auftretenden niederfrequenten Rauschens in Sperrflußrichtung für Ge-Dioden im Dunkeln sowie bei Belichtung gegeben. (Proc. physic. Soc., Sect. B **68.** 569–71. 1/8. 1955. Vancouver, Univ. of Brit. Columbia, Dep. of Phys.) J. RUDOLPH. 135

James J. Brophy, *Überschußrauschen in plastisch verformtem Germanium.* (Sitzungsbericht.) (Physic Rev. [2] **100.** 1261. 15/11. 1955. Armour Res. Foundat.) R. STEIN. 135

Adolf Herlet, *Die Abhängigkeit der Stromdichte eines p–i–n-Gleichrichters von der Breite seiner Mittelzone.* Prinzipielle Betrachtungen über den Leitungsmechanismus von p–i–n-Gleichrichtern (Ge, Si), bei denen die halbe Breite d der Mittelzone 2d klein gegenüber der Diffusionslänge L der Träger ist, führen zu dem Ergebnis, daß Sperrstrom u. Durchlaßstrom bei fest vorgegebener äußerer Spannung mit wachsender Breite 2d steigen müssen. Die Deutung dieses für Halbleiter typ. Effekts, der mit der Injektion von Trägern verknüpft ist, macht die Voraussetzung eines nichtohmschen Verh. notwendig. Die Aufteilung der äußeren Spannung in p–i–n-Gleichrichtern sowie der Einfl. von 2d u. L auf die Stromdichte werden rechnerisch abgeleitet. (Z. Physik **141.** 335–45. 1955. Pretzfeld, Siemens-Schuckertwerke, Labor.) J. RUDOLPH. 135

H. H. Woodbury und **W. W. Tyler,** *Eigenschaften von Zn-dotiertem Germanium.* (Sitzungsbericht.) (Physic. Rev. [2] **100.** 1259. 15/11. 1955. Gen. Electric Res. Labor.) R. STEIN. 135

James M. Goldey und **Sanborn C. Brown,** *Mikrowellenbestimmung der mittleren Massen von Elektronen und Löchern in Germanium.* An dünnen n- u. p-leitenden Ge-Proben werden die komplexen Transmissionskoeffizienten im Mikrowellengebiet (24000 MHz) zwischen 200 u. 300° K gemessen, daraus die Mikrowellen-DK., die von der Konz. der freien Ladungsträger mitbestimmt wird, ermittelt u. mit deren Hilfe für das gesamte Temperaturgebiet die effektiven Massen der Elektronen zu $(0{,}09 \pm 0{,}05)\ m_0$ u. der Löcher zu $(0{,}30 \pm 0{,}05)\ m_0$ berechnet. (Physic. Rev. [2] **98.** 1761–63. 15/6. 1955. Cambridge, Mass., MIT, Dep. of Phys. u. Res. Labor. of Electron.) J. RUDOLPH. 135

R. G. Shulman, *Valenzbandberechnungen der Acceptorenergien in Silicium und Germanium.* (Sitzungsbericht.) (Physic. Rev. [2] **100.** 1260. 15/11. 1955. Bell Telephone Laborr.) R. STEIN. 135

Paul Rappaport und **Joseph J. Loferski,** *Grenzen für durch Elektronenbeschuß bewirkte Gitterversetzungen in Si und Ge.* (Sitzungsbericht.) (Physic. Rev. [2] **100.** 1261. 15/11. 1955. RCA Laborr.) R. STEIN. 135

C. R. Whitsett und **G. C. Danielson,** *Elektrische Eigenschaften der Halbleiter Mg_2Si und Mg_2Ge.* (Sitzungsbericht.) (Physic. Rev. [2] **100.** 1261–62. 15/11. 1955. Iowa State Coll.) R. STEIN. 135

J. A. Bastin und **R. W. Wright,** *Die elektrische Leitfähigkeit von Cadmiumoxyd bei tiefen Temperaturen.* Die CdO-Proben wurden durch 24std. Erhitzen des gepreßten Pulvers auf 1000° K hergestellt. Die elektr. Leitfähigkeit σ wurde zwischen 1 u. 250° K in He-Atmosphäre gemessen. Zwischen 1 u. 4° K ändert sich σ um weniger als 0,01%. Ab 20° K erfolgt ein schwacher u. ab ca. 70° K ein stärkerer Anstieg; ab 100° K steigt $1/\sigma$ linear mit wachsender Temp. an. Auf Grund der von HOWARTH u. SONDHEIMER (vgl. C. **1956.** 5471) gegebenen Theorie ergeben sich die Zahl der freien Elektronen zu $8 \cdot 10^{20}\ cm^{-3}$ u. die charakterist. Temp. zu 450° K. Der Restwiderstand bei 0° K (bedingt durch Streuung an Fremdkörpern u. z. T. auch an den Kristallitgrenzflächen) ergibt sich zu $24 \cdot 10^{-4}$ Ohm·cm. (Proc. physic. Soc., Sect. A **68.** 312–15. April 1955. Ibadan, Nigeria, Univ. Coll., Dep. of Phys.) O. FUCHS. 135

P. W. M. Jacobs und **F. C Tompkins,** *Ionenleitung von einigen festen metallischen Aziden.* Zur Überprüfung der MOTTschen Theorie des Kernwachstums während der therm. Zers. wird die Ionenleitung der festen metall. *Li-*, *Na-*, *K-*, *Ca-*, *Sr-* u. *Ba-*Azide in einem großen Temperaturbereich gemessen. Es wird eine ungewöhnlich niedrige Aktivierungsenergie für die Leitung in K-, Ca- u. Sr-Aziden gefunden, die mit der Beweglichkeit der Oberflächengitterfehler verbunden ist. Ferner werden die Werte für die Konstanten in der Leitungsgleichung für LiN_3, NaN_3, KN_3, CaN_6, SrN_6 u. BaN_6 angegeben. (J. chem. Physics **23.** 1445 17. Aug. 1955. London, South Kensington, Univ., Imp. Coll. of Sci. and Technol.) D. HAHN. 136

R. A. Aziz und **G. D. Scott,** *Elektrische Widerstandseigenschaften und Struktur dünner aufgedampfter Silberfilme.* (Sitzungsbericht.) (Physic. Rev. [2] **99.** 1636. 1/9. 1955. Univ. of Toronto.) R. LEVI. 136

Ss. W. Lebedew, *Erscheinungen in Wolframdrähten vor dem Zerplatzen unter der Einwirkung eines starken Stromes.* Die früher (vgl. LEBEDEW u. CHAIKIN, C. **1955.** 3801) bei j $\gtrsim 5 \cdot 10^6$ A/cm² beobachteten Anomalien traten bei raschem Einschalten bereits bei $5 \cdot 10^5$ A/cm² auf, wobei das W nicht fl. wird, obwohl seine Energie der des fl. Zustands entspricht. Im Gegensatz zu IGNATJEWA u. KALASCHNIKOW (vgl. C. **1953.** 1603) betont Vf. das Fehlen von Abweichungen vom OHMschen Gesetz u. nimmt zur Erklärung des gleichzeitigen Auftretens der Anomalien in der Emission, im Schmelzen u. von dR/dE an, daß bei großer Stromdichte neben der Temperaturänderung noch andere, durch Änderung eines Parameters α charakterisierbare Änderungen auftreten, wobei eine Zunahme der Energie $(dE/d\alpha)d\alpha$ mit einem Elektronenübergang aus dem unteren Band in das Leitungsband verknüpft sein soll. Dies hätte entsprechend den experimentellen Ergebnissen sowohl eine Verringerung von dR/dE, als auch ein Schmelzen bei höherer Energie als n. sowie schließlich eine Verringerung der Austrittsarbeit u. damit eine erhöhte Emission zur Folge. (Журнал Экспериментальной и Теоретической Физики [J. exp. theoret. Physik] **27.** 605—14. Nov. 1954. Physik Lebedew-Inst. der Akad. der Wiss. der UdSSR.) R. AMBERGER. 136

B. R. Coles, *Bedeutung von Hall-Effektsmessungen an Legierungen.* Vf. stellt fest, daß die in Legierungen beobachtete Abweichung der aus dem HALL-Effekt ermittelten Elektronenzahl von der Anzahl der freien Elektronen nicht allein auf einer Störung der FERMI-Flächen beruht. An dem Zustandekommen dieses Effekts soll die Tatsache beteiligt sein, daß in Legierungen außer rein therm. Streuung Streuung an Störstellen auftritt. Diese Verhältnisse werden an Legierungen von *Ag* u. *Au* sowie von *Pd*, *Cd*, *Sn* u. *Sb* mit *Ag* erörtert. (Physic. Rev. [2] **101.** 1254—55. 15/2. 1956. Pittsburgh, Pa., Carnegie Inst. of Technol., Phys. Dep.) H. W. LEVI. 136

K. S. Knol und **J. Volger,** *Ist ein Supraleiter rauschfrei?* In einem Ring aus NbN tritt beim Übergang in den supraleitenden Zustand kein zusätzliches Rauschen auf, auch dann nicht, wenn er mit einem Dauerstrom von ca. 100 A belastet wird. (Physica **19.** 46—50. Jan./Febr. 1953. Eindhoven, Philips Res. Labor.) G. KIRSCHSTEIN. 136

E. Fawcett, *Der Oberflächenwiderstand von normalem und supraleitendem Zinn bei 36000 MHz.* Vorläufige Mitt. über Messungen an einem flachen Einkristall unterhalb 4° K. (Proc. physic. Soc., Sect. A **66.** 1071—72. 1/11. 1953. Cambridge, Royal Soc. Mond Labor.) G. KIRSCHSTEIN. 136

R. Stump, *Winkelverteilung der Zerstrahlung in supraleitendem Blei.* (Sitzungsbericht). (Physic. Rev. [2] **100.** 1256. 15/11. 1955. Univ. of Kansas.) R. STEIN. 136

G. Je. Silberman, *Oscillationseffekte im Magnetfeld.* Vf. gibt eine Übersicht über die theoret. Grundlagen für die period. Schwankungen der Susceptibilität, der Wärmekapazität, des elektr. Widerstandes, des HALL-Effekts u. der Thermokraft. — 22 Zitate. (Известия Академии Наук СССР, Серия Физическая [Nachr. Akad. Wiss. UdSSR, physik. Ser.] **19.** 404—08. Juli/Aug. 1955.) G. KIRSCHSTEIN. 137

F. E. Allison und **Emerson M. Pugh,** *Hall- und Nernst-Effekt in ferromagnetischen Materialien.* (Sitzungsbericht.) (Physic. Rev. [2] **99.** 1642. 1/9. 1955. Carnegie Inst. of Technol.) R. LEVI. 137

B. I. Werkin und **I. M. Dmitrenko,** *Anisotropie magnetischer Eigenschaften von Zinkeinkristallen bei tiefen Temperaturen.* Die Unterss. wurden bei Feldstärken bis 20000 Oe unterhalb 4,2° K durchgeführt, wobei der Winkel zwischen der Hauptachse des Einkristalls u. dem Magnetfeld planmäßig variiert wurde. Bes. intensiv wurde die Abhängigkeit der Periode u. der Amplitude, mit der $\Delta\chi$ (χ_3-χ_1 oder χ_3-χ_2) oscillierte, gemessen. Die ausführliche Auswertung der in 12 Diagrammen dargestellten Meßergebnisse gestattet es, die Form der FERMI-Grenzfläche zu ermitteln, die einem Ellipsoid ähnlich ist. (Известия Академии Наук СССР, Серия Физическая [Nachr. Akad. Wiss. UdSSR, physik. Ser.] **19.** 409—28. Juli/Aug. 1955. Physikal.-techn. Inst. der Akad. der Wiss. der UkrSSR). G. KIRSCHSTEIN. 137

R. Bowers, *Magnetische Susceptibilität von Natrium.* (Sitzungsbericht.) (Physic. Rev. [2] **99.** 1640—41. 1/9. 1955. Westinghouse Res. Labors.) R. LEVI. 137

G. Busch und **E. Mooser,** *Die magnetischen Eigenschaften der Halbleiter mit besonderer Berücksichtigung des grauen Zinns.* (Vgl. C. **1955.** 2365.) Die magnet. Susceptibilität von reinem u. mit Fremdatomen verschiedenster Art verunreinigtem grauen Sn wurde zwischen Zimmertemp. u. — 200° gemessen. Der Temperaturverlauf der Susceptibilität ist stark abhängig von Art u. Menge der im Sn-Gitter enthaltenen Verunreinigungen. Zur Deutung der Messungen werden einerseits die magnet. Eigg. von Elektronen- u. Löchergas in Halbleitern diskutiert, andererseits an verschied. Störstellenmodellen der

Einfl. der Verunreinigungen auf die Susceptibilität untersucht. Die entsprechend der Theorie interpretierten Messungen geben weitgehend Aufschluß über die Bänderstruktur des grauen Zinns. (Helv. physica Acta **26.** 611—56. 16/11. 1953. Zürich, ETH.) B. MÜLLER. 137

Christa Greiner, *Nachweis von Ummagnetisierungskeimen an Eisen—Nickel-Drähten unter Zug mit der Methode der Bitterschen Streifen.* Die Arbeit schließt an die bekannten alten Unterss. von PREISACH u. von SIXTUS u. TONKS an, die bei Eisen-Nickeldrähten unter Zugspannungen rechteckige Magnetisierungskurven gemessen hatten oder den zeitlichen Verlauf des Anwachsens von Ummagnetisierungskeimen durch BARKHAUSEN-Sprünge ermittelten. Vf. interessiert sich für die Art dieser Ummagnetisierungskeime u. stellt durch BITTERsche Streifenaufnahmen von Elementarbereichstrukturen eindeutig fest, daß diese Keime mit den sogenannten NEELschen Spießen gleichzusetzen sind, die zur Verringerung der Streufeldenergie an Einschlüssen u. anderen Gitterfehlstellen laufend in den letzten Jahren beobachtet worden sind. Die veröffentlichten Elementarbereichstruktur-Aufnahmen zeigen darüber hinaus sehr deutlich, daß die Ummagnetisierungskeime überwiegend an Korngrenzen u. Zwillingsebenen entstehen. (Ann. Physik [6] **16.** 176—80. 1955. Jena, Inst. für Magnet. Werkstoffe der Deutschen Akad. der Wiss.) H. FAHLENBRACH. 137

Tokutarô Hirone und **Nobuhiko Kunitomi,** *Die innere Reibung eines magnetfeldabgekühlten ferromagnetischen Stoffes.* An Ni_3Fe wird die innere Reibung mit u. ohne Abkühlung in einem longitudinalen Magnetfeld theoret. u. experimentell untersucht. Erklärt man wie üblich die Magnetisierungsprozesse bei der Magnetfeldabkühlung durch 180°-Wandverschiebungen, so sollte die innere Reibung des pauschal unmagnet. Zustandes nach der Magnetfeld-Abkühlung verschwinden. Ordnet man jedoch die Magnetisierungsprozesse bei der Magnetfeldabkühlung reversiblen u. irreversiblen Drehprozessen der spontanen Magnetisierung zu, so sollte die innere Reibung des abmagnetisierten Zustandes durch die Magnetfeldabkühlung deutlich zunehmen. Die Drehprozeß-Theorie trägt den experimentellen Ergebnissen besser Rechnung. Dabei muß ferner angenommen werden, daß durch die Magnetfeldabkühlung die Richtung der spontanen Magnetisierung in den Elementarbereichen in die Nähe der Richtung des Magnetfeldes bei der Abkühlung eingerichtet wird. (J. physic. Soc. Japan. **7.** 364—68. Juli/Aug. 1952. Sendai, Tohoku Univ., Res. Inst. for Iron, Steel and other Metals [Orig.: engl.]) H. FAHLENBRACH. 137

Tokutarô Hirone und **Nobuhiko Kunitomi,** *Die Änderung der inneren Reibung eines ferromagnetischen Stoffes infolge der Überstrukturbildung.* An Ni_3Fe wird die innere Reibung als Funktion der Magnetisierung für verschiedene Stadien der Überstrukturbldg. gemessen, wobei der Koeffizient der inneren Reibung aus Transversalschwingungen von 500 Hz ermittelt wurde. Für jedes Stadium der Überstrukturbldg. zeigt die Abhängigkeit der inneren Reibung von der Magnetisierung ein oder zwei Maxima. Diese Maxima werden den Einflüssen der mikroskop. u. makroskop. Wirbelströmen zugeschrieben. Die Überstrukturbldg. selbst wird auf den Einfluß starker innerer Spannungen zurückgeführt. (Nippon Kinzoku Gakkai-Si [J. Japan Inst. Metals] **17.** 157—61. April 1953. [Orig.: japan., Auszug: engl.]) H. FAHLENBRACH. 137

Junkichi Itoh und **Yukio Yamagata,** *Kernmagnetische Resonanzuntersuchung von Bromkernen in Ammoniumbromid.* Die kernmagnet. Resonanzabsorption der Br-Kerne in NH_4Br wird für die drei Phasen II(CsCl-Typ; — 38 bis 138°), I(NaCl-Typ; oberhalb von 138°) u. III(tetragonal; unterhalb von — 38°) untersucht u. im Zusammenhang mit den entsprechenden Strukturen diskutiert. (J. chem. Physics **24.** 621. März 1956. Osaka, Univ., Fac. of Sci., Dep. of Phys.) W. KRÖNERT. 137

J. H. Van Vleck, *Über die Bloembergen-Spin-Reservoir-Temperatur in paramagnetischen Resonanzuntersuchungen.* (Sitzungsbericht.) (Physic. Rev. [2] **99.** 1659. 1/9. 1955. Harvard Univ.) GERHARD SCHMIDT. 137

D. J. E. Ingram und **J. G. Tapley,** *Die Untersuchung von Reaktionen freier Radikale mittels paramagnetischer Resonanz.* Mittels Messungen der paramagnet. Resonanzabsorption kann auch der Auf- oder Abbau der Konzz. freier Radikale verfolgt werden, wie Vff. an der Rk. von *Rohrzuckerkohle* (**I**) mit O_2 demonstrieren. Wird der Hohlraumresonator so bemessen, daß die Bereiche der magnet. u. elektr. Felder voneinander getrennt sind, kann ein Glasrohr mit der Untersuchungsprobe direkt in den Resonator eingeführt u. das Glasrohr mit einem Vakuumsyst. oder Vorr. zur Zugabe von Gasen oder dgl. verbunden werden. Die auf dem Oscillographenschirm sichtbare scharfe Resonanzabsorption wird in kurzen Abständen photographiert. — Wird **I** (im Vakuum bei 400° hergestellt; vgl. BENNETT u. Mitarbeiter, C. **1956.** 26) mit O_2 versetzt, so vermindert sich die Amplitude der Resonanzabsorption binnen 5 Sek. auf die Hälfte u. nach 80 Sek.

ist nur mehr geringe Resonanzabsorption erkennbar. Die O_2-Bindung durch **I** ist aber nur locker, da die ursprüngliche Radikalkonz. durch einfaches Abpumpen des O_2 wiederhergestellt werden kann. *Ar* oder N_2 beeinflussen die Radikalkonz. nicht. Ähnliches Verh. zeigen die während der Acrylnitrilpolymerisation gebildeten Radikale. (Chem. and Ind. **1955.** 568—69. 14/5. Southampton, Univ.) K. PRCHAL. 137

Chihiro Kikuchi, *Die Dublettstruktur in paramagnetischen Absorptionsspektren von Mn^{2+} in Calcit.* (Sitzungsbericht.) (Physic. Rev. [2] **100.** 1243. 15/11. 1955. Engng. Res. Inst.) R. STEIN. 137

Lawrence M. Matarrese und **Chihiro Kikuchi,** *Anisotropes paramagnetisches Absorptionsspektrum des Mn^{2+}-Ions in kubischem Zinksulfid.* (Sitzungsbericht.) (Physic. Rev. [2] **100.** 1243. 15/11. 1955. U. S. Naval Res. Labor., u. Univ. of Michigan.) R. STEIN. 137

N. Bloembergen und **T. J. Rowland,** *Kernspinaustausch in Festkörpern: Die magnetische Resonanz von ^{203}Tl und ^{205}Tl in Thallium und Thalliumoxyd.* Die die Dipolbreite stark übersteigende Linienbreite der kernmagnet. Resonanz von ^{203}Tl u. ^{205}Tl in Thallium u. Thalliumoxyd wird auf eine Austauschwechselwrkg. A $I_1 \cdot$ A I_2 zwischen einem Paar von Kernspins zurückgeführt. Obwohl Austausch zwischen gleichen Kernen zu einer Verengerung führt, wurde bei Proben mit 98,7% ^{205}Tl noch eine die Dipolwechselwrkg. überschreitende Verbreiterung beobachtet. Diese wird zurückgeführt auf eine Anisotropie der chem. Verschiebung u. eine pseudodipolare Austauschwechselwirkung. Die Austauschwechselwirkungskonstante beträgt für das hexagonale Metall $Ah^{-1} = 17{,}5$ kHz/sec mit einem anisotropen pseudodipolaren Charakter von 30% u. für das Oxyd 12 kHz/sec mit 10%. Die RAMSAYsche Theorie des Kernspinaustauschs in Moll. wird für Festkörper erweitert. Für Thalliumoxyd wird ein Kern-CURIE-Punkt bei $3{,}5 \cdot 10^{-6}$ °K berechnet. (Physic. Rev. [2] **97.** 1679—98. 15/3. 1955. Cambridge, Mass., Harvard Univ., Div. of Appl. Phys.) H. LIEPACK. 137

J. Vepřek-Šiška, *Einfluß der Hydrolyse auf das magnetische Moment zweiwertiger Nickelionen.* Inhaltlich ident. mit der C. **1955.** 5250 referierten Arbeit. (Collect. czechoslov. chem. Commun. **20.** 1018—25. Okt. 1955. [Orig.: dtsch.]) W. BARZ. 137

Lyle R. Dawson, Paul G. Sears und **Richard H. Graves,** *Lösungsmittel mit hoher Dielektrizitätskonstante.* 2. Mitt. *Alkalihalogenidlösungen in N-Methylacetamid zwischen 30 und 60° C.* (1. vgl. C. **1956.** 6024.) Es wurden die Äquivalentleitfähigkeiten Λ von *LiCl, NaCl, NaBr, NaJ, KCl, KBr* u. *KJ* in N-Methylacetamid sowie D., Viscosität u. DK. des Lösungsm. bei 30°, 40°, 50° u. 60° gemessen. Die errechnete Neigung der ONSAGERschen Grenzgeraden stimmte mit den experimentell ermittelten mit einigen Ausnahmen bis auf wenige Prozent überein. Die Gültigkeit des KOHLRAUSCHschen Gesetzes der unabhängigen Ionenwanderung ergab sich aus der konstanten Differenz der Grenzäquivalentleitfähigkeiten der Salzpaare KCl/NaCl, KBr/NaBr, KJ/NaJ. Λ gegen $\sqrt{c}$ aufgetragen ergab Kurven, die bis ca. 0,01n mit den ONSAGERschen Grenzgeraden übereinstimmten, jedoch bei mittleren Konzz. konkav gegen die $\sqrt{c}$-Achse gekrümmt waren, was auf die mit der Konzentration stark anwachsende Viscosität der Lsgg. zurückgeführt wird. Wurde $\Lambda \cdot \sqrt{\eta_r}$ (η_r = relative Viscosität) über $\sqrt{c}$ aufgetragen, so verliefen die Kurven bis zu ca. 0,4n linear. (J. Amer. chem. Soc. **77.** 1986—89. 5/4. 1955. Lexington, Ky., Univ. of Kentucky, Dep. of Chem.) H. LÖWE. 138

P. A. H. Wyatt, *Methoden zur Berechnung des Ausmaßes der Dissoziation von Verbindungen im flüssigen Zustand.* Das RAOULTsche Gesetz wird auf die Dissoziation einer Verb. im fl. Zustand angewandt u. gezeigt, daß der explizite Wert des Dissoziationsgrades α aus experimentellen Abschätzungen von $(\partial\Theta/\partial m_2)_{m_1}$ u. $(\partial^2\Theta/\partial m_2^2)_{m_1}$ (Θ = Gefrierpunktserniedrigung, m_1 u. m_2 = Molenbrüche des Lösungsm. bzw. des Gelösten) oder den entsprechenden Ableitungen des Dampfdruckes berechnet werden können. Wenn die Form der Dissoziation nicht sicher bekannt ist, wird eine Größe α $(a + b)/abs$ bestimmt, in der a u. b die Zahl der Teilchen, die pro Mol. der beiden prim. Dissoziationsprodd. in Lsg. entstehen, u. s die Zahl der Moll. der Verb., wie sie in der Dissoziationsgleichung auftritt, bedeuten. Für Verbb. mit geringer Dissoziation können a u. b in Ergänzung zu den üblichen Methoden durch eine Kombination der Gefrierpunkts- oder Dampfdruckdaten mit Daten der partiellen Molwärmen ermittel werden. Bei Verbb. mit großer Dissoziation können kryoskop. Daten verwendet werden, um zu prüfen, ob die Dissoziation vollständig ist. Zur Erläuterung der Methoden werden einige Daten für H_2SO_4- u. HNO_3-Lsgg. angegeben. (Trans. Faraday Soc. **52.** 806—15. Juni 1956. Sheffield, Univ., Dep. of Chem.) W. KRÖNERT. 139

George Biedermann und **Lars Gunnar Sillén,** *Untersuchungen über die Hydrolyse von Metallionen.* 4. Mitt. *Flüssigkeitspotentiale und Konstanz der Aktivitätsfaktoren in $NaClO_4$–$HClO_4$-Lösungen.* (3. vgl. FORSLING u. Mitarbeiter, C. **1954.** 5015.) Bei den Unterss.

über die Hydrolyse von Metallionen arbeiten Vff. in 3 mol. $NaClO_4$-Lsgg. mit $[H^+] < 1$ Millimol/Liter. Da es nötig ist, bei gleichen Unterss. über das Bi^{3+}, Fe^{3+}, Tl^{3+} u. Hg^{2+} bei $[H^+] = 10-500$ Millimol/Liter zu arbeiten, klärten Vff. in vorliegender Arbeit, wie die Aktivitätsfaktoren u. Flüssigkeitspotentiale (E_j) der Zellen vom Typ [Hg_2Cl_2-Halbzelle/3 mol. $NaClO_4$/untersuchte Lsg. (S) /reversible Elektrode] dadurch beeinflußt werden, daß man einen beträchtlichen Teil des Na^+ in der $NaClO_4$-Lsg. durch H^+ ersetzt. Es zeigte sich, daß man im Bereich von 0–0,6 Mol $[H^+]$ annehmen kann, daß E_1 nur von $[H^+]$ in S abhängig ist u. daß die Aktivitätsfaktoren aller positiven Ionen konstant bleiben, wenn ein Teil des Na^+ durch H^+ ersetzt wird. Die Aktivitätsfaktoren der negativen Ionen hingegen ändern sich deutlich. Die beobachtete Abweichung bei einer Chinhydron-Elektrode erklärt sich dadurch, daß Chinon eine schwache Base ist. E_j gehorcht mit genügender Genauigkeit einer Gleichung, die von der HENDERSONschen abgeleitet wurde. Es ist demnach möglich, auch in stark saurem Gebiet aus EMK.-Messungen Ionenkonzz. u. Gleichgewichtskonstanten zu berechnen. (Ark. Kemi **5.** Nr. 40. 425–40. 1953. Stockholm, Royal Inst. of Technol., Dep. of Inorg. Chem.)

H.-G. PLUST. 139

George Biedermann, *Untersuchungen über die Hydrolyse von Metallionen.* 5. Mitt. *Die Hydrolyse des Thallium(III)-Ions.* (4. vgl. vorst. Ref.) Die Hydrolysengleichgewichte des Tl^{3+} in 3 mol. $NaClO_4$-Lsg. wurden untersucht, wobei in verschied. Verss. die Tl^{3+}-Konz. zwischen 0,1 u. 2,6 Millimol u. die H^+-Konz. zwischen 20 u. 600 Millimol/Liter variiert wurde. Den Meßergebnissen nach liegen in wss. Lsgg. folgende Gleichgewichte vor: $Tl^{3+} + H_2O \rightleftharpoons TlOH^{2+} + H^+$; $TlOH^{2+} + H_2O \rightleftharpoons Tl(OH)_2^+ + H^+$, für die die Säuredissoziationskonstanten $pk_1 = 1{,}14 \pm 0{,}08$ u. $pk_2 = 1{,}49 \pm 0{,}09$ berechnet wurden. Das Normalpotential Tl^+, Tl^{3+}/Pt beträgt bei $[ClO_4^-] = 3$ Mol/Liter 1280 ± 2 mV u. ist unabhängig von $[Tl^+]$, $[Tl^{3+}]$ u. $[H^+]$. Die Bereitung der $Tl(ClO_4)_3$-Lsg. erfolgte durch anod. Oxydation. (Ark. Kemi **5.** Nr. 41. 441–55. 1953.) H.-G. PLUST. 139

Bengt O. A. Hedström, *Untersuchungen über die Hydrolyse von Metallionen.* 6. Mitt. *Die Hydrolyse des Eisen(II)-Ions,* Fe^{2+}. (5. vgl. vorst. Ref.) Die Unters. der Hydrolyse des Fe^{2+} wurde bei 25° in 1 mol. $NaClO_4$-Lsg. durchgeführt, wobei $[H^+]$ mittels einer Glaselektrode gemessen wurde. Während $[Fe^{2+}]_{total}$ konstant gehalten wurde, wurde $[H^+]$ von Werten, bei denen eine Hydrolyse prakt. nicht eintrat, bis zu Werten, bei denen Eisen(II)-hydroxyd ausfiel, variiert. Unter den Untersuchungsbedingungen entsteht bei 25° im Bereich $[Fe^{2+}] = 8{,}2 - 54{,}0$ Millimol/Liter [nach $Fe^{2+} + H_2O \rightleftharpoons FeOH^+$ (I) $+ H^+$] I als einziges Hydrolysenprodukt. Die Gleichgewichtskonstante $k_a = [FeOH^+][H^+]/[Fe^{2+}]$ errechnete sich zu $10^{-9{,}5\pm0{,}2}$ (Mol/Liter). Verss., die freie Fe^{2+}-Konz. mittels elektrolyt. hergestellten Eisenelektroden zu messen, waren erfolglos. (Ark. Kemi **5.** Nr. 42. 457–68. 1953. Stockholm, Roy. Inst. of Technol., Dep. of Inorg. Chem.)

H.-G. PLUST. 139

Bengt O. A. Hedström, *Untersuchungen über die Hydrolyse von Metallionen.* 7. Mitt. *Die Hydrolyse des Eisen(III)-Ions,* Fe^{3+}. (6. vgl. vorst. Ref.) In gleicher Weise wie die Hydrolyse des Fe^{2+} (l. c.) untersuchte Vf. die Hydrolyse des Fe^{3+} bei 25°. Der Unters. nach laufen im Konzentrationsbereich 0,1 bis 50 mMol/Liter folgende Gleichgewichts-Rkk. ab: $Fe^{3+} + H_2O \rightleftharpoons FeOH^{2+} + H^+$; $Fe^{3+} + 2\,H_2O = Fe(OH)_2^+ + 2\,H^+$ u. $2\,Fe^{3+} + 2\,H_2O \rightleftharpoons Fe_2(OH)_2^{4+}$ (I) $+ 2\,H^+$, für die die Gleichgewichtskonstanten zu $(9{,}0 \pm 1)\cdot10^{-4}$ Mol/Liter, $(4{,}9 \pm 1)\cdot10^{-7}$ (Mol/Liter)^2 u. $(1{,}22 \pm 1)\cdot10^{-3}$ Mol/Liter errechnet wurden. Über die Struktur der Hydrolysenprodd. kann nichts ausgesagt werden. Für I diskutiert Vf. obenst. Struktur. Bei Unters. von Lsgg., die gleichzeitig Fe^{2+} u. Fe^{3+} enthielten, konnte die Bldg. von Komplexen mit 2- u. 3wert. Fe im Mol nicht beobachtet werden. (Ark. Kemi **6.** Nr. 1. 1–16. 1953.) H.-G. PLUST. 139

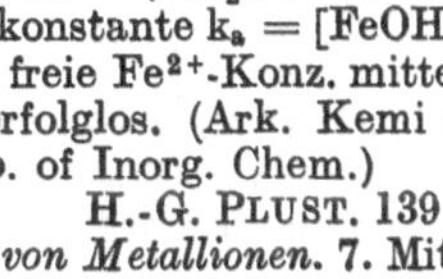

L. N. Mulay und **P. W. Selwood**, *Die Hydrolyse des Fe^{3+}-Ions; Magnetische und spektralphotometrische Untersuchungen an Eisen(III)-perchloratlösungen.* (Vgl. C. **1956.** 2113.) An der Hydrolyse des Fe^{3+}-Ions ist nach HEDSTRÖM (vgl. vorst. Ref.) das Gleichgewicht $2\,Fe^{3+} + 2\,H_2O \xrightleftharpoons{K_{2,2}} Fe_2(OH)_2^{4+} + 2\,H^+$ beteiligt. Messungen der magnet. Susceptibilität von wss. Lsgg. verschied. Acidität mit 0,04 mol. $Fe(ClO_4)_3$ u. 3 mol. $NaClO_4$ ergaben, daß $Fe_2(OH)_2^{4+}$ diamagnet. ist. Die Rk. ist endotherm mit $\Delta H \simeq 9{,}8$ kcal/Mol. Das Absorptionsspektr. der gleichen Lsgg. wurde bei 15, 25 u. 51° untersucht, u. Absorptionsmaxima wurden bei $240 \pm 0{,}5$ mμ [Fe^{3+} u. $Fe(OH)^{2+}$] u. bei $335 \pm 0{,}5$ mμ [$Fe_2(OH)_2^{4+}$] gefunden. Die aus den magnet. wie spektroskop. Daten berechneten Werte für $K_{2,2}$ stimmen untereinander u. mit dem von HEDSTRÖM für 25° angegebenen Wert überein. (J. Amer. chem. Soc. **76.** 6207–08. 5/12. 1954. Evanston, Ill., Northwestern Univ., Chem. Dep.) M. SCHENK. 139

P. A. H. Wyatt, *Partielle molare Größen bei unendlicher Verdünnung in dissoziierenden Lösungsmitteln.* Die bekannte GIBBS-DUHEM-Gleichung (1) $m_1 \cdot \partial\mu_1/\partial m_2 + m_2 \cdot \partial\mu_2/\partial m_2 = 0$ führt für $m_2 \rightarrow 0$ zu der Beziehung (2) $m_1 (\partial\mu_1/\partial m_2) = 0$. Der Index 1 bezieht sich auf das Lösungsm. u. der Index 2 auf das Gelöste; der Index 0 bedeutet den Grenzwert für $m_2 \rightarrow 0$. Vf. wendet (2) auf dissoziierende Lösungsmittel an, so daß sich m_2 auf das Produkt der Dissoziation des Lösungsm. bezieht. Da μ_1 mit dem partiellen mol. Wärmeinhalt $\overline{H}_1$ u. der partiellen mol. Entropie $\overline{S}_1$ vermöge $\mu_1 = \overline{H}_1 - T\overline{S}_1$ verknüpft ist, folgt wegen der Konstanz von Temp. T u. Druck p $(\partial\overline{H}_1/\partial m_2)_0 = -(\partial\overline{S}_1/\partial m_2)_0 = 0$ u. daraus für die partielle mol. spezif. Wärme $\overline{C}_p$ bei konstantem Druck $(\partial C_{p_1}/\partial m_2)_0 = 0$ u. allg. für jede partielle mol. Größe $\overline{X}_1$ $(\partial\overline{X}_1/\partial m_2)_0 = 0$. Am (1) folgt (3) $m_1(\partial^2\mu_1/\partial m_2^2)_0 = -(\partial\mu_2/\partial m_2)_0$. Auch (3) läßt sich auf jede partielle molare Größe verallgemeinern, gilt also allgemein in der Form $m_1(\partial^2\overline{X}_1/\partial m_2^2)_0 = -(\partial\overline{X}_2/\partial m_2)_0$. (J. chem. Soc. [London] **1955.** 3438—41. Okt. Sheffield, Univ.) H. FALKENHAGEN. 139

Bernard Porter und **Morris Feinleib,** *Bestimmung der Aktivität von Natrium in Natrium–Blei-Legierungen bei hohen Temperaturen.* Aus Messungen der EMK. von Konzentrationsketten $Na/Na^+/Na$ in Pb bis zu 820° haben Vff. die Aktivitäten des Na in Na–Pb-Legierungen bestimmt u. die Werte bis zur Temp. von 1010° extrapoliert. Darüber hinaus wurde auch die EMK. von Doppelketten des Typs $Na(a_1)$ in $Pb/Na^+/Na(a_2)$ in Pb bis zu 1010° gemessen u. zur Berechnung der Aktivitäten des Na herangezogen. Die Übereinstimmung zwischen den extrapolierten u. den direkt ermittelten Werten ist innerhalb der Meßgenauigkeit befriedigend. Vff. sehen darin eine Bestätigung der Möglichkeit, auf Grund derartiger Messungen auf reines Na zu extrapolieren. (J. electrochem. Soc. **103.** 300—03. Mai 1956. Permanente, Calif., Kaiser Aluminum and Chem. Corp., Chem. Res. Dep.) H. U. WOELK. 140

Heinz Mauser und **Gustav Kortüm,** *Zur Anwendung der van't Hoffschen Reaktionsisobaren auf reversible galvanische Ketten.* Vff. untersuchen die Anwendung der VAN'T HOFFschen Reaktionsisobaren zur Best. der Reaktionsenthalpie aus der Temperaturabhängigkeit der EMK. reversibler galvan. Ketten. Im Hinblick auf die abweichenden Ergebnisse von BARIEAU (C. **1953.** 4648) u. LI (**1953.** 4648) wird gezeigt, daß durch die EMK. nur die Nutzarbeit einer eindeutig festgelegten chem. Rk. erfaßt wird, unabhängig davon, ob als Folge der Rk. Stoffaustausch mit koexistierenden Phasen eintritt oder nicht. Der von BARIEAU eingeführten „complete cell reaction" kommt keine Bedeutung zu, da die Existenz mehrerer linear unabhängiger Zell-Rkk. unmöglich ist. Für die drei charakterist. Fälle, daß 1. alle Reaktionspartner mit ihren realen reinen Phasen im Gleichgewicht stehen, 2. ein Reaktionspartner in ungesätt. Lsg. vorliegt u. 3. ein Reaktionspartner gesätt. als Solvat vorliegt, werden die korrekten Beziehungen abgeleitet. (Z. Naturforsch. **11 a.** 196—200. März 1956. Tübingen, Univ., Phys.-chem. Inst.) W. KRÖNERT. 140

Vivion de Valera, *Über die Theorie der elektrochemischen Chloratbildung.* Nach einem Überblick über die Elektrodenvorgänge, die zur Bldg. von ClO_3^- führen, wird eine mathemat. Behandlung der Beziehung zwischen Stromausbeute u. Zellenform (Verhältnis Anodenfläche : Zellenvol.) sowie den Arbeitsbedingungen (Stromdichte., Aktivitäten, p_H) gegeben. Auf die Bedingungen für eine maximale Stromausbeute (optimaler p_H-Wert, minimale Stromverluste durch Verflüchtigung u. Red.) sowie auf die Bedeutung einer wirksamen anod. Diffusionsschicht wird hingewiesen. (Trans. Faraday Soc. **49. 1338**—51. Nov. 1953. Dublin, Univ. Coll., Dep. of Chem.) E. MOISAR. 141

W. A. Wesley, *Herstellung von reinem Nickel durch Elektrolyse einer Nickelchloridlösung.* Durch Auflsg. von Carbonylnickel in HCl erhält Vf. eine Stammlsg. für die elektrolyt. Herst. von reinstem Ni. Zur Verbesserung der physikal. Eigg. der Abscheidung u. als Puffer wird noch Borsäure zugesetzt. Als Elektrodenmaterial werden Ir–Pt-Legierungen benutzt. Die während der Elektrolyse auftretende Abnahme der Ni-Konz. im Elektrolyten wird durch automat. Zugabe der Stammlsg. ausgeglichen. Die Abscheidung erfolgt bis zu Dicken von 6 mm. In Tabellen werden die Ergebnisse der Reinheitsuntersuchungen mitgeteilt u. mit den bei früheren Untersuchungen erhaltenen verglichen. Die insgesamt vorhandenen metall. Verunreinigungen betragen 34 p.p.m., durch Anlassen im H_2-Strom kann der Geh. an Kohlenstoff u. anderen nichtmetall. Verunreinigungen deutlich gesenkt werden. (J. electrochem. Soc. **103.** 296—300. Mai 1956. Bayonne, N. J., Intern. Nickel Comp., Inc., Res. Labor.) H. U. WOELK. 141

Paul Drossbach, *Impedanzmessungen an Kohleelektroden in geschmolzenen Salzen und wässerigen Lösungen.* Nach den früher (vgl. C. **1956.** 1810) beschriebenen Methoden hat Vf. die Impedanzen der Anoden- u. Kathodenvorgänge im Schmelzfluß u. in wss. Lsg. gemessen. Als Elektrolyte wurden die Systeme KCl, NaCl + $PbCl_2$, KCl, NaCl + K_2ZrF_6

bzw. K_2TaF_7, K_2TiF_6 (+ KHF_2) u. PbF_2 + LiF gewählt, ferner auch wss. Lsgg. von HCl bzw. H_2SO_4. Bei der Elektrolyse von $PbCl_2$ konnte eine Überspannung gefunden werden, die von der Stromdichte u. der verwendeten Elektrodenkohle abhängig ist. Die Messungen der fluoridhaltigen Systeme zeigen, daß die Rk. 4F + C → CF_4 der langsamere Vorgang der Anoden-Rk. ist. Diese Rk. sowie die Bldg. von CO_2, CO u. Cl_2 sieht Vf. als heterogene Vorgänge an. Die Unters. der Kathodenvorgänge bestätigt die hervorragende Rolle der Diffusionsvorgänge. Als Ergänzung zu diesen Messungen werden die Impedanzen in 10%ig. Lsg. von HCl bzw. H_2SO_4 an Kohleelektroden ermittelt. Auch hierbei ist eine sehr schnelle Durchführung der Messungen erforderlich, da sich der Elektrodenzustand dauernd ändert. Gleichstromverss. ergeben erheblich größere Überspannungswerte des H_2 u. O_2 an stärker porösen Kohlen. Auch in wss. Lsg. vermutet Vf. den Ablauf heterogener Rkk., die in der Kombination der Atome zu desorbierten Moll. an der Phasengrenze bestehen dürften. Die erhaltenen Meßergebnisse werden unter diesem Gesichtspunkt diskutiert. (Z. Elektrochem., Ber. Bunsenges. physik. Chem. **60.** 387—96. Mai 1956. München, TH, Inst. für Phys. Chem. u. Elektrochem.) H. U. WOELK. 142

J. Koryta, *Katalysierte Elektrodenreaktionen in der Polarographie.* 5. Mitt. *Katalytische Ströme an der strömenden Elektrode.* Inhaltlich ident. mit der C. **1956.** 29 referierten Arbeit. (Collect. czechoslov. chem. Commun. **20.** 1125—30. Okt. 1955. [Orig.: dtsch.]) W. BARZ. 142

A. A. Vlček, *Polarographisches Verhalten von Wasserstoff in nichtwässerigen Lösungsmitteln.* 2. Mitt. *Lösungen starker Säuren in Äthanol.* Inhaltlich ident. mit der C. **1955.** 7153 referierten Arbeit. (Collect. czechoslov. chem. Commun. **20.** 889—93. Aug. 1955. [Orig.: russ.]) W. BARZ. 142

A. A. Vlček, *Polarographische Reversibilität des Systems* Eu^{2+}-Eu^{3+}. Vorl. Mitt. Inhaltlich ident. mit der C. **1955.** 11343 referierten Arbeit. (Collect. czechoslov. chem. Commun. **20.** 1507—09. Dez. 1955. [Orig.: dtsch.]) W. BARZ. 142

J. Doležal, *Die Anwendung von Aminoverbindungen in der Polarographie anorganischer Stoffe.* 1. Mitt. *Polarographisches Verhalten von zwei- und dreiwertigem Kobalt in Lösungen von Äthylendiamin.* Inhaltlich ident. mit der C. **1956.** 5475 referierten Arbeit. (Collect. czechoslov. chem. Commun. **21.** 113—22. Febr. 1956. [Orig.: dtsch.]) W. BARZ. 142

Henry F. Holtzclaw jr., Karl W. R. Johnson und **Frank W. Hengeveld,** *Polarographische Reduktion der Kupferderivate einiger 1.3-Diketone in verschiedenen Lösungsmitteln.* Vff. geben tabellar. die Werte für die polarograph. Red. von Cu–Chelat-Verbb. mit *Pentandion-(2.4)* (**I**), *1-Phenyl-butandion-(1.3)* (**II**), *1.3-Diphenylpropandion-(1.3)* (**III**), *3-Methyl-pentandion-(2.4)* (**IV**), *3-Äthyl-pentandion-(2.4)* (**V**) u. *3-n-Propylpentandion-(2.4)* (**VI**), **I—III** dargestellt aus der ammoniakal. Lsg. des Diketons durch Fällung mit $Cu(NO_3)_2$, **IV—VI** aus Tetramminkupfer(II)-nitrat u. Diketon in absol. A., in W. u. wss. Lsgg. von A., *2-Methoxyäthanol* (**VII**) u. *Dioxan* (**VIII**) u. diskutieren den Einfluß dieser Lösungsmittel auf das Halbstufenpotential (A) u. die Konstante für den Diffusionsstrom (B). In wss. Lösungen mit 75 bzw. 50% **VIII** sowie mit 50% A. werden die Werte für A in der Reihenfolge der Chelate mit **III, II, I** zunehmend negativ, der Kovalenzcharakter der Bindung zum Kupfer nimmt zu, die FF. nehmen in derselben Reihenfolge ab. Die Größe des Chelat-Mol. nimmt von **I—III** zu, auf Grund der Abnahme der Diffusion in **VIII** u. A. nehmen entsprechend die B-Werte ab. In W. u. in 50% A.-Lsg. ist B für $Cu(NO_3)_2$ entsprechdnd der schnelleren Diffusion größer als für **I**, in 50% **VIII**-Lsg. zeigen $Cu(NO_3)_2$ u. **I** ein Minimum für den B-Wert. In 75% Lsg. von A. bzw. **VII** u. **VIII** nimmt B ab in der Reihenfolge **I**-, **IV**-, **V**-Chelat, zu beim Einsatz von **VI**. — Bei Substitution am C-Atom 3 in Pentandion-(2.4) durch Methyl- bzw. Äthyl-Gruppen erfolgt Sinken des Enolgeh. (vgl. v. AUWERS u. JACOBSEN, Liebigs Ann. Chem. **426.** [1922.] 161), Zunahme bei n-Propylsubstitution, ein Zusammenhang zwischen Enolgeh. u. B könnte Bedeutung haben. (J. Amer. chem. Soc. **74.** 3776—78. 5/8. 1952, Lincoln, Nebr., Univ. of Nebraska, Avery Labor.) G. BANKWITZ. 142

M. Pražák und **V. Pražák,** *Korrosionsstudium.* 2. Mitt. *Einfluß der elektrischen Eigenschaften der Elektrode auf die Potentialmessung bei der Polarisation mit periodisch unterbrochenem Strom.* Inhaltlich ident. mit der C. **1955.** 11164 referierten Arbeit. (Collect. czechoslov. chem. Commun. **21.** 63—72. Febr. 1956. [Orig.: dtsch.]) W. BARZ. 142

M. Pražák und **V. Pražák,** *Korrosionsstudium.* 3. Mitt. *Anodische Passivierung von Eisen und kathodische Passivierung von Magnetit.* Inhaltlich ident. mit der C. **1956.** 5200 referierten Arbeit. (Collect. czechoslov. chem. Commun. **21.** 73—78. Febr. 1956. [Orig.: dtsch.]) W. BARZ. 143

Lyman C. Spitzer, Physics of fully ionized gases. New York: Interscience. 1956. (116 S. m. Abb.) D. $ 3,50.

A_4. Thermodynamik. Thermochemie.

G. Klein und **I. Prigogine,** *Über die statistische Mechanik irreversibler Erscheinungen.* 1. Mitt. Ausführliche Prüfung der mathemat. Grundlagen am Beispiel eines linearen Syst., in dem nur die Wechselwrkg. zwischen benachbarten Teilchen berücksichtigt wird. (Physica. **19.** 74—88. Jan./Febr. 1953. Bruxelles, Univ. Libre, Fac. de Sci.) G. KIRSCHSTEIN. 146

G. Klein und **I. Prigogine,** *Über die statistische Mechanik irreversibler Erscheinungen.* 2. Mitt. (1. vgl. vorst. Ref.) Es werden die Fälle behandelt, daß die Geschwindigkeitsverteilung oder die Aufteilung der Gesamtenergie in einen kinet. u. potentiellen Anteil gestört werden. Die Behandlung dissipativer Effekte, bes. der Wärmeleitung, erweist sich mit den l. c. aufgestellten Prinzipien als nicht durchführbar. (Physica **19.** 89—100. Jan./Febr. 1953.) G. KIRSCHSTEIN. 146

G. Klein und **I. Prigogine,** *Über die statistische Mechanik irreversibler Erscheinungen.* 3. Mitt. (2. vgl. vorst. Ref.) Für eine eindimensionale Mannigfaltigkeit von harmon. Oscillatoren, von denen jeder nur mit den nächsten Nachbarn in Wechselwrkg. steht, werden die Bewegungsgleichungen unter bestimmten Anfangsbedingungen gelöst. Die zeitliche Änderung der Verteilungsfunktion, die sich asymptot. dem Gleichgewichtszustand nähert, wird eingehend behandelt. (Physica **19.** 1053—71. Nov. 1953.) G. KIRSCHSTEIN. 146

I. Prigogine und **P. Mazur,** *Über die Ausdehnung der Thermodynamik auf irreversible Erscheinungen, die mit inneren Freiheitsgraden verknüpft sind.* (Physica **19.** 241 bis 254. März 1953. Bruxelles, Univ. Libre, Fac. de Sci.) G. KIRSCHSTEIN. 146

I. M. Lifschitz und **A. M. Kossewitsch,** *Über die Oscillationen thermodynamischer Größen für ein entartetes Fermi-Gas bei niedrigen Temperaturen.* Theoret. Behandlung des Elektronengases unter einigen speziellen Bedingungen. (Известия Академии Наук СССР, Серия Физическая [Nachr. Akad. Wiss. UdSSR, physik. Ser.] **19.** **395—403.** Juli/Aug. 1955. Physikal.-techn. Inst. der Akad. der Wiss. der UkrSSR; Tschernowitz, Univ.) G. KIRSCHSTEIN. 149

A. Thellung, *Über die Hydrodynamik nichtviscoser Flüssigkeiten und die Theorie von Helium II.* 2. Mitt. (1. vgl. KRONIG u. THELLUNG, C. **1955.** 11514.) Bei der Erweiterung der früher entwickelten Theorie auf Wirbelbewegungen bekommt die HAMILTON-Funktion die Form einer Summe aus 3 Gliedern, von denen das 2. den Rotonen u. das 3. der Wechselwrkg. zwischen Rotonen u. Phononen zuzuordnen ist. Damit werden die Grundlagen der LANDAUschen Theorie bekräftigt. (Physica **19.** 217—26. März 1953. Delft, TH, Labor. techn. Phys.) G. KIRSCHSTEIN. 149

J. S. Dugdale und **F. E. Simon,** *Thermodynamische Eigenschaften und das Schmelzen von festem Helium.* Die Schmelzkurve von He, die zwischen 4 u. 26° K bei Drucken bis zu 3000 at aufgenommen wurde, zeigt keine Anzeichen eines krit. Punktes, sondern im Gegenteil nimmt bei steigendem Druck der Unterschied zwischen fester u. fl. Phase zu. Die Kurve läßt sich durch die Gleichung $p/16{,}45 = (T/0{,}992)^{1{,}554} - 1$ beschreiben (p = gemessener Druck in at). Entropien u. Molvoll. der festen u. fl. Phase sind tabellar. angegeben; als höchste Schmelzwärme wurde der Wert 50 cal/Mol gefunden. Weitere Messungen ergaben die spezif. Wärme C_v u. ermöglichten damit die Best. sämtlicher thermodynam. Eigg.; es zeigte sich, daß He in 2 Phasen vorliegt; die Übergangslinie schneidet die Schmelzkurve bei 14,9° K u. läßt einen Übergang erster Art erkennnen, vermutlich von der hexagonalen α-Phase zur kub. β-Phase. Die Umwandlungswärme beträgt 0,08 cal/Mol. — Eingehende theoret. Diskussion. (Proc. Roy. Soc. [London], Ser. A **218.** 291—310. 7/7. 1953. Oxford, Univ., Clarendon Labor.) G. KIRSCHSTEIN. 149

B. N. Jesselsson, *Einige Eigenschaften der Lösungen von ^3He in ^4He.* 3. Mitt. *Dampfspannung.* (2. vgl. C. **1951. I.** 3154.) Die Unters. von Gemischen mit 0,49, 1,00, 2,40, 4,23, 5,18 u. 8,08% ^{3}He, in denen der sonst erst nach Stunden eintretende Gleichgewichtszustand durch geeignete Rührvorrichtungen in 10—15 Min. erreicht wurde, ergab zwischen 1,35 u. 3,2° K, daß die Temperaturabhängigkeit der Differenz zwischen den Dampfdrucken über den Gemischen u. reinem ^{4}He durch reversible Kurven darstellbar ist u. daß die daraus ermittelten Dampfdruckisothermen die nach dem RAOULTschen Gesetz für ideale Lsgg. konstruierten Kurven bei um so tieferer Temp. schneiden, je höher die ^{3}He-Konz. ist. (Журнал Экспериментальной и Теоретической Физики [J. exp. theoret. Physik] **26.** 744—50. Juni 1954.) G. KIRSCHSTEIN. 149

J. J. M. Beenakker, K. W. Taconis, E. A. Lynton, Z. Dokoupil und **G. Van Soest,** *Wärmeleitung in ^3He-haltigem Helium II.* In ^{3}He–^{4}He-Gemischen, in denen die ^{3}He-Konz. 0,6, 1,24, 2,2 oder $2{,}8 \cdot 10^{-4}$ betrug, ergaben Verss. zwischen 1,2° K u. dem λ-Punkt, daß das ^{3}He zur kälteren Seite des Gefäßes diffundiert. Diesem osmot. Druck wirkt ein „fountain"-Druck entgegen, u. die diesem entsprechende Temperaturdifferenz wirkt sich so aus, daß die Gemische nur eine endliche Wärmeleitfähigkeit haben; der Wärmewiderstand ist proportional der ^{3}He-Konz., während die Diffusionskonstante davon unabhängig ist. (Physica **18.** 433—47. Juni/Juli 1952. Commun. Kamerlingh Onnes Lab. Univ. Leiden Nr. 289. 1—16. 1952. Leiden, Univ.) G. KIRSCHSTEIN. 149

R. A. Buckingham und **R. A. Scriven,** *Diffusion in gasförmigem Helium bei tiefen Temperaturen.* Vorl. Mitt. über die Diffusionskonstante bei 1 mm Hg u. die Koeffizienten der Thermodiffusion bei verschied. Mischungsverhältnissen in ^{3}He–^{4}He-Gemischen zwischen 0,25 u. 5,0° K. (Proc. physic. Soc., Sect. A **65.** 376—77. 1/5. 1952. London, Univ. Coll.) G. KIRSCHSTEIN. 149

C. B. Benson und **A. C. H. Hallett,** *Dämpfung der Schwingungen einer Kugel durch flüssiges Helium II bei großen Amplituden.* (Sitzungsbericht.) (Physic. Rev. [2] **99.** 1660. 1/9. 1955.) R. STEIN. 149

Newman A. Hall und **Warren E. Ibele,** *Die Tabellierung der Eigenschaften eines unvollkommenen Gases für Luft, Stickstoff und Sauerstoff.* Die Unterschiede zwischen dem realen u. idealen Gas der klass. Thermodynamik sind auf eine infolge der inneren mol. Kräfte abweichende Kompressibilität zurückzuführen. Die inneren Spannungen u. ihre Temperaturabhängigkeit werden auf Grund von experimentellen Arbeiten berechnet, u. in Tabellen als Virial-Koeff. für Luft, N_2 u. O_2 zusammengestellt. Außerdem werden für die gleichen Gase die Kompressibilitätsfaktoren berechnet u. in den Tabellen zusammengestellt. Der Temperaturbereich liegt zwischen 100—5000° Rank = ° Fahrenheit absol, der Druckbereich zwischen 0,02 u. 9000°·lbs/ft². (Trans. ASME **76.** 1039—56. Okt. 1954. Minneapolis, Minn., Univ. of Minnesota, Dep. of Mech. Engng., Heat Power Div.) H. MIETHING. 149

James A. Bierlein und **Charles R. Finch,** *Kriterium für erlaubte Winkelabweichungen bei Schlierenmessungen des Soret-Koeffizienten.* Für Schlierenmessungen über das Anwachsen des Gradienten des Brechungsindex μ in einer Thermodiffusionszelle leiten Vff. einen Ausdruck für die Winkelabweichung γ ab, nämlich $\gamma < [6\,S\mu^2 a^3/\sigma\pi n_0(1-n_0)\cdot(\delta\mu/\delta n)\,\tau L^3]^{1/2}$, worin S = geringste vom App. angebbare Winkelabweichung, a = Dicke u. L = Länge der Zelle, σ = SORET-Koeff., n = Mol.-Refr. der thermodiffundierenden Komponente, n_0 = Mol.-Refr. der ursprünglichen Zus., τ = Temperaturdifferenz längs der Zelle. (J. chem. Physics **24.** 486—87. Febr. 1956. Wright-Patterson Air Force Base, O., Wright Air Developm. Center, Aeronautic. Res. Labor.) G. RUBAN. 149

Yoshiaki Uemura, Masakatsu Sakisaka, Yoshihisa Ōno und **Syōichi Miyashiro,** *Das Verhältnis der Pumpgeschwindigkeiten von H_2 zu D_2 bei Öldiffusionspumpen.* Bei leichten Gasen stimmen die Pumpgeschwindigkeiten mit GOEDEs Theorie nicht überein, weil eine Rückdiffusion dieser Gase zwischen Vorvakuum u. Hochvakuum auftritt. Es wurden die Geschwindigkeiten von H_2 u. D_2 gemessen, weil diese vermutlich am wenigsten mit relativen Fehlern behaftet sind. Es ergaben sich als maximale Geschwindigkeit für H_2 180 (Liter/Sek.) bei 1200 W Leistung u. für D_2 120 bei 800 W, in beiden Fällen bei $3\cdot10^{-4}$ mm Hg. (Bull. Inst. chem. Res., Kyoto Univ. [Kagaku Kenkyusho Hokoku] **27.** Nr. 12. 54—55. Dez. 1951. K. Kimura Labor. [Orig.: engl.]) K. STEINER. 149

J. W. Hiby und **M. Pahl,** *Fremdgasbehinderte und reine Molekularströmung durch eine vielfach geknickte Röhre als Modell für ein Porensystem.* Vff. leiten eine Formel für die mol. Gasströmung durch eine vielfach geknickte Röhre ab. Zunächst wird der Einfl. von relativ seltenen Zweierstößen mit isotroper Verteilung der Streurichtungen berechnet. Diese fremdgasbehinderte Mol.-Strömung wird als Funktion des Fremdgasdruckes angegeben. Bei der Einführung von Grenzbedingungen gelangt man zur reinen Mol.-Strömung. Als wesentlicher Parameter erscheint jeweils das Verhältnis der Länge zum Durchmesser der Teilstücke der geknickten Röhre. Ferner wird die rein mol. Leitfähigkeit der vielfach geknickten Röhre mit derjenigen einer langen, geraden Röhre verglichen. Hieraus können Schlüsse auf die rein mol. Leitfähigkeit von unregelmäßigen Porensystemen, z. B. in einem Pulverwerk, gezogen werden, dies führt zur modellmäßigen Vorstellung eines Netzwerkes von Röhren. (Z. Naturforsch. **11a.** 80—84. Jan. 1956. Aachen, Rhein.-Westf. TH, Forschungsinst. für Verfahrenstechnik; Hechingen, Max-Planck-Gesellschaft, Forschungsstelle für Spektroskop.) V. BURBACH. 149

L. C. Nelson und **E. F. Obert,** *Verallgemeinerte pvT-Eigenschaften von Gasen.* Es sollen 2 verallgemeinerte Karten für die Kompressibilität von 30 Gasen aufgestellt werden; die erste beruht auf dem Gesetz der übereinstimmenden Zustände, die 2. auf den Virialkoeffizienten. Es liegen ihnen theoret. Erwägungen zugrunde u. vor allem eine umfangreiche Literatur mit 275 Zitaten. Die Genauigkeit der Daten beträgt 1%.

Unter den Gasen sind *Luft, Ar, CO,* H_2, *Ne,* N_2, O_2, *Xe, He,* NH_3, CO_2, H_2S, *NO,* H_2O u. eine größere Anzahl *KW-stoffe.* (Trans. ASME TASME **76.** 1057–66. Okt. 1954. Evanston, Ill., Northwestern Technol. Inst., Dep. of Mechan. Engng.)
H. MIETHING. 149

A. Tockstein, *Beitrag zur Theorie von Phasenübergängen höherer Ordnung.* Inhaltlich ident. mit der C. **1956.** 5477 referierten Arbeit. (Collect. czechoslov. chem. Commun. **21.** 240–46. Febr. 1956. [Orig.: engl.]) W. BARZ. 150

W. S. Corak und **C. B. Satterthwaite,** *Atomwärme von Zinn im normalen und supraleitenden Zustand.* (Sitzungsbericht.) (Physic. Rev. [2] **99.** 1660. 1/9. 1955. Westinghouse Res. Labors.) R. STEIN. 151

C. B. Satterthwaite, W. S. Corak, B. B. Goodman und **Aaron Wexler,** *Spezifische Wärme von Vanadin im normalen und supraleitenden Zustand.* (Sitzungsbericht.) (Physic. Rev. [2] **99.** 1660. 1/9. 1955. Westinghouse Res. Labors.) R. STEIN. 151

P. Glansdorff, *Über das Minimum der Entropieerzeugung.* (Vgl. C. **1956.** 7457.) Allg. theoret. Betrachtungen. (Physica **19.** **737**–41. Aug. 1953. Bruxelles, Univ.)
G. KIRSCHSTEIN. 154

Willy Oelsen, Olaf Oelsen und **Dieter Thiel,** *Präzisionsmessungen der Schmelzwärmen einiger Metalle.* Die Reproduzierbarkeit der Ergebnisse eines von OELSEN u. Mitarbeitern (C. **1956.** 3775) entwickelten sehr einfachen calorimetr. Verf. zur Best. der Schmelz- u. Umwandlungswärmen von Metallen wird an einer großen Zahl von Einzelmessungen geprüft. Folgende Mittelwerte aus jeweils 5–10 Messungen der Schmelzwärmen mit den angegebenen mittleren Fehlern wurden gefunden: *In* 0,781 ± 0,004, *Tl* 1,004 ± 0,005, *Sn* 1,69 ± 0,01, *Bi* 2,73 ± 0,005, *Cd* 1,484 ± 0,007, *Pb* 1,158 ± 0,006, *Zn* 1,70 ± 0,01, *Al* 2,63 ± 0,03, *Sb* 4,88 ± 0,02 kcal/g-Atom. Die sehr kleine Umwandlungswärme von Tl wurde mit dem gut reproduzierbaren Ergebnis 0,095 ± 0,001 kcal/g-Atom gemessen. (Z. Metallkunde **46.** 555–60. Aug. 1955. Clausthal, Bergakad.) H. HOCHSTEIN. 156

P. G. Klemens, *Die thermische Leitfähigkeit von einwertigen Metallen.* Auf Grund des Modells der quasifreien Elektronen berechnen sich für das Verhältnis von elektr. zu therm. Widerstand Werte, die bei Na um den Faktor 5 u. bei den Edelmetallen um den Faktor 10–14 unrichtig sind. Der Faktor wird ca. ein Drittel verringert, wenn angenommen wird, daß die Leitungselektronen sowohl mit transversalen als auch mit longitudinalen Wellen in Wechselwrkg. treten. Die restliche Differenz wird auf das Vorliegen einer nichtsphär. FERMI-Oberfläche zurückgeführt. (Proc. physic. Soc., Sect. A **67.** 194–96. 1/2. 1954. Sydney, Commonwealth Sci. and Ind. Res. Organisat., Div. of Phys.) O. FUCHS. 158

W. R. G. Kemp, A. K. Sreedhar und **G. K. White,** *Die Wärmeleitfähigkeit von Magnesium bei tiefen Temperaturen.* Von 150–70° K steigt die Wärmeleitfähigkeit K kaum merklich an; darunter ist ein Anstieg auf **14,3** Watt/Grad cm bei 17° K u. bei noch tieferen Tempp. ein steiler Abfall zu beobachten, dessen Extrapolation K = 0 bei T = 0 ergibt. — Kurze theoret. Auswertung der Ergebnisse. (Proc. physic. Soc., Sect. A **66.** 1077–78. 1/11. 1953. Sydney, Nat. Standards Labor.)
G. KIRSCHSTEIN. 158

P. H. Sidles, *Temperaturleitfähigkeit von Uran von Raumtemperatur bis 1000° C.* (Sitzungsbericht.) (Physic. Rev. [2] **100.** 1256. 15/11. 1955. Iowa State Coll.)
R. STEIN. 158

D. R. McMillan und **Andrew Robeson,** *Vergleich der Ultraschallgeschwindigkeiten in einer Reihe von Carbonaten und Acetaten.* (Sitzungsbericht.) (Physic. Rev. [2] **99.** 1631. 1/9. 1955. Emory Univ.) R. LEVI. 159

A_5. Kolloidchemie. Grenzschichtforschung.

Richard J. Bearman und **Frederick O. Koenig,** *Thermoosmose von Edelgasen durch eine Gummimembran.* Auf Grund von Unterss. über die Thermoosmose von CO_2, *He, Ne, Ar, Kr* u. *Xe* durch eine Gummimembran im mittleren Temperaturbereich von 33–34,5° werden die entsprechenden Überführungswärmen Q u. die Permeabilitäten p mitgeteilt u. z. T. mit Werten anderer Autoren verglichen. Auf die Temperaturablesung wird kurz eingegangen. (J. Amer. chem. Soc. **78.** 691. 5/2. 1956. Stanford, Calif., Stanford Univ., Dep. of Chem.) H. HOFMANN. 170

F. L. Langford, R. A. Webb und **F. T. Rogers jr.,** *Diffusion der Uranylnitrataktivität durch poröse Medien.* (Sitzungsbericht.) (Physic. Rev. [2] **99.** 1631–32. 1/9. 1955. Univ. of South Carolina.) R. LEVI. 171

G. J. Hooyman, P. Mazur und **S. R. de Groot,** *Viscositätskoeffizienten für eine Flüssigkeit in einem magnetischen Feld oder in einem rotierenden System.* Vff. betrachten das viscose Verh. einer isotropen Fl. in einem äußeren magnet. Feld oder (als Analogon) in einem rotierenden System. Ausgehend von einer Gleichung für den Entropiezuwachs beim Ablauf eines irreversiblen Prozesses, werden die Beziehungen zwischen dem viscosen Drucktensor u. der Deformationsgeschwindigkeit untersucht. Es ergibt sich ein Syst. aus 8 Koeffizienten mit einer ONSAGER-Beziehung. 7 der 8 Koeffizienten werden linear so kombiniert, daß sie die n. u. die Volumenviscosität beschreiben. Wird letztere vernachlässigt, können die entwickelten Gleichungen mit den von CHAPMAN u. COWTY für ein ionisiertes Gas in einem Magnetfeld abgeleiteten verglichen werden. (Physica **21.** 355–59. Mai 1955. Utrecht, Univ., Inst. voor theoret. Natuurkunde; Leiden, Univ., Inst. Lorentz.) H.-U. WOELK. 172

Wilfried Heller, *Untersuchung der Gleichungen für die reduzierte Viscosität.* (Sitzungsbericht.) Mit einem geeigneten Versuchsmaterial werden die verschied. Gleichungen für die red. Viscosität einer eingehenden Unters. unterzogen. Der gewöhnlich benutzten Gleichung $\eta_{sp}/c = [\eta] + K_1[\eta]^2 c + \cdots$ wird die neue $c/\eta_{sp} = 1/[\eta] - K_1 c$ gegenübergestellt u. deren Vorzüge diskutiert. Eine wirklich befriedigende Gleichung, die über einen weiten Konzentrationsbereich gültig ist, gibt es nicht. Die besten Annäherungen geben hier die Gleichungen von BAKER $\eta_{rd} = (1 + K_4 c)^U$ u. von STAUDINGER-MARTIN $\eta_{sp}/c = [\eta]e^{K_8 c}$. Allerdings sind mit ihnen Extrapolationen für $c \to 0$ nicht möglich. (Physic. Rev. [2] **94.** 1426. 1/6. 1954. Wayne Univ.) H. STUHLDREER. 172

K. Ueberreiter, *Das Schmelzen von Rußlösungen.* Durch dilatometr. Messungen hat Vf. die beim Schmelzen von Lsgg. von Ruß in Naphthalin bzw. p-Dichlorbenzol auftretenden Volumenänderungen bestimmt. Dabei werden verschied. Rußsorten in verschied. Mischungsverhältnissen angewendet. Mit zunehmender Konz. der Lsg. an Ruß wird der beobachtete Volumensprung kleiner u. kann ganz verschwinden. Die Gefrierpunktserniedrigung ist in allen Fällen klein u. beträgt ca. 5–10°. Der Volumensprung kann allein dem Lösungsm. zugeschrieben werden, er ist immer kleiner als der aus dem Geh. der Lsg. an Lösungsm. berechnete. Zur Abschätzung der Aktivität der verschied. Rußsorten kann der Volumensprung der adsorbierten Moll. des Lösungsm. vernachlässigt werden. Vf. zeigt, daß die Adsorption der Lösungsmittelmoll. am Rußteilchen durch eine einfache Rechnung aus den Beobachtungen des Volumensprungs berechnet werden kann. Die erhaltenen Werte ermöglichen einen Vgl. der Aktivitäten verschied. Rußarten. Messungen des Volumensprungs beim Schmelzen in verschied. Lösungsmitteln ermöglichen darüber hinaus Aussagen über den Einfl. der Konst. des Lösungsm. auf die Aktivität des Rußes. (Angew. Chem. **68.** 404–06. 21/6. 1956. Berlin-Dahlem, Max-Planck-Ges., Fritz-Haber-Inst.) H.-U. WOELK. 176

S. Wagener, *Adsorptionsmessungen bei sehr niedrigen Drucken.* (Sitzungsbericht.) (Physic. Rev. [2] **99.** 1643. 1/9. 1955. Kemet Comp.) R. STEIN. 176

Sydney Ross und **Werner Winkler,** *Über physikalische Adsorption.* 8. Mitt. *Monoschichtadsorption von Argon und Stickstoff auf graphitiertem Kohlenstoff.* (7. vgl. C. **1955.** **5969.**) Vff. berichten über die Adsorption von Argon u. Stickstoff an (bei 2700°) graphitiertem Ruß. Es wurden die Adsorptionsisothermen von $2-40 \cdot 10^{-3}$ Torr u. von 0,05–14 Torr bei 77,8 u. 90,1° K gemessen. Die adsorbierte monoatomare Schicht verhält sich wie ein 2dimensionales Gas bei den niedrigen Drucken. Bei den höheren Drucken kann das Verh. durch eine 2dimensionale VAN DER WAALS-Gleichung beschrieben werden. Aus den Konstanten dieser Gleichung wurde die krit. Temp. der Monoschicht abgeschätzt. Bei einem Bedeckungsgrad Θ über 0,5 folgen die Adsorptionsisothermen der LANGMUIR-Gleichung; die Adsorption findet auf bevorzugten Plätzen statt, an denen Ar hexagonal u. N_2 kub. gepackt ist. Die isosteren Adsorptionswärmen ΔH für niedrige Θ werden für Ar mit 2270 u. N_2 2190 cal/Mol, für hohe Θ für Ar mit 2650 u. N_2 2860 cal/Mol angegeben. (J. Colloid Sci. **10.** 319–29. Aug. 1955. Troy, N. Y., Rensselaer Polytechn. Inst., Dep. of Chem. and Chem. Engng.) P. WOLF. 176

Sydney Ross und **Werner Winkler,** *Über physikalische Adsorption.* 9. Mitt. *Subkritische und suprakritische Adsorptionsisothermen für monoatomare Kryptonschichten auf graphitiertem Ruß.* (8. vgl. vorst. Ref.) Vff. messen die Adsorptionsisothermen des Kr bei 77,1 u. 90,1° K bei niedrigen Drucken u. stellen fest, daß die krit. Kondensationstemp. für eine Monoschicht etwa bei 82° K liegt. Die 2dimensionale Kondensation läßt sich durch ein 2dimensionales Analogon zur VAN DER WAALSschen Gleichung ausausdrücken. Die erste u. zweite Schicht des Kr ist kub. gepackt. ΔH für niedrige Θ wird mit 3240 cal/Mol u. ΔH für hohe Θ mit 3740 cal/Mol angegeben. (J. Colloid Sci. **10.** 330–37. Aug. 1955.) P. WOLF. 176

Roy H. Harada, *Oberflächen- und Teilchengröße aufgedampfter Bleisulfidfilme.* Vf. berichtet über Messungen der physikal. Adsorption an dünnen PbS-Schichten, die (von synthet. PbS-Einkristallen ausgehend) entweder im Hochvakuum oder bei geringen O_2-Drucken aufgedampft worden waren. Die Messungen, die mit spektralreinem Kr nach der Meth. von BRUNAUER, EMMETT u. TELLER (J. Amer. chem. Soc. **60.** [1938.] 309) durchgeführt wurden, ergaben für die im Hochvakuum aufgedampften Schichten, daß die Oberfläche frisch aufgedampfter wie auch getemperter Filme mit wachsender Schichtdicke linear zunimmt. Die mittlere spezif. Oberfläche frisch aufgedampfter Schichten betrug 63 m^2/g (entsprechend einer Teilchengröße von 0,013 μ), diejenige getemperter Schichten 6 m^2/g (Teilchengröße 0,13 μ). Die spezif. Oberfläche der in O_2 aufgedampften Schichten hing beträchtlich von der Aufdampfgeschwindigkeit ab, sie betrug bei langsamer Aufdampfung im Mittel 66 m^2/g (Teilchengröße 0,012 μ), bei rascher Aufdampfung 118 m^2/g (Teilchengröße 0,0068 μ). Bei Temperung dieser Schichten in einem geschlossenen Vakuumsyst. nahm die spezif. Oberfläche auf 12 bzw. 14 m^2/g ab, was einer Zunahme der mittleren Teilchengröße auf 0,067 bzw. 0,056 μ entspricht. — Die Ergebnisse der Messungen werden ausführlich diskutiert. Vf. nimmt an, daß während der Aufdampfung in O_2-Atmosphäre als prim. Prozeß Chemisorption von O_2 stattfindet. Während der Temperung dieser O-haltigen Schichten werden dann SO_2 u. andere Oxydationsprodd., bes. Sulfat, gebildet. (J. chem. Physics **24.** 447—52. Febr. 1956. Chicago, Ill., Chicago Midway Laborr.) R. STEIN. 176

R. Lynn Farrar jr. und **Hilton A. Smith,** *Die Adsorption von Chlortrifluorid an porösem Nickelfluorid.* Die Adsorptionsunterss. an einem porösen Ni-Fluorid wurden zwischen 28 u. 180° ausgeführt. Zunächst findet eine schnelle physikal. Adsorption statt, die in eine langsam verlaufende Absorption, die der Gleichung $y_n^2 - y_1^2 = k(t_n - t_1)$ (t = Zeit, y = absorbierte Menge ClF_3) gehorcht, übergeht. Diese Erscheinungen werden durch einen Diffusionsmechanismus gedeutet. Die Oberflächenbest. mit N_2 nach der B.E.T.-Meth. zeigt Anomalien, die mitgeteilt u. gedeutet werden. (J. Amer. chem. Soc. **77.** 4502—05. 5/9. 1955. Oak Ridge, Tenn., Univ. of Tennessee, Dep. of Chem., u. Carbide and Carbon Chem. Comp.) R. LACMANN. 176

F. Kayser und **J. M. Bloch,** *Fixierung von Farbstoffen durch Montmorillonit.* Aufbereiteter (vgl. BLOCH, C. **1951.** II. 1099) u. bei 105° getrockneter Montmorillonit (I) von Taourire mit einem Basenaustauschvermögen von 93 Milliäquivalent auf 100 g wurde als saurer bzw. nach Behandlung mit Na_2CO_3 als Na-I in 5%ig. wss. Suspension mit verschied. 1%ig. Farbstofflsgg. geschüttelt. Bas. Farbstoffe werden gut u. irreversibel fixiert, saure Farbstoffe dagegen nicht. Die Desorption von *Neutralrot* (**II**) ist z. B. auch nach Zerstörung des **I**-Gerüstes durch 600std. Mahlen nur sehr gering. Es handelt sich aber um keinen Basenaustausch, da Mg-Acetat aus einem solchen **I** mit fixiertem **II** keine H- bzw. Na-Ionen frei macht. Die Menge des fixierten **II** ist größer, als sie dem Basenaustauschvermögen des **I** entsprechen würde. Die Farbstoffadsorption durch **I** ist gegebenenfalls mit einem Farbumschlag verbunden. (Chim. et Ind. **69.** 1054—58. Juni 1953. Nancy, Fac. de Pharm., Labor. de Chim.) K. STEINER. 177

A_6. Strukturforschung.

Judith Bregman, *Verwendung von Lochkartenmaschinen zur Summierung von Produkten. Die Anwendung auf Elektronenbeugungsberechnungen.* Ein Lochkartenverf. zur Summierung von Prodd. wird beschrieben. Es erfordert nur einen kleinen Kartensatz sowie Maschinen, die aus n., prim. nicht für wissenschaftliche Rechnungen vorgesehenen IBM-Anlagen verfügbar sind. Vf. beschreibt die Anwendung des Verf. auf Elektronenbeugungsrechnungen. (J. chem. Physics **24.** 405—07. Febr. 1956. New York, N. Y., Columbia Univ., Watson Sci. Comput. Labor.) G. RUBAN. 181

Kuo-Chu Ho, *Über die Fokussierung von Elektronenstrahlen hoher Stromstärke durch den Apertureffekt.* (Sitzungsbericht.) (Physic. Rev. [2] **99.** 1627. 1/9. 1955. Univ. of Florida.) R. LEVI. 181

N. S. Kendrick jr., J. E. Miller und **G. W. Crawford,** *Beschreibung eines Ofens zur Anfertigung von Röntgenbeugungsdiagrammen von Substanzen mit geringer thermischer Leitfähigkeit.* (Sitzungsbericht.) (Physic. Rev. [2] **99.** 1631. 1/9. 1955. Clemson Coll.) R. LEVI. 181

H. Tertsch, *Zur graphischen Bestimmung von Netzebenenabständen.* Vf. zeigt, daß unter Anwendung der stereograph. Projektion u. durch Verwertung von Kopfbild, Aufrissen u. schiefen Bildern der Elementarzelle eines Kristalls die Netzebenenabstände bestimmter Flächen graph. bestimmt werden können. Dabei werden alle zur Elementarzelle gehörigen Punktlagen eingetragen u. so gleichzeitig die Besetzungsdichte der Netzebenen bestimmt. Am Beispiel des *$CaCO_3$* wird das Verf. erläutert. (Tschermaks mineralog. petrogr. Mitt. [3] **5.** 171—82. 1955. Wien.) J.-E. HILLER. 181

K. P. Medwedew, *Über die Wege der Entwicklung der Strukturtheorie von A. M. Butlerow und des Darstellungsverfahrens der Molekularstruktur.* Aus theoret. Betrachtungen über die Struktur einiger anorgan. Verbb. vom Standpunkt der Theorie der Einelektronenbindung, die Natur der chem. Bindung in kovalenten Komplexverbb., die Struktur von Bzl., Naphthalin u. anderen aromat. Verbb., die Orientierung der Substituenten u. über Struktur u. Farbe wird geschlossen, daß in Übereinstimmung mit der Theorie BUTLEROWs für jede chem. Verb. nur eine Strukturformel möglich u. ausreichend sei, daß hierzu aber außer einfachen, doppelten u. dreifachen Bindungen auch die Einelektronenbindung verwendet werden müsse. Die Einteilung in „Haupt-" u. „Nebenvalenzen" wird abgelehnt. Das Atom besitzt in den Verbb. 1. u. höherer Ordnung die gleiche Valenz. Ein Unterschied besteht nur darin, daß Einelektronen- oder Mehrelektronenbindungen vorliegen. (Журнал Физической Химии [J. physik. Chem.] **27.** 451—64. März 1953. Charkow, Ukrain. Wiss. Forschungsinst. für Kohlechem.) O. LEBTAG. 182

Walter Gordy und **W. J. Orville Thomas,** *Elektronegativitäten der Elemente.* Vff. vergleichen die nach verschied. Methoden gewonnenen Werte für die Elektronegativitäten u. stellen eine vollständige Tabelle für alle Elemente auf. Zusätzlich wird eine graph. Darst. der Elektronegativitätswerte in Abhängigkeit von der Kernladungszahl gegeben. Auf Grund theoret. Betrachtungen gelangen Vff. ferner zu einer linearen Beziehung zwischen der Elektronegativität x (in PAULINGschen Einheiten) u. der Austrittsarbeit Φ der Metalle (in eV), die in der Form $x = 0{,}44\,\Phi - 0{,}15$ zu überraschend guter Übereinstimmung mit experimentell gefundenen Werten führt. (J. chem. Physics **24.** 439—44. Febr. 1956. Durham, N. C., Duke Univ., Dep. of Phys.) R. STEIN. 182

Tien Chi Chen, *Entwicklung der Elektronenwellenfunktionen von Molekülen in Termen der „united-atom"-Wellenfunktionen.* (Vorl. Mitt.) Vf. diskutiert, inwieweit u. in welcher Form die bisher nur auf 2atomige Moll. zur Berechnung der Elektronenniveaus u. -spektren angewandte Meth. der „united-atoms"-Wellenfunktionen auch auf die Berechnung vielelektroniger Moll. ausgedehnt werden kann. (J. chem. Physics **23.** 2200—01. Nov. 1955. Durham, N. Y., Duke Univ., Dep. of Phys.) K. FRENKLER. 182

W. W. Piper und **J. S. Prener,** *Hartree-Fock-Wellenfunktionen für Mn^{4+}.* (Sitzungsbericht.) (Physic. Rev. [2] **100.** 1250. 15/11. 1955. Gen. Electric Res. Labor.) R. STEIN. 182

Raymond Daudel, Hélène Brion und **Simone Odiot,** *Lokalisierbarkeit von Elektronen in Atomen und Molekülen. — Anwendung auf die Untersuchung des Begriffs der Schale und der Natur der chemischen Bindung.* Vff. untersuchen die Wahrscheinlichkeit P, mit der bei einem Syst. von Elektronen um ein Atom oder Mol. gerade ein Elektron mit bestimmtem gegebenem Spin $+1/2\,(h/2\pi)$ bzw. $-1/2\,(h/2\pi)$ in einem bestimmten Volumenausschnitt V anzutreffen ist. Für ein He-Atom im ersten angeregten Zustand läßt sich aus Symmetriegründen zeigen, daß V Kugelform hat (den Kern im Zentrum); der Radius dieser so konstruierten Wirkungssphäre muß 1,7 a_0 sein, wenn P innerhalb u. außerhalb derselben 93% betragen soll. Die berechnete Kugelschale kann in Analogie zur K-Schale u. der übrige Raum in Analogie zur L-Schale des He im betrachteten Zustand gesetzt werden. Für einen angeregten Zustand des He, der durch den Spin $h/2\pi$ u. den antisymm. Atomterm (2s) ($2p_z$) gek. ist (dies entspricht der klass. Vorstellung zweier zur gleichen Schale gehöriger Elektronen), wird V am besten durch eine Ebene senkrecht zur z-Achse wiedergegeben. Wenn $\overline{F}$ das mittlere elektr. Potential eines in V befindlichen Elektrons ist, gilt $\overline{F}^{3/2} V$ = konstant, gleich welche Schale des Atoms betrachtet wird. Als weitere Beispiele werden das Li_2-Mol. (vgl. DAUDEL und Mitarbeiter, C. **1956.** 4930) u. das Äthylen besprochen. (J. chem. Physics **23.** 2080—83. Nov. 1955. Paris, Centre de Chim. Theor. de France.) K. FRENKLER. 182

D. W. Posener, *Der asymmetrische Rotor. Konvergenz bei Kettenbruchentwicklung der reduzierten Energien.* Vf. diskutiert das Verf. der Berechnung der Energieniveaus eines asymm. Rotors mit Hilfe der Kettenbruchoperation der Säkulardeterminante, die nach KING, HAINER u. CROSS (J. chem. Physics **11.** [1943.] 27) die Ermittlung der den red. Energien entsprechenden Wurzeln gestattet. Es wird ein erweitertes Verf. zur Verbesserung der Konvergenz dieser Rechnungen angegeben. (J. chem. Physics **24.** 546—47. März 1956. Sydney, Commonwealth Sci. and Ind. Res. Organisat., Div. of Electrotechnol.) J. RUDOLPH. 182

Jiro Higuchi, *Die elektronischen Strukturen von NH, NH_2 und NH_3.* (Vgl. C. **1956.** 4352.) Mit Hilfe der Meth. der Linearkombination von Atomeigenfunktion mit „self-consisting field" (LCAO-SCF) werden die Mol.-Eigenfunktionen (MO) für die Grundzustände von NH, NH_2 u. NH_3 bei verschied. Bindungswinkeln unter Berücksichtigung aller Elektronen u. unter besonderer Annahme von Orthogonalbeziehungen zwischen den 1s-Bahnen von N u. H berechnet. Die MO u. die Bahnenenergien zeigen Parallelismus zwischen den a_1- u. σ- sowie b_2- u. e-Eigenfunktionen, jedoch wächst die s–p-Hybri-

disierung mit der Zahl der H-Atome. Die Dipolmomente der drei Radikale sowie die niedrigeren Niveaus werden mit Hilfe des LCAO-MO berechnet. Die Ergebnisse stimmen mit den Beobachtungen relativ gut überein. (J. chem. Physics **24.** 535—45. März 1956. Tokyo, Meguro-ku, Ookayama, Inst. of Technol., Labor. of Phys. Chem.)
J. Rudolph. 182

G. G. Libowitz und **T. R. P. Gibb jr.**, *Der ionogene Charakter von Hydriden der Übergangsmetalle.* Die Metall—H-Abstände sowie die Kationen- u. H^--Ionenradien werden für folgende Hydride angegeben: TiH_2, ZrH_2, LaH_2, CeH_2, PrH_2, NdH_2, SmH_2, GdH_2, AcH_2, ThH_2, PaH_2, UH_2, PuH_2. Die H^--Radien zeigen nur geringe Abweichungen von dem Mittelwert 1,29 A. Auf Grund der mit steigender Elektronegativität abnehmenden H^--Radien bei den Alkalihydriden ist ein Wert von weniger als 1,37 A zu erwarten. Wie die Formeln zeigen, werden in den Hydriden der Übergangsmetalle nicht alle Valenzelektronen zur Bindung von H benutzt. Die verbleibenden Elektronen betätigen sich wahrscheinlich in einer schwachen metall. Restbindung. (J. physic. Chem. **60.** 510—11. April 1956. Medford, Mass., Tufts Univ., Dep. of Chem.) H. W. Levi. 182

Herbert Jehle, J. M. Yos und **W. L. Bade**, *Spezifische Wechselwirkung zwischen identischen Molekülpaaren.* (Sitzungsbericht.) (Physic. Rev. [2] **99.** 1640. 1/9. 1955. Univ. of Nebraska.) H. Liepack. 182

G. W. Brady, *Röntgenuntersuchungen von Telluroxydglas.* Ähnlich *Brookit* besitzt TeO_2 oktaedr. Koordination, beim Schmelzen mit wenig Li_2O bildet es ein Glas, in dem die kristalline Nahordnung in gewissem Maße erhalten geblieben ist. Aus Röntgenunterss. an verschied. Proben von TeO_2-Glas bestimmte Vf. die radiale Elektronenverteilungsfunktion sowie den Einfl. einer Einbeziehung der Weitwinkelstreuung. Als nächste Abstände wurden ermittelt: Te—O 1,95 u. 2,55 Å; Te—Te ca. 3,8 u. 4,6 Å. (J. chem. Physics **24.** 477. Febr. 1956. Murray Hill, N. J., Bell Telephone Labors., Inc.)
G. Ruban. 186

Stig O. Lundqvist, *Über die Grenzschwingungsfrequenzen eines kubischen Ionengitters.* Theoret. Untersuchung. (Ark. Fysik **9.** Nr. 29. 435—56. 1955. Uppsala, Univ., Inst. of Mechanics and Mathemat. Phys.) C. Gottfried. 190

W. Jacobi, *Über die Eisbildung in reinem unterkühltem Wasser.* Es wird die Unterkühlbarkeit von reinen Wassertropfen in Abhängigkeit von der Tropfengröße gemessen. Die beobachtete maximale Unterkühlbarkeit (für Tropfen von 10 μ Radius -37^0) läßt sich quantitativ mit Hilfe der Volmerschen Keimbildungstheorie erklären. Die Grenzflächenenergie zwischen Eis u. W. kann aus den Ergebnissen berechnet werden u. wird in Übereinstimmung mit auf andere Weise gewonnenen Werten dieser Größe gefunden. (Z. Naturforsch. **10a.** 322—30. April 1955. Frankfurt/M., MPI für Biophys.)
H.-J. Heinrich. 190

A. Rosenberg und **W. C. Winegard**, *Einige Kristallwachstumsphänomene in hochgereinigtem Blei.* (Sitzungsbericht.) (Physic. Rev. [2] **99.** 1635. 1/9. 1955.) R. Levi. 190

H. A. Atwater und **B. Chalmers**, *Keimbildung von Blei mit bevorzugter Orientierung.* Vff. schmolzen 99,999% reines *Pb* an der Luft in einem flachen Graphittiegel, der innen mit einer Schicht von koll. Graphit bestrichen war, derart, daß die Tiegelwände wärmer waren als die Luft über der freien Schmelzoberfläche, so daß Keimbldg. nur im Mittelpunkt der Schmelze eintreten konnte. Beim Abkühlen erstarrt die ganze Schmelze zu einem einzigen Einkristall, wobei die Oberfläche des Kristalls mit einer (1 1 1)-Ebene zusammenfiel u. die Abweichung von dieser Orientierung nicht mehr als $\pm 0{,}5^0$ betrug. Wurde ein Pb, welches 0,009% As, 0,002% Sb sowie Ag, Sn, Cu u. Fe in Mengen $<0{,}001$% enthielt, in der gleichen Weise behandelt, dann bildete sich ein polykristallines Aggregat mit einer starken Faserstruktur an der Oberfläche, in der die einzelnen Körner mit ihren [1 1 1]-Achsen innerhalb einiger Grad senkrecht zu der Oberfläche lagen. (J. appl. Physics **26.** 918—19. Juli 1955. Cambridge, Mass., Harvard Univ., Gordon McKay Labor.)
C. Gottfried. 190

D. M. Heinz und **E. Banks**, *Wachstum und einige Eigenschaften eines großen Einkristalls von Cadmiumselenid.* Vff. ließen große Einkristalle von Cadmiumselenid unter hohen Drucken wachsen, aus reinen Ausgangssubstanzen (*Cd*- u. *Se*-Dampf) wurde ein 17 g schwerer Kristall hergestellt, der einen erheblichen Überschuß an Cd enthielt, wahrscheinlich mit wechselnder Konz. längs der Ausdehnung des Kristalls. Aus diesem Kristall entnommene Proben ergaben einen geringen elektr. Widerstand von ca. 10^{-2} Ωcm; der Hall-Koeff. zeigt, daß als Ladungsträger Elektronen mit Konzz. von 10^{17}—10^{18} cm^{-3} auftraten. Die Widerstands–Temp.-Kurven waren charakterist. für entartete Halbleiter; „Intrinsic"-Leitfähigkeit wurde zwischen -170 u. $+100^0$ nicht beobachtet. (J. chem. Physics **24.** 391—98. Febr. 1956. Brooklyn, N. Y., Polytechn. Inst. of Brooklyn, Dep. of Chem.) G. Ruban. 190

J. Whetstone, *Die Veränderung des Kristallhabitus anorganischer Salze durch Farbstoffe. 2. Mitt. Die Beziehung zwischen der Struktur von Kristallen und den den Habitus verändernden Farbstoffen.* (1. vgl. C. **1955.** 10209.) Vf. diskutiert die Eignung von Kristallflächen zur Adsorption von Farbstoffmoll. im Hinblick auf die l. c. abgeleitete Hypothese, daß für die auf elektrostat. Anziehung beruhende Adsorption von Farbstoff an einer Kristallfläche eine Beziehung zwischen der Art der dem Farbstoff eigenen polaren Gruppen u. den Ionen der Kristallfläche notwendig ist. Der Einfl. der polaren Gruppen von 26 ausgewählten Triphenylmethan-, Anthrachinon-, Monoazo- u. Disazofarbstoffen auf den Kristallhabitus von NH_4NO_3 *IV*, KNO_3, $NaNO_3$ u. $(NH_4)_2SO_4$ wurde untersucht, die beobachteten Farbstofflöslichkeiten, Modifikationsveränderungen u. Kristallflächen der Adsorption werden mitgeteilt. (Trans. Faraday Soc. **51.** 1142—53. Aug. 1955. Stevenston, Ayrs., I.C.I. Ltd., Nobel Div., Res. Dep.) G. RUBAN. 190

Elizabeth A. Wood, *Die Frage einer Phasenumwandlung im Silicium.* Zur Nachprüfung von Unterss. von HEYD, KHOL u. KOCHANOVSKÁ (vgl. Collect. czechoslov. chem. Commun. **12.** [1947.] 502), denen zufolge eine nichtkub. Hochtemperaturmodifikation des Si existieren soll, wurden Röntgenbeugungsaufnahmen von Si bei 700, 800 u. 900° gemacht sowie eine therm. Analyse durchgeführt. Es wurden keine Anzeichen für eine Phasenumwandlung zwischen Zimmertemp. u. 1000° gefunden. (J. physic. Chem. **60.** 508—09. April 1956. Murray Hill, N. Y., Bell Telephone Labors., Inc.) H. W. LEVI. 190

A. Bergstein, *Untersuchung über die Bildung fester Lösungen von Bleititanat in Bariumtitanat mittels Messung seignetteelektrischer Eigenschaften.* Inhaltlich ident. mit der C. **1956.** 5485 referierten Arbeit. (Collect. czechoslov. chem. Commun. **21.** 34—40. Febr. 1956. [Orig.: deutsch.]) W. BARZ. 190

J. S. Anderson, I. F. Ferguson und **L. E. J. Roberts,** *Anionische Fehlstellen in Oxyden vom Fluorittyp.* Vff. vergleichen anomale Mischkristalle von Oxyden MO_2 des Fluorittyps mit denen von Oxyden M_2O_3 des verwandten „C"-Typs der Seltenen Erden. Solche Mischphasen besitzen im anion. Untergitter Leerstellen, die bei Oxydation eines der Kationen durch O aufgefüllt werden, wie z. B. im Syst. UO_2–Y_2O_3. Vff. geben eine graph. Darst. der Änderung der kub. Zellkantenlänge a_0 mit der Zus. $U_xY_{1-x}O_y$ für folgende drei Fälle: 1. nach Erhitzen mit metall. *U* auf 900—1000° (Bldg. brauner Oxyde, anion. Leerstellen infolge O-Defizits, vergrößerte Elementarzelle [wahrscheinliche Genauigkeit von a_0: $\pm 0{,}002$ kX]); 2. nach Erhitzen im Vakuum auf ca. 2000 oder in CO auf ca. 1200° (ursprüngliche Methoden der Darst.) oder nach Oxydation des durch Red. mit U nach 1. erhaltenen Prod. bei —20 bis +20° (Bldg. schwarzer Oxyde MO_2 der Zus. $U_xY_{1-x}O_{1,5+0,5x}$, [$\pm 0{,}005$ kX]); 3. nach Oxydation in O_2 bei 300° (Bldg. von Oxyden $MO_{2,14}$ mit überschüssigem O auf Zwischengitterplätzen, Verkleinerung des Gitters [$\pm 0{,}005$ kX]). Ähnlich wie bei 3. verläuft die Oxydation von UO_2 u. von UO_2-ThO_2-Mischkristallen. (J. inorg. Nuclear Chem. **1.** 340—41. Okt. 1955. Harwell, Berks., Atom. Energy Res. Establ.) G. RUBAN. 190

R. U. Ayres und **R. H. Tredgold,** *Über die Kristallstruktur der festen Edelgase.* (Sitzungsbericht.) (Physic. Rev. [2] **100.** 1257. 15/11. 1955. Univ. of Maryland.) R. STEIN. 195

J. E. Miller, N. S. Kendrick jr. und **G. W. Crawford,** *Eine vorläufige Untersuchung der Kristallstrukturänderungen von Schwefel.* (Sitzungsbericht.) (Physic. Rev. [2] **99.** 1631. 1/9. 1955. Clemson Coll.) R. LEVI. 195

H. D. Keith und **H. H. Wills,** *Gitterdimensionen von klarem kristallinem Quarz und ihre Variabilität.* Vff. bestimmten bei 18° die Gitterdimensionen von brasilian. Quarz u. synthet. Quarzen, die bei 292, 369 u. 388° gewachsen waren. Aus den erhaltenen Messungen, die eine Genauigkeit von $1:10^5$ besaßen, ergaben sich Änderungen der Parameter von wenigstens $1:10^4$. Ferner wurde eine progressive Abnahme des Achsenverhältnisses mit Zunahme der Gitterparameter festgestellt. Die Versuchsergebnisse wurden mit Messungen von anderer Seite verglichen. Die Daten eines Pulverdiagramms sind tabellar. zusammengestellt. Es folgen kurze Bemerkungen von BRINDLEY u. von KEITH. (Amer. Mineralogist **40.** 530—34. Mai/Juni 1955. Bristol, Univ., Wills Phys. Labor.) C. GOTTFRIED. 195

Alfred Grund, *Die Kristallstruktur von $BeSO_4$.* $BeSO_4$ kristallisiert im BPO_4-Typ, der sich von der *Cristobalit*-Struktur herleitet. Es ist tetragonal u. hat die Raumgruppe $S_4^2 - I\bar{4}$. Die Gitterkonstanten sind a = 4,49, c = 6,90 Å. Die S-Atome liegen in der Punktlage 2a mit 0 0 0 u. die Be-Atome in 2c mit 0 $^1/_2$ $^1/_4$. Die 3 Parameter der O-Atome sind x = — 0,128, y = 0,234, z = 0,130. Es ergeben sich die Atomabstände: S—O = 1,50, Be—O = 1,56 Å. Ein O gehört demnach immer je einem Be u. einem S an. Man kann bei dieser Verb. daher nicht von einem echten Salz der Schwefelsäure sprechen. (Tschermaks mineralog. petrogr. Mitt. [3] **5.** 227—30. 1955. Paris.) J.-E. HILLER. 195

H. E. Petch, *Lage der Wasserstoffatome in der Elementarzelle von Portlandit $Ca(OH)_2$.* (Sitzungsbericht.) (Physic. Rev. [2] **99.** 1635—36. 1/9. 1955. Cavendish Labor., Crystallogr. Labor., u. McMaster Univ.) R. LEVI. 195

Aurelio Burdese, *Röntgenographische Untersuchungen an Kristallen von Monocalciumaluminat ($CaAl_2O_4$).* Die Gitterdimensionen von $CaAl_2O_4$ (**I**) wurden nach der Drehkristall- u. WEISSENBERG-Meth. bestimmt. **I** krist. rhomb. mit a = 17,44 ± 0,06, b = 15,02 ± 0,05 u. c = 8,01 ± 0,03 Å. Die gefundene u. röntgenograph. D. ist 2,98. Die Elementarzelle enthält 24 Molekeln. Die Darst. von **I**-Einkristallen gelang durch sehr langsames Abkühlen von ca. 200 g Substanz von 1620 auf 1580°. (Ricerca sci. **24.** 1862—69. Sept. 1954. Torino, Polytecn., Ist. di chim. gen. e appl. e di metall.) H. NÖTH. 195

Goro Honjo, *Feinstruktur auf Grund eines Beugungseffektes im Elektronenbeugungsdiagramm einer Pulverprobe.* 1. Mitt. *Feinstruktur von Magnesium- und Cadmiumoxydrauch mit Faserorientierung.* Elektronenbeugungsaufnahmen an *MgO*- u. *CdO*-Rauch ergaben zunächst, daß die Rauchteilchen Faserorientierung mit [0 0 1] als Faserachse senkrecht zur Unterlage besaßen. Auf den Diagrammen des MgO waren die Interferenzen von (1 1 1) u. (1 1 3) in Dubletts in horizontaler Richtung aufgespalten, ebenso die Interferenzen mit den Indices (h h l) u. (2h h l) mit h ≠ 0. Ebenso bestanden die (0 0 4)- u. (0 0 6)-Interferenzen auf 2 horizontal aufgespalteten Reflexen auf beiden Seiten ihrer eigentlichen Lagen auf der vertikalen Mittellinie. Die (0 0 2)-Interferenz bestand aus einem horizontal aufgespaltenen Quartett. Die beobachteten Dubletts entsprachen einem gewöhnlichen Brechungseffekt, der durch ein mittleres inneres Potential von ca. 15 bis 16 V hervorgerufen wird. Bei dem (0 0 2)-Quartett handelt es sich um einen doppelten Brechungseffekt. Im Falle des CdO war die (1 1 1)-Interferenz nur in ein Dublett aufgespalten, dessen Punkte einen anomal kleinen Abstand voneinander hatten, obwohl hier ein Quartet zu erwarten gewesen wäre. Das Dublett entspricht den beiden inneren Reflexen des Quartetts, während die beiden äußeren Reflexe wegen des stark vergrößerten Intensitätsunterschiedes der doppelt gebrochenen Elektronenstrahlen nicht beobachtbar sind. (J. physic. Soc. Japan **8.** 776—81. Nov./Dez. 1953. Tokyo, Inst. of Technol. [Orig.: engl.]) C. GOTTFRIED. 195

Goro Honjo und **Kazuhiro Mihama,** *Feinstruktur auf Grund eines Beugungseffektes im Elektronenbeugungsdiagramm einer Pulverprobe.* 2. Mitt. *Mehrfache Strukturen infolge Doppelbrechung durch regellos orientierte Rauchteilchen von Magnesiumoxyd und Cadmiumoxyd.* (1. vgl. vorst. Ref.) Vff. untersuchten die auf Grund der dynam. Theorie der Elektronenbeugung infolge Doppelbrechungseffektes zu erwartenden Interferenzdubletten an einzelnen Rauchteilchen von MgO u. CdO, welche regellose Orientierung besaßen. Es wurde beobachtet, daß die Konfigurationen der Dubletts sich nicht nur mit den Azimuten der Kristallite ändern, sondern auch mit den Abweichungswinkeln der BRAGGschen Bedingung. Aus den Inter- u. Intradublettabständen wurden die mittleren u. period. Glieder der FOURIER-Ausdehnung der inneren Potentiale der Kristalle erhalten. Die so erhaltenen Ergebnisse stimmten befriedigend mit den theoret. Werten überein. Die l. c. beobachtete Intensitätsanomalie des Doppelbrechungseffektes scheint eine allg. Erscheinung zu sein. Es wurde festgestellt, daß von den 2 Interferenzen des Dubletts die mit der größeren Abweichung immer intensitätsschwächer als die Komponente mit der geringeren Abweichung u. daß ferner der Intensitätsunterschied für starke Reflexionen, d. h. für Reflexionen mit großen Doppelbrechungen, auffallender ist. Diese Anomalie läßt sich durch die Annahme komplexer period. innerer Potentiale der Kristalle erklären. (J. physic. Soc. Japan **9.** 184—98. März/April 1954. [Orig.: engl.]) C. GOTTFRIED. 195

Harry Hahn und **Günter Frank,** *Zur Struktur des Ga_2S_3.* Beim Ga_2S_3 wurde neben der bereits bekannten Zinkblende- u. Wurtzitmodifikation eine weitere Modifikation festgestellt, die eine Überstruktur der Wurtzitform mit einer geordneten Verteilung der Metallatome ist. Die Elementarzelle mit den Gitterkonstanten a = $6{,}37_0$, c = $18{,}0_5$ kX, c/a = $2{,}83_3$ enthält 6 Moll. Ga_2S_3. Es wird dafür eine Struktur vorgeschlagen, die den Raumgruppen C_6^3 — $P6_1$ bzw. D_6^3 — $P6_5$ entspricht. (Z. anorg. allg. Chem. **278.** 333—39. März 1955. Kiel, Univ., Inst. für anorgan. Chem.) G. RUBAN. 195

Harry Hahn und **Günter Frank,** *Über die Kristallstruktur des GaS.* GaS krist. in einem hexagonalen Schichtengitter der Raumgruppe D_{6h}^4 — C 6/m m c. Die Gitterkonstanten sind: a = $3{,}57_8$, c = $15{,}4_7$ kX; c/a = $4{,}32_3$. Die Elementarzelle enthält 4 Moll. GaS. Charakterist. für die Struktur ist die Schichtenfolge S Ga Ga S, wobei jedes Ga-Atom nahezu tetraedr. von 3 S- u. einem Ga-Atom umgeben ist. Das diamagnet. Verh. der Verb. wird durch die Ggw. von Ga_2^{4+}-Ionen mit Ga–Ga-Bindungen erklärt. (Z. anorg. allg. Chem. **278.** 340—48. März 1955. Kiel, Univ., Inst. für anorg. Chem.) G. RUBAN. 195

Hans Nowotny, Alan W. Searcy und **J. E. Orr,** *Die Strukturen einiger Germanide der Formel M_5Ge_3.* Die Phasen $NbGe_{0,67\pm0,05}$, $NbGe_{0,54\pm0,06}$, β-$TaGe_{0,5}$ u. α-$TaGe_{0,5}$ wurden mit Hilfe von DEBYE-SCHERRER-Aufnahmen mit $Cu_{K\alpha}$-Strahlung röntgenograph. untersucht. Die Idealzus. aller Phasen ist M_5Ge_3. $NbGe_{0,67}$ krist. im D 8_8-Typ, a = 7,71$_8$, c = 5,37$_0$ Å, c/a = 0,695$_8$, 6 Nb in (g) mit x = 0,25 u. 6 Ge in (g) mit x = 0,615. Die Struktur ist möglicherweise durch Spuren von C u. O stabilisiert, die in dem Präp. als Verunreinigung enthalten waren. $NbGe_{0,54}$ u. β-$TaGe_{0,5}$ haben die gleiche Struktur wie die tetragonale Hochtemperaturmodifikation von Nb_5Si_3. Punktlagen: 8 Ge in (h) mit x = 0,17 u. 16 Nb oder Ta in (k) mit x = 0,074 u. y = 0,277. Gitterkonstanten: „$Nb_5 \cdot Ge_3$" a = 10,14$_8$, c = 5,15$_2$ Å, c/a = 0,507$_7$; β-„Ta_5Ge_3" a = 10,01$_0$, c = 5,15$_0$ Å, c/a = 0,514$_5$. Die Tieftemperaturmodifikation α-Ta_5Ge_3 entspricht der Hochtemperaturmodifikation des Ta_5Si_3. a = 6,59$_9$, c = 12,01$_0$ Å, c/a = 1,82$_0$. Raumgruppe D_{4h}^{18}, 4 Ta in 4 (c), 16 Ta in 16 (l), 4 Ge in 4 (2), 8 Ge in 8 (h). Diese Struktur ist ident. mit dem Cr_5B_2-Gitter. Die Parameter ließen sich nicht exakt bestimmen (J. physic. Chem. **60.** 677—78. Mai 1956. Berkeley, Calif., Univ. of California, Div. of Mineral. Technol.) H. W. LEVI. 195

S. Geller, *Kristallstruktur von Gadoliniumorthoferrit, $GdFeO_3$.* (Sitzungsbericht.) (Physic. Rev. [2] **99.** 1641. 1/9. 1955. Bell Telephone Laborr., Inc.) R. LEVI. 195

Carol H. Dauben, D. H. Templeton und **C. E. Myers,** *Die Kristallstruktur von Cr_5Si_3.* Cr_5Si_3 krist. tetragonal mit a = 9,170 ± 0,006 u. c = 4,636 ± 0,003 Åu. Z = 4. Mit Hilfe von konventionellen FOURIER-Methoden wurde als Raumgruppe I 4/m c m — D_{4h}^{18} erhalten. Die Punktlagen sind 4 Si in (a), 8 Si in (h) mit x = 0,165, 4 Cr in (b), 16 Cr in (k) mit x = 0,075 u. y = 0,224. In der gleichen Struktur krist. Mo_5Si_3, W_5Si_3, Mo_5Ge_3, Nb_5Si_3, V_5Si_3, Ta_5Si_3 u. wahrscheinlich Cr_5Ge_3. (J. physic. Chem. **60.** 443—45. April 1956. Berkeley, Calif., Univ. of California, Radiat. Labor., Dep. of Chem. and Div. of Mineral Technol.; Lafayette, Ind., Purdue Univ., Dep. of Chem.) H. W. LEVI. 195

E. Wait, *Eine kubische Form von Urantrioxyd.* Die Kristallstruktur einer Uranoxydphase der Zus. $UO_{2,82}$ wurde nach der Röntgenpulvermeth. mit einer GUINIER-Kamera bestimmt. Die Elementarzelle ist kub. mit a = 4,138 ± 0,005 kX. Lagen der Atome: U in (0, 0, 0), O in (½, 0, 0), (0, ½, 0) u. (0, 0, ½) mit einigen Anionenvakanzen. Die Verb. ist isostrukturell mit ReO_3. Der Bindungsabstand U—O = 2,073 Å stimmt mit dem von ZACHARIASEN für eine Bindungsstärke S = 1 vorhergesagten überein. (J. inorg. Nuclear Chem. **1.** 309—12. Okt. 1955. Harwell, Didcot, Berks., Atom. Energy Res. Establ.) G. RUBAN. 195

B. F. Hallam, O. S. Mills und **P. L. Pauson,** *Dicyclopentadienyldieisentetracarbonyl.* Mittels röntgenkristallograph. Analyse wird gezeigt, daß das Prod. aus *Eisenpentacarbonyl* u. *Dicyclopentadien* nicht als $(C_5H_5Fe)_2(CO)_5$, sondern als $(C_5H_5Fe)_2(CO)_4$ anzusprechen ist u. eine zentrosymm. Struktur mit Fe—Fe-Bindung (Abstand 2,5 Å) besitzt. Die Kristalle sind monoklin, Raumgruppe P 2_1/c; Gitterkonstanten: a = 7,0, b = 12,4, c = 7,9 Å ± 0,1 Å, β = 108¼ ± ¼°; D. 1,77 ± 0,01 g·cm^{-3}. Vff. schließen auf nebenst. Molekularstruktur mit 2 Fe u. 2 Carbonylbrücken in einer Ebene u. senkrecht dazu Ebenen aus Cyclopentadienringen u. (nicht Brücken-bildenden) Fe—C—O-Bindungen. — Unabhängig davon spricht für die Ggw. von 4 statt 5 CO-Gruppen auch die Oxydation mit H_2SO_4 nach der Rk.: $(C_5H_5Fe)_2(CO)_4$ + ½ O_2 + H_2O = 2 $[C_5H_5Fe(CO)_2]^+$ + 2 OH^-, bei der keine Bldg. von freiem *CO* auftritt. (J. inorg. Nuclear Chem. **1.** 313—16. Okt. 1955. Sheffield, Univ., Dep. of Chem., Staveley Labors.) G. RUBAN. 195

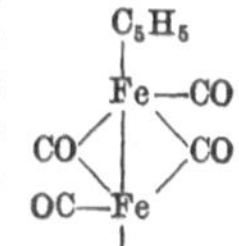

P. Lacombe, *Die kristallographischen und metallographischen Beweise für das Auftreten von Unvollkommenheiten in Metallkristallen.* Vf. bespricht an Hand der vorliegenden Literatur die verschied. experimentellen Methoden zur Identifizierung der Struktur eines „polygonisierten" Kristalls. (J. Physique Radium **16.** 33 S. Juli 1955. Paris, École des Mines, Centre de Rech. Metallurg.) C. GOTTFRIED. 197

J. Friedel, *Verunreinigungen in den Metallen.* (Vgl. C. **1956.** 9931.) Vf. berichtet über eine Meth. zur Unters. des Valenzfaktors, welcher die Verunreinigungen durch Punktladungen Z u. eine gleiche Anzahl ergänzender, in das Lösungsm. eingeführter Elektronen darstellt. Mit Hilfe dieser Meth. wird gezeigt, daß bei schwachen Konzz. die ergänzenden Elektronenladungen eine Abschirmung gegenüber den Z-Ladungen auf kurze Entfernung bilden. Der größte Teil des Lösungsm. wird nicht gestört, u. die vor unreinigenden Atome treten nur auf eine sehr kurze Entfernung in Wechselwirkung. Der Radius der Abschirmung nimmt ab, wenn die Elektronendichte am FERMI-Niveau zu nimmt. In den Übergangsmetallen, in denen diese Elektronendichte sehr stark ist, stören die verunreinigenden Atome das Lösungsm. nicht u. treten nur sehr wenig in Wechselwirkung. Die magnet. Momente der ferromagnet. Legierungen leiten sich hiervon ab. Bei höherer Konz., bei der die Abschirmungen in Wechselwrkg. treten, stoßen sich die Verunreinigungen ab oder ziehen sich an, je nach dem Vorzeichen von Z. Hieraus leitet sich die Kurve der Bildungsenergie der Legierungen ab. (J. Physique Radium **16.** 34 S. Juli 1955. Paris, École des Mines, Centre de Rech. Métallurg.) C. GOTTFRIED. 197

Konrad Schubert, Ulrich Rösler, Werner Mahler, Erhard Dörre und **Waldemar Schütt,** *Strukturuntersuchungen an einigen valenzelektronen-armen Legierungen zwischen B-Metallen.* Gitterkonstantenmessungen an den Phasen In_3Sn, $CdHg$ u. $MgCd$ ergaben Werte, die in Übereinstimmung mit Vorstellungen über den Bindungszustand dieser Phasen sind. Die Phasen $InSn_4$ u. $CdSn_9$ sind vom $HgSn_6$-Typ. Die Existenz der Phase $HgSn_9$ wird als fraglich bezeichnet. (Z. Metallkunde **45.** 643—47. Nov. 1954. Stuttgart, MPI für Metallforsch.) F. VIER. 197

Rudolf Vogel und **Helmut Klose,** *Über die Zustandsbilder Cer–Lanthan, Lanthan–Antimon und Cer–Indium.* Auf Grund von therm., Gefüge- u. gefügeanalyt. Unterss. wurde festgestellt, daß das Syst. Ce–La eine lückenlose Reihe von Mischkristallen darstellt. Die Unters. des Syst. La–Sb gestaltete sich außerordentlich schwierig wegen der großen Wärmetönung beim Zusammenschmelzen der Metalle. Als sicher wurden die inkongruent schm. Verbb. der Formeln La_2Sb, $LaSb$ u. $LaSb_2$ bestimmt, eine Verb. der Formel La_3Sb_2 mit dem F. von 1690° wird als wahrscheinlich angesehen. Im Syst. Ce–In konnten die Verbb. Ce_3In, Ce_2In, $CeIn$, Ce_2In_3 u. $CeIn_3$ entsprechend den Verbb. im Syst. La–In nachgewiesen werden. $CeIn_3$ hat die der kub.-flächenzentrierten verwandte $AuCu_3$-Struktur mit der Gitterkonstanten $a = 4{,}680 \pm 0{,}008$ Å u. ist als einzige Ce–In-Verb. luft- u. feuchtigkeitsbeständig. Abgesehen vom Konzentrationsbereich von 0—30% Ce sind die Legierungen stark pyrophor. (Z. Metallkunde **45.** 633—38. Nov. 1954. Göttingen, Univ., Inst. für allg. Metallkunde.) F. VIER. 197

Werner Köster und **Berthold Thoma,** *Aufbau der Systeme Gallium–Antimon, Gallium–Arsen und Aluminium–Arsen.* Mittels therm. Analyse u. mkr. Gefügebeobachtung wurden die Zustandsbilder der bin. Systeme Ga–Sb, Ga–As u. Al–As aufgestellt. Bei 50 At.-% treten in diesen Systemen intermetall. Verbb. mit relativ hohem F. auf. Die Verbb. GaSb, GaAs u. AlAs bilden mit ihren Randkomponenten Eutektika, die z. T. entartet sind. (Z. Metallkunde **46.** 291—93. April 1955. Stuttgart, MPI für Metallforsch.) H. HOCHSTEIN. 197

R. F. Domagala und **W. Rostoker,** *Das System Titan–Aluminium–Mangan.* Die tern. Gleichgewichte des Syst. Ti–Al–Mn werden in dem Zusammensetzungsbereich, der durch Ti–TiAl–$TiMn_2$ bestimmt ist, sowie im Temperaturgebiet von 700—1200° untersucht. Eine invariante Vierphasen-Rk. der Art $\beta + TiAl \rightleftharpoons \alpha + TiMn_2$ tritt bei 865° auf. Eine zweite invariante Vierphasen-Rk. der Art $\beta + TiMn_2 \rightleftharpoons \alpha + TiMn$ tritt wahrscheinlich zwischen 550 u. 700° auf. Es werden 6 isotherm. Schnitte, 6 senkrechte Schnitte u. Projektion des β-Feldes von dem untersuchten Syst. mitgeteilt. (Trans. Amer. Soc. Metals **47.** 565—77. 1955.) H. HOCHSTEIN. 197

F. L. Orrell jr. und **M. G. Fontana,** *Das System Titan–Kobalt.* Zusätze von Co zu Ti stabilisieren die β-Phase u. erniedrigen die Umwandlungstemp., bis eine eutektoide Zers. zwischen 9 u. 10% Co bei 685° auftritt. Die β-Phase mit 17% Co u. Ti_2Co bilden ein Eutektikum bei 27% Co u. 1020°. Ti_2Co wird durch eine peritekt. Rk. zwischen TiCo u. der Schmelze bei 1055° gebildet. (Trans. Amer. Soc. Metals **47.** 554—64. 1955.) H. HOCHSTEIN. 197

F. N. Rhines, W. E. Bond und **R. A. Rummel,** *Der Ordnungsaufbau von Legierungen des Systems Kupfer–Gold.* Der Aufbau von Legierungen des Syst. Cu–Au wird im Bereich von 19,5—70 At.-% Au überprüft. Kein Hinweis für das Vorhandensein einer dritten Tieftemperaturphase bei 41 At.-% Au wurde dabei gefunden; es besteht jedoch ein eutektoides Gleichgewicht zwischen den CuAu- u. den Cu_3Au-Mischkristallen bei 36 At.-% Au u. 284°. Nahe bei 70 At.-% Au tritt eine Umkehr im elektr. Widerstand auf, was auf das Auftreten der geordneten $CuAu_3$-Phase zurückgeführt wird. Beobachtungen über die Umwandlungsgeschwindigkeiten zeigen an, daß die Umordnungsvorgänge sich wie Keimbildungs- u. Keimwachstumsvorgänge verhalten. (Trans. Amer. Soc. Metals **47.** 578—98. 1955.) H. HOCHSTEIN. 197

Ernst Raub und **Georg Wörwag,** *Die Gold–Platin–Palladium-Legierungen.* Die röntgenograph. Unters. von vier Schnitten zeigt, daß die Au–Pt–Pd-Legierungen bei hoher Temp. eine lückenlose Reihe von Mischkristallen bilden. In Übereinstimmung mit den Befunden von DARLING u. Mitarbeitern muß die Mischungslücke im bin. Syst. Au–Pt oberhalb 1260° vollkommen geschlossen sein. Die Mischungslücke des tern. Syst. ist nach der Au–Pd-Seite hin ausgeweitet u. verbreitert sich verhältnismäßig stark mit sinkender Temperatur. Die Entmischungstemp. fällt mit steigendem Pd-Geh. stetig.

(Z. Metallkunde **46.** 513—15. Juli 1955. Schwäbisch-Gmünd, Forschungsinst. für Edelmetalle.) H. HOCHSTEIN. 197

Ernst Raub und **Werner Mahler,** *Die Legierungen des Mangans mit Platin, Iridium, Rhodium und Ruthenium.* Eine röntgenograph. u. mkr. Unters. der Legierung von Mn mit Pt, Ir, Rh u. Ru führt zu folgenden Ergebnissen: In den Legierungen von Mn mit Pt, Ir u. Rh tritt die von den Legierungen von Mn mit Au u. Pd her bekannte β-Phase um 50 At.-% Mn auf. Die β-Phase krist. offenbar unter einem Schmelzpunktsmaximum kub.-raumzentriert im CsCl-Typ. Bei tieferen Tempp. erleidet sie eine Umwandlung unter Auftreten eines tetragonalen Gitters, dessen Bldg. sich durch Abschrecken nicht unterbinden läßt. Nur im Syst. Rh–Mn fehlt diese Umwandlung der β-Phase. Im Gebiet der kub.-flächenzentrierten α-Mischkristalle bilden nur die Pt–Mn-Legierungen eine Überstrukturphase vom $AuCu_3$-Typ. Pt, Ir, Rh u. Ru gehören zu der Gruppe von Metallen, die das Zustandsfeld des γ-Mangans bis auf Raumtemp. erweitern. Die γ-Mn-Mischkristalle mit Pt, Ir u. Rh weisen eine Ordnungsumwandlung vom Typ $AuCu_3$ auf. In dem Konzentrationsgebiet der γ-Mn-Phase, welches noch die β- u. α-Umwandlung des Mn zeigt, ist neben der bekannten tetragonal verzerrten Abschreckform des γ-Mn mit einem Achsenverhältnis unter 1 eine zweite tetragonal verzerrte Abschreckform mit einem Achsenverhältnis über 1 mit scharfer Ausbldg. ihrer Interferenzen festzustellen. Die letztere tritt immer bei niedrigerem Mn-Geh. auf als die erstere. Die Ru–Mn-Legierungen haben ein verhältnismäßig breites Zustandsfeld der β-Mn-Mischkristalle. In den vier untersuchten Systemen wird aber die Temp. der $\beta \rightleftharpoons \alpha$-Umwandlung des Mn nicht wesentlich gesenkt. Die β-Mn-Kristalle zerfallen eutektoid oder peritektoid unter Bldg. von α- u. γ-Mn. (Z. Metallkunde **46.** 282—90. April 1955. Schwäbisch-Gmünd, Forschungsinst. für Edelmetalle.) H. HOCHSTEIN. 197

Rudolf Vogel und **Gerhard Zwingmann,** *Die Eisenecke des Dreistoffsystems Eisen–Beryllium–Phosphor.* Die Eisenecke des Dreistoffsyst. Fe–Be–P wurde gefügemäßig u. therm. untersucht. Die Gleichgewichtsverhältnisse in der Eisenecke wurden durch quasibin. Schnitte Fe_2P–Be_2Fe, Fe_3P–Be_2Fe, einen Schnitt bei 2,5% Be sowie zwei Schnitte durch die Eisenecke, bei denen das Mengenverhältnis von Be zu P wie 1 : 1 bzw. 5 : 8 gewählt wurde, ermittelt. In dem Teilsyst. Fe–Fe_2P–Be_2Fe zeigt sich ein peritekt. Vierphasengleichgewicht bei 85 (%) Fe, 4,75 Be, 10,25 P u. 997° entsprechend der Bldg. von Fe_3P u. Be_2Fe aus Fe_2P u. tern. Schmelze U. Bei einer Zus. von 88 Fe, 3,75 Be u. 8,25 P befindet sich bei 961° ein tern. Eutektikum, das aus Fe_3P, Be_2Fe u. tern. α-Eisen-Mischkristall gebildet wird. Aus den Verss. zeigt sich, daß Be innerhalb des Dreiecks Fe–Fe_2P–Be_2Fe phosphorhaltigem Fe den P nicht entziehen kann. (Arch. Eisenhüttenwes. **26.** 701—04. Nov. 1955. Göttingen.) H. HOCHSTEIN. 197

Klaus Stierstadt, *Zur Gitterumwandlung irreversibler Eisen–Nickel-Legierungen.* Es werden die Umwandlungserscheinungen an irreversiblen Fe–Ni-Legierungen, sofern sie sich magnet. bemerkbar machen, mit Hilfe einer Hochfrequenzmeth. untersucht. Die bisherigen Vorstellungen vom Verlauf u. der Temperaturlage der Umwandlung wurden bestätigt. Eine neue irreversible Erscheinung wurde untersucht u. als Entspannung des verspannten α-Gitters gedeutet (Irreversibilität 2. Art). Magnet. (A_2)- u. Gitter (A_3)-Umwandlung lassen sich mit der Hochfrequenzmeth. deutlich trennen. (Z. Metallkunde **46.** 751—55. Okt. 1955. München, Univ.) H. HOCHSTEIN. 197

Je. P. Mogilewski, *Einfluß einer Induktionserhitzung auf die Strukturumwandlungen von hochchromhaltigem Werkzeugstahl.* An *Stahl Ch 12* (2,12% C, 0,21% Si, 0,29% Mn, 12,2% Cr) wurden die Einfll. der Temp. u. der Geschwindigkeit der Induktionserhitzung sowie der Einfl. der Anlaßtemp. auf die Eigg. des induktionsgehärteten Stahles untersucht. Danach verursacht die Induktionserhitzung keine wesentlichen Änderungen bei der Carbidumwandlung u. bei den Anlaßprozessen. Die im Vgl. zum gewöhnlichen Verf. größere Geschwindigkeit der Induktionserhitzung verschiebt die im Stahl verlaufenden Prozesse nach den höheren Temperaturen. Als optimal werden festgestellt: Erhitzen auf 1150—1200° mit einer Geschwindigkeit von 50—150°/Sek., Härten bis 62—64 R_c u. Anlassen bis zur erforderlichen Härte; oder Erhitzen auf 1240—1260° mit der gleichen Geschwindigkeit u. dreimaliges Anlassen bei 520—530° bis zur Härte 60 R_c. (Журнал Технической Физики [J. techn. Physik] **24.** 2202—08. Dez. 1954.) O. LEBTAG. 197

I. L. Mirkin und **Je. D. Zypkina,** *Über die getrennte Wirkung der Strukturfaktoren auf die cyclische Festigkeit von Stahl.* 1. Mitt. Die Unterss. an Konstruktionsstählen mit 0,11—0,12% C, die in der üblichen Weise mit Ni, Cr, Mo u. W legiert waren, ergaben, daß die durch die Legierung verursachten Strukturänderungen gleichzeitig die stat. u. die cycl. Festigkeit erhöhen. Bei Korngrößenänderungen um 1—2 Größenordnungen ist die Korngröße des Ferrites fast ohne Einfl. auf die Ermüdungsgrenze. Bei gleichen stat.

Kennzahlen des Konstruktionstahles bleibt bei verschied. Korngrößen die Ermüdungsgrenze fast unverändert. Durch eine vorangegangene 12%ig. Streckung auf der Zerreißmaschine erfolgen die Änderungen der cycl. Festigkeit u. der Zerreißfestigkeit in einer Richtung. Während der plast. Deformation beobachtet man neben der Ausscheidung der feindispersen überschüssigen Phase aus der metastabilen Struktur starke, durch die Gitterstörung des Ferrites verursachte Änderungen der cycl. Festigkeit. (Журнал Технической Физики [J. techn. Physik] **24.** 2209—16. Dez. 1954.) O. LEBTAG. 200

G. J. Dienes, *Eine theoretische Abschätzung des Einflusses der Strahlung auf die Elastizitätskonstanten einfacher Metalle.* Zwischengitterplätze u. Leerstellen spielen eine wichtige Rolle in der Theorie der Festkörper u. der Strahlungsschädigung. Es ist schwer, Gitterstörungen in Metallen getrennt zu beobachten u. eindeutig zu messen. Bei Unterss. von Zwischenatomen u. Leerstellen können nun Änderungen in den Elastizitätskoeffizienten behilflich sein. Diese werden aus den Atomwechselwirkungspotentialen errechnet. Dabei ergibt sich für Cu eine einfache Exponentialfunktion, für Na eine MORSE-Funktion. Auch Relaxationseffekte müssen berücksichtigt werden. Die Änderungen in den Elastizitätskoeffizienten können nun zur Unterscheidung von Zwischengitterplätzen u. Leerstellen dienen. Leerstellen allein vermindern die Elastizitätskoeffizienten, wobei die Änderung im wesentlichen ein Masseneffekt ist. Eine Vergrößerung der Elastizitätskoeffizienten ist demgegenüber ein Maßstab für den Anteil der Zwischengitterplätze. In Na entsteht um einen Zwischengitterplatz eine große Relaxation, u. die atomare Wiederherst. verringert den Zwischengittereffekt auf die Größenordnung eines Masseneffektes. (Physic. Rev. [2] **86.** 228—34. 15/4. 1952. Downey, Calif., Atomic Energy Res. Dep., North Amer. Aviat.) J. KLEFFNER. 200

F. R. N. Nabarro, *Die Wirkung der Strahlung auf die Elastizitätskonstanten.* Der Unterschied, den DIENES (vgl. vorst. Ref.) in der Wrkg. von Zwischengitterplätzen u. Leerstellen auf die Elastizitätskonstanten gefunden hat, ist zu groß. Statt der Werte von DIENES (bei 1% Leerstellen erfolgt eine Abnahme der Elastizitätskoeffizienten von Cu um 1%, bei 1% Zwischengitterplätzen eine Zunahme um 10%) errechnet Vf. eine Abnahme von 2,3% bzw. eine Zunahme um 3,8%. Während DIENES ein Näherungsverf. benutzt, bei welchem das gestörte Gitter sich unter einer homogenen Last homogen deformiert, betrachtet Vf. die Zwischengitteratome als nicht zusammendrückbare Kugeln in einem isotropen elast. Kontinuum. (Physic. Rev. [2] **87.** 665—66. 15/8. 1952. Birmingham, Univ., Dep. of Metallurg.) J. KLEFFNER. 200

G. J. Dienes, *Die Wirkung der Strahlung auf die Elastizitätskonstanten.* Der von NABARRO (vgl. vorst. Ref.) erhaltene Wert für die Leerstellen (2,3% Abnahme bei 1%) ist als richtig anzunehmen. Vf. errechnet aber für die Zwischengitterplätze eine Zunahme des Elastizitätsmoduls (Druck) um 11,1%. Bei dem zweiten Elastizitätsmodul (Schub) ergibt sich nach den Methoden von NABARRO u. BRUGGEMAN: 1% Zwischengitterplätze erhöhen den Elastizitätsmodul um 6,3% u. 1% Leerstellen vermindern denselben um 1,5%. (Physic. Rev. [2] **87.** 666. 15/8. 1952. Upton, N. Y., Brookhaven Nat. Labor.) J. KLEFFNER. 200

A. D. N. Smith, *Die Wirkung schonender Kaltbearbeitung auf den Young-Modul von Kupfer.* Die Veränderung des YOUNG-Moduls von gewalzten Kupferblechstreifen von 150×6,25×6,25 mm nach plast. Ausdehnung (1—8%) u. nach anschließendem Anlassen bei 50—100° wurden untersucht. Die Verringerung des Moduls durch die Ausdehnung um ca. 11% u. die annähernde Wiedererlangung des ursprünglichen Wertes nach längerem Anlassen bei 100° werden bestätigt. Die möglichen Ursachen der Veränderung des YOUNG-Moduls werden diskutiert. Aus der erforderlichen mittleren Aktivierungsenergie des Regenerierungsprozesses von 25000 cal/Mol ± 10% bei 1%-Ausdehnung für O.F.H.C-Kupfer bzw. von 21500 cal/Mol ± 5% bei 8,4%-Ausdehnung kommt der Vf. zu der Ansicht, daß die Veränderung des YOUNG-Moduls durch die Theorie von MOTT (vgl. C. **1955.** 3573; **1954.** 265) am zutreffendsten erklärt wird. (Philos. Mag. [7] **44.** 453 bis 463. Mai 1953. Farnborough, Roy. Aircraft Establ.) S. HÜTTIG. 200

J. Sivertsen und **C. Wert,** *Young-Modul von Gold–Nickel-Legierungen.* (Sitzungsbericht.) (Physic. Rev. [2] **100.** 1256. 15/11. 1955. Univ. of Illinois.) R. STEIN. 200

C. L. Amba Rao, *Ein neues Modellmaterial für Photoelastizität.* Als neues Modellmaterial für photoleast. Unterss. schlägt der Vf. *Agar* vor. Die spannungsopt. Empfindlichkeit des Materials wurde aus dem Interferenzstreifensyst. errechnet, das mit einer kreisförmigen Scheibe bei diametralem Druck erhalten worden war. Die Empfindlichkeit war besser als für andere plast. Substanzen u. ebenso gut wie für Gelatine. (Nature [London] **176.** 81. 9/7. 1955. Bangalore, Indian Inst. of Sci., Dep. of Aeronaut. Engng.) C. GOTTFRIED. 200

Milton C. Shaw, *Plastisches Fließen beim Schneiden und Schleifen von Stoffen.* Zum Teil an Hand der vorliegenden Literatur stellt Vf. Betrachtungen über den Schneide- u. Schleifprozeß an. Er zeigt, daß z. B. bei dem Abschneiden von Metallspänen zwei Hauptprozesse zu unterscheiden sind, u. zwar einmal Deformation u. ferner Reibung zwischen Span u. Schneidwerkzeug. Bei der Erzeugung von Spänen entfällt ca. $^3/_4$ der Gesamtenergie auf den Scher, während $^1/_4$ durch Reibung verbraucht wird. Aus calorimetr. Unterss. ergibt sich, daß nur ca. 1—5% der beim Schneiden erzeugten Energie in dem Metall als Restspannungsenergie verbleibt, während der Rest in therm. Energie umgesetzt wird. Er weist dann auf die „mechan. Aktivierung" der frisch geschnittenen Metalloberfläche hin, wie sie z. B. bei der GRIGNARD-Rk. prakt. verwendet wird. Ausführlich wird hierauf der Scherprozeß bei dem Schneiden behandelt. Ähnliche Betrachtungen erstrecken sich auf den Schleifprozeß. (Proc. nat. Acad. Sci. USA **40.** 394—401. Juni 1954. Cambridge, Mass., Inst. of Technol., Dep. of Mechan. Engng.)
C. GOTTFRIED. 200

A_7. Gleichgewichte. Kinetik.

Heinz Mauser und **Gustav Kortüm,** *Zur Systematik der Mischphasen.* Auf Grund thermodynam. Überlegungen wird nachgewiesen, daß die Zusatzwerte der thermodynam. Mischungseffekte sich in fluiden Mischphasen gegenseitig bedingen. Diese Zusatzwerte werden, abgesehen von singulären Stellen, entweder gleichzeitig für alle Tempp. u. Drucke Null (ideale Mischungen) oder sie nehmen gleichzeitig endliche Werte an (reale Mischungen). Die Begriffe der regulären u. äther. Mischungen im Sinne des üblichen Sprachgebrauches sind daher vom thermodynam. Standpunkt aus abzulehnen. (Z. Naturforsch. **10a.** 317—22. April 1955. Tübingen, Univ., Phys.-Chem. Inst.) H.-J. HEINRICH. 221

Günther Rehage, *Thermodynamische Betrachtungen über die Entmischung in flüssigen Zweistoffsystemen.* Ausgehend vom Phasenstabilitätskriterium werden die allg. Bedingungsgleichungen für den krit. Entmischungspunkt in einer bin. Mischphase abgeleitet. Es wird der Verlauf der Stabilitätsgrenzkurve u. der Koexistenzkurve an krit. Lösungspunkten sowohl im T,x-Diagramm (P = const) als auch im P,x-Diagramm (T = const) betrachtet. Dazu werden die ersten nicht verschwindenden Differentialquotienten der Stabilitätsgrenzkurve u. der Koexistenzkurve am krit. Punkt berechnet. Die Rechnung ergibt, daß die Koexistenzkurve u. die Stabilitätsgrenzkurve in der Umgebung eines krit. Punktes um so flacher verlaufen u. sich von um so höherer Ordnung berühren, je mehr Ableitungen der mol. freien Enthalpie nach dem Molenbruch verschwinden. Die Krümmungen der Stabilitätsgrenze u. der Koexistenzkurve am krit. Punkt sind nur dann von Null verschieden, wenn der vierte Differentialquotient der mol. freien Enthalpie nach dem Molenbruch nicht verschwindet. Die Krümmung der Stabilitätsgrenze ist dreimal so groß wie die Krümmung der Koexistenzkurve. Aus den abgeleiteten Formeln folgen in einfacher Weise die notwendigen Bedingungen für die Existenz eines oberen bzw. unteren krit. Lösungspunktes im T,x- u. P,x-Diagramm. Aus einigen empir. Regeln werden Vorzeichenaussagen für die wichtigsten thermodynam. Zusatzfraktionen an einen krit. Punkt im T,x-Diagramm gewonnen. Es wird gezeigt, daß diese Vorzeichenaussagen in einem größeren Bereich oberhalb u. unterhalb der krit. Temp. für alle Konzz. gelten. Die verschied. Lösungstypen werden im Hinblick auf ihr Entmischungsverh. diskutiert. Dabei ergibt sich, daß eine äther. Lsg. prinzipiell keinen krit. Entmischungspunkt besitzen kann. Mit Hilfe einiger spezif. Ansätze für die freie Zusatzenthalpie in niedrigmol. Nichtelektrolytlsgg. wird der Verlauf der Koexistenzkurve an krit. Punkten in T,x- u. P,x-Diagrammen näher untersucht. (Z. Naturforsch. **10a.** 300—17. April 1955. Aachen, TH, Inst. für theoret. Hüttenkunde u. physik. Chem.)
H.-J. HEINRICH. 221

Stefan Minc und **Zbigniew Kęcki,** *Über den Einfluß der Essigsäure auf das Tautomeriegleichgewicht der Salpetersäure.* RAMAN-Spektren von HNO_3-Lsgg. in *Eisessig* (I) mit bestimmtem Wassergeh. zeigten, daß das Gleichgewicht der Rk.: $HO-NO_2$ (II) + H_2O $\rightleftharpoons$ $[NO_2]^-$ + $[H_3O]^+$ stärker bei der Pseudosäureform **II** liegt als in wss. Lsg. gleicher Konzentration. In I ist die NO_2-Gruppe ab 2 mol. HNO_3, in W. bei 21° ab 3,33 mol. Konz. feststellbar. (Roczniki Chem. [Ann. Soc. chim. Polonorum] **27.** 529—30. 1953. Warszawa, Univ., Zakł. Elektrochem. i Korozji.) F. URBAN. 221

D. P. Mellor, *Einige neue Entwicklungen auf dem Gebiet der Chemie der Metallkomplexe.* Die theoret. Entw. der Metallkomplexe wird aufgezeigt. Bes. werden ausführlich die Komplexe der Übergangselemente u. Komplexe mit Zentralionen in ungewöhnlicher Wertigkeit behandelt. — 70 Literaturangaben. (Rep. Meeting Austral. New Zealand Assoc. Advancement Sci. **28.** 131—42. 1951. Sydney, Univ., Dep. of Chem.)
H.-G. MOSLÉ. 223

Max Ziegler und **O. Glemser,** *Über extrahierbare Halogenoidkomplexe der Schwermetalle.* Die Pseudohalogenide (*Rhodanide, Cyanate, Azide* u. a.) zahlreicher Schwermetalle (z. B. Co^{2+}, Fe^{3+}, Cu^{2+}, Pd^{2+}, UO_2^{2+}, Cr^{3+}, Rh^{3+}, Ru^{3+}) in saurer, neutraler oder schwach alkal. wss. Lsg. bilden mit *prim.*, *sek.* u. *tert. Aminen* fl. oder kristalline schwerlösl. Verbb., die durch verschied. Lösungsmittel (Alkohole, Ester, Ketone, Chlf., CCl_4, CS_2 u. a.) aus der wss. Phase extrahiert werden können. Als Beispiel wird die Rk. von $Co(NO_3)_2$ in saurer wss. Lsg. mit *KSCN* oder *KOCN* u. *Tri-n-butylamin* (bzw. *Tri-n-amyl-* oder *Tri-n-octylamin*) angeführt. Beim Durchschütteln dieses Gemisches erhält man 3 Schichten: Die wss. Co-freie Phase, eine blaugefärbte Phase mit dem Co-Alkylammoniumpseudohalogenid u. eine farblose Phase von nicht umgesetztem Amin. Die Rk. ist in Ggw. geeigneter Maskierungsmittel, z. B. NaF oder $Na_2S_2O_3$, für Co spezif. u. erlaubt die Extraktion von 1 γ Co bei einer Grenzkonz. von 1 : 10^6. (Angew. Chem. **68.** 411. 21/6. 1956. Göttingen, Univ., Anorg.-chem. Inst.) H. HOFMANN. 224

Cecil V. King und **Edward Hillner,** *Auflösung von Cadmium in Chrom(III)-chloridlösungen.* Als Funktion der Temp., der Rührgeschwindigkeit u. der Konz. untersuchten Vff. die Auflsg. von Cd in Lsgg. des violetten (I) u. des grünen $CrCl_3$ (**II**). Die Säurekonz. dieser Lsgg. wurde zwischen 0,5 u. 4 mol. variiert (HCl). In **I** ist die Auflösungsgeschwindigkeit wesentlich geringer als in **II**. Die Geschwindigkeitskonstante k_0 ist eine lineare Funktion der Temperatur. Die Aktivierungsenergien liegen zwischen 8900 u. 15400 cal/Mol bei einer Säurekonz. der Lsgg. von 0,5 bzw. 4,0 mol. HCl. Die Geschwindigkeitskonstante der Auflsg. in **II** berechnen Vff. unter Berücksichtigung der im Gleichgewicht red. Cr^{3+}-Konzentrationen. k_0 scheint unabhängig von der Säurekonz. zu sein u. ist eine lineare Funktion der Temperatur. Zur Ergänzung dieser Ergebnisse haben Vff. die Potentiale des Cd in diesen Lsgg. u. in Lsgg. von HCl + NaCl u. $HClO_4$ gemessen u. den Einfl. von Zusätzen von $CdCl_2$, NaCl oder $AlCl_3$ untersucht. Die Diskussion der Versuchsergebnisse führt zu dem Schluß, daß die Auflsg. des Cd in **I** ein chem. oder elektrochem. Vorgang ist, für den einige mögliche Mechanismen erörtert werden. In **II** dagegen wird die Auflsg. durch Transportvorgänge bestimmt. (J. electrochem. Soc. **103.** 261—65. Mai 1956. New York, N. Y., Univ., Dep. of Chem.) H.-U. WOELK. 225

David Garvin und **Robert A. Naumann,** *Geschwindigkeitstheorie und homogene Reaktionen.* Vff. geben eine Jahresübersicht über ausgewählte Gebiete der chem. Kinetik unter Berücksichtigung der Literatur bis Oktober 1955 (vgl. C. **1956.** 673). Im bes. wurden behandelt die Entw. der Geschwindigkeitstheorie, Beziehung der Reaktionsgeschwindigkeit zur Molekülstruktur, neue experimentelle Methoden zur Verfolgung der Rkk., Rkk. freier Radikale, therm. Zersetzungs-Rkk., Oxydations-Rkk., Gasphasen-Rkk., Isotopeneffekte, Austausch-Rkk., Radiolyse u. Unterss. mit heißen Atomen. — 238 Literaturhinweise. (Ind. Engng. Chem. **48.** 570—81. März 1956. Princeton, N. J., Univ., Chem. Dep.) L. FISCHER. 225

R. G. Dakers und **J. Halpern,** *Kinetik der homogenen Reaktion zwischen Kupfer(II)-acetat und molekularem Wasserstoff in wässeriger Lösung.* Die Rk. zwischen $(CH_3\cdot COO)_2\cdot Cu$ (I) u. H_2 wurde in wss. Lsg. (p_H 4—5) bei H_2-Drucken zwischen 6,8 u. 34 at u. Tempp. zwischen 80 u. 140° untersucht. Die Rk. ist zweiter Ordnung, ihre Geschwindigkeit proportional den Konzz. von **I** u. H_2. Die Rk. ist homogen, ihre Geschwindigkeit ist unabhängig von der Oberfläche des Reaktionsgefäßes, zugesetztem Reaktionsprod. (Cu_2O) sowie der Konz. an CH_3COOH bzw. CH_3COONa in der Lsg.; ihre Aktivierungsenergie beträgt 24200 cal/Mol. Die Gesamt-Rk. verläuft nach der Gleichung $2(CH_3COO)_2Cu + H_2 + H_2 \xrightarrow{k_2} Cu_2O + 4CH_3COOH$ über einen Reaktionskomplex $(CH_3COO)_2Cu\cdot H_2$: 1. $(CH_3COO)_2Cu + H_2 \xrightarrow{k} (CH_3COO)_2Cu\cdot H_2$ (langsam) 2. $(CH_3COO)_2Cu\cdot H_2 + (CH_3COO)_2\cdot Cu + H_2O \rightarrow Cu_2O + 4CH_3COOH$ (schnell) mit $k = 4{,}8\cdot 10^{13}\, e^{-24\,200/RT}$ Liter/Mol·Min. Der Aufbau des Reaktionskomplexes sowie die Art der Kräfte, die ihn stabilisieren u. damit zur Aktivierung des H_2 beitragen, bleibt zu klären. (Canad. J. Chem. **32.** 969—78. Okt. 1954. Vancouver, B. C., Univ. of British Columbia, Dep. of Min. and Metallurgy.) M. SCHENCK. 225

K. J. McCallum und **O. G. Holmes,** *Chemische Wirkungen der $^{35}Cl(\gamma, n)^{34}Cl$-Reaktion in Natriumchlorat.* $NaClO_3$ wurde mit einem Betatron bestrahlt u. die Verteilung des nach $^{35}Cl(\gamma, n)^{34}Cl$ gebildeten ^{34}Cl untersucht. Die Hypochlorit- u. Perchloratfraktionen enthalten kein ^{34}Cl. Die geringe Aktivität, die im Chlorit enthalten ist, wird auf Austausch-Rkk. zwischen Chlorid u. Chlorit zurückgeführt. 91% der Aktivität finden sich in der Chloridfraktion, der Rest liegt als Chlorat vor. $^1/_4$ der Chlorataktivität wird wieder auf Austausch-Rkk. zwischen Chlorid u. Chlorat zurückgeführt. (Canad. J. Chem. **29.** 691—98. Aug. 1951. Saskatoon, Univ. of Saskatchewan, Dep. of Chem.) MAX SCHMIDT. 225

Maxwell Leigh Eidinoff, *Die Messung der spezifischen Zerfallsgeschwindigkeiten unter Verwendung eines Gaszählers. Radiokohlenstoff.* Vf. beschreibt eine Meth., bei welcher ^{14}C in Form einer $^{14}CO_2$–CS_2-Dampf-Mischung als Füllgas des Gaszählers verwendet wird u. bei der die mit der Messung an festen Proben verbundenen Schwierigkeiten vermieden werden. Durch Verwendung eines Glasschildes, dessen Lage längs des zentralen Anodendrahtes durch Verschieben geändert werden kann, werden die Korrekturen der Zählung an den Zählrohrenden überflüssig. Die spezif. Zerfallsgeschwindigkeit (Zerfallszahl pro Min. pro Gramm) wird unter Berücksichtigung des Rohrquerschnitts, der Temp. u. des Drucks des Gases durch Auftragen der beobachteten Zählimpulszahl als Funktion der Lage des beweglichen Glasschildes bestimmt. Die Resultate dieser Verss. sowie die Befunde von HAWKINGS, HUNTER u. MANN (Canad. J. Res., Sect. B **27.** [1949.] 555) eigen, daß das „internal gas counting" einer ^{14}C-Probe (z. B. der obenerwähnten Mischung) eine zufriedenstellende Meth. zur Messung der spezif. Zerfallsgeschwindigkeiten ist. (Analytic. Chem. **23.** 632—35. April 1951. Flushing, N. Y., Queens Coll., u. New York, N. Y., Sloan-Kettering Inst. for Cancer Res.) H. GEDSCHOLD. 225

Franklin B. Barker und **Milton Kahn,** *Die Kinetik des Austausches von Antimon zwischen Antimontrichlorid und Antimonpentachlorid in Tetrachlorkohlenstoff.* Vff. untersuchen die Kinetik der Austausch-Rk. $Sb^*Cl_3 + SbCl_5 = SbCl_3 + Sb^*Cl_5$ in CCl_4 (Sb^* = radioakt. ^{124}Sb). Die Rk. wird im Temperaturbereich 50,1—81,0° bei $SbCl_3$-Konzz. zwischen 0,0153 u. 0,115 mol. u. $SbCl_5$-Konzz. zwischen 0,0055 u. 0,0667 mol. verfolgt. Das Geschwindigkeitsgesetz der Austausch-Rk. lautet $R = 1\cdot10^6 \exp[-19{,}000/RT](SbCl_5) + 4\cdot10^6 \exp[-15{,}000/RT](SbCl_3)(SbCl_5)^2$ wenn R in Mol·Liter^{-1}·sec^{-1} angegeben wird. Als Mechanismen werden für die nach 1. Ordnung verlaufende Rk. das sich langsam einstellende Gleichgewicht $SbCl_5 = SbCl_3 + Cl_2$ u. für die nach 3. Ordnung verlaufende Rk. die Folge (1) $2\,SbCl_5 = Sb_2Cl_{10}$ (schnelles Gleichgewicht); (2) $Sb_2Cl_{10} + Sb^*Cl_3 = Sb^*Sb_2Cl_{13}$ (schnelles Gleichgewicht, aktivierter Komplex); (3) $Sb^*Sb_2Cl_{13} \rightarrow SbCl_3 + Sb^*SbCl_{10}$ (geschwindigkeitsbestimmender Schritt) angenommen. Eine mögliche Struktur des aktivierten Komplexes (I), bei dem die drei Sb-Atome ident. Positionen einnehmen, wird angegeben. (J. Amer. chem. Soc. **78.** 1317—19. 5/4. 1956. Albuquerque, N. Mex., Univ. of New Mexico.) W. KRÖNERT. 225

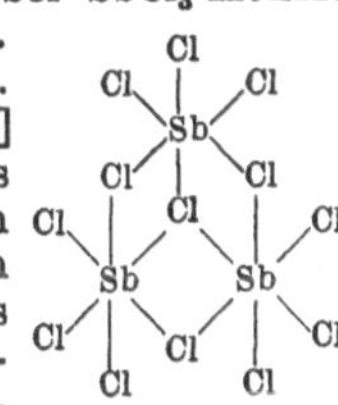

I

W. A. Schuschunow und **A. P. Aurow,** *Kinetik der Reaktion des Magnesiums mit Äthylbromiddämpfen.* Zur Aufklärung der Kinetik wird in einer ausführlich beschriebenen App. metall. Mg an die Wandung eines Reaktionsgefäßes verdampft u. bei verschied. Tempp. (20—300°) mit C_2H_5Br- oder C_2H_5Cl-Dampf zur Rk. gebracht. Die jeweils gebildete Menge C_2H_5MgHal (I) wird quantitativ ermittelt, indem das unumgesetzte *Halogenalkyl* (II) zuerst im Vakuum abgezogen wird u. dann die äther. Lsg. mit W. zerlegt u. das entstandene $Mg(OH)_2$ mit HCl titriert wird. Durch Messung des Druckabfalls Δp, der bei der Rk. durch die Bldg. des schwerflüchtigen I eintritt ist zugleich eine Aussage über die gebildete Menge an I möglich, nach $-\Delta p = at^3$ (a = Menge, t = Zeit). I entsteht bei der Rk. anfangs, d. h. in der Induktionsperiode nur langsam, später schnell, so daß Vff. eine autokatalysierte Rk. annehmen. Die Induktionsperiode τ ist nach τp = const vom Druck des II abhängig. Ferner zeigt die Beziehung $\tau = f(1/T)$ ihre Abhängigkeit von der Temp. u. ermöglicht die graph. Errechnung der Aktivierungsenergie mit 13000 cal/Mol. (Журнал Физической Химии [J. physik. Chem.] **25.** 13—19. Jan. 1951. Gorki, Gorki-Univ., Wiss. Unters.-Inst. für Chem.) H. WINTER. 225

W. A. Schuschunow, A. P. Aurow und **A. W. Gorinow,** *Katalyse der Reaktion des Magnesiums mit Äthylbromiddämpfen durch Äther.* (Vgl. vorst. Ref.) Vff. untersuchten in der gleichen App. (l. c.) die Wrkg. von Äthern als Katalysator bei der Bldg. von $BrMg\cdot C_2H_5$ aus Mg u. BrC_2H_5-Dämpfen durch analoge Messung des Druckabfalls Δp bei der Reaktion. Dabei erweist sich $CH_3OC_2H_5$ (I) als stärkerer Katalysator als $(C_2H_5)_2O$ (II) oder $[(CH_3)_2\cdot CH]_2O$ (III). Durch 2,6 Mol-% I bzw. 12 Mol-% II oder III wird die Aktivierungsenergie von 13000 auf 2500 cal/Mol erniedrigt. Bei Konzz. über 20 Mol-% ist der Temperaturkoeff. der Reaktionsgeschwindigkeit nur noch sehr klein. Ferner wird der Wirkungsmechanismus der Äther als Katalysatoren diskutiert. (Журнал Физической Химии [J. physik. Chem.] **25.** 20—23. Jan. 1951.) H. WINTER. 225

James L. Weeks und **Max S. Matheson,** *Die primäre Quantenausbeute der Wasserstoffperoxydzersetzung.* In wss. H_2O_2–*HCOOH*-Lsgg. wird durch ionisierende Strahlung oder Licht von 2537 Å, das durch H_2O_2 absorbiert wird, eine Ketten-Rk. eingeleitet. In Ggw. von O_2 wird der photochem. Vorgang durch den folgenden Mechanismus beschrieben:

$H_2O_2 \xrightarrow{h\nu} 2\,OH$ (1); $OH + HCOOH \rightarrow H_2O + HCOO$ (2); $HCOO + H_2O_2 \rightarrow H_2O +$

CO_2 + OH (3); HCOO + O_2 → HO_2 + CO_2 (4); OH + H_2O_2 → HO_2 + H_2O (5); 2HO_2 + H_2O_2 → 2H_2O_2 + O_2 (6); HO_2 + H_2O_2 → H_2O + OH + O_2 (7). O_2 bewirkt eine Hemmung der Reaktion. Die prim. Quantenausbeute der H_2O_2-Dissoziation bei 2537 Å ergibt sich aus der Quantenausbeute der O_2-Aufnahme zu 0,49 ± 0,065. Mit dieser Ausbeute u. durch Vgl. der photochem. Experimente mit solchen, bei denen die Rk. durch γ-Strahlen eingeleitet wird, berechnen Vff. eine Ausbeute $(G_{OH} + G_H)/2 = 3{,}06$ (H_2O-Moll., die durch absorbierte Energie von 100 eV in Radikale zerlegt werden). Dagegen ist die von DAINTON u. ROWBOTTOM (C. **1956**. 7735) angegebene höhere Quantenausbeute u. der daraus abgeleitete G-Wert als falsch anzusehen. (J. Amer. chem. Soc. **78**. 1373—78. 5/4. 1956. Lemont, Ill., Argonne Nat. Labor., Chem. Div.) W. KRÖNERT. 226

F. S. Dainton, *Die primäre Quantenausbeute in der Photolyse von Wasserstoffperoxyd bei 3130 Å und die primäre Radikalausbeute in der Radiolyse von Wasser durch Röntgen- und γ-Strahlen.* Es wird die Kinetik der durch Röntgen- oder γ-Strahlen in Ggw. oder Abwesenheit von $Fe(ClO_4)_3$ bzw. Licht von 3130 Å mit H_2O_2 oder $FeOH^{2+}$ als Photosensibilisatoren eingeleiteten Polymerisation von *Acrylamid* in luftfreien wss. Lsgg. umrissen. Es wird gezeigt, daß die Daten nur dann miteinander in Einklang sind, wenn die prim. Quantenausbeute für die Photolyse von H_2O_2 in wss. Lsg. mit Licht von 3130 Å den Wert 0,6 Radikale/Quant besitzt. Unter der Annahme, daß diese Quantenausbeute nicht mit zunehmender Wellenlänge ansteigt, führt dieses Resultat zusammen mit den Messungen von Vf. u. ROWBOTTOM (C. **1956**. 7735) zu einem oberen Grenzwert der prim. Radikalausbeute $(G_H + G_{OH})$ in der Radiolyse von W. durch Röntgen- oder γ-Strahlen von 6 ± 0,4. (J. Amer. chem. Soc. **78**. 1278—79. 5/4. 1956. Leeds, Univ., Dep. of Phys. Chem.) W. KRÖNERT. 226

P. Harteck und **S. Dondes,** *Bindung von Stickstoff durch ionisierende Strahlung als Stickstoffdioxyd.* Im Kernreaktor wird in N_2-O_2-Gemischen NO_2 u. NO gebildet in einer Menge, die von Temp. T, Druck p, Strahlungsintensität J u. vom Verhältnis $N_2 : O_2$ abhängt. Optimale Bedingungen sind: p = 20—25 at, T = 175—200°, J = 3·10 R/Std. u. N_2–O_2-Gemisch entsprechend dem der Luft. Unter der Annahme, daß $^2/_3$ der Spaltungsenergie von ^{235}U im Gas gebremst werden, können ca. $6 \cdot 10^6$ Mol NO_2 bei der Spaltung von 1 Mol ^{235}U gebildet werden. Die zur Bldg. von NO_2 bzw. NO führenden Rkk. werden zusammengestellt. (J. chem. Physics **24**. 619. März 1956. Troy, N. Y., Rensselaer Polytechn. Inst.) J. RUDOLPH. 226

Jean Decrue und **Bernard Susz,** *Untersuchungen über die katalytischen und elektrischen Eigenschaften von Halbleitern.* 1. Mitt. *Allgemeine Angaben; Anwendung der Gleichung von Jelowitsch.* Die „Chemisorption" existiert nach HAUFFE (C. **1953**. 3519) in 2 Typen, der elektronenverbrauchenden u. der elektronenliefernden Chemisorption. Bei ersterer gehen Elektronen vom Halbleiter in das adsorbierte Gas (z. B. O_2 durch ZnO oder NiO), bei der zweiten wandern Elektronen aus dem adsorbierten Gas zu dem Halbleiter, wie bei der Adsorption von H_2 auf ZnO oder NiO. Die Unters. des Mechanismus der Adsorption von O_2 an *Ni* führt HAUFFE zu einer Formel für das Vol. des „chemisorbierten" Gases; auch für die Geschwindigkeit der Adsorption von *CO* aus MnO_2 bei —78 bis —39° wird eine einfache Formel entwickelt. — Im experimentellen Teil wird zunächst die Herst. des in der Erdöl- u. Kohlenindustrie vielbenutzten Katalysators WS_2 beschrieben u. sodann die App. zur Adsorption von H_2, N_2 u. He dargestellt. Der Versuchsteil beschäftigt sich mit der Adsorption von H_2 auf 2 Halbleitern, $2ZnO \cdot Cr_2O_3$ u. WS_2, u. zwar bei 760 Torr u. 132, 111 u. 80° auf $2ZnO \cdot Cr_2O_3$ u. bei 760, 380 u. 190 Torr bei 184, 111, 80, 54 u. 0° auf WS_2. Messungen nach der Meth. von TAYLOR u. LIANG (C. **1947**. E. 335) zeigten die Natur der Ungleichmäßigkeit der Oberfläche dieser Katalysatoren in den untersuchten Druck- u. Temperaturbereichen. Aus Adsorptionsisothermen von erheblich größerer Ausdehnung als die üblichen werden die Konstanten der Gleichung von JELOWITSCH u. SHABZOWA (Журнал Физической Химии [J. physik. Chem.] **13**. [1939.] 1764) zur Unterstützung der graph. Meth. nach TAYLOR u. THON (C. **1953**. 5783) berechnet; ihre Veränderung mit Druck u. Temp. entspricht teilweise den von diesen Autoren gefundenen Gesetzmäßigkeiten. Zu ähnlichen Ergebnissen führt eine rein arithmet. Berechnungsweise. — 65 Literaturzitate. (Helv. chim. Acta **39**. 619—36. 15/3. 1956. Princeton, Univ., Labor. de Chim. phys., und Monthey, CIBA Soc. An.) W. BÖHM. 227

D. W. Ssokolski, *Zur Frage der Kinetik und des Mechanismus der katalytischen Hydrierung.* Zusammenfassend werden betrachtet: 1. Begrenzende Zustände u. Aktivierungsenergie der Hydrierung; 2. Hydrieren verschied. Typen ungesätt. Verbindungen. Rolle der Adsorptionsfaktoren; 3. Oberflächenformung während der Rk. u. die Rolle des Lösungsm.; 4. vergleichendes Hydrieren mit einem massiven u. pulverförmigen Katalysator; 5. Aktivierungsbedingungen u. allg. Folgerungen. — Es werden die

Hydrierungsergebnisse mit verschied. organ. Verbb. dargelegt, vorwiegend Äthylen-, Acetylenderivv. (auch Säuren) mit mehrfachen Doppel- u. dreifachen Bindungen sowie gesätt. Nitroverbindungen. Katalysatoren: Ni- u. Pt-Metalle (bes. Pt, Pd). — Die Eignung zum Katalysator wird durch die Atomstruktur bestimmt, günstig wirkt sich die nicht volle Besetzung der d-Schale aus; wesentlich ist die Löslichkeit des H_2 im kompakten Katalysator. Allzu starke Adsorption (H am Katalysator) behindert die Hydrierung. Nicht immer werden 3fache Bindungen leichter als Doppelbindungen hydriert. Drucksteigerung (H_2) steigert die Hydriergeschwindigkeit, Temperatursteigerung hingegen wirkt unterschiedlich. Verschiebung in den Mischungsverhältnissen zweier zu hydrierender Stoffe verschiebt auch die Aktivierungsenergie der Hydrierung von 3fachen u. Doppelbindungen. Ster. Hinderung u. Berührungshöhe wirken entscheidend mit. Potentiometr. Messungen ermöglichen die Auswahl geeigneter Katalysatoren. (Вестник Академии Наук Казахской ССР [Nachr. Akad. Wiss. KasachSSR] **11.** Nr. 8. 66—99. Aug. 1954.) A. V. WILPERT. 227

Ss. M. Karpatschewa und **A. M. Rosen,** *Über die Beweglichkeit des Sauerstoffs des Mangandioxyds und über die katalytische Oxydation von CO.* (Vgl. C. **1953.** 8529.) In einer früheren Arbeit der Vff. (C. **1949.** E. 837) war gezeigt worden, daß im MnO_2-Katalysator immer ^{18}O vorhanden ist u. daß der Kontakt mit den gasförmigen Komponenten bei der katalyt. Oxydation von CO in Rk. tritt, darunter auch mit CO_2 u. O_2. WAINSTEIN u. TUROWSKI (C. **1951.** I. 977) konnten nach einer langen Trocknung des MnO_2 im Vakuum bei 550° weder eine Beteiligung des Katalysators an der Rk. $CO + 0{,}5\ O_2 = CO_2$ noch einen Austausch mit O_2 feststellen. Es wird nun gezeigt, daß die Abnahme der Kontaktaktivität bei Hochtemperaturbehandlung vor allem auf der Entfernung des akt. O beruht u. daß die Entfernung des H_2O von untergeordneter Bedeutung ist. Auf Grund der Unterss. über den ^{18}O-Übergang vom MnO_2-Kontakt (getrocknet bei 105 u. 550°) auf O_2 u. CO_2 sowohl bei der Oxydation von CO als auch beim Austausch mit diesen Stoffen erachten es Vff. für erwiesen, daß die Oxydation von CO durch O_2 an MnO_2 über die Reduktion u. erneute Oxydation der Kontaktoberfläche verläuft. (Журнал Физической Химии [J. physik. Chem.] **27.** 146—49. Jan. 1953.) O. LEBTAG. 227

A_8. Präparative anorganische Chemie. Komplexchemie. Metallorganische Verbindungen.

Robert E. Buckles, James P. Yuk und **Alexander J. Popov,** *Die Stabilität von Tetramethylammoniumpolyjodiden in Äthylenchlorid.* Aus *Tetramethylammoniumjodid* (**IV**) u. Jod in methanol. Lsg. wurde *Tetramethylammoniumtrijodid* (**I**), F. 117—117,2°, *Tetramethylammoniumpentajodid* (**II**), F. 129—130°, *Tetramethylammoniumenneajodid* (**III**), F. 110°, dargestellt u. die Absorptionsspektren in *Äthylenchlorid* (**V**) aufgenommen. Das Spektr. von **I** in **V** entspricht dem in W. oder A. (vgl. TINKLER, J. chem. Soc. [London] **93.** [1908.] 1611). Alle drei Spektren sind weitgehend ident., die mol. Absorption nimmt mit steigendem Jodgeh. schwach zu. Das Spektr. einer Lsg. mit einem größeren Überschuß Jod als **III** entspräche dem von **III**, für **II** u. **III** wird vollständige Dissoziation in **I** u. Jod angezeigt. **I** ist in verd. Lsgg. das einzige stabile Polyjodid, seine Dissoziation wird durch das bei der Dissoziation von Polyjodid zu **I** gebildete Jod zurückgedrückt, Dissoziationskonstante k_{25} $7{,}0 \pm 0{,}2$. Auch bei Anwendung der Meth. der kontinuierlichen Abänderung (vgl. JOB, Ann. chim. [10] **9.** [1928.] 113) auf Mischungen von Jod u. **IV** wurde **I** als das in **V** allein stabile Polyjodid erkannt. (J. Amer. chem. Soc. **74.** 4379—81. 5/9. 1952. Iowa City, Io., State Univ. of Iowa, Dep. of Chem.) G. BANKWITZ. 243

A. R. Vasudeva Murthy und **B. Sanjiva Rao,** *Oxydation durch Chloramin-T.* 1. Mitt. *Reaktion zwischen Schwefelwasserstoff und Chloramin-T.* Bei der Oxydation von H_2S durch Chloramin-T können *S* oder *Sulfat* (**I**) oder beide Prodd. entstehen. Das relative Verhältnis der beiden Oxydationsprodd. hängt von dem p_H-Wert der Lsg. u. von der Ggw. bestimmter Katalysatoren ab. Bei niedrigem p_H entsteht **I** in relativ hohen Ausbeuten, während bei höheren p_H-Werten die Bldg. von S stärker ist. Ggw. von Molybdat vergrößert die Ausbeute an **I**, während sie durch Wolframat vermindert wird. Vff. nehmen an, daß als Primärprod. der Oxydation *Dihydrogensulfoxyd* (H_2SO) entsteht, das, in Analogie zum H_2O_2 u. H_2S_2, bei niedrigen p_H-Werten stabiler ist. Das Sulfoxyd erleidet 2 gleichzeitige Rkk.: Zerfall in W. u. S u. Oxydation zu **I**. (Proc. Indian Acad. Sci., Sect. A **35.** 7—13. Jan. 1952. Bangalore, Indian Inst. of Sci.) H. KÜHNHANSS. 253

F. G. A. Stone, *Chemie der Borwasserstoffe.* Zusammenfassende Übersicht über die allg. Eigg. u. die Chemie der Borwasserstoffe, über ihre Verbb. mit den Elementen der

4., 5. u. 6. Gruppe sowie über die Boranate u. verwandte Verbindungen. — 113 Literaturangaben. (Quart. Rev. [chem. Soc., London] **9.** 174—201. 1955. Cambridge, Mass., Harvard Univ., Mallinckrodt Labor.) G. Hartmann. 258

R. Klement und **G. Biberacher,** *Das thermische Verhalten von Natriumdiamidophosphat, Darstellung von kondensierten Imidophosphaten.* Es wird die Darst. von reinem krist. $NaPO_2(NH_2)_2 \cdot 6H_2O$ (I) u. von seinen Kondensationsprodd. beim Erhitzen beschrieben. Die dabei vermutlich stattfindenden Rkk. u. ihre Mechanismen werden diskutiert. Bei der Erhitzung von entwässertem I auf 160° (Schäumungspunkt) im Hochvakuum entsteht ein Gemisch von polymerhomologen Diamidoimidophosphaten von der allg. Formel $Na_nP_nO_{2n}(NH)_{n-1}(NH_2)_2$, die sich papierchromatograph. nachweisen lassen. Sie sind aber beim Kochen in W. oder wss. NaOH in einer bisher nicht aufgeklärten Weise zersetzt. Die Anwesenheit des Gliedes mit n = 2 läßt sich chem. beweisen durch die Bldg. von bekanntem Na-Imidodiphosphat mittels HNO_2. Bei dieser Rk. werden die anderen Glieder gleichzeitig in die entsprechenden Verbb. $Na_{n+2}P_nO_{2n+2} \cdot (NH)_{n-1}$ übergeführt mit n = 3—6, die sich papierchromatograph. trennen lassen. Wird die therm. Zers. des Na-Diamidophosphates bei Tempp. bis zu 200° ausgeführt, so bildet sich eine polymerhomologe Reihe von kondensierten Diamidoimidophosphaten mit einer Kettenlänge, die im Mittel 6 P-Atome umfaßt. Bei einer Temp. von 250° steigt die mittlere Kettenlänge bis zu ca. 18 P-Atomen an. Bis zu dieser Kettenlänge sind die Stoffe in W. völlig löslich. Die aus den Diamidoderivv. mittels HNO_2 darstellbaren kettenförmigen kondensierten *Imidophosphate* sind Analoga der bekannten Oligo- bzw. Polyphosphate.

V e r s u c h e: $NaPO_2(NH_2)_2 \cdot 6H_2O$ (I), a) durch 10 Min. Kochen von 34,4 g *Diamidophosphorsäurephenylester* (II) u. 16 g NaOH in 70 ml W., Abkühlen auf 0°, Zugabe von 200 ml gekühltem A. u. Aufarbeitung. b) Durch 10 Min. Kochen von 1 Teil II mit 2 Teilen krist. $Ba(OH)_2$ in 10 Teilen W. u. Einleiten von CO_2 bis zur neutralen Reaktion. Das Filtrat wird mit 10%ig. $AgNO_3$-Lsg. versetzt, bis kein Nd. mehr entsteht. Der Nd. wird mit 150—200 ml W. aufgeschlämmt, NH_4OH im Überschuß u. danach HNO_3 bis zum p_H 7 zugegeben u. filtriert. Zum Filtrat wird HNO_3 zugegeben u. das gefällte $AgPO_2(NH_2)_2$ (III) mit A. gewaschen; aus 30 g **II** werden 18—20 g **III** erhalten. 4 g **III** werden zu der Lsg. von 2 g NaBr gegeben. AgBr wird abfiltriert, das Filtrat mit 150—200 ml A. versetzt u. unter Rühren auf —30° abgekühlt. Nach ½ Std. wird auf 0° erwärmt, I abgesaugt u. wie unter a) aufgearbeitet. Das wasserfreie Salz wird durch Trocknen im Vakuum über $CaCl_2$ bei Raumtemp. (1—2 Tage) u. anschließend über P_2O_5 bei 70° (4—5 Tage) dargestellt. — $KPO_2(NH_2)_2$, aus $H_2PO_2(NH_2)_2$ u. n. KOH-Lsg., Eindampfen im Vakuum u. Trocknen im Vakuum über P_2O_5. — *Diamidooligophosphate*: $Na_3P_3O_6(NH)_2(NH_2)_2$ (IV), 10 g wasserfreies I werden 6 Std. auf 80—100° erhitzt. Dann wird die Temp. langsam bis zum Beginn des Schäumens (157—163°) gesteigert, bei dieser Temp. evakuiert (Ölpumpe) u. 2 Std. weitererhitzt. Nach Zerschlagen des Gefäßes wird das Prod. nochmals kurz bei 110° im Vakuum erhitzt. Aus der wss. Lsg. wird durch A. ein Öl gefällt, das beim Trocknen im Vakuum über P_2O_5 bei 60° nach 1—2 Wochen glasig erstarrt. Das Prod. ist ein Gemisch aus verschied. Diamidooligophosphaten. — *Imidooligophosphate*: $Ag_5P_3O_8(NH)_2$, aus **IV** u. $NaNO_2$ in wss. Lsg. durch Zugabe von 35%ig. $HClO_4$, Neutralisation mit $NH_4 \cdot OH$ bei gleichzeitiger tropfenweiser Zugabe von wss. $AgNO_3$-Lsg. u. NH_4OH, so daß der p_H bei 5—6 bleibt, u. Trocknen des gefällten Ag-Salzes auf Ton über P_2O_5 im Vakuum bei 60°. — $Na_5P_3O_8(NH)_2$, aus vorst. Salz u. NaBr in wss. Lsg. u. Fällung mit A. oder Aceton. Die Verb. ist ein Gemisch aus verschied. Imidooligophosphaten. — Bei 10tägigem Erhitzen von **IV** auf 200° im Vakuum entsteht ein Gemisch der durchschnittlichen Zus. eines *Hexanatriumdiamidopentimidohexaphosphates*. — $Ag_8P_6O_{14}(NH)_5$, aus vorst. Verb. u. $NaNO_2$ in wss. Lsg. durch Zugabe von 20%ig. $HClO_4$, Filtrieren u. Zugabe des Filtrats zu wss. $AgNO_3$-Lsg., wobei der p_H mit NH_4OH auf ca. 5—6 gehalten wird. Der Nd. wird auf Ton u. im Vakuum bei 60° getrocknet. Das Salz ist ein Gemisch aus Ag-Imidophosphaten. *Äthylester*, $(C_2H_5O)_8P_6O_6(NC_2H_5)_5$, aus vorst. Ag-Salz u. C_2H_5J durch 2std. Erhitzen im Bombenrohr auf 200° u. Extraktion mit Chlf.; gelbliches viscoses Öl; nicht destillierbar. (Z. anorg. allg. Chem. **285.** 74—85. Mai 1956. München, Univ., Inst. für Anorg. Chem.) H. Hofmann. 264

N. K. Dutt und **A. K. Gupta,** *Über Monofluoroarsenate(V).* Es wird die Darst. von $K_2[AsO_3F]$ (I) durch Erhitzen von $KAsO_3$ mit KF beschrieben. Durch doppelte Umsetzung von I mit geeigneten Salzen der entsprechenden Metalle wurden aus wss. Lsg. die Verbb. $Na_2[AsO_3F] \cdot 10H_2O$, $Co[AsO_3F] \cdot 6H_2O$, $Ni[AsO_3F] \cdot 7H_2O$, $Cd[AsO_3F] \cdot {}^8/_3H_2O$, $Cu[AsO_3F] \cdot 5H_2O$, $Zn[AsO_3F] \cdot 7H_2O$, $Ca[AsO_3F] \cdot 2H_2O$, $Ba[AsO_3F]$ u. $Pb[AsO_3F]$ erhalten. Alle diese Salze sind hinsichtlich des Kristallwassergeh. u. ihrer Löslichkeit in W. den entsprechenden Sulfaten analog.

Versuche: *$KAsO_3$*, durch Eindampfen einer wss. H_3AsO_4-Lsg. mit der berechneten Menge KOH u. Erhitzen des Rückstandes auf 500°. — *$K_2[AsO_3F]$*, durch mehrstd. Schmelzen einer Mischung aus 32,5 g vorst. Verb. mit 11,6 g KF bei 500°, Lösen in Eiswasser u. Kristallisieren im Vakuum über konz. H_2SO_4; bildet mit K_2SO_4 Mischkristalle; 25 g Ausbeute. — *$Na_2[AsO_3F]\cdot 10H_2O$*, aus I u. $NaClO_4$ in wss. Lsg.; Kristalle. — *$Cd\cdot[AsO_3F]\cdot {}^8/_3H_2O$*, aus I u. $Cd(ClO_4)_2$ in wss. Lösung. — *$Ni[AsO_3F]\cdot 7H_2O$*, aus I u. $Ni\cdot(ClO_4)_2$ in wss. Lsg.; grün, mikrokristallin. — *$Co[AsO_3F]\cdot 6H_2O$*, aus I u. $Co(ClO_4)_2$ in wss. Lsg.; rosa mikrokristallines Pulver. — *$Cu[AsO_3F]\cdot 5H_2O$*, aus I u. $Cu(ClO_4)_2$ in wss. Lsg.; blaue Kristalle. — *$Zn[AsO_3F]\cdot 7H_2O$*, aus I u. $Zn(ClO_4)_2$ in wss. Lsg.; mikrokristallines Pulver. — *$Ca[AsO_3F]\cdot 2H_2O$*, aus I u. $CaCl_2$ in konz. wss. Lsg.; amorphes Pulver. — *$Ba[AsO_3F]$*, aus I u. $BaCl_2$ in wss. Lsg.; mikrokristallines Pulver; in W. unlöslich. — *$Pb[AsO_3F]$*, aus I u. $Pb(NO_3)_2$ in wss. Lsg.; in W. unlöslich. — $K_2Co[AsO_3F]_2\cdot 6H_2O$, aus den gesätt. Lsgg. beider Komponenten durch Ansäuern mit wenig HNO_3 u. Kristallisieren im Vakuum; schwachrosa Kristalle. (Z. anorg. allg. Chem. **285.** 92—94. Mai 1956. Calcutta, Univ., Coll. of Sci., Inorg. Chem. Labor.) H. HOFMANN. 265

N. N. Chitrowa, *Polytherme des ternären Systems $NaNO_3$–$NaCl$–H_2O.* Das tern. Syst. wurde nach dem visuell-polytherm. Verf. in 11 Schnitten untersucht (6 in Richtung $NaNO_3$, 5 in Richtung NaCl), u. zwar bei +25 bis —25°. Es wurden 4 Kristallisationsfelder nachgewiesen: NaCl (das größte), $NaCl\cdot 2H_2O$, $NaNO_3$ u. Eis. Die tern. Punkte liegen bei 1. —24,5°; Zus. 22(%) $NaNO_3$, 12,3 NaCl, 65,7 H_2O; feste Phasen: Eis, $NaCl\cdot 2H_2O$ u. $NaNO_3$. 2. —5,8°; Zus. 21,3 $NaNO_3$, 18,0 NaCl, 60,7 H_2O; feste Phasen: $NaCl\cdot 2H_2O$, NaCl u. $NaNO_3$. Die Löslichkeit des NaCl fällt mit steigender Temp.: Aussalzende Wrkg. des $NaNO_3$, dessen Löslichkeit mit der Temp. ansteigt. — Auch die bin. Teilsysteme wurden überprüft; dabei wurde im Syst. *$NaNO_3$–H_2O* der kryohydrat. Punkt zu —17,7° bei 38% $NaNO_3$ (62% W.) bestimmt. *$NaCl$–H_2O*: Eutekt. Punkt —21,3° bei 23,5% NaCl; Übergangspunkt +0,15° bei 26,27% NaCl; 3 Kristallisationszweige: Eis, NaCl u. dessen Dihydrat. (Журнал Прикладной Химии [J. angew. Chem.] **27.** 1281—89. Dez. 1954. Woronesh, Pädagog. Inst., Labor. für allg. Chem.)

A. v. WILPERT. 274

A. P. Perowa, *Löslichkeitspolytherme des ternären Systems H_3BO_3–K_2SO_4–H_2O.* (Vgl. C. **1956. 4943** u. **9938.**) Die Unters. erfolgte nach der poly- u. isotherm. Meth., u. zwar wurden 9 innere Querschnitte (2—16% K_2SO_4, Rest W. sowie 18 u. 24% H_3BO_3, Rest W.) auf Zus. der Lsg. u. des Bodenkörpers analysiert. Temp. 25—100°, wobei bes. auf die Zus. in den euton. Punkten bei 30, 50, 70 u. 90° geachtet wurde (der eutekt. Punkt liegt bei —2°). Es ergab sich, daß bei Steigerung der Temp. von 30—90° die Löslichkeit der H_3BO_3 um das 4,37fache, in Ggw. von K_2SO_4 um das 5,25fache, jene des K_2SO_4 um das 1,75fache, in Ggw. von H_3BO_3 um das 2,94fache ansteigt. Daraus ist zu folgern, daß zur Überführung B-haltiger Mineralien in Lsg. die Temp. von 80—90° als die günstigste erscheint. (Журнал Прикладной Химии [J. angew. Chem.] **27.** 1275 bis 1280. Dez. 1954. Woronesh, Med. Inst., Lehrstuhl für Biochem.)

A. v. WILPERT. 275

W. Je. Pljuschtschew und **N. F. Markowskaja,** *Schmelzdiagramm des Systems Caesiumsulfat–Magnesiumsulfat.* Das Syst. wurde nach dem Schmelzverf. mit differentialer Aufzeichnung des Thermogramms durch ein KURNAKOW-Pyrometer untersucht. Ausgangsstoffe $MgSO_4\cdot 7H_2O$ u. CsCl, das mit geringem Überschuß an H_2SO_4 u. Cs_2CO_3 in Sulfat übergeführt wurde; beide Sulfate wurden entwässert. — Das Syst. besitzt einen eutekt. Punkt (EP) bei 680° u. 45 (Mol) % $MgSO_4$ (nachweisbar bei 1—70% $MgSO_4$). Die polymorphe Umwandlung des Cs_2SO_4 erfolgt bei 660° (nachweisbar bei 30—100% Cs_2SO_4). Ein Umwandlungspunkt tritt bei 63% $MgSO_4$ auf u. entspricht der bei 825° schm. Verb. *$Cs_2SO_4\cdot 3MgSO_4$*. Ein vierter Haltepunkt wurde bei 570° beobachtet (nachweisbar bei 2,5—70% $MgSO_4$), er entspricht der Zus. 33,3% $MgSO_4$, weist somit die Verb. *$2Cs_2SO_4\cdot MgSO_4$* nach (ein seltener Fall der Bldg. einer Verb. im Solidusgebiet: F. des Syst. bei 33,3% $MgSO_4$ 820°). — Das bin. Syst. Cs_2SO_4–$MgSO_4$ gehört zu den Systemen mit unbegrenzter gegenseitiger Löslichkeit der Komponenten im geschmolzenen Zustand; kennzeichnend ist auch die inkongruent schm. Verb. $Cs_2SO_4\cdot 3MgSO_4$. Das Eutektikum besteht aus α-Cs_2SO_4 u. $Cs_2SO_4\cdot 3MgSO_4$. (Доклады Академии Наук СССР [Ber. Akad. Wiss. UdSSR] [N. S.] **95.** 555—57. 21/3. 1954. Moskau, Lomonossow-Inst. für feinchem. Technol.) A. v. WILPERT. 282

Je. I. Posner und **W. K. Birjukowa,** *Löslichkeit eines Salzes in Gegenwart von zwei anderen Salzen mit gemeinsamem Ion.* 2. Mitt. (1. vgl. C. **1956. 9652.**) Auf Grund des Literaturmaterials über das Vierkomponentensyst. *$NaCl$–KCl–$MgCl_2$–H_2O* (bei 25°) werden die Mol-Anteile des gemeinsamen Cl-Ions mit Hilfe der empir. Formel $N_{X,H} = K(1 + a + b)^n$ berechnet. Die geringen Abweichungen von den experimentellen Werten bestätigen die Brauchbarkeit der Formel. Diese Abweichungen nehmen mit steigender

Konz. von $MgCl_2$ zu. Diese erhöhten Abweichungen werden mit der Annahme erklärt, daß in diesem Gebiet n nicht nur vom Verhältnis der Konzz. b/a, sondern auch von der Summe a + b abhängig ist. (Журнал Физической Химии [J. physik. Chem.] **28.** 1225–27. Juli 1954.) O. LEBTAG. 282

W. A. Schuschunow und **A. M. Pawlow,** *Kinetik der thermischen Zersetzung von Cyanamiden der Alkali- und Erdalkalimetalle.* Es wird gezeigt, daß K_2CN_2, Na_2CN_2 u. $BaCN_2$ bei höherer Temp. leicht zers. werden, wobei die entsprechenden Cyanide entstehen. Die therm. Beständigkeit der Cyanamide nimmt in der Reihe K—Na—Ba—Ca zu. Der Zerfall der Cyanamide wird durch Fe stark beschleunigt, durch Cu u. Ag nicht beeinflußt. Der Cyanidgeh. steigt bei der therm. Zers. von $BaCN_2$ in Ggw. von Fe zunächst bis zu einem Maximum an u. nimmt dann infolge der Rk. zwischen Cyanid u. Fe ab. (Журнал Прикладной Химии [J. angew. Chem.] **28.** 934–38. Sept. 1955. Gorki, Wiss. Forschungsinst. für Chem.) O. LEBTAG. 285 •

Michael Hoch, *Reaktion zwischen BaO und C.* (Sitzungsbericht.) (Physic. Rev. [2] **99.** 1651. 1/9. 1955. Ohio State Univ.) R. STEIN. 285

Klaus Brodersen, *Über die Konstitution des Quecksilber(II)-hydrazinchlorids.* Die Darst. von reinem $(N_2H_2Hg_2)Cl_2$ sowie seine röntgenograph. Kristallstrukturbest. wird beschrieben u. diskutiert. Die Verb. krist. rhomb. mit den Gitterkonstanten a = 8,15, b = 6,75 u. c = 10,55 Å u. 4 Formeleinheiten/Zelle. Die wahrscheinliche Raumgruppe ist D_{2h}^{16}. Es wird ein Strukturvorschlag abgeleitet, in dem Hg- u. N-Atome ein zweidimensionales $(N_2H_2Hg_2)_\infty$-Netzwerk mit vierbindigem N bilden. Die Hydrazinoverb. entspricht formal den Amidoverbb. $HgNH_2X$ (X = Halogen), strukturell aber der Imidoverb. Hg_2NHBr_2, weil die N—N-Bindung im Hydrazin zu einem höheren Vernetzungsgrad des Hg–N-Gerüstes führt.

V e r s u c h e : *Quecksilber(II)-hydrazinochlorid*, $(N_2H_2Hg_2)Cl_2$, durch Zugabe einer Lsg. von 0,5 g $HgCl_2$ in 10 ml W. zu der Lsg. von 0,5 g $N_2H_4 \cdot 2HCl$ in 10 ml W., unter Kühlung mit Eiswasser, Zugabe von 10 g Na-Acetat, Filtrieren u. Waschen mit A.–Ae.; hellgelber Nd.; $D.^4_{pykn.}$ 5,15 ± 0,5; $D._{ber.}$ $5{,}74_6$. Verss. zur Darst. der entsprechenden Br- u. J-Verbb. blieben erfolglos. (Z. anorg. allg. Chem. **285.** 5–13. Mai 1956. Tübingen, Univ., Chem. Inst., Anorg. Abt.) H. HOFMANN. 290

A. E. Finholt, Glen D. Barbaras, Geraldine K. Barbaras, Grant Urry, Thomas Wartik und **H. I. Schlesinger,** *Die Darstellung von Natrium- und Calciumaluminiumhydrid.* Vff. beschreiben die Darst. von $NaAlH_4$ aus *NaH* u. $AlCl_3$ in *Dimethyläther* (**I**) sowie analog die Darst. von Ca $(AlH_4)_2$ in I bzw. Tetrahydrofuran unter Bldg. der Ätherate $Ca \cdot (AlH_4)_2 \cdot O(CH_3)_2$ bzw. $Ca(AlH_4)_2 \cdot O(CH_2)_4$. Die Schwierigkeiten u. ihre Umgehung sowie einige Eigg. u. Rkk. der Prodd. werden mitgeteilt. (J. inorg. Nuclear Chem. **1.** 317–25. Okt. 1955. Chicago, Ill., Univ. of Chicago, George Herbert Jones Labor., u. St. Olaf Coll.) G. RUBAN. 294

Michel Rodot, Pierre Duclos, Francois Kover und **Huguette Rodot,** *Darstellung von Indiumantimonid. Bestimmung der effektiven Massen.* Die Darst. u. Reinigung von InSb wird kurz beschrieben. An Präpp. verschied. Reinheit werden elektr. Widerstand, HALL-Effekt u. SEEBECK-Effekt gemessen. Mit einem Wert von 0,27 eV für ΔE werden b u. die effektiven Massen bei 313, 283 u. 263° K berechnet. (C. R. hebd. Séances Acad. Sci. **242.** 2522–25. 23/5. 1956.) R. LEVI. 296

L. Holleck und **L. Hartinger,** *Stellung des Yttriums bei der Austauschertrennung von Yttererden mit Nitrilotriessigsäure als Elutionsmittel.* Die Seltenen Erden haben mit wachsender Ordnungszahl eine geringere Affinität zum Austauscher u. werden stärker komplex gebunden. Dies hat zur Folge, daß Trennungen von Yttererden bei tieferen p_H-Werten vorgenommen werden müssen als solche von Ceriterden. Die Yttererden werden bei p_H-Werten, bei denen Ceriterden schon quantitativ getrennt werden, erst angereichert. Trennungserschwerend kann auch das Auftreten des Y im Bereich der schwer trennbaren Elemente Er, Ho u. Dy sein. Bei Unterss. der Vff. an Yttererden-Gemischen (ohne Eu u. Sm) mit Nitrilotriessigsäure als Elutionsmittel tritt Y überraschenderweise in der Endfraktion auf. Bei einer Probe, der *Nd* u. *Pr* zugesetzt wurde, liegt Y zwischen *Gd* u. den zugesetzten *Cerit*-Erden. Daher dürfte nach Ansicht der Vff. Y zwischen *Gd* u. *Eu* einzuordnen sein. Die Ergebnisse werden mit denen anderer Autoren für andere Eluiermittel verglichen. (Angew. Chem. **68.** 412. 21/6. 1956. Bamberg, Hochschule, Chem. Inst.) H. HOFMANN. 300

L. Hartinger und **L. Holleck,** *Zur quantitativen Trennung geringer Mengen Seltener Erden aus Uranspaltprodukten.* Es werden die Ergebnisse von Unterss. über die Eignung der *Nitrilotriessigsäure* zur Trennung kleiner Mengen Seltener Erden (<1 mg bis zu Trägermengen) kurz mitgeteilt. Die Trennung in Säulen mit sehr feinkörnigem oder „koll." Austauscher verläuft unter günstigen Bedingungen auch ohne Berücksichtigung von Elutions-p_H-Werten quantitativ. In einer Säule von 59 cm Länge u. 0,6 cm Durchmesser, die mit Seltenen Erden aus der U-Spaltung nach vorheriger Entfernung von Ce bei einem Trägerzusatz von 10 mg beladen war, konnte unter Verwendung eines ziemlich grobkörnigen Austauschers (0,25—0,5 mm) beim p_H 5,1 Nd u. Pr noch nicht, beim p_H 4,14—4,20 dagegen *Y*, *Sm* (*Pm*), *Nd* u. *Pr* quantitativ getrennt werden. (Angew. Chem. **68**. 412. 21/6. 1956. Bamberg, Hochschule, Chem. Inst.) H. HOFMANN. 303

L. Holleck und **L. Hartinger**, *Quantitative Trennung von Ceriterden und p_H-Wert des Elutionsmittels beim Ionenaustauscherverfahren.* Die Möglichkeiten zur Trennung der Seltenen Erden durch Ionenaustausch an dem Kationenaustauscher Nalcite HCR (NH_4-Form) mit *Nitrilotriessigsäure* (I) als Komplexbildner werden unter Berücksichtigung der Ergebnisse anderer Autoren im Hinblick auf die p_H-Abhängigkeit der gebildeten Komplexe kurz diskutiert u. an einigen Unterss. demonstriert. Beim Eluieren eines Ceriterdengemisches (ohne Ce) in Mengen von 500 mg bei verschied. p_H-Werten unter 4,3 ist es möglich, die eine Seltene Erde quantitativ aus der Säule zu eluieren, während die benachbarte leichtere am Austauscher adsorbiert bleibt, bzw. sich bedeutend langsamer in der Säule nach unten bewegt. Dieser leichtere Anteil wandert so langsam, daß zur weiteren Eluierung der p_H-Wert erhöht werden muß. Es konnten folgende p_H-Werte ermittelt werden, bei denen die einzelnen Ceriterden gerade durchbrechen: *La* 4,20 (p_H); *Pr* 3,80; *Nd* 3,75; *Sm* 3,50. Die Werte sind mit einem gewissen Fehler behaftet, da die p_H-Werte der Eluierlsgg. sehr genau eingestellt werden müssen u. sich neben der Begrenzung der Meßgenauigkeit gewisse Schwankungen während des Betriebs ergeben. Darauf ist offenbar der etwas gering gefundene Unterschied der Elutions-p_H-Werte von Pr u. Nd zurückzuführen. La konnte bei $p_H < 4{,}20$ nicht eluiert werden. Bei höheren p_H-Werten tritt zu starke Elution ein. p_H 6 gibt noch eine gute Anreicherung, die Trennung ist jedoch der bei niederen p_H-Werten weit unterlegen. Es ist ferner zwecklos, in p_H-Bereichen unterhalb 1,8 zu arbeiten, da hier die Durchsätze zu gering werden. Nach Ansicht der Vff. ist **I** als Komplexbildner in diesem Zusammenhang der Citronensäure u. auch anderen Aminopolyessigsäuren überlegen u. durch die Eig. der Bldg. verschied. Komplexe zur quantitativen Trennung der Ceriterden bes. geeignet. (Angew. Chem. **68**. 411—12. 21/6. 1956. Bamberg, Hochschule, Chem. Inst.) H. HOFMANN. 303

R. W. M. D'Eye und **G. W. Booth**, *Die Hydrate von Thoriumtetrafluorid.* Durch chem., „tensimetr." (Messung niedriger Dissoziationsdrücke) u. röntgenkristallograph. Unterss. wurden 3 verschied. Hydrate von ThF_4 (I) identifiziert. Das höchste, **I** mit 2,5—3,0 H_2O, ist pseudotetragonal u. geht bei therm. Zers. in $I \cdot 0{,}25\ H_2O$ über. Das mittlere enthält 0,5—2,0 H_2O u. ist rhomb. mit 16 Moll. pro Elementarzelle; die Wassermoll. sind in dieser Struktur kristallograph. nicht gleichwertig; durch therm. Zers. liefert es ebenfalls $I \cdot 0{,}25\ H_2O$. Letzteres ergibt beim Erhitzen an der Luft oder im Vakuum bei 300° wasserfreies **I**. Röntgendaten werden mitgeteilt für **I**: Monoklin, $a = 13{,}1$, $b = 11{,}0$, $c = 8{,}6 \pm 0{,}1$ kX, $\alpha = 126 \pm 1°$; sowie zum Vgl. für $UF_4 \cdot 2{,}5 H_2O$: Rhomb., $a = 12{,}82$, $b = 11{,}10$, $c = 7{,}05 \pm 0{,}01$ kX. (J. inorg. Nuclear Chem. **1**. 326—33. Okt. 1955. Harwell, Didcot, Berks., AERE.) G. RUBAN. 324

Eugene John Barber und **George H. Cady**, *Einige physikalische Eigenschaften von Wolframhexafluorid.* WF_6 wurde durch Behandeln von W mit F_2 bei 350—400° dargestellt. Die Erhitzungskurve zeigt außer dem F. bei $2 \pm 0{,}3°$ einen Umwandlungspunkt bei $-8{,}2 \pm 0{,}1°$. Die Umwandlungswärme wurde zu 1600 cal/Mol, die Schmelzwärme zu 500 cal/Mol bestimmt. Für die Dampfdrucke von WF_6 gilt die Gleichung $\log P_{mm} = 6{,}88699 - 928{,}580/T - 67942{,}9/T^2$. Der Kp. bei 760 mm ist $17{,}06 \pm 0{,}05°$. Ferner wurden die VAN DER WAALSschen Konstanten, die Verdampfungswärme bei verschied. Tempp. u. der Löslichkeitsparameter berechnet. Der Dampfdruck der festen Phase wird auf Grund von Messungen von RUFF u. ASCHER (vgl. Z. anorg. allg. Chem. **196**. [1931.] 413) diskutiert. (J. physic. Chem. **60**. 505—06. April 1956. Seattle, Wash., Univ. of Washington, Dep. of Chem.) H. W. LEVI. 337

William S. Horton, *Die Uranylcupferrate.* Durch Fällung aus alkoh. Lsg. gewonnenes Uranylcupferrat wurde mit Hilfe von DEBYE-SCHERRER-Aufnahmen röntgenograph. untersucht. Es krist. in einer kub. primitiven Zelle mit a = 13,3 Å u. Z = 4. Auf Grund von WEISSENBERG-Aufnahmen an Einkristallen, die durch langsames Eindunsten einer alkoh. Lsg. gewonnen wurden, sowie mit Hilfe der PATTERSON-Analyse ergab sich als Raumgruppe $T^4 - P\,2_1\,3$. Die Raumgruppensymmetrie zeigt, daß die UO_2-Gruppe linear u. die 3 Cupferronreste gleichwertig sind, die Verb. ist daher ein $NH_4[UO_2(C_6H_5N_2O_2)_3]$. Die Anordnung der O-Atome um das zentrale U-Atom ist je nach der Koordinationszahl, die sich nicht genau ermitteln ließ, trigonal bipyramidal oder kub. bzw. dodekaedrisch. Es werden Uranylcupferrate hergestellt, in denen das NH_4 durch *Na*, *K*, *Rb* u. *Cs* ersetzt ist. Die entsprechende *H*-Verb. zers. sich beim Stehen, die *Li*-Verb. konnte nicht erhalten werden. Abschließend werden Fragen der chem. Konst.

der Cupferrate diskutiert. (J. Amer. chem. Soc. **78.** 897—99. 5/3. 1956. Gen. Elect. Co., Knolls At. Power Labor.) H. W. LEVI. 339

S. Yamaguchi, *Bemerkungen über die Bildungsbedingungen der verschiedenen Eisenoxyde.* Eine Fe^{2+} u. Fe^{3+} enthaltende wss. Lsg. wird durch NH_3 zu schwarzem ferromagnet. Fe_3O_4 gefällt, während bei Methanol als Lösungsm. ein Gemenge von paramagnet. α-$Fe(OH)_3$ u. $Fe(OH)_2$ entsteht. $Fe(OH)_2$ wird durch Luft allmählich zu $Fe(OH)_3$ oxydiert. Methanol hemmt also die Spinellbldg. der Eisenoxyde, während W. sie fördert. Der Nachw. erfolgte elektronenmikroskopisch. (Z. anorg. allg. Chem. **285.** 100—02. Mai 1956. Hongo, Tokyo, Sci. Res. Inst. Ltd.) H. PLUSKAL. 354

Walter Grattidge, *Einige Eigenschaften des Systems Eisenoxyd–Aluminiumoxyd.* (Sitzungsbericht.) (Physic. Rev. [2] **99.** 1643. 1/9. 1955. General Electric Res. Labor.) R. STEIN. 354

D. M. Grimes und **J. W. Kuiper,** *Einfluß von V_2O_5 auf Spinellbildung.* (Sitzungsbericht.) (Physic. Rev. [2] **100.** 1256—57. 15/11. 1955.) R. STEIN. 354

Cesare Brisi, *Über eine vierwertiges Eisen enthaltende Phase mit Lückenstruktur.* Beim Erhitzen einer Mischung von $SrCO_3$ u. Fe_2O_3 an Luft auf 1100—1200° erhält man Verbb. der allg. Zus. $Sr[(Fe^{IV}_{1-2x}, Fe^{III}_{2x})O_{3x}]$, die 4wertiges Eisen enthalten. x erreicht beim Arbeiten bei 1100° ungefähr den Wert 0,25. Die Verbb. besitzen, unabhängig vom Wert x, ideale Perowskitstruktur mit a = 3,853 Å. Im O-Ionengitter treten entsprechend den Werten von x Lücken zum Valenzausgleich auf. (Vgl. hierzu C. **1956.** **6898.**) (Ricerca sci. **24.** 1858—61. Sept. 1954. Torino, Politec., Ist. di chim. gener. ed appl. e di Metall.) H. NÖTH. 354

Ram Sahai Saxena und **C. S. Bhatnagar,** *Potentiometrische Untersuchung der Reaktion zwischen $Hg(NO_3)_2$- und $K_4[Fe(CN)_6]$-Lösungen.* $Hg(NO_3)_2$ kann mit $K_4[Fe(CN)_6]$-Lsgg., die 1% $K_3[Fe(CN)_6]$ enthalten, potentiometr. titriert werden. Der aus dem Maximum von $\Delta E/\Delta c$ bestimmte Äquivalenzpunkt entspricht dabei der Bldg. der Verb. $Hg_2 \cdot [Fe(CN)_6] \cdot Hg(NO_3)_2$, die als Bodenkörper ausfällt. In reinem W. tritt am Äquivalenzpunkt ein scharfer Potentialsprung auf. 20% A. in der Lsg. stören nicht. Bei Ggw. von 2 g $(NH_4)_2SO_4$ nimmt der Potentialsprung ab, um so stärker, je verdünnter die Lsg. ist. (Z. anorg. allg. Chem. **285.** 95—99. Mai 1956. Kota, Indien, Herbert Coll., Chem. Labor.) H. PLUSKAL. 354

W. N. Tolmatschew und **L. A. Korobka,** *Spektrophotometrische Untersuchung von Reaktionen, die bei der Colorimetrie von Bedeutung sind.* 1. Mitt. *Komplexverbindungen von Nickelionen mit Natrium-2-nitroso-1-naphthol-4-sulfonat.* Es wird die Komplexbldg. von Ni-Ionen mit Natrium-2-nitroso-1-naphthol-4-sulfonat („RH" = Nitroso-N-Salz) spektrophotometr. bei p_H 2—10 (ohne Pufferlsgg., einfach mit HCl u. NaOH hergestellt) im Wellengebiet 450—480—500—510—520 mμ untersucht u. gefunden, daß hier 2 Komplexe entstehen: NiR^+ u. NiR_3^-. Eine Innerkomplexverb. NiR_2 liegt im Bereich des Möglichen, ihre Konz. würde jedoch 3—4% der Gesamtkonz. aller Moll. nicht übersteigen. Die opt. Dichte der Lsgg. wurde mit einem Spektralphotometer bestimmt, sie stieg mit p_H von 2—10 bedeutend an, einem Grenzwert zustrebend. Die Koeffizienten der mol. Absorption für die beiden Komplexe NiR^+ u. NiR_3^- wurden bestimmt. Die Instabilitätskonstanten betragen für NiR^+ $K_2 = 1{,}3 \cdot 10^{-6}$ u. für NiR_3^- $K_4 = 1{,}5 \cdot 10^{-14}$. NiR_3^- ist genügend stabil bis p_H 10, sein mol. Absorptionskoeff. hoch, daher die Verb. für Colorimetrie u. Spektrophotometrie des Ni geeignet. Die Konzz. der Ni- u. RH-Lsgg. betrugen $a \cdot 10^{-4}$ Mol/Liter (a = eine einstellige Zahl). Die Koeffizienten der mol. Absorption betragen im Maximum (450 mμ) für NiR^+ bis 5000 (ε_λ nach KOMAR berechnet) u. aus der Kurve für NiR_3^- bis 17000. (Журнал Аналитической Химии [J. analyt. Chem.] **9.** 134—40. Mai/Juni 1954. Charkow, Univ., Forschungswiss. Chem. Inst.) A. v. WILPERT. 356

Jean Gauthier, *Einige Eigenschaften der basischen Kupfersalze.* 1. Mitt. *Herstellung durch Reaktion von Kupferhydroxyd auf bestimmte lösliche Kupfersalze.* Vf. versetzt eine wss. Suspension von $Cu(OH)_2$ — nach 3 verschied. Verff. hergestellt — mit Cu-Salzen folgender Säuren: *HCl*, H_2SO_4, HNO_3, $HClO_3$, *HCOOH*, CCl_3COOH, CH_3COOH, n-$C_2H_5 \cdot COOH$, $CH_2ClCOOH$, $CH_2BrCOOH$ u. $HClO_4$ u. stellt den Umsatz zu bas. Salzen nach 5, 10 u. 15' fest. Vf. schließt, daß die Bldg. bas. Salze immer über das Hydroxyd führen muß, das dann weiter mit überschüssigen Ionen reagiert. (Bull. Soc. chim. France [5] **1956.** 661—64. April. Lyon, Fac. des Sci.) H.-G. MOSLÉ. 358

Bernard Tremillon, *Extraktion von Silber und Kupfer durch Dithizon.* 1. Mitt. *Eigenschaften von Silber- und Kupferketodithizonaten.* Vf. bestimmt Formel u. Gleichgewichtskonstante für die Extraktion von Cu- u. Ag-Ketodithizonaten durch CCl_4. 10 ml einer Lsg. von Dithizon in CCl_4 u. 10 ml einer wss. Cu- bzw. Ag-Lsg. bestimmten Geh. (p_H u. Ionenstärke konstant) werden zusammengegeben u. eine gewisse Zeit geschüttelt. Die beiden Schichten werden durch Dekantieren getrennt, u. in einer transparenten Küvette von 1 cm Dicke wird die opt. Dichte der organ. Phase gemessen. Auf Grund der Ergebnisse der Meth. der isobest. Kurvenbündel (opt. Dichte in Abhängigkeit von der Wellenlänge) findet Vf. für das Ag-Ketodithizonat die Formel AgHDz u. berechnet den Wert $10^{7,6\pm0,15}$ für die Gleichgewichtskonstante. Die Unters. des Cu-Ketodithizonats nach der Meth. der Kurven linearer Mengenverhältnisse u. der Meth. der stetigen Änderungen bei verschied. p_H ergibt die Formel $Cu(HDz)_2$ mit einer Gleichgewichtskonstanten von $10^{14,4\pm0,3}$. (Bull. Soc. chim. France, Mém. [5] **1954.** 1156—60. Sept. Paris, École de Phys. et Chim., Labor. de Chim. Analyt.) H. SURAWSKI. 359

Bernard Tremillon, *Extraktion von Silber und Kupfer durch Dithizon.* 2. Mitt. *Eigenschaften der Silber- und Kupferenoldithizonate und ihre Anwendungen.* (1. vgl. vorst. Ref.) In analoger Weise wird das Cu-Enoldithizonat opt. untersucht, wobei die isobest. Kurve unter Verwendung eines Cu^{2+}-Überschusses im sauren Gebiet (p_H 1—3,8) bestimmt wird. Vf. findet die Formel CuDz u. berechnet für die Gleichgewichtskonstante der Extraktion den Wert $10^{-6,0\pm0,2}$. Beim Ag-Enoldithizonat dagegen ergeben sich wegen seiner Unlöslichkeit in CCl_4 an Stelle der isobest. Kurvenbündel nur ähnlich verlaufende Absorptionskurven. Es wird gezeigt, daß die Formel Ag_2Dz am plausibelsten ist u. daß sich für eine an Ag_2Dz gesätt. Lsg. die Gleichgewichtskonstante zu $10^{5,7\pm0,3}$ berechnet. Abschließend wird die Verwendung dieser Konstanten sowohl zur Trennung als auch zur Best. von Ag u. Cu mittels Dithizon diskutiert. (Bull. Soc. chim. France, Mém. [5] **1954.** 1160—63. Sept.) H. SURAWSKI. 359

A₉. Mineralogische und geologische Chemie.

A. D. Genkin, *Beibehaltung der Zwillingsstruktur von Mineralien bei der Substitution.* Die Beibehaltung der Zwillingsstruktur bei der Verdrängung von *Sphalerit* (**I**) durch *Chalkopyrit* (**II**) oder *Stannin* (**III**) ist durch die große Strukturähnlichkeit dieser Mineralien bedingt. Hierbei bleibt das Gerüst der großen Anionen völlig unverändert. Die Substitution besteht darin, daß nur das Kationengerüst verändert wird. Bei der Verdrängung von **I** durch **II** treten an die Stelle der Zn-Ionen die Kationen von Fe u. Cu, bei der Verdrängung durch **III** an die Stelle von Zn die Kationen von Cu, Fe u. Sn. Dieser Kationenaustausch erfolgt durch Diffusion. Die Ursachen dieses Kationenaustausches sind in den Änderungen des Konzentrationsverhältnisses der Komponenten in der Restlsg. zu suchen, wodurch das Gleichgewicht von **I** mit der Lsg. gestört wird. (Записки Всесоюзного Минералогического Общества [Schr. Allunions mineralog. Ges.] [2] **83.** 151—53. 1954.) O. LEBTAG. 372

Roger Y. Anderson und **Edwin B. Kurtz jr.,** *Biogeochemische Erkundung der Annie Laurie Uranlagerstätte, Santa Cruz County, Arizona.* Das U kommt in einer Zone von unregelmäßiger Pechblendemineralisation in einem *Rhyolithporphyr* vor, der über einer Serie von Sandsteinen, Kalken u. Schiefertonen liegt. Die Radioaktivität der Pflanzen, die über dem Rhyolith wachsen, ist doppelt so stark wie die derjenigen über den Sedimenten. Pflanzen, die direkt über der mineralisierten Zone sind, sind außerordentlich stark radioaktiv. Diese Pflanzenanalyse erlaubte es, die Grenzen der Lagerstätte zu bestimmen u. ein neues *Pechblende*-Vork. außerhalb des bisher bekannten aufzufinden. (Econ. Geol. **50.** 227—32. März/April 1955. Tuscon, Ariz., Univ., Coll. Agricult., Dep. of Botany.) W. BAUR. 378

F. G. Percival, *Sedimentäre Eisenerzbildung.* Vf. vertritt die Ansicht, daß ein Teil der als sedimentär angesehenen Eisenerzlagerstätten ihre Entstehung der in situ-Verwitterung bas. Gesteine verdankt. (Econ. Geol. **49.** 905. Dez. 1954. Sadlers End, Haslemere.) W. BAUR. 378

J. Petránek, *Vorläufiger Bericht über die Genese der Hämatiterze von Medlov und Uničov* (= Mährisch-Neustadt). Chem. Zus. (%): SiO_2 25—35, Fe 35—45, Mn 0,2, P 0,2—0,3, S 0,1. Es handelt sich um submarine, sedimentäre Hämatite u. Magnesite. (Věstník ústředního Ústavu geologického **26.** 87—89. Jan. 1951.) K. STEINER. 378

J. Petránek, *Bericht über die Untersuchung der Genese der Leptochlorit- und Magnetiterze von Krakořic und Šternberka.* Chem. Zus. (%): ca. 33 Fe, 18 SiO_2, 0,1—0,2 Mn, 0,1—0,2 P, 0,1—0,5 S. Die Erze sind submarinen Ursprungs u. durch Exhalation von $SiCl_4$, $FeCl_3$ u. vielleicht auch $FeCl_2$ entstanden. Die Bldg. des Magnetits läßt sich nicht erklären. Die aus $SiCl_4$ entstandene SiO_2 wurde nicht nur an Erze u. Sedimente anorgan. gebunden, sondern auch von Mikroorganismen zum Aufbau ihres SiO_2 Gerüstes verwendet. (Věstník ústředního Ústavu geologického **26.** 84—87. Jan. 1951.) K. STEINER. 378

František Malásek, *Bericht über die Untersuchung der Fe- und Mn-Lager in der Gegend von Nejdek* (= *Neudeck*). Es handelt sich bei Neudeck, Eibenberg u. Hochofen um alte abgebaute Fe- u. Mn-Erzlager bzw. um verschied. Spuren früheren Bergbaus, wo vermutlich Sn-Erz gefördert wurde; bzw. um abgebaute Hämatitlager. (Věstnik Ústředního ústavu geologického **26.** 66—68. Jan. 1951.) K. STEINER. 380

Josef Ladurner, *Zum Verhalten von Ankerit im geschlossenen Gefüge und als Einzelkorn.* Ein Ankerit in Ankeritgefüge aus dem Gesteinsverband des Innsbrucker Quarzphyllits wird auf Gefügeregelung untersucht u. mit isotypt gebauten *Calcit-* u. *Dolomit-*Tektoniten verglichen. Auch das Gefüge von gleichzeitig vorkommendem *Quarz* u. *Glimmer* wird herangezogen. Daneben werden noch Ankerite als Einzelkorn aus dem Pfitsch- u. Zillertal auf ihre Regelung hin untersucht u. dem Quarz- u. Glimmergefüge dieser Gesteine gegenübergestellt. (Tschermaks mineralog. petrogr. Mitt. [3] **5.** 215—26. 1955. Innsbruck, Univ., Inst. für Mineralog. u. Petrograph.) J.-E. HILLER. 380

Duncan McConnell, *Das Problem der Carbonatapatite.* Vf. weist die Angriffe von BORNEMAN-STARJNKEWITSCH u. BELOW (C. **1954.** 2134) auf seine Veröffentlichung (C. **1953.** 4175) zurück. Der Carbonatapatit (*Francolith*) enthält keine Beimischung von Calcit, wie die russ. Forscher annehmen. (Vgl. hierzu C. **1956.** 7747.) (Science [Washington] **119.** 913—14. 25/6. 1954. Columbus, O., Ohio State Univ.) F. ENSSLIN. 380

Haymo Heritsch, *Bemerkungen zur Schreibung der kristallchemischen Formel der Hornblende.* Vf. stellt fest, daß in den Hornblenden um die Position $\frac{1}{2}$ 0 $\frac{1}{2}$ nach den WARRENschen Koordinaten eine unregelmäßige 10-Koordination angenommen werden kann. Nach den Koordinaten von WHITTAKER ist eine 6- oder 10-Koordination möglich. Es wird daher vorgeschlagen, die kristallchem. Formel der Hornblenden vorläufig zu schreiben: $\frac{1}{\infty}(Ca, Na)_2^{[8]} (Ca, Na, K)_{0-1}(Mg, Al, Fe^{2+}, Fe^{3+}, Ti^{4+})_5^{[6]} (OH, F)_2[(Si, Al)_8O_{22}]$. (Tschermaks mineralog. petrogr. Mitt. [3] **5.** 242—45. 1955. Graz, Univ., Mineralog. Petrogr. Inst.) J.-E. HILLER. 380

H. Gruß, *Interngefüge der Kalifeldspate in einem Ötztaler Gneis.* An einem verbreiteten Typus des Ötztaler Kristallins werden die Interngefüge der Kalifeldspate mit dem Externgefüge verglichen u. daraus Schlüsse aus dem Ablauf der Metamorphose gezogen. (Tschermaks mineralog. petrogr. Mitt. [3] **5.** 231—41. 1955. Innsbruck, Univ., Inst. für Mineral. u. Petrograph.) J.-E. HILLER. 380

Haymo Heritsch, *Die Raumgruppe von Wardit.* An Warditkristallen von der Nordseite des Millstätter Sees, Kärnten, wird die Raumgruppe mit $D_4^4 - P4_12_12$ bzw. $D_4^8 - P4_32_12$ bestimmt. Die Gitterkonstanten von Wardit dieses Fundpunktes sind a = 7,13, c = 19,25. Die Morphologie der Kristalle wird beschrieben. (Tschermaks mineralog. petrogr. Mitt. [3] **5.** 246—51. 1955. Graz, Univ., Mineralog. Petrograph. Inst.) J.-E. HILLER. 380

M. H. Bergendahl, *Wavellitsphärolithe in der Bone-Valley-Formation von Zentralflorida.* Vf. berichtet über das Vork. von Wavellitsphärolithen mit Durchmesser von 1—11 mm in der obigen Formation. Diese setzt sich aus 2 Schichten zusammen, einer unteren Phosphoritschicht marinen Ursprungs, die Phosphatknötchen, Quarzsand u. Ton enthält, u. einer oberen, ausgelaugten Zone von weißem bis grauweißem tonigen Sand, der durch sek. Phosphate verkittet ist. Die Brechungsindices wurden bestimmt zu $\alpha = 1,52-1,53$; $\beta = 1,53-1,54$ u. $\gamma = 1,55$; das Mineral zeigte gerade Auslöschung, der Charakter der Doppelbrechung ist positiv u. die Dispersion $r > v$ kaum nachweisbar. Aus Unterss. von Dünnschliffen ergab sich, daß es sich um nahezu reinen Wavellit handelt. Es wurde eine chem. Teilanalyse sowie eine spektrograph. Analyse durchgeführt. Aus der Abwesenheit von CaO ergibt sich, daß Pseudowavellit auch als intermediäres Mineral nicht in Frage kommt. Die Bldg. des Minerals wird kurz besprochen. (Amer. Mineralogist **40.** 497—504. Mai/Juni 1955. Washington, D. C., U. S. Geol. Surv.) C. GOTTFRIED. 380

L. W. Parkin und **K. R. Glasson,** *Die Geologie der Radium-Hill-Urangrube, Süd-Australien.* Das Erz, es ist *Davidit* (ein Ti–U-Komplex), tritt mit *Rutil, Ilmenit, Biotit* u. *Quarz* vergesellschaftet in einem zusammengesetzten Gang auf. Es handelt sich um späte Verdrängungen entlang Spalten in der Nähe der Achsenebene einer regionalen Faltung früher präkambr. Sedimente. Die Verteilung des Erzes in den Gängen ist sehr unregelmäßig. (Econ. Geol. **49.** 815—25. Dez. 1954. South Australia, Dep. Mines, u. Radium Hill Project.) W. BAUR. 385

Johanna Pohl-Rüling und **Egon Pohl,** *Neue Bestimmungen des Radium- und Radongehaltes einiger Austritte der Gasteiner Therme.* Vff. berichten nach einer kurzen Beschreibung der Meßmeth. (Emanometer nach POHL) in tabellar. Form über den Geh. der einzelnen Gasteiner Quellen an Ra u. Rn. (S.-B. Österr. Akad. Wiss., math.-naturwiss. Kl., Abt. II **163.** 173—77. 1954. Gastein, Forschungsinst.) MAX SCHMIDT. 393

Yasushi Kitano, *Chemische Untersuchungen heißer Quellen in Japan.* 25. Mitt. *Der Mechanismus der Calciumcarbonatablagerung und die Formen der Calciumcarbonat-*

absonderungen in heißen Quellen. 1. Mitt. *Der mengenmäßig wichtigste Bestandteil.* Bei den heißen Quellen von Futamata in Hokkaido lassen sich 3 bzw. 4 Ausscheidungsformen des $CaCO_3$ unterscheiden, deren Struktur u. Bildungsweise im einzelnen erörtert werden. (J. chem. Soc. Japan, pure Chem. Sect. [Nippon Kagaku Zassi] **74.** 380—83. Mai 1953. Sapporo, Hokkaido Univ. [Orig.: japan.]) L. SCHULER. 393

N. W. Lisunow und **A. P. Lissitzyn,** *Die Zusammensetzung der Schwebestoffe des Beringmeeres auf Grund der Spektralanalyse.* Unter Benutzung von Membranultrafiltern mit Porengröße 0,7 μ wurden im Beringmeer im Frühjahr in der Nähe der Eisdecke an Schwebestoffen maximal 13 g/m³, minimal 0,9—1 g/m³ als Trockensubstanz festgestellt; in Gebieten mit „blühendem" Phytoplankton fand man durchschnittlich 7—8 g/m³, in solchen ohne „Blühen" 2—3 g/m³. Im Herbst betrug die Maximalmenge an Schwebestoffen 6,6 g/m³, die Minimalmenge 0,75—1,0 g/m³, im Durchschnitt 2—3 g/m³. In der Asche, die nach Abfiltrierung der Schwebestoffe u. Behandlung des Rückstandes mit H_2SO_4 u. in Muffelöfen bei 400° gewonnen wurde, wurden spektroskop. 21 Elemente, darunter auch einige seltene Elemente festgestellt. (Доклады Академии Наук СССР [Ber. Akad. Wiss. UdSSR] **104.** 593—96. 1/10. 1955. Mineralog. u. Geochem. Labor. für Seltene Erden der Akad. der Wiss. der UdSSR.) E. LINTER. 393

E. H. Gowan, *Ozonmessungen über Edmonton (53° 34′N, 113° 31′ W) 1951 bis 1954.* (Sitzungsbericht.) (Physic. Rev. [2] **99.** 1637. 1/9. 1955. Univ. of Alberta.) H. LIEPACK. 396

L. H. Ahrens and other eds., Physics and chemistry of the earth. Vol. 1. London: Pergamon Pr. 1956. (VIII + 317 S. m. Abb. u. Tab.) 55 s.

B. Allgemeine und theoretische organische Chemie.

Maria Andrade e Silva und **Bernard Pullman,** *Theoretische Untersuchung der Binaphthylene.* Vff. untersuchen mittels der LCAO-MO-Meth. die Elektronenstruktur des *2.3*-(I) u. *1.2-Binaphthylens* (II). Es zeigt sich, daß die Konjugation zwischen den beiden Naphthalinkernen beim I ausgeprägter als beim II ist. Die Länge der Zentralbindungen beim II beträgt 1,46 Å, während sie beim I um 0,01 Å kürzer ist. Entsprechend ist die Resonanzenergie mit 7,979 β für I größer als für II (7,820 β). Die Theorie sagt damit in Übereinstimmung mit dem Experiment für I eine größere Stabilität als für II voraus. Als Gründe für die Instabilität des II müssen eine asymm. Verzerrung des Cyclobutadienkerns, die ster. Wechselwrkg. zwischen den Stellungen 1 u. 12 u. die geringe energet. Trennung zwischen dem höchsten besetzten u. dem niedrigsten unbesetzten Elektronenzustand angenommen werden. Die Übergangsenergie $N \rightarrow V_1$ (für II 0,458 γ u. I 1,048 γ) erklärt sehr gut den Farbunterschied zwischen beiden Isomeren (I gelb, II rot). Für die Binaphthylene läßt sich große Neigung zu Substitutions-Rkk. voraussagen, die an den Stellungen 12 (im I) u. 5 (im II) bevorzugt stattfinden sollte. Additions-Rkk. sollten bes. leicht beim II an den Bindungen 1—2 u. 3—4, dagegen nicht an der Bindung 5—6, eintreten. (C. R. hebd. Séances Acad. Sci. **242.** 1888—90. 9/4. 1956.) K. FRENKLER. B 10

G. T. Wright, *Scintillationsansprechen organischer Phosphore.* Unter der Voraussetzung, daß die Auslöschung der Fluorescenz dem gleichzeitigen Einfl. von monomol. u. bimol. Prozessen in der Anregungssäule zuzuschreiben ist, berechnete Vf. das Scintillationsansprechen von *Anthracen* gegenüber α-Teilchen, Deuteronen, Protonen, Mesonen u. Elektronen. Für α-Teilchen, Deuteronen u. Protonen fallen die experimentellen Werte auf die theoret. erhaltenen Kurven. (Physic. Rev. [2] **91.** 1282—83. 1/9. 1953. Grahamstown, South Africa, Rhodes Univ., Dep. of Phys.) C. GOTTFRIED. B 112

S. S. Penner und **H. Aroeste,** *Über die Bestimmung absoluter Intensitäten aus Ein- und Mehrstrahlabsorptionsmessungen.* Vff. prüften die Möglichkeit, Messungen der Gesamtabsorption in Verbindung mit Wachstumskurven zur Best. der absol. Intensität isolierter Spektrallinien heranzuziehen. Die Extrapolationsmethoden lieferten Ergebnisse, die von der Gestalt der Spektrallinien unabhängig waren. Bei Benutzung der Wachstumskurven dagegen mußte die Voraussetzung gemacht werden, daß die Gestalt der Linie durch eine kombinierte DOPPLER- u. LORENTZ-Verbreiterung zu erklären ist. Die Meth. der Wachstumskurven gestattet andererseits, eine eindeutige Beziehung zwischen der Gesamtabsorption u. dem f-Wert herzustellen, die für Spektrallinien mit reiner DOPPLER- oder reiner Stoßverbreiterung gilt. Es wird ein einfaches Verf. entworfen, nach dem die absol. Intensität u. die Spektralliniengestalt aus Ein- u. Mehrstrahlabsorptionsmessungen bestimmt werden kann. Als Beispiel für die Anwendbarkeit dieser Meth. berechneten Vff. die Intensität der O.O-Bande der $^2\Sigma \rightarrow {}^2\pi$-Übergänge vom OH u. für einige Linien, die zum Grundschwingungsrotationsspektr. von CO gehören. (J. chem. Physics **23.** 2244—47. Dez. 1955. Pasadena, Calif., Inst. of Technol., Daniel and Florence Guggenheim Jet Propulsion Center.) L. FISCHER. B 114

F. W. Schueler und **Calvin Hanna,** *Ungesättigte Lactone.* 2. Mitt. *Die Beziehung zwischen chemischer Konstitution und Absorptionsspektren bei einer Reihe von Crotonolactonen.* (1. vgl. C. **1954.** 2357.) Vff. untersuchten die UV-Absorptionsspektren von *α-Benzal-γ-phenylcrotonolacton* (**I**) u. einiger Derivv. u. vergleichen sie mit denen der entsprechenden Azlactone (l. c.). Die ersten sind im allg. bathochromer, zeigen aber paralleles Verh. gegenüber Substituenteneinflüssen. Die FF. beider Reihen zeigen keine Beziehung zueinander.

Versuche: Die Crotonolactone wurden aus dem entsprechenden Aldehyd u. β-Benzoylpropionsäure durch Erhitzen mit Acetanhydrid u. Na-Acetat dargestellt; Ausbeuten 40—75%. (Wenn nicht anders angegeben, sind die Verbb. gelb.) — **I,** F. 155°. — *α-[2-Nitro-*, $C_{17}H_{11}O_4N$, F. 202°. — *α-[3-Nitro-*, F. 208°. — *α-[2.6-Dichlor-*, $C_{17}H_{10}O_2Cl_2$, F. 170°. — *α-[2-Chlor-*, $C_{17}H_{11}O_2Cl$, F. 164°. — *α-[3-Acetoxy-*, $C_{19}H_{14}O_4$, F. 134°. — *α-[2.3-Dimethoxy-*, $C_{19}H_{16}O_4$, F. 141°, orangefarben. — *α-[4-Acetoxy-*, $C_{19}H_{14}O_4$, F. 193°. — *α-[4-Methyl-*, $C_{18}H_{14}O_2$, F. 150°. — *α-[4-Isopropyl-*, $C_{20}H_{18}O_2$, F. 88°. — *α-[4-Acetoxy-3-methoxy-*, $C_{20}H_{16}O_5$, F. 158°, orangefarben. — *α-[3-Chlor-4.5-dimethoxy-*, $C_{19}H_{15}O_4Cl$, F. 160°. — *α-[4-Methoxy-*, F. 171°. — *α-[4-Nitro-*, $C_{17}H_{11}O_4N$, F. 295°. — *α-[3.4-Methylendioxy-*, $C_{18}H_{12}O_4$, F. 177°. — *α-[3.4-Diäthoxy-*, $C_{21}H_{20}O_4$, F. 128°. — *α-[4-Dimethylaminobenzal]-γ-phenylcrotonolacton*, $C_{19}H_{17}O_2N$, F. 175°, rot. — *α-Furfural-*, $C_{15}H_{10}O_3$, F. 116°, braun. — *α-Cinnamal*, F. 154°, orangefarben. — *α-{3-[Furyl-(2)]-propenyliden}-γ-phenylcrotonolacton*, $C_{17}H_{12}O_3$, F. 143—144,5°, braun. (J. Amer. chem. Soc. **73.** 3528—30. Juli 1951. Iowa City, Io., State Univ., Dep. of Pharm.) WOLFGANG SCHULZ. B 118

A. Robert Goldfarb, *Absorptionsspektrum der Peptidbindung.* 2. Mitt. *Einfluß der Kettenlänge.* (1. vgl. C. **1953.** **1343.**) In Fortführung der früheren Arbeit, in der der „Polypeptidabsorptionskoeff." ε_p zu 2500—2800 ermittelt wurde, bestimmte Vf. die Absorptionsspektren von *Polylysin* (n = 6, 14, 33, 48, 53) u. *Polyornithin* (n = 35) sowie den mol. Absorptionskoeff. ε_m (bei 205 mμ) von *Triglycin* (**I**) u. *Hexalysin* (**II**) in Abhängigkeit vom p_H (1—7). Der beobachtete Zuwachs für ε_m bei höherem p_H ist auf die Ionisation der endständigen COOH-Gruppe zurückzuführen, die Ermittlung von ε_p muß demzufolge bei niedrigem p_H (~1) vorgenommen werden. Demgemäß erhält man für **I** ε_p = 1480, für **II** 2120, *Acetylglycin* 1000, *Glycylglycin* 1390, d. h. ε_p liegt für die niederen Polypeptide tiefer als früher angegeben u. nähert sich erst bei den höheren Gliedern dem Grenzwert. — Die UV-Absorption der Polypeptide (ε_m) setzt sich additiv aus ε_p, der „Seitenkettenabsorption" u. dem Absorptionsbeitrag der ionisierten COOH-Gruppe zusammen. (J. biol. Chemistry **201.** 317—20. März 1953. Chicago, Ill., Chicago Med. School, Dep. of Biochem.) H. RÖPKE. B 118

R. M. Acheson und **M. J. T. Robinson,** *Die Kondensation von Acridon mit tertiären aromatischen Aminen und die UV-Absorptionsspektren der Produkte.* Es werden nach ULLMANN [1907] *5-[p-Dimethylaminophenyl]-* (**I**), *5-[p-Dibenzylaminophenyl]-* (**II**), *5-[p-Diphenylaminophenyl]-* (**III**), *5-[p-Trimethylhydrazinophenyl]-* (**IV**), *5-[3-Methoxy-4-dimethylaminophenyl]-* (**V**), *5-[2-Methyl-4-dimethylaminophenyl]-* (**VI**), *5-[2-Brom-4-dimethylaminophenyl]-* (**VII**), *5-[3-Methyl-4-dimethylaminophenyl]-* (**VIII**), *5-[4-Dimethylaminonaphthyl-(1)]-* (**IX**), *5-[2-Dimethylaminonaphthyl-(1)]-* (**X**), *5-[2-Dimethylaminonaphthyl-(6)]-* (**XI**), *3-Brom-5-[p-dimethylaminophenyl]-* (**XII**), *3.9-Dibrom-5-[p-dimethylaminophenyl]-* (**XIII**), *1.3.7-Tribrom-5-[p-dimethylaminophenyl]-* (**XIV**) u. *1.3.7.9-Tetrabrom-5-[p-dimethylaminophenyl]-acridin* (**XV**) aus dem entsprechenden tert. Amin u. 5-Chloracridin in Ggw. von $POCl_3$ dargestellt. In Eisessig bzw. saurem A. liegen die Acridiniummonokationen vor, die, ähnlich den quartären Salzen der Acridone, gefärbt sind. **III** u. **XII**—**XV** sind ungefärbt. Vff. führen dies auf eine stärkere Basizität der Aminogruppe gegenüber dem Acridinrest zurück. Die Farbe beruht nach ORGEL (vgl. Quart. Rev. [chem. Soc., London] **8.** [1954.] 422) auf einem Ladungsverschiebung (change-transfer) -Phänomen: bei Lichtanregung geht ein Elektron vom Amin zum positiven Acridinium-N über. Dies wird bestätigt durch den Vgl. der Spektren im nahen UV- u. sichtbaren Gebiet der freien Base mit dem Monokation bzw. Dikation (in konz. H_2SO_4): Abschwächung des Donatorcharakters der Aminogruppe hat eine Blau-, Verstärkung eine Rotverschiebung zur Folge. Ebenso ist in **IX** wegen der „geschwächten Konjugation" gegenüber **I** die Wechselwrkg. mit dem Acridinkern geringer, was zu einer Blauverschiebung führt.

Versuche: *Acridon* (**XVI**), aus N-Benzoyldiphenylamin-2-carbonsäure, 10 Min. mit 100%ig. H_3PO_4 auf 200—210° Erhitzen; 88—93% (Ausbeute). — *5-[p-Dibenzylaminophenyl]-acridin*, $C_{33}H_{26}N_2 \cdot C_6H_6$, F. 164—165° (Bzl.–A.), wie oben, oder aus dem tert. Amin,

XVI u. $POCl_3$, $^1/_3$ Tag bei 100° im Rohr; 55%. — Ebenso nachst. Verbb.: *5-[p-Diphenylaminophenyl]-acridin*, $C_{31}H_{22}N_2 \cdot C_2H_5OH$, F. 192—193° (Bzl.-A.) 1 Tag; 50%. — *5-[p-Trimethylhydrazinophenyl]-acridin*, $C_{22}H_{21}N_3$, F. 178,5—180° (A.), $^1/_2$ Tag; 50%. — *5-[3-Methoxy-4-dimethylaminophenyl]-acridin*, $C_{22}H_{20}ON_2$, F. 243,5—245° (A.), ½ Tag; 20%. — *5-[2-Methyl-4-dimethylaminophenyl]-acridin*, $C_{22}H_{20}N_2$, F. 235—237°, 2½ Tage; 65%. — *5-[2-Brom-4-dimethylaminophenyl]-acridin*, $C_{21}H_{17}N_2Br$, F. 255—257° (Bzl.-A.), 2½ Tage; 10%. — *5-[3-Methyl-4-dimethylaminophenyl]-acridin*, $C_{22}H_{20}N_2$, F. 271—273° (Bzl.-A.), 2½ Tage; 70%. — *5-[4-Dimethylaminonaphthyl-(1)]-acridin*, $C_{25}H_{20}N_2$, F. 261—262° (Bzl.), 1 Tag; 80%. — *5-[2-Dimethylaminonaphthyl-(1)]-acridin*, $C_{25}H_{20}N_2$, F. 204—206° (Bzl.), 2 Tage; 15%. — *5-[2-Dimethylaminonaphthyl-(6)]-acridin*, $C_{25}H_{20}N_2$, F. 309—310° (Bzl.), 14 Tage; 75%. — *2'.4.4'-Tribromdiphenylamin-2-carbonsäuremethylester*, $C_{14}H_{10} \cdot O_2NBr_3$, gelbe Nadeln aus Aceton, F. 112—113°, aus Diphenylamin-2-carbonsäuremethylester (F. 59—60°) durch Bromieren in Essigsäure; 82%. — *2'.4.4'-Tribromdiphenylamin-2-carbonsäure*, $C_{13}H_8O_2NBr_3$, gelbe Nadeln aus Bzl.–Essigsäure, F. 294 bis 296°, durch Verseifen vorst. Verbindung. — *1.3.7-Tribrom-5-chloracridin*, F. 232—233°, aus vorst. Verb. mit $POCl_3$. — *4.4'.6-Tribromdiphenylamin-2-carbonsäure*. (J. chem. Soc. [London] **1956.** 484—89. März. Oxford, Dyson Perrins Labor., Labor. of Human Nitr., Dep. of Biochem.) K. BECKER. B 118

Akira Sadô und **Tosinobu Anno**, *Nahe Ultraviolettabsorptionsspektren von Dämpfen von o-, m- und p-Phenylendiamin.* Die UV-Absorptionsspektren von *o-* (I), *m-* (II) u. *p-Phenylendiamin* (III) im dampfförmigen Zustand wurden untersucht. I hat eine kontinuierliche Absorption zwischen 3000 u. 2800 Å bei dem Sättigungsdruck des Dampfes für 80°. In dem Spektr. des **III** wurden zwischen 3380 ∼ 3050 Å 16 Banden beobachtet, die etwa gleiche Abstände von ca. 200 cm^{-1} haben. Die Banden sind jedoch sehr diffus u. haben keine charakterist. Strukturen, so daß eine Schwingungsanalyse nicht möglich ist. Im Spektr. des **II** wurden zwischen 3100 ∼ 2790 Å ca. 50 Banden nachgewiesen, von denen einige scharfe Köpfe auf der violetten Seite besitzen. In Cyclohexanlsg. wurden die folgenden Absorptionsmaxima gefunden: **I** (λ_{max}) = 293 mμ; (ε_μ) = 3400; **II**: 295 mμ; 2300 u. **III**: 319 mμ; 1650. Die Werte der Extinktionskoeffizienten deuten darauf hin, daß die Elektronenübergänge vom erlaubten Typ sind, der vermutlich von dem 2600 Å-Absorptionssyst. des Benzolmol. herrührt. Das Absorptionssyst. des **II** ist schemat. wiedergegeben. Die bei 70° auftretende stärkste scharfe Bande bei 2983,1 Å wurde als 0.0-Bande angenommen. Im Spektr. ist keine Progression der Banden zu beobachten. Die Grundfrequenzen des Grundzustandes u. des angeregten Zustandes von **II** sind tabellar. aufgeführt; zum Vgl. sind die Frequenzen des RAMAN-Spektr. mit angegeben. (J. chem. Physics **23.** 1740—41. Sept. 1955. Fukuoka, Kyushu Univ., Fac. of Science, Dep. of Chem.) C. GOTTFRIED. B 118

Leigh C. Anderson und **B. Manning**, *Die Absorptionsspektren von einigen p-Acylaminobenzoldiazoniumverbindungen.* Vff. stellten p-Acylaminobenzoldiazoimide, p-Acylaminobenzoldiazoniumsalze u. einige ihrer Metallkomplexe dar u. bestimmten die Absorptionsspektren im Sichtbaren u. im UV-Gebiet. Die Resultate zeigen, daß eine chinoide Konfiguration den Hauptbeitrag zur Struktur dieser Verbb. liefert. Die Absorptionsmaxima der Verbb. liegen bei 2800—3000 [mm^{-1}] mit ε = 4,2—4,6. Die Struktur der Verbb. wird zu $R-CO-\overset{+}{N}H=$  $=N_2$ angegeben. Folgende Verbb. wurden untersucht: *p-Phenylendiamin*; *4-Aminobenzoldiazoniumchlorid* (I) u. **I** + $SbCl_3$; *4-N-Acetylaminoanilin*; *4-N-Acetylaminobenzoldiazoniumchlorid* (II) u. **II** + $SbCl_3$; *4-N-Acetylaminobenzoldiazoimid*; *4-[N-Methyl-N-acetylamino]-anilin*; *4-[N-Methyl-N-acetylamino]-benzoldiazoniumchlorid* (III) u. **III** + $SbCl_3$; *4-N-Benzoylaminoanilin*; *4-N-Benzoylaminobenzoldiazoniumchlorid* (IV) u. **IV** + $ZnCl_2$; *4-N-Benzoylaminobenzoldiazoimid*; *4-Acetylamino-2.6-dichloranilin*, *4-Acetylamino-2.6-dichlorbenzoldiazoniumchlorid*; *4-[o-Chlorbenzoylamino]-anilin* u. *-benzoldiazoniumchlorid*; *4-[p-Chlorbenzoylamino]-anilin* u. *-benzoldiazoniumchlorid*; *4-Benzoylamino-2-chloranilin* u. *-2-chlorbenzoldiazoniumchlorid*. (J. Amer. chem. Soc. **77.** 3018—19. 5/6. 1955. Ann Arbor, Mich., Univ. of Michigan, Dep. of Chem.) M.-L. KLAAR. B 118

Z. Małkowski, *Elektronen- und Schwingungsenergie von Tetrahydrofluorocyclen in Benzollösung.* Vf. untersucht u. diskutiert das Absorptionsspektr. zwischen 24000 u. 36000 cm^{-1} u. das Fluorescenzspektr. zwischen 19000 u. 25000 cm^{-1} von *Tetrahydrofluorocyclen* ($C_{48}H_{32}$, *1.2;5.6-Bis-[naphthylen-(1'.8')]-3.4;8.7-bis-[6''.7''-dihydronaphthylen-(1''.8'')]-cyclooctadien-(4.8)*. Die der Schwingungsstruktur entsprechenden charakterist. Absorptionsmaxima bei 4075, 3830 u. 3630 Å liegen symm. bezüglich einer Achse bei ca. 24400 cm^{-1} zu den Fluorescenzmaxima bei 4130, 4390 u. 4690 Å. Für diese Übergänge ist vermutlich nur der Cyclooctadienring verantwortlich. Die Absorption im kurzwelligeren Bereich ähnelt stark dem Naphthalinspektrum. (Bull. Acad. polon. Sci., Cl. III. **1.** 113—17. 1953. Warsaw, Univ., Inst. of exper. Physics.) K. PRCHAL. B 118

Riccardo Passerini und **Ian G. Ross,** *Temperaturabhängigkeit des Ultraviolettabsorptionsspektrums von Naphthalin in Lösung.* Die Messung des Absorptionsspektr. von Naphthalin in Lsg. bei Tempp. zwischen 60 u. -185^0 mit hoher Auflsg. ergab, daß der erste Übergang mit der 0.0-Bande bei 31755 cm^{-1} seine Hauptintensität durch eine akt. Schwingung erhält. Ihre Frequenz im Grundzustand beträgt nach zwei beobachteten Schwingungsbanden 525 ± 20, aus der Temperaturabhängigkeit der 0.1-Bande 544 ± 60 cm^{-1}. Es handelt sich demnach vermutlich um die RAMAN-Frequenz 512 cm^{-1}. Die gemessene Polarisation des ersten Überganges (kurze Achse) ist dann nur verständlich, wenn man dem ersten Anregungszustand die Symmetrie B_{2u} zuordnet. Offen bleibt, wieso seine Intensität durch eine totalsymm. Schwingung erhöht wird. Vom zweiten Übergang wird festgestellt, daß er erlaubt ist; die Banden lassen sich durch die Gleichung $34680 + 550p + 920q + 1430r$ beschreiben mit (p, q) = (0,0), (0,1) u. (1,0) u. r = 0...4. (J. chem. Physics **22.** 1012—16. Juni 1954. London, Univ. Coll., William Ramsay and Ralph Forster Labors.; Tallahassee, Fla., Florida State Univ., Dep. of Chem.) H. C. WOLF. B 118

David E. Metzler und **Esmond E. Snell,** *Spektren und Ionisationskonstanten der Vitamin-B_6-Gruppe und verwandter 3-Oxypyridinderivate.* Die UV-Absorptionsspektren von *Pyridoxal* (I), *Pyridoxamin* (II), *Pyridoxin* (III) u. verwandter 3-Oxypyridin(IV)-Derivv. wurden untereinander u. mit denen verschied. Pyridin- u. Benzolderivv. verglichen. Die 2 Absorptionsbanden von **IV** entsprechen anscheinend denjenigen des Pyridin- u. des Benzolspektrums. Das Gleichgewicht zwischen der Zwitterionen- u. der ungeladenen, neutralen Form von **IV** wurde in Dioxan–W. u. A.–W.-Gemischen spektrophotometr. untersucht. In neutralen wss. Lsgg. überwiegt die Ionenform, wobei jedoch auch die nichtgeladene Form in merklicher Menge zugegen ist. Zur halbquantitativen Best. des zwischen der Hemiacetal-, freien Aldehyd- u. hydratisierten Aldehydform von **I** bestehenden Gleichgewichtes sowie zur Berechnung der Dissoziationskonstanten der Phenolgruppe u. des Ring-N von **I, II, IV,** *O-Methylpyridoxal, 5-Desoxypyridoxal* u. **II**-*Phosphat* wurden die spektrophotometr. Werte herangezogen. Der Einfl. der Konst. auf die Konstanten wird diskutiert. Untersucht wurden außer den genannten Verbb.: *N-Methylpyridoxin, N-Methyl-3-oxypyridin, 2-Methyl-5-oxypyridin, 2-Methyl-3-oxy-5-äthylpyridin, 4-Desoxypyridoxin,* **II**-*Monohydrochlorid, O-Methylpyridoxin, Pyridin.* (J. Amer. chem. Soc. **77.** 2431—37. 5/5. 1955. Austin, Tex., Univ., Biochem. Inst. and Dep. of Chem.; Ames, Io., State Coll., Dep. of Chem.) K. MAIER. B 118

Yehuda Hirshberg und **Ernst Fischer,** *Thermochromie und Photochromie.* Vff. hatten bei Verbb. der Dianthronreihe Thermochromie u. Photochromie festgestellt u. die gebildeten Farbstoffe für ident. erklärt (vgl. C. **1955.** **4787** u. früher), KORTÜM, THEILACKER u. BRAUN (vgl. Z. physik. Chem., Frankf. Ausg. [N. F.] **2.** [1954.] 179), hatten gegen diese Auffassung die Ergebnisse bei Messungen der UV-Absorptionsspektren der thermochromen u. photochromen Farbstoffe angeführt, Vff. halten demgegenüber ihre Meinung aufrecht u. diskutieren mögliche Gründe für die Beobachtungen von KORTÜM u. Mitarbeitern. (J. chem. Physics **23.** 1723. Sept. 1955. Rehovoth, Weizmann Inst. of Sci., Daniel Sieff Res. Inst.) C. GOTTFRIED. B 119

G. Kortüm, W. Theilacker und **V. Braun,** *Thermochromie und Photochromie.* (Vgl. vorst. Ref.) Zurückweisung vorst. Polemik. (J. chem. Physics **23.** 1723—24. Sept. 1955. Tübingen, Univ., Physikal.-chem. Inst. u. Hannover, TH, Inst. für organ. Chemie.) C. GOTTFRIED. B 119

N. M. Bashenow und **M. W. Wolkenstein,** *Optische Aktivität und Drehungsisomerie.* (Vgl. C. **1953.** 869; WOLKENSTEIN u. PTITZYN, C. **1956.** 10020.) In prakt. dipolfreien Lösungsmitteln (Heptan, Dioxan, Bzl., CCl_4, Cyclohexan, Hexan) wird bei verschied. Tempp. (15—65°) die opt. Rotivität Ω [aus Drehung (α) u. refraktometr. Messung $(n^2 + 2)$] von *Methylvinylcarbinol* (**I**), *Äthylvinylcarbinol* (**II**), *Methylallylcarbinol* (**III**), *Octanol-(2)* (**IV**) u. *β-Methyladipinsäurediäthylester* (**V**) im UV-Gebiet untersucht. Aus den Meßwerten ergeben sich für die effektiven Differenzen der Energie (E) u. der Entropie (S) der Rotationsisomeren bei **I** $\Delta E = 434$ (cal/Mol); $\Delta S = +0{,}64$; ohne Lösungsm. $\Delta E = 850$; **II** 572; $-2{,}06$; **III** 400; $-0{,}90$; **IV** 400; $-0{,}80$; **V** 1227; $-1{,}34$. Die experimentellen Werte von ΔE stimmen mit den theoret. befriedigend überein. Die spezif. Drehung von Verbb. mit π-Bindungen, benachbart zum asymm. C-Atom, ist größer als bei gesätt. Verbindungen. Ihr Vorzeichen u. ihre Reihenfolge bei den Drehungsisomeren wird durch die klass. Theorie richtig gegeben, die aber infolge Nichtberücksichtigung des Konjugationseffekts etwas zu niedrige Zahlenwerte liefert. Vff. schließen aus dem Temp.-Gang der Drehwerte von Verbb., bei deren Rotationsisomere vorliegen können, auf die Eigg. solcher Isomerer. (Журнал Физической Химии [J. physik. Chem.] **28.** 1299—1309. Juli 1954. Leningrad, Inst. für hochmol. Verbb. der Akad. der Wiss. der UdSSR.) R. K. MÜLLER. B 119

N. M. Bashenow, M. W. Wolkenstein und **T. W. Wydrewitsch,** *Untersuchung der optischen Aktivität von gasförmigem Methylvinylcarbinol.* (Vgl. vorst. Ref.) Methylvinylcarbinol (I) ist die einfachste opt.-akt. Verb. mit π-Bindung. Der Temperaturgang seiner opt. Aktivität in gasförmigem Zustand wird im UV-Gebiet untersucht, indem die Dämpfe von I durch ein auf konstanter Temp. (53, 79, 129, 160°) gehaltenes, wärmeisoliertes Polarimeterrohr geleitet werden. Wenn Ω_1 u. Ω_2 das gemessene opt. Drehvermögen der beiden I-Rotationsisomeren, Δ E ihre Energiedifferenz ist, dann ergibt sich $\Omega_{(T)} = (\Omega_1 + \Omega_2 \cdot Ae^{-\Delta E/RT})/(1 + Ae^{-\Delta E/RT})$. Bei 334 m$\mu$ ist Ω_1 2,00, Ω_2 —170, A 2,0, ΔE 650, bei 435,8 mμ Ω_1 100, Ω_2 —130, A 1,2, ΔE 550 (Genauigkeit ~20—30%). Zum Vgl.: bei I-Lsg. (436 mμ) Ω_1 323, Ω_2 —436, A 1,38, ΔE 450± 50, bei fl. I Ω_1 33, Ω_2 —29, A 1,4± 0,7, ΔE 850± 100. Dabei handelt es sich beim Gas um echte Mol.-Konstanten, in Lsg. um effektive Größen, die sich auf von Moll. des Lösungsm. umgebene I-Moll. beziehen. Der Temperaturgang von Ω ist in Gas u. Lsg. prakt. derselbe, daher die Übereinstimmung in A u. ΔE. (Журнал Физической Химии [J. physik. Chem.] **28.** 1310—13. Juli 1954.) R. K. MÜLLER. B 119

H. Breederveld und **H. I. Waterman,** *Berechnung der spezifischen Refraktion von Tri-n-alkylchlorsilanen.* An einer Reihe von Tri-n-alkylchlorsilanen R_3SiCl (mit R = CH_3, C_2H_5, C_3H_7, C_4H_9, C_5H_{11}) zeigen Vff., daß die unter Verwendung der SMITHschen Gruppenrefraktionen für die Alkylgruppen u. dem Beitrag (nach WARRICK, J. Amer. chem. Soc. **68.** [1946.] 2455) der Si—Cl-Bindung berechneten spezif. Refraktionen $r_{ber.}$ mit den aus n_D^{20} u. $D.^{20}_4$ gewonnenen Werten $r_{beob.}$ gut übereinstimmen. *Tri-n-amylchlorsilan,* Kp.$_{13}$ 155—158°, F. < —40°, nach der Meth. von DI GIORGIO (vgl. BREEDERVELD, STEUNS u. WATERMAN, Research **5.** [1952.] 440) aus 2,6 Mol (n-C_5H_{11})MgBr in Ae. + 0,85 Mol $C_2H_5OSiCl_3$ in Bzl., n_D^{20} 1,4510, $D.^{20}_4$ 0,8717, Ausbeute 38%. (Res. Corresp., Suppl. zu Research **6.** Nr. 2. 14 S—15 S. Febr. 1953. Delft, Inst. of Technol., Dep. of Chem. Engng.) M. SCHENK. B 119

M. Margoshes und **V. A. Fassel,** *Infrarotspektren aromatischer Verbindungen.* 1. Mitt. *Die nichtebenen CH-Spreizschwingungen im Bereich von 625—900 cm^{-1}.* Folgende charakterist. Frequenzen (in cm^{-1}) wurden ermittelt von: [in ( ) Lösungsm. (N = Nujol) bzw. Zustand] *Phenyllithium* 765 (Ae.), *Diphenylberyllium* 761 (N), *Tetraphenylmethan* 755 (N), *Triphenylamin* 750 (CS_2), *Diphenyläther* 750 (CS_2), *Fluorbenzol* 754 (fl.), *Phenylnatrium* 747 (N), *Tetraphenylsilan* 740 (CS_2), *Triphenylphosphin* 745 (CS_2), *Diphenylsulfid* 738 (fl.), *Chlorbenzol* 742 (fl.), *Tetraphenylgerman* 735 (CS_2), *Triphenylarsin* 736 (CS_2), *Diphenylselenid* 732 (fl.), *Brombenzol* 736 (fl.), *Tetraphenylstannan* 733 (CS_2), *Triphenylstibin* 729 (CS_2), *Jodbenzol* 731 (fl.), *Diphenylquecksilber* 732 (CS_2), *Tetraphenylblei* 727 (CS_2) u. *Triphenylwismut* 724 (CS_2), ferner *Toluol* 728, *Benzylalkohol* 747, *Äthylbenzol* 747, *Benzaldehyd* 748, *Triphenylmethan* 762, *Benzonitril* 763, *Acetophenon* 763, *tert.-Butylbenzol* 764, *trans-Stilben* 767, *Benzylchlorid* 768, *Benzamid* 771, *Benzoylchlorid* (I) 779, *Benzotrichlorid* (II) 805, *Benzoesäure* (III) 808, *Äthylbenzoat* (IV) 809, *Na-Benzoat* (V) 820, *Anilinhydrochlorid* 741, *Tetraphenylhydrazin* 747, *Dimethylanilin* 753, *Anilin* 755, *Nitrobenzol* (VI) 794, *Phenylacetat* 752, *Phenol* 753, *Anisol* 758, *Na-Benzolsulfonat* 764 u. *Benzolsulfochlorid* 757. Bei den monosubstituierten Benzolderivv. des Typs $(C_6H_5)_nM$ stehen obige Frequenzen in einer umgekehrt linearen Beziehung zu den red. Massen des substituierenden Atoms M. Als mögliche Erklärung hierfür wird die gemeinsame Schwingung der leichten Substituenten M mit dem zugehörigen Ring-C-Atom angenommen. Da mit Änderung von M nicht nur eine solche der M., sondern auch der Kraftkonstanten u. Bindungslängen verknüpft sind, ist der Befund überraschend. In guter Übereinstimmung mit dem berechneten Wert für die CH-Spreizschwingung (723 cm^{-1}) eines unendlich schweren Substituenten von COLE u. THOMPSON (C. **1953.** 7257) steht die für die schweren Substituenten gefundene Frequenz von 725 cm^{-1}. Auch bei Verbb., die nicht dem Typ $(C_6H_5)_nM$ entsprechen, steht die Frequenz in einer Beziehung zur M. des Substituenten, Ausnahmen bilden I—VI. Die Substituenten dieser Verbb. verhielten sich auch in p-Derivv. abweichend, doch gab es hier keine direkte befriedigende Beziehung der Bande, die zwischen 800 u. 860 cm^{-1} liegt, zur Art des Substituenten. Die Lage der langwelligsten Bande von m-Verbb. (675—730 cm^{-1}) scheint durch Veränderung der Substituenten nur wenig beeinflußbar zu sein. Die anderen beiden Banden (zwischen 750 u. 810 bzw. 850 u. 900 cm^{-1}) zeigten regelmäßige Verschiebungen in Abhängigkeit von der Art der Substituenten. Bei o-Derivv. war eine solche Beziehung der charakterist. Frequenz (zwischen 730 u. 770 cm^{-1}) anscheinend wegen ster. Wechselwrkg. kaum festzustellen. Außer der erwarteten Banden zeigten die aromat. Nitroverbb., Carbonsäuren u. deren Salze u. Ester gelegentlich eine zusätzliche starke Absorption im Bereich der nichtebenen Spreizschwingungen knapp über 13 μ, was an den (zwischen 11,5 u. 14 μ angegebenen) Spektren von *p-Nitroanisol, p-Chlorbenzoesäure* u. *p-Brombenzoesäuremethylester* zu erkennen ist (weiter angegeben der Spektrenausschnitt von: *p-Xylol, p-Tolunitril* u. *p-Chlorbrombenzol*). Diese Absorption muß auf eine Ringschwingung, nicht aber auf Schwingungen der Substituenten zurückgeführt werden; vielleicht handelt es sich hierbei auch um eine nichtebene CH-Spreizschwingung. Auch 1.2.4-trisubstituierte Benzole zeigen eine solche Bande, wenn ein Substituent NO_2 oder COOH ist, bei mehreren NO_2- oder COOH-Gruppen tritt die Bande nicht auf. (Spectrochim. Acta [London] **7.** 14—24. Febr. 1955. Ames, Io., Iowa State Coll., Inst. forAtomic Res. and Dep. of Chem.) B. GNAUCK. B 120

Norbert W. Luft, *Zuordnung der Torsionsschwingungen in einigen Halogenäthanen.* Auf Grund einer vom Vf. aufgestellten Additivitätsregel für die Torsionsschwingungen von halogensubstituierten Äthanderivv. wird für F_3C–$CHCl_2$ u. F_3C–CCl_3 eine neue Zuordnung für die Torsionsschwingungen (93 bzw. 90 cm^{-1}) vorgenommen. Damit werden die thermodynam. Funktionen für beide Äthane im Bereich von 200—800° K neu berechnet. (J. chem. Physics **22.** 155—56. Jan. 1954. Cheshire, Engl., Cheadle Hulme.) J. GOUBEAU. B 120

Alfons Weber und **Salvador M. Ferigle,** *Berechnung der Depolarisationsfaktoren der Ramanlinien von CCl_3X-Molekülen.* Es wurden die Depolarisationsfaktoren der totalsymm. Schwingungen von CCl_3H, CCl_3D u. CCl_3Br berechnet. Für die Valenzschwingungen wurde gute Übereinstimmung mit den beobachteten Werten erzielt, für die Deformationsschwingungen nicht. (J. chem. Physics **23.** 2207—09. Dez. 1955. Chicago, Ill., Inst. of Technol., Dep. of Phys., Spectrocopy Labor.) L. FISCHER. B 120

S. Krimm, *Das Infrarotspektrum von Polyäthylen.* (Vgl. STEIN u. SUTHERLAND, C. **1954.** 2358.) (Sitzungsbericht.) Die Feststellung, daß das Aufspalten einzelner Linien im Infrarotspektr. von n-Paraffinen auf die Wechselwrkg. benachbarter Ketten aufeinander in der krist. Phase zurückzuführen ist, wurde durch weitere Verss. bestätigt. Vf. berichtet über das Spektr. von $C_{64}H_{130}$ im geschmolzenen u. festen Zustand u. seine Abhängigkeit von der Temperatur. (Physic. Rev. [2] **94.** 1426. 1/6. 1954. Univ. of Michigan.) H. STUHLDREER. B 120

Marisa Scrocco und **Arnaldo Liberti,** *Beziehung zwischen Frequenz und Struktur bei einigen Ketonen und Aldehyden.* Untersucht wurde die Lage der Infrarotcarbonylvalenzschwingungsbande folgender Aldehyde u. Ketone in Isopropanol bzw. z. T. in CCl_4 oder in Vaselinölsuspension: *Benzaldehyd* 1677 [cm^{-1}], *m-Oxybenzaldehyd* 1675, *o-Tolylaldehyd* 1673, *3-Brom-4-oxy-5-methoxybenzaldehyd* 1672, *Piperonal* 1671, *m-* 1669 u. *p-Nitrobenzaldehyd* 1666, *p-Anisaldehyd* 1666, *Vanillin* 1664, *p-Oxybenzaldehyd* 1664, *p-Dimethylaminobenzaldehyd* 1640, *o-Oxybenzaldehyd* 1638 u. *o-Aminobenzaldehyd* 1618, *Aceton* 1703, *Acetophenon* 1665, *p-Phenyl-* 1664, *m-Amino-* 1659, *m-Nitro-* 1656, *3.4-Dioxymethylen-* 1655, *p-Methoxy-* 1654 u. *p-Äthoxyacetophenon* 1649, *3-Methyl-4-oxypropiophenon* 1648, *3-Methyl-4-oxy-* 1648 u. *p-Oxyacetophenon* 1641, *3-Methyl-4-oxyisovalerophenon* 1635, *2-Oxy-3-methyl-n-butyrophenon* 1624, *p-Carbamidoacetophenon* 1624, *2-Oxy-3-methylisobutyrophenon* 1619, *2.5-Dioxy-* 1616 u. *2.4-Dioxyacetophenon* 1605, *Benzil* 1652, *Benzophenon* 1639, *Benzalacetophenon* 1632, *p-Phenyl-* 1628 u. *p.p'-Diphenylbenzophenon* 1622, *3.4-Dioxy-* 1619 u. *2-Oxy-3.4-dimethoxybenzophenon* 1601. Oft tritt im Bereich von 1600—1700 cm^{-1} ein 2. Absorptionsmaximum auf, das einer Mol.-Assoziation zugeschrieben wird. Der Einfl. inter- u. intramol. Chelation sowie der Halbacetalbldg. wird diskutiert. Beim Auftragen der Carbonylfrequenzen gegen die HAMMETTschen σ-Werte der betreffenden Substituenten wurden für Ketone u. Aldehyde je eine Kurve erhalten, welche durch die Gleichung $\nu = 1677 + 19{,}2\,\sigma - 42{,}8\,\sigma^2$ bzw. $\nu = 1665 + 33{,}8\,\sigma - 65{,}8\,\sigma^2$ beschrieben werden kann; danach hat $\nu_{C=O}$ der unsubstituierten Verb. ($\sigma = 0$) die höchste Wellenzahl, mit Zu- wie Abnahme von σ nimmt auch $\nu_{C=O}$ ab. Ferner wird die Wrkg. der Resonanzstabilisierung der untersuchten Verbindungsklassen besprochen u. gezeigt, daß mit zunehmender Resonanzenergie (berechnet nach WHELAND) $\nu_{C=O}$ abnimmt. (Ricerca sci. **24.** 1687—94. Aug. 1954. Roma, Univ., Centro di studio per la chim. gen. e Ist. di chim. gen. e inorgan.) B. GNAUCK. B 120

William Weltner jr., *Das Schwingungsspektrum, assoziative und thermodynamische Eigenschaften von Essigsäure-Dampf.* Vf. untersucht das Infrarotspektr. von CH_3COOH (**I**) u. CH_3COOD im Dampfzustand bis herab zu 300 cm^{-1} bei 25° u. 175° u. trifft Schwingungszuordnungen sowohl für das Monomere als für die über Wasserstoffbindungen assoziierten Dimeren (beim Übergang Monomeres → Dimeres erhöht sich die ebene OH-Spreizschwingung von 1230 auf 1360 cm^{-1}, die nichtebene von 590 auf 940 cm^{-1}).

Die Wärmekapazität des I-Dampfes wird zwischen 95 u. 270° bei 1/3, 2/3 u. 1 at gemessen; der Hauptbeitrag zu C_p bei den niedrigeren Tempp. dieses Bereiches ist nach Vf. der Wärmeabsorption für die Dissoziation der Dimeren zuzuschreiben [C_p der Monomer-Dimer-Assoziation folgt im Temperaturbereich 300—540° K der Gleichung C_p (cal Grad^{-1} Mol^{-1} Dimeres) = 2,22 + 0,00328 T − 0,185·10^{-5} T^2]. Im Gegensatz zu anderen Autoren wird vom Vf. festgestellt, daß außer Dimeren keine höheren Polymeren im Dampfzustand vorliegen, die vom Vf. gefundenen thermodynam. Konstanten für das Monomer–Dimer-Gleichgewicht stimmen annähernd mit den von TAYLOR (C. **1952.** 2483) aus Dampfdichtemessungen bei niedrigem Druck erhaltenen Werten überein [ΔH (cal/Mol) = −16075 + 2,22T + 0,00164T^2 − 6,17·10^{-7}T^3; ΔS (cal/Mol Grad) = −50,542 + 5,112 logT + 0,00328T − 9,26·10^{-7}T^2; logK(at^{-1}) = −11,53093 + 3513,10/T + 1,11716 logT + 3,582·10^{-4}T − 6,75·10^{-8}T^2; Genauigkeit in ΔH ± 0,05 kcal/Mol, in ΔS ± 0,1 cal/Mol Grad]. Für die Potentialschwelle, welche die innere Rotation der CH_3-Gruppe behindert, wird ein Wert von 2500 ± 700 cal/Mol angenommen. Die thermodynam. Funktionen für das I-Monomere u. -Dimere werden vom Vf. für den Temperaturbereich 300—1500° K tabuliert; es kann jedoch zwischen experimentell bestimmten u. berechneten Entropiewerten für 25° kein Vgl. angestellt werden, da genaue Werte der Verdampfungswärme bei dieser Temp. u. die Energiedifferenz zwischen cis- u. trans-Isomeren des Monomeren nicht bekannt sind. (J. Amer. chem. Soc. **77.** 3941—50. 5/8. 1955. Cambridge, Mass., Johns Hopkins Univ., Dep. of Chem.)
G. WINKLER. B 120

Raymonde Mathis-Noël, Robert Wolf und **Fernand Gallais,** *Absorptionsspektren einiger tertiärer Aminoxyde.* Vff. untersuchen die Absorptionsspektren zwischen 600 cm^{-1} u. 1500 cm^{-1} von *Trimethylamin, Trimethylaminoxyd* (**I**), dessen *Hydrochlorid* u. *Dihydrat, Triäthylamin* u. *Triäthylaminoxydperoxyhydrat, Tripropylamin* (**III**), *Triäthanolamin* (**IV**), *Dimethylanilin* (**V**) u. deren *Oxyde.* Die Einführung des O-Atoms in die untersuchten tert. Amine bewirkt das Auftreten einer neuen Bande bei ca. 950 cm^{-1}, die der Valenzschwingung der N–O-Gruppe zugeschrieben werden muß. Bei den Oxyden des **IV** u. **V** werden bei 950 u. 970 cm^{-1} zwei Banden beobachtet, deren Zuordnung schwierig ist. Die Bande bei 1060 cm^{-1} (der Valenzschwingung der C–N-Gruppe zuzuschreiben) tritt auch bei den Oxyden auf, jedoch in geringerer Intensität u. etwas verschoben. Die Bande bei 1460 cm^{-1} (von der Schwingung der NR_3-Gruppe herrührend) tritt unverändert auch bei den entsprechenden Aminoxyden auf. Die Spektren von **I**, von dessen Hydrochlorid u. Hydrat sind bemerkenswert ähnlich; lediglich die relativen Intensitäten ändern sich. Das Hydrochlorid zeigt bei 3350 cm^{-1} eine breite Bande, die die Ggw. einer OH-Gruppierung vermuten läßt. Das Dihydrat besitzt zwischen 2500 u. 4000 cm^{-1} zwei breite u. intensive Banden. Dieses Ergebnis scheint für beide Verbb. die Existenz eines Hydroxytrimethylammoniumions anzudeuten. (C. R. hebd. Séances Acad. Sci. **242.** 1873—76. 9/4. 1956.) K. FRENKLER. B 120

G. Costa und **P. Blasina,** *Infrarotspektroskopische Untersuchungen an einigen Pyridinen und deren N-Oxyden.* Zwischen ca. 980 u. 1630 cm^{-1} wurden die Infrarotspektren von *Pyridin* (**I**, fl.), *4-Chlor-* (fl. u. in CS_2), *4-Methoxy-* (fl. u. in CS_2) u. *4-Nitropyridin* (fest u. in CS_2) sowie von *Pyridin-N-oxyd* (**II**, fest u. in CS_2), *4-Chlor-* (**III**, fest u. in CS_2), *4-Methoxy-* (**IV**, geschmolzen, fest u. in CS_2) u. *4-Nitropyridin-N-oxyd* (**V**, fest u. in CS_2) untersucht u. miteinander verglichen. Die Analogie zwischen den Banden von **I** u. den 4-substituierten Derivv. ist befriedigend, der Vgl. mit den N-Oxyden ist noch möglich, aber weniger sicher. Der NO-Valenzschwingung von festem **II** wurde die Bande bei 1242 cm^{-1} zugeordnet, die in CS_2-Lsg. in 1274 u. 1270 cm^{-1} aufspaltet. Diese Verschiebung beim Übergang vom festen Zustand zur Lsg. wird mit geringer zwischenmol. Wechselwrkg. erklärt. Die NO-Valenzschwingung der substituierten N-Oxyde liegt für **III** bei 1271 [cm^{-1}] (CS_2) bzw. 1246 (fest), für **IV** 1238 bzw. 1207 u. für **V** 1304 bzw. 1271. Diese Verschiebungen werden als Veränderung des NO-Bindungscharakters in Folge von Konjugationseffekten gedeutet. Die Kraftkonstanten der NO-Bindungen wurden aus den Frequenzen berechnet u. betragen für **II** 6,74(·10^{-4} dyn/cm), **III** 5,78, **IV** 7,06 u. **V** 6,28. Aus den Frequenzverschiebungen in den substituierten N-Oxyden nach beiden Richtungen ist zu schließen, daß weder die elektronenanziehenden noch die elektronenabstoßenden Eigg. der NO-Gruppe überwiegen, d. h. diese kann sowohl Elektronendonor als auch -acceptor sein. Es ist wahrscheinlich, daß **II** auf Grund seiner Struktur sowohl elektrophile als auch nucleophile Rkk. in 2- u. 4-Stellung eingehen kann; welche dieser Möglichkeiten eintritt, hängt von dem polarisierenden Einfl. des Reagens ab. Die Frequenzverschiebungen wurden mit denen an substituierten Acetophenonen (vgl. FUSON u. Mitarbeiter, C. **1954.** 9481) beobachteten verglichen. (Z. physik. Chem., Frankf. Ausg. [N. F.] **4.** 24—35. Mai 1955. Triest, Univ., Allg. Chem. Inst.) B. GNAUCK. B 120

Ralph W. Kilb, *Innere Schwellenhöhe von Methylmercaptan.* Vf. nimmt Bezug auf Unterss. von SOLIMENE u. DAILEY (vgl. C. **1956.** 4378), welche den $0_{00} \rightarrow 1_{01}$-Rotationsübergang von 6 Isotopen des *Methylmercaptans* untersucht hatten. Aus den relativen Intensitäten der Rotationsübergänge für Moll. in verschied. Torsionszuständen ergab sich eine innere Schwellenhöhe von 1060 ± 120 cal/Mol. Die $0_{00} \rightarrow 1_{01}$-Linien sind nun durch einen Betrag aufgespalten, der von der Schwellenhöhe abhängig ist. Unter Verwendung der von LIN durchgeführten Erweiterung der Theorie von WILSON, LIN u. LIDE (vgl. J. chem. Physics **23.** [1955.] 136) auf Moll. vom Typ CH_3SH wurde eine Schwellenhöhe von 705 ± 45 cal/Mol gefunden, welche innerhalb der Fehlergrenzen von 8 der 10 von SOLIMONE u. DAILEY benutzten Linien liegt. (Vgl. auch KOJIMA u. NISHIKAWA, C. **1956.** 5233: Schwellenhöhe 800 ± 140 cal/Mol.) Die Zuordnungen werden hierdurch nicht verändert. Auf Grund dieser Zuordnungen wurden die Strukturparameter erneut berechnet. Die folgenden Abstände u. Winkel wurden gefunden: C—H = 1,1039 ± 0,0020 Å; S—H = 1,3291 ± 0,0040 Å; S—C = 1,8177 ± 0,0002 Å; ∢ CHC = 110° 16′ ± 10′ u. ∢ CSH = 100° 16′ ± 10′. (J. chem. Physics **23.** 1736—37. Sept. 1955. Cambridge, Mass., Harvard Univ., Dep. of Chem.) C. GOTTFRIED. B 121

E. Havinga, *Einleitung zum Symposium über Stereochemie; Molekülbau und physikalische Eigenschaften.* Nach einer chronolog. Schilderung der Entwicklung werden die Grundprinzipien der Stereochemie, das heutige Wissen über Anordnungsmöglichkeiten, Valenzwinkel, Rotation usw. zusammengefaßt. Die Vorschläge von CAHN u. INGOLD (C. **1956.** 8300) zur Nomenklatur von Asymmetriezentren werden dargelegt u. für die Benennung pseudoassymm. Atome, opt.-akt. Kumulene, Spirane, Diphenylisomere u. Inosite erweitert. Die Übereinstimmung gemessener physikal. Eigg. bes. von Cyclohexanderivv. mit den berechneten wird im Hinblick auf das Gleichgewicht zwischen Formen, die ineinander übergehen können, untersucht u. die Stabilität von Konfigurationen u. die Abhängigkeit von Dipolmomenten vom Lösungsm. bei obigen Verbb. krit. beleuchtet. Weiter werden die Zusammenhänge zwischen Spektr. u. Konfiguration an Steroiden u. Carotinoiden sowie die Wrkg. nichtebener Anordnung auf mesomere Systeme besprochen. An einigen Beispielen wird gezeigt, wie sehr die jüngsten stereochem. Erkenntnisse das Verständnis der Eigg. makromol. Naturstoffe u. der Spezifität biol. Wirksamkeit erweitern. — 62 Literaturzitate. (Chem. Weekbl. **51.** 125—38. 26/2. 1955. Leiden, Rijksuniv., Labor. voor Org. Chemie.) H. BERTSCH. B 123

H. Kloosterziel, *Sterische Einflüsse auf die chemischen Eigenschaften.* Vf. diskutiert die Begriffe „direkte ster. Hinderung" u. „ster. Resonanzhinderung" u. leitet aus der Übergangszustandstheorie Regeln ab, wann ein o-Substituent am Benzolkern die HAMMETTsche Reaktionskonstante σ nicht beeinflußt bzw. vergrößert. Für beide Fälle werden Beispiele zusammengestellt. Die Methoden zur Best. des polaren Effektes von o-Substituenten werden besprochen u. gute Übereinstimmung der gefundenen σ_0-Werte festgestellt. Weiter wird die ster. Resonanzhinderung bes. an aromat. Nitroverbb., meta-Ansaverbb. u. aliphat. konjugierten Doppelbindungssystemen diskutiert. Die anomalen pK_a-Werte der o.o-disubstituierten aromat. Diallylamine werden als Beispiele für ster. Spannung u. Solvatationshinderung angeführt u. abschließend die Racemisierung opt.-akt. Biphenylverbb., die Veresterung substituierter aromat. Carbonsäuren u. ster. Einflüsse bei elektrophiler Substitution am Benzolkern besprochen. — 64 Literaturzitate. (Chem. Weekbl. **51.** 139—47. 26/2. 1955. Amsterdam, Koninklijke Shell-Labor.) H. BERTSCH. B 123

E. C. Kooyman, *Dynamische Stereochemie.* Aus der Geometrie des Ausgangs- u. Endzustandes läßt sich oft über die ster. Beeinflussung des Reaktionsverlaufs u. der Reaktionsgeschwindigkeit kein vollständiges Bild gewinnen. Es wird ein Überblick über die heutigen Vorstellungen über die Stereochemie des Übergangszustands verschied. Reaktionstypen gegeben. Der Einfl. der Raumerfüllung der Atome auf die Best. des energet. günstigsten Reaktionsweges, der Verlauf der Potentialfunktion der VAN DER WAALschen Kräfte u. das Abweichen der Wirkungsräume von der Kugelform werden besprochen. Von den weiteren direkten ster. Effekten wird vor allem die moderne Spannungstheorie u. hier wieder die Aussagen, die sich aus der Änderung der Koordinationszahlen bei verschied. Reaktionstypen ableiten lassen, hervorgehoben. An einer großen Zahl von Beispielen wird die Leistungsfähigkeit dieser Theorien demonstriert. — 45 Literaturzitate. (Chem. Weekbl. **51.** 148—57. 26/2. 1955. Amsterdam, Koninklijke Shell-Labor.) H. BERTSCH. B 123

Margaret M. Harris, *Der Einfluß der Temperatur auf das Gleichgewicht zwischen teilweise labilen Diastereoisomeren.* 1. Mitt. *Chinidinsalze in Chloroformlösung.* Vf. stellte fest, daß Lsgg. von *Chinidin* u. des opt. labilen *N-Benzoyl-2-carboxy-6-methyldiphenyl-*

amins in Chlf. eine erhebliche Temperaturabhängigkeit der opt. Rotation aufweisen. Dies ist nach Vf. auf eine Verlagerung des Gleichgewichtes (+)-Säure, Chinidin ⇌ (—)-Säure, Chinidin zurückzuführen. *Benzoesäure, N-Benzoyl-4-carboxydiphenylamin, N-Benzolsulfonyl-N-phenylglycin; N-Benzoyl-2-carboxydiphenylamin, N-Benzoyl-2-carboxy-2'.4'-dichlor-, N-Benzoyl-2-carboxy-2'.4'-dimethyl-, N-Benzoyl-2-carboxy-4.6-dichlor-, N-Benzoyl-2-carboxy-4.6-dibrom-, N-Benzoyl-2-carboxy-6-methyl-2'.4'-dichlordiphenylamin* u. *N-Benzolsulfonyl-N-[8-nitronaphthyl-(1)]-glycin* zeigen ein ähnliches Verh., teilweise mit, teilweise ohne meßbare Mutarotation. (J. chem. Soc. [London] **1955.** 4152—56. Dez. London, Univ., Bedford Coll.) I. KARUTZ. B 123

Milton Furst und **Hartmut Kallmann,** *Fluorescenzverhalten von Lösungen mit mehr als einem Lösungsmittel.* Bei einer Reihe von Lsgg. organ. Fluorescenzstoffe (F) in bestimmten, wirksamen Lösungsmitteln (L) kann die Fluorescenzhelligkeit J bei Erregung mit energiereicher Strahlung, bes. γ-Strahlung, durch Zusätze eines zweiten Lösungsm. (G) stark herabgesetzt werden, ohne daß die durch UV erregbare Fluorescenz wesentlich beeinträchtigt wird. Untersucht wurden folgende Systeme: F: *Fluoranthen, 2.5-Diphenyloxazol, m-* u. *p-Terphenyl, 9.10-Diphenylanthracen, 1.4-Diphenylbutadien* u. *Diphenylhexatrien*; L: *Phenylcyclohexan, Xylol, Toluol, Bzl., Tetralin, Diphenyläther, Phenetol, Cumol, p-Cymol, p-Dioxan* u. *Isodurol.* Als vergiftend wirkende Lösungsmittel ergab sich eine schon bei geringer Konz. (einige %) wirksame Stoffgruppe G_a u. eine erst bei höheren Konzz. (>30%) Einfl. gewinnende Gruppe G_b. Zu G_a gehören: *Aceton, n-Butylphosphate, CCl_4, Chlf., Ae., A.* u. *Methylalkohol*, zu G_b: *Cyclohexan, Hexan, Paraffinöl, 1-Äthoxynaphthalin, Dekalin, Tetrahydrofuran, Benzylalkohol, Dibenzyläther* u. *Styrol.* Die Beobachtungen werden durch die Annahme erklärt, daß nach Aufnahme nahezu der ganzen Anregungsenergie durch das G eine Energieübertragung vom angeregten G zum L u. dann zum F erfolgt, u. daß gleichzeitig durch die Ggw. des G die Lebensdauer der Anregungszustände des L herabgesetzt wird; als eine Folge dieses Effektes ist die Löschwrkg. der G auf die durch energiereiche Strahlung erregte Fluorescenz anzusehen. (J. chem. Physics **23.** 607—12. April 1955. New York, N. Y., Univ., Phys. Dep.) J. RUDOLPH. B 125

Hans L. J. Bäckström und **Kjell Sandros,** *Löschung der Biacetylfluorescenz in Lösungen.* Das Abklingen der Fluorescenz von Biacetyllsgg. (Entgasung im Vakuum) nach Anregung mit Lichtblitzen der Wellenlängen 3800—5000 Å ist streng exponentiell. Verd. Lsgg. in reinstem Bzl. zeigten eine mittlere Lebensdauer τ von $1{,}03—0{,}98 \cdot 10^{-3}$ sec gegenüber $1{,}0 \cdot 10^{-3}$ sec beim Dampf u. $2{,}25 \cdot 10^{-3}$ sec bei der festen Lösung. Aus einer Versuchsreihe mit zahlreichen Löschsubstanzen (Alkohole, Amine, Phenole) folgt, daß die Löschwrkg. häufig in einer chem. Rk. zwischen dem nach Lichtabsorption gebildeten Biradikal u. der Löschsubstanz besteht. (J. chem. Physics **23.** 2197. Nov. 1955. Gothenburg, Sweden, Chalmers. Inst. of Technol., Labor. of Phys. Chem.) J. RUDOLPH. B 125

Herman Branson und **Nasira F. Ledbetter,** *Elektronenstoßuntersuchungen mit Dimethylamin.* (Sitzungsbericht.) (Physic. Rev. [2] **99.** 1643. 1/9. 1955. Howard Univ.) R. STEIN. B 131

R. W. Crowe, A. H. Sharbaugh und **J. K. Bragg,** *Elektrische Durchschlagsfestigkeit und Molekularstruktur gesättigter flüssiger Kohlenwasserstoffe.* In einer verbesserten Meßapp. wurden frühere Verss. (C. **1955.** 7637) über den Durchschlag fl. KW-stoffe weitergeführt. Die Fll. wurden sehr sorgfältig gereinigt, bes. von festen Beimengungen. Es wurden KW-stoffe mit gerader Kette (*n-Pentan* bis *n-Decan, n-Tetradecan*) u. solche mit verzweigter Kette (*2-Methylpentan, 2.2-Dimethylbutan, 2.3-Dimethylbutan, 2.4-Dimethylpentan* u. *2.2.4-Trimethylpentan*) untersucht. Bei Verbb. mit gerader Kette wird die bereits nachgewiesene lineare Beziehung zwischen Durchschlagsfeldstärke u. D. bestätigt. Bei Verbb. mit verzweigter Kette liegt die Durchschlagsfeldstärke niedriger. Die zeitliche Nacheilung des Durchschlages ist unempfindlich gegenüber Änderungen der Viscosität u. des Mol.-Gewichtes. (J. appl. Physics **25.** 1480—84. Dez. 1954. Schenectady, N. Y., Gen. Electr. Res. Labor.) W. REUSSE. B 132

A. Many, E. Harnik und **D. Gerlich,** *Über die Halbleitfähigkeit von kristallinen aromatischen Substanzen.* Die Unters. der elektr. Leitfähigkeit von kristallinen polycycl. Verbb. von mehreren anderen Seiten hatte ergeben, daß die Leitfähigkeit exponentiell mit der absol. Temp. zunimmt. Vff. analysierten alle verfügbaren Daten, sie gingen dabei von der Gleichung $\sigma = n \cdot e \cdot \mu = e\,\mu\,N_0$ exp. $(-E/kT)$ aus, wo σ die Leitfähigkeit, n die Trägerkonz., μ ihre Beweglichkeit, E die therm. Aktivierungsenergie u. N_0 die effektive Zustandsdichte in den Leitungsniveaus des Kristalls bedeuten. Unter Benutzung der vorhandenen experimentellen Daten ergaben sich für das Prod. $\mu\,N_0$ Größen zwischen 10^9 u. 10^{32}. Um die physikal. Bedeutung dieses Prod. zu klären, wurde der Vers. gemacht, die beiden Größen durch Abschätzen der Größenordnung von N_0

bei Zimmertemp. zu trennen. Unter Zugrundelegung eines „freien Mol.-Modells“ wurde die obere Grenze bei den in Betracht kommenden Verbb. zu ca. 10^{23} abgeschätzt. Der tatsächliche Wert von N_0 kann in jedem einzelnen Fall durch $\alpha\ N_{max}$ ausgedrückt werden, wo α kleiner als 1 ist u. von der Wechselwrkg. der Moll. abhängig ist. Als untere Grenze von N_0 kann ca. 10^{20} angenommen werden. Hieraus folgt, daß die große Änderung von $\mu\ N_0$ hauptsächlich auf die Beweglichkeit zurückzuführen ist. Unter Annahme von $N_0 = 10^{21}$ wurde diese Beweglichkeit abgeschäzt u. mit den aus der Literatur erhaltenen Werten der Aktivierungsenergie verglichen. Für die untersuchten Verbb. (*Cyananthron, Indanthron, Indanthronschwarz, Indanthrazin, Flavanthron, Isoviolanthron, Violanthron, Isoviolanthren, Pyranthron, Pyranthren, Ovalen, meso-Naphthodianthren* u. *-dianthron, Isodibenzanthron, Anthracen, Naphthacen, Anthanthren, Anthanthron, Pentacen, Perylen, Coronen, Phthalocyanin, Cu-Phthalocyanin, 5.6(N)-Pyridino-1.9-benzanthron* u. *Hydroviolanthren*, besteht eine rohe Beziehung zwischen den Beweglichkeiten u. den entsprechenden Aktivierungsenergien; je höher die Beweglichkeiten um so höher die Aktivierungsenergien. Auf Grund dieser Beobachtungen wird ein möglicher Leitungsmechanismus vorgeschlagen. (J. chem. Physics **23.** 1733–34. Sept. 1955. Jerusalem, Univ., Dep. of Phys.) C. GOTTFRIED. B 135

R. H. Hoskins und **B. R. Loy**, *Paramagnetische Resonanz in Lösungen von oxydiertem Pyrogallol.* Mittels der paramagnet. Resonanzmeth. (Frequenz ca. 9000 Hz) wurden alkal. Lsgg. von *Pyrogallol* (I) in W. (bei 0°) u. A. (0° u. −78°) untersucht, die der Luftoxydation ausgesetzt worden waren. Vff. fanden, daß sich als eine der Oxydationsstufen ein relativ stabiles freies Radikal bildet, dessen Lebensdauer τ mit sinkender Temp. zunimmt; τ beträgt bei Zimmertemp. einige Min., bei −78° einige Tage. Der spektroskop. Aufspaltungsfaktor wurde zu $g = 2{,}005 \pm 0{,}001$ beobachtet. Die Ableitung der Absorptionskurve einer luftoxydierten Lsg. von I in alkal. A. bei 0° u. in W. hatte die gleiche Struktur; sie ist wahrscheinlich auf die Hyperfeinwechselwrkg. der Protonen am Benzolring mit dem unpaarigen Elektronenspin zurückzuführen. Das Spektr. besteht aus 2 Gruppen mit je 3 Linien, die Trennung zwischen den Gruppen beträgt 5 Oersted. Bei −78° ist die Triplettstruktur nicht aufgelöst. Vff. schlagen für das freie Radikal eine Struktur vom Semichinontyp vor. Die Resonanzformen dieser Struktur machen dann die Protonen an den 4- u. 6-Stellungen äquivalent. Die beobachtete Aufspaltung der Linie ist eine Folge einer Verdopplung durch das Proton in Stellung 5, der dann eine Verdreifachung jeder dieser 2 Linien durch die beiden äquivalenten Protonen in den Stellungen 4 u. 6 folgt. (J. chem. Physics **23.** 2461–62. Dez. 1955. Midland, Mich., Dow Chem. Comp.) C. GOTTFRIED. B 137

G. C. Hood, **O. Redlich** und **C. A. Reilly**, *Ionisation starker Elektrolyte.* 4. Mitt. *Kernmagnetische Resonanz und Dissoziation von Trifluoressigsäure.* (3. vgl. C. **1956.** 8810.) An wss. Lsgg. von *Trifluoressigsäure* verschied. Konz. wurden bei 40 MHz die Proton- u. Fluorresonanzverschiebung gemessen. Aus den Ergebnissen ist deutlich der Einfl. der elektrolyt. Dissoziation unterhalb einen Molenbruchs von 0,5 u. einer Hydratation oberhalb 0,5 zu erkennen. Die Dissoziationskonstante wurde zu 1,8 geschätzt. (J. chem. Physics **23.** 2229–30. Dez. 1955. Emeryville, Calif., Shell Developm. Co.) C. GOTTFRIED. B 137

V. Čermák, *Ein neues Beispiel einer katalysierten Depolarisation in der Polarographie.* Inhaltlich ident. mit der C. **1955.** 6246 referierten Arbeit. (Collect. czechoslov. chem. Commun. **20.** 983–85. Aug. 1955. [Orig.: dtsch.]) W. BARZ. B 142

P. Zuman und **R. Zumanová**, *Die Polarographie einiger Schwefelverbindungen.* 5. Mitt. *Komplexe des 2.3-Dimercaptopropanols mit Schwermetallen.* Inhaltlich ident. mit der C. **1956.** 3522 referierten Arbeit. (Collect. czechoslov. chem. Commun. **21.** 123–39. Febr. 1956. [Orig.: dtsch.]) W. BARZ. B 142

O. Manoušek und **P. Zuman**, *Polarographie der Harnstoff- und Thioharnstoffderivate.* 5. Mitt. *Anodische Depolarisation in Lösungen von Uracil, seinen Derivaten und 4-Methyl-2-thiouracil.* Inhaltlich ident. mit der C. **1956.** **3523** referierten Arbeit. (Collect. czechoslov. chem. Commun. **20.** 1340–52. Dez. 1955. [Orig.: dtsch.]) W. BARZ. B 142

J. Kůta und **J. Drábek**, *Katalytische Ströme des Pyridins in ungepufferten Lösungen.* Inhaltlich ident. mit der C. **1955.** 5029 referierten Arbeit. (Collect. czechoslov. chem. Commun. **20.** 902–07. Aug. 1955. [Orig.: russ.]) W. BARZ. B 142

E. Knobloch und **E. Svátek**, *Polarographie des Chloramphenicols und verwandter Stoffe.* Inhaltlich ident. mit der C. **1955.** 5029 referierten Arbeit. (Collect. czechoslov. chem. Commun. **20.** 1113–24. Okt. 1955. [Orig.: dtsch.]) W. BARZ. B 142

A. F. Cody, **S. R. Milliken** und **C. R. Kinney**, *Polarographie von Oxydationsprodukten von bituminöser Kohle, die den Huminsäuren ähneln.* Bei den vorst. genannten

Prodd. wurden drei gutdefinierte Reduktionsstufen beobachtet. Die Stufen waren lang u. ausgezogen u. wurden in typ. Weise durch Tropfgeschwindigkeit, Temp., Puffer, Trägerion, p_H-Wert u. Konz. beeinflußt. Die erste Stufe war die ausgeprägteste der drei, sie muß wahrscheinlich der Red. von Nitrogruppen (Oxydation mit HNO_3) zugeschrieben werden. Die zweite Stufe entwickelte sich am besten in 30—40% alkoh. Lsg., die dritte in wss. KCl-Lösung. Die für die zweite u. dritte Stufe verantwortlichen Strukturen wurden nicht identifiziert. Die Diffusionsströme, die bei der ersten Stufe beobachtet wurden, lassen annehmen, daß das Mol.-Gew. der untersuchten Säuren weniger als 1000 beträgt. (Analytic. Chem. **27.** 362—66. März 1955. State College, Pa., Pennsylvania State Univ.) H.-J. HEINRICH. B 142

B. A. Arbusow und **S. S. Walejewa,** *Parachore der Phthal- und Terephthalsäureester.* Für die Ester der *Phthalsäure* (I) u. der *Terephthalsäure* (II) werden folgende Parachore gefunden: I: *Dimethyl-* 414,5; *Diäthyl-* 491,5; *Dipropyl-* 566,3; *Dibutyl-* 640,1; *Dihexyl-* 789,5; *Dioctyl-* 949,5; *Dinonyl-* 1024,4; *Didecylester* 1100,6; II: *Diäthyl-* 488,5; *Dipropyl-* 565,3; *Dibutyl-* 642,1; *Dihexyl-* 803,0; *Dioctyl-* 959,9; *Dinonyl-* 1037,1; *Didecyl-* 1119,5. Die nach der Meth. der Gruppenwerte berechneten Parachore sind bei I vom Dipropylester an, bei II durchweg höher; die Übereinstimmung ist besser, wenn für jedes C-Paar der Esterketten eine Korrektur von —4,4 bei I, —2,2 bei II eingeführt wird. Für die *Benzoesäureester* sind die experimentellen Parachore: *Methyl-* 310,1; *Äthyl-* 349,4; *Propyl-* 388,9; *Butyl-* 427,8; *Hexyl-* 504,4; *Octyl-* 583,0; *Nonyl-* 622,7; *Decylester* 662,7; hier ist an den berechneten Werten ebenfalls eine Korrektur von —1,1 für jedes C-Atom der Esterreste anzubringen. Die höheren Ester von I u. II werden durch Umesterung der Diäthylester dargestellt, darunter erstmals I-*Dinonylester*, $Kp._{2,5}$ 250°, $D.^{20}_4$ 0,9685, n_D^{20} 1,4839; *Didecylester*, $Kp._{2,5}$ 265—268°, 0,9639, 1,4830; II-*Dinonylester*, $Kp._1$ 240 bis 241,5°, F. 44—45°, $D.^{55}_4$ 0,9426; *Didecylester*, $Kp._1$ 256,5°, F. 55—57°, $D.^{65}_4$ 0,9279. (Журнал Физической Химии [J. physik. Chem.] **27.** 713—18. Mai 1953. Kasan, Uljanow-Lenin-Univ., Chem. Butlerow-Inst.) R. K. MÜLLER. B 148

Stig Sunner, *Thermochemische Untersuchungen an organischen Schwefelverbindungen.* 4. Mitt. *Über die thermochemischen Terme der Bindungsenergie des Schwefels.* (3. vgl. C. **1954.** 11154.) Aus neueren Werten für Verbrennungswärmen von Schwefelverbb. werden verschied. Bindungsenergien abgeleitet. Setzt man die Sublimationswärme von Graphit = 138 u. die des Schwefels = 66,3 kcal Mol^{-1}, so erhält man die folgenden Bindungsenergien: E_{C-S} = 61,5 kcal; $E_{C=S}$ = 115; E_{S-H} = 87,5 u. E_{S-S} = 67. Die folgenden Bildungswärmen bei 20° wurden berechnet: *5-Thianonan* ($Kp._{35}$ 95,10 ± 0,05°, $Kp._{71}$ 112,20 ± 0,05°, n_D 1,4572) ΔH^0_f (fl.) = —52,7 ± 0,45 kcal Mol^{-1}; *Methylisothiocyanat* ΔH^0_f (fest) = 18,7 ± 0,3 u. *Pentanthiol-(1)* ΔH^0_f (fl.) = —36,2 ± 0,2. (Acta chem. scand. **9.** 837—46. 1955. Lund, Univ., Dep. of Organ. Chem.)
W. KAUFMANN. B 156

Stig Sunner, *Thermochemische Untersuchungen an organischen Schwefelverbindungen.* 5. Mitt. *Über die Resonanzenergie von Thiolessigsäure, Thioharnstoff, Thiosemicarbazid, Thiophen und Thianthren.* (4. vgl. vorst. Ref.) Aus Verbrennungswärmen u. Bindungsenergien werden die folgenden Resonanzenergien berechnet: *Thiolessigsäure* (II) 4 bis 5 kcal Mol^{-1}, *Thioharnstoff* 27, *Thiosemicarbazid* 28, *Thiophen* (I) 20 u. *Thianthren* 17. Die folgenden Bildungswärmen wurden bestimmt: I (fl.) = 19,13 ± 0,15 kcal Mol^{-1} bei 25° u. II (fl.) = —51,5 ± 0,35 kcal Mol^{-1} bei 20°. (Acta chem. scand. **9.** 847—54. 1955.) W. KAUFMANN. B 156

A. Tockstein und **J. Dvořák,** *Über monomolekulare Filme.* 5. Mitt. *Untersuchungen über Oberflächenfilme von Palmitinsäure mittels Messungen elliptisch polarisierten Lichtes.* Inhaltlich ident. mit der C. **1956.** 6065 referierten Arbeit. (Collect. czechoslov. chem. Commun. **21.** 304—11. April 1956. [Orig.: russ.]) W. BARZ. B 166

W. B. Falkowski, *Näherungsberechnung der Viscosität von Dämpfen organischer Verbindungen.* Die Analyse der experimentellen μ-Werte (Viscosität) im Intervall 0—600° zeigt, daß mit einer Abweichung von ± 5% die Einzelwerte auf einer Geraden liegen, die durch nachstehende Gleichung ausgedrückt wird: $\mu = 1{,}286 \cdot 10^{-4} \sqrt{M} p_k^{2/3}$ (T/T_k), wo μ = Viscositätskoeff. in cPoise, M = Mol.-Gew., p_k = krit. Druck in at, T_k = krit. Temp. (°K), T = Temp. des Gases in °K. (Журнал Физической Химии [J. physik. Chem.] **27.** 768—70. Mai 1953. Moskau, Lomonossow-Inst. für chem. Feintechnol.) O. LEBTAG. B 172

J. Latinák, *Chromatographie von Farbstoffzwischenprodukten.* 2. Mitt. *Die Papierchromatographie der Naphthylaminsulfon- und Naphtholsulfonsäuren.* Inhaltlich ident. mit den C. **1956.** 3525 referierten Arbeiten. (Collect. czechoslov. chem. Commun. **20.** 1371—79. Dez. 1955. [Orig.: dtsch.]) W. BARZ. B 177

M. Večeřa, J. Gasparič und **J. Borecký**, *Chromatographie von Farbstoffzwischenprodukten.* 3. Mitt. *Identifizierung und Trennung von Anthrachinonsulfonsäuren mittels Papierchromatographie.* Inhaltlich ident. mit der C. **1956.** 3525 referierten Arbeit. (Collect. czechoslov. chem. Commun. **20.** 1380—83. Dez. 1955. [Orig.: russ.]) W. Barz. B 177

A. G. Meister, J. M. Dowling, A. N. Takata und **A. J. Bielecki**, *Potentialkonstanten für die CHDClBr-, CH_2F_2-, CD_2F_2- und $CHDF_2$-Moleküle.* (Sitzungsbericht.) (Physic. Rev. [2] **100.** 1267. 15/11. 1955. Illinois Inst. of Technol.) R. Stein. B 182

T. A. Keenan und **H. M. James**, *Über die Orientierungsumwandlungen in CD_4.* (Sitzungsbericht.) (Physic. Rev. [2] **99.** 1660—61. 1/9. 1955. Purdue Univ.) R. Stein. B 182

J. M. Dowling, *Normale Koordinatenbehandlung für die Aus-der-Ebene-Schwingungen von Molekülen des Äthylentyps.* (Sitzungsbericht.) (Physic. Rev. [2] **100.** 1267. 15/11. 1955. Illinois Inst. of Technol.) R. Stein. B 182

Y. Urushibara, F. Iimura und **K. Ikeda**, *Über die Koinzidenz der Schmelzpunkte der Polymorphen des Dibenzoylmethans und seiner Enoläther.* Die von verschied. Seiten beobachtete Übereinstimmung der FF. der Polymorphen u. Isomeren des *Dibenzoylmethans* (**I**) u. seiner Enoläther entspricht nach Ansicht der Vff. vermutlich der Übereinstimmung der Kristallstrukturen, wenigstens im Augenblick des Schmelzens; darüber hinaus kann man annehmen, daß die Gitterenergie zum großen Teil von der Wechselwrkg. der Gruppen oder Strukturen abhängig ist, die den entsprechenden Arten gemeinsam ist. Es wurde beobachtet, daß die *Äthyl* (**II**)- u. *Isopropyläther* (**III**) mit den FF. 75 u. 78° UV-Spektren der cis-Äther liefern. Ihre nahezu ident. Pulverdiagramme u. Infrarotspektren in Nujol unterscheiden sich deutlich von denen der *trans-Methyläther* (**IV**) mit den FF. 74 u. 78°. **II** u. **III** lagern sich wahrscheinlich bei ihren FF. in die *trans*-Formen um. Ein cis-**II** mit F. 63° zeigt in Lsg. das Spektr. der cis-Form u. ist kaum unterscheidbar von cis-**IV** mit dem F. 65°. Es gelang den Vff. nicht, die trans-Formen von **II** u. **III** zu isolieren. — Die Röntgendiagramme u. Infrarotspektren von **I** mit F. 71° erinnern an die entsprechenden Diagramme bzw. Spektren von cis-**IV** mit F. 65°, *cis*-**II** mit F. 63° u. des *cis-n-Propyläthers* mit F. 59°. Die Röntgendiagramme der cis- u. trans-Mischkristalle von **I**, **IV** u. **II** bestehen aus einer Überlagerung der Interferenzen der Komponenten. Es konnte jedoch aus einer Lsg., die 2 Komponenten verschiedener Löslichkeit enthielt, ein scharf schm. Kristall isoliert werden, der aus den cis- u. trans-Isomeren genau im Verhältnis 1:1 besteht. Keine wesentlichen Unterschiede in den Röntgendiagrammen u. den Infrarotspektren der festen Substanzen konnten zwischen der cis-**II** u. **III** mit den FF. 75 u. 78° u. den trans-**IV** mit den FF. 74, 78 u. 81° festgestellt werden. Aus dem cis-**I** mit F. 71° konnte bei langem Stehen im Dunklen eine cis-Pseudoform mit F. 78° erhalten werden, deren Röntgendiagramm u. Infrarotspektr. sehr ähnlich dem Diagramm u. dem Spektr. von cis-**I** mit F. 71° sind. (J. chem. Physics **23.** 1724—25. Sept. 1955. Tokyo, Univ., Dep. of Chem.) C. Gottfried. B 190

R. J. Howe und **T. Malkin**, *Eine röntgenographische und thermische Untersuchung der Glyceride.* 11. Mitt. *Die 1.2-Diglyceride und weitere Beobachtungen an 1.3-Diglyceriden.* (10. vgl. Malkin u. Mitarbeiter, C. **1950.** I. 1460.) Aus FF.-Bestimmungen u. der Unters. der Erhitzungs- u. Abkühlungskurven der *DL-1.2-Diglyceride* der *Laurin-* (FF. 20,0° u. 39°), *Myristin-* (37,5° u. 54°), *Palmitin-* (50,0° u. 63,5°) u. *Stearinsäure* (59,5° u. 71°) ergab sich das Vorhandensein von 2 festen Modifikationen, einer niedriger schm. α-Form u. der stabilen β-Form. Die Umwandlung $\alpha \rightarrow \beta$ verläuft sehr langsam; die Abkühlungs- u. Erhitzungskurven zeigen nur die Haltepunkte der FF. der α-Formen. Röntgenograph. wurden die langen Netzebenenabstände von geschmolzenen u. gepreßten Schichten u. die Seitennetzebenenabstände von dünnen Stäbchen erhalten. Trägt man die langen Netzebenenabstände graph. gegen die C-Anzahl der betr. Fettsäure graph. auf, so erhält man 2 Geraden, die die Achse C = O bei 6,5 Å u. 9,5 Å schneiden. Dies läßt sich mit einer Anordnung von Doppelmoll. erklären, die entweder quer (α-Form) oder unter einem Winkel von ~ 64° (β-Form) zu den reflektierenden Ebenen geneigt sind, dabei wird angenommen, daß der Winkel zwischen den C-Atomen 116° beträgt. — Da bei früheren Unterss. (vgl. J. chem. Soc. [London] **1937**, 1412) röntgenograph. bei 1,3-Diglyceriden verschiedene Anomalien festgestellt worden waren, wurden die *1.3-Diglyceride* der *Decan-* (42°, 44,5°), *Undecan-* (47°, 49°), *Laurin-* (54°, 56,5°), *Tridecan-* (57°, 59,5°), *Myristin-* (63°, 65,5°) *Pentadecan-* (66,5°, 68,5°), *Palmitin-* (**I**, 71,5° 72,5°), *Heptadecan-* (72,5°, 74,5°) u. *Stearinsäure* (**II**, 77°, 78°) erneut röntgenograph. untersucht. Aus den Unterss. ergab sich, daß in der ganzen Reihe β'- u. β-Formen auftreten. Bei den Seitennetzebenenabständen lassen sich **3** Typen: a, b u. c unterscheiden; der a-Typ wird bei allen β-Formen der Glyceride mit ungeradzahligen Säuren u. den β'-Formen von **I** u. **II** beobachtet. Der b-Typ tritt bei den β'-Formen aller Diglyceride auf, mit Ausnahme der von **I** u. **II**; der c-Typ schließlich wurde bei den β-Formen der Diglyceride mit geradzahligen Fettsäuren beobachtet. (J. chem. Soc. [London]**1951.** 2663–67. Okt. Bristol, Univ.)

C. GOTTFRIED. B 190

M. Ch. Glusman, L. Ss. Palatnik und **D. Je. Plotkina,** *Untersuchung des Polymorphismus von 2-Methoxy-7-aminofluorenon.* Das Auftreten von gelb- u. rotgefärbten Kristallen bei der Acetylierung von 2-Methoxy-7-aminofluorenon wird dahingehend erklärt, daß es sich um 2 polymorphe Modifikationen handelt. Die gelbe Form geht bei 210° in die rote Form über, die bei 240° schmilzt. Eine Rückverwandlung in die gelbe Form gelingt durch ganz langsames Abkühlen einer Lsg. der roten Kristalle in Chlorbenzol u. anschließende Umkristallisation aus Essigester oder Methanol. Einzeldaten der Röntgen-Strukturanalyse werden mitgeteilt. (Журнал Физической Химии [J. physik. Chem.] **25.** 10–12. Jan. 1951. Charkow, Staatl. Univ.) H. WINTER. B 190

T. L. Chotzjanowa, A. I. Kitaigorodski und **Ju. T. Strutschkow,** *Kristallstruktur von Jodoform.* Vff. untersuchen die Molekülabstände u. -konfigurationen im Kristall des *Jodoforms* (I). Röntgenograph. ergibt sich für **I**: a = 6,83 ± 0,02 (Å), c = 7,53 ± 0,02, V = 305 ± 3 Å^3, Z = 2, D. gemessen 4,01, berechnet 4,26, Raumgruppe C 6_3. Im einzelnen werden die Koordinaten der J-Atome u. des C-Atoms bestimmt. Es ergibt sich die tetraedr. Form mit den Valenzwinkeln J–C–J 109° ± 5°. Länge der C–J-Bindung 2,18 ± 0,06 Å, innermol. Abstand der J-Atome voneinander **3,56 Å,** in der Schicht „ab" kürzester Abstand **3,98,** zwischen Moll. verschied. Schichten **4,41** u. **4,43 Å,** Abstände J–H 3,18 Å, 2R_J = 4,00, $R_J + R_H$ 3,17 Å. (Журнал Физической Химии [J. physik. Chem.] **27.** 647–56. Mai 1953. Moskau, Inst. für organ. Chem. der Akad. der Wiss. der UdSSR) R. K. MÜLLER. B 195

W. Hoppe, *Die Bestimmung der Orientierung organischer Molekeln mit diffuser Röntgenstreuung.* Nach theoret. u. experimentellen Unterss. der diffusen Röntgenreflexion in organ. Molekülkristallen kommt der Vf. zu dem Ergebnis, daß hierfür nicht so sehr die Art der Zusammenlagerung der Moll., sondern vor allem die Struktur ihres mol. Eigendiagramms von Bedeutung ist. Die diffusen Reflexionsgebiete bilden hierbei die mol. Streuverteilung in guter Näherung ab. Es ist im Prinzip möglich, die Meth. des „mol. Streudiagramms" direkt auf die diffuse Streuverteilung zu übertragen u. so rasch zu einer vollkommenen Kenntnis der Molekülorientierungen zu gelangen. So kann man zeigen, daß die mol. Streudiagramme von aromat. Moll intensiv stabförmige Bereiche in einer hexagonalen Anordnung mit einem reziproken Abstand von 0,83 Å^{-1} zeigen, die im diffusen Streudiagramm deutlich hervortreten u. nicht nur die Best. der Orientierung der Molekülebenen, sondern auch die der Orientierung der Moll. in dieser Ebene gestatten. Die Anwendung der Meth. ist nicht auf Schicht- u. Kettenstrukturen beschränkt, sondern führt auch in Kristallen ohne ausgezeichnete Schichten- u. Kettenaggregationstendenzen zu guten Ergebnissen. (Naturwissenschaften **42.** 484. 1. Sept.-H. 1955. Zürich, ETH, Inst. of Mineral., u. München, TH, Inst. für Physikal. Chem.)

C. GOTTFRIED. B 195

Dorothy Crowfoot Hodgkin, *Röntgenkristallographische Untersuchung der Struktur des Vitamins B_{12}.* Vf. berichtet über Strukturunterss. an Vitamin B_{12} u. einigen einfachen Derivv. des B_{12}. Untersucht wurden B_{12} (**I**); B_{12} b (**II**); B_{12}–SCN (**III**); B_{12}–SeCN (**IV**), Faktor A (**V**); Ψ B_{12} (**VI**) u. roter Faktor (**VII**). In Ψ B_{12} ist die Benzimidazolgruppe durch Adenin, in Faktor A durch 2-Methyladenin substituiert. Außerdem wurde ein Zersetzungsprod. untersucht, das einen Teil der Struktur des B_{12} darstellt, der das ganze Mol. mit Ausnahme des Nucleotids u. der Propanolamins enthält. Die Verbb. **I–VII** sind alle rhomb. oder nahezu rhombisch. Raumgruppe ist P 2_1 2_1 2_1. Folgende Elementarzellen wurden festgelegt: **I** feucht: a = 25,33 Å; b = 22,32 Å; c = 15,92 Å; trocken: a = 24,35 Å; b = 21,29 Å; c = 16,02; **II** feucht: a = 25,07 Å; b = 21,60 Å; c = 15,97 Å; trocken: 23,17 Å; b = 20,86 Å; c = 15,83 Å; **III** feucht: a = 25,92 Å; b = 22,29 Å; c = 15,75 Å; trocken: a = 24,03 Å; b = 20,79 Å; c = 16,05 Å; **IV** feucht: a = 25,63 Å; b = 22,45 Å; c = 15,78 Å; trocken: a = 23,98 Å; b = 21,46 Å; c = 16,02 Å; **V** trocken: a = 22,6 Å; b = 22,0 Å; c = 16,1 Å; **VI** trocken: a = 21,4 Å; b = 21,0 Å; c = 16,1 Å u. **VII** trocken: a = 24,6 Å; b = 15,4 Å; c = 13,4 Å. Durch die Berechnung von dreidimensionalen PATTERSON-Projektionen u. Elektronendichteverteilungen gelang es, die Lagen einer größeren Anzahl von Atomen u. Gruppen, die auf Grund chem. Unterss. in dem Mol. vorkommen, festzulegen: es handelt sich um Co, die Cyan-, Benzimidazol-, Ribose- u. Phosphatgruppen. Auch für den chem. noch unbekannten Teil des Mol. konnten einzelne Atomlagen gefunden werden; besonders wurde festgestellt, daß das Co-Atom von 4 fünfgliedrigen Ringen umgeben ist, von denen zwei direkt verbunden, sind. (Bull. Soc. franç. Minéralog. Cristallogr. **78.** 106–15. Jan/März 1955. Oxford, Univ. Museum, Chem. Crystallography Labor.) C. GOTTFRIED. B 195

Hideo Murakami, *Spektren des intermolekularen Ladungsübergangs.* 3. Mitt. *Organische Molekülkomplexe.* (2. vgl. Bull. chem. Soc. Japan **26.** [1953.] 446.) Auf Grund von Literaturdaten über Absorptionsspektren u. Gleichgewichtskonstanten der Komplexbldg. untersucht Vf. die Elektronenstruktur, speziell die Wechselwirkungen zwischen zwei Komponenten einer organ. Mol.-Verbindung. Bei einer krit. Unters. der Intensitäten der Spektren des zwischenmol. Ladungsübergangs zeigt sich, daß der Beitrag zur gesamten Bindungsenergie klein ist gegenüber anderen Wechselwirkungen; die beobachtete Zunahme der Gleichgewichtskonstanten mit dem Anwachsen des Donatorcharakters der B-Komponente ist nicht auf Resonanzwechselwirkungen dieser Art zurückzuführen. Vielmehr beruht dieser Effekt auf elektrostat. Wechselwrkg. der beiden Komponenten; dieser Beitrag zur Gesamtbindungsenergie hat dieselbe Größe wie der der dipolinduzierten Dipolwechselwrkg. (ungefähr 1—5 kcal/Mol), wie am Beispiel des Syst. Polynitrobenzol/mehrkernige aromat. KW-Stoffe gezeigt wird. Beim Syst. Chinon/substituierte Benzole erfolgt die Orientierung fast ausschließlich durch VAN DER WAALsche Kräfte, deren Energiebeitrag ungefähr 10 mal größer ist als der der Induktionskräfte. (Bull. chem. Soc. Japan. **27.** 268—73. Juli 1954. Osaka, Univ.-Fac. of Sci., Dep. of Chem. [Orig.: engl.]) M.-L. KLAAR. B 223

A. D. Stepuchowitsch und **A. M. Tschaikin,** *Kinetik und Mechanismus des Zerfalls von Kohlenwasserstoffen.* 3. Mitt. *Kinetik und Mechanismus des Zerfalls von Butan bei niedrigen Drucken in Gegenwart von Isobutylen und Propylen als Verzögerer.* (2. vgl. Журнал Физической Химии [J. physik. Chem.] **28.** [1954.] 199.) In Unterss. über die Kinetik des Zerfalls von *Butan* (**I**) bei 1—30 mm u. 548 u. 573° wird festgestellt, daß es sich um eine selbsthemmende Rk. handelt, die durch Zusätze von *Isobutylen* (**II**) unter gleichen Bedingungen stärker gehemmt wird als durch *Propylen* (**III**). Dieser Einfl. von **II** u. **III** nimmt bei steigender Temp. ab, wobei sich die Unterschiede zwischen der Wrkg. von **II** u. **III** ausgleichen. Die Hemmwrkg. wird auf Kettenabbruch durch Umwandlung des die Kette auslösenden akt. Radikals (CH_3.) in eine inakt. Form zurückgeführt. Wenn die Anfangskonz. von **I** mit x_0, die Konz. von **II** bzw. **III** mit y bezeichnet wird, k_3 die Geschwindigkeitskonstante der Rk. $CH_3\cdot + C_4H_{10} \rightarrow CH_4 + C_4H_9\cdot$, k_{hemm} die der Rk. $CH_3\cdot + C_3H_6 \rightarrow CH_4 +$ stabiles Radikal ist, ist die Kettenlänge gegeben durch $v = k_3x_0/k_{hemm}\,y$. Sie nimmt mit Zunahme des hemmenden Zusatzes ab u. ändert sich von 1 Glied bis zu 30—70 Gliedern bei einem maximalen bis zu einem minimalen Zusatz. (Журнал Физической Химии [J. physik. Chem.] **27.** 1737—47. Dez. 1953. Saratow, Tschernyschewski-Univ.) R. K. MÜLLER. B 225

E. Gelles und **R. I. Reed,** ^{13}*C-Isotopeneffekte bei der Decarboxylierung einiger Oxalacetate.* Im Verlaufe ihrer Arbeiten über die Wrkg. der Isotopen-Substitution auf die Spaltungsgeschwindigkeit der C—C-Bindung untersuchen Vff. die Wrkg. von ^{13}C auf die Decarboxylierungsgeschwindigkeit der ^{12}C-Oxalessigsäure in wss. Lsg. bei 25°. Es wurde die Säure allein u. in Ggw. von (diamagnet.) Y^{3+}-Ionen sowie in Ggw. von (paramagnet.) Dy^{3+}-Ionen untersucht. Die Rk. verläuft nach (M^{3+}), $^-OOC\cdot CO\cdot CH_2\cdot{}^{13}COO^- \rightarrow {}^-OOC–COCH_3 + {}^{13}CO_2$. Das Verhältnis der Geschwindigkeitskonstanten wurde aus den Messungen des Verhältnisses von ^{13}C zu ^{12}C bei 5 u. 10%ig. Carboxylierung berechnet. Es zeigt sich mit Sicherheit ein „magnet." Isotopeneffekt. Der Ausdruck $100\cdot[(K_{^{12}C-^{12}C}/K_{^{12}C-^{13}C})-1]$, wobei $K_{^{12}C-^{12}C}$ z. B. die Geschwindigkeitskonstante für die Spaltung der ^{12}C–^{12}C-Bindung angibt, wurde bei Oxalessigsäure (p_H 1) zu 6, bei Y^{3+}-Oxaloxalat zu 5 ± 1 u. bei Dy^{3+} zu 10 ± 1 gefunden. Das paramagnet. Dy^{3+}-Ion beschleunigt die Spaltung einer ^{12}C–^{12}C-Bindung um ca. 4% mehr als die Spaltung einer ^{12}C–^{13}C-Bindung. Möglicherweise sind die ^{13}C-Kernspin-Elektronenspin-Beeinflussungen von der gleichen Größenordnung wie die Elektronenspin-Elektronenspin-Beeinflussungen, die durch einen größeren Abstand bei den paramagnet. Ionen hervorgerufen werden. Die Wrkg. des paramagnet. Dy^{3+}-Ions wird dann auf die ^{12}C–^{12}C-Bindung größer sein als auf die ^{12}C–^{13}C-Bindungen, wo die ^{13}C-Kernspin-Wrkg. bereits wirksam ist. (Nature [London] **176.** 1262. 31/12. 1955. Glasgow, Univ., Chem. Dep.) J. MATTNER. B 225

Myron L. Bender und **Harry Robbins,** *Die Reaktion von Silbernitrat mit einigen substituierten Neopentylbromiden.* Die Rk. von $AgNO_3$ mit *2.2-Dimethyl-1.3-dibrompropan* (**I**), *2.2-Dimethyl-3-brompropanol-(1)* (**II**), *2.2-Dimethyl-3-acetoxy-1-brompropan* (**III**) u. *2.2-Dimethyl-1-brompropan* (**IV**) in 70%ig. wss. A. bei $92{,}3 \pm 0{,}5$ u. $109{,}1 \pm 0{,}2°$ wurde untersucht u. in jedem Falle nur *2-Methylbutanal* (**V**) als Endprod. isoliert. Die Rk. ist 2. Ordnung, u. die Aktivierungsenergien betragen für **I** $23{,}0 \pm 0{,}7$, **II** $23{,}7 \pm 0{,}7$, **III** $24{,}0 \pm 1{,}2$ u. **IV** $22{,}5 \pm 1{,}3$ kcal/Mol. Entsprechend der Größe des –J-Effektes des Substituenten in 3-Stellung erfolgt in der Reihe **IV, II, III, I** eine Abnahme der Reaktionsgeschwindigkeit. Daraus wird geschlossen, daß eine Teilnahme der 3-Substituenten an der Rk. nicht erfolgt. Als wahrscheinlicher Mechanismus bei der Rk. von **II** wird angenommen, daß nach dem Abdissoziieren des Bromions unter Wanderung einer Methylgruppe ein tert. Carbeniumion gebildet wird, das unter Verlust eines Protons in das Enol von **V** übergeht. Für **III** wird nach Hydrolyse der Acetoxygruppe dieselbe Reaktionsfolge erwartet. Im Falle von **I** soll die Umlagerung während der Dissoziation des ersten Bromatoms eintreten unter Bldg. eines Allylbromids, das schnell zum 2-Methyl-buten-(2)-ol-(1) hydrolysiert wird, das sich in **V** umlagert.

Versuche: *2.2-Dimethyl-1-brompropan* (**IV**), Kp. 104—107°, aus Dimethylpropanol-(1); n_D^{20} 1,4367. — *2.2-Dimethyl-1.3-dibrompropan* (**I**), $Kp._{24}$ 63—65°, aus 2.2-Dimethylpropandiol-(1.3) [**VI**; aus Isobutyraldehyd u. CH_2O] u. PBr_3; n_D^{20} 1,5051. — *2,2-Dimethyl-3-brompropanol-(1)* (**II**), $Kp._8$ 73—74°, aus **VI** u. rauchender HBr; n_D^{20} 1,4797. — *2.2-Dimethyl-3-acetoxy-1-brompropan* (**III**), $C_7H_{13}O_2Br$, $Kp._8$ 83°, aus **VI** u. Eisessig u. 48%ig. HBr; n_D^{20} 1,4565. — *2-Methylbutanal* (**V**), a) durch Chromsäureoxydation von 2-Methylbutanol oder b) durch Rk. von **I**, **II**, **III** mit $AgNO_3$; *2.4-Dinitrophenylhydrazon*, F. 127,5°. (J. Amer. chem. Soc. **78**. 1699—1702. 20/4. 1956. Chicago, Ill., Illinois Inst. of Technol., Dep. of Chem.) G. PÖTZSCHER. B 225

Ernő Pungor, Jenő Trompler, Zsuzsa Remport-Horváth und **Elemér Schulek**, *Untersuchungen über das System Wasserstoffperoxyd–Essigsäure.* Bei den Unterss. mit Peroxyschwefelsäuren gemachte Erfahrungen (SCHULEK u. Mitarbeiter, C. **1955**. 7274) veranlaßten Vff. zu ähnlichen Verss. mit Peroxyessigsäure. Reaktionskinet. Unterss. ergaben, daß die Reaktionsgeschwindigkeitskonstante der Peressigsäure (**I**)-Bldg. mit der Essigsäurekonz. quadrat. ansteigt. Da jedoch eine Rk. vierter Ordnung sehr unwahrscheinlich ist, liegt auch hier die Annahme von dimeren Säuremoll. sehr nahe. Dies wird gestützt durch die Tatsache, daß fremde Säuren die **I**-Bldg. katalysieren. Die solvatartige Bindung von H_2O_2 an **I** wird durch Essigsäureassoziation behindert, letztere kann aber durch höhere Temp. oder Verdünnung zurückgedrängt werden. Peroxysäuren assoziieren sich also in verd. Lsgg. mit H_2O_2, diese Assoziation erfolgt aber bei **I** sogar in konz. Lösung. (Magyar tudományos Akad., kém. Tudományok Osztályának Közleményei [Ung. Akad. Wiss., Ber. Abt. chem. Wiss.] **6**. 363—73. 1955. Acta chim. Acad. Sci. hung. **8**. 321—33. 1955.) J. PLANK. B 225

Matthew R. Kegelman und **Ellis V. Brown**, *Die Pinakolinumlagerung in der heterocyclischen Reihe.* 3. Mitt. *Zahlenmäßige Wanderungsfähigkeiten.* (2. vgl. C. **1954**. 9492.) 1.2-Bis-[thienyl-(2)]-1.2-bis-[4-methoxyphenyl]-äthandiol-(1.2) (**I**) wurde a) durch Kochen mit Essigsäure + Acetylchlorid + Bzl. u. b) durch Kochen mit Jod + Essigsäure in das entsprechende Pinakolingemisch umgelagert, das hauptsächlich aus *4-Methoxyphenyl-bis-[thienyl-(2)]-4-methoxyphenylmethylketon* ($C_{24}H_{20}O_3S_2$, F. 152,5—153,0°; 96% [Ausbeute]) bestand. Nach Abbau des Pinakolingemischs durch 36std. Kochen mit absol. äthanol. KOH konnte *Bis-[thienyl-(2)]-4-methoxyphenylmethan* (F. 91,5—92,0° [A.]) isoliert werden, das ferner dabei entstandene Säuregemisch wurde durch Best. der Elementzus., des CH_3O-Geh. u. der Neutralisationszahl analysiert, wobei pro Mol. *Thenoesäure* (**IV**) 2 Mol *p-Anissäure* (**V**) gefunden wurden. Hieraus ist zu schließen, daß die Thienyl-(2)-gruppe doppelt so schnell wie die p-Anisylgruppe bei der Pinakolinumlagerung wandert. Da für die letzte Gruppe von BACHMAN u. FERGUSON (J. Amer. chem. Soc. **56**. [1934.] 2081) als Zahlenwert für die Wanderungsfähigkeit 500 gefunden wurde (C_6H_5 = 1), beträgt dieser Wert für die Thienyl-(2)-gruppe 1000. Entsprechende Umlagerungsverss. mit 1.2-Bis-[furyl-(2)]-1.2-bis-[4-methoxyphenyl]- (**II**) u. 1.2-Bis-[furyl-(2)]-1.2-bis-[thienyl-(2)]-äthandiol-(1.2) (**III**) verliefen nicht so glatt. Aus **II** wurde nur wenig reine **V**, aus **III** nur wenig reine **IV** erhalten. Man kann hiernach vielleicht vermuten, daß die Furyl-(2)-gruppe viel schneller als die Thienyl-(2)-gruppe wandert. Bei Verss. zur Darst. von **I** wurde durch Red. von p-Anisylthienylketon mit Zn-Essigsäure nur wenig des entsprechenden Tetraaryläthylens erhalten, die Einw. von p-Anisyl–MgBr auf 2.2'-Thenil ergab nur ein teerähnliches Produkt. An Stelle von **II** wurde aus p.p'-Anisil (**VII**) u. Furyl-(2)-MgJ Furyl-(2)-p-methoxyphenylketon erhalten, **II** konnte aber aus p-Anisyl–MgBr u. 2.2'-Furil erhalten werden.

Versuche: *1.2-Bis-[thienyl-(2)]-1.2-bis-[4-methoxyphenyl]-äthylen*, $C_{24}H_{20}O_2S_2$, F. 213,5° (Zers., Isopropanol–Chlf.), durch Einw. von Zn-Staub auf Thienyl-(2)-p-anisylketon in Eisessig (10 Tage), nach Abtrennung des Zn auf Eiswasser gießen, Nd. in Bzl.–PAe. an Al_2O_3 chromatographieren; 16% (Ausbeute). — *1.2-Bis-[thienyl-(2)]-1.2-bis-[4-methoxyphenyl]-äthandiol-(1.2)* (**I**), $C_{24}H_{22}O_4S_2$, F. 139,0—139,5° (absol. A.), durch Einw. von **VII** auf Thienyl-(2)-MgBr bei — 10° (2 Tage bei n. Temp.); 35%. — *Bis-[thienyl-(2)]-4-methoxyphenylmethan*, $C_{16}H_{14}OS_2$, F. 91,5—92,0° (A.), durch Zugabe von 4-Methoxybenzaldehyd u. frisch dest. Thiophen in PAe. zu P_2O_5 (1 Tag); 2,6%. — *Furyl-(2)-4-methoxyphenylketon*, $C_{12}H_{10}O_3$, F. 63,5—64,0° (PAe.), durch Zugabe von Furyl-(2)-

MgJ zu absol. Bzl. bei 0°, dann Zugabe von **VII** (2 Tage), mit $(NH_4)_2SO_4$-Lsg. hydrolysieren; 96%; *Oxim*, F. 138,5—139,5°, — *1.2-Bis-[furyl-(2)]-1.2-bis-[4-methoxyphenyl]-äthandiol-(1.2)* (**II**), $C_{24}H_{22}O_6$, durch Einw. von 2.2'-Furil auf Methoxyphenyl–MgBr bei — 7°; 51%. — *1.2-Bis-[furyl-(2)]-1.2-bis-[thienyl-(2)-[äthandiol-(1.2)* (**III**), $C_{18}H_{14}O_4S_2$, F. 115° (Bzl.–PAe.), aus Thienyl-(2)–MgBr analog **II**; 38%. (J. Amer. chem. Soc. **76.** 2711—13. 20/5. 1954. New York, N. Y., Fordham Univ., Chem. Labor.)
B. GNAUCK. B 225

P. H. Gore, G. K. Hughes und **E. Ritchie**, *Der Mechanismus der Fischerschen Indolsynthese.* Die Argumente, die von PAUSACKER u. SCHUBERT (C. **1951.** II. 2456) für einen radikal. Ablauf der FISCHERschen Indolsynthese herangezogen wurden, können auch mit einem ion. Ablauf der Rk. gedeutet werden. Im einzelnen wird angeführt: Die Tatsache, daß aus einem Gemisch von Cyclohexanon-o-tolylhydrazon u. 2-Methylcyclohexanonphenylhydrazon 11-Methyl- u. 8.11-Dimethyltetrahydrocarbazolenin u. nach Dehydrierung Carbazol u. 1-Methylcarbazolin in etwa gleichen Mengen erhalten werden, kann durch Hydrolyse u. Rekombination der Hydrazine u. Ketone oder durch Hydrazonaustausch ohne Beteiligung von W. erklärt werden. — Die Struktur des bei Cyclisierung von Cyclohexanon-[2-chlor-5-methylphenylhydrazon] mit verd. H_2SO_4 auftretenden 12-Oxy-7-methyl-1.2.3.4-tetrahydroisocarbazols ist nicht gesichert. Außerdem ist kein Zusammenhang zwischen der Hydrolyse des Chlors u. dem radikal. Mechanismus ersichtlich. — Die leichte Cyclisierung von Methylisopropylketonphenylhydrazon braucht nicht durch die Hyperkonjugationsstabilisierung eines Radikals erklärt werden, da auch ein Carbeniumion am tert. C bes. stabil ist. — Radikale ArNH sollten mit dem Lösungsm. reagieren u. größere Mengen Amine liefern. Die tatsächlich auftretenden geringen Mengen an Amin können durch Redox-Rkk. erklärt werden. — Folgende Argumente sprechen außerdem noch gegen einen radikal. Mechanismus: Radikale Rkk. verlaufen selten so glatt u. mit so hohen Ausbeuten wie die Indolsynthese. — Freie Phenyliminoradikale sollten wenigstens in kleiner Menge Hydrazobenzol u. damit Benzidin liefern, das aber nicht nachweisbar ist. — Freie Radikale sollten den Eisessig unter CO_2-Entwicklung angreifen. Die beobachtete geringe Menge CO_2 (0,4 Mol-%/Mol Hydrazon) kann durch therm. Zers. entstanden sein u. spricht nicht für einen radikal. Reaktionsverlauf. (J. Proc. Roy. Soc. New South Wales **84.** 59—63. 7/2. 1951. Sydney, Univ., School of Chem.)
F. SCHAUDER. B 225

S. A. Bernhard, *Eine neue Methode zur Bestimmung der Amidaseaktivität von Trypsin: Kinetik der Hydrolyse von Benzoyl-l-argininamid.* Vf. entwickelt eine potentiometr. Meth., um die Trypsin (**I**)-katalysierte Hydrolyse von Amiden kinet. zu verfolgen. Sie beruht darauf, daß Formaldehyd (**II**) die Struktur von **I** zwar ändert, jedoch beim p_H-Optimum 7,5—8,0 ohne Einfl. auf dessen Aktivität ist. Die Rk. wird durch die Gleichung: $RCONH_2 + H_2O \rightarrow RCO_2^- + NH_4^+$; $4NH_4^+ + 6CH_2O \rightarrow (CH_2)_6N_4 + 4H_3O^+ + 2H_2O$ dargestellt. Es kann also die Hydrolyse der Amide direkt durch Messung der in Ggw. von **II** freigesetzten Oxoniumionen verfolgt werden. Die Enzymsubstrat-Dissoziationskonstante für *Benzoyl-L-argininamid* beträgt $K_m = 3{,}1 \cdot 10^{-3}$; für die Zers. des Enzymsubstratkomplexen ist $k_3 = 0{,}043$ sec^{-1}. Die Abnahme der Hydrolysengeschwindigkeit mit der Zeit wird auf die Selbstverdauung von **I** zurückgeführt. (Biochem. J. **59.** 506—09. März 1955. Cambridge, Univ., Dep. of Colloid Sci.) A. HESSE. B 225

Lucien Golder, *Untersuchung der Primärreaktionen bei der Thermolyse des Heptens-(1) zwischen 240 und 400°.* Vf. unterwirft *Hepten-(1)* (**I**) unter einem Stickstoffdruck von 1 at (bei 20°) für sich u. in Ggw. eines granulierten HOUDRY-Katalysators (SiO_2, Al_2O_3) der Thermolyse bei Tempp. zwischen 240 u. 400°. Während **I** in Abwesenheit des Katalysators unterhalb 400° beständig ist, wird es in Ggw. desselben thermolyt. zersetzt. Aus den Kpp. der entstehenden Zersetzungsprodd. ist zu entnehmen, daß **I** bei 240° zu ca. 50% in eine bei 92° sd. Verb. (wahrscheinlich Heptanisomere) übergeführt wird, deren Anteil bis 400° beträchtlich zurückgeht (nur noch 35%). Dagegen entsteht bei 400° ein leichter sd. Prod. (vermutlich n-Hexan in 14%ig. Ausbeute), das bei 240° nicht gebildet wird. Der Anteil der bei 225° sd. Prodd. geht von ca. 17% (bei 240°) auf ca. 10,5% (bei 400°) zurück; es handelt sich anscheinend um einen $C_{(12)}$-KW-stoff (n-Heptylcyclopentan oder n-Hexylcyclohexan). Als gasförmige Reaktionsprodd. werden beobachtet bei 240° H_2 u. Propan (**II**), bei 320° H_2, Äthan (**III**) u. **II** u. bei 400° H_2, CH_4, **II** u. **III**. Ein Mechanismus zur Deutung der Zersetzungs-Rk. wird diskutiert. (C. R. hebd. Séances Acad. Sci. **242.** 2000—02. 16/4. 1956.) K. FRENKLER. B 225

M. Szwarc und **J. Watson Taylor,** *Die Pyrolyse von Aceton und die Bildungswärme von Acetylradikalen.* Vff. unterwarfen *Aceton* (**I**) (p = 0,10—0,41 mm) in Ggw. von überschüssigem Toluol bei 993°—1101° K der Pyrolyse. Die Geschwindigkeit der Zers. von **I** wurde an der Geschwindigkeit der Bldg. von CO verfolgt. Angenommen wurde folgendes Reaktionsschema: $\mathbf{I} \rightarrow \cdot CH_3 + \cdot COCH_3$ (langsam) u. $\cdot CH_3CO \rightarrow \cdot CH_3 + CO$

(schnell); dabei ergaben sich Umsetzungen als Rkk. 1. Ordnung, die Geschwindigkeitskonstante k des ersten Reaktionsschrittes ist $2{,}4 \cdot 10^{14}$ (exp. — 720000/RT) sec^{-1}. Es wird angenommen, daß die beobachtete Aktivierungsenergie mit der Bindungsdissoziationsenergie $D(CH_3CO{-}CH_3)$ ident. ist. Daraus folgt für die Bildungswärme des Acetylradikals — 10,8 kcal/Mol. — Die Anwendbarkeit der Toluolträgertechnik wird krit. geprüft. (Vgl. auch LEIGH u. SWARC, C. **1953**. 5639.) (J. chem. Physics **23**. 2310—14. Dez. 1955. Syracuse, N. Y., State Univ., Coll. of Forestry, Chem. Dep.) L. FISCHER. B 225

S. N. Naldrett, *Rekombination freier Radikale bei der Photolyse von Aceton. Aceton* (I) wird bei Zimmertemp. in Ggw. von *$^{14}C_{(1)}$-Biacetyl* (dargestellt durch Bestrahlung von I in Ggw. von ^{14}C-Methyljodid in der Dampfphase) mit Licht der Wellenlänge 2537 Å bestrahlt. In allen Reaktionsprodd., die CH_3-Gruppen enthalten, wird ^{14}C gefunden, während die CO-Fraktion ^{14}C-frei ist. Die Menge des nach der Photolyse auch in der I-Fraktion gefundenen ^{14}C liefert eine direkte Bestätigung dafür, daß die Quantenausbeute des Primärprozesses der I-Photolyse, $I + h\nu \rightarrow CH_3\cdot + CH_3CO\cdot$, fast den Wert 1 hat u. daß für die geringe Gesamtquantenausbeute der I-Zers. bei tiefen Tempp. umfangreiche Rekombination der CH_3- u. CH_3CO-Radikale verantwortlich ist. (Canad. J. Chem. **33**. 750—54. Mai 1955. Ottawa, Can., Nat. Res. Council, Div. of Chem., u. Kingston, Can., Roy. Milit. Coll.) K. PRCHAL. B 226

Herman Burwasser und **H. Austin Taylor,** *Photolyse von Acetanhydrid. Acethydrid* (I, Kp. 138—139°) wurde zwischen 60 u. 160° bei einem Druck von ca. 10—25 mm durch Bestrahlung mit einer Mitteldruck-Quecksilberdampflampe photolysiert. Es entstanden äquimol. Mengen CO u. C_2H_6 u. in doppelter Menge CO_2. Die Quantenausbeuten waren: $\Phi_{CO_2} = 2$, $\Phi_{CO} = \Phi_{C_2H_6} = 1$. Aceton photosensibilisiert die Zers. von I. Die massenspektrometr. Analyse des bei 160° erhaltenen fl. Rückstandes zeigte die Abwesenheit von Aceton, Biacetyl, Methylacetat, Acetylaceton u. Acetonylaceton. Hingegen wurde eine Substanz der M. 57 entdeckt, die bei längerer Reaktionsdauer immer stärker auftritt. Einzelschritte des Reaktionsmechanismus werden diskutiert. (J. chem. Physics **23**. 2295—99. Dez. 1955. New York, N. Y., Univ., Chem. Dep.) L. FISCHER. B 226

G. R. Hoey und **D. J. Le Roy,** *Die Quecksilber-photosensibilisierte Hydrierung von Propylen und die Aktivierungsenergie der Reaktion $C_3H_7 + H_2 = C_3H_8 + H$.* In zwei verschied. Versuchsanordnungen, deren eine vor allem die Best. der Reaktionsgeschwindigkeit bei konstantem Lichteinfall erlaubt, wurden die durch $Hg(^3P_1)$ eingeleiteten Rkk. zwischen *Propylen* (I) u. H_2 im Temperaturbereich von Raumtemp. bis 320° untersucht. Von den Reaktionsprodd. wurden Methan (II), Propan (III), Butan (IV), Buten (V), 2-Methylbuten-(1), 2.3-Dimethylbutan (VI) u. 4-Methylpenten-(1) (VII) identifiziert, bei 320° bildeten sich zudem noch Äthan u. Äthylen mit meßbarer Geschwindigkeit sowie ein Prod. $> C_6$. Bei Raumtemp. stieg die Ausbeute an VII mit Vergrößerung des Verhältnisses $I:H_2$ beträchtlich an, im übrigen blieb die Zus. der Prodd. prakt. unverändert mit ca. 46% VI, 36,6% III, 4,9% II, 1% IV u. 1% V. Bei 320° (beginnend ab 260°) sind die Geschwindigkeiten der Bldg. von III u. des Druckabfalls stark, u. zwar linear, abhängig vom H_2-Druck, während für die Bldg. der übrigen Prodd. dieser Zusammenhang nicht gilt. Die beobachtete Abhängigkeit wird auf die Rk. $C_3H_7 + H_2 = C_3H_8 + H$, die erst bei höheren Tempp. Bedeutung erlangt, zurückgeführt. Die Aktivierungsenergie dieser Rk. wurde zu ca. 12,5 kcal/Mol ermittelt, während die der analogen Rk. von Äthylradikalen $C_2H_5 + H_2 = C_2H_6 + H$ zu 11,3 kcal/Mol korr. wurde. Für das Verhältnis der Geschwindigkeitskonstanten der Vereinigung u. der Disproportionierung von Isopropylradikalen kann ein Wert von ca. 2,0 abgeschätzt werden. — Reaktionsfolgen, die die Bldg. aller beobachteten Verbb. erklären sollen, werden diskutiert. (Canad. J. Chem. **33**. 580—88. April 1955. Toronto, Ont., Univ., Dep. of Chem.) G. LOHAUS. B 226

George L. Clark und **Paul E. Bierstedt jr.,** *Röntgenstrahldosimetrie durch Radiolyse von einigen organischen Lösungen.* 1. Mitt. *Dithizon- und Methylgelblösungen.* Vff. untersuchten *Dithizon* (I) u. *Methylgelb* (II) auf ihre Empfindlichkeit gegenüber Röntgenstrahlen. Die quantitativen energet. Beziehungen wurden an den Werten G (Anzahl der reagierenden Mol. pro 100 eV) u. M (Anzahl der reagierenden Mol. pro absorbierte Röntgen) geprüft. Als Lösungsmittel wurden CCl_4 (III) u. Chlf. (IV) verwendet. I erweist sich in III zweimal so empfindlich gegen Röntgenstrahlen wie in IV. Der G-Wert von I in IV ist konstant im Konzentrationsbereich $3 \cdot 10^{-4}$ bis $5 \cdot 10^{-5}$; der M-Wert nimmt ab mit abnehmender Konzentration. Die G- u. M-Werte von I in III nehmen mit fallender Konz. ab, mit Ausnahme der Konz. $1 \cdot 10^{-4}$ [Mol/Liter]. Die Zers. von I in beiden Lösungsmitteln ist unabhängig von der Menge der Röntgenstrahlen, jedoch etwas abhängig von der Energie. Bei Ggw. von W. steigt die Bestrahlungsempfindlichkeit etwas für

I in **IV**, während W. auf I in **III** keinen Einfl. hat. Eine Lsg. von $5 \cdot 10^{-5}$ I ist zur Strahlungsmessung am besten geeignet. Bei I in III geben 200 r Umschlag von Grün nach Gelbgrün, 300 r ganz nach Gelb; In **IV** bewirken 400 r Farbänderung Blaugrün nach Grün; 600 r ganz nach Gelb. Vff. diskutieren die Radikalbldg. bei der Zers. von I in beiden Lösungsmitteln u. geben den Mechanismus an. Bei **II** ist in beiden Lösungsmitteln die Menge, die reagiert, eine lineare Funktion der Dosierung. G- u. M-Werte nehmen mit der abnehmenden Konz. von **II** in beiden Lösungsmitteln ab. (Radiation Res. **2.** 199—218. Mai 1955. Urbana, Ill., Univ., Dep. of Chem. u. Chem. Engng.) M.-L. Klaar. B 226

George L. Clark und **Paul E. Bierstedt jr.**, *Röntgenstrahldosimetrie durch Radiolyse von einigen organischen Lösungen.* 2. Mitt. *Sensibilisierte Indicatorlösungen.* (1. vgl. vorst. Ref.) Vff. untersuchten zwei Indicatoren, *2-Oxy-4-nitrophenylazo-β-naphthol* (I) u. *Diazoresorcin* (II), auf ihre Verwendungsmöglichkeit als Indicator in der Röntgenstrahldosimetrie. Beide Verbb. werden in reiner alkoh. Lsg. nicht durch Röntgenstrahlen angegriffen. Bei Zusatz von halogenierten KW-Stoffen wie CCl_4 oder Chlf. als Sensibilisator findet nach der Bestrahlung eine Rk. statt, die einen Farbumschlag bei **I** von Purpur nach Gelb u. bei **II** von Blau nach Rot bewirkt. In beiden Fällen hat Zusatz von CCl_4 den größeren Effekt. Für den Reaktionsmechanismus wird Bldg. von HCl u. Cl . aus CCl_4 oder Chlf. durch Bestrahlung angenommen, diese reagieren dann mit **I** bzw. **II** unter Bldg. chlorierter Chinonimide. Die **I**- bzw. **II**-Lsgg. sind außer für Röntgenstrahlen auch gegen Licht empfindlich; Vff. entwickelten eine Mischlsg. (1 Teil **I** [$2 \cdot 10^{-4}$ Mol/Liter] u. 4 Teile **II** ($2 \cdot 10^{-4}$ Mol/Liter], die in gleicher Weise wie **I** u. **II** sensibilisierbar ist, deren Färbung aber 1 h stabil u. unempfindlich gegen Licht ist u. nur geringe Temperaturabhängigkeit besitzt. (Radiation Res. **2.** 295—305. Juni 1955.) M.-L. Klaar. B 226

R. Coekelbergs, A. Frennet, P. A. Gosselain und **M. J. van der Venne**, *Heterogener Austausch zwischen chemisch sorbiertem Halogen und Methylhalogenid.* Die γ-Strahlung von ^{80}Br vermag die C–Br-Bindung in CH_3Br aufzuspalten. Das Verhältnis Q des ^{80}Br an der Gefäßwand zu den ^{80}Br-Atomen im gesamten Syst. beträgt bei Drucken < 20 mm Hg ca. 1. Dieser Wert ist theoret. zu berechnen, falls eine irreversible Adsorption an der Gefäßwand vorausgesetzt wird. Bei Drucken > 20 mm Hg beträgt Q an Au- oder W-Folien jedoch nur ca. 0,3. Es ist deshalb auch ein heterogener Austausch zwischen dem chem. sorbierten Br u. dem CH_3Br-Mol. der Gasphase wahrscheinlich. Diese Annahme wird durch Unters. des heterogenen Austauschs HCl/CH_3Cl bestätigt. (J. chem. Physics **23.** 1731—32. Sept. 1955. Bruxelles, École Royale Militaire, Labor. de Chim. Nucl.) Günter Lange. B 226

T. A. Carlson und **W. S. Koski**, *Reaktionen von ^{80}Br (18 Min.), das durch Isomerenumwandlung aus ^{80m}Br (4,58 Std.) entstanden war, mit Benzol und Methylbenzolen.* Vff. untersuchten die Rkk. von *Bzl.*, *Toluol*, *p-* u. *o-Xylol* u. *Mesitylen* mit ^{80}*Br* aus Bromessigsäure. — Das ^{80}Br wurde aus Butylbromid durch Neutronenbeschuß [Rk.: ^{9}Be(d, n)^{10}B] über das ^{80m}Br (4,58 Std.), das an LiBr ausgetauscht u. dann auf Bromessigsäure übertragen wurde, dargestellt. — Bei sämtlichen Rkk. traten Substitutions- u. Kondensations-Rkk. auf. Aus Hydrolyseexperimenten ging hervor, daß sich prim. u. sek. Bromide gebildet hatten; „Scavenger"-Verss. zeigten, daß die Substitutions-Rkk. hauptsächlich durch rasche Br-Atom-Rkk. erfolgen. Es wurde keinerlei Beweis für einen Br^+-Substitutionsmechanismus obiger Verbb. gefunden. (J. chem. Physics **23.** 2410—14. Dez. 1955. Baltimore, Md., Johns Hopkins Univ., Dep. of Chem.) L. Fischer. B 226

Warren W. Miller, Edward P. Rack, Elliot Burrell und **Conrad N. Trumbore**, *Organische Strahlenreaktionen mit gelöstem radioaktivem Jod.* (Vorl. Mitt.) Vff. berichten über Rk. zwischen gelöstem J_2 u. CCl_4, *Cyclohexan* (I), *Äthyljodid* (II) u. CS_2 unter dem Einfl. von gelöstem $^{131}J_2$. Lediglich beim CS_2 trat keine Rk. ein. Bei den anderen Verbb. entstanden Reaktionsprodd., in denen Jod organ. gebunden war. Die Rk. von J_2 mit CCl_4 war in bezug auf J_2 1. Ordnung, die von J_2 mit I vermutlich nullter Ordnung, während sich für die Rk. von J_2 mit **II** keine einfache Abhängigkeit der Geschwindigkeit der Rk. von [J_2] ergab. Die Geschwindigkeitskonstante der Rk. $J_2 + CCl_4$ wurde zu 0,18 [ml/cal] berechnet. (J. chem. Physics **23.** 2457—58. Dez. 1955. University Park, Pa., Pennsylvania, State Univ., Dep. of Chem.) L. Fischer. B 226

G. D. Ljubarski, Ss. K. Meriljainen und **Ss. Ja. Pscheshetzki**, *Kinetik der Dehydrierung von n-Butan.* Der Umwandlungsgrad (α) bei der Dehydrierung von Butan (I) am Al_2O_3–Cr_2O_3-Katalysator (**II**) ändert sich wenig mit der Körnung des **II**: 0,9 mm $\alpha = 0{,}215$, 0,3 mm $\alpha = 0{,}228$. Bei 460—500° u. einer I-Anfangskonz. c_1^0 gilt $d\alpha/dt = k(1-\alpha)/(c_1^0\alpha)^{1/2}$. Da zugesetztes Butylen (Konz. c_2^0) eine Hemmung der Rk. bewirkt, ist $d\alpha/dt = k_1(1-\alpha)/[c_1^0(\alpha + \delta)]^{1/2}$, wobei $\delta = c_2^0/c_1^0$. Auch H_2 wirkt hemmend, wie in Verss. mit Hydrierung von C_4H_8 gezeigt wird. Die für die Berücksichtigung der Rück-Rk. anzubringende Korrektur beträgt ~ 10%. Die scheinbare Aktivierungsenergie wird zu 40000 ± 1000 cal/Mol ermittelt. (Журнал Физической Химии [J. physik. Chem.] **28.** 1272—79. Juli 1954. Moskau, Physik.-chem. Karpow-Inst.) R. K. MÜLLER. B 227

N. A. Schtscheglowa und **Ss. Ja. Pscheshetzki,** *Kinetik der Dehydrierung von n-Butylen.* (Vgl. vorst. Ref.) Die Dehydrierung von n-Butylen (**I**) zu Butadien (**II**) wird bei verschied. **I**-Konzz. (c) zwischen 450 u. 500° untersucht. Eine Hemmung der Rk. durch Adsorption von entstehendem H_2 am Katalysator (Al_2O_3–Cr_2O_3) oder durch **II** ist hier nicht zu beobachten. Die Reaktionsgeschwindigkeit folgt der Gleichung $-dc/dt = k \cdot c^{0,2}$. Die scheinbare Aktivierungsenergie ergibt sich zu 27000 ± 1000 cal/Mol. (Журнал Физической Химии [J. physik. Chem.] **28.** 1280—85. Juli 1954.)
R. K. MÜLLER. B 227

J. Hine, Physical organic chemistry. London: McGraw-Hill. 1956. (497 S. m. Diagr.) 67 s. 6 d.

C. Präparative organische Chemie. Naturstoffe.

I. N. Nasarow, *Über die Nomenklatur synthetischer Steroid- und verwandter Verbindungen.* Für synthet. erhaltene Steroidverbb., die nicht mit Naturprodd. ident. sind werden 8 Grundbenennungen vorgeschlagen, die die konfigurativen Verschiedenheiten bei den Perhydrocyclopentanophenanthrenen u. Perhydrochrysenen zum Ausdruck bringen u. vom Vf. von nun an benutzt werden. Weiter werden Namen für Verbb. gebildet, bei denen der Ring A (wie bei Östron) oder die Ringe A u. B (wie bei Äquilenin) aromat. Charakter haben. Die Bezifferungen bei Erweiterung oder Verengung eines Ringes werden geregelt; bei Ringverengung wird das Präfix „Nor" benutzt. Doppelbindungen werden wie üblich bezeichnet, ebenso die griech. Buchstaben α u. β zur Kennzeichnung das räumlichen Verhältnisse bei funktionellen Derivaten. Als verwandte Verbb. werden solche angesehen, bei denen C-Atome im Ring durch Heteroatome ersetzt sind; die Benennungen sind „Oxa" für O, „Thia" für S, „Sulfa" für SO_2 u. „Aza" für NH. Beispielsweise wird nebenst. Verb. 10.14-Dimethyl-Δ^8-cardosteren-15-on genannt. (Известия Академии Наук СССР, Отделение Химических Наук [Nachr. Akad. Wiss. UdSSR, Abt. chem. Wiss.] **1953.** 726—29. Juli/Aug. Inst. für Organ. Chem. der Akad. der Wiss. der UdSSR.) R. KNOBLOCH. 450

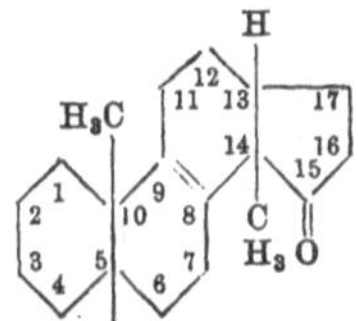

Irving S. Bengelsdorf, *Darstellung von Alkylhalogeniden.* Vf. weist darauf hin, daß die von LANDAUER u. RYDON (Chem. and Ind. **1951.** 313) als neue allg. Meth. zur Darst. von Alkylhalogeniden beschriebene Rk. als spezif. Variation der bekannten ARBUSOW-Rk. anzusehen ist. (Chem. and Ind. **1951.** 687. 11/8. Pasadena, Calif., California Inst. of Technol.) E. ROSDORFF. 510

J. B. Ramsey und **F. T. Aldridge,** *Entfernung von Peroxyden aus Äthern mit Cer(III)-hydroxyd.* Das durch Fällen mit wss. NaOH aus Ce^{3+}-Lsgg. u. Waschen leicht zu erhaltende ungetrocknete $Ce(OH)_3$ erwies sich bei einer größeren Anzahl von Äthern zur Entfernung der darin enthaltenen Peroxyde als geeignet. Auftreten einer rostbraunen Färbung innerhalb von 1—2 Min. nach Zugabe zum Äther zeigt die Anwesenheit von Peroxyden an. Zu ihrer vollständigen Entfernung sind bei mit W. mischbaren Äthern nicht mehr als 15 Min. erforderlich. Bei den anderen wird eine gleich kurze Reaktionsdauer durch Zusatz von wenig W. erreicht, anderenfalls werden 3—4 Std. benötigt. Die Peroxy–Cer-Verb. u. unverändertes $Ce(OH)_3$ werden durch Zentrifugieren u. Dekantieren entfernt u. können leicht regeneriert werden. Lediglich in Allyläthyläther u. Benzyl-n-butyläther konnte nach dieser Behandlung Ce nachgewiesen werden, im ersteren Fall möglicherweise infolge Bldg. eines Komplexes zwischen Äther u. Ce^{4+}. — Di-tert-butylperoxyd reagiert nicht mit $Ce(OH)_3$. (J. Amer. chem. Soc. **77.** 2561—62. 5/5. 1955. Los Angeles, Calif., Univ., Dep. of Chem.) G. LOHAUS. 560

Horst Böhme und **Helmut Bentler,** *Zur Darstellung von Enoläthern aus α-chlorierten Äthern.* Bei der Darst. *α-halogenierter Äther* lassen sich Ausbeute u. Reinheitsgrad verbessern, wenn man von polymeren Aldehyden ausgeht u. diese mit HCl u. Alkoholen kondensiert. Erhitzen mit Dimethylanilin (**I**) führt unter Abspaltung von HCl zu den Enoläthern, zu deren Darst. die Halogenäther nicht isoliert zu werden brauchen.

V e r s u c h e : Ä t h e r : *Äthylvinyl-*, $Kp._{760}$ 33—34°, durch Erhitzen von Äthyl-α-chloräthyläther mit **I**; 49% (Ausbeute). — *Methylisobutenyl-*, $C_5H_{10}O$, $Kp._{750}$ 71—73°, durch Polymerisierung von Isobutyraldehyd mit HCl unter Kühlung mit Eis–Kochsalz, eintägiges Stehen bei Zimmertemp., Vermischen mit Methanol, Sättigen mit HCl unter Kühlung mit Eis u. Umsetzung der oberen Phase mit **I** (1 Std. auf dem Wasserbad); 67%. — *Methyl-α-chlorisobutyl-*, $C_5H_{11}OCl$, $Kp._{750}$ 103—104°, wie vorst. Verb. ohne Umsetzung mit **I**; 62%. — *n-Propylpropenyl-*, $C_8H_{12}O$, Kp.$_{750}$ 94—96°, durch 30 Sek. langes Einleiten von HCl in auf —10° gekühlten Propionaldehyd, Zugabe von n-Propanol, Sättigen mit HCl unter Kühlung u. Umsetzung der oberen Phase mit **I** (10—20 Min. Erhitzen); 30%. — *1-Chlor-di-n-propyl-*, $C_6H_{13}OCl$, Kp.$_{100}$ 71—73°, wie vorst. Verb. ohne Umsetzung mit **I**; 62%. (Chem. Ber. **89**. 1468—69. 4/6. 1956. Marburg/Lahn, Univ., Pharmazeut.-chem. Inst.) G. Offer. 560

Melvin S. Newman, Irving Waltcher und **Helen F. Ginsberg,** *Darstellung und Reduktion einiger polyfunktioneller Acetylenverbindungen.* 6-Methoxy-4-methylhexin-(2)-diol-(1.4) (**I**) läßt sich am besten auf folgendem Weg in *6-Methoxy-4-methylhexadien-(2.4)-ol-(1)* (**II**) überführen: Red. von **I** zu *6-Methoxy-4-methylhexen-(2)-diol-(1.4)* (**III**), Acetylierung zu *1-Monoacetat* (**IV**), Dehydratisierung von **IV** zu **II**-*Acetat* (**V**) u. Alkoholyse zu **II**. Pd-Kohle erwies sich für die selektive Hydrierung als geeigneter als PtO_2-Katalysator. Nach Aufnahme von 1 Mol H_2 nimmt die Hydriergeschwindigkeit stark ab. Bei der Hydrierung von 1-Acetoxy-6-methoxy-4-methylhexin-(2)-ol-(4) trat Hydrogenolyse unter Bldg. von *Essigsäure* u. *1-Methoxy-3-methylhexanol-(3)* ein. Obgleich bei der Hydrierung von 6-Methoxy-4-methylhexen-(4)-in-(2)-ol-(1) (**VI**) die Reaktionsgeschwindigkeit nach Aufnahme eines Mols H_2 zunimmt, ließ sich in guter Ausbeute **II** erhalten. Vff. nehmen an, daß **VI** stärker an den Katalysator adsorbiert wird als **II** u. so eine vorzeitige Weiterhydrierung so lange verhindert, wie noch **VI** vorhanden ist. Bei der Hydrierung des **VI**-Acetats trat Hydrogenolyse ein. Es wird angenommen, daß bei der Hydrierung von Alkinen mit prim., zur Dreifachbindung benachbarter Acetoxygruppe allg. Hydrogenolyse eintritt, nicht jedoch, wenn die Acetoxygruppe zur Dreifachbindung β-ständig ist. *4-[1-Oxycyclohexyl-(1)]-buten-(3)-on-(2)* (**VII**) ließ sich in Ggw. von Pt- oder Pd-Katalysatoren nicht hydrieren. Vergiftung des Katalysators ist auszuschließen, da andere Verbb. in Ggw. von **VII** hydriert werden konnten. Das Dehydratisationsprod. von **VII**, *4-[Cyclohexen-(1)-yl-(1)]-buten-(3)-on-(2)*, konnte in Ggw. beider Katalysatortypen hydriert werden. *[2.2.6-Trimethyl-1-oxycyclohexyl-(1)]-propiolsäure* (**VIII**) spaltet in Ggw. der Katalysatoren CO_2 ab, während sich der Methyl- bzw. Äthylester selektiv zum *Lacton* der *β-[1-Oxy-2.2.6-trimethylcyclohexyl-(1)]-acrylsäure* hydrieren ließ; Hexin-(2)-säure ließ sich hydrieren, ohne daß Decarboxylierung eintrat. Beim Vers., **VIII** mit Na in fl. NH_3 zu reduzieren, wurde eine geringe Menge einer Verb. isoliert, deren Analyse auf das *Lacton* der *β-[1-Oxy-2.2.6-trimethylcyclohexyl-(1)]-propionsäure* hinweist.

Versuche: *Propargylalkohol*, Kp.$_{750}$ 110,2°, aus Na-Acetylid in fl. NH_3 durch Zugabe von getrocknetem Paraformaldehyd bei —70° unter Rühren, 12std. Rühren bei —70° u. 3std. Rühren am Rückfluß; n_D^{20} 1,4322; 30% (Ausbeute). — *6-Methoxy-4-methylhexin-(2)-diol-(1.4)* (**I**), $C_8H_{14}O_3$, Kp.$_2$ 124—130°, Kp.$_{0,5}$ 104—105°, durch Zugabe vorst. Verb. in Ae. zu Butyl-MgCl in Ae. oder Ae.-Tetrahydrofuran innerhalb 80 Min. unter heftigem Rühren u. Kühlung, 30 Min. Rühren, Zugabe von 1-Methoxybutanon-(3) in Ae. innerhalb 90 Min. u. 12std. Kochen; n_D^{20} 1,4748; 43%. *p-Nitrophenylurethan*, $C_{15}H_{18}O_6N_2$, F. 120,4—120,8°. — *1-Methoxybutanon-(3)*, Kp.$_{50}$ 62—63°, a) durch Zugabe von CH_3OH zu Methylvinylketon in Ggw. von BF_3-HgO; 0—65%; b) durch Zugabe von Methylvinylketon in CH_3OH zu CH_3OH in Ggw. von H_2SO_4 unter Rühren unterhalb 30° u. 2std. Rühren bei Raumtemp.; 88%. — *1-Acetoxy-6-methoxy-4-methylhexin-(2)-ol-(4)*, $C_{10}H_{16}O_4$, Kp.$_1$ 105°, durch Zugabe von Acetanhydrid zu einer gekühlten Lsg. von **I** in Pyridin u. 15std. Stehen; n_D^{20} 1,4601; 94%. — *1-Methoxy-3-methylhexanol-(3)*, $C_8H_{18}O_2$, Kp.$_{65}$ 105—112°, a) aus vorst. Verb. durch Hydrierung; b) durch Zugabe von Propyl-MgBr zu 1-Methoxybutanon-(3) in Ae.; n_D^{20} 1,4261; 55%. — *6-Methoxy-4-methylhexen-(2)-diol-(1.4)* (**III**), Kp.$_{0,5}$ 84—91°, aus **I** in absol. A. durch Hydrierung in Ggw. von 17%ig. Pd-Kohle in 2½—3 Std.; n_D^{20} 1,4670; 75—85%. *1-Monoacetat* (**IV**), $C_{10}H_{18}O_4$, Kp.$_1$ 90—95°, aus rohem **III** durch 48std. Rk. mit Acetanhydrid-Pyridin bei Raumtemp.; n_D^{20} 1,4535; Gesamtausbeute 85—90%. *p-Nitrophenylurethan*, $C_{15}H_{20}O_6N_2$, F. 114,6—115,4°. — *6-Methoxy-4-methylhexadien-(1.4)-ol-(1)* (**II**), $C_8H_{14}O_2$, Kp.$_1$ 70—85°, aus **IV** durch Erhitzen mit frisch geschmolzenem, gepulvertem $KHSO_4$ auf 120°, Abdest. des gebildeten *6-Methoxy-4-methylhexadien-(2.4)-yl-(1)-acetats* (**V**; $C_{10}H_{16}O_3$, Kp.$_1$ 65—66°, n_D^{20} 1,4678, u. Kp.$_1$ 70—71°, n_D^{20} 1,4740; 77—85%) bei 1 Torr, Lösen von **V** in methanol. Na-Methylatlsg. u. 72std. Stehen bei 0—5° unter N_2; n_D^{20} 1,4910; 73%. *p-Nitrophenylurethan*, $C_{15}H_{18}O_5N_2$, F. 116—118°. — *6-Methoxy-4-methylhexen-(4)-in-(2)-ol-(1)* (**VI**), $C_8H_{12}O_2$, Kp.$_1$ 76—78°, durch Erhitzen von **I**-Acetat mit frisch geschmolzenem, gepulvertem $KHSO_4$ auf 120—130°/1 Torr u. Methanolyse des abdest. **VI**-*Acetates* ($C_{10}H_{14}O_3$, Kp.$_1$ 95—100°, n_D^{20} 1,4750; 78%) wie vorst.; n_D^{20} 1,4938; 65—75%. *p-Nitrophenylurethan*, $C_{15}H_{16}O_5N_2$, F. 111—113°. — *1-[Cyclohexen-(1)-yl]-butin-(1)-on-(3)*, Kp.$_{11}$ 115—117°, Kp.$_4$ 92—93°, Kp.$_2$ 77—78°, aus Äthinylcyclohexanol in Ae.-Pyridin (oder homologe Basen) durch Zutropfen von $SOCl_2$ in Ae. unter heftigem Rühren, 5std. Kochen, Rk. des entstandenen *1-Äthinylcyclohexens* (Kp.$_{18}$ 48—52°, n_D^{20} 1,4932; 59%) mit Butyl-MgBr, Kühlen auf —78° unter N_2, Zutropfen von Acetanhydrid in Ae., Erwärmen auf —10° u. 3std. Stehen bei dieser Temp. u. Hydrolyse mit NH_4Cl-Lsg.; n_D^{25} 1,5268; 56%. *Semicarbazon*, F. 132,6—133,2°. *2.4-Dinitrophenylhydrazon*, F. 150,0—150,3°. — *1-[Cyclohexen-(1)-yl]-buten-(1)-on-(3)*, Kp.$_2$ 67°, aus 7,31 g vorst. Verb. in A. durch Hydrieren bei 40 lbs./sq.in. H_2 in Ggw. von $Pd/CaCO_3$ bis zur Aufnahme von $^1/_3$ Mol H_2; 6 g. *Semicarbazon*, F. 135,5—136°. *2.4-Dinitrophenylhydrazon*, $C_{16}H_{18}O_4N_4$, F. 138,8—139,6°. — *1-[1-Oxycyclohexyl-(1)]-butin-(1)-on-(3)*, $C_{10}H_{14}O_2$, F. 65,4—66°, durch Zugabe von Butyl-MgBr zu Äthinylcyclohexanol in Ae., 1std. Stehen, Kühlen auf —78° unter N_2 u. Zugabe von Acetanhydrid, 7std. Rühren, Erwärmen auf Raumtemp. u. Hydrolyse mit NH_4Cl-Lsg. u. 12std. Stehen des entstandenen *Acetats* ($C_{12}H_{16}O_3$, Kp.$_1$ 105—110°, n_D^{20} 1,4819; 15%) in absol. A. in Ggw. von wenig Na-Äthylat; 41%. *Acetatsemicarbazon*, $C_{13}H_{19}O_3N_3$, F. 132,4—133°. — *[1-Oxy-2.2.6-trimethylcyclohexyl-(1)]-propiolsäure* (**VIII**), $C_{12}H_{18}O_3$, F. 176,4—177,2° (Zers.), durch Zugabe von Methylmalonsäurediäthylester zu einer stark gerührten Suspension von Na-Methylat in Bzl., 1std. Kochen, Zugabe von 1.3-Dibrompropan u. KJ, 5std. Kochen unter Rühren, Behandeln mit verd. HCl, alkal. Hydrolyse, Ansäuern u. Pyrolyse des gebildeten *2.2.6.6-Heptantetracarbonsäuretetraäthylesters* (Kp.$_{1,5}$ 164—166°; 72%) zu *2.6-Dimethylheptandisäure*, Erhitzen mit gepulvertem $Ba(OH)_2$ auf 335—340° Badtemp., Zugabe des erhaltenen *2.6-Dimethylcyclohexanons* (Kp. 172—173°, $n_D^{25,4}$ 1,4450; 82%) zu einer gerührten Suspension von $NaNH_2$ in Ae. unter N_2, 3std. Kochen, Zugabe von CH_3J in Ae., 1std. Kochen, Zugabe der hochsd. Anteile des erhaltenen Ketongemischs (Kp. 176—180°) zu einer Suspension von $NaNH_2$ in Bzl., Abdest. des Bzl. nach 1 Std., Abdest. des Tetramethylketons im Vakuum, Aufnehmen des Rückstands in Ae., Hydrolyse des Enolats mit Eis-W., Umsetzung des destillativ isolierten *2.2.6-Trimethylcyclohexanons* (n_D^{20} 1,4478), nach Reinigung über das *Oxim* [F. 102,5—103° (A.-W.)] mit Na-Acetylid in fl. NH_3 (7 Std.) u. Carbonisierung des Bis-MgBr des erhaltenen *1-Äthinyl-2.2.6-trimethylcyclohexanols* (Kp.$_1$ 54—56°, n_D^{20} 1,4778; 89%); 73%. *Äthylester*, $C_{14}H_{22}O_3$, Kp.$_{0,5}$ 114—115°, mit 1% ig. alkoh. H_2SO_4 unter azeotroper Abdest. des W. mit Bzl.; 70%. *Methylester*, Kp.$_1$ 110°, aus **VIII** in Ae. mit Diazomethan; n_D^{20} 1,4940; 81%. — *β-[1-Oxy-2.2.6-trimethylcyclohexyl]-acrylsäurelacton*, $C_{12}H_{18}O_2$, F. 107,8 bis 108,2°, durch Hydrierung von **VIII**-Methylester in absol. A. in Ggw. von Pd-Kohle bei 2—3 at H_2-Druck; 70%. — *β-[1-Oxy-2.2.6-trimethylcyclohexyl]-propionsäurelacton* (?), $C_{12}H_{20}O_2$, F. 80—81°, durch Zugabe von Na zu einer Suspension von **VIII** in fl. NH_3 u. 4std. Rühren. (J. org. Chemistry **17.** 962—70. Juli 1952. Columbus, O., State Univ., Chem. Labor.) H. Bertsch. 570

Friedrich Boberg, Gerhard Winter und **Georg Richard Schultze,** *Über halogenierte Dimethylsulfide.* 1. Mitt. *Bromhaltige Dimethylsulfide.* Das durch Zusammenbringen von Dimethylsulfid (**IX**) u. äther. Bromlsg. erhältliche krist. *Sulfoniumsalz* läßt sich erst durch mehrstd. Kochen einer Suspension in CCl_4 zersetzen. *Monobromdimethylsulfid* (**I**) wird nur in geringer Ausbeute erhalten; daneben wurden CH_3Br u. vermutliche Folgeprodd. des bei der Spaltung zu erwartenden zersetzlichen Methylschwefelbromids isoliert. Es scheint also neben der HBr-Abspaltung aus dem Sulfoniumsalz eine Aufspaltung an der Thioätherbrücke zu erfolgen. Weder bei obiger Rk. noch bei der Umsetzung von **I** mit PBr_5 oder Br_2 konnten höherbromierte Dimethylsulfide erhalten werden. In letzterem Falle entsteht ein Addukt, aus dessen Zersetzungsprodd. nur CH_3Br rein isoliert werden konnte. Durch Austausch von Cl gegen Br mit wasserfreiem HBr konnten aus chlorierten folgende bromierten Dimethylsulfide dargestellt werden: **I**, *α.α-Dibrom-* (**II**), *α.α.α-Bromdichlor-* (**III**), *α.α.α-Chlordibrom-* (**IV**), *α.α.α-Tribrom-* (**V**), *α.α'-Bromchlor-* (**VI**), *α.α'-Dibrom-* (**VII**), *α.α.α'-Dibromchlor-* (**VIII**), *α.α.α'-Tribrom-*, *α.α.α'-Trichlor-α-brom-* (**X**), *α.α'-Dichlor-α.α-dibrom* (**XI**), *α.α.α-Tribrom-α'-chlor-* (**XII**) u. *α.α.α.α'-Tetrabromdimethylsulfid* (**XIII**). Die einseitig chlorsubstituierten Dimethylsulfide reagieren mit HBr exotherm bei Raumtemp.; wenn beide Methylreste chlorsubstituiert sind, erfolgt der Austausch träger u. beginnt bei 70—80°. Bei steigendem Chlorierungsgrad nimmt die Reaktionsfähigkeit ab, bei asymm.-Tetrachlordimethylsulfid (**XIV**) werden bei 80° nur die 3 an einem C-Atom stehenden Cl-Atome ersetzt, während das 4. erst bei 120° reagiert. Bei 120° treten bereits unter Spaltung Neben-Rkk. ein. Der Ersatz des 4. Cl-Atoms in **XIV** erfolgt bei obiger Rk. durch elementares Br_2; die besten Ausbeuten an **XIII** werden durch Kochen von **XII** mit Br_2 erhalten, während der Ersatz der ersten Cl-Atome auf diese Weise nicht durchgeführt werden konnte. Bei allen untersuchten mehrfach chlorierten Thioäthern kann auch stufenweise Ersatz von Cl durch Br erreicht werden. Alle Dimethylsulfide mit Halogen an beiden C-Atomen (**VI, VIII, X, XI, XII**) sind wenig temperaturempfindlich u. im Vakuum destillierbar, Verbb. mit Cl u. Br an einem C-Atom (**III, IV**) jedoch nicht; man erhält nach Dest. von **III** oder **IV** ein Gemisch von α.α.α-Trichlordimethylsulfid u. **V**. Aus α.α-Dichlordimethylsulfid konnte kein α-Chlor-α-bromderiv. erhalten werden; Vff. nehmen an, daß diese Verb. so instabil ist, daß nach ihrer Bldg. sofort Disproportionierung zu Ausgangsmaterial u. **II** erfolgt. Bei der Behandlung von beidseitig chlorierten Dimethylsulfiden mit HBr wird zunächst alles Chlor am halogenreicheren C-Atom ausgetauscht, bevor Ersatz an dem anderen C-Atom eintritt. Pentachlordimethylsulfid reagiert bei 150° nur langsam mit HBr, definierte Substanzen konnten nicht erhalten werden; Hexachlordimethylsulfid reagiert auch bei 150° u. mehrstd. Einleiten von HBr nicht. Der Austausch von Cl gegen Br mit HBr wird über Sulfoniumsalze formuliert u. ist eine Gleichgewichts-Rk., die in obigem Sinn quantitativ verläuft, da der gebildete HCl wegen seiner geringen Löslichkeit dauernd aus dem Reaktionsgemisch entfernt u. damit das Gleichgewicht verschoben wird. Die Rück-Rk. erfolgt bis zum Gleichgewicht. Auch der bei **XII** beobachtete Austausch von Cl mit Br_2 wird analog formuliert u. ist eine Gleichgewichts-Rk., so daß bromierte Thioäther durch direkte Chlorierung nicht in höher substituierte gemischt chlor- u. bromhaltige Verbb. übergeführt werden können.

Versuche: Dimethylsulfide: *Monobrom-* (**I**), $Kp._{19}$ 37°, a) durch Zutropfen von Br_2 zu **IX** in Chlf. unter Rühren u. Eiskühlung u. 30std. Kochen der erhaltenen Suspension; 16%; daneben 48% *CH_3Br*; b) durch 10 Min. Einleiten von HBr in Monochlordimethylsulfid; n_D^{20} 1,5504, $D.^{20}_4$ 1,6479, F. −62°; 94% (Ausbeute). — *α.α-Dibrom-* (**II**), $C_2H_4Br_2S$, $Kp._{10}$ 67°, aus α.α-Dichlordimethylsulfid analog **I** nach b); n_D^{20} 1,6079, $D.^{20}_4$ 2,1743, F. −18°; 91%. — *α.α-Dichlor-α-brom-* (**III**), $C_2H_3Cl_2BrS$, $Kp._{12}$ 58°, a) durch 15 Min. Einleiten von HBr in α.α.α-Trichlordimethylsulfid; 22%; b) analog a) in 30 Min.; n_D^{20} 1,5685; 1%. — *α-Chlor-α.α-dibrom-* (**IV**), $C_2H_3ClBr_2S$, F. 39°, $Kp._{12}$ 80°, a) neben **III** nach a); 15%; b) neben **III** nach b); 1%. — *α.α.α-Tribrom-* (**V**), C_2H_3·Br_3S, F. 65°, $Kp._{12}$ 101°, a) neben **III** nach a); 32%; b) neben **III** nach b); 85%. — *α.α'-Dibrom-* (**VII**), $C_2H_4Br_2S$, $Kp._{10}$ 81°, $Kp._{0,3}$ 48°, durch Sättigen von α.α'-Dichlordimethylsulfid mit HBr, Erwärmen auf 80° u. 3std. Einleiten von HBr bei 80—90°; n_D^{20} 1,6191, $D.^{20}_4$ 2,2064; 90%; daneben *α-Chlor-α'-brom-* (**VI**), C_2H_4ClBrS, $Kp._{0,3}$ 32°, n_D^{20} 1,5725, $D.^{20}_4$ 1,7328; 3%. — *α.α.α'-Tribrom-*, $C_2H_3Br_3S$, $Kp._{12}$ 117°, $Kp._{0,5}$ 71°, aus α.α.α'-Trichlordimethylsulfid analog **VII**; n_D^{20} 1,6480, $D.^{20}_4$ 2,5344; 95%; daneben *α-Chlor-α'.α'-dibrom-* (**VIII**), $C_2H_3ClBr_2S$, $Kp._{0,5}$ 56°, n_D^{20} 1,6140, $D.^{20}_4$ 2,2384; 2%. — *α.α.α'-Trichlor-α-brom-* (**X**), $C_2H_2Cl_3BrS$, $Kp._{0,1}$ 40°, a) aus **XIV** durch Sättigen mit HBr u. 4std. Erwärmen auf 65° unter Einleiten von HBr; 48%; b) analog in 4 Std. bei 70°; n_D^{20} 1,5812, $D.^{20}_4$ 1,9268; 70%. — *α.α'-Dichlor-α.α-dibrom-* (**XI**), $C_2H_2Cl_2Br_2S$, $Kp._{0,2}$ 58°, a) neben **X** nach a); 29%; b) neben **X** nach b); 13%; c) analog in 30 Std. bei 80°; 22%; d) analog in 6 Std. bei 120°; n_D^{20} 1,6178, $D.^{20}_4$ 2,2446, F. −15°; 6%. — *α-Chlor-α'.α'.α'-tribrom-* (**XII**), $C_2H_2ClBr_3S$, $Kp._{0,3}$ 84°, a) neben **X** nach b); 3%; b) analog in 30 Std. bei 80°; 66%; c) in 6 Std. bei 120°; 70%; d) in 7 Std. bei 150°; n_D^{20} 1,6540, $D.^{20}_4$ 2,5521, F. −9°; 49%. — *α.α.α.α'-Tetrabrom-* (**XIII**), $C_2H_2Br_4S$, $Kp._{0,3}$ 95°, a) aus **XIV** durch Sättigen mit HBr u. 30std. Erwärmen auf 80° unter Einleiten von HBr; 4%; b) analog in 6 Std. bei 120°; 3%; c) in 7 Std. bei 150°; 7%; d) durch 50std. Erhitzen von **XII** mit Br_2 auf 130°; n_D^{20} 1,6839, $D.^{20}_4$ 2,8098; 44%. — *α.α.α'.α'-Tetrabrom-*, $C_2H_2Br_4S$, $Kp._{0,3}$ 90°, aus einem Gemisch von symm.-Tetrachlordimethylsulfid u. **XIV** durch Rk. mit HBr bei 80°; n_D^{20} 1,6605, $D.^{20}_4$ 2,7228. — *Monochlordimethylsulfid*, n_D^{20} 1,4968, durch 72std. Einleiten von HCl in **I** bei 20°; 67%. — Die Infrarotspektren von **III**, **IV** u. **V** sind graph. wiedergegeben. (Chem. Ber. **89**. 1160—69. 1956. Hannover, Inst. für Erdölforsch.) H. BERTSCH. 600

Horst Böhme und **Helmut Bentler**, *Über α.β-ungesättigte Sulfide und Sulfone.* Es wird die Darst. von *α-Chloralkylsulfiden* aus Paraldehyd (**I**) bzw. trimerem Propionaldehyd, Mercaptanen u. HCl sowie deren Umsetzung zu α.β-ungesätt. Sulfiden durch Abspaltung von HCl mit Dimethylanilin (**IV**) beschrieben. Die Abspaltung von HCl mit KOH gelang nicht. Mit Trimethylamin u. Pyridin bildet z. B. *α-Chloräthyläthylsulfid* (**VII**) die *quartären Salze*, mit Anilin *Aniliniumsalze* u. *Anilinhydrochlorid*. Bei der Erhitzung zers. sich die Salze bei 120—150° unter Bldg. flüchtiger, N-freier u. S-haltiger Stoffe. Die Isolierung ungesätt. Sulfide gelang nicht. Bei der Rk. mit **IV** ist die Bldg. quartärer Salze aus ster. Gründen nicht möglich. *α-Chloräthylphenylsulfid* spaltet schon bei der Dest. teilweise HCl ab unter Bldg. von *Vinylphenylsulfid*; der Zusatz von **IV** verbessert die Ausbeute. Die α.β-ungesätt. Thioäther lassen sich durch Oxydation mit Phthalmonopersäure (**V**) zu *α.β-ungesätt. Sulfonen* oxydieren. Die Äthylendoppelbindung wird durch überschüssige **V** nicht angegriffen. Bei der Darst .der Sulfone durch Oxydation mit Eisessig-H_2O_2 ist wegen der Neigung zur Peroxydbldg. ein Überschuß des Oxydationsmittels zu vermeiden.

Versuche: Sulfide: *Methyl-α-chloräthyl-* (VI), C_3H_7ClS, Kp.$_{100}$ 54—56°, durch Einw. von HCl auf Methylmercaptan u. I unterhalb —5°; 59% (Ausbeute). — *Äthyl-α-chloräthyl-* (VII), C_4H_9ClS, Kp.$_{12}$ 30°, aus Äthylmercaptan (VIII) u. I analog VI; 66%. — *Äthyl-α-chlorpropyl-* (IX), $C_5H_{11}ClS$, Kp.$_{11}$ 45—47°, aus VIII u. trimerem Propionaldehyd; 18%; daneben *Propionaldehyddiäthylmercaptal*, $C_7H_{16}S_2$, Kp.$_{11}$ 81—82°. — *Methylvinyl-*, C_3H_6S, Kp.$_{760}$ 69—71°, durch Einw. von IV auf VI u. Erhitzen auf 70°; 40%. — *Äthylvinyl-* (II), C_4H_8S, Kp.$_{760}$ 91—92°, Kp.$_{750}$ 90—91°, a) aus VII u. IV wie vorst. Verb.; 51%; b) ohne Isolierung von VII; 67%. *Sulfon* (III), $C_4H_8O_2S$, Kp.$_{11}$ 107 bis 108°, aus II u. V in Ae. (3 Tage bei Zimmertemp.); 70%. —*Äthylpropenyl-*, $C_5H_{10}S$, Kp.$_{760}$ 120—122°, aus IX u. IV; 68%. — *Vinylphenyl-*, C_8H_8S, Kp.$_{11}$ 75—76°, durch Kondensation von Thiophenol u. I mit HCl u. Umsetzung mit IV; 35%. *Sulfon*, $C_8H_8O_2S$, F. 69°, analog II; 66%. — *Äthylisobutenyl-*, $C_6H_{12}S$, Kp.$_{13}$ 36—38°, Kp.$_{760}$ 141—142°, durch Polymerisation von Isobutyraldehyd mit HCl unter Kühlung mit Eis-Kochsalz, eintägiges Stehen bei Zimmertemp., Umsetzung mit VIII u. HCl u. Einw. von IV; 35%. *Sulfon*, $C_6H_{12}O_2S$, Kp.$_{14}$ 139°; 38%. — *Trimethyl-[α-äthylmercaptoäthyl]-ammoniumchlorid*, $C_7H_{18}NClS$, aus VII u. $(CH_3)_3N$ in Ae. unter Kühlung; hygroskop.; 52%. — *[α-Äthylmercaptoäthyl]-pyridiniumchlorid*, $C_9H_{14}NClS$, aus VII u. Pyridin in absol. Ae.; sehr hygroskop.; 86%. (Chem. Ber. **89.** 1464—68. 4/6. 1956. Marburg/Lahn, Univ., Pharmazeut.-chem. Inst.) G. OFFER. 600

Horst Böhme und **Helmut Bentler,** *Zur Kenntnis der Monothioacetale.* Monothioacetale lassen sich bequem u. in guter Ausbeute durch Erwärmen der entsprechenden α-chlorierten Thioäther (vgl. vorst. Ref.) mit äquivalenten Mengen Alkohol in Ggw. von überschüssigem Dimethylanilin (I) darstellen. Als Zwischenprodd. dürften α.β-ungesätt. Thioäther auftreten, denn die Darst. von Monothioformalen aus Chlormethylalkylsulfiden gelang auf diesem Wege nicht. Die Monothioacetale wurden durch Umsetzung von α-chlorierten Äthern u. Mercaptanen in Ggw. von I erhalten. Bei der Darst. niederer Homologen wird wegen der niedrigen Kpp. der Mercaptane die Benutzung von Ae. als Lösungsm. empfohlen. Auch bei dieser Umsetzung wird in 1. Phase HCl abgespalten, u. an die entstandenen Vinyläther wird dann gemäß der MARKOWNIKOWschen Regel das Mercaptan angelagert. Die Monothioacetale disproportionieren bei ca. 150° in *Mercaptal* u. *Acetal.* Sie sind in neutralem oder in alkal. Medium beständig, werden aber durch verd. Säuren unter Bldg. von Mercaptalen gespalten. Ihre Rk. mit $HgCl_2$ in methanol. Lsg., bei der sich neben HCl *HgCl-Mercaptide* u. Acetale bilden, läßt sich entweder durch Titration von HCl gegen Methylorange oder durch Wägung der Hg-Verbb. zur quantitativen Best. benutzen. Die HgCl-Mercaptide zeigen keine scharfen FF., sondern zers. sich bei höherer Temp.; mit konz. Säuren zerfallen sie in die entsprechenden Mercaptane u. Hg(II)-Salze.

Versuche: Sulfide: *Methyl-[α-methoxyäthyl]-* (II), $C_4H_{10}OS$, Kp.$_{30}$ 32—33°, a) durch Erwärmen von Methanol, I u. Methyl-α-chloräthylsulfid (III) in Ae. u. Fraktionierung der oberen Schicht; 47% (Ausbeute); b) durch Umsetzung von Methylmercaptan (IV) in Ae. u. I mit Methyl-α-chloräthyläther (V) in Ae. in der Kälte, 1tägiges Stehen bei Zimmertemp., Abdest. des Ae. u. Fraktionierung der oberen Schicht; 47%. *HgCl-Methylmercaptid*, CH_3ClSHg, aus II u. $HgCl_2$ in CH_3OH; daraus *Hg(II)-Methylmercaptid*, F. 174° (Zers.), durch Erwärmen mit 15% ig. HCl u. Übertreiben des gebildeten Mercaptans im N_2-Strom in gesätt. $Hg(CN)_2$-Lösung. — *Methyl-[α'-äthoxyäthyl]-*, $C_5H_{12}OS$, Kp.$_{34}$ 44—46°, Kp.$_{30}$ 38—41°, a) aus A. u. I mit III in Ae.; 54%; b) aus IV, I u. Ae. mit Äthyl-α-chloräthyläther (VI) in Ae.; 62%. — *Äthyl-[α-methoxyäthyl]-*, $C_5H_{12}OS$, Kp.$_{30}$ 44—46°, a) aus CH_3OH u. I mit Äthyl-α-chloräthylsulfid (VII); 62%; b) durch 1std. Erwärmen von Äthylvinylsulfid mit methanol. HCl; 44%; daneben das *Mercaptal*, Kp.$_{30}$ 93°; c) aus Äthylmercaptan (VIII), I u. Ae. mit V; 54%. — *Äthyl-[α-äthoxyäthyl]-* (IX), $C_6H_{14}OS$, Kp.$_{30}$ 54—56°, a) aus A. u. I mit VII; 54%; b) aus VIII, I u. Ae. mit VI; 41%. — *Äthyl-[α-benzyloxyäthyl]-*, $C_{11}H_{16}OS$, Kp.$_{10}$ 128—129°, aus Benzylalkohol u. I in Ae. mit VII in Ae.; 38%. — *Phenyl-[α-äthoxyäthyl]-*, $C_{10}H_{14}OS$, Kp.$_{13}$ 114—115°, aus Thiophenol, I u. Ae. mit VI in Ae.; 41%. — *Benzyl-[α-äthoxyäthyl]-*, $C_{11}H_{16}OS$, Kp.$_{13}$ 129—132°, aus Benzylmercaptan, I u. Ae. mit VI in Ae.; 43%. — *Acetaldehyddiäthylacetal*, $C_6H_{14}O_2$, Kp.$_{760}$ 102—104°, bei der Dest. von IX bei n. Druck; daneben *Acetaldehyddiäthylmercaptal*, $C_6H_{14}S_2$, Kp.$_{12}$ 68—70°. (Chem. Ber. **89.** 1470—73. 4/6. 1956.) G. OFFER. 600

H.-F. Piepenbrink, *Zur Kenntnis des 1.4-Dicyanbutens-(2).* 2. Mitt. *Über die Bildung von Nitrilen.* (1. vgl. KURTZ u. Mitarbeiter, C. **1955.** 2645.) Vf. beschreibt das chem. Verh. von *1.4-Dicyanbuten-(2)* (II; vgl. l. c.). II läßt sich durch Erhitzen mit bas. Katalysatoren oder Metallsalzen in *cis–trans-1.4-Dicyanbuten-(1)* (I) umlagern, welches sich durch fraktionierte Dest. in seine geometr. Komponenten trennen läßt. Im Gegensatz zur Best. von Allylcyanid im Gemisch mit Crotonsäurenitril durch Bromtitration (vgl. HEIM, C. **1931.** I. 1272) ist diese Meth. bei Gemischen von I u. II nicht anwendbar, es läßt sich nur feststellen, daß **II** in sd. CH_3COOH schneller Br_2 addiert als **I**. Anlagerung von Dienkomponenten u. Halogenen an die Doppelbindung von **II** erfolgt ohne, Anlagerung von Alkoholen (Phenole reagierten nicht), Mercaptanen, sek. Aminen u. HCN nur in Ggw. von Katalysatoren, die die Umlagerung **II** → **I** bewirken; in Übereinstimmung hiermit sind die Prodd. der katalysierten Anlagerungen an **II** ident. mit den aus **I** erhaltenen. Im Fall der Anlagerung von Aminen fungieren diese gleichzeitig als Umlagerungskatalysatoren. Bei saurer Verseifung von **II** erfolgt keine Wanderung der Doppelbindung; in quantitativer Ausbeute wird *Buten-(2)-dicarbonsäure-(1.4)* erhalten. **I** liefert analog in geringer Menge *Buten-(1)-dicarbonsäure-(1.4)*. Die veresternde Verseifung mit A. u. H_2SO_4 kann so geleitet werden, daß nur eine der beiden Nitrilgruppen von **I** u. **II** verestert wird; durch nachfolgende Hydrierung wurde in beiden Fällen *ε-Aminocapronsäureäthylester* erhalten.

Versuche: *cis-trans-1.4-Dicyanbuten-(1)* (**I**), Kp.$_1$ 100—113°, durch 10std. Erhitzen von 150 g **II** u. Pyridin im Autoklaven auf 170—180°; 141 g (Ausbeute). — *9.10-[α-Cyanäthyl-β-cyanendoäthylen]-anthracen*, $C_{20}H_{16}N_2$, F. 238—239° (Glykolmonoäthylätheracetat), durch 10std. Erhitzen von 87 g **I** u. Anthracen unter N_2 auf 220°; 79 g. — *9.10-[α.β-Bis-(cyanmethyl)-endoäthylen]-anthracen*, $C_{20}H_{16}N_2$, F. 159—160° (A.), aus 115 g **II** u. Anthracen analog vorst. Verb.; 184 g. — *9.10-[α.β-Bis-(β-aminoäthyl)-endoäthylen]-anthracen* (**III**), durch Hydrierung vorst. Verb. in Tetrahydrofuran u. NH_4·OH über Raney-Co; ~100%. *Dibenzoylderiv.*, F. 138—139°. *Diisocyanat*, als hellbraunes, nicht destillierbares Öl durch Phosgenieren von **III**-Dihydrochlorid in 1.2-Dichlorbenzol. *Bis-[p-chlorphenylharnstoff]-deriv.*, $C_{34}H_{32}O_2N_4Cl_2$, F. 235—237° (Eisessig), aus dem Diisocyanat u. 4-Chloranilin. — *1.4-Endomethylen-2-cyanäthyl-3-cyan-Δ⁵-cyclohexen*, $C_{11}H_{12}N_2$, Kp.$_{0,5}$ 158—160°, durch 10std. Erhitzen von 21,2 g **I** u. Cyclopentadien auf 120—130° im Rohr u. fraktionierte Dest.; 9 g. — *1.4-Endomethylen-2.3-bis-[cyanmethyl]-Δ⁵-cyclohexen*, $C_{11}H_{12}N_2$, Kp.$_{0,6}$ 143—148°, aus 21 g **II** analog vorst. Verb. bei 170—180°; 13 g. — *1-Cyanäthyl-2-cyan-4.5-dimethyl-Δ⁴-cyclohexen*, $C_{12}H_{16}N_2$, F. 58—61°, Kp.$_2$ 158—160°, durch Erhitzen von 310 g **I** u. Dimethylbutadien in Toluol im Autoklaven auf 160—180°; 338 g. — *1-[γ-Aminopropyl]-2-aminomethyl-4.5-dimethyl-Δ⁴-cyclohexen*, $C_{12}H_{24}N_2$, Kp.$_{13}$ 164—166°, aus 218 g vorst. Verb. analog **III** bei 130°; 202 g; bei milderen Bedingungen (100°) entsteht daneben das *Aminonitril* (Kp.$_{14}$ 170—174°; *Benzoylderiv.*, $C_{19}H_{24}ON_2$, F. 116—117°). *Diisocyanat*, Kp.$_4$ 163—172° (Zers.), wie oben. — *2.3-Dichlor-2.4-dicyanbutan* (**IV**), $C_6H_6N_2Cl_2$, F. 119—121° (A.), durch Sättigen einer Lsg. von 212 g **II** in Chlf. mit Cl_2 bei 0° u. Stehen über Nacht; 84 g. — *1.2-Dichlor-1.4-dicyanbutan*, $C_6H_6N_2Cl_2$, Kp.$_{0,4}$ 130—132°, analog **IV** aus **I**. — *1.4-Dicyanbutadien-(1.3)* (*Muconsäuredinitril*), $C_6H_4N_2$, F. 159—161° (A.), durch 6½std. Kochen von **IV**, wss. A. u. Na-Acetat; daneben *Isomeres*, $C_6H_4N_2$, F. 95—96° (wss. A.), durch fraktionierte Kristallisation. — *2-Methoxy-1.4-dicyanbutan*, $C_7H_{10}ON_2$, Kp.$_1$ 118—120°, durch 7std. Kochen von 444 g **II** mit schwach alkal. Methanol; 453 g. — *3-Methoxyhexamethylendiamin*, Kp.$_{10}$ 105°, aus 450 g vorst. Verb. analog **III**; 425 g. *Diisocyanat*, Kp.$_{12}$ 142—145°, wie oben; 30%. — *3-Chlorhexamethylen-1.6-diisocyanat*, neben vorst. Diisocyanat; 11%. — *2-Butoxy-1.4-dicyanbutan*, Kp.$_{0,6}$ 126—130°, durch 5std. Erhitzen von 21,2 g **II** u. Butanol in Ggw. von Na-Alkoholat auf 120°; 28 g. — *1.6-Diamino-3-butoxyhexan*, $C_{10}H_{24}ON_2$, Kp.$_{11}$ 137°, aus 260 g vorst. Verb. analog **III**; 246 g. — *2-Benzylmercapto-1.4-dicyanbutan*, $C_{13}H_{14}N_2S$, Kp.$_{3,3}$ 214°, durch 5std. Erhitzen von 16 g **II** u. Benzylmercaptan in Ggw. von Na-Methylat auf 140°; 9,5 g. — *2-Isobutylamino-1.4-dicyanbutan*, $C_{10}H_{17}N_3$, Kp.$_7$ 164 bis 174°, durch 1std. Erwärmen von 21,2 g **II** u. Isobutylamin in Ggw. von CuCl auf 70°; 24 g. — *1.4-Dicyan-2-[3-dimethylaminopropylamino]-butan*, $C_{11}H_{20}N_4$, Kp.$_2$ 165—170°, analog vorst. Verb. aus 10 g **I** u. 1-Amino-3-dimethylaminopropan; 12 g. — *2-Diäthylamino-1.4-dicyanbutan*, Kp.$_{4,5}$ 159—162°, analog vorst. Verb. durch 18std. Erhitzen. — *N.N'-Dimethyl-N.N'-bis-[1.4-dicyanbutyl-(2)]-äthylendiamin*, $C_{16}H_{24}N_6$, F. 93—95° (A.), durch Zugabe von symm.-Dimethyläthylendiamin zu 21,2 g **I** in Ggw. von CuCl unter Rühren, dann 1std. Rühren bei Raumtemp. u. 2 Std. bei 70—80°; 11 g. — *2-Piperidino-1.4-dicyanbutan*, $C_{11}H_{17}N_3$, F. 53—54°, durch 7std. Erhitzen von 21,2 g **I** u. Piperidin auf 60°, Lösen in 10%ig. HCl (*Hydrochlorid*, F. 199—201°; 6 g), Ausschütteln mit Bzl. u. Alkalisieren. — *2-Pyrrolidino-1.4-dicyanbutan*, Kp.$_{1,6}$ 146—152°, durch 2std. Erhitzen der Komponenten auf 70°, dann analog vorst. Verb.; 73%. — *2-Pyrrolidinobutandicarbonsäure-(1.4)-diäthylester*, $C_{14}H_{25}O_4N$, Kp.$_{1,2}$ 134°, a) durch 12std. Erhitzen von Buten-(2)-dicarbonsäure-(1.4), Pyrrolidin u. W. in Ggw. von CuCl auf 140° im Rohr, Eindampfen zur Trockne, Lösen in A. u. Sättigen mit HCl bei 0°; b) durch Erhitzen von 20 g Buten-(1)-dicarbonsäure-(1.4)-diäthylester u. Pyrrolidin auf 85°; 23 g. — *2-o-Hexahydrotoluidino-1.4-dicyanbutan*, $C_{13}H_{21}N_3$, Kp.$_3$ 180°, durch 7std. Erhitzen von 21,2 g **II** u. Hexahydrotoluidin in Ggw. von CuCl auf 110°; 12 g. — *1.2.4-Tricyanbutan* (**V**),

$C_7H_7N_3$, F. 54° (A.), Kp.$_{1,5}$ 190—205°, a) durch Zugabe von HCN zu einer 35° warmen Mischung von 250 g **I**, KCN u. Pyridin, 18std. Stehen bei 35°, Aufnehmen in Essigester, Waschen, Trocknen u. fraktionierte Dest.; 166 g; b) durch 3std. Erhitzen von **II** u. HCN im Autoklaven auf 80°. — *Butantricarbonsäure-(1.2.4)*, $C_7H_{10}O_6$, F. 119—121°, durch 5std. Erhitzen von 5 g **V** u. konz. HCl auf 140° im Rohr; 5,4 g. *Triäthylester*, $C_{13}H_{22}O_6$, Kp.$_{14}$ 172—176°, durch 3std. Erhitzen von 5 g **V**, A. u. konz. H_2SO_4 auf 135°; 7 g. — *Buten-(2)-dicarbonsäure-(1.4)*, $C_6H_8O_4$, F. 193—194° (W.), durch $1^1/_2$std. Kochen von 55 g **II** mit konz. HCl; 48 g. *Diamid*, $C_6H_{10}O_2N_2$, F. 210° (W.), a) durch 2std. Leiten von HCl in eine Suspension von **II** in konz. HCl bei 10—15° u. Zugabe von Soda bis zur schwach alkal. Rk.; b) durch 3std. Erwärmen von 10 g **II** u. 85%ig. H_2SO_4 auf dem Wasserbad, Gießen auf Eis u. Neutralisieren; 11 g. *Diäthylester*, Kp.$_{14}$ 133—135°, a) durch 3std. Erhitzen von **II**, A. u. konz. H_2SO_4 auf 135°, Verdünnen mit W., Neutralisieren mit Soda u. Extraktion mit Ae.; b) durch 2std. Leiten von HCl in eine Lsg. von 10,6 g **II** in absol. A. $>50°$, Lösen des *Iminoätherhydrochlorids* in W., 15 Min. Erwärmen auf 60°, Neutralisieren u. Extraktion mit Ae.; 10,7 g. — *Buten-(1)-dicarbonsäure-(1.4)-diäthylester*, Kp.$_{17}$ 134—142°, aus 40 g **I** analog vorst. Verb. nach a); 50 g. — *1-Cyan-buten-(2)-carbonsäure-(4), Äthylester*, $C_8H_{11}O_2N$, Kp.$_{15}$ 146—150°, durch Zugabe einer Lsg. von HCl in A. u. Bzl. zu 212 g **II** in Bzl. bei 40°, Rühren über Nacht bei Raumtemp., Ausschütteln mit Bicarbonatlsg. u. Kühlen auf 5°; 117 g. *Na-Salz*, durch Lösen von 95 g Ester in Methanol, Zugabe von n-NaOH unter Rühren u. 1std. Stehen bei 40°, Zugabe von n-HCl, Extraktion des Eindampfrückstands mit Bzl., Verdampfen zur Trockne, Lösen in W. u. Zugabe der berechneten Menge NaOH; 57 g. — *ε-Aminocapronsäure-äthylester*, Kp.$_1$ 83—88°, durch Hydrierung von 54 g vorst. Na-Salzes in Methanol, Zugabe von Eisessig zum Eindampfrückstand bis zur schwach sauren Rk., Lösen in A., Einleiten von HCl bei Siedetemp., Lösen des Eindampfrückstands in W., Überschichten mit Ae. u. Sättigen mit K_2CO_3. — *N-[p-Nitrophenyl]-N'-[ε-carbäthoxypentyl]-harnstoff*, $C_{15}H_{21}O_5N_3$, F. 148—150°, aus vorst. Verb. u. p-Nitrophenylisocyanat in Toluol; 100%. — *N-[p-Nitrophenyl]-N'-[ε-carboxypentyl]-harnstoff*, $C_{13}H_{17}O_5N_3$, F. 163—164°, durch Erwärmen vorst. Verb., 10%ig. NaOH u. Pyridin auf 80° u. Ansäuern. (Liebigs Ann. Chem. **572**. 83—95. 10/4. 1951. Leverkusen, Farbenfabriken Bayer, Wiss. Hauptlabor.)

G. HALLMANN. 820

B. J. P. Alles, A. Kandiah und **M. U. S. Sultanbawa,** *α.α-Dipropylbernsteinsäure.* Durch Anlagerung von KCN an α-Cyan-β.β-dipropylacrylsäureäthylester u. anschließende Hydrolyse mit konz. HCl wird *α.α-Dipropylbernsteinsäure* dargestellt. Der Vers., Br in α'-Stellung einzuführen, mißlang.

V e r s u c h e: *α-Cyan-β.β-dipropylacrylsäureäthylester*, Kp.$_{8-9}$ 132—134°, nach COPE u. Mitarbeitern (J. Amer. chem. Soc. **63**. [1941.] 3452); n_D^{30} 1,4660. — *α.α-Dipropylbernsteinsäure*, $C_{10}H_{18}O_4$, F. 86—87° (verd. HCl), durch 8tägiges Stehen von 40 g vorst. Verb. mit wss./alkoh. KCN bei ~30°, Einengen, Aufnehmen in konz. HCl, Verdünnen mit W., Ae.-Extraktion, Einengen, 72std. Kochen des abgeschiedenen Öls in konz. HCl u. Kristallisation in der Kälte; Würfel; 25 g (Ausbeute). *Anhydrid*, Kp.$_{14-15}$ 145 bis 147°, durch 4std. Kochen von 10 g Säure mit Acetanhydrid; 9 g. *Monoanilid*, $C_{16}H_{23}O_3N$, F. 124,5° (wss. Aceton), aus dem Anhydrid; prismat. Stäbchen. (J. chem. Soc. [London] **1956**. 797. März. Colombo, Univ. of Ceylon.)

W. GEHRMANN. 820

Edward Cox und **André Fontaine,** *Cyanoform oder Tricyanmethan. — Neues Darstellungsverfahren.* Während die Einw. von BrCN auf Dinatriummalonitril (vgl. SCHMIDTMANN [1896]) nur wenig, zudem unreines, gefärbtes Prod. liefert, entsteht sehr reines *Cyanoform* (**I**) in ca. 80%ig. Ausbeute durch Umsetzung von KCN mit Brommalonitril. **I** ist als starke Säure in wss. Lsg. titrierbar; durch konz. Alkali wird es nur langsam verseift. Verss. zur Überführung in Methantricarbonsäureester mißlangen. Das K-Salz gibt keine den Malonestersynthesen analoge Rk., dagegen kann das Ag-Salz mit 3-Bromcyclohexen (**II**) umgesetzt werden; das Kondensationsprod. wird zu *Cyclohexen-(2)-ylmalonsäure* verseift.

V e r s u c h e: *Brommalonitril*, F. 65—66°, aus Malonitril u. Br_2 in W. bei −5°; 95% (Ausbeute); unterhalb 0° einige Wochen haltbar; reagiert nicht mit $AgNO_3$, dagegen quantitativ mit KJ. — *Cyanoform* (**I**), C_4HN_3, F. 55—56° (PAe.), aus vorst. Verb. in Ae. u. wss. KCN bei −15°; die Hauptmenge **I** wird durch Zers. der aus der Reaktionsmischung auskristallisierenden K-Verb. mit H_2SO_4 (66° Bé) gewonnen, der Rest direkt aus der Ae.-Schicht isoliert. Mit wss. $AgNO_3$ gibt **I** (oder die K-Verb.) das gelbe *Ag-Salz*; das daraus durch 2std. Erwärmen mit **II** in Toluol auf 80° erhaltene Prod. (Kp.$_{0,1}$ 75 bis 80°) geht durch 24std. Verseifung mit 30%ig. KOH in *Cyclohexen-(2)-ylmalonsäure* [F. 165—166° (PAe.)] über. Mit 2-Chlorcyclohexanon reagiert das Ag-Salz nicht. (Bull. Soc. chim. France, Mém. [5] **1954**. 948—50. Juli/Aug. Montpellier, Univ., Inst. de Chim.)

O. KLEINFELLER. 830

G. W. Pigulewski und **S. Ja. Rubaschko**, *Eine neue Methode zur Gewinnung von Oxysäuren. Gewinnung von 10-Oxyundecan- und 14-Oxybehensäure.* Aus Undecen-(10)-säureäthylester wird durch Oxydation mit Peressigsäure *10.11-Epoxyundecansäureäthylester* dargestellt, aus dem bei der Hydrierung in alkoh. Lsg. in Ggw. von Pd *10-Oxyundecansäureäthylester* entsteht. Durch Verseifen des Esters wird *10-Oxyundecansäure* erhalten. *14-Oxybehensäure* wird analog Vorst. aus Erucasäureäthylester über *13.14-Epoxybehensäureäthylester* u. *14-Oxybehensäureäthylester* (I) gewonnen. Bei dieser Meth. werden keine Neben-Rkk. u. keine Isomerenbldg. beobachtet, während bei der Hydrierung in essigsaurer Lsg. Nebenprodd. auftreten. Zur Strukturaufklärung wird I mit CrO_3 zu *14-Ketobehensäureäthylester* oxydiert, aus dem durch Verseifen *14-Ketobehensäure* erhalten wird.

Versuche: *Undecen-(10)-säureäthylester* [II; *Decen-(9)-carbonsäure-(1)-äthylester*], $Kp._{10}$ 129—131°, aus Undecen-(10)-säure mit absol. A./H_2SO_4. — *10.11-Epoxyundecansäureäthylester*, $C_{13}H_{24}O_3$, $Kp._{0,1}$ 121—123°, man läßt zu einer Lsg. von 115 g II in absol. Ae. Peressigsäure in absol. Ae. tropfen, läßt 3 Std. unter Kühlung u. 16 Tage bei Zimmertemp. stehen; $D.^{20}_4$ 0,9523, n_D^{20} 1,4429; 89,1 g (Ausbeute). — *10-Oxyundecansäureäthylester*, $C_{13}H_{26}O_3$, $Kp._{0,08}$ 129—131°, man hydriert 20,76 g vorst. Verb. in absol. A. in Ggw. von Pd-Mohr bei 20°; $D.^{19,3}_4$ 0,9394, $n_D^{19,3}$ 1,4456; 20,48 g. — *10-Oxyundecansäure*, $C_{11}H_{22}O_3$, F. 49,0—49,5° (PAe., Bzl.), aus vorst. Verb. mit alkoh. KOH. — *Erucasäureäthylester*, $Kp._{0,14}$ 193—194°, analog II aus Erucasäure. — *13.14-Epoxybehensäureäthylester*, $C_{24}H_{46}O_3$, $Kp._{0,18}$ 207—208°, F. 29,0—29,5°, man gibt unter Kühlung Peressigsäure zu einer Lsg. von vorst. Verb. in Ae. u. läßt 3 Tage stehen. — *14-Oxybehensäureäthylester* (I), $C_{24}H_{48}O_3$, F. 60,6—61,0° (A.), man hydriert vorst. Verb. bei 16,8° in Ggw. von Pd-Mohr. — *14-Oxybehensäure*, $C_{22}H_{44}O_3$, F. 89,5—90,0° (A.). — *14-Ketobehensäureäthylester*, $C_{24}H_{46}O_3$, F. 53,7—54° (A.), man gibt zu 20 g I in Eisessig CrO_3, läßt das Reaktionsprod. 12 Std. stehen u. erhitzt 15 Min. auf 100°; 19,5 g. — *14-Ketobehensäure*, $C_{22}H_{42}O_3$, F. 84,0—84,5° (A.). *Oxim*, $C_{22}H_{43}O_3N$, F. 49—51° (A.). (Журнал Общей Химии [J. allg. Chem.] **25** (**87**). 2227—31. Nov. 1955. Leningrad, Univ.)

Ch. Weiske. 850

Lawrence Fishbein und **John A. Gallaghan**, *Die Säurespaltung von 1-[3-Alkoxypropyl]-3-guanidiniumsalzen und Nitroguanidinen.* Bei der Nitrierung von 1-[3-Alkoxypropyl]-3-guanidiniumsulfaten oder 1-[3-Alkoxypropyl]-3-nitroguanidinen mit rauchender HNO_3–konz. H_2SO_4 bei 0—5° trat Ätherspaltung unter Bldg. von *1-[3-Nitroxypropyl]-3-nitroguanidin* ein. Die Nitrierung von 1-[2-Methoxyäthyl]-3-guanidiniumsulfat unter denselben Bedingungen ergab jedoch *1-[2-Methoxyäthyl]-3-nitroguanidin*, das bei Verss., eine analoge Ätherspaltung zu erreichen, unverändert blieb.

Versuche (FF. korr.): *1-[3-Isopropoxypropyl]-3-guanidiniumsulfat* (I), $C_{14}H_{36}O_6N_6S$, F. 135—137° (95%ig. A.). *Pikrat*, $C_{13}H_{20}O_8N_6$, F. 178—180° (A.). — *1-[3-Methoxypropyl]-3-guanidiniumsulfat* (II), $C_{10}H_{28}O_6N_6S$, F. 113—114,5° (A.). *Pikrat*, $C_{11}H_{16}O_8N_6$, F. 174—178° (A.). — *1-[2-Methoxyäthyl]-3-guanidiniumsulfat* (III), $C_8H_{24}O_6N_6S$, F. 122 bis 123° (A.). — *1-[3-Nitroxypropyl]-3-nitroguanidin*, F. 121—122° (A.), a) durch portionsweise Zugabe von 1 g 1-[3-Isopropoxypropyl]-3-nitroguanidin zu einem Gemisch 98%ig. HNO_3 u. konz. H_2SO_4 (5 : 12) innerhalb 10 Min. unter Rühren bei 0—5° u. Gießen auf Eis; 91% (Ausbeute); b) analog aus 1-[3-Methoxypropyl]-3-nitroguanidin; 98%; c) analog aus I; 90%; d) analog aus II; 92%; gibt durch Cyclisierung in sd. n-Butanol *1-Nitro-2-amino-Δ^2-1.3-diazacyclohexennitrat.* — *1-[2-Methoxyäthyl]-3-nitroguanidin*, aus III analog vorst. Verb.; 90%. (J. org. Chemistry **21**. 364—65. März 1956. Indian Head, Md., U. S. Naval Powder Factory, Res. and Developm. Dep.)

H. Bertsch. 880

Pekka Linko, *Bildung verschiedener Aminosäuren bei der Oxydation von Acetaldehyd mit Kaliumferricyanid.* Statt den nach Conant u. Mitarbeitern (vgl. J. Amer. chem. Soc. **50**. [1928.] 2781; **52**. [1930.] 407) bei der Oxydation von Aldehyden u. Ketonen mit Kaliumferricyanid in stark alkal. Lsg. zu erwartenden Piperazinderivv. findet Vf. papierchromatograph. unter den Prodd. der Oxydation von 1,3 g Acetaldehyd (I) ca. 125 γ *Alanin*, ca. 40—50 γ *Glycin* u. *Serin*, ca. 25 γ *Threonin* u. *α-Aminobuttersäure* u. ca. 12—25 γ *Asparaginsäure* neben Spuren *Methylasparaginsäure* (?) u. zwei weitere unbekannte Aminosäuren. Im Falle des I wird also die CHO- schneller zur COOH-Gruppe oxydiert, als die NH_2- mit der CHO-Gruppe kondensieren kann. (Suomen Kemistilehti B **28**. Nr. 5—6. 130—31. 1955. Helsinki, Biochem. Inst., Labor. of Found. for Chem. Res.)

K. Prchal. 950

V. Tomašić, *Darstellung von Dichloracetamidomalonsäurediäthylester. Dichloracetamidomalonsäurediäthylester*, $C_9H_{13}O_5NCl_2$, F. 104—105° (Bzl. oder Sublimation bei 119—121°/0,02 mm), aus Aminomalonsäurediäthylesterhydrochlorid u. Dichloracetylchlorid in absol. Bzl. mit Pyridin (über Nacht bei Zimmertemp.); 61% Ausbeute.

(Arhiv Kemiju [Arch. Chim.] **24.** 103. 1952. Zagreb, Kroatien, „Pliva", Pharmaceut. and Chem. Prod., Res. Dep.) H. FECHTER. 950

J. A. Christensen, *Über die Synthese von Methoxinin.* Vf. stellt *Methoxinin* (I) durch katalyt. Hydrierung von γ-Methoxy-α-oximinobuttersäure dar. Ein Vers., I in Abänderung des Verf. von ROBLIN u. Mitarbeitern (J. Amer. chem. Soc. **67.** [1945.] 290) aus Acetamidomalonsäurediäthylester u. β-Methoxyäthylchlorid oder -p-toluolsulfonat u. anschließend Hydrolyse u. Decarboxylierung des [β-Methoxyäthyl]-acetamidomalonsäurediäthylesters zu erhalten, schlug fehl.

Versuche: *β-Methoxyäthylmalonsäurediäthylester,* $C_{10}H_{18}O_5$, Kp.$_{10}$ 124—125°, aus Malonester, Na-Äthylat u. β-Methoxyäthylchlorid, n_D^{25} 1,4228; 69% (Ausbeute). — *γ-Methoxy-α-oximinobuttersäure,* $C_5H_9O_4N$, F. 112—113° (Äthylacetat), nach BARRY u. HARTUNG (C. **1947.** 1654); 80%. — *Methoxinin* (I), $C_5H_{11}O_3N$, Zers. bei 220—250°, durch Hydrierung vorst. Verb. in 10%ig. NH_4OH unter 100 at über RANEY-Ni (6 Std.); aus 99%ig. A. Blättchen; 55%. (Acta chem. scand. **8.** 129. 1954. Copenhagen, A/S Ferrosan.) I. FESTL. 950

G. W. Pigulewski und **I. L. Kuranowa,** *Reaktion von Ammoniak mit Elaidinsäureoxyd.* Es wird durch Rk. von Elaidinsäureoxyd mit NH_3 eine *9-Amino-10-oxystearinsäure* (I) erhalten. I unterscheidet sich von der aus Oleinsäureoxyd dargestellten 9-Amino-10-oxystearinsäure (vgl. C. **1953.** 5806) durch den F. u. gibt im Gegensatz zu der letzten mit Cu kein Komplexsalz. Die Annahme einer *trans*-Konfiguration für I wird somit bestätigt.

Versuche: *Elaidinsäureoxyd,* F. 55—55,5° (PAe. u. A.); aus 85,3 g Elaidinsäure in 400 ml Ae. u. Acetylhydroperoxyd; 95% (Ausbeute). — *9-Amino-10-oxystearinsäure* (I), $C_{18}H_{37}O_3N$, F. 188—190° (Isoamylalkohol); durch 12std. Erhitzen von 2 g vorst. Oxyds mit 15 ml 35%ig. NH_4OH auf 130° im Rohr; aus 9 Ansätzen 18,7 g. Die $NaJO_4$-Oxydation verläuft unter NH_3-Abspaltung. Bei der Oxydation mit Bleitetraacetat entsteht *Pelargonaldehyd* (*Semicarbazon,* F. 98—100°) neben einer Verb., die bei der Hydrolyse *Azelainsäure* liefert. I-*Hydrochlorid,* $C_{18}H_{37}O_3N \cdot HCl$, F. 144—145° (W.). I-*Methylesterhydrochlorid,* $C_{19}H_{39}O_3N \cdot HCl$, F. 65—66° (Essigester). (Журнал Общей Химии [J. allg. Chem.] **24** (**86**). 2006—10. Nov. 1954. Leningrad, Univ., Inst. für Naturstoffe.) H. HINTZ. 950

Walter H. Hartung, David N. Kramer und **George P. Hager,** *Synthese von Peptiden über α-Benzyloximinosäuren.* 14. Mitt. *über Aminosäuren.* (13. vgl. BEAUJON u. Mitarbeiter, C. **1954.** 5978.) Während die katalyt. Hydrierung von N-[α-Benzyloximinoacyl]-aminosäuren oder ihrer Ester in saurem Medium vorwiegend zur Bldg. von Diketopiperazinen führt (vgl. WEAVER u. HARTUNG (C. **1953.** 8580), entstehen in ammoniakal. Medium in Ggw. von Pd/Kohle in guten Ausbeuten *Peptide.* — *Alanylalanin,* $C_6H_{12}O_3N_2$, F. 277—278°, aus N-[α-Benzyloximinopropionyl]-DL-alanin in ammoniakal. Lsg. über Pd/Kohle unter 4 at (1 Std.); 90% (Ausbeute). — Analog: *DL-Phenylalanylglycin,* F. 271—273°. — *DL-Phenylalanyl-L-leucin,* F. 225—227°. — *DL-Phenylalanylglycylglycin,* F. 233—236°. (J. Amer. chem. Soc. **76.** 2261—62. 20/4. 1954. Chapel Hill, N. C., Univ., School of Pharm.) I. FESTL. 950

D. W. Clayton, G. W. Kenner und **R. C. Sheppard,** *Peptide.* 5. Mitt. *Kondensation der γ-Carboxylgruppe von α-Glutamylpeptiden mit der Peptidkette.* (4. vgl. KENNER u. Mitarbeiter, C. **1954.** 8327.) *p-Toluolsulfonylglycyl-L-phenylalanyl-α-L-glutamylglycincyclohexylamid* (**XIII**) wird mit $SOCl_2$/Pyridin über das *Säurechlorid* zur *L-Glutamylverb.* mit 2.6-Dioxopiperidinstruktur cyclisiert, die bei der alkal. Hydrolyse neben 9% **XIII** 90% das *γ-Isomeren* (**VII**) liefert, der einen stärkeren Säurecharakter als **XIII** besitzt. Ebenso führt die Cyclisierung von *Benzoyl-α-DL-glutamylglycincyclohexylamid* (α-**II**) mit $SOCl_2$, Chlorameisensäureäthylester (**III**) oder Acetanhydrid (**XV**) zu *Benzoyl-DL-glutamylglycincyclohexylamid* (**V**), nach dessen alkal. Hydrolyse mit anschließender Gegenstromverteilung 13% α-**II** u. 85% γ-**II** isoliert wurden. Mit Tetraäthylpyrophosphat (**XVI**) konnte eine α-**II** → γ-**II**-Isomerisierung nur bis zu 32% erzielt werden. Bei der Cyclisierung von *p-Toluolsulfonylglycylglycyl-α-L-glutamyl-L-phenylalanincyclohexylamid* (**IX**) entsteht wahrscheinlich infolge des Fortfalls einer ster. Hinderung ein 5gliedriger 1-Acyl-2-oxopyrrolidinring, da die Hydrolyse der Verb. nur **IX** zurückgibt. Das aus Benzoylglycyl-α-L-glutamylmorpholin gewonnene *1-Benzoylglycyl-5-morpholinocarbonyl-2-oxo-L-pyrrolidin* gibt bei der alkal. Hydrolyse ebenfalls neben wenig *Benzoylglycin* nur das Ausgangsmaterial zurück. Ein 6:7-Gemisch von α- u. γ-**II** wurde aus Benzoyl-L-glutaminsäure (**XIV**) mit **XV** über *Benzoyl-DL-glutaminsäureanhydrid* (**I**) u. dessen Rk. mit Glycincyclohexylamid (**IV**) in Ggw. von $(C_2H_5)_3N$ erhalten. Die anderen α-Glutamylausgangsmaterialien wurden aus L-Glutaminsäure-γ-benzylester (**VIII**) vorzugsweise durch Acylierung mit dem gemischten Schwefelsäureanhydrid der entsprechenden Acylaminosäure in wss. Suspension, Kondensation der entstandenen Carbonsäuren mit einem Amin nach der Schwefelsäureanhydridmeth. u. Hydrogenolyse der Benzylgruppen hergestellt. Die Rk. von 1-[p-Toluolsulfonyl]-2-oxo-L-pyrrolidin-5-carbonsäure (**XI**) mit **IV** zu *p-Toluolsulfonyl-γ-L-glutamylglycincyclohexylamid* (**X**), dessen Überführung mit Na/fl. NH_3 in *γ-L-Glutamylglycincyclohexylamid* u. dessen Acylierung mit Li-p-Toluolsulfonylglycyl-L-phenylalaninsulfat (Li-**VI**) führt auf einem unabhängigen Wege zu **VII.** Die Umsetzung des Säurechlorids von **XI** mit **IV** in $NaHCO_3$ liefert ein neutrales Öl, bei dessen alkal. Hydrolyse **X**, das entsprechende *α-Isomere* u. *p-Toluolsulfonyl-α.γ-L-glutamyl-bis-[glycincyclohexylamid]* entstehen. Die Bldg. des letzteren wird diskutiert.

Versuche (FF. korr.): *L-Glutaminsäure-γ-benzylester* (**VIII**), $C_{12}H_{15}O_4N$, F. 176 bis 176,5° (W.), durch $1^1/_2$std. Dest. von L-Glutaminsäure u. p-Toluolsulfonsäure in Benzylalkohol bei 120° (Badtemp.)/2 mm; Platten, $[\alpha]_D^{18}$ +19,3° (c = 1,14 in Essigsäure); 43% (Ausbeute). — *Benzoyl-DL-glutaminsäureanhydrid* (**I**), $C_{12}H_{11}O_4N$, F. 153° (Acetanhydrid), durch $2^1/_2$—3std. Schütteln von **XIV** u. **XV**. — *Benzyloxycarbonylglycincyclohexylamid*, $C_{16}H_{22}O_3N_2$; F. 110° (Äthylacetat–PAe.), durch 1std. Stehen von Cyclohexylamin u. Trimethylphenylammoniumbenzyloxycarbonylglycylsulfat in Dimethylformamid bei 20°, Einengen u. Verteilen zwischen Äthylacetat u. 3nHCl; Nadeln; 90%. — *Glycincyclohexylamid* (**IV**)-*Hydrobromid*, $C_8H_{17}ON_2Br$, F. 186,5° (A.–Ae.), durch 10 Min. Erhitzen vorst. Verb. in n-HBr/Essigsäure auf dem Wasserbad bis zur Beendigung der CO_2-Entw. u. Ausfällen mit Ae.; 96%. — *N-Benzoyl-DL-α-glutamyl-[glycincyclohexylamid]* (α-**II**), $C_{20}H_{27}O_5N_3$, F. 193° (wss. A.), durch portionsweises Zugeben von **I** zu **IV**·HBr u. $(C_2H_5)_3N$ in Chlf. unter Kühlung in 30 Min., Stehen über Nacht, Zugeben von Chlf. u. Verteilen zwischen Äthylacetat u. Phosphatpuffer; 45%. — γ-**II**, F. 175,5° (wss. A.), a) neben α-**II**; 53%; b) durch 14tägiges Stehen von α-**II** in Dimethylformamid mit **XVI** u. $KHCO_3$ unter gelegentlichem Schütteln u. Alkalisieren mit NaOH; 25—32%; c) analog b) mit ZnO an Stelle von $KHCO_3$; 20%. — *N-Benzoyl-DL-glutamyl-[glycincyclohexylamid]-lactam* (**V**), $C_{20}H_{25}O_4N_3$, F. 261,5—262,5° (wss. A.), a) durch Einengen einer Lsg. von α-**II** in Dioxan, 1std. Stehen mit $SOCl_2$/Pyridin, Zugeben von W., Einengen u. Lösen in Butanol-(1) u. Äthylacetat; 99%; b) analog mit **III**; 95%; c) mit **XVI**; 67—89%; d) mit **XV**; 76%; e) aus dem Li-Salz von α-**II** mit SO_3-Dimethylformamidkomplex u. nachfolgend $(C_2H_5)_3N$; 6%; f) aus γ-**II** analog a); 93%. 15 Min. Hydrolyse mit 4nNaOH in Dioxan bei 20° → 13% α-**II** u. 85% γ-**II**. — *N-Benzyloxycarbonyl-α-L-glutamyl-[glycincyclohexylamid]-γ-benzylester*, $C_{28}H_{35}O_6N_3$, F. 173,5—174,5° (A.), durch 10 Min. Stehen von Benzyloxycarbonyl-L-glutaminsäure-γ-benzylester mit **III** u. $(C_2H_5)_3N$ in Dioxan bei 10° u. Stehen mit **IV**·HBr u. $(C_2H_5)_3N$ in Dioxan über Nacht; $[\alpha]_D^{15,5}$ +2,5° (c = 1,7 in Dimethylformamid); 88%. — Cyclohexylamide: *α-L-Glutamylglycin-*, $C_{13}H_{23}O_4N_3$, F. 158° (Zers.), durch 4std. Hydrieren vorst. Verb. in Dioxan/A. in Ggw. von Pd-Schwarz; $[\alpha]_D^{16,5}$ +50,4° (c = 1,15 in n-HCl); 62%. — *N-p-Toluolsulfonylglycyl-L-phenylalanyl-α-L-glutamylglycin-* (**XIII**), $C_{31}H_{41}O_8N_5S$, F. 219,5—220,5° (Zers.; A.), durch Acylieren vorst. Verb. bei p_H 8,7 mit K-**VI** (aus N-p-Toluolsulfonylglycyl-L-phenylalanin, F. 160,5°), Einstellen auf p_H 6, Einengen bei 50°/2 mm u. Zugeben von Äthylacetat/3nHCl; $[\alpha]_D^{16}$ −9,1° (c = 1,25 in A.); 82%. — *N-p-Toluolsulfonylglycyl-L-phenylalanyl-L-glutamylglycin-, Lactam*, $C_{31}H_{39}O_7N_5S$, F. 214,5° (A.), a) analog **V** nach a); 74%; b) wie **V** nach e) aus dem K-Salz von **XIII**; < 10%. — *N-p-Toluolsulfonylglycyl-L-phenylalanyl-γ-L-glutamylglycin-* (**VII**), $C_{31}H_{41}O_8N_5S$, F. 173° (Äthylacetat), durch 10 Min. Stehen vorst. Verb. in 0,5nNaOH bei 18°, Ansäuern, Aufnehmen des Nd. in Äthylacetat, Ausziehen mit $NaHCO_3$, Ansäuern u. Ausziehen mit Äthylacetat; 90%. — *N-p-Toluolsulfonyl-γ-L-glutamylglycin-* (**X**), $C_{20}H_{29}O_6N_3S$, F. 199—200° (wss. A.), durch $3^1/_2$std. Kochen von **XI**, **IV** u. $(C_2H_5)_3N$ in Acetonitril; $[\alpha]_D^{20}$ −5,8° (c = 2 in 0,1nNaOH); 81%. — *γ-L-Glutamylglycin-*, F. 171—176°, durch Zugeben von Na zu einer Lsg. von 2,95 g **X** in fl. NH_3 bis zum 10minütigen Bestehenbleiben der blauen Farbe, Stehen mit DOWEX-50-Ionenaustauscher in NH_4-Salzform über Nacht, Abfiltrieren, Einstellen auf p_H 6 mit Essigsäure/verd. A. u. Ausfällen mit Ae.; 1,98 g. Rk. mit Li-**VI** bei p_H 8 u. Einstellen mit 3nHCl auf p_H 6 → 67% **VII**. — *N-Benzyloxycarbonyl-L-phenylalanin-*, $C_{23}H_{28}O_3N_2$, F. 165°, wie oben; $[\alpha]_D^{20}$ −1,2° (c = 1,6 in Dimethylformamid); 65%. — *L-Phenylalanin-*(**XII**), $C_{15}H_{22}ON_2$, F. 101—102° (Äthylacetat), analog **IV**, aber Einstellen auf p_H 9 mit wss. NaOH; Nadeln, $[\alpha]_D^{22}$ +19,7° (c = 3,4 in A.); 82%. — *N-p-Toluolsulfonylglycylglycyl-L-glutaminsäure-γ-benzylester*, $C_{23}H_{27}O_8N_3S$, F. 101—103° (Äthylacetat–PAe.), durch 30 Min. Stehen von **VIII** u. Li-p-Toluolsulfonylglycylglycylsulfat in Dimethylformamid bei p_H 8,5 u. Ansäuern auf p_H 6; Plättchen, $[\alpha]_D^{22}$ +9,4° (c = 3,7 in A.); 52% neben 32% p-Toluolsulfonylglycylglycin (F. 175°). — *N-p-Toluolsulfonylglycylglycyl-α-L-glutamyl-[L-phenylalanincyclohexylamid]-γ-benzylester*, $C_{38}H_{47}O_8N_5S$, F. 195—200°, durch Stehen von **XII** mit $(C_2H_5)_3N$ u. dem Li-Sulfat vorst. Verb. in Dimethylformamid; 82%. — *N-p-Toluolsulfonylglycylglycyl-α-L-glutamyl-[L-phenylalanincyclohexylamid]* (**IX**), $C_{31}H_{41}O_8N_5S$, F. 188,5—190° (wss. A.), durch $2^1/_2$std. Hydrieren vorst. Verb. in Dimethylformamid/W. bei n. Druck u. 20° in Ggw. von Pd-Schwarz, $[\alpha]_D^{21}$ −22,0° (c = 3 in Dimethylformamid); 82%. — *Verb. vom F. 177—179°* (Zers.), analog **V** nach a) mit $SOCl_2/(C_2H_5)_3N$ aus **IX**; 100%. 1std. Stehen in Dimethylformamid/W. mit n-NaOH u. Ansäuern auf p_H 6 → 90% **IX**. — *N-p-Toluolsulfonylglycyl-L-phenylalanyl-L-glutaminsäure-γ-benzylester*, $C_{30}H_{33}O_8N_3S$, F. 146—147° (Äthylacetat–PAe.), aus **VIII** u. K-**VI** in Formamid/W. bei p_H 9 u. Neutralisieren mit verd. H_2SO_4; $[\alpha]_D^{16}$ —20,9° (c = 2 in A.); 45%. — *N-Benzoylglycyl-L-glutaminsäure-γ-benzylester*, $C_{21}H_{22}O_6N_2$, F. 136—137,5° (Äthylacetat), aus **VIII** u. Li-Benzoylglycylsulfat bei p_H 9 in 50%ig. wss. Dimethylformamid in 30 Min.; $[\alpha]_D^{21}$ —6,85° (c = 1,6 in Dimethylformamid); 65%. — *N-Benzoylglycyl-α-L-glutamylmorpholin*, $C_{18}H_{23}O_6N_3$, F. 117—118° (W.). 1std. Stehen von Morpholin mit dem Li-Sulfat vorst. Verb. in Dimethylformamid bei 20° → *Benzylester* (68%), der 7 Std. in A. in Ggw. von Pd-Schwarz hydriert wird; 67%. — *1-Benzoylglycyl-5-morpholinocarbonyl-2-oxo-L-pyrrolidin*, analog **V** nach a) mit $SOCl_2/(C_2H_5)_3N$ aus vorst. Verb.; hellgelbe glasige M.; 78%, 1std. Hydrolyse mit n-NaOH liefert vorst. Verb. zurück. — *N-p-Toluolsulfonyl-α-L-glutamyl-[glycincyclohexylamid]*, $C_{20}H_{29}O_6N_3S$, F. 157—160° (wss. A.), durch Zugeben von **IV**, $NaHCO_3$ u. W. zum Säurechlorid von **XI** in Chlf. bei 0°, 5 Min. Schütteln, 30 Min. Stehen bei 0°, Einengen, Lösen des Öls in Dimethylformamid, 30 Min. Stehen mit n-NaOH bei 0°, Ansäuern auf p_H 6, Einengen, Aufnehmen in wss. verd. NaOH, Abtrennen von nachst. Verb. durch Ausziehen mit Äthylacetat, Stehen über Nacht, Abfiltrieren von **X** u. Einengen; $[\alpha]_D^{16}$ —7,7° (c = 3,6 in Dimethylformamid); 52%. — *N-p-Toluolsulfonyl-α.γ-L-glutamyl-bis-[glycincyclohexylamid]*, $C_{28}H_{43}O_8N_5S$, F. 211—214°, aus der vorst. genannten wss. Schicht beim Ansäuern gegen Kongorot. — *N-p-Toluolsulfonyl-γ-L-glutamyl-[L-phenylalanincyclohexylamid]*, $C_{27}H_{35}O_6N_3S$, F. 211—212° (wss. A.), durch 4½std. Kochen von **XI**, **XII** u. $(C_2H_5)_3N$ in Acetonitril; 48%. — Die DKK. u. Infrarotmaxima der meisten Verbb. sind angegeben. (J. chem. Soc. [London] **1956.** 371—80. Febr. Cambridge, Univ., Chem. Labor.) R. PASEDAG. 950

L. H. Sommer, R. P. Pioch, N. S. Marans, G. M. Goldberg, J. Rockett und **J. Kerlin**, *Aliphatische organo-funktionelle Siloxane.* **33.** Mitt. *über Organosiliciumchemie.* (32. vgl. GEORGE, J. Amer. chem. Soc. **75.** [1953.] 1585.) Trimethylsilylverbb. werden durch konz. H_2SO_4 unter Abspaltung einer CH_3-Gruppe u. Knüpfung einer Siloxanbindung angegriffen gemäß 2 $R(CH_3)_2Si(CH_3)$ + HOH → $R(CH_3)_2SiOSi(CH_3)_2R$ + 2 CH_4, wobei sich aus Derivv. mit R = $-(CH_2)_2COOH$, $-(CH_2)_3COOH$ (**II**), $-(CH_2)_2NH_2$ u. $-(CH_2)_2\cdot COCH_3$ *Disiloxane*, mit R = $-(CH_2)_2CO(CH_2)_2-$ (**IV**) u. $-(CH_2)_2\cdot CH(NH_2)\cdot(CH_2)_2-$ (**VI**) *polymere Disiloxane* bilden. Bei der therm. Behandlung der polymeren Disiloxane dest. ringförmige Disiloxane ab, bei der Umsetzung mit Hexamethyldisiloxan (**I**) werden sie verhältnismäßig zu kurzkettigen Bis-disiloxanen aufgesprengt.

Versuche: *γ-Trimethylsilylbuttersäure* (**II**), $(CH_3)_3Si(CH_2)_3COOH$, $C_7H_{16}O_2Si$, aus γ-Brompropyltrimethylsilan über die GRIGNARD-Verb. mit CO_2; Kp.$_{10}$ 118°; n_D^{20} 1,4342; 74% (Ausbeute). — *α-[β-Trimethylsilylpropionyl]-β-trimethylsilylpropionsäureäthylester* (**III**), $(CH_3)_3SiCH_2CH(COOC_2H_5CO(CH_2)_2Si(CH_3)_3$, $C_{14}H_{30}O_3Si_2$, durch CLAISEN-Kondensation von β-Trimethylsilylpropionsäureäthylester; Kp.$_8$ 141°, D.^{20} 0,9196; n_D^{20} 1,4472; 81%. — *2.2.8.8-Tetramethyl-2.8-disilanonanon-(5)* (**IV**), $(CH_3)_3Si(CH_2)_2CO(CH_2)_2\cdot Si(CH_3)_3$, $C_{11}H_{26}OSi_2$, aus **III** durch Hydrolyse u. Decarboxylierung; Kp.$_7$ 103°; n_D^{20} 1,4414; D.^{20} 0,8424; 80%. *Ketoxim* (**V**), $C_{11}H_{27}ONSi_2$, aus **IV** u. $NH_2OH\cdot HCl$; F. 76—76,5° (CH_3OH); 86%. — *2.2.8.8-Tetramethyl-2.8-disila-5-aminononan* (**VI**), $C_{11}H_{29}NSi_2$, aus **V** mit $LiAlH_4$; Kp.$_{15}$ 115°; n_D^{20} 1,4438; D.^{20} 0,8123; 44%. — *4.4.6.6-Tetramethyl-4.6-disila-5-oxanonandisäure*, $O[Si(CH_3)_2(CH_2)_2COOH]_2$, aus β-Trimethylsilylpropionsäure mit konz. H_2SO_4; F. 53—54°; 95%. — *5.5.7.7-Tetramethyl-5.7-disila-6-oxaundecandisäure*, $O[Si(CH_3)_2(CH_2)_3COOH]_2$, aus **II** mit konz. H_2SO_4, F. 49—49,5° (Heptan); 82%. — *1.7-Diamino-3.3.5.5-tetramethyl-3.5-disila-4-oxaheptan* (**VII**), $O[Si(CH_3)_2(CH_2)_2NH_2]_2$, aus β-Trimethylsilyläthylaminhydrochlorid u. konz. H_2SO_4; nach Zusatz von NaOH u. Wasserdampfdest. Isolierung als *Dihydrochlorid*, F. 267—268° (A./Aceton); 85%; daraus wie üblich **VII**, Kp.$_{13}$ 115°; n_D^{20} 1,4473; D.^{20} 0,9075; 76%. — *5.5.7.7-Tetramethyl-5.7-disila-6-oxaundecandion-(2.10)*, $O[Si(CH_3)_2(CH_2)_2COCH_3]_2$, aus 4-Trimethylsilylbutanon-(2) mit konz. H_2SO_4; Kp.$_6$ 142°, n_D^{20} 1,4390; 62%. — *1.1.3.3.9.9.11.11-Oktamethyl-1.3.9.11-tetrasila-2.10-dioxacyclohexadecandion-(6.14)* (**VIII**), $[-Si(CH_3)_2(CH_2)_2CO(CH_2)_2Si(CH_3)_2\cdot O-]_2$: Aus **IV** entstand mit konz. H_2SO_4 eine viscose Substanz, die beim Erhitzen auf 370 bis 385° bei 3—5 Torr als Destillationsprod. neben der Fl. (**IX**) **VIII** als festen, aus A. kristallisierbaren Stoff ergab; F. 129—130°; 23%. — *2.2.4.4.10.10.12.12-Oktamethyl-2.4.10.12-tetrasila-3.11-dioxatridecanon-(7)*, $[(CH_3)_3SiOSi(CH_3)_2(CH_2)_2]_2CO$, aus **IX**, **I** u. konz. H_2SO_4; Kp.$_2$ 95°; n_D^{20} 1,4262; D.^{20} 0,8857; 41%. — *2.2.4.4.10.10.12.12-Oktamethyl-2.4.10.12-tetrasila-3.11-dioxa-7-aminotridecan*, $[(CH_3)_3SiOSi(CH_3)_2(CH_2)_2]_2CH(NH_2)$, aus **VI** mit konz. H_2SO_4 u. weiterer Umsetzung der viscosen, klebrigen M. mit **I**; Kp.$_2$ 98°; D.^{20} 0,8654; n_D^{20} 1,4282; 49%. (J. Amer. chem. Soc. **75.** 2932—34. 20/6. 1953. State Coll., Pa., Whitmore Labor.) U. WANNAGAT. 980

L. Ross, C. Barclay und **Eileen E. Betts,** *Die tertiären Butylbenzole.* 1. Mitt. *Die Alkylierung von 1.4-Di-tert.-butylbenzol mit tert.-Butylchlorid.* Bei der Alkylierung von p-Di-tert.-butylbenzol (I) mit überschüssigem tert.-Butylchlorid in Ggw, von $AlCl_3$ in der Kälte entsteht ein neuer *aromat. KW-stoff* $C_{22}H_{34}$ (II), F. 218,5—219°, der auf Grund seines UV-Spektr. einen alicycl. Kern enthält, der an den Benzolkern ankondensiert ist (Indanskelett?). Aus dem Infrarotspektr. geht das Vorhandensein von tert.-Butylgruppen u. eine Ähnlichkeit mit Pentamethylbenzol hervor, die auf einen pentasubstituierten Ring schließen läßt. Die Darst. von *Nitro-* u. *Aminoderivv.* von **II** wird beschrieben; aus deren Eigg. läßt sich auf eine starke Hinderung der funktionellen Gruppen durch die umfangreiche tert.-Butylgruppe schließen. Die Alkylierung von Bzl. ergibt unter gleichen Bedingungen etwas **II** u. *1.3.5-Tri-tert.-butylbenzol* (III), für das auch eine verbesserte Darstellungsmeth. aus **I** angegeben wird.

V e r s u c h e : *1.3.5-Tri-tert.-butylbenzol* (III), F. 74,8—75°, a) aus Bzl. u. tert.-Butylchlorid mit $AlCl_3$ bei —5° innerhalb 2 Std.; daneben **II**; b) aus **I** u. tert.-Butylchlorid mit $AlCl_3$ <0°; 75% (Ausbeute). — *KW-stoff,* $C_{22}H_{34}$ (II), F. 218,5—219°, aus 47 g **I** analog **III**, b), aber mit überschüssigem $AlCl_3$; aus Bzl./A. (1 :1) Nadeln, 20 g. Läßt sich mit HNO_3 oder mit CrO_3 bzw. $KMnO_4$ in Aceton nicht oxydieren. *Nitroderiv.*, $C_{22}H_{33}NO_2$, F. 266,5 bis 267° (Bzl./A.), aus 12,6 g **II** in Eisessig u. Acetanhydrid mit HNO_3 (D. 1,5) bei 65°, dann 3 Std. bei 90°; gelbliche Kristalle; 7,3 g. *Aminoderiv.*, $C_{22}H_{35}N$, F. 249,2—249,7° (Bzl./A.), aus vorst. Verb. in A. u. konz. HCl mit Sn (5 Std. kochen u. 1 Tag stehen). Gibt mit $NaNO_2$ in H_2SO_4–Essigsäure (1 :5) schwachorangefarbene *Kristalle vom F. 208 bis 209°*. (Canad. J. Chem. **33.** 672—78. April 1955. Sackville, New Brunswick, Mount Allison Univ., Dep. of Chem.) E. Franck. 1010

Nicholas Capron, Richard Sasin und **George S. Sasin,** *Darstellung einiger N-substituierter 2-Nitrobenzolsulfenamide.* Eine Reihe von *2-Nitrobenzolsulfenamiden* wurde durch Rk. von 2-Nitrobenzolsulfenylchlorid (I) mit Aminen in Ae. dargestellt. n-Amyl-, Di-n-butyl-, β-Phenyläthyl-, Diisopropyl-, 3-Methoxypropyl-, 3-Isopropoxypropylamin u. Piperidin regierten nicht mit **I** oder gaben fl. Reaktionsprodd., die sich bei der Vakuumdest. zersetzten. Durch Oxydation der 2-Nitrobenzolsulfenamide konnten weder Sulfon- noch Sulfinamide erhalten werden. Die Oxydation von rohem 2-Nitrobenzolsulfensäurepiperidid mit H_2O_2 in Eisessig ergab das entsprechende *Disulfid,* ebenso die Oxydation von 2-Nitrobenzolsulfensäure-2.4-dichloranilid mit H_2O_2 in Aceton oder mit HNO_3 in Eisessig. Nach anderen Oxydationsmethoden wurden undefinierbare Verbb. erhalten, oder es trat keine Rk. ein.

V e r s u c h e : 2 - N i t r o b e n z o l s u l f e n s ä u r e a m i d e : *Benzylamid,* F. 59,5—60° (orangefarbene Kristalle aus Ligroin), durch Zutropfen von **I** in Ae. zu Benzylamin in Ae. unter Rühren; 70% (Ausbeute). — *m-Nitroanilid,* F. 192—193° (gelbe Kristalle aus Aceton), analog vorst. Verb.; 55%. — *2.4-Dichloranilid,* F. 182—183° (gelbe Kristalle aus Aceton); 60%. — *α-Phenyläthylamid,* F. 57,5—58° (orangefarbene Kristalle aus 90%ig. A.); 77%. — *Morpholid,* F. 89,5—90° (gelbe Kristalle aus 90%ig. A.); 90%. — *Dibenzylamid,* F. 107—107,5° (orangefarbene Kristalle aus Aceton); 85%. — *Biphenylyl-(2)-amid,* F. 113,5—114° (gelbe Kristalle aus Aceton); 95%. — *Biphenylyl-(4)-amid,* F. 145—146° (orangefarbene Kristalle aus Bzl.–PAe.); 95%. — *2-Methoxyanilid,* F. 115,5—116° (orangefarbene Kristalle aus Aceton); 95%. (J. org. Chemistry **21.** 362. März 1956. Philadelphia, Pa., Drexel Inst. of Technol., Dep. of Chem.) H. Bertsch. 1090

Karl Heinz Krüger, *Über die Synthese von Verbindungen vom Typ des α.β-Dioxypropiophenons und deren Umwandlung in α-Diketone.* Die Rk. von Benzoylcarbinol oder dessen Derivv. mit CH_2O in Ggw. von $Ca(OH)_2$ oder $Pb(OH)_2$ führt zu *α.β-Dioxypropiophenonen,* die beim Erhitzen im Vakuum über den F., bei der Behandlung mit Acetanhydrid bzw. mit $H_2C_2O_4$ in sd. Xylol in *α-Diketone* übergehen.

V e r s u c h e : *Benzoylcarbinol,* F. 86°, aus Benzoylcarbinolacetat durch Verseifung mit 1%ig. H_2SO_4. — *α.β-Dioxypropiophenon,* F. 80,5—81° (Bzl.–Cyclohexan), durch Zugeben von $Pb(OH)_2$ zu vorst. Verb. u. CH_2O in 66%ig. CH_3OH unter Rühren u. Ausschluß von O_2 bei 75° in 15—20 Min. u. Zugeben von 2n H_2SO_4; glänzende Schuppen; 68% (Ausbeute). *Bis-[p-nitrobenzoat],* $C_{23}H_{16}O_9N_2$, F. 154°, Schuppen. — *α-Phenylglycerin,* durch Hydrierung vorst. Rohprod. in Ggw. von Ranay-Ni bei 110 at. u. 20°; 52%. — *1-Phenylpropandion-(1.2)* (*Acetylbenzoyl*), $Kp._{11}$ 115—117°, durch 1 std. Kochen vorvorst. Rohprod. mit 10%ig. H_2SO_4, Wasserdampfdest. u. Ausäthern; 62%. *Bis-semicarbazon,* F. 228°. — *p-Methoxybenzoylcarbinol,* F. 107—108°, aus p-Methoxyacetophenon. — *p-Methoxy-α.β-dioxypropiophenon,* $C_{10}H_{12}O_4$, F. 108° (Chlorbenzol), in 30 Min.; 47%. *Bis-[p-nitrobenzoat],* $C_{24}H_{18}O_{10}N_2$, F. 169—170° (A.), Nadeln. — *1-[4-Methoxyphenyl]-propandion-(1.2),* F. 46°; 54%. *Bis-semicarbazon,* F. 235°. — *p-Brombenzoylcarbinol,* F. 142°, aus p-Bromacetophenon. — *p-Brom-α.β-dioxypropiophenon,* $C_9H_9O_3Br$,

F. 155—157° (Bzl./PAe.), in 35 Min.; glänzende Schuppen. *Bis-[p-nitrobenzoat]*, $C_{23}H_{15}$·O_9N_2Br, F. 155°, elfenbeinweiße Nadeln. — *1-[4-Bromphenyl]-propandion-(1.2)*, F. 46°; 60%. *Bis-semicarbazon*, $C_{11}H_{13}O_2N_6Br$, F. 251° (Dimethylformamid), Nadeln. — *p-Äthylbenzoylcarbinol*, F. 65—66°, aus dem Acetat; glänzende Schuppen. — *p-Äthyl-α.β-dioxypropiophenon*, $C_{11}H_{14}O_3$, F. 103° (Chlorbenzol/Cyclohexan), glänzende Schuppen; 53%. *Bis-[p-nitrobenzoat]*, $C_{25}H_{20}O_9N_2$, Nadeln. — *1-[4-Äthylphenyl]-propandion-(1.2)*, $Kp._{11}$ 131°, durch 2std. Erhitzen in Xylol mit $H_2C_2O_4$; 54,5%. *Bis-semicarbazon*, $C_{13}H_{18}O_2N_6$, F. 250°, Nadeln. — *p-Phenylbenzoylcarbinol*, F. 129°, aus p-Phenylbenzoylcarbinolformiat durch saure Verseifung in 80%ig. CH_3OH. — *p-Phenyl-α.β-dioxypropiophenon*, $C_{15}H_{14}O_3$, F. 152° (Chlorbenzol), mit CaO in 90%ig. CH_3OH in 75 Min.; Schuppen; 62%. *Bis-[p-nitrobenzoat]*-, $C_{29}H_{20}O_9N_2$, F. 171° (Chlorbenzol/A.), Nadeln. — *1-[p-Diphenylyl]-propandion-(1.2)*, $C_{15}H_{12}O_2$, F. 54° (verd. CH_3OH), mit $H_2C_2O_4$ in sd. Xylol in 2 Std.; gelbe Nadeln; 82%. *Monosemicarbazon*, $C_{16}H_{15}O_2N_3$, F. 131° (CH_3OH), Nadeln. (Chem. Ber. **89.** 1016—19. 1956. Rostock, Inst. für Katalyseforsch. d. Deutsch. Akad. der Wiss. zu Berlin.) R. PASEDAG. 1170

L. Horner und **W. Spietschka**, *Zur Kenntnis der o-Chinone.* 6. Mitt. *Das Verhalten von o-Chinonen gegenüber tert. Aminen als Beitrag zum Vorgang der Melaninbildung.* (5. vgl. C. **1954.** 3681.) Vff. untersuchten die Umsetzungen von o-Chinonen mit Aminen u. gelangten zu folgenden Ergebnissen: Aromat. tert. Basen mit freien o-Stellungen (Pyridin, γ-Picolin, Isochinolin) bilden mit Tetrachlor-o-chinon (I) *quartäre Ammoniumsalze*, bei denen die Verknüpfungsstelle des N-Atoms mit I noch nicht angegeben werden kann. — Aromat. tert. Basen mit besetzten o-Stellungen (α-Picolin, Kollidin, Chinolin, Chinaldin, Lepidin) dagegen liefern isolierbare *1:1-Addukte*, die sich in $2nH_2SO_4$, Pikrinsäure, CH_2N_2 oder Styrol in die Komponenten zerlegen lassen. Vff. schließen daraus auf einen chinhydronartigen Aufbau im Sinne von PFEIFFER [1922] sowie WEITZ u. SCHMIDT (J. prakt. Chemie **158.** [1941.] 211). Bei der Umsetzung von Cyclopentadien mit I bilden sich ein Diketon (23%) u. eine Verb. von Benzodioxantyp (64%) (vgl. 4. Mitt., C. **1954.** 3680), während mit dem Chinolinaddukt nur 35% des letzteren u. 28% des Diketons entstehen. Dieser Vgl. spricht für eine besondere Beteiligung des Dicarbonylsyst bei der Chinhydronbldg., u. Vff. nehmen nach den Vorstellungen von ALDER (Liebigs Ann. Chem. **535.** [1938.] 101. 113) über den Orientierungskomplex für die Addukte eine Struktur mit parallel übereinander angeordneten Kernen u. Resonanz zwischen dem Hetero- u. dem Dicarbonylsyst. an. — Die Umsetzung von I mit aliphat. tert. Aminen (Trimethyl-, Triäthylamin, N-Äthylpiperidin, Dimethyl- u. Diäthylanilin) verläuft lebhaft u. unübersichtlich. Unter schonenden Bedingungen (in äther. Lsg. bei —60°) erhielten Vff. z. B. mit Trimethylamin einen braunen Nd., der 60—80% der Ausgangskomponenten enthält u. aus dem sich neben wenig *Tetrachlor-o-phenylenäther des 3.6-Dichlor-4.5-dioxybenzochinons* (F. 298°, rote Nadeln), *CH_2O* u. *Dimethylamin* im Verhältnis 1:1 isolieren ließen. — Indol u. N-Alkylindole treten mit I über tiefviolett-schwarze Zwischenstufen zu bichromatfarbenen *1:1-Addukten* zusammen. Durch Umsetzung von I mit solchen Indolderivv., deren Konst. einen Reaktionsverlauf über die Stufe der Chinhydrone hinaus ausschloß [Carbazol, N-Methylcarbazol, u. mit Einschränkung α-Phenylindol (reagiert in der Kälte langsam weiter)], gelang es den Vff. zu zeigen, daß es sich bei den Zwischenstufen um chinhydronartige Prodd. handelt, während die Indoladdukte selbst das Ergebnis einer substituierenden Addition sind u. die Struktur **II** (R = H, CH_3, C_2H_5) besitzen, die u. a. schlüssig durch Abbau bewiesen werden konnte.

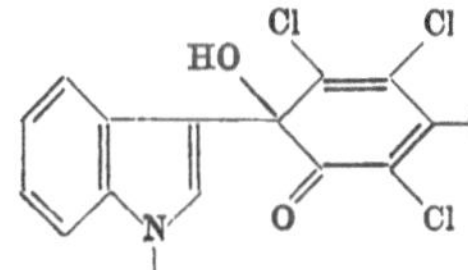

II

V e r s u c h e (z. T. mit **Sturm**): Aus mol. Mengen I u. tert. aromat. Amin in absol. Bzl.: *Trichlor-o-chinonylpyridiniumchlorid*, $C_{11}H_5O_2NCl_4$, F. 115° (Zers.), gelb, hygroskopisch. — *Trichlor-o-chinonylisochinoliniumchlorid*, $C_{15}H_7O_2NCl_4$, F. 97° (Zers.). — *Trichlor-o-chinonyl-γ-picoliniumchlorid*, $C_{12}H_7O_2NCl_4$, F. 95° (Zers.), gelb. **I**-*Chinolinaddukt*, $C_{15}H_7O_2NCl_4$, Zers. bei 152°, rote Prismen. In A. bzw. Dioxan gibt Chinolin mit I nur *Chinolinhydrochlorid* (F. 94°). — **I**-*α-Picolinaddukt*, $C_{12}H_7O_2NCl_4$, F. 190° (Zers.), rote Würfel. — **I**-*Chinaldinaddukt*, $C_{16}H_9O_2NCl_4$, F. 173° (Zers.), orangerot. — **I**-*Kollidinaddukt*, $C_{14}H_{11}O_2NCl_4$, F. 225° (Zers.), rot. — **I**-*Lepidinaddukt*, braunrot. — **I**-*Carbazoladdukt*, $C_{18}H_9O_2NCl_4$, F. 131° (Zers.), in Essigester bei —20°; schwarze Nadeln. — **I**-*N-Methylcarbazoladdukt*, $C_{19}H_{11}O_2NCl_4$, F. 114° (Zers.), in absol. Toluol bei —20°; violettschwarz. — **I**-*2-Phenylindoladdukt*, schwarz. — *2-[Indolyl-(3')]-2-oxy-3.4.5.6-tetrachlorcyclohexadien-(3.5)-on* (**II**; R = H), $C_{14}H_7O_2NCl_4$, F. 142° (Zers., Essigester), aus I u. Indol in Tetrahydrofuran; 95% (Ausbeute). — *2-[Indolyl-(3')]-3.4.5.6-tetrachlorphenol* (**III**), $C_{14}H_7ONCl_4$, F. 184° (wss. A. oder verd. Essigsäure), durch Red. von **II** (R = H) mit Zn + Eisessig bei 60—70° (85%) oder katalyt. über RANEY-Ni in Essigester. — *2-[N-Acetylindolyl-(3')]-1-acetoxy-3.4.5.6-tetrachlorbenzol*, $C_{18}H_{11}O_3NCl_4$, F. 192° (A.); 9 g geben in Eisessig/Essigsäureanhydrid mit HNO_3 (D. 1,5) bei Siedetemp. 6 g *Nitroverb.*, $C_{18}H_{10}O_5N_2Cl_4$, F. 234° (Eisessig), hellgelb. — *2-[Indolyl-(3')]-3.4.5.6-tetrachloranisol* (**IV**), $C_{15}H_9ONCl_4$, F. 232° (CH_3OH), aus **III** mit CH_2N_2 (100%) oder Dimethylsulfat (95%). *5'.7'(?)-Dibromid*, $C_{15}H_7ONCl_4Br_2$, F. 163° (Chlf./PAe.); 80%. *Nitroverb.*, F. 244° (A.), nicht näher untersucht. — *2-[N-Acetylindolyl-(3')]-3.4.5.6-tetrachoranisol*, $C_{17}H_{11}O_2NCl_4$, F. 161° (Eisessig), aus **IV**; 95%. — *5-[5'-Nitro-N-acetylindolyl-(3')]-3.4-5.6-tetrachloranisol*, $C_{17}H_{10}O_4N_2Cl_4$, F. 195°, aus vorst. Verb. mit HNO_3 in Eisessig bei 80 bis 90°; hellgelbe Nadeln aus Eisessig; 50%. — *2-[5'-Nitroindolyl-(3')]-3.4.5.6-tetrachloranisol*, $C_{15}H_8O_3N_2Cl_4$, F. 205° (A.), aus vorst. Verb. in A. + KOH (3 Std. am Rückfluß); 80%. — *2-[5'-Aminoindolyl-(3')]-3.4.5.6-tetrachloranisol*, F. 204° (unrein), aus 4 g vorst. Verb. mit $SnCl_2$ + konz. HCl in Eisessig (15 Min. bei 100°); 3 g. Gibt mit CrO_3 in Eisessig bei 100° (1/2 Std.) 1,4 g *2-Methoxy-3.4.5.6-tetrachlorphenylglyoxylsäureamid* [$C_9H_5O_3NCl_4$, F. 187° (Bzl.)], das auch aus **IV** erhalten u. durch methanol. KOH in *Oxamidsäure* u. *2.3.4.5-Tetrachloranisol* ($C_7H_4OCl_4$, F. 84°; 80%) gespalten wurde. *Diacetylderiv.*, $C_{19}H_{14}O_3 \cdot N_2Cl_4$, F. 248° (Eisessig); 90%. — *Verb. $C_{15}H_9ONCl_4$* [wahrscheinlich *2-[N-Methylindolyl-(3')]-3.4.5.6-tetrachlorphenol*], F. 178° (Eisessig), aus 2 g **II** (R = CH_3; vgl. 1. Mitt. C. **1951**. II. 364) mit Zn-Staub in Eisessig; 1,5 g. — *Verb. vom F. 238°* (A. oder Eisessig), durch Abbau von **II** (R = CH_3) mit Peressigsäure. — *Verb. $C_{16}H_{11}ONCl_4$* [wahrscheinlich *2-[N-Äthylindolyl-(3')]-3.4.5.6-tetrachlorphenol*], F. 148° (Eisessig), aus **II** (R = C_2H_5); Infrarotspektrum. *Monoacetylderiv.*, $C_{18}H_{13}O_2NCl_4$, F. 101°. (Liebigs Ann. Chem. **591**. 1—20. 1955. Frankfurt/M., Univ., Inst. für Organ. Chem.) J. RICHTER. 1190

Leopold Horner und **Karl Sturm**, *Zur Kenntnis der o-Chinone*. 7. Mitt. *Chinonimide als Zwischenprodukte bei der Einwirkung des Fremyschen Salzes auf aromatische Amine.* (6. vgl. vorst. Ref.) Bei der Einw. von Kaliumnitrosodisulfonat (FREMYsches Salz; F. S.) auf prim. aromat. Amine mit besetzter [p-Toluidin (**I**), 1.3.4-Xylidin (**II**)] bzw. freier p-Stellung [o-Toluidin (**III**)] entstehen intermediär *o-* bzw. *p-Chinonimide*, welche sich durch 1.4-Addition weiteren Amins an das HN=C—C=C-Syst. u. folgende Dehydrierung sofort zu *p-* bzw. *o-Chinonanilfarbstoffen* stabilisieren. Z. B. liefert **I** über *5-Methylbenzochinon-(1.2)-imid-(2) 5-Amino-2-methylbenzochinon-(1.4)-[4-methylanil]-(1)* (**IV**), dessen Konst. durch saure Hydrolyse (Einleiten von HCl in die äther. Lsg. u. 24std. Stehen bei n. Temp.) seines N-p-Toluolsulfonylderiv. (**V**) zu *p-Toluidin* (isoliert als *Benzoesäure-p-toluidid*, F. 158°) u. *5-[p-Toluolsulfonylamino]-2-methylbenzochinon-(1.4)* (**VI**) u. Synth. von **VI** bewiesen wurde. Da **III** eine schlechtere Ausbeute als **I** gibt, nehmen Vff. verringerte Additionsbereitschaft des p-Chinonimids an. 1.2.4-Xylidin liefert kein definiertes Prod., da das offenbar gebildete 4.5-Dimethylbenzochinon-(1.2)-imid-(2) infolge der besetzten 4-Stellung des HN=C—C=C—C-Syst. nicht mehr zur Addition befähigt ist. Bei m-Toluidin konnte aus dem in wss. Lsg. entstehenden harzigen Reaktionsprod. noch keine definierte Verb. erhalten werden. 1.3.2-Xylidin (**VII**) liefert ein Gemisch von *2.6-Dimethylbenzochinon-(1.4)-imid-(1)* (**VIII**), *2.6-Dimethylbenzochinon-(1.4)* (**IX**) u. *2-Nitroso-1.3-dimethylbenzol*. Die Unfähigkeit von **VII** zur Anlagerung an **VIII** bzw. **II** wird ster. begründet, da sich Anilin glatt an **IX** zu *3-Anilino-2.6-dimethylbenzochinon-(1.4)* anlagert. — Bei prim. aromat. Aminen mit besetzten o- u. p-Stellungen, z. B. Mesidin (**XI**), wird die NH_2-in die N=O-Gruppe übergeführt. — Vff. nehmen an, daß bei den Rkk. prim. Amine mit F. S. zunächst durch monovalenten Elektronenübergang vom N auf das F. S. Durchgangsradikale gebildet werden, die unter Einbau eines 2. Mol. F. S. ein Proton abspalten. Im Falle des **VII** scheint die Mesomerie zur p-Stellung ster. gestört, so daß die Einlagerung des 2. Mol. F. S. nicht nur in 4-Stellung erfolgt oder nach deren Anlagerung an N die Umlagerung in 4-Stellung unterbleibt u. das F. S. sich am N oxydativ betätigt. — Analog den prim. reagieren sek. aromat. Amine [N-Methylanilin (**XII**), Phenthiazin (**XIII**)]; Dimethylanilin, Methyl-, Di-, Trimethyl-, Äthyl-, Triäthylamin, p-Toluolsulfanilid u. Bis-[p-toluolsulfonyl]-p-phenylendiamin sind wesentlich reaktionsträger.

Versuche: *5-Amino-2-methylbenzochinon-(1.4)-[4-methylanil]-(1)* (**IV**), $C_{14}H_{14}ON_2$, F. 148° (Zers.), aus **I** in Ae. mit F. S. in W. + Na-Acetat (5 Min. Schütteln), Alkalisieren mit 2nNaOH u. Ätherextraktion; aus PAe. dunkelrote Prismen; 82% (Ausbeute); nimmt in CH_3OH in Ggw. von RANEY-Ni unter Entfärbung 1 Mol H_2 auf, das Reduktionsprod. färbt sich aber an der Luft wieder dunkelrot. Reduzierende Acetylierung von **IV** in Acetanhydrid + Eisessig mit Zn-Staub bei 100° u. 3 Std. unter Rückfluß → *Verb. $C_{22} \cdot H_{24}O_5N_2$*, F. 165° ($CH_3OH$). **IV**-*Monobenzoylderiv.*, $C_{21}H_{18}O_2N_2$, F. 145°, dunkelrote Nadeln aus CH_3OH; geht in methanol. Lsg. an RANAY-Ni unter Entfärbung u. Aufnahme von 1 Mol H_2 in die *Dihydroverb.*, F. 203° (CH_3OH unter CO_2), über, die ihrerseits eine *Diacetylverb.*, $C_{25}H_{24}O_4N_2$, F. 187° (CH_3OH), 70%, liefert. **IV**-*Monoacetylderiv.*, F. 172°, rotviolette Nadeln. **IV**-*N-[p-Toluolsulfonyl]-deriv.* (**V**), F. 165°, dunkelrote Prismen aus

CH_3OH. — *5-[p-Toluolsulfonylamino]-2-methylbenzochinon-(1.4)* (**VI**), $C_{14}H_{13}O_4NS$, F. 186 bis 187° (Zers.), a) aus **V**; b) aus F. S. u. *1-Methyl-2-oxy-4-[p-toluolsulfonylamino]-benzol* [F. 121° (Zers.; Bzl.), aus **III** über 2-Oxy-4-aminotoluol; 41%] in wss. Aceton; goldgelbe Prismen. — *5-Amino-2.6-dimethylbenzochinon-(1.4)-[2.4-dimethylanil]-(1)* (**XIV**), $C_{16}H_{18}$·ON_2, F. 137°, analog **IV** aus **II**; violettschwarze Nadeln aus Cyclohexan; 44%. — *5-Amino-4-methylbenzochinon-(1.2)-[2-methylanil]-(1)* (**X**), $C_{14}H_{14}ON_2$, F. 91—92°, aus **III**; dunkelrote Nadeln aus PAe.; 24%. — *2-Nitroso-1.3-dimethylbenzol*, F. 142° (CH_3OH), aus **VII** neben dem bisher nicht trennbaren Gemisch von **VIII** u. **IX**; 6%. — *2-Nitrosomesitylen*, $C_9H_{11}ON$, F. 122° (Zers.; CH_3OH), aus **XI**; 47%. — *4-[N-Methylanilino]-benzochinon-(1.2)*, $C_{13}H_{11}O_2N$, F. 139—140° (Zers.; Bzl.), aus **XII** + F. S. (Mol-Verhältnis 1:3) in 1%ig. CH_3COOH; rotbraun; 16%. Entsteht nicht in acetatgepufferter wss. Lösung. — *Phenthiazon-(2)*, $C_{12}H_7ONS$, F. 164° (Bzl.), aus **XIII** + F. S. (1:2) in wss. Aceton u. Chromatographie der benzol. Lsg. des Filterrückstandes an Al_2O_3 neben einer *Verb. vom F. 219°* (A.) aus dem Filtrat. — Die UV-Spektren von *p-Chinonanil* (**XV**), **IV**, **XIV** u. **X** in CH_3OH sind angegeben; ein Vgl. zeigt Analogie zwischen **IV** u. **XIV**, charakterist. Unterschied von **X** u. bzgl. **XV** Verschiebung der Absorption nach längeren Wellen durch die CH_3-Gruppen. (Chem. Ber. **88.** 329—38. 1955. Mainz, Univ., Organ.-chem. Inst.)

J. RICHTER. 1190

L. Horner und **K. Sturm**, *Zur Kenntnis der o-Chinone.* 8. Mitt. *Über weitere Additionsreaktionen von o-Chinonen.* (7. vgl. vorst. Ref.) Das mit dem für die Melaninbldg. wichtigen 5.6-Indol-o-chinon strukturähnliche *4.5-Dimethyl-o-chinon* (**I**) addiert HCl, Thiophenol (**II**), Thiosalicylsäure (**III**) u. Benzolsulfinsäure (**IV**) unter Bldg. von *3-substituierten 4.5-Dimethylbrenzcatechinen* (grüne Enol-Rk.), die über die *o-Chinone* in die entsprechenden *Phenazine* übergeführt wurden. Für die 3-Substitution ist beweisend, daß das aus **I** u. **III** gebildete *3-[o-Carboxyphenylmercapto]-4.5-dimethylbrenzcatechin* mit Acetanhydrid (**VI**) in das *1-acetylierte Lacton* übergeht, das in sein *Anilid* übergeführt wurde. **I** addiert ferner 1 Mol Br_2 in 3.6-Stellung, **VI** unter Bldg. von *4.5-Dimethylpyrogalloltriacetat* u. Acetylchlorid (**VIII**) zu *3-Chlor-4.5-dimethylbrenzcatechindiacetat*. — Von den untersuchten Olefinen wird nur Cyclopentadien (**IX**) unter Bldg. von *5.6-Dimethyl-3a.4.7.7a-tetrahydro-4.7-endodicarbonylinden* angelagert, während mit den übrigen, offenbar unter gleichzeitiger Rk. von **I** als Dien u. Philodien, dimeres **I** entsteht, das Vff. als in α-Stellung enolisiertes *4.4α.6.7-Tetramethyl-4a.5.8.8a-tetrahydro-5.8-endodicarbonyl-β-naphthochinon* (**X**) erkannten. Die Dimerisation findet bes. leicht in polaren Medien (CH_3NO_2, Acetonitril, Eisessig u. A.) statt. — Die Struktur der 2:1-Addukte von **I** mit Acetessigester (**XI**) bzw. Diazoessigester (**XII**), die auch aus **X** zugänglich sind, ist noch ungeklärt. Auf Grund der Mesometrielehre nehmen Vff. an, daß die Br_2- u. **IX**-Anlagerung an **I** sowie die Dimerisation von **I** im Sinne einer 1.4-Addition an die in 3.6-Stellung polarisierte Grenzformel, die Anlagerung von **VI**, **VIII**, prim. u. sek. Aminen mit unbesetzter 4- u. 5-Stellung sowie vermutlich auch die der Sulfhydrylverbb. an die in 5-Stellung (positiv) u. am 1-Carbonylsauerstoff (negativ) (Bldg. des Chinols, das sich unter Umlagerung stabilisiert) u. die Bldg. der Benzodioxane (vgl. 1. Mitt., C. **1951.** II. 364), Phosphinaddukte (vgl. C. **1955.** 10235) u. Methylenäther (vgl. 3. Mitt., C. **1954.** 522) von der an den beiden Carbonylsauerstoffen polarisierten Grenzformel oder den entsprechenden phototropen Diradikalen (vgl. SCHENCK u. SCHMIDT-THOMÉE, C. **1954.** 10212) aus stattfinden. Wahrscheinlich vollzieht sich die Melaninbldg. in gleicher Weise.

V e r s u c h e: *3.6-Dibrom-4.5-dimethylbrenzcatechin*, $C_8H_8O_2Br_2$, F. 113°, aus **I** in Chlf. + Br_2 in CCl_4 bei 0° u. Abkühlen auf —15°; sublimiert bei 100°/0,05 mm; 65% (Ausbeute). *Diacetylverb.*, F. 192° (CH_3OH). — *3.6-Dibrom-4.5-dimethyl-o-benzochinon*, $C_8H_6O_2Br_2$, F. 121° (Zers.; Ae.), durch 5 Min. Schütteln vorst. Verb. mit Ag_2O u. Na_2SO_4 in Ae.; ziegelrote Kristalle; UV-Spektr.; 70%. — *1.4-Dibrom-2.3-dimethylphenazin*, F. 175°, aus vorst. Verb. u. o-Phenylendiamin (**V**) in Chlf. (24 Std. bei Raumtemp.) u. Chromatographie an Al_2O_3; aus Isopropanol/W. (1:1) gelbe Nadeln. — *3-Chlor-4.5-dimethylbrenzcatechin*, $C_8H_9O_2Cl$, F. 93° (CCl_4), durch Einleiten von HCl in eine absol. äther. Lsg. von **I**; sublimiert bei 70°/0,1 mm; 88%. *Diacetylverb.*, $C_{12}H_{13}O_4Cl$, F. 129° (CH_3OH); ident. mit dem aus **I** u. **VIII** in absol. Bzl. + wasserfreiem Chinolin erhaltenen Diacetat. — *3-Chlor-4.5-dimethyl-o-benzochinon*, $C_8H_7O_2Cl$, F. 81° (Zers.; Ae.), hellrote Kristalle; UV-Spektr.; 67%. — *1-Chlor-2.3-dimethylphenazin*, F. 165,5°, aus CH_3OH hellgelbe Nadeln; 53%. — *3-[Phenylmercapto]-4.5-dimethylbrenzcatechin* (**XIII**), $C_{14}H_{14}O_2S$, F. 109°, aus **I** u. **II** in Bzl. bei 40°; sublimiert bei 100°/15 mm; aus CCl_4 bräunliche Prismen; violette Enol-Rk.; 75%. — *3-[Phenylmercapto]-4.5-dimethyl-o-benzochinon*, $C_{14}H_{12}$·O_2S, F. 89° (Zers.), dunkelviolette Rhomboeder; 62%. — *1-[Phenylmercapto]-2.3-dimethylphenazin*, $C_{20}H_{16}N_2S$, F. 176°, aus CH_3OH/W. (2:1) gelbe Nadeln; 24%. — *[2.3-Dioxy-5.6-dimethylphenyl]-phenylsulfon*, $C_{14}H_{14}O_4S$, F. 118° (CH_3OH), aus **I** u. **IV** in Ae.; 72%. *Diacetylverb.*, $C_{18}H_{18}O_6S$, F. 147° (CH_3OH); ident. mit dem aus **XIII** u. **VIII** in wasserfreiem Chinolin mit anschließender Oxydation mit Perhydrol in Eisessig unter 3std. Rückfluß erhaltenen Sulfon. — *3-[o-Carboxyphenylmercapto]-4.5-dimethylbrenzcatechin*, $C_{15}H_{14}O_4S$, F. 238—240° (Zers.; A.), aus **I** u. **III** in A.; sublimiert ab 220°, 83%. Daneben 11% *Dithiosalicylsäure* (F. 286—289° [Zers.]). *Acetyliertes Lacton*, $C_{17}H_{14}O_4S$, F. 160,5° (CH_3OH); gibt mit Anilin das *Anilid*, $C_{23}H_{21}O_4NS$, F. 233° (Zers.; CH_3OH/W.). — *Lacton* $C_{10}H_{10}O_3S$, F. 154—155° (CCl_4), aus **I** u. Thioglykolsäure. — *4.5-Dimethylpyrogalloltriacetat*, $C_{14}H_{16}O_6$, F. 127,5° (CH_3OH), aus **I** u. **VI**; 60%. Daraus durch alkal. Verseifung *4.5-Dimethylpyrogallol*, $C_8H_{10}O_3$, F. 154° (nach Sublimation im Hochvakuum). — *5.6-Dimethyl-3a.4.7.7a-tetrahydro-4.7-endodicarbonylinden*, $C_{13}H_{14}O_2$, F. 211° (Zers.), aus **I** u. **IX**; aus A. citronengelbe Prismen; 91%. — *5.6-Dimethyl-3a.4.7.7a-tetrahydroindendicarbonsäure-(4.7)*, $C_{13}H_{16}O_4$, F. 225° (Zers.; 20%ig. CH_3OH), aus vorst. Verb. durch Oxydation mit alkal. Perhydrol in CH_3OH; 77%. — *4.4a.6.7-Tetramethyl-4a.5.8.8a-tetrahydro-5.8-endodicarbonyl-β-naphthochinon* (**X**), $C_{16}H_{16}O_4$, F. 179° (Zers.), entstand außer in den genannten Medien (86%) auch in CH_3OH, Styrol (65%) beim Erwärmen, beim Schmelzen mit Maleinsäureanhydrid (44%) u. bei 65° mit 2.3-Dimethylbutadien (28%); aus Bzl. goldgelbe Prismen; schwarze Enol-Rk.; UV-Spektrum. Gibt bei der Red. mit Zn-Staub in Eisessig eine *Tetrahydroverb.* $C_{16}H_{20}O_4$ [F. 156°, aus Aceton schwachgelbe Prismen; 14%], die keine, bei katalyt. Hydrierung mit RANAY-Ni eine *Tetrahydroverb.* $C_{16}H_{20}O_4$ [F. 220—232° (Zers.)], die eine grünschwarze Enol-Rk. gibt. **X**-*Monoacetylverb.* (**XIV**), $C_{18}H_{18}O_5$, F. 192°, aus Bzl. hellgelbe Prismen; UV-Spektrum. **X**-*Chinoxalinderiv.*, $C_{22}H_{20}O_2N_2$, F. 171° (Zers.), aus CH_3OH hellgelbe Kristalle; gelbbraune Enol-Rk.; 34%. Gibt bei der Acetylierung in Ggw. von H_2SO_4 neben *2.3-Dimethylphenazin* (**VII**; $C_{14}H_{12}N_2$, F. 173°, aus 50%ig. CH_3OH gelbliche Prismen; 77%), das auch aus **V** u. **X** (22%) bzw. **XIV** (77%) entsteht, ein *Monoacetat* $C_{24}H_{22}O_3N_2$, F. 204° (geringe Zers.), aus 50%ig. A. hellgelbe Kristalle. — *Verb.* $C_{16}H_{18}O_5$, F. 183° (Zers.; Bzl./Eisessig), durch Lösen von **X** oder **XIV** in 2n NaOH u. Ausfällen mit 2n HCl; aus Eisessig hellgelbe Prismen; UV-Spektr.; das Infrarotspektr. zeigt OH-Bande; in A. rotbraune Enol-Rk.; red. ammoniakal. $AgNO_3$-Lsg.; 35 bzw. 73%. *Monomethylderiv.*, $C_{17}H_{20}O_5$, F. 117°, mit CH_2N_2; aus CH_3OH gelbliche Prismen; rotbraune Enol-Rk.; 65%. **V**-*Deriv.*, $C_{22}H_{22}O_3N_2$, F. 196° (CH_3OH), gelbliche Prismen. — *Verb.* $C_{22}H_{26}O_7$, F. 142—162° (Bzl.), aus **I** u. **XI** (8 Tage bei n. Temp.); 80%. *Chinoxalinderiv.*, $C_{28}H_{30}O_5N_2$, F. 151—157° (Zers.), hellgelbe Prismen; 84%; erleidet mit konz. H_2SO_4 bei 60° Retrodienzerfall zu **VII**. — *Verb.* $C_{20}H_{22}O_6N_2$, F. 154—155° (Zers.; A.), aus **I** oder **X** mit **XII** bei n. Temp. in 7 bzw. 20 Tagen; aus 90%ig. CH_3OH hellgelbe Würfel; 20 bzw. 40%. — *4.5-Dimethyl-o-chinonmethylenäther*, $C_9H_{10}O_2$, F. 43—47° (Sublimation bei 80°/16 mm), aus **I** + äther. CH_2N_2; 6%. — *Verb.* $C_{21}H_{16}O_2$, F. 180° (Bzl./A.), aus **I** u. 9-Diazofluoren in absol. Ae. bei 100°; 34%. — *Verb.* $C_{14}H_{14}O_5$, F. 184—185° (A.), aus **I** u. Keten in absol. Bzl. bei Ggw. von BF_3-Ätherat (48std. Stehen). (Liebigs Ann. Chem. **597**. 1—19. **1955**. Frankfurt/M., Univ., Inst. für Organ. Chem., u. Mainz, Univ., Organ.-chem. Inst.) J. RICHTER. 1190

S. S. Karmarkar und **V. M. Bhave**, *Die Einwirkung von Anilin und anderen primären Aminen auf β-Arylglutaconsäureanhydride.* 1. Mitt. *Bildung und Decarboxylierung von Semianiliden.* β-[4-Methoxyphenyl]-glutaconsäure (**I**)-Anhydrid (**Ia**) reagiert mit o-Methylanilin zum *cis-o-Methylsemianilid*, während die trans-Verb. nicht erhalten werden konnte; beim Erhitzen des Semianilids über den F. entsteht unter Verlust von W. das *cycl. Anil* (in der Enolform) u. unter CO_2-Verlust ein *Decarboxylierungsprod.*, dessen genaue Struktur noch nicht geklärt wurde. Mehrere andere *β-Arylglutaconsäuresemianilide* u. *-seminaphthylamide* verhalten sich ähnlich. o- u. p-Nitrosemianilide von **I** konnten nach dieser Meth. nicht erhalten werden. Das *p-Carbomethoxysemianilid* von **I**, das *o-Carbomethoxysemianilid* von *β-[2-Methyl-4-methoxy-5-isopropylphenyl]-glutaconsäure* u. einige der erhaltenen Decarboxylierungsprodd. lassen sich mit NaOH zu den entsprechenden *Carbonsäuren* hydrolysieren, die sich mit Essigsäureanhydrid weiter zu *Lactonen* umsetzen lassen.

Versuche: β-[4-Methoxyphenyl]-glutaconsäure (**I**)-Semiarylamide, aus **Ia** u. dem entsprechenden substituierten Anilin bzw. α- oder β-Naphthylamin in Bzl. (1/2 Std. bei 60—65°); geben beim Erhitzen oberhalb des F. (bzw. aus **Ia** mit dem sd. Anilin ohne Lösungsm.) die entsprechenden *Decarboxylierungsprodd.*, daneben die *cycl. Anile* (in der Enolform): *cis-o-Methylsemianilid*, $C_{19}H_{19}O_4N$, F. 174° (Zers.), aus A. Nadeln. *o-Methylanil*, $C_{19}H_{17}O_3N$, F. 158° (A.), mit $FeCl_3$ hellbraun. *trans-Decarboxylierungsprod.*, $C_{18}H_{19}O_2N$, F. 163°, aus verd. Essigsäure oder verd. A. blaßrosa Platten. — *cis-m-Methylsemianilid*, $C_{19}H_{19}O_4N$, F. 173° (Zers.). *m-Methylanil*, $C_{19}H_{17}O_3N$, F. 193°. *trans-Decarboxylierungsprod.*, $C_{18}H_{19}O_2N$, F. 145°. — *is-p-Methylsemianilid*, $C_{19}H_{19}O_4N$, F. 175° (Zers.). *p-Methylanil*, $C_{19}H_{17}O_3N$, F. 204°.

trans-Decarboxylierungsprod., $C_{18}H_{19}O_2N$, F. 124°. — *cis-m-Nitrosemianilid*, $C_{18}H_{16}O_6N_2$, F. 195° (Zers.). *m-Nitroanil*, $C_{18}H_{14}O_5N_2$, F. 246—247°. *Decarboxylierungsprod.*, $C_{17}H_{16}$·O_4N_2, F. 143°. — *cis-o-Methoxysemianilid*, $C_{19}H_{19}O_5N$, F. 171° (Zers.). *o-Methoxyanil*, $C_{19}H_{17}O_4N$, F. 188—189°. *Decarboxylierungsprod.*, $C_{18}H_{19}O_3N$, F. 88°. — *cis-p-Methoxysemianilid*, $C_{19}H_{19}O_5N$, F. 181° (Zers.). *p-Methoxyanil*, $C_{19}H_{17}O_4N$, F. 201—202°. *Decarboxylierungsprod.*, $C_{18}H_{19}O_3N$, F. 144°. — *Decarboxylierungsprod. des o-Carbomethoxysemianilids*, $C_{19}H_{19}O_4N$, F. 101° (*Hydrolyseprod.*, $C_{18}H_{17}O_4N$, F. 164—165°; *Lacton*, $C_{18}H_{15}O_3N$, F. 79°). — *cis-p-Carboxysemianilid*, $C_{19}H_{17}O_6N$, F. 216—217°, aus dem Methylester. *Methylester*, $C_{20}H_{19}O_6N$, F. 181° (Zers.). *Decarboxylierungsprod.* des Methylesters, C_{19}·$H_{19}O_4N$, F. 148—149° (*Hydrolyseprod.*, $C_{18}H_{17}O_4N$, F. 247° [Zers.]). — *Decarboxylierungsprod. des Semianilids*, $C_{17}H_{17}O_2N$, F. 144°. — *cis-Semi-α-naphthylamid*, $C_{22}H_{19}O_4N$, F. 188° (Zers.). *α-Naphthylimid* (Enolform), $C_{22}H_{17}O_3N$, F. 227—228°; daneben *Decarboxylierungsprod.*, $C_{21}H_{19}O_2N$, F. 158°. — *cis-Semi-β-naphthylamid*, $C_{22}H_{19}O_4N$, F. 198° (Zers.). *β-Naphthylimid* (Enolform), $C_{22}H_{17}O_3N$, F. 265°; daneben *Decarboxylierungsprod.*, $C_{21}H_{19}O_2N$, F. 180—181°. — *β-[2-Methyl-4-methoxy-5-isopropylphenyl]-glutaconsäure-cis-o-carbomethoxysemianilid*, $C_{24}H_{27}O_6N$, F. 136° (*Hydrolyseprod.*, $C_{23}H_{25}O_6N$, F. 171° [Zers.], mit alkoh. NaOH [12 Std. stehen]; aus A. kleine Nadeln). *Decarboxylierungsprod.*, $C_{23}H_{27}O_4N$, F. 83° (*Hydrolyseprod.*, $C_{22}H_{25}O_4N$, F. 136—137° [verd. A.]; *Lacton*, $C_{22}H_{23}$·O_3N, F. 91—92°, durch 1std. Erhitzen mit Essigsäureanhydrid auf dem Wasserbad; aus A. lange Nadeln). (J. Indian chem. Soc. **30.** 689—94. Okt. 1953. Bombay, Ramnarayan Ruia Coll., Chem. Labor.) H. FECHTER. 1220

Domenico Cattapan und **Alberto Vercellone,** *Biguanidinderivate einiger Ester der p-Aminobenzoesäure.* Die aus p-Aminobenzoesäure durch Kochen mit dem entsprechenden Alkohol u. HCl erhaltenen *Esterhydrochloride* geben bei der Rk. mit Dicyandiamid die entsprechenden *p-Carbalkoxyderivv.* von Phenylbiguanid (**I**). Die *Hydrochloride* der neuen Verbb. haben in ca. 0,1n wss. Lsg. einen p_H von ca. 5—6. *p-Biguanidinobenzoesäuremethylesterhydrochlorid* hat etwa die gleiche blutdrucksenkende Wrkg. wie **I**.

Versuche: *p-Aminobenzoesäure, Methylesterhydrochlorid*, F. 380—400° (Zers.); 51% (Ausbeute). — *Äthylesterhydrochlorid*, F. 206—208° (Zers.); 61%. — *n-Propylesterhydrochlorid*, F. 195—200° (Zers.); 83%. — *n-Butylesterhydrochlorid*, F. 188—190° (Zers.); 58%. — p-Biguanidinobenzoesäureester, aus vorst. Verbb. mit Dicyandiamid in sd. A. (6 Std.): *Methylester*, F. 172—173°, *Hydrochlorid*, $C_{10}H_{13}O_2N_5$·HCl, Kristalle aus wss. CH_3OH; 22%. — *Äthylester*, F. 174—176°, *Hydrochlorid*, $C_{11}H_{15}$·O_2N_5·HCl, F. 190—193°; 36% (aus W. mit 1 Mol H_2O). — *n-Propylester*, F. 164—165°, *Hydrochlorid*, $C_{12}H_{17}O_2N_5$·HCl, F. 196—198°; 23%. — *n-Butylester*, F. 138—140°, *Hydrochlorid*, $C_{13}H_{19}O_2N_5$·HCl, F. 189—190°; 13%. (Gazz. chim. ital. **85.** 345—48. April 1955. Milano, Soc. An. Farmac. Ital., Labor. Sci. e di Ric.) B. STIEB. 1280

L. N. Nikolenko und **K. K. Babijewski,** *Gewinnung von Alkylanilinen.* Aus Alkylcarbonsäurechloriden (Alkyl = CH_3, n-C_5H_{11}, n-C_7H_{15}, n-$C_{11}H_{23}$, n-$C_{13}H_{27}$, n-$C_{17}H_{35}$) u. Chlorbenzol in Ggw. von $AlCl_3$ werden *Alkyl-[4-chlorphenyl]-ketone* dargestellt, aus denen bei der Einw. von NH_3 *Alkyl-[4-aminophenyl]-ketone* entstehen. Diese werden mit Zn-Amalgam zu *p-Äthyl-, p-n-Hexyl-, p-n-Octyl-, p-n-Dodecyl-* u. *p-n-Octadecylanilin* reduziert. Die Struktur der Alkyl-[4-aminophenol]-ketone wurde an dem Oxim des Undecyl-[4-chlorphenyl]-ketons bewiesen, aus dem durch BECKMANNsche Umlagerung *Laurinsäure-p-chloranilid* erhalten wurde.

Versuche: Darst. der Alkyl-[4-chlorphenyl]-ketone: Aus 0,2 bis 0,5 Mol des entsprechenden Säurechlorids u. 200—300 ml Chlorbenzol in Ggw. von 0,25 bis 0,6 Mol $AlCl_3$, man rührt 1 Std. bei Zimmertemp. u. 1 Std. bei 100° u. gießt in W.: *4-Chloracetophenon*, $Kp._8$ 100°; 64% (Ausbeute). — *n-Amyl-[4-chlorphenyl]-keton*, $C_{12}H_{15}OCl$, F. 50—50,5° (A.), $Kp._3$ 136°; 77%. *2.4-Dinitrophenylhydrazon*, F. 159—159,5°. — *n-Heptyl-[4-chlorphenyl]-keton*, $C_{14}H_{19}OCl$, F. 57,5°, $Kp._{15}$ 192,5°; 76,3%. *2.4-Dinitrophenylhydrazon*, F. 146,5°. — *n-Undecyl-[4-chlorphenyl]-keton*, $C_{18}H_{27}OCl$, F. 57,5—58°, $Kp._{15}$ 215°; 99,2%. *2.4-Dinitrophenylhydrazon*, F. 105,7°. *Oxim*, $C_{18}H_{28}ONCl$, F. 37,5 bis 38° (Methanol). Durch BECKMANNsche Umlagerung von 2 g Oxim in Ae. in Ggw von 10 g PCl_5 entstehen 2 g *Laurinsäure-p-chloranilid*, F. 89,4—89,5° (Bzl.). — *n-Tridecyl-[4-chlorphenyl]-keton*, $C_{20}H_{31}OCl$, F. 63,4—64°, $Kp._5$ 230°; 97,5%. *2.4-Dinitrophenylhydrazon*, F. 108—108,5°. — *n-Heptadecyl-[4-chlorphenyl]-keton*, $C_{24}H_{39}OCl$, F. 73 bis 73,5°; 97,0%. *2.4-Dinitrophenylhydrazon*, F. 101—101,2°. — Alkyl-[4-aminophenyl]-ketone: Man rührt vorst. Verbb. u. 30%ig. wss. NH_4OH in Ggw. von Kupferchlorid 6 Std. im Autoklaven bei 250—270°. *4-Aminoacetophenon*, C_8H_9ON, F. 106 bis 106,5°; 91,8%. *Acetylderiv.*, F. 167°. — *n-Amyl-[4-aminophenyl]-keton*, $C_{12}H_{17}ON$, F. 70—70,5°; 97,7%. *Acetylderiv.*, F. 109—109,5°. — *n-Heptyl-[4-aminophenyl]-keton*, $C_{14}H_{21}ON$, F. 105,7—106°; 92,5%. *Acetylderiv.*, F. 129,8—130°. — *n-Undecyl-[4-amino-*

phenyl]-keton, $C_{18}H_{29}ON$, F. 102,8—103°; 95%. *Acetylderiv.*, F. 112,2°. — *n-Heptadecyl-[4-aminophenyl]-keton*, $C_{24}H_{41}ON$, F. 106—106,4°; 97%. *Acetylderiv.*, F. 116,5°. — p-Alkylaniline: Aus dem entsprechenden Alkyl-[4-aminophenyl]-keton durch Rd. mit Zn-Amalgam/alkoh. HCl. *p-Äthylanilin*, F. 216,5° (Methanol); 28,1%. *Acetylderiv.*, F. 94—94,2°. — *p-n-Hexylanilin*, Kp.$_{15}$ 145—146°; 37,1%. *Acetylderiv.*, F. 90,5 bis 91°. — *p-n-Octylanilin*, Kp.$_5$ 138—140°; 41,1%. *Acetylderiv.*, F. 94,0°. — *p-n-Dodecylanilin*, F. 41,5—42°, Kp.$_{10}$ 211—212°; 50,6%. *Acetylderiv.*, F. 101,7—102°. — *p-n-Octadecylanilin*, $C_{24}H_{43}N$, F. 56,5—57°; 77,8%. *Acetylderiv.*, $C_{26}H_{45}ON$, F. 99—99,5°. (Журнал Общей Химии [J. allg. Chem.] **25** (87). 2231—34. Nov. 1955. Moskau, Chem.-technol. Mendelejew Inst.) CH. WEISKE. 1310

Robert A. Benkeser und **Charles E. DeBoer**, *Die Reaktion von Halogenanisolen mit Lithiumdimethylamid.* 2-Brom-6-methylanisol (I) reagiert mit Li-Dimethylamid (II) unter Bldg. von *3-Methoxy-4-methyldimethylanilin.* Die Abwesenheit von 3-Methoxy-2-methyldimethylanilin zeigt, daß die Substitution nur in der dem Halogen benachbarten Stellung erfolgen kann („cine"-Substitution). Das Nichtauftreten der in p-Stellung zum Halogen substituierten Verb. kann nicht auf ster. Hinderung zurückgeführt werden, da die Rk. von 2-Brom-4-methylanisol (**III**) mit **II** mit hoher Ausbeute *5-Methoxy-2-methyldimethylanilin* ergab. 2-Brom-3-methylanisol (**IV**) ergab *2-Brom-N.N-dimethyl-m-toluidin*, das durch GRIGNARD-Rk. u. Hydrolyse zu *N.N-Dimethyl-m-toluidin* identifiziert wurde. Dieser Ersatz des Methoxy- durch das Dimethylamidion steht im Gegensatz zu Beobachtungen bei der Rk. mit $NaNH_2$–NH_3 (vgl. C. **1953.** 208). Diese Eliminierung tritt auch bei der Umsetzung von Anisol mit **II** in Ae. oder überschüssigem Anisol in geringem Ausmaß ein. Wenn die Nachbarstellung zum Halogen für die Substitution nicht zur Verfügung steht, tritt also keine „cine"-Substitution ein. Das unterschiedliche Verh. gegenüber der Rk. mit $NaNH_2$–NH_3 führen Vff. auf die Temperatureinfll. zurück. Bei der Umsetzung von o-Bromanisol mit **II** konnten *N.N-Dimethyl-o-anisidin* u. *N.N.N'.N'-tetramethyl-m-phenylendiamin* isoliert werden (7 bzw. 2%). Die Bldg. des Diamins soll durch Eliminierung einer Methoxylgruppe u. Substitution des entstandenen o-Bromdimethylanilins erfolgen; beim 20std. Kochen von N.N-Dimethyl-m-anisidin mit **II** in Ae. wurde das Diamin nicht gebildet.

Versuche: *Lithiumdimethylamid* (**II**), aus Dimethylamin u. n-Butyl-Li in Äther. — *5-Methoxy-2-methyldimethylanilin*, $C_{10}H_{15}ON$, Kp.$_1$ 60—60,5°, a) durch 24std. Kochen von **III** mit **II** in Ae. unter Rühren; 81% (Ausbeute); b) aus **III** u. $NaNH_2$ u. Methylierung des entstehenden *6-Methyl-m-anisidins* durch Darst. des quaternären Methojodids, Zers. im Vakuum u. Behandlung mit Acetanhydrid; n_D^{20} 1,5312—1,5315. — *3-Methoxy-4-methyldimethylanilin*, $C_{10}H_{15}ON$, Kp.$_1$ 67,5°, Kp.$_2$ 88—89°, a) durch 21std. Kochen von I mit **II** in Ae. unter Rühren; 63%; b) aus I analog vorst. Verb. nach b); n_D^{20} 1,5508—1,5514. *Pikrat*, $C_{16}H_{18}O_8N_4$, F. 160,5—161°. — *2-Brom-N.N-dimethyl-m-toluidin*, Kp.$_1$ 64—66°, aus **IV** durch 22$^1/_2$std. Kochen mit **II** in Ae. unter Rühren; n_D^{20} 1,5664; 28%; daneben 38% **IV** zurück u. *m-Methylanisol*; 12%. *Pikrat*, $C_{15}H_{15}\cdot O_7N_4Br$, F. 145—145,5°. — *N.N-Dimethyl-m-toluidin*, Kp.$_{1,5}$ 52,5°, aus vorst. Verb. in Ae. durch Zugabe zu Mg in Ae., 1std. Kochen u. Hydrolyse; n_D^{20} 1,5497; 53%. *Pikrat*, F. 126—127,5°. *Trinitrobenzolderiv.*, F. 105—106°. — *N.N-Dimethylanilin*, a) aus Anisol durch 20std. Kochen mit **II** in Ae. unter Rühren; 2%; b) analog a) in überschüssigem Anisol; 7%. *Pikrat*, F. 158,5—159,5°. — *N.N-Dimethyl-o-anisidin* (n_D^{20} 1,5420; 7%; *Pikrat*, F. 141—142°) u. *N.N.N'.N'-Tetramethyl-m-phenylendiamin* (2%; *Trinitrobenzolderiv.*, $C_{16}H_{19}O_6N_5$, F. 122—123°), durch 19std. Kochen von o-Bromanisol mit **II** in Ae. unter Rühren. Daneben *N.N-Dimethyl-m-anisidin*, n_D^{20} 1,5579; 32%; *Pikrat*, F. 142,5 bis 143,5°; u. 17% o-Bromanisol zurück. (J. org. Chemistry **21.** 365—67. März 1956. Lafayette, Ind., Purdue Univ., Chem. Labors.) H. BERTSCH. 1320

Tanezo Taguchi, Munemitsu Tomoeda und **Isao Aratani**, *Stereochemische Untersuchungen.* 8. Mitt. *dl-Phenylserinole. Eine neue Synthese und ihre stereochemischen Ergebnisse.* (7. vgl. C. **1956.** 10927.) Durch Rk. von trans-Zimtalkohol mit Br_2 in CCl_4 erhält man *dl-erythro-3-Phenyl-2.3-dibrompropanol-(1)* (**I**) u. wenig einer fl. Substanz. Beide Verbb. ergeben durch Umsetzung mit Benzoylchlorid *dl-erythro-1-Benzoyloxy-2.3-dibrom-3-phenylpropan* (**II**), dessen Konfiguration durch Synth. aus trans-Zimtsäureäthylester über *dl-erythro-3-Phenyl-2.3-dibrompropionsäureäthylester* (**III**) u. $LiAlH_4$-Red. gesichert werden konnte. **I** reagiert mit Benzonitril in mit HCl gesätt. Ae. zum *Hydrochlorid* des *dl-erythro-3-Phenyl-2.3-dibrompropylbenziminoäthers* (**IV**), das beim Kochen in W. **II** ergibt. Beim Kochen von **IV** in Toluol wurden **IV**·HBr, *dl-erythro-1-Phenyl-2-benzoylamino-1.3-dibrompropan* (**V**) u. wenig einer *Verb.* $C_9H_9Br_3$, wahrscheinlich *dl-erythro-1-Phenyl-1.2.3-tribrompropan*, erhalten. **V** wurde durch Hydrolyse mit wss. HBr in das *Hydrobromid* des *dl-threo-1-Phenyl-1-benzoyloxy-2-amino-3-brompropans* (**VI**) übergeführt, dessen Konfiguration durch katalyt. Red. u. Hydrolyse zu *dl-Pseudo-N-benzoylnorephedrin* gesichert werden konnte. Beim Kochen in wss. Lsg. wird **VI**·HBr rasch unter Bldg. von *dl-threo-1-Phenyl-2-benzoylaminopropandiol-(1.3)* hydrolysiert, das auch beim Kochen von **V** in W. entsteht. **IV** gab beim Kochen mit Na_2CO_3 in Toluol *dl-threo-2-Phenyl-4-phenylbrommethyl-Δ^2-oxazolin* (**VIII**), das bei der Behandlung mit HCl oder HBr unter Anlagerung von 1 Mol W. in das Salz von *dl-threo-1-Benzoyloxy-2-amino-3-brom-3-phenylpropan* (**IX**) übergeht. Durch Kochen von **VIII**·HBr in Toluol wurden *dl-threo-1-Phenyl-2-benzoylamino-1.3-dibrompropan* (**VII**) u. **V** erhalten. Auch beim Kochen von **VII** in Toluol wurde **V** erhalten, das durch Hydrolyse in **VI**·HBr übergeführt wird. Da weiterhin bei der sauren Hydrolyse von **VII** in der Hitze im Gegensatz zur Rk. in der Kälte **VI**·HBr u. **IX**·HBr im Verhältnis 1 : 4 erhalten wurden, bildet sich beim Erhitzen von **VII** unter Ausschluß von W. durch Epimerisierung immer **V**.

Versuche: *dl-erythro-3-Phenyl-2.3-dibrompropanol-(1)* (**I**), F. 73—74° (Bzn.), durch Zugabe von Br_2 in CCl_4 zu dl-trans-Zimtalkohol in CCl_4 bei —5° unter Rühren; 84% (Ausbeute). — *dl-erythro-1-Benzoyloxy-2.3-dibrom-3-phenylpropan* (**II**), $C_{16}H_{14}O_2Br_2$, F. 114—115° (CH_3OH), a) durch 1¹/₂std. Erhitzen von **I** u. Benzoylchlorid auf 130 bis 140°; 74%; b) durch Zutropfen einer Lsg. von **III** in Ae. zu $LiAlH_4$ in Ae. bei 0°, 30 Min. stehen u. 1 std. Kochen unter Rühren u. Benzoylierung des erhaltenen Prod. analog a). — *dl-erythro-3-Phenyl-2.3-dibrompropylbenziminoäther* (**IV**), *Hydrochlorid*, $C_{16}H_{16}ONClBr_2$, F. 148—150°, durch Sättigen einer Lsg. von **I** u. Benzonitril in Ae. mit HCl bei 0° u. mehrtägiges Stehen; 79%; gibt beim 1std. Kochen in W. **II**. **IV**, $C_{16}H_{15}ONBr_2$, F. 133,5 bis 135° (Aceton), durch 10 Min. Verreiben von **IV**·HCl mit 10%ig. Na_2CO_3-Lsg. im Mörser; 92%. — *dl-threo-2-Phenyl-4-phenylbrommethyl-Δ^2-oxazolin* (**VIII**), $C_{16}H_{14}ONBr$, F. 103—105° (Ae.), durch 1std. Kochen von **IV** u. Na_2CO_3 in Toluol unter gelegentlichem Schütteln; 87%. — *dl-threo-1-Benzoyloxy-2-amino-3-brom-3-phenylpropan* (**IX**), *Hydrochlorid*, $C_{16}H_{17}O_2NClBr$, F. 176—179° (Zers.; CH_3OH), durch mehrtägiges Stehen von **VIII** in Ae. mit 10%ig. HCl u. A.; 96%. *Hydrobromid*, $C_{16}H_{17}O_2NBr_2$, F. 190—192° (Zers.; CH_3OH), a) aus **VIII** durch mehrtägiges Stehen mit HBr in Aceton; 76%; b) durch 2wöchiges Stehen von **VII**) in A. in Ggw. von HBr; 80%. *Pikrat*, $C_{22}H_{19}O_9N_4Br$, F. 117—120° (nach Sintern bei 106°; gelbe Platten aus CH_3OH), nach Trocknen im Vakuum bei 50° über P_2O_5 F. 134—136°, a) durch Zugabe einer Lsg. von **IX**·HBr oder **IX**·HCl zu gesätt. methanol. Na-Pikratlsg.; b) durch 6std. Kochen von **VII** in 99%ig. A. in Ggw. von HBr u. Umsetzung mit Na-Pikrat; 32,4%. — *dl-threo-1-Phenyl-2-benzoylamino-1.3-dibrompropan* (**VII**), $C_{16}H_{15}ONBr_2$, F. 132—134° (Bzl.), a) durch Sättigen einer Lsg. von **VIII** in Bzl. mit HBr, Eindampfen im Vakuum u. 1std. Kochen in Toluol; 32%; daneben **V** (?); 67%; b) durch 1¹/₂std. Kochen von **IV** in Toluol; 13%; daneben **V** (?); 22%. — *dl-threo-1-Phenyl-1-benzoyloxy-2-amino-3-brompropan* (**VI**), *Hydrobromid*, $C_{16}H_{17}O_2NBr_2$, F. 206—208° (Zers.; W.), a) durch 9std. Kochen von **IV** in Toluol, Eindampfen zur Trockne im Vakuum u. 1std. Erhitzen des erhaltenen *dl-erythro-1-Phenyl-2-benzoylamino-1.3-dibrompropans* (?) (**V**) in 1%ig. HBr unter öfterem Schütteln; 53%; b) analog a) in 95%ig. A. an Stelle von 1%ig. HBr; c) durch 6std. Kochen von **VII** in Toluol u. 1std. Erhitzen des Eindampfrückstandes mit 1%ig. HBr; 63%; d) analog c) in mit HCl gesätt. Toluol; 73%. *Pikrat*, $C_{22}H_{19}O_9N_4Br$, F. 171—173° (gelbe Prismen aus CH_3OH), neben **IX**-Pikrat nach b); 8,5%. *Hydrochlorid*, $C_{16}H_{17}O_2NClBr$, F. 194 bis 196° (Zers.; seifige Nadeln aus CH_3OH), durch 9std. Kochen von **IV** in Toluol, Eindampfen zur Trockne im Vakuum u. 1std. Erhitzen des Rückstandes mit 10%ig. HCl. — *dl-erythro-1-Phenyl-1.2.3-tribrompropan*, $C_9H_9Br_3$, F. 123,5—125,5° (CH_3OH), neben **VI**·HBr nach a). — *dl-Pseudo-N-benzoylnorephedrin*, $C_{16}H_{17}O_2N$, F. 126—128° (Ae.-PAe.), durch mehrtägige Behandlung von **VI**·HBr in CH_3OH mit H_2 bei 25—30° in Ggw. von Pd-Kohle u. Hydrolyse. — *Verb. $C_{22}H_{20}O_{10}N_4$ [dl-erythro-1-Phenyl-1-benzoyloxy-2-amino-propanol-(3), Pikrat (?)]*, F. 175—177° (gelbe Nadeln aus CH_3OH), neben **IX**-Pikrat nach b). — *dl-threo-1-Phenyl-2-benzoylaminopropandiol-(1.3)*, $C_{16}H_{17}O_3N$, F. 163—165° (Äthylacetat), a) durch 4std. Kochen von **VI**·HBr in W. u. Alkalisieren nach Einengen; 73%; b) durch 5std. Kochen von **IV** in Toluol, Eindampfen im Vakuum u. 5std. Kochen des Rückstandes in W.; 21%. (J. Amer. chem. Soc. **78**. 1468—71. 5/4. 1956.)

H. BERTSCH. 1320

Zofia Skrowaczewska und **Przemysław Mastalerz**, *Über einige Eigenschaften und Reaktionen von Dichlorphosphorsäuredimethylamid.* Bei der Rk. von Dimethylaminodichlorphosphat (**I**), $(CH_3)_2N-PO(Cl)_2$, mit wasserfreiem Na-Phenolat entsteht *Dimethylaminodiphenylphosphat* (**II**). Analog verläuft die Rk. von **I** mit Na-o-Kresolat u. Na-Kresolat aus techn. Kresol. Die dargestellten Verbb. haben gute Weichmachereigg., sind aber im Gegensatz zu dem sich physikal. u. chem. ähnlich verhaltenden Triphenylphosphat (**III**) nicht toxisch. Bei schneller Zugabe eines großen Überschusses von **I** zum Phenolat in der Kälte entsteht *Dimethylaminochlorphenylphosphat* (**IV**) neben **II**. **IV** gibt mit konz.

NH_3 *Dimethylaminoamidophenylphosphat.* Die Entstehung der Nebenprodd. *Diphenylphosphorsäure* u. **III** bei Anwendung wasserhaltigen Phenolats oder bei längerer Reaktionszeit wird erklärt durch die Wrkg. der aus Phenol u. **I** entstehenden HCl auf die P—N-Bindung. Bestätigt wird diese Annahme durch die Rk. von HCl-Gas mit **II** zu *Diphenylchlorphosphat* u. $(CH_3)_2NH \cdot HCl$, sowie mit **I** zu $POCl_3$ u. $(CH_3)_2NH \cdot HCl$, womit die Reversibilität der MICHAELIS-Rk. festgestellt wird. Das Gleichgewicht dieser Rk. liegt bei 100° auf der Seite von **I**, bei Zimmertemp. auf der Seite von $POCl_3$ u. Amin.

Versuche: *Dimethylaminodiphenylphosphat* (**II**), $C_{14}H_{16}O_3NP$, F. 32°, Kp.$_6$ 203 bis 204°, aus **I** mit wasserfreiem C_6H_5ONa in sd. Bzl. in 3 Std.; 84,1% (Ausbeute). — *Dimethylaminodi-o-kresylphosphat,* $C_{16}H_{20}O_3NP$, F. ~37°, Kp.$_5$ 206°, aus **I** u. Na-o-Kresolat in sd. Bzl.; 75,2%. — *Dimethylaminochlorphenylphosphat* (**IV**), $C_8H_{11}O_2NClP$, Kp.$_{11}$ 150—153°, aus **I** u. wasserfreiem C_6H_5ONa im Überschuß in Chlorbenzol in der Kälte; stark lichtbrechende Fl., tränenreizend, lösl. in organ. Lösungsmitteln, wird durch W. hydrolysiert. — *Dimethylaminoamidophenylphosphat,* $C_8H_{13}O_2N_2P$, F. 104—105°, aus **IV** mit konz. NH_4OH, Nadeln aus Benzol. (Roczniki Chem. [Ann. Soc. chim. Polonorum] **27.** 443—55. 1953. Wrocław, Politechn., Kat. Chem. Organ.) F. URBAN. 1380

O. Wichterle und **J. Černý,** *Die Chlormethylierung des Styrols.* Inhaltlich ident. mit der C. **1956.** 3012 referierten Arbeit. (Collect. czechoslov. chem. Commun. **20.** 1288—91. Dez. 1955. [Orig.: dtsch.]) W. BARZ. 1410

John C. Pew, *Strukturelle Aspekte der Farbreaktion von Lignin mit starken Säuren.* Die grüne Farb-Rk. von Lignin mit konz. Säuren wurde an Holzschnitten spektroskop. untersucht u. mit der Rk. einer Reihe von synthet. Modellsubstanzen verglichen. Bei der Rk. kann deutlich zwischen einer zunächst auftretenden Gelbfärbung u. einer später eintretenden Blaufärbung unterschieden werden. Von den geprüften substituierten Zimtaldehyden, die eine gelbe Farb-Rk. geben, hatte bei der Säure-Rk. nur der *5-Propenylconiferylaldehyd* das gleiche Absorptionsmaximum wie das Holz. Die Blaufärbung scheint

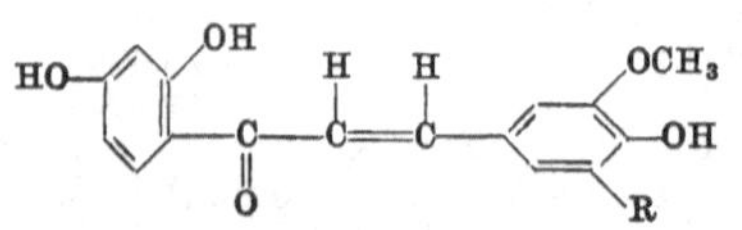

I

R = CH_3O— oder CH_3CH=CH—

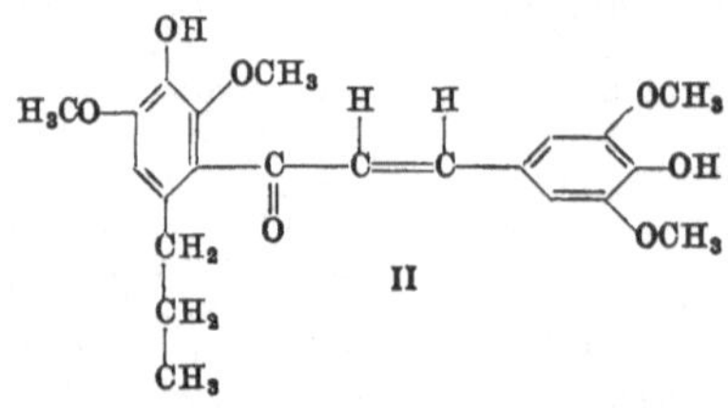

II

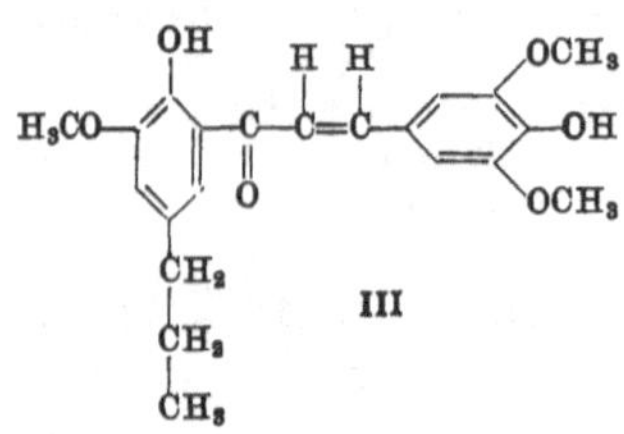

III

durch Kondensation zwischen einem substituierten Coniferylaldehyd u. einer Phenylpropaneinheit des Lignins zu entstehen, wobei eine Rk. in o-Stellung zur Seitenkette eintritt. Die als Modellsubstanzen synthetisierten *Chalkone* **I** u. **II** zeigten entsprechend nach Red. mit $LiAlH_4$ u. Lösen in rauchender HCl eine Blaufärbung, deren Absorptionsmaximum ident. mit dem des verfärbten Holzes war, während das *Chalkon* **III** nach gleicher Behandlung eine Violettfärbung mit anders gelagertem Maximum ergab. Aus dem Vgl. des UV-Spektr. von mit gepuffertem H_2O_2 gebleichtem u. unbehandeltem Holz wird geschlossen, daß bei der Bleiche eine Coniferylaldehydgruppe mit Kohlenstoffkette in 5-Stellung zerstört wird. — Zahlreiche UV-Spektren sind dargestellt u. werden diskutiert.

Versuche (FF. korr.): Zur Erzeugung der grünen Farbe auf Holz wurden 100 μ dicke, lufttrockne Schnitte 16 Std. bei —25° in rauchende HCl gelegt. Die Gelbfärbung wurde am besten durch 10 Min. langes Eintauchen in rauchende HCl u. 1 Std. Einlegen in alkoh. HCl hervorgerufen. — *5-Propenylvanillinmethoxymethyläther,* $C_{13}H_{16}O_4$ F. 29—30°, 5-Propenylvanillin in A. mit alkoh. KOH verdampft, Rückstand mit Chlormethyläther 48 Std. gekocht, Ätherschicht nach Zugabe von W. mit 2%ig. NaOH extrahiert; aus Ae. Prismen; 54% (Ausbeute). — *5-Propenylconiferylaldehydmethoxymethyläther* (**IV**), $C_{15}H_{18}O_4$, F. 87—88°, zu vorst. Verb. in wss. Methanol innerhalb von 4Std. 2faches der berechneten Menge Acetaldehyd in W. gegeben, 4 Std. auf 70° erhitzt, schwach alkal. gestellt, nach 1 Std. mit W. verd. u. ausgeäthert; aus Ae. bei —30° Nadeln; 27%. — *5-Propenylconiferylaldehyd,* $C_{13}H_{14}O_3$, F. 112—113°, vorst. Verb. mit 50%ig. Essigsäure, 0,3% H_2SO_4 enthaltend, 20 Min. erhitzt; aus wss. A. cremefarbene Nadeln; 93%. — *5-Propylvanillinmethoxymethyläther,* $C_{13}H_{18}O_4$, F. 19—20° (PAe.), K-Salz von 5-Propylvanillin mit Chlormethyläther in absol. Ae. 48 Std. gekocht, nach Versetzen mit W. mit 2%ig. NaOH extrahiert; äther. Rückstand in PAe. gelöst u. auf

—30° gekühlt; 76%. — *5-Propylconiferylaldehydmethoxymethyläther*, $C_{15}H_{20}O_4$, F. 74 bis 75°, aus vorst. Verb. wie **IV**; flache Prismen; 22%. — Daraus wie oben *5-Propylconiferylaldehyd*, $C_{13}H_{16}O_3$, F. 84—85°, aus wss. A. cremefarbige Nadeln. — *3-Acetoxy-2.4-dimethoxy-6-propylacetophenon*, $C_{15}H_{20}O_5$, F. 68—69,5°, 2.6-Dimethoxy-4-propylphenylacetat 4 Std. mit Essigsäureanhydrid u. wenig H_2SO_4 gekocht, nach Eingießen in W. Kristalle in Ae. gelöst, Eindampfrückstand in PAe. aufgenommen, auf —30° gekühlt; aus A. Prismen; 43%. — *3'.4-Diacetoxy-2'.3.4'.5-tetramethoxy-6'-propylchalkon*, $C_{26}H_{30}O_9$, F. 171—173°, Syringaldehyd (**V**) u. 3-Acetoxy-2.4-dimethoxy-6-propylacetophenon in A. mit wss. KOH im Rohr 48 Std. auf 70° erhitzt, in W. gelöst u. mit verd. HCl angesäuert; Ae.-Lsg. des abgeschiedenen Harzes mit Bisulfitlsg. geschüttelt, Ae.-Rückstand mit Essigsäureanhydrid in Pyridin 5 Std. behandelt, in W. gegossen; hellgelbe Kristalle aus A.; 59%. — *3'.4-Dioxy-2'.3.4'.5-tetramethoxy-6'-propylchalkon* (**II**): Verseifung vorst. Verb. mit methylalkoh. KOH ergab harziges Produkt. — *3'.4-Dioxy-3.4'.5-trimethoxy-6'-methylchalkon*, $C_{19}H_{20}O_6$, F. 163—164°, **V** u. 3-Oxy-4-methoxy-6-methylacetophenon in A. mit wss. KOH im Rohr 20 Std. auf 70° erwärmt, mit W. versetzt u. angesäuert; Nd. gibt aus verd. A. ein *Hydrat*, nach Trocknen bei 120° u. Kristallisation aus Bzl. gelbes Kristallpulver; 60%. — *2-Oxy-3-methoxyacetophenonallyläther*, $C_{12}H_{14}O_3$, Kp.$_{0,6}$ 101—103°, 2-Oxy-3-methoxyacetophenon, Allylbromid u. K_2CO_3 in absol. Aceton 8 Std. erhitzt, nach Versetzen mit W. ausgeäthert; Öl; 78%. — *2-Oxy-3-methoxy-5-allylacetophenon*, $C_{12}H_{14}O_3$, F. 43—44°, 9,0 g vorst. Verb. auf 210° erhitzt, dann 2 Std. bei 75 mm gekocht; die bei Kp.$_{13}$ zwischen 154 u. 189° sd. Fraktion aufgefangen; aus Ae. bei —30° blaßgelbe Kristalle; 3,7 g. — *2-Oxy-3-methoxy-5-propylacetophenon*, $C_{12}H_{16}O_3$, F. 18—19°, 3 g vorst. Verb. in Essigsäure mit 5%ig. Pd-$BaSO_4$ hydriert; gelbe Kristalle; 2,95 g. — *2'.4-Dioxy-3'.3.5-trimethoxy-5'-propylchalkon* (**III**), $C_{21}H_{24}O_6$, F. 114—116°, 0,73 g **V** u. 0,83 g 2-Oxy-3-methoxy-5-propylacetophenon in A. u. wss. KOH im Rohr 24 Std. auf 70° erwärmt; nach Verdünnen mit W. mit PAe. ausgeschüttelt, abgetrenntes Harz in Ae. aufgenommen, mit $NaHSO_3$-Lsg. ausgeschüttelt; Ae.-Rückstand mehrmals mit Bzn. ausgekocht, vereinigte Lsgg. gekühlt, Lösungsm. abdekantiert, aus 50%ig. A. krist.; 0,20 g (wahrscheinlich *Hydrat*; Trocknen bei 105°; aus Bzn. orangefarbene Nadeln). (J. Amer. chem. Soc. **74**. 2850—56. 5/6. 1952. Madison, Wis., U. S. Dep. of Agric., Forest Service, Forest Prod. Labor.) O. ENGEL. 1580

Helen F. Ginsberg, Ilse Lederman und **Domenick Papa**, *β-[p-Nitrobenzoyl]-acrylsäure und p-Nitroacrylophenon. β-[p-Nitrobenzoyl]-acrylsäure* wurde zur Unters. auf ihre baktericide u. fungicide Wrkg. dargestellt. Verss., *p-Nitroacrylophenon* aus p-Nitro-ω-dimethylaminopropiophenonhydrochlorid durch Zers. herzustellen, waren erfolglos.

Versuche: *α-[p-Nitrobenzoyl]-acetessigsäureäthylester*, $C_{13}H_{13}O_6N$, F. 55—56° (A.), aus 33,4 g p-Nitrobenzoesäure über das Säurechlorid u. anschließende Kondensation mit Acetessigester in absol. A.; 35 g (Ausbeute). — *4-Nitrobenzoylessigsäureäthylester*, $C_{11}H_{11}O_5N$, F. 73—74° (A.), aus 25 g vorst. Verb. u. alkoh. NH_3; 17 g. — *β-[4-Nitrobenzoyl]-propionsäure*, $C_{10}H_9O_5N$, F. 150—151° (W.), aus 20,5 g vorst. Verb. u. Bromessigsäureäthylester entstand *[p-Nitrobenzoyl]-bernsteinsäurediäthylester*, der mit Essigsäure–HCl hydrolysiert wurde; 16 g. — *β-Brom-β-[4-nitrobenzoyl]-propionsäure*, $C_{10}H_8 \cdot O_5NBr$, F. 118—119,5° (Bzl.-PAe.), durch Bromierung von 5 g vorst. Verb.; 6,5 g. — *β-[p-Nitrobenzoyl]-acrylsäure*, $C_{10}H_7O_5N$, F. 173,5—174,5° (W.), aus 4,6 g vorst. Verb. durch HBr-Abspaltung mit Essigsäure u. Natriumacetat; 2,5 g. — *p-Nitro-ω-piperidinopropiophenonhydrochlorid*, $C_{14}H_{19}O_3N_2Cl$, F. 193—194° (A.-Aceton), aus 16,5 g p-Nitroacetophenon (**I**) mit Piperidinhydrochlorid u. Paraformaldehyd in A.; 4 g. — *p-Nitro-ω-dimethylaminopropiophenonhydrochlorid*, $C_{11}H_{15}O_3N_2Cl$, F. 190—191° (A.-Ae.), aus 82,5 g **I** mit Dimethylaminhydrochlorid, Paraformaldehyd u. konz. HCl in A.; 20 g. (J. Amer. chem. Soc. **75**. 4587—89. 20/9. 1953. Bloomfield, N. J., Schering Corp., Chem. Res. Div.) B. EICHHORST. 1670

E. T. McBee, C. W. Roberts und **K. Dinbergs**, *Bromierung von 1.2.3.3.5.5-Hexachlor-4-dichlormethylencyclopenten.* Unter verschied. Bedingungen wurden durch Halogenaustausch mit $AlBr_3$ aus 1.2.3.3.5.5-Hexachlor-4-dichlormethylencyclopenten (**I**) *1-Chlor-2.3.3.5.5-pentabrom-4-dibrommethylencyclopenten* (**II**), *1.2-Dichlor-3.3.5.5-tetrabrom-4-dibrommethylencyclopenten* (**III**), *1.2-Dichlor-3.3.5.5-tetrabrom-4-dichlormethylencyclopenten* (**IV**) u. ein benzollösl. *Prod. vom F. 155—160°*, das aus grünbraunen Plättchen bestand, hergestellt. Die Struktur von **II** wurde durch Oxydation zu *1-Brom-2-chlor-4-dibrommethylencyclopentendion-(3.5)* (**V**), das in *1-Brom-2-chlorcyclopentendion-(3.5)* übergeführt wurde, die Struktur von **III** durch Oxydation zu *4.5-Dichlor-2-dibrommethylencyclopentendion-(1.3)*, das in *1.2-Dichlorcyclopentendion-(3.5)* übergeführt wurde u. die Struktur von **IV** durch Oxydation zu *4.5-Dichlor-2-dichlormethylencyclopentandion-(1.3)* bewiesen. Die Infrarot- u. UV-Spektren aller Verbb. sind tabellar. angegeben u. werden diskutiert.

Versuche (FF. korr.): *1-Chlor-2.3.3.5.5-pentabrom-4-dibrommethylencyclopenten* (II), C_6ClBr_7, F. 240—248° (Zers.; Bzl.), aus I mit $AlBr_3$ in CBr_4 bei 95°; Prismen; 58%. (Ausbeute). — *1-Brom-2-chlor-4-dibrommethylencyclopentendion-(3.5)* (V), $C_6O_2ClBr_3$, F. 222—223° (Ligroin), durch Oxydation von II mit rauchender HNO_3 in Ggw. einer Spur Se; hellgrüne Plättchen; 97%. Hydrolyse mit 95%ig. A. → *1-Brom-2-chlorcyclopentendion-(3.5)*, F. 157—158°, grüne Plättchen aus Ligroin; 45%. — *1.2-Dichlor-3.3.5.5-tetrabrom-4-dibrommethylencyclopenten* (III), $C_6Cl_2Br_6$, F. 226—231° (Zers.; Bzl.), aus I, $AlBr_3$ u. Br_2 (1½ Std. kochen); 69%. — *1.2-Dichlor-4-dibrommethylencyclopentendion-(3.5)*, $C_6O_2Cl_2Br_2$, F. 228—229,5° (Ligroin), aus III analog V; grüne Plättchen; 85%. Hydrolyse mit 95%ig. A. → *1.2-Dichlorcyclopentendion-(3.5)*, F. 163—164°, aus Ligroin Plättchen. — *1.2-Dichlor-3.3.5.5-tetrabrom-4-dichlormethylencyclopenten* (IV), $C_6Cl_4Br_4$, F. 204—213° (Zers.; Bzl.), a) aus I u. $AlBr_3$ in Br_2 (4½ Std. bei 30°); Prismen; 80%; b) aus I u. $AlBr_3$ in CBr_4 (7 Std. bei 25°); 60%. — *4.5-Dichlor-2-dichlormethylencyclopentandion-(1.3)*, F. 232—235° (Ligroin), aus IV analog V; 90%. (J. Amer. chem. Soc. **78.** 491—93. 20/1. 1956. West Lafayette, Ind., Purdue Univ., Dep. of Chem.)
W. HUNGER. 1810

P. L. Pickard und **E. F. Engles,** *Ketimine.* 4. Mitt. *Aus Fencholonitril.* (3. vgl. C. **1951.** II. 2726.) Aus Fencholonitril (I) wurde mit Alkyl- bzw. Phenyl-MgBr *Isopropyl-* (II), *n-Butyl-, Isobutyl-, sek.-Butyl-, Isoamyl-* u. *Phenyl-[1-methyl-3-isopropylcyclopentyl]-ketimin* hergestellt (vgl. l. c.), wobei das Verhältnis GRIGNARD-Reagens : I von 4,85 bis 2 ohne Einfl. auf die Ausbeute variiert werden konnte. Während II gegen sd. 6n HCl stabil war (48 Std.) u. sich bei n. Druck über ADAMS-Katalysator nicht red. ließ, lieferten die anderen Ketimine die entsprechenden *Ketone* bzw. die *Amine.* Die *Pikrate, Benzoate* u. *Benzolsulfonamide* der Imine u. Amine waren nicht kristallisierbare Öle. Oxime, Semicarbazone u. 2.4-Dinitrophenylhydrazone der Ketone ließen sich nicht herstellen.

Versuche: *Fencholylchlorid,* $Kp._4$ 68—72°, aus 94 g Fencholsäure mit $SOCl_2$; 98 g (Ausbeute). — *Fencholamid,* $C_{10}H_{19}ON$, F. 109° (PAe.), aus vorst. Verb. mit NH_3 in Ae.; prakt. 100%; nach 5tägigem Stehen mit äther. NH_3 bildet sich ein öliges Nebenprod. vom Charakter eines Amidins. — *Fencholonitril* (I), $C_{10}H_{17}N$, $Kp._1$ 58—59°, aus vorst. Verb. mit sd. $POCl_3$; $D.^{20}_4$ 0,8806, n_D^{20} 1,4434. Gibt bei der Hydrierung über RANEY-Ni bei 100 at *[1-Methyl-3-isopropylcyclopentyl]-methylamin,* Kp. 202—204°, $D.^{20}_4$ 0,8608, n_D^{20} 1,4550 (*Benzoylderiv.*, F. 82°. *Benzolsulfonamid,* $C_{16}H_{25}O_2NS$, F. 112°. *Pikrat,* $C_{16}H_{24}O_7N_4$, F. 161°). — Alkyl- bzw. Phenyl-[1-methyl-3-isopropylcyclopentyl]-ketimine aus I u. der entsprechenden GRIGNARD-Verb. (vgl. l. c.): *Isopropyl-* (II), $Kp._4$ 93°, $D.^{20}_4$ 0,8650, n_D^{20} 1,4691; 47%. — *Benzolsulfonamid,* $C_{19}H_{29}O_2NS$, F. 78°. — *n-Butyl-*, $Kp._1$ 90—92°, $D.^{20}_4$ 0,8669, n_D^{20} 1,4639; 46%. — *Isobutyl-*, $Kp._2$ 87—90°, $D.^{20}_4$ 0,8653, n_D^{20} 1,4635; 61%. — *sek.-Butyl-*, $Kp._3$ 98 bis 101°, $D.^{20}_4$ 0,8692, n_D^{20} 1,4651; 40%. — *Isoamyl-*, $Kp._3$ 108—112°, $D.^{20}_4$ 0,8639, n_D^{20} 1,4649; 54%. — *Phenyl-*, $Kp._{1,5}$ 137—140°, $D.^{20}_4$ 0,9681, n_D^{20} 1,5255; 15%. *Pikrat,* $C_{22}H_{26}O_7N_4$, F. 279° (Zers.). *Hydrochlorid,* F. 137°. — Alkyl- bzw. Aryl-[1-methyl-3-isopropylcyclopentyl]-methylamine, aus vorst. Verbb. mit H_2 in CH_3OH über ADAMS-PtO_2: *n-Butyl-*, $Kp._1$ 92—93°, $D.^{20}_4$ 0,8574, n_D^{20} 1,4620. — *Isobutyl-*, $Kp._1$ 92°, $D.^{20}_4$ 0,8549, n_D^{20} 1,4609. — *sek.-Butyl-*, $Kp._3$ 105—108°, $D.^{20}_4$ 0,8655, n_D^{20} 1,4674. — *Isoamyl-*, $Kp._3$ 113°, $D.^{20}_4$ 0,8565, n_D^{20} 1,4625. — *Phenyl-*, $Kp._{735}$ 299 bis 301°. *Pikrat,* $C_{22}H_{28}O_7N_4$, F. 177°. — Alkyl- bzw. Aryl-[1-methyl-3-isopropylcyclopentyl]-ketone, aus vorst. Verbb. mit sd. 6n HCl (3 Std.): *n-Butyl-*, $Kp._1$ 97—99°, $D.^{20}_4$ 0,8793, n_D^{20} 1,4543. — *Isobutyl-*, $Kp._1$ 85—87°, $D.^{20}_4$ 0,8763, n_D^{20} 1,4527. — *sek.-Butyl-*, $Kp._6$ 104°, $D.^{20}_4$ 0,8791, n_D^{20} 1,4539. — *Isoamyl-*, $Kp._6$ 120 bis 122°, $D.^{20}_4$ 0,8769, n_D^{20} 1,4544. — *Phenyl-*, *2.4-Dinitrophenylhydrazon,* $C_{22}H_{26}O_4N_4$, F. 138°. (J. Amer. chem. Soc. **74.** 4607—08. 20/9. 1952. Norman, Okla., Univ., Dep. of Chem.)
W. LINDENBERG. 1960

E. T. McBee, C. W. Roberts und **K. Dinbergs,** *Neue Darstellungsmethoden und die Chemie von 1.2-Dichlorcyclopentendion-(3.5).* Beim Vers. der Darst. eines Tetramethoxyderiv. aus 1.2.3.3.5.5-Hexachlor-4-dichlormethylencyclopenten (II) mittels methanol. KOH entstanden unerwartet eine *Verb.* $C_{10}H_{13}O_4Cl_3$ *vom F. 115,5—116,5°* (III) u. eine *Verb. vom F. 78—79°* (IV) unbekannter Zus.; durch Hydrolyse von III oder IV entstand *1.2-Dichlorcyclopentendion-(3.5)* (I). Die nach ROEDIG (C. **1951.** I. 1136) durch Kochen mit A. oder Methanol aus *1.2-Dichlor-4-dichlormethylencyclopentendion-(3.5)* [aus II neben *2.3.4.4-Tetrachlor-5-dichlormethylencyclopentenon-(1)* durch HNO_3-Oxydation] entstehende *Verb. vom F. 163,5—165* wurde als I erkannt. Statt des von ZINCKE u. RHODE [1898] bei der Chlorierung von I erhaltenen Perchlorcyclopentandions-(1.3) vom F. 70° wurde *2.2.4.5-Tetrachlorcyclopentendion-(1.3)* (V) in 60%ig. Ausbeute erhalten. Die Bromierung von I in Eisessig gab *2.2.4.5-Tetrabromcyclopentendion-(1.3)* (VI); da bei der Darst. von VI aus I nur 2 Mol Br_2 je Mol I gebraucht wurden, vermuten Vff., daß der bei der Bromierung der Methylengruppe entstehende HBr als Bromierungsagens für die Vinylchloratome fungiert. Die Infrarot- u. UV-Spektren von **I**, **III**, **V** u. **VI** sind angegeben u. werden diskutiert.

Versuche (FF. korr.): *Verb.* $C_{10}H_{13}O_4Cl_3$ (**III**), F. 115—116,5° (PAe.), a) aus **II** in Methanol mit methanol. KOH unter Rühren u. Kühlung, dann Erwärmung auf 50°; aus dem beim Eingießen in W. erhaltenen Nd. durch fraktionierte Kristallisation aus PAe. Prismen; beständig gegen alkoh. $AgNO_3$; zers. sich an der Luft nach einigen Wochen; daneben *Verb. vom F. 78—79°* (**IV**) u. 22% unumgesetztes **II**; b) wie unter a), aber bei 60°; 73% (Ausbeute); kein **II** zurück. — *1.2-Dichlorcyclopentendion-(3.5)* (**I**), $C_5H_2O_2Cl_2$, F. 163—164° (Ligroin), a) aus **III** durch Hydrolyse mit konz. H_2SO_4 (30 Min. bei 50°, 30 Min. bei Raumtemp.); 50%; CO_2 wurde als $BaCO_3$ nachgewiesen; b) wie unter a) mit konz. HCl in sd. Methanol; c) aus **IV** durch Hydrolyse mit konz. H_2SO_4 bei 95°; d) aus 1.2-Dichlor-4-dichlormethylencyclopentendion-(3.5) mit sd. 95%ig. A.; 41%. — Bei der Hydrolyse von **III** mit halbkonz. HCl in Methanol entstand ein gelbes Öl, das nach fraktionierter Dest. eine *Verb.* $C_8H_7O_3Cl_3$ [F. 35,5—36,5°, Kp.$_{1-1,5}$ 110°, n_D^{20} 1,5292; 92% (roh)] ergab. — *2.2.4.5-Tetrachlorcyclopentendion-(1.3)* (**V**), $C_5O_2Cl_4$, F. 65—66,5° (aus PAe. grünliche Prismen von chinonähnlichem Geruch), aus **I** in Eisessig durch 7½std. Chlorierung auf dem Dampfbad; 60%. — *2.2.4.5-Tetrabromcyclopentendion-(1.3)* (**VI**), $C_5O_2Br_4$, F. 140—142,5° (aus PAe. u. CCl_4 gelbe Nadeln), aus **I** in Eisessig auf dem Dampfbad mit Br_2; 82%. Verss. der Bromierung in CCl_4 führten zu keinem Umsatz. (J. Amer. chem. Soc. **78**. 489—91. 20/1. 1956. West Lafayette, Ind., Purdue Univ., Dep. of Chem.) W. HUNGER. 1970

Gerhard Hesse und **Günter Krehbiel**, *Über ringhomologe Reduktone*. Vom Cycloheptandion (**I**) lassen sich durch direkte Halogenierung keine definierten Monohalogenderivv. erhalten, weil **I** nicht genügend enolisiert ist (vgl. C. **1956**. 672). Leicht dagegen verläuft die Halogenierung des Monoketons zu *α-Mono-* u. *α.α'-Dihalogensuberon*. α.α'-Dichlorsuberon (**II**) läßt sich langsam zu *Monobromdichlorsuberon* (**III**) bromieren, welches sich mit Pb-Acetat in Eisessig zu *Chlordiketocycloheptan* verseifen läßt, aber schon in schwach alkal. Medium unter Benzilsäureumlagerung *1-Chlorcyclohexen-(1)-carbonsäure-(2)* liefert. Das letzte Cl-Atom wird nur sehr schwer u. unter weitgehender Zers. verseift. Die Darst. von *Cycloheptandion-(1.2)-ol-(3)* gelang durch Einführung der Acetoxygruppe in 3-Stellung von **I** nach der Meth. von DIMROTH u. SCHWEITZER [1923] u. nachfolgende Verseifung. — Die Eigg. der ringhomologen Reduktone werden an Hand der UV-Spektren u. der Redoxpotentiale verglichen.

Versuche: *Dibromtropolon*, $C_7H_4O_2Br_2$, F. 156—158°, aus 12,6 g **I** in CCl_4 u. Br_2 u. Dest. bzw. Sublimation bei 0,002—0,001 Torr; aus Toluol Blättchen; 0,08 g (Ausbeute), daneben 0,04 g *Tropolon*, $C_7H_6O_2$, F. 49—50°, aus PAe. schwach gelbliche Blättchen, u. 4,7 g unverändertes **I** (*Monophenylhydrazon*, $C_{13}H_{16}ON_2$, F. 49°, aus CH_3OH hellgelbe Blättchen). Bei einem anderen Vers. wurden noch 0,02 g *Monobromtropolon*, $C_7H_5 \cdot O_2Br$, F. 103—106°, aus Cyclohexan gelbliche Nädelchen, erhalten. — *α.α'-Dichlorcycloheptanon* (**II**), Kp.$_{12}$ 120—130°, aus Suberon u. Cl_2 in Methanol bei 25—30° unter Belichtung mit einer Mischlichtlampe von 120 W; ölige Fl.; 90%. — *α-Monochlorcycloheptanon*, Kp.$_{12}$ 93—95°, aus Suberon u. Cl_2 bei 25—30° nach HESSE, KREHBIEL u. RÄMISCH (Liebigs Ann. Chem. **592**. [1955.] 137); 80%. — *2-Chlor-7-bromcycloheptanon*, $C_7H_{10}OClBr$, F. 59—60°, aus vorst. Verb. u. Br_2 in CCl_4 bei Raumtemp.; Nadeln aus PAe.; 40%. — *α.α'-Dibromcycloheptanon*, $C_7H_{10}OBr_2$, F. 68—69°, aus Suberon u. Br_2 in Eisessig bei 10° (zum Anspringen der Rk. wird eine erwärmte Probe zugesetzt); Nadeln aus PAe.; 44%. — *2.7-Dichlor-2-bromcycloheptanon-(1)* (**III**), $C_7H_9OCl_2Br$, F. 62—63°, aus **II** u. Br_2 in CCl_4 bei Raumtemp. (25—30 Std.); Nadeln aus PAe. oder Cyclohexan; 40—62%. — *1-Chlorcyclohexen-(1)-carbonsäure-(2)*, $C_7H_9O_2Cl$, F. 107—108°, aus **III** u. Na-Acetat in sd. 96%ig. A. (2 Std.) u. Verseifung mit 2nH_2SO_4 oder 2nNaOH; durch Sublimation oder aus W. Blättchen; 43—55%. — *Cyclohexancarbonsäure*, $C_7H_{12}O_2$, F. 28—30°, aus dem Ester durch 2std. Verseifen mit sd. 2nNaOH. — *Methylester*, Kp.$_{15}$ 73°, aus vorst. Verb. durch Hydrierung in Ggw. von 5%ig. $PdO/BaSO_4$ in Methanol. — *3-Chlorcycloheptandion-(1.2)*, Kp.$_{0,001}$ 80—82°, durch 2std. Erwärmen von **III** in Eisessig mit Pb(II)-Acetat·3 H_2O unter CO_2 auf 95—100°; gelbes Öl; 66%. — *3-Oxycycloheptandion-(1.2)*, $C_7H_{10}O_3$, Kp.$_{0,001}$ 165—170°, aus 10 g **I** u. $(CH_3COO)_4Pb$ in Eisessig unter CO_2 bei 60° u. Verseifung des entstandenen *Acetats* mit 5%ig. H_2SO_4 (1 Std. unter CO_2); 0,6—0,7 g, daneben *Pimelinsäure*, $C_7H_{12}O_4$, F. 104—105°, Nadeln aus Bzl., u. *Verb.* $C_7H_{12}O_4$, F. 104—105° (Bzl.). (Liebigs Ann. Chem. **593**. 42—54. 1955. Erlangen, Univ., Inst. für Organ. Chem.) P. LOTZ. 1980

Harry H. Wasserman, **Hervey W. Ackerman**, **Herbert H. Wotiz** und **Tien-Chuan Liu**, *Pyrolyse von Arylglykolsäuren. 3. Mitt. Struktur der Langenbeck-Verbindung.* (2. vgl. C. **1956**. 3295.) Der von LANGENBECK (C. **1928**. I. 2821) bei der Pyrolyse von Benzilsäure (**I**) in Ggw. von Na_2CO_3 erhaltenen starkgefärbten u. als dimeres Diphenylketen angesehenen Verb., für die später auch noch andere Formeln vorgeschlagen wurden, wird auf Grund nachst. Verss. die Struktur eines *1-[α-Carboxybenzyliden]-2-oxy-4-benzhydrylidencyclohexadien-(2.5)-lactons* (**II**) zugeordnet. Die Oxydation von **II** mit neutralem oder alkal. $KMnO_4$, CrO_3 oder anderen Oxydationsmitteln gibt nur 1 Mol *Benzoesäure* u. 1 Mol *Benzophenon* (**III**) pro Mol **II**, die Ozonolyse bei tiefer Temp. liefert nur **III**. Dem von SCHÖNBERG u.

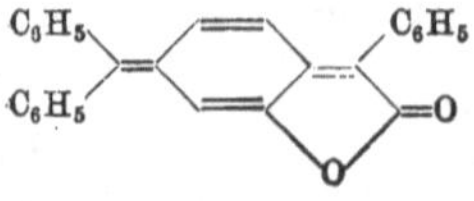

II

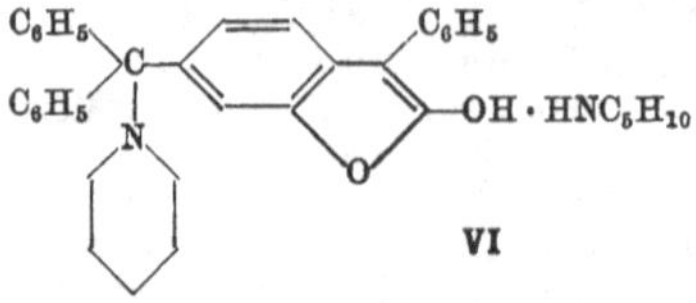

VI

SINA (C. **1947**. E. 354) aus **II** u. Piperidin erhaltenen *Dipiperidinderiv.* entspricht somit die Formulierung **VI**, da bei HJO_4-Oxydation *2-Oxy-4-[diphenyloxymethyl]-benzophenon* (**VII**) entsteht. Die phenol. OH-Gruppe in **II** folgt aus der $FeCl_3$-Rk. u. katalyt. Hydrierung, bei der ein Gemisch aus *3-Phenyl-6-benzhydrylcumaranon* (**IV**) u. *3.3'-Bis-[3-phenyl-6-benzhydrylcumaranon]* (**V**) entsteht. **IV** entsteht ferner aus **II** durch Red. mit $P + J_2$ oder mit HJ, **V** auch aus **II** mit Zn-Staub in Essigsäure. Der Beweis für die Strukturen von **IV** u. **V** folgt aus ihren charakterist. Lacton-Rkk. (**IV** löst sich in KOH, u. es fällt nach Zusatz von K_2CO_3 das *K-Salz* der entsprechenden *Oxysäure* aus, u. **V** färbt sich, typ. für Bis-lactone, beim Erwärmen in Toluol blau), ferner aus der Übereinstimmung der Infrarotspektren mit 6-Methoxy-3-[p-methoxyphenyl]-cumaranon (**X**) u. mit 3.3'-Bis-[6-methoxy-3-(p-methoxyphenyl)-cumaranon]. Bei längerem Stehen in Säure oder Base geht **IV** z. T. in **V** über. Der Mechanismus der Umwandlung **I** → **II** muß über die Zwischenprodd. **III** u. *3-Phenylcumaranon* (**VIII**) verlaufen. Zwar blieb die Kondensation von **III** u. **VIII** unter den Bedingungen der Pyrolyse von **I** erfolglos, jedoch entstehen bei der Kondensation von Benzophenondichlorid (**IX**) mit dem Na-Salz von **VIII** 25% **II**. Der Beweis für die 6-Stellung der Benzhydrylydengruppe in **II** folgt einerseits aus der Tatsache, daß die Kondensation von **IX** mit **X** nicht gelingt, andererseits aus der Synth. von **VII** aus 3-Oxy-4-formylbenzoesäuremethylester durch Rk. mit Phenyl-MgBr zu *2-Oxy-4-[diphenyloxymethyl]-benzhydrol* u. OPPENAUER-Oxydation. Verss., **IV** aus m-Diphenylmethylphenol u. Mandelsäure darzustellen, schlugen fehl.

Versuche: LANGENBECKs *Verb.* (*1-[α-Carboxybenzyliden]-2-oxy-4-benzhydrylidencyclohexadien-(2.5)-lacton*; **II**), $C_{27}H_{18}O_2$, F. 165—166°, a) aus 25 g **I** + 0,4 g Na_2CO_3 durch Erhitzen über freier Flamme, Auskochen mit CCl_4 u. Verdünnen des Filtrats mit A.; rotviolette Kristalle aus Äthylacetat; 2,5 g (Ausbeute); b) aus **VIII** + Na (1 Std. kochen in Bzl. u. Stehen), Zufügen zu **IX** in Bzl. unter N_2 u. 2std. Kochen; 32%; 0,49 g geben bei der alkal. $KMnO_4$-Oxydation 142 mg **III** u. 143 mg *Benzoesäure*; **II** gibt bei der Ozonolyse unter Eiskühlung **III**. — *3-Phenyl-6-benzhydrylcumaranon* (**IV**), $C_{27}H_{20}O_2$, F. 134,5 bis 136,5°, a) aus **II** + rotem P u. J_2 in Essigsäure (4std. Kochen); Nadeln aus A.; 85%; b) aus 0,426 g **II** in Äthylacetat durch Hydrieren über Pd; 344 mg; c) aus 0,5 g **II** + HJ (D. 1,5; 4 Std. kochen) u. Gießen auf Eis; 350 mg. — *2-Oxy-4-benzhydryldiphenylessigsäure*, $C_{27}H_{22}O_3$, F. 174—175° (Bzl.-PAe.), aus 3 g **IV** + 2%ig. KOH (5 Std. erwärmen); lactonisiert beim Stehen oder beim Erwärmen. *K-Salz*, $C_{27}H_{21}O_3K$, F. 185° (wss. CH_3OH). — *3.3'-Bis-[3-phenyl-6-benzhydrylcumaranon]* (**V**), $C_{54}H_{38}O_4$, F. 214—218° (Äthylacetat), a) bei **IV** aus der Mutterlauge; 9 mg; b) aus 1 g **IV** in Essigsäure + CrO_3 (mehrwöchiges Stehen); 0,3 g. — *Dipiperidinderiv.* **VI**, F. 208° (Zers.), aus **II** + Piperidin durch Erwärmen, 3tägiges Stehen unter Verschluß, Vakuumabdampfen u. Digerieren mit Ligroin. — *3-Oxy-4-formylbenzoesäuremethylester*, $C_9H_8O_4$, F. 135—135,5°, aus der Säure + CH_3OH–H_2SO_4 (12std. Kochen); Nadeln aus A.; 30%. — *2-Oxy-4-[diphenyloxymethyl]-benzhydrol*, $C_{26}H_{22}O_3$, F. 68—70° (n-Heptan), aus vorst. Verb. + Phenyl-MgBr in Ae. (½std. Kochen u. Stehen), Zers. mit Essigsäure u. Chromatographieren des Ätherrückstandes aus Ae.—PAe.; 25%; b) aus 89 mg nachst. **VII** mit $LiAlH_4$ in Ae., Zers. mit Essigsäure u. Chromatographieren wie vorst.; 15 mg. — *2-Oxy-4-[diphenyloxymethyl]-benzophenon* (**VII**), $C_{26}H_{20}O_3$, F. 132—133° (n-Heptan), a) aus 0,159 g vorst. Verb. mit Al-Isopropylat in Aceton u. Bzl. (22 Std. kochen), Vakuumeindampfen, Ansäuern u. Ausäthern; 90 mg; b) aus 3,7 g **VI** in Dioxan + HJO_4, 1 Woche Stehen in der Kälte u. Fällen des nach Eindampfen in A. aufgenommenen Rückstandes mit Wasser. (J. Amer. chem. Soc. **77**. 973—79. 20/2. 1955. New Haven, Conn., Yale Univ., Sterling Chem. Labor.)

H. LEHWALD. 2050

J. O. Jílek und **M. Protiva**, *Synthetische Versuche in der Gruppe der östrogenen Hormone.* 7. Mitt. *Der kristalline Methylester der 2-Methyl-2-carbomethoxy-5-[4'-methoxyphenyl]-cyclohexanon-6-essigsäure und Cyclisierungsversuche mit den stereoisomeren 2-Methyl-5-[4'-methoxyphenyl]-cyclohexanon-6-essigsäuren.* Inhaltlich ident. mit der C. **1955**. 4813 referierten Arbeit. (Collect. czechoslov. chem. Commun. **20**. 765—76. Aug. 1955. [Orig.: dtsch.])

W. BARZ. 2070

Tanezo Taguchi und **Masaharu Kojima**, *Stereochemische Untersuchungen.* 7. Mitt. *Darstellung und Stereochemie von dl-2-Aminocyclohexanthiolen.* (6. vgl. Pharmac. Bull. [Tokyo] **3.** [1955.] 351.) Aus *dl-trans-* (**I**) oder *dl-cis-2-Benzoylaminocyclohexyltosylat* (**II**) wurde durch Rk. mit Thioharnstoff (**VI**) in absol. A. unter Erhaltung der Konfiguration bzw. Inversion *dl-trans-2-Benzoylaminocyclohexylisothiuroniumtosylat* (**IV**) gebildet, das durch alkal. Hydrolyse *dl-trans-2-Benzoylaminocyclohexanthiol* (**V**) ergab. **II** gibt durch S_N2-Rk. unter Inversion direkt **IV**, während für die Bldg. von **IV** aus **I** *dl-cis-2-Phenyl-4.5-cyclohexanooxazolintosylat* (**III**) als Zwischenprod. anzunehmen ist. Für letztere Annahme spricht die Bldg. von **IV** durch Erhitzen von **III** mit **VI** in Äthanol. Da die Ringöffnung von meso-cis-Cyclohexenimin (**IX**) bekannterweise zu trans-Verbb. führt, bestätigt die Bldg. von **IV** aus obiger Verb. u. Thiobenzoesäure die trans-Konfiguration von **IV**. Die Bldg. von **V** aus **IV** erfolgt ohne Lösung einer Bindung zwischen Ring-C-Atomen u. Substituenten, daher ist für **V** ebenfalls trans-Konfiguration anzunehmen. Schmelzen von dl-cis-2-Phenyl-4.5-cyclohexanooxazolin mit P_2S_5, Behandlung des entstehenden *dl-trans-2-Phenyl-4.5-cyclohexanothiazolins* (**VII**) mit HCl u. Rk. des erhaltenen *dl-trans-2-Aminocyclohexylthiobenzoathydrochlorids* (**VIII**) mit NaOH ergab **V**. Durch Kochen von **VIII** mit wss. HCl wurde *dl-trans-2-Aminocyclohexanthiolhydrochlorid* erhalten. dl-trans-2-Aminocyclohexanol (**X**) reagiert mit Benzaldehyd u. S oder Methyldithiobenzoat unter Bldg. von *dl-trans-2-Thiobenzoylaminocyclohexanol* (**XI**), das sich durch Schmelzen mit P_2O_5 in *dl-cis-2-Phenyl-4.5-cyclohexanothiazolin* (**XII**) überführen läßt. Aus Analogie zur Bldg. von **III** aus **I** wird ein Ersatz der OH-Gruppe durch das S-Atom der Thiobenzoylgruppe durch S_N2-Rk. an $C_{(1)}$ angenommen. **XII** ist im Gegensatz zu **VII** gegen sd. konz. Säuren stabil u. wird erst durch Erhitzen mit HCl auf 180° im Rohr gespalten. dl-trans- (**XIV**) u. dl-cis-2-Benzoylaminocyclohexanol (**XIII**) geben durch Schmelzen mit P_2S_5 Gemische von **VII** u. **XII**, die auf Grund der verschied. Stabilität gegen 5%ig. HCl getrennt werden konnten.

V e r s u c h e : *dl-trans-2-Aminocyclohexanol* (**X**), F. 66—68°, Kp.$_{10}$ 105°. *Hydrochlorid*, F. 173°. — *dl-trans-2-Benzoylaminocyclohexanol* (**XIV**), F. 169—170°. — *O-p-Toluolsulfonat* (**I**), F. 123°. — *dl-cis-2-Benzoylaminocyclohexanol* (**XIII**), F. 184—185°, aus **I**. *O-p-Toluolsulfonat* (**II**), F. 174—175°. — *dl-cis-2-Phenyl-4.5-cyclohexanooxazolin*, F. 46 bis 47°. *p-Toluolsulfonat* (**III**), F. 159—160°. — *meso-cis-Cyclohexenimin* (**IX**), F. 20°, Kp. 149—150°. — *dl-trans-2-Benzoylaminocyclohexylisothiuroniumtosylat* (**IV**), $C_{21}H_{27}$·$O_4N_3S_2$, F. 138° (Zers.; CH_3OH), a) durch 10std. Kochen von 2,4 g **I** u. **VI** in absol. A.; 2,5 g (Ausbeute); b) durch 23std. Kochen von 1 g **II** u. **VI** in absol. A.; 0,55 g; c) durch 5std. Kochen von 1 g **III** u. **VI** in absol. A.; 0,66 g; daneben **XIII**; 0,22 g. — *dl-trans-2-Benzoylaminocyclohexanthiol* (**V**), $C_{13}H_{17}ONS$, F. 161—162° (wss. A.), a) durch 5 Min. Kochen von 1 g **IV** in 10%ig. wss. NaOH; 0,5 g; b) durch Zugabe von Thiobenzoesäure in Bzl. zu **IX** in Bzl. u. Stehen; 1,05 g; c) aus **VIII** durch Lösen in NaOH u. Ansäuern mit HCl. — *dl-trans-2-Phenyl-4.5-cyclohexanothiazolin* (**VII**), F. 51—52°, Kp.$_3$ 157—159°, a) durch Erhitzen von 3 g dl-cis-2-Phenyl-4.5-cyclohexanooxazolin mit P_2S_5 auf 150 bis 180° bis zur Beendigung der H_2S-Entw., Behandeln mit wss. NaOH u. Extraktion des Rückstandes, 1,92 g; b) analog a) aus 36 g **XIV** u. P_2S_5 bei 150° u. Isolierung als **VIII** (4,1 g); daneben **XII**;c) analog a) aus 5 g **XIII** u. P_2S_5 bei 150° u. Isolierung als **VIII** (0,58 g); daneben **XII**. *Pikrat*, $C_{19}H_{18}O_7N_4S$, F. 195—196° (gelbe Nadeln aus CH_3OH). — *dl-trans-2-Aminocyclohexylthiobenzoathydrochlorid* (**VIII**), $C_{13}H_{18}ONClS$, F. 223° (Zers.; 3%ig. HCl), durch 1std. Erhitzen von 1 g **VII** mit 5%ig. wss. HCl auf dem sd. Wasserbad; 0,9 g. *Pikrat*, $C_{19}H_{20}O_8N_4S$, F. 167—168° (gelbe Nadeln aus 70%ig. CH_3OH). — *dl-trans-2-Aminocyclohexanthiol, Hydrochlorid*, $C_6H_{14}NClS$, F. 225° (CH_3OH), durch 3std. Kochen von 1 g **VIII** mit 10%ig. wss. HCl; 0,5 g. — *dl-cis-2-Phenyl-4.5-cyclohexanothiazolin* (**XII**), Kp.$_3$ 155—157°, a) durch Schmelzen von 0,85 g **XI** mit 1 g P_2S_5 bei 150°, Kochen mit10%ig. wss. NaOH u. Extraktion des Rückstandes; 0,64 g; b) neben **VII** nach b); 18,5 g; c) neben **VII** nach c) u. Isolierung als Pikrat (0,52 g). *Pikrat*, $C_{19}H_{18}$·O_7N_4S, F. 131—132° (gelbe Platten aus CH_3OH). — *dl-cis-2-Aminocyclohexan thiol, Hydrochlorid*, $C_6H_{14}NClS$, F. 245—247° (Zers.; CH_3OH), durch 3std. Erhitzen von 1 g **XII** mit 20%ig. wss. HCl auf 160—180°; 0,45 g. — *dl-trans-2-Thiobenzoylaminocyclohexanol* (**XI**), $C_{13}H_{17}ONS$, F. 120—121° (gelbe Würfel oder seidige Nadeln aus CCl_4), a) durch 3std. Erhitzen von 1,5 g **X**, Benzaldehyd u. S auf dem sd. Wasserbad; 1,63 g; b) durch Erhitzen von **X** mit Dithiobenzoesäuremethylester auf dem sd. Wasserbad bis zur Beendigung der CH_3SH-Entwicklung. (J. Amer. chem. Soc. **78.** 1464—67. 5/4. 1956. Katakasu, Fukuoka, Japan, Univ. of Kyushu, Med. Fac., Pharmaceut. Inst.)

H. Bertsch. 2120

O. Exner, *Oximderivate.* **3.** **Mitt.** *Beitrag zur Strukturbestimmung acylierter Oxime.* Inhaltlich ident. mit der C. **1955.** 10975 referierten Arbeit. (Collect. czechoslov. chem. Commun. **20.** 1360—70. Dez. 1955. [Orig.: engl.]) W. Barz. 2360

Erik B. Bengtsson, *Oxydation von Diphenylmethan und Benzyltoluol mit verdünnter Salpetersäure unter Druck bei hoher Temperatur.* (Vgl. C. **1954.** 7168.) Die Oxydation von Diphenylmethan (**I**) u. Benzyltoluol (**II**; Isomerengemisch) mit ca. 30%ig. HNO_3 bei ca. 200° u. ca. 30 kg/cm² liefert in ca. 90%ig. Ausbeute *Benzophenon* bzw. ein Gemisch isomerer *Benzoylbenzoesäuren*, aus dem durch Behandlung mit heißer konz. H_2SO_4 das *o-Isomere* in *Anthrachinon* übergeführt wird.

Versuche: *Benzophenon*, Kp.$_5$ 150°, aus **I** mit 30%ig. Überschuß 30%ig. HNO_3 bei 150—195° u. 25 kg/cm²; D.$^{20}_4$ 1,1097; n_D^{20} 1,6080. — *p-Benzoylbenzoesäure*, F. 193°, aus 91 g **II** mit berechneter Menge 15%ig. HNO_3; 11 g (Ausbeute). — *Benzoylbenzoesäure* (Isomerengemisch), aus **II** mit 50%ig. Überschuß 15%ig. HNO_3 in 2 Portionen (bei 135—140° → 180°/30—40 at bzw. bei 200°); 97,5%. — *Anthrachinon*, F. 278°, aus vorst. Gemisch mit 96%ig. H_2SO_4 (1 Std. bei 130°); daneben reine vorvorst. Verbindung. (Acta chem. scand. **9.** 177—78. 1955. Nobelkrut, Sweden, AB Bofors.)

H. Kühnhanss. 2360

Philip S. Bailey, Sheaffers S. Bath, William F. Thomsen, Herbert H. Nelson und **Elias E. Kawas,** *Darstellung einiger 1.2-Dibenzoylalkene und deren Reaktion mit Aminen.* Vff. untersuchten die Synth. von *cis-1.2-Dibenzoyl-3-methylbuten-(1)* (**I**), *cis-2.3-Dibenzoylbuten-(2)* (**II**) u. *cis-1.2-Dibenzoyl-3-phenylpropen* (**III**) u. deren Rk. mit Aminen. Durch Rk. von 3-Acetyl-2.5-diphenylfuran mit CH_3MgJ wurde *3-[2-Oxypropyl-(2)]-2.5-diphenylfuran* dargestellt, das unter spontaner Wasserabspaltung in *3-Isopropenyl-2.5-diphenylfuran* (**IV**) übergeht. Katalyt. Red. von **IV** ergab *3-Isopropyl-2.5-diphenylfuran* (**IVa**) aus dem durch oxydative Spaltung mit HNO_3 **I** erhalten wurde. Verss., **IVa** durch Friedel-Crafts-Rk. zwischen 2.5-Diphenylfuran u. Isopropylchlorid darzustellen, schlugen fehl. **III** wurde aus 3-Benzoyl-2.5-diphenylfuran (**V**) durch Wolff-Kishner-Red. zu *3-Benzyl-2.5-diphenylfuran* (**VI**) u. HNO_3-Oxydation dargestellt. **I** u. **III** ließen sich durch reduktive Cyclisierung wieder in **IVa** bzw. **VI** überführen. Die Synth. von **II** aus 2.5-Diphenylfuran gelang durch Brommethylierung, reduktive Dehalogenierung u. HNO_3-Oxydation. **I** reagierte mit Dimethylamin, Morpholin oder Piperidin nicht, weder in Ae.-Lsg. noch direkt bei Tempp. bis 90°. Statt dessen trat Isomerisierung zu *1.2-Dibenzoyl-3-methylbuten-(2)* (**VII**) ein. Die Struktur von **VII** wurde durch reduktive Cyclisierung zu **IVa** u. Ozonolyse unter Acetonbldg. bestätigt. Vff. vertreten im Gegensatz zu früher (C. **1950.** II. 763) die Ansicht, daß Homologe u. strukturähnliche Derivv. von 1.2-Dibenzoylpropen deswegen schwerer Amine addieren als dieses, weil das durch 1.3-H-Verschiebung entstehende Prod. (z. B. **VII**) ster. gehindert ist. **III** reagiert analog **I** unter Isomerisierung zu *2.3-Dibenzoyl-1-phenylpropen* (**VIII**), addiert aber infolge geringerer ster. Hinderung Morpholin unter Bldg. von *1.2-Dibenzoyl-3-morpholino-3-phenylpropan* (**IX**). Die Struktur von **VIII** wurde durch Ozonolyse zum *Enol* von *1.4-Diphenyl-1.2.4-butantrion* bestätigt. **IX** ließ sich zu *3-[α-Morpholinobenzyl]-2.5-diphenylfuran* cyclisieren, das auch aus **VI** durch Bromierung mit N-Bromsuccinimid zu *3-[α-Brombenzyl]-2.5-diphenylfuran* (**X**) u. Aminolyse dargestellt wurde. **II** reagierte bei 24std. Erhitzen mit Morpholin unter Bldg. von *2.3-Dibenzoyl-1-morpholinobutan*; diese Verschärfung der Reaktionsbedingungen ist durch die Instabilität des 1.3-H-Verschiebungsprod. von **II** u. die dadurch ungünstige Gleichgewichtslage notwendig. Die Ursachen hierfür werden diskutiert. Durch Red. von **IV** mit HJ, $SnCl_2$ u. HCl, Red. von **I** oder **VII** mit $SnCl_2$–HCl, oder Behandlung von **IV, VII** oder **I** mit HCl–Essigsäure u. folgende Kondensation in Ggw. von Cu-Bronze wurde *2.3-Dimethyl-2.3-bis-[2.5-diphenylfuryl-(3)]-butan* erhalten. Das Auftreten von Halogenderivv. als Zwischenprodd. dieser Rkk. wird diskutiert. *1.2-Diphenyl-1.2-bis-[2.5-diphenylfuryl-(3)]-äthan* wurde durch Ponndorf-Red. von **V** zum entsprechenden *Alkohol* (**XII**) u. $SnCl_2$–HCl-Red. desselben bzw. durch Kondensation von **X** mit Hilfe von Cu-Bronze gebildet. Die Wolff-Kishner-Red. von **V** ergab neben **VI** *3.5-Diphenyl-4-[3-phenyläthyl]-pyrazol* (**XI**), das aus 1.4-Diphenyl-2-benzoylbutanon-(1) durch Rk. mit Hydrazin synthetisiert werden konnte. Die an sich auch mögliche Struktur des *4-Benzyl-3.6-diphenylpyridazins* wurde durch Synth. desselben ausgeschlossen. Reaktionsmechanismen der Bldg. von **XI** aus **V** werden besprochen.

Versuche: (FF. korr.) *3-Isopropenyl-2.5-diphenylfuran* (**IV**), $C_{19}H_{16}O$, F. 37—38° (A.), durch Zutropfen einer Lsg. von 15 g 3-Acetyl-2.5-diphenylfuran zu Ae. unter Rühren innerhalb 1 Std. zu CH_3MgJ-Lsg. u. 30 Min. Kochen; Kp.$_2$ 188—190°, Kp.$_{0,2}$ 157°; 15 g (Ausbeute). — *3-Isopropyl-2.5-diphenylfuran* (**IVa**), $C_{19}H_{18}O$, F. 48—49° (A.), a) aus **IV** in A. durch Hydrierung in Ggw. von PtO_2; 88%; b) aus **I** in Eisessig durch 20 Min. Erhitzen mit Zn-Staub auf dem Dampfbad u. Behandeln des Reaktionsprod. in Acetanhydrid mit H_2SO_4; 43%; c) aus 1.2-Dibenzoyl-3-methylbutan in Acetanhydrid durch Zugabe von H_2SO_4 u. 10 Min. Stehen; 64%. — *cis-1.2-Dibenzoyl-3-methylbuten-(1)* (**I**), $C_{19}H_{18}O_2$, F. 64—65° (PAe.), durch Zugabe einer auf 0° gekühlten Mischung von HNO_3 u. Propionsäure zu einer eiskalten Mischung von **IVa** u. Propionsäure u. 5 Min. Stehen; 81%. — *1.1.2-Tribenzoyläthan,* F. 158—159° (CH_3OH), durch Zugabe einer Lsg. von Dibenzoylmethan u. Phenacylbromid in A. zu einer alkoh. Na-Äthylatlsg. unter Rühren u. 45 Min. Rühren; 70%. — *3-Benzoyl-2.5-diphenylfuran* (**V**), F. 76 bis 78° (A.), a) durch Zugabe von wenig konz. H_2SO_4 zu einer kalten Lsg. vorst. Verb. in Acetanhydrid unter Rühren; 83%; b) durch langsame Zugabe einer Lsg. von Benzoesäureanhydrid in Bzl. zu einer Lsg. von 2.5-Diphenylfuran in Bzl. unter Rühren bei 10°, Zugabe von $SnCl_4$ in Bzl., 4std. Rühren bei 18—25° u. 1std. Rühren bei 30°; 41%. — *Bis-[3-benzoyl-2.5-diphenylfuran]-hydrazon,* $C_{46}H_{32}O_2N_2$, F. 220—221° (Aceton–A.), durch 5std. Kochen einer Lsg. von **V** u. 85%ig. Hydrazinhydrat in 0,7 mol. Na-Isoamylatlsg., Zugabe von weiterem Hydrazinhydrat u. 11std. Kochen. — *3-Benzyl-2.5-diphenylfuran* (**VI**), $C_{23}H_{18}O$, F. 83—84° (A.), a) durch Zugabe von Na zu Äthylenglykol, Zugabe von **V**-Semicarbazon u. 70std. Kochen; 64%; b) aus **V** u. Na oder Na-Methylat in Äthylenglykol durch 10—20std. Kochen; 75—85%; c) durch Zugabe einer Lsg. von 0,4 g **III** in Eisessig zu einer Lsg. von $SnCl_2$ u. konz. HCl in Eisessig u. 8 Min. Kochen; 0,05 g. — *cis-1.2-Dibenzoyl-3-phenylpropen* (**III**), $C_{23}H_{18}O_2$, F. 78—79° (PAe.), durch langsame Zugabe einer auf —15° gekühlten Mischung von konz. HNO_3 u. Propionsäure zu einer ebenso kalten Lsg. von **VI** in Propionsäure u. 10 Min. Stehen bei —15°; 65%. — *1.2-Dibenzoyl-3-phenylpropan,* $C_{23}H_{20}O_2$, F. 97—98° (Isopropylalkohol), durch Zugabe von Zn-Staub zu einer Lsg. von 1,5 g **III** in Eisessig u. 15 Min. Stehen; 1 g. — *3.4-Bis-[brommethyl]-2.5-diphenylfuran,* $C_{18}H_{14}OBr_2$, F. 164—165° (Aceton), durch Zugabe einer Lsg. von 2.5-Diphenylfuran in Eisessig zu einer Lsg. von Paraformaldehyd in 30%ig. HBr–Essigsäure u. 2std. Rühren; 90%. — *3.4-Bis-[morpholinmethyl]-2.5-diphenylfuran,* F. 137—139°, aus vorst. Verb. durch Behandlung mit Morpholin. — *3.4-Dimethyl-2.5-diphenylfuran,* F. 113—116°, aus vorvorst. Verb. in alkoh. NaOH durch Behandeln mit H_2 in Ggw. von RANEY-Ni; 90%. — *cis-2.3-Dibenzoylbuten-(2)* (**II**), F. 82—84° (Isopropylalkohol), aus vorst. Verb. analog **I** bei —10°; 94%. — *1.2-Dibenzoyl-3-methylbuten-(2)* (**VII**), $C_{19}H_{18}O_2$, F. 69—70° (A.), a) aus **I** in Ae. durch 24std. Stehen mit Morpholin bei Raumtemp.; 60%; b) aus **I** u. Morpholin oder Piperidin durch Stehen bei Raumtemp.; c) aus **I** durch 2std. Erhitzen mit Morpholin auf 90°; d) aus **I** in Ae. durch Stehen mit Dimethylamin bei Raumtemp. oder 18std. Erhitzen auf 83° im Rohr. — *1.2-Dibenzoyl-3-methylbutan,* $C_{19}H_{20}O_2$, F. 63—64° (A.), aus **V** durch Hydrierung in A. in Ggw. von PtO_2; 70%. — *2.3-Dibenzoyl-1-phenylpropen* (**VIII**), $C_{23}H_{18}O_2$, F. 89—90° (A.), durch 23std. Stehen von **III** u. Morpholin in Ae.; gibt durch Ozonolyse *1.4-Diphenylbutantrion-(1.2.4)-enol* [F. 81—84°], das sich beim F. in das bei 66—67° schm. Isomere umlagert u. ein *Chinoxalinderiv.*, F. 166—168°, liefert. — *2.3-Dibenzoyl-1-morpholino-1-phenylpropan* (**IX**), $C_{27}H_{27}O_3N$, F. 153—154° (A.), durch 24std. Stehen von **III** mit Morpholin; 72%. — *3-[α-Morpholinobenzyl]-2.5-diphenylfuran,* $C_{27}H_{25}O_2N$, F. 139—140° (A.), a) durch langsame Zugabe von konz. H_2SO_4 zu einer Lsg. von **IX** in Acetanhydrid u. 30 Min. Stehen; 83%; b) durch 20 Min. Kochen von 1 g **VI** mit N-Bromsuccinimid in CCl_4, 10 Min. Stehen des entstandenen **X** mit Morpholin in Ae. u. Fällung als Hydrochlorid; 0,2 g. — *3-[α-Brombenzyl]-2.5-diphenylfuran* (**X**), $C_{23}H_{17}OBr$, F. 92 bis 94° (Essigsäure), durch 20 Min. Kochen von **VI** mit N-Bromsuccinimid; 75%. — *3-[α-Oxybenzyl]-2.5-diphenylfuran* (**XII**), F. 104—106° (CH_3OH), a) durch langsame Dest. einer Lsg. von **V** in 0,33 mol. Al–Isopropylat; 97%; b) aus **X**. — *2.3-Dibenzoyl-1-morpholinobutan,* F. 108—112° (wss. CH_3OH), durch 24std. Kochen von **II** in Morpholin; 38%. — *2.3-Dimethyl-2.3-bis-[2.5-diphenylfuryl-(3)]-butan,* $C_{38}H_{34}O_2$, F. 172—173° (A.), a) durch Zugabe einer warmen Mischung von $SnCl_2$ in Essigsäure u. HCl zu einer Lsg. von **IV** in Eisessig u. 10 Min. Erhitzen auf dem Dampfbad; 25%; b) analog aus **I** oder **VII**; 50%; c) durch 10 Min. Kochen von **IV** mit HJ; 50%; d) durch 1std. Stehen von **IV** bzw. **VII** bzw. **I** in Eisessig–HCl u. 2std. Kochen des Benzolextraktes mit Cu-Bronze; 50 bzw. 21 bzw. 43%. — *1.2-Diphenyl-1.2-bis-[2.5-diphenylfuryl-(3)]-äthan,* $C_{46}H_{34}O_2$, F. 203—204° (Isopropanol–Aceton), a) durch Zugabe einer heißen Lsg. von **XII** in Eisessig zu einer sd. Lsg. von $SnCl_2$ in Eisessig–HCl u. 10 Min. Kochen; 44%; b) durch 2std. Kochen von 1,8 g **X** in Bzl. in Ggw. von Cu-Bronze; 0,25 g. Daneben eine *stereoisomere Verb.* $C_{46}H_{34}O_2$, F. 228—229°. — *3.5-Diphenyl-4-[β-phenyläthyl]-pyrazol* (**XI**), $C_{23}H_{20}N_2$, F. 177—178° (A.), a) durch 5std. Kochen von 3 g **V** mit 95%ig. Hydrazinhydrat in einer Lsg. von Na in Äthylenglykol, Abdest. des W. u. 45std. Erhitzen auf 200°; 0,8 g; daneben **VI**; b) durch 20std. Stehen von 0,2 g 1.4-Diphenyl-2-benzoylbutanon-(1) mit 50%ig. Hydrazinhydrat in A.; 0,1 g. *Hydrochlorid,* $C_{23}H_{21}N_2Cl$, F. 205 bis 210°. *Benzolsulfonylderiv.*, $C_{29}H_{24}O_2N_2S$, F. 145—146° (A.), durch 15 Min. Kochen mit Benzolsulfonylchlorid in Pyridin; 91%. — *1.4-Diphenyl-2-benzoylbutanon-(1),* $C_{23}H_{20}O_2$, F. 91—92° (CH_3OH), durch 36std. Kochen von 5,3 g Dibenzoylmethan mit granuliertem Na in Ae., Abdest. des Ae. u. 5tägiges Kochen des Reaktionsprod. mit β-Phenyläthyljodid in Aceton unter Rühren; 0,9 g. — *4-Benzyl-3.6-diphenylpyridazin*, $C_{23}H_{18}N_2$, F. 115—116° (90%ig. A.), durch 48std. Stehen von **III** in A. mit 85%ig. Hydrazinhydrat; 52%. (J. org. Chemistry **21.** 297—303. März 1956. Austin, Tex., Univ., Dep. of Chem.) H. BERTSCH. 2370

M. Protiva, V. Šimák, V. Hach und **O. Exner**, *Lokalanästhetica.* 3. Mitt. *Sulfoniumsalze.* Inhaltlich ident. mit der C. **1955.** 7198 referierten Arbeit. (Collect. czechoslov. chem. Commun. **20.** 810—16. Aug. 1955. [Orig.: russ.]) W. BARZ. 2600

Pierre Vallette, *1-Brom-2.3-diphenylinden und seine Umwandlung in 2.3.2'.3'-Tetraphenyl-bis-indenyl-(1.1').* Inhaltlich in der C. **1953.** 6025 referierten Arbeit enthalten. (C. R. hebd. Séances Acad. Sci. **232.** 534—36. 5/2. 1951.) I. SPAETH. 2650

M. Lora Tamayo und **M. Pinar**, *Konjugation einer Doppelbindung mit einem aromatischen Kern.* 24. Mitt. *Über die Struktur der Bis-Addukte des Maleinsäureanhydrides.* (23. vgl. C. **1956.** 10563; 27. vgl. C. **1956.** 4119.) Vff. diskutieren die früher von LORA TAMAYA u. Mitarbeitern (C. **1949.** II. 1292 u. früher) einerseits u. von BRUCKNER u. Mitarbeitern (C. **1953.** 1325 u. früher) andererseits vorgeschlagenen Strukturen für das 2:1-Addukt aus Maleinsäureanhydrid (**I**) u. Anethol (**II**) u. die analogen Addukte aus **I** u. o-Methoxypropenylbenzol (**III**) bzw. 1.4-Methoxypropenylnaphthalin (**IV**). Während die Hydrolyse des **I**-**II**-Adduktes (10—15 Min. mit 20%ig. NaOH in der Wärme oder 2 Std. mit sd. W.) eine *methoxylfreie Verb.* [F. 255—265° (Zers.)] u. die Hydrolyse des **I**-**III**-Adduktes eine *methoxylhaltige Verb.* $C_{18}H_{20}O_9$ (F. 234°), beides in Übereinstimmung mit den von BRUCKNER vorgeschlagenen Strukturen, ergab, liefert das **I**-**IV**-Addukt eine *methoxylhaltige Verb.* $C_{22}H_{22}O_9$ (F. 260—265°), obgleich das Addukt nach BRUCKNER eine leicht verseifbare Enolmethyläthergruppe enthalten müßte. — *α-Methoxy-β-methylstyrol*, dessen Darst. beschrieben wird, ließ sich nicht mit **I** kondensieren.

Versuche: *Propanal*, Kp. 48—55°, durch Oxydation von 125 cm³ n-Propanol mit $K_2Cr_2O_7$ in H_2SO_4; 45 g (Ausbeute). — *α.β-Dibrom-α-methoxypropan*, Kp.$_{13}$ 66—67°, durch Bromierung von 40 g vorst. Verb. u. Sättigen des erhaltenen rohen *α-Brompropanals* in CH_3OH mit HBr unter Kühlung; 50 g. — *α-Methoxy-α-phenyl-β-brompropan*, Kp.$_{18}$ 125—126°, aus 65 g vorst. Verb. u. C_6H_5MgBr (aus 60 g C_6H_5Br) in Ae.; 40 g. — *α-Methoxy-β-methylstyrol*, Kp.$_{19}$ 96—98°, durch Dest. von 40 g vorst. Verb. über KOH; 20 g. (An. Real Soc. españ. Física Quím., Ser. B **47.** 819—22. Dez. 1951. Madrid, C. S. de I. C., Inst. „Alonso Barba" de Quím., Dep. de Quím. Orgán.) H. SCHMEISS. 2700

I. N. Nasarow und **I. A. Gurwitsch**, *Synthese von Steroid- und verwandten Verbindungen.* 28. Mitt. *Kondensation von Acetylen mit 9-Methyl-1.6-diketo-Δ^5-oktahydronaphthalin. Synthese und Umwandlungen von 9-Methyl-1-äthinyl-1-oxy-6-keto-Δ^5-oktahydronaphthalin.* (27. vgl. C. **1956.** **10453.**) Bei der Rk. von 9-Methyl-1.6-diketo-$\Delta^{5,10}$-oktahydronaphthalin (**I**) mit CH≡CLi oder $(CH{\equiv}C)_2Ca$ in fl. NH_3 reagiert nur die 1-Ketogruppe unter Bldg. von *9-Methyl-1-äthinyl-1-oxy-6-keto-$\Delta^{5,10}$-oktahydronaphthalin* (**II**); Ausbeute 70%; auch bei Anwendung von CH≡CNa bildet sich **II**, doch sind die Ausbeuten sehr von den Versuchsbedingungen abhängig u. erreichen höchstens 50%. Hydrierung (Pd; Dioxan) von **II** liefert *9-Methyl-1-vinyl-* (**III**) u. weiter *9-Methyl-1-äthyl-1-oxy-6-keto-$\Delta^{5,10}$-oktahydronaphthalin* (**IV**). Daß von den 2 CO-Gruppen in **I** nur die CO-Gruppe in 1-Stellung C_2H_2 anlagert, folgt aus den UV-Absorptionsspektren von **II**—**IV**, die die Konjugation der CO-Gruppe in 6-Stellung mit der Doppelbindung anzeigen. Hierauf weist auch die rote Farbe ihrer 2.4-Dinitrophenylhydrazone hin. Hydrierung (Pd; A.) von **IV** gibt *9-Methyl-1-äthyl-1-oxy-6-ketodekahydronaphthalin* (**V**) in 2 Formen (**Va** u. **Vb**), die sich durch die Konfiguration an $C_{(10)}$ unterscheiden müssen (Derivv. von cis- u. trans-Dekalin). Um über die Zuordnung zu entscheiden, werden **Va**, **Vb** u. auch das früher (vgl. C. **1955.** 3609, 11583, 11585, 11586; **1956.** 3311, 8337) erhaltene **V**-Präp. (**Vc**), das sowohl von **Va** als auch **Vb** verschieden ist, mit p-Toluolsulfonsäure zu den entsprechenden *Δ^1-Oktahydronaphthalinderivv.* dehydratisiert u. diese zu den isomeren *9-Methyl-1-äthyl-6-ketodekahydronaphthalinen* (**VI**) hydriert (Pt), die durch die *Semicarbazone* u.*2.4-Dinitrophenylhydrazone* charakterisiert werden. **Vb** u. **Vc** liefern **VI**-Präpp., deren Semicarbazone ident. sind; bei den 2.4-Dinitrophenylhydrazonen tritt eine Komplikation insofern ein, als jedes dieser **VI**-Präpp. Gemische verschied. 2.4-Dinitrophenylhydrazone liefert, doch wird ein gleiches aus beiden Präpp. erhalten. Das Entstehen von Gemischen kann seinen Grund darin haben, daß die Hydrierung der Doppelbindung zu konfigurativen Verschiedenheiten am $C_{(1)}$-Atom führt oder daß die 2.4-Dinitrophenylhydrazone selbst ster. verschieden sind. Das aus **Va** gewonnene **VI**-Präp. liefert höherschm. Derivate. Aus den festgestellten Identitäten u. der Tatsache, daß **Vc** ein cis-Dekalinderiv. ist, folgt dasselbe für **Vb**; ihre Nichtidentität muß auf der konfigurativen Verschiedenheit an $C_{(1)}$ beruhen. Für **Va** bleibt nur die trans-

Dekalinkonfiguration übrig. Es wird darauf aufmerksam gemacht, daß die C_2H_2-Anlagerung an die CO-Gruppe in 1-Stellung je nach der vorliegenden Verb. ster. verschieden verlaufen kann: Während 9-Methyl-6-methoxy-1-keto-Δ^6-oktahydronaphthalin (aus dem **Vc** gewonnen wird; vgl. l. c.) C_2H_2 so anlagert, daß die 9-CH_3- u. die CH≡C-Gruppe in trans-Stellung zueinander stehen, gibt **I** die Verb. **II** mit cis-Stellung dieser Gruppen. Weiter werden Hydrierungen u. Redd. durchgeführt. Aus **II** bilden sich bei erschöpfendem Hydrieren (Pt-Oxyd; A.) **Vb** u. *9-Methyl-1-äthyl-1.6-dioxydekahydronaphthalin* (**VII**), das ein *trans*-Dekalinderiv. ist (Oxydation mit CrO_3 in Eisessig gibt **Va**!). Die Red. von **II** bzw. **III** mit Li in fl. NH_3 führt zu *9-Methyl-1-äthinyl-* (**VIII**) bzw. *9-Methyl-1-vinyl-1-oxy-6-ketodekahydronaphthalin* (**IX**); beide gehören der *trans*-Dekalinreihe an. Die 2.4-Dinitrophenylhydrazone von **VIII** u. **IX** (ebenso von **Va** u. **Vb**) sind gelb, was für Ketone mit isolierter CO-Gruppe charakterist. ist. **VIII** u. **IX** geben bei erschöpfendem Hydrieren (Pd; A.) **Va**. Bei der Red. von **III** mit Li in fl. NH_3 in Ggw. von Methanol wird *9-Methyl-1-vinyl-1.6-dioxydekahydronaphthalin* (**X**) erhalten, aus diesem **VII** durch Hydrieren (Pd); **X** ist also ein trans-Dekalinderivat. Wird **Vb** bzw. **Vc** mit Li in fl. NH_3 in Ggw. von Methanol red., so entstehen 2 neue Isomere von *9-Methyl-1-äthyl-1.6-dioxydekahydronaphthalin* (**XIa** bzw. **XIb**); beide sind *cis*-Verbb. mit verschied.

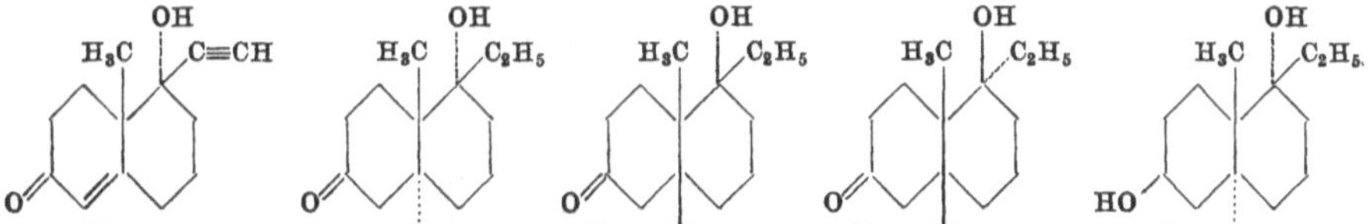

II Va Vb Vc VII

Konfiguration an $C_{(1)}$. Die räumliche Lage der 6-Oxygruppe in **VII**, **X**, **XIa**, **XIb** wird in Analogie zur Konfiguration der 3-Oxysteroide, die aus 3-Ketosteroiden durch Red. erhalten werden, angenommen. **IX** wird zu *9-Methyl-1-vinyl-6-keto-Δ^1-oktahydronaphthalin* (**XII**) dehydratisiert; dieses ist die *trans*-Verb. u. wird in Kristallen erhalten, im Gegensatz zu der früher beschriebenen fl. cis-Verbindung. Wird **I** in fl. NH_3 mit Li red., so bildet sich *9-Methyl-1.6-diketodekahydronaphthalin* (*trans*-Verb.); die Ausbeute beträgt nur 10%, da **I** in alkal. Medium unbeständig ist; die entsprechende cis-Verb. wurde früher (vgl. C. **1955. 2664**) aus **I** durch katalyt. Hydrierung erhalten. **II** u. **IX** sind bei der Prüfung auf androgene Aktivität in Dosen bis 500 γ wirkungslos.

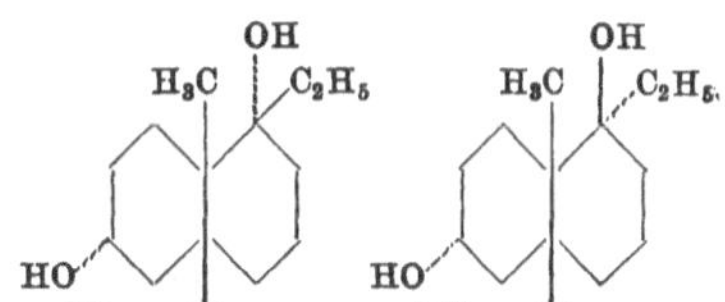

XIa XIb

V e r s u c h e: *9-Methyl-1-äthinyl-1-oxy-6-keto-$\Delta^{5,10}$-oktahydronaphthalin* (**II**), $C_{13}H_{16}O_2$, F. 171,5—172,5°; zu einer Lsg. von CH≡CLi (2 g Li) in fl. NH_3 wird bei —70° unter Rühren eine äther. Lsg. von 25 g **I** in 1 Std. hinzugefügt, während dieser Zeit u. noch 3½ Std. danach C_2H_2 durchgeleitet u. die Reaktionsmasse durch NH_4Cl-Lsg. zerlegt; aus Essigester Kristalle; Maximum (Max.) der Lichtabsorption (Methanol) bei 310 mμ (ε = 60) u. 240 mμ (ε = 15000); 20 g (Ausbeute). *2.4-Dinitrophenylhydrazon*, $C_{19}H_{20}O_5N_4$, F. 217,5—218,5° (A.); dunkelrote Kristalle. — *9-Methyl-1-vinyl-1-oxy-6-keto-$\Delta^{5,10}$-oktahydronaphthalin* (**III**), $C_{13}H_{18}O_2$, F. 76,5—77°; durch Hydrieren von **II** (20,4 g; Dioxan; Pd/$CaCO_3$); Kristalle; 19,2 g. *2.4-Dinitrophenylhydrazon*, $C_{19}H_{22}O_5N_4$, F. 167—167,5° (A.); rote Kristalle; Max. (Isooctan) bei 369 mμ. — *9-Methyl-1-äthyl-1-oxy-6-keto-$\Delta^{5,10}$-oktahydronaphthalin* (**IV**), $C_{13}H_{20}O_2$, F. 139—139,5° (Essigester u. A. + Ae.); durch Hydrieren von **II** (2 g; Dioxan; Pd/$CaCO_3$); Kristalle; Max. (Methanol) bei 313 mμ (ε = 80) u. 245 mμ (ε = 14800); 1,4 g (neben etwas **Vb**). *2.4-Dinitrophenylhydrazon*, $C_{19}H_{24}O_5N_4$, F. 191—192°; rote Kristalle; Max. (Isooctan) bei 359 u. 374 mμ. — *cis-9-Methyl-1-äthyl-1-oxy-6-ketodekahydronaphthalin* (**Vb**), $C_{13}H_{22}O_2$, F. 106,5—107° (Ae. + PAe.); durch Hydrieren von **II** oder **IV** (Pd/$CaCO_3$; A.); Kristalle; aus 1,5 g **IV** werden 0,7 g erhalten (neben 0,5 g **Va**). *2.4-Dinitrophenylhydrazon*, $C_{19}H_{26}O_5N_4$, F. 207 bis 208°; hellorangefarbene Kristalle. — *trans-9-Methyl-1-äthyl-1.6-dioxydekahydronaphthalin* (**VII**), $C_{13}H_{24}O_2$, F. 155,5—156° (Ae. + PAe.); durch Hydrieren von **II** (Pt-Oxyd; A.); Kristalle. — *cis-9-Methyl-1-äthyl-1-oxy-6-ketodekahydronaphthalin* (**Vc**). *2.4-Dinitrophenylhydrazon*, $C_{19}H_{26}O_5N_4$, F. 165—165,5°. — *cis-9-Methyl-1-äthyl-6-ketodekahydronaphthalin* (*cis*-**VI**), $C_{13}H_{22}O$, $Kp._2$ 104—105°; a) durch Hydrieren von cis-9-Methyl-1-vinyl-6-keto-Δ^1-oktahydronaphthalin (vgl. l. c.) in Ggw. von Pt nach ADAMS in A.; $D.^{20}{}_4$ 0,9907; n_D^{25} 1,5010; 1,5 g aus 2 g; b) 0,8 g **Vc** werden mit 0,024 g p-Toluolsulfonsäure + 0,02 g Pyrogallol in Toluol 1 Std. gekocht; das ölige Dehydratationsprod. wird hydriert (Pt-Oxyd; A.) u. das Hydrierungsprod. in Bzl. an Al_2O_3

chromatographiert; aus den durch Eluieren mit Bzl., Chlf. u. Methanol erhaltenen Fraktionen werden Derivv. hergestellt; c) analog aus **Vb**. *Semicarbazon*, $C_{14}H_{25}ON_3$, F. 197 bis 197,5° (A.). *2.4-Dinitrophenylhydrazon*, $C_{19}H_{26}O_4N_4$, F. 144—145°; aus dem Präp. nach b); eigelbes Pulver. *2.4-Dinitrophenylhydrazon*, $C_{19}H_{26}O_4N_4$, F. 148—149°; aus den Präpp. nach b) u. c); orangefarbene Tafeln. — *trans-9-Methyl-1-äthyl-6-ketodekahydronaphthalin* (*trans*-**VI**); aus **Va** analog Vorstehendem. *Semicarbazon*, $C_{14}H_{25}ON_3$, F. 200—201°. *2.4-Dinitrophenylhydrazon*, $C_{19}H_{26}O_4N_4$, F. 156—157°; orangefarben; Max. bei 347 mμ. — *trans-9-Methyl-1-vinyl-1-oxy-6-ketodekahydronaphthalin* (**IX**), $C_{13}H_{20}O_2$, F. 97—97,5° (Ae.); man trägt in 180 ml fl. NH_3 unter Kühlung 0,5 g in Stückchen zerschnittenes Li u. sofort eine Lsg. von 3 g **III** in 100 ml Ae. ein, rührt 2 Std. bei —50° (Badtemp.), fügt einen Kristall von $Fe(NO_3)_3 \cdot aq$ hinzu, rührt noch 20 Min. u. gießt in NH_4Cl-Lsg.; Kristalle; 2 g. *2.4-Dinitrophenylhydrazon*, $C_{19}H_{24}O_5N_4$, F. 180 bis 181°; goldglänzende Nadeln. — *trans-9-Methyl-1-äthinyl-1-oxy-6-ketodekahydronaphthalin* (**VIII**), $C_{13}H_{18}O_2$, F. 158,5—159,5° (Bzl. + PAe.); aus **II** u. Li in fl. NH_3; Kristalle; 1,03 g aus 2 g **II**. *2.4-Dinitrophenylhydrazon*, $C_{19}H_{22}O_5N_4$, F. 199,5—200,5°; goldglänzende Kristalle. — *trans-9-Methyl-1-äthyl-1-oxy-6-ketodekahydronaphthalin* (**Va**), $C_{13}H_{22}O_2$, F. 105,5—106,5° (Ae.); a) durch Oxydation von **VII** mit CrO_3 in Eisessig; b) durch Hydrieren von **IX** (Pt-Oxyd; A.); c) durch Hydrieren von **VIII** (Pd; A.) Kristalle. *2.4-Dinitrophenylhydrazon*, $C_{19}H_{26}O_5N_4$, F. 205—206° (A.); goldglänzende Kristalle; Max. (Isooctan) bei 346 mμ. — *trans-9-Methyl-1.6-diketodekahydronaphthalin*, $C_{11}H_{16}O_2$, F. 53,5—54,5° (Ae.); durch Red. von **I** mit Li in fl. NH_3 analog Vorst. oder mit der Abänderung, daß auch NH_4Cl zugegen ist; Kristalle; in beiden Fällen ist die Ausbeute gering. *Bis-[2.4-dinitrophenylhydrazon]*, $C_{23}H_{24}O_8N_8$, schm. nach Auskochen mit Dioxan + Essigester bei 241—242°; Max. (Isooctan) bei 363 mμ. — *trans-9-Methyl-1-vinyl-1.6-dioxydekahydronaphthalin* (**X**), $C_{13}H_{22}O_2$, F. 137—137,5° (Ae. + Bzl.); man löst 0,27 g Li in 200 ml fl. NH_3, gibt eine Lsg. von 1,3 g **III** in 40 ml Ae. hinzu, rührt $1^1/_4$ Std. bei —50°, setzt tropfenweise 15 ml Methanol u. 0,18 g Li hinzu u. rührt noch 1 Std.; das ölige Reaktionsprod. (0,9 g) krist. auf Zusatz von Aceton. — *cis-9-Methyl-1-äthyl-1.6-dioxydekahydronaphthalin* (**XIa**), $C_{13}H_{24}O_2$, F. 118—119° (Ae. + Bzl.); durch Red. von **Vb** mit Li in fl. NH_3 analog Vorst. mit der Abänderung, daß nach Zutropfen von Methanol nicht Li, sondern NH_4Cl zugesetzt wird. — *cis-9-Methyl-1-äthyl-1.6-dioxydekahydronaphthalin* (**XIb**), $C_{13}H_{24}O_2$, F. 231—232°; durch Red. von **Vc** mit Li in fl. NH_3, im wesentlichen analog Vorst.; aus viel A. Kristalle; sublimierbar; 1,2 g aus 1,27 g. — *trans-9-Methyl-1-vinyl-6-keto-Δ^1-oktahydronaphthalin* (**XII**), $C_{13}H_{18}O$, F. 46 bis 47° (Ae.); Kp.$_5$ 118,5—120°; 1,9 g **IX** werden mit 1 g zerriebenem $KHSO_4$ + 0,05 g Pyrogallol 40 Min. bei 60 mm auf 140—145° (Badtemp.) erhitzt; Kristalle; 0,75 g. *Semicarbazon*, $C_{14}H_{21}ON_3$, F. 200,5—201,5° (Zers.). (Журнал Общей Химии [J. allg. Chem.] **25** (**87**). 956—69. Mai 1955. Inst. für Organ. Chem. der Akad. der Wiss. der UdSSR.) R. KNOBLOCH. 2700

I. N. Nasarow und **G. P. Kugatowa**, *Synthese von Steroid- und verwandten Verbindungen. 29. Mitt. Kondensation von Isopren mit 1-Methyl-Δ^1-cyclohexenon-(6). Synthese von cis-1-Vinyl-6.9-dimethylhexahydronaphthalin.* (28. vgl. vorst. Ref.) Aus Isopren u. 1-Methyl-Δ^1-cyclohexenon-(6) (**I**) entsteht ein Addukt (**II**), das zu 90% aus *cis-6.9-Dimethyl-Δ^6-oktalon-(1)* (**III**) u. zu 10% aus *cis-7.9-Dimethyl-Δ^6-oktalon-(1)* besteht; die Konfigurationsbezeichnung bezieht sich auf die Annelierung der Ringe (vgl. frühere Arbeiten). Das Addukt wird nicht in die Komponenten zerlegt, da aus ihm bei den weiteren Rkk. individuelle, **III** entsprechende Prodd. erhalten werden können. Zum Konstitutionsbeweis für **III** wird das Addukt mit CH_3MgJ grignardiert, wobei *1.6.9-Trimethyl-Δ^6-oktalol-(1)* resultiert, hieraus durch Dehydratisieren *1.6.9-Trimethyl-$\Delta^{1.6}$-hexalin* u. aus diesem durch Dehydrieren mit Pd/Kohle bei 350—360° unter gleichzeitigem Verlust der angulären CH_3-Gruppe *1.6-Dimethylnaphthalin*. Das Addukt dient als Ausgangsmaterial für die Reaktionsfolge **III** $\xrightarrow{CH\equiv CNa}$ *1-Äthinyl-6.9-dimethyl-Δ^6-oktalol-(1)* $\xrightarrow{H_2}$ *1-Vinyl-6.9-dimethyl-Δ^6-oktalol-(1)* $\xrightarrow{H_2O}$ *1-Vinyl-6.9-dimethyl-$\Delta^{1.6}$-hexalin.* Letztgenannte Verb. gibt bei der Diensynth. mit Maleinsäureanhydrid *7.13-Dimethyl-$\Delta^{4.12.6}$-dekahydrophenanthrendicarbonsäure-(1.2)-anhydrid*, mit Fumarsäuredimethylester *7.13-Dimethyl-$\Delta^{4.12.6}$-dekahydrophenanthrendicarbonsäure-(1.2)-dimethylester;* beide Verbb. werden als Stereoisomerengemisch gewonnen. **I** wird auch mit 2.3-Dimethylbutadien zur Rk. gebracht; hierbei wird *cis-6.7.9-Trimethyl-Δ^6-oktalon-(1)* erhalten.

Versuche: *Addukt* (**II**), $C_{12}H_{18}O$, Kp.$_{2,5}$ 92—93,5° aus 45 g Isopren u. 180 g **I**, 45—50 Min. in einer Metallampulle unter N_2 bei 270—280°; das Reaktionsprod. wird im Vakuum fraktioniert; D.$^{20}_4$ 0,9840; n_D^{20} 1,5015; Ausbeute aus 4 Ansätzen 50 g. *Semicarbazon*, $C_{13}H_{21}ON_3$, F. 219—220° (Zers.); aus CH_3OH Kristalle. — *cis-6.9-Dimethyldekalon-(1)*, $C_{12}H_{20}O$, Kp.$_{1,5}$ 82—83°; durch Hydrieren von **II** (4 g; absol. Ae.;

$Pd/CaCO_3$; 6 Std.); D.^{20} 0,9660; n_D^{20} 1,4855; 3 g. *Semicarbazon*, $C_{13}H_{23}ON_3$, F. 207 bis 208° (50%ig. CH_3OH). — *1.6.9-Trimethyl-Δ⁶-oktalol-(1)*, $C_{13}H_{22}O$, Kp.$_1$ 88—89°; aus **II** u. CH_3MgJ in Ae., anfangs bei maximal 10°, dann 4 Std. bei 40°; D.^{20} 0,9783; n_D^{20} 1,5051; 3 g aus 4 g **II**. — *1.6.9-Trimethyl-$\Delta^{1.6}$-hexalin*, Kp.$_{10}$ 86—88°; aus 3 g vorst. Verb. u. 1,5 g KHSO , 1 Std. bei 150—160°; D.$^{20}_4$ 0,9390; n_D^{20} 1,4580; 1,2 g. — *1.6-Dimethylnaphthalin*, Kp.$_{10}$ 105—107°; aus 1,2 g vorst. Verb. u. 1 g Pd/Kohle (5% Pd) in 5 ml Bzl., 36 Std. in einer Metallampulle bei 350—360°; n_D^{20} 1,5690; 0,6 g. *Pikrat*, F. 113—114°. — *1-Äthinyl-6.9-dimethyl-Δ^6-oktalol-(1)*, $C_{14}H_{20}O$, Kp.$_{1,5}$ 94—95°; in eine Lsg. von 19 g Na in 600 ml fl. NH_3 wird bei —70° 2 Std. C_2H_2 eingeleitet (25—30 Liter/Std.) u. unter weiterem Einleiten von C_2H_2 in 1½ Std. eine Lsg. von 50 g **II** in 100 ml Ae. eingetragen; man rührt noch 1 Std. u. läßt über Nacht (weiter bei —70°) einwirken; nach Verdampfen des größten Teils des NH_3 wird bei —30° durch Zusatz von 250 ml Ae., 45 g NH_4Cl (anteilweise) u. 270 ml W. zerlegt; n_D^{20} 1,5210; 49,5 g. — *1-Äthyl-6.9-dimethyldekalol-(1)*, $C_{14}H_{26}O$, Kp.$_2$ 103—104°; durch Hydrieren vorst. Verb. (2 g; A.; Pt-Oxyd; 3 Std.); n_D^{20} 1,5030; 1,6 g. — *1-Vinyl-6.9-dimethyl-Δ^6-oktalol-(1)*, $C_{14}H_{22}O$, Kp.$_3$ 107—107,5°; durch Hydrieren vorvorst. Verb. [20 g; A.; $Pd/CaCO_3$ (5% Pd); 2 Std.]; n_D^{20} 1,5180; 14,2 g. — *1-Vinyl-6.9-dimethyl-$\Delta^{1.6}$-hexalin*, $C_{14}H_{20}$, Kp.$_8$ 109 bis 110°; durch Erhitzen von 15 g vorst. Verb. mit 1,2 g $KHSO_4$ + 0,1 g Pyrogallol im N_2-Strom auf 130—135°/70 mm; das im Vakuum dest. Dehydratationsprod. (12,4 g) wird mit $KHSO_4$ (0,5 g) nachbehandelt u. über Na dest.; n_D^{20} 1,5160; 9,1 g. — *7.13-Dimethyl-$\Delta^{4,12.6}$-dekahydrophenanthrendicarbonsäure-(1.2)-anhydrid* (Stereoisomerengemisch), $C_{18}H_{22}O_3$, Kp.$_{0,025}$ 197—200°; aus 4 g vorst. Verb. u. 1,6 g Maleinsäureanhydrid + wenig Pyrogallol, 3 Std. in einer Glasampulle bei 100°; Öl; 3 g. — *7.13-Dimethyl-$\Delta^{4,12.6}$-dekahydrophenanthrendicarbonsäure-(1.2)-dimethylester* (Stereoisomerengemisch), $C_{20}H_{28}O_4$, Kp.$_{0,02}$ 148—150°; aus 7 g vorvorst. Verb. u. 5,3 g Fumarsäuredimethylester in Bzl., 4 Std. in einer Metallampulle bei 200—210°; Öl; 4,1 g. — *cis-6.7.9-Trimethyl-Δ^6-oktalon-(1)*, $C_{13}H_{20}O$, Kp.$_{2,5}$ 106—107,5°; aus 12 g 2.3-Dimethylbutadien u. 30 g **I**, 35—40 Min. in einer Metallampulle unter N_2 bei 250—255°; n_D^{20} 1,5090; Ausbeute aus 3 Ansätzen 12,2 g. *Semicarbazon*, $C_{14}H_{23}ON_3$, F. 240—241° (Zers.); aus Butanol Kristalle. (Известия Академии Наук СССР, Отделение Химических Наук [Nachr. Akad. Wiss. UdSSR, Abt. chem. Wiss.] **1955**. 480—85. Mai/Juni. Zelinsky-Inst. für Organ. Chem. der Akad. der Wiss. der UdSSR.) R. KNOBLOCH. 2700

Robert W. Higgins, Clifford L. Hilton und **Sharadchandra D. Deodhar,** *Ringsynthese von 2-Jodanthrachinon.* 5-Jodanthranilsäure (**I**) wurde über die *Diazoverb.* mit Hilfe der SANDMEYERschen Rk. in *2-Cyan-5-jodbenzoesäure* u. weiter durch Hydrolyse in *4-Jodphthalsäure* u. deren *Anhydrid* übergeführt, das durch Kondensation mit Bzl. nach FRIEDEL-CRAFTS *2-Benzoyl-4(?)-jodbenzoesäure* gab; deren Dehydrierung mit konz. H_2SO_4 führte zu *2-Jodanthrachinon.*

V e r s u c h e: *4-Jodphthalsäure*, F. 180—184°, aus **I** (F. 224—226°) in wss. H_2SO_4 mit wss. $NaNO_2$ bei 5°, dann bei p_H 6,5 (konz. NaOH oder Na_2CO_3) mit wss. NaCN u. $CuSO_4$ bei 70—80° u. Hydrolyse der gebildeten rohen *2-Cyan-5-jodbenzoesäure* mit konz. H_2SO_4; 91% (Ausbeute). *Anhydrid*, F. 125—126°, mit Acetanhydrid in sd. Bzl.; blaßgelbe Kristalle; 89%. — *2-Benzoyl-4(?)-jodbenzoesäure*, $C_{14}H_9O_3J$, F. 162—172° (rohes Isomeres) bzw. F. 193—193,5° (Toluol), aus vorst. Anhydrid in Bzl. mit $AlCl_3$; 85%. — *2-Jodanthrachinon*, F. 175—176° (Bzl.-Toluol), aus vorst. Verb. mit konz. H_2SO_4 bei 140° (5 Std.); 81%. (J. org. Chemistry **16.** 1275—77. Aug. 1951. State College, Pa., Ellen H. Richards Inst.) E. KASPAR. 2800

J. W. Barton und **J. F. W. McOmie,** *Triphenylen und 2-Methyltriphenylen.* Bei dem Vers., durch Einw. von Phenyl-Li auf 2.2'-Dibromdiphenyl (**I**) Diphenylen darzustellen, wurden in schlechter Ausbeute *Triphenylen* u. *Diphenyl* erhalten. Aus p-Tolyl-Li u. **I** wurde dagegen nicht das nach vorst. Rk. erwartete Trimethyltriphenylen erhalten, sondern wenig *2-Methyltriphenylen.* p-Methoxyphenyl-Li reagierte nicht mit **I**.

V e r s u c h e: *Triphenylen*, F. u. Misch-F. 194—195° (A.), durch Zugeben von **I** in Ae. in 15 Min. zu äther. Phenyl-Li (aus Brombenzol u. Li in Ae.) unter Rühren, 4std. Rühren der dunkelroten Lsg., Stehen über Nacht, Versetzen mit verd. HCl, Ae.-Extraktion, Einengen u. Fraktionieren (Kp.$_{0,5}$ 150—190°); 8% (Ausbeute). Daneben *Brombenzol* (Kp.$_{12}$ 50—60°), *Diphenyl* (Kp.$_{12}$ 120—130°) u. *2-Bromdiphenyl* (Kp.$_{0,5}$ 100 bis 150°; gelbes Öl). — *2-Methyltriphenylen*, F. 102—103° (A.), sublimiert bei 130—140°/0,5 mm (Badtemp.), analog vorst. Verb., aber mit p-Bromtoluol; aus dem Destillationsrückstand als *Pikrat* [F. 101 102° (A.), gelbe Nadeln; 5%] u. Gießen der alkoh. Lsg. über eine Al_2O_3-Säule. Daneben unumgesetztes *p-Bromtoluol* (Kp.$_{12}$ 60—70°), *4.4'-Dimethyldiphenyl* (Kp.$_{12}$ 120—130°) u. ein halogenhaltiges, *gelbes Öl* (Kp.$_{12}$ 145—155°). (J. chem. Soc. [London] **1956.** 796—97. März. Bristol, Univ.) W. GEHRMANN. 2950

R. J. Shozda, E. A. Depp, C. M. Stevens und **M. B. Neuworth,** *Synthese von p-Oxybenzylpyren und Homologen.* Durch Kondensation von Naphthyl-(1)-essigsäure mit 2.6-Xylenol (**II**) unter der Einw. von BF_3 wird über das entsprechende *Keton* u. dessen Red. mit H_2/Cu-Chromit in guter Ausbeute *1-[β-(4-Oxy-3.5-dimethylphenyl)-äthyl]-naphthalin* erhalten. Analog werden aus Pyren-1-carbonsäure, Pyrenyl-(1)-essigsäure (**I**) u. γ-[Pyrenyl-(1)]-buttersäure die entsprechenden *Pyrenverbb.* erhalten, die charakterist. OH-Infrarotmaxima bei 2,9—3,0 μ u. keine CO-Banden u. typ. Pyren-UV-Spektren besitzen. Versuche (FF. korr.): *Pyren-1-carbonsäure,* F. 268—269° (roh), durch Hypochloritoxydation von 1-Acetylpyren, Start der Rk. bei 100° u. Haupt-Rk. bei 90°; 97% roh (Ausbeute). — *Pyrenyl-(1)-essigsäure* (**I**), $C_{18}H_{12}O_2$, F. 214—219° (Vakuum), durch Erhitzen von Pyren (F. 145—150°) mit Chloressigsäure, KBr u. trockenem $FeCl_3$ unter N_2 u. Rühren im Rohr in 2 Std. auf 240°, nach 30 Min. bei dieser Temp. Ablassen von HCl bei 210°, Lösen des Bombeninhalts in Bzl., Filtration, Extraktion mit 10%ig. KOH, Ansäuern mit konz. HCl, Kühlen, Lösen der rohen **I** (35%) in Methanol unter Zusatz von wenig konz. H_2SO_4, 7std. Kochen, Lösen des Eindampfrückstandes in Bzl., Einengen u. Fraktionieren des gebildeten *Methylesters* [$C_{19}H_{14}O_2$, F. u. Misch-F. 90 bis 91,5° (Hexan), $Kp._1$ 232—245°, elfenbeinfarbene Platten; 87,8 g (aus 138 g roher **I**)], Hydrolyse mit methanol. KOH u. Ansäuern mit konz. HCl; Pulver; 20%. — *1-[β-(4-Oxy-3.5-dimethylphenyl)-äthyl]-naphthalin,* $C_{20}H_{20}O$, F. 77,5—78,5° (Hexan), durch 4std. Durchleiten von trockenem BF_3 durch Naphthyl-(1)-essigsäure (F. 131,2—132,2°) in **II** bei 75—80°, Gießen in kaltes W., Zugabe von wss. Soda, Filtration, Lösen des Rückstandes in Bzl., Einengen, Abdestillieren von unumgesetztem **II** bei 2—5 mm, Behandeln mit absol. Methanol, 4std. Hydrierung des gebildeten *Ketons* [$C_{20}H_{18}O_2$, F. 191—192° (A./Aceton); 80%] in absol. Methanol in Ggw. von Cu-Chromit bei 125°/2000 lbs./sq.in. im Autoklaven, Filtration nach Abkühlung, Einengen u. nochmalige Hydrierung unumgesetzten Ketons; 90%; lösl. in 10%ig. NaOH. — *1-[4-Oxy-3.5-dimethylbenzyl]-pyren,* $C_{25}H_{20}O$, F. 130—131° (absol. Methanol), aus Pyren-1-carbonsäure u. **II** analog vorst. Verb. über das *Keton* [$C_{25}H_{18}O_2$; F. 246—247° (Toluol), gelborangefarbene Prismen; 83%], 4std. katalyt. Hydrierung über Cu-Chromit in Phenol bei 140° wie vorst., Lösen in Bzl., Filtration, Einengen u. Behandeln mit Methanol; Nadeln; 70% roh. *Acetat,* $C_{27}H_{22}O_2$, F. 117,7—118,7°, mit Acetanhydrid u. Pyridin. — *1-[β-(4-Oxy-3.5-dimethylphenyl)-äthyl]-pyren,* $C_{26}H_{22}O$, F. 153,5—154,4° (absol. Methanol), aus **I** u. **II** über das *Keton* [$C_{26}H_{20}O_2$, F. 235—238° (Xylol), 90% (roh)] u. Red. analog vorst. Verb.; schwach blaugrün fluorescierende Platten, hygroskop.; 90% (roh). *Acetat,* $C_{28}H_{24}O_2$, F. 152,3—153,3° (A.), cremefarbene Platten. — *1-[δ-(4-Oxy-3.5-dimethylphenyl)-butyl]-pyren,* $C_{28}H_{26}O$, F. 101,6—103,6° (Methanol), aus γ-[Pyrenyl-(1)]-buttersäure (F. 186 bis 188°) u. **II** über das *Keton* [$C_{28}H_{24}O_2$, F. 168—169° (Toluol), feine gelbe Nadeln; 100% (roh)] u. Red.; Prismen; 100% (roh). (J. Amer. chem. Soc. **78.** 1716—18. 20/4. 1956. Library, Pa., Pittsburgh Consolidation Coal Co., Res. and Developm. Div.)

W. GEHRMANN. 2950

I. N. Nasarow und **M. Ss. Burmisstrowa,** *Synthese von Steroid- und verwandten Verbindungen.* 24. Mitt. *Kondensation von 3.8-Dimethyl-1-vinyl-$\Delta^{1.5}$-tetrahydroinden mit α.β-ungesättigten cyclischen Ketonen.* (23. vgl. C. **1956.** 8337.) Die Rk. von 3.8-Dimethyl-1-vinyl-$\Delta^{1.5}$-tetrahydroinden (**I**) mit Δ^1-Cyclopentenon-(5) (**II**) bzw. 1-Methyl-Δ^1-cyclopentenon-(5) (**III**) gibt *7.10-Dimethyl-* (**IV**) bzw. *7.10.14-Trimethyl-$\Delta^{2;9,11}$-B-norcardosteradienon-(15)* (**V**). Zur Nomenklatur vgl. C. **1956.** 10903. Aus **I** u. Δ^1-Cyclohexenon-(6) (**VI**) bzw. 1-Methyl-Δ^1-cyclohexenon-(6) (**VII**) entsteht *7.10-Dimethyl-* (**VIII**) bzw. *7.10.14-Trimethyl-$\Delta^{2.9,11}$-B-norcardochrysadienon-(15)* (**IX**). Alle diese Addukte sind Gemische von stereoisomeren Formen, die nicht getrennt werden. Die Rk. von **I** mit Citraconsäureanhydrid liefert auf Grund früherer Erfahrungen bei analogen Rkk. 2 Verbb., die *1.9.12-* (**X**) u. *2.9.12-Trimethyl-$\Delta^{4,11;6}$-oktahydrofluorendicarbonsäure-(1.2)-anhydrid* (**XI**) sein müssen; getrennt werden sie nicht. Das Reaktionsprod. aus **I** u. p-Benzochinon ist *7.10-Dimethyl-$\Delta^{2.9,11.16}$-B-norcardochrysatriendion-(15.17a)* (**XII**). Die ungesätt. Addukte werden hydriert (Ausnahme **X** u. **XI**); die Doppelbindung 9.11 bleibt erhalten, bei **XII** lagert auch diese H an. Alle erhaltenen tetracycl. Ketone geben keine krist. Semicarbazone. Bei der Einw. von 2.4-Dinitrophenylhydrazin entstehen Prodd. mit unscharfem F. u. zu hohem N-Geh.; nur **XII** liefert das *2.4-Dinitrophenylhydrazon.*

Versuche: *3.8-Dimethyl-1-äthinyl-Δ^5-tetrahydroindanol-(1)*; $Kp._3$ 88—90°; eine Lsg. von 33 g 3.8-Dimethyl-Δ^5-tetrahydroindanon-(1) in Ae. wird allmählich bei —70° zu CH≡CNa in fl. NH_3 unter Durchleiten von C_2H_2 hinzugefügt, am nächsten Tag NH_3 fast völlig verdampft u. der Rückstand mit NH_4Cl-Lsg. unter Zusatz von Ae. zerlegt; n_D^{21} 1,5070; 33,4 g (Ausbeute). — *3.8-Dimethyl-1-vinyl-Δ^5-tetrahydroindanol-(1)*; durch Hydrieren vorst. Verb. in Ggw. von Pd nach NASAROW u. SCHMONINA (vgl. C. **1951.** II. 2595. — *3.8-Dimethyl-1-vinyl-$\Delta^{1;5}$-tetrahydroinden* (**I**), $Kp._{1,5}$ 60—62°;

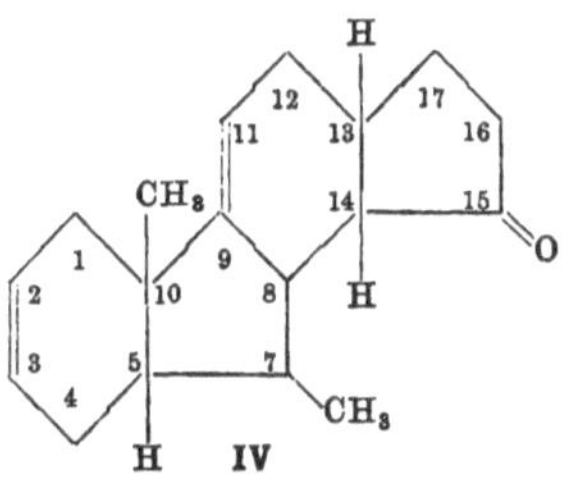

IV

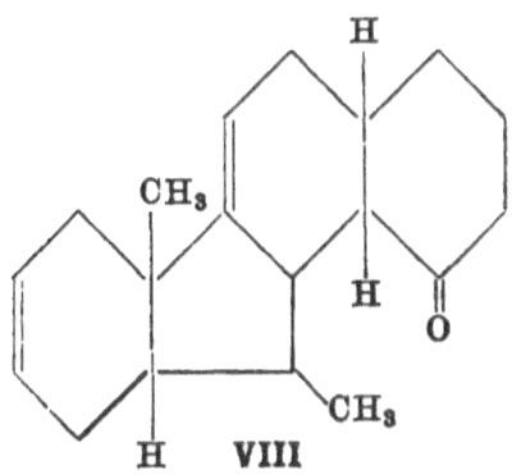

VIII

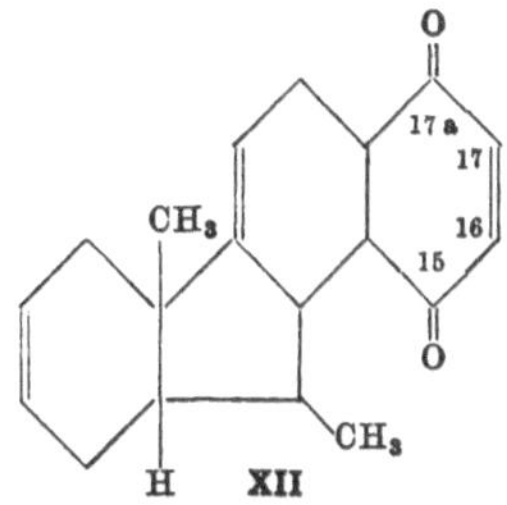

XII

3 g vorst. Verb. werden mit 1,5 g gepulvertem $KHSO_4$ 10 Min. auf 120°/95 mm erhitzt; n_D^{23} 1,5070; 2,2 g. — *7.10-Dimethyl-$\Delta^{2.9,11}$-B-norcardosteradienon-(15)* (**IV**), $C_{18}H_{24}O$, Kp.$_{0,034}$ 132—134°; aus 5 g **I** u. 10 g **II**, 18 Std. im Rohr unter CO_2 bei 130°; dickes, gelbes, bei —35° nichtkrist. Öl; $D.^{20}_4$ 1,048; n_D^{20} 1,5400; 3 g. — *7.10-Dimethyl-$\Delta^{9,11}$-B-norcardosterenon-(15)*, $C_{18}H_{26}O$, Kp.$_{0,03}$ 123—126°; durch Hydrieren von **IV** (2 g; Dioxan; Pt; 4 Std.); dickes Öl; $D.^{20}_4$ 1,043; n_D^{20} 1,5288; 1,5 g. — *7.10.14-Trimethyl-$\Delta^{2.9,11}$-B-norcardosteradienon-(15)* (**V**), $C_{19}H_{26}O$, Kp.$_{0,03}$ 133—138°; aus 4 g **I** u. 4,8 g **III**, 10 Std. bei 170°; dickes Öl; $D.^{20}_4$ 1,037; n_D^{20} 1,5380; 1,5 g. — *7.10.14-Trimethyl-$\Delta^{9,11}$-B-norcardosterenon-(15)*, $C_{19}H_{28}O$, Kp.$_{0,04}$ 140—142°; durch Hydrieren von **V**; $D.^{20}_4$ 1,019; n_D^{20} 1,5280. — *7.10-Dimethyl-$\Delta^{2.9,11}$-B-norcardochrysadienon-(15)* (**VIII**), $C_{19}H_{26}O$, Kp.$_{0,07}$ 150,5—151°; aus 5 g **I** u. 50 g **VI**, 10 Std. bei 170°; dickes Öl; $D.^{20}_4$ 1,053; n_D^{20} 1,5375; 3 g. — *7.10-Dimethyl-$\Delta^{9,11}$-B-norcardochrysanenon-(15)*, $C_{19}H_{28}O$, Kp.$_{0,035}$ 132 bis 134,5°; durch Hydrieren von **VIII**; $D.^{20}_4$ 1,0433; n_D^{20} 1,5215. — *7.10.14-Trimethyl-$\Delta^{2.9,11}$-B-norcardochrysadienon-(15)* (**IX**), $C_{20}H_{28}O$, Kp.$_{0,032}$ 147—150°; aus 4 g **I** u. 45 g **VII** + 0,5 g Dimethylanilin, 10 Std. bei 170°; dickes Öl; $D.^{20}_4$ 1,056; n_D^{20} 1,5415; 2,5 g. Scheidet bei langem Aufbewahren 0,25 g Kristalle vom F. 139—142° (Ae.) aus, vielleicht eine der isomeren Formen. — *7.10.14-Trimethyl-$\Delta^{9,11}$-B-norcardochrysanen-on-(15)*, $C_{20}H_{30}O$, Kp.$_{0,07}$ 148—150°; durch Hydrieren von **IX**; $D.^{20}_4$ 1,033; n_D^{20} 1,5288. — Gemisch von *1.9.12-* (**X**) u. *2.9.12-Trimethyl-$\Delta^{4,11,6}$-oktahydrofluorendicarbon-säure-(1.2)-anhydrid* (**XI**), $C_{18}H_{22}O_3$, Kp.$_{0,012}$ 144—145°; aus 5,1 g **I** u. 3,8 g Citraconsäureanhydrid in 1 ml Bzl., 5 Tage bei Zimmertemp.; sehr dickes, bei —35° nichtkrist. Öl; $D.^{20}_4$ 1,137; n_D^{20} 1,5310; 3,5 g. Die Verseifung liefert ein nichtkrist. Säuregemisch. — *7.10-Dimethyl-$\Delta^{2.9,11.16}$-B-norcardochrysatriendion-(15.17a)* (**XII**), $C_{19}H_{22}O_2$, F. 166 bis 166,5°; aus 2 g **I** u. 1 g Benzochinon in 20 ml Dioxan, 24 Std. bei Zimmertemp., dann 3 Std. bei 60°; aus Methanol Kristalle; 1,8 g. *2.4-Dinitrophenylhydrazon*, $C_{25}H_{26}O_5N_4$, F. 213—215°. — *7.10-Dimethyl-B-norcardochrysandion-(15.17a)*, $C_{19}H_{28}O_2$, F. 140,5 bis 141°; durch Hydrieren von **XII**; aus Ae. Kristalle. (Известия Академии Наук СССР, Отделение Химических Наук [Nachr. Akad. Wiss. UdSSR, Abt. chem. Wiss.] **1954**. 56—62. Jan./Febr. Inst. für Organ. Chem. der Akad. der Wiss. der UdSSR.)

R. KNOBLOCH. 2950

A. P. Terentjew, A. N. Kosst und **Ss. M. Gurwitsch,** *Synthesen mittels Acrylonitrils. 16. Mitt. Über den Reaktionsmechanismus der Cyanäthylierung.* (15. vgl. KOSST u. TERENTJEW, C. **1953**. 9479.) Es wird die Wirksamkeit des RODIONOW-Katalysators (RK; O-Äthyltrimethylphenylammoniumhydroxyd) im Vgl. zu „Triton B" bei Cyanäthylierungs-Rkk. untersucht. Es wird festgestellt, daß in manchen Fällen RK die besseren Ausbeuten gibt. In Ggw. von RK werden Cyclopentanon zu *2.2.5.5-Tetrakis-[β-cyanäthyl]-cyclopentanon*, Acetophenon zu *ω.ω.ω-Tris-[β-cyanäthyl]-acetophenon*, Benzylcyanid zu *α.α-Bis-[β-cyanäthyl]-benzylcyanid*, Acetessigester zu *Bis-[β-cyanäthyl]-acetessigester*, Carbazol zu *N-[β-Cyanäthyl]-carbazol* u. 2-Phenylindol zu *1-[β-Cyanäthyl]-2-phenylindol* cyanäthyliert. Quartäre Ammoniumbasen können als Katalysatoren bei Cyanäthylierungen nicht verwendet werden, wenn eine Reaktionstemp. von >60° erforderlich ist, da hierbei Zers. des Katalysators erfolgt. In Ggw. von Alkali oder Alkoholaten verläuft die Rk. meist zwar langsamer, ist aber leichter regulierbar. Da die Rk. R—H + CH_2=CH—CN ⇌ R—CH_2CH_2CN umkehrbar ist, lassen sich bei Einführung einer anderen, cyanäthylierbaren Verb. „Umcyanäthylierungen" durchführen. Es werden so aus Piperidin oder Dibutylamin mit β-Dimethylaminopropionitril (**I**) bzw. β-Methoxypropionitril *β-Piperidino-* bzw. *β-Dibutylaminopropionitril* gewonnen. Analog reagiert Malonester mit β-Äthoxypropionitril in Ggw. von Na-Äthylat zu *β-Cyanäthyl-* u. wenig *Bis-[β-cyanäthyl]-malonsäurediäthylester*. Die Ausbeuten sind im allg. gering. Die Cyanäthylierung von Aceton, Diäthylamin u. Methanol mit Tris-[β-cyanäthyl]-aceton gelang nicht. — Nach Ansicht der Vff. verläuft die Anlagerung von Acrylonitril an cyanäthylierbare Verbb. nach 2 Schemata: 1. Als starker Dipol wird Acrylonitril an andere Dipole unter Bldg. einer intermediären Additionsverb. angelagert, die in das stabile Nitril umgelagert wird:

$\overset{(+)}{H}-\overset{(-)}{Hal} + \overset{(+)}{C}H_2=CH-C\equiv\overset{(-)}{N} \rightarrow [H-Hal\cdot CH_2=CHCN] \rightarrow Hal-CH_2CH_2CN$. Je stärker die mit Acrylonitril reagierende Verb. polarisiert ist, desto größer ist die Reaktionsgeschwindigkeit. Rkk. von Acrylonitril mit schwach polarisierten Verbb. erfordern die Anwendung von Katalysatoren. 2. Acrylonitril wird an Atome mit einem freien Elektronenpaar angelagert: $RNH_2: + \overset{(+)}{C}H_2=CH-C\equiv\overset{(-)}{N} \rightarrow [RNH_2:CH_2=CH-CN] \rightarrow RNH-CH_2CH_2CN$. Nach diesem Schema verläuft die Cyanäthylierung von Aminen, Amiden, Imiden, Pyrrol- u. Indolderivaten. Je stärker bas. das Amin ist, desto leichter läuft die Rk. ab.

V e r s u c h e: *2.2.5.5-Tetrakis-[β-cyanäthyl]-cyclopentanon*, F. 175,5°; zu einem Gemisch von 0,25 Mol Cyclopentanon u. 1 ml RK in 250 ml Bzl. gibt man in 3 Std. bei 25—30° 1,1 Mol Acrylonitril, rührt 2 Std. bei 40—50° u. läßt über Nacht stehen; 95—97% (Ausbeute). — *ω.ω.ω-Tris-[β-cyanäthyl]-acetophenon*, F. 129—129,5°; analog Vorst. aus Acetophenon u. Acrylonitril bei 20°; 65%. — *α.α-Bis-[β-cyanäthyl]-benzylcyanid*, F. 71,5°; 90%. — *Bis-[β-cyanäthyl]-acetessigester*, F. 82°; 83%. — *N-[β-Cyanäthyl]-carbazol*, F. 156,5°; aus Carbazol u. Acrylonitril bei 0°; 89%. — *1-[β-Cyanäthyl]-2-phenylindol*, F. 88—89°; aus 2-Phenylindol u. Acrylonitril bei 60°; 82%. — *1.1.1-Tris-[β-cyanäthyl]-aceton*, F. 151°, durch Einw. von Acrylonitril auf Aceton in Ggw. von Na-Äthylat bei 45°; 73%. — *β-Dimethylaminopropionitril* (I), $Kp._{745}$ 169—171°, man gibt zu 120 g 50%ig. wss. Dimethylamin (1,33 Mol) in Portionen 53 g (1 Mol) Acrylonitril, erhitzt 5 Std. u. salzt mit K_2SO_3 aus; 71,5 g. — *β-Piperidinopropionitril*, $Kp._3$ 77—78°; a) aus 0,1 Mol I u. 0,17 Mol Piperidin durch 10std. Erhitzen auf 160°; $D.^{20}_4$ 0,9438; n_D^{20} 1,4702; 30%; b) aus β-Methoxypropionitril u. Piperidin (1:1 Mol) durch 15std. Erhitzen auf 120°; 13%. *Pikrat*, F. 158° (A.). — *β-Dibutylaminopropionitril*, $C_{11}H_{22}N_2$, $Kp._7$ 112 bis 113°; a) analog Vorst. aus I u. Dibutylamin; $D.^{20}_4$ 0,8604; n_D^{20} 1,4450; 20%; b) aus β-Methoxypropionitril u. Dibutylamin; 15%. *Pikrat*, F. 76° (A.). — *β-Cyanäthylmalonsäurediäthylester* (*α-Carbäthoxy-γ-cyanbuttersäureäthylester*), $C_{10}H_{15}O_4N$, $Kp._5$ 140—142°; zu einer Na-Äthylatlsg. (2,3 g Na, 40 ml A.) gibt man 32 g Malonester u. 9,9 g β-Äthoxypropionitril, erhitzt 10 Std., verd. mit W., säuert an u. extrahiert mit Ae.; $D.^{20}_4$ 1,0881; n_D^{20} 1,4380; 27%. Daneben als höher sd. Fraktion *Bis-[β-cyanäthyl]-malonsäurediäthylester* (*γ.γ-Dicarbäthoxypimelinsäuredinitril*), $Kp._5$ 193—198°, F. 61° (A.). (Журнал Общей Химии [J. allg. Chem.] **22** (**84**). 1977—86. Nov. 1952. Moskau, Univ., Zelinsky-Labor. für organ. Chem.) G. FROELICH. 3000

A. P. Terentjew und **Ss. M. Gurwitsch**, *Synthesen mittels Acrylonitrils*. 17. Mitt. *Synthese einiger Piperidinhomologen*. (16. vgl. vorst. Ref.) Es wird *3.3-Dimethyl-2-isopropylpiperidin* durch Rk. von Diisopropylketon mit Acrylonitril in Ggw. von NaOH u. Red. des erhaltenen *γ.γ-Dimethyl-γ-isobutyrylbutyronitrils* mit Na/Butanol dargestellt. Als Nebenprod. entsteht *7-Amino-2.4.4-heptanol-(3)*. In analoger Weise wird *3.3-Dimethyl-2-phenylpiperidin* aus Isopropylphenylketon u. Acrylonitril über *γ.γ-Dimethyl-γ-benzoylbutyronitril* dargestellt. Cyclohexanon reagiert mit Acrylonitril (1:1 Mol) unter Bldg. von *2-[β-Cyanäthyl]-*, *2.2-Bis-[β-cyanäthyl]-* u. *2.2.6.6-Tetrakis-[β-cyanäthyl]-cyclohexanon-(1)*. Aus 2-[β-Cyanäthyl]-cyclohexanon-(1) wird durch Red. mit Na/Butanol *Dekahydrochinolin* gewonnen.

V e r s u c h e: *γ.γ-Dimethyl-γ-isobutyrylbutyronitril*, $C_{10}H_{17}ON$, $Kp._{10}$ 128—129°; zu 0,35 Mol Diisopropylketon + 1 ml 50%ig. NaOH gibt man bei 80° in 1 Std. 0,5 Mol Acrylonitril u. rührt 3 Std. bei 80°; $D.^{20}_4$ 0,9226; n_D^{20} 1,4435; 16 g (Ausbeute). Daneben 5,2 g einer Fraktion $Kp._6$ 160—180°, die *γ.γ.γ'.γ'-Tetramethyl-δ-ketoazelainsäuredinitril* enthält. — *3.3-Dimethyl-2-isopropylpiperidin*, $C_{10}H_{21}N$, $Kp._{12}$ 69—70°; man gibt zu 22 g vorst. Verb. in 400 ml sd. Butanol 21 g Na, kocht 1 Std., verd. mit W. u. säuert an; $D.^{20}_4$ 0,8601; n_D^{20} 1,4592; 8 g; *Pikrat*, $C_{16}H_{24}O_7N_4$, F. 201° (W.), Nadeln. Daneben *7-Amino-2.4.4-trimethylheptanol-(3)*, $Kp._{12}$ 130—133°, F. 76° (A. + Ae.); 1,2 g; *α-Naphthylurethan*, $C_{21}H_{30}O_2N_2$, F. 262° (Eisessig). — *γ.γ-Dimethyl-γ-benzoylbutyronitril*, $C_{13}H_{15}ON$, $Kp._4$ 159—162°; aus 0,15 Mol Isopropylphenylketon u. 0,32 Mol Acrylonitril in Ggw. von Na-Äthylat (0,2 g Na, 6 ml A.), 1 Std. Rühren bei Zimmertemp.; $D.^{20}_4$ 1,0478; n_D^{20} 1,5204; 62%. — *3.3-Dimethyl-2-phenylpiperidin*, $Kp._{16}$ 133—137°; aus vorst. Verb. durch Red. mit Na/Butanol; 13%; *α-Naphthylurethan*, $C_{24}H_{26}ON_2$, F. 217° (Isooctan). — *2-[β-Cyanäthyl]-cyclohexanon-(1)*, $C_9H_{13}ON$, $Kp._8$ 129—133°, aus 0,4 Mol Cyclohexanon u. 0,42 Mol Acrylonitril in Ggw. von Na-Äthylat; $D.^{20}_4$ 1,0181; n_D^{20} 1,4745; 3,3 g. Daneben *2.2-Bis-[β-cyanäthyl]-cyclohexanon-(1)*, $Kp._{10}$ 240—245°, F. 68° (Bzl.); 4,2 g, u. *2.2.6.6-Tetrakis-[β-cyanäthyl]-cyclohexanon-(1)*, F. 164—165° (Aceton), Nadeln. — *Dekahydrochinolin*, $Kp._{10}$ 67—72°, F. 46° (Isooctan); aus 2-[β-Cyanäthyl]-cyclohexanon-(1) durch Red. mit Na/Butanol; 1,6 g. *Pikrat*, $C_{15}H_{20}O_7N_4$, F. 156° (Bzl.). (Сборник Статей по Общей Химии [Samml. Aufsätze allg. Chem.] **1**. 404—08. 1953.) G. FROELICH. 3000

Ss. M. Gurwitsch und **A. P. Terentjew**, *Synthesen mittels Acrylonitrils.* 18. Mitt. *Reaktion von Acrylonitril mit aliphatischen Diazoverbindungen und Phenylazid.* (17. vgl. vorst. Ref.) Bei der Einw. von CH_2N_2 auf Acrylonitril wird *Pyrazolincarbonsäure-(3)-nitril* erhalten, dessen Struktur durch Red. mit Na/Butanol zu *1.2.4-Triaminobutan* bewiesen wird. Verss., das Nitril zu verseifen oder zu oxydieren, mißlangen. In Analogie zu vorst. Rk. wird dem aus Diazoessigester u. Acrylonitril erhaltenen Pyrazolinderiv. die Struktur eines *5-Carbäthoxypyrazolincarbonsäure-(3)-nitrils* zugesprochen. Phenylazid reagiert mit Acrylonitril bei Zimmertemp. unter Bldg. von *1-Phenyl-1.2.3-triazolincarbonsäure-(4)-nitril* (**I**), während bei 60—80° unter N_2-Entw. *N-[β-Cyanäthyliden]-anilin* entsteht, das auch beim Erhitzen von **I** erhalten wird u. mit Na/A. zu *N-Phenyltrimethylendiamin* red. wird.

V e r s u c h e: *Pyrazolincarbonsäure-(3)-nitril*, $C_4H_5N_3$, Kp.$_5$ 116—118°, Kp.$_1$ 93 bis 94°; aus 2,3 g Acrylonitril u. einer äther. Lsg. von CH_2N_2 (aus 10 g Nitrosomethylharnstoff) unter Kühlung; D.$^{20}{}_4$ 1,1352; n_D^{20} 1,5400; 5,9 g Rohprod. (Ausbeute). Gibt bei der Red. mit Na/Butanol in der Siedehitze *1.2.4-Triaminobutan*, das als *Tripikrat* [$C_{22}H_{22}O_{21}N_{12}$, F. 224° (Zers.), aus A. Nadeln] identifiziert wird. — *5-Carbäthoxypyrazolincarbonsäure-(3)-nitril*, $C_7H_9O_2N_3$, F. 96° (verd. Dioxan, A.); aus 0,05 Mol Diazoessigester u. 0,06 Mol Acrylonitril bei $<$40° (Kühlung), dann Stehenlassen über Nacht; Blättchen; 65%. — *1-Phenyl-1.2.3-triazolincarbonsäure-(4)-nitril* (**I**), $C_9H_8N_4$, F. 98° (Zers.); aus 0,1 Mol Phenylazid u. 0,11 Mol Acrylonitril, 12 Tage im Rohr bei Zimmertemp.; 91%. Werden 0,5 Mol Phenylazid u. 0,6 Mol Acrylonitril 4 Std. auf dem Wasserbad erhitzt, so entsteht *N-[β-Cyanäthyliden]-anilin*, $C_9H_8N_2$, Kp.$_4$ 115°; D.$^{20}{}_4$ 1,0902; n_D^{20} 1,5570; 75%, das auch beim Erhitzen von **I** über den F. erhalten wird. **I** wird durch verd. HCl bei 8std. Kochen unter Bldg. von *Anilin* hydrolysiert. Bei der Red. von **I** in Toluol mit Na/A. entsteht *N-Phenyltrimethylendiamin*, $C_9H_{14}N_2$, Kp.$_7$ 134—135°; D.$^{20}{}_4$ 1,0332; n_D^{20} 1,5747; 46%; *Dipikrat*, $C_{21}H_{20}O_{14}N_8$, F. 174—175° (Zers.). — *β-Phenylaminopropionitril*, Kp.$_2$ 140—142°, F. 48° (verd. A.); durch 12std. Erhitzen eines Gemisches aus 0,5 Mol Anilin, 0,52 Mol Acrylonitril u. 0,19 Mol Anilinacetat auf 140 bis 150°; 96%. Gibt bei der Red. mit Na/A. *N-Phenyltrimethylendiamin*. (Сборник Статей по Общей Химии [Samml. Aufsätze allg. Chem.] **1**. 409—14. 1953.)
G. FROELICH. 3000

Wilson A. Reeves, George L. Drake jr. und **Carroll L. Hoffpauir**, *Äthylenimin durch Schnelldestillation.* Bei der Bldg. von *Äthylenimin* (**I**) aus 2-Aminoäthylhydrogensulfat mit überschüssiger NaOH u. anschließender Dest. ist die Ausbeute u. die Reinheit des Prod. von der Art u. Weise des Erhitzens abhängig. Durch momentanes Erhitzen von Raumtemp. auf 110° entfernten Vff. **I**, Kp. 56°, im Augenblick des Entstehens u. erzielen Ausbeuten bis zu 83%. (J. Amer. chem. Soc. **73**. 3522. Juli 1951. New Orleans, La., Southern Reg. Res. Labor.) WOLFGANG SCHULZ. 3030

Ahmed Mustafa, Salah Mohamed Abdel Dayem Zayed und **Samir Khattab**, *Reaktionen mit Diazoalkanen.* 5. Mitt. *Einwirkung von Diazoalkanen und von Arylaziden auf N-Arylmaleinimide.* (4. vgl. C. **1955**. 5298.) Diazomethan u. Diazoessigsäureäthylester lagern sich an die C=C-Doppelbindung von N-Arylmaleinimiden bei 0° an unter Bldg. von *Δ²-Pyrazolin-4.5-dicarbonsäure-N-arylimiden*. N-Phenyl- (**I**) bzw. N-p-Tolylmaleinimid (**II**) bilden mit Diphenyldiazomethan (**III**) u. mit 9-Diazafluoren (**IV**) bei 0° $C_{(3)}$-substituierte *Δ¹-Pyrazolinderivv.*, während in sd. Bzl. $C_{(1)}$-substituierte *Cyclopropan-2.3-dicarbonsäure-N-arylimide* entstehen. N-Phenylcitraconimid (**V**) verhält sich gegenüber Diazoalkanen ähnlich, 2.3-Dichlor-N-phenylmaleinimid (**VI**) reagiert nicht. Arylazide geben mit N-Arylmaleinimiden *Δ²-1.2.3-Triazolin-4.5-dicarbonsäure-N-arylimide*, die beim Erhitzen N_2 verlieren u. *Aziridinderivv.* bilden. **VI** geht mit NaN_3 in *2.3-Diazido-N-phenylmaleinimid* über. **V** u. **VI** reagieren nicht mit Phenylazid.

V e r s u c h e: *N-[2.4-Dimethylphenyl]-maleinimid* (**VII**), $C_{12}H_{11}O_2N$, F. 76°, nach der Meth. von SEARLE (C. A. **42**. [1948.] 7340; A. P. 2 444 536; C. **1949**. II. 1015); aus A. gelbe Kristalle, gelbe Lsg. in kalter H_2SO_4; 63% (Ausbeute). — *N-[2.5-Dimethoxyphenyl]-maleinimid* (**VIII**), $C_{12}H_{11}O_4N$, F. 122°, analog vorst. Verb.; gelbe Kristalle aus verd. A., in H_2SO_4 braun; 53%. — *Δ²-P y r a z o l i n - 4.5 - d i c a r b o n s ä u r e - N - a r y l i m i d e*, aus dem entsprechenden N-Acylmaleinimid mit CH_2N_2 in Ae. (über Nacht bei 0°, dann mit frischem CH_2N_2); Kristallisation aus Chlf.–Ae. (FF. unter Zers.): *N-Phenylimid*, $C_{11}H_9O_2N_3$, F. 178°, mit **I**; 88%. Gibt bei 130° unter Vakuum *Cyclopropan-1.2-dicarbonsäure-N-phenylimid*, F. 98° (PAe.). — *N-p-Tolylimid*, $C_{12}H_{11}O_2N_3$, F. 178°, mit **II**; 85%. — *N-[p-Methoxyphenyl]-imid*, $C_{12}H_{11}O_3N_3$, F. 184°, mit N-[p-Methoxyphenyl]-maleinimid; 85%. — *N-[p-Äthoxyphenyl]-imid*, $C_{13}H_{13}O_3N_3$, F. 172°, mit N-[p-Äthoxyphenyl]maleinimid; 70%. — *N-[2.4-Dimethylphenyl]-imid*, $C_{13}H_{13}O_2N_3$, F. 143°, mit **VII**; 85%. — 3 - C a r b ä t h o x y - *Δ²*- p y r a z o l i n - 4.5 - d i c a r b o n s ä u r e - N - a r y l i m i d e, analog vorst. Verbb., aber mit Diazoessigsäureäthylester (FF. unter Zers.): *N-Phenylimid*, $C_{14}H_{13}O_4N_3$, F. 193°; 81%. Gibt bei der Pyrolyse bei 130° unter Vakuum *1-Carbäthoxycyclopropan-2.3-dicarbonsäure-N-phenylimid*, $C_{14}H_{13}O_4N$, F. 173° (A.). — *N-p-Tolylimid*, $C_{15}H_{15}O_4N_3$, F. 193°; 84%. — *N-[p-Methoxyphenyl]-imid*, $C_{15}H_{15}O_5N_3$, F. 154°; 65%. — *N-[p-Äthoxyphenyl]-imid*, $C_{16}H_{17}O_5N_3$, F. 164°; 60%. — *N-[2.4-Dimethylphenyl]-imid*, $C_{16}H_{17}O_4N_3$, F. 146°; 75%. — *N-[2.5-Dimethoxyphenyl]-imid*, $C_{16}H_{17}O_6N_3$, F. 124°, mit **VIII**; 65%. — *3.3-Diphenyl-Δ¹-pyrazolin-4.5-dicarbonsäure-N-phenylimid*, $C_{23}H_{17}O_2N_3$, F. 143° (Zers.; Chlf.–Ae.), aus **I** u. **III** in Bzl. (über Nacht bei Zimmertemp.); 75%. — *3.3-[o.o'-Biphenylen]-Δ¹-pyrazolin-4.5-dicarbonsäure, N-Phenylimid*, $C_{23}H_{15}O_2N_3$, F. 201° (Zers.; Chlf.–Ae.), analog vorst. Verb. aus **I** u. **IV**; 68%. *N-p-Tolylimid*, $C_{24}H_{17}O_2N_3$, F. 197° (Zers.; Chlf.–Ae.), analog aus **II** u. **IV**; 71%. — *4 (oder 5)-Methyl-Δ²-pyrazolin-4.5-dicarbonsäure-N-phenylimid*, $C_{12}H_{11}O_2N_3$, F. 180° (Zers.; Chlf.–Ae.), aus **V** u. CH_2N_2 in Ae. bei 0°; ca. 88%. *3-Carbäthoxyderiv.*, $C_{15}H_{15}O_4N_3$, F. 170° (Zers.; Chlf.–Ae.), analog mit Diazoessigsäureäthylester; 85%. — 1.1-Diphenylcyclopropan-2.3-dicarbonsäure-N-arylimide, aus dem entsprechenden N-Arylmaleinimid u. **III** in sd. Bzl. (4 Std.): *N-Phenylimid*, $C_{23}H_{17}O_2N$, F. 162° (A.); 85%. *2-Methylderiv.*, $C_{24}H_{19}O_2N$, F. 177° (Bzl.–PAe.), mit **V**; 80%. — *N-p-Tolylimid*, $C_{24}H_{19}O_2N$, F. 168° (A.); 65%. — *N-[p-Methoxyphenyl]-imid*, $C_{24}H_{19}O_3N$, F. 168° (Bzl.–PAe.); 55%. — *N-[p-Äthoxyphenyl]-imid*, $C_{25}H_{21}O_3N$, F. 153° (Bzl.–PAe.); 45%. — *N-[2.4-Dimethylphenyl]-imid*, F. 175° (Bzl.–PAe.); 80%. — 1.1-[o.o'-Biphenylen]-cyclopropan-2.3-dicarbonsäure-N-arylimide, mit **IV** analog vorst. Verbb.: *N-Phenylimid*, $C_{23}H_{15}O_2N$, F. 185° (PAe.); 83%. *2-Methylderiv.*, $C_{24}H_{17}O_2N$, mit **V**; F. 203° (Bzl.); 77%. — *N-p-Tolylimid*, $C_{24}H_{17}O_2N$, F. 205° (Bzl.); 75%. — *N-[p-Methoxyphenyl]-imid*, $C_{24}H_{17}O_3N$, F. 236° (Bzl.); 52%. — *N-[p-Äthoxyphenyl]-imid*, $C_{25}H_{19}O_3N$, F. 242° (Bzl.–PAe.); 45%. — *N-[2.4-Dimethylphenyl]-imid*, $C_{25}H_{19}O_2N$, F. 214° (Bzl.); 77%. — 1-Phenyl-Δ²-1.2.3-triazolin-4.5-dicarbonsäure-N-arylimide, aus dem entsprechenden N-Arylmaleinimid u. Phenylazid in sd. Äthylacetat (4 Std.): *N-Phenylimid*, $C_{16}H_{12}O_2N_4$, F. 156° (Zers.; Bzl.–PAe.); 89%. — *N-p-Tolylimid*, $C_{17}H_{14}O_2N_4$, F. 162° (Zers.; Bzl.–PAe.); 92%. — *N-[p-Methoxyphenyl]-imid*, $C_{17}H_{14}O_3N_4$, F. 184° (Zers.; A.); 77%. — *N-[p-Äthoxyphenyl]-imid*, $C_{18}H_{16}O_3N_4$, F. 140° (Zers.; Bzl.–PAe.) 71%. — *N-[2.4-Dimethylphenyl]-imid*, $C_{18}H_{16}O_2N_4$, F. 168° (Zers.; Äthylacetat); 89%. — *N-[2.5-Dimethoxyphenyl]-imid*, $C_{18}H_{16}O_4N_4$, F. 160° (Zers.; Bzl.–PAe.); 78%. — *N-[o-Nitrophenyl]-imid*, $C_{16}H_{11}O_4N_5$, F. 166° (Zers.; A.), mit N-[o-Nitrophenyl]-maleinimid; 72%. — 1-[p-Chlorphenyl]-Δ²-1.2.3-triazolin-4.5-dicarbonsäure-N-arylimide, analog vorst. Verbb., aber mit p-Chlorphenylazid: *N-Phenylimid*, $C_{16}H_{11}O_2N_4Cl$, F. 164° (Zers.; Bzl.–PAe.); 90%. — *N-p-Tolylimid*, $C_{17}H_{13}O_2N_4Cl$, F. 175° (Zers.; A.); 88%. — *N-[p-Methoxyphenyl]-imid*, $C_{17}H_{13}O_3N_4Cl$, F. 162° (Zers.; Bzl.–PAe.); 66%. — *N-[p-Äthoxyphenyl]-imid*, $C_{18}H_{15}O_3N_4Cl$, F. 160° (Zers.; A.); 65%. — 1-[p-Nitrophenyl]-Δ²-1.2.3-triazolin-4.5-dicarbonsäure-N-arylimide, analog vorst. Verbb., aber mit p-Nitrophenylazid: *N-Phenylimid*, $C_{16}H_{11}O_4N_5$, F. 195° (Zers.; Chlorbenzol); 78%. — *N-p-Tolylimid*, $C_{17}H_{13}O_4N_5$, F. 186° (Zers.; A.); 81%. — *N-[p-Methoxyphenyl]-imid*, $C_{17}H_{13}O_5N_5$, F. 170° (Zers.; Bzl.–PAe.); 68%. — *N-[p-Äthoxyphenyl]-imid*, $C_{18}H_{15}O_5N_5$, F. 174° (Zers.; Bzl.); 61%. — 1-Phenylaziridin-2.3-dicarbonsäure-N-arylimide, aus den entsprechenden Triazolinderivv. bei 140—180° unter Vakuum: *N-Phenylimid*, $C_{16}H_{12}O_2N_2$, F. 120° (Bzl.–PAe.); 91%. — *N-p-Tolylimid*, $C_{17}H_{14}O_2N_2$, F. 140° (PAe.); 86%. — *N-[p-Methoxyphenyl]-imid*, $C_{17}H_{14}O_3N_2$, F. 178° (Bzl.–PAe.); 71%. — *N-[p-Äthoxyphenyl]-imid*, $C_{18}H_{16}O_3N_2$, F. 106° (PAe.); 61%. — *N-[2.4-Dimethylphenyl]-imid*, $C_{18}H_{16}O_2N_2$, F. 130° (PAe.); 92%. — 1-[p-Chlorphenyl]-aziridin-2.3-dicarbonsäure-N-arylimide: *N-Phenylimid*, $C_{16}H_{11}O_2N_2Cl$, F. 98° (PAe.); 77%. — *N-p-Tolylimid*, $C_{17}H_{13}O_2N_2Cl$, F. 150° (A.); 81%. — *N-[p-Methoxyphenyl]-imid*, $C_{17}H_{13}O_3N_2Cl$, F. 120° (PAe.); 65%. — *N-[p-Äthoxyphenyl]-imid*, $C_{18}H_{15}O_3N_2Cl$, F. 130° (PAe.); 64%. — 1-[p-Nitrophenyl]-aziridin-2.3-dicarbonsäure-N-arylimide: *N-Phenylimid*, $C_{16}H_{11}O_4N_3$, F. 240° (Xylol); 58%. — *N-p-Tolylimid*, $C_{17}H_{13}O_4N_3$, F. 146° (PAe.); 84%. — *N-[p-Methoxyphenyl]-imid*, $C_{17}H_{13}O_5N_3$, F. 118° (Bzl.–PAe.); 58%. — *N-[p-Äthoxyphenyl]-imid*, $C_{18}H_{15}O_5N_3$, F. 180° (Bzl.–PAe.); 65%. — *2.3-Diazido-N-phenylmaleinimid*, $C_{10}H_5O_2N_7$, F. 100° (Zers.), aus **VII** in A. mit wss. NaN_3; aus verd. A. gelbe Kristalle, in H_2SO_4 rot (Zers.). (J. Amer. chem. Soc. **78**. 145—49. 5/1. 1956. Cairo, Univ., Fac. of Sci., Dep. of Chem.) H. FECHTER. 3050

G. Carvajal und **J. Erdos**, *Die Synthese des 5-Acetylaminofurfurolthiosemicarbazons*. *5-Nitrofurfuroldimethylacetal*, $C_7H_9O_5N$, $Kp._{11}$ 135—140°, aus 5-Nitrofurfurol mit methanol. HCl; gelbes Öl, wird an der Luft dunkel; 85% (Ausbeute). — *5-Aminofurfuroldimethylacetal*, Öl (Zers. bei 240°/11 mm), aus vorst. Verb. mit 57%ig. alkoh. Hydrazin. — *5-Acetylaminofurfuroldimethylacetal*, aus vorst. Öl in W. mit Acetanhydrid. — *5-Acetyl-*

aminofurfurolthiosemicarbazon, $C_8H_{10}O_2N_4S$, F. 276—278° (Zers.), aus vorst. Verb. mit verd. HCl (5 Min. bei 50°), dann mit Thiosemicarbazid in W.; 45%. Hat in vitro dieselbe tuberkulostat. Wrkg. wie Conteben (TB I/698). (Arzneimittelforsch. **4.** 580. Sept. 1954. Mexiko, D. F., TH, Forschungslabor. für organ. Chem.) F. J. MEYER. 3061

Paul E. Fanta und **Shelbert Smith,** *Reaktionen des Succinonitrils.* 1. Mitt. *Kondensation mit Cyclohexanon in Gegenwart von Natriumamid.* Die genannte Rk. liefert *4-Cyclohexyliden-5-iminopyrrolidon-(2)* (I) u. *4-[Cyclohexen-(1)-yl]-5-iminopyrrolidon-(2)* (II). Der Strukturbeweis wird durch Hydrolyse u. Hydrierung, die in beiden Fällen *Cyclohexylsuccinimid* liefert, geführt. Die Lage der Doppelbindung in I wird durch Ozonisation bestimmt u. der Beweis durch die UV- u. Infrarotspektren erhärtet. Das amphotere Verh. von I u. II wird mit Resonanz- u. Tautomerieformen erklärt.

Versuche (FF. korr.): *4-Cyclohexyliden-5-iminopyrrolidon-(2)* (I), $C_{10}H_{14}ON_2$, F. 235—236° (Zers.; Nadeln, die bei 210° braun werden), durch Zutropfen von Succinonitril in Cyclohexanon zu $NaNH_2$ in Ae. (Temperaturanstieg von —20 auf 0°), Zugabe von Eis nach 30 Min., Neutralisation mit konz. HCl u. fraktionierte Kristallisation des Rohprod. aus A.; 37% (Ausbeute). *Pikrat*, $C_{16}H_{17}O_8N_5$, F. 214—215,5°. Die Ozonolyse von I liefert Cyclohexanon. — *Cyclohexylidensuccinimid* (III,, $C_{10}H_{13}O_2N$, F. 167,5 bis 168,5° (Plättchen aus W.), durch Hydrolyse von I mit verd. H_2SO_4; 80%. Ozonolyse liefert Cyclohexanon. — *4-[Cyclohexen-(1)-yl]-5-iminopyrrolidon-(2)* (II), $C_{10}H_{14}ON_2$, F. 245—245,5° (Zers.; Nadeln), aus der Mutterlauge von I; 16%. *Pikrat*, $C_{16}H_{17}O_8N_5$. F. 215—216°. — *Cyclohexen-(1)-ylsuccinimia*, $C_{10}H_{13}O_2N$, F. 89—89,5° (Nadeln aus Bzl.-PAe.), durch Hydrolyse von II mit verd. H_2SO_4; 90%. — *Cyclohexylsuccinimid*, $C_{10}H_{15}O_2N$, F. 117—117,5° (Ligroin), a) durch Hydrierung vorst. Verb. oder von III (CH_3COOH, PtO_2, 1500 lbs.); ~ 70%; b) durch Eindampfen einer Lsg. von *Cyclohexylbernsteinsäure* (F. 145—146,5°, durch Hydrierung von Cyclohexyliden- + Cyclohexenylbernsteinsäure in CH_3COOH in Ggw. von PtO_2 bei 120°/1000 lbs. Druck; 72%) in NH_4OH u. 1std. Erhitzen auf 180—185°; 70% (roh). (J. Amer. chem. Soc. **76.** 2915—17. 5/6. 1954. Chicago, Ill., Inst. of Technol., Dep. of Chem.) K. BECKER. 3081

Norman Rabjohn, M. F. Drumm und **R. L. Elliott,** *Einige Reaktionen von N-Acetylphthalimiden.* N-Acetylphthalimid (I) wirkt gegenüber Butylalkohol (II) in Ggw. von Na-Butylat als Acetylierungsmittel, es entstehen in 90%ig. Ausbeute *Essigsäure-n-butylester* (IV) u. *Phthalimid* (V). Substituierte N-Acetylphthalimide (III) acetylieren ebenfalls, wobei die Methylderivv. höhere Ausbeuten an IV als die brom- u. nitrosubstituierten III liefern. Daneben bilden sich die *Na-Salze* der entsprechenden Phthalimide, die als Zwischenprodd. der Rkk. angesehen werden, was dadurch bewiesen wird, daß die Bldg. von IV in Ggw. von Na-V bzw. Na-4-Methyl-V gefördert wird. Na-4-Nitro-V zeigte dagegen keine Wirkung. Die Acetylierung von tert.-Butylalkohol mit I war nicht möglich. Umsetzung von I mit 2-Aminoäthanol gab *N-[2-Oxyäthyl]-phthalimid* u. *Acetamid* (VI), p-Aminophenol bzw. Anilin reagierten entsprechend unter Bldg. von *N-[p-Oxyphenyl]-* bzw. *N-Phenylphthalimid*, jedoch konnte kein VI isoliert werden. Sek. Amine wurden durch I nur acetyliert. Einw. von Phenyl-MgBr auf I gab als Hauptprod. *3-Oxy-3-phenylphthalimidin* u. daneben *o-Dibenzoylbenzol* u. *Diphenylmethylcarbinol*, für dessen Bldg. Acetophenon als Zwischenprod. angenommen wird. Behandlung von I mit $LiAlH_4$ führte unter Red. aller Carbonylgruppen zu *2-Äthylisoindolin.*

Versuche: N-Acetylphthalimide (III), aus den entsprechenden substituierten Phthalimiden (aus den Phthalsäuren bzw. deren Anhydriden) durch Acetylierung mit Acetanhydrid: *3-Methyl-*, $C_{11}H_9O_3N$, F. 127—128°, aus 3-Methylphthalsäureanhydrid (F. 110—113°) über *3-Methylphthalimid* (F. 181—184°). — *4-Methyl-*, $C_{11}H_9 \cdot O_3N$, F. 150—152°, aus 4-Methylphthalsäureanhydrid [F. 88—94°, aus Maleinsäureanhydrid, Pikrinsäure in Bzl. u. Isopren nach FRANK u. Mitarbeitern (C. **1948.** II. 481) über *4-Methyl-1.2.3.6-tetrahydrophthalsäureanhydrid* (F. 64—65°; 80% [Ausbeute]) u. Dehydrierung nach NEWMAN u. MCCLEARY (J. Amer. chem. Soc. **63.** [1941.] 1542); 72%] über *4-Methylphthalimid* (F. 192—194°). — *3-Nitro-*, $C_{10}H_6O_5N_2$, F. 138—140°, aus 3-Nitrophthalsäure (F. 214—216°) über *3-Nitrophthalimid* (F. 214—215°). — *4-Nitro-*, $C_{10}H_6O_5N_2$, F. 136—138°, aus 4-Nitrophthalimid (F. 197—199°). — *3-Brom-*, $C_{10}H_6O_3 \cdot NBr$, F. 129—131°, aus 3-Bromphthalimid (F. 258—260°). — *4-Brom-*, $C_{10}H_6O_3NBr$, F. 139—141°, aus 4-Bromphthalsäure (F. 160—163°) über *4-Bromphthalimid* (F. 227 bis 229°). — *N-Acetylphthalimid* (I), F. 134—135°. — Bei 1std. Erhitzen von I mit II u. wenig Na in Dekalin (Dampfbad) u. Fraktionieren wurden 30% IV u. 75% V isoliert. 24std. Stehen von I mit II ohne Lösungsm. gab fast quantitativ V. Rk. der III mit II in Ggw. von Na-Butylat u. wenig Na gab nach 2std. Stehen bei Raumtemp. unter gelegentlichem Schütteln, Dest. bis zur Trockne u. Best. des gebildeten IV aus dem Destillat nach Verseifung folgende Ausbeuten an IV: 4-Methyl-I → 96%; 3-Methyl-I → 92%; 4-Brom-I

→ 35%; 3-Brom-I → 33%; 4-Nitro-I → 30%; 3-Nitro-I → 28%, I → 86%. — 24std. Stehen von 4-Methyl-I in II u. Na bei Raumtemp. führte nach 8 Std. zur Abscheidung von *4-Methylphthalimid* [F. 191—193° (Bzl.)], Zusatz von Na-4-Methylphthalimid u. Dekalin zu dem analogen Ansatz gab ebenfalls *4-Methylphthalimid* u. 79% **IV** (n_D^{20} 1,3958.) — Aus 4-Nitro-I wurde beim Zugeben zu Na in II unter Erwärmen, Abkühlen auf Raumtemp., 24std. Stehen, Filtration, Lösen des gebildeten Salzes (F. > 280°) in W. u. Ansäuern mit verd. HCl *4-Nitrophthalimid* (F. 196—198°) isoliert, dagegen führte 24std. Stehen von 4-Nitro-I unter Zusatz von Na-4-Nitrophthalimid in II bei Raumtemp., Dest., Kühlen der Vorlage mit Trockeneis/Aceton u. Verseifung nur zu 8% **IV** u. über 80% unumgesetztem 4-Nitro-I. — Bei 8std. Kochen mit I, wenig Na u. absol. Bzl. konnte tert.-Butylalkohol nicht acetyliert werden (98% I zurück). — *N-[2-Oxyäthyl]-phthalimid*, F. u. Misch-F. 125—127° (A.), a) durch Zugeben von 2-Aminoäthanol zu I in Dioxan unter Erwärmung, 24std. Stehen bei Raumtemp., Einengen bei Raumtemp., Aufnehmen in heißem W. u. Kühlen; 82%; b) aus Phthalsäureanhydrid (**VII**). Daneben aus der Mutterlauge **VI** [F. u. Misch-F. 77—81° (Bzl./Essigester: 3:1)]. — *N-[p-Oxyphenyl]-phthalimid*, F. u. Misch-F. 297—302° (A.), a) durch 4std. Kochen von I u. p-Aminophenol in Dioxan, Einengen u. Filtration; 72%; b) aus **VII**. — *N-Phenylphthalimid*, F. u. Misch-F. 204—207° (A.), a) durch 2std. Kochen von I u. Anilin in Bzl., Kühlen u. Filtration; 80%; b) aus **VII**. — **V**, F. 234—237° (Bzl.), durch 8std. Kochen von I u. N-Methylanilin in Bzl.; 53%. Daneben durch Einengen der Mutterlauge, Gießen in Ae., HCl-Extraktion aus der äther. Lsg. *N-Methylacetanilid*, F. 95—99°; 1,2 g aus 4,37 g I. — *N.N-Diäthylacetamid*, Kp. 182—184°, $Kp._{20}$ 74—75°, aus der Mutterlauge des durch 5std. Kochen von I u. $(C_2H_5)_2NH$ in Bzl. erhaltenen **V** (91%); n_D^{20} 1,4377; 50%. — *3-Oxy-3-phenylphthalimidin*, F. 162—163° (Bzl.), durch langsames Zugeben von 28,5 g I bei 0° unter Rühren zu C_6H_5MgBr (aus 80 g Brombenzol u. 12 g Mg in absol. Ae.), langsames Erwärmen auf Raumtemp., 1std. Weiterrühren, Zers. mit eiskaltem wss. NH_4Cl u. Einengen der Ae.-Lsg.; 16 g. Gab bei der Hydrolyse mit 20%ig. NaOH *o-Benzoylbenzoesäure* (F. 125—127°). — *o-Dibenzoylbenzol*, F. 145—146° (A.), aus der vorst. erhaltenen eingeengten Mutterlauge durch Kristallisation unter Kühlung; 2,0 g. *Diphenylhydrazon*, F. 165—166°. — *Diphenylmethylcarbinol*, F. u. Misch-F. 79—80° (Bzl./PAe.), aus der konz. Mutterlauge vorst. Verb.; 5 g. — *2-Äthylisoindolin*, Kp. 219—220°, durch langsames Zugeben von I zu $LiAlH_4$ in absol. Tetrahydrofuran bei 10°, Erwärmen auf Raumtemp., 1std. Kochen, langsames Versetzen mit 30%ig. H_2SO_4 unter Eiskühlung u. Rühren, Alkalisieren mit festem NaOH, Wasserdampfdest., Ae.-Extraktion des alkalisierten Destillats u. Einengen der Ae.-Lsg.; 64%. *Pt-Doppelsalz*, F. 187—190°. (J. Amer. chem. Soc. **78.** 1631—34. 20/4. 1956. Columbia, Mo., Univ., Dep. of Chem.) W. Gehrmann. 3081

H. C. Chakrabartty und **S. P. Sen**, *Trennung von Indolverbindungen durch Ringchromatographie.* Zur Ringpapierchromatographie folgender Indolderivv. auf Whatman Nr. 1-Papier eignen sich als Lösungsmittel bes. Isopropanol (I)/NH_3/W. (8:1:1 oder 10:1:1) (Lösungsm. A) u. tert.-Butanol/NH_3 (9:1) (B): *Indolylessig-*: 0,66, 0,46, 0,16 (R_F-Werte in obiger Reihenfolge der Lösungsmittel), *Indolylpropion-*: 0,69, 0,54, 0,21 u. *Indolylbuttersäure*: 0,74, 0,61, 0,27, *Indolylacetamid*: 0,82, 0,73, 0,58 u. *N-Acetylindoxyl*: 0,82, 0,68, 0,42. Die Trennung ist mit Lösungsm. B wohl besser als mit Lösungsm. A, doch ist die Laufzeit der Chromatogramme wesentlich höher als mit Äthylalkohol. Weniger geeignet sind als Lösungsm. W. allein, I/W. (9:1) u. I/NH_3 (9:1). (Naturwissenschaften **42.** 512. 2. Sept.-H. 1955. Calcutta, India, Bose Inst.) K. Prchal. 3081

E. Profft, F. Runge und **H. J. Blanke**, *Über alkoxyphenylierte heterocyclische Verbindungen.* Aus 4-Alkoxyacetophenonen werden durch Claisen-Kondensation *1.3-Diketone* gewonnen, die mit Hydrazinhydrat (I) die entsprechenden *Pyrazole* geben. Die Umsetzung von 4-Propoxybenzoylacetaldehyd mit I liefert *3* (bzw. *5*)-*[4-Propoxyphenyl]-pyrazol* (**II**) u. als Nebenprod. *α.β-Bis-[β-(4-propoxybenzoyl)-vinyl]-hydrazin.* **II** wird ferner aus 4-Propoxyacetophenon (**III**) durch Kondensation mit Oxalsäurediäthylester zu *4-Propoxybenzoylbenztraubensäureäthylester*, Cyclisierung mit 4-n-Propoxybenzoylaceton (**IV**) u. anschließende Verseifung u. Decarboxylierung dargestellt. Aus **IV**, Formaldehyd u. Piperidin entsteht *β-Piperidino-4-propoxypropiophenon* (*Falicain*). Die Darst. von *1-[4-Propoxyphenyl]-2.3-dimethyl-4-dimethylaminopyrazolon-(5)* (*Propoxypyramidon*), aus 4-Propoxyphenylpropyläther über *4-Propoxyphenylhydrazin* entsprechend der Knorrschen Pyramidonsynth. wird beschrieben; seine analget. Wirksamkeit ist etwas schwächer als die von Pyramidon. *1-[4-Propoxyphenyl]-2.3-dimethylpyrazolon-(5)* (*Propoxyantipyrin*), ist etwas stärker analget. wirksam als Antipyrin (vgl. auch D. B. P. 897 406, C. **1954.** 7929). *5-Propoxyindol* wurde hergestellt u. der Mannich-Rk. mit verschied. sek. Aminen unterworfen, die zu graminähnlichen Verbb. führt. Beim Erhitzen von *N.N'-Di-[4-propoxybenzoyl]-o-phenylendiamin* mit konz. HCl wird unter Abspaltung des Propylrestes *2-[4-Oxyphenyl]-benzimidazol* erhalten, das zum Vgl. auch über *N-[4-Oxybenzal]-o-phenylendiamin* dargestellt wird. Analog wird *2-[4-Propoxyphenyl]-benzimidazol* aus o-Phenylendiamin u. 4-Propoxybenzaldehyd bzw. aus o-Nitranilin über *N-[4-Propoxybenzoyl]-o-nitranilin* u. *-o-phenylendiamin* erhalten; sein *Hydrochlorid* zeigt eine bessere bakericide Wrkg. als Phenol.

Versuche: *3* (bzw. *5*)-*[4-Propoxyphenyl]-pyrazol* (**II**), $C_{12}H_{14}ON_2$, F. 80°, a) aus 4-Propoxybenzoylacetaldehyd u. **I** in Ae.; cremefarbene Nadeln aus Ae.; 58,1% (Ausbeute), daneben *α.β-Bis-[β-(4-propoxybenzoyl)-vinyl]-hydrazin*, $C_{24}H_{28}O_4N_2$, F. 168—169°, aus Bzl. schwefelgelbe Kristalle [gibt beim Kochen mit verd. NaOH *4-Propoxyacetophenon* (**III**), mit Eisessig Zers. unter Bldg. von **II**]; b) aus zweitnachst. Verb. bei 240 bis 250°; 59,6%. — *4-Propoxybenzoylbrenztraubensäureäthylester*, $C_{15}H_{18}O_5$, F. 41° (Ae.), aus **III** u. Oxalsäurediäthylester in methanol. $NaOCH_3$; 45%. — *3* (bzw. *5*)-*[4-Propoxyphenyl]-pyrazolcarbonsäure-5* (bzw. *3*), $C_{13}H_{14}O_3N_2$, F. 222°, aus dem Äthylester mit sd. wss. methanol. KOH; aus verd. A. Täfelchen; 80%. *Äthylester*, $C_{15}H_{18}O_3N_2$, F. 133,5°, aus vorst. Verb. in Eisessig mit **I**; aus A. elfenbeinfarbene Nadeln; 67%. — 4-Alkoxybenzoylacetone, aus den entsprechenden 4-Alkoxyacetophenonen mit 2½ Mol Essigsäureäthylester in Ggw. von Na, Kristallisation aus Ae. oder CH_3OH: *4-Methoxy-*, $C_{11}H_{12}O_3$, F. 56,5°, büschelige Nadeln; 44,2%. — *4-Äthoxy-*, $C_{12}H_{14}O_3$, F. 44,5°, Schuppen; 51,3%. — *4-n-Propoxy-* (**IV**), $C_{13}H_{16}O_3$, F. 61°, schwach gelblich schimmernde feine Nadeln; 45,8—59%. — *4-Isopropoxy-*, $C_{13}H_{16}O_3$, F. 73°, Schuppen; 63,1%. — *4-n-Butoxy-*, $C_{14}H_{18}O_3$, F. 52,5°; verfilzte Nadeln; 51,4%. — *4-Isobutoxy-*, $C_{14}H_{18}O_3$, F. 64°, Schuppen; 49,8%. — *4-n-Amyloxy-*, $C_{15}H_{20}O_3$, F. 67,5—68°, Nadeln; 45,3%. — *4-Isoamyloxy-*, $C_{15}H_{20}O_3$, F. 58°, Schuppen; 43,5%. — 3 (bzw. 5)-Methyl-5 (bzw. 3)-[4-alkoxyphenyl]-pyrazole, aus vorst. Verbb. u. **I** in A.; Kristallisation aus A. oder Ae.; 85—95%: *-methoxy-*, $C_{11}H_{12}ON_2$, F. 116—117°, Stäbchen. — *-äthoxy-*, $C_{12}H_{14}ON_2$, F. 144°, schwach gelblich schimmernde Schuppen. — *-n-propoxy-*, $C_{13}H_{16}ON_2$, F. 114°, verfilzte Nadeln. — *-isopropoxy-*, $C_{13}H_{16}ON_2$, F. 123°, Stäbchen. — *-n-butoxy-*, $C_{14}H_{18}ON_2$, F. 108—109°, Stäbchen. — *-isobutoxy-*, $C_{14}H_{18}ON_2$, F. 118°, verfilzte Nadeln. — *-n-amyloxy-*, $C_{15}H_{20}ON_2$, F. 98,5°, Nadeln. — *-isoamyloxy-*, $C_{15}H_{20}ON_2$, F. 97°, verfilzte Nadeln. — *β-Piperidino-4-propoxypropiophenonhydrochlorid* (*Falicain*), F. 166° (Äthylacetat), aus 5,6 g Piperidinhydrochlorid, Paraformaldehyd u. 11 g **IV** in sd. absol. A.; 0,5 g. — *4-Propoxyphenylhydrazin*, F. 74—75°, unbeständig. *Hydrochlorid*, $C_9H_{15}ON_2Cl$, F. 178° (Zers.; A.), durch Diazotieren von 4-Aminophenylpropylätherhydrochlorid (**V**), Überführen mit Na_2SO_3 u. NaOH in *Na-4-Propoxybenzoldiazosulfonat* (schwefelgelber Nd.), Red. mit Zn-Staub in Eisessig zu *Na-4-Propoxyphenylhydrazinsulfonat* (cremefarbene Blättchen) u. Behandlung mit konz. HCl in A. bei 75°; 58—64%. — *Benzaldehyd-4-propoxyphenylhydrazon*, $C_{16}H_{18}ON_2$, F. 95,5° (A.), aus vorst. Verb. mit Benzaldehyd in A.; mattgelbe Nadeln; 72%. — *1-[4-Propoxyphenyl]-3-methylpyrazolon-(5)*, $C_{13}H_{16}O_2N_2$, F. 132,5° (Methanol), aus vorvorst. Verb. u. Acetessigsäureäthylester; 78—88%. — *1-[4-Propoxyphenyl]-2.3-dimethylpyrazolon-(5)* (*Propoxyantipyrin*), $C_{14}H_{18}O_2N_2$, F. 55°, $Kp._{0,2}$ 192—194°, aus vorst. Verb. mit CH_3J in Methanol (8 Std. im Rohr bei 110—120°); 80—87%. *Hydrochlorid*, $C_{14}H_{18}O_2N_2 \cdot HCl$, F. 160° (Chlf.-Ae.). — *1-[4-Propoxyphenyl]-2.3-dimethyl-4-nitrosopyrazolon-(5)*, $C_{14}H_{17}O_3N_3$, Zers. bei 163—165° (bei 150—153° Braunfärbung), aus vorst. Hydrochlorid u. $NaNO_2$ in W. > 5°; aus A. grüne Würfel; 91—96%. — *1-[4-Propoxyphenyl]-2.3-dimethyl-4-benzalaminopyrazolon-(5)*, F. 139°, aus vorst. Verb. in Essigsäure–A. mit Zn-Staub u. anschließende Zugabe von Benzaldehyd; aus A. gelbe Blättchen; 56,5%. — *1-[4-Propoxyphenyl]-2.3-dimethyl-4-aminopyrazolon-(5)*, $C_{14}H_{19}O_2N_3$, F. 99—100°, aus vorst. Verb. mit verd. HCl; aus Bzl. mattgelbe Kristalle; 84,2%. — *1-[4-Propoxyphenyl]-2.3-dimethyl-4-dimethylaminopyrazolon-(5)* (*Propoxypyramidon*), $C_{16}H_{23}O_2N_3$, F. 82—83° (Hexan), aus vorst. Verb. mit CH_3J, 90%ig. KOH u. Methanol unter Kühlung, dann 2 Std. bei 90—100°; 35,5%. — *Brenztraubensäureäthylester-[4-propoxyphenyl]-hydrazon*, $C_{14}H_{20}O_3N_2$, F. 95°, aus **V** durch Diazotieren u. Rk. der Diazoniumsalzlsg. mit K-α-Methylacetessigsäureäthylester bei —5°; aus A. gelborangefarbene Kristalle; 52—63%. — *5-Propoxyindol-2-carbonsäure*, $C_{12}H_{13}O_3N$, F. 162°, aus dem Äthylester mit wss.-methanol. KOH; aus verd. A. sämischfarbene Nadeln; 90—96%. *Äthylester*, $C_{14}H_{17}O_3N$, F. 128°, aus vorst. Verb. mit HCl in A.; aus A. gelbe Kristalle; 62—69%. — *5-Propoxyindol*, $C_{11}H_{13}ON$, $Kp._{0,1}$ 123—124°, F. 43°, aus vorst. Verb. im Vakuum bei 200—210°; färbt sich beim Stehen violettgrau u. zeigt intensive rotviolette Fichtenspan-Rk.; 65—70°. — *5-Propoxy-3-[piperidinomethyl]-indol*, $C_{17}H_{24}ON_2$, F. 96,5°, aus vorst. Verb., Piperidin u. 30%ig. Formaldehyd in Eisessig; aus Ae. feine Nadeln; 58,7%. *Hydrochlorid*, plast. Flocken, die nicht kristallisieren. — *5-Propoxy-3-[pyrrolidinomethyl]-indol*, $C_{16}H_{22}ON_2$, F. 124°, analog vorst. Verb., aber mit Pyrrolidin; Stäbchen aus Aceton; 46,5%. *Hydrochlorid*, F. 151° (Zers.; Aceton). — *5-Propoxy-3-[dimethylaminomethyl]-indol*, $C_{14}H_{20}ON_2$,

F. 125°, analog vorvorst. Verb., aber mit Dimethylamin; Nadeln aus Aceton; 54%. *Hydrochlorid*, F. 169—170° (Zers.; Aceton). — *N.N'-Di-[4-propoxybenzoyl]-o-phenylendiamin*, $C_{26}H_{28}O_4N_2$, F. 196°, aus o-Phenylendiamin u. 4-Propoxybenzoylchlorid in Pyridin; aus A. Nadeln; 86%. — *2-[4-Oxyphenyl]-benzimidazol*, $C_{13}H_{10}ON_2$, F. 286 bis 287°, a) aus vorst. Verb. mit konz. HCl im Rohr (4 Std. bei 200°); Kristallbüschel aus Aceton; 76,2%; b) aus nachst. Verb. mit sd. Nitrobenzol; 32,4%. *Hydrochlorid*, F. 351 bis 353°, aus A. Nadeln. — *N-[4-Oxybenzal]-o-phenylendiamin*, F. 146—147°, aus o-Phenylendiamin u. 4-Oxybenzaldehyd in A.; aus A. gelbe Kristalle; 70,8%. — *N-[4-Propoxybenzal]-o-phenylendiamin*, $C_{16}H_{18}ON_2$, F. 73,5°, aus o-Phenylendiamin u. 4-Propoxybenzaldehyd in A.; aus A. gelbe verfilzte Nadeln, leicht zersetzlich; 74%. — *2-[4-Propoxyphenyl]-benzimidazol*, $C_{16}H_{16}ON_2$, F. 228—229°, a) aus vorst. Verb. in sd. Nitrobenzol; aus verd. A. Stäbchen; 27,8—30,3%; b) aus zweitnachst. Verb. mit $POCl_3$ (1 Std. auf dem Dampfbad); 75,5%. *Hydrochlorid*, F. 253—254°. — *4-Propoxybenzoesäure-[2-nitroanilid]*, $C_{16}H_{16}O_4N_2$, F. 92°, aus 2-Nitranilin u. 4-Propoxybenzoylchlorid in Pyridin; schwefelgelbe verfilzte Nadeln aus Methanol; 67,5%. — *N-[4-Propoxybenzoyl]-o-phenylendiamin*, $C_{16}H_{18}O_2N_2$, F. 135,5—136,5° (A.), aus vorst. Verb. mit Zn-Staub in wss. HCl; 62,7%. (J. prakt. Chem. [4] **1**. 110—28. Nov. 1954. Magdeburg, VEB Fahlberg-List, Wiss. Abt.; Halle, Martin-Luther-Univ., Inst. für techn. Chem.)

H. J. Bestmann. 3122

R. Crawford und **J. T. Edward**, *Darstellung von Benzimidazolen aus α-Benzamidosäuren und Peptiden.* Bei der Kondensation von N-Benzoylaminosäuren mit o-Phenylendiamin (**II**) durch Schmelzen im Rohr bei 100—250° oder in Ggw. von konz. HCl u. H_3PO_4 werden in 53—94%ig. Ausbeute *Benzamidoalkylbenzimidazole* erhalten, die bei der Hydrolyse mit konz. HCl die *Aminoalkylverbb.* ergeben. Benzoylglycylglycin führt analog zu *2-Hippuramidomethylbenzimidazol* das durch Hydrolyse *Glycin* (**IV**) u. *2-Aminomethylbenzimidazol* (**III**) gibt. Aus Glycylglycin bzw. Diglycylglycin werden über die sehr wasserlösl., nicht isolierten Benzimidazolverbb. ebenfalls **IV** u. **III** erhalten. Als Standardmeth. zur Best. von C-endständigen Aminosäureestern erscheint vorst. Verf. wegen der drast. Reaktionsbedingungen u. der Säureempfindlichkeit vieler Peptide nicht geeignet.

V e r s u c h e: *2-Benzamidomethylbenzimidazol* (**I**), $C_{15}H_{13}ON_3 \cdot H_2O$, F. 228° (wss. A.) a) durch 10std. Erhitzen von 1 Mol N-Benzoylglycin mit 2 Mol **II** auf 118° im Rohr [77% (Ausbeute)]; b) analog a) unter Zusatz von 2 Mol konz. HCl u. 2 Mol 75%ig. H_3PO_4 (bei 100° → 73%, bei 110° → 94%). *Pikrat*, $C_{21}H_{16}O_8N_6$, F. 248°. — *2-[1-Benzamidoäthyl]-benzimidazol*, $C_{16}H_{15}ON_3$, F. 254° (Essigester), aus N-Benzoylalanin analog **I** nach a) bei 137° (53%) oder nach b) bei 100° (91%). *Pikrat*, $C_{22}H_{18}O_8N_6$, F. 199°. — *2-α-Benzamidophenäthylbenzimidazol*, $C_{22}H_{19}ON_3$, F. 237° (wss. A.), aus N-Benzoylphenylalanin wie **I** nach a) in 3,5 Std. bei 250°; 65%. *Pikrat*, $C_{28}H_{22}O_8N_6$, F. 221°. — *2-Aminomethylbenzimidazol* (**III**), *Dihydrochlorid*, F. 267° (A.), durch 5std. Hydrolyse von **I** mit sd. 12n HCl, Abtrennen der gebildeten *Benzoesäure* mit Ae., Eindampfen zur Trockne, Chromatographie an Whatman Nr. 1-Papier [Lösungsmittelsysteme: a) Butanol + 2% wss. HCl, b) Pyridin: Butanol: A: W. (12 : 66 : 4 : 8), c) Pyridin: A: W. (12 : 80 : 8); R_F-Werte angegeben], Entw. mit alkoh. Ninhydrin u. Erhitzen; goldgelb. — *2-[1-Aminoäthyl]-benzimidazol*, *Dihydrochlorid*, F. 85°, analog vorst. Verb. als stark wasserlösl. M. (nur chromatograph. identifiziert). — *2-α-Aminophenäthylbenzimidazol*, analog vorst. Verbindung. — *2-Hippuramidomethylbenzimidazol*, $C_{17}H_{16}O_2N_4$, F. 186° (Essigester), durch 10std. Erhitzen von 1 g Benzoylglycylglycin mit **II** auf 137° im Rohr; Nadeln; 0,8 g. *Pikrat*, $C_{23}H_{19}O_9N_7$, F. 176°. Gab bei der Hydrolyse mit 12n HCl ~ äquimol. Mengen **IV** u. **III**. — Bei der analogen Rk. von Glycylglycin bzw. Diglycylglycin mit **II** konnte papierchromatograph. [Propanol/W. (1 : 1) u. Lokalisieren mit Chlor–Jod-Stärke] kein Piperazindion-(2.5) nachgewiesen werden; Hydrolyse der Schmelze mit HCl ergab **IV** u. **III**. (J. chem. Soc. [London] **1956**. 673—75. März. Dublin, Univ., Trinity Coll., Chem. Labor.)

W. Gehrmann. 3122

William Bradley und **Clive S. Bruce**, *1.9-Pyrazoloanthron.* 3. Mitt. *Die Chemie zweier N-Methylderivate von 1.9-Pyrazoloanthron.* (2. vgl. C. **1953**. 7086.) *1'*-Methylpyrazolo-[5'.4'.3':1.13.9]-anthron (I) wird durch Elektronen abgebende Gruppen am $C_{(2)}$ substituiert u. gibt dabei unter Selbstkondensation häufig *Bis-[1'-methylpyrazolo-[5'.4'.3':1.13.9]-anthronyl-(2)]* (**III**). Diese Rk. überwiegt mit denselben Reagentien bei 1'-Methylpyrazolo-[3'.4'.5':1.13.9]-anthron (**II**), wobei *Bis-[1'-methylpyrazolo-[3'.4'.5':1.13.9]-anthronyl-(2)]* (**IV**) entsteht. Die *3-* (**V**), *4-Brom-*, *5-* (**VIII**) u. *8-Chlorderivv.* (**VI**) von **I** werden hergestellt; sie setzen sich (außer **V** u. **VI**) mit Piperidin, Morpholin, Anilin u. $NaOCH_3$ um. Das *2-Bromderiv.* von **II** reagiert leicht mit Piperidin u. Morpholin u. das *5-Chlorderiv.* mit Morpholin, während die *8-Chlorverb.* nicht reagiert.

Versuche: *Bis-[1'-methylpyrazolo-[5'.4'.3':1.13.9]-anthronyl-(2)]* (III), $C_{30}H_{18}O_2N_4$, F. 357—358°, aus I ($C_{15}H_{10}ON_2$, F. 189°, nach Chromatographie) mit KOH in sd. tert.-Butanol (4 Std.). Die Rk. gelingt nicht mit A., Äthylenglykol, Diäthylenglykol, 2-Methoxyäthanol oder Diäthylenglykolmonomethyläther statt tert.-Butanol, mit $NaOCH_3$ in sd. CH_3OH, mit KOH u. 2-Aminoanthrachinon in Dimethylanilin (8 Std. bei 110—120°) oder beim Schmelzen von I mit KOH u. 2-Aminoanthrachinon in Ggw. von K-Acetat. — 1'-Methylpyrazolo-[5'.4'.3':1.13.9]-anthron (I)-Derivate: *2-Piperidino-*, $C_{20}H_{19}ON_3$, F. 240°, a) aus 2-Brom-1'-methylpyrazolo-[5'.4'.3':1.13.9]-anthron mit sd. Piperidin (7 Std.), Chromatographie in Chlorbenzol an Al_2O_3 u. Elution mit Aceton; in konz. H_2SO_4 orangefarben, in Pyridin rötlichorangefarben (mit methanol. KOH unverändert); b) aus I mit $NaNH_2$ in sd. Piperidin (7 Std.), anschließende Belüftung u. Chromatographie; geringe Ausbeute, neben viel III. — *2-Morpholino-*, $C_{19}H_{17}O_2N_3$, F. 218° (nach Chromatographie), a) analog vorst. Verb. (a), aber mit sd. Morpholin (3 Std.); b) analog vorst Verb. (b), aber mit sd. Morpholin (6 Std.); 0,5 g (Ausbeute), neben viel III. — *2-Anilino-*, $C_{21}H_{15}ON_3$, F. 186°, aus I mit Na, C-Bronze u. NiO in sd. Anilin (2 Std.) u. Chromatographie; nach Sublimation hellorangefarbene Kristalle neben III. — *2-Methyl-*, $C_{16}H_{12}ON_2$, F. 220—221° (Vakuumsublimation), a) aus I u. KOH in Pyridin (50°) mit Acetophenon (12 Std.), anschließende Behandlung mit A. u. Eis, dann 3 Std. kochen u. Chromatographie; b) aus 5 g I mit CH_3MgBr in Ae.; 4 g; c) aus 10 g 1-Chlor-2-methylanthrachinon u. Methylhydrazinsulfat (VII) mit K_2CO_3 in sd. Pyridin (12 Std.); aus Chlorbenzol gelbe Nadeln, in konz. H_2SO_4 orangefarben, in Pyridin grünlichgelb (mit methanol. KOH gelb mit grüner Fluorescenz); 10 g. — *x-Phenyl-*, $C_{21}H_{14}ON_2$, F. 240—244° (Bzl.), aus 10 g I mit Phenyl-MgBr in Ae.; in konz. H_2SO_4 tiefviolett (mit W. grün), in Pyridin gelb (mit methanol. KOH dunkelgrün); 5 g (roh). — *3-Brom-* (V), $C_{15}H_9ON_2Br$, F. 248—249° (Chlorbenzol), aus 1.3-Dibromanthrachinon u. VII. — *4-Brom-*, $C_{15}H_9ON_2Br$, F. 249—250°, nach BRADLEY u. GEDDES (l. c.). — *4-Morpholino-*, $C_{19}H_{17}O_2N_3$, F. 236°, aus 1 g vorst. Verb. mit sd. Morpholin (5 Std.); aus Chlorbenzol orangefarbene Nadeln, in konz. H_2SO_4 oder alkal. $Na_2S_2O_4$ gelb; 1 g. — *4-Piperidino-*, $C_{20}H_{19}ON_3$, F. 207—208° (Chlorbenzol), analog vorst. Verb., aber mit Piperidin. — *4-Anilino-*, $C_{21}H_{15}ON_3$, F. 210° (nach Chromatographie), aus drittvorst. Verb. mit Na u. Anilin in Dimethylanilin in Ggw. von Cu-Bronze u. NiO (4 Std. bei 60 bis 80°). — *4-Chlor-*, $C_{15}H_9ON_2Cl$, F. 268°, aus 4-Chlor-1.9-pyrazoloanthron mit $(CH_3)_2SO_4$ in wss.-alkoh. NaOH (vgl. auch l. c.); in konz. H_2SO_4 hellrot; gibt mit Morpholin, Piperidin bzw. Anilin die entsprechenden vorst. Derivate. — *5-Chlor-* (VIII), $C_{15}H_9ON_2Cl$, F. 254° (Chlorbenzol), aus 1.5-Dichloranthrachinon u. VII mit K_2CO_3 in sd. Pyridin (12 Std.); in konz. H_2SO_4 tiefrot; daneben *Dimethyldipyrazoloanthracen*, $C_{16}H_{12}N_4$, F. 340—344°, aus Chlorbenzol Nadeln. — *5-Morpholino-*, $C_{19}H_{17}O_2N_3$, F. 198—199°, aus vorst. Verb. mit sd. Morpholin; nach Chromatographie orangefarbene Kristalle, in Pyridin tieforangefarben, in konz. H_2SO_4 gelb. — *5-Piperidino-*, $C_{20}H_{19}ON_3$, F. 210°, aus vorvorst. Verb. mit sd. Piperidin; orangefarbene Nadeln, in Pyridin rot, in konz. H_2SO_4 gelb. — *5-Anilino-*, $C_{21}H_{15}ON_3$, F. 174—176°, aus drittvorst. Verb. mit sd. Anilin (20 Std.) nach Chromatographie rote Kristalle, in Pyridin rot, in konz. H_2SO_4 gelb. — *8-Chlor-* (VI), $C_{15}H_9ON_2Cl$, F. 232—233°, aus 1.8-Dichloranthrachinon u. VII mit K_2CO_3 in sd. Pyridin (12 Std.); aus Chlorbenzol gelbe Nadeln, in Pyridin goldgelb, in konz. H_2SO_4 orangerot. Reagiert nicht mit sd. Morpholin (7 Std.), sd. Anilin (20 Std.) oder sd. methanol. $NaOCH_3$ (6 Std.). — *Dibrom-*, $C_{15}H_8ON_2Br_2$, F. 289° (Eisessig), aus I mit Br_2 in sd. Eisessig; in konz. H_2SO_4 tiefrot, in Pyridin grünlichgelb (mit methanol. KOH orangefarben). — *Brommorpholino-*, $C_{19}H_{16}O_2N_3Br$, F. 282—283°, aus vorst. Verb. mit sd. Morpholin (4½ Std.); aus Chlorbenzol orangefarbene Nadeln, in Pyridin gelblichorangefarben, in konz. H_2SO_4 rötlichorangefarben. — *Brompiperidino-*, $C_{20}H_{18}ON_3Br$, F. 228°, aus vorvorst. Verb. mit sd. Piperidin; aus Chlorbenzol orangefarbene Nadeln, in Pyridin orangefarben, in konz. H_2SO_4 blaßgelb. — *Anilinobrom-*, $C_{21}H_{14}ON_3Br$, F. 226° (nach Chromatographie), aus drittvorst. Verb. mit sd. Anilin (6 Std., dann mehrere Tage stehen); in konz. H_2SO_4 tiefrot, in Pyridin blaßorangefarben (mit methanol. KOH tiefrot mit violetter Fluorescenz). — *3-[o-Carboxyphenyl]-1-methylindazol*, $C_{15}H_{12}O_2N_2$, F. 205° (Chlorbenzol), aus I mit KOH u. K-Acetat bei 170°, dann 2 Std. bei 280—300°. Gibt mit konz. H_2SO_4 (1 Std. bei 100°) I. — *x-Oxy-3-[o-carboxyphenyl]-2-methylindazol*, $C_{15}H_{12}\cdot O_3N_2$, F. 190—198° (Aceton), aus II ($C_{15}H_{10}ON_2$, F. 229°, nach Chromatographie) mit MnO_2, KOH u. K-Acetat (2½ Std. bei 240—250°); in wss. $KHCO_3$ gelb mit grüner Fluorescenz, in wss. KOH mit blauer Fluorescenz. — *Bis-[1'-methylpyrazolo-[3'.4'.5':1.13.9]-anthronyl-(2)]* (IV), $C_{30}H_{18}O_2N_4$, F. > 360°, aus II, a) mit Na in Anilin in Ggw. von Cu-Bronze u. NiO; b) in Pyridin mit KOH u. Acetophenon (2 Tage bei 30—40°); c) mit CH_3MgBr oder C_6H_5MgBr in Ae.; d) mit sd. methanol. $NaOCH_3$; e) mit KOH (2 Std. bei 230—240°); f) mit KOH in sd. tert.-Butanol (1,5 Std.) oder in sd. A., Äthylenglykol, Diäthylenglykol, 2-Methoxyäthanol oder Diäthylenglykolmonomethyläther. II reagiert nicht mit K-Carbazol in Dimethylanilin (9 Std. bei 120—130°) oder mit KOH u. 2-Aminoanthrachinon in Dimethylanilin (6 Std. bei 140—150°). — *1'*-Methyl-pyrazolo-[3'.4'.5':1.13.9]-anthron (II)-Derivate: *2-Brom-*, $C_{15}H_9O\cdot N_2Br$, F. 234°, a) aus 2-Brom-1.9-pyrazoloanthron durch Methylierung; b) aus II durch Bromierung. — *2-Morpholino-*, $C_{19}H_{17}O_2N_3$, F 279° (Bzl.), a) aus vorst. Verb. mit sd. Morpholin (5 Std.); in konz. H_2SO_4 orangefarben, in Pyridin oder Bzl. gelb mit grüner Fluorescenz; b) aus II mit $NaNH_2$ in sd. Morpholin; neben IV (nach Belüftung). — *2-Piperidino-*, $C_{20}H_{19}ON_3$, F. 228°, a) aus vorvorst. Verb. mit sd. Piperidin; aus Chlorbenzol (grüne Fluorescenz) Nadeln; b) aus II mit $NaNH_2$ in sd. Piperidin; neben IV. — *5-Chlor-*, $C_{15}H_9ON_2Cl$, F. 234°, aus 5-Chlor-1.9-pyrazoloanthron ($C_{14}H_7ON_2Cl$, F. 304° [Chlorbenzol], vgl. l. c.) mit CH_3OH u. konz. H_2SO_4 (4 Std. bei 180° u. 12 Std. stehen) u. anschließende Chromatographie; daneben VIII. — *5-Morpholino-*, $C_{19}H_{17}O_2N_3$, F. 217 bis 218° (nach Chromatographie), aus vorst. Verb. mit sd. Morpholin (4 Std.); in Pyridin rötlichorangefarben, in konz. H_2SO_4 blaßgelb. — *8-Chlor-*, $C_{15}H_9ON_2Cl$, F. 225° (nach Chromatographie), aus *8-Chlor-1.9-pyrazoloanthron* ($C_{14}H_7ON_2Cl$, F. 345° [Chlorbenzol u. Sublimation], aus 1.8-Dichloranthrachinon u. Hydrazin) mit CH_3OH u. konz. H_2SO_4 (4 Std. bei 180°); in konz. H_2SO_4 rötlichorangefarben, in Pyridin gelb (unverändert mit methanol. KOH). Wird beim Kochen mit Morpholin, Piperidin, Anilin oder methanol. $NaOCH_3$ nicht verändert. (J. chem. Soc. [London] **1954**. 1894—1902. Juni. Leeds, Univ., Clothworkers Res. Labor.) K. LEHMSTEDT. 3122

Helmut Zinner und **Käte Niendorf**, *Benzazole.* 3. Mitt. *Zur Tautomerie des Benzoxazolthions.* (2. vgl. C. **1955**. 10506.) Beim Methylieren von Benzoxazolthion (I) mit CH_2N_2 oder $(CH_3)_2SO_4$ entsteht neben wenig *N-Methyl-* (III) hauptsächlich *S-Methylbenzoxazolthion*, das mit HCl zu *Benzoxazolon* u. *CH_3SH* hydrolysiert wird u. ein *Monohydrat* bildet. *Acetyl-* u. *Benzoylbenzoxazolthion* leiten sich wahrscheinlich von der Mercaptoform ab. Die Rk. von 2-Acylaminophenolen u. Thiophosgen (II) führt nur zu einer harzigen Masse. Bei der Umsetzung von I mit Benzol-, p-Toluol-, p-Acetamidobenzol- u. Methansulfonsäurechlorid (IV) entsteht nur *Bis-[benzoxazolyl-(2)]-disulfid*, während die *N-Sulfonylbenzoxazolthione* durch Kondensation von 2-Sulfamidophenolen mit II erhalten werden.

Versuche: *Benzoxazolthion* (I), F. 193° (A.-W. [1 : 3]), durch 6std. Kochen von o-Aminophenol, CS_2, KOH u. A., Lösen in W. u. Ausfällen mit 2n HCl; 61% (Ausbeute). — Benzoxazolthione: *N-Methyl-* (III), F. 132° (A.-W. [1 : 3]), aus I mit CH_2N_2 in Ae. durch Abdest. u. Wasserdampfdest. aus dem Rückstand; feine Nadeln; 3,6%. — *S-Methyl-*, C_8H_7ONS, F. 8°, a) aus vorst. Wasserdampfdestillat über das *Monohydrat* ($C_8H_7ONS\cdot H_2O$, F. 30°), das über H_2SO_4 aufbewahrt u. dann bei 0,01 Torr dest. wird; n_D^{25} 1,6128; 73%; b) durch Zugeben von $(CH_3)_2SO_4$ zu I bei p_H 9—10, 30 Min. Rühren bei Raumtemp. u. 30 Min. bei 100°; 70% neben 1,2% III; c) analog b) bei p_H 13; 73% neben 0,7% III; d) durch 30 Min. Erhitzen von I mit $(CH_3)_2SO_4$/W. auf dem Wasserbad, Alkalisieren mit 4n NaOH, Kochen u. Wasserdampfdest.; 25% neben 52% *Benzoxazolon.* — *Acetyl-*, F. 117° (A.), a) aus I mit Acetylchlorid/Pyridin; Tafeln; 42%; b) aus I mit Acetanhydrid auf dem sd. Wasserbad; 60%. — *Benzoyl-*, $C_{14}H_9O_2NS$, F. 117° (absol. A.), mit Benzoylchlorid/Pyridin in 6 Std.; Nadeln; 58%. — *N-Benzolsulfonyl-*, $C_{13}H_9O_3NS_2$, F. 123° (A.-W. [4 : 1]), durch Zugeben von Pyridin zu 2-Benzolsulfamidophenol u. II in Dioxan unter Kühlung, 60 Min. Stehen u. Gießen in W.; Nadeln; 45%. — *N-[p-Toluolsulfonyl]-*, $C_{14}H_{11}O_3NS_2$, F. 113,5°, aus 2-[p-Toluolsulfamido]-phenol; Nadeln; 56%. — *N-[p-Acetamidobenzolsulfonyl]-*, $C_{15}H_{12}O_4N_2S_2$, F. 149° (Zers.), aus 2-[p-Acetamidobenzolsulfamido]-phenol; Nadeln; 26%. — *N-Methansulfonyl-*, $C_8H_7O_3NS$, F. 136°, aus nachst. Verb.; Nadeln; 44%. — *2-Methansulfamidophenol*, $C_7H_9O_3NS$, F. 113° (Bzl.), durch 16std. Stehen von o-Aminophenol mit IV bei Raumtemp., Gießen in 10%ig. eiskalte HCl u. Extrahieren mit Essigester; Nadeln; 48%. (Chem. Ber. **89**. 1012—16. 1956. Rostock, Univ., Inst. für organ. Chem.) R. PASEDAG. 3132

Ss. W. Zukerman, *Kondensation von β-Aminoäthylmercaptan mit Ketonen.* Es werden durch Rk. von β-Aminoäthylmercaptan (I) mit Aceton, Methyläthylketon, Äthylpropylketon, Cyclohexanon u. Acetophenon die entsprechenden 2.2-disubstituierten *Thiazolidine* dargestellt. Die Rk. läuft nur bei einem großen Ketonüberschuß (50 bis 100 Mol) u. längerer Einwirkungsdauer ab. Die Reaktionsgeschwindigkeit nimmt mit wachsendem Mol.-Gew. des Ketons ab, mit Benzophenon tritt keine Rk. ein. Werden äquimol. Mengen I u. Aceton in Eisessig in Ggw. von HCl zur Rk. gebracht, so entsteht *Aceton-bis-[β-aminoäthylmercaptol]*.

Versuche: *2.2-Dimethylthiazolidinhydrochlorid*, $C_5H_{12}NClS$, F. 164—165° (Aceton), aus 0,9 g I-Hydrochlorid in 9 ml Methylalkohol u. 90 ml Aceton durch 4—5 Std. Kochen oder 3 Tage Stehenlassen, Zugabe von absol. Ae. u. Abkühlen auf $> 0°$; 70%. —

2-Methyl-2-äthylthiazolidinhydrochlorid, $C_6H_{14}NClS$, F. 99—100°; aus I-Hydrochlorid u. Methyläthylketon (5 Tage Stehen bei Zimmertemp.); 79%. — *2-Äthyl-2-propylthiazolidinhydrochlorid*, $C_8H_{18}NClS$, F. 126—127°; aus Äthylpropylketon Nadeln; 77%. — *1-Thia-4-azaspiro-[4.5]-decanhydrochlorid* (*2.2-Pentamethylenthiazolidinhydrochlorid*), $C_8H_{16}NClS$, F. 154—155°; aus Isoamylalkohol Plättchen; 56%. — *2-Methyl-2-phenylthiazolidinhydrochlorid*, $C_{10}H_{14}NClS$, F. 159—160° (A.–Ae.-Gemisch); aus I-Hydrochlorid u. Acetophenon in Methylalkohol (8—12 Std. Kochen); 32%. — Aus vorst. Thiazolidinhydrochloriden werden die freien Basen durch Behandeln der wss. Lsgg. mit Alkali als Öle erhalten. — *Aceton-bis-[β-aminoäthylmercaptol]-dihydrochlorid*, $C_7H_{20}N_2Cl_2S_2$, F. 195 bis 196° (A.–Ae.-Gemisch); aus 0,9 g I-Hydrochlorid in 5 ml Eisessig u. 0,24 g Aceton, Einleiten von HCl unter Kühlung bis zur Sättigung, Zugabe von 25 ml Eisessig u. 35 ml absol. Ae.; 76%. (Украинский Химический Журнал [Ukrain. chem. J.] **19.** 523—28. 1953. Charkow, Gorki-Univ., Lehrstuhl für organ. Chem.) G. FROELICH. 3142

N. M. Turkewitsch und **Je. W. Wladsimirskaja**, *Synthese von Thiazolidonderivaten, die biologisches Interesse besitzen.* 1. Mitt. *Verbindungen, die aus Rhodanin durch Substitution der Thioketogruppe erhalten werden.* Durch Rk. von Rhodaninthiosemicarbazon [I; Thiazolidindion-(2.4)-thiosemicarbazon-(2)] mit Chloressigsäure wird *Rhodaninazin* erhalten. 5-Benzylidenrhodanin (II) reagiert mit Thiosemicarbazid unter Bldg. von *5-Benzylidenrhodaninthiosemicarbazon-(2)*. Das analog aus II u. Semicarbazid erhaltene *5-Benzylidenrhodaninsemicarbazon* (III) reagiert mit Benzaldehyd zu *5-Benzylidenrhodanin-N_4-benzylidensemicarbazon*, das sich auch durch Rk. von Rhodaninsemicarbazon mit Benzaldehyd in guter Ausbeute gewinnen läßt. Die antithyreoide Wrkg. von I übertraf im Tiervers. (Ratte) die von Thioharnstoff um 20—25% u. die von Pseudothiohydantoin um 10—15%. Die tox. Wrkg. war gering.

Versuche: *Rhodaninthiosemicarbazon* [I; *Thiazolidindion-(2.4)-thiosemicarbazon-(2)*], $C_4H_6ON_4S_2$, F. 196—197° (W.); 10 g Rhodanin in verd. A. (1 : 1) werden mit 7,8 g Thiosemicarbazid u. 10 g K-Acetat 12 Std. gekocht; 12,3 g (Ausbeute). Gibt beim Erhitzen mit konz. HCl *Thiazolidindion-(2.4)*, F. 124—126°. — *Rhodaninazin* [*Thiazolidindion-(2.4)-azin-(2)*], $C_6H_6O_2N_4S_2$, F. > 300°; aus 3,8 g I u. 2,5 g Chloressigsäure in 30 ml Eisessig; man kocht 30 Min., gibt 50 ml A. zu u. kocht weitere 3 Std.; 4,5 g. Gibt beim Erhitzen mit konz. HCl *Thiazolidindion-(2.4)*. — *5-Benzylidenrhodaninthiosemicarbazon-(2)* [*5-Benzylidenthiazolidindion-(2.4)-thiosemicarbazon-(2)*], $C_{11}H_{10}ON_4S_2$, F. 180 bis 186° (A., verd. A. u. Eisessig); aus II (durch Rk. von Chloressigsäure, NHSCN u. Benzaldehyd) u. Thiosemicarbazid in A. (24 Std. Kochen). Gibt beim Erhitzen mit konz. HCl *5-Benzylidenthiazolidindion-(2.4)*, F. 240°. — *Rhodaninsemicarbazon* [*Thiazolidindion-(2.4)-semicarbazon-(2)*], $C_4H_6O_2N_4S$, F. 222° (Zers.); aus 10 g Rhodanin u. 10 g Semicarbazidhydrochlorid in 75 ml W. in Ggw. von 15 g K-Acetat (15 Std. Kochen); 12,2 g. *5-Benzylidenrhodaninsemicarbazon* [III; *5-Benzylidenthiazolidindion-(2.4)-semicarbazon-(2)*], $C_{11}H_{10}O_2N_4S$, F. 248° (Essigsäure); aus II u. Semicarbazidhydrochlorid in A. in Ggw. von K-Acetat (32 Std. Kochen); 90%. — *5-Benzylidenrhodanin-N_4-benzylidensemicarbazon* [*5-Benzylidenthiazolidindion-(2.4)-N_4-benzylidensemicarbazon-(2)*], $C_{18}H_{14}\cdot O_2N_4S$; F. > 265°; a) aus III u. Benzaldehyd in Eisessig (4 Std. Kochen); b) aus II u. Benzaldehyd in Eisessig; 80 bzw. 75%. — *5-Benzilidenrhodanin-p-nitrophenylhydrazon* [*5-Benzylidenthiazolidindion-(2.4)-p-nitrophenylhydrazon-(2)*], $C_{16}H_{12}O_3N_4S$, F. 233° (Nitrobenzol); aus II u. p-Nitrophenylhydrazin in A. in Ggw. von K-Acetat (10 Std. Kochen), 74%. (Журнал Общей Химии [J. allg. Chem.] **24** (**86**). 2010—14. Nov. 1954. Lwow, Univ., Med. Inst.) H. HINTZ. 3142

Leallyn B. Clapp und **John W. Watjen**, *Reaktionen von Äthyleniminen.* 4. Mitt. *Mit Schwefelkohlenstoff.* (3. vgl. J. Amer. chem. Soc. **73.** [1951.] 2584.) Ausgehend von CS_2 u. asymm. Äthyleniminen bzw. Aminoalkoholen synthetisierten Vff. eine Reihe von *2-Thiothiazolidonen* bzw. *5-Äthyl-2-thiooxazolidon* (I). Die Bldg. der erstgenannten wird durch Abwesenheit von Alkali gefördert. Die p-Nitrobenzoylderivv. sind als N-Acylderivv. anzusprechen, wie aus den Infrarotspektren hervorgeht; dasjenige des *4.4-Dimethyl-2-thiothiazolidons* (II) zeigt eine N—H-Bande bei 3,24 μ, während die C=N-Bande in der Region 6—6,3 μ fehlt. Diese C=N-Bande fehlt auch in den Spektren des Benzoylderiv. von II u. in den p-Nitrobenzoylderivv. von I, *2-Thiothiazolidon* (V) u. II; dagegen treten in diesen Spektren Absorptionsbanden bei 5,87; 5,88; 5,92 bzw. 5,91 μ auf, die den am N haftenden Carbonylgruppen zugeschrieben werden.

Versuche (FF. korr.): Folgende 2-Thiothiazolidone aus 10 g CS_2 u. 5 g des entsprechenden Äthylenimins durch 6std. Erhitzen (100° im Autoklaven: *4-Methyl-* (III; F. 99,0—99,5°; 64% [Ausbeute]). — *4.4-Dimethyl-* (II; F. 93,4—93,8° [lange Platten aus 95%ig. A.]; sublimiert bei 60—75°, 10,4 mm; 83,5% roh). — *4-Äthyl-* (IV; F. 48,8—49,4°; 71,5%). — Ebenso aus den entsprechenden Aminoalkoholen: *2-Thio-*

thiazolidon (**V**; F. 104,8—105,1°; 58%). — **III** (76%). — *5-Methyl-2-thiothiazolidon* (**VI**; F. 91,0—91,5°; 70%). — **II** (F. 117,8—118,3° [andere Kristallform, sphäroid.; gleiche Infrarotspektren u. Derivv. wie obige Form]; 71,5%). — **IV** (97%). — *5-Äthyl-2-thiooxazolidon* (**I**), F. 84,6—85,2°, aus CS_2 u. 1-Aminobutanol-(2); zers. sich beim Sublimieren; 79%. *3-p-Nitrobenzoylderiv.*, $C_{12}H_{12}O_4N_2S$, F. 92,2—93,6° (95%ig. A.). — Von folgenden Verbb. wurden die *N-p-Nitrobenzoylderivv.* dargestellt (95%ig.A.): **V** ($C_{10}H_8 \cdot O_3N_2S_2$, F. 162,6—163,2°); **III** ($C_{11}H_{10}O_3N_2S_2$, F. 159,0—160,0°); **VI** ($C_{11}H_{10}O_3N_2S_2$, F. 139,0—139,2°); **II** ($C_{12}H_{12}O_3N_2S_2$; F. 168,0—168,5°); **IV** ($C_{12}H_{12}O_3N_2S_2$; F. 121,6 bis 122,4°). *N-Benzoylderiv. von* **II**, $C_{12}H_{13}ONS_2$, F. 172,4—173,6°. (J. Amer. chem. Soc. **75.** 1490—92. 20/3. 1953. Providence, R. I., Brown Univ., Dep. of Chem.)

J. ROTHE. 3142

Werner Herz und **Stanley Tocker,** *Die Pomeranz-Fritsch-Reaktion in der Pyrrolreihe. Die Synthese von Apoharmin.* α-Pyrrolaldehyd (**I**), 2-Acetylpyrrol (**II**) u. N-Methyl-α-pyrrolaldehyd (**III**) werden mit Aminoacetaldehyddiäthylacetal (**IV**; Aminoacetal) durch azeotrope Dest. mit Toluol zu den entsprechenden SCHIFFschen *Basen* kondensiert, die bei der Cyclisierung mit $POCl_3$/Polyphosphorsäure *Pyrrolo-[2.3:c]-pyridin* (*6-Azaindol*) u. das isomere *Pyrrolo-[1.2:a]-pyrazin* bzw. Apoharmin u. das isomere *1-Methylpyrrolo-[1.2:a]-pyrazin* bzw. als einziges Prod. *7-Methylpyrrolo-[2.3:c]-pyridin* geben. Dabei ist die Ausbeute an Pyrazinderivv. bedeutend größer als die an Pyrrolopyridinen. Die Strukturen der Verbb. werden an Hand der Infrarotspektren diskutiert. Verss. zur Darst. der SCHIFFschen Base aus **IV** u. *2-Homoveratroylpyrrol* (**V**) schlugen fehl. Das wahrscheinlich infolge ster. Hinderung nur in geringer Ausbeute erhaltene **V**-*Oxim* lieferte bei der Hydrierung nur rasch zersetzliche Substanzen.

Versuche: SCHIFFsche *Base aus* **I** *u.* **IV**, Kp.$_2$ 119—125°, aus **I** u. **IV** in Toluol durch Kochen unter Abscheidung von W.; n_D^{20} 1,4731; 58% (Ausbeute). *Pikrat*, $C_{17}H_{21}O_9N_5$, F. 173°. — SCHIFFsche *Base aus* **II** *u.* **IV**, Kp.$_2$ 126—130°, n_D^{20} 1,5125; 81%. *Pikrat*, $C_{18}H_{23}O_9N_5$, F. 118°. — SCHIFFsche *Base aus* **III** *u.* **IV**, $C_{12}H_{20}O_2N_2$, Kp.$_{0,5}$ 94°, n_D^{20} 1,5988; 91%. — *Pyrrolo-[1.2:a]-pyrazin*, Kp.$_2$ 71°, aus drittvorst. Verb. mit Polyphosphorsäure/$POCl_3$ bei 100—120°; n_D^{20} 1,6176; 21% (*Pikrat*, $C_{13}H_9O_7N_5$, F. 212°), daneben 2,2% *Pyrrolo-[2.3:c]-pyridin*, $C_7H_6N_2$, F. 129,5° (Bzl., nach Sublimation bei 130°/1 mm). — *1-Methylpyrrolo-[1.2:a]-pyrazin*, Kp.$_{1,5}$ 82°, aus drittvorst. Verb. analog vorst. Verb.; n_D^{20} 1,6910; 23% (*Pikrat*, $C_{14}H_{11}O_7N_5$, F. 230°), daneben 5,1% *Apoharmin*, $C_8H_8N_2$, F. 183° (Bzl.). — *7-Methylpyrrolo-[2.3:c]-pyridin*, $C_8H_8N_2$, Kp.$_{11}$ 140—141°, aus drittvorst. Verb. analog vorvorst. Verb.; n_D^{20} 1,6932; 27%. *Pikrat*, $C_{14}H_{11}O_7N_5$, F. 194—195°. — *2-Homoveratroylpyrrol* (**V**), $C_{14}H_{15}O_3N$, F. 99° (Bzl.-Ligroin), aus Pyrrol u. C_2H_5MgJ in Ae. bei 5—10° (30 Min.) mit Homoveratroylchlorid in Ae.; 7,2%. *Oxim*, $C_{14}H_{16}O_3N_2$, F. 170—171° (A.), aus 1,48 g Keton mit 4,0 g $NH_2OH \cdot HCl$ in sd. Pyridin (24 Std.); 0,13 g. (J. Amer. chem. Soc. **77.** 6355—57. 5/12. 1955. Tallahassee, Fla., Univ., Dep. of Chem.)

ANTJE SCHMIDT. 3200

Darius Molho, *Abbau durch Wasserstoffperoxyd in alkalischem Medium auf dem Gebiet der Flavonderivate, Cumarine und 2- oder 3-Benzalcumaranone.* (Vgl. C. **1955.** 5303.) Vf. untersuchte die Einw. von H_2O_2 in alkal. Medium auf Flavone, Cumarine u. Benzalcumaranone zum Zweck der Strukturbestimmung. Flavone u. 2-Benzylcumaranone, die in Ring A oder C keine freien OH-Gruppen tragen, werden in guten Ausbeuten zu einem Gemisch von substituierten Benzoe- u. Salicylsäuren abgebaut, die durch fraktionierte Kristallisation getrennt u. papierchromatograph. identifiziert werden können. Cumarine u. 3-Benzalcumaranone werden unter diesen Bedingungen nicht angegriffen. Wenn in Ring A oder C freie OH-Gruppen vorhanden sind, wird im Falle der Flavonderivv. die entsprechende Salicylsäure im allg. zerstört [entsprechend der DAKIN-Rk.; Ausnahme: *Resorcylsäure* (**I**)], während die aus dem Ring C hervorgegangene Benzoesäure mit ausgezeichneten Ausbeuten isoliert wird. Um Cumarine u. Chromone einerseits u. 2- bzw. 3-Benzalcumaranone anderersetis unterscheiden zu können, müssen 2 Abbauverss. mit alkal. H_2O_2 vorgenommen werden, vor u. nach einer Methylierung.

Versuche (R_F-Werte der Abbauprodd. in Ae. vgl. Original): 4-Phenyl-7-methoxycumarin, $C_{16}H_{12}O_3$, F. 103, blieb unverändert nach Lösen in A., Zufügen von wss. KOH, dann von H_2O_2 u. ½std. Kochen. — Ebenso wurden zurückgewonnen: Cumarin, 4.7-Dimethyl-, 4.6-Dimethl-, 3-Äthyl-, 3-Methyl-4-oxy-, 4-Oxy-, 3-Phenyl-4-oxycumarin (bei den 4-Oxycumarinen kein Zusatz von A.). — 4-Phenyl-7-oxycumarin, $C_{15}H_{10}O_3$, F. 245°, gab *Benzoesäure* (**II**), F. 121° (W.). — 3-Benzal-6-methoxycumaranon-(2), $C_{16}H_{12}O_3$, F. 131°, gab *α-[2-Oxy-4-methoxyphenyl]-zimtsäure*, $C_{16}H_{14}O_4$, F. 155°, die durch 5 Min. Erhitzen auf 160° die Ausgangsverb. zurücklieferte. — Analog: 3-Benzalcumaranon-(2) → *α-[2-Oxyphenyl]-zimtsäure*, F. 160° → Lacton zurück. — 3-[3.4-Dimethoxybenzal]-6-oxycumaranon-(2), $C_{17}H_{14}O_5$, F. 205° → *Veratrumsäure* (**III**),

F. 180°. — *2-p-Methoxybenzal-6-methoxycumaranon-(3)*, $C_{17}H_{14}O_4$, F. 136° (A.), aus 6-Methoxycumaranon-(3) u. Anisaldehyd in A.-konz. HCl; → *Anissäure* (**V**), F. 183° (W.), u. *4-Methoxysalicylsäure* (**IV**), F. 157° (W.). — 5.7-Dimethoxyflavon, $C_{17}H_{14}O_4$, F. 142°, → 80% (Ausbeute an) *4.6-Dimethoxysalicylsäure*, F. 157° (W.), u. 71% **II**. — Flavon, $C_{15}H_{10}O_2$, → **II** u. *Salicylsäure*. — Trimethylfustin (3'.4'.7-Trimethoxyflavanonol), $C_{18}H_{18}O_6$, F. 138°, → **III** u. **IV**. — *Trimethylfisetin (3'.4'.7-Trimethoxyflavonol)*, $C_{18}H_{16}O_6$, F. 190°, durch alkal. Behandlung vorst. Verb., → **III** u. **IV**. — *6-Methoxyflavon*, $C_{16}H_{12}O_3$, F. 163°, → **II** u. *5-Methoxysalicylsäure* (auch durch KOLBE-Synth. aus Hydrochinonmonomethyläther; mit $FeCl_3$ Blaufärbung). — 4'-Methyl-7-oxyflavon, $C_{16}H_{12}O_3$, F. 280°, → 88% *p-Toluylsäure* (**VI**; F. 176°) u. *Resorcylsäure* (**I**; mit $FeCl_3$ Violettfärbung). — 4'-Methyl-5-oxyflavon, $C_{16}H_{12}O_3$, F. 181°, → 100% **VI**, aber keine 6-Oxysalicylsäure. — 6-Oxyflavon, $C_{15}H_{10}O_3$, F. 239°, → **II**, aber keine Gentisinsäure. — 8-Oxyflavon, $C_{15}H_{10}O_3$, F. 250°, → **II**. — Chrysin (5.7-Dioxyflavon), $C_{15}H_{10}O_4$, F. 290°, → **I**. — 5.7-Dioxy-3'.4'-dimethoxyflavon, $C_{17}H_{14}O_6$, F. 292°, → 100% **III**. — 5.7-Dioxy-3'.4'.5'-trimethoxyflavon, $C_{18}H_{16}O_7$, F. 276°, → *3.4.5-Trimethoxybenzoesäure*, F. 169°. — Acacetin (4'-Methoxy-5.7-dioxyflavon), $C_{16}H_{12}O_5$, F. 260°, → 100% **V**. — Kämpferid (4'-Methoxy-5.7-dioxyflavonol), $C_{16}H_{12}O_6$, F. 227°, → 100% **V**. — Kämpferol (5.7.4'-Trioxyflavonol), $C_{15}H_{10}O_6$, F. 276°, → *p-Oxybenzoesäure* (**VII**), F. 209° (W.). — Sakuranetin (5.4'-Dioxy-7-methoxyflavanon), $C_{16}H_{14}O_5$, F. 153°, → **VII**. — Tetramethylquercetin (5-Oxy-3.7.3'.4'-tetramethoxyflavon), $C_{19}H_{18}O_7$, F. 153°, → **III** (Oxydation geht schwer). — Tectochrysin (5-Oxy-7-methoxyflavon), $C_{16}H_{12}O_4$, F. 167°, → **II**. — Quercetin (3.5.7.3'.4'-Pentaoxyflavon), $C_{15}H_{10}O_7$, → 50% *Protocatechusäure* (**VIII**), F. 202° (W.). — Taxifolin (3.5.7.3'.4'-Pentaoxyflavanon), $C_{15}H_{12}O_7$, → 5% **VIII**. — Isorhamnetin (4'.5.7-Trioxy-3'-methoxyflavonol), $C_{16}H_{12}O_7$, F. 320°, → 90% *Vanillinsäure* (**IX**), F. 205°. — Homoeriodictyol (4'.5.7-Trioxy-3'-methoxyflavanon), $C_{16}H_{14}O_6$, F. 224—225°, → **IX**. — Fustin (3'.4'.7-Trioxyflavanonol), $C_{15}H_{12}O_6$, F. 248°, → 80% **I**. — *Fisetin (3'.4'.7-Trioxyflavonol)*, $C_{15}H_{10}O_6$, F. 348°, durch Oxydation vorst. Verb. mit Luft in 1%ig. H_2SO_4, → 92% **I**. — Dihydrorobinetin (3'.4'.5'.7-Tetraoxyflavanonol), $C_{15}H_{12}O_7$, → **I**. — Robinetin (3'.4'.5'.7-Tetraoxyflavonol), $C_{15}H_{10}O_7$, F. 358°, → **I**. (Bull. Soc. chim. France [5] **1956**. 39—46. Jan. Lyon, Fac. des Sci., Labor. de Chim. Biol.) J. ROTHE. 3211

Rita A. Gregory und **Muriel L. Tomlinson**, *Einige Derivate des Chromanons-(4)*. Durch Umsetzung von m-Benzyloxyphenol mit Acrylonitril wird in guter Ausbeute *β-3-Benzyloxyphenoxypropionitril* erhalten, das bei der Hydrolyse *β-3-Benzyloxyphenoxypropionsäure* ergibt. Daraus wird durch Cyclisierung in Ggw. von P_2O_5 *7-Benzyloxychromanon-(4)* erhalten, das nicht durch Hydrogenolyse zu 7-Oxychromanon-(4) (**I**) entbenzyliert werden konnte **I** konnte auch nicht aus dem durch Ringschluß von m-Bis-[2-cyanäthoxy]-benzol mit $ZnCl_2$ u. HCl erhaltenen *7-[2-Carboxyäthoxy]-chromanon-(4)* durch Abspaltung von Acrylsäure erhalten werden. Behandlung mit Alkali führte anscheinend nur zur Polymerisation.

Versuche (z. T. mit **V. Grenville**): *m-Benzyloxyphenol*, nach KLARMANN u. Mitarbeitern (J. Amer. chem. Soc. **53**. [1931.] 3404) aus der durch Kochen von Benzylchlorid u. Resorcin in Xylol, Gießen auf Eis u. Stehen über Nacht erhaltenen 3-Phasenmischung durch Lösen der untersten Schicht in Bzl., resorcinfrei Waschen mit W. u. Einengen der trockenen Lsg.; 25% (Ausbeute). — *β-3-Benzyloxyphenoxypropionitril*, $C_{16}H_{15}O_2N$, F. 89—90° (Bzl./PAe.), durch 30std. Erhitzen oder 5 g vorst. Verb. mit 10 g Acrylonitril u. einer Spur Na auf 95—105° u. Eingießen in wss. NaOH; Nadeln; 6 g. — *β-3-Benzyloxyphenoxypropionsäure*, $C_{16}H_{16}O_4 \cdot \frac{1}{2} C_2H_4O_2$, F. 166—168° (Essigsäure), durch 5std. Kochen vorst. Nitrils in HCl, Aufnehmen der in der Kälte ausgefallenen M. in Sodalsg. u. vorsichtiges Ansäuern; Prismen. — *7-Benzyloxychromanon-(4)*, $C_{16}H_{14}O_3$, F. 153—155° (PAe.), durch Zugeben von P_2O_5 in 4 Std. zu vorst. Verb. in sd. Bzl., Abdekantieren des Bzl. nach Erkalten, Zers. des Rückstandes mit W., Ae.-Extraktion u. Eindampfen; Prismen. Daneben wenig Ausgangsverb. zurück. — *7-[2-Carboxyäthoxy]-chromanon-(4)*, $C_{12}H_{12}O_5$, F. 173—175° (A.), durch 4std. Durchleiten von HCl durch die Suspension von 5,5 g m-Bis-[2-cyanäthoxy]-benzol u. wasserfreiem $ZnCl_2$ in trockenem Ae., Digerieren mit Sodalsg., Abfiltrieren unumgesetzten Ausgangsmaterials (1,8 g) u. Ansäuern mit HCl; Nadeln; 1,6 g. (J. chem. Soc. [London] **1956**. 795—96. März. Oxford, Dyson Perrins Labor.) W. GEHRMANN. 3211

D. Jerchel und **E. Bauer**, *Bereitung von Pyridin, frei von aktiven Wasserstoff enthaltenden Beimengungen*. Vff. reinigen über KOH vorgetrocknetes *Pyridin* des Handels durch Dest. über eine Kolonne, Kochen der bei 114—116° übergehenden Fraktion mit SeO_2, Dest., Fraktionierung über gekörntem Bariumoxyd u. 48std. Trocknung über Bariumoxyd; Ausbeute 60—70%. Das Prod. enthält 18—20 mg W. pro 1000 cm³, keine Methylhomologen u. kein Se u. ist als Lösungsm. für ZEREWITINOFF-Bestimmungen geeignet. (Angew. Chem. **68.** 61–62. 21/1. 1956. Mainz, Univ., Organ.-chem. Inst.; Heidelberg, Max-Planck-Inst. für med. Forsch., Inst. für Chem.) H.-R. SCHÜTTE. 3231

M. Horák und **J. Staňek,** *2-Methyl-6-styrylpyridin.* Inhaltlich ident. mit der C. **1953.** 8865 referierten Arbeit. (Chem.Listy Vědu Průmysl **44.** 310–12. 15/12. 1950.) R. DIETRICH. 3231

R. Lukeš und **M. Ferles,** *Beitrag zur Löffler-Freytag-Reaktion.* Inhaltlich ident. mit der C. **1955.** 11389 referierten Arbeit. (Collect. czechoslov. chem. Commun. **20.** 1227–36. Okt. 1955. [Orig.: dtsch.]) W. BARZ. 3231

M. Häring, B. Prijs und **H. Erlenmeyer,** *Über einige Derivate heterocyclischer Carbonsäuren.* 3. Mitt. *Metallionen und biologische Wirkung.* 26. Mitt. (2. vgl. Helv. chim. Acta **37.** [1954.] 147; 25. vgl. ROTH, Helv. chim. Acta **37.** [1954.] 1064.) Durch Kondensation des in verbesserter Ausbeute erhaltenen 5.6-Benzochinaldins mit Benzaldehyd zum *2-Styryl-5.6-benzochinolin* (**I**) u. Oxydation desselben mit $KMnO_4$ wird *5.6-Benzochinaldinsäure* (**II**) dargestellt u. daraus eine Anzahl Derivv. gewonnen, deren Struktur als günstig für die Bldg. von Metallkomplexen angenommen wird.

V e r s u c h e (FF. u. Kpp. korr.): *5.6-Benzochinaldin,* F. 82° (Ligroin), $Kp._{11}$ 240,5°, durch Eintragen von β-Naphthylamin in konz. HCl unter Rühren, Zutropfen von Paraldehyd unter Erhitzen auf dem Dampfbad, 7std. Rühren bei Dampfbadtemp., Gießen in W., nach 24std. Stehen Absaugen des *Hydrochlorids* [91% (Ausbeute)], Zers. mit 10%ig. NaOH, Reinigen über das Pikrat u. Dest.; 70%. — *2-Styryl-5.6-benzochinolin* (**I**), C_{21}·$H_{15}N$, F. 173–174°, durch 2std. Erhitzen von vorst. Verb., Benzaldehyd u. frischgeschmolzenem $ZnCl_2$ auf 165°, Aufnehmen in viel Aceton u. Einengen; aus Aceton glänzende gelbe Blättchen; 89%. — **I**-*$HgCl_2$*-Verb., $(C_{21}H_{15}N)_2$·HgCl·2 HCl, F. 233 bis 235°, durch Zugabe einer kaltgesätt. wss. $HgCl_2$-Lsg. zu **I** in A.–konz. HCl (15:1); aus verd. HCl feine gelbe Nädelchen; zers. sich im Hochvakuum. — *2-[1'.2'-Dibrom-2'-phenyläthyl]-5.6-benzochinolin,* $C_{21}H_{15}NBr_2$, F. 204°, durch Zutropfen einer 5%ig. Lsg. von Br_2 in CCl_4 zu **I** in CS_2 bei 20° u. Eindampfen; aus CS_2-Aceton kurze Stäbchen. — *5.6-Benzochinaldinsäure* (II), $C_{14}H_9O_2N$· ½ H_2O, F. 188°, durch Zugabe von $KMnO_4$ in Aceton u. W. zu **I** in Aceton, 1std. Rühren bei 40°, Filtrieren, Auskochen des MnO_2 mit W., Vereinigen der Filtrate u. Zugabe von konz. HNO_3 zur 50° warmen Lsg. ($p_H < 2$); aus A. Prismen; 85%. — Durch ½std. Erhitzen von **II** auf 190°, Lösen des Rückstandes in A. u. Versetzen mit alkoh. Pikrinsäurelsg. entsteht *5.6-Benzochinolinpikrat,* $C_{19}H_{12}$·O_7N_4, F. 251–252°; goldgelbe Nadeln. — Folgende D e r i v v. von **II** werden dargestellt: *Anilid,* $C_{20}H_{14}ON_2$, F. 201°, durch 2std. Erhitzen von **II** mit überschüssigem Anilin auf 165°; aus A. feine verfilzte Nadeln. — *o-Toluidid,* $C_{21}H_{16}ON_2$, F. 182°, durch 1std. Erhitzen von **II** mit überschüssigem o-Toluidin auf 175°; aus A. Nadeln. — *p-Toluidid,* $C_{21}H_{16}ON_2$, F. 185°, durch 1½std. Erhitzen von **II** mit p-Toluidin auf 165°; aus A. lange Nadeln. — *α-Naphthylamid,* $C_{24}H_{16}ON_2$, F. 187°, durch ³/₄std. Erhitzen von **II** mit α-Naphthylamin im Überschuß auf 170°; aus A.–Aceton kurze Prismen. — *Phenylhydrazid,* $C_{20}H_{15}ON_3$, F. 236°, durch 20 Min. Erhitzen von **II** mit Phenylhydrazin auf 170° u. Auskochen des gelben Reaktionsprod. mit verd. NH_4OH, A. u. Aceton; aus A.–Aceton (3:1) Nadeln. — *Methylester* (**III**), $C_{15}H_{11}O_2N$, F. 109,5°, mit äther. CH_2N_2; aus Bzl.–PAe. Prismen; 55%. — *Amid,* $C_{14}H_{10}ON_2$, F. 242°, durch 40std. Schütteln von **III** mit Methanol u. konz. NH_4OH (2:1); aus Aceton Nadeln. — *Hydrazid,* $C_{14}H_{11}$·ON_3, F. 218°, durch Zugabe einer Mischung aus Hydrazinhydrat in großem Überschuß (zur Verhinderung der Diacylhydrazinbldg.) u. Methanol zu **III** in Methanol; aus A. Nadeln. — *Methylamid,* $C_{15}H_{12}ON_2$, F. 133°, durch 4std. Schütteln methanol. Lsgg. von **III** u. Methylamin; aus Ligroin–A. mkr. Prismen. — *Benzylamid,* $C_{21}H_{16}ON_2$, F. 164°, durch 18std. Kochen von **III** mit Benzylamin im Überschuß in Methanol, Versetzen mit der doppelten Menge W., Ausäthern, Eindampfen u. Zugabe von Ligroin; goldgelbe Platten. — *Cyclohexylamid,* $C_{20}H_{20}ON_2$, F. 160°, durch 20std. Kochen von **III** mit überschüssigem Cyclohexylamin in Methanol, Zugabe der 4fachen Menge W. u. Ausäthern; aus A.–Ligroin Nadeln. (Helv. chim. Acta **37.** 1339–43. 15/6. 1954. Basel, Univ., Anst. für anorgan. Chem.) I. BUCHTA. 3231

W. G. H. Edwards und **V. Petrow,** *Einige heterocyclische Acenaphthenderivate.* Acenaphthen wurde mit Eisessig u. H_2F_2 in *1-Acetylacenaphthen* (**I**) übergeführt, das bei der Behandlung mit NaOCl in *1-Acenaphthoesäure* überging. Diese wurde mit Diazomethan verestert u. der *Methylester* in das *Hydrazid* umgewandelt. Bei dessen Umsetzung mit HNO_2 u. HCl entstand nicht das gewünschte Amin, sondern *symm.-Diacenaphthenyl-(1)-harnstoff.* Dagegen wurde über das *Säurechlorid* u. das *Azid* in 30%ig. Ausbeute *1-Aminoacenaphthen* (**II**) erhalten. *Acetyl*-**II** wurde durch Umlagerung von Acenaphthenyl-(1)-methylketoxim mit PCl_5 oder besser durch Behandlung von **I** mit NaN_3 in geschmolzener Trichloressigsäure dargestellt u. zu **II** verseift. Mit o-Chlorbenzoesäure reagierte **II** zu *N-[Acenaphthenyl-(1)]-anthranilsäure.* Sie ließ sich mit $POCl_3$ cyclisieren zu *4-Chloracenaphtheno-[1'.2':2.3]-chinolin.* Auf Grund der roten Farbe, des hohen F. u. der niedrigen Löslichkeit in A. wird angenommen, daß diese Verb. als *1-[Acenaphtheno-[1'.2':2.3]-chinolyl-(4)]-4-chloracenaphtheno-[1'.2':2.3]-chinoliniumchlorid* (**III**) vorliegt; die elektr. Leitfähigkeit von **III** in Nitrobenzol ist etwa 20mal so groß wie die einer äquimol. Lsg. von Phenol. Bei der Zn-Staubdest. von **III** unter vermindertem Druck entstand in geringer Ausbeute *Acenaphtheno-[1'.2':2.3]-chinolin.* Zur Darst. von *2-Amino-acenaphthen* (**IV**) wurde 3-Aminoacenaphthen (**V**) in *3-p-Toluolsulfonamidoacenaphthen* übergeführt u. dieses in 2-Stellung nitriert. Diazotierung von *3-Amino-2-nitroacenaphthen,* Red. des *Diazoniumsalzes* mit CuO in Methanol bei 60° u. katalyt. Hydrierung der Nitrogruppe lieferte **IV**. **IV** reagierte mit Cyanmalondialdehyd zu *3-[Acenaphthenyl-(2)-imino]-2-cyanpropanal* (**VI**), welches beim Schmelzen mit $ZnCl_2$ u. anschließender Hydrolyse in *Pyrido-[2'.3':2.3]-acenaphthencarbonsäure-(5')* überging; diese konnte in den krist. *Methylester* übergeführt werden. **VI** gibt mit Ameisensäure *5'-Cyanpyrido-[2'.3':2.3]-acenaphthen.* Mit Nitromalondialdehyd reagierte **IV** zu *3-[Acenaphthenyl-(2)-imino]-2-nitropropanal,* welches beim Erhitzen mit Ameisensäure in *5'-Nitropyrido-[2'.3':2.3]-acenaphthen* überging. Die schlechten Ausbeuten bei den Cyclisierungen sind darauf zurückzuführen, daß die Anile in der trans-Form vorliegen u. erst therm. zur cis-Form isomerisiert werden müssen. Mit o-Chlorbenzoesäure in Ggw. von Cu reagierte **IV** in Cyclohexanol zur *N-[Acenaphthenyl-(2)]-anthranilsäure.* Beim Vers., diese Säure mit methanol. HCl zu verestern, entstand *1.4-Dihydro-4-oxoacenaphtheno-[2'.3':2.3]-chinolin;* es reagierte mit $POCl_3$ zu *4-Chloracenaphtheno-[2'.3':2.3]-chinolin* u. ließ sich mit amalgamiertem Al reduzieren zu *Acenaphtheno-[2'.3':2.3]-chinolin.* Mit 2-Formylcyclohexanon lieferte **IV** *2-[2-Oxocyclohexylmethylenamino]-acenaphthen,* das mit heißer Ameisensäure leicht in *5.6.7.8-Tetrahydroacenaphtheno-[2'.3':3.4]-isochinolin* überging. In analoger Weise gab **V** *3-[2-Oxocyclohexylmethylenamino]-acenaphthen,* das mit $ZnCl_2$ in A. *5.6.7.8-Tetrahydroacenaphtheno-[3'.2':2.3]-chinolin* (? Der Referent) lieferte. Dieses ließ sich mit Se bei 260°, mit S in sd. Benzylbenzoat, mit Chloranil in Xylol, oder durch Dest. über PbO_2 nicht zur vollaromat. Verb. dehydrieren. Dagegen wurde *Acenaphtheno-[3'.2':2.3]-chinolin* durch Umsetzung von N-[Acenaphthenyl-(3)]-anthranilsäure mit $POCl_3$ u. anschließende Red. mit 4%ig. Na-Amalgam in A. erhalten. Mit Methylenjodid reagierte **V** zu *Diacenaphtheno-[3'.2':2.3; 2''.3'':5.6]-pyridin.*

Versuche: *1-Acenaphthoesäure,* F. 243°, aus 15 g **I** mit wss. NaOCl in Methanol (30 Min. bei 70°); 1,5 g (Ausbeute). *Methylester,* $C_{14}H_{12}O_2$, F. 81°, aus wss. A., hellgelbe Nadeln. *Hydrazid,* $C_{13}H_{12}ON_2$, F. 178°, aus 1,0 g Methylester u. 90%ig. Hydrazinhydrat (6½ Std. am Rückfluß); aus A. Platten; 0,8 g. *Azid,* $C_{13}H_9ON_3$, F. 104°, aus 1,0 g Chlorid mit wss. NaN_3 in Aceton bei 10°; aus wss. Aceton gelbe Nadeln; 0,7 g; gibt mit konz. HCl in sd. Bzl. **II** u. etwas nachst. Verbindung. — *symm.-Diacenaphthenyl-(1)-harnstoff,* $C_{25}H_{20}ON_2$, F. 280° (Nitrobenzol), aus vorst. Hydrazid in wss. HCl u. Dioxan mit wss. $NaNO_2$. — *1-Acetylacenaphthenoxim (Acenaphthenyl-(1)-methylketoxim),* $C_{14}H_{13}ON$, F. 149 bis 150°, aus 5 g **I** u. Hydroxylaminhydrochlorid in wss. A. in Ggw. von Na-Acetat (2 Std. am Rückfluß); Nadeln; 5,0 g. — *1-Acetamidoacenaphthen,* $C_{14}H_{13}ON$, F. 192°, a) aus 1,0 g vorst. Verb. mit PCl_5 in Ae.; 0,4 g; b) aus 20 g **I** mit NaN_3 in geschmolzener Trichloressigsäure (1 Std. bei 65°); aus 50%ig. A. Nadeln; 18 g. — *1-Aminoacenaphthen* (**II**), F. 82°, aus 18 g vorst. Verb. mit konz. HCl in A. (12 Std. unter Rückfluß); Nadeln aus PCu; 11,0 g. — *N-[Acenaphthenyl-(1)]-anthranilsäure,* $C_{19}H_{15}O_2N$, F. 241°, aus 3,4 g **II** u. o-Chlorbenzoesäure in Amylalkohol in Ggw. von Cu-Bronze (4 Std. unter Rückfluß); Nadeln aus A.; 2,65 g. — *1-[Acenaphtheno-[1'.2':2.3]-chinolyl-(4)]-4-chloracenaphtheno-[1'.2':2.3]-chinoliniumchlorid* (**III**), $C_{38}H_{24}N_2Cl_2$, F. 192°, aus 3,0 g vorst. Verb. durch 1std. Kochen mit $POCl_3$; dunkelrote Nadeln aus A.; 1,0 g (roh). — *Acenaphtheno-[1'.2':2.3]-chinolin,* $C_{19}H_{13}N$, F. 153°, aus 1,0 g **III** durch Dest. bei 15 mm Hg über Zn-Staub u. Chromatographie an Al_2O_3; rote Prismen aus Bzl. oder A.; 8 mg. — *3-p-Toluolsulfonamidoacenaphthen,* $C_{19}H_{17}O_2NS$, aus **V** u. p-Toluolsulfochlorid in Pyridin (16 Std. bei Zimmertemp.); aus A. graue Nadeln. — *2-Nitro-3-p-toluolsulfonamidoacenaphthen,* $C_{19}H_{16}O_4N_2S$, F. 180°, aus 4,6 g vorst. Verb. u. konz. HNO_3 in Eisessig bei 0—10°; gelbe Nadeln aus A.; 1,8 g. — *2-Nitroacenaphthen,* $C_{12}H_9O_2N$, F. 129°, aus 9,0 g 3-Amino-2-nitroacenaphthen mit $NaNO_2$ in Eisessig u. konz. H_2SO_4 bei Zimmertemp. u. Zugabe der Mischung zu CuO in Methanol bei 60°; goldgelbe Nadeln aus A.; 5,3 g. — *2-Aminoacenaphthen* (**IV**), F. 87°, aus 10,0 g vorst. Verb. mit H_2 bei 20°/2 at in Äthylacetat über PtO_2 u. Chromatographie; gelbe Nadeln aus Bzl./PAe.; 7,5 g. — *3-[Acenaphthenyl-(2)-imino]-2-cyanpropanal* (**VI**), $C_{16}H_{12}ON_2$, F. 209°, durch Umwandlung von 10,0 g Cyanacetaldehyddimethylacetal mit Ameisensäureäthylester in Ggw. von Na-Pulver in Ae. (16 Std. bei Zimmertemp.) in *Na-Cyanmalondialdehyd* u. Rk. mit 5 g **IV** in 2%ig. HCl; gelbe Nadeln aus A.; 2,0 g. — *Pyrido-[2'.3':2.3]-acenaph-*

thencarbonsäure-(5'), a) aus 3,0 g **VI** mit $ZnCl_2$ (10 Min. bei 250°; 0,16 g; b) aus 0,5 g **VI**, mit konz. H_2SO_4 (1 Std. bei 100°); gelbe gelatinöse M.; 0,25 g. *Methylester*, $C_{17}H_{13}O_2N$, F. 170°, gelbe Nadeln aus Methanol. *Äthylester*, $C_{18}H_{15}O_2N$, F. 126°, aus A. lange gelbe Nadeln. *Amid*, F. 257°, aus 0,3 g **VI** mit H_3PO_4/P_2O_5 (1 Std. bei 100°); gelbe Nadeln; 0,1 g (*Methomethylsulfat*, orangefarbene Nadeln). — *3-[Acenaphthenyl-(2)-imino]-2-nitropropanal*, $C_{15}H_{12}O_3N_2$, F. 210°, aus 5 g Mucobromsäure u. $NaNO_2$ in W. u. A. (langsam auf 50°, dann plötzlich auf −20°) u. Rk. des gebildeten *Na-Nitromalondialdehyds* in W. mit 3,0 g **IV** in 1,5%ig. HCl; gelbe Nadeln aus 60%ig. Essigsäure; 0,4 g. — *5'-Nitropyrido-[2'.3':2.3]-acenaphthen*, $C_{15}H_{10}O_2N_2$, F. 191°, aus vorst. Verb. mit sd. HCOOH (17 Std.); Äthylacetat. — *5'-Cyanpyrido-[2'.3':2.3]-acenaphthen*, $C_{16}H_{10}N_2$, F. 201°, aus 0,1 g **VI** durch 10std. Kochen mit HCOOH; bräunliche Nadeln aus verd. A.; 15 mg. — *1.4-Dihydro-4-oxoacenaphtheno-[2'.3':2.3]-chinolin*, $C_{19}H_{13}ON$, F. 310°, aus 1,7 g **IV** u. o-Chlorbenzoesäure in Cyclohexanol in Ggw. von K_2CO_3 u. Cu-Bronze (3 Std. unter Rückfluß) u. Behandlung der gebildeten *N-[Acenaphthenyl-(2)]-anthranilsäure* (0,75 g) mit sd. gesätt. alkoh. HCl (1 Std.); cremefarbene Platten aus A.; 0,25 g. — *4-Chloracenaphtheno-[2'.3':2.3]-chinolin*, $C_{19}H_{12}NCl$, aus 0,2 g vorst. Verb. mit sd. $POCl_3$ (1 Std.); orangegelbe Nadeln; 0,15 g. — *Acenaphtheno-[2'.3':2.3]-chinolin*, $C_{19}H_{13}N$, F. 188°, a) aus 0,2 g vorst. Verb. mit Na-Amalgam in sd. wss. A. (2 Std.); aus verd. A. gelbe Nadeln; b) aus 50 mg vorvorst. Verb. mit amalgamiertem Al in sd. A. (2 Std.); 15 mg. — *2-[2-Oxocyclohexylmethylenamino]-acenaphthen*, $C_{19}H_{19}ON$, F. 229°, aus **IV** nach Hollingsworth u. Petrow (C. **1948.** E. 216); aus A. hellgelbe Nadeln. — *5.6.7.8-Tetrahydroacenaphtheno-[2'.3':3.4]-isochinolin*, $C_{19}H_{17}N$, F. 162°, aus vorst. Verb. durch 24std. Kochen mit HCOOH; Reinigung über das *Pikrat*; aus A. hellorangefarbene Nadeln. — *5.6.7.8-Tetrahydroacenaphtheno-[3'.2':2.3]-chinolin*, $C_{19}H_{17}N$, F. 136°, durch 28std. Kochen von 5,5 g 3-[2'-Oxocyclohexylmethylenamino]-acenaphthen (? Der Referent), **V**-Hydrochlorid u. $ZnCl_2$ in absol. A.; aus A. orangefarbene Nadeln, blaue Fluorescenz im UV; 2,7 g. — *N-[Acenaphthenyl-(3)]-anthranilsäure*, $C_{19}H_{15}O_2N_2$, F. 234°, aus **V** u. o-Chlorbenzoesäure; goldgelbe Platten; 36%. — *4-Chloracenaphtheno-[3'.2':2.3]-chinolin*, $C_{19}H_{12}NCl$, F. 183°, aus 7,65 g vorst. Verb. mit sd. $POCl_3$ (1 Std.); hellgelbe Nadeln aus NH_3-haltigem A.; 5,5 g. — *Acenaphtheno-[3'.2':2.3]-chinolin*, $C_{19}H_{13}N$, F. 166°, aus 4,1 g vorst. Verb. durch 16std. Kochen mit 4%ig. Na-Amalgam in 90%ig. wss. A.; gelbe Nadeln aus A.; 2,15 g. *Pikrat*, $C_{19}H_{13}N \cdot C_6H_3O_7N_3$, F. 268°, aus A. kleine Nadeln. — *Diacenaphtheno-[3'.2':2.3; 2''.3'':5.6]-pyridin*, $C_{25}H_{17}N$, F. 298° (Zers.), aus 10,2 g **V** u. Methylenjodid (15 Min. bei 170°); hellgelbe Nadeln aus Pyridin; 2,4 g. (J. chem. Soc. [London] **1954.** 2853—60. Aug. Dunedin, New Zealand, Otago Univ., Chem. Dep.; London, Brit. Drug Houses Ltd., Chem. Res. Labors.) Walter Simon. 3231

B. I. Michantjew und **W. A. Skljarow**, *Gewinnung von 10-Vinylacridon. 10-Vinylacridon*, $C_{15}H_{11}ON$, F. 181,5° (Bzl. oder A.), wird durch 4—5std. Vinylierung von 11 g Acridon in 250 ml n-Butanol oder 150 ml Dioxan in Ggw. von 0,5 g KOH bei 180° u. 13 at. Anfangsdruck in 92%ig. Ausbeute erhalten. Es wird an Raney-Ni in Dioxan leicht zu *10-Äthylacridon*, $C_{15}H_{13}ON$, F. 159° (A.), hydriert. (Журнал Общей Химии [J. allg. Chem.] **26** (**88**). 784—85. März 1956. Woronesh, Univ.) A. Nowak. 3231

N. W. Chromow-Borissow, und **I. M. Jurisst**, *Synthesen und Umwandlungen von Pyrimidinderivaten.* 4. Mitt. *Gewinnung von 1-Methyl- und 1.3.7-Trimethylisoxanthin.* (3. vgl. C. **1956.** 1600.) Aus 5-Amino-1.4-dimethyluracil (**I**) entsteht durch Behandeln mit $NaNO_2$ in verd. HCl *5-Diazo-4-isonitrosomethyl-1-methyluracil* [*2.6-Dioxo-1-methyl-4-isonitrosomethyltetrahydropyrimidyl-(5)-diazoniumhydroxyd*], das durch $SnCl_2$ + HCl zu *1-Methylisoxanthin* (**II**) red. wird. Der Vers., analog 1.3-Dimethylisoxanthin zu gewinnen, scheiterte, da aus 5-Amino-1.3.4-trimethyluracil nicht die entsprechende Diazoniumverb. zu erhalten ist. Die Methylierung von Isoxanthin liefert **II** u. wahrscheinlich *1.3.7-Trimethylisoxanthin* (**III**). Hierzu wird bemerkt, daß sich eine CH_3-Gruppe zweifellos in 1-Stellung befindet, weil die Methylierung von **II** auch zu **III** führt; für die 3.7-Stellung der anderen 2 CH_3-Gruppen werden Wahrscheinlichkeitsgründe vorgebracht.

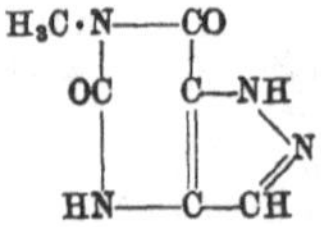

II

Versuche: *4-Methyluracil*, F. >280° (Zers.); aus 120 g Harnstoff u. 120 g 70%ig. techn. Diketens, 48 Std. bei Zimmertemp., dann 1 Std. bei 88—100°; 100 g (Ausbeute). — *5-Diazo-4-isonitrosomethyl-1-methyluracil*, $C_6H_7O_4N_5$, Zers. bei 217°; aus 2 g **I** in 50 ml 2½%ig. HCl auf Zusatz von 10 ml 20%ig. $NaNO_2$-Lsg. unter Kühlung; der aufsallende Nd. wird aus sd. W. krist.; gelbliche Nadeln; 2,5 g. — *1-Methylisoxanthin* (**II**), $C_6H_6O_2N_4$, F. bei schnellem Erhitzen ca. 350° (Zers.); aus 3,6 g vorst. Verb. in 36 ml einer Lsg. von $SnCl_2$ in HCl (102 g in 300 ml 15%ig. HCl) unter zeitweisem Schütteln; nach 24 Std. wird abgesaugt u. aus sd. W. krist.; silbrige Schuppen; 1,6 g. — *1.3.4-*

Trimethyluracil, F. 111–112°; 25,2 g 4-Methyluracil werden mit 65 g tropfenweise zugesetztem $(CH_3)_2SO_4$ in 8–10%ig. NaOH bei 20–25° behandelt; nach Ansäuern wird mit Chlf. oder $C_2H_4Cl_2$ extrahiert; aus Amylacetat Kristalle; 25,5 g. — *5-Nitro-1.3.4-trimethyluracil*, $C_7H_9O_4N_3$, F. 149–150°; a) zu 18 ml HNO_3 (D. 1,52) + 10 g P_2O_5 werden bei –12 bis –15° in 1–1½ Std. 10 g vorst. Verb. zugesetzt; nach 16–18std. Einw. bei –6 bis –8° wird in Eiswasser gegossen; 8,5–9,3 g; b) durch Methylieren von 5-Nitro-4-methyluracil mit $(CH_3)_2SO_4$ in 10%ig. NaOH, anfangs bei Zimmertemp., dann 40°; 3,5 g aus 4,3 g. Aus W. gelbe Kristalle. — *5-Amino-1.3.4-trimethyluracil*, $C_7H_{11}O_2N_3$, F. 165–166°; a) ein Gemisch von 10 g vorst. Verb., 500 ml W. u. einigen ml konz. NH_3 wird mit 10 g amalgamiertem Al-Draht bis zum Verschwinden der gelben Farbe der Lsg. gekocht u. das Filtrat von $Al(OH_3)$ zur Trockne verdampft; 7 g; b) durch Red. von 5 g vorst. Verb. mit H_2 in Ggw. von 1–1,5 g RANAY-Ni in 100 ml absol. A.; 4 g. Aus absol. A. gelbliche Nadeln. Bei der Einw. von HNO_2 entsteht ein Prod., das sich bei 232° zers. u. nicht identifiziert wird. — *1.3.7(?)-Trimethylisoxanthin* (**III**), $C_8H_{10}O_2N_4$, F. 251 bis 252° (A.); a) durch Methylierung von Isoxanthin (6 g) mit $(CH_3)_2SO_4$ (19 g) in 5%ig. NaOH bei 15–20°, dann 40–45°; der Nd. von **II** (0,2 g) wird abfiltriert u. die Lsg. mit Chlf. extrahiert; aus A. gelbliche Fasern; 1,5 g; b) analog aus **II**; 0,7 g aus 1,6 g. (Сборник Статей по Общей Химии [Samml. Aufsätze allg. Chem.] **1**. 657–62. 1953. Leningrad, Med. Pawlow-Inst.) R. KNOBLOCH. 3272

N. W. Chromow-Borissow und **R. Ss. Karlinskaja**, *Synthesen und Umwandlungen von Pyrimidinderivaten*. 5. Mitt. *Sulfurierung von Pyrimidinderivaten*. (4. vgl. vorst. Ref.) 6-Oxy-2-aminopyrimidin (**I**), 2.6-Dioxy-, 6-Oxy-2-amino- (**III**) u. 2.6-Diamino-4-methylpyrimidin (**IV**) werden durch $ClSO_3H$ mit 34–45%ig. Ausbeute in Monosulfonsäuren mit der SO_3H-Gruppe in 5-Stellung umgewandelt. 2-Amino-4-methylpyrimidin (**II**) gibt die 5-Sulfonsäure nur mit 10%ig. Ausbeute. Das Sulfurierungsprod. von 6-Oxy-4-methylpyrimidin konnte nicht isoliert werden. 2.6-Dichlor-4-methylpyrimidin wird beim Erhitzen mit $ClSO_3H$ auf 100° nicht verändert. Die Sulfonsäuren scheiden sich beim Ausgießen der Sulfurierungsmasse auf Eis krist. aus; nur im Falle von **IV** wird hierbei das Sulfochlorid erhalten, das sogar aus warmem W. umkrist. werden kann. Die Na-Salze der Sulfonsäuren sind in W. leichter lösl. als diese selbst.

V e r s u c h e: *2.6-Dioxy-4-methyl-5-sulfopyrimidin*; wurde im Artikel von CHROMOW-BORISSOW u. KARLINSKAJA in der Sammlung „Zum Andenken an A. JE. PORAI-KOSCHITZ" [Moskau-Leningrad, Gosschimisdat 1949, russ.] S. 121 beschrieben. — *6-Oxy-2-amino-4-methyl-5-sulfopyrimidin*, $C_5H_7O_4N_3S$; ist bei 300° nicht geschmolzen; 4 g **III** werden anteilweise unter Rühren in 10 ml $ClSO_3H$ bei 110° eingetragen; man hält 15 Min. bei dieser Temp., gießt auf 150 g Eis, filtriert die sich ausscheidende Sulfonsäure ab u. wäscht gut mit W.; 2,7–2,8 g (Ausbeute). *Natriumsalz*, F. 278–280°; Kristalle. — *6-Oxy-2-amino-5-sulfopyrimidin*, $C_4H_5O_4N_3S$, aus **I**; aus viel W. Kristalle; kann aus den Lsgg. in Alkalilauge durch HCl gefällt werden; unschmelzbar; 34%. *Natriumsalz*, F. 288–290°; Kristalle. — *2.6-Diamino-4-methyl-5-sulfopyrimidin*, $C_5H_8 \cdot O_3N_4S$, F. 270–272°; aus **IV** u. $ClSO_3H$ bei 120–130°; das beim Ausgießen auf Eis ausfallende *Sulfochlorid* (36%), $C_5H_7O_2N_4ClS$, F. 228–230°, muß sofort abfiltriert werden beim Aufbewahren in der sauren Mischung ist die Hydrolyse zur Sulfonsäure (40–43%) über Nacht vollständig. — *2-Amino-4-methyl-5-sulfopyrimidin*, $C_5H_7O_3N_3S$, aus **II** u. $ClSO_3H$ bei 115°; man gießt auf Eis, verd. mit etwas W. u. erhält nach 2 Monaten einen Nd. der Sulfonsäure; aus W. Kriställchen; 0,7 g aus 5 g **II**. (Журнал Общей Химии [J. allg. Chem.] **24** (**86**). 2212–17. Dez. 1954.) R. KNOBLOCH. 3272

N. W. Chromow-Borissow, R. Ss. Karlinskaja und **L. N. Agejewa**, *Synthesen und Umwandlungen von Pyrimidinderivaten*. 6. Mitt. *Gegenseitiger Einfluß von OH- und CH_3-Gruppen, die in α- oder γ-Stellung des Pyridin- oder Pyrimidinkerns stehen*. (5. vgl. vorst. Ref.) An den Beispielen von 2.4-Dimethylpyridin, 4-Methylchinolin, 4-Methylpyrimidin u. ihren Oxyderivv. wird der Einfl. der OH-Gruppe auf die Beweglichkeit der H-Atome der CH_3-Gruppe geprüft, wenn beide Gruppen in m-Stellung zueinander stehen. Festgestellt wird, daß die Beweglichkeit der H-Atome in allen Fällen vermindert, manchmal sogar vernichtet wird. Wird in o- oder p-Stellung zur OH- oder CH_3-Gruppe eine NO_2-Gruppe eingeführt, so wird der desaktivierende Einfl. der OH-Gruppe aufgehoben. Zur Prüfung auf Beweglichkeit dienen die Kondensations-Rkk. mit Benzaldehyd u. p-Dimethylaminobenzaldehyd, die zu *Styrylderivv.* führen. Mit p-Nitrobenzoldiazoniumsalz reagiert die CH_3-Gruppe unter Bldg. von *Azoverbindungen*. Eine Ausnahme ist 2.6-Dioxy-4-methylpyrimidin, das *2.6-Dioxy-4-methyl-5-[p-nitrobenzolazo]-pyrimidin* liefert, ohne daß also H der CH_3-Gruppe substituiert wird. Dagegen reagiert die CH_3-Gruppe in 5-Nitro-2.6-dioxy-4-methylpyrimidin, aus dem *5-Nitro-2.6-dioxy-4-[p-nitrobenzolazomethyl]-pyrimidin* erhalten wird. Deutung der Ergebnisse auf elektronentheoret. Grundlage.

Versuche: *5-Nitro-6-oxy-2(oder 4)-methyl-4(oder 2)-[p-dimethylaminostyryl]-pyridin*, $C_{16}H_{17}O_3N_3$, F. 267°, aus 1,68 g 5-Nitro-6-oxy-2.4-dimethylpyridin (I) u. 2,72 g p-Dimethylaminobenzaldehyd (II) in 30 ml 7%ig. NaOH bei 6std. Kochen; aus Chlorbenzol orangefarbene Kristalle; 1,7 g. — *5-Nitro-6-oxy-2.4-bis-[p-dimethylaminostyryl]-pyridin*, $C_{25}H_{26}O_3N_4$, F. 356—358°, aus 1,68 g **I** u. 2,72 g **II** + 12 Tropfen Piperidin, 20 Min. bei 160°; aus Chlorbenzol rote Kristalle; 3 g. — *4-[p-Nitrobenzolazomethyl]-pyrimidin*, $C_{11}H_9O_2N_5$, F. 208—209°; die aus 1,1 g p-Nitroanilin in HCl mit $NaNO_2$ erhaltene Diazoniumsalzlsg. wird zu 0,8 g 4-Methylpyrimidin in 15 ml Eisessig gegeben u. der nach Zusatz von 2,4 g entwässertem CH_3CO_2Na entstehende ziegelrote Nd. am nächsten Tag abfiltriert; aus Eisessig + Acetanhydrid (1:4) Kristalle; 1 g. Löst sich etwas in Alkalilauge; die Lsgg. sind rot- oder blauviolett, je nach der Alkalikonzentration. — Weitere experimentelle Angaben werden nicht gebracht. Bzgl. einiger der erhaltenen Verbb. wird auf den Artikel von CHROMOW-BORISSOW u. KALINSKAJA in der Sammlung „Zum Andenken an A. JE. PORAI-KOSCHITZ" [Moskau-Leningrad, Gosschimisdat 1949; russ.], S. 121, 134 u. die Arbeit von CHARCHAROW (vgl. C. **1955**. 5543) verwiesen. (Журнал Общей Химии [J. allg. Chem.] **25** (**87**). 2294—99. Nov. 1955. Leningrad, 1. Med. Inst.) R. KNOBLOCH. 3272

P. Schmidt und **J. Druey**, *Heilmittelchemische Untersuchungen in der heterocyclischen Reihe.* 14. Mitt. *Pyrazolo-[3.4:d]-pyrimidine.* (13. vgl. Helv. chim. Acta **38**. [1955.] 1560.) Aus Äthoxymethylencyanessigsäureäthylester (I) wird mit $N_2H_4 \cdot H_2O$ über *Hydrazinomethylencyanessigsäureäthylester 3-Amino-4-carbäthoxypyrazol* (**II**) gewonnen, das mit Formamid (**IV**) *4-Oxypyrazolo-[3.4:d]-pyrimidin* liefert. Analog entstehen mit Phenylhydrazin (**III**) *1-Phenylpyrazolopyrimidine.* Die Konst. von **II** wurde durch Überführung in *3-Aminopyrazol* durch Verseifung u. Decarboxylierung bewiesen.

Versuche: *Hydrazinomethylencyanessigsäureäthylester*, $C_6H_9O_2N_3$, F. 89—90° (Bzl.), durch Stehen von **I** in absol. A. mit $N_2H_4 \cdot H_2O$ u. Einengen; 90% (Ausbeute). — *3-Amino-4-carbäthoxypyrazol* (**II**), $C_6H_9O_2N_3$, F. 102—103° (W.), durch 6std. Kochen von **I** in A. mit $N_2H_4 \cdot H_2O$; 90%. *Freie Säure*, $C_4H_5O_2N_3$, F. 120° (Zers.; W.), durch 2std. Kochen von **II** mit 4n NaOH u. Einstellen auf p_H 5 mit konz. HCl; 80%. — *3-Aminopyrazol*, $C_3H_5N_3$, Kp.$_{11}$ 146—148°, durch 20 Min. Erhitzen vorst. Säure auf 140 bis 150°; 72%. *Pikrat*, $C_9H_8O_7N_6$, F. 212—214° (Zers.). — *1-Phenyl-5-amino-4-carbäthoxypyrazol*, $C_{12}H_{13}O_2N_3$, F. 99—101° (Essigester), durch 2std. Kochen von **I** in A. mit **III**; 91%. — *4-Oxy-1H-pyrazolo-[3.4:d]-pyrimidin*, $C_5H_4ON_4$, F. >350°, durch 8std. Erhitzen von **II** mit **IV** auf 190—200°, Abfiltrieren, Lösen in verd. NaOH u. Einstellen mit 2n HCl auf p_H 3—4; 88%. — 1-Phenyl-1H-pyrazolo-[3.4:d]-pyrimidine: *4-Oxy-*, $C_{11}H_8ON_4$, F. 287—289°; 95%. — *4-Mercapto-*, $C_{11}H_8N_4S$, F. 265—267°. — *4.6-Dioxy-*, $C_{11}H_8O_2N_4$, F. 297—298°. — *4-Amino-*, $C_{11}H_9N_5$, F. 205 bis 206°. — *4-Hydrazino-*, $C_{11}H_{10}N_6$, F. 180—181°. — *4-Dimethylamino-*, $C_{13}H_{13}N_5$, F. 124—125°. — *4-[Furfuryl-(2)-amino]-*, $C_{16}H_{13}ON_5$, F. 158—160°. — *4-[β-Diäthylaminoäthylamino]-*, *Hydrochlorid*, $C_{17}H_{23}N_6Cl$, F. 141—143°. — *4-Methoxy-*, $C_{12}H_{10}ON_4$, F. 115—116°. — *4-[β-Dimethylaminoäthoxy]-*, $C_{15}H_{17}ON_5$, F. 150—151°. — *4-Chlor-*, $C_{11}H_7N_4Cl$, F. 126—127°. — *4-Piperidino-*, $C_{16}H_{17}N_5$, F. 113—114°. (Helv. chim. Acta **39**. 986—91. 2/5. 1956. Basel, Ciba Akt.-Ges., Forschungslabors., Pharmazeut. Abt.) R. PASEDAG. 3272

B. G. Boldyrew und **R. G. Makitra**, *Synthese von 2.8-Dichloradenin.* Es werden nach der Meth. von FISCHER aus dem Di-K-Salz der Harnsäure u. $POCl_3$ *2.6-Dichlor-8-oxypurin*, daraus mit überschüssigem $POCl_3$ *2.6.8-Trichlorpurin* u. daraus mit NH_3 das für die Synth. von Adenosintriphosphat wichtige *2.8-Dichloradenin* dargestellt. Dabei wird der Einfl. der Reaktionstemp., der Reaktionsdauer u. Mol-Verhältnisse der Ausgangsprodd. auf die Rk. untersucht. Die Ergebnisse sind tabellar. wiedergegeben. Weiterhin werden bessere Reinigungsbedingungen zur Erreichung optimaler Ausbeuten beschrieben.

Versuche: *2.6-Dichlor-8-oxypurin*, $C_5H_2ON_4Cl_2$, man erhitzt ein Gemisch aus dem Di-K-Salz der Harnsäure u. $POCl_3$ (1:3 Mol) 6 Std. im Rohr auf 165°, kocht das Reaktionsprod. mit HNO_2 u. reinigt über das Ammoniumsalz; 53% (Ausbeute). — *2.6.8-Trichlorpurin*, $C_5HN_4Cl_3$, F. 180—181° (W.), man erhitzt vorst. Verb. mit $POCl_3$ (1:145) 2½ Std. im Rohr auf 165°, dest. $POCl_3$ im Vakuum ab u. wäscht mit W.; 90%. — *2.8-Dichloradenin*, $C_5H_3N_5Cl_2$, man erhitzt vorst. Verb. mit dem 10fachen Überschuß an 25%ig. NH_4OH 6 Std. im Rohr auf 100°; 90%. (Журнал Прикладной Химии [J. angew. Chem.] **28**. 422—27. April 1955. Lwow, Polytechn. Inst., Labor. für technol.-organ. Synth.) CH. WEISKE. 3272

Samuel P. Massie und **Pankaja K. Kadaba**, *Ringsubstituierte Phenothiazinderivate. Synthese von 1-substituierten Phenothiazinen durch Schwefelung.* Vff. untersuchten den

Einfl. von Lösungsmitteln auf die Darst. von *1-Chlor-* (I), *1-Methyl-* (II), *1-Methoxy-* (III) u. *1-Carboxyphenothiazin* (IV) durch Rk. von Diphenylaminderivv. mit S. Pyridin u. Dimethylformamid erwiesen sich als ungeeignet, in Bzl. u. Naphthalin wurden sehr unreine Prodd. erhalten, während Xylol u. o-Dichlorbenzol günstig waren. Bei der Synth. von **I** wurde gleichzeitig *Phenothiazin* (V) gebildet. Durch Schwefelung von N-Phenylanthranilsäure (VI) wurden neben 75% **V** geringe Mengen **IV** erhalten. Die entsprechenden Diphenylamine wurden durch Decarboxylierung von Anthranilsäurederivv. dargestellt. Die Acetylderivv. von **I**, **II** u. **III** ließen sich durch Rk. mit Acetanhydrid in Ggw. von Pyridin erhalten; im Fall von **I** mußte wasserfrei aufgearbeitet werden, da andernfalls Hydrolyse eintrat. 1- u. 4-substituierte Phenothiazine haben wesentlich niedrigere FF. als 2- u. 3-substituierte.

V e r s u c h e: *Phenothiazin* (V), F. 182—183°, a) durch 7std. Kochen von Diphenylamin u. S in Ggw. von J_2 in Bzl.; 30% (Ausbeute); b) in o-Dichlorbenzol (2½ Std.); 84%; c) in Naphthalin (5 Std.); 33%; d) in Xylol (4 Std.); 100%. — *N-o-Chlorphenylanthranilsäure* (VII), F. 195—196°, aus 1 Mol o-Chlorbenzoesäure u. 3—4 Mol des Anilins in Ggw. von Cu-Pulver; 77%. — *N-o-Tolylanthranilsäure* (VIII), F. 191—192°, analog **VII**; 59%. — *N-o-Methoxyphenylanthranilsäure* (IX), F. 175—176°; 68%. — *2-Methyldiphenylamin* (X), $Kp._{4-5}$ 143—146°, aus **VIII** durch Decarboxylierung in 1½ Std. bei 200—215° u. 30 Min. bei 240—255°; 56%. — *2-Methoxydiphenylamin*, $Kp._{2,5-3}$ 156 bis 158°, aus **IX** in 1 Std. bei 220—230° u. 30 Min. bei 230—250°; 77%. — *2-Chlordiphenylamin*, $Kp._4$ 152—153°, aus **VII** in 2 Std. bei 250—270°; 89%. — *1-Methylphenothiazin* (II), $C_{13}H_{11}NS$, F. 137,5—138,5° (blaßgelbe Kristalle aus Bzl.), durch 1std. Kochen von **X** mit S u. J_2 in o-Dichlorbenzol; 70%. *10-Acetylderiv.*, $C_{15}H_{13}ONS$, F. 123,5—124,5° (Chlf.-PAe.), durch 3—4std. Kochen von 1 g **II** mit Acetanhydrid u. wenig Pyridin; 1,2 g. — *1-Methoxyphenothiazin* (III), $C_{13}H_{11}ONS$, F. 99° (gelbe Kristalle aus A.), analog **II**; 59%. *10-Acetylderiv.*, $C_{15}H_{13}O_2NS$, F. 165—166° (Äthylacetat-PAe.). — *1-Chlorphenothiazin* (I), $C_{12}H_8NClS$, F. 92—93° (Bzl.-Hexan), analog **II**; 15%; daneben **V**. *10-Acetylderiv.*, $C_{14}H_{10}ONClS$, F. 139—140°. — *1-Carboxyphenothiazin* (IV), F. 264 bis 265° (gelbe Kristalle aus Aceton), durch 2½std. Kochen von 10,7 g **VI**, S u. J_2 in o-Dichlorbenzol; 0,4 g. Daneben **V**; 75%. *Methylester*, F. 113—114° (goldgelbe Kristalle aus Aceton-PAe.), durch 18std. Kochen von **IV** mit Dimethylsulfat u. K_2CO_3 in Aceton; 80%. (J. org. Chemistry **21.** 347—48. März 1956. Nashville, Tenn., Fisk. Univ., Chem. Dep.) H. BERTSCH. 3292

Ernest Wenkert und **Arlen B. Mekler,** *Die Benzil–Ammoniak-Reaktion.* Von den Reaktionsprodd. des Benzils (I) mit NH_3 ist die Struktur des *Imabenzils* (II, $C_{35}H_{28}O_3N_2$, F. 196—197°) noch nicht aufgeklärt. Vff. unterziehen die Rkk. des **II** einer krit. Betrachtung, um auf die Konst. von **II** zurückschließen zu können. Sie bestätigen die Bldg. von *N-Desylbenzamid* (III, $C_{21}H_{17}O_2N$, F. 139—140°) u. **I** bei der sauren, u. von **I**, **III** u. *2.4.5-Triphenyloxazol* (IV, F. 115—116°) bei der alkal. Hydrolyse u. die Bldg. von **III**, **IV**, *2.4.5-Triphenylimidazol* (V, F. 272—273°) bei der Pyrolyse bei 150—155° in Substanz sowie von **III**, **IV**, **V** u. *Benzamid* (VI, F. 128°) bei der Pyrolyse in alkoh. Lsg.; im letzten Fall entstehen 112% **III**, dies läßt sich nur erklären, wenn neben **III** auch **I** u. NH_3 entstehen, aus denen sich weiteres **III** bildet. Bei der Hydrierung von **II** in Ggw. von Pd-Tierkohle bzw. bei der Red. mit $NaBH_4$ entstehen *erythro-* (F. 239—240°) u. *threo-2-Benzamido-1.2-diphenyläthanol* (F. 214—215°). Beide Verbb. verseifen in 10%ig. NaOH zu *erythro-* (F. 163°) u. *threo-2-Amino-1.2-diphenyläthanol* (F. 129°). Dem Infrarotspektr. entnehmen Vff., daß von beiden N-Atomen nur eins N—H-Bindungen besitzt u. die Ketonfunktionen maskiert sind. Von mehreren diskutierten Strukturen nehmen Vff. nebenst. als wahrscheinlichste an. Aus ihr lassen sich zwangloser die verschied. Reaktionstypen erklären, als aus den von DAVIDSON u. Mitarbeitern (vgl. J. org. Chemistry **2.** [1937.] 319) angegebenen Formeln. Weiterhin werden formale Ionenmechanismen diskutiert, nach denen sich aus dem von DAVIDSON angegebenen Komplex aus 2 Mol **I** u. NH_3 **VI**, *Ammoniumbenzoat*, *Benzoesäureäthylester*, **IV** bzw. **V** bilden können. (J. Amer. chem. Soc. **78.** 2213—17. 20/5. 1956. Ames, Io., Iowa State Coll., Dep. of Chem.)

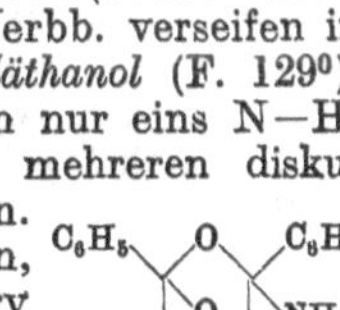

K. BECKER. 3354

J. I. Shaw, F. S. Spring und **Robert Stevenson,** *Triterpenoide.* 46. Mitt. *Umwandlung von $\Delta^{9,11,12}$-Ursadienon-(3) in $\Delta^{11,13,18}$-Oleanadienon-(3).* (45. vgl. BEATON u. Mitarbeiter, C. **1956.** 8368.) Vff. isomerisierten *$\Delta^{9,11,12}$-Ursadienon (3)* (I) zu *$\Delta^{11,13,18}$-Oleanadienon-(3).* Für die Darst. von **I** wird eine verbesserte Vorschrift gegeben.

V e r s u c h e ($[\alpha]_D$-Werte in Chlf.; UV-Spektren in A.): *$\Delta^{9,11,12}$-Ursadienon-(3)* (I), $C_{30}H_{46}O$, F. 164—166° [vgl. dagegen JACOBS u. FLECK (C. **1930.** II. 3775) u. SPRING u. VICKERSTAFF (C. **1937.** I. 3349)], zu 2 g $\Delta^{9,11,12}$-Ursadien-3β-ol in Pyridin wurden

2 g CrO_3 in Pyridin gegeben; nach 18 Std. wurde aufgearbeitet; Nadeln aus Chlf.–CH_3OH; $[\alpha]_D$ +411°; 414° (c = 1,7; 1,0); λ_{max} 2820 Å (ε = 10200); 1,3 g (Ausbeute). *Oxim*, $C_{30}H_{47}ON$, F. 249–250° (Zers.), Nadeln aus Chlf.-CH_3OH; λ_{max} 2060 u. 2820 Å (ε = 4700 u. 9400). — *$\Delta^{11.13,18}$-Oleanadienon-(3)*, $C_{30}H_{46}O$, F. 236–240°: a) Zu $\Delta^{11.13,18}$-Oleanadien-3β-ol in Eisessig wurde bei 30° CrO_3 in Eisessig gegeben u. nach 50 Std. wie üblich aufgearbeitet; b) 360 mg **I** wurden 60 Std. mit konz. HCl (5ml) u. Eisessig (30 ml) auf 100° erhitzt; roh 340 mg, nach Chromatographie u. Kristallisation 110 mg; Nadeln aus Chlf.-CH_3OH; $[\alpha]_D$ −48,5; −48 (c = 0,8; 1,0); λ_{max} 2420 [b) 2430]; 2500 [b) 2510] u. 2600 Å (ε = 28200; 32400 u. 21100). *Oxim* $C_{30}H_{47}ON$, F. 279–280° (Zers.); Nadeln aus Chlf.-CH_3OH; λ_{max} 2420; 2510 u. 2600 Å (ε = 29200; 32000 u. 29700). (J. chem. Soc. [London] **1956**. 465–66. Febr. Glasgow, Royal Techn. Coll.)

W. SCHWENKE. 3600

G. G. Allan, M. B. E. Fayez, F. S. Spring und **Robert Stevenson**, *Triterpenoide. 47. Mitt. Konstitution einiger von β-Amyrin und verwandten Alkoholen durch Dehydratation erhaltener Verbindungen: Weitere Beobachtungen zur Stereochemie des α-Amyrins.* (46. vgl. vorst. Ref.) Durch Vgl. der UV-Spektren u. der $[\alpha]_D$-Werte von entsprechenden Verbb. der Ursan- u. Oleanreihe sowie durch Isomerisierungen mit HJ u. Trichloressigsäure u. andere Umwandlungen von einer Reihe in die andere kommen Vff. zu der Ansicht, daß in der Ursan- u. der Oleanreihe die Ringe ster. gleich verknüpft sind.

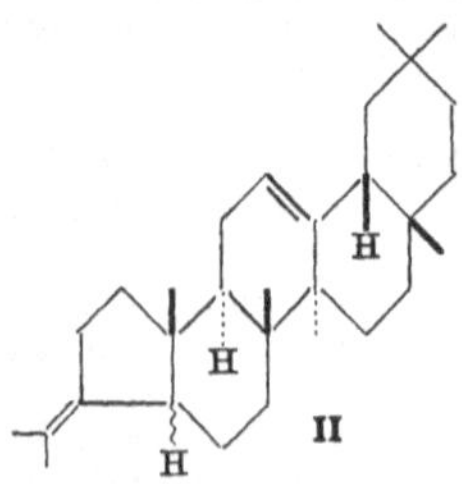
II

Versuche ($[\alpha]_D$-Werte in Chlf., UV-Spektren in A.): *8.10.14-Trimethyl-5ξ-$\Delta^{3,4,12}$-novoleanadien* („β-Amyrilen I“, **II**), $C_{30}H_{48}$, F. 167–172°, aus *β-Amyrin* (**I**) durch ½std. Schütteln mit PCl_5 in Bzn.; Nadeln aus Aceton; $[\alpha]_D$ +110° (c = 1,8); ε = 9200 bei 2080 Å. — *8.10.14-Trimethyl-$\Delta^{3,5,12}$-novoleanadien* („β-Amyrilen III“), F. 102–104°, aus **I** in Bzn. mit PCl_5 oder aus **II** mit Trichloressigsäure; Platten aus Chlf.-CH_3OH; $[\alpha]_D$ +120° (c = 1,8). — *Keton $C_{27}H_{42}O$*, F. 192–194°, aus 1 g **II** in Chlf. u. 1,2 Mol O_3 bei −40°; Nachbehandlung mit Zn-Staub–CH_3COOH; die Lsg. wurde mit W. gewaschen (aus dieser Waschlsg. ließen sich 117 mg *Aceton-2.4-dinitrophenylhydrazon* isolieren), abdest., der Rückstand in Bzn. chromatographiert u. mit Bzl.–Bzn. eluiert; Platten aus Chlf.-CH_3OH; $[\alpha]_D$ +215° (c = 2,7); ε = 5700 bei 2060 Å; 427 mg. — *5.8.14-Trimethyl-11-oxo-18α-$\Delta^{9,10.12}$-novoleanadien* (**IV**), $C_{30}H_{46}O$, F. 191–192°, durch 16std. Kochen von 5 g 11-Oxo-Δ^{12}-oleanen-3β-ylacetat in Eisessig mit 15 ml HJ (D. 1,7); Nadeln aus CH_3OH; $[\alpha]_D$ +122° (c = 2,3); λ_{max} 2060; 2560 u. 2870 Å (ε = 6900, 10700 u. 9300); 1,3 g; entsteht in gleicher Ausbeute auch aus 11-Oxo-18α-Δ^{12}-oleanen-3β-ylacetat oder 11-Oxo-$\Delta^{12.18}$-oleanadien-3β-ylacetat. — *5.8.14-Trimethyl-18α-$\Delta^{1,10.9,11.12}$-novoleanatrien* (**V**), $C_{30}H_{46}$, F. 140–142°, aus 400 mg **IV** in Ae. mit 0,5γ $LiAlH_4$ (72 Std. bei 0°); Platten aus CH_3OH; $[\alpha]_D$ −450° (c = 0,9); λ_{max} 3150 Å (ε = 14000); 250 mg. — *5.8.14-Trimethyl-18α-$\Delta^{9,10.12}$-novoleanadien* (**IX**), $C_{30}H_{48}$, F. 160–162°, aus 800 mg **IV** u. $LiAlH_4$ in Ae. durch 7std. Sieden; Nadeln aus CH_3OH–Chlf.; $[\alpha]_D$ +103° (c = 0,7); ε = 10500 bei 2080 Å; 400 mg. — *5.8.14-Trimethyl-$\Delta^{9,10.11.13,18}$-novoleanatrien* (**VI**), $C_{30}H_{46}$, F. 135–136°, a) aus 2 g $\Delta^{9,11.12}$-Oleanadien-3β-ol in Bzl. durch 20 Std. Schütteln mit 3 g P_2O_5; 600 mg; b) aus 50 mg **V** in Eisessig u. 2 ml HCl (72 Std. bei Raumtemp.); 20 mg; c) aus 0,7 g **IV** in Ae. u. $LiAlH_4$ durch 2std. Sieden; bei der Chromatographie des Rohprod. aus Al_2O_3 wurde mit Bzn. zuerst **IX** (147 mg), dann mit Bzn.-Bzl. **VI** (464 mg) eluiert; d) aus 40 mg **VII** u. 40 mg Trichloressigsäure in Chlf. (1 Std. bei Raumtemp.); Nadeln aus Methanol; $[\alpha]_D$ −400° (c = 1,8); λ_{max} 2860; 2950; 3080 Å (ε = 31000; 36000; 25400). — *8.10.14-Trimethyl-5ξ-novoleana-$\Delta^{3,4\text{(oder }5),9,11.12}$-trien* (**VII**), $C_{30}H_{46}$, F. 150–152°: 0,8 g $\Delta^{9,11.12}$-Oleanadien-3β-ol wurden in Bzn. mit 0,42 g PCl_5 1 Std. geschüttelt u. 2 Min. gekocht; Nadeln aus Aceton; $[\alpha]_D$ +356° (c = 2,7); λ_{max} 2060 u. 2800 Å (ε = 8300 u. 8000). — *5.8α.9β-Trimethyl-12-oxo-10α.18ξ-Δ^{13}-novoleanen* (**III**), $C_{30}H_{48}O$, F. 171–172°, aus 1 g 12-Oxooleanan-3β-ylbenzoat in Eisessig u. HJ durch 16std. Kochen; lange Platten aus wss. Methanol; $[\alpha]_D$ −32° (c = 2,5); λ_{max} 2600 Å (ε = 9700); 0,36 g (roh). — *5.8α.9β-Trimethyl-10α.18ξ-$\Delta^{12.14}$-novoleanadien*, $C_{30}H_{48}$, F. 155–156°, aus 1 g **III** in Ae. u. $LiAlH_4$ durch 2std. Kochen (Ausbeute 880 mg); zu 100 mg dieses Prod. in Chlf.-CH_3COOH wurde HCl gegeben u. 30 Min. erwärmt; Nadeln aus $CH_3OH \cdot CHCl_3$; $[\alpha]_D$ −83° (c = 2,5); λ_{max} 2340; 2410 u. 2490 Å (ε = 15000, 16000 u. 10700); 75 mg. — *5.8α.9β-Trimethyl-12.15-dioxo-10α.18ξ-Δ^{13}-novoleanen*, $C_{30}H_{46}O_2$, F. 145–146°: a) 1 g **III** in Eisessig u. 0,6 g CrO_3 wurden 1 Std. auf ca. 100° erwärmt; b) 120 mg **III** wurden in 10%ig. alkoh. KOH 2 Std. gekocht; $[\alpha]_D$ −7° (c = 2,4); λ_{max} 2220 u. 2780 Å (ε = 3100 u. 8000). — *8.10.14-Trimethyl-12-oxo-18α-$\Delta^{3,4\text{(oder }5)}$-novoleanen*, $C_{30}H_{48}O$, F. 181–182°, aus 1 g 12-Oxo-18α-oleanan-3β-ylacetat in Eisessig u. 4 ml HJ durch 16std. Kochen; das Rohprod.

wurde in Bzn. an Al_2O_3 absorbiert; die Verb. wurde aus dem 1. Teil des Eluats (Bzn.-Bzl.) isoliert; lange Plättchen aus Chlf.-CH_3OH; $[\alpha]_D$ $+50^0$ (c = 2,5); ε = 6200 bei 2100 Å; 165 mg. — *5.8.14-Trimethyl-12-oxo-10ξ.18α-$\Delta^{9,11}$-novoleanen*, $C_{30}H_{48}O$, F. 247 bis 248°, bei der Darst. vorst. Verb. aus dem 2. Eluat; Nadeln aus Chlf.-Methanol; $[\alpha]_D$ $+99^0$ (c = 0,9); λ_{max} 2440 Å (ε = 11200); 106 mg. — *5.8.14-Trimethyl-9ξ.10ξ-$\Delta^{11.13,18}$-novoleanadien* (oder *5.8.14-Trimethyl-$\Delta^{9.11}$-novoleanadien* ?), $C_{30}H_{48}$, F. 178 bis 179°: 55 mg vorst. Verb. in Ae. u. $LiAlH_4$ wurden 2 Std. gekocht, das Rohprod. wurde in Acetanhydrid gelöst u. mit Na-Acetat 2 Std. gekocht; Platten aus Chlf.-CH_3OH; $[\alpha]_D$ $+30^0$ (c = 0,5); λ_{max} 2450, 2520 u. 2600 Å (ε = 24600, 27000 u. 20000). (J. chem. Soc. [London] **1956.** 456—65. Febr.) W. SCHWENKE. 3600

Takeyoshi Takahashi und **Guy Ourisson**, *Das Friedelin und das Cerin. Strukturuntersuchung.* Vff. diskutieren u. untersuchen die Struktur des *Friedelins* (I) u. bestätigen die bereits vorgeschlagene (vgl. COREY u. URSPRUNG, C. **1956.** 6963) Struktur im Gegensatz zu früheren eigenen Arbeitshypothesen. Bes. werden die Konfigurationen an $C_{(4)}$, $C_{(5)}$, $C_{(8)}$, $C_{(9)}$ u. $C_{(10)}$ durch Betrachtungen der Konformation u. Rotation erhärtet. Nach seinen UV- u. Infrarotspektren ist *Cerin* 2β-Oxyfriedelan-3-on.

V e r s u c h e ($[\alpha] = [\alpha]_{5791}^{18-22}$, auf $\pm 2^0$ genau, in Chlf.; FF. mit evakuierter Capillare [korr.]; FF.* unter dem KOFLER-Mikroskop [korr.]): *Friedelin* (I), F. 261—263° (Chlf.-CH_3OH), durch Extraktion von 860 g Korkpulver mit Essigester; Infrarot- u. UV-Spektren; 5 g (Ausbeute; chromatograph. gereinigt), daneben 1,65 g *Cerin*, F. 250—255° (Chlf.), Infrarot- u. UV-Spektren. — I ist stabil beim Erhitzen mit HCl-Gas in Chlf. (100°). — *2ξ.4ξ-Dibrom-3-oxofriedelan*, $C_{30}H_{48}OBr_2$, F.* 171—172° (Chlf.-CH_3OH), aus 462 mg I u. 2,05 (Äquivalenten) Br_2 in Chlf.-CH_3COOH (3 Tage bei n. Temp.); $[\alpha]$ -32^0 (c = 0,7); 350 mg; UV- u. Infrarotspektren; reagiert mit Kollidin (weißer Nd.). — *2.2.4ξ-Tribrom-3-oxofriedelan*, $C_{30}H_{47}OBr_3$, F.* 205°, leicht zersetzlich, aus I u. 3 Br_2 wie vorst., schwierig zu reinigen. — *3-Oxo-4-oxa-A-homofriedelan*, F. 273—274°, dann wieder fest, erneuter F. 292—293° (Chlf.-CH_3OH), aus I u. Benzopersäure in Chlf. (2 Wochen bei n. Temp. im Dunkeln); $[\alpha]$ $+38^0$ (c = 1,1); 62%; Infrarotspektrum. — *Friedonsäure* [*4-Oxo-3.4-secofriedelan-3-säure*], F. 206—207° (CH_3OH), nach DRAKE u. CAMPBELL (J. Amer. chem. Soc. **58.** [1936.] 1681). *Methylester* (III), F. 152—153°, Nadeln (CH_3OH), mit CH_2N_2 oder $(CH_3)_2SO_4$; Infrarotspektrum. Daneben manchmal eine geringe Menge des „*Isomeren A*" (vgl. DRAKE u. WOLFE, J. Amer. chem. Soc. **61.** [1939.] 3074), F. 126—127°, Infrarotspektrum. — III ließ sich weder mit Benzopersäure oxydieren noch mit Isopropenylacetat zum Enolacetat umsetzen. — *3.4-Seco-23-nor-friedelan-3.4-disäure*, $C_{29}H_{48}O_4$, F. 268—270° (Bzl.), aus 210 mg III u. Br_2 in wss.-dioxan. NaOH bei 70°, dann 3std. Kochen mit methanol. KOH; $[\alpha]$ $+7^0$ (c = 0,8 in Dioxan); 90 mg. *Dimethylester*, $C_{31}H_{52}O_4$, F. 159—160° (Chlf.-CH_3OH), mit CH_2N_2; $[\alpha]$ -10^0 (c = 0,9); Infrarotspektrum. — „*Bis-norfriedelendion*" [IV; *2.3-Dioxo-A.23-bis-nor-$\Delta^{1,10}$-friedelen*], F. 269—270°, aus I u. SeO_2 in Dioxan (5—18 Std. bei 180—190°); $[\alpha]$ $+231^0$; 20—25%; Infrarotspektrum. — „*C_{25}-Keton*" [II; *10-Oxo-des-A-(5βH)-friedelan*], F.* 210°, aus IV mit $Pb(CH_3COO)_4$, dann Ozonisierung des „*Bis-norfriedelen-disäureanhydrids*" (F.* 236—237°) u. Zers. des *Ozonids*; $[\alpha]_D$ -38^0, UV- u. Infrarotspektren. — *5β-Brom-10-oxo-des-A-friedelan*, $C_{25}H_{41}OBr$, F.* 136°, Nadeln (Chlf.-CH_3OH), aus II u. Br_2 in CH_3COOH (2 Std. bei 37°); $[\alpha]$ -60 (c = 1,0), UV- u. Infrarotspektren. — *10-Oxo-des-A-Δ^5-friedelen*, $C_{25}H_{40}O$, F.* 135—136° (CH_3OH), a) durch Behandeln vorst. Verb. (roh) mit sd. Kollidin (2 Std.; 55%), b) aus I u. SeO_2 in Dioxan (2 Std. bei 140°; 60%); $[\alpha]$ $+35^0$ (c = 0,9), UV- u. Infrarotspektren; konnte weder mit Isopropenylacetat noch mit Acetanhydrid in Pyridin acetyliert werden (als Enol); gab bei weiterer SeO_2-Oxydation eine nichtkrist. Verb. mit λ_{max} 222 mμ. — *2-Carboxy-1-carboxymethyl-2.4a.6.6.8a.10a-hexamethylperhydrophenanthren*, F.* ca. 202° (PAe.-Bzl.), aus vorst. Verb. u. $KMnO_4$ in Aceton bei 18—20°. *Dimethylester*, $C_{25}H_{42}O_4$, F.* 153—154°, Nadeln (CH_3OH), mit CH_2N_2; $[\alpha]$ $+19^0$ (c = 1,0). (Bull. Soc. chim. France [5] **1956.** 353 bis 361. Febr. Paris, École Normale Sup., Labor. de Chim.) J. ROTHE. 3600

D. H. R. Barton, J. E. Page und **C. W. Shoppee**, *Infrarotabsorption von Halogensteroiden.* (Vgl. PAGE, J. chem. Soc. [London] **1955.** 2017.) Vff. untersuchten die Infrarotspektren der unten aufgeführten Halogensteroidverbb. im Bereich von 1000—400 cm^{-1}, wobei wegen der Abwesenheit einer inneren Rotation bei diesen Verbb. die Spektren von CS_2-Lsgg. u. Nujolsuspensionen sehr ähnlich sind. Ein Teil der Cl- u. Br-Steroide zeigte jedoch mehr als eine Bande im Bereich der C-Halogenvalenzschwingungen, wobei die stärkere Bande in der Regel bei höheren Frequenzen als die schwächere liegt. Äquatoriale (e) C—Cl-Bindungen zeigen eine höhere Valenzfrequenz als die entsprechenden axialen (a) Bindungen. Diese Differenzen sind hier größer als von anderen Autoren an epimeren Oxy-, Methoxy-, Acetoxy- u. Deuterosteroiden gefunden wurden. Bemerkenswert sind die unerwartet starken Banden bei 1258 cm^{-1} von *3α-Chlorcholestan* (I), bei 1275 u. 1162 cm^{-1} von *3α-Chlorkoprostan* (II), bei 1168 cm^{-1} von *3β-Chlorcholestan* (III) u. bei 1275 cm^{-1} von *3β-Chlorkoprostan* (IV), deren Infrarotspektren zwischen 1000 u. 400 cm^{-1} in CS_2 angegeben sind. Ähnliche Banden zeigten auch die entsprechenden Br-Analoga. Bei Verbb. mit zwei e- oder a-Cl-Atomen ist eine Zuordnung der Banden zu einem bestimmten Cl-Atom nicht mit Sicherheit möglich. Der Befund, daß die e-C-Halogenbindungen bei höheren Frequenzen als die entsprechenden a-Bindungen absorbieren, kann qualitativ nach Cole u. Mitarbeitern (C. **1953**. 9492) damit erklärt werden, daß die Valenzschwingung eines e-3-Substituenten erhebliche Ausdehnungen u. Schrumpfungen des Cyclohexanringes verursachen, während die Bewegungen eines a-3-Substituenten nur eine geringe Wrkg. haben. Offenbar hat ein α-a-Cl-Substituent einen stärkeren Einfl. auf die Absorption eines a-Cl-Atoms als eine α-a-OH-Gruppe. Ein zu einem a-Br-Atom benachbarter α-a-Br-Substituent verursacht eine Frequenzverschiebung von 150 cm^{-1} ins Langwellige, andererseits hat ein α-e-Br-Substituent keinen Einfl. auf die Valenzschwingung eines e-Br-Atoms. Bei monohalogenierten Steroiden zeigte im allg. der scheinbare mol. Extinktionskoeff. einer e-C-Halogenabsorptionsbande einen höheren Wert (C–Cl 150—100, C–Br 135—70) als die entsprechende a-Absorptionsbande (C–Cl 110—70, C–Br 95—45), die Banden der a-Substituenten sind gelegentlich in mehrere relativ schwache Komponenten aufgespalten. Im einzelnen wurden untersucht [in () C-Halogenvalenzfrequenz in CS_2-Lsg.]: *2α-Chlorcholestan-3β-ol* (e) 755 [cm^{-1}], *2β-Chlorcholestan-3α-ol* (a) 693, **I** (a) 707, *3α-Chlorcholestan-2β-ol* (a) 699 u. *-Δ⁵-cholesten* (a) 617. **II** (e) 750, **III** (e) 755, *3β-Chlor-3α-methylcholestan* (e) 782, *-Δ⁵-cholesten* (e) 760 u. *-Δ⁵-stigmasten* (e) 760 **IV** (a) 709, *3β-Chlorkoprostan-6-on* (a) 711 u. *-koprostan-6β-ol* (a) 726, *6β-Acetoxy-3β-chlorokoprostan* (a) 730, *3β-Benzoyloxy-5α-chlor-6β-oxycholestan* (a) 685, *6β-Chlorcholestan-3β.5α-diol* (a) 706, *3β-Acetoxy-6β-chlor-5α-oxycholestan* (a) 706, *3β-Benzoyloxy-6β-chlor-5α-oxycholestan* (a) 707, *7α-* (a) 588 u. *7β-Chlorcholestan* (e) 749, *2α.3β-* (e-2-) 784 (?), (e-3-) 738 (?) u. *2β.3α-Dichlorcholestan* (a-2- u. a-3-) 639, *5α.6α-Dichlorcholestan-3β-ol* (a-5-) 684, e-6-) 777, *5α.6β-Dichlorcholestan* (a-5- u. a-6-) 652, *5α.6β-Dichlorcholestan-3β-ol* (a-5 u. a-6-) 650, *3β-Acetoxy-* (a-5- u. a-6-) 648 u. *3β-Benzoyloxy-5α.6β-dichlorcholestan* (a-5- u. a-6-) 652, *2α-Bromcholestan-3α-ol* (e) 754 u. *-3β-ol* (e) 708, *2β-Bromcholestan-3α-ol* (a) 662, *3α-Bromcholestan* (a) 690 u. *-Δ⁵-cholesten* (a) 591, *3α-Bromkoprostan* (e) 708, *3β-Bromcholestan* (e) 706 u. *-Δ⁵-cholesten* (e) 704, *3β-Bromkoprostan* (a) 692, *3β-Benzoyloxy-5α-brom-6β-oxycholestan* (a) 668, *7β-Bromcholestan* (e) 710, *2α.3β-* (e-2-) 750 (?), (e-3-) 682 (?), *2β.3α-* (a-2-) 548, (a-3-) 542, *3α.4β-* (a-3-) 566 (?), (a-4-) 547 (?) u. *3β.4α-Dibromcholestan* (e-3-) 716 (?), (e-4-) 693 (?), *3β-Benzoyloxy-5α.6β-dibromcholestan* (a-5-) 618 (?), (a-6-) 566 (?), *5β.6α-Dibromcholestan* (e-5-) 746 (?), (e-6-) 707 (?), *3β-Benzoyloxy-5β.6α-dibromcholestan* (e-5-) 747 (?), (e-6-) 722 (?), *3β-Brom-2α-* (e-2-) 772, (e-3-) 700, *3α-Brom-2β-* (a-2- u. a-3-) 601, *2β-Brom-3α-* (a-3- u. a-2-) 587 u. *2α-Brom-3β-chlorcholestan* (e-3-) 772, (e-2-) 703, *3β-Acetoxy-23a-* (e) 727 u. *3β-Acetoxy-23b-brom-12-oxo-Δ⁹,¹¹-5α.22a-spirosten* (a) 655, *3β-Acetoxy-11α.23a-* (e) 728 u. *3β-Acetoxy-11α.23b-dibrom-12-oxo-5α.22a-spirostan* (a) 652. (J. chem. Soc. [London] **1956**. 331—36. Febr. London, Birkbeck Coll.; Greenford, Middlesex, Glaxo Labors. Ltd.; Swansea, Univ. Coll.) B. Gnauck. 3700

N. F. Newbury, A concise organic chemistry. Rev. edn. London: Harrap. 1956. (190 S.) 6 s.

Robin Charles Burrell. Organic chemistry; with special reference to its significance for the biological sciences, rev. ed. Minneapolis: Burgess Pub. Co. (247 S.) Q. $ 4,25.

D. Makromolekulare Chemie.

Harold Kersten, *Auf Feuchtigkeit ansprechende organische Substanzen.* Es wurde der elektr. Widerstand von 2·0,5 cm großen u. 0,075 mm dicken Streifen von *Gelatine, Agar, Pektin* u. *Polyvinylalkohol* in Abhängigkeit von der relativen Feuchtigkeit gemessen. Streifen, die aus einem 1:1-Gemisch von 2 obigen Stoffen bestanden, lagen mit ihren Werten zwischen denen der einzelnen Komponenten. Hat ein Streifen bei einer konstanten Feuchtigkeit seinen Gleichgewichtswert angenommen u. bringt man ihn dann in eine Atmosphäre mit einem anderen Feuchtigkeitsgeh., dann erreicht der Widerstandswert seinen Gleichgewichtswert in derselben etwa wie ein Haarhygrometer. Die Beobachtungen können in geeigneter Weise zur Kontrolle der Feuchtigkeit von Räumen benutzt werden. (Science [Washington] **121**. 98—99. 21/1. 1955. Cincinnati, O., Univ., Dep. of Phys.) C. Gottfried. 4000

F. Patat, *Das Problem der Membran bei osmotischen Messungen an Hochpolymeren.* Vf. gibt einen Überblick über Struktur, Herst. u. Prüfung semipermeabler Membranen u. gibt folgende Tabellen an: 1. Zusammenstellung von Membranen für osmot. Messungen an Hochpolymeren; 2. Permeabilitätskonstante einiger Membranen; 3. Änderung der Permeabilität von Membranen; 4. Durchlässigkeit einiger Membrantypen für niedermol. Anteile; 5. Membransorption von Makromoll. u. 6. Zusammenstellung der in der Literatur beschriebenen Membran-Asymmetrien. Des weiteren werden als Membranfehler ungenügende Semipermeabilität, Adsorption u. Sorption, Asymmetrie u. plast. elast. Verformung beschrieben u. die Wrkg. dieser Fehler auf die osmot. Druckmessung an Hochpolymeren diskutiert. — 65 Literaturzitate. (Z. Elektrochem., Ber. Bunsenges. physik. Chem. **60.** 208—18. 1956. München.) H. SURAWSKI. 4000

Gunnar Jacobsson, *Eine neue Methode zur Bestimmung kleiner osmotischer Drücke.* 2. Mitt. *Messungen und Ergebnisse.* (1. vgl. CLAESSON u. JACOBSSON, C. **1956.** 9640.) Mit dem l. c. beschriebenen Osmometer wurden folgende Werte für M u. 10000·B der Gleichung $\pi/c = RT\ (1/M + Bc)$ erhalten: *Cellulose*-Fraktion in *Methyläthylketon* (I) 130000 u. 10,8; *Polystyrol*-Fraktion 245000 u. 1,2 in I bzw 243000 u. 0,7 in Äthylacetat (II); Polystyrolfraktion wie l. c. 540000 u. 1,0 in I; zwei *Polymethylmethacrylat*-Fraktionen 172000 u. 1,9 bzw. 3100000 u. 1,2, je in II. (Acta chem. scand. **8.** 1843—50. 1954. Uppsala, Sweden Univ., Inst. of Phys. Chem.) O. FUCHS. 4000

Wacław Leśniański, *Die Cumaronharze.* Übersicht über die Cumaronharze bebetreffende Probleme u. Forschungen bis 1949. — 114 Literaturangaben. (Prace Cłównego Inst. Chem. przemysłowej **1951.** 61—67.) H. FREYTAG. 4010

A. B. Meggy und **J. Sikorski,** *Dimorphismus von Polyglycin. Polyglycin,* das durch Polymerisation von Diketopiperazin in W. bei 60—180° oder durch direkte Polymerisation von Glycin bei 140° dargestellt worden war, zeigte 2 starke Röntgenreflexe bei 3,45 Å u. 4,4 Å. Es handelt sich hierbei um *Polyglycin I* (I). Wird nach der zweiten Meth. dargestelltes I in einer gesätt. $CaCl_2$-Lsg. gelöst u. bei 20° durch Zugabe von W. ausgefällt, dann zeigt das Prod. Reflexionen bei 4,15 Å u. 3,1 Å. Hierbei handelt es sich um *Polyglycin II* (II). Unter dem Elektronenmikroskop erscheint II in Kristallen von nahezu hexagonaler Form; außerdem konnten Wachstumsstufen beobachtet werden. Der mittlere Polymerisationsgrad betrug 12,2. Die erwartete Höhe der aufeinanderfolgenden Wachstumsstufen bei diesem Polymerisationsgrad ist 40 Å, ein Wert, der etwas höher ist als der aus der scheinbaren Schattenlänge im Elektronenmikroskop bestimmte. Der Übergang I $\rightleftharpoons$ II scheint temperaturabhängig zu sein. Wenn eine Lsg. von I in $CaCl_2$ bei 100° gefällt wird, dann bildet sich wieder I. Bei Tempp. zwischen 60 u. 100° erhält man ein Röntgendiagramm, das zwischen den Diagrammen von I u. II liegt. Unterhalb 60° erhält man II. Löst man andrerseits II in $CaCl_2$ u. fällt bei 100°, so bildet sich II. Wird II in W. auf 140° erhitzt, dann tritt teilweise Umwandlung in I ein. Aus den Unterss. wird gefolgert, daß der Umwandlungspunkt des Polyglycins in dem Gebiet von 60° liegt. Mit zunehmendem Polymerisationsgrad wächst auch die Dichte. (Nature [London] **177.** 326—27. 18/2. 1956. Leeds, Univ., Dep. of Textile Ind., Textile Chem. and Textile Phys. Labor.) C. GOTTFRIED. 4010

V. Bruckner, M. Szekerke und **J. Kovács,** *Weitere Synthesen der α.γ-Poly-L-glutaminsäure.* Zur Synth. des *α.γ-Poly-L-glutaminsäure-α.γ'-dimethylesters* (II) *wurde γ-L-Glutamyl-L-glutaminsäure-α.γ'-dimethylester* (I) in sein *N-Carbobenzoxyderiv.* (F. 118°) übergeführt. Der hieraus erhaltene *α'-Thiophenylester* (F. 112°) wurde nach SCHWYZER u. HYRLIMANN (Helv. chim. Acta **37.** [1954.] 155) in *γ-L-Glutamyl-L-α'-thiolglutaminsäure-α.γ'-dimethyl-α'-phenylesterhydrobromid* übergeführt u. durch Einw. von Triäthylamin zu II polymerisiert. Aus I wurde mit Dicyclohexylcarbodiimid in Tetrahydrofuran bei Raumtemp. unter Ausscheidung von *Dicyclohexylharnstoff* u. Fällen mit Ae. ebenfalls II erhalten. Das hieraus hergestellte *Polyamid* liefert nach HOFMANNschem Abbau u. nachfolgender salzsaurer Hydrolyse *β-Formylpropionsäure* u. *α.γ-Diaminobuttersäure.* Die Verseifung von II lieferte ohne nennenswerte Racemisierung *α.γ-Poly-L-glutaminsäure.* Vff. berichten, daß sie Di- u. Tripeptide mit freier Amino- u. Carboxylgruppe mit Carbodiimid ebenfalls zu Polypeptiden kondensieren konnten. (Naturwissenschaften **43.** 107. 1. März-H. 1956. Budapest, Univ., Organ.-chem. Inst.) J. GNICHTEL. 4010

A. Charlesby, *Änderungen in flüssigen Siliconpolymeren infolge hochenergetischer Bestrahlung.* Vf. untersuchte den Einfl. einer Bestrahlung im Atommeiler auf fl. *Polydimethylsiloxane* (I). Die Strahlung bestand aus γ-Strahlen, schnellen u. langsamen Neutronen. Zunächst behandelte Vf. die Beziehungen zwischen Mol.-Gew. u. Gesamtviscosität, die oft zur Charakterisierung der I benutzt wird. Durch die Bestrahlung werden hauptsächlich Querbindungen geschaffen. Vor der Bestrahlung sind die I-Moll. leicht in vielen organ. Lösungsmitteln löslich. Ein geringer Grad von Querbindungen bewirkt, daß die I viscoser fließen, aber noch lösl. sind. Bei weiterer Bldg. von Querbindungen tritt Vernetzung u. Gelbldg. ein; die Gele sind unlösl., während der Rest der Moll. aus der Mischung herausgelöst werden kann. Weitere Unterss. ergaben, daß der Prozentsatz vernetzter Monomeren durch eine gegebene Strahlungsdosis unabhängig vom Mol.-Gew. ist. Bei noch weiterer Bestrahlung, d. h. weiterer Bldg. von Querbindungen, bilden sich amorphe Strukturen, die durchsichtig sind u. ausgesprochen kautschukähnliche Eigg. besitzen. Die Beziehungen zwischen Querbindungsdichte u. Strahlungsdosis wurde aus den Änderungen der Löslichkeit u. der Schmelzbarkeit hergeleitet u. durch Elastizitätsmessungen bestätigt. Gefunden wurde, daß durch die Einheit der Atommeilerstrahlung ca. 2,2% der monomeren Einheiten quergebunden werden. Genauer untersucht wurde noch die Änderung der Löslichkeit u. der Quellbarkeit in Abhängigkeit von der Strahlungsdosis. Die Energie pro Querbindung ist ca. 32 eV. (Proc. Roy. Soc. [London], Ser. A **230.** 120—35. 7/6. 1955. Harwell, Atomic Energie Res. Establishment.) C. Gottfried. 4010

P. K. Saha, *Die Viscosität des Natriumsalzes der polyuronidischen Hemicellulose aus Jute.* Die red. Viscosität von Polymeren mit ionisierbaren Gruppen wächst im Gegensatz zu der des neutralen Polymeren bei der Verdünnung in W. (Polyvinylbutylpyridoniumbromid, Na-Pektinat, Na-Thymonucleat). Die genannte Jutefraktion verhielt sich genauso. In Ggw. von 0,1 n NaCl-Lsg. jedoch zeigt sie ein Verh. wie ein neutrales Polymeres. (Nature [London] **170.** 281. 16/8. 1952. Calcutta 33, Regent Park, Ind. Centr. Jute Committee.) I. Weinmann. 4050

Heinrich Thiele und **Geert Andersen,** *Inversion der Doppelbrechung von Polyuronsäuren durch Trypaflavin.* In Fortsetzung früherer Unterss. (vgl. Kolloid-Z. **143.** [1955.] 21) berichten Vff. über den Austausch der Ionen von Trypaflavin, Rivanol u. Acridingelb mit durch Formaldehyd schwach vernetzter Alginsäure. Sie fanden, daß die Ionen dieser organ. Basen stärker u. fester durch die Carboxylgruppe der Polyuronide gebunden werden als durch anorgan. Gegenionen. Das Trypaflaviniumion kann sogar Pb-Ionen aus Pb-Polyuronat austauschen. Im Gegensatz zu den Me^{2+}-Alginaten ist das Vorzeichen der Doppelbrechung beim Acridinalginat in bezug auf die längere Micellachse negativ. Ein ionotropes Gel von Cu-Alginat, mit einer 0,01 mol. Lsg. von Trypaflavin behandelt, zeigt unter dem Polarisationsmikroskop in kurzen Zeitabständen eine Inversion der Doppelbrechung, u. zwar sinkt zunächst das positive Vorzeichen auf Null, die Doppelbrechung geht dann durch eine isotrope Zwischenzone in eine solche mit negativem Vorzeichen über; diese steigt kontinuierlich an, um schließlich in das Endstadium einer statist. Anisotropie überzugehen. Der Farbstoff reagiert durch einen Ionenaustausch u. nicht durch gegenseitige Flockung oder orientierte Adsorption. Aus den Ionenaustausch-Verss. kann geschlossen werden, daß die Polyuronate der organ. Basen noch weniger lösl. sein müssen als das schwer lösl. Pb-Alginat. Untersucht wurde noch die Inversion der *Alginsäure* in Braunalgen mittels Trypaflavin. Es wurde gefunden, daß die Algencellulose nach Entfernen des Alginats auf die übliche Weise ebenfalls ihr Vorzeichen umkehrt, entweder durch einen höheren Geh. an Carboxyl oder durch monomere Uronsäuren in der intermicellaren Flüssigkeit. (Naturwissenschaften **43.** 34—35. 2. Jan.-H. 1956. Kiel, Univ., Lehrfach für Kolloidchem.) C. Gottfried. 4050

Kurt H. Meyer und **Chen-Piao Feng,** *Über Hemiacetale des Chlorals mit Amylose.* Durch Lösen des früher (Naturwissenschaften **28.** [1940.] 397) beschriebenen u. als „Amylose" (I) bezeichneten unverzweigten Polysaccharids der Stärke in hochprozentiger Chloral-(II)-Lsg. trat Bldg. eines Hemiacetals auf. Wurde die Lsg. mit Eiswasser verd. u. mit J_2 versetzt, so trat erst allmählich Färbung von Rötlichbraun über Rotviolett, Violett u. Blau ein. Diese Rückverwandlung in die blaufärbende I verlief schneller in Ggw. von Säuren, Basen oder in der Siedehitze. Unter Heranziehung der Ergebnisse von Bernfeld u. Mitarbeitern (C. **1949.** I. 1378) über den Zusammenhang zwischen Polymerisationsgrad u. Färbung wurden Rückschlüsse auf den Geh. an Glucoseresten im Acetal gemacht. Durch Erwärmen von 0,1 g I mit 2 cm^3 80%ig. II, Abkühlen, Ausfällen mit Eis, Auswaschen mit Eiswasser, Gefrieren durch Tiefkühlung u. Verdampfen des Eises im Vakuum wurde ein *Acetal* mit 19% Cl erhalten, das in wasserfreiem II in ein Acetal mit 34,6% Cl übergeht. Die Acetalbldg. erwies sich als vorteilhaft bei chromatograph. Untersuchungen. (Chem. Ber. **85.** 590—92. 1952. Genève, Univ., Labor. de Chim. organ. et inorgan.) Horst Baganz. 4050

I. S. Bhatia und **M. Srinivasan,** *Polyfructosan von Furcraea gigantea Vent.* Aus dem Preßsaft der Knollen von Furcraea gigantea (Amaryllidae) wurde mit 60%ig. A. ein weißes Präcipitat erhalten. Nach Entfernen des A. zeigte das *Polyfructosan* ($[\alpha]_D^{25}$ — 37,5°) nach Hydrolyse $[\alpha]_D^{25}$ — 80,2°. Das *Osazon*, erhalten nach Hydrolyse, zeigte die typ. Kristallstruktur des *Fructosazon*, F. 204°. Acetylierung mit Essigsäureanhydrid in Pyridin mit anschließender Desacetylierung mit Na-Methylat in CH_3OH führt zu einem Körper mit $[\alpha]_D^{25}$ — 40,0°, nach Hydrolyse $[\alpha]_D^{25}$ — 86,2°. (Current Sci. **22.** 236—37. Aug. 1953. Mysore, Central Food Tech. Res. Inst.) H. Patzsch. 4050

Sadhan Basu und **Anil K. Sircar,** *Untersuchungen an Polyelektrolyten. 6. Mitt. Agar-Gummi.* (3. vgl. C. **1956.** 4459.) Vff. berichten über Messungen der Viscosität wss. Lsgg. von *Agarsäure* u. deren *Na-Salz* bei verschied. Konzz. mit u. ohne Zusatz von Elektrolyten bei 35° u. verschied. p_H-Werten. Die Versuchsergebnisse lassen sich unter der Annahme erklären, daß dem Mol. der Charakter eines Polyelektrolyten zukommt. Außerdem wird der Vers. gemacht, das Phänomen des Anschwellens des *Agargummis* in W. bei verschied. p_H-Werten zu erklären. — *Agarsäure,* durch Behandlung der Gummilsg. mit Na-Oxalat, Abfiltrieren u. Na-Oxalat-frei Dialysieren, Ansäuern mit HCl, Fällen mit A., Lösen in W. u. Cl-Ionen-frei Dialysieren; Äquivalentgew. 2213, ermittelt durch elektrometr. Titration mit Alkali; Asche-Geh. der freien Säure 0,7%. — *Na-Salz,* durch Behandlung der Säure mit NaOH im Überschuß, Fällen mit A., Lösen in W. u. bis zur Neutralität Dialysieren; in NaCl-Lsg. osmot. bestimmtes Mol.-Gew. ca. 30000, wobei auf die Mol.-Kette ca. 14 Säuregruppen entfallen. (J. Colloid Sci. **9.** 574—78. Dez. 1954. Calcutta, India, Indian Assoc. for the Cultivation of Sci.) W. Niemitz. 4050

Joseph F. Foster und **Jen Tsi Yang,** *Nachweis der Konkurrenzreaktion zwischen Proteinen und oberflächenaktiven Anionen durch Elektrophorese.* Elektrophoret. Kontrolle der früheren Befunde (vgl. Yang u. Foster, C. **1956.** 8650), wonach *Ovalbumin* (**O**) mit dem Netzmittel *Na-Dodecylbenzolsulfonat* (**D**) einen *Komplex* bei niedrigeren Konzz. bildet als *Rinderserumalbumin* (**A**). Elektrophoret. untersucht wurden Gemische aus einem nativen Protein u. dem **D**-Komplex des anderen Proteins, die nach 2tägigem Stehen bei 2° 2 Tage lang gegen Pufferlsgg. (Glycin–NaCl oder Veronal–NaCl) dialysiert wurden. Beim Zusatz von **A** sind die elektrophoret. Kurven qualitativ u. quantitativ für beide Komponenten **A** u. **OD** unverändert. Dagegen verdrängt zugesetztes **O** das Protein **A** aus dem **AD**-Komplex, wie aus Verss. an **AD** u. *Zein*-**D** hervorgeht. (J. Amer. chem. Soc. **75.** 5743—44. 20/11. 1953, Ames, Iowa State Coll., Dep. of Chem.)
U. Freimuth. 4070

Joseph J. Katz, *Wasserfreier Fluorwasserstoff als Lösungsmittel für Proteine und einige andere biologisch wichtige Substanzen.* Vf. berichtet ausführlich über die Löslichkeit u. das Verh. einer Reihe biol. wichtiger Substanzen in wasserfreiem HF. *Aminosäuren* sind sehr gut lösl., von *Tryptophan* lösen sich 30 g/100 g HF bei — 78°, von *Cystin* u. *L-Cystein* ca. 50 g/100 g HF bei — 78°. Außer den bereits erwähnten Proteinen (vgl. Katz, C. **1955.** 2448) wurden untersucht: *Desoxyribonuclease, Rennin, Chymotrypsin, α-Amylase, Urease, Uricase,* Rattenschwanzsehne u. *Nucleinsäure* sowie *Chlorophyll* u. *Vitamin* B_{12}. Haar u. *Keratin* waren die am schwersten lösl. der untersuchten Proteine. Die Eigg. eines gemischten Syst. (HF–SO_2) werden ebenfalls kurz mitgeteilt; SO_2 kann in diesem Syst. zum „Aussalzen" von Proteinen verwendet werden. Es wird über einige Rkk. in wasserfreiem HF berichtet. (Arch. Biochem. Biophysics **51.** 293—305. Juli 1954. Lemont, Ill., Argonne National Labor., Chem. Div.) K. Nehring. 4070

Barbara W. Low und **F. M. Richards,** *Messungen der Dichte, der Zusammensetzung und entsprechender Elementarzellendimensionen einiger Proteinkristalle.* Es wird über die Best der Zus. (Trockengew.), D. u. Zelldimensionen von Einzelkristallen des *β-Lactoglobulins,* des *„dimeren" Albumins* (= Hg-Verb. des menschlichen Serummercaptalbumins) u. des *Insulins* berichtet. Die Messungen wurden an „feuchten", lufttrockenen u. im Vakuum getrockneten Kristallen verschied. relativen Feuchtigkeitsstadien durchgeführt. (J. Amer. chem. Soc. **76.** 2511—18. 5/5. 1954. Boston, Mass., Harvard Univ., Univ. Labor of Physical Chem. Related to Med. and Publ. Health.)
K. F. Müller. 4070

Ja. A. Epstein und **Je. A. Saboslajewa,** *Der Abbau von mit γ-Strahlen behandeltem Serumalbumin mittels Pepsin.* Bei der Spaltung von *Serumalbumin* (**I**) durch *Pepsin* nimmt die Zahl der titrierbaren Gruppen zu. Mit fortschreitender Peptisierung entstehen rasch Prodd., die an Anionenaustauscher nicht adsorbiert werden. Durch γ-Bestrahlung wird die Peptisierung stark beschleunigt. Während ohne γ-Bestrahlung das Maximum der **I**-Spaltung in 5 Std. erreicht wird, tritt diese bei Bestrahlung schon nach 2 Std. ein. Mit steigender Dauer u. Intensität der Bestrahlung nimmt die Peptisierung zu. Die Strahlenwrkg. auf **I** ist eine indirekte: es entstehen aus H_2O Radikale, welche **I** auflösen, wodurch **I** denaturiert wird. (Биохимия [Biochemie] **20.** 701—04. Nov./Dez. 1955. Stalinabad, Med. Abuali-Ibn-Sino-Inst., Lehrstuhl für Biochemie.) O. Lebtag. 4070

John R. Cann und **Robert A. Phelps,** *Die Bindung von Salzionen durch Rinder-γ-pseudoglobulin.* Unterss. mittels Ultrazentrifuge ergeben, daß bei p_H-Werten innerhalb der isoelektr. Zone (p_H 0,9—7,4) *Rinder-γ-pseudoglobulin* (**I**) bei sehr geringen Salzkonzz. Aggregate bildet, die nach Ansicht der Vff. hauptsächlich durch Assoziation von entgegengesetzt geladenen Moll. hervorgerufen werden. Bei p_H 3,1 hingegen aggregiert **I** bei hohen, aber nicht bei niedrigen NaCl-Konzz. u. bei niedrigeren Konzz. anderer Elektrolyte. Die Wirksamkeit der einwertigen Ionen zur I-Aggregation bei p_H 3,1 nimmt in der Reihenfolge Cl^-, Br^-, NO_3^- u. ClO_4^- zu, während auf äquivalente Konz. bezogen, SO_4^{2-} bei hohen Konzz. zwischen Br^- u. NO_3^- steht, bei niedrigen jedoch wirksamer als NO_3^- ist. Eine Deutung der Ergebnisse hinsichtlich der Ionenbindung durch **I** wird durch elektrophoret. Messungen unterstützt. Der mittlere isoelektr. p_H-Wert sinkt beim Ersatz von Cl^- durch Br^-, NO_3^- oder ClO_4^- in der Pufferlsg., wobei die Wirksamkeit in der angeführten Reihenfolge steigt. SO_4^{2-} erniedrigt ebenfalls den isoelektr. Punkt. (J. Amer. chem. Soc. **77.** 4266—70. 20/8. 1955. Denver, Univ. of Colorado Med. Center, Dep. of Biophys., Florence R. Sabin Labors.) K. NEHRING. 4070

John R. Whitaker und **F. E. Deatherage,** *Hydrolyse von Proteinen und Dipeptiden durch Ionenaustauscherharz-Katalyse.* Vff. untersuchen die Hydrolyse von Glycylglycin (**I**) durch verschied. Ionenaustauscherharze (Dowex 50 (**D**), sowohl in der ursprünglichen als auch in der NO_2- u. NH_2-Form, Nalcite HCR, Zeo-Rex, Amberlite IR-105, Dowex 30, Amberlite IRC-50 u. Nalcite SAR) im Bombenrohr bei 104,0°, wobei **D** am wirksamsten war. Verss. mit verschied. Proteinen (*Gelatine, Edestin, Casein, Rinderserumalbumin* u. *Ovalbumin*) zeigten, daß **D** eine größere Spezifität der Proteinhydrolyse als 1,081n HCl besitzt. Die Kinetik der Hydrolyse von **I**, DL-Alanylglycin (**II**), Glycyl-L-leucin (**III**), Glycyl-DL-valin (**IV**), DL-Leucylglycin (**V**), DL-Alanyl-DL-asparaginsäure, Prolyl-L-tyrosin u. DL-Valyl-DL-isoleucin durch 1,081n HCl bzw. **D** bei 104,0° wurde untersucht. Während die relativen Hydrolysegeschwindigkeiten etwa gleich sind, ist **D** 115 mal wirksamer als eine äquivalente Menge HCl. Die Hydrolysekinetik von **I, II, III, IV** u. **V** durch **D** wurde bei verschied. Tempp. untersucht, wobei Enthalpiewerte von 20,7—22,5 kcal · Mol^{-1} u. Entropiewerte von — 8,77 bis — 14,1 cal · $Grad^{-1}$ · Mol^{-1} erhalten wurden. Nach Ansicht der Vff. beruht die katalyt. Wirksamkeit von **D** im Vgl. zu HCl auf der erhöhten Entropie. (J. Amer. chem. Soc. **77.** 3360—65. 20/6. 1955. Columbus, O., Univ., Dep. of Agricult. and Biochem.) K. NEHRING. 4070

Gerhard Schramm und **Juan W. Schneider,** *Zum Abbau von Peptiden mit Phenylisothiocyanat.* Beim Abbau von Proteinen u. Peptiden mit Phenylisothiocyanat (**I**) nach EDMAN (C. **1951.** I. 2278) können neben den freien NH_2-Gruppen der endständigen Aminosäuren auch die NH-Gruppen mittelständiger Glycin- u. Alaninreste angegriffen werden, obgleich unter den angewandten Bedingungen nachweislich keine Hydrolyse erfolgt. Mittelständiges Leucin reagiert, wie vermutlich auch die übrigen mittelständigen Aminosäuren, nicht. Untersucht wurden: *Pferde-* u. *Rinderglobin, Tabakmosaikvirusprotein, Alanylglycylglycin, Glycylalanylalanin, Glycylleucylleucin* (**II**) u. *Leucylglycylglycin* (**III**). Beim Abbau von **III** betrug das Molverhältnis der *Thiohydantoine* (**IV**) von Glycin zu Leucin 1,34:1 (p_H 11,5) bzw. 2:1 (p_H 8,5).

V e r s u c h e : *Glycylleucylleucin* (**II**), F. 238°, aus L-Leucin u. dem gemischten Anhydrid des Carbobenzoxy (Cbo)-glycins (nach WIELAND, C. **1953.** 6860) u. Abspaltung des CbO-Restes mit HBr in Eisessig. — **II** u. **III** werden bei 6std. Einw. eines Gemisches aus n-Na_2CO_3-Lsg.–Dioxan (2:1) bei 50° nicht hydrolysiert. — Die Prüfung der Reaktionsfähigkeit mit **I** erfolgte durch Rk. des in Na_2CO_3/Dioxan gelösten Peptids mit 6-fachem Überschuß an **I** bei 50° (Zugabe innerhalb 6 Std. unter Rühren), Ausäthern des Diphenylharnstoffs + **I**, dann 2std. Rk. bei n. Säurekonz. u. 60°, Extraktion der **IV** mit Essigester u. Papierchromatographie der in CH_3OH gelösten **IV** mit Heptan/HCOOH/Butanol (2:2:1), quantitative Best. durch Messung der Extinktion der methanol. Eluate bei 267 mμ (*Glycinthiohydantoin,* ε_{max} 11700; *Leucinthiohydantoin,* ε_{max} 16400). (Z. Naturforsch. **9b.** 209—11. März 1954. Tübingen, Max-Planck-Inst. für Biochem., Abt. Virusforschung.) G. PRACEJUS. 4070

J. Beersmans, *Die Struktur der Gelatine.* Übersicht über die derzeitigen Kenntnisse von der Struktur der *Gelatine* (**I**) u. des *Kollagens,* bes. über die *Aminosäure*-Zus. von verschied. **I**-Sorten u. die Reihenfolge der Aminosäuren in den Peptidketten, die stereochem. Konfiguration der Polypeptidketten u. die Hydrolyse von **I**. — 231 Literaturangaben. (Ind. chim. belge **20.** 381—97. April. 506—18. Mai 1955. Mortsel-Antwerpen, Gevaert Photoprodukten N. V.) GERHARD GÜNTHER. 4070

W. Grassmann und **H. Hörmann,** *Endgruppenbestimmung an Kollagen und Gelatine.* Zur Klärung der Frage, ob im *Kollagen* (**I**) Peptidketten mit begrenztem Mol.-Gew. oder „endlose" Ketten vorliegen, bestimmten Vff. qualitativ die amino- u. carboxylendständigen Aminosäurereste. Die Unters. auf Aminosäuren am NH_2-Ende erfolgte durch papierchromatograph. Trennung u. Identifizierung der DNP-Aminosäuren (BISERTE u. OSTEUX, C. **1952.** 2151) nach Hydrolyse von DNP-I u. DNP-*Gelatine.* Zur Best. der carboxyl-endständigen Aminosäuren wurde die etwas modifizierte Meth. von SCHLACK u. KUMPF (Hoppe-Seyler's physiol. Chem. **154.** [1926.] 125) über die Thiohydantoinderivv. herangezogen. Im **I** wurde in beiden Fällen keine endständige Gruppe gefunden;

in Gelatine (II) konnten *Asparaginsäure, Glutaminsäure, Serin, Glykokoll* (III) u. *Alanin* (IV) am Aminoende u. III, IV u. *Threonin* am Carboxylende festgestellt werden. Als Erklärung nehmen Vff. an, daß in I endlose Peptidketten vorliegen, die beim Übergang von I in II an einzelnen Peptidbindungen gespalten werden. (Hoppe-Seyler's Z. physiol. Chem. **292.** 24—32. 23/3. 1953. Regensburg, Forschungsstelle f. Eiweiß u. Leder der Max-Planck-Gesellschaft.) W. KÖNIGSDORF. 4070

H. R. Richards und **J. B. Speakman,** *Jodierung von Keratin.* Die Tyrosinseitenkette des *Keratins* kann durch 72std. Behandlung mit einer 0,78 n Lsg. von J_2 in absol. A. bei 25° vollständig in das *3.5-Dijodtyrosinprod.* übergeführt werden. (Nature [London] **171.** 751. 25/4. 1953. Leeds, Univ., Textile Chem. Labor., Dep. Textile Ind.) O. ENGEL. 4070

W. E. F. Naismith, *Die Behandlung von Arachin mit Terephthaldichlorid.* Vf. untersucht das Verh. von *Arachin* (I) gegenüber *Terephthaldichlorid* (II). Hierbei werden 20 g I der Einw. von 1,6 g II bei p_H 9,5 u. 0° ausgesetzt. Das modifizierte I wird durch 48std. Dialyse gegen Phosphatpuffer gereinigt. Die Intrinsicviscosität der Lsg. von modifiziertem I in Phosphatpuffer (I = 0,2; p_H 7,8) sowie in Phosphatpuffer mit 7,2 Mol Harnstoff ist größer als die des nativen I, u. die Ergebnisse der Unters. mittels Ultrazentrifuge deuten auf eine Vernetzung der Moll. hin. Die angenäherten Mol.-Geww. der in der Ultrazentrifuge getrennten Komponenten betragen 320000, 500000 u. 660000. (J. Amer. chem. Soc. **77.** 4931—32. 20/9. 1955. Dumfries (Scotland), Imperial Chem. Ind. Ltd., Nobel Div., Ardil' Fibre Fact.) E. SCHWERDTFEGER. 4070

O. Kratky, E. Schauenstein, A. Sekora, I. Lapp und **W. Berndt,** *Beziehung zwischen der globulären und fibrillären Form des Seidenfibroins.* Während Seide *II* (I) nach Einw. von heißer NaOH in eine neue Modifikation (*Seide III*) übergeht, die sich durch einen scharfen u. intensiven Röntgenreflex auf dem Äquator bei 45 Å auszeichnet (vgl. KRATKY, SCHAUENSTEIN u. SEKORA, C. **1950.** II. 2870), konnten folgende Proben nicht umgewandelt werden: 1. Kokonfäden u. -filme nach 1—2jähriger Lagerung, 2. renaturiertes I, 3. I-Filme aus einige Tage gelagerten Drüsen. Die unter 1. genannten Proben zeigen im Röntgenogramm auf dem Meridian diffuse Schichtlinienreflexe einer Periode von 21 Å in Faserrichtung in der 1., 2. u. 3. Ordnung. Ähnliche Effekte wurden bei nietrierten I-Fäden beobachtet (vgl. ZAHN, KRATKY u. SEKORA, C. **1953.** 6901). Diese u. UV-spektrograph. Effekte werden folgendermaßen gedeutet: Das native I-Gel besteht aus globulären Einheiten (Mol.-Gew. 33000; vgl. COLEMAN u. HOWITT, C. **1948.** I. 1214). Beim Strecken vereinigen sich diese zweidimensional u. bilden Lamellen. Die Lamellen bestehen vermutlich aus perlschnurartigen Fibrillen mit einer Periode von 21 Å in der Fibrillenachse (Länge der Bausteine). Der 45 Å-Reflex auf dem Äquator des Röntgenogramms ist intermicellarer Herkunft. Beim Lagern des natürlichen I-Gels werden die globulären Moll. derart verändert, daß sie keine Lamellen gleichmäßiger Dicke mehr bilden können, u. die zusätzlichen Reflexe auf dem Äquator bleiben aus. (Nature [London] **167.** 861—62. 26/5. 1951. Graz, Univ., Inst. of theoret. u. physikal. Chem.) H. ZAHN. 4070

Aase Hvidt und **K. Linderstrøm-Lang,** *Austausch von Wasserstoffatomen im Insulin gegen Deuterium in wässerigen Lösungen.* Zur Erforschung des physikal. Zustandes von *Insulin* (I) in wss. Lsgg. wurde geprüft, wieviele H-Atome in einer D_2O-Lsg. gegen D-Atome austauschbar sind. Reinstes I wurde zu 2% in 99,6%ig. D_2O-Lsg. bei p_H 3 u. 37° gegeben; nach verschied. Zeiten entnommene I-Proben wurden auf ihren D-Geh. analysiert. 46 Atome D/Mol I (Mol.-Gew. 5777) von den theoret. ersetzbaren 92 werden ausgetauscht. Dieser Wert ist bereits nach ca. 20 Std. erreicht u. ändert sich bis 124 Std. nicht mehr. Kürzere Peptide wie Leucyltriglycin reagieren unter den angegebenen Bedingungen leicht bis zu Ende, u. auch orientierende Verss. am Na-Salz der A-Kette von I (A-Na_4, Mol.-Gew. 2261) ergaben, daß sämtliche 38 austauschbaren H-Atome ausgetauscht werden. In wss. Lsg. von I dürfte daher eine stabile Kette als Stütze mit stabilen Wasserstoffbindungen zwischen CO u. NH-Gruppen vorliegen. Mit dem Modell des I-Monomeren als doppelte α-Schraube aus je einer A- u. B-Kette sind die Ergebnisse gut vereinbar unter der Annahme, daß bei p_H 3 die Endgruppen oder auch einige NH-Gruppen der Seitenketten durch Assoziation an Nachbarmoll. maskiert sind. Auf die Wichtigkeit der inneren Wasserstoffbindungen für die Stabilität der nativen I-Molekel wird hingewiesen. (Biochim. biophysica Acta [Amsterdam] **14.** 574—75. Aug. 1954. Kopenhagen, Carlsberg Labor.) H. ROSER. 4070

Ruth Hubbard, *Das Molekulargewicht von Rhodopsin und die Natur des Rhodopsin-Digitonin-Komplexes. Rhodopsin* ist ein lichtempfindliches Pigment der Sehzellen, das aus dem Chromprotein *Opsin* u. dem gelben Carotinoid *Retinen* zusammengesetzt ist. Vf. untersuchte die Eigg. der Ndd. von Rhodopsin-Digitonin-Lsg. mit der Ultrazentrifuge. Digitonin allein wird als Micelle, die aus 60 Moll. besteht, gefällt u. hat eine Sedimentationskonstante s_{20} von 6,35 Svedberg. Zwischen Rhodopsin u. Digitonin bildet sich ein Sediment im stöchiometr. Verhältnis mit s_{20} von 9,77 Svedberg, der Komplex ist dabei stabil zwischen p_H 6,5 u. 9,6, wenn genug Digitonin vorhanden ist. Das Mol.-Gew. des *Rhodopsin–Digitonin-Komplexes* liegt zwischen 260000—290000, wobei der Anteil des Rhodopsins auf 40000 kommt, der Rest ist Digitonin. Es zeigt sich, daß nur ein Äquivalent Retinen im Komplex vorhanden ist, daher nur ein Mol. des Rhodopsins vom Mol.-Gew. 40000. Da Rhodopsin beim Rind etwa 14% des Trockengew. bzw. 3,74 des Gesamtgew. des Stäbchenaußengliedes ausmacht, entspricht dies etwa $4,2 \cdot 10^6$ Moll. Rhodopsin, während es beim Frosch 35% des Trockengew. $(2,1 \cdot 10^9$ Moll.) sind. Die Extinktion (K_{500} entlang) der Achse ist 0,037 cm^2 für das Außenglied des Rindes u. 0,50 cm^2 beim Frosch. (J. gen. Physiol. **37.** 381—99. 20/1. 1954. Copenhagen, Denmark, Carlsberg Labor., Chem. Dep.) W. KNÖPKE. 4070

Martin Goldstein und **Manfred E. Reichmann,** *Untersuchung der Größe und Größenverteilung von Desoxypentosenucleinsäure durch Strömungsdoppelbrechung.* An 4 verschied. *Desoxypentosenucleinsäure* (I)-Präpp., deren Mol.-Geww. u. Dimensionsdaten auch durch Lichtstreuung bestimmt wurden, wurden Strömungsdoppelbrechungsmessungen durchgeführt. Es ergab sich, daß bei I-Präpp. mit niedrigerem Mol.-Gew. $(2—4 \cdot 10^6)$ beide Methoden etwa übereinstimmende Ergebnisse liefern. Bei höherem Mol.-Gew. erhält man durch die Meth. der Strömungsdoppelbrechung eine etwa um den Faktor 3 größere Dimension als durch die Lichtstreumethode. Hierfür werden Erklärungen zu geben versucht; als wahrscheinlich gilt die Annahme, daß das I-Mol. in Lsg. gebogen ist. Die Meth. der Strömungsdoppelbrechung läßt Unterschiede zwischen I-Präpp. erkennen, die durch die Lichtstreumeth. kaum nachweisbar sind. (J. Amer. chem. Soc. **76.** 3337—42. 20/6. 1954. Pittsburgh, Pa., u. Harvard Univ., Gibbs Memorial Labor.)
K. F. MÜLLER. 4090

J. A. V. Butler, L. Gilbert und **D. W. F. James,** *Die Wirkung von ionisierenden Strahlen und von radiomimetrischen Substanzen auf Desoxyribonucleinsäure.* 6. Mitt. *Physikochemische Messungen der Wirkung von Bis-chloräthylmethylamin.* (5. vgl. CONWAY u. BUTLER, C. **1954.** 335.) *Desoxyribonucleinsäure* (I) wurde mit *Bis-chloräthylmethylamin* behandelt. Nach verschied. Reaktionszeiten wurden die Beweglichkeiten, Sedimentation u. Diffusionskonstanten gemessen. Die Molekülgröße nimmt noch längere Zeit nach der Anfangs-Rk. ab. Die anfängliche Erniedrigung der Viscosität scheint bei p_H 7 hiervon unabhängig zu sein u. beruht möglicherweise auf Änderungen der Wechselwrkg. der einzelnen I-Partikel u. der Konst. infolge der Auflsg. von H-Brücken durch Alkylierung der prim. NH_2-Gruppen der I-Basen. (J. chem. Soc. [London] **1952.** 3268—73. Aug. London, Royal Cancer Hospital, Chester Beatty Res. Inst.) K. MAIER. 4090

E. Biologische Chemie. Physiologie. Medizin.

E_1. Allgemeine Biologie und Biochemie.

Alfred Kühn, *Versuche zur Entwicklung eines Modells der Genwirkungen.* Zusammenfassung u. Diskussion neuer Ergebnisse über die *Pigment*-Bldg. am Insektenauge. Chromatogramme u. deren fluorometr. Auswertung bei Wildform u. verschied. Mutanten von *Ephestia.* (Naturwissenschaften **43.** 25—28. Jan. 1956. Tübingen, Max-Planck-Inst. für Biologie.) H. BOSER. 4130

Joachim Hämmerling und **Hans Stich,** *Einbau und Ausbau von ^{32}P im Nucleolus (nebst Bemerkungen über intra- und extranucleare Proteinsynthese).* Sowohl der Einbau als auch der Ausbau von ^{32}P in der nucleolaren *Ribonucleinsäure (RNS)* von Acetabularia erfolgt rasch u. stark. Hieraus kann in Verb. mit anderen Unterss. geschlossen werden: 1. daß die RNS im Nucleolus erwachsener Kerne eine hohe Umsatzrate besitzt; 2. daß RNS weder in den Nucleolus von außen einwandert, noch aus ihm in wesentlichen Mengen auswandert, bes. nicht in das Cytoplasma; 3. daß der Nucleolus ein Ort der Proteinsynth. innerhalb des Kernes ist. Es hat sich indessen bisher kein Anhaltspunkt finden lassen, daß die im Kern synthetisierten Proteine von wesentlicher Bedeutung für die Bldg. der extranuclearen Proteine sind (Cytoplasma u. Chlorplasten). Diese werden viel mehr außerhalb des Kerns gebildet. (Z. Naturforsch. **11 b.** 158—61. März 1956. Wilhelmshafen, Max-Planck-Inst. für Meeresbiol.) H. GOEBEL. 4150

Joachim Hämmerling und **Hans Stich,** *Abhängigkeit des ^{32}P-Einbaues in den Nucleolus vom Energiezustand des Cytoplasmas sowie vorläufige Versuche über Kernwirkungen während der Abbauphase des Kernes.* (Vgl. vorst. Ref.) Wird die Photosynth. durch Verdunkelung aufgehoben oder die Energiegewinnung im Cytoplasma durch Dinitrophenol gehemmt, so wird der Einbau von ^{32}P in die erwachsenen Kerne, bes. die Ribonucleinsäure der Nucleolen von Acetabularia alsbald stark gesenkt, bereits zu einer Zeit, in der die Kerne noch nicht wesentlich verkleinert werden u. in das Cytoplasma noch viel P aufgenommen wird. Parallel dazu läuft die Senkung des ^{32}P-Einbaues in die Polyphosphatgrana. Die früher beobachtete Kernverkleinerung ist die Folge des gesenkten Kernstoffwechsels, der durch die Energieproduktion im Cytoplasma gesteuert wird. Diese ist der übergeordnete Faktor sowohl für die Intensität des Kernstoffwechsels als auch der cytoplasmat. Proteinsynthese. Trotz gesenkten Kernstoffwechsels gehen vom Kern noch starke Wirkungen auf das Cytoplasma aus. Auch bei Trypaflavinbehandlung bleibt die Parallelität zwischen Kern u. Polyphosphatgrana erhalten; hier wird in beiden Strukturen der ^{32}P-Einbau nicht gesenkt. (Z. Naturforsch. **11 b.** 162—65. März 1956.) H. GOEBEL. 4150

T. A. J. Prankerd und **K. I. Altman,** *Eine Untersuchung des Phosphorstoffwechsels der roten Blutzellen von Säugetieren.* Es wurde der Austausch von mit ^{32}P markiertem Phosphat zwischen den roten Blutzellen u. dem Plasma in vitro untersucht, ferner der Einfl. von Temp., Glykolyseinhibitoren u. verschied. Substraten auf diese Vorgänge. Die Abhängigkeit dieses Austausches von der Glykolyse wurde nachgewiesen sowie die Beteiligung von Purinribosiden. Durch Papierchromatographie von Extrakten von roten Blutzellen wurde die intracelluläre Verteilung von ^{32}P untersucht u. eine Beziehung als Ausgangssubstanz zwischen 2.3-Diphosphoglycerinsäure u. Adenosin festgestellt. Der Mechanismus dieser Vorgänge wird erörtert. In den stromalen Fraktionen von roten Blutzellen wurden glykolyt. Zwischenprodd. gefunden, deren mögliche Bedeutung dargelegt wird. Es wurde gefunden, daß Adenosin ein Substrat zur Regeneration der notwendigen Energievorräte der roten Blutzellen bildet, u. zwar auch nach langer Incubation, wenn Glucose nicht mehr ausnutzbar erscheint. Es wird versucht, einige der biolog. Verschiedenheiten in den roten Blutzellen gewisser Säugetierarten auf exakter Grundlage zu erklären sowie die Bedeutung des Stoffwechsels bei der Speicherung der roten Blutzellen hervorzuheben. (Biochem. J. **58.** 622—33. Dez. 1954. Rochester, N. Y., Univ., Dep. of Med. and Radiat. Biol.) J. SCHWAIBOLD. 4150

Günter Höhne und **Hans A. Künkel,** *Über die Speicherung radioaktiven Eisens in den Mitochondrien der Rattenleber.* Die Versuchstiere erhielten 0,3—0,5 ml eines mit $^{55/59}$Fe markierten Fe-Salzes (*Ferronascin,* HOFFMANN-LA-ROCHE) intravenös. Nach 1—6 Tagen wurde die Leber entnommen u. daraus durch differentielles Zentrifugieren die Mitochondrienfraktion gewonnen. Nach Veraschen, Fällen des Fe u. Niederschlagen auf Membranfilter wurde die Aktivität gemessen u. im Vgl. zu Standardproben bestimmt. Es wurde gefunden, daß der je g Blut enthaltene Anteil der zugeführten Fe-Menge von einem Minimum in den ersten 24 Std. bis zum 6. Tag laufend ansteigt. Die Aktivität der Leber ist dagegen am 1. Tag am höchsten (24—48 Std. nach der Injektion 25% der Gabe, nach 6 Tagen 4%). In der Fraktion der Mitochondrien tritt zunächst ein starker Anstieg der Aktivität ein (5% der Gabe je g Substanz nach 48 Std.), um dann stark abzusinken. Es wird geschätzt, daß 2 Tage nach der Gabe 12% des in der Leber vorhandenen markierten Fe (= 3% der Gabe) in den Mitochondrien gespeichert ist. (Naturwissenschaften **41.** 168—69. April 1954. Hamburg-Eppendorf, Univ.-Frauenklinik.) J. SCHWAIBOLD. 4150

Brigitte A. Askonas, J. L. Simkin und **T. S. Work,** *Nucleinsäuren und Eiweißsynthese in tierischen Geweben.* Da rasch wachsende, Eiweiß (I)-synthetisierende Zellen große Mengen *Ribonucleinsäure* (II) enthalten, wurde ein Zusammenhang zwischen II u. I-Synth. angenommen. Bei Injektion radioaktiver *Aminosäuren* (III) in Tiere u. Best. der Aktivitätsverteilung in den subcellulären Fraktionen ergab sich eine schnellere Markierung des Mikrosomenfraktion-I, u. zwar der Ribonucleoproteinfraktionen desselben. Unterss. der I-Synth. durch Incubation von Gewebeschnitten, Homogenisaten u. isolierten subcellulären Fraktionen zeigten, daß in ersten die Bldg. eines spezif. I mit Hilfe immunolog. oder enzymat. Methoden verfolgt werden kann, während nach Zerkleinerung der Zellen eine Synth. nicht mehr möglich zu sein scheint. Bei Verss. mit Homogenisaten wurde im allg. der Einbau markierter III in nichtdefinierte Proteine der verschied. Zellfraktionen bestimmt, wobei nach Incubation mit radioaktiven III auch hier in den Nucleoproteinfraktionen maximale Aktivität vorhanden war. Der Aufnahmevorgang hängt von der Ggw. von Energiequellen u. nichtabgebauter II in den Mikrosomen oder *Desoxyribonucleinsäure* in den Kernen ab. (Biochem. J. **62.** 40 P. April 1956. London, Nat. Inst. for Med. Res.) K. MAIER. 4150

E. Friedmann, *Spektrophotometrische Untersuchung der Reaktion von Glutation mit Maleinimid und N-Äthylmaleinimid.* Die antimitot. Wrkg. der ungesätt. Imide, *Maleinimid* (I) u. *N-Äthylmaleinimid* (II) in Gewebekulturen wird auch bei den Sulfhydryladdukten, bes. denen mit *Glutathion* (III), beobachtet. Untersucht werden 1. die

Rkk. dieser Substanzen allein u. 2. die Rkk. unter Bedingungen, möglichst ähnlich den biol.; zum Vgl. dienen die charakterist. Absorptionsspektren der zwei Imide. Die Absorptionskurven von I + III u. von II + III sind fast ident. u. zeigen nur geringe Abweichungen von der Absorptionskurve von III. III reagiert selbst bei einer mol. Konz. von $4 \cdot 10^{-6}$ mit I u. II. Die Reaktionsprodd., die erhalten werden, wenn III mit I u. II bei $4 \cdot 10^{-6}$ mol. in ungepufferter neutraler Lsg., u. wenn es im Phosphatpuffer p_H 7,4 zur Rk. gebracht wird, sind verschied., wobei die in ungepufferter, neutraler Lsg. gewonnenen Reaktionsprodd. bei Konzz. von $4 \cdot 10^{-5}$ bzw. $4 \cdot 10^{-4}$ mol. nicht gefunden werden. Sie sind Zwischenprodd. der in Pufferlsg. erhaltenen Glutathionaddukte. Die spektrophotometr. Unters. der Rkk. von III mit I u. II bei $4 \cdot 10^{-4}$, $4 \cdot 10^{-5}$ u. $4 \cdot 10^{-6}$ Mol der Reaktionspartner brachte keine befriedigende Übereinstimmung mit den biol. Experimenten, bei denen die Rk. bei mol./50 u. mol./1000 durchgeführt wird u. die Reaktions-Fll. anschließend auf $4 \cdot 10^{-6}$ mol. verdünnt werden. (Biochem. biophysica Acta [Amsterdam] **9.** 65—75. Juli 1952. Cambridge, England, Univ., Dep. of Radiotherapeutics.) E. ERBE. 4150

Evelyn Pease Tyner, Charles Heidelberger und **G. A. LePage,** *In vivo-Untersuchungen über den Einbau von* $^{14}C_{(2)}$*-Glycin in Proteine und Nucleinsäurepurine.* Nach Gabe von $^{14}C_{(2)}$*-Glycin* durch einen Magenschlauch erreicht die spezif. Aktivität von Leber-, Tumor- u. Nierenprotein schon nach 6 Std. ihr Maximum, die Nucleinsäurepurine der Leber nach 12—24 Std. u. die Nucleinsäurepurine von FLEXNER-JOBLING-Carcinomen nach 6—12 Stunden. Die spezif. Purinaktivität in den Carcinomen war bedeutend höher als die der n. Leber. Die Halbwertszeiten für die *Adenin-* u. *Guanin-*Aktivität sind annähernd gleich. (Cancer Res. **12.** 158—64. Febr. 1952. Madison, Wis., Univ., Med. School, McArdle Memor. Labor.) H. SCHEURLEN. 4160

Howard E. Hoffman und **A. M. Schechtman,** *Elektrophoretische Veränderungen der Leberproteine von mit 4-Dimethylaminoazobenzol gefütterten Ratten.* Verfütterung von *4-Dimethylaminazobenzol* bewirkt eine prozentuale Abnahme der langsam u. eine Zunahme der schnell wandernden Banden bei der Elektrophorese von Rattenleberextrakten. Ähnliche Verhältnisse bewirkt Verfütterung von *4-Aminoazobenzol* oder rasches Wachstum von jungen Ratten. (Cancer Res. **12.** 129—33. Febr. 1952. Los Angeles, Calif., Univ., Dep. of Zoology.) H. SCHEURLEN. 4160

A. Vescia, F. Fanelli und **A. Iacono,** *Eine spezifische Eigenschaft von Serumpeptiden tumorbefallener Patienten. D (+)-Leucin* aktivierte (30—200%) in 21 von 22 Fällen die *Peptidase-*Aktivität des Serums krebskranker Personen (Uteruscarcinom, Leberkrebs, osteogenes Sarkom, Lymphosarkom, Magenadenocarcinom u. a.), wenn *L(—)-Leucylglycylglycin* als Substrat verwendet wurde. Mit n. u. pathol., jedoch nicht neoplast. Seren trat der Effekt nicht auf. (Naturwissenschaften **43.** 21—22. Jan. 1956. Naples, Univ., Inst. of Human Physiol. and Inst. of Med. Pathol. and Clin. Methodol.) K. MAIER. 4160

C. F. Rothauge, *Bemerkenswerte prae- und postoperative Veränderungen im Mineralhaushalt eines Phaeochromocytom-Kranken.* Vorl. Mitt. Ein Phaeochromocytom-Kranker zeigte vor Operation des Tumors neben Blutdrucksteigerung eine Erhöhung des *Serum-K* auf ca. 23 mg%, welches nach Entfernung der Geschwulst nach kurzem Anstieg sich normalisierte. Die Befunde werden mit der hormonalen Aktivität des Tumors in Zusammenhang gebracht. (Aerztl. Wschr. **10.** 1159—60. 16/12. 1955. Gießen, Justus-Liebig-Hochschule, Chirurg. Klinik.) WOLFGANG ALBRECHT 4160

K. Lohmann und **Ferdinand Schmidt,** *Über die Sauerstoffempfindlichkeit und Beständigkeit des leukämieerzeugenden Induktors aus Ehrlich-Carcinomfiltraten.* Nachdem frühere Verss. gezeigt hatten, daß maligne Mäusetransplantationstumoren ein Agens (I, „Induktor") enthalten, das in hoher Ausbeute lymphoide Tumoren hervorruft, wurde nunmehr die O_2-Empfindlichkeit speziell von I aus Ehrlich-Carcinomfiltraten, die bis zu 83% Leukämien u. Lymphosarkome auslösen, untersucht. Die Wirksamkeit der Tumorfiltrate wurde durch Behandlung in reiner O_2-Atmosphäre stark vermindert oder fast aufgehoben. Halbstd. Erwärmung auf 56° bewirkte vollständigen Aktivitätsverlust, was auf Eiweißcharakter des Leukämie-I hinweist. 24std. Aufbewahrung des Tumorfiltrats unter Paraffin in Eiswasser verringerte die Leukämierate gegenüber der sofort vorgenommenen Injektion um ½—⅔. Nach 8tägiger Aufbewahrung unter den gleichen Bedingungen hatte I völlig die Aktivität verloren. (Naturwissenschaften **43.** 20. Jan. 1956. Berlin-Buch, Deutsche Akad. der Wiss., Inst. für Med. u. Biol.) K. MAIER 4160

L. W. Law, *Die Enstehung der Widerstandsfähigkeit leukämischer Zellen gegen Folsäureantagonisten.* (Vgl. C. **1952.** 858 u. 1036.) Abgestufte Dosen von einem Folsäureantagonisten (von 1,0—14 mg/kg von *A-Methopterin,* Gesamtmenge: 4,0—56,0 mg/kg) riefen während serienmäßiger Übertragung von Standarddosen leukäm. Zellen gesonderten schrittweisen Anstieg der Widerstandsfähigkeit dieser Zellen hervor, die dem Penicillinwiderstandsfähigkeitsschema bei Bakterien ähnelte. Die extreme Variation der abwehrfähigen leukäm. Zellen, die schrittweise Art der Abwehrzunahme u. die Stabilität der Resistenz in Abwesenheit des Antagonisten sprechen zugunsten der Annahme von Mutation u. Selektion für die Entw. resistenter leukäm. Zellen. (Nature [London] **169.** 628—29. 12/4. 1952. Bethesda, Md., U. S. Public Health Service, Nat. Cancer Inst., Nat. Inst. of Health.) D. ITZEROTT. 4160

O. Hornykiewicz und **I. Satke-Eichler,** *Die Beeinflussung der 2.4-Dinitrophenolwirkung durch Secalealkaloide in vitro.* Es wird gezeigt, daß in vitro die atmungssteigernde Wrkg. von *2.4-Dinitrophenol* (I) durch *Ergotamin* (II)*-tartrat* an Zellen des EHRLICHschen Mäuseascitestumors gehemmt wird. Der Effekt des II trat nicht sofort in voller Stärke in Erscheinung, sondern bildete sich erst mit fortschreitender Versuchsdauer voll aus. Von den hydrierten Secalealkaloiden (III) zeigen *Dihydroergotamin, Dihydroergocristin* u. *Hydergin* die gleiche hemmende Wirkung. *Ergometrin* u. *Methergin* (*Methylergobasin*) zeigen keine hemmende Wrkg. auf die I-Atmung. Über den Mechanismus der Hemmwrkg. lassen sich keine sicheren Aussagen treffen. Wahrscheinlich findet eine chem. Rk. zwischen I u. II bzw. III statt, die auf einer Entkoppelung der oxydativen Phosphorylierungen beruht. (Arzneimittel-Forsch. **6.** 117—19. März 1956. Wien, Univ., Pharmak. Inst. u. Bundesstaatl. Anst. für exper. pharmak. u. balneol. Unters.) H. GIBNUS. 4160

J. Sugár und **Edit Vig,** *Die Wirkung von Stickstofflost auf die Acridinorangeaufnahme durch Zellen des Ehrlich-Ascitestumors.* Bericht über eine neue quantitative Meth. zur Unters. der Aufnahme von supravitalem *Acridinorange* (I) durch Zellen des EHRLICH-Ascitestumors (AT). Die AT-Zellen der durch einmalige intraperitoneale Verabfolgung von *N-Lost* (II) vergifteten Mäuse nahmen 10—14 Std. nach II-Gabe 48% weniger I auf als die unbehandelten Kontrollen. Erst nach 12 Std. vermindert sich die bis dahin n. aufgenommene Farbstoffmenge signifikant, um nach 24 Std. wieder abzusinken u. nach 72 Std. zur Norm zurückzukehren. In den mit I gefärbten Präpp. fanden sich massenhaft zerfallene Tumorzellen. — Die mit Wärme abgetöteten AT-Zellen binden 34% mehr I als die Kontrolltumorzellen. — Es besteht also ein wesentlicher Unterschied zwischen den mit II geschädigten u. den vollkommen abgestorbenen Zellen. (Acta morphol. Acad. Sci. hung. **6.** 15—24. 1955. Debrecen, Med. Univ., Dep. Pathol. Anat.) H. BASFELD. 4160

Hans von Euler, Luigi Resegotti und **Hans Hasselquist,** *Natriumselenit, ein Hemmstoff der Samenkeimung, und seine Einwirkung auf Yoshida-Ascitessarkom tragende Ratten.* Es wird über die Behandlung von YOSHIDA-Ascitessarkom-Ratten mit *Na-Selenit* (I) berichtet. Die Tiere erhielten entweder unmittelbar nach der Ascitesinjektion die I-Lsg. direkt in die Bauchhöhle eingespritzt, oder es wurde Ascites-Fl. mit der I-Dosis vermischt, $3\frac{1}{2}$ Std. bei 20° aufbewahrt u. dann eingespritzt. Bei einem Teil der Tiere wurde während 2—4 Wochen die Entw. bei n. gemischter Kost beobachtet, andere Ratten wurden nach verschied. Zeit durch Decapitieren getötet u. dann *Pyruvat* im Blut u. *Ascorbinsäure* u. *Glutathion* (II) in der Leber bestimmt. Es wurde gefunden, daß bei Ratten ebenso wie bei JENSEN-, Benzpyren- u. a. Chemotumoren auch durch Sarkom der *Brenztraubensäure*-Geh. des Blutes erhöht wird, jedoch in geringerem Maße. In der Leber von Tieren, in denen sich ein Sarkom reichlich entwickelt hat, ist der Geh. an II, *Cystein, Cystin* u. a. gegenüber n. Rattenleber bedeutend vermindert. Durch intraperitoneale Injektion von I erreicht die Leber von Sarkom-Ratten wieder annähernd den n. II-Wert. Die *Katalase*-Werte der Sarkom-Leber sind vermindert; ein sicher bestehender Einfl. von SH-Verbb. auf die *Katalase*-Bldg. ist noch nicht näher aufgeklärt. Die tumorhemmende Wrkg. von I ist bei Injektion von Sarkom + I-Gemischen nach einer Incubationszeit von $3\frac{1}{2}$ Std. am deutlichsten. Vermutlich hängt die Verteilung von I zwischen n. u. Tumorzellen mit deren Protoplasma, u. zwar mit dem II- u. SH-Geh. dieser Zellen u. dem Bindungsvermögen für Se-Verbb., zusammen. (Z. Naturforsch. **11b.** 178—79. März 1956. Stockholm, Univ., Vitamin Inst. u. Inst. für organ.-chem. Forschung.) H. GOEBEL. 4160

John B. Field, Francoise Costa, Angela Boryczka und **Lea I. Sekely,** *Experimentelle Auswertung der anticarcinogenen Aktivität eines neuen Antibioticum, Actinomycin C.* Ein aus dem Kulturfiltrat von Streptomyces chrysomallus isoliertes krist. Antibioticum hemmt transplantierte Mäusetumoren. *Actinomycin C* (I) zeigte Hemmungsaktivität bei Tagesdosen von 50—100 mg/kg bei Mäuse-CROCKER-Sarkom 180, -RC-Carcinom u. -Leukämie L 4946. Gegen Tollwut- u. Influenzavirus ist I unwirksam. Bei Gaben von 50 mg/kg täglich treten schwere Leberintoxikationen auf. Das Antibioticum wurde bei inoperablen Carcinomfällen, Neuroblastom u. HODGKINscher Krankheit erfolgreich angewandt. (Antibiotics Annu. **1954/55.** 842—52. Los Angeles, Calif., Univ. of South California, School of Med., Dep. of Med., u. Los Angeles, County Gen. Hosp.) H. GOEBEL. 4160

Georg Sjögren, *Kaposi's Sarkom, mit Penicillin behandelt.* Vf. berichtete über einen Fall von KAPOSIs Sarkom, das mit *Penicillin* (Gesamtmenge 20800000 E.) u. *Vitamin E* behandelt wurde. Die Wrkg. dieser kombinierten Behandlung war unsicher. Auf Röntgenbestrahlung gutes Ergebnis. (Acta dermato-venereol. [Stockholm] **31.** 419—25. 1951. Stockholm, Dep. of Dermatol. St. Göran's Hospital.) K. BÖHM. 4160

Rudolph G. Mrazek jr. und **Theodore J. Wachowski,** *Hemmung des hämatopoetischen Systems nach Stickstofflost und Triäthylenmelamin. Stickstofflost* (I) bewirkte bei 4% der vorher unbehandelten Patienten Knochenmarkschädigung, nach Vorbehandlung mit Röntgenstrahlen, I oder *Triäthylenmelamin* (II) bei 20%. Ähnlich waren die Verhältnisse nach II-Gabe: bei unbehandelten Patienten 11%, bei vorbehandelten 31%. (J. Amer. med. Assoc. **159.** 160—63. 17/9. 1955. Chicago, Ill., Univ. of Illinois, Res. and Educational Hosp.) WOLFGANG ALBRECHT. 4160

B. J. Kennedy, *Die Wirkung von Stanolon bei der Behandlung von fortgeschrittenem Brustkrebs.* 28 Patientinnen mit fortgeschrittenem metastat. Brustkrebs wurden mit *Stanolon* (I; *Androstan-17β-ol-3-on*) behandelt u. die Wrkg. des I mit der von Testosteronpropionat (II) verglichen. I zeigt sich als stark virilisierende, androgene Verb. u. bietet bei der Behandlung von fortgeschrittenem Brustkrebs gegenüber II keine Vorteile. — 24 Literaturangaben. (Cancer **8.** 488—97. Mai/Juni 1955. Minneapolis, Minn., Univ. Hosp., Dep. of Med., Metabolic Res. Labor.) H. LAMP. 4160

H. Rockstroh, *Erfahrungen bei der Behandlung des metastasierenden Prostatacarcinoms mit Honvan* („*ST 52-ASTA*"). Die stationäre Behandlung von 31 Patienten mit z. T. metastasierendem Prostatacarcinom mit *Honvan* (*Diäthyldioxystilbendiphosphat*; ASTA-WERKE A.G., Brackwede/Westf.) führte in 24 Fällen zu Beseitigung der subjektiven Beschwerden u. rascher Normalisierung der klin. u. biochem. Befunde. Die Dosierung erfolgte bei kachekt. Patienten anfänglich mit 2—3 Injektionen von 125 mg, dann 10 Tage lang 250, dann täglich 500—1000 mg, bei kräftigeren Patienten wurde mit 500 mg täglich begonnen. Die weitere Behandlung erfolgte mit individueller Dosierung je nach klin. Befund oft über mehrere Monate. Tox. Nebenerscheinungen traten nicht auf. (Z. Urol. **48.** 720—30. 1955. Aue, Sachsen, Kreiskrankenanst.) F. KRUSEN. 4160

Frederick R. Lang, *Eine Untersuchung über die Verwendung von radioaktivem Gallium in der Medizin.* In Tierverss. wird ^{72}Ga nach intramuskulärer Injektionen sehr schnell aufgenommen u. im Knochen abgelagert. Außer in den Knochen werden noch meßbare Mengen in der Niere u. in der Leber gespeichert. Die Ausscheidung erfolgt sehr langsam über die Nieren mit dem Urin. Bei letalen Dosen traten Gewichtsverlust, Übererregbarkeit, Lichtscheu, Blindheit u. schlaffe Lähmungen auf. Bei Patienten mit prim. u. sek. bösartigen Knochenerkrankungen zeigt ^{72}Ga eine 20fach größere Speicherung als der n. Knochen. (Ann. intern. Med. **35.** 1237—49. Dez. 1951. Annapolis, Md., US Navy, F. A. C. P.) K. BÖHM. 4160

E₂. Enzymologie. Gärung.

Th. Béraud und **A. Vannotti,** *Über das Eindringen des Cytochrom c in die Zelle.* Nach intravenöser Injektion von *Cytochrom* c (I) bei Ratten konnte keine Anreicherung in Leber bzw. Lebermitochondrien festgestellt werden. Wurden die Zell- u. Capillarmembranen durch Allylformiatvergiftung geschädigt, drang I leichter in die Leberzelle ein. Vff. schließen daraus, daß der Durchgang des I durch die Zellmembran von deren Permeabilitätsgrad abhängt u. daß dies die nicht beachtete Ursache der widersprechenden Ergebnisse der Verss. anderer Vff. zu sein scheint. (Schweiz. med. Wschr. **85.** 281—82. 19/3. 1955. Lausanne, Univ., Med. Klinik.) L. LEICHTER. 4210

F. Cacioppo, *Gehalt an Cocarboxylase in den Geweben von Tauben, die mit „Orizotoxin" behandelt sind.* Es wird festgestellt, daß die Applikation von „Orizotoxin" (die mit A. aus poliertem Reis extrahierbare Substanz) bei Tauben eine spürbare Verringerung des *Cocarboxylase* (I)-Geh. verursacht. Es wird eine Abnahme von I in der Leber bzw. dem Brustmuskel von 8,6 γ/g Gewebe auf 5,7 bzw. von 4,1 γ/g auf 2,3 γ/g nachgewiesen. (Boll. Soc. ital. Biol. sperim. **29.** 479—81. April 1953. Palermo, Univ., Ist. di Fisiol. Umana.) O. POLLAK V. EMHOFEN. 4210

Ching Tseng Teng, *Untersuchungen über den Kohlenhydratstoffwechsel in Rattennierenschnitten.* 3. Mitt. *Die Wirkung der Entfernung von Nebennieren und Hypophyse auf Glucoseaufnahme und -bildung.* (2. vgl. C. **1956.** 4466.) Vf. incubiert Nierenschnitzel von Ratten, denen die Nebennieren (a) bzw. Hypophyse (b) exstirpiert worden sind, mit einem *Glucose* (I; 20 mMol/Liter) bzw. *Brenztraubensäure* (II; 40) enthaltenden Substrat unter aeroben Bedingungen (95% O_2, 5% CO_2, 38°) u. bestimmt die I-Aufnahme bzw. I-Neubldg. aus II. Es zeigt sich, daß bei a eine Erniedrigung der I-Bldg. eintritt, während die I-Aufnahme unverändert bleibt. Bei b-Präpp. wird eine Erhöhung der I-Aufnahme bei im Vgl. zu n. Tieren unveränderter I-Synth. beobachtet. Aus den Ergebnissen geht hervor, daß die Hypophyse eine diabetogene Wrkg. besitzt, da sie die I-Nutzbarmachung steuert. Die Nebennierenrindenhormone wirken dagegen zum Insulin antagonist. u. beeinflussen die I-Bldg. nicht. (Arch. Biochem. Biophysics **57.** 61–65. Juli 1955. Houston, Tex., Baylor Univ., Coll of Med., Dep. of Physiol.) P. FAHRNLAENDER. 4210

Ching Tseng Teng, *Untersuchungen über den Kohlenhydratstoffwechsel in Rattennierenschnitten.* 4. Mitt. *Die Wirkung von Kationen auf den Stoffwechsel von Glucose, Brenztraubensäure und Glycerin.* (3. vgl. vorst. Ref.) Vf. incubiert Nierenschnitte n. Ratten mit einem Substrat, das verschied. Konzz. an K^+ (110 bzw. 5 mMol/Liter), Na^+ (0; 105 u. 144); Mg^{2+} (20; 1,5); Ca^{2+} (10; 2,5); HCO_3^- (40); Cl^- (130; 117) sowie *Glucose* (I; 20), *Brenztraubensäure* (II; 40) u. *Glycerin* (III; 40) enthält [aerobe Bedingungen (95% O_2; 5% CO_2; 38°)] u. bestimmt I-, II- u. III-Aufnahme sowie *Lactat* (IV)-Bldg. aus I u. I- u. IV-Bldg aus II u. III. Es wird beobachtet, daß die Aufnahme von I, II u. III in dem höhere Na^+-Konzz. enthaltenden Medium größer ist als in dem mit erhöhten K^+-Mengen. Das gleiche gilt für die I u. IV-Synth. aus I bzw. II u. III. Die Ca^{2+}- bzw. Mg^{2+}-Konzz. besitzen dagegen auf den Stoffwechsel der 3 untersuchten Stoffe keinen Einfluß. Aus den Verss. geht hervor, daß, außer bei IV-Bldg. aus III, die auch durch Veränderungen der K^+- u. Na^+-Gehh. nicht beeinflußt wird, alle Stoffwechselvorgänge in Na^+-reichen Substraten rascher als in K^+-reichen verlaufen. (Arch. Biochem. Biophysics **57.** 66–70. Juli 1955.) P. FAHRNLAENDER. 4210

James L. Gamble jr. und **Victor A. Najjar,** *Versuche zur Kinetik der reversiblen Reaktion von Hexokinase.* Vff. untersuchen die Umkehr Rk. von *Hexokinase* mit *^{14}C-Glucose* bzw. *^{14}C-Glucose-6-phosphat* bei Zusatz katalyt. wirksamer Mengen Adenosintriphosphat oder -diphosphat. Die Enzympräpp. enthalten Phosphohexoseisomerase. Da die Rück-Rk. nur $^1/_{50}$ langsamer als die Hin-Rk. verläuft, wird die hohe Gleichgewichtskonstante der Hexokinase-Rk. durch die starke Affinität von Adenosintriphosphat u. Glucose zum Enzym u. die niedrige Affinität von Adenosindiphosphat u. Glucose-6-phosphat erklärt. (J. biol. Chemistry **217.** 595–601. Dez. 1955. Baltimore, Md., Hopkins Univ., Dep. of Pediatrics, School of Med., Hosp.) R. LENSCHAU. 4210

V. Baccari und **A. Guerritore,** *Über die Ausnützung der Energie der Phosphatbindungen bei der Synthese der —CO—NH-Bindung.* 2. Mitt. Adenosindiphosphorsäure (I), Adenosintriphosphorsäure (II) u. Phosphokreatin (III) werden als mögliche Energiespender der Bldg. von p-Aminohippursäure (IV) an homogenisierter Meerschweinchenleber untersucht, wobei die myokinas. Aktivität durch F stark inhibiert wird. Es zeigt sich, daß $<$0,03mol. F weder in Ggw. von I noch von II die Bldg. von IV verhindert. Es wird daher geschlossen, daß die biol. Synth. der —CO—NH-Bindung für I u. II als Energiespender spezif. ist. I wirkt direkt. III-Zusatz zum Substrat führt nicht zur Bldg. von IV. (Boll. Soc. ital. Biol. sperim. **29.** 487–89. April 1953. Perugia, Univ., Ist. di Chim. Biol.) O. POLLAK V. EMHOFEN. 4210

Richard J. Podolsky und **Julian M. Sturtevant,** *Die Enthalpieänderung bei der Adenosintriphosphathydrolyse.* 1. Mitt. In Ggw. von 0,6mol. KCl, 0,1mol. Tris-[oxymethyl]-aminomethan, 0,001mol. $CaCl_2$ u. 5–10% katalyt. wirkendem Myosin arbeiten Vff. bei 25° u. p_H 8 mit der von BUZZELL (C. **1952.** 4981) angegebenen calorimetr. Apparatur. Die Enthalpiedifferenz bei der Hydrolyse von Adenosintri- zu -diphosphat wird zu $\Delta H = -15{,}9 \pm 0{,}6$ kcal/Mol bestimmt. Nach Berücksichtigung der Rk. des freien Proteins mit dem Puffer beträgt der korr. Wert $\Delta H = -5{,}3$ kcal/Mol. (J. biol. Chemistry **217.** 603–06. Dez. 1955. Bethesda, Md., Naval Med. Res. Inst.; New Haven, Conn., Yale Univ. Sterling Chem. Labor.) R. LENSCHAU. 4210

C. Pellegrino und **G. Villani,** *β-Glucuronidase in lymphatischen Geweben.* Vff. verfolgten Veränderung des *β-Glucuronidase* (I)-Spiegels im lymphat. Gewebe der Ratte durch Best. der I-Aktivität gegen Phenolphthaleinglucuronid als Substrat, während eines Gewichtsverlustes des Gewebes (durch Fasten hervorgerufen) nach Wiederherst. des Gewichtes durch Fütterung u. Ansteigen des Gewichtes nach Adrenalektomie. Die I-Aktivität stieg nach Gewichtsabnahme an; während der Wiederherstellung des Ausgangsgewichtes oder Gewichtszunahme des Gewebes ging die I-Aktivität auf den Ausgangswert zurück. Markantes Ansteigen des I-Spiegels, angegeben als Aktivität/Zelle konnte von Vff. bei Mitosehemmung beobachtet werden. Die Lymphocyten erleiden Atrophie u. verschwinden. Diese Ergebnisse widersprechen der Hypothese, daß ein Ansteigen des I-Spiegels auf Zellwachstum zurückzuführen ist. (Biochem. J. **62.** 235—40. Febr. 1956. Pisa, Univ., Ist. di Patol. generale.) G. BRATFISCH. 4210

Barbara Illingworth, Gerty T. Cori und **Carl F. Cori,** *Amylo-1.6-glucosidase im Muskelgewebe bei allgemeinen Glykogenspeicherungskrankheiten.* Vff. isolieren aus Skelett- u. Herzmuskelhomogenaten von Kindern nach Entfernung des *Glykogens* (I) durch Behandlung mit $(NH_4)_2SO_4$-Lsg. (p_H 7,0) u. Dialyse des erhaltenen Präcipitats gegen 0,0012 mol. Versen- u. 0,016 mol. Glycerophosphatpuffergemisch (p_H 7,2) *Amylo-1.6-glucosidase* (II). Das Substrat zur Unters. ihrer Wirksamkeit enthält (Endvol. 1 ml) *Phosphorylase-Grenzdextrin* (1 mg), anorgan. Phosphat (50 μ Mol, p_H 6,8) u. *Muskelphosphorylase* u. wird mit II-Präpp. (Verdünnung 1:2 bis 1:10) in 0,0012 mol. Versenpuffer (p_H 6,8) 20 Min. bei 30° incubiert. Als II-E. wird die innerhalb von 10 Min. gebildete Menge von 1 γ red. Zucker angesehen. Es wird festgestellt, daß bei 2 Fällen von I-Speicherungskrankheiten keine II-Wrkg. auftritt u. I eine anomale Struktur (kurze Außenketten) besitzt. Das Fehlen von II bedingt auch die I-Anhäufung in den Geweben. Bei 3 anderen Fällen, bei denen I n. Struktur besaß, wurde auch eine n. Konz. an II ermittelt. (J. biol. Chemistry **218.** 123—29. Jan. 1956. St. Louis, Missouri, Washington Univ., School of Med., Dep. of Biol. Chem.) P. FAHRNLAENDER. 4210

A. I. Oparin, T. N. Jewreinowa, T. A. Schubert und **M. N. Nesstjuk,** *Coazervate und Fermente. Protein–Kohlenhydrat Coazervate und α-Amylase.* An Coazervaten aus lösl. *Stärke* (I), *Protaminsulfat* (II) u. *Gelatine* (III) wurde die Wrkg. von *α-Amylase* (IV) auf den Zerfall von I untersucht. Es zeigte sich, daß bei p_H 7,0 im Coazervat die I-Zers. langsamer erfolgt als in der gewöhnlichen Lösung. Aus Unterss. an Gemischen aus den gleichen Bestandteilen bei p_H 5,2—5,5 (keine Coazervatbldg.) ergab sich eine etwas höhere IV-Aktivität als im Coazervat. II u. III sind demnach auch an der I-Zers. beteiligt. In den Coazervattropfen sind II u. III konzentriert. Die Viscosität ist hier erhöht. Die Tropfen besitzen eine höhere Adsorptionsfähigkeit, wodurch die Fermentprozesse gehemmt werden. (Доклады Академии Наук СССР [Ber. Akad. Wiss. UdSSR] **104.** 581—83. 1/10. 1955.) O. LEBTAG. 4210

P. Holtz und **E. Westermann,** *Hemmung der Glutaminsäuredecarboxylase des Gehirns durch Adrenochrom.* Bei Unterss. über das Vork. u. die Verteilung von *Dopadecarboxylase* im Nervensyst. (HOLTZ u. WESTERMANNN, Naturwissenschaften **42.** [1955.] 647) fiel auf, daß die bei Gehirnextrakten relativ hohen „Leerwerte" an abgespaltener CO_2 durch Zusatz von *Dopa* (I) erniedrigt wurden, so daß die I-haltigen Ansätze nach Abzug der „Leerwerte" negative Werte ergeben hätten. Diese durch I bewirkte „Depression" wurde bei Zusatz von *L-Glutaminsäure* (II) deutlicher. I verminderte die Decarboxylierung der II durch den Gehirnextrakt bei 2 Std. Incubation (WARBURG-App.) um mehr als 50%. Diese Hemmung wird durch *Pyridoxalphosphat* (III; das Coferment der Aminosäurendecarboxylasen) in ihr Gegenteil verkehrt, da dann auch I merklich decarboxyliert wird u. die dabei entstehenden CO_2-Mengen sich der bei Decarboxylierung von II entstehenden CO_2 addieren. *Adrenochrom* (IV), das nicht decarboxyliert werden kann, hemmt die Decarboxylierung von II auch in Ggw. von III. Vorincubation der Extrakte mit IV erhöht die hemmende Wrkg., gegenüber der Decarboxylierung von II, von *Oxytyramin* u. *Adrenalin* (welche beide in IV-artige Prodd. umgelagert werden können). — Die Bedeutung der Befunde liegt wahrscheinlich darin, daß ein Stoff, nämlich IV, der bei Menschen halluzinator. Wirkungen hervorrufen kann, in den Abbau einer für den Gehirnstoffwechsel u. für bestimmte Gehirnfunktionen wichtigen Aminosäure, II, hemmend eingreift. (Naturwissenschaften **43.** 38. 2. Jan.-H. 1956. Frankfurt/M., Univ., Pharmakol. Inst.) A. HESSE. 4210

F. P. Veitch und **Robert McComb,** *Die Reinigung von Schweinenieren-D-Aminosäureoxydase. m-Toluylsäure* (I) ist ein kompetitiver Inhibitor der *D-Aminosäureoxydase* (II), der II gegenüber Temperatureinw. in beträchtlichem Maße stabilisiert. II ist bei 57° in Ggw. des I-NH_4-Salzes (0,0178 mol.), p_H 5,2, 15 Min. beständig, während ohne I 81% von II unter den gleichen Bedingungen inaktiviert werden. Die stabilisierende Wrkg. beruht möglicherweise auf Bindung der funktionellen Enzymgruppen durch I in ähnlichem, aber stärkerem Maße als die Substratbindung erfolgt. Hierfür spricht der Vgl. der MICHAELIS-Konstanten der II–I- u. II-Substratkomplexe. Schwächer wirksame kompetitive Inhibitoren schützen II in geringerem Maße gegen Hitzeinaktivierung. Zur II-Reinigung wurde Schweinenierenpulver 2 mal mit W. extrahiert, das Filtrat in Ggw. von I-NH_4-Salz bei p_H 5,2 15 Min. auf 57° erwärmt, kalt abgesaugt, mit Permutit-A (Bicarbonatform) bei 0° der Inhibitor entfernt, das Säulenfiltrat (p_H ca. 7,5) mit $(NH_4)_2SO_4$ gefällt (0,4 Sättigung, p_H 7,0), der Nd. nach Hyflo Super-–Cel-Zusatz abgesaugt, mit 0,04 mol. Pyrophosphatpuffer, p_H 8,3, extrahiert, mit $(NH_4)_2SO_4$

(0,3 Sättigung) gefällt u. in W. gelöst (Anreicherung 100fach, Ausbeute 67%). Das reinste **II**-Präp. war auf Grund von spezif. Aktivitätstest, Säulenchromatographie, Papierelektrophorese u. n. Elektrophorese homogen. (J. Amer. chem. Soc. **78.** 1363—67. 5/4. 1956. College Park, Md., Univ. of Maryland, Chem. Dep.) K. MAIER. 4210

G. A. Lewdikowa, *Gewinnung von kristallinem Pepsin.* 100 g *Pepsin* (**I**; nicht das käufliche, sondern ein Halbprod., der „ausgesalzene" Nd. in der letzten Stufe des technolog. Prozesses der **I**-Gewinnung) werden in 250 ml 20%ig. A. gelöst; zum Filtrat wird die gleiche Menge gesätt. $MgSO_4$ hinzugegeben. Der Rückstand (85 g) wird in 200 ml 25%ig. A. gelöst, die Lsg. filtriert u. mittels 10n H_2SO_4 auf p_H 1,8 gebracht. Am nächsten Tag geht die Lsg. in ein dickes Gel über; 1 Woche später (Zimmertemp.) ist daraus eine weiße M. mit nadelförmigen **I**-Kristallen geworden. Aus 100 g des Ausgangsmaterials (mit 50% Feuchtigkeit) gewinnt man 18—20 g halbtrockenes krist. Pepsin. Zur Umkristallisierung löst man die M. in 20%ig. A. bei p_H 4,0. Beim Ansäuern mit 10n H_2SO_4 erfolgt sofortige Kristallisation. (Вопросы Медицинской Химии [Fragen med. Chem.] **2.** 53. Jan./Febr. 1956. Moskau, Inst. für biol. u. med. Chemie der Akad. der med. Wiss. der UdSSR.) E. RENTZ. 4210

K. N. Weremejenko, *Die Bearbeitung des Rohstoffes und die Isolierung des Fermentes bei der Gewinnung von Pepsinpräparaten.* Bei der Herst. pepsinhaltiger Präpp. ist es nach den Ergebnissen der vorliegenden Arbeit zweckmäßig, nicht die gesamte Schleimhaut des Schweinemagens (wie bisher üblich) zu verwenden, sondern nur den Fundusteil, der ca. 90% des gesamten *Pepsinogens* enthält u. ca. 50% der Schleimhaut ausmacht. Dadurch erhält man ein Autolysat mit fast der doppelten Fermentkonz. im Vgl. zu dem bisherigen Verfahren. Die mechan. Reinigung der Schleimhaut u. deren Auswaschen mit Leitungswasser führt zu keinem Fermentverlust. Dadurch wird ein Autolysat mit weniger Ballaststoffen erhalten. Die Löslichkeit u. die Reinerhaltung der Fermentpräpp. wird dadurch verbessert. Die Abscheidung des Fermentes wird dadurch verbessert, daß die Aussalzung bei 37° nach vorherigem Verweilen des Autolysates bei tiefer Temp. vorgenommen wird. (Украïнський Біохімічний Журнал [Ukrain. biochem. J.] **27.** 510—16. 1955. Kiew, Biochem. Inst. der Akad. der Wiss. der UkrSSR.) O. LEBTAG. 4210

J. Ieuan Harris, *Wirkung von Harnstoff auf Trypsin und α-Chymotrypsin.* (Vgl. C. **1956.** 9482.) Vielfach wurde bei der Prüfung der Wrkg. von *Harnstoff* (**I**) auf Enzyme die **I**-Konz. während der Enzymbest. verd. u. dabei nicht in Betracht gezogen, daß das „akt. Zentrum" eines Enzymmol. durch Bldg. eines beständigen Enzym–Substrat-Komplexes vor der **I**-Denaturierung geschützt oder daß ein inaktiviertes, denaturiertes Mol. reversibel reaktiviert werden könnte. Deshalb wurde die Wrkg. von **I** auf *Trypsin* (**II**) u. *α-Chymotrypsin* (**III**) erneut untersucht. Die Viscosität von **II** steigt mit zunehmender **I**-Konz. bis zu einem Maximum bei 8 Mol **I** unter entsprechender Abnahme der **II**-Aktivität. Im Gegensatz zu VISWANATHA u. LIENER (C. **1956.** 9482) fand Vf., daß **II** in 8 mol. **I** nicht akt. ist. **II** wird in wss. Lsg. bei p_H 7,8 sogar in Ggw. von α-N-Toluolsulfonyl-L-argininmethylester als Substrat durch 8 mol. **I** in 2 Min. zu 75% inaktiviert. In 4 mol. **I**-Lsg. sind 55% des Viscositätsmaximums erreicht u. noch 48% der **II**-Aktivität vorhanden. In 8 mol. **I**-Lsg. besteht **II** vollkommen aus einer stabilen, gestreckten, inakt. Form, die in wss. Lsg. wieder in die ursprüngliche akt. Konfiguration umgewandelt wird. — Die Viscosität 1%ig. Lsgg. von rekrist. salzfreiem **III** nimmt mit der **I**-Konz. zu u. die Enzymaktivität dementsprechend ab. **III** bildet in **I**-Lsgg. ebenfalls Gleichgewichtsgemische von nativen u. gestreckten inakt. Molekülen. Bei p_H 5,0 u. 20° wird das Gleichgewicht schnell erreicht, jedoch ist die Mol.-Entfaltung im Gegensatz zum **II**-Mol. deutlich p_H-abhängig. Die Mol.-Entfaltung nimmt mit fallenden p_H-Werten zu. Das bei p_H 5,0 erzielte Gleichgewicht wird (im Gegensatz zu **II**) in Ggw. von *l*-Tyrosinäthylester (0,02 mol.) in wss. Lsg. bei p_H 7,8 nicht umgekehrt. Bei p_H 5,0 u. 20° wird die Aktivität von **III** in 30 Min. von 80% auf 40% irreversibel reduziert. — Für prakt. Zwecke kann man die Stabilisierung von **II** u. **III** gegen **I**-Inaktivierung in Ggw. eines Substrates ausnutzen. (Nature [London] **177.** 471—73. 10/3. 1956. Copenhagen, Carlsberg Labor.) H. CARLS. 4210

M. P. Tschernikow, *Über die fermentative Aktivität der Zerfallsprodukte von Trypsin, Chymotrypsin und Pepsin.* Mit Hilfe spezieller Cuvetten, in welchen das Protein vom Ferment durch eine Cellophanmembran getrennt ist, gelang der Nachw., daß bei der Autolyse von *Trypsin, Chymotrypsin* u. *Pepsin* niedermol. Zerfallsprodd. entstehen, welche, die Membran passierend, in die Proteinlsg. gelangen u. dort fermentativ wirksam sind. (Вопросы Медицинской Химии [Fragen med. Chem.] **2.** 59—63. Jan./Febr. 1956. Moskau, Inst. für biol. u. med. Chemie der Akad. der med. Wiss. der UdSSR.) E. RENTZ. 4210

W. Marggraf und **W. Greuer,** *Experimentelle Untersuchungen über die Einwirkung von Gewebsautolysaten auf menschliches Blutserum.* 1. Mitt. Es wurde ein elektrophoret. Leberautolysat (I) hergestellt, steril filtriert u. das Filtrat 6 Std. bei 37° mit menschlichem Blutserum behandelt. Das Bluteiweißbild vor u. nach der Behandlung wurde miteinander verglichen. Beim Vermischen von Normalserum mit I im Verhältnis 1:1, tritt ein deutlicher Abbau der Albuminfraktion bei herabgesetztem Gesamteiweiß eine, bedingt durch die frei gewordenen proteolyt. Fermente des I. Bei einem Patientenserum erfolgte Abbau der Albumin- u. α_2-Globulinfraktion, während β- u. γ-Glubolin nicht verändert wurden. (Arzneimittel-Forsch. **6.** 127—29. März 1956. Göttingen, Univ., Chirurg. Klinik.) H. GIENUS. 4210

Michel Polonovski und **Pierre Gonnard,** *Einwirkung von zweiwertigen Kationen auf die Melanogenese in vitro.* (Vgl. LERNER u. Mitarbeiter, C. **1951.** II. 1143.) Im Hinblick auf die Melaninbldg. aus Tyrosin über Dopa → Dopachinon durch Tyrosinase, einem Cu-Protein, untersuchen Vff. den Einfl. zweiwertiger Kationen auf diese Reaktion. Außer Zn u. Cd sind zweiwertige Kationen bei der Melaninbldg. in vitro sehr spezif. wirksam. Cu, Fe aktivieren das 1. Stadium der Oxydation u. hemmen völlig die letzten Umbildungsschritte der Melanogenese. Dagegen aktivieren Co u. Mn gleicherweise die Oxydation von Dopa zu Dopachinon ohne die letzten Rkk. zu hemmen. Mit Co kommt es zu erhöhtem Dopaverbrauch u. Erhöhung des Melanindepots. Mn aktiviert alle Umbildungsstadien u. führt zu totaler Melanogenese, dabei verschwinden die Chinonprodd.; die gebildeten Melanine entsprechen dem verbrauchten Dopa. Ni aktiviert den Verbrauch von Dopa u. hemmt die Bldg. von Melaninen nicht. Gleichzeitige Hinzufügung von Cu u. Mn erhöht ihre reziproken Wirkungen. Alle Kationen sollen die Enzymvermehrung der Melanogenese bewirken. (C. R. Séances Soc. Biol. Filiales **145.** 1612—13. Nov. 1951. Labor. de Biochimie médicale de Faculté de Médecine.) D. ITZEROTT. 4210

W. Mischel und **A. Mischel,** *Der atoxylfeste, chininfeste und Gesamtlipasegehalt des Blutserum bei Schwangerschaftstoxikosen.* Der Geh. an *Serumlipase* ist bei Hyperemesis gegenüber gesunden Schwangeren nicht verändert, sinkt aber bei Präeklampsie u. Eklampsie ab. Der autoxylfeste u. chininfeste Lipaseanteil ist bei Präeklampsie u. Eklampsie erhöht, bei Hyperemesis fast normal. (Zbl. Gynäkol. **77.** 1694—98. 1955. Leipzig, Univ.-Frauenklinik.) WOLFGANG ALBRECHT. 4210

E. Quagliariello und **G. Della Pietra,** *Die Umwandlungen von 3-Oxyanthranil- und Chinolinsäure im Kükenembryo.* Vff. führten an Homogenaten aus 12 Tage alten Hühnerembryos den Nachw. der Umwandlung von *3-Oxyanthranilsäure* in *Nicotinsäure.* Eine Umwandlung von Chinolinsäure in Nicotinsäure konnte nicht nachgewiesen werden. Chinolinsäure erscheint auch nicht als Intermediärprod. beim Abbau von Tryptophan zu Nicotinsäure. (Biochem. J. **62.** 168—71. Jan. 1956. Univ. of Naples, Inst. of Chem., Fac. of Med. and Surgery.) H. GERTH. 4210

O. Wiss, *Über die Wirkungsweise der Oxyanthranilsäureoxydase.* Die Fortführung der Unterss. über die enzymat. Spaltung der *3-Oxyanthranilsäure* (I) ergab, daß die quantitative Umwandlung von 1 Mol I in *Acroleinfumarsäure* 1 Mol O_2 benötigt. Durch $(NH_4)_2SO_4$-Fraktionierung aus Schweinsleber-Acetontrockenpulver hergestellte Enzympräpp. können ohne wesentlichen Aktivitätsverlust gegen Trioxymethylaminomethanpuffer dialysiert werden. Bei *8-Oxychinolin*-Zusatz zu letztem erfolgt Inaktivierung. Katalyt. Mengen Fe^{2+}-Ionen reaktivieren spezif., bes. bei gleichzeitiger Zugabe von *Cystein* (Aktivitätsbest. durch Messung der UV-Absorption bei 366 mμ des aliphat. Spaltprod.). *p-Chlorquecksilberbenzoat* hemmt die *Oxyanthranilsäureoxydase.* Vermutlich werden die Fe^{2+}-Ionen an SH-Gruppen des Enzymeiweißes gebunden, u. der gebildete Komplex ist zur O_2-Aktivierung fähig. (Z. Naturforsch. **11b.** 54—55. Jan. 1956. Tübingen, Max-Planck-Inst. für Biochem. u. Physiol.-Chem. Inst. der Univ.) K. MAIER. 4210

Alan H. Mehler, *Bildung von Picolinsäure und Chinolinsäure nach enzymatischer Oxydation von 3-Oxyanthranilsäure.* Die Umwandlung von *3-Oxyanthranilsäure* (I) durch Leberpräpp. verläuft in 2 Stufen: 1. Oxydation von I unter Aufnahme von 2 O u. Bldg. einer unbeständigen Verb. II mit λ_{max} 360 mμ. Die Rk. wird durch *I-Oxydase* katalysiert u. durch CN^--Ionen kompetitiv gehemmt. 2. Die 2. Stufe verläuft in mindestens 2 Richtungen, wobei aus II in nichtenzymat. Rk. *Chinolinsäure* u. durch Einw. eines *Enzyms II Picolinsäure* entstehen. Die Anreicherung von *Enzym II* erfolgte durch Zentrifugieren von Meerschweinchenleberhomogenisat bei p_H 5, fraktionierte $(NH_4)_2SO_4$-Fällung des Überstandes, Adsorption des dialysierten Enzyms an $Al(OH)_3$–$C\gamma$, Elution mit 0,5mol. K-Phosphat, p_H 7,8, u. Wiederholung der $(NH_4)_2SO_4$-Fraktionierung. *Enzym II* wird durch 10^{-5}mol. HCN u. p-Chlormercuribenzoat gehemmt. Das p_H-

Optimum liegt zwischen 6 u. 9,5. (J. biol. Chemistry **218.** 241—54. Jan. 1956. Bethesda, Md., U. S. Publ. Health Service, Nat. Insts. of Health, Nat. Inst. of Arthritis and Metabolic Diseases.) K. MAIER. 4210

Osamu Hayaishi und **Arthur Kornberg,** *Enzymatische Bildung von Barbitursäure aus Uracil und von 5-Methylbarbitursäure aus Thymin.* Inhaltlich in der C. **1953.** 5053 referierten Arbeit enthalten. (J. Amer. chem. Soc. **73.** 2975—76. Juni 1951. Bethesda, Md., Nat. Inst. of Arthritis and Metabol. Diseases.) E. KOBER. 4210

Gordon M. Tomkins, *Eine Säuger-3α-Oxysteroiddehydrogenase.* Verschied. Säugergewebe (Leber, Niere, Hoden) enthalten eine *3α-Oxysteroiddehydrogenase* (I), das die Umwandlung von *3-Keto-* in *3α-Oxysteroide* der C_{19} u. C_{21}-Reihe [z. B. *Dihydrocortison* (III) → *Tetrahydrocortison* (IV)], unabhängig von der Konfiguration der *A–B*-Ringverknüpfung katalysiert; wobei *Diphosphopyridinnucleotid* (II) u. *Triphosphopyridinnucleotid* (V) als H-Acceptoren wirken. *A–B–cis*-Steroide wurden rascher red. als *A–B–trans*-Isomere. Die Seitenketten in Cholestanon u. Coprostanon sowie die α.β-Doppelbindung in Cortison u. Δ^1-Androsten-3.17-dion verhindern die Reduktion. Die partielle Reinigung von I aus Rattenleber erfolgte durch Zentrifugieren (10000 g, 10 Min.) des mit kaltem 0,1 mol. Na_2HPO_4 hergestellten Homogenisats (p_H 7), Fällen des Überstandes mit neutralem $(NH_4)_2SO_4$ (55 u. 70% Sättigung), Dialyse der wss. Lsg. des 2. Nd. gegen W., Fällen der I-Lsg. mit gealtertem $Ca_3(PO_4)_2$-Gel, dann (Überstand) bei —10 bis —5° mit A. (20 u. 30%) versetzen u. Lösen des 2. Nd. in W. (Anreicherung ca. 75fach). Die reinsten Präpp. verloren in 5 Tagen bei —10° 80—100% der Aktivität. Die Oxydation von II durch III verläuft bei p_H 7—8, die Red. von II durch IV bei p_H 8—8,3 mit maximaler Geschwindigkeit. K_m beträgt für III 10^{-5}, für II red. $1{,}5 \cdot 10^{-5}$, für II u. V $4 \cdot 10^{-5}$ Mol/Liter. I enthält SH-Gruppen, da Schwermetalle u. Jodacetat die Aktivität hemmen. (J. biol. Chemistry **218.** 437—47. Jan. 1956. Bethesda, Md., U. S. Dep. of Health, Education and Welfare, Nat. Inst. of Health, Nat. Inst. of Arthritis and Metabolic Diseases.) K. MAIER. 4210

R. B. Clayton und **Konrad Bloch,** *Biologische Synthese von Lanosterin und Agnosterin.* Nach Incubation von Rattenleberhomogenisaten mit Na–$^{14}C_{(1)}$-*Acetat* enthielt das Unverseifbare des Gewebes 2 radioakt. C_{30}-Steroide, *Lanosterin* (I) u. *Agnosterin* (II). Bei Ggw. von Träger-„*Isocholesterin*" (III, aus Wollfett, besteht aus I, *Dihydro*-I, II u. *Dihydro*-II) während der Incubation ist ein wesentlich größerer Teil der Aktivität in der I-Fraktion des Unverseifbaren isolierbar. Die Identität der markierten Prodd. mit I u. II wurde durch Überführung in mehrere charakterist. Derivv. bewiesen, wobei der ^{14}C-Geh. der C_{30}-Sterine unverändert blieb. Bei Incubation der Leberhomogenisate in Ggw. einer natürlichen III oder eines aus den 4 Komponenten im entsprechenden Verhältnis hergestellten III steigt die Ausbeute an ^{14}C-I erheblich an. Die gleiche Wrkg. wird durch ein I–II-Gemisch, jedoch nicht durch einen einzelnen III-Bestandteil erreicht. (J. biol. Chemistry **218.** 305—18. Jan. 1956. Cambridge, Mass., Harvard Univ., Converse Memorial Labor.) K. MAIER. 4210

R. B. Clayton und **Konrad Bloch,** *Die biologische Umwandlung von Lanosterin in Cholesterin.* (Vgl. vorst. Ref.) Durch Incubation von „*Isocholesterin*" u. $^{14}C_{(1)}$-*Acetat* mit Rattenleberhomogenisaten (vorst. Ref.) erhaltenes ^{14}C-*Lanosterin* (I), das frei von ^{14}C-*Cholesterin* (II) war, wurde durch Ultrabeschallung in Phosphatpuffer + 0,5% Rinderserumalbumin emulgiert u. nach Zusatz von Diphosphopyridinnucleotid 4,5 Std. bei 37° aerob mit Leberhomogenisat incubiert. Nach Verseifung der Homogenisate konnten bis 63% von umgesetztem I als ^{14}C-II isoliert werden. I stellt möglicherweise eine Zwischenstufe bei der hypothet. Synth. von II aus *Squalen* dar. (J. biol. Chemistry **218.** 319—25. Jan. 1956. Cambridge, Mass., Harvard Univ., Converse Memorial Labor.) K. MAIER. 4210

F. Cacioppo, S. Lo Cascio und **S. Leuricella,** *Kondensation von Thiamin durch tierisches Gewebe.* Die Synth. von *Thiamin* (I) wird an homogenisierter Leber u. Niere von Kaninchen in Ggw. der I-Komponenten untersucht. Bes. Leber hat die Fähigkeit *2-Methyl-4-amino-5-aminomethylpyrimidin* (II) oder *2-Methyl-4-amino-5-chlormethylpyrimidin* (III) mit *4-Methyl-5-β-oxyäthylthiazol* zu kondensieren. Das auf diese Weise gebildete I wird zu Thiochrom oxydiert u. spektrophotometr. bestimmt. Die Höhe der Kurve steigt mit der Konz. der Komponenten an u. war mit II höher als mit III. (Boll. Soc. ital. Biol. sperim. **29.** 526—28. April 1953. Palermo, Univ., Ist. di Fisiol. Umana.) O. POLLAK V. EMHOFEN. 4210

M. R. Pollock, Anne-Marie Torriani und **E. J. Tridgell,** *Krystallisierte bakterielle Penicillinase. Penicillinase* (I) wurde aus Bacillus cereus (Mutante) isoliert u. nach Fraktionieren mit $(NH_4)_2SO_4$ u. Fällen mit 40%ig. A. krist. erhalten: elektrophoret. Beweglichkeit bei p_H 8,4 = $-3{,}84 \cdot 10^{-5}$ cm²/V/sec bzw. $+3{,}6 \cdot 10^{-6}$ bei p_H 5,0; Sedimentationskonstante $S_{20,w} = 2{,}82 \cdot 10^{-13}$; Diffusionskonstante $7{,}80 \cdot 10^{-7}$; Mol.-Gew. 35200; spezif. Aktivität (E./mg N) = $1{,}53 \cdot 10^6$; mol. Aktivität (Mol hydrolysiertes Penicillin/Mol I/Min. bei 30°) = $1{,}48 \cdot 10^5$; $E^{1\,cm}_{280\,m\mu}$ (bei einer Konz. von 1,0 mg N/cm³) = 7,35. — Nach den elektrophoret. Unterss. u. Befunden in der Ultrazentrifuge scheint die gereinigte I aus einem einzigen Protein mit einem isoelektr. Punkt bei ca. p_H 5,0 (Mol.-Gew. 32500) zu bestehen. I ist bei Dialyse stabil; es besteht kein Anhaltspunkt für Ggw. einer spezif. prosthet. Gruppe oder Notwendigkeit von Coenzym oder Aktivator. (Biochem. J. **62.** 387—91. März 1956. Mill Hill, London, Nat. Inst. for Med. Res.) A. Hesse. 4210

Margot Kogut, M. R. Pollock und E. J. Tridgell, *Reinigung von penicillininduzierter Penicillinase von Bacillus cereus NRRL 569: Vergleich ihrer Eigenschaften mit denen einer ähnlich gereinigten, spontan von einem konstitutiven Mutantenstamm gebildeten Penicillinase.* (Vgl. vorst. Ref.) Die durch Penicillin induzierte *Penicillinase* (I) aus Bacillus cereus 569 (auf Caseinhydrolysat gewachsen) wurde durch Adsorption an feines Glaspulver, Elution mit halbgesätt. $(NH_4)_2SO_4$ u. Fraktionieren zwischen 60 u. 75% gesätt. $(NH_4)_2SO_4$ gereinigt u. schließlich aus 30%ig. A. kristallisiert. Die I scheint elektrophoret. u. in der Ultrazentrifuge einheitlich zu sein; Mol.-Gew. 31000. — Eine konstitutive I wurde durch Penicillinbehandlung aus einem Stamm Bac. cereus 569/H erhalten, der durch spontane Mutation aus Bac. cereus 569 entstanden war. Die beiden I unterscheiden sich nicht wesentlich hinsichtlich spezif. Aktivität, Sedimentationskonstante, Diffusionskonstante, elektrophoret. Beweglichkeit u. Löslichkeit in Salzlösungen. Jedoch besteht ein Unterschied zwischen der konstitutiven I aus 569/H u. der konstitutiven I eines Bac. cereus 5/B. — Vff. schließen, daß die mittels Penicillin erzielte Induktion der Bldg. eines spezif. physikal.-chem. verschied. Proteins entspricht. (Biochem. J. **62.** 391—401. März 1956.) A. Hesse. 4210

J. R. Hall und **A. G. Ogston,** *Sedimentation und Diffusion von Proben der Penicillinase.* (Vgl. vorst. Ref.) Die in der vorst. Mitt. beschriebenen verschied. Arten von *Penicillinase* (I) scheinen mit Ausnahme der I aus 569/H(1) homogen zu sein. I aus 5/B ist von allen anderen verschieden; I aus 569 (induziert) u. aus 569/H(2) scheinen ident. zu sein. I aus 569/H(1) u. 569/H(2) sind verschieden. (Biochem. J. **62.** 401—03. März 1956. Oxford, Univ., Dep. of Biochem.) A. Hesse. 4210

E3. Mikrobiologie. Bakteriologie. Immunologie.

J.-G. Marchal und **F. Lotz,** *Von Pseudomonas Cattleyaecolor gebildetes Pigment und Vitamin B_1.* Die aus einer stark chromogenen Kultur von *Pseudomonas cattleyaecolor* in L 1-Milieu erhaltene Pigmentlsg. verstärkt die Wrkg. von *Vitamin B_1*. Diese Wrkg. beruht einesteils auf einer kleinen, aus dem Kulturmedium mitgeschleppten Menge von Vitamin B_1, andererseits auf der synergist. Wrkg. des Pigments selbst. Dieses könnte so als zusätzlicher temporärer Wachstumsfaktor betrachtet werden, da er nur in den ersten Tagen eine schnellere Entw. von *Phycomyces blakesleeanus* hervorruft, wenn er dem synthet. Vitamin B_1 enthaltenden Milieu von Schopfer u. Jung zugesetzt wird. (Trav. Lab. Microbiol. Fac. Pharmac. Nancy **17.** 31—48. 1950/52, [herausgeg. 1953]. Nancy, Fac. de Pharmacie.) E. Frühwald. 4310

W. Döll, *Bakteriologische Untersuchungen mit Vitamin T (Goetsch).* Es wurde die Verwendbarkeit des *Vitamin T* Goetsch für bakteriol. Zwecke (I) in der Nährbodentechnik bei grampositiven u. gramnegativen Bakterienarten geprüft. I wurde in 2%ig. Zusatz geprüft. Als Zusatz zum Nähragar wirkt I stark wachstumsfördernd, bei Nährböden für Tuberkelbacillen jedoch erst, wenn schon ein deutlich sichtbarer Kulturrasen vorhanden war. Einen Einfl. auf die Färbbarkeit der Kulturen, die Morphologie der untersuchten Mikroorganismen u. die Farbstoffbldg. bei Bact. pyocyaneum übt I nicht aus. (Arzneimittel-Forsch. **6.** 153—54. März 1956. Würzburg, Univ., Inst. für Hygiene u. Mikrobiol.) H. Gienus. 4310

H. H. Budzier, *Stimmulation von Mikroorganismen durch Sexualhormone.* Poch (Biogas, Berlin, Dtsch. Bauernverlag 1953) stellte fest, daß CH_4-bildende Anaerobier in Ggw. von *Östrogenen* (I) mehr CH_4 bilden. Vf. gibt an, daß auch aerobe Mikroorganismen durch I stimuliert werden. Wurden bei Kompostierungsverss. je m³ Ausgangsmaterial 75000 bzw. 125000 I.E. *Dienöstroldiacetat* (*Östrasid,* Serum-Werk, Berlin-Weißensee) zugesetzt, wurden bei den Rottevorgängen nicht nur frühzeitigere maximale Temperaturanstiege beobachtet, sondern auch ein um 6 bzw. 7° höherer Wert erreicht. Auch Fusarium roseum, Trichothecium roseum (T. r.) u. Rhizoctonia solani zeigten nach I-Zusatz bessere Entw.; bei T. r. wurde gleichzeitig Förderung der Conidienbldg. festgestellt. (Naturwissenschaften **43.** 68. Febr. 1956. Rostock, Univ., Inst. für Phytopatholog. u. Pflanzenschutz.) H. P. Fiedler. 4310

E. Weisz, G. Wix und **M. Bodánszky,** *Die Bildung von 11-Epicorticosteron auf mikrobiologischem Wege.* Durch einen Aspergillusstamm konnte *Progesteron* gleichzeitig am $C_{(11\alpha)}$ u. $C_{(21)}$ hydroxyliert werden. Aus dem Chloroformextrakt der Fermentationslsg. wurde nach Fraktionierung an einer *Aluminiumoxydsäule 11-Epicorticosteron* isoliert, F. 153—154°, $[\alpha]_D$ +163° (c = 0,6; A.). Außerdem wurde papierchromatograph. nachgewiesen *11-α-Oxyprogesteron* u. 2 mehr polare Stoffe, von denen einer mit Triphenyltetrazoliumchlorid Rotfärbung gibt. (Naturwissenschaften **43.** 39—40. Jan. 1956. Budapest, Forschungsinst. für pharmazeut. Ind.) H. BOSER. 4320

F. Lindner, R. Junk, H. Kehl, G. Nesemann und **J. Schmidt-Thomée.** *Dehydrierung von Δ^4-3-Ketosteroiden zu 1.4-Dien-3-ketonen durch Bakterien der Subtilisgruppe.* Durch Mischkulturen von *Rhizopus nigricans* u. *Bacillus subtilis* können z. B. *Cortison, Reichsteins Substanz S* oder *Hydrocortison* in Ausbeuten bis zu 80% zur entsprechenden *Δ^1-Verb.* dehydriert werden.

V e r s u c h e: *Δ^1-Cortison* (I), F. 232—233°, $[\alpha]_D^{20}$ +166° (Dioxan), Ultrarotabsorption u. a. bei 6,15 u. 6,23 μ (typ. für *$\Delta^{1.4}$-3-Ketosteroide*). Aus Cortison durch mehrtägiges Bebrüten bei 35° p_H 7. Extraktion der Fermentationslsg. mit *Methylenchlorid*, beim Einengen krist. **I** aus. Als Nebenprod. wird ein *1.4-Dienketon* (F. 188—190°) sonst unbekannter Konst. erhalten. (Naturwissenschaften **43.** 39. Jan. 1956. Frankfurt/M.-Höchst, Farbwerke Hoechst AG.) H. BOSER. 4320

Barry M. Bloom und **G. M. Shull,** *Die Bildung von Epoxyden ungesättigter Steroide durch Mikroorganismen.* 2. Mitt. der Reihe *Mikrobiologische Umwandlung von Steroiden.* (1. vgl. SHULL u. **Mitarbeiter,** C. **1956.** 5566.) Durch Bebrütung von *$\Delta^{4.9,11}$-Pregnadien-17α.21-diol-3.20-dion* (**I**) mit Mikroorganismen, die hydroxylierende Kapazität aufweisen [Curcularia lunate (C.l.), Cunninghamella blakesleeana (C.b.)] bildet sich *Δ^4-9β.11β-Epoxypregnen-17α.21-diol-3.20-dion,* $C_{21}H_{28}O_5$, F. 210—211°, $[\alpha]_D$ +13° (Dioxan), das papierchromatograph. (Papierimprägnation mit Aceton/W. 7/3; mobile Phase Toluol/A. 5/1) mit R_F 0,57 u. spektrophotometr. identifiziert wurde. — C.l., C.b., Helicostylum piriforme, Mucor griseocyanus u. Mucor parasiticus (14α-hydroxylierende Organismen) bildeten aus *$\Delta^{4.14}$-Pregnadien-17α.21-diol-3.20-dion* [$C_{21}H_{28}O_4$, F. 196,8—198,8°, $[\alpha]_D$ +52° (Dioxan)] das entsprechende Epoxyd *Δ^4-14α.15α-Epoxypregnen-17α.21-diol-3.20-dion,* $C_{21}H_{28}O_5$, F. 229,6—232,2°, $[\alpha]_D$ +135° (Dioxan), das durch Verteilungschromatographie (Silicagel) abgetrennt u. spektrophotometr. identifiziert wurde. Diese Epoxydbldg. erfolgte nicht mit Organismen, die zur Hydroxylierung in $C_{(14\alpha)}$ unfähig sind (Rhizopus nigricans, Rh. arrhizus u. Pestalotia foedans). Es sind also nur die Mikroorganismen zur Bldg. „axialer" Epoxygruppen befähigt, die in den entsprechenden g e s ä t t. Steroiden an der gleichen Stelle axiale Oxygruppen bilden können. So wurde z. B. aus **I** durch Rhizopus nigricans u. Rhizopus arrhizus (hydroxylieren äquatorial in $C_{(11\alpha)}$) nicht das entsprechende Δ^4-9α.11α-Epoxyd gebildet. Diese Befunde schließen die Möglichkeit, daß **I** ein Zwischenprod. bei der mikrobiol. Synth. von Hydrocortison aus 11-Desoxycortison ist, aus. (J. Amer. chem. Soc. **77.** 5767—68. 5/11. 1955. Brooklyn, N. Y., Chas. Pfizer and Co., Inc., Res. Labors.) WOLFGANG SIMON. 4320

Joseph S. Gots und **Samuel H. Love,** *Purinstoffwechsel bei Bakterien.* 2. Mitt. *Faktoren, welche die Biosynthese von 4-Amino-5-imidazolcarboxamid bei Escherichia coli beeinflussen.* (1. vgl. C. **1953.** **8896.**) Bei Verwendung einer Purin benötigenden Mutante von Escherichia coli wird von nichtproliferierenden Zellen *4-Amino-5-imidazolcarboxamid* (**I**) gebildet. Der C- u. Energiebedarf für diese Synth. wird am besten mit Glucose (**II**), Gluconat, d-Arabinose (**III**), D-Galaktose oder Glucose-1-phosphat bestritten; die I-Bldg. läuft parallel mit dem II-Verbrauch, Belüftung erhöht die I-Bildung. Die Verwertung von **III** ist adaptiv. Der N-Bedarf kann durch anorgan. NH_4-Salze gedeckt werden, wirksamer sind jedoch Caseinhydrolysate. Serin, Glutamin- u. Asparaginsäure dienen als N-Donatoren; Histidin, Threonin, Glycin u. Asparaginsäure stimulieren die I-Synth. in Ggw. optimaler Mengen anorgan. Stickstoffs. Methionin, α-Aminobuttersäure, Valin u. Homoserin besitzen Inhibitorwrkg., ebenso Formiat, Acetat, Citrat, α-Ketoglutarat, Malat u. Ascorbinsäure. Imidazol, Imidazol-4.5-dicarbonsäure, Imidazol-1-carboxamid, 4-Amino- u. 4-Formamido-5-imidazolcarboxamid, Aminomalonsäure, Malonamamidin, Aminomalonamidin, Aminomalonamamidin u. Formylamidoaminomalonamamidin förderten die I-Bldg. nicht; diese Verbb. dürften somit nicht als Vorläufer von **I** auftreten. (J. biol. Chemistry **210.** 395—405. Sept. 1954. Philadelphia, Pa., Univ. of Pennsylvania, School of Med., Dep. of Microbiol.) H. GOEBEL. 4320

Samuel H. Love und **Joseph S. Gots,** *Purinstoffwechsel bei Bakterien.* 3. Mitt. *Anhäufung eines neuen pentosehaltigen Arylamins bei einer Purin benötigenden Mutante von Escherichia coli.* (2. vgl. vorst. Ref.) Bei der Unters. von Purin benötigenden Mutanten von Escherichia coli wurde ein Stamm gefunden, der ein nichtacetylierbares, diazotierbares *Amin* (I) bildet. Das UV-Spektr. von I u. das seines Diazofarbstoffs ist nicht ident. mit dem Spektr. von *4-Amino-5-imidazolcarboxamid* (II). I ist verknüpft mit einer *Pentose*. Es handelt sich bei I um ein *Aminoimidazolribosid*, das durch Stamm B 96 in II übergeführt, u. das von E. coli B verwertet werden kann. I scheint ein Zwischenprod. bei der Biosynth. von Purinen durch E. coli zu sein. Abb. der UV-Absorptionsspektren. (J. biol. Chemistry **212.** 647—54. Febr. 1955. Philadelphia, Pa., Univ. of Pennsylvania, School of Med., Dep. of Microbiol.) H. GOEBEL. 4320

Ss. I. Nowikowa, *Die Spaltung von Maltose durch gewaschene Zellen von Str. lactis unter Bildung von Glucose-1-phosphat.* Bei der Einw. gewaschener Zellen von *Streptococcus lactis* (Str.l.) auf einen Nährboden mit *Maltose* (I)- u. anorgan. P-Geh. geht der I-Verbrauch mit einem Verbrauch von anorgan. P einher. Die im Nährboden entstehenden leicht hydrolysierbaren P-Verbb. entsprechen in der Menge meistens fast den Mengen des anorgan. P. Bei der Spaltung von I durch Str.l. entsteht zu 25% *Glucose-1-phosphat* (II). Ob die II-Bldg. aus I durch direkte Phosphorolyse oder über die Polysaccharidbldg. durch Transglucosidase u. anschließende Phosphorolyse erfolgt, konnte nicht geklärt werden. (Мікробіологічний Журнал (Киев) [Mikrobiol. J. (Kiew)] **17.** Nr. 4. 41—45. 1955. Mikrobiol. Inst. der Akad. der Wiss. der UdSSR.) O. LEBTAG. 4320

Yukio Kameda, Etsuko Toyoura, Yukio Kimura und **Hiroshi Yamazoe,** *Hydrolyse und Metabolismus von Benzoyl-D-phenylalanin durch Bodenbakterien.* Unter **34** Stämmen von Bodenbakterien sind die Stämme KT 82 u. KT 83 fähig, in ihrem Stoffwechsel sowohl *Benzoyl-D-phenylalanin* (I; F. 139—140°; $[\alpha]_D^{13}$ —14,9°) als auch *Benzoyl-L-phenylalanin* (II; F. 139—140°; $[\alpha]_D^{13}$ +14,8°) als alleinige Quelle für C u. N zu verwenden, der Stamm KT 84 nur **II.** Das Kulturmedium setzte sich zusammen aus 0,1 g K_2HPO_4, 0,05 g $MgSO_4 \cdot 7\,H_2O$, 2 Tropfen 1%ig. Lsg. von $CaCl_2 \cdot 6\,H_2O$, 1 Tropfen 1%ig. Lsg. von $FeCl_3 \cdot 6\,H_2O$, 0,2 g organ. Testsubstanz, 100 cm³ dest. W., mit 10%ig. NaOH auf p_H 7,0—7,2 eingestellt. Die Stämme KT 82, KT 83 u. KT 84 wurden ferner in ihrer hydrolyt. Wirksamkeit gegenüber I getestet. Nach 7 Tagen ergab sich bei KT 82 eine Ausbeute von 8% Benzoesäure u. bei KT 83 eine solche von 34%. Stamm KT 84 konnte I nicht hydrolysieren. (Nature [London] **169.** 1016. 14/6. 1952. Kanazawa, Japan, Univ., Fac. of Pharm., Biochem. Labor.) W. ERDMANN. 4320

Je. L. Ruban und **G. A. Sawarsin,** *Restnitrifikation bei Nitrosomonas. Nitrosomonas* scheidet auch in Ggw. von NH_3 eine geringe, aber deutlich bestimmbare Menge von Nitriten aus. Diese Bldg. von Nitriten dauert 3—4 Tage an, selten bis zu einer Woche. Wenn die Restnitrifikation aufhört, ruft ein Zusatz von NH_3 kein Wiederansteigen der Nitrifikation hervor, da offenbar die Hauptmenge der Zellen abgestorben ist. Da der Zutritt von NH_3 sorgfältig ausgeschlossen worden war, könnte daran gedacht werden, daß die Nitrifikation auf Rechnung von NH_3 erfolgt, das von den Zellen selbst gebildet wird, aber diese Erklärung erwies sich als nicht stichhaltig. Man kann als nachgewiesen betrachten, daß in den von NH_3 ausgewaschenen Kulturen von Nitrosomonas eine Restnitrifikation vor sich geht. Als einzige N-Quelle dafür erweisen sich die N-haltigen Vorratsstoffe der Zellen von Nitrosomonas. Die Abscheidung von N bei der Restnitrifikation stellt nur einige Prozent des gesamten N der Kulturen dar. (Доклады Академии Наук СССР [Ber. Akad. Wiss. UdSSR] **104.** 144—46. 1/9. 1955.) A. JACOB. 4320

Robert Knox, Pauline M. Meadow und **Anthony R. H. Worssam,** *Die Beziehung zwischen der Katalaseaktivität, der Wasserstoffperoxydsensitivität und der Resistenz von Mycobakterien gegen Isoniazid.* Einige gegen *Isoniazid* (I) resistente Stämme von Mycobakterien sind arm an *Katalase* (II); dies war spezif. für die I-Resistenz u. verknüpft mit steigender Empfänglichkeit für die letale Wrkg. von H_2O_2 auf die Bakterien. Die Aktivität einer Anzahl von II-Präpp. wurde durch I nicht beeinträchtigt. Es ist anzunehmen, daß I bei der Synth. von II oder Peroxydase in Mycobakterien störend wirkt. — 17 Literaturhinweise. (Amer. Rev. Tubercul. Pulmonary Diseases **73.** 726—34. Mai 1956. London, Guy's Hosp. Med. School, Dep. of Bacteriol.) EBERHARD MÜLLER. 4330

Hilda Pope, *Die Neutralisation der Isoniazidaktivität gegen Mycobacterium tuberculosis durch gewisse Umwandlungsprodukte.* Eine Anzahl von Umwandlungsprodd. wurde in vitro auf ihre Eignung als Antagonisten gegen die hemmende Wrkg. von *Isoniazid* (I) auf M. tuberculosis H 37 Rv geprüft. Hierbei war *Pyridoxal* (II) der wirksamste Antagonist. Ähnlich wirkten Pyridoxamin, die Na-Salze der Bernstein (III)- u. α-Glutarsäure (IV), Vitamin B_{12}, Guanin, Nucleinsäure, *l*-Alanin, d-Alanin, *l*-Arginin, *l*-Glutaminsäure, d-Glutaminsäure, *l*-Leucin, *l*-Lysin, *l*-Prolin, *l*-Tyrosin u. *dl*-Valin. Gegen 10 γ/ml I resistente Tuberkelbacillen werden durch subinhibitor. II-Konzz. erheblich gehemmt. Durch hohe I-Konzz. wird die endogene Respiration von Tuberkelbacillen gehemmt; diese Wrkg. wird durch **II** oder **IV** überwunden, nicht durch **III.** I hemmt auch die Oxydation von **III**, Lactat, Acetat, Glucose u. Glycerin. (Amer. Rev.

Tubercul. Pulmonary Diseases **73.** 735—47. Mai 1956. Durham, N. C., Duke Univ., School of Med., Dep. of Bacteriol.) Eberhard Müller. 4330

Anne S. Youmans und **Guy P. Youmans,** *Der Einfluß des von Mycobakterien gebildeten „Antiisoniazid" auf die chemotherapeutische Aktivität von Isoniazid in vivo.* Die unterdrückende Wrkg. von Isoniazid (**I**) bei tuberkulöser Infektion von Mäusen war umgekehrt proportional der Größe der angewandten Tuberkelbacillendosis. Kulturfiltrate u. Extrakte von Mycobakterien, die ein *„Antiisoniazid"* enthalten, red. bei parenteraler Anwendung auf Mäuse erheblich diese unterdrückende Wrkg. von **I** auf künstliche Tuberkuloseinfektion von Mäusen. (Amer. Rev. Tubercul. Pulmonary Diseases **73.** 764—67. Mai 1956. Chicago, Ill., Northwestern Univ., Med. School, Dep. of Bacteriol.) Eberhard Müller. 4330

Emanuel Wolinsky, Marjorie M. Smith und **William Steenken jr.,** *Isoniazidempfänglichkeit, Katalaseaktivität und Virulenz von frisch isolierten Tuberkelbacillenkulturen bei Meerschweinchen.* Aus den Verss. mit Tuberkelbacillen (Tbc)-Kulturen an Meerschweinchen wurde geschlossen: Ein negativer Katalasetest in einer Tbc-Kultur zeigt zuverlässig einen mittleren bis hohen Grad von *Isoniazid* (**I**)-Resistenz an u. die Wahrscheinlichkeit einer Virulenzabnahme. 3 von 18 katalasenegativen **I**-resistenten Tbc-Stämmen zeigten eine geringe Abnahme der Virulenz wegen der Ggw. von katalasepositiven **I**-empfänglichen Mutanten. Deren Auftreten machte sich z. B. bei 2 Patienten bemerkbar, die eine Anfangstherapie von 10 mg **I**/kg täglich erhielten. (Amer. Rev. Tubercul. Pulmonary Diseases **73.** 768—72. Mai 1956. New York, N. Y., Trudeau Found., Trudeau Labor.) Eberhard Müller. 4330

Frank Winder, *Freisetzung von Peroxyd bei der Zersetzung von Isoniazid.* An Hand der Literatur wird zunächst die n. p_H- u. katalysatorabhängige Zers. von *Isoniazid* (**I**) in Pufferlsg. in Ggw. von O_2 besprochen. — Es wird nun beobachtet, daß bei dieser Zers. *Peroxyd*, bes. H_2O_2, in Mengen gebildet wird, die annähernd äquimol. den verschwundenen Mengen **I** sind. Wurden 100 γ **I**/ml in Phosphatpuffer (p_H 7) mit 0,1% Citrat u. 1 γ *Mn* (als $MnCl_2$) bei 37° bebrütet, so werden 59 γ **I**/ml in 18 Std. zersetzt. Die Lsg. enthielt dann ca. 0,3 Mikromol Peroxyd/ml, das durch Zers. von 0,4 Mikromol **I**/ml entstanden war. — Vf. knüpft daran eine Hypothese über die Wirkungsweise von **I** auf Mycobakterien. — 9 Literaturangaben. (Amer. Rev. Tubercul. Pulmonary Diseases **73.** 779—80. Mai 1956. Dublin, Ireland, Trinity Coll., Labor. of the Med. Res. Council.) Eberhard Müller. 4330

R. de Smet, *Die Sensibilität des Mycobacterium tuberculosis gegenüber Isonicotinsäurehydrazid.* (Ann. Soc. belge Méd. trop. **33.** 593—602. 31/12. 1953.) L. Berger. 4330

G. Cascio und **R. Purpura,** *Sensibilität von Stämmen des M. tuberculosis gegenüber Isonicotinsäurehydrazid.* Es wird die Sensibilität von Koch-Bacillen gegenüber *Isonicotinsäurehydrazid* (**I**) an Kindern mit Lungen-TBC u. Meningitis untersucht. Die gegenüber *Streptomycin* mäßig resistenten Stämme zeigten gegenüber **I** die gleiche Sensibilität der streptomycinsensiblen Stämme. 2 Stämme, von Kindern mit Lungen-TBC isoliert, erwarben eine mäßige Resistenz gegenüber **I.** (Boll. Soc. ital. Biol. sperim. **29.** 660. April 1953. Palermo, Univ., Cli. Pediatr.) O. Pollak v. Emhofen. 4330

G. Cascio und **R. Purpura,** *Virulenz der Stämme von Koch-Bacillen in bezug auf die Sensibilität gegenüber Streptomycin.* Aus vor allem an Meningitis erkrankten Kindern werden Stämme von Koch-Bacillen isoliert, die Meerschweinchen injiziert werden, um auf ihre Virulenz geprüft zu werden. Es wird festgestellt, daß Stämme, die gegenüber *Streptomycin* resistenter sind, virulenter sind als streptomycinsensible Stämme. (Boll. Soc. ital. Biol. sperim. **29.** 661—62. April 1953. Palermo, Univ., Cli. Pediat.) O. Pollak. v. Emhofen. 4340

Thomas Fite Paine jr. und **Louise Stone Clark,** *Die Wirkung des Streptomycins auf den Sauerstoffverbrauch und auf die Lebensfähigkeit ruhender Escherichia coli-Suspensionen.* In Ggw. von Glucose tötet *Streptomycin* ruhende Bakterien rasch ab, der O-Stoffwechsel wird aber nicht gehemmt. In Ggw. von *Fumaraten* u. *Glutamaten,* die schon an sich die O-Aufnahme durch die ruhenden Bakterien verringern, tritt eine deutliche Bremsung der Atmung durch Streptomycin ein. (Science [Washington] **118.** 73—74. 17/7. 1953. Boston, Mass., Massachusetts General Hosp., Dep. of Med. u. Harvard Med. School.) E. Fischoeder. 4340

W. J. Kalpainen, *Die bakteriostatische Wirkung von Erythromycin—Streptomycin-Kombinationen.* (Ann. Med. exp. Biol. fenn. **33.** 60—65. 1955. Oxford, Univ., Sir William Dunn School of Pathol.) H. Lamp. 4340

G. D. Hunter und **D. J. D. Hockenhull,** *Actinomycetenstoffwechsel. Einbau von* [14]*C-markierten Verbindungen in Streptomycin.* (Vgl. C. **1956.** 462.) Bei Bebrütung von

Streptomyces griseus in Sojabohnenmedium in Ggw. von *D-^{14}C-Glucose* (I) wurden 5% I in das gebildete *Streptomycin* (II) eingebaut, Der chem. Abbau des gebildeten II ergab, daß eingebaute I gleichmäßig verteilt ist auf den *Streptamin-*, *Streptose-* u. den *N-Methyl-L-glucosamin*-Teil von II. Die C-Atome der Guanidinseitenkette enthalten viel weniger ^{14}C; dies stimmt mit der Hypothese überein, daß sie erst sek. aus CO_2 gebildet werden. Streptamin wird in viel geringerem Maß in II eingebaut als I. *N-Methyl-L-^{14}C-glucosamin* wurde bei Zusatz zum Medium nach 60std. Wachstum zu 15% in II eingebaut, gleichzeitig wurde der L-Zucker in den Streptidinteil von II eingebaut, u. zwar in stärkerem Maß als D-Glucose. Die Inversion von D-Glucose zu L-Zuckern dürfte über ein Hexitzwischenprod. verlaufen. — Diskussion der Ergebnisse. (Biochem. J. **59.** 268—72. Febr. 1955. Stoke Poges, Bucks., Glaxo Labors. Ltd.) H. GOEBEL. 4340

F. Cassata und **T. Feliciangeli,** *Sensibilität von pathogenen Keimen in vitro gegenüber Antibioticis im Verhältnis zum klinischen Verlauf der Krankheit.* Es werden 5 Stämme von Micrococcus pyogenes aureus, Pseudomeningococcus (JAEGER), Streptococcus anhaemolyticus in ihrer Sensibilität gegen *Penicillin, Aureomycin* u. *Streptomycin* untersucht u. mit der Wrkg. auf Staphylococcus Oxford verglichen. Die Sensibilität ist unterschiedlich u. meist nur mäßig. Sie wird mit dem klin. Verlauf verglichen. (Boll. Soc. ital. Biol. sperim. **29.** 682—84. April 1953. Palermo, Univ., Clin. Pediatr.) O. POLLAK V. EMHOFEN. 4340

A. Krámli, J. Stur und **P. Turay,** *Änderung im Oxydationsreduktionspotential von Staphylococcus aureus durch den Einfluß von Penicillin.* Das Oxydations-Red.-Potential von gegen *Penicillin* (I) empfindlichen Staphylococcus aureus-Stämmen wird schon durch eine I-Konz. von 0,001 Oxford-Einheiten/ml deutlich erhöht, während bei I-resistenten Stämmen noch 5 E./ml keinen Einfl. in dieser Hinsicht haben. (Acta physiol. Acad. Sci. hung. **5.** 549—51. 1954. Szeged, Med. Univ., Biochem. Inst.) F. KRUSEN. 4340

J. Resseler, *Ergebnisse von Resistenzprüfungen und Versuchen mit zwei Antibioticis: Ilotycin und Magnamycin.* Die beiden aus Streptomyces erathreus u. halsteadii gewonnenen Antibiotica sind grampositiven Bakterien sowie Gonokokken, Brucellen u. Hämophilen gegenüber auch in schwacher Konz. wirksam, auch dann, wenn die Erreger gegen andere Antibiotica resistent sind. In vitro kann man aber leicht eine Resistenz gegen Ilocytin induzieren, die dann ebenfalls *Magnamycin* gilt u. umgekehrt. (Rev. belge Pathol. Méd. exp. **23.** 14—19. Juli 1953. Louvain, Univ., Inst. de Bacteriol.) E. FISCHOEDER. 4340

M. Welsch, *Bakterienresistenz gegenüber Antibioticis.* Übersicht über die Theorien der Mutation der Bakterien u. deren Resistenz gegenüber Antibioticis. — 51 Literaturangaben. (Schweiz. med. Wschr. **85.** 274—79. 19/3. 1955. Liège, Univ., Labor. de Microbiol. générale et méd. centre de Rech. pour la pénicilline et les autres Antibiotiques.) L. LEICHTER. 4340

Ju. W. Ssolowjewa, *Ein aus Corynebacterium diphtheriae isolierter Stoff, der antibakterielle Eigenschaften aufweist.* Das durch Extraktion mit Aceton aus Diphtheriestäbchen PW 8 gewonnene *Diphtherin* (I = D-Substanz) ist eine Fettsäure vom Palmitin-Oleinsäure-Typ, lösl. in A., Aceton, Na-Citrat, Phosphatpuffer, Lauge. Durch 5—7maliges Einträufeln einer 1%ig. I-Lsg. in die Augen des Meerschweinchens bei Augendiphtherie konnte in 18 von 25 Fällen eine Heilung erzielt werden. I zeigte auch gegenüber den Erregern von Keuchhusten, Tuberkulose u. Grippe bactericide Eigenschaften. (Журнал Микробиологии, Эпидемиологии и Иммунобиологии [J. Mikrobiol., Epidemiol. Immunobiol.] **27.** Nr. 2. 41—42. Febr. 1956. Gamaleja-Inst. für Epidemiol. u. Mikrobiol. der Akad. der med. Wiss. der UdSSR.) O. LEBTAG. 4340

Th. Halbeisen, *Untersuchungen über antibiotische Wirkstoffe höherer Pflanzen in Kombination mit anderen Antibioticis in vitro.* Wirkstoffe aus Kapuzinerkresse u. Meerrettich (äther. Öle vom Typ des Senföls) wurden in Kombinationen mit den gebräuchlichen Antibioticis gegen Staphylococcus aureus haem. u. Bact. pyocyaneum getestet (Röhrchentest). Mit Antibioticis ergab sich eine erhöhte bakteriostat. Wrkg., während die Kombination Kapuzinerkresses/Meerrettich eine Verminderung der antibiot. Aktivität zur Folge hatte. (Naturwissenschaften **43.** 62. Febr. 1956. Essen, St. Elisabethhosp.) R. RITTER. 4340

R. I. Pikowskaja, I. Ss. Franguljan und **Ss. I. Rzchiladse,** *Über antibakterielle Eigenschaften des Humus.* Aus wss. Auszügen von Böden, vorwiegend Roterden, wurden native Fll. erhalten, die gegenüber Bakterien der Darmtyphusgruppe in vitro abtötend wirkten. Der große Geh. der Roterden Georgiens an antibakteriellen Stoffen hängt damit zusammen, daß sie 2—3mal mehr *Fulvosäuren* als *Huminsäuren* enthalten. Durch Fraktionierung der Fulvosäurefraktion konnte der akt. Teil erhalten werden, der im

Mittel 0,3% Mineralsalze statt 2,4% u. 2,5% organ. Substanz statt 0,8% enthält, so daß die Aktivität im Eiweißmedium erhalten bleibt. Diese akt. Fraktion besitzt das p_H 2,8—3,8 u. hemmt das Wachstum von Bacterium coli. 1 kg Roterde enthält 1,3 g der akt. Fraktion. Vff. vermuten, daß durch weitere Reinigung die antibakterielle Aktivität gesteigert werden kann. Die erhaltene akt. Fraktion ist verantwortlich für die Fähigkeit des Bodens, krankheitserregende Mikroben zu vernichten. (Журнал Микробиологии, Эпидемиологии и Иммунобиологии [J. Mikrobiol., Epidemiol. Immunobiol.] **27.** Nr. 2. 28—31. Febr. 1956. Wiss. Forschungsinst. für Sanitätswesen des Gesundheitsminist. der GeorgSSR.) O. LEBTAG. 4340

L. Ettlinger, *Wirkungsweise und Wirkungsmechanismus der Antibiotica.* Übersichtsreferat. Schlußfolgerungen: Die bas. Polypeptide *Tyrocidin, Subtilin* u. *Polymyxin* wirken cytolyt. wie die synthet. Invertseifen, indem sie die osmot. Schranke der Bakterienzellen zerstören. *Penicillin* geht mit einem spezif. Receptor in empfindlichen Bakterien stabile Verbb. ein, was Störungen im Nuclein- u. Proteinstoffwechsel zur Folge hat. Ähnlich wirkt *Bacitracin. Chloromycetin, Aureomycin, Terramycin* u. gegebenenfalls auch *Neomycin* sind Hemmstoffe der Proteinsynthese. Die antibiot. Wrkg. von *Streptomycin* beruht offenbar auf Blockierung der Reaktionsfolge des oxydativen Endabbaues der Kohlenhydrate. (Schweiz. med. Wschr. **85.** 271—74. 19/3. 1955. Zürich, TH, Inst. für spez. Botanik.) L. LEICHTER. 4340

Hermann Kölbel, *Untersuchungen am Mycobacterium tuberculosis,* 2. Mitt. *Granulum und Vacuole bei licht- und elektronenmikroskopischer Abbildung.* (1. vgl. C. **1955.** 8416.) Unterschiedliche Färbemethoden u. mkr. Verff. bedingen häufig die Darst. nach Anzahl u. Größe voneinander verschied. Strukturgebilde des Plasmas. Das lichtmkr. „*Granulum*" als farbstoffspeichernder Komplex muß begrifflich vom elektronenopt. darstellbaren „*Körnchen*" der *M. tuberculosis*-Zelle getrennt werden. Farbstoffaufnehmender u. elektronenstreuender Bereich sind häufig isotop, jedoch nicht identisch. Beide sind intravital existente Strukturgebilde, deren Kontrastwerte für den Bildeindruck je nach dem mkr. Verf. gegeneinander verschoben werden. Die dunkle elektronenmkr. Abb. der Körnchen ist im wesentlichen durch ihren *Phosphat*-Geh. bedingt. Die Granula geben infolge ihrer aus *Chromatin* bestehenden Rindenzone, in der *Desoxyribonucleinsäure* mit *Protein* u. *Lipoiden* vergesellschaftet ist, im *Ribonucleinsäure*-haltigen Plasma prakt. keinen Elektronenkontrast, weisen aber ein hohes Adsorptionsvermögen für Farbstoffe auf. Die lichtmkr. sichtbaren großen Vacuolen können auch in elektronenopt. Präpp. als Kugel- oder Blasenbldg. beobachtet werden, so daß zwischen beiden anscheinend kein grundsätzlicher Unterschied besteht. (Z. Naturforsch. **8b.** 631—36. Nov. 1953. Borstel, Tuberkulose-Forschungsinst. Borstel, Inst. für exp. Biol. u. Med.) K. MAIER. 4350

Frank L. Adler, *Bakericide Wirkung spezifischer Antikörper gegen Heterologe, an die Bakterienzelle adsorbierte Antigene.* Bakterien werden durch homologes Immunserum in Ggw. von Komplement aufgelöst. Die Bakteriolyse findet auch dann statt, wenn die Bakterien mit einem anderen Antigen sensibilisiert werden u. auf sie das diesem Antigen entsprechende Immunserum einwirkt. Der Umstand, daß die Antigen-Antikörper-Rk. bei dieser Versuchsanordnung auf der Bakterienoberfläche abläuft, spricht dafür, daß zur Bakteriolyse nicht nur gegen somat. Antigenanteile gerichtete Antikörper, sondern auch solche gegen Oberflächenantigene (wie Geißeln) befähigt sind. (Proc. Soc. exp. Biol. Med. **79.** 590—93. April 1952. St. Louis, Mo., Washington Univ., School of Med., Dep. of Bacteriol. and Immunol.) E. FISCHOEDER. 4370

Pierre Grabar, Stephen Boyden, Albert Taquet und **Adrien Borduas,** *Der Nachweis zwei verschiedener Antikörper in tuberkulösen Seren durch die passive Hämagglutination.* Zwei verschied. Antikörper im Serum Tuberkulöser oder mit Tuberkelbakterien immunisierter Kaninchen sind bei der Hämagglutination wirksam. Der eine reagiert nur mit der Polysaccharidfraktion der Tuberkuline, der andere wahrscheinlich lediglich mit Proteinen. Während mit Tannin vorbehandelte Erythrocyten (vgl. BOYDEN, C. **1951.** II. 1452) durch Tuberkulinproteine wirksam sensibilisiert werden u. durch Polysaccharide nur sehr unregelmäßig, werden unbehandelte Erythrocyten durch die Tuberkulinpolysaccharide sensibilisiert. Entsprechende Ergebnisse hatten Absättigungsverss. an den Seren mit verschieden sensibilisierten Blutkörperchen. Verwendet wurden das gereinigte Tuberkulin des PASTEUR-Instituts mit 40—50% Polysacchariden, das Tuberkulin WEYBRIDGE mit ca. 5% sowie relativ reine Protein- u. Polysaccharidfraktionen des Tuberkulins (C. R. hebd. Séances Acad. Sci. **234.** 899—901. 18/2. 1952.) E. FISCHOEDER. 4370

A. Buxton, *Die Übertragung bakterieller Antikörper von der Henne auf das Küken.* Werden Hennen mit *Salm. pullorum-Vaccine* intravenös geimpft, so sind im Serum u. im Dotter der von ihnen gelegten Eier agglutinierende u. nichtagglutinierende Antikörper nachweisbar. Das ausgeschlüpfte Küken besitzt nur nichtagglutinierende Antikörper. Es wird angenommen, daß der Übergang der Antikörper vom Dotter zum Embryo unter Mitwrkg. von *Kathepsin* erfolgt, das, wie Trypsin im Hennenserum, agglutinierende Antikörper bei der Dotter–Embryo-Passage zerstört. (Nature [London] **168.** 657—58. 13/10. 1951. Cambridge, Dep. of Animal Pathol.) E. FISCHOEDER. 4370

N. M. Larin, *Herstellung des spezifischen gereinigten Antigens aus Hundehepatitisvirus und das Antiserum für serologische Untersuchungen.* Eine feine Suspension virushaltigen Gewebes wird mit 30% Methylalkohol (—30°) 2—3 Std. bei 0° gehalten u. zentrifugiert. Der Nd. wird in 0,85%ig. NaCl-Lsg., p_H 6,8—7,0, aufgenommen, nach 24 Std. bei 0° wird der wasserklare Überstand von unlösl. Partikeln befreit u. dient als Antigen. Dieses kann von +3 bis —30° lange gelagert u. ohne Wirksamkeitsverlust 30—60 Min. auf 56° erwärmt werden. Hunde wurden mit steigenden Mengen einer 10%ig. virushaltigen Leberbreisuspension 3 Wochen lang immunisiert. Mit diesem Hundeserum u. dem Antigen kann die Komplementbindungs-Rk., die Präcipitation u. die Flockung ausgeführt werden. (Nature [London] **168.** 745—46. 27/10. 1951. Kennet, Canine Res., Stat. of Animal Health Trust.) E. FISCHOEDER. 4370

D. M. Graham und **F. E. Nelson,** *Hemmung des Milchsäurestreptococcusbakteriophagen durch Kristallviolett und andere Substanzen.* 110 verschied. Stoffe (Alkaloide, Farbstoffe, Antibiotica, Bakterien u. Metallsalze) wurden auf ihre Hemmwrkg. auf die Bakteriophagenvermehrung bei Streptococcus lactis untersucht. 10^{-7} mol. *Kristallviolett* hemmte spezif. die Virusvermehrung, vermutlich über die Nucleinsäuresynth., da Nucleinsäure antagonist. wirkte u. die Ausbeute an Phagen pro Einzelbakterium beeinflußt wurde. (J. gen. Physiol. **37.** 121—38. 20/9. 1953. Ames, Io., Agric. Exp. Stat.) G. GERBER. 4374

F. G. Sherman, *Die Aufnahme von Thorium B und Thorium C durch Hefezellen.* Es wurden Unterss. angestellt, welche die Verteilung von festen Thoriumemanationsprodd. in Hefezellen u. im umgebenden Medium bei einem p_H von 6,8 u. p_H von 2,3 prüften. Bei einem p_H von 6,8 wurde sowohl Th B wie Th C von der Zelle aufgenommen, bei einem p_H von 2,3 nur Th C. Zellen, die mit Lsg. von $Pb(NO_3)_2$ oder $Bi(NO_3)_3$ vorbehandelt wurden, zeigten eine größere Aufnahme von Th B als die unbehandelten Zellen. (Ark. Kemi **7.** Nr. 22. **197**—204. 1954. Stockholm, Univ., Dep. f. Res. i. Org. Chem.) H. HENNERSDORF. 4380

G. N. Rolinson, *Zinkbedarf von Aspergillus niger.* Ermittlung des *Zn*-(**I**)-Bedarfs von *Aspergillus niger* auf Medien mit verschied. C-Quellen, wie *Glucose* (**II**), *Glycerin* (**III**) u. *Pepton,* welche **I**-frei gemacht waren. **I** wurde in gestuften Mengen als $ZnSO_4 \cdot 7\ H_2O$ zugesetzt u. die Beeinflussung des Funguswachstums kurvenmäßig fixiert. Hieraus ergab sich die besondere Bedeutung von **I** für den **II**- u. **III**-Stoffwechsel, u. zwar im Stadium nach der *Triosephosphatase*-Bldg. gemäß dem EMBDEN-MEYERHOF-Schema. (Nature [London] **168.** 210. 4/8. 1951. Nottingham, Boots Pure Drug Co. Ltd., Res. Dep., Bact. Div.) H. BASFELD. 4380

Mary Williamson, Winifred Jacobson und **C. Chester Stock,** *Testung von Chemikalien zur Hemmung der tödlichen Wirkung von Paramaecium aurelia.* Aus einer großen Anzahl getesteter Purine u. Pyrimidine hemmt nur *2.6-Diaminopurin* (**I**) die tödliche Wrkg. von *Paramaecium aurelia* var. 4, Stamm 51, Paarungstyp VII. Die Wrkg. von **I** wird blockiert durch *Adenin, Adenosin* u. *Adenylsäure.* Verschied. Antibiotica (*Streptomycin, Dihydrostreptomycin, Aureomycin, Chloromycetin, Neomycin* u. *Terramycin*) beeinflussen ebenfalls die tödliche Wirkung. Keine Wrkg. zeigen: folgende 2.6-Diaminopurine: *7-Methyl-; 9-p-Nitrophenyl-; N'.N'-Dimethyl-; 8-Methyl-; 8-Chlor-; 8-Mercapto-; 8-Methylmercapto-; 8-Amino-; 8-Jod-* u. *8-p-Chlorphenyl-;* folgende Purine: *6-Methylaminopurin; 2.8-Dichloradenin; 2.8-Dichlor-9-α-L-arabofuranosidyladenin; 2-Chlor-* u. *2.8-Dichloradenosin; 2-Chlor-9-β-D-glucopyranosidoadenin; 2-Mercapto-6-amino-* u. *2.6.8-Trichlorpurin; Guanylsäure; 2-Aminopurinhydrochlorid; Isoguaninsulfat* u. *-ribosid;* folgende 1-vic.-Triazolopyrimidine: *7-Amino-; 5-Amino-7-oxy-* u. *5.7-Diamino-;* folgende 2.4-Diaminopyrimidine: *5-Chloracetamido-; 5.6-Dimethyl-; 5-p-Oxyphenoxy-; 5-Methyl-* u. *6-Phenyl;* folgende 2-Amino-5.6-dimethylpyrimidine: *4-p-Carboxy-; 4-p-Oxy-* u. *4-p-Chloranilino-;* folgende Pyrimidine: *2-Oxy-4.6-dimethyl-; 2.4.5-* u. *2.4.6-Trioxy-; 2.4.6-Trichlor-; 2.4-Dioxy-6-methyl-; 2-Amino-4-methyl-6-sulfanilyl-; 2-Chlor-4-dimethylamino-6-methyl-,* [*Castrix*]; *2-Amino-4-oxy-5.6-dimethyl-; 2-Thiothymin; 2-Mercapto-4-amino-* [*Thiocytosin*]; *5-Bromisocytosin; Cytidylsäure* u. *2-Amino-6-methylpyrimidon-(4);* folgende Uracile: *5-[Dimethylaminoacetamino]-; 5-[β-Phenyläthylaminoacetamino]-; 5-[β-Phenyläthylaminoacetamino]-; 5-Formylamino-; 5-Jod-; 5-Amino-; 5-Brom-; 5-Nitro-; 5-[Glucosidamino]-* u. *5-Bromacetamido]-; Thiouracil* u. *p-Aminobenzoylglutaminsäure;*

folgende Pteridine: *2.4-Diamino-7-oxy-carbonsäure-(6)*; *2.4.6.7-Tetraoxy-*; *2-Sulfanilamido-4.6.7-trioxy-* u. *2-Sulfanilamido-4-oxy-6.7-diphenyl-* sowie *Folsäure*; *4-Amino-* u. *4-Amino-N^{10}-methylfolsäure*; *Ribo-* u. *Desoxyribonucleinsäure*. (J. biol. Chemistry **197**. 763–70. Aug. 1952. New York, N. Y., Sloan-Kettering Inst. for Cancer Res., Div. of Exp. Chemother.) R. RUTKOWSKI. 4380

Robert G. Owens, *Untersuchungen über die Natur der fungiciden Wirkung. 2. Mitt. Die chemische Konstitution benzolischer und chinoider Verbindungen in Beziehung zur Fungitoxizität und zur Hemmwirkung gegen Amino- und Sulfhydryl-abhängige Enzyme.* (1. vgl. Contr. Boyce Thompson Inst. **17**. [1953.] 221.) Folgende Verbb. wurden untersucht: *Durol*, 0 (Hemmung von *Pankreasamylase* in % durch 10^{-4}mol. Lsg.); 0 (Hemmung von *Malzamylase* in % durch 10^{-4}mol. Lsg.); >75 (DE_{50} für *Monilinia fructicola*, die Werte geben das Vielfache einer 10^{-4}mol. Lsg. an); >75 (DE_{50} für *Alternaria oleracea* wie vorst.). — *4-Nitroveratrol*, 0; 69; 17; >54. — *Veratrol*, +3 (Aktivierung); 0; >75; >75. — *Hydrochinondimethyläther*, 0,0; >75; >75. — *Hydrochinondiäthyläther*, +1; 1; >60; >60. — *2.4-Dichlortoluol*, 0; 0; 44; 45. — *3.4-Dichlortoluol*, 0; 0; 0,24; 0,12. — *Guajacol*, +2; 0; >60; >60. — *Hydrochinonmonomethyläther*, +2; 0; 24; 16. — *Resorcin*, +2; 0; >91; 91. — *Brenzcatechin*, 6; 0; 5,5; 30. — *Hydrochinon*, 43; 9; 9,1; >91. — *2.5-Di-tert.-amylhydrochinon*, 0; 0; >40; >40. — *Toluhydrochinon*, 25; 19; 9; 14. — *2.5-Dichlorhydrochinon*, 85; 93; 0,09; 0,11. — *Chinon*, 92; 96; 0,65; 0,37. — *Toluchinon*, 79; 96; 0,65; 0,37. — *Xylochinon*, 14; 14; 0,10; 0,10. — *2.5-Dichlor-3.6-dioxychinon*, +1; 0; 11; 1,10. — *2.5-Dichlorchinon*, 97; 99; 0,03; 0,08. — *2.6-Dichlorchinon*, 95; 99; 0,10; 0,10. — *2.6-Dichlorchinonchlorimid*, 86; 99; 0,05; 0,05. — *Tetrachlorchinon*, 97; 100; 0,04; 0,04. — *Naphthochinon*, 28; 72; 0,08; 0,06. — *1.2-Naphthochinon*, 44; 96; 0,89; 1,50. — *2-Methylnaphthochinon*, +1; 0; 0,08; 0,09. — *2.3-Dichlornaphthochinon*, 57; 70; 0,001; 0,002. — Nach diesen Ergebnissen sind die Verbb. ohne freie phenol. Gruppen nicht in der Lage, die Amylaseaktivität zu hemmen, doch besitzt 3.4-Dichlortoluol fungistat. Wirksamkeit. Im allg. hemmten die Chinone beide Enzyme u. wurden durch Cl-Substitution verstärkt, durch OH- oder CH_3-Substitution abgeschwächt. Die Methylierung der Chinone steigerte (oder war ohne Wrkg.) auf fungitox. Wrkg., obwohl diese sonst Übereinstimmung mit dem Einfl. auf die Enzyme zeigte. (Contr. Boyce Thompson Inst. **17**. 273–82. Juli/Sept. 1953.) P. LOCH. 4380

E_4. Pflanzenchemie. Pflanzenphysiologie. Pflanzenpathologie.

Kuang C. Li und **A. C. Wagenknecht,** *Die Anthocyaninpigmente von Sauerkirschen.* Aus den Fruchtschalen von Sauerkirschen (*Prunus cerasus L.*, var. *Montmorency*) wurden durch Extraktion mit HCl-haltigem Methanol zwei Anthocyaninpigmente isoliert, die über ihre Bleisalze abgeschieden wurden. Bei Chromatographie an einer SiO_2-Säule u. Entw. mit Butanol/Eisessig/W. (4:1:5) wurden die Fraktionen *A* u. *B* erhalten. Erneute Reinigung von *B* an SiO_2 u. anschließende Säurehydrolyse zum *Anthocyanidin* ergab nach papierchromatograph. Identifizierung *Cyanidin* (I); R_F 0,68–0,69 (in Butanol/2n HCl; 1:1), λ_{max} 550 u. 278 mμ. Aus der Hydrolysenlsg. wurden *Glucose* u. *Rhamnose* als *Osazone* isoliert. Vergleichende Unterss. von *B* mit synthet. Cyanidin-3-rhamnoglucosid (Antirrhinin) ergab chromatograph. Identität. R_F 0,34 (in n-Butanol/Eisessig/W., 4:1:5) u. 0,54 (in Phenol/W., 73:27); λ_{max} 532, 333 u. 282 mμ. Aus *A* wurde nach erneuter Adsorption an SiO_2 u. Hydrolyse ebenfalls I isoliert; aus dem saueren Hydrolysat konnte jedoch nur *Glucose* als *Osazon* abgeschieden werden. *A* wurde als *Mecocyanin* erkannt; R_F 0,28 (in n-Butanol/Eisessig/W., 4:1:5). (J. Amer. chem. Soc. **78**. 979–80. 5/3. 1956. Geneva, N. Y., Cornell Univ., Dep. of Food Sci. and Technol.)
M. KÜHNEL. 4420

E. C. Bate-Smith, *Leukoanthocyanine.* 1. Mitt. *Entdeckung und Identifizierung von Anthocyanidinen, die sich aus Leucoanthocyaninen in pflanzlichen Geweben bilden.* Vf. beschreibt ein zu Mikrounterss. geeignetes Verf. zur Isolierung u. papyrograph. Trennung der Umwandlungsprodd. von *Leukoanthocyaninen* (I) aus Blättern u. anderen pflanzlichen Gewebeteilen. Dabei wird die Anreicherung von unerwünschten Begleitstoffen vermieden. Nach Behandeln mit HCl wird mit Isoamylalkohol extrahiert. Als optimales Lösungsm. für die Papyrographie wird das „*Forrestal solvent*" (W.-Eisessig-HCl, 10:30:3) empfohlen. Außerdem werden R_F-Werte in anderen Lösungsmitteln sowie spektrograph. Daten angegeben. Vf. untersucht zahlreiche Pflanzen der Familien *Monokotyledonen, Dikotyledonen, Gymnospermen* u. *Pteridophyta* auf das Vorhandensein von Umwandlungsprodd. von I u. fand vorwiegend *Delphinidin* u. *Cyanidin*. Nur bei *Rosacea* u. *Leguminosae* wurde gelegentlich *Päonidin* gefunden. Vf. weist auf die Ähnlichkeit zwischen Catechin u. Cyanidin einerseits sowie Gallocatechin u. Delphinidin andererseits hin, was unter Umständen für systemat. Fragen von Bedeutung sein kann.

(Biochem. J. **58.** 122—25. Sept. 1954. Cambridge, Low Temp. Res. Stat. in Biochem. and Biophys.) R. HÄUSSLER. 4420

E. C. Bathe-Smith und **N. H. Lerner,** *Leukoanthocyanine.* 2. Mitt. *Systematische Verteilung der Leukoanthocyanine in Blättern.* (1. vgl. vorst. Ref.) Das in der l. c. beschriebene Verf. zum Nachw. von *Leukoanthocyaninen* (I) wird durch ein für Schnellbest. vorteilhafteres Verf. ergänzt: Das Pflanzenmaterial wird mit CH_3OH maceriert u. der alkoh. Extrakt mit PAe. so lange geschüttelt, bis er prakt. farblos ist. Danach wird er mit einer Lsg. von Vanillin in A. versetzt: Rotfärbung zeigt unter den Reaktionsbedingungen nur I an. Vff. geben über 500 Pflanzen an, die nach diesem u. dem in der 1. Mitt. beschriebenen Verf. auf I u. ihre Umwandlungsprodd. geprüft wurden. Es wird die Frage diskutiert, ob die Anwesenheit von I zur Systematik herangezogen werden kann. Vff. weisen auf die Verwandtschaft der I zum Lignin u. auf das Gerbstoff-ähnliche Verh. der I hin. (Biochem. J. **58.** 126—32. Sept. 1954. Cambridge, Low Temp. Stat. for Res. in Biochem. and Biophys.) R. HÄUSSLER. 4420

E. F. Lind, H. C. Lane und **L. S. Gleason,** *Teilweise Trennung von Plastidpigmenten durch Papierchromatographie.* Durch Extraktion von Sojabohnen oder Blättern mit Aceton gewonnenes Farbstoffgemisch wird nach Überführung in PAe., Waschen mit W. zur Entfernung des Acetons u. Eindampfen an WHATMAN Nr. 1 chromatographiert. Für die 1. Dimension wird der zunächst runde Fleck mit Aceton in einem Rechteck gesammelt u. dann nacheinander mit PAe., PAe.-Propanol (99:1), die 2. Dimension mit Chlf.-PAe. (11:9) entwickelt. Dadurch werden *Chlorophyll a, b, Carotine* u. *Xanthophyll* neben einer nichtidentfizierten Verb. (*Neoxanthin?*) getrennt. (Plant Physiol. **28.** 325—28. April 1953. Ames, Io., Iowa State Coll., Dep. of Botany and Plant Physiol.) E. HANSCHKE. 4420

René Salgues, *Der Sesquiterpenalkohol aus Seseli tortuosum L.* (*Umbellifere*)-*Extrakt.* Die mediterrane Umbellifere *Seseli tortuosum L.* enthält neben *Mannit* u. einem äther. Öl, das zu 58% aus *Terpenen* (47% α-Pinen u. 11% *Limonen,* u. *Carotol*) besteht, ausschließlich in seinen neugebildeten grünen Organen einen als einziger Anteil steigenden Geh. an *Sesquiterpenalkohol,* welchem besondere Bedeutung beigemessen wird, da diese Pflanzenart als Weidepflanze für Kaninchen u. Hämmel dient. (C. R. hebd. Séances Acad. Sci. **241.** 677—79. 5/9. 1955.) H. BASFELD. 4420

Torger Bruun, *Wasserstoffdisproportionierung in fossilen Stümpfen von schottischer Tanne* (*Pinus sylvestris L.*). Es wurde der Geh. an *Terpenen* in einem ca. 5000 bis 6000 Jahre alten Tannenstumpfen aus einem norweg. Torf nahe Trondheim untersucht. Die Extraktion geschah durch Wasserdampfdest. bei Tempp. bis 120, 120—140 u. 140—160°; die einzelnen Destillate wurden fraktioniert destilliert. An dehydrierten Derivv. wurden isoliert: *p-Cymol,* ein neues Diterpen *ar-Fichtelit* (I), $C_{19}H_{28}$, u. *Reten.* Das neue Diterpen ist *1:12-Dimethyl-7-isopropyl-1:2-3:4-9:10:11:12-oktahydrophenanthren,* fl., hat n_D^{20} 1,5429; $D.^{20}_4$ 0,978 u. $[\alpha]_D^{20}$ +76° (0,6%; Bzl.). Von I wurden die folgenden Derivv. hergestellt: *6-Nitro*-I, F. 92—99,5°; $[\alpha]_D^{20}$ +58° (0,5%; Bzl.); *6-Amino*-I, $[\alpha]_D^{20}$ +124° (0,8%; Bzl.); *6-Acetylamino*-I, $[\alpha]_D^{21}$ +75° (0,6%; Bzl.); *8-Nitro*-I, F. 131—131,5°; $[\alpha]_D^{20}$ +139° (0,5%; Bzl.); *8-Amino*-I, $[\alpha]_D^{20}$ +132° (0,95%; Bzl.); *8-Acetylamino*-I, $[\alpha]_D^{21}$ +83° (0,4%; Bzl.); *6.8-Dinitro*-I, F. 177—177,5°; $[\alpha]_D$ +76° (2,0%; Bzl.); *8-Nitro-8-amino*-I, F. 158—160°; $[\alpha]_D^{20}$ +35° (0,05%; Bzl.); *6-Nitro-8-acetylamino*-I, F. 136—137°; $[\alpha]_D^{21}$ +48° (0,3%; Bzl.); *8-Nitro-6-amino*-I, F. 169 bis 170°; $[\alpha]_D^{24}$ +281° (0,3%; Bzl.) u. *8-Nitro-6-acetylamino*-I, F. 185,5—186,5°; $[\alpha]_D^{20}$ +104° (0,45%; Bzl.). An hydrierten Terpenderivv. wurden nachgewiesen *trans-p-Menthan, Fichtelit, Dehydrofichtelit,* $C_{19}H_{32}$, u. *Dihydroabietinsäure,* $C_{20}H_{32}O_2$. Dehydrofichtelit wurde durch sein *Nitrosochlorid,* F. 160—165° (Zers.); $[\alpha]_D^{20}$ +68° (0,4%; Toluol) u. durch sein *Glykol,* F. 165—166°; $[\alpha]_D^{20}$ +50° (0,5%; absol. A.). Verss., den KW-stoff aus dem (Glykol zu regenerieren, führten zu einem KW-stoff $C_{19}H_{32}$ mit n_D^{20} 1,5134 u. $D.^{20}_4$ 0,950. Die Konstanten der Dihydroabietinsäuren u. ihrer Derivv. unterscheiden sich von denen bekannter Dihydroabietinsäuren. Terpene n. Zus. wurden nicht isoliert. An nichtterpenoiden Verbb. wurden isoliert *Palmitinsäure* u. ein neues Phenol $C_{14}H_{14}O$, das durch Synth. als *m-Oxydibenzyl,* F. 76—76,5°, charakterisiert werden konnte; sein *3.5-Dinitrobenzoylester* hat F. 125—126° u. sein fl. *Methyläther,* n_D^{20} 1,5676; $D.^{20}_4$ 1,04. Aus den Unterss. kann man auf weitgehende Decarboxylierung, Demethanisierung u. Wasserstoffdisproportionierung bei den Terpenen in dem Stumpf infolge der langen Lagerungszeit bei der tiefen Temp. u. den schwach sauren Bedingungen des Torfes schließen. (Kgl. norske Vidensk. Selsk., Skr. **1950.** 1—85.) C. GOTTFRIED. 4420

M. Ss. Bardinskaja und **K. B. Pjatikresstowskaja,** *Zur Frage der aromatischen Vorprodukte des Lignins in den Pflanzen.* Eingeengte A.-Extrakte von ruhenden u. sich öffnenden Knospen verschied. Holzgewächse wurden durch Ae. in 2 Fraktionen zerlegt. Der in Ae. unlösl. Anteil zeigte nach Lsg. in A. auf dem Papierchromatogramm Flecke, die auf Monosaccharide u. Oligosaccharide hinwiesen. In einigen Fällen ließen sich mit Phloroglucin + HCl himbeerfarbene Flecke gebende Verbb. nachweisen, was für das Vorliegen von coniferinartigen Stoffen spricht. Die in Ae. lösl. Fraktion ergab spektralphotometr. Maxima, die auf phenolartige Verbb., auch Coniferylaldehyd, hinwiesen. Papierchromatograph. wurden in allen untersuchten Fällen Verbb. nachgewiesen, die mit Phloroglucin + HCl hervortreten u. deren Flecke zwischen denjenigen von Vanillin u. p-Oxybenzaldehyd lagen. Analoge chromatograph. Flecke geben auch die Oxydationsprodd. von Coniferylalkohol u. Eugenol. Bei späteren Probenahmen des Knospenmaterials traten chromatograph. noch mehr Flecke in der Gegend der aromat. Aldehyde hervor. (Известия Академии Наук СССР, Серия Биологическая [Nachr. Akad. Wiss. UdSSR, biol. Ser.] **1956.** Nr. 1. 109—15. Jan./Febr. Bach-Inst. für Biochem. der Akad. der Wiss. der UdSSR.) M. ULMANN. 4420

I. R. Rominski und **A. Ss. Ssuschkowa,** *Über die chromatographische Trennung von Fructosanen der Inulingruppe.* Vff. stellen fest, daß der alkohollösl. Teil des Kohlenhydratkomplexes des Topinambursaftes aus 30 Fructosanen besteht. Da die alkohollösl. Fructosane kaum den Teil der Gesamtmenge der Kohlenhydrate des Topinambursaftes darstellen, so muß der Topinambursaft bedeutend mehr Fructosane enthalten, als man bisher angenommen hat. Zur Unters. wird ein durch Diffusion mit heißem W. aus Topinamburschnitzeln erhaltener Saft benutzt, der mit CaO behandelt, anschließend carbonisiert u. mit Espatit I u. Espatit Tm sowie akt. Kohle gereinigt wird. Der neutrale Saft wird bis zu 72% Trockengeh. eingedickt, 2 Std. mit A. behandelt, 24 Std. bei 5° stehengelassen, dann wird der Nd. abfiltriert u. der A. abdest.; der erhaltene Sirup wird mit W. auf 25% Trockengeh. verd. u. chromatographiert (n-Butanol : Pyridin : W. = 1 : 1 : 1). Im Falle der alkohollösl. Fructosane entsteht auf dem Chromatogramm eine Kette von Flecken, die vollkommen getrennt erscheinen u. die aus 13 Kohlenhydraten bestehen. Auf Grund ihrer Unterss. nehmen Vff. an, daß der Topinambursaft eine homologe Reihe von Polymeren enthält, wo jedes folgende Glied sich von dem vorhergehenden durch einen fructosid. gebundenen Fructoserest unterscheidet. (Украинский Химический Журнал [Ukrain. chem. J.] **21.** 253—55. 1955. Inst. für organ. Chem. der Akad. der Wiss. der UdSSR.) E. STEINBERG. 4420

E. T. Dewar, *Das Vorkommen von D-Xylose und D-Galaktose in Braunalgen.* 14,95 g getrocknete u. gemahlene Braunalgen (Fucus vesiculosus) wurden durch 2std. Kochen mit 85%ig. Methanol vom Mannit befreit u. dann 4 Std. mit n-H_2SO_4 bei 100° hydrolysiert. Das entsalzte u. entfärbte Hydrolysat gab beim Eindampfen eine glasige Substanz (19,12% Ausbeute). Nach der Papierchromatographie (n-Butanol/A./W. = 40/11/19) enthält das wasserfreie Algenmaterial 9,2% *Fucose,* 1,1% *Xylose,* 0,4% *Galaktose,* kleine Mengen *Mannose, Glucose,* eine Spur *Laminarin* u. 2 unbekannte Bestandteile mit kleineren R_F-Werten als Galaktose. Bei der Trennung von 2,635 g Hydrolysat an einer Cellulosesäule (mit W. gesätt. n-Butanol) wurden erhalten: Fraktion 1, 1,026 g, war hauptsächlich L-Fucose; Fraktion 2, 0,524 g, war Gemisch von Fucose u. D-Xylose, (*D-Xylosedi-[O-benzyliden]-dimethylacetal*), F. u. Misch-F. 205—207° (Chlf./Ligroin), $[\alpha]_D^{19}$ —7° (c = 1,5; Chlf.), 0,146 g) u. Fraktion 3, (0,102 g) war ein Gemisch von Glucose u. D-Galaktose [*D-Galaktosemethylphenylhydrazon,* F. u. Misch-F. 185—186° (A.), 0,022 g]. Die Art der Verknüpfung vorst. Zucker in den Braunalgen ist unbekannt. (Chem. and Ind. **1954.** 785—86. 3/7. Inveresk, Midlothian, Inst. of Seaweed Res.)
W. WILLENBERG. 4420

D. H. Foster, Gerda Schwerin und **W. E. Cohen,** *Die Existenz eines Uronsäureesters in jungem Holz von Eucalyptus regnans.* Die Hydrolysengeschwindigkeit von Eucalyptusholz u. der daraus gewonnenen Holocellulose durch H_2SO_4 wird durch Best. des jeweiligen Pentosan- u. Uronsäuregeh. der ungelöst bleibenden Substanz miteinander verglichen. Die Entfernung des Lignins beschleunigt die Hydrolyse erheblich. Insgesamt wurden 23% leicht hydrolysierbare Hemicellulose gefunden. Die Pentosanhydrolyse erreicht bei Holz nach 3 Std. den Wert, der bei Holocellulose nach 1 Std. erreicht ist. Diese Beschleunigung wird auf das leichtere Eindringen der Säure in die Holocellulose zurückgeführt. — Von der gesamten Uronsäuremenge sind bei Holz nach 3 Std. 1,45%, bei Holocelluose nach 1 Std. 2,35% hydrolysiert. Dieser starke Unterschied wird mit dem Vorliegen einer chem., esterartigen Bindung an das Lignin oder die Kohlenhydrate des Holzes erklärt, wobei eine daneben existierende glykosid. Bindung für möglich gehalten wird. (Austral. J. sci. Res. Ser. A **3.** 504—11. Sept. 1950. Melbourne, Div. of Forest Prod.)
H. ROSSOW. 4420

Ikuzo Uritani, *Phytopathologische Chemie der Süßkartoffel mit Schwarzfäule.* 5. Mitt. *Physiologie der Polyphenole erkrankter Süßkartoffeln.* (4. vgl. C. **1955.** 2461; 6. vgl. C. **1955.**

1073; 7. u. 8. vgl. C. **1955.** 1074.) Aus dem Polyphenol A (l. c.) wurden durch Gegenstromverteilung 2 Bestandteile A_1 (ohne) u. A_2 (mit COOH) isoliert. Ihre Wrkg. auf *Ceratostomella fimbriata* wurde geprüft. Das Gesamtergebnis aller Verss. spricht dafür, daß die Polyphenole u. ihre chinoiden Derivv. für eine Hemmung des Fungus keine erhebliche Rolle spielen, viel eher die melaninähnlichen Prodd., vielleicht durch mechan. Störung oder überhaupt andere chem. oder physikal. Faktoren. (J. agric. chem. Soc. Japan [Nippon Nôgeikagaku Kaishi] **27.** 57—62. März 1953. Tokyo Univ., Fac. Agric., Dep. agric. Chem. [Orig.: japan., Auszug: engl.]) L. SCHULER. 4490

R. L. Wain and F. Wightman, Eds., Chemistry and mode of action of plant growth substances. London: Butterworths Scientific. 1956. (XI + 312 S. m. Abb.) 8°. 55 s.

E_5. Tierchemie. Tierphysiologie. Tierpathologie.

O. Růžička und **J. Syrový**, *Oxymeter čechoslovakischer Konstruktion (Photocolorimeter für Messungen in vivo).* Zur Messung des O_2-Geh. im strömenden Blut an uneröffneten Gefäßen wird ein photoelektr. (colorimetr.) Verf. angewandt. — Apparaturbeschreibung. Meßbeispiele. — 95 Literaturhinweise. (Českoslov. Fysiol. **4.** 98—107. 28/2. 1955. Hradec Králové, Voj. lék. akad., u. Praha, ČVUT, Fak. elektr. inž., fys. úst.) R. K. MÜLLER. 4500

B. I. Goldstein, *Über die biologischen Eigenschaften der Sulfhydrylgruppen der Gewebeproteine.* An Hand der Literatur (31 Literaturangaben) kommt Vf. zu dem Ergebnis, daß das Schilddrüsenhormon der wichtigste Regulator der Reaktionsfähigkeit von SH-Gruppen in den verschied. Proteinen der Organe ist u. diese Reaktionsfähigkeit erhöht. Die Änderung der Reaktionsfähigkeit der SH-Gruppen im *Myosin* spricht für ihre direkte Teilnahme an der Muskelkontraktion. Welche Veränderungen im Eiweiß (allg. Konfiguration, Sprengung oder Festigung von Bindungen) die Reaktionsfähigkeit der SH-Gruppen beeinflussen, ist noch nicht geklärt. (Успехи Современной Биологии [Fortschr. gegenwärt. Biol.] **38.** 280—93. Nov./Dez. 1954.) A. ECKE. 4500

K. F. Firfarowa, *Über lösliche Eiweißstoffe der Augenlinse.* Die Fraktion des *α-Kristallins* (**I**) aus der Augenlinse von Ratten, Meerschweinchen, Kaninchen u. Hunden besteht aus α_1- u. α_2-Kristallin, während die **I**-Fraktion bei Rindern u. beim Menschen homogen ist. Auch die Fraktion des *β-Kristallins* (**II**) von Ratten, Meerschweinchen, Hunden u. Menschen besteht aus 2 Komponenten, während sie beim Kaninchen sogar 3 Komponenten enthält. Die Fraktion des *γ-Kristallins* (**III**) aus der Augenlinse von Meerschweinchen, Hunden u. Rindern besteht ebenfalls aus 3, jene von Ratten, Kaninchen u. Menschen nur aus 2 Komponenten. Im menschlichen Auge beträgt der Geh. an **I** 27,2%, an **II** 57% der Gesamtkristalline, während bei verschied. Tieren 38—50% **I** u. 31—40% **II** gefunden wurden. Von **III** enthalten die Augenlinsen der Ratte 24%, des Meerschweinchens 29% u. des Hundes 20%, also mehr als bei den übrigen Tieren u. beim Menschen. Entgegen den Literaturangaben über das Vorhandensein von 3—4 Proteinkomponenten in der Augenlinse, gibt es nach Vf. 6—7 gut charakterisierbare Komponenten. (Вопросы Медицинской Химии [Fragen med. Chem.] **2.** 69—72. Jan./Febr. 1956. Moskau, Inst. für biol. u. med. Chem. der Akad. der med. Wiss. der UdSSR.) E. RENTZ. 4520

W. F. Dmitrijew, *Der Lysingehalt in den Proteinen des menschlichen Gehirns.* Der mittlere Geh. an *Lysin* (**I**) im Gehirn n. Menschen (3 Männer u. 4 Frauen, die an mechan. Verletzungen starben) beträgt 5,79%, der Anteil des I-N am Gesamt-N 8,4%. Die individuellen Schwankungen sind relativ gering u. liegen zwischen ±0,4%. Die Bestimmungsmeth. wird eingehend beschrieben. (Вопросы Медицинской Химии [Fragen med. Chem.] **2.** 40—41. Jan./Febr. 1956. Blagoweschtschensk, Med. Inst., Lehrstuhl für biol. Chem.) E. RENTZ. 4520

I. L. Brik, *Phosphor enthaltende Proteine der großen Hemisphären des Gehirns.* Die Unterss. der großen Hemisphären des Rinderhirnes ergaben, daß die Proteine der grauen Substanz zu ca. 60% mit W. ausgezogen werden, während die weiße Substanz vorwiegend in W. u. in Salz unlösl. Proteine enthält. Sowohl die graue wie die weiße Substanz enthalten nur ca. 10% an salzlösl. Fraktion. Trotz der verschied. Löslichkeit in W. u. in der Salzlsg. (4,5%ig. KCl) enthalten alle Eiweißfraktionen *Ribonucleoproteide* (**I**), *Desoxyribonucleoproteide* (**II**) u. *Phosphoproteine* (**III**). Die graue Substanz enthält mehr **I** u. weniger **II** als die weiße Substanz. Die durch W. extrahierbare Eiweißfraktion der grauen Substanz besteht im Unterschied zu den anderen Fraktionen fast nur aus **I**. Die Salzfraktion der weißen Substanz enthält mehr N u. **II** als die übrigen Fraktionen. Die rückständigen Proteine der weißen u. der grauen Substanz enthalten viel mehr P-haltige Nichteiweißstoffe als die übrigen Eiweißfraktionen. Die Best. der Nucleinsäuren u. der

III nach SCHNEIDER oder nach SCHMIDT u. THANHAUSER liefert keine brauchbaren I-, II- u. III-Werte. Nur der Vgl. der nach beiden Verff. gewonnenen Ergebnisse führt zu richtigen Zahlenwerten. (Вестник Ленинградского Университета, Серия Биологии, Географии и Геологии [Nachr. Leningrader Univ.] **10.** Nr. 10. [Ser. Biol., Geogr. Geol.] Nr. 4. 57—66. Okt. 1955.) O. LEBTAG. 4520

R. G. Broun, *Biochemische Charakteristik der Komponenten der Nucleoproteide in den Markgeweben.* Nach den Unterss. nach den Verff. von SCHMIDT u. THANHAUSER u. von SCHNEIDER enthält das Eiweiß des Rinderhirns 9,5—13,2% N. Am meisten N (12,4—13,2%) enthalten die mit 0,85%ig. NaCl ausgezogenen Proteine. Die einzelnen Proteinfraktionen unterscheiden sich nur wenig im Geh. an *Ribonucleinsäure* (I) u. *Desoxyribonucleinsäure* (II). Die Salzfraktion enthält etwas mehr II. Bei der Behandlung des Gehirnes nach SCHNEIDER können die Phosphoproteine nicht aus dem P-Geh. ermittelt werden, da der Lipoid-P hierbei nicht restlos entfernt wird. Für die Best. von I u. II mittels der Farb-Rkk. ist die zusätzliche Behandlung mit organ. Säuren nach SCHMIDT u. THANHAUSER nicht erforderlich. Alle aus der weißen u. der grauen Substanz erhaltenen Eiweißhydrolysate enthalten in den sauren Fraktionen *Glutamin-* u. *Asparaginsäure,* in den alkal. Fraktionen *Arginin, Lysin* u. *Histidin,* in den neutralen Fraktionen *Glykokoll, Serin, Prolin, Alanin, Valin, Leucin, Tyrosin* u. *Tryptophan.* (Вестник Ленинградского Университета, Серия Биологии, Географии и Геологии [Nachr. Leningrader Univ.] **10.** Nr. 10. [Ser. Biol., Geogr. Geol.] Nr. 4. 67—75. Okt. 1955.) O. LEBTAG. 4520

V. Castro, *Verhalten einiger glykogenetischer freier Aminosäuren nach Tyrosingabe. Tyrosin-*Gaben erhöhen nach 4 Std. den Geh. an *Aminosäuren* (Herz, Leber u. Muskel). Es wurden Asparagin- u. Glutaminsäure, Glycin, Alanin u. Threonin durch Papierchromatographie bestimmt. Hierbei ist die Erhöhung einer bestimmmten Säure oft bes. markant, immer aber in allen Organen gleich. (Boll. Soc. ital. Biol. sperim. **29.** 424—26. April 1953. Palermo, Univ., Ist. di Fisiol. Umana.)
O. POLLAK v. EMHOFEN. 4520

V. Castro, *Verhalten einiger freier glykogenetischer Aminosäuren nach der Verabreichung von Glucose und Glucose und Insulin.* Gleichzeitige Insulin- u. Glucosegaben an weiße Ratten ergeben keine quantitative Änderung der Aminosäuren (vgl. vorst. Ref.) verglichen mit Ratten, die nur Glucose erhielten. (Boll. Soc. ital. Biol. sperim. **29.** 426—28. April 1953. Palermo, Univ., Ist. di Fisiol. Umana.)
O. POLLAK v. EMHOFEN. 4520

Alain Bussard und **Raymond Côté,** *Untersuchung der Konstitution des Giftes der Cobra (Naja naja).* Durch Elektrophorese an einer Stärkesäule läßt sich das Gift der Cobra in 2 Fraktionen trennen: *Lecithinase* u. *Neurotoxin.* Letzteres ist ultrafiltrierbar durch Cellophan, was auf ein Mol.-Gew. < 10000 deutet. (C. R. hebd. Séances Acad. Sci. **15.** 915—17. 11/10. 1954.) TH. MARSSON. 4520

R. L. Hartles und **A. G. Leaver,** *Die Identifizierung von Pyrimidinen in den fluorescierenden Fraktionen der Zähne des Spermwals (Physeter macrocephalus).* In den Zähnen des Spermwals, die keinen Schmelz besitzen, bei denen vielmehr das Dentin von einer dicken Zementschicht umgeben ist, wurden in der fluorescierenden Fraktion (vgl. C. **1954.** 349) des Zements *Thymin* (*2.6-Dioxy-5-methylpyrimidin*) nachgewiesen u. im Dentin eine Verb. vom Typ *5-Methylcytosin,* wenn auch in sehr geringer Menge, neben einem ätherlösl. bas. Pyrimidin. Es wird angenommen, daß diese Pyrimidine aus den Nucleoproteinen der Zahngewebe stammen. (J. Dental Res. **34.** 820—30. Dez. 1955. Liverpoole, Univ., School of Dental Surg., Biochem. Dep.) G. KLESSE. 4520

Björn Isaksson, *Gallenlipide in Kälbern unter verschiedenen Ernährungsbedingungen.* Die Lipide in der Gallenblase von neugeborenen Kälbern, Mastkälbern u. gewöhnlichen Kälbern wurden untersucht. Bestimmungen im Serum u. in der Leber wurden zum Vgl. gemacht. Mastkälber hatten einen viel höheren %-Geh. *Cholesterin* u. *Lecithin* in der Gallenblase. Die Differenzen werden den verschied. Diätformen zugeordnet. (Acta physiol. scand. **32.** 281—90. 1954. Gothenburg, Univ., Dep. of Med. Chem.) R. HÄHNEL. 4520

T. Yoshikawa, *Einfluß des H-Ions auf den Durchtritt von Kaliumionen durch die Haut von Kröte und Frosch.* Frösche u. Kröten werden in 0,1 n KCl + HCl bei p_H 3, 4 u. 5 eine Nacht eingetaucht, u. nach 24 Std. wird das Gesamt-K^+ im Harn bestimmt. Mit abnehmendem p_H nimmt K im Harn z. T. gleichfalls ab. Bei gleichartiger Ladung der Ionen wird das erste an der Haut adsorbiert u. bestimmt so den Zustand für den Durchtritt des zweiten. (Tokyo Jikeikai med. J. **68.** 859—61. 10/3. 1954. [Orig.: japan.])
L. SCHULER. 4550

T. Yoshikawa, *Einfluß von Konzentration und p_H von NaCl, KCl und Ringerlösung und der Einfluß von Glucose und Hyaluronidase auf den Durchgang von ^{32}P durch abgelöste Krötenhaut.* Ein vorgereinigtes Stück von 2 cm² aus der Bauchhaut der Kröte wird über einem Glasrohrende festgebunden, wobei die Hautinnenseite von RINGER-Lsg. bespült ist. Ist auf der Außenseite dest. W., so zeigt das mit ^{32}P radioakt. markierte PO_4-Ion ein nach innen gerichtetes einseitiges Eindringungsvermögen. Bei Best. der Eindringung von der Hautaußenseite nach innen wird die Hautaußenseite, gegen das Rohrende gekehrt, eingespannt (u. umgekehrt entsprechend). 0,1 mol. *NaCl* u. *KCl* hemmen das Durchdringen von ^{32}P nach innen stark, eine 0,05 u. 0,2 mol. Konz. fördert es, desgleichen hemmt ½-isotone RINGER-Lsg. u. doppelt isotone fördert den Durchtritt. p_H 1—4 u. ca. 9,5 fördert den Durchtritt nach innen, in umgekehrter Richtung aber sind diese p_H-Werte ohne Einfluß. *Glucose* hemmt den Eintritt nach der Hautinnenseite, *Hyaluronidase* ist ohne jede Wirkung. Durch die Kationen scheint beim Eintritt das Hautpotential erhöht, für die Anionen ist keine eindeutige Erklärung stichhaltig. — 6 Diagramme, 23 Literaturangaben. (Tokyo Jikeikai med. J. **68.** 845—52. 10/3. 1954. [Orig.: japan.]) L. SCHULER. 4550

T. Yoshikawa, *Einfluß verschiedener Ionen auf den Durchtritt von* ^{32}P *durch isolierte Krötenhaut.* Bei Anwendung von 0,2 mol. Salzlsgg. zusammen mit radioakt. durch ^{32}P markiertem PO_4 auf der Außenseite einer *Krötenhaut* (vgl. vorst. Ref.) ergeben sich für den Durchtritt nach der Innenseite (mit RINGER-Lsg.) mit abnehmender Durchgangsmenge an ^{32}P die Reihen (der Ionen) Na: $\geq$ K $>$ NH_4 $>$ Li (als Chloride), Mg $\geq$ Ba $>$ Ca (als Chloride), Na $>$ Ca $\geq$ Al (als Chloride), CO_3 $>$ Cl $>$ $Fe^{III}(CN)_6$ $>$ $Fe^{II}(CN)_6$ (K-Salze). Mit den gegenwärtigen Theorien kaum befriedigend erklärlich. Mit Ausnahme des CO_3^{2-} ist die Reihenfolge der Anionen durch die Theorie der „Austauschdiffusion" erklärbar. Es wird geschlossen, daß der *Ionendurchgang* durch die Haut in enger Beziehung steht zur Adsorption an die Haut u. damit zu deren elektr. Ladung. — 27 Literaturangaben. (Tokyo Jikeikai med. J. **68.** 853—57. 10/3. 1954. [Orig.: japan.]) L. SCHULER. 4550

L. Polák, *Analyse des afferenten Teils des Reflexbogens bei Sensibilisierung der Haut gegen Dinitrochlorbenzol beim Meerschweinchen.* 24 Std. nach Bestreichen mit einer 0,25 % ig. aceton. Lsg. von *Dinitrochlorbenzol* wird auf der Haut des Meerschweinchens nach n. Sensibilisierung positive Rk. beobachtet, nicht aber, wenn der Sensibilisierung Exstirpation des Sympathicus abdominalis (Denervation) vorausging. (Českoslov. Fysiol. **4.** 186—94. 22/5. 1955. Praha, Čs. akad. věd, Fysiol. úst.) R. K. MÜLLER. 4551

L. Polák, *Analyse des efferenten Anteils des Reflexbogens bei der Sensibilisierung von Meerschweinchen gegen Dinitrochlorbenzol.* (Vgl. vorst. Ref.) Auch ausgedehnte Denervation der hinteren Extremität bei Meerschweinchen (z. B. lumbale oder periarteriale Sympathektomie) beeinflußt die Rk. auf *Dinitrochlorbenzol* nicht, gleichgültig ob sie der Sensibilisierung folgt oder vorausgeht. (Českoslov. Fysiol. **4.** 309—14. 20/7. 1955.) R. K. MÜLLER. 4551

L. Polák, *Die Ausbreitung der Hautsensibilisierung gegenüber Dinitrochlorbenzol nach Myelotomie.* (Vgl. die beiden vorst. Reff.) Unterbrechung des Rückenmarks ist ohne Einfl. auf Entstehung u. Ausbreitung der Sensibilisierung ohne Rücksicht darauf, ob die Sensibilisierung ober- oder unterhalb der Unterbrechung erfolgt. (Českoslov. Fysiol. **4.** 315—18. 20/7. 1955.) R. K. MÜLLER. 4551

S. Tamai, *Ergänzende Untersuchung der allergischen Reaktionen gegen Phenol, Thymol und Merzonin.* Durch subcutane oder intravenöse Injektion von Phenol (**I**), Thymol (**II**) bzw. Merzonin (**III**; $C_2H_5HgSC_6H_4CO_2Na$) sensibilisierte Kaninchen zeigen gegen das entsprechende Antigen eine leichte allerg. Haut-Rk., u. zwar für **I** u. **II** gemeinsam. Aus dem photometr. Vgl. der Trübung des Antiserums auf die Rk. mit **I**, **II** bzw. **III** mit n. Serum ergibt sich, daß bei **I**, subcutan, die Sensibilisierung sehr deutlich, bei **I** u. **II**, intravenös, aber nur schwach ist u. bei **III** die Trübung leicht verstärkt ist. Nach intravenöser Injektion einer bestimmten Dose Antigen bei sensibilisierten Kaninchen tritt kein Schock auf, die Haut-Rk. ist abgeschwächt, de Serumtrübung verstärkt. Beim Vgl. nach der Reiz-Rk. von sensibilisierten mit n. Kaninchen zeigt sich zwar keine Änderung der Erythrocyten, die weißen Blutkörperchen aber zeigen nach 30 Min. starke Abnahme, dabei sind die Eosinophilen u. Polynuclearen vermindert u. 24 Std. danach im Zunehmen, die Stäbchenzellen nach 30 Min. vermehrt, nach 24 Std. auf der ursprünglichen Zahl, Lymphocyten im Falle der **I**- u. **II**-Sensibilisierung vermehrt, im Falle **III** vermindert, die Mononuclearen zeigen stets Neigung zur Zunahme. — 7 Tabellen. (Tokyo Jikeikai med. J. **68.** 903—10. 10/3. 1954. [Orig.: japan.]) L. SCHULER. 4551

T. E. Banks, G. E. Francis, W. Mulligan und **A. Wormall,** *Die Anwendung radioaktiver Isotope bei immunologischen Untersuchungen.* 6. Mitt. *Einige Beobachtungen bei Präcipitationshemmungsversuchen und die Wertigkeit der Antikörper.* (5. vgl. C. **1956.** 8119.) Ein Serumglobulin von Kaninchen, das mit jodiertem Pferdeglobulin immunisiert war, u. jodierte Globuline vom Pferd, Menschen oder Kaninchen als Antigene (Ag.) liefern in

Präcipitationsverss. Ndd., in denen das mol. Verhältnis Antikörper (Ak.):Ag. durch N-Best. u. Messung der Radioaktivität im Falle einer ^{131}J-Markierung genau festzustellen ist. Wird das Serum mit *3.5-Dijodtyrosin* (I) vorbehandelt, so verringert sich dies Verhältnis, sofern kein Antigenüberschuß besteht, da ein Teil der verfügbaren Ak. durch die Bindung an I gehemmt wird. Der I-Ak.-Komplex bleibt im wesentlichen lösl., nur in geringen Mengen befindet er sich im Niederschlag. Die Unterss. wurden an ungewaschenen Präcipitaten ausgeführt, da möglicherweise der Komplex durch Waschen entfernt wird. Dem Reaktionsgemisch wurde schweres W. zugefügt, dessen quantitativer Nachw. in den Ndd. nach der Meth. des fallenden Tropfens geführt wurde. Dadurch war eine genaue Best. des im Präcipitat befindlichen lösl. Ak.-I-Komplexes möglich. Die Ergebnisse der Verss. sprechen dafür, daß Präcipitine einwertig sind. (Biochem. J. **48.** 371—77. März 1951. London, St. Bartholomew's Hosp., Med. Coll., Dep. of Biochem.) E. FISCHOEDER. 4551

G. E. Francis, W. Mulligan und **A. Wormall,** *Die Verwendung von radioaktiven Isotopen bei immunologischen Untersuchungen.* 7. Mitt. *Markierte Proteine und Proteinantigene mit einem Gehalt von Jod und Senfgassulfongruppen.* (6. vgl. vorst. Ref.) Es werden Verff. beschrieben, Proteine, wie Ovalbumin u. Serumglobuline, mit Bis-β-chloräthylsulfonen (HO_2) u. 3.5-Dijodtyrosin (J) hintereinander zu kuppeln, um zweifach markierte Moll. zu erhalten. Dies gelingt deshalb nur teilweise, weil bei der zweiten Kupplung nur ein geringer Anteil von HO_2 bzw. J gebunden wird. Die Reihenfolge der HO_2- u. J-Behandlung ist dabei wichtig. Eine Denaturierung des Proteins kann eintreten, bes. wenn die HO_2-Kupplung mit mehr als doppelten, theoret. erforderlichen Mengen an bereits jodierten Proteinen vorgenommen wird. Mit besserem Ergebnis wurde die doppelte Kupplung mit Spuren von HO_2 u. J am γ-Globulin vom Kaninchen durchgeführt, wobei HO_2 mit dem Isotop ^{35}S u. die Jodproteine mit ^{131}J markiert waren. (Biochem. J. **60.** 118—122. Mai 1955. London, Med. Coll. of St. Bartholomew's Hosp., Dep. of Biochem. and Chem.) E. FISCHOEDER. 4551

G. E. Francis, W. Mulligan und **A. Wormall,** *Die Verwendung von radioaktiven Isotopen bei immunologischen Untersuchungen.* 8. Mitt. *Die Markierung von Antikörpern mit ^{131}J und ^{35}S.* (7. vgl. vorst. Ref.) Die Markierung der *γ-Globuline* eines Antiserums mit *^{131}J* beeinträchtigt nicht Präcipitation in der Äquivalenzzone, sofern der J-Geh. 1% nicht überschreitet. Die Markierung mit *^{35}S* durch Kopplung mit *Bis-[2-chloräthyl]-sulfon* (I) dagegen führt infolge Denaturierung der Proteine zu einer stärkeren Fällbarkeit der Antikörper-γ-Globuline im Präcipitationsvers. im Bereich der ganzen Kurve, bei Antigenüberschuß aber nur dann, wenn der I-Geh. höher ist als ca. 5 Mol/Mol Globulin. Die Konfiguration u. Lokalisation der Receptoren am Antikörpermol. werden in diesem Zusammenhang erörtert. (Biochem. J. **60.** 363—70. Juli 1955. London, Med. Coll. of St. Bartholomew's Hosp., Dep. of Biochem. and Chem.) E. FISCHOEDER. 4551

G. E. Francis, W. Mulligan und **A. Wormall,** *Die Verwendung von radioaktiven Isotopen bei immunologischen Untersuchungen.* 9. Mitt. *Reaktionen von Antiseren mit mehreren determinanten Gruppen.* (8. vgl. vorst. Ref.) Als Antigen für die Kaninchenimmunisierung diente Ovalbumin oder Pferdeglobulin, die nach Behandlung mit *Bis-[2-chloräthyl]-sulfon* noch jodiert wurden. Die Präcipitation der gewonnenen Antiseren mit Proteinen, die Dijodtyrosin- oder Sulfongruppen enthielten, wurde durch 3.5-Dijodtyrosin, Tyrosin–Sulfon-Verbb. sowie am stärksten durch 3.5-Dijodtyrosin–Sulfon-Verbb. gehemmt. Die Antiseren wurden in verschied. Versuchsanordnung mit homologen u. heterologen markierten Antigenen geprüft u. die präcipitierten Antikörpermengen mittels N-Best. u. durch Messung der Radioaktivität bestimmt. Aus der Vielzahl der Verss. ziehen Vff. den Schluß, daß die Wirkungsbreite der Receptoren groß ist, aber der Grad der spezif. Adaption an die Oberflächenkonfiguration des Antigens bei jedem Antikörper-Mol. ungleich ist. Es ist unwahrscheinlich, daß ein Antikörper-Mol. mehr als einen Receptor besitzt. (Biochem. J. **60.** 370—79. Juli 1955.) E. FISCHOEDER. 4551

Manuel H. Fertman und **Mildred B. Fertman,** *Toxische Anämien und Heinz'sche Körper.* Die große Bedeutung der Bldg. der HEINZschen (Blau-)Körper (I) im Blut für den Nachw. von Blutgiften (bes. aromat. Nitro-, Amino-, Hydrazine u. Hydroxylverbb., sowie einiger N-haltiger aliphat. Verbb. u. zahlreicher anorgan. Gifte) wird besprochen u. auf ihren diagnost. Wert in manchen Fällen (Feststellung beginnender Hämolyse, z. B. nach *Conteben* [*p-Acetylaminobenzalthiosemicarbazon*], das an sich keine I bildet) hingewiesen. Die Bldg. von I ist eine Form der granulären Hämolyse; Katalaseinhibition spielt dabei vielleicht eine Rolle. Die Beziehung der I zur Bldg. von Blutpigmenten (Methämoglobin, Verdoglobine) wird erörtert. — Röntgenbestrahlung erzeugte keine I. (Medicine **34.** 131—92. Mai 1955. San Francisco, Calif., Stanford Univ., School of Med. and Mt. Zion Hospital.) TH. MARSSON. 4552

G. I. Asimow, M. N. Lapiner, W. A. Ptschelina, A. F. Orlow, O. P. Belugina und **O. A. Dudetzkaja,** *Zur Frage der Milchsekretion.* Injiziert man lactierenden Ziegen oder Kühen eine wss. Lsg. von $Na_2H^{32}PO_4$ (I) mit einer Aktivität von 0,7—3,5 μC intravenös, so wird die Milch radioaktiv. Verss. mit dieser Milch bzw. mit I, die man durch die Zitze in das Euter anderer Ziegen einführte, ergaben, daß ^{32}P in bedeutenden Mengen aus dem Euter ins Blut übergeht. Bei jedem Melken nimmt die Menge des akt. P im Blut zu. In der Milchdrüse erfolgt demnach neben der Aufnahme der „Vorstufen" der Milch aus dem Blut auch eine intensive Rückresorption der Milchbestandteile aus dem Euter ins Blut. (Бюллетень Экспериментальной Биологии и Медицины [Bull. exp. Biol. Med.] **40.** Nr. 12. 10—14. Dez. 1955. Moskau, Inst. für Rauchwaren, Lehrstuhl für Physiol. der Tiere.) E. RENTZ. 4555

J. Olivet und **G. Grund,** *Zur Therapie mit Follikelhormon und aglandulären Hormonen.* Bericht über gute Erfahrungen mit *Thelytonin* (I; Dr. Georg HENNING, Berlin-Tempelhof u. Hamburg) an 170 Patientinnen im Klimakterium mit Herz- u. Kreislaufstörungen. I besteht aus Ovarialextrakt, eingestellt auf Follikelhormon, u. enthält pro cm^3 2,5 mg *Vitamin-B-Komplex* u. *Adenosinphosphorsäuren.* Dosierung je nach Schwere des Falls 15—20 Tropfen 2—3 mal täglich, bei Eintreten der Besserung 1 mal, 2—3 Monate lang. Keine Nebenerscheinungen. (Die Medizinische **1952.** 930. 12/7. Hannover, Krankenhaus Northeim.) H. DOSSMANN. 4559

Wolfgang G. Schneider und **Heinz Frahm,** *Wasserlösliches stickstoffgebundenes Steroid mit eigenen glandotropen Wirkungen aus einem Choriongonadotropinpräparat.* Bei der papierelektrophoret. Aufspaltung des aus Schwangerenharn gewonnenen Choriongonadotropinpräp. *Primogonyl* (SCHERING) stellten Vff. eine Aufspaltung in 5 ninhydrinpositive Fraktionen fest (Acta endocrinol [Copenhagen] **20.** [1955.] 279). Durch Parallelanfärbung mit dem SCHIFFschen Reagens u. Amidoschwarzfärbung konnte nun gezeigt werden, daß sich die einzelnen Fraktionen chem. unterscheiden. Bei der Durchführung von Steroid-Rkk. (Phosphorylierung oder Behandlung mit alkoh. NaOH) wurde ein Steroid nachgewiesen, welches wahrscheinlich durch eine Aminosäure- bzw. Peptidkonjugation seine wasserlösl. Eigg. erhält. Die biol. Austestung dieser Fraktion an der 21 Tage alten männlichen oder weiblichen Ratte ergab biol. Wirkungsmaxima in folgenden Punkten: Gewichtsvermehrung der Testes u. des ventralen Prostatalappens, des Ovars, des Uterus u. der Nebennieren. Vff. folgern, daß es sich bei der wasserlösl. N-Steroidfraktion um ein oder vielleicht mehrere Pseudogonadotropine handelt. (Naturwissenschaften **43.** 61. 1. Febr.-H. 1956 Hamburg-Eppendorf, II. Med. Univ.-Klinik u. Poliklinik.) H. P. FIEDLER. 4559

R. V. Brooks, W. Klyne, E. Miller und **J. Y. F. Paterson,** *Steroide aus dem Urin trächtiger Stuten.* 4. Mitt. *Auftrennung der neutralen Steroide. Untersuchung einiger ketonfreier Fraktionen.* (3. vgl. Biochem. J. **43.** [1948.] 614.) Vff. beschreiben die Aufarbeitung von Urin trächtiger Stuten u. die Trennung der Steroide in Phenole, Nichtphenole, Ketone u. ketonfreie Fraktionen u. die weitere Trennung einiger Fraktionen durch *Digitonin* (I)-Fällung, teilweise als Acetate oder als Benzoate. Es wurde bes. die Phenol- u. ketonfreie, mit I fällbare Fraktion untersucht u. die Isolierung von *3β.20β-Dioxy-5α-pregnan* (**II**) u. *3β.20α-Dioxy-5α-pregnan* (**III**) aus diesen Fraktionen beschrieben. Aus der gleichen Fraktion wurden außerdem noch die Verbb. *MM, MN, MR, MS, MU, MV* u. *MW* isoliert, deren Konst. größtenteils noch ungewiß ist: MM, MU u. MW sind wahrscheinlich C_{21}-Dioxysteroide, wobei MW vermutlich ein 17αα-Epimeres von *Urandiol* darstellt. Bei MV handelt es sich anscheinend um eine Monooxyverbindung. Aus einer weiterenFraktion wurde *Urantriol* (**IV**) isoliert. Alle aus dem Harn isolierten 20-Oxysteroide besitzen β-Konfiguration.

V e r s u c h e (FF. korr. $[\alpha] = [\alpha]_D^{20-25^0}$, l = 0,5 dm). *Verb. MV,* Blättchen, F. 61 bis 63° (Methanol). — *Verb. MU-Diacetat,* $C_{25}H_{38-40}O_4$, dicke Blättchen, F. 202—206° (Hexan); [α] —89,5 ± 1,0° (c = 0,58; Chlf.); λ_{max} 203 mμ (ε = 2240), λ_{max} 210 mμ (ε = 810), λ_{max} 220 mμ (ε = 87). — *Verb. MW-Diacetat,* $C_{25}H_{38-40}O_4$, rechteckige Blättchen, F. 175,5—178° (Hexan); $[\alpha]^{19^0}$ —54,0 ± 1,1° (c = 1,03; Chlf.). Hydrolyse mit K_2CO_3 gibt eine Verb. (vermutlich MW-Monoacetat), Rosetten kleiner Nadeln, F. 152—156° (Hexan). Aus den Mutterlaugen nach Benzoylierung wurde eine Verb. F. 214—218° erhalten (Chlf.–Methanol); [α] —24,9 ± 0,5° (c = 0,82; Chlf.); λ_{max} 228 mμ ($E_{1\,cm}^{1\%}$ 317), λ_{max} 272 mμ ($E_{1\,cm}^{1\%}$ 20,2). Hydrolyse dieser Verb. mit KOH gab *Urandiol,* kleine Nadeln, F. 215° (Ae.–PAe.). *Acetat,* Prismen, F. 163—165° (Methanol). Urandiol wird auch bei der Hydrolyse des vermutlichen MW-Monoacetats mit wss.-methanol. KOH erhalten. — *3β.20β-Dioxy-5α-pregnan* (**II**), $C_{21}H_{36}O_2$, F. 194,5—196° (Essigester–PAe.); [α] —0,7 ± 0,7° (c = 1,11; Chlf.). *Diacetat,* $C_{25}H_{40}O_4$, F. 140,5—141,5°; [α] + 20,8 ± 0,8° (c = 1,0; Chlf.). *Dibenzoat,* F. 236,5—237,5°; [α] — 7,7 ± 0,4° (c = 2,04; Chlf.). — *3β.16α.20β-Trioxy-5α-pregnan,* F. 309—310°; [α] —16,2 ± 1,7° (c = 0,47; A.); $(M)_D$ —54. *Triacetat,*

F. 164—168° (Methanol oder PAe.); [α] —51,3 ±0,6° (c = 1,35; Chlf.). *Tribenzoat*, längliche Prismen, F. 211—214° (Methanol); [α] —14,1 ±0,8° (c = 1,06; Chlf.). — *3β.20α-Dioxy-5α-pregnan* (III), F. 217—218°; [α] +20,0 ±1,4° (c = 0,64; Chlf.). *Dibenzoat*, $C_{35} \cdot H_{44}O_4$, Prismen, F. 170,5—172° (Chlf.-Methanol); [α] +27,7 ±0,7° (c = 0,84; Chlf.). — *Verb. MM*, längliche Prismen, F. 184—185° (Essigester–PAe.). *Acetat*, Nadeln, F. 108 bis 109,5° (PAe.). *Dibenzoat*, rechteckige Blättchen, F. 191,5—192,5° (Chlf.-Methanol); λ_{max} 230 mμ ($E^{1\%}_{1\,cm}$ 527), λ_{max} 273 mμ ($E^{1\%}_{1\,cm}$ 39,0). — *Urandiolbenzoat*, $C_{35} \cdot H_{44}O_4$, Blättchen, F. 209—210° (Chlf.-Methanol); $[\alpha]^{29}$ +18,6 ±0,6° (c = 1,05; Chlf.); λ_{max} 230 mμ (log ε = 4,43), λ_{max} 272 mμ (log ε = 3,26). — *Urantriol* (IV), lange Nadeln, F. 297 bis 299° (Aceton–Methanol); [α] +28,5 ±1,5° (c = 0,53; A.). *Triacetat*, $C_{27}H_{42}O_6$, kleine Blättchen, F. 135—136° (verd. Methanol); [α] +7,8 ±1,3° (c = 1,0; Chlf.), [α] 0,0 ±0,9° (c = 1,01; A.); $(M)_D$ +37° (Chlf.). *Tribenzoat*, $C_{42}H_{46}O_6$, kleine Nadeln, F. 233,5—235° (Chlf.-Methanol); [α] +82,5 ±0,4° (Chlf.); λ_{max} 231 mμ (log ε = 4,61), λ_{max} 272 mμ (log ε = 3,48.) (Biochem. J. **51.** 694—707. Aug. 1952. London, Postgrad. Med. School; Edinburgh, Univ., Biochem. Dep.) H. SCHEURLEN. 4559

R. V. Brooks und **W. Klyne**, *Der Nachweis der 5α-Androstan-3β, 16-diole als Bestandteile des Harns schwangerer Stuten.* Aus dem Harn schwangerer Stuten wurde früher ein Oxyketon isoliert, das als 3β-Oxy-5α-androstan-16-on identifiziert werden konnte (HUFFMAN u. LOTT (C. **1954.** 3711). BROOKS u. Mitarbeiter (vgl. vorst. Ref.) isolierten aus dem gleichen Ausgangsmaterial ein Diol unbekannter Struktur, das sie als Verb. *MM* bezeichneten. Kürzlich wurden von FAJKOŠ u. ŠORM (C. **1956.** 5843) bzw. von HUFFMAN u. LOTT (J. biol. Chemistry **215.** [1955.] 633) die zwei *5α-Androstan-3β.16α-* u. *16β-diole* hergestellt u. deren Eigg. mit denen der Verb. *MM* verglichen. Es wurde vermutet, daß es sich hierbei um die gleichen Verbb. handelt. Vff. verglichen nun die beiden Verbb. direkt mit dem Ergebnis, daß die Verb. MM u. das *5α-Androstan-3β.16β-diol* gleichen F., Misch-F., gleiche Diacetate, Dibenzoate u. die gleichen Infrarotspektren aufweisen. Die Verb. *MN* ist das *3β.16α-Isomere.* Damit ist erstmalig nachgewiesen, daß 3.16-Dioxysteroide der Androstanserie in der Natur vorkommen. (Biochem. J. **62.** 21P—22P. März 1956. London, Postgraduate Med. School.) H. P. FIEDLER. 4559

J. Charvát, V. Holeček und **H. Polák**, *Bedingter Reflex auf die Ausscheidung von antidiuretischem Hormon.* Bei intravenöser Injektion von 20 ml physiol. NaCl-Lsg. ändert sich der Adiuretinspiegel im Blut nicht, nach 14 Tagen Zufuhr von täglich 20 ml hyperton. NaCl-Lsg. (15%) ist dem erhöhten osmot. Druck im Blut entsprechend mehr *Adiuretin* nachweisbar; wird dann wieder physiol. Lsg. zugeführt, geht der osmot. Druck zurück, die Adiuretinbldg. bleibt aber erhöht. (Českoslov. Fysiol. **4.** 14—18. 28/2. 1955. Praha, Karl. univ., lék. fak., III. intern. klin.) R. K. MÜLLER. 4560

B. A. Cross, *Neurohormonaler Mechanismus bei der emotionellen Hemmung der Milchejektion.* Vf. untersucht die Milchejektion lactierender Kaninchen unter n. Bedingungen, unter Narkose mit *Nembutal* (*Na-5-Äthyl-5-[1'-methylbutyl]-barbiturat*), nach Applikation von *Pitocin* (*Oxytocinextrakt*), *Adrenalin* u. bei Elektroschock sowie bei Festlegung der Muttertiere in bewegungsloser, doch schmerzloser Rückenlage während des Säugens. Die Ergebnisse zeigen, daß der periphere Inhibitionseffekt der sympathicoadrenalen Aktivität nur eine geringe Rolle bei der emotionellen Hemmung der Milchejektion spielt, während die Hauptursache eine zentrale Blockierung der Reflexausscheidung von Oxytocin aus dem Hypophysenhinterlappen zu sein scheint. — 18 Literaturangaben. (J. Endocrinology **12.** 29—37. Jan. 1955. Cambridge, Univ., Dep. of Veter. Clin. Stud.) H. LAMP. 4560

J. H. van Blommestein und **S. Drukker**, *Überempfindlichkeit gegenüber Thymophysin.* Eine 38jährige Multipara erlitt nach einer subcutanen Injektion von 0,5 ml *Thymophysin* einen ernsten allerg. Schock (u. a. Albuminurie, starke Leukocytose mit Linksverschiebung, Blutharnstoffgeh. von 50 mg/100 ml). Nach einigen Std. erholte sich die Patientin. Die Überempfindlichkeit konnte später durch Haut-Rkk. u. mit der Probe von PRAUSNITZ u. KÜSTNER bestätigt werden. (Nederl. Tijdschr. Geneeskunde **99.** 3607—08. 26/11. 1955 [Goes].) H. PATZSCH. 4560

Lewis Webb Hill, *Wachstum von 43 allergischen Kindern unter Cortisonbehandlung.* Bei 43 asthma-u. ekzemkranken, 6 Monate bis 12 Jahre alten Kindern, die 3—30 Monate lang täglich 25—50 mg *Cortison* (I) erhielten, wurde insgesamt gegenüber 43 n. Kindern eine geringe Verzögerung des Längenwachstums festgestellt, die jedoch keine bindenden Schlüsse auf eine wachstumshemmende I-Wrkg. zuläßt. (New England J. Med. **253.** 821—22. 10/11. 1955. Boston.) H. IPPEN. 4561

I. Itelson, *Über chronische, nur gegen Gesamtnebennierenrindenextrakte empfindliche Anämien.* Es wird über einen Fall chron., normochrom. Anämie berichtet, die, auf einer besonderen Nebennierenrindeninsuffizienz beruhend, durch ca. 5monatige Verabreichung von *Gesamtnebennierenrindenextrakten* (I) erfolgreich behandelt wird, nachdem alle sonst üblichen antianäm. Heilverff. versagten. Bei einem 2. Fall von ovarieller Insuffizienz mit begleitender chron., normochrom. Anämie wird die Blutbeschaffenheit allein durch I günstig beeinflußt. Nach Ansicht des Vf. existiert unter den normochrom. Anämien eine Spezialgruppe, die nur auf I-Behandlung anspricht. (Rev. belge Pathol. Méd. exp. **24.** 86—89. März 1955. Israel, Policlinique Centrale des Assurances Sociales.) A. SCHMIDT. 4561

R. H. Orr, V. Di Raimondo, M. E. Flanagan und **Peter H. Forsham,** *Ein wasserlösliches Hydrocortisonpräparat zur klinischen Anwendung.* Bei intravenöser u. intramuskulärer Injektion von *Hydrocortisonhemisuccinat* (I) über eine Periode von 30 Min. an eine Versuchsperson ohne Nebennieren wird eine mit *Hydrocortison* (II) ident., urinäre I-Ausscheidung beobachtet. Das Verhältnis von freien, mit $CHCl_3$ extrahierbaren zu Gesamtoxycorticoidstoffwechselprodd. ist für I u. freies II bei intravenöser wie intramuskulärer Verabreichung das gleiche. Demgemäß werden beide Verbb. in derselben Weise durch die Leber umgesetzt u. durch die Niere ausgeschieden. Die eosinopene Wirksamkeit von I ist von gleicher Größenordnung wie die äquimol. II-Mengen. Klin. wird I intramuskulär als Ersatz für II erfolgreich angewandt. (J. clin. Endocrinol. Metabolism **15.** 763—64. Juni 1955. San Francisco, Calif., California Univ., School of Med., Metabolic Unit for Res. in Arthritis and Allied Diseases, Dep. of Med.) A. SCHMIDT. 4561

Kristen Eik-Nes, Avery A. Sandberg, Frank H. Tyler und **Leo T. Samuels,** *Über Plasmaspiegel der 17-Oxycorticosteroide nach Verabreichung adrenaler Steroide.* Nach intravenöser Verabreichung von 50 mg *Hydrocortison* (I) oder *Cortison* (II) an gesunde Versuchspersonen werden durch I höhere Niveaus von *17-Oxycorticosteroiden* im Plasma erhalten, deren Durchschnittswerte für I u. II bei logarithm. Auftragung gegen die Zeit in der Periode von 1—6 Std. zwei parallele, abfallende Geraden ergeben. Der Grad des Verschwindens des verabfolgten I oder II aus dem Plasma ist daher proportional ihrer Plasmakonz. u. bietet einen Test zur Berechnung des menschlichen Corticosteroidumsatzes. Die Plasmahöhen von I u. II nach oraler Verabreichung werden durch die Form, in welcher I u. II verabfolgt werden, u. von dem Grad der Resorption beeinflußt. Bei Verabreichung als Mikrosuspension in physiol. Kochsalzlsg. wird der Plasmahöchststand an 17-Oxycorticosteroiden nach 1 Std. erreicht u. ihre Tilgung aus dem Plasma rasch vollzogen. Bei Einnahme in Tablettenform ist nach 3—5 Std. das maximale Niveau niedriger, doch länger anhaltend, während der Abgang aus dem Plasma nur langsam erfolgt. Bei intramuskulärer Injektion von 100 mg I als Mikrosuspension werden die höchsten Niveaus nach 2 Std. erreicht; der zeitliche Abfall der 17-Oxycorticosteroidkurve ist von Fall zu Fall durch verschiedenartige Resorption u. lokale Zerstörung des I oder II unterschiedlich. Die Veränderungen der Plasmastände nach oraler Verabreichung können infolge zusätzlicher Variabler der gastrointestinalen Lsg. u. Resorption ebensowenig wie nach intramuskulärer Injektion direkt als Maß für den Steroidumsatz verwandt werden. Auf Grund der Möglichkeit, Höhe u. Dauer der Plasmaniveaus durch Auswahl von Präpp. mit den geforderten Lösungsgraden im gastrointestinalen Teil zu bestimmen, ist die orale Verabreichung adrenaler Steroide im Heilverf. von Vorteil. (Acta endocrinol. [Copenhagen] **18.** 244—50. März 1955. Salt Lake City, Univ., Dep. of Biol. Chem. and Med.) A. SCHMIDT. 4561

K. Hiraga und **S. Yonejima,** *Biologische Bestimmungsmethoden für das Nebennierenrindenhormon und deren Zuverlässigkeit.* Da für medizin. u. biol. Zwecke die auf chem. Grundlage entwickelten Verff. nicht für eine Beurteilung der biol. Wirksamkeit maßgebend sein können, können biol. Verff. nicht umgangen werden. Es werden die bisherigen Verff. krit. erörtert u. kein einzelnes wird als für alle Fälle brauchbar gefunden; es ist besser, eine Kombination von mehreren von Fall zu Fall ins Auge zu fassen. Ansätze zur Anwendung moderner mathemat. Verff. zur Beurteilung der biol. Verfahren. — 90 Literaturangaben. (Tokyo Jikeikai med. J. **69.** 177—90. 1/5. 1954. [Orig.: japan.]) L. SCHULER. 4561

Y. Aizawa, S. Momiki und **M. Kawamuro,** *Über die quantitative Bestimmung von Chemocorticoiden in Blut.* Vergleichende Unters. der Extraktionsverff., deren Verbesserung u. sehr ausführliche Beschreibung der quantitativen Best. mit $K_3[Fe(CN)_6]$ in Anwendung auf sehr geringe Mengen. Kontrolle durch Zusatz bekannter Mengen *DOCA* zu Plasma bzw. Serum. Die Best. von *Chemocorticoiden* als DOCA berechnet vor u. 6 Std. nach chirurg. Operationen ergab z. B. 0,168 u. 0,416; 0,327 u. 1,767; 1,800 u. 1,545 mg/100 cm³ (Tokyo Jikeikai med. J. **69.** 71—74. 1/4. 1954. [Orig.: japan.]) L. SCHULER. 4561

Mary E. Dumm, Bertram Laken und **Elaine P. Ralli,** *Faktoren, die Gewicht und Cholesteringehalt der Nebennieren von Ratten nach Stress beeinflussen.* Einseitige Adrenalektomie u. in verstärktem Ausmaß zusätzliche Enthaarung bewirken Zunahme des Gewichts u. Abnahme des *Cholesterin*-Geh. der verbleibenden Nebenniere. Zufuhr hoher *Ascorbinsäure*-Dosen u. proteinreicher Nahrung hat eine Steigerung des Nebennierengewichts u. verzögerte Einstellung des n. Cholesteringeh. zur Folge. (J. of Nutrit. **56.** 517—31. 10/8. 1955. New York City, N. Y., Univ., Bellevue Med. Center, Coll. of Med., Dep. of Med.) F. KRUSEN. 4561

L. M. Golber und **M. P. Ratnijetze,** *Änderung der glykämischen Reaktion auf Zufuhr von Adrenalin unter der Einwirkung von Morphin.* (Vgl. C. **1956.** 7851.) Verss. an 25 Kaninchen ergaben, daß *Morphin* (1 ml 3% ig.; subcutan), welches eine deutliche hyperglykäm. Rk. hervorruft, die glykäm. Wrkg. von gleichzeitig, aber getrennt injiziertem *Adrenalin* (**I**; 0,25 ml/kg 0,1 % ig. subcutan) insofern verändert, als nach 5 Std., wenn die n. **I**-Wrkg. bereits vorüber ist, noch immer eine starke Hyperglykämie (im Mittel 245 mg%) besteht. (Известия Академии Наук Латвийской ССР [Nachr. Akad. Wiss. LettSSR] **1955.** Nr. 11. 89—94.) E. RENTZ. 4561

A. Owe-Larsson, *Die lokale Wirkung von Noradrenalin auf das Auge.* 2%ig. *d*- u. *l*-*Noradrenalin* (**I**) nach Vorbehandlung mit *Tetracain* (**II**) u. **II** u. Druckmessung führte in 50% der Fälle zu einer Dilatation der Pupille, während es in den übrigen 50% wirkungslos war. 3% ig. *l*-**I** zeigte die gleiche Wirkung. Anwendung von **I** ohne Vorbehandlung blieb ohne Erfolg. An Nebeneffekten traten lokale Anämie, bei Dilatation eine Akkommodationsparese u., vor allem bei dem Sekundärglaukom, eine geringe Drucksenkung auf. (Acta ophthalmol. [Copenhagen] **34.** 27—34. 1956. Stockholm, Karolinska sjukhuset.) D. ZEMKE. 4561

B. Chr. Christensen, *Schilddrüsenfunktion und Jodstoffwechsel.* Die neuesten Erkenntnisse über den Zusammenhang zwischen Schilddrüsenfunktion u. J-Stoffwechsel werden zusammengefaßt. Die verschied. Möglichkeiten zur Verwendung von radioakt. J bei der Überprüfung der Schilddrüsenfunktion werden besprochen. — 60 Literaturangaben. (Nordisk Med. **53.** 350—54. 3/3. 1955. København, Finseninst., Med. afd.) K. PAWELZIK. 4562

Robert E. Hodges, Titus C. Evans, James T. Bradbury und **William C. Keettel,** *Die Ansammlung von radioaktivem Jod durch die menschliche, fetale Schilddrüse.* Es wird festgestellt, daß die menschliche, fetale Schilddrüse zur Ansammlung nachweisbarer Mengen ^{131}J von der 12. Schwangerschaftswoche an befähigt ist. Zur Frage der Hemmung der ^{131}J-Therapie bei mütterlicher Thyreotoxikose wird über den untersuchten Fall einer Mutter mit Thyreotoxikose berichtet, die nach Verabreichung einer therapeut. ^{131}J-Dosis in einem Schwangerschaftsstadium, in dem voraussichtlich der Fetus anreichert, gesundet u. zu fast n. Termin von einem gesunden, sich n. entwickelnden Kind entbunden wird. Die Befunde werden diskutiert. (J. clin. Endocrinol. Metabolism **15.** 661—67. Juni 1955. Iowa City, Io., Univ., Dep. of Obstetrics and Gynecology and of Internal Med., Radiation Res. Labor.) A. SCHMIDT. 4562

William S. Dingledine, Rosalind Pittrivers und **John B. Stanbury,** *Beschaffenheit und Transport von Jodsubstanzen des Blutes normaler Personen und von Patienten mit Schilddrüsenerkrankung.* Es werden die Bindungseigg. der Serumproteine für ^{131}*J-Thyroxin* (**I**), *Trijodthyronin* (**II**) *J* u. *Jodid* (**III**) nach Papierelektrophorese (p_H 8,6, Ionenstärke 0,05, Veronalpuffer, 15—16std. Potential von 110 V) miteinander verglichen u. gleichzeitig die Jodverbb. der n-Butanolextrakte der Seren von 27 Patienten, davon 13 mit BASEDOW, 4 mit giftigem, nodularem, 2 mit ungiftigem Kropf, 8 mit n. Schilddrüsen, nach Verabreichung therapeut. Dosen von 5,5—35 mC bzw. Spurendosen von 50—400 μC ^{131}J oder nach Schilddrüsenentfernung papierchromatograph. untersucht. Es wird festgestellt, daß **I** in n. wie Krankenserum weitgehendst durch Protein mit einer elektrophoret. Beweglichkeit zwischen α_1 u. α_2-Globulin, gering durch die Albuminfraktion transportiert wird, **II** in beiden Seren an alle Globuline, mit einer Höchstkonz. ähnlich der von **I** in der Intra-α-Globulinzone, in kleiner Menge an die Albuminfraktion gebunden ist; anorgan. Jodid wird nach dem Albumin, bei Zusatz von trägerfreiem ^{131}J zu weniger als 2% bei der γ-Globulin- u. Albuminkomponente gefunden. In allen Seren werden keine anderen ^{131}J-Substanzen als **I, II** u. **III** gefunden. Die Unterss. ergeben zwischen n. u. schilddrüsenkranken Personen keine qualitativen Unterschiede weder in den Jodkomponenten des Blutes noch in dem Mechanismus ihres Transports. (J. clin. Endocrinol. Metabolism **15.** 724—31. Juni 1955. Boston, Mass., Harvard Med. School, Dep. of Med. and General Hospital.) A. SCHMIDT. 4562

Odette Thibault und **Rosalind Pitt-Rivers,** *Unmittelbare Wirkungen von Thyroxinanalogen auf die biologische Oxydation in vitro.* In vitro-Verss. mit Nierenschnitten von thyroidektomierten Ratten zeigten, daß *Tetrajodthyroessigsäure* in Konz. von $5 \cdot 10^{-6}$ u. *Trijodthyroessigsäure* in Konz. von $1 \cdot 10^{-6}$ den O_2-Verbrauch der Schnitte bereits in 15 Min. auf das Maximum von 70—190% steigern. Nach 90 Min. ist die Wrkg. beendet.

Auch noch geringere Konzz. sind wirksam, während höhere den O_2-Verbrauch hemmen. (Lancet **268**. 285–86. 5/2. 1955. Paris, Sorbonne, Labor. de Physiol. Gén.; London, Mill Hill, Nat. Inst. for Med. Res.) F. KRUSEN. 4562

B.-A. Lamberg und **P. Wahlberg**, *Kaliumperchlorat und Jodthiouracil bei Thyreotoxikose.* Die Verwendungsmöglichkeit von $KClO_4$ (I) bei der Behandlung von Thyreose u. Thyreotoxikose wurde an 10 Patienten untersucht. 600–1200 mg I/Tag wurden in 3 oder 4 Einzeldosen peroral eingenommen. Eine Woche vor operativem Eingriff wurde zusätzlich KJ verabreicht. Bei 6 Patienten erfolgte Thyreoektomie, 4 wurden nur mit Medikamenten behandelt. Es zeigte sich, daß I die Serumkonz. an proteingebundenem J beträchtlich verringerte. 6 Patienten sprachen auf die Behandlung nach 3–4 Wochen sehr gut an, 2 nicht, bei 2 Patienten verschlimmerte sich der Zustand. In einem Fall zeigte sich bei Behandlung mit I allein eine Verbesserung, bei kombinierter Behandlung mit I u. KJ eine erhebliche Verschlechterung. Vff. halten I für ein geeignetes u. wirksames antithyreoides Medikament bei Patienten, die nicht operiert oder mit den thyreostat. Mitteln der Thioharnstoff- oder Imidazolgruppe behandelt werden können. Die Wrkg. von *5-Jod-2-thiouracil* wurde an 5 Patienten untersucht. Auf Grund der Erfahrungen kann man sagen, daß dieses bei der Behandlung der in Finnland vorkommenden Thyreotoxikose nur geringe Bedeutung erlangen wird. (Nord. Med. **53**. 359–61. 3/3. 1955. Helsingfors, Univ., 4. Med. Klinik.) K. PAWELZIK. 4562

J. Vallance-Owen, Barbara Hurlock und **N. W. Please**, *Die Plasmainsulinwirksamkeit bei Diabetes mellitus. Gemessen mit der Ratten-Diaphragma-Technik.* Zur Regulierung des Kohlenhydratstoffwechsels benötigen Diabetiker vom Typ A (Hyperglykämie, Glucosurie, Ketose, Gewichtsverlust) exogenes *Insulin* (I), während der vom Typ B (Hyperglykämie, Glucosurie, Gewichtszunahme) durch kohlenhydratarme Diät reguliert werden kann. Beim Glucosetest (12 Std. nüchtern, dann 50 g Glucose oral) konnte im Plasma von A-Patienten kein I nachgewiesen werden; bei B-Patienten lagen die Werte mit 252–605 μE./cm^3 über dem von Normalen. Nach Injektion therapeut. unzureichender I-Dosen konnte kein Plasma-I bei A festgestellt werden, auch nicht, wenn I dem Plasma in vitro zugesetzt wurde, wohl aber bei B-Plasma. Die Natur des inaktivierenden Faktors konnte noch nicht festgestellt werden, jedoch konnten 17-Oxycorticosteroide u. Glukagon ausgeschaltet werden. (Lancet **269**. 583–87. 17/9. 1955. London, Univ. Coll.) F. W. v. KLAVEREN. 4564

Veikko J. Uuspää und **Pentti A. Järvinen**, *Der Histamingehalt des Blutes bei Schwangerschaftshyperämie.* Vff. berichten über den Geh. an *Histamin* im Blut von 15 Patientinnen mit Schwangerschaftshyperämie vor u. während der Therapie mit *Östradiolbenzoat, Benadon* + *B-Komplex* + *Percorten*-Injektionen mit Kochsalzinfusionen u. ACTH-Gaben. — 23 Literaturangaben. (Ann. Med. exp. Biol. fenn. **33**. 89–96. 1955. Helsinki, Univ., Dep. of Pharmacol. and Woman's Clinic.) H. LAMP. 4569

A. Brandon, *Elektrocorticographische und elektromyelographische Untersuchung der Histaminwirkung.* Unter dem Einfl. der Injektion einer hohen *Histamin*-Dosis zeigten sich bei Ratten Intoxikations- u. Schockwirkungen, die von bedeutenden Veränderungen im Elektrocorticogramm u. Elektromyelogramm begleitet sind. Im Elektrocorticogramm beobachtet man eine deutliche Verminderung der Frequenz. Das Elektromyelogramm zeigt unter dem Einfl. des Histamins eine charakterist. Zunahme der Wirkung. (Arch. int. Physiol. Biochim. **63**. 62–69. Febr. 1955. Amsterdam, Univ., Labor. de Physiol.) K. F. MÜLLER. 4569

N. N. Demin, Ss. N. Nisstratowa und **L. Ss. Rosanowa**, *Der Einfluß von Acetylcholin und Vagusreizung auf den Gehalt an „freien" Sulfhydrylgruppen in den Geweben.* Histochem. Unterss. (Schnitte von Froschherzen, Herzen, Gehirn u. Skelettmuskeln von weißen Ratten) bestätigten die Annahme, daß *Acetylcholin* (I) die Fähigkeit besitzt, die Oxydierbarkeit von SH-Gruppen wesentlich zu steigern. Am Froschherzen kommt es bei kurzer Vagusreizung (3 Sek.), begleitet von einem kurzen Stillstand des Herzens, zu einer Abnahme, bei anhaltenderer Reizung (10 Sek.) zu einer Zunahme der durch Ferricyanid oxydierbarer „freien" SH-Gruppen. Demnach vermag I auch im Organismus die Reaktivität der SH-Gruppen zu verändern. (Доклады Академии Наук СССР [Ber. Akad. Wiss. UdSSR] **100**. 597–600. 21/1. 1955. Ssewertzow-Inst. für Morphol. der Tiere der Akad. der Wiss. der UdSSR.) E. RENTZ. 4569

Hans Unger, *Neurohormonale Steuerung der Herztätigkeit bei Insekten.* Extrakte von Bauchmark, Hirn, Corpora cardiaca u. Corpora allata bestimmter Insektenarten in RINGER-Lsg. beeinflussen die Tätigkeit des stillgelegten Herzens u. Darmes dieser Arten unterschiedlich; ihre Wirkstoffe sind nicht mit *Adrenalin, Noradrenalin* oder *Histamin* identisch. (Naturwissenschaften **43**. 66–67. Febr. 1956. Jena, Friedrich-Schiller-Univ., Zoolog. Inst.) V. SACHS. 4569

A. L. Bernstein, *Der Gehalt an Brenztraubensäure und Adrenalin im Blut bei Schmerzen.* 30 Verss. an 7 Hunden, bei denen man mit elektr. Strom Schmerzreize setzte, ergaben stets eine geringe, aber gesetzmäßige Erhöhung des Geh. an *Adrenalin* (I) u. *Brenztraubensäure* (II) im Blut (n. im Mittel 0,11 bzw. 2,58 γ-%, nach dem Reiz 0,12 bzw. 3,27 γ-%). Chron. Reizung des Ganglion stellatum oder des Nervus ischiadicus durch Injektion von Terpentin oder Zerquetschen am narkotisierten Tier rief kein Schmerzsyndrom u. keine eindeutige Veränderung von I u. II im Blut sowie der Ausscheidung von Vitamin B_1 mit dem Harn hervor. Hingegen führt der elektr. Strom jetzt wieder zu einem deutlichen Anstieg von I u. II im Blut. (Вопросы Медицинской Химии [Fragen med. Chem.] **2.** 25—28. Jan./Febr. 1956. Moskau, 1. Med. Inst., Klinik für Nervenkrankheiten.) E. RENTZ. 4572

Niels A. Thorn, *Die Lipoproteine des Blutes.* Übersicht über Struktur, chem. Eigg., Trennung u. Einteilung der im Blut vorkommenden Lipoproteine. Ihre n. Funktion u. ihr Auftreten unter verschied. patholog. Bedingungen werden untersucht. — 43 Literaturangaben. (Nord. Med. **53.** 346—50. 3/3. 1955. Århus, Univ., 2. Med. Klinik.) K. PAWELZIK. 4572

V. Schwarz, L. Goldberg, G. M. Komrower und **A. Holzel,** *Störungen des Stoffwechsels der roten Blutkörperchen bei Galaktosämie.* Erythrocyten Galaktosäm. vermögen gegenüber n. Erythrocyten *Galaktose* nicht, in Verbindung mit *Glucose* nur unzureichend zu oxydieren, was sich auch (in vivo u. vitro) in einer Anhäufung von *Galaktose-1-phosphat* (bis zu 20 mg-%) u. Verminderung der *Phosphorester* spiegelt. (Biochem. J. **62.** 34—40. Jan. 1956. Manchester, Univ., Dep. of Pathol. and Child Health.) V. SACHS. 4573

G. V. R. Born, *Adenosintriphosphat in Blutplättchen.* Blutplättchen vom Schwein enthalten bis zu 4,5 μMol *Adenosintriphosphat* (I), 0,13 μMol *Histamin* (II) u. 0,49 μMol *5-Oxytryptamin* (III) pro g Feuchtgewicht. Das Molverhältnis I zu II + III = 7,1 steht im Gegensatz zu dem aus den Granula des Nebennierenmarkes erhaltenen Wert für I/Adrenalin $\sim$1/7. (Biochem. J. **62.** 33 P. März 1956. Oxford, Univ., Nuffield Inst. for Med. Res.) A. DILLMANN. 4573

Ulrich Westphal und **Stanley G. Priest,** *Zunehmende elektrophoretische Beweglichkeit von Serumalbumin der Ratten, welche Tetrachlorkohlenstoffbehandlung oder dem Tourniquet-Schock ausgesetzt waren.* 1. Die elektrophoret. Beweglichkeit des Serumalbumins der behandelten Ratten war größer als die des n-Serumalbumins. Der Unterschied entsprach einem Zuwachs von ungefähr 1 negativen Ladung pro Albuminmolekül. 2. Erhöhte anod. Beweglichkeit wurde nur festgestellt an Serumalbumin mit vermindertem Azorubinbindungsvermögen (ABC). 3. Der Unterschied zwischen den ABC-Werten von n. u. vermindertem ABC-Albumin wurde kleiner oder aufgehoben durch Dialyse bei p_H 11,5. (J. clin. Invest. **34.** 1462—66. Sept. 1955. Fort Knox, Ky., Army Med. Res. Labor., Biochem. Dep., Protein and Steroid Sect.) H. AMAN. 4574

A. S. McFarlane, *Markierung von Plasmaproteinen mit radioaktivem Jod.* Plasmaproteine des Kaninchens wurden nach folgenden Methoden jodiert: 1. mit ^{131}J u. KJ in Bicarbonatpuffer p_H 9,5—10; 2. Jod wird aus $K^{131}J$ u. KJO_3 entwickelt u. zu einer ammoniakal. Lsg. des Proteins gegeben; 3. $K^{131}J$ wird in Ggw. des Proteins bei p_H 7,5 mit H_2O_2 behandelt; 4. Jod aus $Na^{131}J$ u. $NaJO_3$ wird in einer Mischdüse mit der Lsg. des Proteins in Glycinpuffer p_H 9,3 zusammengebracht. Die für die letzte Meth. beschriebene App. ermöglicht die Jodierung von Proteinen in 100 mg Mengen mit ^{131}J hoher spezif. Aktivität, wobei das Protein dem hohen p_H nur kurze Zeit ausgesetzt ist. — Das Verh. der jodierten Proteine (Oxalatplasma sowie Albumin u. Globulin, Trennung durch Salzfällung) am Kaninchen wird mit entsprechenden mit ^{14}C markierten Proteinen verglichen, die nach Verfütterung von ^{14}C markiertem Chlorella-Eiweiß gebildet wurden. Die eingeführte Jodmenge betrug 0,5—1 g-Atom/Mol. Gemessen wurden die biol. Halbwertszeit u. die intra-extravasculäre Verteilung. Bei den nach Meth. 1 u. 2 jodierten Proteinen war die Halbwertszeit prakt. die gleiche wie die der mit ^{14}C markierten Proteine, dagegen zeigte das Verteilungsverhältnis wesentliche Abweichungen. Meth. 3 lieferte Prodd., bei denen beide Eigg. wesentlich vom Vergleichsprotein abwichen. Nach 4. jodierte Proteine zeigten mit den Vergleichsproteinen gute Übereinstimmung. Eine stärkere Jodierung (6 g-Atom/Mol Jod) führt auch nach 4. zu einem denaturiertem Prod., das wesentlich rascher ausgeschieden wird. Ein Vgl. zwischen nach 4. jodiertem Albumin, das durch Salzfällung u. solchem, das durch Fällung mit Methanol bei tiefer Temp. isoliert war, ergab bei gleicher Verteilung eine deutlich schnellere Ausscheidung des mit Methanol gefällten. (Biochem. J. **62.** 135—43. Jan. 1956. London, Mill Hill, Nat. Inst. for Med. Res.) K. HEYNS. 4574

S. Cohen, R. C. Holloway, C. Matthews und **A. S. McFarlane,** *Verteilung und Ausscheidung von ^{131}J- und ^{14}C-markierten Plasmaproteinen im Kaninchen.* Plasmaproteine, markiert mit ^{131}J nach Meth. 4 (vgl. vorst. Ref.) wurden Kaninchen intravenös injiziert

u. das Verh. im Organismus 18—22 Tage verfolgt u. mit den entsprechenden mit ^{14}C markierten Proteinen verglichen. Ein Unterschied zwischen autogenen u. homologen Proteinen konnte nicht festgestellt werden. Die an die Plasmaproteine gebundene Radioaktivität zeigt nach der Injektion zunächst einen steilen Abfall, der durch Verdünnung mit den intra- u. extravasculär vorhandenen Proteinen gleicher Art bedingt ist. Nach Einstellung des Gleichgewichtes (65—140 Std. beim Globulin u. 40—65 Std. beim Albumin) zeigt der Aktivitätsabfall exponentiellen Verlauf, bedingt durch Abbau der markierten Proteine u. Ersatz durch nicht markierte. Die Halbwertszeit dieses Austausches betrug 160—230 Std. beim Albumin, 140—170 Std. beim Globulin u. 52—85 Std. beim Fibrinogen. Bei den Unterschieden handelt es sich um individuelle Unterschiede der einzelnen Tiere. ^{14}C- u. ^{131}J-markierte Proteine zeigten prakt. gleiche Werte von Halbwertszeit u. intra-extravasculären Verteilungsverhältnis. Die im Urin ausgeschiedene Menge ^{131}J entspricht der Abnahme der markierten Plasmaproteine im Körper. Bei Injektion von teilweise denaturierten Proteinen ist die Ausscheidung nach 72 Std. wesentlich größer als auf Grund der Halbwertszeit berechnet. Die spezif. Aktivität des Plasmas ist entsprechend niedriger, was zu hohe Werte für das Plasmareservoir zur Folge hat. Ein Einbau von ^{131}J in neu gebildetes Plasmaprotein findet nicht statt, Speicherung von ^{131}J in der Schilddrüse war zu vernachlässigen. (Biochem. J. **62.** 143—54. Jan. 1956. London, Mill Hill, Nat. Inst. for Med. Res.) K. HEYNS. 4574

Jarmila Bauerová und **J. V. Koštíř,** *Gebundenes Kreatinin. Kurze* Besprechung der bekannten Bestimmungsmethoden für *Kreatinin* (I) (JAFFÉ [1886], FOLIN [1904] usw.). Nach KOŠTÍŘ u. RÁBEK (C. **1951.** II. 115) bleibt nach Lsg. des Acetonfiltratrückstandes des Blutserums in W. ein unlösl. Anteil mit JAFFÉ-positiven Stoffen, mit welchem sich vorliegende Arbeit befaßt. — 70 cm³ Blutserum werden in üblicher Weise mit Aceton enteiweißt, Aceton abdest., der getrocknete Rückstand 2mal in 20 cm³ W. aufgenommen u. zentrifugiert. Der Trockenrückstand aus den wss. Lsgg. zeigt negative Rk. bei der Tröpfchenprobe auf Filterpapier. Der in W. unlösl. Rückstand zeigt bei der Chromatographie auf SCHLEICHER-SCHÜLL-Papier 602 mit Butanol–Essigsäure eine Stelle eines JAFFÉ-positiven Stoffes mit höherem R_F als I. Beim Vgl. mit synthet. I werden jedoch gleiche R_F gefunden. — Dieses gebundene I kann in dem unlösl. Rückstand leicht so gefunden werden, daß man den gesamten Rückstand auf das Filterpapier bringt u. darauf einige Tropfen Ae. gibt, die das I zur Best. freimachen. Neben I reagiert im Blutserum noch Brenztraubensäure JAFFÉ-positiv. (Chem. Listy Vědu Průmysl **44.** 275. 15/11. 1950. Prag, Univ., Inst. für org. Chem.) E. ROTTER. 4574

A. Caiozzo und **E. Savagnone,** *Verhalten der Blutkupferkurve bei endovenösen Gaben von Kupfergluconat bei der rheumatischen Krankheit.* Es wird 0,2 mg *Cu-Gluconat*/kg intravenös gegeben. Die Messungen wurden unmittelbar vor der Injektion, nach 10 Min., 1, 2 u. 4 Std. gemacht u. ergaben folgende Mittelwerte bei Patienten mit akuten articulären Erscheinungen: 140, 186, 157,3, 120,3 u. 91,6 γ-%/100 ml. Die entsprechenden Werte während der Besserung waren 76,2, 144,2, 136,2, 134,2 u. 139,2 γ-%. Die Cu-Best. erfolgt nach HEILMEYER mit Na-Diäthyldithiocarbamat. (Boll. Soc. ital. Biol. sperim. **29.** 672—75. April 1953. Palermo, Univ., Ist. Clinica, Med. Gen.)

O. POLLAK V. EMHOFEN. 4574

K. H. Büsing und **F. K. Beller,** *Der Einfluß von Anticoagulantien auf die Systeme der Blutgerinnung und Komplementfunktion.* Durch *Heparine* (I) u. *Heparinoide* (II) wird eine deutliche, auf $\sim$7—9 Std. begrenzte Senkung der Komplementaktivität herbeigeführt. Die Komplementabschwächung durch I oder II erstreckt sich nicht auf die C'_1-Komponente des Komplements, sondern wahrscheinlich auf die Komponente C'_2. Mit dem Cumarinderiv. „*Marcumar*" läßt sich eine geringfügige Senkung des C'_1-Titers, jedoch nicht des C'_2-Titers erzielen. — 48 Literaturangaben. (Z. Immunitätsforsch. exp. Therap. **112.** 202—19. Juli 1955. Marburg/Lahn, Univ., Hyg.-Inst., u. Gießen, Frauenklinik der Akad. für Med. Forsch. u. Fortbldg. der Justus-Liebig-Hochschule.)

EBERHARD MÜLLER. 4574

Fritz Markwardt, *Die antagonistische Wirkung des Hirudins gegen Thrombin in vivo.* Intravenöse Injektionen von 300 NIH-*Thrombin* (I)-Einheiten (*Topostasin-Roche*) führten beim Kaninchen innerhalb von 3—4 Min. zum Tode. 10 Min. vorher intravenös injizierte Lsg. von 0,1 mg reinem *Hirudin* (II) in 1 ml 0,9%ig. NaCl-Lsg. verhinderte die tödliche intravasale Gerinnselbldg. nach Injektion von 300—1000 NIH-I-Einheiten. Bei 1500 NIH-I-E. trat trotz vorheriger Injektion von 0,1 mg II der Tod nach 5 Min., beim nicht mit II behandelten Kontrolltier bereits nach 2 Min. ein. — II wurde vom Vf. aus medizin. Blutegeln hergestellt u. war von den Verunreinigungen, welche tox. Nebenwirkungen hervorrufen, befreit. Nähere Angaben über das Reinigungsverf. von II fehlen. (Naturwissenschaften **43.** 111. März 1956. Greifswald, Univ., Pharmakol. Inst.)

H. CARLS. 4574

Daniel H. Coleman, Alexander R. Stevens jr. und **Clement A. Finch,** *Die Behandlung der Eisenmangelanämie.* Nach Besprechung der Physiologie des menschlichen Fe-Haushaltes, der Pathogenese, Ätiologie u. Klinik der Fe-Mangelanämien, werden die Indikationen für orale u. parenterale Fe-Behandlung umrissen. (Blood **10.** 567—81. Juni 1955. Washington, Univ., School of Med., Dep. of Med.) V. SACHS. 4575

Arthur B. Tarrow, *Die Plasmavolumenvermehrer.* Geschichte u. Eigg. der Blutplasmaersatzmittel, bes. der *Gelatine*, des *Polyvinylpyrrolidons* u. des *Dextrans.* Die nach der Infusion von Dextran auftretender Rkk. werden eingehender behandelt u. auf die diesbzgl. Unterss. in den USA hingewiesen. (Anesthesiology **16.** 598—605. Juli 1955. San Antonio, Tex., Lackland Air Force Base, Anesthesiology Section.) W. WILLENBERG. 4576

A. Ficq, *Autoradiographische Untersuchung des Stoffwechsels der Proteine und Nucleinsäuren im Verlaufe der Oogenese bei Fröschen.* Mit Hilfe von Kernemulsionen wurde der Stoffwechsel der Proteine u. Nucleinsäuren in den Oocyten der Rana fusca in verschied. Stadien ihres Wachstums verfolgt. Die angewandten Ausgangsstoffe waren $^{14}C_{(1)}$*-Glycin*, $^{14}C_{(2)}$*-dl-Phenylalanin* u. $^{14}C_{(8)}$*-Adenin.* Die Oocyten, sehr basophil, zeigen merkwürdigerweise eine erhöhte Radioaktivität, bes. in Höhe des Keimbläschens u. vor allem der Kernkörperchen. (Exp. Cell Res. **9.** 286—93. Okt. 1955. Univ. libre Bruxelles, Labor. de Morphol. animale.) H. AMAN. 4583

F. Cedrangolo, G. Della Pietra und **Ernesto Quagliariello,** *Gegenseitige Beziehung zwischen Tryptophan und Nicotinsäure.* 1. Mitt. Es wird der Einfl. von *Chinolinsäure* (I) im Hühnerei auf die Bldg. von *Nicotinsäure* (II) untersucht. Am 7. Tag der Bebrütung wird I injiziert u. am 18. Tag der II-Geh. im Ei geprüft. Er war nicht erhöht. I erfährt daher keine Umwandlung zu II oder anderen Verbb. während der embryonalen Entwicklung. (Boll. Soc. ital. Biol. sperim. **29.** 481—83. April 1953. Neapel, Univ., Ist. di Chim. della Facolta di Med. e Chirurgica.) O. POLLAK V. EMHOFEN. 4583

F. Cedrangolo, Ernesto Quagliariello und **G. Della Pietra,** *Gegenseitige Beziehung zwischen Tryptophan und Nicotinsäure.* 2. Mitt. (1. vgl. vorst. Ref.) Analog vorst. Ref. wird der Einfl. von *3-Oxyanthranilsäure* (I) auf die Bldg. von *Nicotinsäure* untersucht (100 mg I/100 cm³ Lsg.; davon werden 0,2 cm³ injiziert). Auch dieser Vers. verlief negativ. (Boll. Soc. ital. Biol. sperim. **29.** 483—84. April 1953. Neapel, Univ., Ist. di Chim. della Fac. di Med. e Chirurg.) O. POLLAK V. EMHOFEN. 4583

William T. Driscoll und **Richard M. Eakin,** *Die Wirkung von Saccharose auf die Entwicklung von Amphibien unter besonderer Beziehung zur Hypophyse.* Larven von Frosch (Hyla regilla) u. Kröte (Bufo boreas) werden durch Eintauchen in 10%ig. *Saccharose*-Lsg. behandelt. Die bei der Entw. auftretenden Mißbildungen werden auf die durch die Behandlung verursachten osmot. Störungen sowie auf die anomale Entw. der Hypophyse zurückgeführt. — 26 Abb., 45 Literaturangaben. (J. exp. Zoology **129.** 149—75. Juni 1955. Berkeley, Calif., Univ., Dep. of Zool.) H. LAMP. 4583

E. Faltová, O. Poupa und **Z. Servít,** *Der Einfluß des Verhältnisses von Glyciden und Proteinen in der Nahrung auf die Krampfbereitschaft von Mäusen.* Zu niedrige u. zu hohe Eiweißzufuhr (5,5 bzw. 42,3%) erhöht die Krampfbereitschaft von Mäusen auf das 3fache. Bei mittlerem Eiweißgeh. der Nahrung (22,4%) ist die Krampfbereitschaft minimal u. die Hemm-Rk. in 70% der Fälle normal. (Československ. Fysiol. **4.** 10—13. 28/2. 1955. Praha, Čs. akad. věd. Úst. pro výzk. výž. lidu, fysiol. úst.) R. K. MÜLLER. 4585

K. v. Weihe, *Über die Wirkung geringer Agarmengen im Phycomycestest nach Schopfer.* Vf. prüft den *Thiamin* (I)-Geh. verschied. Agar-Herkünfte unter Anwendung des Phycomycestestes nach SCHOPFER u. stellt fest, daß in gereinigtem 0,2%ig. Agar (Kobe I) die Mycelmenge genau so groß ist wie in der I-freien, reinen Kontroll-Lsg., was auf Abwesenheit von wirksamem I hindeutet. Dagegen erhöht ungereinigte Agar-Handelsware eindeutig das Mycelgewicht. Zur Abtrennung einer wachstumsfördernden Komponente, gegebenenfalls I, empfiehlt Vf. eine Wässerung bzw. eine nachfolgende A.—Äther-Behandlung von Agar (Kobe I). Der anfallende Restkörper besitzt weiterhin wachstumsfördernde, in ihrem Umfang von der I-Zugabe abhängige Eigenschaften. (Naturwissenschaften **43.** 62—63. Febr. 1956. Hannover, TH, Inst. für Bot.) H. KOCKERT. 4587

F. M. Chiancone, E. Ginoulhiac, L. T. Tenconi und **L. Bianchi Donnasibilla,** *Der Xanthurensäureindex bei pyridoxinfreier Diät oder bei Desoxypyridoxin. Einfluß von Riboflavin.* Es wird gezeigt, daß *Riboflavin* die erhöhte Ausscheidung von *Xanthurensäure* durch den Harn bei Ratten mit *Pyridoxinmangel* nicht verändern kann. Eine Gabe von Pyridoxin führt wieder zum Normalzustand. (Boll. Soc. ital. Biol. sperim. **29.** 523—25. April 1953. Mailand, L. T. Lepetit S.p.A., Pavia, Univ., Clinica Pediatr.) O. POLLAK V. EMHOFEN. 4587

Melvin I. Klayman und **Lloyd Brandborg,** *Klinische Anwendung des Urintestes mit ^{60}Co-markiertem Vitamin B_{12}.* Vff. geben ein Verf. zur Best. der Fähigkeit zur *Vitamin-B_{12}* (I)-Resorption durch Messung der Radioaktivität des Urins nach oraler Verabreichung von ^{60}Co-markiertem I an. Eine genügende Genauigkeit der Differenzierung war nur durch Konzentrierung des Urins (24 Std., Gesamtmenge auf unter 200 cm^3) u. 30 Min. lange Messung einer 4 cm^3-Portion möglich. Deutlich verringerte I-Resorption außer bei Perniciosa auch bei diffusem Magencarcinom u. ähnlichen Veränderungen. (New England J. Med. **253.** 808—12. 10/11. 1955. Chicago, Ill., Univ., Dep. of Med.) H. IPPEN. 4587

Irwin M. Arias, Leonard Apt und **Myron Pollycove,** *Resorption von radioaktivem Vitamin B_{12} bei nichtanämischen Funiculäre-Myelose-Kranken.* (Vgl. auch vorst. Ref.) 4 Patienten mit funiculärer Myelose (combined-system disease) durch Mangel an „intrinsic factor" ohne hämatolog. Zeichen einer Perniciosa zeigten bei oraler Verabreichung von ^{60}Co-markierten *Vitamin B_{12}* verminderte Resorption (u. verminderte Radioaktivität des Urins). Vff. sehen hierin eine Möglichkeit zur diagnost. Abtrennung funiculärer Myelosen anderer Ätiologie. (New England J. Med. **253.** 1005—10. 8/12. 1955. Boston, Mass., Vet. Admin. Hosp., Radioisotop. Unit and Med. Serv.; Boston Univ. School of Med., Dep. of Med.; Tufts Univ., School of Med.) H. IPPEN. 4587

T. M. Ferguson, R. H. Rigdon und **J. R. Couch,** *Pathologische Untersuchung von Hühnerembryonen mit Vitamin-B_{12}-Mangel.* Embryonen von *Vitamin B_{12}* (I)-arm ernährten Hühnern zeigten folgende Veränderungen: geringere Größe, Ödeme u. Hämorrhagien, herdförmige Nekrosen in Leber, Gehirn u. Rückenmark u. deutliche Vermehrung des Fettes in parenchymatösen Geweben. Die Entstehung dieser Veränderungen ist unklar, möglicherweise geben die erwähnten Veränderungen des Zentralnervensyst. Hinweise auf die Wirkungsweise des I bei neurolog. Krankheitsbildern. Die Wachstumsstörung muß in erster Linie auf Veränderungen der Schilddrüse (Verringerung der Follikel u. Entwicklungshemmung) zurückgeführt werden. (A.M.A. Arch. Pathol. **60.** 393—400. Okt. 1955. Texas, Tex., Coll. Stat., Agricult. and Mechan. Coll. of Texas, Deps. of Biochem. and Nutrit. and Poultry Husbandry; Galveston, Univ. of Texas, Med. Branch, Labor. of exp. Pathol.) H. IPPEN. 4587

Juha Helle und **Kyllikki Ohela,** *Die Behandlung der neuralgischen Gürtelrose mit Vitamin B_{12} in hohen Dosen.* Die Beobachtung von 47 Patienten mit Gürtelrose zeigt, daß die Verabreichung hoher Dosen von Vitamin B_{12} keine verkürzende Wrkg. auf den Verlauf der Krankheit hat. — 12 Literaturangaben. (Ann. Med. exp. Biol. fenn. **33.** 116—21. 1955. Helsinki, Univ., Dermatol. Clinic.) H. LAMP. 4587

E. Boschi und **A. Gaspari,** *Über eine analgetische Wirkung von Vitamin B_{12}.* Bei klin. Verss. wird die starke analget. u. anästhet. Wrkg. von *Vitamin B_{12}* (I) bei großen Gaben (50 μg) festgestellt. Parenteral wirkt I stärker als intramuskulär. Gibt man 50 μg I vor der allg. Anästhesie, dann induziert es schnell die Narkose u. red. die Menge des benötigten Anästheticums. Während I allein für sich keine lokale Wrkg. zeigt, steigert es zusammen mit Novocain in geringem Maße dessen Wirkung. Der Mechanismus der Wirkungen ist nicht bekannt. (Boll. Soc. ital. Biol. sperim. **29.** 636—40. April 1953. Padua, Ospedale Civile.) O. POLLAK V. EMHOFEN. 4587

Wolfgang Bethmann, *Zur Therapie des Dolor post extractionem et operationem mit Vitamin B_{12}.* Hinweis auf sehr gute Erfolge mit dem Vitamin-B_{12}-Präp. *Eryfol* (DEUTSCHE HOFFMANN-LAROCHE Akt.-Ges.) bei der Bekämpfung von hartnäckigen postoperativen Schmerzen sowie von Trigeminusneuralgien bzw. neuralgiformen Beschwerden. Auch bei Gingivitiden u. Aphthen erscheint *Vitamin B_{12}* von Bedeutung. Anwendung jeweils in Dosen von 30 γ. — Beschreibung von 6 Fällen. (Zahnärztl. Rdsch. **64.** 587—90. 20/11. 1955. Leipzig, Univ., Klinik u. Poliklinik für Zahn-, Mund- u. Kieferkrankh., Klin.-operat. Abt.) G. KLESSE. 4587

M. J. Burns und **W. D. Salmon,** *Wirkung von Kobalt im Futter auf wachsende Küken und Ratten.* In Fütterungsverss. mit halbsynthet. Diät (enthält Vitamine außer Vitamin B_{12}) wurde der Einfl. von *Co*-Zulagen an Hühnerküken u. Ratten geprüft. Die bereits an Widerkäuern gewonnenen Ergebnisse wurden auch für diese Tierarten bestätigt. Hierbei sind allerdings 10fach höhere Co-Mengen notwendig. Durch hohen Fettgeh. des Futters (20%) wird die Co-Verwertung beim Küken verringert. Obwohl Folsäure in den Rattenverss. keine Wrkg. zeigte, war ihre Ggw. zur Verwertung des Co notwendig. Bei Vitamin-B_{12}-haltigem Futter zeigte Co zusätzlich keine Wrkg. auf das Wachstum. Die nach Co-Gabe stattgefundene Vitamin-B_{12}-Synth. wurde durch mikrobiol. Best. des Geh. in der Leber nachgewiesen u. ist wahrscheinlich mikrobieller Art. (J. agric. Food Chem. **4.** 257—59. März 1956. Auburn, Ala., Alabama Polytechn. Inst., Dep. of Animal Husbandry and Nutrit.) H. PATZSCH. 4587

George B. Jerzy Glass, Linn J. Boyd, Leonhard Luhby und **Loukia Stephanson** (unter Mitarbeit von **Everett L. Jones, Sidney Rosen** und **Roger W. Laughton**), *Wertbestimmung von „intrinsic factor"-Präparaten. Vergleich der Leberspeicherung von radioaktivem (^{60}Co) Vitamin B_{12} mit der Beeinflussung des Blutbildes bei perniciöser Anämie.* Vff. prüften die Wrkg. von 14 „intrinsic-factor" (I)-Präpp. aus Schweinemagen mit der Best. der Leberspeicherung oral zugeführten *^{60}Co-Vitamin B_{12}* (II) bei gebesserten Perniciosia-Kranken u. mit der hämatolog. Meth. bei rückfälligen Patienten. Bis auf drei zeigten alle Verss. eine gute Übereinstimmung der mit der Best. der Leberspeicherung u. der auf hämatolog. Wege erhaltenen Ergebnisse, so daß I-Präpp. mit beiden Methoden zuverlässig getestet werden können. Die drei abweichenden Verss. können nach Ansicht der Vff. aus ungünstigem I–II-Verhältnis, Anwesenheit nichtradioakt. II in dem I-Präp. oder stärkerer II-Bindung an Ballaststoffe des I-Präp. erklärt werden. (J. Lab. clin. Med. **46**. 60—73. Juli 1955. New York, N. Y., Flower and Fifth Avenue Hosp.; New York, Med. Coll., Dep. of Med., Gastroenterol. Res. Labor. u. Pediatr. Hematol. Labor.)
H. IPPEN. 4587

G. C. Willis und **S. Fishman**, *Ascorbinsäuregehalt von humanem Arteriengewebe.* In den Aorten von 12 Unfalltoten im Alter von 25—65 Jahren wurden 0,7—3,5 mg-% (im Mittel 1,5) *Ascorbinsäure* (I) gefunden, in solchen von an verschied. Krankheiten im Alter von 19—87 Jahren gestorbenen 0—1,3 (0,46). Bei den Unfalltoten waren bei älteren Personen die Werte niedriger als bei jüngeren. Die wesentlich geringeren Werte bei den Kranken sind als Folge der Belastung durch die Krankheit zu betrachten. Kranke, die I therapeut. erhielten, zeigten höhere I-Werte in den Aorten. Zusammenhänge zwischen I-Geh. der Aorten u. Atherosklerose werden diskutiert. (Canad. med. Assoc. J. **72**. 500—03. 1/4. 1955. Montreal, Gen. Hosp.; Queen Mary Veterans Hosp.)
F. KRUSEN. 4587

V. Cali, *Einfluß des atmosphärischen Überdrucks auf den Ascorbinsäuregehalt einiger Organe.* Die an 29 Meerschweinchen durchgeführten Verss. bei 1 at u. unterschiedlicher Dauer der Einw. ergaben einen gegenüber Kontrollverss. erhöhten *Ascorbinsäure*-Gehalt. (Nebennieren 0,974 mg/g Gewebe nach einmaliger Einw., 0,931 bei 10 Tagen, 0,894 bei 20 Tagen u. 0,876 nach 30 Tagen mit täglichem Überdruck; Kontrollvers. 0,846 mg/g; analog Leber u. Nieren). (Boll. Soc. ital. Biol. sperim. **29**. 753—55. April 1953. Palermo, Univ., Ist. di Patol. Med.) O. POLLAK V. EMHOFEN. 4587

K. Mizuno, *Untersuchung über die Hemmwirkung auf die Autoxydation von Vitamin C. 1. Mitt. Über Vitamin B_1. Vitamin B_1* (I) hemmt die Autoxydation von *Vitamin C* (II), u. zwar nahezu bei äquimol. Verhältnis. Die Wrkg. hat ihren Sitz im Thiazol-S des I. Eine Rolle als H-Donator für die oxydierte Form von II wird nicht angenommen. I hindert auch die oxydationsfördernde Wrkg. von $CuSO_4$ auf II, erhöht also selbst bei Ggw. von $CuSO_4$ die Beständigkeit von II. *2-Aminothiazol* hat ebenfalls stark hemmende Wrkg. auf die II-Autoxydation. — 16 Tabellen. (Tokyo Jikeikai med. J. **67**. 8—13. 20/2. 1953. [Orig.: japan.]) L. SCHULER. 4587

K. Mizuno, *Untersuchung über die Hemmwirkung auf die Autoxydation von Vitamin C. 2. Mitt. Über Chlorophyllin.* (1. vgl. vorst. Ref.) *Chlorophyllin* hemmt deutlich die Autoxydation von *Vitamin C* (I), maximal bei Zusatz von $^1/_{10}$ des Gewichts von I. — 10 Tabellen. (Tokyo Jikeikai med. J. **67**. 14—16. 20/2. 1953. [Orig.: japan.])
L. SCHULER. 4587

K. Mizuno, *Untersuchung über die Hemmwirkung auf die Autoxydation von Vitamin C. 3. Mitt. Carbäthoxyhesperidin.* (2. vgl. vorst. Ref.) *Carbäthoxyhesperidin* (I) hemmt die Autoxydation von *Vitamin C* (II) (red. Form) nur in geringem Grade, auch nicht stärker bei Zusatz von mehr als in äquimol. Mengen. Die Beständigkeit von Gesamt-II bleibt durch I ungeändert. (Tokyo Jikeikai med. J. **67**. 17—19. 20/2. 1953. [Orig.: japan.]) L. SCHULER. 4587

Y. Matoba, *Untersuchung über die Autoxydation von Ascorbinsäure. 1. Mitt. Einfluß von B. coli communis und Schwermetallen auf die Autoxydation.* (Vgl. vorst. Reff.) Eine Kultur von *B. coli communis* in Bouillon (I) hemmt die Autoxydation von 20 mg-% ig. *l-Ascorbinsäure* (II), desgleichen 0,1% *$MnSO_4$* (III) in I allein sowie auch 0,01% III in Ggw. von I u. zusammen mit B. coli. Die Autoxydation von *d-Araboascorbinsäure* wird ebenfalls von I-haltiger 0,1% ig. III-Lsg. u. von B. coli gehemmt, desgleichen von 0,1% III in einer I-Kultur von B. coli. Die Autoxydation von II in I wird von 0,1% u. 0,01% *$CuSO_4$* beschleunigt. In einer I-Kultur von B. coli wird sie von allen Schwermetallen, außer 0,1% $MnSO_4$, ebenfalls gefördert, dabei geht die Geschwindigkeit der Abnahme des II-Geh. der Menge der Schwermetallsalze parallel. In 0,01% ig *$NiSO_4$*- u. 0,01% ig. *$CuSO_4$*-haltiger I fördert B. coli die Autoxydation von II auffallend. (Tokyo Jikeikai med. J. **67**. 27—32. 20/2. 1953. [Orig.: japan.]) L. SCHULER. 4587

Y. Matoba, *Untersuchung über die Autoxydation von Ascorbinsäure. 2. Mitt. Über die Hemmwirkung von B. coli communis auf die Autoxydation.* (1. vgl. vorst. Ref.) Beim Wachstum von B. coli communis auf *Ascorbinsäure* (I)-haltigen Nährlsgg. wird das Vitamin vor der Autoxydation geschützt. Der Schutz wird durch zugesetzte Bakteriostatica ($HgCl_2$ oder Phenol) aufgehoben. Innerhalb 4 Std. nimmt der I-Geh. um 74,9% im Bakteriostaticum-freien Substrat nur um 44,8% ab. — Vf. nimmt an, daß B. coli ein Enzym besitzt, das die durch Cu^{2+}-Spuren (Katalysator) gebildete Dehydroascorbinsäure wieder red., oder daß B. coli die im Nährmedium vorhandenen Cu^{2+}-Spuren an sich zieht u. so I vor der Autoxydation schützt. — Bei Züchtung in I-haltigen Lsgg. entwickelt B. coli ein Enzym zur Zers. von I, weswegen hier die Schutzwrkg. nur gering ist. (Tokyo Jikeikai med. J. **67.** 33—37. 20/2. 1953. [Orig.: japan.]) L. SCHULER. 4587

Y. Matoba, *Untersuchung über die Autoxydation von Ascorbinsäure. 3. Mitt. Über den Einfluß von niedrigem Druck und niedriger Temperatur auf die Hemmwirkung von B. coli communis für die Ascorbinsäureautoxydation.* (2. vgl. vorst. Ref.) Die Hemmwrkg. der Autoxydation von *Ascorbinsäure* (I) durch *B. coli cummunis,* der auf reiner Bouillon (II) gezüchtet war, wird durch niedrigen Druck (83 mm Hg) u. niedrige Temp. (+ 2°) ziemlich wenig beeinflußt. Bei Züchtung auf I-haltiger II, wobei der Organismus nur geringe Hemmwrkg. zeigt, bleibt Druckerniedrigung ohne Einfl.; durch niedrigere Temp. jedoch gleicht sich seine Hemmwrkg. der von auf reiner II gezüchteten B. coli an. Dies wird durch Ggw. von Dehydroascorbinsäure (III) hydrierendem Enzym verständlich. Man muß annehmen, daß die katalyt. Wrkg. des Cu^{2+}, unabhängig von der Wirkungsstärke des III-red. Enzyms, von niedriger Temp. stärker als von niedrigem Druck geschwächt wird. (Tokyo Jikeikai med. J. **67.** 38—40. 20/2. 1953. [Orig.: japan.]) L. SCHULER. 4587

Werner Heimann, Robert Strohecker und **Franz Matt,** *Zur Bestimmung der Ascorbinsäure auf papierchromatographischem Weg. Ascorbinsäure* (I) wird mit Papierchromatogramm auf Papier SCHLEICHER & SCHÜLL Nr. 2043M im absteigenden Verf. mit der oberen Phase einer Mischung Butanol–Eisessig–W. 4 : 1 : 5 bei $5^1/_2$—6std. Laufzeit entwickelt. Als Gefäß dient ein geschlossener Glaszylinder, der mit Dämpfen des Lösungsm. gesätt. ist. Es ist ratsam, im Zylinder gleichzeitig H_2S zu entwickeln u. der Mischung etwas KCN zuzusetzen. Das Chromatogramm wird mit einer Mo-Lsg. (3 ml einer Lsg. von 150 g NH_4-Molybdat/1 Liter 1%ig. NH_3 + 2 ml HCl-Na-Citratpuffer p_H 3,8 + 3 Tropfen konz. H_2SO_4) besprüht, wobei an den Stellen mit I Blaufärbung auftritt. Nachweisbar sind 1—2γ I. Der R_F-Wert von I wurde nach diesem Verf. zu 0,36 bei Zimmertemp. ermittelt. I ist mit der Meth. trennbar von Cystein, Glutathion, Sulfit, Thiosulfat, Fe^{2+}, Sn^{2+}, Redukton, Reduktinsäure, Tannin, *Kojisäure* (II), *Quercetin* (III), Glucose, Fructose, Galaktose, Xylose u. Arabinose, die alle andere R_F-Werte als I haben. Sulfit u. Thiosulfat wandern überhaupt nicht. Iso-I ist von I nicht trennbar. II u. III geben mit dem Reagens eine gelbe bzw. gelbbraune Färbung. Rutin wandert wie I, gibt aber ebenfalls einen gelblichen Fleck. Das Verf. läßt sich quantitativ gestalten, indem man nebeneinander 2mal das Untersuchungsmaterial (fl., gelöst bzw. extrahiert) u. 1 Leitprobe I-Lsg. (10 μ) aufbringt u. entwickelt. Besprüht werden eine Bahn des Materials u. die Leitprobe. Aus der nichtbesprühten Bahn wird die I-Stelle in entsprechender Größe ausgeschnitten, mit Oxalsäure eluiert u. darin I mit Dichlorphenolindophenol titriert bzw. mit dem Mo-Reagens colorimetr. bestimmt. (Z. Lebensmittel-Unters. u. -Forsch. **97.** 263—70. Okt. 1953. Karlsruhe, TH, Inst. für Lebensmittelchem., u. Gelsenkirchen, Städt. Lebensmittelunters.-Amt u. Inst. für Lebensmittelchemie.) PH. FRESENIUS. 4587

G. S. Deshmukh und **M. G. Bapat,** *Bestimmung von Ascorbinsäure mit Kaliumjodat.* Für die Einstellung von ca. 0,1 n Lsgg. von *Ascorbinsäure* (I) wird gezeigt, daß das bekannte Titrierverf. mit 0,1 n Jodlsg. auch mit 0,1 n KJO_3-Lsg. ausgeführt werden kann. In beiden Fällen titriert man in schwach HCl-saurer Lsg. bis zum Gelbwerden (J_2). — 10 ml I + 5 ml 2n HCl + 5 ml CCl_4; letztes wird am Umschlag rot (schütteln). Vorteil von KJO_3 ist, daß hiernach ein zweiter Umschlag beobachtet werden kann: Ansäuern (HCl) auf 5—6n, weitere KJO_3-Zugabe unter Schütteln bis zum Verschwinden der Violettfärbung im CCl_4 (Bldg. von JCl nach ANDREWS). 1 val I verbraucht am 1. bzw. 2. Umschlag $^1/_6$ bis $^1/_4$ Mol KJO_4. Übereinstimmung mit dem bisherigen Verf. innerhalb 0,5%. (Z. analyt. Chem. **145.** 254—56. 1955. Banaras, India, Univ.) G. LOCHMANN. 4587

G. Mouriquand, *Avitaminosen, Aufspaltung von Vitaminwirkungen und der Vorrang von Wirkungen auf Gewebe.* Bei verschied. Avitaminosen (bes. C, A, D, B), vor allem, wenn sie ein fortgeschrittenes distroph. Stadium erreicht haben, beobachtet man eine Ausfpaltung der Wirkungen des entsprechenden Vitamins je nach den Geweberegionen, wo diese Wrkg. stattfindet. (Semaine Hôpitaux Paris **31.** 1311—18. 14/4. 1955. Lyon.) K. F. MÜLLER. 4587

H. Ewerbeck und **R. Legerski**, *Experimenteller Beitrag zur Frage: Verhütet Vitamin P den Transfusionszwischenfall?* Entgegen anderslautenden Ergebnissen stellten Vff. in Verss. mit Kaninchen fest, daß *Vitamin P* den durch Antigenzufuhr an mit humanen Erythrocyten oder Vollblut sensibilisierte Tiere hervorgerufenen Schock zu verhindern oder zu mildern nicht imstande ist, gleichgültig, ob es vor, während oder nach der Schockauslösung verabreicht wird. (Mschr. Kinderheilkunde **103.** 21—23. Jan. 1955. Köln, Univ., Kinderklinik.) F. KRUSEN. 4587

Chr. Engel, *Die Chemie und Physiologie von Vitamin A und von Carotinoiden mit Vitamin-A-Wirkung.* Übersicht über Geschichte, Vork., Gewinnung, physikal., chem. u. physiol. Eigg. u. Best. von *Vitamin A* u. *Carotin.* — 142 Schrifttumshinweise. (Voeding **16.** 817—32. 15/9.; 850—66. 15/10. 1955. Utrecht, Centr. Inst. voor Voedingsonderz., T.N.O.) W. WESLY. 4587

A. Gamp und **H. Gros**, *Störungen des Vitamin-A-Stoffwechsels bei chronischer Polyarthritis. Vitamin-A*-Bestimmungen im Serum ergaben Veränderungen bes. bei chron. Polyarthritis mit ausgeprägter Leber- u. Milzbeteiligung (Störung des Vitamin-A-Stoffwechsels der Leber u. gesteigerter Vitamin-A-Verbrauch). Bei Lebercirrhose sind die Veränderungen noch stärker. (Z. ges. inn. Med. Grenzgebiete **10.** 597—600. 15/6. 1955. Bad Kreuznach, Klinik für Rheumakranke, u. Mainz, Univ., Med. Klinik.) K. RINTELEN. 4587

Hermann Frahm, *Quantitative Vitamin-D-Bestimmung im biologischen Test.* Hinweise zur Durchführung der *Vitamin-D*-Best. auf biol. Wege. (Milchwissenschaft **8.** 89—90. März 1953. Sielbeck/Eutin, Inst. für Virusforsch. u. exp. Med.) F. KRUSEN. 4587

G. Fanconi, *Das Vitamin D als Heilmittel und als Gift. Die idiopathische Hypercalcämie und die Vitamin-D-resistenten Rachitisformen.* Das *Vitamin D* kann an mindestens 5 Orten in den Stoffwechsel eingreife. Stärke n. Variationsbreite in bezug auf Heilwrkg. u. Überempfindlichkeit ist abhängig von der Konstitution. Es werden die neuen Krankheitsbilder der D-Hypervitaminose u. die 4 Formen renaler Vitamin-D-resistenter Rachitis geschildert. — 20 Literaturangaben. (Schweiz. med. Wschr. **85.** 1253—61. 27/12. 1955. Zürich, Univ., Kinderklinik.) G. WELTZIEN. 4587

A. François, M. Robey und **J. Thoyer-Rozat**, *Vitamin E in der Geburtshilfe. Physiopathologische Untersuchung.* Während der Schwangerschaft steigt der *Vitamin-E* (**I**)-Geh. des Blutes unabhängig vom Verh. der Sterine kontinuierlich an u. beträgt am Ende derselben ca. 20% mehr als am Beginn. Bei der Entbindung beobachteten Vff. in allen Fällen die Ausbldg. einer deutlichen **I**-Spitze. Zur Erklärung dieser biol. Veränderungen untersuchten Vff. die eventuelle Schutzwrkg. von **I** auf den Genitalapp., indem sie bei trächtigen Ratten Uterusapoplexien hervorriefen, die durch **I** jedoch nicht verhindert wurden. Mit Rücksicht auf die Regelmäßigkeit u. Deutlichkeit der beobachteten Veränderungen des Blut-**I**-Spiegels vermuten Vff. jedoch ein physiol. **I**-Bedürfnis u. empfehlen, seine therapeut. Anwendung nicht von vornherein abzulehnen. (Semaine Hôpitaux Paris **31.** 4064/SP. 416—21. 20/12. 1955.) F. KRUSEN. 4587

T. Fukuda, *Umwandlung von Phenylalanin in Tyrosin in der Seidenraupenlarve (Bombyx mori).* Zum Beweis der Entstehung des zur Melaninbldg. notwendigen *Tyrosins* (**I**) aus *Phenylalanin* (**II**) in der Seidenraupenlarve werden 0,5 μC ^{14}C-**II** pro Raupe in die Körperhöhle injiziert (99 γ der Aminosäure), 72 Std. nach der Injektion beginnt das Spinnen der Kokons. 4,68 g der Kokonfäden, deren Radioaktivität zuvor gemessen wurde, wurden fein zerschnitten u. durch wiederholtes Kochen mit dest. W. u. $^1/_{50}$ mol. Na_2CO_3-Lsg. vom Leim befreit. Man wäscht mit A. u. Ae. u. trocknet. Die resultierenden 3,47 g Fibroin werden mit konz. HCl hydrolysiert. **I** wird aus dem Hydrolysat nach der Meth. von ABDERHALDEN (Hoppe-Seyler's Z. physiol. Chem. **77.** [1912.] 75) isoliert. Aus dem Filtrat erhält man Glycin als Salz der 5-Nitronaphthalin-1-sulfonsäure, Alanin als Azobenzol-p-sulfonat. Die Radioaktivität der freien Aminosäuren wurde gemessen u. fast vollständig im **I** wiedergefunden. Die Verss. des Vf. zeigen, daß Tyrosin in den Seidenraupen aus Phenylalanin synthetisiert wird. Für die Bldg. des Melaninpigments wird folgender Mechanismus angenommen: Phenylalanin → Tyrosin → Dioxyphenylalanin → Dopachinon → Leukodopachrom → 5.6-Dioxyindol → Indol-5.6-chinon → Melanin. (Nature [London] **177.** 429—30. 3/3. 1956. Tokyo, Sericult. Exp. Stat.) A. EBEN. 4596

I. B. Fridljand, *Der Einbau von Methionin mit radioaktivem Schwefel in die Proteine verschiedener Organe und Gewebe gesunder und an Gasgangrän leidender Meerschweinchen.* Bei Meerschweinchen, welche 24 Std. nach intramuskulärer Injektion von 0,75 mg/100 g des Toxins von Bac. perfringens ^{35}*S-Methionin* subcutan (5000 Impulse/Min./g) erhalten hatten, ließ sich (wie auch am gesunden Tier) in allen untersuchten Organen ^{35}S nachweisen, am meisten davon fand man in den Proteinen der Nieren, am wenigsten in den Proteinen der Skelettmuskeln. Die Tatsache, daß sich noch 16 Std. nach Zufuhr von ^{35}S davon im Blut fast 2mal mehr, in der Muskulatur hingegen wesentlich weniger findet als beim gesunden Tier, spricht für einen herabgesetzten Proteinumsatz bei der Gasgangrän. Durch den Harn werden vom gesunden Tier 61,1%, vom kranken Tier 56,8% des aufgenommenen ^{35}S während der ersten 24 Std. ausgeschieden. Die Verteilung von ^{35}S auf Erythrocyten u. Plasma ist die gleiche wie beim gesunden Tier. (Вопросы Медицинской Химии [Fragen med. Chem.] **2.** 19–24. Jan./Febr. 1956. Jaroslawl, Med. Inst., Lehrstuhl für biol. Chemie; Moskau, 2. Med. Inst., Lehrstuhl für biol. Chemie.) E. RENTZ. 4596

Villy Posborg Petersen, *Der Fettsäurestoffwechsel und seine endokrine Regulierung.* Übersicht über den Fettsäurestoffwechsel u. einige endokrine Faktoren, die diesen beeinflussen. — 73 Literaturangaben. (Nordisk Med. **53.** 341–46. 3/3. 1955. Århus, Univ., 2. med. Klin.) K. PAWELZIK. 4596

D. Fraser, E. R. Yendt und **F. H. E. Christie,** *Stoffwechselanomalitäten bei Hypophosphatasie.* Vff. bestätigen an einem Fall von *Hypophosphatasie* die früher bei dieser Kinderkrankheit gemachten Beobachtungen u. stellten darüber hinaus fest, daß Serum dieses Patienten in vitro Ca-Ablagerung in den Knorpeln rachit. Ratten bewirkte. Dies bestätigt die Vermutung, daß die Ursache der bei Hypophosphatasie beobachteten fehllaufenden Knochenverkalkung die Folge einer Stoffwechselstörung in der Knochenmatrix ist. Außerdem wurde in Plasma u. Harn des Patienten eine bei n. Individuen nicht nachweisbare ninhydrinpositive Substanz nachgewiesen u. als *Aminoäthanolphosphorsäureester* identifiziert. (Lancet **268.** 286. 5/2. 1955. Toronto, Can., Univ., Dep. of. Paediatrics and of Med.; Hosp. for Sick Children.) F. KRUSEN. 4596

I. A. Schechanowa, *Über die Möglichkeit der Aufnahme von anorganischem Phosphor aus dem Wasser durch Fische.* In Aquariumsverss. an Karpfen unter Anwendung von ^{32}P in Form von Na_2HPO_4 in einer Konz. von 0,1–0,05 mg u. einer Aktivität von 20–200 μC/Liter W. wird festgestellt, daß die PO_4-Ionen durch Haut u. Schuppen sowie Mundhöhle, vor allem aber durch die Kiemen in den Organismus der Fische eindringen u. sich rasch auf alle Organe u. Gewebe verteilen. Mit Zunahme der PO_4-Konz. im W. wird, wenn auch nicht proportional, mehr P resorbiert. Temperaturunterschiede (6–8 bzw. 20°) üben keinen merklichen Einfl. aus. Bei Zufuhr durch die Speiseröhre erfolgt die Resorption von P in allen Teilen des Darmes, bes. in seinem Anfangsstück. (Доклады Академии Наук СССР [Ber. Akad. Wiss. UdSSR] **106.** 161–64. 1/1. 1956.) E. RENTZ. 4596

R. Kilpatrick, H. Miller, D. S. Munro, H. Renschler und **G. M. Wilson,** *Vergleich der Verteilung von ^{42}K und ^{86}Rb beim Kaninchen.* 6–64 Std. nach intravenöser oder peroraler Zufuhr von ^{42}K u. ^{86}Rb vorgenommene Unterss. zeigten, daß ^{86}Rb in Leber, Niere, Milz, Verdauungskanal u. Myocard mehr, in Nervengewebe u. Harn weniger u. in Plasma, Erythrocyten u. Skelettmuskeln in gleichem Ausmaß wie ^{42}K fixiert wird. Demnach hat ^{86}Rb im Organismus ein eigenes, von ^{42}K verschied. Verh. u. kann für Unterss. über den K-Stoffwechsel nicht verwendet werden. (J. Physiology **128.** 71P–72P. 28/6. 1955. Sheffield, Univ., Dep. of Pharmacol. and Therapeutics; Nat. Centre for Radiotherapy.) F. KRUSEN. 4596

E. H. Graul, *Studien über periphere Hautstoffwechselvorgänge mit ^{32}P.* (Sonderbände zur Strahlentherapie **32.** 108–14. 1955. Übersicht.) W. REUSSE. 4597

G. Vrbová, *Beitrag zum Problem der Phylogenese der zentralen Steuerung des Kohlenhydratstoffwechsels im Muskel.* Durch Verfolgen des Glykogenspiegels nach Myelotomie u. einseitiger Denervation bei Tieren verschied. Grades phylogenet. Entw. (Meerschweinchen, Kaninchen, Ratten, Frösche) wird festgestellt, daß die Myelotomie den Unterschied zwischen denerviertem u. Kontrollmuskel aufhebt, nur beim Frosch bleibt er erhalten. In der phylogenet. Reihe steigt die Bedeutung der höheren Nervenzentren für den Stoffwechsel, so daß man von einer Corticalisation des Stoffwechselprozesses sprechen kann. (Československ. Fysiol. **4.** 31–34. 28/2. 1955. Praha, Čs. akad. věd., Fysiol. úst.) R. K. MÜLLER. 4597

S. Yamada, *Untersuchung über die Kontraktibilität von Muskelfibrillen.* Zu isolierten *Muskelfibrillen* in WEBER-EDSAL-Lsg. werden nach 10, 20, 30, 60 u. 120 Min. Lsgg. von $MgCl_2$ (**I**) bzw. $CaCl_2$ (**II**) gegeben u. die Verkürzung u. Streckung bestimmt. Die Verkürzung ist nach 60 Min. maximal. Bei Zugabe von 0,5 mol. **I** u. bes. von 0,2%ig. **I** sinkt die Spannung gegenüber dem Wasser-Rigor (nach 5 Min.) stark ab, weniger stark bei 0,5 u. 0,05 mol. **II** (Diagramme). Bei Zugabe der **I**- u. **II**-Lsgg. 24 Std. nach dem Wasser-Rigor nimmt die Spannkraft zu, bei 0,2 mol. **I** fast gar nicht; Zunahme erst nach gleichzeitiger Zugabe von ATP. Bei Isolierung der Fibrillen in Öl wird erst ein Wasser-Rigor hervorgerufen. — 5 Tabellen u. Diagramme. (Tokyo Jikeikai med. J. **69.** 164—72. 1/5. 1954. [Orig.: japan.]) L. SCHULER. 4597

R. Natori und **S. Shibuya,** *Kontraktionsmechanismus getrockneter Muskelfasern.* Getrocknete *Muskelfaser* entwickelt beim Eintauchen in W. u. in RINGER-Lsg. einen turgorähnlichen Zustand u. zieht sich zusammen, die Spannkraft hält über 30 Sek. an. Einige Tage nach dem Trocknen findet keine Zusammenziehung statt. Eine Muskelfaser, die einmal in W. eine Spannkraft entwickelt hat, zeigt sie nach dem Trocknen u. Wiedereintauchen in W. nicht mehr. Kontrahierte getrocknete Muskelfaser zeigt durch Wrkg. von Säure u. Alkali rasche Streckung. *NaJ*, *$NaHSO_3$* u. a. cysteinspaltende Verbb. geben keine stärkere Streckung, *Harnstoff* nach langer Einw. eine Entspannung. *ATP* wirkt selbst bei hoher Konz. nicht entspannend. Die durch Säure bzw. Alkali gestreckte Faser verkürzt sich bei der Neutralisation wieder. (Tokyo Jikeikai med. J. **68.** 930—32. 10/3. 1954. [Orig.: japan.]) L. SCHULER. 4597

C. Bianchi und **V. Capraro,** *Pharmakologische Beobachtungen über die Kontraktibilität des Musculus psoas, der mit Glycerin extrahiert wurde.* Es wird der Psoas von Kaninchen mit Glycerin nach SZENT GYÖRGI extrahiert. Die Fasern dieses Präp. kontrahieren nach Zugabe von Adenosintriphosphorsäure. Eine Vorbehandlung mit 10 μg/ml K-Strophantosid (I) bzw. $CaCl_2$, $0,5 \cdot 10^{-3}$mol. inhibiert wesentlich die Kontraktibilität. 0,1 μg/ml u. 1 μg/ml I bzw. $CaCl_2$ $0,5 \cdot 10^{-4}$mol. sind ohne Einfluß. Kombiniert gegeben, wirken sie kontrahierend. (Boll. Soc. ital. Biol. sperim. **29.** 616—18. April 1953. Mailand, Ist. Carlo Erba per Ricerche Terapeut., Labor. di Biol. e Urbino, Univ., Ist. di Fisiol. Gen.) O. POLLAK V. EMHOFEN. 4597

W. A. Grigorjewa, *Zur Untersuchung der experimentellen Muskeldystrophie.* 6. Mitt. *Über Gehalt und Intensität der Erneuerung der Muskelproteine.* Im Kaninchenvers. wird die Erneuerung der *Muskelproteine* (I), gemessen am Einbau von Methionin-^{35}S in die *Gesamtproteine, lösl. Proteine, Kollagen, Myosin* u. *Actin,* bei experimenteller Dystrophie untersucht. Danach nimmt der Geh. an wasserlösl. Proteinen bei Dystrophie ab, während der Kollagengeh. zunimmt. Die Intensität der Eiweißerneuerung wird im Mittel um 30% erhöht, vorwiegend durch die intensive Erneuerung der in W. lösl. Protein u. des Actins. Die Erneuerung von Myosin u. Kollagen ist gegenüber der Norm nicht verändert. (Український Біохімічний Журнал [Ukrain. biochem. J.] **27.** 477—87. 1955. Kiew, Biochem. Inst. der Akad. der Wiss. der UkrSSR.) O. LEBTAG. 4597

H. Kyank, *Der Harnstoffgehalt der Placenta normaler Schwangerer und bei Toxikosen.* Unterss. von 84 n. Schwangeren, 35 Schwangerschaftstoxikosen u. einem Fall von Urämie auf *Harnstoff* (I)-Geh. der Placenta nach der Ureasemeth. ergaben bei 5 Toxikosen u. der Urämie Erhöhung der I-Werte, die auf I-Retention im Blut infolge von Niereninsuffizienz der Mutter zurückgeführt wird. (Zbl. Gynäkol. **78.** 526—30. 7/4. 1956. Leipzig, Univ., Frauenklinik.) H. DOSSMANN. 4597

Jules François und **Marcel Rabaey,** *Neue physico- und histochemische Untersuchungen über das Mucoid der Cornea.* Die deutlich bei Färbung mit *Methylenblau* u. *Toluidinblau* durch *Mucoitinschwefelsäure* bedingte Metachromasie des basophilen *Mucoids* der Hornhaut wird durch *Hyaluronsäure* (I) in hoher Konz. u. durch Bienengift verhindert. Kammerwasser hat wegen seines geringen Geh. an I keine Wirkung. Die Perjodsäure-SCHIFF-Rk. ist auch an mit I behandelter Cornea positiv. Die Provokation einer Vascularisation mit *Terpentin* oder *Alloxan* gelingt nur in den oberflächlichen Schichten, wo die Konz. des Mucoids durch Quellung herabgesetzt ist, die nicht vom Kollagen, sondern vom Mucoid abhängig ist. A., Isopropylalkohol, Methylalkohol, Propylenglykol u. Glycerin (II) verhindern die Metachromasie. $K_2Cr_2O_7$ u. Essigsäure bleiben ohne Einfl. auf die Quellung, Phosphorwolframsäure, A., Sublimat, OsO_4 u. Formalin verhindern sie, u. II in hoher Konz. entwässert. Von physiol. Stoffen ist Cortison ohne Einfl., Serum dagegen wirkt entquellend. (Acta ophthalmol. [Copenhagen] **34.** 45—62. 1956. Gand, Univ., Clin. ophthalmol.) D. ZEMKE. 4598

Wilhelm Böke und **Erich Lindner,** *Elektronenmikroskopische Untersuchungen an Zonulafasern.* In entspanntem Zustand sind die Fibrillen der Zonulafasern raumgitterartig angeordnet, ohne sichere Verschmelzung, zeigen eine gleichmäßige Querstreifung u. lassen keine Kittsubstanz erkennen. An der der Kapsel abgewandten Seite der Zonula fanden Vff. eine Begrenzungsmembran. (Graefes Arch. Ophthalmol. verein. Arch. Augenheilkunde **157.** 101—06. 1955. Düsseldorf, Med. Akad., Augenklin. u. Pathol. Inst.) D. ZEMKE. 4598

O. Hockwin, O. Kleifeld und **W. Hans,** *Untersuchungen des Glutathiongehaltes von Linsen auf polarographischem Wege.* Angabe einer polarograph. Meth. zur Best. des *Glutathions* (I) mit einer Fehlerbreite um 5,3%. Vgl. mit der jodometr. Meth., bei der höhere Werte infolge Neben-Rk. mit anderen reduzierenden Substanzen (*Ascorbinsäure, Cystein* u. a.) gemessen werden. Nach Fällung von I mit *Cd-Lactat* ergibt die polarograph. Meth. den Leerwert, während die Jodometrie eine Restmenge reduzierender Stoffe ermittelt. (Graefes Arch. Ophthalmol. verein. Arch. Augenheilkunde **157.** 140—48. 1955. Bonn, Univ., Augenklin., Inst. für exp. Ophthalmol. u. Inst. für physikal. Chem.) D. ZEMKE. 4598

F. W. Campbell und **W. A. Rushton,** *Messung des skotoptischen Pigments im lebenden menschlichen Auge.* (Vgl. C. **1955.** 8666.) Bericht über eine Meth. zur Messung des *Rhodopsins* (I) beim Menschen, die darauf beruht, daß grünes Licht beim Durchgang durch die Netzhaut entsprechend der D. von I absorbiert wird. Ergebnisse: Nach Belichtung von 5 Min. Dauer tritt ein Gleichgewicht zwischen Zerfall u. Resynthese ein, Abfall in Form einer logarithm. Kurve; im Dunkeln erfolgt Regeneration, in ca. 6 Min. auf den halben Ausgangswert. Das BUNSEN-ROSCOE-Gesetz, nach dem die Lichtwrkg. k = Intensität · Zeit ist, gilt bis zu 48 Sekunden. Monochromat. Licht wirkt proportional seiner skotopt. Helligkeit. Die Änderung der Absorption nach Lichteinfall ist abhängig von der Entfernung von der Macula u. entspricht der Verteilung der Stäbchen. (J. Physiology **130.** 131—47. 28/10. 1955. Cambridge, Physiol. Labor.) D. ZEMKE. 4598

Je. W. Wladimirowa, *Einfluß der bedingtreflektorischen Erregung des Zentralnervensystems auf den Gehalt an Adenosintriphosphorsäure und Adenosindiphosphorsäure im Gehirn.* Mehrere Versuchsreihen an 83 weißen Ratten ergaben, daß eine durch bedingte Reize hervorgerufene Erregung des Zentralnervensyst., die sich in Form reflektor. positiver motor. defensiver Rkk. äußert, von einer Herabsetzungs des Geh. an *Adenosintriphosphorsäure* (I) von 12,2 auf 5,6 mg% des leicht hydrolysierbaren P in der 60. Sek. des Erregungszustandes u. von einer Zunahme des Geh. an *Adenosindiphosphorsäure* (II) von 6,5 auf 12,2 mg% begleitet ist (Fixierung des Gehirns durch Eintauchen des Kopfes in fl. O_2). In der 25. Sek. betrug die Abnahme von I 30,8%, die Zunahme von II 78%. Ähnliche Ergebnisse hatte auch die unbedingte Reizung. Das Verhältnis der Menge des leichthydrolysierbaren P von I zu der von II kann deshalb als guter biochem. Index des funktionellen Zustandes des Zentralnervensyst. dienen. Der Geh. des Gehirns an anorgan. P nimmt bei der bedingten Erregung um 56,8%, bei der unbedingten um 41,3% zu. (Вопросы Медицинской Химии [Fragen med. Chem.] **2.** 47—52. Jan./Febr. 1956. Leningrad, Physiol. Pawlow-Inst. der Akad. der Wiss. der UdSSR, Labor. für Biochemie des Nervensyst.) E. RENTZ. 4598

M. Mitolo, M. Giacovazzo und **D. Girone,** *Über die Gegenwart verschiedener Fraktionen von gebundenem „wahrem" Kreatin in der Zentralnervensubstanz.* Vff. haben die Hirne verschied. Wirbeltiere untersucht u. die mikrochem. Ergebnisse von MITOLO (Boll. Soc. ital. Biol. sperim. **18.** [1943.] 277) bestätigt, daß das in der Zentralnervensubstanz gebundene *Kreatin* außer an Phosphorsäure auch an andere Körper gebunden ist. (Boll. Soc. ital. Biol. sperim. **30.** 1083—84. Aug./Nov. 1954. Bari, Univ., Inst. für menschl. Physiol.) E. DEHN. 4598

H. Meves, *Die Wirkung der Wasserstoffionen und der Kohlensäure auf die Nervenleitungsgeschwindigkeit.* Nach Verss. an Froschnerven mit gespaltenen Hüllen in *Phosphat*- oder *Glykokoll*-Puffer unter Entzug von K^+ u. Ca^{2+} nimmt die Leitungsgeschwindigkeit mit dem p_H-Wert ab. Bei einem p_H-Wert von über 7,5 entsteht Spontantätigkeit. In Ggw. von K^+ u. Ca^{2+} ist der Nerv widerstandsfähiger, eine Spontanaktivität bleibt aus, die Abnahme der Leitungsgeschwindigkeit ist weniger ausgeprägt. Bei Einw. von CO_2 ist eine der Änderung des p_H-Wertes mit anderen Mitteln (Säuren) genau entsprechende Zu- oder Abnahme der Leitungsgeschwindigkeit nachweisbar. Zusatz von $NaHCO_3$ (Alkalisierung) verfälscht die absol., jedoch nicht die relativen Ergebnisse. Vf. lehnt daraufhin eine spezif. Wrkg. des CO_2 auf die Leitungsgeschwindigkeit, nicht aber auf die Reizschwelle (CO_2 hyperpolarisiert, H^+ depolarisiert die Grenzmembran) ab. (Pflügers Arch. ges. Physiol. Menschen Tiere **261.** 249—63. 12/7. 1955. Kiel, Univ., Physiol. Inst.) D. ZEMKE. 4598

Isaac Asimov, The chemicals of life. London: G. Bell. 1956. (159 S. m. Diagr.) 8°. 12 s. 6 d.

E_6. Pharmakologie. Therapie. Toxikologie. Hygiene.

G. Hevesy, *Wirkung der Röntgenbestrahlung auf die CO_2-Atmung der Maus.* Röntgenbestrahlte Mäuse zeigten nur 80% der CO_2-Ausatmung unbestrahlter Tiere. Durch Injektion ^{14}C-markierter Glucose konnte gezeigt werden, daß nach der Röntgenbestrahlung der ^{14}C-Geh. des abgeatmeten CO_2 gegenüber Kontrollen deutlich vermindert ist. Gleichzeitig bestätigt sich die Verminderung des Glucosestoffwechsels durch ein Ansteigen des CO_2-Anteiles im Leberfett. (Sonderbände zur Strahlentherapie **32.** 115. 1955. Kopenhagen.) W. REUSSE. 4601

B. P. Kalaschnikow, *Einfluß der γ-Strahlung auf die bioelektrische Aktivität der Netzhaut.* Mit einem Elektrocardiographen wird der bei der Beleuchtung der Netzhaut auftretende Biostrom gemessen. γ-Strahlen von ^{60}Co bewirken bis 1800 r nur eine Erhöhung, darüber hinaus eine Zerstörung der bioelektr. Aktivität. (Доклады Академии Наук СССР [Ber. Akad. Wiss. UdSSR] **104.** 64—67. 1/9. 1955. Leningrad, wiss. Forschungsinst. für Augenkrankheiten [Hirschmann-Inst.]) K.-E. SEYB. 4601

G. Joyet, *Die durch Betatronbestrahlung (31 MeV) in den Geweben induzierte Radioaktivität.* Bestrahlung von weichem Gewebe mit der γ-Strahlung eines Betatrons (31 MeV) während 20 Min. in einer Entfernung von 100 cm mit einer Gesamtdosis von 750 r ergab eine induzierte Aktivität im Gewebe. Sie resultiert von den akt. Isotopen ^{15}O, ^{11}C, ^{13}N u. ^{30}P, die Gesamtstrahlungsintensität ist $2{,}40 \cdot 10^{-2}$ rep. Im Knochengewebe werden die akt. Isotope ^{15}O, ^{11}C, ^{38}K, ^{30}P u. ^{13}N angeregt, sie liefern eine Gesamtintensität von $7{,}77 \cdot 10^{-2}$ rep. Bei lokaler Bestrahlung der Schilddrüse entstehen in dieser die akt. Isotope ^{124}J u. ^{126}J mit einer Gesamtstrahlung von $0{,}01 \cdot 10^{-2}$ rep. Gegenüber der Primärdosis von 750 r ist diese induzierte Strahlung ohne therapeut. Bedeutung. (Sonderbände zur Strahlentherapie **32.** 132—34. 1955. Zürich.) W. REUSSE. 4601

E. J. Martin und **J. K. W. Ferguson,** *Schwankungen des Atemradons bei ruhenden Personen.* Bei 4 anomal hoch mit Ra belasteten Personen wurden $0{,}76—4{,}41 \cdot 10^{-12}$ C *Rn* je Liter Expirationsluft bzw. $5{,}98—38{,}10 \cdot 10^{-12}$ C Rn/Min. mit einer bes. dazu konstruierten App. gemessen. Bedingungen, die zu Veränderungen des Respirationsminutenvol. führten, hatten nicht im gleichen Verhältnis Änderungen der auf Atmungsvol. oder Zeit bezogenen Rn-Ausscheidung zur Folge. Zur Verfolgung der Änderungen der Rn-Ausscheidung bei einer Person ist die Ermittlung der Rn-Menge je Liter, zur Ermittlung des im Körper vorhandenen Ra jedoch die Best. der Rn-Menge je Min. zweckmäßiger. (A. M. A. Arch. ind. Hgy. occupat. Med. **8.** 574—81. Dez. 1953. Toronto, Can., Univ., Dep. of Pharmacol.) F. KRUSEN. 4601

Andrew H. Jackson und **P. F. Hahn,** *Die Wirkungen großer Dosen von intraperitoneal verabreichtem radioaktivem kolloidem Gold (^{198}Au) bei Hunden.* Vff. berichten über klin., hämatolog. u. histolog. Unterss. an 9 Hunden, welchen hohe Dosen (ca. 100 bis 500 mC) von radioakt. koll. Gold (^{198}Au) intraperitoneal injiziert worden waren. Allg. Folgen waren Appetitlosigkeit u. Gewichtsverlust, im Mittel um ca. 14%. Bei Tieren mit mehrfachen Injektionen wurden verschied. Grade von Knochenmarkshypoplasie u. Anämie beobachtet. Adhäsionen oder Strahlungsgeschwüre entwickelten sich in keinem Falle. (Cancer **8.** 482—87. Mai/Juni 1955. Nashville, Tenn., Meharry Med. Coll.,Cancer Res. Coll.) H. LAMP. 4601

William C. Moloney, *Leukämie bei den Überlebenden der Atombombenangriffe.* Bei den Überlebenden von Hiroshima u. Nagasaki sind bis Anfang 1954 92 Fälle von Leukämie aufgetreten, die meisten im Jahre 1951. Bei der Leukämogenese waren Neutronen u. γ-Strahlen beteiligt. Das vorklin. Stadium der chron. myelogenen Leukämie war u. a. durch frühes Auftreten eines geringen Prozentsatzes an Myelocyten u. Metamyelocyten sowie durch eine sehr bedeutsame Basophilocytose gekennzeichnet. Abgetrennte Leukocyten zeigten eine äußerst geringe alkal. Phophataseaktivität, auch in den frühesten Stadien der Krankheit. (New England J. Med. **253.** 88—90. 21/7. 1955. Boston.) TH. MARSSON. 4601

A. W. Turygina, *Einfluß von Brom auf die Reizsummation in der Submaxillarisdrüse.* In 15 Verss. an urethannarkotisierten Katzen wird festgestellt, daß unter dem Einfl. von *NaBr* (I; 0,025 g/kg, 1%ig. Lsg. intravenös) die reizsummierende Eig. der Submaxillarisdrüse verändert wird. War sie vorher niedrig oder labil, so kam es zu weiterer Abnahme der Mindestanzahl unterschwelliger Stromstöße, die erforderlich ist, um über die Chorda tympani (mit durchtrenntem Sympathicus u. Vagus) eine Sekretion der Drüse hervorzurufen. War die summierende Eig. der Drüse dagegen stabil, so kam es unter I nur anfangs zu einer vorübergehenden Abnahme derselben (für 2—2½ Std.), oder sie blieb weiterhin längere Zeit stabil, bzw. sie nahm (in einigen Fällen) von vornherein für ca. 5 Std. zu. (Бюллетень Экспериментальной Биологии и Медицины [Bull. exp. Biol. Med.] **40.** Nr. 12. 3—5. Dez. 1955. Leningrad, 1. Med. Inst., Lehrstuhl für n. Physiol.) E. RENTZ. 4606

G. W. H. Schepers und **Anthony B. Delahant,** *Experimentelle Untersuchung zur Wirkung von Glaswolle auf tierisches Lungengewebe.* Nach intratrachealer Injektion bzw. nach Inhalation von Glaswolle verschied. Partikelgröße kommt es bei Meerschweinchen u. Ratten zu fokaler Atelektase, ohne Zeichen einer Fibrose. Je kleiner die Partikel, desto stärker die Gewebsreaktion. (A. M. A. Arch. ind. Health **12.** 276—79. Sept. 1955. Saranac Lake, N. Y., Saranac Labor.) H. ZELLER. 4606

C. den Hartog, *Ernährung und Alkohol.* Übersicht über die physiol. Wrkg. des *A.* auf den Menschen, bes. bei Ernährungsmangel. — 15 Schrifttumshinweise. (Voeding **16.** 810—17. 15/9. 1955.) W. WESLY. 4607

E. Klapötke, *Wachstumsbeeinflussung des mesenchymalen Gewebes durch Perlon sowie seine Ausgangsprodukte Lactam und ε-Aminocapronsäure in vitro.* Die Wanderungsausdehnung von Fibroblasten aus embryonalen Hühnerherzen wird durch *ε-Aminocapronsäure* (I) in Konzz. von 10^{-3} bis 10^{-8} gesteigert, durch 10^{-2} etwas gehemmt. Das Wachstum der Fibroblasten wird uneinheitlich beeinflußt, es kommt zum Teil zu anfänglicher Hemmung u. späterer Stimulierung; eine Konz. von 10^{-8} wirkt durchweg schwach stimulierend. I-*Lactam* wirkt auf die Wanderung in Konzz. von 10^{-3} bis 10^{-8} zunächst etwas steigernd, nach 72 Std. überwiegt jedoch eine retardierende Wirkung. In gleichem Sinn wird von Anfang an das Wachstum der Fibroblasten beeinflußt. *Perlon* hat selbst bei 6monatiger Versuchsdauer keinen Einfl. auf das Wachstum. (Z. Tuberkulose **107.** 76—83. 1955. Berlin-Buch, Forschungsinst. für Tuberkulose, Abt. für exp. Zellforschung.) F. KRUSEN. 4607

L. De Caro und **V. Cappelli,** *Wirkungen einiger Benzoylcarbinolderivate auf die Nebennierenrinde.* Die Entfernung einer Nebenniere bei Ratten führt nach 14 Tagen zur kompensator. Hypertrophie der anderen. Das Leberglykogen erreicht nach 10 Tagen, das Blut-K nach 12 Tagen n. Werte. Bei postoperativer Adrenalinbehandlung halbieren sich die Zeitspannen etwas. Nun wurden folgende Substanzen getestet: *Benzoylcarbinol* u. dessen Acetat (I), *p-[ω-Acetoxy]-acetyldiphenyl* (II) u. *4-[ω-Acetoxy]-acetonyldiphenyl* (III). Sie verursachen eine starke Hypertrophie der noch vorhandenen Nebenniere; I u. II erhöhen das Leberglykogen u. verringern das Blut-K. Höchst wirksam in bezug auf Leberglykogen sind noch **III,** *2.4'-Dimethoxy-4-[ω-acetoxy]-acethyldiphenyl* u. *2.4'-Dimethoxy-4-[ω-acetoxy]-acetonyldiphenyl* ($p < 0,001$). Als wenig wirksam erweist sich *p-[α-Oxy-γ-carbomethoxy]-acetonyldiphenyl.* (Boll. Soc. ital. Biol. sperim. **29.** 792—95. April 1953. Pavia, Univ., Ist. di Fisiol. Umana.) O. POLLAK V. EMHOFEN. 4607

Otto Nieschulz, Irmgard Hoffmann und **Kurt Popendiker,** *Versuche mit N-[β-Diäthylaminoäthyl]-2.5-endimino-1.4-dithian.* Die Verb. zeigt keine bes. ausgeprägten pharmakol. Erscheinungen. Nur geringe lokalanästhet. Wirkungen waren vorhanden. (Arzneimittel-Forsch. **6.** 154—55. März 1956. Hamburg, Chem. Fabr. Promonta, Pharmak. Abt.) H. GIENUS. 4607

Gerhard Fromm, *Tierexperimentelle Untersuchungen über den Einfluß einer längeren Medikation des Phenothiazinderivats Pacatal auf die Bildung von komplementbindenden Antikörpern. Pacatal* (I; CHEM. FABRIK PROMONTA G. m. b. H.) ist *N-Methypiperidyl-(3)-methylphenothiazin.* — Eine 8 Wochen dauernde orale I-Behandlung mit einer täglichen Einzeldosis von 10 bzw. 20 mg/kg Körpergewicht wird von Kaninchen reaktionslos vertragen u. beeinflußt weder Beginn, zeitliches Ausmaß noch Höhe der humoralen Antikörperproduktion nach Immunisierung mit Spirochäten-Vaccinen. (Z. Immunitätsforsch. exp. Therap. **112.** 373—81. Dez. 1955. Chem. Fabrik Promonta G.m.b.H.) EBERHARD MÜLLER. 4607

T. Berti und **A. Balestrieri,** *Einfluß von Phenothiazinpharmazeuticis auf die Atmung von homogenisiertem Gehirn.* 1. Mitt. *Oxydation der Glucose.* Es werden Phenothiazinderivv. auf ihre inhibierende Wrkg. auf die Atmung des Gehirngewebes von Ratten untersucht u. mit Luminal verglichen. Es handelt sich um *Largactil* (I); *Parsidol* (*N-[2-Diäthylamino-1-methyläthyl]-phenothiazin*); *Antipar*; *Fargan*; *Pyrrolazot* (*N-[2-Pyrrolidinyläthylphenothiazin*). Alle Verbb. sind in der Wrkg. dem Luminal überlegen, am meisten I (3—5mal). Die Wrkg. von I ist nicht für das Gehirngewebe spezif., denn jene Gaben die die Gehirnatmung um 30% verringern (d. h. relativ große Gaben), wirken fast genau so intensiv auf Leber, Milz u. Hoden. (Boll. Soc. ital. Biol. sperim. **29.** 632—34. April 1953. Padua, Univ., Ist. di Farmocol.) O. POLLAK V. EMHOFEN. 4607

Sidney S. Walkenstein, Nina Chumakow und **Joseph Seifter,** *Entgiftung und Ausscheidung von Mephentermine.* Unterss. mit ^{14}*C*-markiertem *Mephentermine* (*N-Methyl-ω-phenyl-tert.-butylamin;* I) an Hund, Ratte u. Kaninchen ergaben, daß im Stoffwechsel der beiden erstgenannten Tiere I, analog *Methamphetamine* zu *Normephentermine* (II) N-entmethyliert u. II zu *p-Oxynormephentermine* (III) hydroxyliert wird. Im Urin war kein unverändertes I nachweisbar. 25—35% von III liegen in konjugierter Form vor. Beim Kaninchen ist II das Hauptstoffwechselprodukt. Nach intraabdominaler I-Zufuhr von 7 mg/kg erreicht die I-Plasmakonz. beim Hund nach 40 Min. ein Maximum von 0,12 mg-%. Der größte Teil der im Urin ausgeschiedenen I-Stoffwechselprodd. erscheint innerhalb 24 Std. Die ^{14}*C*-I-Synth. erfolgte aus $^{14}C_{(1)}$-Benzoesäure über Benzylalkohol, Benzylbromid, Grignardverb. u. Kondensation der letzten mit Isopropyliden-N-methylamin. (J. Pharmacol. exp. Therapeut. **115.** 16—20. Sept. 1955. Philadelphia, Wyeth Inst. for Med. Res.) K. MAIER. 4607

J. R. Fouts und **Bernard B. Brodie,** *Die Hemmung von Arzneimittelstoffwechselprozessen durch die verstärkend wirkende Verbindung 2.4-Dichlor-6-phenylphenoxyäthyldiäthylamin. 2.4-Dichlor-6-phenylphenoxyäthyldiäthylamin–HBr* (Lilly *18947*, I) verlängert, in Dosen, die keinen sedativen Effekt haben, bei Mäusen die hypnot. Wirksamkeit von *Evipan* (*N-Methylcyclohexenylmethylbarbitursäure, Hexobarbital,* II) durch Hemmung des biol. Abbaues. I blockiert in Lebermikrosomen vorhandene Enzymsysteme, die die Seitenkette von II zur Ketoverb. oxydieren, *Aminopyrin* (*1-Phenyl-2.3-dimethyl-4-dimethylamino-5-pyrazolon*) zur 4-Aminoverb. entalkylieren, *Amphetamin* (*1-Phenyl-2-aminopropan*) zu Phenylaceton entaminieren, die Ätherbindung von *Codein* spalten, *Acetanilid* zu p-Acetylaminophenol hydroxylieren u. *Morphin* zum Glucuronid konjugieren. Die gleichen biochem. Prozesse werden auch durch *β-Diäthylaminoäthyldiphenylpropylacetat*-HCl (SKF *525-A*) u. *Diphenylpropylessigsäure* (SKF-Säure) gehemmt. (J. Pharmacol. exp. Therapeut. **115.** 68–73. Sept. 1955. Bethesda, Md., U. S. Dep. of Health, Education and Welfare, Publ. Health Service, Nat. Inst. of Health, Nat. Heart Inst., Labor. of Chem. Pharmacol.) K. MAIER. 4607

G. P. von Berger und **V. G. Longo,** *Die Wirkung von Nicotin auf die elektrische Gehirnaktivität des Kaninchens mit isoliertem Gehirn.* Kaninchen wurden curarisiert, u. unter künstlicher Atmung wurde die Medulla in der Höhe des 1. Wirbels durchschnitten. Gegen Schock wurde Adrenalin gegeben. Es wurden die Aktionspotentiale mit an die Dura gelegten Elektroden abgenommen (manchmal vom Thalamus zum Hypothalamus). 2 mg/kg Nicotingabe intravenös ergibt nach 20–60 Sek. die Krampfphase mit „Spitzen" bei 300–700 μV. Die anfangs hohe Frequenz (25–30 Sek.) geht auf 7 Sek. zurück. *Artan, Parsidol* u. *Parpanit* geben analoge Rkk., die in einer deutlichen Erhöhung der „Spindeln" im Intervall von 3–5 bis 7–10 Min. bestehen. (Boll. Soc. ital. Biol. sperim. **29.** 431–35. April 1953. Rom, Ist. Superiore di Sanità Labor. di Chim. Terapeutica.) O. POLLAK V. EMHOFEN. 4607

D. Krause, W. Beimesche und **J. Rudolph,** *Kombinationswirkung von Mutterkornalkaloiden mit Narcoticis und zentralen Analepticis.* Bei den Verss. (an weißen Mäusen) zeigen *Ergocristin* (I) u. *Hydergin* (II) einen sicheren Antagonismus gegenüber der motilitätssteigernden Wrkg. von *Isophen, Veronal-Na* u. *Evipan-Na.* Gegenüber Coffein sind sie wirkungslos. — Die DL_{50} von *Cardiazol* wird durch Vorbehandlung mit den Mutterkornalkaloiden gesteigert. — Bei den Verss. zeigte sich I stärker wirksam als II. Es wird daher angenommen, daß die festgestellten zentraldämpfenden Wirkungen von I u. II von deren sympathikolylyt. u. adrenolyt. Wirkungskomponente unabhängig sind. (Dtsch. tierärztl. Wschr. **63.** 213–15. 1/6. 1956. Hannover, Tierärztl. Hochschule, Pharmakol. Inst.) EBERHARD MÜLLER. 4607

Helmut Stickl, *Verteilung eines ätherischen Öles aus der Kapuzinerkresse in tierischen Organen.* Die bakterostat. Eigg. des *äther. Öles* (I) von *Kapuzinerkresse* ermöglichten dessen Nachw. in Organen von Ratten bei Verss. über die Verteilung von I im tier. Organismus. Dazu wurden den Tieren als Höchstmengen 90–110 mg auf einmal oder 450 mg I in 2 Std. peroral mit Schlundsonde appliziert u. sie 3–3½ Std. nach Versuchsbeginn getötet, die Organe nach Ausbluten entnommen, homogenisiert u. sofort auf bakteriostat. Wrkg. an B. coli, B. subitilis u. Staph. aureus geprüft. Im Blut war nach diesem Zeitraum I nicht mehr nachweisbar. — In vitro-Verss. ergaben, daß I im Blut im wesentlichen von den Zellelementen, bes. vom intracellulären Hämoglobin, adsorbiert wird — es wird nach Aufnahme auf dem Blutwege bes. zu Lungen, Nieren u. Milz transportiert u. dort aus dem Blut adsorptiv aufgenommen. Eine gewisse Menge wird über die Nieren u. Lungen ausgeschieden, während die Leber I nicht aufnimmt, u. es auch nicht in der Galle nachweisbar ist. Schädigende Wirkungen von I wurden nicht festgestellt; therapeut. Schlußfolgerungen der Versuchsergebnisse werden diskutiert. — 48 Literaturangaben. (Aerztl. Forsch. **9.** I/553–60. 10/12. 1955. Köln, Univ., Kinderklin.) F. KRUSEN. 4608

G. Allbrandi, *Über die Beurteilung einer charakteristischen Aktivität der Leberextrakte.* Kröten (Bufo vulgaris), denen 50 mg Cholinchlorid mit 50 E. Hyaluronidase in den Dorsallymphknoten injiziert wurden, befanden sich nach 15 Min. in tiefer Lethargie. 100 mg *Leberextrakt,* 15 Min. vor dem Vers. peritoneal injiziert, verhinderte vollständig die Ausbldg. dieses Zustandes. (Boll. Soc. ital. Biol. sperim. **29.** 542. April 1953. Messina, Univ., Ist. di Fisiol. Gener.) O. POLLAK V. EMHOFEN. 4609

Erich Traub und **Eva Reczko,** *Über die Wirkung des Salvarsans auf die Influenzainfektion des Hühnerembryos.* Verss. über die chemotherapeut. Beeinflussung der Influenzainfektion des Hühnerembryos durch *Salvarsan-Natrium,* bei denen das Präp. ~12 Std. nach Allantoisinfektion in die Allantoishöhle injiziert wurde, ergaben, daß große, noch verträgliche Dosen (10 mg) die Infektion beschleunigten, während kleinere

Dosen (0,125—0,25 mg) sie unter bestimmten Umständen hemmen. (Hemmwrkg. = Verlängerung der Absterbezeit u. Erhöhung des niedrigen Schlupfergebnisses.) (Z. Immunitätsforsch. exp. Therap. **112.** 420—33. Dez. 1955. Tübingen, Bundesforschungsanst. für Viruskrankh. der Tiere.) EBERHARD MÜLLER. 4610

Eva Reczko, *Über den Sauerstoffverbrauch influenzainfizierter Hühnerembryonen verschiedenen Alters und seine Beeinflussung durch Salvarsan.* Der O_2-Verbrauch von Eiern, die am 11. u. 12. Bebrütungstag infiziert wurden, war niedriger als der von später infizierten Eiern. — Wurde die Infektion durch kleine *Salvarsan* (I)-Dosen (0,25 mg) gehemmt, so war der O_2-Verbrauch größer; wurde sie durch große I-Dosen (10 mg) beschleunigt, dann war er geringer als der O_2-Verbrauch der infizierten Kontrollproben (ohne Salvarsanbehandlung). (Z. Immunitätsforsch. exp. Therap. **112.** 459—69. Dez. 1955. Tübingen, Bundesforschungsanst. für Viruskrankh. der Tiere.)
EBERHARD MÜLLER. 4610

E. A. Ho und **C. Y. T'Ao,** *Zweiter Bericht über Erforschung von Natrium-Antimon-Gluconat in der Massenbehandlung von Kala Azar in bezug auf das Verschwinden der Leishman-Donovan-Körper.* Verschied. Prodd. von *Na-Sb-Gluconat* (Chines. Prodd. von HUA TUNG u. HAN LI SAG) zeigten an 421 Kala Azar Kranken gute Wrkg. u. geringere Toxizität als das engl. Präp. *Pentostam* bei 186 Vergleichspersonen. (Chin. medical J. **73.** 293—306. Juli/Aug. 1955. Peking, China, Publ. Health Dep., Chin. Union Med. Coll. [Orig.: engl.]) G. WELTZIEN. 4610

N. R. Konar, A. N. Sen Gupta und **Elahi Baksh,** *Acetylphthalylbenzolsulfonamid bei der Behandlung von Cholera.* Es wird über 103 Cholerafälle berichtet, die teilweise mit *N_1-Acetyl-N_4-phthalylbenzolsulfonamid* (I; Dosis für Erwachsene: 5 g zu Beginn, dann 1 g alle 3 Std., bis insgesamt 20 g erreicht sind) behandelt wurden. 88 Patienten, von denen 46 I erhalten hatten, wurden geheilt. Ein wesentlicher Unterschied zwischen den mit I behandelten Fällen u. den Kontrollfällen wurde jedoch nicht festgestellt, obgleich durch I eine Besserung etwas früher erzielt wird. (Calcutta med. J. **50.** 212—14. Juni 1953. Nilratan Sircar Med. Coll. Hosp.) R. KÖNIG. 4610

Wendell H. Hall und **Elliot M. Latts,** *Pentaquine und Chinin in der Behandlung der koreanischen Vivax-Malaria. Eine Untersuchung bei 101 Patienten.* (J. Lab. clin. Med. **45.** 573—79. April 1955. Minneapolis, Minn., Univ., of Minnesota, Med. School, Dep. of Med.; Veterans Admin. Hosp.) F. KRUSEN. 4610

Samuel Phillips und **Glenn E. Horton,** *Pyrazinamid-Isoniazid. Vergleich mit Isoniazid-p-Aminosalicylsäure bei aktiver Lungentuberkulose bei Verordnung von Fall zu Fall.* Bei der Behandlung von akt. Lungentuberkulose war *Pyrazinamid* (I)-*Isoniazid* (II) therapeut. der Kombination II-*p-Aminosalicylsäure* schwach überlegen, verursachte jedoch einige Fälle von Hepatitis, so daß I + II nicht zu empfehlen ist. Die täglichen Dosen sind angegeben. (Amer. Rev. Tubercul. Pulmonary Diseases **73.** 704—15. Mai 1956. Memphis 15, Tenn., Hospital, Veterans Administrat. Med. Teaching Group. Pyrazinamid-Isoniazid.) EBERHARD MÜLLER. 4610

Ernst Bruckschen, *Wirkung eines neuen Hemmstoffes auf den Penicillin- und PAS-Spiegel, sein Nachweis und seine Ausscheidungsverhältnisse.* Der Nachw. u. die Best. von *p-Carboxybenzolsulfonsäurediäthylamid* (I; *Longacid*; CASSELLA FARBWERKE A. G., Frankfurt/M.) in Harn u. Serum erfolgt durch Extraktion mit Chlf., Abdampfen desselben, Aufnahme des Rückstandes in einer bestimmten Chlf.-Menge, Ausschütteln mit einem Gemisch Methylenblau-Phosphatpuffer u. photometr. Ermittlung des I in der Chloroformlösung. Werden 0,5—1,0 g I 1 Std. vor 200000 E. *Penicillin* (II) verabreicht, so wird ein wesentlich höherer Blut-II-Spiegel u. verzögerte II-Ausscheidung bewirkt. Auf *p-Aminosalicylsäure* hat I einen ähnlichen, jedoch schwächeren u. individuell stark unterschiedlichen Effekt. Die urinale Exkretion von I nach Verabreichung von 0,5—2,0 g erreicht in 24 Std. 50—80% der zugeführten Menge, wobei das Verhältnis von freiem zu gebundenem I individuell stark schwankt. (Z. Tuberkulose **107.** 91—97. 1955. Frankfurt/Main, Univ., Orthopäd. Klin. Friedrichsheim). F. KRUSEN. 4610

Jorma Pätiälä und **Antti Isotalo,** *Experimentelle Untersuchungen über die Reaktion der Schilddrüse während der Behandlung mit p-Aminosalicylsäure, Dihydrostreptomycin, Isoniazid und Viosin.* Bei Meerschweinchen verursacht die Verabfolgung von 100 mg *p-Aminosalicylsäure* täglich per os während 4 Wochen eine merkliche Verminderung der Epithelienmenge in der Schilddrüse. Die gleiche Wrkg. haben *Viosin* u. *Isoniazid* bei 8 Wochen andauernder Applikation von 10 mg täglich. *Dihydrostreptomycin* hat keine merkliche Wrkg. auf die Schilddrüse. (Ann. Med. exp. Biol. fenn. **33.** 25—31. 1955. Helsinki, Univ., Dep. of Forensic Med., Univ. Dep. of Tuberculosis Hosp.) H. LAMP. 4610

Stephen C. F. Mahady, F. L. Armstrong und **J. Monroe,** *Gereinigtes Dihydrostreptomycin.* Es wurde versucht, die bei längerem Gebrauch von *Dihydrostreptomycin* (I) auftretenden Gehörstörungen (vor allem in den sprachlich nicht gebrauchten höheren Schwingungen von 500—2000/Sek.) durch bes. Reinigung von **I** zu beseitigen (MERCK & CO., INC., Rahway, New Jersey). Jedoch verhielt sich das gereinigte Präp. nach klin. Verss. ebenso wie die n. Form von **I**. (Amer. Rev. Tubercul. Pulmonary Diseases **73**. 776—78. Mai 1956. Utica, N. Y., Broadacres Sanatorium, New York, Mt. Morris Sanatorium and Ray Brook, N. Y., Ray Brook Sanatorium.) EBERHARD MÜLLER. 4611

S. Ortel, *Die Wirkung der Antibiotica (Penicillin), Streptomycin, Chloronitrin, Aureomycin, Terramycin) an der mit Listeria monocytogenes (Pirie) infizierten weißen Maus.* Heilungsverss. mit den genannten Antibioticis an listerieninfizierten weißen Mäusen ergaben eine gute Wirksamkeit der Verbb. der *Tetracyclinreihe*: *Aureomycin* (**I**) u. *Terramycin*. Mit Penicillin, Streptomycin u. Chloronitrin wurden beweisende Heilungserfolge nicht erzielt. In größeren Versuchsreihen unter verschied. Bedingungen wurden die besten Ergebnisse mit **I** erzielt. Dabei konnte eine bakteriol. Sterilität aller Organe nicht immer erreicht werden; bei klin. gesundeten Mäusen wurden aus verschied. Organen noch virulente Listerien isoliert. (Z. Immunitätsforsch. exp. Therap. **112**. 122—30. April 1955. Greifswald, Ernst-Moritz-Arndt-Univ., Hygien-Inst.)
EBERHARD MÜLLER. 4611

P. Ahvenainen, Elli Leikola und **K. O. Vartia**, *Penicillinkonzentrationen im Serum geriatrischer Patienten.* Im Vgl. zu 30jährigen u. jüngeren Patienten ist 3 Std. nach der intramuskulären Injektion von 200000 I.E. *Penicillin* (**I**) der **I**-Geh. bei über 70jährigen Patienten ca. 15 mal höher. 6 Std. nach der Applikation beträgt der **I**-Geh. bei den alten Patienten noch 0,2 I.E., während bei den jungen Patienten kein **I** mehr nachzuweisen ist. (Ann. Med. exp. Biol. fenn. **33**. 200—03. 1955. Helsinki, Kivilä Hosp., Med. Dep.)
H. LAMP. 4611

Pekka Brummer und **Antero Kasanen**, *Antibiotica mit breitem Wirkungsspektrum. Die Wirkung auf die Indican-Menge im Serum und in der Urinausscheidung.* Die perorale Applikation von *Neomycin, Bacitracin, Oxytetracyclin* u. *Chloramphenicol* verursacht bei allen untersuchten Personen ein Absinken der *Indican* (**I**)-Ausscheidung im Urin, während die Änderungen des **I**-Spiegels im Serum variieren. — 2 Literaturangaben. (Ann. Med. exp. Biol. fenn. **33**. 122—24. 1955. Turku, Univ., Med. Clinic.)
H. LAMP. 4611

T. Nagayama, *Über Änderungen im Serum-Ca in Begleitung von Schock, der durch Histamin, Acetylcholin und Pepton ausgelöst wird und die Einwirkung von Antihistaminen.* Bei Kaninchen wird direkt u. 1, 3, 6 bzw. 24 Std. nach der Einspritzung von *Histamin* (**I**), *Acetylcholin* (**II**) bzw. *Pepton* (**III**) mit dem begleitenden Schock das *Serum-Ca* bestimmt. Im Falle von **I** u. **III** steigt 1 Std. nach der Schockinjektion Ca an, um langsam auf den vorherigen Wert abzusinken, im Falle von **II** ist der Verlauf umgekehrt. Bei Einspritzung von *Benadryl* (**IV**) bzw. *Histadyl* (**V**) 30 Min. vor der Schockinjektion wird der Ca-Anstieg bes. von **V** erheblich gehemmt, im Falle von **II** wird die Ca-Abnahme bes. von **IV**, nur wenig von **V**, gehemmt. — 8 Tabellen. (Tokyo Jikeikai med. J. **69**. 14—18. 1/4. 1954. [Orig.: japan.]) L. SCHULER. 4625

S. Amano, *Überempfindlichkeit gegen Procainhydrochlorid und Reaktion gegen p-Aminobenzoesäure.* Bei automat. durch subcutane, fortgesetzte Injektionen von *Procain-HCl* (**I**) sensibilisierten Meerschweinchen zeigt sich eine Überempfindlichkeit im Hauttest gegen *p-Aminobenzoesäure* (**II**), die auch im Körper aus **I** durch Spaltung entsteht. Gegen die isomeren o- u. p-**II** zeigt sich keine Haut-Reaktion. Schock u. Darm-Rk. zeigt sich bei keiner der 3 Verbindungen. (Tokyo Jikeikai med. J. **68**. 917—18. 10/3. 1954. [Orig.: japan.]) L. SCHULER. 4627

K. Imo, *Über die Wirkung verschiedener Barbiturate, deren Wahl und Anwendung mit besonderer Berücksichtigung der modernen Narkose.* Betrachtungen über chem. Aufbau u. pharmakol. Eigg. von *Barbituraten* (**I**). Vf. teilt die gebräuchlichsten **I** ein in lang wirkende (*Veronal, Luminal, Dial, Numal*), mittellang wirkende (*Amytal, Narcodorm* (**II**), *Pernocton, Noctal, Recdidon, Nembutal* (**III**), *Ipral*), kurz wirkende (*Evipan* (**IV**), *Narconumal* (**V**), *Seconal, Nostal*) u. ultrakurzwirkende Schlafmittel (*Penthotal* oder *Trapanal* oder *Nesdonal* (**VI**), *Kemithal* (**VII**), *Surital, Inactin* (**VIII**), *Thiogenal* (**IX**), *Baytinal* (**X**), *Cito-Eunarcon* (**XI**), *Narcogen-A, Narcogen-B* (**XII**), *Narcodorm* (**XIII**) u. *Eunarcon*). An Hand der Erfahrungen von ca. 5000 Operationen wird die Wahl u. die Anwendung von **I** für Narkosen besprochen. Bes. gewürdigt werden **I**—**XIII**. **IX** besitzt wegen seiner Verträglichkeit Vorzüge auch bei Leberschäden. Die Kombinationsnarkose mit **I**, *Dolantin* u. einem Gasgemisch (N_2O, *Trichloran* oder *Cyclopropan*) wird empfohlen. (Zbl. Chirurg. **80**. 1820—32. 1955. Ludwigshafen, Chirurg. u. Neurochirurg. Klinik.)
H. WUNDERLICH. 4627

Jerome M. Glassman und **Joseph Seifter**, *Die Wirkung analgetischer Mittel auf die Barbiturreaktionen von Mäusen.* Es wurde der Einfl. von mehreren analget. wirksamen *dl-Phenylhexamethyleniminderivv.*, *dl-4-Carbäthoxy-1-methyl-4-phenylhexamethylenimin-hydrochlorid* (*Wy-401*) (I), *dl-4-Carbäthoxy-1.3-dimethyl-4-phenylhexamethyleniminhydrochlorid* (*Wy-535*), *dl-4-Carbomethoxy-1.2-dimethyl-4-phenylhexamethyleniminnitrat* (*Wy-682*) u. *dl-4-Carbäthoxy-1.2-dimethyl-4-phenylhexamethyleniminnitrat* (*Wy-683*), *Meperidinhydrochlorid* (II), *Morphinsulfat* (III) u. *dl-Polamidonhydrochlorid* auf die Dauer der bei Mäusen durch *Evipan-Na* u. *5-Äthyl-5-[1-methylbutyl]-barbitursäure* (IV), Na-Salz, hervorgerufenen Seitenlage untersucht. Vorbehandlung (intraabdominal) mit DA_{50}-Dosen oder dem doppelten derselben 15 Min. vor einer wirksamen Barbituratdosis verlängerte die Wirkungen der letzten. Die Analgetica machten eine unterschwellige IV-Gabe zu einer wirksamen. Erfolgte die Vorbehandlung 24 Std. vor Zuführung der Barbiturate, so wurde deren Wrkg., außer bei **III**, verkürzt. Chron. Zufuhr von **I** oder **II** (mehrere Wochen) beeinflußt die Rk. auf Barbiturate nicht wesentlich. (J. Pharmacol. exp. Therapeut. **115.** 21—27. Sept. 1955. Philadelphia, Wyeth Inst. for Med. Res.) K. MAIER. 4627

M. W. Stroud, C. J. Lambertsen, J. H. Ewing, R. H. Kough, R. A. Gould und **C. F. Schmidt,** *Die Wirkung von Aminophyllin und Meperidin allein sowie kombiniert auf das Verhalten der Atmung nach CO_2-Inhalation.* 3—6 mg/kg *Aminophyllin* (I) u. die gleiche Menge **I** mit 150 mg *Meperidin* (II) wurden hinsichtlich ihres respirator. Eeffktes unter CO_2-Atmung geprüft. **I** ergab bei einer Alveolarspannung des CO_2 von 46 mm Hg eine dosisabhängige Erhöhung des respirator. Minutenvol.; **II** entsprach etwa den Kontrollen; *Meperidin allein* (III) senkte das Atemvolumen. Das Atmungsluftvol. vermehrte sich unter beiden Dosen von **I**, die Frequenz nur bei der höheren. Die depressiven Effekte von **III** konnten durch **II** teilweise aufgefangen werden. (J. Pharmacol. exp. Therapeut. **114.** 461—69. Aug. 1955. Philadelphia, Penn., Univ., School of Med., Labor. of Pharmacol.) H. JORDAN. 4627

G. K. W. Yim, H. H. Keasling, E. G. Gross und **C. W. Mitchell,** *Gleichzeitige Veränderung des Atmungsminutenvolumens und der Zahnpulpaschwelle bei Kaninchen nach Levorphan, Morphin und Levorphan-Levallorphan-Mischungen.* Bei Kaninchen wurde nach intravenöser Injektion von *Morphin* (I), *Levorphan* (II) oder Kombinationen von **II** u. *Levallorphan* (III; *Lävo-3-oxy-N-allylmorphinan*)-*Tartrat* die gleichzeitig eintretenden Veränderungen der Zahnpulpaschwelle u. des Atmungsminutenvol. bestimmt. **II** war auf mol. Basis hinsichtlich Steigerung der Zahnpulpaschwelle mindestens doppelt so wirksam wie **I**. Bei gleicher Zunahme der Zahnpulpaschwelle rief **II** eine kürzer dauernde Senkung des Minutenvol. als **I** bei Dosen $< 0{,}008$ u. 0,0016 mg/kg hervor. Bei Verabreichung einer konstanten Dosis **II** zusammen mit wechselnden Mengen **III** war kein bevorzugter Antagonismus der Minutenvolumenverringerung gegenüber den Veränderungen der Pulpaschwelle feststellbar. In keinem Fall traten bei Kombinationen keine Minutenvolumenverkleinerung u. keine Erhöhung der Pulpaschwelle ein. Bei kombinierten Dosen von **III**:**II** im Verhältnis 1:5 konnten Steigerungen der Pulpaschwelle erzielt werden, die den durch 0,002 Millimol **II**/kg allein hervorgerufenen äquivalent waren bei gleichzeitig wesentlich kleinerer Abnahme des Minutenvolumens. (J. Pharmacol. exp. Therapeut. **115.** 96—105. Sept. 1955. Iowa City, State Univ. of Iowa, Coll. of Med., Dep. of Pharmacol.) K. MAIER. 4627

W. Brass und **P. J. Veen,** *Zum Antagonismus des N-Allylnormorphins gegenüber starken Analgeticis beim Hunde.* Vff. prüften die Anwendbarkeit von *N-Allylnormorphin* (*Nalorphin*; I) als Antagonist gegenüber *Morphin* u. *Polamivet*, die bei operativen Eingriffen häufig angewandt werden. Die Hunde waren dann nach **I**-Behandlung meist sofort wieder gehfähig. (Dtsch. tierärztl. Wschr. **63.** 223—25. 1/6. 1956. Hannover, Tierärztl. Hochschule, Klinik für kleine Tiere.) EBERHARD MÜLLER. 4627

Carlo Taddei, Giovanni Muzzulini und **Giovan B. Gemma,** *Erste Beobachtungen über Anaesthesie mit Steroiden.* Vff. berichten über ihre ersten Erfahrungen an Tieren u. 25 Menschen mit *Viadril* (*P 55*; PFIZER) (I; *Na-Salz* des *Pregnan-21-ol-3.20-dionsuccinates*) als Narcoticum. Beim Menschen wurden 40—50 cm^3 der 2,5%ig. **I**-Lsg. in zwei Portionen intravenös injiziert. Die Narkose trat 2—8 Min. nach der Injektion ein u. dauerte um so länger, je langsamer injiziert wurde. Das **I** wurde ohne Verwendung von Muskelrelaxantien auch für Bauchchirurgie unter Zugabe von N_2O als Basisnarcoticum benutzt. Der arterielle Blutdruck wurde nicht regelmäßig gesenkt u. blieb durch Sympathicomimetica gut beeinflußbar. Das Erwachen erfolgte nach $1^1/_2$—3 Std. ohne Nebenerscheinungen. Im Tiervers. (Hund) trat unter **I** zusammen mit N_2O bei thoraxchirurg. Eingriffen im Gegensatz zum Pentothal in keinem Falle Kammerflimmern auf. (Gazz. int. Med. Chirurg. **60** (**59**). 1516—20. 15/31. 10. 1955. Genova, Univ., Ist. di Anatom. Chirurg. u. Ist. di Anatom. Chirurg. e Corso di Operazioni). H. IPPEN. 4627

Antonio Dauri, *Klinische Bewertung eines Steroids für die Narkose: Idrossidione Sodico.* (Vorl. Mitt.) (Vgl. auch vorst. Ref.) Vf. berichtet über bisher 25 Narkosen mit dem Steroidpräp. *Viadril* (*P 55*; PFIZER) bei kleineren u. großen (Bauch u. Thorax) Eingriffen. Vorteile des Präp. sieht er in dessen geringen Toxizität, guten hypnot. u. analget. Wrkg., der muskelerschlaffenden Wrkg. ohne nennenswerte Beeinfl. der Atmung, Potenzierung anderer Narcotica u. Muskelrelaxantien u. der auch für den Patienten angenehmen Narkose ohne wesentliche Nachwirkungen. Als Nachteile, die eine Verbesserung der Steroidnarkose wünschenswert erscheinen lassen, betrachtet Vf. die Umständlichkeit der Anwendung, die allerdings leicht beeinflußbare depressive Kreislaufwrkg., die nicht exakte Dosierbarkeit durch langsamen Wirkungseintritt, das Nichterlöschen der Würg- u. Hustenreflexe u. den noch weitgehenden unklaren Wirkungsmechanismus u. Stoffwechsel dieser Steroide. (Gazz. int. Med. Chirurg. **60** (**59**). 1521—32. 15/31. 10. 1955. Roma, Univ., Ist. di Clin. Chirurg.) H. IPPEN. 4627

Ernst Lindner, *Experimente zur Beeinflussung der Wirkung eines Pyrazolon-Derivates an glattmuskulären Organen.* Es wurde der Einfl. eines Gemisches von *4-[β-Piperidinoäthoxy]-2-carbmethoxybenzophenon-HCl* (I) mit *Diphenylpiperidinoäthylacetamidbrommethylat* (II) auf die Wrkg. von *Novalgin* (III) geprüft. Die Hypophysin-Kontraktion am infantilen Meerschweinchenuterus wird durch III gehemmt. *Baralgin* (Gemisch von I, II u. III) hemmt die rhythm. Kontraktionen der Ringmuskulatur des Hundeureters. Die Steigerung von Tonus u. Peristaltik des Hundedarms u. des Dünndarmes der Katze nach Injektion von III wird durch I u. II gesenkt. (Arzneimittel-Forsch. **6.** 124—27. März 1956. Hoechst, Pharmakol. Labors., Hoechst-Farbwerke.) H. GIENUS. 4628

A. Meesmann, *Über den Einfluß der Sympathicolytica auf die Akkommodation.* Nach Verss. am Katzenauge (Ciliarmuskel) wirken *Ergotamin* (*Gynergen*) (I), *Dibenamin* (II) u. *Dihydroergotamin* (III) in geometr. Steigerung der Konz. als Parasympathicomimetica (deutliche Kontraktion) auf die Akkommodation. Werden die Substanzen vor Applikation von *Prostigmin* angewendet, so erhöhen I u. III dessen Wrkg., II dagegen nicht. Beim Menschen wirkt I auch in geringem Maße myopisierend, enthemmend auf die Akkommodation, somit wahrscheinlich auch sympathicolytisch. Eine Miosis trat nur ausnahmsweise nach II auf. (Graefes Arch. Ophthalmol. verein. Arch. Augenheilkunde **157.** 188—200. 1955. Kiel, Univ., Augenklin.) D. ZEMKE. 4628

B. Boros und **I. Takáts,** *Beobachtungen am Irismuskelpräparat hinsichtlich der Umkehrwirkung einiger Mediator- und anderer Stoffe.* Vff. stellten nach Ausfällung des *Ca* mit *Na-Oxalat* am Schließmuskelpräparat der Katzeniris eine Umkehr der Wrkg. von *Adrenalin* u. *Cocain* (Kontraktion) u. eine Red. der sonst zweiphas. Wrkg. des *Histamins* (Erschlaffung nach Kontraktion) auf eine Phase (nur Kontraktion) fest. *Atropin* war unter den Versuchsbedingungen wirkungslos. (Graefes Arch. Ophthalmol. verein. Arch. Augenheilkunde **157.** 107—15, 1955. Pécs, Ungarn, Univ., Augenklin.) D. ZEMKE. 4628

Günter Fischer, *Über Besonderheiten bei sogenannten kurz wirkenden Muskelrelaxantien unter besonderer Berücksichtigung des Myorelaxin.* Beitrag zur protahierten Wrkg. von Muskelrelaxantien vom Typ der *Bernsteinsäure-bis-cholinester* (I) unter bes. Berücksichtigung von *Myorelaxin* (*I-Bromiddihydrat*; VEB CHEM. FABRIK V. HEYDEN, RADEBEUL; vgl. BARTH, C. **1955.** 6798 u. GROHMANN u. KERRINNES, C. **1955.** 8436). Verlängerte Apnoen wurden bei verschied. Stoffwechselstörungen gefunden. Beim Carcinom ohne Tochtergeschwülste liegt die Wirkungszeit von I um $^1/_3$ höher als in n. Fällen, bei Carcinom mit Metastasen, bes. Lebermetastasen, ist die Wirkungszeit um ein Vielfaches verlängert. Vf. nimmt als Ursache einen erniedrigten *Cholinesterase* (II)-Geh. oder eine II-Hemmung im stoffwechselgestörten Organismus an. Medikamentöse II-Hemmung durch Lokalanästhetica wie *Novocain* verursacht bis zu 5fach verlängerte I-Wirkung. Bei *Vitamin* B_1-Gaben wurden I-Wirkungen um das Dreifache verlängert. (Zbl. Chirurg. **80.** 1837—40. 1955. Karl-Marx-Stadt, Krankenhaus Küchwald.) H. WUNDERLICH. 4628

L. Barth, *Gefährliche Komplikationen bei Anwendung kurz wirkender Muskelrelaxantien.* Bemerkungen zur gleichnamigen Arbeit von GROHMANN u. KERRINNES (vgl. BARTH, C. **1955.** 6798 u. GROHMANN u. KERRINNES, C. **1955.** 8436). Ausdrücklicher Hinweis auf den Synergismus zwischen *Novocain* u. *Succinylcholin* (I). Zur Abkürzung langer I-Wirkungen empfiehlt Vf. Plasma- oder Blutinfusionen oder konz. *Pseudocholinesterasepräparate.* Vf. bringt „Spätfolgen" nach I, wie klin. beobachtete mehrtägige Muskelkater u. Paralysen, mit den diskutierten verlängerten I-Wirkungen in Zusammenhang. (Zbl. Chirurg. **80.** 1840—42. 1955. Berlin-Buch, Dtsch. Akad. d. Wiss., Inst. f. Med. u. Biol.) H. WUNDERLICH. 4628

W. Grohmann und **Cl. Kerrinnes,** *Schlußwort zu der Arbeit „Gefährliche Komplikationen bei Anwendung kurz wirkender Muskelrelaxantien".* (Vgl. vorst. Ref.) Vff. berichten über einen klin. Vers., in dem bei extrem niedrigen Cholinesterasewerten die Wrkg. von 60 mg *Myorelaxin* (I; *Succinyl-bis-(cholinesterbromid)dihydrat*; VEB CHEM.

FARBIK V. HEYDEN, RADEBEUL) $3^1/_2$ Std. anhielt. In Übereinstimmung mit vorangehenden Arbeiten (vgl. BARTH, C. **1955.** 6798 u. 8436) schließen Vff., daß bei erheblicher Aktivitätsminderung der *Serumcholinesterase* bereits unterschwellige Dosen von I eine komplette Lähmung verursachen. (Zbl. Chirurg. **80.** 1843—44. 1955. Leipzig, Karl-Marx-Univ., Chir. Klinik.) H. WUNDERLICH. 4628

M. Gábor und **L. Zelenka,** *Untersuchungen über die uteruskontrahierende Wirkung des Strophantins am überlebenden menschlichen isolierten Uterus.* An überlebenden menschlichen Uterusstreifen wurde nachgewiesen, daß *Strophantin* in vitro in einer Verdünnung von $1:6\cdot10^6$ eine energ. kontrahierende Wrkg. entfaltet, deren Dauer verschied. z. T. noch nach 24 Std. kymograph. nachweisbar war. (Zbl. Gynäkol. **78.** 530—32. 7/4. 1956. Szeged, Ungarn, Univ., Frauenklinik.) H. DOSSMANN. 4630

A. F. Essellier, J. Goerre und **A. Wegmann,** *Zur medikamentösen Behandlung der Hypertonie. Klinische Erfahrungen mit Serpasil, Serpasil-Ritalin und Serpasil-Nepresol.* Kasuistik. (Schweiz. med. Wschr. **85.** 808—11. 20/8. 1955. Zürich, Univ., Med. Klinik.) H. JORDAN. 4630

Heinz Wilutzky und **Herbert Herken,** *Über die Wirkung von Acetylaminothiodiazolsulfonamid (Diamox) auf die Natriumbilanz und Wasserausscheidung bei cardialen Ödemen. Diamox (Acetylaminothiodiazolsulfonamid;* I) hemmt spezif. die zur Katalyse der Kohlensäureentstehung aus $CO_2 + H_2O$ in der Niere notwendige *Carboanhydratase.* Tierexperimentelle u. klin. Verss. führten zu folgenden Ergebnissen: I ist wenig toxisch. Am gesunden Hund wurde nur die K-Bilanz stark negativ. Na- u. H_2O-Bilanz blieb unbeeinflußt. Bei Ödemkranken (cardiale Ödeme) stieg die H_2O-, Na- u. K-Ausscheidung signifikant an. Die Gewöhnungsneigung ist groß. Schwere Ödemfälle reagierten nicht, wenn sie bei NaCl-armer Diät eine positive Na-Bilanz aufwiesen. Das Ausmaß der Na-Retention bei definierter salzarmer Diät kann daher als Gradmesser der Schwere des Ödemes gelten. Schwere Nebeneffekte (insbes. Blutbildschäden) wurden nicht beobachtet, teilweise sank die Alkalireserve stärker, aber nicht bedrohlich, ab. 18 mg/kg/Tag wurden bis zu 30 Tagen lang ohne stärkere Beschwerden vertragen. (Dtsch. Arch. klin. Med. **202.** 477—91. 1955. Berlin, Freie Univ., Pharmakol. Inst.) H. JORDAN. 4630

E. Boschi und **A. Gaspari,** *Verwendung fluorescierender Substanzen zur Bestimmung der durch Adenosintriphosphorsäure verursachten Zirkulationsveränderungen in Körpersegmenten.* Die Zeit in der injiziertes Fluorescein in anderen Körperteilen mit u. ohne intravenöse Adenosintriphosphorsäure (I)-Gabe erscheint, wird an Kaninchen u. Patienten gemessen. I wirkt kompensator. auf die Zirkulation u. gefäßerweiternd. So normalisierte sich die Zirkulationszeit von Patienten mit peripheren Zirkulationsstörungen nach 4 Wochen der Behandlung mit I. (Boll. Soc. ital. Biol. sperim. **29.** 489—91. April 1953. Padua, Ospedale Civile. — Reparto Traumatol. INAIL.) O. POLLAK V. EMHOFEN. 4630

N. K. Dutta und **R. G. Tamhane,** *Die Wirkung von Atropin, Pethidin, Procain, Chinidin und Prophenpyridaminmaleat auf die durch Histamin beeinflußte Magensäure bei Katzen. Atropin, Pethidin, Procain, Chinidin u. Prophenpyridaminmaleat* konnten keinen Einfl. auf die Sekretion der Magenparietalzellen ausüben, wenn diese durch Histamin angeregt wurden. (Indian J. med. Res. **41.** 45—50. Jan. 1953. Bombay, Haffk. Inst., Dep. of Pharm.) H. HENNERSDORF. 4645

T. Inasaka, *Wirkung organischer Arsenverbindungen auf Ascaris suilla.* Bei Unters. von 25 organ. *As*-Verbb., z. B. 4-Oxy-2-nitrophenylarsinoxyd, Chlorarsol, *Diphenylarsinoxyd* (I), 4-Nitro-4'-carboxydiphenylarsinsäure usw. zeigen sich die Verbb. mit As^{III} giftiger als die mit As^{V} u. zwar nach Maßgabe ihres As-Geh. I ist am wirksamsten: Lähmung nach 4, Tod nach 39 Stunden. (Tokyo Jikeikai med. J. **69.** 173—76. 1/5. 1954. [Orig.: japan.]) L. SCHULER. 4649

E. Boschi, *Der narbenbildende Wert der Aminosäuren die einer hydrolytischen Desaminierung unterworfen wurden.* Es wird die narbenbildende Wrkg. von *Cicatrol* am Menschen u. an Kaninchen demonstriert. Cicatrol ist ein Gemisch von α-Oxysäuren, das durch Desaminierung der essentiellen Aminosäuren erhalten wurde. Ihre neutralen Salze (in 40%ig. 0,1% Pikrinsäure), auf Wunden appliziert, bewirken schnelle Heilung. (Boll. Soc. ital. Biol. sperim. **29.** 662—64. April 1953. Padua, Ospedale Civile.) O. POLLAK V. EMHOFEN. 4670

Walter Massion, *Sauerstoffintoxikation.* Übersicht mit 31 Literaturangaben. (Klin. Wschr. **33.** 457—59. 15/5. 1955. Rochester, N. Y., USA., Univ., Physiol. Inst.) F. KRUSEN. 4675

Norman G. Kirby, *Durch Austauschtransfussion behandelte Natriumnitritvergiftung.* Bericht über einen Fall von *$NaNO_2$*-Intoxikation bei einem 11 jährigen Mädchen durch Aufnahme von $NaNO_2$-haltigem Maschinenöl, bei dem eine 50 Min. nach Vergiftung in

moribundem Zustand angesetzte Blutaustauschtransfusion lebensrettend wirkte. Vf. empfiehlt das Verf. in ähnlichen Fällen u. weist auf die Notwendigkeit längerer Nachbeobachtung hin, da trotz guten klin. Zustandes Neutropenie u. Agranulocytose auftreten können. (Lancet **268.** 594—95. 19/3. 1955. Birmingham, Accident Hosp.)
F. KRUSEN. 4675

M. Rosemary Miller, *Hemmung der Harnausscheidung bei Aspirinvergiftung.* Nach Aufnahme von 16,2—19,4 g *Acetylsalicylsäure* kam es bei einer 57jährigen Frau zu 5 Tage dauernder extremer Oligurie, die erfolgreich in üblicher Weise wie akuter Nierenschaden behandelt wurde. (Lancet **268.** 596—97. 19/3. 1955. Cambridge, Addenbrookes Hosp.)
F. KRUSEN. 4675

M. Floris und **P. Cossu,** *Die Wirkung von Thiophosphorsäureestern auf den menschlichen Organismus. Klinischer Beitrag und Betrachtungen über Vorbeugung.* Bei 20 Arbeitern, die mit der Malariamückenbekämpfung mit *Diazinon* (*Systox*) beschäftigt waren, wurde die *Serumcholinesterase* vor u. während der Arbeit bestimmt (jeden 5. Tag, 30 Tage lang). Der Cholinesterasegeh. sank ab; am stärksten, wenn er bereits zu Untersuchungsbeginn niedrig gewesen war. (Rass. Med. ind. **24.** 246—54. Juli/Aug. 1955. Ist. Med. Ind. dell' ENPI.)
K. RINTELEN. 4675

Archer S. Gordon und **Charles W. Frye,** *Über große Atropindosen. Geringe Toxizität und Wirkung bei der Anticholinesterasevergiftung.* Vff. berichten über Vergiftungen durch Cholinesterase-Hemmstoffe (organ. Phosphate) u. ihre Behandlung mit *Atropin* (**I**). Der Erfolg der Behandlung ist abhängig von der Atropin-Dosis u. dem Zeitpunkt der Applikation. Hohe Initialdosen oder Gesamtdosen von 2 mg u. mehr (**I**), die in den ersten 5 Std. gegeben werden, haben günstige Wrkg., während kleine Mengen ohne Einfl. auf den Verlauf der Vergiftung bleiben. Diese hohe Atropin-Dosis allein zeigt bei 400 Versuchspersonen keine tox. Erscheinungen. (J. Amer. med. Assoc. **159.** 1181—84. 19/11. 1955.)
H. SCHIMASSEK. 4675

Solomon Garb, Alexander Scriabine, B. B. Roy, Vittorio Venturi und **Mario Penna,** *Schutzwirkung einer kohlenstoffreien Fraktion indischer Tinte gegen Schlangengift.* Eine Substanz, die aus der durch Zentrifugieren erhaltenen C-freien Fraktion von HIGGINS *Indischer Tinte* durch Ansäuern ausgeschieden wurde, zeigte bei Ratten u. Mäusen eine hohe Schutzwrkg. gegenüber sonst letalen Mengen von Klapperschlangen- u. Kobragift, wenn sie subcutan in dasselbe Gebiet wie das Gift injiziert wird. (J. Lab. clin. Med. **45.** 580—82. April 1955. New York, N. Y., Cornell Univ., Med. Coll., Dep. of Pharmacol.).
F. KRUSEN. 4675

Wolfgang de Boor, Pharmakopsychologie und Psychopathologie. Berlin, Göttingen, Heidelberg: Springer 1956. (XI + 291 S.) 8°. DM 39,60.

F. Pharmazie. Desinfektion.

H. Flück, *Der Einfluß der Umwelt auf den Wirkstoffgehalt von Arzneipflanzen.* Verss. an Arzneipflanzen aus verschied. Familien zeigten, daß die Höhe des Geh. an Wirkstoffen in erster Linie durch genet. Faktoren bedingt wird. Umweltfaktoren spielen eine untergeordnete Rolle u. wirken im allg. dann positiv, wenn sie ein gutes, kräftiges Wachstum begünstigen u. umgekehrt. (Pharmaz. Ztg. **91.**/100. 896—900. 11/8. 1955. Österr. Apotheker-Ztg. **9.** 499—503. 13/8. 1955.)
F. v. GIZYCKI. 4782

G. Schenck und **K.-H. Frömming,** *Öl- und Azulengehalt von Matricaria Chamomilla in verschiedenen Blühstadien.* Vff. untersuchen die Gewichtszunahme, den Öl- (**I**) u. den Azulen (**II**)-Geh. der Blütenköpfchen von *Matricaria chamomilla* in verschied. Entwicklungsstadien vom ersten Ansetzen der Blütenknospen bis zum völligen Abblühen der Blütenköpfchen. Sie fanden, daß die Gewichtszunahme, der **I**- u. **II**-Geh. parallel zueinander zunehmen, nach dem vollen Aufblühen der Blütenköpfchen ein Maximum erreichen u. beim Abblühen ebenfalls parallel zueinander abnehmen. Der prozentuale Geh. des **I** an **II** nimmt ebenfalls von anfangs ca. 10% auf ca. 17% beim vollen Aufblühen der Blütenköpfchen zu u. fällt wieder stark bis auf ca. 2% ab. Eine maximale Ausbeute an **I** u. **II** kann also nach dem vollen Aufblühen der Blütenköpfchen erhalten werden. (Arch. Pharmaz. Ber. dtsch. pharmaz. Ges. **289/61.** 200—03. April 1956. Berlin, FU, Pharmazeut. Inst.)
M. NEGWER. 4782

F. A. Kincl und **J. Gedeon,** *Über das Sapogenin aus Aegiceras corniculatum.* Zur Isolierung des in Frucht, Blättern u. Rinde der Myrsinaceae *Aegiceras corniculatum Blanco* (*Ae. majus Gaertn.*) enthaltenen *Saponins* (**I**) werden die schotenartigen Früchte zerkleinert, ausgekocht u. abgeschleudert. Die Fl. wird im Vakuum eingeengt, von ausgefallenen Bestandteilen abzentrifugiert u. völlig zur Trockne eingedampft. Der Rückstand wird in 96%ig. kaltem A. aufgenommen u. allmählich mit W. verdünnt. Hierbei fällt **I** gallertartig aus. Es wird durch Hydrolyse mit 6n HCl am Wasserbad zu *Sapo-*

genin (II) zers., das zur Reinigung über Al_2O_3 chromatographiert wird. Nach Kristallisation aus Bzl.–Ae. (4:1) u. Ae. allein wird das **II** in weißen, feinen Nadeln vom F. 230 bis 232° erhalten. **II** zeigt keine Adsorptionserscheinungen im Ultraviolett. Die Lsg. in konz. H_2SO_4 ist orange, der Liebermann-Test positiv. Mit Tetranitromethan ergibt sich keine Färbung. Auf Grund der Elementaranalyse läßt sich für **II** die Summenformel $C_{30}H_{52}O_3$ ableiten u. **II** damit der Triterpenreihe beiordnen. **II** ist mit dem aus Flechten isolierten Triterpenleucotylin isomer. Vff. schlagen vor, **II** nach der volkstümlichen Bezeichnung der Pflanze in Südasien mit *Kanjalagin* zu benennen. (Arch. Pharmaz. Ber. dtsch. pharmaz. Ges. **289/61.** 221—23. April 1956. Puna, Nat. Chem. Labor. of India.) M. Negwer. 4782

Zd. Blažek, *Ein neues pflanzliches Hypotensivum — Rauwolfia serpentina L., Bentham et Hook.* Überblick über Vork., Inhaltsstoffe, Pharmakologie u. Arzneimitteldarreichungen. — 38 Literaturangaben. (Farmácia [Bratislava] **24.** 19—21. Jan. 1955.) E. Vevera. 4782

R. G. Atkinson, *Eine Notiz über Salep.* Übersichtsbericht über die in der brit. Pharmazie unbekannten Tubera Salep nach ausländ. Arzneibüchern u. Literatur. (Pharmac. J. **176** ([4] **122**). 176—77. 14/4. 1956.) F. Neuwald. 4782

G. E. Trease und **J. D. Kulkarni,** *Die Pharmakognosie von Aspidospermarinden aus Britisch-Guayana.* 1. Mitt. Morpholog. u. anatom. Beschreibung von Rinden u. Rindenpulver der Aspidospermaarten ulei, album, megalocarpon, excelsum u. oblongum [Apocynaceae] (zahlreiche Abb.). (J. Pharmacy Pharmacol. **7.** 463—72. Juli 1955. Nottingham, Univ., Dep. of Pharmacy.) Ph. Fresenius. 4782

Karel Navrátil, *Über die Möglichkeiten der Anwendung von Konzentratlösungen statt Aufgüssen und Absuden.* Die Qualität der Infuse u. Dekokte hängt von der Güte der Droge ab. Aus Drogen hergestellte Konzentrate haben einen bestimmten Wirkstoffgeh., während Infuse u. Dekokte von verschied. Faktoren bei der Herst. abhängig sind. Werden an Stelle von Infusen u. Dekokten aus Konzentraten entsprechende Verdünnungen hergestellt, so muß man mit Trübungen u. Sedimentation rechnen, u. darüber hinaus können noch Stoffe vorhanden sein, die unerwünscht sind, die durch ihre Löslichkeit in A. in das Konzentrat kommen. Da Trockenextrakte zur Herst. von Infusen u. Dekokte geeignet sind, empfiehlt Vf., diese herzustellen, zu untersuchen u. als Ausgangsmaterial für Infuse u. Dekokte zu nehmen. (Farmácia [Bratislava] **24.** 22—26. Jan. 1955.) E. Vevera. 4790

M. Melichar, M. Přecechtěl und **M. Šanda,** *Zubereitung und Kontrolle aromatischer Wässer und Alkohole in PhBs 2.* Für das PhBs 2 wird eine einfache Meth. zur Darst. aromat. Wässer ausgearbeitet, wobei man die konz., äther. Öl enthaltende Lsg. verdünnt. Man kann so Wässer erhalten, die beim Verdünnen bis 2:100 mit W. sich nicht trüben u. schnell darstellbar sind. Zur Best. der aromat. Wässer u. der konz. aromat. Lsg. dient die Verdünnungszahl, Chloraminzahl u. Citronanzahl. (Farmácia [Bratislava] **24.** 9—14. Jan. 1955. Brno [Brünn], Farm. fak., Úst. galen. farm.) E. Vevera. 4790

—, *Neue Arzneimittel. Cobalt-H* (E. S. T. I., Mailand): Kombination von 5 (mg) Co-p-Aminobenzoat u. 500 Na-p-Aminobenzoat. Ampullen. Anwendung bei perniciöser Anämie. — *Gonavis* (Vister, Casatenovo, Brianza): Gonadotropes Hormon Ampullen zu 500 u. 1500 Einheiten. (Farmaco [Pavia] **7.** 482—83. Juli/Aug. 1952.) A. Hotzel. 4800

Georg Otto, *Neue Arzneimittel und Spezialitäten. Acanthyl* (Medice GmbH., Iserlohn): Spray aus Carbowachs, Hexylresorcin u. Chloräthyl. Anwendung bei Acanthosis. — *Aknina* (Mago oHG., Herne): Salbe mit ungesätt. Fettsäuren, Vitamin E, Hexyldioxybenzol, SiO_2, S, Borsäure. Gegen Akne. — *Ancobil* (Andreae & Co. GmbH., Altona): Dragees mit Radix Liquiritiae 0,0075 (g), Sapo 0,075, Menthol 0,01, Salicylsäure 0,01, Diacetyldioxyphenylisatin 0,00025, MgO 0,075. Gallenmittel. — *Argentan* (Steigerwald GmbH., Kitzingen): Tabletten mit Nux vomica D 3, Atropin D 4, Argentum colloidale D 4, Bismutum subgallicum D 4, Uranum nitricum D4. Gegen Magenleiden. — *Asthmaverit* (Bastian-Werk GmbH., München-Pasing): Dragees mit 2-Amino-6-methylheptantartrat, Phenylglycin-n-heptylesterhydrochlorid, einem Theophyllinat, Dimethylaminomethylpyrazolon-p-sulfamidobenzoat u. Aminophenazon. — *Baran-Mild* (H. Mickan, Karlsruhe): Anästhesin u. Lenigallol enthaltende Heilsalbe. — *Bitumo-Zäpfchen* (Dr. Koller, München): 1 (g) Schieferölsulfonat (hell), 0,02 Extractum Belladonnae, 0,02 Extractum Secalis u. 0,5 Aminophenazon. — *Caplex* (Troponwerke, Köln-Mülheim): Ca u P enthaltendes Pulver zur Kalktherapie. — *Coffo-Selt* (Esgepharm, Berlin-Wittenau): Tabletten mit 0,5 (g) Phenyldimethylpyrazolon u. 0,075 Coffein in einem Sprudelkörper. — *Colatost* (Dr. Kuhn & Co., Frankfurt/M.): Nach Art der Kaffeekohle geröstete Colanuß mit 1% Coffein. — *Dilcoran* (Gödecke & Co. Akt.-Ges., Berlin): Tabletten mit 0,01 (g) 2.2-Bis-oxymethylpropandiol-(1.3)-tetranitrat u. 0,015 Phenyläthylbarbitursäure. Gegen Angina pectoris. — *Dystrocolin* (VACCINE GESELLSCHAFT MBH., Wetzlar): Lebende Colikultur. — *Elero-Asthmatropfen* (A. SCHRÖDER OHG., Berlin-Tempelhof): Homöopath. Auszüge von Dulcamara, Drosera, Ephedra, Ledum, Lobelia, Stramonium, Strophanthus, Sticta pulmonaria, ferner äther. Öle, CaJ_2, Campher, Hyoscyamus, Lachesis. — *Ellpsoral* (DR. ELLENDORF & CO., Wuppertal-Barmen): Weiße Tabletten mit 0,7 mg Desoxycorticosteronacetat, rosa Dragees mit 5 mg As_2O_3 u. 10 mg Phenol, gelbe Dragees mit Aminosäuren, Vitamin A + D u. Lecithin. Gegen Psoriasis. — *ExPlaFil Dr. Robisch* (CHEM. FABRIK DR. G. ROBISCH, München, Vertrieb: DEUTSCHE NOVOCILLIN-GESELLSCHAFT MBH., München): 10%ig. Placentaextrakt. — *Ficortril* (CHAS. PFIZER & CO., INC., New York; in Deutschland: C. H. BOEHRINGER SOHN, Ingelheim): Hydrocortisonpräpp.: Salben, 1%, 2,5%, Augensalbe 0,5%, 2,5%, Augentropfen mit Terramycin, Tabletten zu 20 mg. — *Floricard* (ISO-WERK, Regensburg): Tropfen mit Cactus, Crataegus, Melissa, Spartium u. S. Kreislaufmittel. — *Fluorvit* (KAUVIT GMBH., Sulzbach-Rosenberg/Opf.): Tabletten mit MgF_2, Vitamin B, C, Ca u. Chlorophyllin. Zur Cariesprophylaxe. — *Fortasept-Lutschtabletten* (WANDER GMBH., Osthofen-Frankfurt/M.): 4 (mg) p-Lauroylphenyloxyäthylbenzyldimethylammoniumchlorid u. 0,07 Butoxyaminobenzoyldiäthylaminoäthanol. — *Huminit* (BASTIAN-WERK GMBH., München-Pasing): Tabletten mit 0,3 g Ca-Huminat, das als Kationenaustauscher wirkt. Gegen Hyperacidität, Ulcus. — *Hypno-Tablinetten* (DR. STROHSCHEER, Berlin-Wittenau): 0,015 g Phenyläthylbarbitursäure. — *Inasthmon* (PERMICUTAN GMBH., München): Lsg. von 5 (%)Salicylamidammonium, 0,6 Oleum Thymi, 0,6 Campher, 1 Terpineol, Azulen, Benzylbenzoat u. 0,2 Phenylessigsäureamylester. Zur Einreibung bei Katarrhen. — *Karivit* (KAUVIT GMBH., Sulzbach-Rosenberg/Opf.): Kaugummi mit Fluor u. Vitamin C. Zur Cariesprophylaxe. — *Khellangan* (SOLAMIN-WERK GMBH., Iserlohn): Auszüge aus Ammi visnaga 30 (%), Adonis 15, Valeriana 20, Crataegus 15, Chelidonium 20. Herzmittel. — *Kherauton* (RINNE & CO. KG., Wendthagen-Stadthagen): Dragees mit Extrakten aus Rauwolfia 0,02875 (g), Leonura 0,014375, Crataegus 0,14375, Khellin 0,003, Barbonin 0,0075, Hypericin 0,00075, Guajacolglycerinäther 0,025, Rutin 0,0225, NH_4-Rhodanid 0,0375, SiO_2 0,05, Mg-Citrat 0,0625. Herzmittel. — *Litholychol* (Hersteller wie vorst.): Ölige Lsg. von Oleum Menthae, Terebinthinae, Pini, Juniperi, Zingiberis u. Salviae mit 6% Barbonin. Gallenmittel. — *Mo 6* (DR. KUHN & CO., Frankfurt/M.): Tabletten mit Herba Centaurii u. Rhizoma Calami je 0,5 g zur Behandlung des Ulcus ventriculi. — *Neurachin* (ESGEPHARM, Berlin-Wittenau): Tabletten mit 0,025 (g) Chinin u. 0,25 Salicylamid. — *Neuracoff* (Hersteller wie vorst.): Dragees mit 0,25 (g) Salicylamid u. 0,025 Coffein. — *Neuralun* (Hersteller wie vorst.): Tabletten mit 0,015 (g) Phenyläthylbarbitursäure u. 0,25 Salicylamid. — *Neuro-Tablinen* (DR. STROHSCHEER, Berlin-Wittenau): Tabletten mit 0,3 (g) Salicylamid, 0,125 Phenacetin u. 0,075 Coffein. — *Novomina C* (DEUTSCHE NOVOCILLIN-GESELLSCHAFT MBH., München-Pasing): Tabletten mit β-Dimethylaminoäthylbenzhydrylätherhydrochlorid u. Coffein je 50 mg. Gegen Reisekrankheit. — *Ospafel* (OSPAPHARM, Heidelberg): Dragees mit Herba Tormentillae, Herba Equiseti, Herba Hepaticae, Herba Herniariae, Herba Fumariae, Na-Succinat, K-Bitartrat. Leber–Gallen-Mittel. — *Osparen* (Hersteller wie vorst.): Dragees mit Rhizoma Tormentillae, Hagebutten, Herba Equiseti, Orthosiphonis, Fructus Alkekengi, K-Acetat, Li-Carbonat. Gegen Nierenleiden. — *Paradentin* (KLEINE & STEUBE, ENTOXINFABRIK, Frankfurt/M.): Lsg. von o-Oxychinolinfluorat, Thymol, Phenylsalicylat u. äther. Ölen. Gegen entzündliche Prozesse der Mundschleimhaut. — *Phenoverm* (DEUTSCHE NOVOCILLIN-GESELLSCHAFT MBH., München): Wurmmittel mit Phenothiazin, als Tabletten u. Salbe. — *Rheumasan pro injectione* (DR. R. REISS, Berlin): Ampullen mit 0,6 (g) Gentisinsäure, 0,75 phenyldimethylpyrazolonmethylaminomethansulfonsaures Na, 0,0025 Adenosin, 0,016 Procain, 0,1 Coffein. — *Rhinogutt* (DR. K. THOMAE GMBH., Biberach): Nasenspray mit 0,2% 2-[3.4-Dioxyphenyl]-tetrahydro-1.4-oxazinhydrochlorid. — *Rosimon* (RAVENSBERG GMBH., Konstanz): Tabletten mit Phenäthylaminoitrat Trimethylxanthin 0,09 (g), Salicylamid–Phenacetin 0,45, Ravizol 0,09. Analgeticum. (Dtsch. Apotheker-Ztg. **94.** Nr. 49, Beilage Neue Arzneimittel u. Spezialitäten Nr. 12. 61—66. 9/12. 1954. Berlin.) A. HOTZEL. 4800

Pavel Horák, *Die Azulene in Pharmazie und Kosmetik.* Überblick über Vork., Isolation, Reinigung, Gehaltsbest. u. entzündungs- u. antiphlogist. Wrkg. des *Azulens* (**I**). **I** ist kaum lösl. in W., gut in Ölen, Fetten u. organ. Lösungsmitteln, daher sind die besten Zubereitungsformen von **I** eine W.-Öl-Emulsion u. Salben. **I** wird in galen. Präpp. in der Pharmazie, in Zahnpasten, Mundwässern u. in Haarwässern in der Kosmetik verwendet, wobei die blaue Farbe der Präpp. die Haut nicht anfärbt. Die Aufbewahrung von **I** ist schwierig, nur reine Präpp. halten sich. (Farmácia [Bratislava] **24.** 114—17. April 1955.) E. VEVERA. 4806

Walter W. Hartwich, *Ein wasserlösliches Derivat des Quercetins. Quercetin (3.3'.4'.5.7-Pentaoxyflavon,* I) ist das Aglykon des *Rutins* (II) u. besitzt dieselben pharmakol. Eigg. wie dieses. Angaben der physikal. Konstanten u. chem. Eigg. von I u. seiner Gewinnung aus II. Da I in W. unlösl. ist, arbeitet Vf. ein Verf. zur Herst. eines wasserlösl. Deriv. des I aus. Hierzu werden 21 (g) I, 10,5 (II) (notwendig für die Stabilität der zu erhaltenden Lsgg.) u. 12,3 Hexamethylentetramin (III) gemischt u. in 210 cm^3 Glycerin (50%) unter Rühren auf der Asbestplatte zum Sieden erhitzt. Nach 2 Min. bildet sich eine sirupartige, dunkelbraune Lsg., die mit W. in jedem Verhältnis mischbar ist. Diese Lsg. (QRH) hat einen p_H von 8,6 u. besitzt ein starkes Färbevermögen. Werden 100 cm^3 QRH unter Rühren in 400 cm^3 einer Mischung gleicher Voll. A. u. Ae. eingetragen, so entsteht ein voluminöser gelber Nd., aus dem der QRH-Komplex in fester Form gewonnen werden kann. Die Analyse dieses Komplexes in fester u. fl. Form liefert Daten über seine Molekularzusammensetzung. Wird QRH mit W. (1:5) verd., so entsteht eine Fl. mit dem p_H 7,5, die 2% I, 1% II, 1,2% III u. 10% Glycerin enthält u. die sich zur parenteralen Anwendung eignet. (Arch. Pharmaz. Ber. dtsch. pharmaz. Ges. **289/61.** 207—11. April 1956. São Paulo, Fissan-Labor.) M. NEGWER. 4806

Jolán Tuzson und **Gábor Vastagh,** *Über eine nicht identifizierte glykosidische Substanz in Lanatosid C-Präparaten.* Vff. stellen in papierchromatograph. Unterss. nach verschied. Methoden fest, daß sämtliche von ihnen untersuchten *Lanatosid C* (I)-Präpp. eine von I unterschiedliche Substanz (II) enthalten, die sich deutlich vom Hauptfleck trennt u. mit chloroformiger $SbCl_3$-Lsg. oder mit frischer Trichloressigsäurelsg. behandelt, unter der Quarzlampe lebhaft blau fluoresciert. Sie weisen nach, daß II entgegen einzelnen Literaturangaben weder mit *Desacetyl-Lanatosid B* noch mit *Desacetyl-Lanatosid C* ident. ist. Sie weisen ferner nach, daß II schon präformiert in den zur Unters. gelangenden Mustern vorkommt u. also kein im Laufe der Papierchromatographie entstehendes Artefakt ist. Zur Natur von II stellen sie fest, daß es sich auch um ein Glykosid handelt, welches jedoch keinen Desoxyzucker enthält. (Arch. Pharmaz. Ber. dtsch. pharmaz. Ges. **289/61.** 203—07. April 1956. Budapest, Staatl. Hyg. Inst., Chem. Abt.) M. NEGWER. 4806

E. Hiller und **F. Zinnert,** *Die Wirksamkeit von Huminsäurederivaten als Ionenaustauscher und ihre Verwendbarkeit als Antacidum.* Zusatz von *Huminit* (I; *huminsaures Ca*) zu Magensaft führt zum Verschwinden der freien HCl, jedoch wird eine gewisse Acidität erhalten, so daß die Aktivität der Verdauungsfermente erhalten bleibt. Von 1 g I werden 30 ml 0,1n HCl auf einen p_H-Wert von 6,47 neutralisiert. Unterss. mit Methylenblau ergaben, daß diese Wrkg. nicht auf Adsorption, sondern auf Ionenaustausch zurückzuführen ist. Die Aktivität von Pepsin wird durch I nicht wesentlich vermindert. Harnunterss. zeigten, daß I keine Alkalose hervorruft. (Arzneimittel-Forsch. **5.** 337—39. Juni 1955. München, Univ., 1. Med. Klinik.) F. KRUSEN. 4806

Hans Vogt, *Untersuchungen über die Stabilität von Dihydrostreptomycin, insbesondere in wässerigen Lösungen.* Unterss. über die Haltbarkeit von wss. *Dihydrostreptomycin* (I)-Lsgg. ergaben: a) I-Lsgg. in W. erleiden bei 43tägiger Aufbewahrung im Kühlschrank 8,69% Zers., bei Raumtemp. 11,55%; b) bei gleichen Bedingungen, jedoch nach vorheriger Sterilisation im Autoklaven betrug die Zers. nach 37 Tagen 15,76% (Kühlschrank) u. 14,82% (Raumtemp.); c) gepufferte Lsgg. vom p_H 3,6, sonst wie unter a), zeigten nach 36 Tagen die Zersetzungsanteile von 16,38% bzw. 17,86%, gleiche Lsgg., jedoch wie b), nach 37 Tagen 9,46 bzw. 9,63%. In einer I-Salbe wurden nach 32 Tagen 11,6% I weniger gefunden als zu Beginn der Versuche. Die I-Stabilität ist demnach wesentlich größer als die von Penicillin. (Arch. Pharmaz. Ber. dtsch. pharmaz. Ges. **288/60.** 26—31. 1955. Kiel, Univ., Pharmaz. Inst.) H. ENDRASS. 4810

F. O. Walter Meyer, *Dentalpharmazeutica in der Apotheke.* Zusammenstellung der in der DDR im Verkehr befindlichen apothekenpflichtigen Dentalpräpp. mit Angaben über Zus. u. Wirkungs- u. Anwendungsweise. (Pharmazie **9.** 408—19. Mai 1954. Leipzig.) PH. FRESENIUS. 4822

Dagmar Malá, Bohuslav Melichar und **Josef Malý,** *Wasserbestimmung in pharmazeutischen Zubereitungen.* Übersicht über bekannte physikal. u. chem. Methoden zur Best. von W. in galen. u. Heilmittelzubereitungen. — 35 Literaturangaben. (Farmácia [Bratislava] **24.** 2—9. Jan. 1955.) E. VEVERA. 4880

H. Naumann, *Über die Anwendung papierchromatographischer Methoden in der pharmazeutischen Praxis.* Überblick über die Anwendung der Papierchromatographie zur Unters. u. zum Nachw. von Arzneistoffen. — 52 Literaturangaben. (Pharmazie **10.** 372—79. Juni 1955. Großdeuben.) PH. FRESENIUS. 4880

Ladislav Német, *Anwendung der Fluorometrie in der Arzneimittelkontrolle.* Überblick über die verschied. Arten der Fluorescenzerscheinungen u. die Arbeitsweise des *Fluoro-*

meters. Quantitativ können fluorometr. verschied. Stoffe, die fluorescieren, bestimmt werden, wie Chinin, Hydrastin, Vitamin B_1 u. B_2, u. E u. a., wobei durch Vergleichslsg. Menge u. Reinheit bestimmt werden. (Farmácia [Bratislava] **24.** 15—19. Jan. 1955.) E. VEVERA. 4880

H. E. Schwarzkopf und **H. L. Rohn,** *Zur Messung der Permeabilität hautschützender Substanzen.* Die Permeabilität verschied. dicker Schichten hautschützender Substanz wird gemessen, indem die Schicht auf Papier aufgetragen u. 4 Std. der Einw. einer Test-Fl. aus Ae., Trichloräthylen, Bzl., Chlf., PAe., CCl_4 u. Salicylsäure ausgesetzt wird. Die Menge der zurückgehaltenen Test-Fl. wird in Kohle adsorbiert u. gewogen. Diese Menge, in % der angewandten Gesamtmenge, wird als „Hemmwert" bezeichnet. Die Salicylsäure dient als Indicatorsubstanz bei Verss. am Menschen, um durch Nachw. im Harn einen Rückschluß auf durch die Haut aufgenommene Test-Fl. zu gestatten. (Pharmazie **9.** 405—08. Mai 1954. Karl-Marx-Stadt, VEB Fettchemie u. Fewa-Werk.) PH. FRESENIUS. 4880

Roger E. Booth und **Jack K. Dale,** *Untersuchungen über Antacida.* 2. Mitt. *Vergleiche verschiedener Bestimmungsmethoden.* (1. vgl. DALE u. BOOTH, C. **1956.** 3374.) Vff. vergleichen neun der gebräuchlichsten *in vitro*-Methoden zur Wertbest. von *Antacidis* (I) unter Verwendung verschied. Typen von I. Der Einfl. der Temp. u. der Schüttelgeschwindigkeit auf das Ergebnis der Wertbestimmungsmethoden werden an Hand zahlreicher graph. Darstellungen erläutert. Die Ergebnisse der verschied. Wertbestimmungsmethoden können nicht miteinander verglichen werden u. es sollte daher eine standardisierte Meth. eingeführt werden, die einen Vgl. verschied. I ermöglicht. (J. Amer. pharmac. Assoc., sci. Edit. **44.** 694—99. Nov. 1955. Kalamazoo, Mich., Upjohn Co.) M. NEGWER. 4880

G. Wagner, *Zur Papierionophorese der Sulfonamide.* Es wird über Verss. zur Papierionophorese von 15 Sulfonamiden (I) in den p_H-Bereichen 1,1—4,0; 5—8; 9—11 berichtet. Einige I wandern als Anionen, andere als Kationen. Es wird mit HCl-Citrat-, Phosphat- u. Glykokoll-NaOH-Puffer gearbeitet. Die Auftragung der I erfolgt in Pyridinlösung. Man benutzt 220 V-Gleichstrom. Der Vers. läuft 16 Stunden. Die Entw. erfolgt mit salzsaurer Nitritlsg. u. alkal. α- oder β-Naphthol. (Pharmazie **9.** 385—87. Mai 1954. Greifswald, Univ., Pharmazeut. Chem. Inst.) PH. FRESENIUS. 4880

Bjarne Salvesen, *Die Absorptionsspektrophotometrie in der Untersuchung der Stabilität schwefelhaltiger Arzneimittel. Ihre Anwendung bei der Analyse im Ultraviolett, im Sichtbaren und im Ultrarot.* Durch Spektrophotometrie im UV wird nachgewiesen, daß metall. Cu eine katalyt. Spaltung von organ. Thioverbb. bewirkt, z. B. Kemital, Thioharnstoff, Allylthioharnstoff, 6-Methyl-2-thiouracil, 3-Allyl-2-thiohydantoin, 5.5-Dimethyl-2.4-dithiohydantoin, Thiosemicarbazid, Disulfiram, 2-Mercaptothiazolin u. Tb 1; keine Spaltung erleiden mit Cu: Dibenzoparathiazin, Sulfanilamid, Thiophen, 2-Aminothiazol, CS_2. Offenbar ist für die Spaltung die Ggw. der Gruppe —NH—C(S)—NH— oder —NH—C(S)—S— erforderlich. Das Verf. läßt sich zur quantitativen Best. von Disulfiram verwenden, das in Isopropanol bei Ggw. von Cu eine gelbe Verb. (Absorptionsmaximum bei 434 mμ) bildet; diese kann man in Aceton, Cyclohexan u. Methanol colorimetr. bestimmen. (Medd. norsk. farmac. Selsk **17.** 365—72. Dez. 1955. Paris.) R. K. MÜLLER. 4880

Ada Anastasi, Enrico Mecarelli und **Leo Novacic,** *Titration von Dimethylaminoantipyrin und von Barbitursäuren nebeneinander.* Methoden zur quantitativen Best. von *Dimethylaminoantipyrin* (I) u. *Diäthylbarbitursäure* (II) in pharmazeut. Mischungen nebeneinander ohne vorherige Trennung werden beschrieben: 1. Konduktometr. in wss. Medium mit Hilfe von 0,5n HCl u. 0,1n NaOH u. 2. potentiometr. u. colorimetr. in nichtwss. Lösungen. Für I verwendet man Eisessig als Lösungsm. u. 0,1n $HClO_4$ als Titerlsg., u. für II Pyridin als Lösungsm. u. 0,1n Na-Methylat in Bzl. als Titerlösung. Als Indicator für die colorimetr. Best. wird Pikrinsäure empfohlen (Umschlag von Gelb in Farblos). (Pharmac. Acta Helvetiae **30.** 55—61. Febr. 1955. Beilage zu: Schweiz. Apotheker-Ztg. Mailand, „Farmitalia", Labor. Controllo dello Stabilimento di Milano.) F. GROH. 4880

J. Richter, *Beitrag zur photometrischen Wertbestimmung von Digitalisinfusen mit Hilfe der Baljet-Reaktion.* Zur Wertbest. von Digitalisinfusen dient die photometr., mit dem Filter S 50 ausgewertete Rk. mit alkal. Pikrinsäurelsg., die im Infus nach Klärung durch Pb-Fällung mit u. ohne Chloroformausschüttelung abgestellt wird. Durch Messung der beiden Lsgg. gegeneinander erhält man den Wert des Infuses in Digitoxineinheiten, die aus einer Eichkurve entnommen werden. 9tägige Lagerung des Infuses ergab eine Abnahme des Wertes um 25%. — 23 Literaturangaben. (Pharmazie **9.** 390—94. Mai 1954. Berlin, Inst. für Arzneimittelprüfung.) PH. FRESENIUS. 4880

Otto-Erich Schultz und **Dieter Strauß,** *Der papierchromatographische Nachweis der Alkaloide.* (Vgl. C. **1956.** 3943.) Beschreibung eines papierchromatograph. Trennungsganges für zahlreiche Alkaloide unter Verwendung von 13 Reagentien u. 6 Lösungsmittelgemischen. Tabellar. Zusammenstellung von Nachweisen, Lösungsmitteln u. R_F-Werten. — 16 Literaturangaben. (Arzneimittel-Forsch. **5.** 342—48. Juni 1955. Tübingen, Univ., Pharm.-Chem. Inst.) PH. FRESENIUS. 4880

Merton S. Dyer und **Arthur J. McBay,** *Spektrophotometrische Bestimmung der Hauptalkaloide des Opiums. Morphin* (I), *Narcotin* (II), *Papaverin* (III), *Codein* (IV), *Thebain* (V) u. *Narcein* (VI) werden aus der gemeinsamen Lsg. ihrer Hydrochloride spektrophotometr. bestimmt. Zunächst werden **II, III** u. ein Teil von **V** mit Chlf. aus saurer Lsg. ausgeschüttelt. Dann wird der Rest von **V** u. **IV** aus alkal. Lsg. mit Bzl. ausgeschüttelt u. **I** mit **VI** nach der 2-Komponentenmeth. bei p_H 12 u. 278 u. 300 mμ bestimmt. Das Bzl. wird mit 10%ig. H_2SO_4 ausgeschüttelt u. die Ausschüttelung zur Überführung von **V** in ein Prod. mit konstanter Absorption nach Wasserzusatz 30 Min. auf dem Wasserbad erhitzt. **IV** u. der enthaltene Teil **V** werden dann bei 256 u. 285 mμ bestimmt. Der Abdampfrückstand des Chloroformextraktes wird in Bzl. aufgenommen, nach Zusatz von alkoh. KOH, weiterem Bzl. u. n-NaOH werden die Schichten getrennt, die obere nochmals mit NaOH ausgeschüttelt, die wss. Schichten vereinigt u. nach Zusatz von konz. HCl 30 Min. auf 95° erwärmt. Dann wird **II** bei 312 mμ bestimmt. Die Benzolschicht dieser Ausschüttelung wird zur Trockne gebracht, nach Behandlung mit A. erneut getrocknet u. der Rückstand nach Lösen in 10%ig. H_2SO_4 u. Verdünnen 30 Min. auf dem Wasserbad erhitzt. Dann werden darin **III** u. der andere Teil von **V** bei 285 u. 312 mμ bestimmt. (J. Amer. pharmac. Assoc., sci. Edit. **44.** 156—60. März 1955. Boston, Mass., Massachusetts Coll. of Pharm.) PH. FRESENIUS. 4880

S. Pfeifer und **F. Weiss,** *Über Narcotolin. Colorimetrische Bestimmung und Vorkommen in Mohnkapseln.* Zur Best. von isoliertem *Narcotolin* (I) eignen sich die unspezif., auch zur Morphinbest. verwandten colorimetr. Verff.: Nitroso-Rk. u. Diazo-Rk. (hierbei Borax zur Alkalisierung u. Einhaltung einer Temp. von 0°), während die Berlinerblau-Rk. nicht in Frage kommt. Eine spezif. „Xantho-I"-Rk. wird beschrieben, die zur colorimetr. **I**-Best. die beim Erwärmen von 0,05—1 mg **I** mit n-NH_3 entstehende beständige Gelbfärbung (Filter S 42) ausnutzt. **I** erfährt bereits in der Droge (Mohnkapsel) eine gewisse Zers. zu Xantho-**I**. Zur Best. von **I** u. Xantho-**I** nebeneinander in der Droge wird diese nach Pulvern mit Al_2O_3 angeteigt u. zur Trockne verrieben, dann mit Methylenchlorid (**II**) eluiert, das Eluat konz. u. mit 0,1n HCl ausgeschüttelt. Die HCl-Lsg. wird durch Extraktion mit Chlf.-Ae. (3:1 Vol.) gereinigt, nach Alkalisieren mit NaOH erneut extrahiert u. dann mit HCl auf p_H 5—6 eingestellt. Dann wird mit **II** perforiert, nochmals in 0,1n HCl übernommen u. das Xantho-**I** nach NH_3-Zusatz ohne Erwärmen colorimetr. bestimmt. Dann wird erwärmt u. nochmals colorimetriert, wobei das Gesamt-**I** erfaßt wird. Das Verf. läßt sich vereinfachen. Der **I**-Geh. in der Mohnkapsel beträgt 0,1—0,2%. — 20 Literaturangaben. (Pharmazie **10.** 658—64. Nov. 1955. Berlin, Humboldt-Univ., Pharmaz. Inst.) PH. FRESENIUS. 4880

Pavel Horák und **Zdeněk Blažek,** *Vergleich verschiedener Methoden der Bestimmung des Alkaloidgehaltes von Mutterkorn.* Vff. vergleichen folgende schon bekannte Methoden zur Best. des Alkaloidgeh. des Mutterkorns: Titrimetr. Meth. des DAB VI, gravimetr. Meth. nach WESSEL, photocolorimetr. Meth. des sowjet. Arzneibuches (8. Ausg.), colorimetr. Meth. nach SMITH, nach ALLPORT u. JONES, nach GROVE, biol. Titrationsmeth. nach BROOM u. CLARK u. polarometr. nach KOŠTÍŘ. Vff. geben als geeignetste Meth. die nach SMITH an. (Farmácia [Bratislava] **24.** 100—04. April 1955. Praha, Výzk., úst. léč. rostlin.) E. VEVERA. 4880

H. Ankermann, *Chemischer Nachweis des Gesamtjodgehaltes oder biologische Standardisierung von Schilddrüsenpräparaten zu ihrer Charakterisierung im DAB.* Vf. beschreibt eine einfache Meth. zur biol. Standardisierung von Schilddrüsenpräpp., ausgehend von der Feststellung, daß mit Schilddrüse behandelte Mäuse eine um so größere Empfindlichkeit gegen O_2-Mangel bzw. O_2-Anreicherung zeigen, je größer die zur Anwendung kommenden Dosen sind. Die Tiere erhalten Schilddrüsensubstanz in Lsg. subcutan u. kommen nach der letzten Injektion in Glaskäfige, wo sie ersticken (modifizierte BURNsche Meth., Testsubstanz Thyroxin). Messung der Überlebenszeiten. (Pharmazie **10.** 34—36. Jan. 1955. Berlin, Humboldt-Univ., Inst. für Pharmakol. u. Toxikol.) H. BASFELD. 4880

Hans Vogt, *Beiträge zur chemischen Wertbestimmung von Dihydrostreptomycin, auch im Gemisch mit Novocain–Penicillin.* Unterss. für die titrimetr. Erfassung von *Dihydrostreptomycin* (I) über das Reineckat ergaben, daß das vom Vf. dargestellte **I**-Reineckat auf 1 Mol Base 3 Mol Säure enthält. Sowohl die argentometr. wie bromometr. Best. bringen gute Übereinstimmung mit den theoret. Werten, wenn der Wassergeh. vorher genau bestimmt u. berücksichtigt wird. Zur **I**-Best. ist wegen der größeren Wasserlöslichkeit des **I**-Reineckats die direkte Best. nicht brauchbar, es wird deshalb besser das nicht zur Fällung verbrauchte überschüssige NH_4-Reineckat bestimmt. Es wird folgende Arbeitsweise empfohlen: 5 ml einer wss. I-Sulfatlsg. werden mit 5 ml 2%ig. frischer NH_4–Reineckat-Lsg. versetzt u. 30 Min. in Eis gestellt. Nach dem Zentrifugieren werden 5 ml der überstehenden klaren Lsg. mit 40 ml W. verd. u. nach Zusatz von 2 ml Fehling II auf dem Wasserbad hydrolysiert. Nach dem Ansäuern mit HNO_3 wird mit überschüssiger n/10 $AgNO_3$ versetzt, der Überschuß mit n/10 NH_4SCN gegen Eisenalaun als Indicator zurücktitriert. Zur I-Best. neben Novocain–Penicillin ist es erforderlich, dieses durch 1 std. Extraktion mit Chlf. im Extraktor vorher zu entfernen. (Arch. Pharmaz. Ber. dtsch. pharmaz. Ges. **288/60.** 20—26. 1955. Kiel, Univ., Pharmaz. Inst.)

H. ENDRASS. 4880

American Cyanamid Co., New York, übert. von: **Frank Edwin Stirn,** Pearl River, und **Arthur Sinclair Taylor,** Spring Valley, N. Y., V. St. A., *Grundmasse für Gelatinekapseln* durch Lösen von Gelatine u. Glycerin in W. bei Tempp. von 40—60° unter Rühren u. Vakuumeinw. zwecks Entfernung der Luftblasen aus der Masse. Es können Konservierungsmittel, Farbstoffe, Pigmente zugesetzt werden. (**A. P. 2 720 463** vom 17/11. 1950, ausg. 11/10. 1955.) K. HEINZE. 4767

Kodak Ltd., London (Erfinder: **Gordon Dale Hiatt**), England, *Dünndarmlösliche Arzneimittel* durch Vermischen einer Lsg. von Cellulosephthalat, Celluloseacetatphthalat, Äthylcellulosephthalat, Polyvinylphthalat oder/u. Polyvinylacetatphthalat u. dem Therapeuticum (z. B. Aspirin, Sulfonamide, Fermentpräpp., Hormone, Schlafmittel, Antibiotica, Farbstoffe) oder mit Röntgenkontrastmitteln. Granulieren, Trocknen u. Verpressen zu Tabletten. (**E. P. 742 544** vom 20/2. 1953, ausg. 30/12. 1955. A. Prior. 23/2. 1952.) K. HEINZE. 4767

Pharmika Trust, Vaduz, Liechtenstein, *Herzwirksame Glykoside* aus Crataegus, Weinblättern, Farnrhizom, Erd- oder Colanüssen durch Inaktivieren der Fermente u. Extrahieren mit sd. aliphat. Alkoholen, wie A. oder Propanolen, Konzentrieren des Extraktes, Entfetten mit Ae. oder dgl., Extrahieren des Rückstandes mit Methanol oder A. u. Fällen des Wirkstoffes mit Äther. Die Wirkstoffe sind Substitutionsprodd. des 1.3-Diphenylpropan-1.2-diol-3-ons der allg. Formel $(RO)m\cdot C_6H_5$–m·CHOR·CHOR·CO·C_6H_5–n(OR)n. R bedeutet z. B. CH_3 oder einen Zuckerrest oder gegebenenfalls die tautomere cycl. Flavanform. (**Schwz. P. 309 714** vom 9/11. 1951, ausg. 16/11. 1955.) K. HEINZE. 4791

Ciba Akt.-Ges., Basel, Schweiz, *Sedativer Wirkstoff aus Rauwolfia* durch Extrahieren der Droge mit A. oder Methanol, Eindampfen des Extraktes, Ausrühren mit W., Behandeln des Rückstandes mit Säure, wie Essig-, Phosphor- oder Salzsäure, Extrahieren der sauren Lsg. mit Chlf., Freisetzen der Base mit K_2CO_3 u. Verdampfen des Lösungsmittels. Das Trockenprod. wird in Bzl. gelöst u. an Al_2O_3 chromatographiert. Eluieren der Säule erst mit Bzl., *Gewinnung von Reserpin*, F. 262—263°, dann mit Bzl.–Aceton. (**Schwz. P. 308 689** vom 24/7. 1952, ausg. 1/10. 1955.) K. HEINZE. 4791

Farbenfabriken Bayer Akt.-Ges., Leverkusen (Erfinder: **Robert Schmitz-Josten,** Bergheim), *Mittel zum Herstellen von Zahnersatzteilen*, bes. von Zahn- u. Wurzelfüllungen, mit Hilfe von polymerisierbaren Vinylverbb., gek. durch einen Geh. an Veresterungsprodd. von polymerisierbaren α.β-ungesätt. Carbonsäuren, bes. Acryl- u. Methacrylsäure, mit Polyglykolmonoalkyläthern. — Beispiel: 400 mg feinkörniges Perlpolymerisat aus 94 (Gewichtsteilen) Methacrylsäuremethylester u. 6 Acrylsäureäthylester werden mit 35 mg p-Toluolsulfinsäure u. 0,25 cm^3 des Methacrylsäureesters des Diglykolmonomethyläthers vermischt. Das Gemisch polymerisiert unter Erwärmen in 4 Minuten. (**D. B. P. 941 015** Kl. 30h vom 19/3. 1953, ausg. 29/3. 1956. Anmeldung bekanntgemacht 15/7. 1954.) E. PETERSEN. 4799

Aktiebolaget Astra, Apotekarnes Kemiska Fabriker, Södertälje, Schweden (Erfinder: **E. L. Larsson** und **B. K. F. Sjögren),** *Herstellung von Perchloraten von Bernsteinsäure-bis-cholinestern* durch Umsetzen eines Salzes des Bernsteinsäure-bis-cholinesters oder einem Äthylderiv. mit einem Salz der Perchlorsäure. *Muskelkrampflösungsmittel.* (**Schwed. P. 143 592** vom 11/7. 1952, ausg. 12/1. 1954.) K. H. KÄHLER. 4807

Ciba Akt.-Ges., Basel, Schweiz, *N.N.N'.N'.3-Pentamethyl-N.N'-diäthyl-3-azapentylen-(1.5)-diammoniumdichlorid.* Man erhitzt Bis-(2-chloräthyl)-amin mit Dimethyläthylamin in A. auf 140—160° u. kocht das entstandene *N.N.N'.N'-Tetramethyl-N.N'-diäthyl-3-azapentylen-(1.5)-diammoniumdichlorid* mit CH_2O u. HCOOH, F. 236°. — *Therapeuticum.* (**Schwz. P. 306 196** vom 31/1. 1952, ausg. 1/6. 1955.) G. LANGER. 4807

J. R. Geigy Akt.-Ges., Basel, Schweiz, *1.10-Bis-[β-(isoamyldimethylammonium)-äthoxy]-decandibromid.* Aus 1 (Mol) 1.10-Bis-(β-dimethylaminoäthoxy)-decan u. 2 Isoamylbromid, F. 150—156°. — *Therapeuticum* u. Zwischenprodukt. (**Schwz. P. 308 688** vom 13/6. 1952, ausg. 1/10. 1955.) G. LANGER. 4807

Ciba (Soc. An.), Schweiz (Erfinder: **Caesar R. Scholz** und **Lincoln H. Werner**), *Herstellung quecksilberhaltiger Dioxypropanderivate* der allg. Formel Z—Hg—Y, in der Y einen Theophyllin-, Carboxyalkylmercapto- oder Polyoxyalkylmercaptorest, Z einen $\beta.\gamma$-Dioxypropylrest bedeutet, wobei die γ-Oxygruppe mit einem mehrwertigen Alkohol, die β-Oxygruppe frei oder mit einem niederen Alkohol (Methanol, A.) veräthert sein kann. Man läßt einen Äther des Allylalkohols mit einem Pentit, Hexit oder einer Aldohexose [z. B. 3(O)-Allyl-D-mannit (**IV**), -sorbit oder -xylit oder 3(O)-Allylglucose] mit dem Hg-Salz einer organ. oder anorgan. Säure (hauptsächlich Hg-Acetat) in Ggw. von W. oder niederen Alkoholen reagieren. Die gebildete Hg-Verb. setzt man mit einer Verb. HY [z. B. 1-Thiosorbit (**V**) oder allg. einem Mercaptan $-S-CH_2(CHOH)_{n-1}-CH_2OH$, n = 2—5) um. Die Prodd. finden als *Diuretica* Verwendung. — Beispiel: Zu 6,6 (Teilen) 2.3-Dioxypropylallyläther in 10 W. setzt man 16 Hg-Acetat in 30 W., läßt über Nacht stehen, bis kein freies Hg mehr nachzuweisen ist, u. dampft ein. Man löst in A., dampft ein u. erhält *1(O)-[2'-Oxy-3'-acetoxymercuripropyl]-glycerin* als hochviscoses Öl. 8,18 des Prod. werden in 20 Aceton gelöst u. eine äquimol. Lsg. von **V** in 10 Methanol zugesetzt. Beim Eindampfen erhält man *α-[D-gluco-Pentaoxyhexyl-(1')-mercaptomercuri]-β.γ-dioxypropan* (**I**), in dem die *γ-Oxygruppe mit der 1ständigen OH-Gruppe des Glycerins veräthert* ist. Nach Waschen mit Aceton u. Trocknen ist das Prod. amorph, hygroskop. u. in W. löslich. — Aus Diacetonxylit u. Allylbromid erhält man *3(O)-Allyldiacetonxylit*, $Kp._{0,05}$ 94—96°, das man durch Behandeln mit Säure in *3(O)-Allylxylit* überführt, welches durch Rk. mit Hg-Acetat *3(O)-[2'-Oxy-3'-acetoxymercuripropyl]-xylit* liefert, das in der beschriebenen Weise mit **V** **I**-*γ-D-Xylit-(3)-äther* gibt. — Ähnlich **IV** → *3(O)-[2'-Oxy-3'-acetoxymercuripropyl]-D-mannit* (**II**) → **I**-*γ-D-Mannit-(3)-äther.* — Diacetonglucose + Allylbromid → *3(O)-Allyl-1.2; 5.6-diacetonglucose* → *3(O)-Allylglucose*, F. 133—136°, → *3(O)-[2'-Oxy-3'-acetoxymercuripropyl]-glucose* (**III**) → **I**-*γ-D-Glucose-(3)-äther*; aus dem entsprechenden Sorbit **I**-*γ-D-Sorbit-(6)-äther* u. aus 3(O)-2'-Methoxy-3'-acetoxymercuripropyl-D-mannit (**VI**) u. Theophyllin *α-[1'.3'-Dimethylxanthyl-(7')-mercuri]-β.γ-dioxypropan, dessen β-OH-Gruppe mit Methanol, γ-OH-Gruppe mit D-Mannit* (3-Stellung) veräthert sind. — **II** + Mercapto-2.3-dioxypropan → *α-[2.3-Dioxypropylmercaptomercuri]-β.γ-dioxypropan-γ-D-mannit-(3)-äther.* — 6(O)-[2'-Oxy-3'-acetoxymercuripropyl]-D-sorbit + 1-Thioxylit → *α-[D-xylo-Tetraoxypentylmercaptomercuri]-β.γ-dioxypropan-γ-D-sorbit-(6)-äther.* — **III** + Mercaptoessigsäure → *α-[Carboxymethylmercaptomercuri]-β.γ-dioxypropan-γ-D-glucose-(3)-äther*, Zers. bei 60—75°. — **VI** + **V** in A. → *3(O)-[2'-Äthoxy-3'-acetoxymercuripropyl]-D-mannit* → *α-[D-gluco-Pentaoxyhexyl-(1')-mercaptomercuri]-β-äthoxy-γ-oxypropan-γ-D-mannit-(3'')-äther.* — **II** + $HSCH_2COOH$ → *α-[Carboxymethylmercaptomercuri]-β.γ-dioxypropan-γ-D-mannit-(3)-äther.* — **IV** + Äthylenglykol + $(CH_3COO)_2Hg$ → *3(O)-[3'-Acetoxymercuri-2'-(β-oxyäthoxy)-propyl]-D-mannit* → *α-[D-gluco-Pentaoxyhexyl-(1')-mercaptomercuri]-β-[β''-oxyäthoxy]-γ-oxypropan-γ-mannit-(3)-äther.* (**F. P. 1 071 768** vom 26/9. 1952, ausg. 6/9. 1954. A. Prior. 26/9. 1951.) S. MEIER. 4807

Aktiebolaget Astra, Apotekarnes Kemiska Fabriker, Södertälje, Schweden (Erfinder: **R. Tschesche** und **H. Fox**), *Arylsulfonamidderivate* werden hergestellt durch Umsetzen von Arylsulfonsäuren, die mindestens eine kerngebundene Aminogruppe in p-Stellung zur Sulfongruppe enthalten, in Form ihrer Säurehalogenide mit einer Benzylidenverb. des 2-Aminopyridins. *Therapeutica.* (**Schwed. P. 143 587** vom 28/9. 1942, ausg. 12/1. 1954. D. Prior. 29/9. 1941.) K. H. KÄHLER. 4807

Parke, Davis & Co., Detroit, übert. von: **Loren M. Long,** Grosse Pointe Woods, und **Helen I. Scholl,** River Rouge, Mich., V. St. A., *N-Methyltetrahydrophthalsäureimid*, $Kp._{10}$ 151—153°, F. 65—67°, erhält man in 93% ig. Ausbeute durch Rk. von Tetrahydrophthalsäure oder ihrem Anhydrid mit mindestens 1 Äquivalent CH_3NH_2, vorzugsweise in W. oder einem niedermol. Alkohol, u. Erhitzen des gebildeten Zwischenprod. auf 100—300°. — Mittel zur Behandlung von *Epilepsie.* — Vgl. A. P. 2 698 851; C. **1956.** 197. (**A. P. 2 698 850** vom 12/2. 1952, ausg. 4/1. 1955.) R. LINK. 4807

Farbenfabriken Bayer Akt.-Ges., Leverkusen (Erfinder: **Hans Mauss, Heinrich Kölling** und **Rudolf Gönnert,** Wuppertal), *Herstellung von aminoalkylsubstituierten 6-Halogen-, 6-Nitro- oder 6-Cyan-4-amino-1.3-xylolen*, dad. gek., daß man entweder a) in an sich bekannter Weise 6-Halogen-, 6-Nitro- oder 6-Cyan-4-amino-1.3-xylole mit Aminoalkoholen oder mit reaktionsfähigen Estern von Aminoalkoholen, gegebenenfalls in Anwesenheit von Kondensationsmitteln, umsetzt, oder daß man b) 6-Halogen-, 6-Nitro- oder 6-Cyan-4-amino-1.3-xylole zunächst mit Alkoholen bzw. deren reaktionsfähigen Estern umsetzt, die an Stelle einer Aminogruppe eine gegen diese austauschfähige Gruppe enthalten, u. diese Gruppe nachträglich in die Aminogruppe überführt, oder daß man c) 4-Amino-1.3-xylole, die in der aromat. Aminogruppe durch Aminoalkylreste substituiert sind u. die in 6-Stellung an Stelle des Halogenatoms, der Nitro- oder Cyangruppe eine in ein Halogenatom, eine Nitro- oder Cyangruppe umwandelbare Gruppe besitzen, diese nachträglich in ein Halogenatom, eine Nitro- oder Cyangruppe umwandelt, oder daß man d) in 6-Halogen-, 6-Nitro- oder 6-Cyan-4-amino-1.3-xylolen, die in der aromat. Aminogruppe substituiert sind u. die außerdem in der aromat. u. bzw. oder in der endständigen Aminogruppe Säurereste tragen, diese Säurereste nachträglich entfernt. — *Heilmittel* gegen *Schistosomeninfektion* der Warmblüter. — *6-Chlor-4-(β-diäthylaminoäthylamino)-1.3-xylolhydrochlorid.* Man kocht 6-Chlor-4-amino-1.3-xylol mit 2-Diäthylaminoäthylchlorid u. Benzol. F. 169—170°. — Analog wurden erhalten: *6-Nitro-4-(β-diäthylaminoäthylamino)-1.3-xylol*, orangefarbenes Öl, $Kp._4$ 193 bis 194°; *Hydrochlorid*, gelb, F. 183—184°. — *6-Cyan-4-(β-diäthylaminoäthylamino)-1.3-xylol*, gelbliches Öl, $Kp_{Hg\text{-}Vak}$·146°; F. 50—51°; *Hydrochlorid*, F. 164°. (**D. B. P. 932 011** Kl. 12q vom 17/2. 1952, ausg. 22/8. 1955. Anmeldung bekanntgemacht 16/12. 1954.) G. LANGER. 4807

Sterling Drug, Inc., New York, N. Y., übert. von: **Chester J. Cavallito**, Decatur, Ill., V. St. A., *(2-Benzoylvinyl)-trimethylammoniumsalze* erhält man durch Kondensation von Phenyläthinylketon mit Trimethylaminhydrochlorid in Ggw. von Trimethylamin, z. B. in 95%ig. A., bei 25—30°. — *(2-Benzoylvinyl)-trimethylammoniumchlorid*, $C_{12}H_{16}ONCl$, aus A. F. 159° (Zers.); UV-Absorption 268 mμ u. 242 mμ. Ferner sind herstellbar: das *Bromid, Jodid, Sulfat, Bisulfat, Phosphat, Acetat, Citrat, Lactat, Benzolsulfonat.* — *Ganglienblockierende Mittel.* (**A. P. 2 721 220** vom 13/4. 1953, ausg. 18/10. 1955.) G. KRAUSS. 4807

Lepetit S. p. A., Mailand, Italien, *Cycloalkanoncarbonsäureacylhydrazone* der Formel **I** (A = gesätt. oder ungesätt. gerad- oder verzweigtkettiger KW-stoffrest, Aryl, Cycloalkyl, heterocycl. Rest, sämtliche Reste können durch Halogen oder NO_2-Gruppen substituiert sein; n = 1—5) erhält man durch

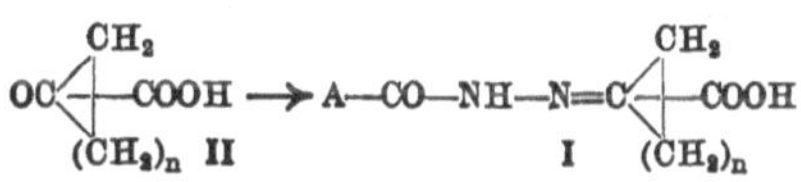

Kondensation einer Cycloalkanoncarbonsäure der Formel **II** mit einem aliphat., aromat., alicycl. oder heterocycl. Monocarbonsäurehydrazid der Formel A—CO—NH—NH_2 in alkal. oder erdalkal. Lösung. — Aus 2-Cyclohexanoncarbonsäure in wss. NaOH u. Isonicotinsäurehydrazid → *2-Cyclohexanoncarbonsäureisonicotinylhydrazon. Na-Salz.* — 3-Cyclopentanoncarbonsäure + p-Nitrobenzoesäurehydrazid → *3-Cyclopentanoncarbonsäure-p-nitrobenzoylhydrazon. Ca-Salz.* — 4-Cyclohexanoncarbonsäure + 2-Thiophencarbonsäurehydrazid → *4-Cyclohexanoncarbonsäure-2-thenoylhydrazon.* — *3-Cyclopentanoncarbonsäureisonicotinylhydrazon.* — *Baktericide* mit geringer Toxizität. (**E. P. 738 547** vom 14/10. 1953, ausg. 12/10. 1955. It. Prior. 23/10. 1952.) G. KRAUSS. 4807

Horst Wuhrmann, Frankreich, *Neue Anästetica* der allg. Formel **I** worin R_1 und R_2 Alkyl- oder Arylreste (auch substituiert), Y die nichtmetall. Atome zur Ergänzung von heterocycl. Ringen (Indol, Chinolin, auch substituiert), u. x ein organ. oder anorgan. Anion bedeuten, werden hergestellt aus Prodd. der Formel **II** u.

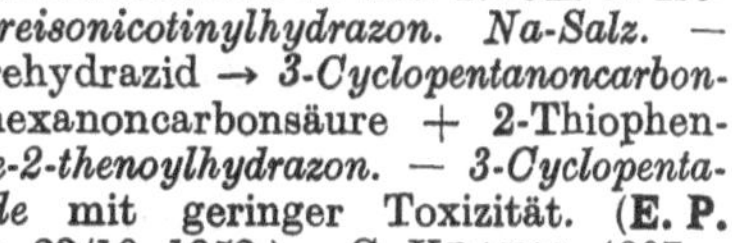

Monoalkyl- oder -arylhydrazinen. Oder man setzt ein substituiertes Hydrazin (4-Hydrazinochinolin), mit einer Halogenverb. (4-Chlorpyridin) um. Durch Rk. z. B. mit Dimethylsulfat (**III**) wird ein quaternäres Salz gebildet. Man kann auch eine heterocycl. Halogenverb. [2-Chlorchinolin (**IV**)] mit einem monosubstituierten Hydrazin[Phenylhydrazin (**V**)] umsetzen u. quaternieren. — Beispiel: 17 (g) **IV** werden mit 13 **III** in einem mit $CaCl_2$-Röhrchen verschlossenen Gefäß 2 Std. im Wasserbad erwärmt. Dann kühlt man auf 25 bis 30° ab u. setzt 15 **V** zu. Man erwärmt unter Schütteln 1 Std. im Wasserbad, setzt 70 (cm^3) A. zu, kocht 50 Min. u. setzt mit 50 10%ig. NH_4OH die Base in Freiheit. Beim Abkühlen krist. *N-Methyl-1.2-dihydro-2-ketochinolinphenylhydrazon*, $C_{16}H_{15}N_3$, in roten Kristallen, F. 112°; mit wss. HCl entsteht *2-Phenylhydrazinochinolinchlormethylat*, $C_{16}H_{16}N_3Cl$. Die Verbb. können auch aus 2-Jodchinolinjodmethylat dargestellt werden. — Ähnlich können hergestellt werden *2-Methylhydrazino-6-diäthylaminochinolindibrommethylat*, $C_{16}H_{26}N_4Br_2$, *4-Methylhydrazinochinolinäthyläthosulfat*, $C_{14}H_{21}O_4N_3S$, *2-Pyridylhydrazinochinolinjodmethylat*, $C_{15}H_{15}N_4J$, u. *2-Phenylhydrazinoisochinolinchlormethylat*, $C_{16}H_{16}N_3Cl$. (**F. P. 1 028 446** vom 27/11. 1950, ausg. 22/5. 1953.) S. MEIER. 4807

Merck & Co., Inc., Rahway, N. J., übert. von: **William J. Leanza**, Port Richmond, N. Y., und **Edward F. Rogers**, Middletown, N. J., V. St. A., *Pyridazin-3-carboxamid* (**I**) F. 186° Man oxydiert zunächst 3-Oxymethylpyridazin mittels Permanganat, Chromat, Bichromat oder HNO_3 zu *Pyridazin-3-carbonsäure*, F. 201°, verestert diese, z. B. zum *Äthylester*, F. 65°, u. setzt diesen mit NH_3 zu **I** um. — *Tuberkulosemittel.* (**A. P. 2 728 768** vom 8/3. 1952, ausg. 27/12. 1955.) A. BRÖSAMLE. 4807

Knoll Akt.-Ges. Chemische Fabriken, Ludwigshafen (Erfinder: **Günter Hanisch,** Mannheim), *Herstellung von haltbaren, wässerigen Lösungen von Salzen des Strychninoxyds.* Inhaltlich ident. mit D. B. P. 848 497; C. **1953.** 2005. (**D. P. [DDR] 7 186** Kl. 12p vom 15/3. 1944, ausg. 10/5. 1954 [Ausschließungspatent].) M. PANKOW. 4807

Merck& Co., Inc., Rahway, übert. von: **Karl Pfister III,** Westfield, N. J., und **George B. Payne,** Albany, Calif., V. St. A., *N-Benzhydryltropylamine* (I; R = H, Halogen, Alkyl), deren Salze u. quaternären Ammoniumverbb. erhält man durch aminierende Hydrierung von Tropinon mit dem entsprechenden Benzhydrylamin u. H_2 in Ggw. eines Lösungsm. (Methanol, A., Isopropanol) u. eines Katalysators (Pt, PtO, RANEY-Ni, Cu-Chromit), bes. bei 20—40 lbs./sq.in. — Aus Benzhydrylaminhydrochlorid (hergestellt aus Benzophenonoxim) u. Tropinon in absol. A. mit 30 lbs./sq. in. H_2 in Ggw. von PtO → *N-Benzhydryltropylamin; Hemihydrat,* F. 62—64°, Erweichen bei 58°. *Perchlorat* aus A.-Ä. F. 242—244°; *Oxalat,* aus Isopropanol-Methanol, F. 120°; *Bioxalat,* F. 152 bis 154°; *Dimethylsulfat,* aus absol. A. F. 193—195°; *Methjodid,* F. 253—258°; *Methonitrat,* F. 203—204°; *Dihydrobromid,* aus A. F. 252—254° (Zers.); *Äthyljodid,* F. 249—250°. — *N-(4-Chlorbenzhydryl)-tropylaminbisoxalat,* aus absol. A. F. 102—104°; *Dimethylsulfat,* F. 193—194°. — *N-(4-Methylbenzhydryl)-tropylaminhydrochlorid,* F. 175—177°. — *Antispasmodica, Antihistaminica* u. *Mydriatica.* (**A. P. 2 678 317** vom 22/1. 1953, ausg. 11/5. 1954.) G. KRAUSS. 4807

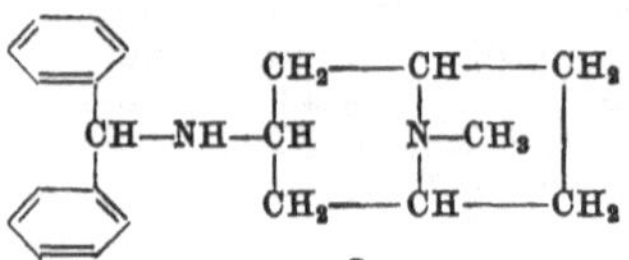

I

United States of America, übert. von: **Robert E. Hargrove,** Alexandria, Va., und **Abraham Leviton,** Washington, D. C., V. St. A., *Biosynthese von Vitamin B_{12}* durch Fermentation Co-haltiger Nähr-Fll., die neben den üblichen Bestandteilen Glycerin u. Lactate enthalten, mit Propionibacterium freudenreichii, P. shermanii, Lactobacillus bulgaricus u. dgl. unter Luftabschluß. Anwendung bei der Herst. von Vitamin B_{12} enthaltendem Schweizerkäse. (**A. P. 2 715 602** vom 31/8. 1951, ausg. 16/8. 1955.) K. HEINZE. 4809

Syntex Soc. An., übert. von: **George Rosenkranz** und **Jesus Romo,** Mexico City, Mexico, **Gilbert Stork,** Cambridge, Mass., und **Carl Djerassi,** Birmingham, Mich., V. St. A., *7-Keto-11α-oxysteroide* erhält man durch selektive Hydrierung eines entsprechenden in 8(9)-Stellung ungesätt. 7-Keto-11α-oxysteroids. — Man hydriert z. B. 8(9)-Allopregnen-3β.11α.20β-triol-7-on in absol. A. mit H_2/Pd-Kohle → *Allopregnan-3β.11α.20β-triol-7-on,* F. 246—248°; $[\alpha]_D$ — 112°; daraus durch Rk. mit Hydrazinhydrat (I) in Äthylenglykol *Allopregnan-3β.11α.20β-triol* (II), F. 253—255°; $[\alpha]_D$ — 18,6°; *Triacetat,* F. 162—164°; $[\alpha]_D$ — 15,8°. — II + CrO_3 → *Allopregnan-3.11.20-trion,* F. 211 bis 213°; $[\alpha]_D$ + 128°. — 22-Iso-8-allospirosten-3β.11α-diol-7-on + H_2/Pd-Kohle → *22-Isoallospirostan-3β.11α-diol-7-on,* F. 236—237°; $[\alpha]_D$ — 126°; daraus durch Rk. mit I *22-Isoallospirostan-3β.11α-diol,* F. 217—218°; $[\alpha]_D$ — 71°. — Analog: 8(9)-Allopregnen-3β.11α-diol-7.20-dion → *Allopregnan-3β.11α-diol-7.20-dion,* F. 240—241°; $[\alpha]_D$ — 15,5°; *Diacetat,* F. 156—157°; $[\alpha]_D$ ± 0°. — *Zwischenprodd.* für die Herst. von *Steroidhormonen.* (**A. P. 2 712 027** vom 3/6. 1952, ausg. 28/6. 1955. Mexican. Prior. 9/6. 1951.) U. SIEVERS. 4809

United States of America, übert. von: **Edward S. Rothman,** Philadelphia, und **Monroe E. Wall,** Oreland, Pa., V. St. A., *Steroidsaponine. Yucca baccata*-Blätter werden mit A., der ca. 5% W. enthält, extrahiert, der Extrakt wird eingedampft, die erhaltene wss. Saponinlsg. zur Entfernung der Verunreinigungen mit Bzl. extrahiert u. anschließend mit einem mit W. nicht mischbaren Alkohol mit 4—6 C-Atomen, bes. mit Butanol. Die butanol. Lsg. wird dann eingedampft bis sich ein Nd. bildet. Durch Zusatz von Ä. wird das gereinigte Sponin als leicht braunes Pulver ausgefällt. — Zwischenprodd. zur Herst von *Cortison* u. a. physiol. wirksamen Stoffen (**A. P. 2 715 122** vom 5/9. 1952, ausg. 9/8. 1955.) G. KRAUSS. 4809

Chemie Grünenthal G. m. b. H. (Erfinder: **Heinrich Mückter** und **Erich Jansen**), Stolberg (Rhld.), *Herstellung von therapeutisch wirksamen Salzen von Verbindungen der Streptomycinreihe,* dad. gek., daß man Streptomycin mit einer aliphat. Carbonsäure mit 16—18 C-Atomen, von denen 4—6 C-Atome einen einkernigen, gegebenenfalls ungesätt. Ring bilden können, zu einem einheitlichen oder gemischten neutralen Salz umsetzt. — Aus Dihydrostreptomycin in W. u. Chaulmoograsäure in A. nach Gefriertrocknung → *Dihydrostreptomycinchaulmoograt.* — *Hydnocarpat.* — Die Salze sind gegen *lepröse* u. *tuberkulöse* (z. B. *Mycobacterium tuberculosis H 37 Rv*) Erkrankungen wirksam, sind gut verträglich u. dienen wegen ihrer Schwerlöslichkeit als *Depotmittel* (**D. B. P. 937 049** Kl. 12o vom 12/8. 1952, ausg. 29/12. 1955. Anmeldung bekanntgemacht 7/7. 1955.) G.KRAUSS. 4811

Abbott Laboratories, North Chicago, übert. von: **Richard U. Schock,** Waukegan Township, Lake County, Ill., V. St. A., *Fumagillinaminsalze* erhält man durch Rk. von Fumagillin (I) mit Aminen. — 1 g I (pK = 6,5; F. 189—194° [KOFLER] bzw. 190—191° [Kapillare]; $[\alpha]_D^{25}$ — 26,6° [0,25% in Methanol]; vgl. A. P. 2 652 356; C. **1954**. 4217) gibt in 50 cm³ sd. Aceton mit 0,7 cm³ Decylamin → 1,24 g $C_{26}H_{34}O_7 \cdot C_{10}H_{21}NH_2$, aus 50% ig. wss. Methanol, F. 163—165°. — I + Dicyclohexylamin → $C_{26}H_{34}O_7 \cdot C_{12}H_{22}NH$, F. 147 bis 148° (Dunkeln). — I + Diamylamin → $C_{26}H_{34}O_7 \cdot C_{10}H_{22}NH$, F. 143—144° (Dunkeln). — I + Dodecylamin → $C_{26}H_{34}O_7 \cdot C_{12}H_{25}NH_2$, F. 147—149°. Aus den Verbb. kann reines I mit Mineralsäuren abgeschieden werden. — Die Verbb. sind wirksam gegen *Entamoeba histolytica* u. *Nosema apis*. (**A. P. 2 718 488** vom 17/12. 1953, ausg. 20/9. 1955.) G. KRAUSS. 4811

Aktiebolaget Astra, Apotekarnes Kemiska Fabriker, Södertälje, Schweden, *Nichttoxische Gramicidin S-Derivate* erhält man durch Ersatz des H der freien NH_2-Gruppe oder -Gruppen von *Gramicidin S* (I) durch einen Monosaccharidrest, der auch acyliert sein kann, eine Alkoxycarbonyl-, Aralkoxycarbonylgruppe, einer einbas. aliphat. Acylrest mit > 2 C-Atomen, dessen aryl- u. acylaminosubstituierten aliphat. Rest u. eine Nicotinoylgruppe. — 25 g fein gepulvertes I-Sulfat werden in 330 (cm³) Dioxan u. 38,7 0,99n NaOH mit 6,67 g Benzoylchlorid in 38 Dioxan u. 45 0,99n NaOH 10 Min. bei 70° umgesetzt. Dann gibt man 430 W. zu, trennt nach dem Abkühlen den Nd. ab, wäscht mit W. u. krist. aus A.-W. das *N-Benzoyl*-I um, F. 281,5—283,5°; Ausbeute 25,2 g. — I + Phenylacetylchlorid → *N-Phenylacetyl*-I, F. 260—267°. — *N-Lauroyl*-I, F. 223—228°. — I + Carbobenzoxychlorid → *N-Carbobenzoxy*-I, F. 232—237°. — *N-p-Methoxybenzoyl*-I, F. 309—312°. — *N-Nicotinoyl*-I, F. 262—266°. — I + Azlacton aus Benzaldehyd + Hippursäure → *N-(α-Benzoylaminocinnamoyl)*-I, F. 226—229°. — *N-(α-Acetylaminocinnamoyl)*-I (aus Azlacton von Benzaldehyd u. Acetylglycin), F. 238—242°. — I + Azlacton aus o-Acetoxybenzaldehyd + Hippursäure → *N-[Benzoylamino-(o-acetoxy)-cinnamoyl]*-I, F. 190—195°. — I + Azlacton aus Anisaldehyd + Hippursäure → *N-[α-Benzoylamino-(p-methoxy)-cinnamoyl]*-I, F. 214—217°. — I + wasserfreie Glucose oder Glucosylfluorid → I-*N-glucosid*. Die Wasserlöslichkeit der Glucoside kann durch Einführen der Sulfonsäuregruppe mit Alkalibisulfit erhöht werden. I kann auch mit Acetobromglucose oder -galaktose umgesetzt werden. I + Chlorameisensäurebenzylester → *N-Carbobenzoxy*-I, F. 232—237°. — I + Chlorameisensäureäthylester → *N-Carboäthoxy*-I, F. 286—288°. — Die Verbb. sind *bakteriostat.* bis *bakteric*id wirksam, bes. *in vivo* beim Meerschweinchen gegen *Tuberkulose*. (**E. P. 739 727** vom 25/3. 1953, ausg. 2/11. 1955. Schwed. Priorr. 26/3. 1952 u. 28/2. 1953.) G. KRAUSS. 4811

United States of America, übert. von: **Ivan A. Wulff, Paul R. Watson** und **Carl E. Rist,** Peoria, Ill., V. St. A., *Thermischer Abbau von hochmolekularem Dextran*, Levan, Mannan, Galaktan u. dgl. durch trockenes Erhitzen auf 180—210°, während einer Zeit von 1—8 Stunden. Man erhält Spaltprodd. von einheitlicher Molekülgröße, das als *Blutersatz* geeignet ist. (**A. P. 2 719 147** vom 24/4. 1951, ausg. 27/9. 1955.) K. HEINZE. 4813

Carl S. Miner, übert. von: **Hoy A. Cranston,** Chicago, Ill., V. St. A., *Diätetisches Nährmittel*, bes. für Säuglinge, aus Trockenvollmilch, deren Fermente vor der Trocknung durch Hitzebehandlung zerstört wurden u. *Phosphatase* (I), die aus Rinderbrustdrüsen durch Extraktion mit wss. A., Methanol oder Propanol bei 5° u. Fällen mit absol. A. gewonnen wurde. Es können weitere Kohlenhydrate wie Maltose, Dextrin oder mit Enzymen invertierter Maisstärkesirup u. dgl. zugesetzt werden. Das Prod. enthält 800—15000 Einheiten I auf 1 g Kohlenhydrat. (**A. P. 2 717 211** vom 3/11. 1952, ausg. 6/9. 1955.) K. HEINZE. 4815

—, Arzneiverordnungen. Ratschläge für Ärzte. Hrsg. von der Arzneimittelkommission der Dtsch. Ärzteschaft. 10. Aufl. Stuttgart: Hirzel. 1956. (387 S.) 8°. DM 12,—.

Erich Vincke, *Darstellung von Hormonpräparaten*. 3. Aufl. Leipzig: S. Hirzel Verlag. 1955. (VIII + 254 S. m. 2 Abb.) DM 10,30.

Neben der Veröffentlichung des Buches „Wirkungsmechanismus von Hormonen" (besprochen in C. **1951**. II. 1769) hat der Vf. eine 3. Auflage des vor 10 Jahren in 2. Auflage erschienenen Werkes über die Darst. von Hormonpräpp. herausgegeben, in der jedes Kapitel eine völlige Neubearbeitung erforderlich machte. Dies trifft bes. für die Nebennierenrindenhormone zu. Dagegen mußten andere Kapitel wegen Raummangels ganz in Fortfall kommen, z. B. die Kapitel über Phytohormone u. die Auxine. Behandelt werden: 1. Aminosäurederivv. (Hormone des Nebennierenrindenmarks, Thyroxin). 2. Proteohormone (Insulin, Glucagon, Parathormon, Hypophysenhormone). 3. Steroidhormone (Nebennierenrindenhormone). 4. Thymushormon, Herz- u. Kreislaufwirkstoffe, Secretin. In jedem der besprochenen Abschnitte sind die zugehörigen Handelspräpp. mit erwähnt. Ausführliche Literaturhinweise bis in die neueste Zeit (1953) finden sich auf jeder Seite, so daß diese Monographie dem Hormonspezialisten zweifellos willkommen sein wird. Das Buch hat eine gute Resonanz in den Fachkreisen gefunden (vgl. E. JUCKER, Chimia **10**. [1956.] 100). M. PFLÜCKE. 4808

G. Analyse. Laboratorium.

L. J. Hastewell und **R. Roscoe**, *Ein Apparat zur Messung der elastischen Eigenschaften von Gelen.* Ein Schwimmer, der in einer newtonschen Fl. einen Rotationsimpuls erhält, wird in der Richtung des Anstoßes mit ständig sich verringernder Winkelgeschwindigkeit weiterrotieren. In einem elasto-viscosen Medium wird der anfänglichen Rotation in Richtung des Anstoßes jedoch eine solche in entgegengesetzter Richtung folgen; in vielen Fällen lassen sich nicht nur die Hin- u. Rückdrehung, sondern eine Folge deutlich abgegrenzter gedämpfter Rotationsoscillationen beobachten. Aus Frequenz u. Dämpfung lassen sich dynam. Viscosität u. dynam. Rigidität errechnen. Vff. beschreiben eine Anordnung zur prakt. Durchführung solcher Messungen u. entwickeln die mathemat.-theoret. Grundlagen. Ergebnisse von Verss. an Bentonitsuspensionen werden wiedergegeben. Der App. muß mit einer Fl. bekannter Viscosität geeicht werden, die die gleiche D. wie das Gel besitzt. (J. sci. Instruments **32.** 96—99. März 1955. Newcastle-upon-Tyne, Kings Coll. Phys. Dep.) D. BREDTSCHNEIDER. 5040

Lewis C. Lappas und **Edgar P. King**, *Eine Untersuchung über die Reproduzierbarkeit von Viscositätsbestimmungen an Gelatinesolen.* Die Viscosität von Gelatine aus Knochen, Schweine- u. Kälberhaut wird ohne u. nach 17std. Erhitzung auf 60° nach dem Verf. der NATIONAL ASS. OF GLUE MGF. zur Gewinnung statist. Unterlagen über die Variation der Ergebnisse in Zusammenhang mit der Zahl der Untersucher u. der Art des Geräts bestimmt. Für verschied. Gelatinearten ergibt sich bei verschied. Analytikern durchschnittlich die gleiche Genauigkeit. Zwischen verschied. Untersuchern schwanken die Ergebnisse z. T. erheblich in Abhängigkeit von verschied. Eichverff. für die Pipetten u. verschied. Arten der Temperaturkontrolle während der Erhitzung. (J. Amer. pharmac. Assoc., sci. Edit. **44.** 164—69. März 1955. Indianapolis, Ind., Eli Lilly & Co.) PH. FRESENIUS. 5040

F. W. Wells und **J. G. Roof**, *Druckgefäß mit innerem Fenster.* Speziell zur Unters. von Phasengleichgewichten an Petroleum-Kohlenwasserstoffen, bei denen bei höheren Drucken u. Tempp. fl. u. gasförmige Phasen zusammen auftreten, konstruierten die Vff. ein Druckgefäß, das mit einem Fenster versehen war, welches die Beobachtung des gesamten Reaktionsraumes gestattete. (Rev. sci. Instruments **26.** 403—04. April 1955. Houston, Tex., Shell Developm. Co.) C. GOTTFRIED. 5048

Theodore J. Schultz, *Messung der Membranspannung.* Das Prinzip der Messung beruht darauf, die Verschiebung der Oberfläche der Membran zu messen, wenn auf der einen Seite der Membran der Druck erniedrigt wird, d. h., wenn ein Druck von außen auf die Membran wirkt. Die Spannung ist wiedergegeben durch $T = Pa^2/4\,\eta$, wo P der stat. Druck auf der Oberfläche der Membran mit dem Radius a u. η die beobachtete Membranverschiebung bedeuten. (Rev. sci. Instruments **26.** 624—25. Juni 1955. Cambridge, Mass., Harvard Univ., Acoustics Res. Labor.) C. GOTTFRIED. 5048

Ray Pepinsky, *Methode zum Schneiden und Formgeben von zerbrechlichen Kristallen.* Vf. benutzt zum Schneiden oder Formgeben von zerbrechlichen Kristallen ein pulverförmiges Schleifmittel „*Airbrasive*“, das unter Druck aus einer feinen Düse auf den Kristall in geeigneter Weise aufgeblasen wird. (Rev. sci. Instruments **24.** 403. Mai 1953. State College, Pa., Dep. of Phys.) C. GOTTFRIED. 5048

Philip W. West, *Anorganische Mikrochemie.* Bericht über den neuesten Stand der anorgan. Mikrochemie unter Berücksichtigung der gebräuchlichen Geräte, Trennungsverf., organ. Reagentien u. Arbeitsmethoden. (Vgl. C. **1953.** 105.) (Analytic. Chem. **23.** S. 51—59. Jan. 1951. H. PLOUM. 5050

H. A. Stahl, *Elektronenbeugung als mikroanalytisches Verfahren.* (Vgl. C. **1953.** 8674.) Bericht über die Verwendung der Elektronenbeugung in der chem. Forschung zur Unters. von Folien u. Schichten, zur Unters. chem. Wirkungen durch Kaltbearbeitung von Metallflächen, zur Unters. von Korrosionserscheinungen, zu Katalysatorunterss. u. für verschied. Zwecke der theoret. organ. Chemie. (Chemiker-Ztg. **76.** 164—69. 15/3. 1952.) PH. FRESENIUS. 5050

W. I. Kusnetzow, *Organische Mitfäller (Kollektoren).* 1. Mitt. *Theoretische Grundlagen der Wirkung organischer Mitfäller.* Eingangs werden die Vorzüge organ. Mitfäller gegenüber anorgan. gekennzeichnet. Bei den organ. Mitfällern werden die Adsorption der anorgan. Ionen durch organ. Verbb., sodann die Mitfällung durch organ. Mitfäller in gewissen Fällen als Extraktion mit „festen Lösungsmitteln“ dargestellt. Es folgen die Grundsätze der Auswahl geeigneter Mitfäller. In der prakt. Auswahl werden bevorzugt: n. Salze mit hochmol. organ. Anteil, komplexe u. innerkomplexe Salze der Elemente, endlich „indifferente“ Mitfäller, die sich bes. als „Extraktion mit festen Lösungsmitteln“ deuten lassen. Die organ. Mitfäller können leicht durch Abglühen vom anorgan. Teil befreit werden. Von den organ. Mitfällern sind die „indifferenten" bes. beachtlich, da sie bei außerordentlich niedrigen Konzz. der Elemente noch auszufällen imstande sind. (Журнал Аналитической Химии [J. analyt. Chem.] **9.** 199—207. Juli/Aug. 1954. Vernadsky-Inst. für Geochem. u. analyt. Chem. der Akad. der Wiss. der UdSSR.) A. v. WILPERT. 5050

Ss. A. Gussinskaja, *Über die Anwendung der mathematischen Statistik in der analytischen Chemie.* Im Anschluß an die Arbeiten von GRATSCHEWA (C. **1952.** 6578) u. KOMAR (C. **1953.** 5227) wird die mathemat. Statistik für die Auffindung systemat. Fehler (nach gegenüber KOMAR vereinfachter Berechnungsart), ferner zur Berechnung der Oxydierbarkeit u. a. Oxydations-Rkk. in ihrer Abweichung vom „wahren" Wert empfohlen. (Журнал Аналитической Химии [J. analyt. Chem.] **9.** 245—47. Juli/Aug. 1954. Moskau, Stalin-Inst. für Stahl.) A. v. WILPERT. 5050

O. Talibudeen, *Die Technik der Differentialthermoanalyse (DTA).* 1. Mitt. *Die quantitative Seite.* Beschreibung der Technik der Differential-Thermoanalyse (DTA; Verwendung eines KENT MULTELEC-Potentiometers in Verbindung mit einem keram. Block) u. Diskussion der mit *Kaolinit, Montmorillonit* u. organ. Tonkomplexen erhaltenen Ergebnisse an Hand der aufgestellten DTA-Kurven. (J. Soil Sci. **3.** 251—60. Juli 1952. Harpenden, Rothamsted Exp. Stat.) F. RANG. 5052

P. P. Budnikow und **Ss. G. Tresswjatski,** *Die Methodik der Hochtemperaturthermoanalyse.* (Vgl. C. **1955.** 3330) Als Thermoelement für Tempp. bis 2000° in oxydierender Atmosphäre eignet sich am besten das Paar Ir–Ir + 40% Rh, in O_2-freier Atmosphäre W–Ir, außerdem bei 1200—2000° W–Mo- oder W–Mo-Legierung. Für die Tiegel verwenden Vff. Mo. Zweckmäßig sind z. B. aus Mo-Blech im Tiefziehverf. hergestellte dünnwandige Tiegel („Tellerchen"), mit deren Boden das Thermoelement verschweißt wird, so daß es den Tiegel frei trägt. Die Erhitzungs- u. Abkühlungskurven werden mit einem Elektronenpotentiometer graph. aufgenommen. Als Fixpunkte für die Eichung verwenden Vff. den F. von $MgAl_2O_4$ (2135°), Al_2O_3 (2050°), $3Al_2O_3 \cdot 2SiO_2$ (1900°), Mg_2SiO_4 (1860°), $CaAl_2O_4$ (1600°), $MgSiO_3$ (1563°), CaF_2 (1410°) u. $MgO \cdot CaO \cdot 2SiO_2$ (1391°), wobei am Z-förmigen Wendepunkt der Temperatur–Zeit-Kurve der Nullpunkt als F. angenommen wird. (Огнеупоры [Feuerfeste Mater.] **20.** 166—73. 1955.) R. K. MÜLLER. 5052

H. Gantzckow, *Der 50-Hz-Lichtbogen in spektrochemischen Analysen. Eine oscillographische Betrachtung mit ihren Folgerungen für die quantitative Spuren-Analyse.* Durch oscillograph. Messungen am 50 Hz-Lichtbogen wurde festgestellt, daß die maximale Nachweisempfindlichkeit bei spektrochem. Analysen erreicht wird, wenn der Zeitpunkt der Zündung so vorverlegt wird, daß die maximale Ausnutzung jeder Halbwelle für die Lichtbogenbldg. möglich ist. Eine derartige Vorverlegung ist mit einfachen Schaltänderungen erreichbar u. erhöht die Nachweisempfindlichkeit z. B. von *Pb* u. *Sn* in *Cu* um 100%, bezogen auf das gleiche Schwärzungsverhältnis, u. verringert gleichzeitig die Belichtungszeit von 120 auf 43 Sekunden. Beim Arbeiten mit Kohleelektroden ist zu beachten, daß die therm. Emission von C mit Sicherheit nur beim Arbeiten mit Stromstärken unter 3 A zu vermeiden ist. Durch eine geeignete Anordnung ist es möglich, unerwünschte Schwingungen im Bogenkreis bei kleinen Stromstärken zu vermeiden. (Metall **8.** 528—31. Juli 1954. Berlin-Siemensstadt, Siemens-Schuckertwerke.) F. VIER. 5063

A. K. Russanow und **W. M. Alexejewa,** *Horizontaler Wechselstrombogen als Quelle zur Erregung der Spektren von Erzen und Mineralien.* Es wird die Anwendung des horizontalen Wechselstrombogens (mit der Probe gefüllte Kohleelektroden) zur Erregung der Erz- u. Mineralspektren empfohlen u. eine Menge prakt. Hinweise für die Handhabung des Bogens gegeben. — Im Gegensatz zum Gleichstrombogen mit seiner komplizierten Linienintensität u. deren Abhängigkeit von den Eigg. der Elemente weist der horizontale Wechselstrombogen die allg. Gesetzmäßigkeit der symm. Verteilung der Bogen- u. Funkenlinien auf, die von den Eigg. der Elemente sowie der Flüchtigkeit der Verbb. wenig abhängt. Die Verteilung der Linienintensitäten im Bogen wird aus der Temperaturverteilung u. relativen Atomkonz. im Bogen gedeutet. (Журнал Аналитической Химии [J. analyt. Chem.] **9.** 183—92. Juli/Aug. 1954. Moskau, Allunions wiss. Forschungsinst. für Mineralrohstoffe.) A. v. WILPERT. 5063

W. Klimecki, *Die Anwendung der Spektrographie in den analytischen Laboratorien der Industrie.* Nach einer kurzen Kennzeichnung der spektroskop. Methoden werden die spektrograph. Verff., die dabei verwendete App., die Möglichkeit des Nachw. u. der Best. der einzelnen Elemente, die Vorbehandlung der Proben, die Genauigkeit u. schnelle Durchführung der Bestimmungen, endlich die Vorzüge sowie die (weniger zahlreichen) Nachteile u. Mängel der spektrograph. Verff., zum Schluß die spektrometr. Methoden (bes. unter Hinweis auf das amerikan. Quantometer) — vom Standpunkt der prakt. geeigneten sowie der wirtschaftlich erwünschten Verwendung in allg. Zügen betrachtet. (Przemysł chem. [Chem. Ind.] 7 (**30**). 652—60. Nov. 1951. Haupt-Inst. für Metallurgie.) A. v. WILPERT. 5063

T. Takeuchi, *Infrarotabsorptionsspektralanalyse.* 1. Mitt. Vortrag über Grundlage u. Methodik. (J. electrochem. Soc. Japan **21.** 30—35. Jan. 1953. [Orig.: japan.]) L. SCHULER. 5063

T. Canback, *Infrarotspektrometrie. Neuere Entwicklungen auf dem Gebiet organischer Analysen.* Überblick über die Anwendung der IR-Spektrographie zur Analyse von organ., speziell pharmazeut. Verbindungen. Für die Identifizierung einer einzelnen Verb. aus einer Gruppe ähnlicher Substanzen empfiehlt Vf. die Meth. der Differentialspektren. Vf. bespricht weiter die Verff. zur Identifizierung von Viel-Komponenten-Systemen. Als neuere Meth. wird die Verwendung des Isotopen-Verdünnungs-Prinzips am Beispiel der Best. von *Penicillinen* in Fermentations-Fll. besprochen. Sie beruht auf der Verwendung der spezif. Absorption von Protono-phenylessigsäure bei 14,37 μ u. von Deuterophenylessigsäure zur Anzeige. Eine weitere neuere Meth., die auf der fraktionierten Kristallisation beruht, ermöglicht die Best. von 0,1—0,01% Verunreinigung durch JR-Spektroskopie. Es wurden kleine Mengen von *Brenzcatechin* u. *Resorcin* in Hydrochinon bestimmt, indem in Acetonitril umkristallisiert wurde u. die Mutterlauge, die die Verunreinigungen enthielt, zur Best. benutzt wurde. (Chem. Trade J. chem. Engr. **137.** 905—06. 30/9. 1955.) M.-L. KLAAR. 5063

G. Duyckaerts, *Die Differenzanalysenmethode in der Infrarotspektrophotometrie.* Die für andere Spektralbereiche erprobte Differenz-Meth. wird auf das Gebiet der Infrarot-Spektroskopie übertragen. Die an synthet. Gemischen von *Xylolen* erhaltenen Ergebnisse zeigen, daß der erzielte mittlere relative Fehler 0,7% beträgt. Er liegt wesentlich niedriger als bei andern Analysenverfahren. (Bull. Soc. roy. Sci. Liège **21.** 7—17. Jan. 1952. Liège, Univ., Centre d'anal. spectr. moléc.) J. GOUBEAU. 5063

K. P. Stoljarow, *Anwendung von ultravioletten Strahlen in der analytischen Chemie. Cerimetrie mit ultravioletten Strahlen.* (2. vgl. C. **1953. 2652.**) Es wird gezeigt, daß die Cerimetrie sehr gut im UV-Gebiet angewandt werden kann. Zu dem Zweck wird das Ultrachemiskop abgeändert u. ein Lichtfilter „UFSs-3" vorgeschaltet, das bei 365 mμ maximal hindurchläßt, dabei die störenden UV-Strahlen bei 313—254 mμ abschirmt; Ce(IV) absorbiert, Ce(III) läßt bei 365 mμ durch. Prakt. Titrationsbeispiele mit $Ce(SO_4)_2$: *Oxalate* werden bei 90° unter Zusatz von 5 ml H_2SO_4 (1:5) titriert; $SbCl_3$ in nH_2SO_4 (HCl stört nicht); Na_3AsO_3 bei 90°; $SnCl_2$ in CO_2-Atmosphäre; $SnCl_2$ u. Na_3AsO_3: erst wird ein Stückchen Marmor zugesetzt u. Sn titriert, dann auf 90° erhitzt u. As bestimmt; Na_2SO_3: Zusatz von etwas Marmor. $Na_2S_2O_3$: man setzt 2—3 Tropfen 5%ig. KJ-Lsg. zu u. titriert bis zur UV-„Färbung" auf dem UV-Schirm mit $Ce(SO_4)_2$. Man kann auch KJ-Lsg. zur Ce-Lsg. fügen u. das ausgeschiedene J mit Thiosulfat zurücktitrieren. *Jodide*: man oxydiert sie mit $Ce(SO_4)_2$, fügt nach der Oxydation des J 5—10 ml 30%ig. NH_4F-Lsg. hinzu, um Ce(IV)-Sulfat zu binden, zum Schluß Thiosulfat, bis der Schirm wieder hell ist. *Rhodanide*: [KCNS + 6$Ce(SO_4)_2$ = KCN + ...] *Metallsalze Sr, Ca, Cd, Ag, Pb* werden mit überschüssigem Na-Oxalat gefällt, Rücktitration mit Ce(IV). *Pb-Legierung*: Lösen in HNO_3, verdünnen, neutralisieren, Trübung in 1 Tropfen Essigsäure lösen, eindampfen, mit Oxalsäure fällen, mit Ce zurücktitrieren, *Sn-Legierung* in HCl lösen, $CaCO_3$ u. Ce-Sulfat, im Filtrat der Metazinnsäure Pb gravi- oder volumetr. bestimmen. Allg. Fehler: $\pm$ 0,015 mg. (Журнал Аналитической Химии [J. analyt. Chem.] **9.** 141—49. Mai/Juni 1954. Leningrad, Shdanow-Univ.) A. v. WILPERT. 5063

Yûichi Yoshimura, *Fortschritte in Hochfrequenzanalyse.* Überblick. — 48 Literaturangaben. (Kagaku-no-Ryôiki [J. Jap. Chem.] **9.** Nr. 6. 375—85. Juni 1955. Tokio, Univ., Med. Fak. [Orig.: japan.]) E. MAEKAWA. 5066

I. P. Alimarin und **M. N. Petrikowa,** *Die Ultramikromethode in der chemischen Analyse.* 3. Mitt. *Potentiometrische Titration.* (2. vgl. C. **1955. 1104**). Es wird eine App. für Ultramikrotitrationen beschrieben, mit der es möglich ist, potentiometr. Titrationen mit 10^{-6} bis 10^{-7}g Substanz in Lsgg. von 10^{-3}mm Vol. durchzuführen: im Sichtkreis des Mikroskops werden 4 „Manipulatoren" angebracht, die mit den einzelnen Apparateteilen verbunden sind u. es ermöglichen, alle Operationen unter dem Mikroskop durchzuführen. Einige Titrationsbeispiele für die angegebenen Ultramikromengen werden als Beleg angeführt; Genauigkeit u. Reproduzierbarkeit werden nachgewiesen. (Журнал Аналитической Химии [J. analyt. Chem.] **9.** 127—33. Mai/Juni 1954. Moskau, Vernadsky-Inst. für Geochem. u. analyt. Chemie der Akad. der Wiss. der UdSSR.) A. v. WILPERT. 5066

J. Hengstenberg, *Trübungstitrationsmethoden zur Bestimmung der Polydispersität.* Vf. beschreibt zwei Schnellmethoden zur Best. der mol. Verteilungskurve. Bei der gravimetr. Fällungsanalyse (GFA) wird die bei einer bestimmten Fällungsmittelkonz. aus verd. Lsg. ausgeschiedene Menge des Polymeren durch Torsionswägung in der temperaturkonstanten Fl. direkt ermittelt. Die Waage zeigt das um seinen Auftrieb verminderte Gewicht des Nd. an. Zur Vermeidung von Fehlern soll die D. des Lösungsm. ungefähr gleich der D. des Fällungsmittels sein; dagegen ist ein großer Dichteunterschied zwischen Lösungsm. u. dem Polymeren, sowie ein grobflockiges Ausfallen wünschenswert, da nur dann die Sedimentationsgeschwindigkeit genügend groß ist. Versuchsdauer der GFA ca. 1½—2 Stunden. — Bei der opt. Fällungsanalyse (OFA) wird das Polymere aus verd. Lsg. durch ein Fällungsmittel ausgeschieden u. bei verschied. Fällungsmittelkonzz. die Streuung bzw. Absorption eines die Suspension durchsetzenden Lichtstrahls gemessen. Prakt. wird die Durchlässigkeit (I/I_0) in Abhängigkeit von der Konz. des Fällungsmittels aufgetragen, wobei S-förmige Kurven resultieren, die je nach der Polydispersität der untersuchten Substanz mehr oder weniger steil abfallen. Aus der Durchlässigkeit läßt sich die Menge des ausgefallenen Polymeren berechnen, u. nach einer empir. Formel, die Vf. experimentell prüft, erhält man aus der jeweiligen Fällungsmittelkonz. das Mol.-Gew. des Polymeren. Für eine Anwendung der OFA zur Prüfung techn. hergestellter Polymerisationsprodd. müssen folgende Voraussetzungen erfüllt sein: 1. Standardisierte Versuchsbedingungen (definierte Lösungs- u. Fällungsmittel, Temperaturkonstanz, gleichmäßige Rührwrkg., konstante Zuflußgeschwindigkeit des Fällungsmittels). 2. Kurze Einstellzeiten u. Stabilität der Absorptions- bzw. Trübungswerte für jede Konz. in dem verwendeten Lösungsmittel–Fällungsmittel-System. 3. Chem. u. strukturmäßige Einheitlichkeit der Polymeren. 4. Gültigkeit der Mischungsregel für Fraktionen. — Versuchsdauer der OFA ca. ½ Stunde. (Z. Elektrochem., Ber. Bunsenges. physik. Chem **60.** 236—45. 1956. Ludwigshafen/Rhein, Bad. Anilin- & Soda-Fabrik.) D. ERTEL. 5066.

S. Ishizaka, *Über* p_H*-Messung.* 2. Mitt. (1. vgl. C. **1956.** 1109.) Verff. mit H_2-Hilfs- u. Glaselektroden. Bes. zu beachtende Punkte. Anwendung in der Technik. (J. electrochem. Soc. Japan **21.** 242—50. Mai 1953. Tokyo, TH. [Orig.: japan.])
L. SCHULER. 5066

J. V. A. Novák, *Polarographische Daueranalysatoren.* 1. Mitt. *Die Quecksilbertropfelektrode als Bezugselektrode.* Inhaltlich ident. mit der C. **1955.** 11258 referierten Arbeit. (Collect. czechoslov. chem. Commun. **20.** 1076—89. Okt. 1955. [Orig.: dtsch.])
W. BARZ. 5066

J. V. A. Novák, *Polarographische Daueranalysatoren.* 2. Mitt. *Bezugselektroden mit löslichen Reaktionsprodukten.* Inhaltlich ident. mit der C. **1955.** 11259 referierten Arbeit. (Collect. czechoslov. chem. Commun. **20.** 1090—95. Okt. 1955. [Orig.: dtsch.])
W. BARZ. 5066

Ladislaus Erdey und **Andreas Bodor,** *Ein neuer Redoxindicator: das 4-Amino-4'-methoxydiphenylamin (Variaminblau). Variaminblau B-Base (4-Amino-4'-methoxy-diphenylamin)* (I) dient in 1%ig. Lsg. in W. oder 0,1 n HCl als Redoxindicator im sauren Gebiet, jedoch ist der Farbumschlag Hellgrün/Blau bei p_H 6—7 bereits schwer erkennbar. Das Umschlagspotential liegt bei einer H-Ionenkonz. 10^{-2} bei 600 mV. Am Redoxvorgang sind 2 Elektronen beteiligt. Es wird angenommen, daß die Blaufärbung auf Entstehung einer semichinoiden Verb. zwischen Reduktions- u. Oxydationsform von I beruht. I ist für ascorbinometr. u. andere reduktometr., für jodometr. u. oxydimetr. Titrationen geeignet. (Z. analyt. Chem. **137.** 410—20. 1953. Budapest, Univ., Inst. für allg. Chem.)
PH. FRESENIUS. 5068

B. Mrzena, *Tragbarer Gasanalysator KP-051.* Ein auf dem Prinzip der Wärmeleitfähigkeit beruhendes transportables Analysengerät für Gase u. Dämpfe wird beschrieben. — 1 Abbildung. (Chem. Průmysl **3** (**28**). 35—37. Jan. 1953. Stalinovy zavody).
E. UMLAUF. 5086

Jirô Tsuji, Susumu Namba und **Akira Sakamoto,** *Aufzeichnungsvorrichtung zu einem gasanalytischen Interferometer.* Bei einem gasanalyt. Interferometer nach PETERS mit weißem Licht werden die Gleichgewichtsinterferenzringe durch Einführung eines neuen Gases, dessen Geh. bestimmt werden soll, gestört u. dann mit einem Verfolgungsprisma (VP) auf den Nullpunkt (Gleichgewicht) zurückgebracht, wobei eine Genauigkeit von 1/2000 F (mit Elektronenverstärker) oder von 1/100 F durch das VP u. automat. Aufzeichnung erreicht wurde. (Rep. sci. Res. Inst. [Kagaku-Kenkyujo-Hokoku] **30.** 207—15. Juli 1954. [Orig.: japan.]) L. SCHULER. 5086

J. Janák und **M. Rusek,** *Chromatographische Semimikroanalyse von Gasen.* 11. Mitt. *Die direkte Bestimmung der einzelnen Olefine in Gasen.* Inhaltlich ident. mit der C. **1955.**

7507 referierten Arbeit. (Collect. czechoslov. chem. Commun. **20.** 923—32. Aug. 1955. [Orig.: dtsch.]) W. BARZ. 5086

F. Čuta und **Z. Burianec,** *Die Bereitung gasförmiger Gemische von Wasserstoff mit Spuren von Schwefelwasserstoff zu gasanalytischen Zwecken. Colorimetrische Bestimmung von Schwefelwasserstoffspuren.* Inhaltlich ident. mit der C. **1955.** 6091 referierten Arbeit. (Collect. czechoslov. chem. Commun. **20.** 962—67. Aug. 1955. [Orig.: russ.]) W. BARZ. 5086

F. Čuta und **Z. Burianec,** *Kontinuierliche potentiometrische Bestimmung von Schwefelwasserstoffspuren in Wasserstoff durch Absorption in Jodlösung.* Inhaltlich ident. mit der C. **1956.** 209 referierten Arbeit. (Collect. czechoslov. chem. Commun. **21.** 41—48. Febr. 1956. [Orig.: dtsch.]) W. BARZ. 5086

a) Elemente und anorganische Verbindungen.

Sven Arrhenius, *Eine neue Methode zur Peroxydbestimmung.* Vf. versucht, den qualitativen Nachw. von Peroxyden mit Vanillin in 70%ig. H_2SO_4 (C. **1953.** 6105) zur quantitativen Analyse zu verwenden. H_2O_2 zeigt ein anderes Verh. als $(H_3C)_3C—OOH$ u. $(H_3C)_3—C—OO—C(CH_3)_3$. H_2O_2 gibt eine grüne Färbung, die von der zugesetzten Menge an H_2O_2 nur wenig abhängig ist. Außerdem unterscheidet sich diese Farbe nicht genügend von den gealterten Lsgg. von Protocatechualdehyd u. Piperonal in 70%ig. H_2SO_4. Die tert.-Butylperoxyde geben mit Vanillin-H_2SO_4 grüne Färbungen, die in einigen Std. über Violett in Blau übergehen. Bei Verdünnen mit W. fällt das Reaktionsprod. „Vanillin-Blau" (I) aus; es ist in konz. Säuren, wie H_2SO_4, H_3PO_4, CH_3COOH oder HCOOH ohne Farbänderung löslich. Mit HCl entsteht Cl_2. Alkali u. organ. Basen zerstören I. Bei Stehen bei Raumtemp. ändert I Farbe u. Löslichkeit. Die optimalen Bildungsbedingungen von I liegen bei 37° u. 20 Std. Reaktionszeit. Zur Best. der tert.-Butylperoxyde wird I zweckmäßig abfiltriert, in HCOOH gelöst u. die Extinktion bei 600 mμ bestimmt. Die Färbung ist meist so intensiv, daß zur Best. verd. werden muß. Bei Verwendung von A. bleibt das Absorptionsmaximum bei 600 mμ, durch 70%ig. H_2SO_4 wird es nach 560 verschoben. Fehlerquellen der Bestimmungsmeth. werden diskutiert. Eine Formel kann für I nicht angegeben werden, es dürfte keine konstante Zus. haben. (Acta chem. scand. **9.** 715—17. 1955. Stockholm, Kungl. Vet. Högskolan, Kem. Avdelningen.) R. MATTNER. G 241

Milan Smíšek, *Konduktometrische Ammoniakbestimmung.* Das Mikrodiffusionsverf. von CONWAY u. BYRNE (C. **1938.** II. 3888) eignet sich zur colorimetr. u. genauen konduktometr. NH_3-Best. bei 1,0—20 g NH_3; Genauigkeit ±6%. Vf. beschreibt eine geeignete App. für die Best. u. eine Anordnung für die Redest. von W., das aus einer MARIOTTEschen Flasche kontinuierlich in einen ERLENMEYER-Kolben mit aufgesetztem Zweikugelrohr u. absteigendem LIEBIG-Kühler eintritt. (Českoslov. Biol. **4.** 179—82. März 1955. Praha, Karl. univ., Úst. pro fysiol. rostlin.) R. K. MÜLLER. G 243

Donald D. DeFord und **Hans Horn,** *Titrationen von Halogeniden mit elektrolytisch erzeugtem Quecksilber (I)-ion.* Die coulometr. Titration von Makromengen (0,2—4,0 Milliäquivalent) Cl^-, Br^- u. J^- mittels elektrolyt. erzeugter Hg^+-Ionen unter Verwendung großer Hg-Teichanoden u. Pt-Drahtkathoden als Generatorelektroden wird kurz beschrieben u. diskutiert. Die Stromausnutzung beträgt 100%. Als Leitelektrolyten werden für die Best. von Cl^- u. Br^- 0,5mol. $HClO_4$-Lsg., für die J^--Titration eine Lsg., die 0,4mol. an KNO_3 u. 0,1mol. an $HClO_4$ ist, verwendet. Alle Titrationen werden unter Verwendung einer Kalomelelektrode mit KNO_3-Brücke als Bezugselektrode potentiometr. kontrolliert. Bei der Cl^-- u. Br^--Best. dient die Generatoranode, bei der J^--Best. eine Ag-Folie als Indicatorelektrode. Die Meth. ist genau u. bietet gegenüber der üblichen Verwendung von Ag^+-Ionen bes. bei der Titration von Makromengen gewisse Vorteile. (Analytic. Chem. **28.** 797—98. Mai 1956. Evanston, Ill., Northwestern Univ., Dep. of Chem.) H. HOFMANN. G 245

Edwin P. Przybylowicz und **L. B. Rogers,** *Coulometrische Titrationen mit elektrolytisch erzeugtem Quecksilber(I) und- (II). Bestimmungen von Chlorid, Bromid und Jodid.* Es werden potentiometr. Titrationen von Cl^-, Br^- u. J^- mittels elektrolyt. erzeugter Hg^+-Ionen sowie der Einfl. von Aceton u. Methanol auf die Genauigkeit dieser Bestimmungen beschrieben u. diskutiert. Als Generatorelektroden werden amalgamierte Au- u. Ag- sowie Hg-Teichanoden gegen Pt-Folie als Kathode verwendet. Der Kathodenraum steht mit dem Anodenraum über eine Membran aus gesintertem Glas in Verbindung. Die Stromausnutzung beträgt 100%. Als Indicatorelektroden dienen die gleichen Anoden — im Falle der Amalgamanoden etwas verkleinert — gegen eine Kalomelelektrode mit KNO_3-Brücke. Die Leitelektrolytlsg. ist 0,5mol. an $NaClO_4$ u. 0,02mol. an $HClO_4$. Die 3 beschriebenen Anoden sind etwa gleichwertig. Bei Verwendung der Ag-

Amalgamanode geht etwas Ag in Lösung. Die Endpunktbest. ist jedoch erheblich schärfer als bei einer reinen Ag-Anode. Im Falle der amalgamierten Au- bzw. Ag-Elektrode können bis zu 0,24 mg Cl^-, 0,067 mg Br^- oder 0,038 mg J^- als minimalste Mengen in ca. 55 ml mit einer Genauigkeit $\geqq 1\%$ bestimmt werden. Bei geringeren Mengen bis herab zu 0,013 mg Cl^-, 0,0067 mg Br^- oder 0,0012 mg J^- beträgt die Genauigkeit $>5\%$. Die bei argentometr. Bestimmungen von Halogenidgemischen bekannten Fehler durch Mitfällung treten auch bei dieser Meth. auf, während die üblichen Adsorptionsfehler bei der Titration von J^- allein nicht beobachtet wurden. Zugabe von Methanol erhöht lediglich die Empfindlichkeit der Cl^--Best., während Aceton keinerlei Vorteile bringt. (Analytic. Chem. **28.** 799—802. Mai 1956. Cambridge, Mass., MIT., Dep. of Chem. and Labor. for Nucl. Sci.) H. Hofmann. G 245

G. H. Cheesman und **K. W. Allen,** *Eine optische absorptiometrische Methode zum Analysieren von Brom–Jod-Gemischen.* Vff. beschreiben ein photoelektr. Absorptiometer, das mit Hilfe von Na-Licht gestattet, J_2 u. Br_2 in CCl_4 gelöst nebeneinander zu bestimmen. Der Absorptionskoeff. ist dem Molenbruch proportional. (Analytica chim. Acta [Amsterdam] **5.** 119—22. Febr. 1951. Reading, Univ.) H.-G. Moslé. G 249

T. C. J. Ovenston und **W. T. Rees,** *Über die spektrophotometrische Bestimmung von Jod durch Extraktion mit organischen Lösungsmitteln.* J_2 wird aus der wss. Phase mit einer bestimmten Menge Chlf. oder CCl_4 extrahiert u. 5 ml dieser Lsg. werden mit 1 ml 2%ig. KJ-Lsg. in 95%ig. A. versetzt u. auf 10 ml mit 95%ig. A. aufgefüllt. Die Extinktion dieser Lsg. wird bei 360 mμ mit einem photoelektr. Spektrophotometer gemessen. Die Absorptionsspektren von 7,0 μg J_2/ml in 1:1 Mischung A.–Chlf. mit 0,2% KJ, von 14 μg J_2/ml Toluol u. 140,0 μg J_2/ml Chlf. werden mitgeteilt. Das Beersche Gesetz wird in dem Syst. Chlf.–A.–J_2 bis zu 10 μg J_2/ml erfüllt. Eine Änderung des Wassergeh. im A. (88—99,5%) des A./Chlf.-Verhältnisses (30—70% A.) hat keinen wesentlichen Einfl. auf die spezif. Extinktion. Mit höherem KJ-Geh. nimmt die spezif. Extinktion etwas ab. Das Gleichgewicht $J_2 + J^- \rightleftharpoons J_3^-$ wird diskutiert. (Analytica chim. Acta [Amsterdam] **5.** 123—27. Febr. 1951. Brit. Admiralty, Royal Naval Sci. Serv.) H.-G. Moslé. G 249

K. Ss. Tscheschew, *Quantitative Bestimmung von Natrium in Form von Antimonat.* Die Best. des Na als Antimonat erfolgt mit $KSb(OH)_6$ in 20—30%ig. A.-Lsg., diese Fällungslsg. A enthält (bei 25% A.) 4,5—4,6 g $KSb(OH)_6$/Liter, 25—26% A. u. 0,3—0,5 g KOH/Liter (Reagens 1) oder (bei 30% A.) 2,7—2,8 g $KSb(OH)_6$, 31—32% A. u. 0,3 g KOH/Liter (Reagens 2). Die Summe der Chloride KCl + NaCl (aus Naturprodd.) enthält gewöhnlich ein wenig Erdalkaliverunreinigung, zu deren Entfernung eine Lsg. B verwendet wird: 72 ml W., 2 ml gesätt. $(NH_4)_2CO_3$-Lsg. in NH_3 (Sättigung von gekühltem NH_3 mit CO_2 bis zur Kristallausscheidung), 5 ml 10%ig. NH_3, 5 ml 2%ig. o-Oxychinolinlsg. (in A.), 16 ml A. A n a l y s e n g a n g : Das Chloridgemisch wird in B-Lsg. aufgenommen, 5—10 Min. im Wasserbad (50—60°) gehalten, zentrifugiert. Dann wird bei mehr Na-Geh. (Vorprobe; 0,5—3,5 mg Na) 5 ml Reagens 1, bei wenig Na (0,2—0,6 mg) 4 ml Reagens 2 nach 10—15 Min. je nach der Menge des Nd. noch 1—3 ml Reagens zugefügt. Der Nd. wird 1 Std. in schm. Schnee gekühlt, zentrifugiert, mit 35%ig. A. (gekühlt) gewaschen, in 6 ml konz. (nicht J ausscheidender) HCl gelöst, nach Zusatz von 1 ml 10%ig. KJ-Lsg. u. 3 Min. Abwarten mit 0,025n Thiosulfat- u. Stärkelsg. titriert. — Beim Verhältnis K:Na $\leq$ 50 ist Reagens 1 (25% A.) das gebotene, bei K:Na $\leq$ 100 wird Reagens 2 angewandt. Liegt mehr K vor, also K:Na $>$ 100, so wird der Überschuß an KCl durch A. entfernt (Winogradow-Dundur 1949): Das Gemisch KCl + NaCl wird in 2 ml W. gelöst, mit 1 ml W. unter Zusatz von 3—4 ml 96%ig. A. nachgewaschen, bei 20° auf 25 ml mit A. aufgefüllt, nach 1 Std. zentrifugiert, 15—20 ml für die Na-Best. entnommen u. in Lsg. B aufgenommen usw. (vgl. oben). Beim Ausfallen von viel KCl muß Volumkorrektur angebracht werden (1 g $\approx$ 0,5 ml, abzuziehen von 25 ml). Bei K:Na $<$ 100 kann, in Abwesenheit von anderen Kationen, die Best. auch aus Nichtchloriden durchgeführt werden: man fällt mit B-Lsg., trennt vom Nd., dampft ein, glüht die NH_4-Salze ab (500°) u. löst den Rückstand wieder in B-Lsg.; die doppelte Behandlung mit B-Lsg. ist bei geringer Nd.-Bldg. nicht erforderlich, da genügt einmalige Fällung. Die (oben erwähnte) Vorprobe auf die Menge Na wird wie folgt durchgeführt: zu 1 ml Chloridlsg. in A werden 4—5 ml Reagens 1 zugefügt: bildet sich ein gut sichtbarer Nd. nach 3—5 Min., so wird für die Best. Reagens 1 benutzt, bei Bldg. einer nur geringen Trübung ist Reagens 2 zur Fällung zu empfehlen. — Die Bestimmungsfehler betragen bei 0,2—3 mg Na $\sim \pm 3\%$ im Mittel. (Журнал Аналитической Химии [J. analyt. Chem.] **9.** 230 44. Juli/Aug. 1954. Frunse, Kirgis. wiss. Forschungsinst. für Tierzucht.) A. v. Wilpert. G 274

J. C. White, A. S. Meyer jr. und **D. L. Manning,** *Differentialspektrophotometrische Berylliumbestimmung.* Be reagiert mit p-Nitrobenzolazoorcin in alkal. Lsg. unter Bldg.

eines intensiv roten Farbkomplexes. Vff. verwenden diese Rk. zur differentialspektrophotometr. Best. geringer Be-Mengen. Ein Na-Borat–Na-Citrat-Puffer (p_H 12,7 ± 0,1) gestattet die Einhaltung konstanter Alkalinität der Lösungen. p-Nitrobenzolazoorcin reagiert unter diesen Bedingungen außer mit Be nur noch mit Mg u. in geringem Maße mit Zn; viele Kationen, die in alkal. Lsg. normalerweise ausfallen, werden durch Citrat oder Äthylendiaminotetraacetat komplex in Lsg. gehalten. Die Absorptionsmessungen erfolgen 10 Min. nach Zusatz des Farbreagenses mit dem BECKMAN-Spektrophotometer DU (1 cm Küvette) bei 510 mμ gegen eine Standardvergleichslsg., die 1,0 mg Be/100 ml enthält. Lsgg. mit 1,1—1,6 mg Be/100 ml folgen dem BEERschen Gesetz; bei höheren Konzz. treten starke Abweichungen auf. Eine ausführliche Arbeitsvorschrift findet sich im Original. Die Genauigkeit der Meth. beträgt ca. ± 1%. Bei Ggw. eines fünffachen Überschusses U oder Al sinkt die Genauigkeit auf ca. ± 2%; für größere Mengen U oder Al wird die Be-Best. korrigiert. Da der in Rede stehende Be-Farbkomplex stabiler als der Fluoberyllatkomplex ist, stören selbst größere F^--Mengen die Best. nicht. (Analytic. Chem. **28.** 956—59. Juni 1956. Oak Ridge, Tenn., Oak Ridge Nat. Labor., Analyt. Chem. Div.) D. ERTEL. G 281

D. I. Rjabtschikow und **W. Je. Buchtiarow**, *Bestimmung von Beryllium in Bronzen unter Anwendung eines Kationits.* Zur Trennung des Be von Fe u. Al wird empfohlen, die Oxalate chromatograph. zu trennen. Verwendet wurde das Kationit „SsBSs“ (15 g in 100 ml-Bürette) in der H-Form. Anfangs wurde die Lsg. aller 3 Elemente mit NH_3 bis zur Trübung versetzt, die in HCl gelöst wurde; nach dem Hindurchleiten durch das Kationit wurden Fe + Al mit 2%ig. Oxalsäure (**I**)-Lsg. extrahiert, anschließend Be mit 10%ig. HCl — jedoch dauerte die Extraktion mit **I** lange. Besser war die Verwandlung der Salze mit 2%ig. alkal. **I**-Lsg. in Oxalate, dann Filtration durch das Kationit. — Be-Bronze (Cu–Be + 0,4% Fe, 0,25% Al): 0,5 g Legierung wurde in 25 ml 30%ig. HNO_3 gelöst, Cu elektrolyt. abgeschieden, NH_3 bis zum schwachen Geruch zugegeben (70°) u. nach 10 Min. filtriert. Die 3 Hydroxyde wurden 4 mal mit 2%ig. NH_4NO_3-Lsg. gewaschen, in 20%ig. heißer HCl gelöst, bis auf 1 ml eingedampft, abgekühlt, 25 ml W., 40 ml 2%ig. **I**-Lsg., Methylorange, NH_3 bis Rot → Gelb zugegeben u. durch die H-Form des Kationits, 2 ml/Min., hindurchgelassen, Al + Fe mit W. (5—7 ml/Min.) bis zur negativen KCNS-Probe völlig herausgewaschen (im Filtrat getrennt), sodann Be mit 10%ig. HCl (4—5 ml/Min.—250 ml) extrahiert; dieses 2. Filtrat mit NH_3 bei 70° gefällt, nach 10 Min. filtriert, mit 2%ig. NH_4NO_3-Lsg. 3 mal heiß gewaschen u. zu BeO verglüht. (Журнал Аналитической Химии [J. analyt. Chem.] **9.** 196—98. Juli/Aug. 1954.) A. v. WILPERT. G 281

M. Sankar Das und **V. T. Athavale**, *Eine schnelle volumetrische Methode zur Bestimmung von Beryllium in Beryllen und verwandten Mineralen.* Zur volumetr. Best. von Be wurde dieses aus 200 ml Lsg. (p_H 5—5,5, Bromkresol als Indicator) durch 10 ml 20%ig. $(NH_4)_2HPO_4$-Lsg. als $BeNH_4PO_4 \cdot 6H_2O$ gefällt. Saure Lsgg. wurden nach Neutralisation mit NH_3 durch 2n NH_4-Acetatlsg. auf den gewünschten p_H-Wert gebracht (25 ml/200 ml Lsg.). Nach ½std. Stehen der erhitzten Lsg. auf dem Wasserbad wurde der grobkörnige Nd. filtriert, durch häufiges Waschen von überschüssigem Phosphat befreit, mit Hilfe von 15 ml 6%ig. $HClO_4$ vom Filter gespült u. auf ein bestimmtes Vol. aufgefüllt. Zur Best. des im Nd. enthaltenen Phosphats diente eine Titration mit mol./20 $BiOClO_4$-Lsg. [24 g $Bi(NO_3)_3$ + 6 ml 60%ig. $HClO_4$ eindampfen, in W. lösen u. auf 1 Liter auffüllen] in aliquoten Teilen mit 20—30 mg BeO unter Bldg. von weißem $BiPO_4$ bei 40—50°. Der günstigste p_H-Wert von 1,8 kann durch Zugabe von 3—4 ml 6%ig. $HClO_4$ zu 100 ml der neutralen Lsg. erreicht werden. Als Indicator diente eine gesätt. Lsg. von Diallyldithiocarbamidohydrazin in CCl_4 (Darst. nach FREUND u. WISCHIRIANSKY, Ber. **3.** [1893.] 2878), die bei Ggw. von überschüssigem Bi eine orangegelbe Farbe zeigt. Die Einstellung der Bi-Lsg. geschah mit Hilfe einer bekannten Phosphatlsg. durch Auswägen des $BiPO_4$. Die Best. des Bi in Beryllen geschah nach Aufschluß mit Na_2CO_3 u. Entfernung von SiO_2 in üblicher Weise. Ein Zusatz von 10 ml 10%ig. Komplexon **II**-Lsg. maskierte störende Elemente. Nach der Fällung wurde dekantiert, in wenig heißer verd. HCl gelöst u. nochmals bei Ggw. von 5 ml Komplexonlsg. durch 5 ml Phosphatlsg. wiedergefällt. Zum Lösen des Nd. für die Titration wurden 15 ml 6%ig. $HClO_4$ verwendet. 1 ml 1 mol. Bi-Lsg. entspricht 25,02 mg BeO. Geringe Mengen TiO_2 stören nicht. Größere Mengen wurden durch Oxydation mit H_2O_2 unschädlich gemacht. (Analytica chim. Acta [Amsterdam] **12.** 6—12. Jan. 1955. Bombay, Atom. Energy Comm., Chem. Dep.) H. PLUSKAL. G 281

H. Flaschka und **H. Abdine**, *Mikrotitrationen mit Äthylendiamintetraessigsäure.* 12. Mitt. *Die Bestimmung von Gallium.* (9. vgl. C. **1956.** 8447.) Auf Grund der von SCHWARZENBACH u. Mitarbeitern mitgeteilten Logarithmen der Komplexkonstanten des In,

Ga u. Al ist die Best. des Ga durch Rücktitration eines gemessenen Überschusses an Komplexon mit Mg, Zn oder einem andern auf Eriochromschwarz T in alkal. Lsg. ansprechenden Metall möglich. Vf. beschreibt nun die Best. des Ga durch Rücktitration eines Komplexonüberschusses mit Zn, Mg, Cu u. Pb mit verschied. Indicatoren u. bei verschied. p_H-Werten. Unter Verwendung von Pb-Salzlsg. zur Rücktitration ist die Best. von Ga neben Zn, Cu, Co, Ni u. Fe möglich, wenn diese Metalle durch KCN maskiert werden. Nimmt man die Rücktitration mit Zn oder Cu bei $p_H < 6$ vor, ist eine Best. neben größeren Mengen Erdalkalien möglich. (Mikrochim Acta [Wien] **1954.** 657—67. Graz, Univ., Med.-chem. Inst. u. Pregl.-Labor.) A. M. FRETZDORFF. G 295

Charles N. Reilley und **William W. Porterfield,** *Coulometrische Titrationen mit elektrisch freigemachter Äthylendiamintetraessigsäure. Titrationen von Calcium, Kupfer, Zink und Blei.* (Vgl. C. **1956.** 10772.) In einer näher beschriebenen Meßzelle (Abb.) führen Vff. coulometr. Titrationen von Ca^{2+}, Cu^{2+}, Zn^{2+} u. Pb^{2+} mit indirekt elektr. erzeugter Äthylendiamintetraessigsäure, die durch Red. des Hg-Äthylendiamintetraacetat-Chelats an der Hg-Kathode entsteht, durch. Die passenden Gleichgewichtsbedingungen werden in einem Potential-p_H-Diagramm angegeben, das in Verb. mit Polarogrammen für kinet. Effekte wertvolle Aufschlüsse über die gewünschten Lösungsbedingungen liefert. Auf Grund der erhaltenen Ergebnisse, die tabellar. zusammengestellt sind, scheint die Verwendung dieser Meth. zur Titration anderer Metallionen möglich zu sein. (Analytic. Chem. **28.** 443—47. April 1956. Chapel Hill, N. C., Univ. of North Carolina, Dep. of Chem.) H. SURAWSKI. G 358

J. Doležal und **P. Hofmann,** *Polarographische Bestimmung von Kupfer, Eisen, Cadmium und Blei in Zink.* Inhaltlich ident. mit der C. **1955.** 5380 referierten Arbeit. (Collect. czechoslov. chem. Commun. **20.** 858—62. Aug. 1955. [Orig.: russ.]) W. BARZ. G 358

Richard M. Rush und **L. B. Rogers,** *Der Einfluß des Mediums bei zwei katalytischen Tüpfelreaktionen auf Kupfer.* Ähnlich wie WEST u. HAMILTON (C. **1955.** 1572) untersuchten Vff. den Einfl. der Qualität des Filtrierpapiers auf die Empfindlichkeit von Tüpfelreaktionen. Zur Unters. wurden die Autoxydation von Resorcin u. die Red. von o-Dinitrobenzol mit Phenylhydrazin herangezogen, die beide durch Cu katalysiert werden. Die Ergebnisse zeigen, daß im allg. auf aschefreiem Papier die Empfindlichkeit bis zu einer Zehnerpotenz höher liegt. Es wird darauf hingewiesen, daß alle neuen Tüpfel-Rkk. auf verschied. Papiersorten geprüft werden müssen, ehe über deren Empfindlichkeit eine exakte Angabe gemacht werden kann. (Mikrochim. Acta [Wien] **1955.** 821—23. Cambridge, Mass., MIT, Dep. of Chem.) G. ACKERMANN. G 358

Bernard Gehauf und **Jerome Goldenson,** *Ein neues Reagens auf Silber und Kupfer.* Das Reagens — ein roter Farbstoff — entsteht beim Umsatz von *1-Phenyl-3-methyl-5-pyrazolon* mit Pyridin, Natriumcyanid u. Chloramin T u. anschließender Behandlung des blauen Zwischenprod. mit Sodalösung. Der Farbstoff (**I**; *Zolon-Rot* genannt) ist wenig lösl. in W. jedoch leicht lösl. in verschied. organ. Lösungsmitteln. **I** gibt mit Ag^+ u. Cu^+ in Na-Acetat-gepufferter Lsg. einen tiefblauen, in W. unlösl. Nd.; mit Au bildet **I** beim Stehen einen purpurroten Niederschlag. Hg fällt erst bei längerem Stehen als roter Nd. aus. Pb, Zn, Cd, Fe, Ni, Co, Pt u. Pd reagieren unter den genannten Bedingungen nicht. Der Cu-Komplex ist infolge Oxydation von Cu^+ zu Cu^{2+} instabil. Die Empfindlichkeitsgrenze des Nachw. beträgt für Ag^+ 1:600000, für Cu^+ 1:250000. Eine Verwendung von **I** als Indicator bei der Titration von Ag^+ mit Cl^- wird besprochen. (Analytic. Chem. **27.** 420—21. März 1955. Army Chem. Center, Md., Chem. Corps, Chem. and Radiol. Labor.) K.-G. HACKSTEIN. G 359

Ss. Ja. Schnaiderman, *Nachweis und colorimetrische Bestimmung von Gold mit Ascorbinsäure.* Zum qualitativen Nachw. u. zur colorimetr. Best. des *Au* wird Ascorbinsäure (I) angewandt. Zu 1 ml einer 0,001 mol. schwachsauren Au (**III**)-Lsg. gibt man 0,5—1,0 ml einer 0,1%ig. Lsg. von **I** u. mischt um. Nach 2—3 Min. färbt sich die Lsg. infolge Bldg. einer koll. Au-Lsg.; die Empfindlichkeit der Rk. ist $1:10^7$. Den Nachw. von Au in $0,66 \cdot 10^{-4}$ mol. Lsgg. von $HAuCl_4$ stört nicht die Ggw. einer 20fachen Menge salpetersaurer, schwefelsaurer oder salzsaurer Salze, bes. des Fe, Mn, Ni, Co, Cu, Sb, Pb, Zr, der Seltenen Erden sowie des UO_2, Na-Vanadats, Ammoniummolybdats u. -Wolframats sowie des K-Selenits u. -Tellurits. Ag-Ionen werden von **I** zu metall. Ag red. u. bilden bei kleinen Konzz. eine graue Trübung. Bei gleichzeitiger Anwesenheit von Au-Ionen in der Lsg. fällt ein schwarzer Nd. aus. Farbe u. Intensität der Färbung sind vom Säuregrad des Mediums abhängig. Eine bes. intensive Blau- u. Rotviolettfärbung der Au-Sole erhält man im schwachsaurem Medium. Mit der Zeit werden die koll. Au-Lsgg. undurchsichtig. Um die Koagulation der koll. Au-Lsg. zu verhindern, verwendet man als Schutzkolloid eine 0,5%ig. Stärkelösung. Die opt. Dichte der gefärbten Lsgg. wurde mit dem Photocolorimeter unter Verwendung eines blauen Lichtfilters gemessen. Der maximale Wert wird bei einem 30fachen Überschuß an I erreicht. Die koll. Au-Lsgg., die durch Red. von $HAuCl_4$ mit I erhalten wurden, folgen nicht dem BEERschen Gesetz. (Украинский Химический Журнал [Ukrain. chem. J.] **21.** 261—64. 1955. Kiew, Polytechn. Inst.) E. STEINBERG. G 360

V. Šilhanová und **J. Kvaček,** *Die Anwendung der spanlosen Methode zur Prüfung von Gold- und Platinlegierungen.* Inhaltlich ident. mit der C. **1955.** 7510 referierten Arbeit. (Collect. czechoslov. chem. Commun. **20.** 1001—04. Aug. 1955. [Orig.: russ.]) W. BARZ. G 368

O. I. Milner und **G. F. Shipman,** *Colorimetrische Bestimmung von Platin mit Zinn(II)-chlorid.* Zur colorimetr. Best. von Pt ist der Komplex $(PtSn_4Cl_4)^{4+}$ geeignet. Er bildet sich, wenn man 2n saure Pt-haltige Lsgg. mit 5 p.p.m. Pt mit überschüssiger $SnCl_2$-Lsg. versetzt. Der Überschuß soll mindestens 300:1 sein. Man verwendet 5 ml 20%ig. $SnCl_2$-Lsg. für 100 ml Pt-Lösung. Sn(IV) stört nicht. Die Absorption zeigt bei 405 mμ ein Maximum. Die Farbintensität ist der Pt-Konz. proportional. Der mittlere Absorptionskoeff. beträgt $0{,}0398 \pm 0{,}00044$. Die Färbung ist weitgehend unabhängig von der Acidität (wenn $> 0{,}7$n) u. mindestens 3 Tage haltbar. In 0,3n salzsaurer Pt-Lsg. mit 3 p.p.m. Pt bildet $SnCl_2$ bes. bei Ggw. von Sn(IV) einen doppelt so stark gefärbten Komplex, der gleichzeitig Pt(II), Sn(II) u. Sn(IV) enthält. Er ist für eine analyt. Best. weniger geeignet, da seine Intensität abhängig von der Acidität der Lsg. u. der Konz. an Sn(II) u. Sn(IV) ist u. sich schon innerhalb einiger Min. verändert. (Analytic. Chem. **27.** 1476—78. Sept. 1955. Paulsboro, N. J., Socony Mobil Oil Co., Labor., Res. and Dev. Dep.) H. PLUSKAL. G 368

Enrico Romano und **Giuseppina Merli,** *Methode zur Bestimmung der Angreifbarkeit von Carbonatgesteinen.* Die Meth. beruht auf der Best. des bei Erhitzen von NH_4Cl mit dem Carbonat entweichenden NH_3 gemäß der Gleichung $CaCO_3 + 2NH_4Cl = 2NH_3 + CaCl_2 + H_2O + CO_2$. Zur Ausführung erhitzt man eine 0,1 g $CaCO_3$ entsprechende Menge des zerkleinerten Gesteins mit 25 cm³ 1%ig. NH_4Cl-Lsg. + 250 cm³ W. u. leitet das entweichende NH_3 in 25 cm³ 0,1n H_2SO_4. Rücktitration gegen Methylrot mit 0,1n NaOH nach dem Erkalten. Erhitzungsdauer ½ Std. (Ann. Staz. chim.-agrar. sperim. Roma 3 **1951.** Pubbl. Nr. 52. 1—6. Roma, Staz. Chim.-Agrar. Sperim.) C. GRIMME. 5290

Silve Kallmann, *Bestimmung von Wolframit in Scheelit.* Wolframit enthält Fe(II), das auch durch 4std. Erhitzen auf 400° nicht oxydiert wird. Scheelit enthält Fe(III). Zur Best. von Wolframit in Scheelit werden 4 g feingepulverte Probe 4 Std. (jede Std. umrühren) auf 400° erhitzt, um Fe(II) aus anderen Verunreinigungen, wie Pyrit u. Siderit, zu Fe(III) zu oxydieren. Nach dem Abkühlen im Exsikkator löst man je 1 g in 100 ml konz. HCl in einem Erlenmeyer. Der Kolben ist nur durch ein Glasrohr mit der Luft verbunden, das durch heißes, mit etwas $NaHCO_3$ versetztes W. führt. Man erhitzt zum Sieden u. läßt 45 Min. heiß stehen. Dann ersetzt man das heiße, nun mit HCl gesätt. W. durch neues, das 10 g $NaHCO_3$ in 250 ml W. enthält, u. kühlt unter 15° ab. Nach Zugabe von 100 ml kaltem ausgekochtem W. u. 1 ml 0,1%ig. Na-Diphenylaminindicatorlsg. titriert man Fe(II) sofort mit 0,1 oder 0,01n $K_2Cr_2O_7$-Lsg. bis zu einem schwach purpur gefärbten Endpunkt. 1 ml 0,01n $K_2Cr_2O_7$-Lsg. entspricht 0,0558% Fe(II) oder 0,30% Ferberit. 1—15 mg Fe(II) in 1 g Scheelit werden meist bis auf 0,2 mg wiedergefunden. Zur Best. des Mn in Hübnerit verwendet man dessen geringe Löslichkeit in 2%ig. Essigsäure, die 100 mg Oxalsäure/50 ml enthält. Vom Mn des untersuchten Wolframits lösen sich ca. 0,4 mg/50 ml bei 4mal 1std. Extraktionsdauer, wobei zwischendurch filtriert wird. Alle untersuchten Wolframite enthalten mindestens 97% Mn als Hübneritform. (Analytic. Chem. **27.** 1433—35. Sept. 1955. Teaneck, N. J., Ledoux Co., Inc.) H. PLUSKAL. 5292

b) Organische Verbindungen.

Evan W. McChesney und **William F. Banks jr.,** *Bestimmung von organischem Schwefel in nichtflüchtigem Material durch schnelle Oxydation im offenen Reagensglas.* Zur Best. von organ. gebundenem S wird die Substanz mit Chlorsäure u. $FeCl_3$ (als Katalysator) bei 120° aufgeschlossen. Nach Zers. der Chlorsäure durch Erhitzen auf 170—180° wird die verbleibende $HClO_4$ als K-Salz gefällt. Das entstandene Sulfat wird mit einer bekannten $BaCl_2$-Lsg. gefällt; das überschüssige Ba^{2+} wird colorimetr. durch Fällung mit NH_4-Chromat bestimmt; das in Lsg. verbleibende Chromat ist ein Maß für den ursprünglich vorhandenen S. S-Mengen von 1 mg sind mit einer Genauigkeit von $\pm 2\%$ bestimmbar. Die Meth., die an einer Anzahl von definierten organ. S-Verbb. überprüft wurde, kann auf biolog. Material, wie Plasma, Harn, Galle u. Gewebe angewendet werden. Bei Material mit hohem Proteingeh. u. niedrigem S-Geh. ist die Meth. genau, wenn auch nicht immer so genau wie bei den meisten reinen organ. Verbindungen. Stoffe, die gegen Oxydation bes. widerstandsfähige Gruppen enthalten, wie Methionin, benötigen eine längere Oxydationszeit bei einer Temp. von $>200^0$. Ausführung: Die Probe mit ca. 0,8—1,6 mg S wird in einem 2×20 cm-Reagensglas aus Borsilicatglas, das durch einen umgekehrt aufgesetzten 10 ml-Erlenmeyer verschlossen ist, mit 0,2 ml 2%ig. $FeCl_3$-Lsg. u. 10 ml 28%ig. wss. $HClO_3$-Lsg. 1 Std. in einem Ölbad von 120—130° erhitzt. Dann erhitzt man innerhalb ½ Std. auf 170 bis 180° u. hält diese Temp. bis zur Zers. der $HClO_3$ bei. Nach dem Abkühlen der Lsg. (1,5 ml) spült man mit ca. 8 ml W. ab, gibt 2,2 ml 6n KOH u. 1 Tropfen Bromphenolblau hinzu u. stellt die Lsg. gerade sauer. Dann versetzt man mit 1 Tropfen 6n KOH u. tropfenweise mit n-HCl; die Lsg. muß klar goldgelb, der Nd. farblos sein. Nun gibt man genau 2 ml 0,0312 mol. $BaCl_2$-Lsg. (1 ml ~ 1,00 mg S) hinzu, verd. zu 25 ml u. läßt 5—10 Min. stehen. Man zentrifugiert u. versetzt 10 ml mit 0,50 ml 0,0499 mol. NH_4-Chromatlsg. (aus 7,34 g $K_2Cr_2O_7$ + 300 ml 30%ig. NH_4OH, ergänzt zu 1 Liter). Nach 5 Min. wird kurz zentrifugiert u. die Extinktion bei 420 mμ bestimmt. (Analytic. Chem. **27.** 987—90. Juni 1955. Rensselaer, N. Y., Sterling-Winthrop Res. Inst.) K. F. MÜLLER. 5352

P. N. Fedossejew und **R. M. Lagoschnaja,** *Absorption von Schwefeloxyden durch Metalloxyde und Silicate.* 0,1—0,15 g S-haltige organ. Substanz wird unter Zugabe von Cr-Oxyd (Katalysator) bei (700—) 800° wie bei der Elementaranalyse im (mit Alkali gereinigten) O_2-Strom (50 ml/Min.) verbrannt. Die S-Oxyde streichen über 4 Porzellanschiffchen mit absorbierendem Metalloxyd oder Na-Silicat, das gleichfalls auf 700—800° erhitzt wird. Nach Beendigung der Verbrennung wird nachgeglüht (unter weiterem Durchleiten von O_2), die Schiffchen werden gekühlt (Exsiccator) u. nach ½ Std. gewogen. — Es zeigte sich, daß CuO, PbO u. CdO wenig geeignet waren, die S-Oxyde zu absorbieren; besser war MgO, bes. gepreßtes, doch auch dieses wird zu leicht durch den O_2-Strom mitgerissen. Hingegen erwies sich Na-Silicat als ein gutes Ersatzmittel in der Elementaranalyse an Stelle von Ag, die Verluste betrugen nicht über 0,5% (durch Mitreißen). (Журнал Аналитической Химии [J. analyt. Chem.] **9.** 224—28. Juli/Aug. 1954. Nikolajew, Makarow-Inst. für Schiffbau.) A. v. WILPERT. 5352

M. E. Scevola, *Untersuchung über eine schnelle quantitative Bestimmung der freien Schwefelsäure und des Lactats in Handelsmilchsäuren.* Zum Nachw. von freier H_2SO_4 in Milchsäure werden im Schüttelzylinder zu 20 ml Säure 100 ml 96%ig. A. gegeben. Nach heftigem Schütteln wird 20 Min. stehengelassen u. abfiltriert. 5—6 ml werden 1:1 mit W. verd. u. einige Tropfen $BaCl_2$-Lsg. zugegeben (124,36 g/Liter). Entsteht eine Trübung oder ein Nd., so ist H_2SO_4 vorhanden. Durch Verwendung einer genau abgemessenen Menge des Filtrats u. Feststellung, wieviel $BaCl_2$-Lsg. gerade ausreicht, um eine vollständige Fällung der H_2SO_4 zu bewirken, kann die H_2SO_4 quantitativ bis 0,25% genau bestimmt werden. — Zur Best. des Ca-Lactats in Milchsäure wird zu 10 bis 20 ml des alkoh. Filtrats ein abgemessener Überschuß n/10 H_2SO_4 gegeben. Nach Schütteln u. Stehenlassen wird filtriert. In einem aliquoten Teil wird wie angegeben die freie H_2SO_4 bestimmt. Die Differenz zwischen dieser u. der zugegebenen Menge entspricht dem Ca-Lactat. (Cuoio-Pelli-Mater. concianti **28.** 87—90. Febr. 1952. Pavia, Univ., Ist. Chim. Farmaceut. Tossicol.) O. ENGEL. G 850

Jean-Marc Landucci und **Monique Pimont,** *Über die Mikrobestimmung der Aminosäuren nach der Methode von Woiwod. Anwendung auf chromatographische Flecke.* Die Unters. der bei der Meth. von WOIWOD (vgl. C. **1950.** II. 564) verwendeten Cu-Phosphatsuspension ergab, daß die Teilchengröße der Suspension inhomogen ist. Vff. entwickelten eine neue Technik der Filtration zur Entfernung feinster Cu-Partikel. Die aus dem Papierchromatogramm ausgeschnittenen Flecke werden zur quantitativen Best. der Aminosäuren mit Na_2HPO_4-Lsg. u. Cu-Phosphatsuspension nach WOIWOD behandelt, durch das hier beschriebene Filter filtriert, mit 2%ig. Na-Diäthyldithiocarbamatlsg. u. Amylalkohol versetzt, zentrifugiert u. die überstehende Lsg. bei 435 mμ photometriert. Eine Best. dauert 1 Std., ist daher für Serienbestimmungen bes. geeignet. (Bull. Soc. Chim. biol. **35.** 1041—44. 1953. Labor. de Rech. Kodak Pathé.) H. LIESE. G 950

N. A. N. Rao und **T. K. Wadhwani,** *Quantitative Bestimmung von Aminosäuren durch zirkulare Papierchromatographie.* Gemische von Aminosäuren bzw. Proteinhydrolysate lassen sich durch zirkulare Papierchromatographie trennen u. in den Eluaten quantitativ bestimmen. Man verwendet kreisförmig ausgeschnittenes WHATMAN-Papier Nr. 1 (von 9″ Radius), das mit n/100 HCl gewaschen, getrocknet u. 2mal mit W. gewaschen u. wieder getrocknet ist. Auf den Umfang eines Kreises von 1″ Radius um den Papiermittelpunkt trägt man die in 10%ig. Isopropanol gelösten Aminosäuren (höchstens

7,5 γ pro Aminosäure) auf u. entwickelt 3 Chromatogramme bei 60—64° F mit folgenden Lösungsmittelgemischen: Butanol–W.–A. (20:4,5:1), Butanol–W.–Essigsäure (40:5:5) u. Butanol–W.–Essigsäure (40:5:15). Mit Hilfe dieser 3 Lösungsmittelsysteme lassen sich die üblichen Aminosäuren in 3 Chromatogrammen trennen. Mit dem 1. u. 3. Lösungsmittelgemisch muß man das Chromatogramm 3mal laufen lassen; die Entwicklung eines Chromatogramms dauert 16—18 Stunden. In synthet. Gemischen ließen sich z. B. trennen durch Lösungsmittelgemisch I: *Leucin, Isoleucin, Phenylalanin* (**I**), *Tryptophan* (**II**), *Tyrosin* (**III**), *Prolin* (**IV**), *Alanin* (**V**), *Threonin, Oxyprolin* (**VI**), *Histidin, Arginin* (**VII**), *Lysin*; durch Lösungsmittelgemisch II: **I**, *Valin, Methionin* (**VIII**), **II**, **III**, **IV**, **V**, **VI**, **VII** u. *Cystin* (**IX**); durch Lösungsmittelgemisch III: **VIII**, *Threonin, Glutaminsäure, Glycin, Serin, Asparaginsäure,* **VII** u. **IX**. — Die getrockneten Chromatogramme werden mit einer 0,4% ig. Ninhydrinlsg. in 95% ig. Aceton besprüht. Die Zonen (mit Ausnahme der von **IV** u. **VI**) werden mit je 5 ml eines mit $CuSO_4$ gesätt. 75% ig. A. extrahiert; die Extinktion der Lsgg. wird bei 520 mμ gemessen. Die gelbe Färbung des **IV** entsprechenden Fleckes wird mit 50% ig. Propanol extrahiert u. bei 350 mμ bestimmt. **VI** wird nach AXELROD u. MARTIN (Proc. Soc. exp. Biol. Med. **83**. [1949.] 461) bestimmt. Nach dieser Meth. wurde die Aminosäurezus. von *Edestin* u. *Rinderserumalbumin* bestimmt u. mit den Ergebnissen anderer Autoren verglichen u. in Übereinstimmung mit diesen gefunden. (J. Indian Inst. Sci. **37**. Sect. A 130—40. April 1955. Bangalore, Indian Inst. of Sci., Sect. of Pharmacol.) K. F. MÜLLER. G 950

J. Exner und **M. Bohdanecký**, *Polarographische Bestimmung von Hydrochinon in Monomeren.* Inhaltlich ident. mit der C. **1956**. 6770 referierten Arbeit. (Collect. czechoslov. chem. Commun. **20**. 1246—48. Okt. 1955. [Orig.: dtsch.]) W. BARZ. G 1060

J. Čihalík und **D. Vavrejnová**, *Über die Verwendung von Jod(I)-chlorid in der analytischen Chemie.* 3. Mitt. *Die Bestimmung einiger organischer Verbindungen.* Inhaltlich ident. mit der C. **1956**. 5376 referierten Arbeit. (Collect. czechoslov. chem. Commun. **21**. 192—201. Febr. 1956. [Orig.: russ.]) W. BARZ. G 1060

Joanne Henderson und **A. Stone Freedberg**, *Polarographische Messung von l-Noradrenalin und l-Adrenalin.* Zur Best. von *l-Adrenalin* (**I**) u. *l-Noradrenalin* (**II**) werden beide Verbb. durch Jodatoxydation in *Jodadrenochrom* (**Ia**) bzw. *Jodnoradrenochrom* (**IIa**) übergeführt, die polarograph. bestimmbar sind. Die Halbstufenpotentiale von **Ia** u. **IIa** wurden bei 25° zu $E_{1/2}$ = + 0,03 V bzw. + 0,02 V in 0,1 mol. Essigsäureacetatpuffer (p_H 4,52), der 0,01% Gelatine enthält, bestimmt. In einem Bereich, der 1—50 γ **I** oder **II** in 5 ml entspricht, sind Konz. u. Diffusionsstrom linear proportional. Best. von **I**: Ca. 10^{-3} mMol **I** werden mit 2% ig. Essigsäure zu ca. 5 ml ergänzt, mit 6 mMol 0,1 n KJO_3-Lsg. pro 1 mMol **I** versetzt u. genau 4 Min. mechan. gerührt. Dann versetzt man mit 1 ml 2 n H_2SO_4 u. gibt eine solche Menge 0,2% ig. KJ-Lsg. hinzu, daß 1,7 mMol KJ auf 1 mMol **I** kommt. Ein aliquoter Teil dieser Lsg. wird mit 0,1 ml 0,5% ig. Gelatinelsg. u. so viel 0,1 mol. Essigsäure–Acetatpuffer (p_H 4,52) versetzt, daß das Gesamtvol. 5 ml beträgt u. nach 10—15 Min. Durchleiten von N_2 polarographiert. — Zur Best. von **II** versetzt man die Lsg. mit 0,2 n Na-Acetatlsg. (an Stelle der 2% ig. Essigsäure) u. erhöht die Oxydationsdauer auf 6 Minuten. (Analytic. Chem. **27**. 1064—66. Juli 1955. Boston, Mass., Harvard Med. School, Med. Res. Dep., Yamins Res. Laborr., u. Beth Israel Hosp., Med. Serv.) K. F. MÜLLER. G 1320

K. Schreier und **Kl. Gaedtke**, *Über die papierchromatographische Bestimmung von Serotonin und anderen Indolkörpern.* Zur Identifizierung von *Serotonin* (**I**), *Indolessigsäure* oder anderen Indolkörpern wird das entwickelte u. getrocknete Chromatogramm mit einer Mischung von 10% methanol. *Xanthydrol* u. Eisessig besprüht, getrocknet u. in HCl-Dampf gebracht. Die Flecken sind meist blau auf gelbem Grund. Bei den genannten Verbb. ist nach Elution mit Eisessig–Methanol (2:1) eine quantitative Best. im Photometer möglich; es gilt das BEERsche Gesetz. Noch 1 γ **I** kann nachgewiesen werden u. ab 5 γ ist die Best. quantitativ. Die chromatograph. Trennung von *Indol* u. *Skatol* gelang nicht (R_F = 1). (Naturwissenschaften **43**. 130. März 1956. Heidelberg, Univ.-Kinderklinik.) A. DILLMANN. G 3081

Ernest W. Grant und **Edward E. Kennedy**, *Methoden zur Bestimmung von Protoveratrin.* Das Protoveratrin (**I**)-Gemisch kann in W. oder in Eisessig acidimetr. titriert werden. Als Gemisch von Esterbasen ist es auch durch Infrarotphotometrie bei 5,8 μ bestimmbar. Auftrennung in **I**-A u. **I**-B kann durch Papierverteilungschromatographie erfolgen. Das Papier wird mit *Aceton–Formamid* (**II**) (3 : 1) vorbehandelt, **I** (A + B) in Chlf. aufgebracht u. mit **II**-gesätt. Bzl. absteigend 18—20 Std. chromatographiert. Entw. durch Besprühen mit DRAGENDORFF-Reagens. **I**-B wandert im Gegensatz zu **I**-A wenig oder gar nicht. Zur quantitativen Best. werden die durch Vgl. festgelegten Alkaloidflecke ausgeschnitten, mit A. eluiert u. der Verdunstungsrückstand nach 18 std.

Einw. von H_2SO_4 bei 540 mμ photometriert. (J. Amer. pharmac. Assoc., sci. Edit. **44**. 129—32. März 1955. Indianapolis, Ind., Eli Lilly & Co.) Ph. Fresenius. G 3500

Richard H. Robinson, *Turbidimetrische Bestimmung von Nicotin. Eine analytische Anwendung von Valser's Reagens.* Zur Best. von *Nicotin* (**I**) in Tabak oder Insekticiden in Ggw. von *Nornicotin* (**II**) wurde eine spezif., zeitsparende Meth. ausgearbeitet. Die Meth. beruht darauf, daß **I** als Jodomercurat in 0,2n H_2SO_4 koll. ausgefällt wird, wobei die 37fache Menge **II**-Jodomercurat in Lsg. bleibt. Die Best. erfolgt durch turbidimetr. Vgl. mit bekannten Mengen **I**-Jodomercurat. Ausführung: Eine 7,5—14,5 mg **I** enthaltende gepulverte Tabak- oder Insekticidmenge (= E g) wird in einem Kjeldahl-Kolben nach Zusatz von 30 ml 30%ig. NaOH mit Wasserdampf in einen 5 ml 10n H_2SO_4 enthaltenden 250 ml-Meßkolben dest. u. zu 250 ml mit W. ergänzt. 3mal je 3,00 ml Destillat, sowie 3mal je 3,00 ml **I**-Standardlsg. (50 γ **I** pro ml 0,2n H_2SO_4) u. 3,00 ml 0,2n H_2SO_4 als Blindvers. bringt man in 25 ml-Absorptionszellen von 23 mm Durchmesser u. versetzt jede Lsg. mit 2 ml 1%ig. Stärkelsg. u. 17,00 ml W.; in Intervallen von 30 Sek. gibt man in jede Lsg. 1,00 ml Valsers Reagens (70 g HgJ_2 werden in einer Lsg. von 50 g KJ in W. gelöst; man versetzt mit 5 ml 10n H_2SO_4 u. verd. mit W. zu 500 ml) u. mißt in Intervallen von 30 Sek. unter Verwendung eines 525 mμ-Filters die Extinktion. Wenn diese in den geradlinigen Bereich der Eichkurve (4—8 γ **I**/ml) fällt, wird abgelesen u. das Mittel aus den 3 Werten gebildet. % **I** = $0{,}00015 \cdot A_x \cdot V \cdot 100/E \cdot [0{,}529\,(A_k - A_x) + A_k] \cdot 3$ (A_x = Extinktion der Probelsg.; A_k = Extinktion der Standard-**I**-Lsg.; V = 250). (Analytic. Chem. **27**. 1351—53. Aug. 1955. Pittsburgh, Pa., Fisher Scient. Co., Developm. Labors.) K. F. Müller. G 3500

Ernest J. Umberger, *Isonicotinsäurehydrazid als Reagens zur Bestimmung von Δ^4-3-Ketosteroiden. Bestimmung von Progesteron und Testosteronpropionat in Öllösungen.* *Δ^4-3-Ketosteroide* bilden in saurer alkoh. Lsg. leicht mit *Isonicotinsäurehydrazid* (**I**) gelb gefärbte Hydrazone. Die neue Farb-Rk., deren Maximum bei 380 mμ liegt, läßt sich quantitativ auswerten u. wurde zur Best. von *Progesteron* (**II**) u. *Testosteronpropionat* (**III**) in pflanzlichen Ölen angewandt. Bei Steroidkonzz. $<$ 10 mg/ml Öl ist die Abtrennung des Steroids vom Öl notwendig, die chromatograph. möglich ist. **II** u. **III** lassen sich chromatograph. quantitativ trennen. Das Isonicotinylhydrazon des **III** läßt sich aus **III** enthaltenden Öllsgg. in reinem Zustand (F. 192—194°, aus 50%ig. A) isolieren u. dient zu dessen Identifizierung. Ausführung der Best.: Das **II** u. **III** enthaltende Öl wird mit absol. A. verd. (höchstens 1 ml Öl/100 ml Lsg.). Aus einem aliquoten Teil mit ca. 50 γ Steroid wird der A. abgedampft u. 4 ml **I**-Reagens (500 mg **I** vom F. 171,5—172,5° werden in absol. A. gelöst, mit 0,625 ml konz. HCl versetzt u. die Lsg. wird mit absol. A. zu 1 Liter verd.) werden zugegeben. Die gut gemischte Lsg. läßt man 1 Std. bei Raumtemp. stehen u. mißt die Extinktion bei 380 mμ gegen einen Blindversuch. Aus Ölproben mit $<$ 10 mg Steroid/ml wird das Öl durch Chromatographie abgetrennt: Das Öl wird in Isooctan–Chlf. (2 : 1) gelöst, so daß 5 ml ca. 0,5 mg Steroid enthalten. 5 ml Lsg. werden auf einer Säule aus 4,25 g Florisil (60—100 Maschen) gegeben u. mit 2mal 5 ml Lösungsm. nachgewaschen u. mit weiteren 100 ml Lösungsm. entwickelt. **III** wird dann mit 200 ml Isooctan–Chlf. (1 : 1) eluiert. In einem aliquoten Teil des Eluats (mit 50 γ **III**) wird **III** wie oben bestimmt. Zur Best. von **II** wird nach Abtrennung des **III** das **II** mit 150 ml Chlf. eluiert u. im Eluat wie oben bestimmt. (Analytic. Chem. **27**. 768—73. Mai 1955. Washington, D. C., Food and Drug Administrat., Dep. of Health, Educat. and Welfare.) K. F. Müller. G 3750

H. J. Hübener, E. Hoffmann und **F. Bode,** *Über eine neue Methode zur quantitativen Bestimmung der Nebennierenrindenhormone. Desoxycorticosteronacetat, Desoxycorticosteron* u. *11-Dehydro-17-oxycorticosteronacetat* werden papierchromatograph. im aufsteigenden Verf. auf mit *Formamid* (**I**) getränktem Papier mit *Xylol*/**I**/NH_3 als Lösungsm. getrennt. Die Flecke lassen sich UV-photograph. darstellen. Die quantitative Auswertung erfolgt nach Ausschneiden der Flecke u. Elution mit A. durch Absorptionsmessung im Eluat bei 241 mμ, die für die Ketogruppe am C_3 charakterist. ist. (Hoppe-Seyler's Z. physiol. Chem. **280**. 102—07. April 1952. Frankfurt/M., Univ., Inst. für vegetat. Physiol. u. I. Med. Klinik.) Ph. Fresenius. G 3750

F. Scheffer, W. Ziechmann, H.-D. Becker und **H. Schlüter,** *Über den Dochteffekt bei der Papierelektrophorese künstlicher Huminsäuren.* Bei der Elektrophorese künstlicher u. natürlicher Huminsäuren erfolgte bei niederer Feldstärke (10 V/cm) zwar Auftrennung in mehrere Fraktionen, wobei aber der Docht- oder Capillareffekt (abhängig vom Feuchtigkeitsgeh. des Papieres) eine Reproduzierbarkeit der Laufzeiten bzw. -strecken erschwerte, da sogar die Laufrichtung abhängig war vom Auftragungsort. Erst 50 V/cm (Laufzeit 3 Min.) konnten den Dochteffekt hinreichend ausschalten, wozu aber der Streifen gut gekühlt werden muß. (Naturwissenschaften **42**. 71. Febr. 1955. Göttingen, Univ., Agrikult.-Chem. u. Bodenkundl. Inst.) P. Holzlöhner. G 4090

c) Bestandteile von Pflanzen und Tieren.

Albrecht Kleinschmidt, *Die Herstellung von Dünnschnitten und ihre Bewertung im Elektronenmikroskop.* Beschreibung der Präparationsmethoden bei der Herst. von Mikrotomschnitten von tier. Gewebe. Nach Fixierung mit OsO_4, Einbettung in Methacrylat u. Polymerisation werden mit einem Schlittenmikrotom Dünnschnitte (Dicke 0,06—0,2 μ) erzeugt, die im Elektronenmikroskop bei einer Strahlspannung von 60 bzw. 80 kV durchstrahlbar sind. Diskussion der bei der Herauslösung des Einbettungsmittels auftretenden Objektveränderungen. (Z. wiss. Mikroskop. mikroskop. Techn. **62.** 138—46. Dez. 1954. Marburg, Univ., Hyg.-Inst.) F. LENZ. 5661

Fritiof S. Sjöstrand, *Die routinemäßige Herstellung von ultradünnen (ca. 200 Å) Gewebeschnitten für elektronenmikroskopische Untersuchungen der Gewebszellen bei hoher Auflösung.* Beschreibung eines Mikrotoms für ultradünne Schnitte. Das Präp. wird auf einer Kreisbahn in einer vertikalen Ebene geführt u. bei der Abwärtsbewegung von einer speziell polierten Rasierklinge geschnitten. Die Qualität der erhaltenen Schnitte wird an Hand von elektronenmkr. Aufnahmen von Mikrotomschnitten aus verschied. tier. Gewebe demonstriert, auf denen ein elektronenmkr. Auflösungsvermögen von 25 Å beobachtet wurde. (Z. wiss. Mikroskop. mikroskop. Techn. **62.** 65—86. Dez. 1954. Stockholm, Karolinska Inst., Anatom. Inst.) F. LENZ. 5661

C. A. Baud, *Der Doppelbrechungstest als Prüfungsmittel für die Erhaltung der Zell-Ultrastruktur im Elektronenbild.* Wenn biol. Objekte bei der Präparation für das Elektronenmikroskop Vorbehandlungen unterworfen werden, die die Ultrastruktur verändern, so sieht man im elektronenmkr. Bild Artefakte. Ob eine solche Veränderung der Ultrastruktur vorliegt, kann man in einigen Fällen durch Unters. der Doppelbrechungseigg. u. ihrer Veränderungen bei der Präparation feststellen. Wenn beispielsweise die Doppelbrechungseigg. eines Objekts nur bei einem bestimmten p_H-Wert erhalten bleiben, führt jede Präparation zu Artefakten, bei welcher dieser p_H-Wert stark über- oder unterschritten wird. (Z. wiss. Mikroskop. mikroskop. Techn. **62.** 106—08. Dez. 1954. Genf, École de Méd., Inst. d'Anatom., Labor. de Morphol. ultrastruct.) F. LENZ. 5661

Ernest R. M. Kay, *Eine Mischung von Methylgrün und Pyronin für Untersuchungen von Zellenteilen.* Angabe der Zus. einer Farbstofflsg., die sich zur Unterscheidung von Zellkernen (Desoxypentosenucleinsäuren; blau), Chromatin (blaugrün), Nucleoli u. Cytoplasma (rot) in Ausstrichen bes. eignet. (Stain Technol. **28.** 41—44. Jan. 1953. Rochester, N. Y., Univ. of Rochester, School of Med. and Dent., Dep. of Biochem.) K. BLUMRICH. 5661

Je. N. Kutumowa und **W. W. Lewitskaja,** *Ein natürlicher Farbstoff für histologische Präparate aus Zwiebelschalen.* Vff. empfehlen als natürlichen Farbstoff für histolog. Kernfärbungen das *Quercitin,* das man aus Zwiebelschalen zuerst mit W. (1 : 5), dann mit 96%ig. A. am Rückflußkühler auszieht u. aus A. umkristallisiert. Bei Vorbehandlung der histolog. Präpp. mit $FeCl_3$ gibt es eine braune Kernfärbung tier. Gewebe. (Аптечное Дело [Apothekenwesen] **4.** Nr. 1. 25—27. Jan./Febr. 1955. Zentral. Wiss. Forschungsinst. für Apothekenwesen des Gesundheitsminist. der UdSSR.) B. KRAFT. 5661

Erik Odeblad und **Cornelius A. Tobias,** *Autoradiographie nach Aktivierung histologischer Schnitte mit Deuteronen.* Paraffinschnitte verschied. Organe (Maus, Kaninchen) wurden auf dünnen *Al*-Folien mit 8—19 MeV-*Deuteronen* (1—4 μA Std.) bestrahlt u. nach 10 Tagen wiederholt je 24—96 Std. auf KODAK-Röntgenfilm gebracht. Die durch β-Zählung von analog bestrahlter Gewebeasche ermittelten Zerfallskurven ergaben während einer Periode von 9—36 Tagen eine Halbwertszeit von 14 ± 1 Tagen. Die β-Teilchenabsorptionskurve während derselben Periode war mit der von ^{32}P ident., so daß die bei den Autoradiographien wirksame Aktivität hauptsächlich auf ^{32}P beruht. Die Autoradiographie gibt demnach die *P*-Lokalisierung innerhalb der Gewebe wieder. Die *P*-Verteilung in der Leber ist innerhalb des Auflösungsvermögens (40—50 μ) weitgehend homogen. Die Speicheldrüse enthält in den epithelialen Teilen beträchtlich mehr *P* als im stützenden Bindegewebe. (Arch. Biochem. Biophysics **49.** 452—53. April 1954. Berkeley, Calif., Univ. of California, Donner Labor. of Med. Phys. and Radiat. Labor.) K. MAIER. 5661

J. H. Rediske, R. F. Palmer und **J. F. Cline,** *Bestimmung von Eisen 55 und Eisen 59 in biologischen Proben.* Zur Best. von ^{55}Fe u. ^{59}Fe, sowohl einzeln als auch in Gemischen, wurde eine schnelle, empfindliche Meth. ausgearbeitet, die zur Analyse von Pflanzengeweben geeignet ist. Das Pflanzenmaterial wird mit H_2SO_4 u. $HClO_4$ aufgeschlossen, das Fe wird in den Fe(III)-Rhodan-Komplex übergeführt, der mit einem Gemisch aus Isoamylalkohol u. Ae. extrahiert wird. Ein aliquoter Teil dieser Lsg. wird auf einer Platte aus rostfreiem Stahl zu einer „unendlich dünnen" Schicht eingedampft.

Die Zählung erfolgt in einem fensterlosen, methandurchflossenen Proportionalzähler. Die Verhältnisse der Aktivitäten beider Isotopen werden durch Zählung unter Verwendung eines 0,63 mg/cm²-Absorbers aus Kautschukhydrochlorid bestimmt; dieser ermöglicht den Nachw. von 0,66 mg/cm² der ^{59}Fe-Aktivität u. von nur 0,015 mg/cm² der ^{55}Fe-Aktivität. (Analytic. Chem. **27.** 849—50. Mai 1955. Richland, Wash., General Electric Co., Radiol. Sci. Dep., Biol. Sect.) K. F. MÜLLER. 5664

d) Medizinische und toxikologische Analyse.

Robert E. Mosher, Masashi Itano, A. J. Boyle, Gordon B. Myers und **Lloyd T. Iseri,** *Die quantitative Bestimmung von Calcium in menschlichem Plasma durch Flammenspektrophotometrie.* Beschreibung einer genauen Schnellmeth. zur flammenspektrophotometr. Best. von Plasma-Ca unter Benutzung eines BECKMAN-Spektrophotometers, *Modell DU* u. eines BECKMAN-Flammenphotometerzusatzgerätes. Die Meth. umfaßt 1. Behandlung der Probe mit HNO_3–$HClO_4$-Mischung (3 : 1) u. Verdampfung zur Trockene zwecks Zerstörung von Plasmaprotein u. Abspaltung von gebundenem Ca, 2. Lösen in HCl u. Fällen von Ca als Tricalciumphospaht durch $(NH_4)_2HPO_4$ in Ggw. von überschüssigem NH_3, 3. Abzentrifugieren von Ca-Phosphat, Lösen des Sediments in HCl u. Verdünnen mit einer Lsg. bekannten Na-Geh. auf ein bestimmtes Vol., 4. Benutzung von Standard-Ca-Lsgg. mit Na- u. Phosphatgeh. wie die vorbereitete Probe zwecks Korrektur der Vergrößerung der Ca-Spektralbandenintensität durch Na u. der Verringerung durch Phosphat, 5. Vgl. der vorbereiteten Probe u. des Ca-Standards im Flammenphotometer bei 554 μ (Schlitzweite 0,2 mm). (Amer. J. clin. Pathol. **21.** 75—80. Jan. 1951. Detroit, Mich., Wayne Univ., Dep. of Chem. and Med.) K. MAIER. 5728

William E. Elliott, *Volumetrische Calciumbestimmung in Blutserum.* 2 ml klares Blutserum werden mit 50 ml dest. W. verd. u. 0,4 ml 9n NaOH-Lsg. u. 1 Tropfen NH_4-Purpurat zugesetzt. Es wird mit 0,001n *Na_2-Dihydrogenäthylendiamintetraacetatlsg.* auf Purpurfarben titriert. 1 ml Titrationslsg. entspricht 1 mg *Ca* in 100 ml Serum. Vergleichende Bestimmungen mit einer Oxalat–$KMnO_4$-Meth. ergaben befriedigende Werte. (J. biol. Chemistry **197.** 641—44. Aug. 1952. Milwaukee, Wis., Allis-Chalmers Manufact. Comp.) F. KRUSEN. 5728

Ss. P. Nikolaitschuk, *Eine Methode zur Bestimmung von Corticosteroiden in den Nebennieren und im Blut.* Die von verschied. Autoren für die Best. von 11-Corticosteroiden verwendete Zuckerbestimmungsmeth. von NELSON (J. biol. Chemistry **153.** [1944.] **375**), die auf der Red. von Cu^{2+} in Ggw. von Arsenmolybdänsäure beruht, wurde von Vf. auf ihre Spezifität bzgl. der einzelnen Corticosteroide geprüft. Modellverss. mit *trans-Dehydroandrosteron, Desoxycorticosteron* (I), *Pregnenolon* u. *Testosteron* zeigten, daß die Cu^{2+}-Red. lediglich für I spezif. ist. — Durch eine Modifikation des Extraktions- u. Reinigungsverf. wird die genannte Meth. erheblich genauer u. rascher u. gestattet es, I, *17-Oxydesoxycorticosteron,* sowie den größten Teil des *Corticosterons* u. *11-Dehydrocorticosterons* quantitativ zu erfassen. Eine vollständige Abtrennung der 11-Corticosteroide von I ist indes nicht möglich. (Биохимия [Biochemie] **19.** 619—25. Sept./Okt. 1954. Ukrain. Inst. für exp. Endokrinol., Abt. für Histophysiol.) H. v. PEZOLD. 5728

Abraham Saifer, *Photometrische Bestimmung des gesamten und freien Cholesterins und des Cholesterinesterverhältnisses des Serums durch eine modifizierte Liebermann-Burchard-Reaktion.* Die Meth. zur Best. des gesamten *Cholesterins* (I) in Serum oder Plasma (J. biol. Chemistry **164.** [1946.] **657**) unter Verwendung einer Acetanhydrid–Dioxan-Mischung (3 : 2) wurde für die Best. von freiem I u. des I–Ester-Verhältnisses abgewandelt. Zur Ausschaltung des Unterschieds zwischen I u. I-Estern in den Reaktionsgeschwindigkeiten bei der Farbentw. wurden höhere Konzz. an konz. H_2SO_4 u. eine höhere Temp. (37,5°) angewandt. Bei der Best. bekannter Mischungen von freiem I mit *Cholesterylacetat, -laurat, -palmitat, -stearat, -oleat* u. *Digitonid* konnte der Gesamt-I-Geh. auf ± 5% ermittelt werden. Die Serumwerte von gesamtem u. freiem I wurden bei 25 n. Erwachsenen bestimmt, wobei das I–Ester-Verhältnis zwischen 73,8 u. 78,8%, bei einer Standardabweichung von ± 1,5%, schwankte. (Amer. J. clin. Pathol. **21.** 24—32. Jan. 1951. Brooklyn, N. Y., Vet. Administrat. Hosp.) K. MAIER. 5728

L. Dibbelt, K. Hinsberg und **H. Esser,** *Untersuchungen zur quantitativen Bestimmung von Pregnandiol-(3α.20α) im menschlichen Urin. Pregnandiol-(3α.20α)* (I) wird nach der GUTERMAN-Meth. aus Harn isoliert. Um die Best. nach dem colorimetr. Verf. mit konz. H_2SO_4 durchführen zu können, müssen aus dem Endprod. der Aufarbeitung nach GUTERMAN störende Verunreinigungen entfernt werden, was durch Entmischen der Lsg. in Methanol/PAe. mit wenig W. möglich ist. Dabei bleibt der Hauptteil der Verunreinigungen im PAe., I reichert sich im wss. Methanol an. Daraus läßt sich I in einem zur Colorimetrie in konz. H_2SO_4 geeigneten Reinheitsgrad erhalten. (Hoppe-Seyler's Z. physiol. Chem. **289.** 153—64. April 1952. Düsseldorf, Med. Akad., Physiol. Inst. u. Frauenklinik.) PH. FRESENIUS. 5732

Wilhelm Zimmermann, Hans-Ulrich Anton und **Dieter Pontius,** *Die Eliminierung störender Chromogene bei der Bestimmung der 17-Ketosteroide mit m-Dinitrobenzol.* Bei der Best. der *17-Ketosteroide* (I) im Harn mit der Farb-Rk. mit m-Dinitrobenzol ist die Korrektur der durch Fremdstoffe verursachten Verfärbung u. der Ablesungswerte der Mischfarbe rechner. nicht ohne weiteres befriedigend möglich. Einfacher als die Reinigung der I über die GIRARD-Hydrazone ist die Ausschüttelung der für I spezif. Farbe aus der Mischfarbe mit Ae. oder Chlf., wobei man für beide Lösungsmittel prakt. übereinstimmende Werte erhält. (Hoppe-Seyler's Z. physiol. Chem. **289.** 91—102. April 1952. Trier, Staatl. Medizinalunters.-Amt.) PH. FRESENIUS. 5732

Ivie Lee Smith, Nathan Kaufman, Ernest Yeager, Thomas D. Kinney und **Frank Hovorka,** *Eine spektrographische Methode zur Analyse der anorganischen Bestandteile von normalen menschlichen Geweben und Neoplasmen.* Für die spektrograph. Analyse gelöster biol. Proben wird eine spezielle Technik beschrieben, bei der die Lsg. in einen Hochspannungsbogen eingebracht u. ihre Emission im opt. Gebiet bestimmt wird. Sie wird dazu in die eine als Hohlkörper ausgebildete Graphitelektrode gefüllt, deren Boden porös ist. Die Proben werden vorher entwässert u. anschließend naß oxydiert, wenn Sulfatlsg., trocken oxydiert, wenn Chloridlsg. gewünscht wird. Im ersten Fall wird mit H_2SO_4 u. HNO_3, dann mit einem Gemisch aus HNO_3 u. $HClO_4$ behandelt, im zweiten Fall wird im Muffelofen bei 450° verascht. Der Spektrograph, die verwendeten Platten, die Erzeugung des Bogens u. die Elektroden werden beschrieben. Zur Eichung der App. werden Standardlsgg. verwendet. An verschied. Beispielen von Spurenanalysen (Ni, Cu, Na, Cd, Ag, Zn) wird gezeigt, daß die quantitative Best. gelingt. In einer trockenen Probe von 200 mg können 8—12 Elemente mit einer Genauigkeit von $\pm 5\%$ bestimmt werden. Anwendungsmöglichkeiten der Meth. auf medizin. Gebiet sehen Vff. bei der Best. von Konzentrationsunterschieden in n. Gewebe u. Neoplasmen. (Lab. Invest. **2.** 284—91. Juli/Aug. 1953. Cleveland, O., Cleveland City Hosp., Dep. of Pathol. u. Western Reserve Univ., Dep. of Pathol. and Chem.) W. REUSSE. 5750

Maurice Lambiotte, *Extraktion und Reinigung von Gallensäuren im Hinblick auf ihre Bestimmung in Geweben und Körperflüssigkeiten des Kaninchens.* Bei Geweben u. Körper-Fll. des Kaninchens mit wenig Lipiden u. relativ viel *Gallensäuren* (I) genügt es, zur I-Extraktion den Rückstand des alkoh. Auszugs mit W. aufzunehmen, anzusäuern u. mit Ae. auszuschütteln. Im umgekehrten Fall werden die I von Fett u. Lipiden durch Behandeln mit dem Ionenaustauscher Amberlite IRA 400 in der OH-Form in Ae.-Lsg. u. Elution mit 23 g NaCl + 100 cm³ W. + 100 cm³ 95% ig. A. getrennt. Sie sind im Eluat zur colorimetr. Best. geeignet. (Bull. Soc. Chim. biol. **37.** 1031—40. 1955. Paris, Inst. de Biol. Physic.-chim.; Bruxeles, Univ. Libre, Fac. de Méd.) PH. FRESENIUS. 5750

A. S. Curry, *Bericht über die papierchromatographische Trennung von Stoffwechselprodukten des Phenobarbitals.* Bei akuten Vergiftungen mit Phenobarbital (I) wird aus Harn papierchromatograph. nach der Meth. von ALGERI u. WALKER (C. **1952.** 5794) bei Entw. mit $HgSO_4$/Diphenylcarbazon eine Substanz mit dem R_F-Wert 0,17 erhalten, die nach Elution im UV-Absorptionsspektr. die Charakteristika des Barbituratrings zeigt, jedoch verschieden von Phenobarbital ist. Die Substanz wurde noch nicht identifiziert. (J. Pharmacy Pharmacol. **7.** 604—05. Sept. 1955. Harrogate, Haddon Lodge, Forensic Sci. Labor.) PH. FRESENIUS. 5764

John Charles Giblin, Qualitative and volumetric analysis. 2nd ed. New York: Longmans. 1956. (196 S.) $ 1,75.

H. Angewandte Chemie.

I. Allgemeine chemische Technologie.

F. R. Dell und **H. R. C. Pratt,** *Symposium über flüssig–flüssig-Extraktion.* 1. Mitt. *Überflutungsgeschwindigkeiten bei Füllkörperkolonnen.* Bei der flüssig–flüssig-Gegenstromextraktion in Füllkörpersäulen besteht als obere Grenze der Durchsatzgeschwindigkeit die sogenannte „Überflutungsgeschwindigkeit" („flooding rate"), bei der der Extraktionseffekt stark vermindert wird. Visuell ist sie durch Auftreten einer Suspensionsschicht unterhalb der Säule u. Verschwinden der aufwärtsperlenden Tropfen (es bilden sich durchgehende Strombahnen) in der Säule, feststellbar. — Die Überflutungsgeschwindigkeit (flooding rate) wurde nach einem neuen Verf. für Extraktionskolonnen mit 3 u. 6 in. Durchmesser mit 9 verschied. Füllkörperarten u. -größen bei 10 verschied. bin. Flüssigkeitssystemen ermittelt u. festgestellt, daß sie von der Art der Füllung, von dem

Dichteunterschied der beiden Fll. u. von der Oberflächenspannung an den Berührungsflächen, nicht aber von den Viscositätsunterschieden der Fll., abhängig ist. Die untere Grenze der Überflutungsgeschwindigkeit kann durch die Gleichung $[1 + 0{,}835 \cdot (\beta_d/\beta_c)^{1/4} \cdot (V_d/V_c)^{1/2}] = c_2 \cdot [(v_c^2 \alpha / g \varepsilon^3) \cdot (\beta_c/\Delta\beta) \cdot \gamma^{1/4}]^{1/4}$ wiedergegeben werden (β = D.; V = Phasengeschwindigkeit in leerer Säule; α = Oberfläche der Füllkörper; ε = Leerraum in der gefüllten Säule; γ = Oberflächenspannung an den Phasenflächen; c_2 = für die Füllkörperart u. -größe charakterist. Konst.). Als günstigste Fließgeschwindigkeit der Phasen wird 50% der Überflutungsgeschwindigkeit empfohlen. Erweiterte Kolonnenmundstücke haben keinen begünstigenden Einfl. auf die Extraktion (vgl. BLANDING u. ENGLIE [Trans. Amer. Inst. chem. Engr. **38.** [1942.] 305). (Trans. Instn. chem. Engr. **29.** 89—109. 1951. Harwell, Berks., Ministry of Supply, Atomic Energy Res. Establish.)
H. LEHWALD. 5862

R. Gayler und **H. R. C. Pratt,** *Symposium über flüssig–flüssig-Extraktion.* 2. Mitt. *„Hold up" und Druckabfall in Füllkörperkolonnen.* (1. vgl. vorst. Ref.) Unterss. mit einer Füllkörperkolonne von 3 in. Durchmesser u. 10 ft Länge mit 6 verschied. Füllkörperarten u. -größen u. 6 verschied. bin. Flüssigkeitssystemen (eine Phase H_2O) haben gezeigt, daß es, mit Ausnahme von einfachen Sprühkolonnen, nicht möglich ist, eine allg. gültige mathemat. Beziehung zwischen der Größe des „hold ups" u. dem Druckabfall in der Kolonne aufzustellen. Im log-Diagramm zwischen „hold up" u. Fließgeschwindigkeit der dispergierenden Phase findet bei niedrigen Werten der letzteren ein linearer Anstieg des „hold ups" bis zu einem Wendepunkt, dem „Beladungspunkt" (aus der Gas-Flüssig-Extraktion übernommen) statt. Jenseits dieses nimmt der „hold up" linear aber stärker in Abhängigkeit von der Phasengeschwindigkeit der kontinuierlichen Phase zu, bis die Phasengeschwindigkeit der dispergierten Phase etwa die Größenordnung der Überflutungsgeschwindigkeit (l. c.) erreicht, um dann konstant zu werden. Ähnliche Wendepunkte erscheinen in dem Diagramm zwischen Druckabfall u. Phasengeschwindigkeit der dispergierenden Phase. Unterhalb des Beladungspunkts besteht zwischen „hold up" u. Fließgeschwindigkeiten die Beziehung $x = V_d/(\varepsilon \cdot \bar{u}_0 - V_{c/\gamma})$ (vgl. l. c.; $\bar{u}_0$ = lineare Tropfengeschwindigkeit der dispergierenden Fl. bei stehender kontinuierlicher Phase). (Trans. Instn. chem. Engr. **29.** 110—25. 1951.)
H. LEHWALD. 5862

J. B. Lewis, I. Jones und **H. R. C. Pratt,** *Symposium über flüssig–flüssig-Extraktion.* 3. Mitt. *Untersuchung über das Verhalten der Tropfen in Füllkörperkolonnen.* (2. vgl. vorst. Ref.) An einer Füllkörperkolonne von 2 in. Durchmesser u. 3 ft Länge wurden bei verschied. Füllkörperarten u. mit verschied. bin. Flüssigkeitssystemen in 1200 Aufnahmen die in die Säule ein- u. ausströmenden Tropfen festgehalten u. von $2 \cdot 10^5$ Tropfen der Durchmesser bestimmt. Die statist. Auswertung der Ergebnisse läßt erkennen, daß der mittlere Volumenoberflächendurchmesser d_{vs} des Tropfens am Kolonnenkopf unabhängig von dem am Kolonnenfuß ist, soweit letzterer eine bestimmte Minimalgröße beim Eintritt in die Säule bereits überschritten hat. Ferner scheint eine gewisse krit., von d_{vs} abhängige, Füllkörperpackung zu bestehen, jenseits der d_{vs} von der Füllkörperart u. -größe unabhängig ist. In diesem Fall ist d_{vs} von V_d bis in die Nähe der Überflutungsgeschwindigkeit unabhängig, nimmt aber mit wachsendem V_c zu. d_{vs} kann in diesem Gebiet durch die Gleichung $d_{vs} \cdot \Delta\beta\gamma/\mu_c^2 = 1{,}62\ [\Delta\beta\gamma^3/\mu_c^4 \cdot g]^{0{,}475} \cdot [1 + 700(V_c \cdot \mu_c/\gamma)]$ wiedergegeben werden. Bei Füllkörperpackungen unter der krit. Größe ist d_{vs} größer, als die Gleichung ausdrückt, u. unabhängig von V_d, im Gebiet der krit. Größe nimmt d_{vs} mit V_d zu. — Die Größenverteilung von d_{vs} folgt nicht dem GAUSSschen Verteilungsintegral (Symbole l. c.; μ = Viscosität). — Diskussion. (Trans. Instn. chem. Engr. **29.** 126—48. 1951.)
H. LEHWALD. 5862

E. Walter, *Eine neue Entnahmesonde für die Staubgehaltsbestimmung in strömenden Gasen.* Zur Entnahme von Staub aus strömenden Gasen für Untersuchungszwecke wird eine Staubsonde, die nach dem Fliehkraftprinzip (Kleinstcyclon) arbeitet, beschrieben. Da sie keinen schädlichen Raum aufweist, den Staub in einem Reagensglas niederschlägt sowie klein u. leicht ist, bietet sie gegenüber den bisherigen Einrichtungen für diesen Zweck Vorteile. Staub im hygien. bedeutsamen Bereich bis 0,7 μ wird erfaßt. Der Meßfehler im feinsten Kornbereich ist konstant u. damit korrigierbar. (Staub Heft **42.** 678—83. 15/12. 1955. Bonn, Staubforschungsinst.)
H. EISENBARTH. 5888

H. E. Rose, *Eine neue praktische Methode zur Untersuchung von Teilchen.* Vf. beschreibt eine Meth., mit deren Hilfe es möglich ist, gewisse Aussagen über die Form der Teilchen u. über den Aggregationszustand von pulverförmigen Materialien zu machen, sofern das Pulvermaterial magnet. anisotrop ist. Zu diesem Zweck wird das Material in einer Fl. suspendiert u. die Lichtabsorption der Suspension unter n. Verhältnissen bzw. unter geeigneter magnet. Feldwrkg. gemessen. Die dabei auftretenden Absorptionsunterschiede sind ein Maß für gewisse Formeigg. der einzelnen Pulverkörner. Die Theorie dieses Verf. u. die darauf beruhende Auswertung der Meßergebnisse werden erläutert. Die App. für das Verf. wird beschrieben, u. Versuchsergebnisse mit *Graphit*, *Glimmer*, MoS_2 u. verschied. *anorgan. Pigmenten* werden mitgeteilt. Abschließend werden Anwendungsgebiete der Meth. besprochen. (Chem. Products chem. News **18.** 375—77. Okt. 1955.) GERHARD GÜNTHER. 5888

P. B. Weisz, C. D. Prater und **K. D. Rittenhouse,** *Elektrische Leitfähigkeit von Chrom–Aluminiumoxyd-Dehydrierungskatalysator.* Die Halbleitereigg. sind ein wertvolles Hilfsmittel zur Erkenntnis der Elektronen- u. Ionenstruktur von Katalysatoren. Die außer der Leitfähigkeit gemessene Thermospannung bestätigt den Übergang vom p-Typ in O_2-Atmosphäre in den n-Typ bei Anwesenheit von H_2- oder KW-stoffen. Bei 1 at O_2 u. 480° wird eine Leitfähigkeit von $3 \cdot 10^{-6}\ \Omega^{-1} \cdot cm^{-1}$ gemessen, die mit der Temp. entsprechend einer Aktivierungsenergie von 1,8 eV zunimmt. Die im Gleichgewicht mit O_2 vorhandenen Cr_4^{+}-Ionen werden durch Dehydrierungspartner in Cr^{2+} verwandelt. Bei der Chemiesorption von H_2 soll sich Cr^{3+} bilden, bei der Desorption von W. Cr^{2+} entstehen. Ausführliche Wiedergabe folgt. (J. chem. Physics **21.** 2236. Dez. 1953. Paulsboro, N. J., Socony-Vacuum-Labor.) H. THEILE. 5904

P. B. Weisz, C. D. Prater und **K. D. Rittenhouse,** *Elektrische Leitfähigkeit von Kohlenwasserstoffcrackkatalysator.* (Vgl. vorst. Ref.) Verschied. Kieselsäure–Aluminiumoxyd-Katalysatoren werden auf ihre elektr. Eigg. hin untersucht. Bei 420° ist die Leitfähigkeit 10^{-11} bis $10^{-6}\ \Omega^{-1} \cdot cm^{-1}$, unbeeinflußt von O_2- oder H_2-Atmosphäre. Sie nimmt mit der Temp. entsprechend einer Aktivierungsenergie von 0,88—1,1 eV zu. Eine Anzahl von Verunreinigungen (Fe, Ti, Mg, Cu, Na) ist ohne Einfl. auf die Leitfähigkeit, Cr setzt sie etwas herab. Austausch der Protonen gegen Na-Ionen gab keine merkliche Änderung der Leitfähigkeit. Der p-Typ des Halbleiters wird gedeutet durch den Einbau des 3wertigen Al in das Kieselsäuregitter. Eine besondere Bedeutung des sich überlappenden Anionennetzwerkes für Crackkatalysatoren wird vermutet. Ausführliche Veröffentlichung folgt. (J. chem. Physics **21.** 2236—37. Dez. 1953.) H. THEILE. 5904

Marius Arthur Victor Chartrain, Puy-de-Dôme, Frankreich, *Herstellung einer metallischen Paste* aus Polystyrol, Polyvinylacetat, Vinylchlorid–Vinylacetat-Mischpolymerisaten u. Lösungsmitteln (Methyl-, Äthyl-, Amylacetat, auch in Mischung mit Bzl., Toluol, Xylolen u. Plastifizierungsmitteln. In die Pasten mischt man feinverteiltes Metall, wie Al, u. verwendet sie zum Schließen von Löchern u. Blasen in Metallteilen, wie Karosserieteilen. (**F. P. 61 614** vom 25/8. 1950, ausg. 16/5. 1955. **Zusatz zu F. P. 952 574; C. 1950. II. 1988.**) M. PANKOW. 5811

VEB Farbenfabrik Wolfen, Wolfen, Krs. Bitterfeld (Erfinder: **Hellmuth Lauth,** Wolfen, und **Ernst Voss,** Wiesbaden), *Anionenaustauscher.* Man verwendet hierzu wasserunlösl. Kunstharze, die durch Rk. von Polyäthyleniminen u. auch Polyäthylendiaminen u./oder NH_3 mit Äthylenoxyd u./oder dessen Derivv. hergestellt sind. Man verwendet z. B. eine Harzgallerte, die aus 84 (Teilen) Polyäthylenimin, 16 Polyäthylendiamin u. 90 Epichlorhydrin in verd. wss., schwach salzsaurer Lsg. hergestellt wurde. Die Austauscher besitzen ausreichende Kornfestigkeit u. große Volumenbeständigkeit. (**D. P. [DDR] 6 236** Kl. 12o vom 4/8. 1944, ausg. 23/12. 1953 [Wirtschaftspatent].) M. PANKOW. 5827

Stamicarbon N. V., Heerlen, übert. von: **Geert I. de Jong,** Geleen, Holland, *Stark basische Anionenaustauschharze* erhält man durch Kondensation von Formaldehyd oder solchen abgebenden Stoffen mit einem Gemisch niedermoll. tert. Sulfoniumsalze (**I**), in welchen die S-Atome durchschnittlich an 0,3—1,80 einwertige Aryl- u. Alkylarylreste u. außerdem an einwertige Alkoxyarylreste gebunden sind. Die **I** erhält man durch Rk. von SO_2 oder Thionylhalogeniden mit einem Gemisch eines aromat. u. eines alkoxylierten aromat. KW-stoffes in Ggw. eines FRIEDEL-CRAFTS-Katalysators. — Ein Gemisch von Bzl. u. Anisol wird mit $AlCl_3$ u. SO_2 bei 0° umgesetzt, worauf 1½ Std. auf 50° erhitzt wird. Man gießt das Ganze in W., wobei sich eine Ölschicht abscheidet, die mit Dampf behandelt wird. Die wss. Schicht wird mit Chlf. extrahiert. Extrakt u. Öl werden vereinigt, getrocknet u. eingedampft, worauf man das Sulfoniumsalz erhält, das mit Paraformaldehyd in konz. H_2SO_4 zu einem Harz mit guten Anionenaustauscheigg. kondensiert wird. (**A. P. 2 713 038** vom 8/2. 1954, ausg. 12/7. 1955. Holl. Prior. 10/2. 1953.) J. MÜHLEISEN. 5827

Robert Bosch G. m. b. H., Stuttgart, Deutschland, *Flüssigkeitsfilter mit Filterstoffstreifen,* bes. aus Filterpapier, die im Abstand voneinander unter Bldg. von 2 spiraligen Zwischenräumen um einen Kern gewickelt u. an den Stirnseiten des Wickels so abgedichtet sind, daß die an einer Stirnseite zugeführte Fl. in einen Zwischenraum axial einströmt, dann durch die Filterstoffstreifen in den andern, daneben liegenden Zwischenraum fließt u. von dort an der anderen Stirnseite des Wickels ausströmt, dad. gek., daß als Abstandshalter zwischen den Filterstoffstreifen eine zwischen diese gelegte gewellte Metallfolie, z. B. aus 0,1 mm dickem Al-Blech, verwendet wird. — Abbildung. (**Schwz. P. 304 377** vom 12/9. 1952, ausg. 16/3. 1955. D. Prior. 24/10. 1951.) K. DEMMLER. 5831

Soc. l'Alfa, Jacques Colas und **André Colas,** Paris, Frankreich, *Filterpatrone* mit Filterelementen aus Faserstoff, wie Cellulose, die im Inneren eines mit Eintritts- u. Austrittsöffnungen versehenen Behälters aufeinander geschichtet sind, wobei die unter einander gleiche Filterelemente je aus einem einzigen, in der Mitte mit einem Loch versehenen Blatt hergestellt sind, das mit einer Verdickung auf einer Seite längs des äußeren Randes u. einer weiteren Verdickung auf der anderen Seite längs des inneren Randes u. in jeder der beiden Verdickungen mit wenigstens einem der Eintritts- bzw. Austrittsöffnungen zugeordneten Einschnitt versehen ist u. die Filterlemente derart aufeinandergeschichtet u. zusammengedrückt sind, daß die entsprechenden Verdickungen sich paarweise berühren. — Abbildungen. (**Schwz. P. 303 653** vom 29/1. 1952, ausg. 16/2. 1955. F. Prior. 5/2. 1951.) K. DEMMLER. 5831

Friedrich August Beutler, Bern, Schweiz, *Filter.* Bei Anschwemmenfiltern wird das angeschwemmte Filtermaterial bei jeder Betriebsunterbrechung dadurch selbsttätig entfernt, daß bei annähernd senkrecht stehenden Anschwemmflächen der Filterkörper aus aufeinander gestapelten flachen Elementen aus Glas, Kunststoff oder Holz, die ebenfalls senkrecht stehen u. zwischen sich Durchtrittskanäle freilassen, gebildet wird. (**Schwz. P. 307 958** vom 4/11. 1953, ausg. 1/9. 1955.) O. STEIL. 5831

Monsanto Chemicals Ltd., London, England (Erfinder: **Peter Richard Aeschbach** und **Bertrand Ernest Wilde),** *Granulieren fein verteilter Stoffe.* Der Stoff wird mit der wss. Suspension eines gesätt. hochpolymeren aliphat. Olefins, z. B. Polyäthylen, -propylen, -butylen, -isobutylen, von genügend hoher Viscosität vermischt u. verformt. Netzmittel können zugesetzt werden. Granulieren von z. B. *Mercaptobenzthiazol, Sulfonamid.* (**E. P. 736 969** vom 17/7. 1952, ausg. 14/9. 1955.) W. MATTHAES. 5839

Laurance S. Reid, Norman, Okla., V. St. A., *Entfernen von Wasser und Wasserdampf aus hochkomprimierten Gasströmen,* z. B. aus *Naturgas,* indem diese zunächst gekühlt u. die Kondensate der verflüssigbaren Bestandteile abgetrennt werden, worauf der Wasserdampf durch Trockenmittel absorbiert wird, die Gasströme expandiert u. mit dem noch feuchten Gas in Wärmeaustausch gebracht werden. — Verfahrensschemata. (**A. P. 2 677 438** vom 14/5. 1949, ausg. 4/5. 1954.) K. DEMMLER. 5855

II. Betriebsschutz. Feuerschutz.

Ss. M. Gorodinski, *Fragen des individuellen Schutzes beim Arbeiten mit offenen radioaktiven Stoffen.* Zum individuellen Schutz beim Arbeiten von Stoffen mit einer Radioaktivität unter bzw. über 10 μC werden entsprechende Schutzanzüge aus plast. Materialien angegeben. (Гигиена и Санитария [Hyg. u. Sanitätswes.] **21.** Nr. 1. 27—31. Jan. 1956. Inst. für Arbeitshygiene u. Berufskrankh. der Akad. der Med. Wiss. der UdSSR.) E. RENTZ. 5932

E. Walter, *Entstaubungsfragen in der Asbestindustrie.* Zur Bekämpfung der Asbestose in der Asbestindustrie ist es erforderlich, fast alle Maschinen u. teilweise auch Arbeitsplätze mit manueller Betätigung an eine Entstaubungsanlage anzuschließen. Die zwangsläufig geführte Luftströmung soll grundsätzlich von oben nach unten geleitet werden. Die Blasluft soll auf die Absaugstelle gerichtet sein. Die Be- u. Entlüftung kann zur Wärmeeinsparung nach dem Umluftprinzip arbeiten, da wirksame Filter, wie Messungen gezeigt haben, zur Reinigung der abgesaugten Luft von Asbeststaub zur Verfügung stehen. Eine in dieser Weise arbeitende Entstaubungsanlage mit Rückführung der entstaubten Luft in die Arbeitsräume in einer Asbestspinnerei u. -weberei wird beschrieben. Messungen ergaben, daß der Asbeststaubgeh. dabei weit unterhalb der zulässigen Grenze, nämlich im Bereich bis zu 50 Teilchen/cm^3 in der Größenordnung bis ca. 2 μ Faserlänge liegt. (Staub Heft **42.** 699—705. 15/12. 1955. Bonn, Staubforschungsinst.) H. EISENBARTH. 5932

F. Brauer, *Staubbekämpfung in der westdeutschen Grauwackeindustrie.* Für die Industrie der Grauwacke (dem Sandstein nahestehend) werden neue Wege der Staubbekämpfung gezeigt, um die Silicosegefahr zu verringern oder zu beseitigen. Geräte mit Absaugung beim Bohren u. Stoßen sowie einwandfreie Klipperhütten, ferner gute Atemfilter u. Frischluftgeräte werden als hierfür geeignete Mittel beschrieben. (Staub Heft **42.** 686—98. 15/12. 1955. Gummersbach.) H. EISENBARTH. 5932

M. G. Zabetakis und **W. G. Jones,** *Die Verhütung von Unglücken durch Gasexplosionen in der Industrie.* Nach theoret. Ausführungen über die Möglichkeiten, die die

untere u. obere Explosionsgrenze beeinflussen u. dem Hinweis auf ein „Mischungsgesetz“, das bei einer Mischung brennbarer Gase aus dem Volumenanteil u. der Konz. bei der unteren Explosionsgrenze der Komponenten die Konz. der unteren Explosionsgrenze des Gemisches zu berechnen gestattet, werden prakt. Maßnahmen zur Verhütung von Explosionen behandelt. Diese bestehen in der Überwachung des O_2-Geh. des Gasgemisches, in der Vermeidung eines explosiblen Gemisches überhaupt, in der Ausmerzung von Zündquellen, in der Absonderung der gefährlichen Arbeiten, in einer entsprechenden Belüftung, in der Anlage eines glatten feuersicheren Fußbodens, im Einbau von Ausblasewänden u. in der Verwendung geeigneter Gasanzeiger. (Chem. Engng. Progr. **51.** 411—14. Sept. 1955. Pittsburgh, Pa., U. S. Bureau of Mines.)
H. EISENBARTH. 5936

J. F. Shaw, *Ein graphisches Verfahren zur Bestimmung der explosiblen Eigenschaften von Grubenbrandgasen.* Die Arbeit enthält 6 Nomogramme zur Best. der explosiblen Eigg. von Grubenbrandgasen in der kürzest möglichen Zeit u. mit der geringsten Wahrscheinlichkeit eines Irrtums u. Hinweise zur Benutzung der Nomogramme. (U. S. Dep. Interior, Bur. Mines, Bull. **1955.** Nr. 551. 1—11.) H. EISENBARTH. 5936

A. Czernotzky, *Explosionen von Acetylenentwicklern. Das Körnungsproblem bei Carbid.* Warnung vor Verwendung feinkörnigen Carbids in für Grobkorn konstruierten C_2H_2-Entwicklern wegen Explosionsgefahr durch örtliche Überhitzung infolge C_2H_2-Zerfall nach: $C_2H_2 \rightarrow 2\,C + H_2 + 55{,}6$ kcal. Einer Grobkornknappheit kann durch verhältnismäßig einfache Umänderung der Naßentwickler auf Verarbeitung feineren Korns, allg. durch Zumischen von Körnung 15/25 oder durch Verpressen des Kleinstkorns zu Beagid begegnet werden. (Chem. Techn. **5.** 129—30. März 1953. Radebeul.)
H. ECKHARD. 5936

G. B. Steinberg, *Fragen der Arbeitshygiene in der Synthomycinindustrie.* Arbeiten, die 1—3 Jahre in einer Synthomycin-Lävomycetin-Fabrik tätig gewesen sind, klagen über Störungen des Nervensyst., des Verdauungstrakts u. der Leber, die als Folgen einer Vergiftung, vor allem mit *Dichloräthan*, angesehen werden. Vf. bringt deshalb Vorschläge techn. Natur zur Einschränkung der Vergiftungsmöglichkeiten. Prophylakt. sind Vitamine zu geben u. zum Schutz der Hände eine Salbe, enthaltend Glycerin, Seife, Kaolin u. W., anzuwenden. (Гигиена и Санитария [Hyg. u. Sanitätswes.] **21.** Nr. 1. 50—52. Jan. 1956. Moskau, San.-Epidemiol. Station des Moskworezker Bezirkes.)
E. RENTZ. 5940

III. Elektrotechnik.

Eberhard Meyer-Hartwig, Parcines-Partschins, Italien, *Halbleiter.* Durch Oberflächenbehandlung mit einem nichtleitenden Überzug vesrsehenes metall. Pulver oder oberflächlich metallisiertes nichtmetall. Pulver wird durch Sintern bis zur Bldg. eines bestimmten Widerstandswertes verfestigt. — 6 Beispiele. (**D. B. P. 939 099** Kl. 21c vom 8/9. 1949, ausg. 16/2. 1956. Anmeldung bekanntgemacht 7/2. 1952.)
H. KESSEL. 5953

Aktiebolaget Tudor, Schweden, *Sinterelektrode.* In einem elektrolyt. Bad aus wss. Lsg. von $FeCl_2$ (z. B. 12 g/Liter Fe^{2+}) u. einem die Leitfähigkeit steigernden Zusatz an Alkali-, NH_4-, Erdalkali- oder Mg-Salz (z. B. 80 g/Liter NH_4Cl) wird ein Strom großer D. (z. B. 4 A/dm^2) von einer Anode aus lösl. Fe einer Kathode aus rostfreiem Stahl zugeleitet u. dadurch an dieser poröses Fe zusammen mit $Fe(OH)_2$ abgeschieden. Das Prod. wird gemahlen u. 3 Std. bei 300—600° gesintert, nochmals gemahlen u. in der gewünschten Form 1 Std. bei 500° gesintert. Der gemischte u. unregelmäßige elektrolyt. Nd. u. die Vermeidung starker Rekristallisation durch kurzfristiges Sintern bei niedriger Temp. bewirken, daß der Sinterkörper ohne weitere Behandlung selbst als akt. M. wirkt. (**F. P. 1 085 287** vom 20/10. 1953, ausg. 31/1. 1955. Schwed. Priorr. 20/10 u. 21/10. 1952.)
B. SCHMIDT. 5953

Deutsche Edelstahlwerke Akt.-Ges., Krefeld, *Dauermagnet.* Dieser trägt einen filmartigen Gummiüberzug, der den Magneten prakt. einschließlich des Fe-Rückschlusses u. der Befestigungsteile umhüllt, gegebenenfalls unter Freilassung der dem Interferricum anliegenden Flächen. (**D. B. P. 856 339** Kl. 21g vom 11/3. 1950, ausg. 20/11. 1952. Anmeldung bekanntgemacht 28/12. 1950.) H. KESSEL. 5959

Deutsche Edelstahlwerke Akt.-Ges. (Erfinder: **Wilhelm Zumbusch**), Krefeld, *Dauermagnet.* Vor oder nach dem Richtungsmagnetisieren wird die Guß- oder Oxydhaut u. prakt. auch die darunterliegende Schicht durch allseitiges Bearbeiten entfernt, bes. durch Schleifen. (**D. R. P. 759 078** Kl. 21g vom 28/12. 1940, ausg. 17/8. 1953.)
H. KESSEL. 5959

British Thomson-Houston Co. Ltd., London, England, *Massekern* besteht aus Fe-Carbonyl, dessen Teilchen eine aus Pb-Acetat u. Na-Bichromat gewonnene isolierende u. rosthindernde Überzugsschicht aus Pb-Chromat tragen. Als Bindemittel dient ein Kunstharz, bes. auf Phenolbasis. (**E. P. 671 802** vom 6/7. 1950, ausg. 7/5. 1952. A. Prior. 20/7. 1949.) H. KESSEL. 5959

British Thomson-Houston Co. Ltd., London, England, *Eisenfolie* zur Herst. von *Magnetkernen*. Auf einer z. B. aus Au, Cu, Ni, Fe oder Al bestehenden Trägerschicht wird aus einer wss. $FeCl_2$-Lsg. bei mindestens 50° u. einer Stromdichte von ca. 1 A/dm^2 elektrolyt. ein Fe-Nd. von mindestens 50 μ Dicke gewonnen, der dann abgelöst wird. Es kann auch eine elektrolyt. gewonnene Sn-Zwischenschicht vorgesehen werden. (**F. P. 1 083 276** vom 11/9. 1953, ausg. 6/1. 1955. E. Prior. 15/9. 1952.) H. KESSEL. 5959

Aktiebolaget Tudor, Schweden, *Stromsammlerelektroden*. Bleielektroden einzeln oder in Paketen mit zwischengelegten Separatoren werden nach ihrer Formierung für lange Zeit lagerfähig gemacht, indem, möglichst unter Luftabschluß, das in ihnen enthaltene W. entfernt wird u. sie in dünnster Schicht mit einem gegen Luft, Feuchtigkeit u. Säure schützenden Stoff imprägniert werden. In einer zur Dest. geeigneten Vorr. wird, gegebenenfalls bei Unterdruck, die wasserhaltige Elektrode in einer in W. nicht lösl. Fl. erhitzt. Hat die Fl. einen Kp. über dem des W., verdampft dieses ohne Fl., hat diese einen Kp. unter dem des W., wird das W. mechan. durch den Dampf der Fl. entfernt. Als Fll. kommen in Frage: Bzn. („essence de pétrole"), Kerosin, Terpentinöl, Nitrobenzol, Heptan oder Gemische davon. In ihnen können als Netzmittel Naphthensäure u. als Imprägnierungsmittel Paraffinöl, Ricinusöl, Wollfett, Wachs oder natürliches oder Kunstharz gelöst sein. Zur Entfernung von restlichem W. kann die Elektrode zusätzlich mit in W. lösl. Fl., z. B. Aceton oder A., behandelt werden, der in dieser lösl., in W. aber unlösl., schwerflüchtige Fette zugesetzt sind. Die als Dampf entweichenden Stoffe lassen sich auf übliche Weise kondensieren, voneinander trennen u. gegebenenfalls wieder verwenden. — Zeichnungen. (**F. P. 1 099 617** vom 18/2. 1954, ausg. 7/9. 1955.) B. SCHMIDT. 5971

Eitel-McCullough, Inc., San Bruno, übert. von: **Paul D. Williams**, Palo Alto, Calif., V. St. A., *Glühkathode*. Thorierter W-Draht wird, um ihn oberflächlich nur teilweise zu carburieren, mit drahtförmigem, C-haltigem Material (z. B. mit Aquadag getränkte Baumwollfäden) verzwirnt u. auf ca. 2100° erhitzt. (**A. P. 2 721 155** vom 27/2. 1950, ausg. 18/10. 1955.) H. KESSEL. 5975

British Thomson-Houston Co. Ltd., London, England, *Leuchtschicht für Gasentladungsleuchtröhren* enthält $Ca_3(PO_4)_2$, aktiviert mit 6—16 (%) Ce^{III}, 1—5 Mn^{II} u. Zn, wobei der Zn-Geh. 0,01—0,03 Mol ZnO je Mol Ca entspricht. Beispiel für die Zus. des Ausgangsgemisches: 204 (g) $CaHPO_4$, 75 $CaCO_3$, 53 Ce-Oxalat, 9,5 $MnCO_3$, 6,3 $ZnNH_4PO_4$. Gebrannt wird in reduzierender Atmosphäre bei 1100—1250°. (**E. P. 717 820** vom 18/10. 1951, ausg. 3/11. 1954. A. Prior. 26/10. 1950.) H. KESSEL. 5975

IV. Wasser. Abwasser.

D. Uhlmann, *Abwasserbedingte Massenentwicklungen von Daphnia magna und Daphnia pulex*. Das starke Auftreten von *Daphnia magna* u. *D. pulex* in abwassergedüngten Teichen nahe Leipzig im Zusammenhang mit dem Abklingen der Frühjahrsvegetationsfärbungen veranlaßte Verss., bei denen das Teichwasser in Fraktionen mit nur gelösten organ. Stoffen u. solchen mit festen Bestandteilen (Ultraprotococcalen, Bakterien, Detritus) zur Fütterung der *D.* verwendet wurde. Die gelösten organ. Stoffe stellten keine verwertbare Nahrung für *D.m.* u. *D.p.* dar, beide verhungerten in sämtlichen Reihen. Dagegen dienen die aus der gelösten organ. Substanz ernährten Algen bzw. der aus ihnen gebildete bakterienreiche Detritus ebenso wie direkt gebildete Bakterien zur Nahrung, so daß die *D.* bei Massenentw. durch Entnahme der geformten Substanz aus dem W. einen nicht geringen Einfl. auf die Selbstreinigungsvorgänge ausüben. (Vom Wasser **22**. 167—75. 1955. Leipzig, Karl-Marx-Univ., Zool. Inst.)
H. MÜHLMEISTER. 6036

H. Fast, *Systematische Untersuchungen über den chemischen und bakteriologischen Zustand des Bodensees*. Überblick über die Jahresserien 1952 u. 1953 chem. u. bakteriolog. Unterss. im Überlinger See u. die vollständige Serie **1954** durch den ganzen Bodensee. Das in 4 Tabellen u. 7 Diagrammen wiedergegebene Zahlenmaterial wird ausführlich auch in biol. Hinsicht besprochen. Bedenklich ist im Vgl. zu 1923/27 u. 1935/37 eine zunehmende Eutrophierung des Obersees, die sich im steigenden FeS Geh. des Bodens, der stark vermehrten Planktonentw., dem Anstieg des P-Geh. sowie an einzelnen Stellen dem Rückgang der O_2-Sättigungskonz. zeigt u. Anlaß zu ernster Warnung vor dem Einleiten ungenügend gereinigter Abwässer in den See u. seine Zuflüsse gibt. (Vom Wasser **22.** 11—37. 1955. Konstanz, Städt. chem. Untersuchungsamt.) H. MÜHLMEISTER. 6038

Friedrich Baldinger, *Untersuchungen an Kleinkläranlagen.* Bericht über die Überprüfung von 54 nach den Richtlinien des Verbandes schweizer. Abwasserfachleute erbauten Kleinkläranlegen: 1. zweistöckige Klärgruben, 2. zweiteilige Faulgruben, 3. dreiteilige Abwasserfaulräume. Bei 1 für Einzelhäuser beträgt der Kläreffekt, verglichen mit Mittelwerten schweizer. städt. Abwässer, im Mittel 84, der Reinigungseffekt gemessen am BSB_5 20, am $KMnO_4$-Verbrauch 32%, der Schwebestoffgeh. 9—243 mg/Liter. Für größere 1 ergeben sich 80, 50, 50%, 4—27 mg, für 2. 89—100, 51, 55%, 0—21 mg, für 3. 74—100, 69, 72%. Größere Anlagen sind in ihrer Wrkg. ausgeglichener, 3 kommen biol. Reinigungsanlagen nahe, ein wirksamer Gewässerschutz ist mit kleineren 1 nicht möglich, so daß sie im allg. nur als Übergangslsg. für spätere Sammelkläranlagen angesehen werden können. (Gesundheits-Ing. **77.** 40—45. 15/2. 1956. Aarau, Kanton. Baudir., Gewässerschutzamt.) H. MÜHLMEISTER. 6040

Bogdan Borkowski, *Die Beseitigung von Phenol aus den Abwässern der Gaswerke.* Übersicht über Vor- u. Nachteile der im Ausland angewendeten Verff. zur Entfernung von Phenol (I) aus den Abwässern. Verss. zeigen die gute Eignung der Ölabfälle der Textilindustrie vor allem in Mischung mit Trichloräthylen (70:30) bei einer mehrstufigen Extraktion von **I**, wobei NH_3 u. Pyridinbasen im W. verbleiben. Abfälle bei der Herst. von Aktivkohle sowie mit konz. H_2SO_4 verkohlte Sägespäne eignen sich gut zur Adsorption von **I**. Die Gewinnung von **I** bei der Regenerierung der Extraktions- u. Adsorptionsmittel ist möglich. (Gaz, Woda Techn. sanit. **28** 169—72. Juni 1954.) F. URBAN. 6042

R. Burkard, *Zur Ermittlung der relativen Sauerstoffsättigung von Wasser.* Zur Vereinfachung der Berechnung der relativen O_2-Sättigung konstruierte Vf. eine Rechenscheibe, den *O_2-Calculator,* von 12 cm Durchmesser u. 30 cm Skalenlänge. Man kann mit ihr, außer n. Divisionen u. Multiplikationen, aus dem Verbrauch von $Na_2S_2O_3$-Lsg. den O_2-Geh. in mg/Liter, u. die relative O_2-Sättigung in % in Abhängigkeit von Temp. u. Ortshöhe ablesen. (Vom Wasser **22.** 272—74. 1955. Solothurn, Schweiz, Kanton. Lebensmittel-Untersuchungsanst.) H. MÜHLMEISTER. 6060

P. F. Scholander, L. van Dam, C. Lloyd Claff und **J. W. Kanwisher,** *Mikrogasometrische Bestimmung von gelöstem Sauerstoff und Stickstoff.* Eine *Wasser*-Probe wird in eine Spritze (Abb.) aufgesogen, welche Dicarbonat enthält; dann läßt man Säure folgen, fängt die gebildete CO_2 in KOH auf u. bestimmt im restlichen Gas den O_2. (Biol. Bull. **109.** 328—34. Okt. 1955. Woods Hole, Woods Hole Oceanograph. Inst., u. Boston, Mass., Harvard Univ., Med. School.) A. HESSE. 6060

R. Müller und **O. Widemann,** *Die Bestimmung des Nitrations in Wasser.* Die 1. Diphenylamin–H_2SO_4-, 2. Brucin–H_2SO_4-, 3. Na-Salicylat- u. 4. Phenoldisulfosäuremeth. werden beschrieben; sie wurden auf ihre Brauchbarkeit für die NO_3^--Best. geprüft u. nach der Best. der Absorptionsempfindlichkeit für verschied. Wellenlängen, der Beständigkeit der Farbbldg., der Farbintensität mit steigendem Geh. u. der Eignung für das rein visuelle Arbeiten beurteilt. Die Oxydationsmethoden 1. u. 2. sind für das Arbeiten mit einem Photometer völlig ungeeignet, das Aufstellen einer einmaligen Eichkurve bzw. von Typlsgg. mit konstantem Farbgeh. ist infolge der starken Veränderlichkeiten der Reagenslsgg. u. der gebildeten Reaktionsfarben unmöglich. Auch für visuelle Beurteilung ist 1. auch mit Colorimeter ungeeignet, 2. ist mit DUBOSQ-Colorimeter genauer, streut aber bei visueller Beobachtung. Die Nitrierungsmethoden 3. u. 4. sind für das Arbeiten mit opt. Geräten ideal. Bei klaren Wässern kann mit einmaliger Eichkurve auf $\pm 0,25$ bis $\pm 0,5$ mg NO_3^-/Liter genau analysiert werden. Wegen der Unempfindlichkeit gegenüber Störungsfaktoren ist 3. zu bevorzugen, sie arbeitet bei rein visueller Best. bei geeigneter Konz. auf 0,8 mg NO_3^-/Liter genau. (Vom Wasser **22.** 247—71. 1955. Basel, Kanton. Labor. u. Wasserwerkslabor.) H. MÜHLMEISTER. 6060

R. Köppen, *Versuche zu einer neuartigen Abwasserbeurteilung.* Eine Meth. mit App. wird beschrieben, mit der Gifte im Abwasser durch ihre hemmende Wrkg. bei der Katalyse des H_2O_2-Zerfalls bzw. eines Enzyms festgestellt werden können. Als Katalysator diente Pt-Blech oder hochakt. Pt-Kieselgur, alle Reaktionsstärken wurden nicht in absol. Werten, sondern nur im Vgl. zur Blind-Rk. mit reinem W. gemessen. 3 Hauptarten der „Vergiftung" werden herausgestellt: 1. HCN, H_2S, CO u. a., die auch die Fermente der O_2-Übertragung schädlich berühren, 2. als Kontaktgifte wirkende Schwermetallverbb., 3. oft in koll. Form vorliegende Substanzen, die keine biol. wirksamen Gifte zu sein brauchen, z. B. Gelatine. Mit der Meth. können zwar nicht einzelne Stoffe oder Stoffklassen nachgewiesen, aber eine Charakterisierung auf Grund rasch beobachtbarer Wrkg. versucht werden. Da andererseits Fe-Salze die Rk. beschleunigen, werden bei Komplexsalzbldg. durch Radikale meist organ. Art anomale Bestandteile im W. angezeigt. Der Befund, daß bereits im interessierenden W. H_2O_2 zers. Fermente vorliegen, deutet auf eine Fäulnis im W. hin. In Kombination mit analyt. Methoden können auch Rückschlüsse auf die wirkenden Stoffe selbst gemacht werden. (Vom Wasser **22.** 324—39. 1955. Bad Salzuflen.) H. MÜHLMEISTER. 6068

Karl Viehl, *Grundsätzliche Betrachtungen über den biochemischen Sauerstoffbedarf.* Bei richtiger Ausführung gibt die BSB-Best. zuverlässige Werte u. ist die wichtigste u. unentbehrliche Kenngröße für alle Abwässer, die sich biol. reinigen lassen. Eine krit. Besprechung der biol. Einfll., der Wrkg. von Nährsalzen, ungelösten Stoffen, Temp., Nitrifikation, O_2-Geh., Anwendung reinen O_2, der Verdünnung u. des Verdünnungswassers sowie von techn. Fehlern gibt Anregungen für die richtige Ausführung, die nur von Laborr. mit genügender Erfahrung durchgeführt werden sollte. (Vom Wasser **22.** 312—23. 1955. Wuppertal.) H. MÜHLMEISTER. 6068

Laboratorium für Adsorptionstechnik G. m. b. H., Bad Homburg, *Filter für die Reinigung von Trinkwasser* u. anderen Getränken, bes. zum *Entchloren von Trinkwasser.* Es wird ein handliches Gefäß, z. B. ein Becher mit durchlässigem Boden von 2 Liter Inhalt, verwendet, von dem nicht $>30\%$ mit Aktivkohle zwischen 2 durchlässigen Scheiben gefüllt ist, von denen eine herausnehmbar ist. Das Gefäß besteht aus wasserbeständigem Papier, Pergamentpapier, gepreßter Cellulose oder Kunstharz. Die Aktivkohle kann auch in einem durchlässigen Behälter von unten an das Filtriergefäß angeschraubt werden. Zur Regelung der Durchflußgeschwindigkeit dienen durchlässige Einlegescheiben von unterschiedlicher Porosität. — Zeichnung. (**E. P. 712 035** vom 26/10. 1950, ausg. 14/7. 1954. D. Prior. 14/11. 1949.) E. REICHELT. 6015

Monsanto Chemical Co., St. Louis, Mo., V. St. A., *Reinigung von Wasser und Abwasser* durch *Filtrieren.* Feinverteilter Ton wird durch Zugabe von 0,05—1% eines wasserlösl., linearen Polymerisats (I) oder Mischpolymerisats mit hydrophilen Gruppen in eine wasserbeständige granulierte Form übergeführt u. als Filtermasse verwendet. — In I bedeuten: $X = -OM$, $-ONH_4$, $-ONRH_3$, $-ONR_2H_2$, $-ONR_3H$, $-OH$, $-NH_2$, $-OCH_2NR_2$, $-OCH_2 \cdot CH_2NR_2$, $-OCH_2CH_2NHR$, $-OCH_2CH_2NH_2$, $-NHR$, $-NR_2$; M = Alkalimetall, R = Alkylgruppe mit 1—4 C-Atomen, m = 0 oder 1. — Beispiel: Na-, NH_4- oder Ca-Salz eines Mischpolymerisats aus Vinylacetat u. Maleinsäure. (**E. P. 715 369** vom 25/4. 1952, ausg. 15/9. 1954. A. Prior. 27/4. 1951. **A. P. 2 687 374** vom 27/4. 1951, ausg. 24/8. 1954.) E. REICHELT. 6017

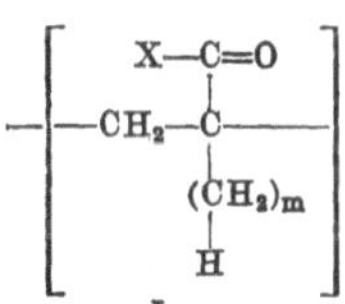

I

C. Chabal & Cie., Frankreich, *Wasserreinigung.* Um eine Beschleunigung der Flockung bei der Reinigung von Rohwasser mit Alkalipermanganat u. Ferrosalzen zu erzielen, werden den Flockungschemikalien Alkalialuminat oder Na-Silicat bzw. Al-Salze, Na-Bisulfat oder Kieselsäure zugesetzt. Hierdurch läßt sich der für die Koagulierung der Fremdstoffe günstigste p_H-Wert einstellen. (**F. P. 1 045 628** vom 9/2. 1951, ausg. 30/11. 1953.) W. WITTHOLZ. 6025

Magno Syn Werk G. m. b. H., Deutschland, *Entsäuern von Trink- und Brauchwasser.* Das Rohwasser wird in einem geeigneten Gefäß von unten nach oben über gekörnten Marmor oder ein Gemisch von Marmor u. MgO geleitet. Die Strömungsgeschwindigkeit des W. ist so bemessen, daß die Massekörner zwar geschichtet bleiben, aber gegeneinander in Bewegung sich befinden. Die Korngröße beträgt 0,5—10—50 mm, u. man verwendet 0,15—0,25 m^3 M. je m^3 W./Stunde. (**F. P. 1 063 025** vom 12/12. 1951, ausg. 29/4. 1954. D. Prior. 15/12. 1950.) W. WITTHOLZ. 6025

Robert E. Briggs, Los Angeles, Calif., V. St. A., *Elektrolytische Wasserbehandlung* von Kesselspeisewasser zur Verhinderung von Kesselsteinbldg. u. Korrosion in Dampfkesseln. Das Rohwasser (I) wird in den Kathodenraum (II) einer elektrolyt. Zelle, bei welcher diese von dem Anodenraum (III) mit einer unlösl. Anode durch ein Diaphragma getrennt ist, geführt. In II wird I alkal.; hierdurch werden die Härtebildner ausgefällt [$CaCO_3$, $MgCO_3$, $Mg(OH)_2$ u. ein Teil SiO_2]. Nach Abtrennen des Nd. wird das alkal. W. aus II in den Kessel gespeist. Ein Teil des alkal. heißen Kesselwassers wird mit I gemischt u. in II eingeführt. Zur Neutralisation des W. in III wird ein Teil des alkal. W. mit Nd. aus II in III übergeführt. Zeichnung. (**A. P. 2 681 885** vom 24/5. 1950, ausg. 22/6. 1954.) E. REICHELT. 6029

Fram Corp., East Providence, R. I., V. St. A., *Konditionieren von Wasser,* zur Verhinderung von Kesselstein-Rost-Bldg. u. Korrosion, z. B. in Wasserkühlsystemen von Brennkraftmaschinen. Das zu behandelnde W. wird durch einen Behälter geleitet, in dem sich mit Abstand von der Behälterwand ein Einsatzgefäß mit wasserdurchlässiger, aus geformten Cellulosefasern bestehender Wandung, mit den festen Behandlungsstoffen befindet. Zur Enthärtung werden Phosphate, natürliche u. synthet. Ionenaustauscher, zur Korrosionsverhinderung z. B. Chromate, Borate, Silicate verwendet. — Zeichnung. (**E. P. 715 454** vom 24/11. 1952, ausg. 15/9. 1954.) E. REICHELT. 6031

Chicago Pump Co., Chicago, Ill., V. St. A., *Diffusor* für die Belüftung von Fll., z. B. beim Belebtschlammverf. in der Abwasserreinigung, bei Flotationsprozessen, bei der Behandlung von industriellen Abwässern. Ein zusammenfaltbarer, poröser Beutel (B) ist mit einem feststehenden, hohlen Trägerrohr (R) fest verbunden. Die durch R in B eingeführte Preßluft wird durch die poröse Wandung des R in die Fl. eingeblasen. Das Preßluftzuführungsrohr ist mit einem Schnellregelventil (V) ausgerüstet. Durch schnelles Öffnen bzw. Schließen des V wird rascher Luftdurchtritt bzw. Zusammenfalten des B u. damit Entfernung von auf dem B abgelagerten Schlamm bewirkt. Es können ein oder mehrere R angeordnet u. schlauchförmige B über die R gezogen werden. Die B bestehen aus synthet., dehnbarem, porösem Material, z. B. aus linearen Polyamiden oder aus Mischpolymerisaten von Vinylchlorid u. Vinylidenchlorid, aus natürlichem Gewebe oder Metallgaze. — Zeichnung. (**E. P. 701 342** vom 31/12. 1951, ausg. 23/12. 1953. A. Prior. 16/1. 1951.) E. REICHELT. 6041

Process Engineers, Inc., San Francisco, Calif., übert. von: **Arthur M. Kivari,** Los Angeles, und **Earl M. Kelly,** Millbrae, Calif., V. St. A., *Abwasserbehandlung* von häuslichen, industriellen u. landwirtschaftlichen Abwässern (**I**) mit gelösten u. suspendierten Bestandteilen, unter gleichzeitigem Absinken u. Flotieren der Feststoffe. Ein Teil des abgeführten, geklärten **I** wird mit Gas, Luft oder CO_2 beladen u. dem zu klärendem **I** in einem unter hydraul. Abschluß stehenden Behälter zugemischt u. anschließend in einen unter geringerem hydraul. Druck stehenden Behälter geleitet, so daß mit Feststoffen beladene Gasblasen an die Oberfläche aufsteigen u. andere Feststoffe zu Boden sinken. Nach Abtrennen der Feststoffe wird das geklärte **I** am Rande des Behälters abgeleitet. Ein Teil des abgetrennten Feststoffschlammes wird in das zu behandelnde **I** zurückgeführt. — Vorr., Zeichnung. (**A. P. 2 679 477** vom 15/9. 1949, ausg. 25/5. 1954.) E. REICHELT. 6043

V. Anorganische Industrie.

Thomas P. Forbath, *Schwefelgewinnung aus armen Oberflächenlagerstätten.* Das „Chemico"-Verf. dient zur Verwertung oberflächlich gelagerter S-Vorkommen, deren S-Geh. zwischen 10 u. 50% schwankt. Das S-haltige Gestein wird naß gemahlen, gesiebt u. als 30%ig. Schlamm in einem Abscheider mit Dampf auf 130° aufgeheizt, wobei der S schm. u. teilweise zu Kügelchen von 2 mm Durchmesser agglomeriert. Nach Abschrekken mit kaltem W. durchläuft das Gut ein Schüttelsieb, das $^1/_3$ des S zurückhält. Der das Sieb durchlaufende Anteil wird in üblicher Weise flotiert, wobei die erste Flotationsstufe ein Konzentrat von 70%, die zweite ein solches bis zu 95% S liefert. Die 2—3% S enthaltenden Abfälle der 1. Stufe werden verworfen, die Abfälle der 2. Stufe gehen in den Betrieb zurück. Der durch Flotation abgeschiedene S wird mit dem aus dem Abscheider kommenden Anteil vereinigt u. geschmolzen durch ein Druckfilter filtriert. Der auf diese Weise gewonnene S ist 99,5%ig, die bis 50% S enthaltenden Filterrückstände gehen in den anfänglichen Prozeß zurück. Die App. wird durch das infolge H_2SO_4-Bldg. mit p_H 2 umlaufende Gut stark korrodiert u. unterliegt mechan. Verschleiß durch die scharfkantige Gangart. Als Baustoffe werden daher säurebeständiger Stahl, Kautschuk, Blei, Holz u. säurebeständiges Steinzeug empfohlen. (Mining Engng. **5.** 881—85. Sept. 1953.) K. STEINER. H 253

N. N. Drosin, Je. T. Gromowa und **E. Ss. Nenno,** *Carbonisierung von Wasser-Ammoniak-Suspensionen, die gleichzeitig Natriumchlorid und -sulfat enthalten.* Auf dem Wege der Carbonisierung ammonisierter Chlorid- u. Sulfatsuspensionen kann man unter Laboratoriumsbedingungen innerhalb 3—4 Std. $NaHCO_3$ bei guter Ausnutzung der Rohstoffe erhalten. Es zeigte sich, daß alle Größen, die das Syst. charakterisieren (Zus. der Lsg. nach der Carbonisierung, Menge des gebundenen NH_3, Grad der Ausnutzung von Na u. NH_3, D. der Lsg.) der Additionsregel unterworfen sind u. aus analogen Kennziffern bei der Carbonisierung von ammonisierten Chlorid- u. Sulfatsuspensionen errechnet werden können. So ist das Ausmaß der Ausnutzung des Na eine konstante Größe, die nicht vom Verhältnis SO_4^{2-}/Cl^- abhängt. In vorliegenden Verss. war die Na-Ausnutzung ca. 70%, der Carbonisationsgrad des Syst. ca. 180%. Eine Erhöhung der Sulfatkonz. verursacht eine langsamere CO_2-Absorption. Bei Na-reichen Suspensionen (vor der Ausscheidung von Bicarbonat befindet sich im Nd. noch ungelöstes NaCl u. Na_2SO_4) muß ununterbrochen geschüttelt werden. (Журнал Прикладной Химии [J. angew. Chem.] **27.** 237—47. März 1954. Allunionsinst. der Sodaindustrie.) O. POLLAK V. EMHOFEN. H 274

Farbenfabriken Bayer, Leverkusen, *Herstellung von im wesentlichen chlorfreiem Chlordioxyd,* indem eine wss., ein Chlorit (10—50 Gew.-%) u. ein wasserlösl. Salz einer anorgan. Sauerstoffsäure (90—50 Gew.-%) außer H_2SO_4 enthaltende Lsg. elektrolysiert wird. Wasserlösl. Salze: Na-Nitrat, -Nitrit, -Phosphat, -Chlorat, -Perchlorat u. andere. (**E. P. 714 828** vom 3/12. 1952, ausg. 1/9. 1954. D. Prior. 29/12. 1951.) K. DEMMLER. H 247

Koninklijke Industrieele Mij. voorhen Noury & van der Lande N. V., Deventer, Holland, *Herstellung von Natriumperborattrihydrat.* Eine Suspension von Natriumperborattetrahydrat in W. wird bei n. oder etwas erhöhter Temp. bis 60° durch Rühren oder auf andere Weise z. B. 4 Std. in Bewegung gehalten u. die abfiltrierten Kristalle im Vakuum getrocknet. Es können Stabilisatoren, wie Mg-Silicat oder SnO_2, zugesetzt werden. (**E. P. 737 304** vom 6/10. 1953, ausg. 21/9. 1955. Holl. Prior. 17/10. 1952.) K. DEMMLER. H 258

Soc. An. des Manufactures des Glaces et Produits Chimiques de Saint-Gobain, Chauny & Cirey, Frankreich, *Herstellung von Alkalisilicaten.* Um Alkalisilicatlsgg. gewünschter Viscosität zu erhalten, wird diesen 0,1—0,5% Na-Fluorsilicat zugesetzt. (**F. P. 1 039 264** vom 2/7. 1951, ausg. 6/10. 1953.) W. WITTHOLZ. H 261

Montecatini Soc. Gen. per l'Industria Mineraria e Chimica, Italien, *Ausfällung von Magnesiumhydroxyd* unter Gewinnung eines leichtfiltrierbaren Produkts. Die Fällung geschieht mittels einer Erdalkalibase in Ggw. eines synthet. Polyelektrolyten, z.B. eines Polyacrylats, welches durch Verseifung des Polyacrylonitrils oder durch Verseifung eines Mischpolymerisats aus Maleinsäureanhydrid u. Vinylacetat erhalten wurde. Das Zusatzmittel wird in Mengen von 0,2—1,5%, bezogen auf die Menge $Mg(OH)_2$, angewandt. (**F. P. 1103221** vom 28/6. 1954, ausg. 31/10. 1955. It. Prior. 8/7. 1953.) M. F. MÜLLER H 282

Koppers Co., Inc., übert. von: **Herbert A. Gollmar,** Mount Lebanon, Pa., V. St. A., *Herstellung von Calciumhydrosulfidlösungen* aus unreinem $Ca(OH)_2$ u. Gasgemischen, die H_2S u. CO_2 enthalten. Eine wss. Suspension von $Ca(OH)_2$, das nicht $>10\%$ fällbare Verunreinigungen enthält, wird durch Einleiten von H_2S bei erhöhter Temp. in eine Lsg. von $Ca(HS)_2$ umgesetzt. Die Suspension soll so viel W. enthalten, daß die Lsg. 25—31 Gew.-% $Ca(HS)_2$ enthält. Man läßt die Verunreinigungen absitzen, trennt die klare $Ca(HS)_2$-Lsg. ab u. leitet in die abgetrennte untere Schicht, die eine Suspension der Verunreinigungen in einer $Ca(HS)_2$-Lsg. darstellt, bei 50—70° ein Gasgemisch aus H_2S u. CO_2 ein, wodurch konz. H_2S erhalten wird, den man in die Ausgangssuspension von $Ca(OH)_2$ einleitet. Die Rk. zwischen $Ca(OH)_2$ u. H_2S soll bes. bei 60—80° durchgeführt werden, so daß sich alles $Ca(OH)_2$ umsetzt. Die durch Einleiten des Gemisches von H_2S u. CO_2 erhaltenen Ndd. lassen sich leicht abfiltrieren. Die verbleibende Lsg. kann man als Suspensionsmittel zur Herst. der Ausgangssuspension von $Ca(OH)_2$ verwenden. — Fließbild. (**A. P. 2 709 126** vom 18/4. 1951, ausg. 24/5. 1955.) A. ZÜRN. H 283

VI. Silicatchemie. Baustoffe.

Oszkár Knapp und **Gábor Katona,** *Messen der Oberflächenspannung von Gläsern und Email.* Beschreibung der Meßverff., bes. jenes von DAVIS u. BARTELL. (Építöanyag [Baumaterial] **7.** 231—34. Juni 1955.) J. PLANK. 6200

Lane Mitchell, *Keramik.* Übersicht über die Keramik im weitesten Sinne mit Literaturnachweis (217 Zitate) der Jahre 1952—1954. (Ind. Engng. Chem. **46.** 2056—64. Okt. 1954. Atlanta, Ga., Georgia Inst. of Technol.) W. SCHÜTZ. 6206

Susumu Okuda, *Über die Ursachen der Zerstörung von Gipsformen für die Herstellung von Tonwaren durch Ausblühungen.* Es wurde festgestellt, daß Salze, wie Na_2SO_4 u. $MgSO_4$, beim Verdampfen der Fl., welche in den geformten Körpern vorhanden ist, sich an der Oberfläche als Ausblühungen absetzen. Das Ausmaß der Ausblühungen wird wesentlich von den capillaren Saugkräften der Gipsformen bestimmt, die nach der Meth. von PUKALL ermittelt wurden. (Gypsum [Tokyo] **1952.** Nr. 4. 183—86. [Orig.: japan., Auszug: engl.]) K. SEIDEL. 6216

Toshiyoshi Yamauchi, Hiroshige Suzuki und **Shigeyuki Somiya,** *Untersuchung über die Synthese verschiedener Mineralien der feuerfesten Chromitsteine.* Zur Lösung des Problems der Erhöhung der Temperaturwechselbeständigkeit von feuerfesten Chromitsteinen wurden Spinell, Pikrochromit, Magnesiumferrit, Forsterit, Klinoenstatit, Monticellit, $Fe_2O_3 \cdot 2\,Cr_2O_3$ u. $Fe_2O_3 \cdot 2\,Al_2O_3$ aus Chemikalien hergestellt u. einige Eigg. bestimmt. Mischungen von $MgCO_3:Al_2O_3 = 1:1$ zeigten bei Erhitzung auf 1500 u. 1780° die gleichen Röntgenstrukturen des Spinells. Ihre Gitterkonstanten waren fast gleich (8,066 kX), obgleich in den sonstigen physikal. Eigg. geringe Unterschiede bestanden. (J. ceram. Assoc., Japan [Yogyo Kyokai Shi] **63.** 711—16. 1954. [Orig.: japan., Auszug: engl.]) K. SEIDEL. 6218

P. D. S. St. Pierre, *Gleitguß von Thoriumdioxyd.* Es wird die Herst. von Thoriumsteingut geschildert u. die Hilfsmittel angegeben, um den bei der Fabrikation auftretenden Schwierigkeiten zu begegnen. Es wird 1% Polyvinylalkohollsg. zu dem Pulver gegeben, das für den Guß erforderlich ist. Hierdurch werden die Schwierigkeiten beseitigt, die durch instabilen Gleitguß u. zerbrechliche Rohware hervorgerufen werden. (Amer. ceram. Soc. Bull. **34.** 231–32. Juli 1955.) R. WALCKER. 6220

Thomas S. Shevlin und **Charles A. Hauck,** *Grundlagen und Ausrüstungen zur Erforschung der Sinter- und Prüfvorgänge von Cermetkörpern.* 7. Mitt. *Herstellung, Prüfung und Eigenschaften von 34 Al_2O_3–66 Cr–Mo–Cermet.* (6. vgl. C. **1955.** 192.) Das Herstellungsverf. eines Cermetkörpers der Zus. 34% Al_2O_3–66%[80 Cr–20 Mo] wird beschrieben. Die Form der Probe wird hydrostat. gepreßt u. dann im Mo-Ofen bei red. Atmosphäre bis maximal 1700° gebrannt. Schwindungsverh., D., Zerreißfestigkeit, elast. Verh. sowie Temperaturwechselbeständigkeit sind bestimmt worden. Vor allem letztere erwies sich als sehr günstig, was den Cermetkörper für viele hochfeuerfeste Zwecke geeignet macht. (J. Amer. ceram. Soc. **38.** 450–54. 1/12. 1955. Columbus, O., Ohio Univ., Engng. Exp. Stat.) H. SAALFELD. 6220

E. Langins und **H. Snow,** *Über die Verwendung von Sulfitablauge in der Zementfabrikation.* Es wird die verflüssigende Wrkg. der Sulfitablauge auf Zementrohschlamm an Hand von Viscositätsmessungen beschrieben u. außerdem festgestellt, daß durch Zugabe von Sulfitablauge die Mahlleistung beträchtlich verbessert werden kann. (Paper Trade J. **140.** Nr. 3. 20–24. 16/1. 1956.) K. SEIDEL. 6222

R. D. Hill, *Sekundäre Ausdehnung von Perlitbeton und Perlitgips.* Perlit, dargestellt durch schnelles Erhitzen kleiner Teilchen von geeignetem vulkan. Glas, wird neuerdings als Zuschlag zu Gips u. Beton gegeben. Vf. beobachtete nun, daß *Perlitgips* sich zuerst ausdehnt u. sich hierauf kurz zusammenzieht. Nach ca. 3 Wochen trat eine relativ langsame sek. Ausdehnung ein; unter n. atmosphär. Bedingungen setzt sich diese Ausdehnung mit langsam abnehmender Geschwindigkeit längere Zeit fort. *Perlitbeton* verhält sich ähnlich, nur verläuft die sek. Ausdehnung langsamer. Als Grund für diese Ausdehnung fand Vf. eine langsame Ionenaustauschreaktion. Perlit enthält austauschbare Alkali- u. Erdalkaliionen. In Ggw. von W. besteht der Hauptprozeß darin, daß H-Ionen der Lsg. mit Na- u. in geringerem Maße mit K- u. Ca-Ionen ausgetauscht werden. Die Geschwindigkeit des Austausches hängt von der Temp. u. dem p_H-Wert der Lsg. ab; er ist am größten bei niedrigem p_H u. hoher Temperatur. In der Matrix bilden sich durch den Austausch Alkalihydroxyde, die dann mit CO_2 u. der Feuchtigkeit der Luft reagieren u. die Ausdehnung der Matrix verursachen. Eine weitere Ursache der Ausdehnung des Perlitgipses ist der Austausch von Ca-Ionen in dem Gips gegen Na-Ionen des Glases; das sich in der Matrix bildende hydratisierte Na_2SO_4 hat ein größeres Vol. als der Gips, den es ersetzt. (Nature [London] **176.** 29. 2/7. 1955. Victoria, Commonwealth Sci. and Ind. Res. Organiz., Div. of Building Res.) C. GOTTFRIED. 6224

Berthold Block, *Einiges über Kalköfen und ihren Betrieb.* Zusammenfassende Darst. unter besonderer Berücksichtigung der Fragen über Form der Öfen, Einfüllvorrichtungen u. Schichtbldg., Abzugsvorr., Kalkstein- u. Koksgröße, CO_2-Geh. der Kalkofengase u. über Absaugen u. Reinigen des CO_2. (Z. Zuckerind. **5** (**80**). 429–36. 20/9. 1955.) K. SEIDEL. 6226

Shoichiro Nagai und **Yasushi Fukumori,** *Untersuchungen an Spezial-Gips-Dolomit-Mörteln.* 3. Mitt. (2. vgl. C. **1956.** 5940.) Bekanntgabe weiterer Untersuchungsergebnisse der Prüfung von Mischungen, die 70–85 Teile Dolomit enthalten, welcher bei 950° gebrannt wurde, u. 15–30 Teile gemahlenen Rohgipsstein; diese Mischung wurde mit 38–40% W. versetzt, 24 Std. bei 150–180° reagieren gelassen u. anschließend gemahlen. Trotz Verwendung von Dolomiten u. Gipssteinen verschied. Herkunft ändern sich die oben angegebenen Mischungsverhältnisse u. Reaktionsdaten zur Erzeugung des besten Prod. jedoch nicht. (Gypsum & Lime [Tokyo] **1954.** Nr. 15. 691–95. [Orig.: japan., Auszug: engl.]) K. SEIDEL. 6226

Shuyo Ito, Ichiro Teraoka und **Seiichiro Yoshihama,** *Gipsformen für Präzisionsmetallguß.* Es wurde gefunden, daß α-Gips bei der Erwärmung sich nicht zusammenzieht, sondern ausdehnt. Diese Eig. wurde ausgenutzt, um Gipsformen herzustellen, die zum Gießen von Nicht-Eisen-Legierungen verwandt werden können. Das Reißen der Formen konnte verhindert werden, indem eine grobkörnige Struktur erzeugt wurde. Die Formen wurden mit Erfolg bei der Herst. von Zinklegierungen verwandt. (Gypsum & Lime [Tokyo] **1954.** Nr. 15. 687–90. [Orig.: japan.; Auszug: engl.]) K. SEIDEL. 6226

L. Stegmüller, P. Ney und **W. Schmied,** *Die Bildung von Ausblühsalzen auf Ziegeleierzeugnissen auf Grund von Reaktionen nach dem Brande.* Die quantitative chem. Analyse der H_2O-lösl. Salze im gebrannten Scherben ergibt keine Möglichkeit, daraus die Art u. Menge der auf der Ziegeloberfläche erscheinenden Ausblühsalze (**I**) vorherzusagen. Nach dem Brande ist es vor allem folgende Rk., die Anlaß zur Bldg. von **I** gibt: $CaSO_4 + MgCO_3 = MgSO_4 + CaCO_3$. Da die Bldg. von $MgCO_3$ nur bei Vorhandensein von CO_2 möglich ist, ist dies Vorbedingung für Ablauf dieser Reaktion. Eine verstärkte Bldg. von CO_2 tritt in Industriegegenden, bei Schneeauflagerung u. auch in Rohbauten bei Aufstellung von Koksöfen auf. Um bei Best. von **I** den naturgegebenen Verhältnissen möglichst nabezukommen, müssen nicht nur die H_2O lösl. Salze, sondern auch das säurelösl. MgO der Ziegelscherben (**II**) quantitativ bestimmt u. bei Tränk- u. Tauchverss. die Einw. von CO_2 ermöglicht werden. Ferner muß bei der Unters. angegeben werden, ob u. wie lange die **II** nach dem Brande schon atmosphär. Einfll.. ausgesetzt waren. Enthält der Putz $MgCO_3$, so kann zusammen mit dem im Mauerstein enthaltenen $CaSO_4$ das gefährliche $MgSO_4$ entstehen. (Ziegelindustrie **8.** 579—84. 1/8. 1955. München, TH.) R. WALCKER. 6228

S. R. Mehra, L. R. Chadda und **R. N. Kapur,** *Die Einwirkung schädlicher Salze auf die Bodenverfestigung mit und ohne Zement.* 1. Mitt. *Der Einfluß von Natriumsulfat.* Probekörper aus verschied. Böden mit u. ohne Zusatz von Zement wurden mit $NaSO_4 \cdot 10\,H_2O$ in wechselnden Mengen versetzt u. dem Einfl. der Atmosphärilien ausgesetzt. Bei Probekörpern ohne Zement begann die Zerstörung bei Gehh. über 2,5% $Na_2SO_4 \cdot 10\,H_2O$, während bei Zementzusätzen von 7,5—10% die Zerstörung erst bei 4—5% $Na_2SO_4 \cdot 10\,H_2O$ begann. (Indian Concrete J. **29.** 336—37. 15/10. 1955.) K. SEIDEL. 6232

I. J. McKeand und **R. K. Hursch,** *Ein Wolfram–Spiral-Ofen zur Röntgenanalyse bei hohen Temperaturen.* In neutraler Atmosphäre können Röntgenaufnahmen bei Tempp. bis 2000° gemacht werden. (J. Amer. ceram. Soc. **38.** 63—65. Febr. 1955. Urbana, Ill., Univ. of Illinois, Dep. of Ceram. Engng.) W. SCHÜTZ. 6240

W. I. Scheljubski, *Anwendung des Elektronenmikroskops für die Untersuchung der polierten Glasoberfläche.* Bericht über erfolgreiche Anwendung des Elektronenmikroskops zur Feststellung von Mikrokratzern auf opt. Gläsern. In einem Falle konnten Polierrisse von 0,008—0,02 μ Breite nachgewiesen werden, wobei die Breite 0,01 μ vorherrschte. Je 1 cm^2 Oberfläche wurden ca. 100000 Mikrorisse nachgewiesen. (Стекло и Керамика [Glas u. Keram.] **12.** Nr. 10. 7—9. Okt. 1955.) A. V. KOTZEBUE. 6242

G. Jaeger, W. Koehler und **F. Stapelfeldt,** *Bestimmung der Wärmeleitzahlen oxydkeramischer Werkstoffe.* Die recht schwierige Best. der Wärmeleitfähigkeit kann durch Messung der Temperaturleitfähigkeit ersetzt werden, aus der sich die erstere nach einer angegebenen Beziehung errechnen läßt. Meßverf. (nach VDE 0335/XI. 40) u. Meßapp. werden beschrieben. Eine Tabelle gibt eigene Meß- u. Rechnungsergebnisse für Temperatur- u. Wärmeleitfähigkeit von BeO, Al_2O_3, MgO, Spinell, ThO_2 u. ZrO_2. (Ber. dtsch. keram. Ges. e. V. Ver. dtsch. Emailfachleute e. V. **27.** 202—05. Mai/Juni 1950. Frankfurt/M., Degussa, Oxydkeram. Labor.) W. GEBAUER. 6248

L. D. Demidowa und **W. W. Gontscharow,** *Zur Frage der chemischen Methodik einer quantitativen Bestimmung von Mullit und Korund.* (Vgl. C. **1954.** 11274.) Durch Verss. bei verschied. Bedingungen wird für Mullit- u. Korundbest. in Tonen folgendes Verf. ausgearbeitet: Das Ausgangsmaterial (Kornfeinheit zwischen 900 u. 1600 Maschen-Sieb) wird auf dem 1600 Maschen-Sieb gewaschen, auf Gewichtskonstanz getrocknet, die Einwaage mit 40 ml HF 30 Min. (alle 5—10 Min. umrühren) behandelt u. diese Behandlung nach Dekantieren der Säure wiederholt. (Огнеупоры [Feuerfeste Mater.] **20.** 181—82. 1955.) R. K. MÜLLER. 6248

B. R. Sen, *Über die Notwendigkeit von Versuchen zur Verbesserung der Festigkeitsprüfmethoden von Portlandzement.* Nach einer vergleichenden Übersicht über die in den einzelnen Ländern der Welt üblichen Prüfungsmethoden zur Feststellung der Normenfestigkeiten von Zement werden Vorschläge zur Verbesserung gemacht mit besonderer Berücksichtigung der für Indien zweckmäßigen Methoden. (Indian Concrete J. **29.** 341—42. 15/10. 1955.) K. SEIDEL. 6252

Hans Lohmann, *Die Beurteilung der Frostbeständigkeit grobkeramischer Erzeugnisse mit Hilfe dilatometrischer Messungen.* Es wird die Best. der Frostbeständigkeit nach *DIN 105* u. mit Hilfe des S-Wertes nach *DIN 52104* krit. betrachtet. Ferner wird ein neues Frostdilatometer beschrieben, mittels dessen es gelungen ist, aus dem Verlauf der Schwindung bzw. Dehnung in Abhängigkeit von der Temp. die Frostbeständigkeit von Ziegeleierzeugnissen zu beurteilen. Ein Zusammenhang zwischen der Beurteilung der Frostbeständigkeit nach dem S-Wert u. den aufgestellten Schwindungs-Dehnungs-Diagrammen ist nur teilweise vorhanden. Auf Grund der erhaltenen Schwindungs–Dehnungs-Kurven wurden die Ziegeleierzeugnisse in 4 Güteklassen eingeteilt. (Ziegelindustrie **8.** 569—74. 1/8. 1955. Clausthal, Inst. für Steine u. Erden der Bergakademie.) R. WALCKER. 6256

Berthold Friedrich und **Herbert Dutschke**, Velten/Berlin, *Herstellung von keramischen Erzeugnissen* im Brennprozeß aus plast., keram. Stoffen, wie Ton, Kaolin u. dgl., sowie aus unplast. keram. Stoffen, wie Abfallschamotte, Quarzsand, Feldspat u. Schlacke, unter Zusatz von Wasser. Als plast. Anteil der M. wird teilweise oder ganz verbrauchte Bleicherde zugesetzt. — Zus. z. B. 9 (Gewichtsteile) plast. Rohstoffe, 50 Abfallschamotte, 10 Schlacke, 31 verbrauchte Bleicherde, 15—35 Anmachewasser. (**D. P. [DDR] 5 391** Kl. 80b vom 1/7. 1952, ausg. 15/9. 1954 [Wirtschaftspatent].) H. HEYER. 6217

Rudolf Schröter und **Walter Meier**, Riesa/Elbe, *Dolomitsteine* erhält man aus 75 (%) Sinterdolomit, 5 SiO_2 u. 5 SM-Endschlacke, denen 15 MgO zur Verhinderung des Zerrieselns zugegeben sind, unter Verwendung von Kokillenlack bei Brenntempp. von mindestens 1500°. (**D. P. [DDR] 7 895** Kl. 80b vom 14/1. 1951, ausg. 16/8. 1954 [Wirtschaftspatent].) O. KAYSER. 6229

Grandes Minoteries à Fèves de France, Frankreich, *Baumaterial oder vorgefertigte Bauelemente* aus synthet., pflanzlichen, mineral. oder anorgan. Bindemitteln u. Reisspreu, gegebenenfalls mit anderen Zuschlagstoffen. (**F. P. 1 094 456** vom 20/11. 1953, ausg. 20/5. 1955.) H. HEYER. 6229

Raymond Maitrot, Frankreich, *Herstellung von bewehrten Kunststoffplatten* in geeigneten Formen durch Einbetten von Drahtgeweben in Kunstharze, bes. Phenolharze, unter Zusatz eines Katalysators. Verwendung im Bauwesen, Karosserie- u. Schiffsbau. (**F. P. 1 091 950** vom 25/1. 1954, ausg. 15/4. 1955.) H. HEYER. 6229

Carborundum Co., Niagara Falls, N. Y., V. St. A., *Herstellen von Bornitridkörpern.* Eine Mischung von Borsäure oder B_2O_3 u. $Ca_3(PO_4)_2$ wird zu kleinen Körpern geformt, getrocknet u. in einer Atmosphäre von NH_3 auf 800—1100° erhitzt, wobei das B_2O_3 nitriert u. BN gebildet wird. Das Prod. wird mit einer Mineralsäure, z. B. HCl, behandelt, um $Ca_3(PO_4)_2$ zu entfernen. Das erhaltene BN wird in einer Form unter einem Druck von 20—64 at auf 1500—1900° erhitzt. Es entstehen BN-Körper von großer Härte. (**E. P. 742 326** vom 18/5. 1953, ausg. 21/12. 1955. A. Prior. 17/5. 1952.) F. REINHART. 6239

VII. Agrikulturchemie. Schädlingsbekämpfung.

Je. I. Dianowa, *Über die Kompostierung von Torf.* Bei der Kompostierung von 75% *Torf* (**I**) u. 25% *Stallmist* (6 Monate im Winter) enthält der Kompost je 1 kg Trockensubstanz 2096 mg Nitrate. Durch Zugabe von 1,5—2% Phosphoritmehl zum Kompost wird die Lebenstätigkeit der Mikroorganismen stark intensiviert. Auf Rasenpodsolböden wird der Kartoffelertrag durch Düngung mit 30 t/ha **I**-Kompost um 11—21% erhöht, bei Düngung mit **I**-Kompost + 1,5% Phosphoritmehl um 23—27%. Versetzt man den **I** mit 1,5—2% Phosphoritmehl u. 25% ausgereiftem **I**-Kompost, so nimmt die Zahl der Mikroorganismen um mehr als 100% zu, die Zahl der Cellulose-, ammonifizierenden u. nitrifizierenden Bakterien um 1000%. Die ertragssteigernde Wrkg. ist hierbei die gleiche wie bei der Kompostierung von 75% **I** mit 25% Stallmist. (Мікробіологічний Журнал (Киев) [Mikrobiol. J. (Kiew)] **17**. Nr. 4. 66—67. 1955. Mikrobiol. Inst. der Akad. der UkrSSR.) O. LEBTAG. 6294

E. R. Graham, *Aufnehmbarkeit natürlicher Phosphate in Übereinstimmung mit Energieänderungen.* Die Aufnahme von Phosphat aus natürlichen Phosphaten durch Hafer stand in Verbindung mit der antreibenden Energie der verschied. mit dem Rohphosphat gemischten koll. Systeme. H-Amberlit war am wirksamsten bei der Erhöhung der Aufnehmbarkeit des Phosphates, weniger wirksam waren H-Bentonit, H-Putnamton u. H-Humus. Die Unters. der Energieveränderungen im Zusammenhang mit p_H, Gesamt-H, akt. Ca u. Gesamt-Ca ergab bei der Berechnung auf Bindungsenergie u. Austauschenergie, daß die Verwitterung des Phosphats im Apatit sowohl mit den akt. Ca-Ionen als auch mit dem akt. H des koll. Syst. in Verbindung stand. (Proc. Soil Sci. Soc. America **19**. 26—29. Jan. 1955. Missouri, Agric. Exp. Stat.) A. JACOB 6304

John Pesek, *Die Aufnahme von Phosphor aus Phosphatdüngemitteln, die auf Dauerwiesen verabfolgt werden.* 3. Mitt. *Wirkung der Art und der Unterbringung des Phosphors sowie der Zusammensetzung der Wiese.* Die Aufnahme von P aus konz. Superphosphat u. $Ca(PO_3)_2$ auf Dauerwiesen wurde auf verschied. Böden verglichen. Die Phosphatdüngung betrug 40 lbs. P_2O_5/acre in Form konz. Superphosphats u. $Ca(PO_3)_2$ in einer Feinheit von 10 u. 40 Maschen. Jedes Phosphat wurde breitwürfig sowie in Reihen von 7 Zoll Abstand u. 1 Zoll Tiefe angewandt. Bei $Ca(PO_3)_2$ war die breitwürfige Anwendung wirksamer als die Reihendüngung. $Ca(PO_3)_2$ einer Teilchengröße $<$40 Maschen versorgte die Pflanzen besser mit P als solches einer Teilchengröße $<$10 Maschen. Superphosphat war für die Pflanzen leichter aufnehmbar als $Ca(PO_3)_2$. Es ist auf stark P-armen Böden zu bevorzugen, im übrigen kann $Ca(PO_3)_2$ auf der Basis des gleichen P-Geh. benutzt werden. Die Leguminosen nahmen eine größere Menge ihres P-Geh. aus dem Dünger auf, als die Gräser, bes. beim 1. Schnitt u. aus $Ca(PO_3)_2$; beim 2. Schnitt u. bei Superphosphat war der Unterschied nicht so deutlich. (Proc. Soil Sci. Soc. America **19.** 63—66. Jan. 1955.) A. JACOB. 6304

John Hanway und **Lloyd Dumenil,** *Voraussage des Bedarfs an Stickstoffdüngern auf Iowa-Böden.* 3. Mitt. *Benutzung der Nitratbildung zusammen mit anderen Erkenntnissen als Grundlage für Empfehlung der Stickstoffdüngung für Mais in Iowa.* (2. vgl. STANFORD u. HANWAY, C. **1956.** 10581.) Ein Vgl. der Ergebnisse von Felddüngungsverss. mit den Ergebnissen der Best. der Nitratbldg. zeigte, daß die Ertragssteigerungen bei Anwendung verschied. hoher Gaben von N-Dünger zu Mais durch die Gleichung dargestellt werden können: $\log Y = \log[104(1-10^{0{,}003525}x)] - 0{,}0098\, b_1$, worin Y die Ertragssteigerung in bushel/acre darstellt, die von der Anwendung von **x** lbs. N/acre auf einem Boden mit einer Nitratbldg. von b_1 p.p.m. Nitrat-N erwartet werden kann. (Proc. Soil Sci. Soc. America **19.** 77—80. Jan. 1955.) A. JACOB. 6304

William H. Patrick jr. und **M. B. Sturgis,** *Konzentration und Bewegung von Sauerstoff in Beziehung zur Aufnahme von Ammonium- und Nitratstickstoff durch Reis.* Durchleiten von O_2 durch Boden u. Irrigationswasser verbesserte das Wachstum von Reis. Bewässerung u. Zufuhr organ. Substanz beschleunigen die Red. von O_2 durch den Boden. NH_4-N wurde stärker aufgenommen u. bewirkte ein besseres Wachstum von Reis als NO_3-N; zwischen der O_2-Behandlung u. der Aufnahme von NO_3- oder NH_4-N wurde keine Wechselwrkg. gefunden, allerdings wurde die Diffusion von O_2 aus Blättern u. Stengeln nach den Wurzeln nicht bestimmt. (Proc. Soil Sci. Soc. America **19.** 59—62. Jan. 1955. Baton Rouge, La., Louisiana Agric. Exp. Stat.) A. JACOB. 6304

A. D. Scott und **D. D. Evans,** *Aufgelöster Sauerstoff in gesättigtem Boden.* Lufttrockner Boden wurde in Zylindern mit dest. W. überschichtet. Der Geh. an aufgelöstem O_2 wurde polarograph. verfolgt. Er nahm sofort nach der Überflutung des Bodens ab u. verschwand nach 10 Std. vollständig, Messung der Redoxpotentiale ergab kein zuverlässiges Anzeichen für den aufgelösten O_2. (Proc. Soil Sci. Soc. America **19.** 7—11. Jan. 1955. Ames, Io., Iowa Agric. Exp. Stat.) A. JACOB. 6304

Charles F. Eno, William G. Blue und **Joseph M. Good jr.,** *Die Wirkung von wasserfreiem Ammoniak auf Nematoden, Pilze, Bakterien und die Nitrifikation in einigen Floridaböden.* Die Anwendung von wasserfreiem NH_3 mit Hilfe von Injektoren führt zu lokalisierten hohen Konzz. von NH_3. Die Zahl der Pilze u. Nematoden wurde durch NH_3-N in Mengen von **136—741 p.p.m.** vermindert. Im Vgl. zu unbehandeltem Boden waren in Ggw. von 608 p.p.m. N, einer Menge, die regelmäßig auftritt, wenn fl. Ammoniak im Feld angewandt wird, nur 0,6% der Nematoden u. 4,9% der Pilze noch vorhanden. Die stärkste Verminderung sowohl von Nematoden wie von Pilzen tritt oberhalb von 365 p.p.m. auf. Von den Nematoden nahmen die saprophyt. Arten später wieder am stärksten zu. Die ökonom. Bedeutung der Verminderung der pflanzenparasit. Nematoden durch fl. NH_3, das in erster Linie wegen seines N-Geh. angewandt wird, erfordert weitere Bearbeitung durch Feldversuche. Nitrifikationsunterss. zeigten, daß diese durch Konzz. von NH_3-N über 300 p.p.m. verhindert wird. Im Freiland wird die Nitrifikation wahrscheinlich nur innerhalb der Zone verhindert, in der das NH_3 auftritt, aber nicht an deren Peripherie, u. die Nitrifikationsbakterien vermindern allmählich zentripetal die Konz. des NH_3, bis es vollständig aufgebraucht ist. (Proc. Soil Sci. Soc. America **19.** 55—58. Jan. 1955. Florida Agric. Exp. Stat.) A. JACOB. 6304

A. G. Lochhead und **J. W. Rouatt,** *Der Rhizosphäreneffekt auf die Ernährungsgruppen von Bodenbakterien.* Der Einfl. der wachsenden Pflanze auf gewisse Ernährungsgruppen von Bodenbakterien wurde untersucht, wobei die Rhizosphäre (**a**) u. Kontrollproben von Feldverss. im Zusammenhang betrachtet wurden. Eine der charakterist. Wirkungen der **a** ist offenbar die Stimulierung von Bakterien, welche Aminosäuren benötigen, wie durch Ergebnisse von Verss. mit verschied. Pflanzen gezeigt wird. (Proc. Soil Sci. Soc. America **19.** 48—49. Jan. 1955. Ottawa, Canada Dep. of Agric.) A. JACOB. 6306

R. B. Dawson, *Unkrautbekämpfung auf Rasen.* (J. Sci. Food Agric. **5.** 392—97. Aug. 1954. Bingley, Yorks., Sports Turf Res. Inst., St. Ives Res. Stat. — C. **1954.** 11028.) H. GOEBEL. 6312

W. Wurgler, *Vernichtung der Strauchvegetation auf Bergweiden.* Die Ausbreitung der Strauchvegetation auf Bergweiden kann eingedämmt werden durch Spritzungen mit wss. Emulsionen von *2.4.5-T-* u. *2.4-D-Estern,* entweder im Sommer auf das Blattwerk oder unter Zusatz von Mineralöl auf die Stammbasis oder die Strünke nach dem Umbauen der Sträucher. Bei den prakt. Verss. gelang die Bekämpfung von Wacholder, Weiden, Espen, Erlen, Haselnuß, Vogelbeerbaum, Him- u. Brombeeren, Wildrosen,

Hauhechel, Ginster u. Heidelbeeren. — 13 Literaturhinweise. (Landwirtsch. Jb. Schweiz **69** ([N. F.] **4**). 771—82. 1955. Lausanne, Stat. Fédérales d'Essais Agricoles.) C. GRIMME. 6312

Louis C. Erickson und **Sterling J. Richards,** *Größe von Valenciaorangen und 2.4-D.* Die Verss. wurden angestellt mit 17 Jahre alten Orangenbäumen, deren Früchte 4 bis 12 Wochen alt waren. Angewendet wurde ein den Isopropylester der 2.4-D in einer Konz. von 16 p.p.m. enthaltender Spray. Während der ganzen Wachstumsperiode wurde der Wassergeh. des Bodens durch Tensiometer (1 bzw. 2 Fuß tief), welche am Rande der Baumscheibe aufgestellt waren, kontrolliert. Es zeigte sich, daß der Wassergeh. des Bodens von größter Wichtigkeit für die Ausbldg. der Früchte ist. Bester Erfolg bei einem Wassergeh. von 700 cm^3 in 2 Fuß Tiefe. Die Bewässerung soll alle 2—3 Wochen erfolgen. (Calif. Agric. **9.** Nr. 5. 9/10. u. 14. Mai 1955. Riverside, Calif., Univ. of California.) C. GRIMME. 6312

Werner Wurgler und **Philippe Aubert,** *Wirkung der Ausdünnung der jungen Früchte auf die Qualität der Äpfel und das Problem der Alternanz.* Durch Ausdünnen mit *α-Naphthylessigsäure* (I), zur Zeit des Blütenblattfalls in einer Konz. von 8 g I/100 Liter W., wurde bei der Apfelsorte Schöner von Boskoop die wechselnde Tragbarkeit während wenigstens dreier Jahre unterdrückt. Bei der Sorte Golden Delicious wurden durch I (5 g I/100 Liter W., 10 Tage nach dem Blütenblattfall angewendet) größere Äpfel erzielt, ohne daß das Laubwerk geschädigt oder die Haltbarkeit im Kühlhaus beeinträchtigt wurde. (Landwirtsch. Jb. Schweiz **69** ([N. F.] **4**). 809—14. 1955. Lausanne, Stat. Fédérales d'Essais Agricoles.) C. GRIMME. 6312

Gilbert Turian und **Marc Staehelin,** *Versuch zur chemischen Bekämpfung der Traubenweißfäulesporen im Boden* (*Coniella diplodiella* [*Speg.*] *Pet. und Syd.*) (Vgl. C. **1956. 4832.**) Durch Labor.- u. Gewächshausverss. wurde die starke sporicide Wirksamkeit von *Tetramethylthiuramdisulfid* (TMTD) festgestellt. Im Gewächshaus ermittelte Minimaldosis 1 g/kg Erde. Hierbei wird die autotrophe Bodenmikroflora nicht geschädigt. — Bei Verwendung im Weinberg empfiehlt sich die Bodenbehandlung mit 4 kg/1 ar mit einem Gemisch aus 25% TMTD, 25% S u. 50% $CaCO_3$. Hierdurch konnte eine totale Vernichtung der Coniellasporen in der Oberkrume erzielt werden. — 4 Literaturhinweise. (Landwirtsch. Jb. Schweiz **69** ([N. F.] **4**). 799—808. 1955. Lausanne, Stat. Fédérales d'Essais Agricoles.) C. GRIMME. 6312

K. E. Hutton und **D. S. Leigh,** *Braunfäule von Steinfrüchten in Neusüdwales.* 1. Mitt. *Bekämpfungsversuche an Speisepfirsichen im Küstengebiet.* Die in den Jahren 1952/53 u. 1953/54 durchgeführten Verss. ergaben eine wirksame Bekämpfung der Fäule mit 0,12%ig. Lsg. von *Captan.* Beide Mittel erwiesen sich als der üblichen Meth. mit elementarem Schwefel überlegen, desgleichen der mit 0,1%ig. 9.10-Phenanthrenchinonlösung. Die Zugabe von Kaliumchlorid zur Sprühlösung erwies sich als ungeeignet. (Agric. Gaz. New South Wales **66.** 23—28. Jan. 1955.) R. LESCHBER. 6312

P. Ehrentraut, *Zur Kenntnis der Brandkrankheiten des Getreides und ihrer Bekämpfung.* Allg. Ausführungen. Bei der Bekämpfung aller Brandkrankheiten des Getreides haben sich *Germisan*-Präpp. bestens bewährt. — 4 Literaturhinweise. (Dtsch. Landwirtsch. **5.** 419—23. Aug. 1954. Magdeburg.) M. WINIKER. 6312

Hugh B. Wycoff, *Methylbromidbegasung eines Baumschulenbodens in Illinois.* Nach einer Gründüngung wurden durch Bodenbegasung mit CH_3Br (gegen Unkraut u. Schädlinge) 81,5% mehr Jungpflanzen von Coniferen erzielt als bei unbegastem Boden ohne Gründüngung. — 6 Literaturhinweise. (J. Forestry **53.** 811—13. Nov. 1955. Topeka, Ill., Mason State Tree Nursery.) EBERHARD MÜLLER. 6312

E. E. Schaefer und **F. C. Loest,** *„Spotted Wilt" oder „Kromnek" an Tomaten.* „Spotted Wilt" ist eine Viruskrankheit, deren Symptome als Flecken auf Früchten u. Blättern angegeben sind. Die Übertragung erfolgt durch Thrips-Arten. Bekämpfung durch geeignete Kulturmaßnahmen u. Vernichtung der Überträger mit *DDT*-Staub. (Farming South Africa **30.** 23—36. Jan. 1955. Pretoria, Div. of Plant Pathol.; Nelspruit, Citrus and Subtropical Horticultural Res. Stat.) W. KNÖPKE. 6312

F. P. Dean und **E. J. Newcomer,** *Bewertung von Acariciden in der Bekämpfung von Milben der wolligen Apfelblutlaus* (*„woolly apple aphid"*) *und der Apfelmotte* (*„Codling"-Motte*) *an Äpfeln.* Von den geprüften Acariciden wurden die meisten zusätzlich zur regulären Bekämpfung der Apfelmotte mit DDT angewandt. Die verwendeten Konzz., z. B. $^1/_3$—1 pound 15%ig. Parathion (I) waren bei 2maliger Applikation genügend gegen **E,** bei 3maliger Anwendung (1 pound) von ausgezeichneter Wirkung. Die Wirksamkeit wird bezeichnet bei der europäischen roten Milbe mit **A,** bei der pazif. Milbe mit **B,** bei der Kleemilbe mit **C,** bei allen 3 Sorten Milben mit **D,** bei der wolligen Apfelblutlaus mit **E,** bei der Apfelmotte mit **F** u. bei allen diesen Schädlingen mit **G.** (Die angegebenen Mengen beziehen sich auf 100 Gall. Spritzbrühe.) *DMC* (*1.1-Bis-*[*p-chlorphenyl*]*-äthanol*) (**II**) in Konz.

1 pint ist ebenso wirksam wie 1 pound 15% ig. **I**, bei 2maliger Anwendung bzw. 1 × 1,5 pint im Juni; bes. gegen **B** u. **C**, nicht **E**. — *Toxaphen* (**III**), etwas weniger wirksam gegen **D** als **I**, besser als Emulsion gegen **B** u. **C**, nicht **A**, bei 3maliger Anwendung von 1 pint 50% ig. **III**-Emulsion oder 2 pound 40% ig. Pulvers. Letztere Konz. sehr wirksam gegen **E**. — *Arathan* (**IV**) (*Dinitrocaprylphenylcrotonat*), wirksam gegen **B** u. **C** wie **I**, weniger gegen **A**; Konz. 0,75 pounds 25% ig. Pulver ebenso wirksam wie 1 pound 15% ig. **I** gegen **B** u. **C** bzw. 1 pound oder mehr gegen **A**, nicht gegen **E**. — *88 R* (*Aramit*) (**V**) in Konz. 1 pound 15% ig. Pulver ebenso wirksam wie $^1/_3$ pound 15% ig. **I** gegen **A** u. **B**, weniger **C**, nicht **E**. — *D-14* (*Hexahydrat des Di-Na-Äthylen-bis-thiocarbamats*) (**VI**) in Konz. 2 quarts 25% ig. Emulsion etwa gleich wirksam wie $^1/_3$ pound 15% ig. **I** gegen **A**, kaum gegen **B** u. **C**, nicht **E**. — *Hexachlorbenzol* (mit 10—12% des γ-Isomeren) (**VII**) in Konz. 1 pound als 1. Spritzung, der eine Spritzung mit **III** oder geringeren Konzz. von **I** folgt, ist genügend wirksam gegen **E**. Spritzung mit **I** (in Konz. von 2—3 pounds 15% ig. **I**) war nicht gleichwertig der mit DDT (2 pounds 50% ig. DDT bei der 1. u. 1 pound bei der 2. Spritzung); 2 pound **III** gleichwertig 2 pound **I**. Unter den geprüften Acariciden ist keines, welches zur gleichzeitigen Bekämpfung aller der untersuchten Schädlingsarten gleich wirksam ist. Im Original Tab. der Wirksamkeit von verschied. Konzz. von **I**, **III** u. DDT auf 2 Apfelsorten. (Idaho State horticult. Assoc., Proc. annu. Convent. **1950.** 10—12. U. S. D. A., Agr. Res. Adm., Bureau of Entomol. and Plant Quarantine.) E. SCHILDKNECHT. 6312

A. S. Tahori, A. Kaluszyner und **S. Reuter,** *Eine neue Gruppe von DDT-Synergisten.* Durch Rk. von *Äthyltrifluoracetat* u. *Arylmagnesiumbromiden* wurden *Diaryl-(trifluormethyl)-carbinole* nachst. Struktur dargestellt. Die erhaltenen Verbb. hatten außer *Di-(p-chlorphenyl)-trifluormethylcarbinol* (**I**) keine insekticide Wrkg.; **I** u. *Di-(p-chlorphenyl)-methylcarbinol* hatten außerdem gewisse larvicide Eigg. gegenüber Larven von Musca vicina Marq. Die Verbb., bes. die Halogenderivv., hatten jedoch eine hohe synergist. Wrkg. auf die *DDT*-Aktivität. Sie erlaubten im Gemisch 1:1 mit DDT, dessen Konz. ohne Wirkungsverlust auf 4—25% zu vermindern. Die höchste synergist. Aktivität zeigte **I**. Wegen der engen strukturellen Verwandtschaft zwischen DDT u. den Synergisten vermuten Vff., daß die letztgenannten an Stelle von DDT in den dieses inaktivierenden Stoffwechsel eingehen. (Nature [London] **176.** 266—67. 6/8. 1955. Israel, Ministry of Defense, Sci. Dep.; Defence Forces, Med. Corps, Med. Res. Labor.) F. KRUSEN. 6312

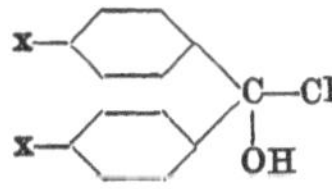

(x = H, F, Cl, Br, OCH_3, OC_2H_5, CH_3, NO_2)

W. E. Westlake und **Jack E. Fahey,** *DDT- und Parathionspritzrückstände an Äpfeln.* Die Menge an Rückständen von Parathion (**I**)- u. DDT-Spritzungen ist von der Konz., der zeitlichen Anwendung u. den klimat. Verhältnissen abhängig. Nach Spritzungen, mit **I** in Konzz. von 1,2502/100 Gall., betrugen die Rückstände $<0,1$ p.p.m. Nach Anwendung von <4% bis zu 40 Tage vor der Ernte wurden an Rückständen $<0,2$ p.p.m. an den Äpfeln gefunden. Nach Anwendung von 1 lb. DDT/100 Gall. waren die Rückstände immer <7 p.p.m. u. waren nur nach 7facher Wiederholung >7 p.p.m. Durch Zugabe von Haftmitteln, wie Nicotin, Bentonitöl oder Bleiarsenat–Bordeauxöl erhöhte sich der DDT-Rückstandgeh. in den Ernteprodd. auf >10 p.p.m. (Advances Chem. Ser. **1950.** 117—22. April. Beltsville, Md., U. S. Dep. of Agric., Bureau of Entomol. and Plant Quarantine.) G. LENHARD. 6312

E. H. Zeck, *Australischer Fruchtbaumbohrer* (*Cryptophasa unipunctata*). Vf. empfiehlt zur Bekämpfung der Raupen Kerosin oder 0,1% ig. Lsg. von *DDT*. (Agric. Gaz. New South Wales **66.** 37. Jan. 1955.) R. LESCHBER. 6312

E. H. Zeck, *Antheraea eucalypti.* Wirksame Bekämpfung der Raupen bietet Besprühen der Blätter mit 0,1% ig. Lsg. von *DDT*. (Agric. Gaz. New South Wales **66.** 34—35. Jan. 1955.) R. LESCHBER. 6312

Rex E. Lidov, Henry Bluestone und **S. Barney Soloway,** *Alkalistabile organische Polychlorinsektengifte Aldrin und Dieldrin.* Die alkali- u. säureresistenten halogenierten hoch wirksamen Insekticide *Aldrin* (**I**) u. *Dieldrin* (**II**) wirken im Gegensatz zu den bisher bekannten länger nach. Die Giftigkeit für Säugetiere (Ratten) beträgt für **I** DL_{50} 40- bis 50 mg/kg Lebendgewicht u. für **II** 50—55 mg/kg. **II** hinterläßt infolge seiner bes. lange nachwirkenden Eigg. mehr Rückstände als **I**. (Advances in Chem. Ser. **1950.** 175—83. April. Urbana, Ill., Univ. of Illinois.) G. LENHARD. 6312

—, *Bekämpfung der Queensland-Fruchtfliege* [*Dacus* (*Strumeta*) *tyroni*]. Die Bekämpfung des nahezu alle Obstarten befallenden Insekts geschieht durch Besprühen des Laubes mit einer *Natriumfluosilicat*-Lsg. (31,5 g in 10 Litern einer 6,25% ig. Rohrzuckerlsg.). Als doppelt wirksam erwies sich eine gleichkonzentrierte Lsg. von *Brechweinstein.*

Sie ist weniger schädlich für das Blattwerk. Bei öfterer Anwendung wird Herst. einer doppelt konz. wss. Lsg. von Brechweinstein empfohlen, die vor Gebrauch mit W. verd. u. mit Zucker versetzt wird. Für Hausgärten wird eine schnell wirkende Lsg. wie folgt hergestellt: 15,6 g *Nicotinsulfat*, 6 g *DDT* in 10 Litern einer 5% ig. Lsg. von Zucker. Anwendung während der Obstreife mindestens jeden zweiten Tag. (Agric. Gaz. New South Wales **66.** 29—32. Jan. 1955.) R. LESCHBER. 6312

E. H. Zeck, *Australischer Borkenrüsselkäfer* (*Orthorrhinus cylindrirostris*). Der Käfer zerstört die jungen Knospen u. die Rinde verschied. Bäume u. verursacht große Schäden. Bekämpfung: Vor Auftreten der Käfer Bäume mit *Kupferkalkbrühe* bestreichen. Zus.: Wss. Lsg. von 15% $CuSO_4$ u. 10% CaO. (Agric. Gaz. New South Wales **66.** 35—36. Jan. 1955.) R. LESCHBER. 6312

E. H. Zeck, *Cryptes baccatus*. Von der Schlupfwespe Cryptes baccatus befallene Bäume sind mit einer verd. wss. Emulsion *White oil* zu behandeln. (Agric. Gaz. New South Wales **66.** 35. Jan. 1955.) R. LESCHBER. 6312

J. C. Ortega, *Sprays zur Bekämpfung von Obstmilben*. Gute Erfolge wurden mit Spray auf Basis DDT, Nicotinsulfat, Systox, Ovotran, Parathion, Aramite, Malathion u. TEPP erzielt. (Calif. Agric. **9.** Nr. 5. 6. u. 14. Mai 1955. Riverside, Calif., Univ. of California.) C. GRIMME. 6312

André Savary und Mario Baggiolini, *Beitrag zur Kenntnis der Obstmaden. Bekämpfung.* Bericht über ausgedehnte Verss. zur Bekämpfung des Apfelwicklers (Enarmonia pomonella L.) bei Äpfeln u. Birnen. Hierbei kommt es weniger auf die Auswahl der Pflanzenschutzmittel als auf die Best. der Spritztermine an. — 25 Literaturhinweise. (Landwirtsch. Jb. Schweiz **69** ([N. F.] **4**). 827—64. 1955.) C. GRIMME. 6312

R. Ciferri, *Eine neue Formel zur Schädlingsbekämpfung. Geringes Volumen, hohe Konzentration.* Besprechung bewährter Arbeitsmethoden. (Coltivatore Giorn. vinicolo ital. [N. S.] **101.** Nr. 5. 5—7. Mai 1955.) C. GRIMME. 6312

L. Detroux und **Y. Fouarge,** *Versuche zum Schutze von Forstpflanzen gegen Schäden durch Kleinwild* (*Kaninchen und Hasen*). Bei Verss. gegen Wildverbiß durch Kaninchen u. Hasen ergaben *Ölteer, Kreosot, Creosit* (Zus. nicht angegeben; S. A. LE CRIOSOTAGE UNIVERSEL, Charleroi), *Carbolineum* (I) u. *Holzteer* brauchbare Ergebnisse, nicht hingegen *Rodinol* (Zus. nicht angegeben; BAYER-AGROCHIMIE, St.-Trond), *Pflanzenteer, Spraymoline* (Zus. nicht angegeben; SELCHIM, Brüssel), I + *Ca-Caseinat*, I + *Good-Rite, P.E.P.S.* (Polyäthylenpolysulfid) u. *Fischöl*. *Kraftpapier* bietet zwar ausreichenden Schutz, dürfte aber für die Praxis wegen der recht umständlichen Anwendungstechnik nicht in Frage kommen. (Bull. Inst. agronom. Stat. Rech. Gembloux **20.** 188—222. 1952.) C. GRIMME. 6312

O. W. Ford, *Bericht über Kalium in Düngemitteln*. Das Verf. der ASSOCIATION OF AGRICULTURAL CHEMISTS (A.O.A.C.), das durch eine NH_4Cl-Wäsche des K_2PtCl_6-Nd. ergänzte PERRIN-Verf. u. das flammenphotometr. Verf. der K-Best. werden auf Grund der Ergebnisse einer Gemeinschaftsunters. als gleichwertig bezeichnet. Der Durchschnittswert ist höchstens um 3% zu groß, bei hohem Mg-Geh. um 1% zu niedrig. Flammenphotometrierungen sind bei höheren Na- u. Mg-Gehh. leicht zu korrigieren. (J. Assoc. off. agric. Chemists **35.** 674—79. 15/8. 1952. Lafayette, Ind., Purdue Univ., Agricultural Experiment Station.) H. GUDE. 6322

J. A. Naftel und **E. W. Fajans,** *Die Bestimmung und Aufnehmbarkeit von wenig löslichen Boraten in Düngemitteln.* Verschied. Methoden zur Best. des Gesamtgeh. an B_2O_3 u. des Geh. an von Pflanzen aufnehmbarem B_2O_3 in wenig lösl. Boraten werden auf ihre prakt. Brauchbarkeit untersucht. — 14 Literaturangaben. (J. Assoc. off. agric. Chemists **37.** 537—44. 15/5. 1954. Auburn, Ala., u. Los Angeles, Calif., Pacific Coast Borax Co., Div. of Borax Consolidated, Ltd.) F. RANG. 6322

C. H. M. van Bavel, Newton Underwood und **R. W. Swanson,** *Bestimmung der Bodenfeuchtigkeit durch Neutronenmessungen.* (Sitzungsbericht.) (Physic. Rev. [2] **99.** 1626. 1/9. 1955. North Carolina State Coll.) H. LIEPACK. 6324

C. M. Woodruff, *Die Kationenaktivitäten in der Bodenlösung und die Energien des Kationenaustauschs.* Durch eine Berücksichtigung der Änderungen der freien Energien, die auftreten, wenn ein Kation von einem chem. Potential auf ein anderes gebracht wird, ist es möglich, durch Benutzung einer Standardlsg., in welcher die hypothet. Aktivitäten der Kationen 1 mol. sind, die Änderung der freien Energien für den Kationenaustausch zwischen einer Lsg. u. dem Standardzustand zu ermitteln. (Proc. Soil Sci. Soc. America **19.** 98—99. Jan. 1955.) A. JACOB. 6324

J. M. Bremner und **K. Shaw,** *Untersuchungen über die Bestimmung und die Zersetzung von Aminozuckerarten im Boden.* Die Mengen an Amino-Zucker-N (AZ-N) in sauren Hydrolysaten von Böden mit verschied. N-Gehh. wurden colorimetr. u. durch auf alkal. Zers. basierenden Methoden bestimmt. Die Ausbeute an AZ-N nach Hydrolyse von Chitin oder Glucosamin wurde durch die Anwesenheit von Boden während der Hydrolyse nicht beeinflußt. Substanzen, welche die Meth. der AZ-Analyse störten, wurden in den Bodenhydrolysaten nicht gefunden. Aus den Mengen von AZ-N, die durch saure Hydrolyse in Freiheit gesetzt wurden, wird geschlossen, daß 5—10% des Gesamt-N der untersuchten Böden in Form von AZ vorlagen. Die Zers. von AZ im Boden wurde untersucht durch Vgl. der Zersetzungsgeschwindigkeiten von Chitin, Glucosamin, Casein u. Hefenucleinsäure, die dem Boden unter Bedingungen eingeimpft wurden, die eine rasche Nitrifikation von $(NH_4)_2SO_4$ bewirken. Glucosamin u. Chitin wurden durch die Bodenmikroorganismen nicht so schnell zers., wie Casein u. Hefenucleinsäure. (J. agric. Sci. **44.** 152 bis 159. April 1954. Harpenden/Herts., Rothamsted Experimental Station.) A. JACOB. 6324

O. I. Puschkinskaja, *Zur Methodik der quantitativen Auszählung von Mikroorganismen, die fähig sind, im Boden Cellulose zu zersetzen.* Vf. empfiehlt, 0,05 ml einer Suspension der zu prüfenden Bodenprobe in Verdünnungen von $^1/_{10}$, $^1/_{100}$ oder $^1/_{1000}$ gleichmäßig auf der Oberfläche eines in einer Petrischale befindlichen Agar-Nährbodens zu verteilen, ein aschefreies Filter darüber zu legen u. in einer feuchten Kammer 1 bis 2 Wochen bei 25—26° zu belassen. Bei dieser Arbeitsweise wachsen die Cellulose zerstörenden Pilze, Bakterien u. Actinomyceten in isolierten Kolonien u. können leicht ausgezählt werden. (Микробиология [Mikrobiologie] **23.** 34—36. Jan./Febr. 1954. Moskau, Inst. für Mikrobiologie der Akad. der Wiss. der UdSSR.) M. ULMANN. 6324

Thomas H. Harris, *Teilungschromatographie bei der Analyse von Insekticidbasispräparaten.* Auf der von AEPLI u. Mitarbeitern (C. **1948.** E. 1521) modifizierten Meth. zur chromatograph. Best. von γ-BHC beruhend, gelingt die Trennung von *1.1.1-Trichlor-2.2-bis-[p-methoxyphenyl]-äthan, γ-BHC* u. *DDT* in einem Trennungschromatogramm. Der der Lsg. zugesetzte rote Farbstoff D- u. C-Rot Nr.18 (1-Xylylazo=xylylazo-2-naphthol) markiert die genaue Position von DDT, D- u. C-Violett Nr. 2 (1-Oxy-4-p-toluidinoanthrachinon) die von γ-BHC. Die Ergebnisse sind genau, sofern das Verhältnis von BHC:techn. DDT nicht $>3:5$ ist. Reine Präpp. lassen sich auch noch in höheren Verhältnissen mit großer Genauigkeit trennen. — App. u. Trennungsgang werden beschrieben. (Advances Chem. Ser. **1950.** 266—73. April. Beltsville, Md., U. S. Dep. of Agric., Insekticide Div., Liverstock Branch.) G. LENHARD. 6328

John D. Fairing und **Horace P. Warrington jr.,** *Colorimetrische Bestimmung kleiner Mengen von 1.1.1-Trichlor-2.2-bis-[p-methoxyphenyl]-äthan.* Zur colorimetr. Best. von 1.1.1-Trichlor-2.2-bis-[p-methoxyphenyl]-äthan (I) aus biol. Substanzen wird I mit Bzl. oder PAe. extrahiert, das Lösungsm. bei Zimmertemp. im Luftstrom abgedampft u. der Rückstand mit 2%ig. alkoh. KOH-Lsg. dehydrohalogeniert. Das so erhaltene Methoxychlorid (II) wird durch Lösen des Rückstandes in heißem Aceton u. Filtration von dem nicht verseifbaren Teil der Fette u. Wachse getrennt. Nach Abdampfen des Acetons u. Behandlung des Rückstandes mit 85%ig. H_2SO_4 wird eine rote Lsg. (Absorptionsminimum 555 mμ), deren Farbtiefe ein Maß für ihren Methoxychlorgeh. ist, erhalten. Die Anwesenheit von Fetten u. Wachsen stört nur bei Überschreiten der Empfindlichkeitsgrenze der Methode. Die Best. von 1 γ II ist mit einem Fehler von nicht $>15\%$ behaftet. (Advances Chem. Ser. **1950.** 260—65. April. Canajoharie, N. Y., Beech-Nut Packing Comp.) G. LENHARD. 6328

S. Wolf, C. Münster und **E. Sarfert,** *Zur Analytik des γ-Hexachlorcyclohexans (HCH).* Es werden verschied. Methoden zur Best. von *HCH* beschrieben, die gleichzeitig angewendet den Anforderungen eines Industriebetriebes zur laufenden Kontrolle des Prod. genügen. 1. Beschreibung eines polarograph. Verf., das mit LiCl als Leitsalz, ohne Konstanthaltung der Temp. u. ohne Zusatz von maximadämpfenden Substanzen bei Zimmertemp. arbeitet. Günstigster Meßbereich 5—90% γ-HCH, Fehlerbereich maximal $\pm 3\%$. 2. Als Schnellmeth. wird die Glaspulvermeth. empfohlen, die sich auch für techn. Isomerengemische von 40—100% γ-HCH eignet. 3. Für Serienbestimmungen, also für Betriebskontrollen wird eine dielektrometr. Meth. mit $\pm 3\%$ Fehler angegeben. (Z. analyt. Chem. **140.** 25—39. 1953. Chemnitz, Gütelabor. des Fettchemie- u. Fewa-Werkes.) A.-M. FRETZDORFF. 6328

M. Levitsky und **W. K. Lowen,** *Die Analyse von Manganäthylenbisdithiocarbamat-Präparaten.* Bei der Durchführung der Analyse von *Manzate* (Fungicid auf Basis Mn-Äthylen-bis-dithiocarbamat) wird als Mittel zur Herbeiführung einer möglichst innigen Dispersion der Probe die Verwendung einer Versene-Lsg. (34%ig. Lsg. des Tetranatriumsalzes der Äthylendiamintetraessigsäure) an Stelle von sd. A. empfohlen. Hierdurch wird die Digestionszeit von 90 auf 20 Min. vermindert. (J. Assoc. off. agric. Chemists **37.** 555—57. 15/5. 1954. Wilmington, Del., E. I. du Pont de Nemours and Co., Exp. Stat., Grasselli Chem. Dep.) F. RANG. 6328

Rumianca (S. p. A.), Italien, *Herstellung von wasserfreien granulierten Phosphor-Stickstoff- und Phosphor-Stickstoff-Kali-Düngemitteln* aus festem oder pulverförmigem Monocalciumphosphat, z. B. aus einem Ca-Superphosphat, welches 18 (%) P_2O_5 u. 13 H_2O enthält, durch Behandlung mit einer verd. H_2SO_4 u. Einleiten von NH_3. Auf 71,25 (Teile) Phosphat gibt man 25,65 H_2SO_4, 12,54 W. u. 10,9 NH_3. Das erhaltene wasserfreie granulierte Prod. enthält 8,9 (%) Ammoniakstickstoff, 12,82 assimilierbares P_2O_5 u. 0,2 Feuchtigkeit bei 105°. — Für die Gewinnung eines Kalidüngemittels wird noch K_2SO_4 zugegeben. (**F. P. 1 101 582** vom 3/6. 1954, ausg. 7/10. 1955. It. Prior. 3/6. 1953.)
M. F. MÜLLER. 6283

Andrew J. Lockrey, übert. von: **Frank W. Koinig,** Southampton, N. Y., V. St. A., *Wiederherstellung der grünen Farbe von Grasflächen.* Die in trockenen Sommermonaten infolge von N-Verlusten oder N-Mangel oder durch Überschwemmung mit Brack- oder Meereswasser braun verfärbten Rasenflächen werden zur Wiederherst. ihrer früheren u. grünen Farbe mit wss. Lsgg. besprüht, die ca. 40 (Teile) $CO(NH_2)_2$, 1 wasserlösl. K-Na-Cu-Chlorophyllin, 1 Tanninsäure, 3 wasserlösl. Bindemittel, z. B. Methyl- oder Oxyäthylcellulose, u. 2,6 eines Farbstoffes enthalten. Insekticide u. Fungicide können den Lsgg. zugesetzt werden. Die Rasenflächen nehmen in wenigen Tagen ihre n. grüne Färbung wieder an, ohne daß eine Wiederaussaat erforderlich ist. Das Wachstum der Gräser wird angeregt u. beschleunigt. (**A. P. 2 714 062** vom 7/1. 1955, ausg. 26/7. 1955.)
H. KARST. 6297

Institut National de la Recherche Agronomique, Seine, Frankreich (Erfinder: **Marc Julia**), *Neue Pflanzenhormone, γ-Aryloxycrotonsäuren,* u. zwar solche aus Phenol, den Kresolen, den Chlorphenolen, 2.4-Dichlorphenol, 4-Methyl-2-chlorphenol u. 2-Methyl-4-chlorphenol, z. B. *γ-[p-Chlorphenoxy]-, γ-[2.4-Dichlorphenoxy]-* u. *γ-[2-Methyl-4-chlorphenoxy]-crotonsäure* mit phytohormonalen Eigg. erhält man durch Kondensation der Phenole mit γ-Halogencrotonestern im alkal. Medium in Lösungsmitteln, wie A., Bzl. u. Aceton, oder durch Kondensation des Phenols in alkal. Medium mit Chloracetal, bes. in Äthylenglykol über das Diäthylacetal des entsprechenden Phenoxyacetaldehyds, das durch Kochen mit verd. H_2SO_4 den entsprechenden Phenoxyacetaldehyd liefert, der in Pyridin leicht mit Maleinsäure kondensiert. (**F. P. 1 070 814** vom 12/2. 1953, ausg. 17/8. 1954.)
O. KAYSER. 6313

Monsanto Chemical Co., St. Louis, Mo., übert. von: **Robert E. Miller,** Dayton, O., V. St. A., *Herstellung von 5-Nitrothiophenderivaten* der allg. Formel **III** aus Verbb. der allg. Formeln **I** u. **II** (X = Alkali; R = H u. Alkyl mit 1—3 C-Atomen; R' = H oder CH_3). Beispiel für die Rk. von 5-Nitro-thiophen-2-aldehyd + $NaHSO_3$ mit Nitroäthan in

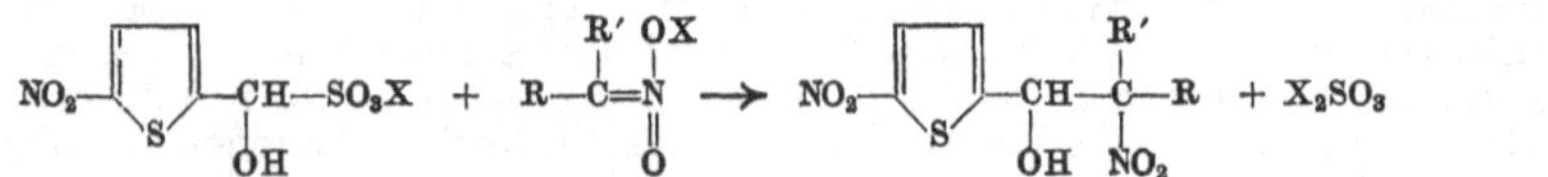

I II III

NaOH unter Bldg. von **III** (*R = H; R' = CH₃*), F. 113—114°. — *Fungicide.* (**A. P. 2 717 254** vom 5/8. 1954, ausg. 6/9. 1955.)
K. FABEL. 6313

Shell Development Co., Emeryville, Calif., V. St. A., übert. von: **Geroffrey Edwin Barnsley,** Woodstock, Sittingbourne, England, *Entblätterungsmittel für lebende Pflanzen,* bestehend aus einem Nitrosoharnstoff der allg. Formel HN(X)—CO—N(Y)—N = O, in welcher X für H oder einen Hydrocarbylrest steht u. Y Alkyl- oder Aralkylreste bedeuten. Der Hydrocarbylrest kann polare Gruppen enthalten, wie $—SO_3H$, —COOH, —OH, $—NH_2$. Bei wss. Lsgg. ist der Zusatz eines üblichen oberflächenakt. Mittels erforderlich. (**A. P. 2 710 794** vom 7/5. 1953, ausg. 14/6. 1955.)
H. NEBELSIEK. 6313

Marius Arthur Victor Chartrain, Puy-de-Dôme, Frankreich, *Verwendung von Polystyrol für Pasten und Überzüge zum Verschließen von Wunden an Bäumen.* Man nimmt Polystyrollsgg., die Holzmehl, Insekticide (p-Dichlorbenzol, Nitroverbb., Phosphorsäureester), Hormone, Auxine u. gegen UV-Licht schützende Pigmente enthalten. (**F. P. 61 615** vom 25/8. 1950, ausg. 16/5. 1955. **Zusatz zu F. P. 952 574; C. 1950. II. 1988.**)
M. PANKOW. 6313

N. V. de Bataafsche Petroleum Mij., Den Haag (Erfinder: **Johannes Thomas Hackmann,** Amsterdam), Holland, *Behandlung von Pflanzen zwecks Bekämpfung von Krankheitserregern* durch Verwendung von vorzugsweise in wasserlösl., bes. salzsaurer Form vorliegenden Verbb., die den allg. Formeln: $(X)(R_1)N—CS—N(Y)(R_2)$, $(R_1)(R_2)N·—C(SX) = NY$ u. $(R_1)(Y)N—C(SX) = NR_2$ entsprechen, wobei X eine gegebenenfalls substituierte, vorzugsweise endständig halogenierte, bes. chlorierte Acylgruppe, Y ein H-Atom, eine gegebenenfalls substituierte, vorzugsweise endständig halogenierte, bes. chlorierte Acylgruppe oder einen gegebenenfalls substituierten, vorzugsweise endständig halogenierten, bes. chlorierten KW-stoffrest u. R_1 u. R_2 H-Atome oder gegebenenfalls substituierte, vorzugsweise endständig halogenierte, bes. chlorierte KW-stoffreste darstellen. — Diese Verbb. sind beliebig substituierte Acylthioharnstoff- oder Acylisothioharnstoffverbb., die entweder einzeln oder in Kombination mit anderen fungitox., viritox., insekticiden oder akariciden Stoffen verwendet werden, deren chemotherapeut. Wrkg. eine innere oder äußere sein kann, wobei Netzmittel u. auch Haftmittel oder auch Kombinationen mit Systeminsekticiden u./oder Pflanzennahrungsmitteln u./oder Pflanzenhormonen möglich sind. (**D. B. P. 940 554** Kl. 451 vom 9/1. 1952, ausg. 22/3. 1956. Anmeldung bekanntgemacht 29/9. 1955.) H. NEBELSIEK. 6313

N. V. Philips' Gloeilampenfabrieken, Holland, *Insecticides Mittel,* bestehend aus Urethanen der allg. Formel $(CH_3)_2N-COOR$, worin R ein 2.4.5-Trichlorphenyl-, 2.5-Dichlorphenyl- oder p-Chlorphenylrest ist. Die Dimethylcarbaminsäureester werden z. B. in Form einer 0,1 Gew.-%ig. Emulsion verwendet. (**F. P. 1 101 980** vom 8/6. 1954, ausg. 12/10. 1955. Holl. Prior. 9/6. 1953.) M. F. MÜLLER. 6313

Compañia General de Insecticidas, S. A. (Erfinder: **P. M. Huidobro** und **J. N. Escobar**), Mexico, *Insekticides Mittel,* enthaltend 34 (Gewichtsteile) eines Mineralöls, 25 Abietinsäure, 13 eines als Insekticid bekannten Chlorierungsprod. (I), 25 α-Pinene, 7 Alkalilauge (D. 1,36) u. 7 Äthylacetat. Verbb. I sind z. B. γ-Hexachlorcyclohexan, Dichlordiphenyltrichloräthan, Camphenchlorid, Oktachlormethanotetrahydroindan (Chlordan), Hexachlorhexahydrodimethanonaphthalin (Aldrin). (**F. P. 1 102 655** vom 16/4. 1954, ausg. 25/10. 1955. Mexican. Prior. 21/4. 1953.) M. F. MÜLLER. 6313

Koninklijke Industrieele Mij. voorheen Noury & van der Lande N. V., Holland, *Konservieren von Rüben für die Winterlagerung* durch Behandlung mit einem Insekticid in Form von *Mononitrochlorbenzolen,* z. B. *Mononitrotetrachlorbenzol,* zweckmäßig mit einem geringen Zusatz von γ-Hexachlorcyclohexan (Lindane). (**F. P. 1 102 399** vom 15/6. 1954, ausg. 19/10. 1955. Holl. Prior. 13/5. 1954.) F. MÜLLER. 6313

Compañia General de Insecticidas S. A. (Erfinder: **P. M. Huidobro** und **J. N. Escobar**), Mexico, *Insekticides Mittel,* bestehend aus 6 (Teilen) einer insekticiden Chlorverb. (I), 61,98 methylierte dicycl. Verbb., 23,52 methylierte monocycl. Verbb., 10 Terpentinöl u. 1 Citronellöl. — Chlorverbb. I sind z. B. γ-Hexachlorcyclohexan, Dichlordiphenyltrichloräthan u. andere. Genannt sind ferner methylierte Naphthaline u. methylierte Benzole. (**F. P. 1 102 654** vom 16/4. 1954, ausg. 25/10. 1955. Mexican. Prior. 21/4. 1953.) M. F. MÜLLER. 6313

Pyragric, S. à r. l., Frankreich, *Räuchergerät zur Schädlingsbekämpfung.* Der insekticide Wirkstoff, wie „HCH" oder ein anderes leicht sublimierbares Insekticid, wird als Umhüllung eines Metalldrahtes zu Zweidrittel seiner Länge angebracht, der freie Teil des Drahtes als Befestigungsorgan umgebogen. Am freien Ende der Wirkstoffumhüllung wird ein Zündmittel zum Entzünden des Räucherstabes befestigt. (**F. P. 1 066 613** vom 17/11. 1952, ausg. 8/6. 1954.) W. WITTHOLZ. 6313

Ethyl Corp. (Erfinder: **R. E. Dunn, W. B. Grandjean** und **F. L. Padgitt**), V. St. A., *Desodorisieren von Hexachlorcyclohexan* in Form einer erwärmten Lsg. in organ. Lösungsmitteln, z. B. A., Propanol, Isopropanol, Butanol, Äthylenglykol, Diäthylenglykol, Aceton, Methyläthylketon, Diäthylketon, Diisopropylketon, Dibutylketon, durch Zusatz von W. u. Abkühlen. — Man geht z. B. aus von einer 80%ig. äthylalkoh. Lsg. von 50° u. fügt ca. 5—50% W., berechnet auf die Alkoholmenge, hinzu. (**F. P. 1 103 519** vom 20/4. 1954, ausg. 3/11. 1955. A. Prior. 5/2. 1954.) M. F. MÜLLER. 6313

Farbenfabriken Bayer Akt.-Ges., Leverkusen (Erfinder: **Gerhard Schrader,** Opladen, und **Rudolf Mühlmann,** Wuppertal), *Herstellung von Thiophosphorsäureestern mehrwertiger Alkohole,* dad. gek., daß man O.O-Dialkylthiophosphorsäuremonochloride in Ggw. von tert. wasserfreien Basen (Pyridin) in stöchiometr. Verhältnissen mit S-freien mehrwertigen Alkoholen umsetzt. Je nach den angewendeten Mengen des Säurebindemittels läßt sich der Thiophosphorsäureester ein- oder mehrmals in den mehrwertigen Alkohol einführen. — Aus 60 (g) reinem Glykol u. 190 O.O-Diäthylthiophosphorsäuremonochlorid in Ggw. von 82 wasserfreiem Pyridin bei 40° → 128 *O-Glykol-mono-O.O-diäthylthiophosphat,* $Kp._2$ 110—115°; Ausbeute 60%. Eine 0,1%ig. Emulsion tötet *Kartoffelkäfer* u. dessen *Larven* ab. — *O-Glykol-bis-O.O-diäthylthiophosphat,* $Kp._{0,02}$ 110°; Ausbeute 51%. Eine 0,1%ig. Emulsion tötet *Blattläuse* 100%ig. ab. — Trimethylenglykol → *O-Trimethylenglykol-mono-O.O-diäthylthiophosphat,* $Kp._{0,02}$ 72°; neben *O-Trimethylenglykol-bis-O.O-diäthylthiophosphat,* $Kp._{0,02}$ 120°. Eine 0,001%ig. Lsg. tötet *Mückenlarven* 100%ig. ab. — Glycerin → $(C_2H_5O)_2P(=S)\text{-}O\text{-}CH_2CH(OH)CH_2\text{-}O\text{-}P(=S)(OC_2H_5)_2$, im Hochvakuum nicht destillierbares wasserunlösl. Öl; Ausbeute 91%. Eine 0,01%ig. Lsg. tötet *Kartoffelkäfer.* — $(CH_3O)_2P(=S)\text{-}O\text{-}CH_2\text{-}CH[O\text{-}P(=S)(OCH_3)_2]CH_2\text{-}O\text{-}P(=S)(OCH_3)_2$, $Kp._{0,05}$ 60°.

— *$(CH_3O)_2P(=S)$-O-$CH_2CH(OH)CH_2$-O-$P(=S)(OCH_3)_2$)* im Hochvakuum nur unter Zers. destillierbar. Eine 0,001%ig. Lsg. tötet *Mückenlarven* 100%ig. ab. — Diglykol → *$(C_2H_5O)P(=S)$-O-$CH_2CH_2OCH_2CH_2OH$*, Kp.$_{0,05}$ 90°. — *Schädlingsbekämpfungsmittel* mit nur geringer Giftigkeit gegen Warmblütler. (**D. B. P. 931 106** Kl. 120 vom 19/3. 1953, ausg. 1/8. 1955. Anmeldung bekanntgemacht 10/2. 1955.) G. KRAUSS. 6313

Ciba Soc. An., Schweiz, *Eine neue organische Halogenphosphorverbindung* der Formel I wird durch Kondensation von 1 (Mol) Triäthylphosphit mit 1 β-Chloräthyltrichloracetat in Bzl. hergestellt. Man gibt die Lsgg. unter Kühlung zusammen u. kocht 3 Stunden. Das Bzl. wird abdest., der Rückstand fraktioniert. I ist ein Öl, Kp. 125—130°, das zur *Schädlingsbekämpfung* verwendet wird u. außerdem eine therapeut. Wirksamkeit besitzt. (**F. P. 1 071 756** vom 23/9. 1952, ausg. 6/9. 1954. Schwz. Priorr. 25/9. 1951 u. 26/8. 1952.) S. MEIER. 6313

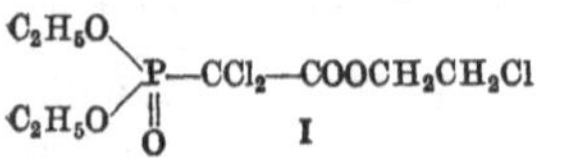
I

Ciba Soc. An., Schweiz, *Herstellung organischer Halogenphosphorverbindungen* der allg. Formel I, worin R_1 u. R_2 ein Alkylrest (auch substituiert), X u. Y —NH, —NR_2 oder >NR_1, Z O oder S, R_4 H, Halogen oder den gleichen Rest wie R_1, R_5 H oder —OR_1, —SR_1, —NH_2, —NHR_1, —NR_1R_1 bedeuten. Man setzt ein Polyhalogenid der allg. Formel II, das in α-Stellung zur —CO-GruOpe mehrere Halogenatome enthält (Dichloracetaldehyd, Butylchloral, Bromal, 1.1-Dichlor-, 1.1.3-Trichlor-, 1.1.1-Trichlor-, 1.1.3.3-Tetrachlor-, 1.1.1.3-Tetrachlor-, Penta- u. Hexachloraceton, ω-Trichlor-, 4-Chlor- u. 4-Methyl-ω-trichloracetophenon, Trichloressigsäureäthylester [I] oder -dimethylamid, Chloral, in einem inerten Lösungsm. (Bzl., Toluol, Ae., Dioxan, Hexan) mit einer Verb. der allg. Formel III um, worin die aliphat. Reste R_1, R_2, R_3, Methyl-, Äthyl-, Propyl-, Isoprpyl-,

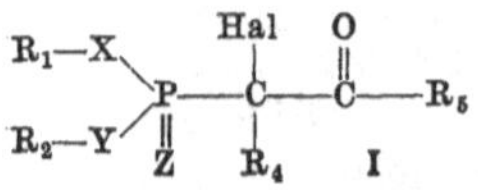
I

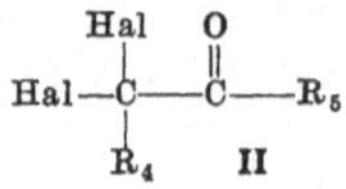
II

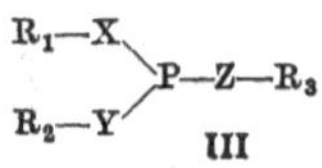
III

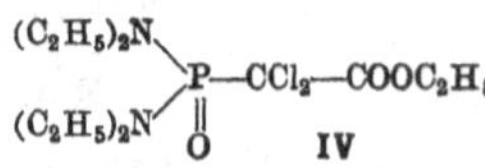
IV

Butyl-, Hexyl-, 2-Äthylbutyl-, Octyl-, 2-Butyloctyl-, Lauryl-, Octadecyl-, Allyl-, 2-Chloräthyl- u. a. Gruppen sein können. Zunächst wird die Rk. unter Kühlung durchgeführt, dann erwärmt man auf 50—120°. Die Prodd. werden dest. u. für die *Schädlingsbekämpfung* verwendet. — Beispiel: Kondensationsprod. aus 1 (Mol) I u. 1 $[(C_2H_5)_2N]_2P—OC_2H_5$, in Bzl. kondensiert, führt zu IV, schwach gelbes Öl; Kp.$_{0,1}$ 69°. Vgl. auch Schwz. PP. 305 939, 305 940 u. 305 941; C. **1956**. 2007. (**F. P. 1 071 757** vom 23/9. 1952, ausg. 6/9. 1954. Schwz. Priorr. 25/9. 1951 u. 26/8. 1952.) S. MEIER. 6313

Ciba Soc. An., Schweiz, *Neue organische Halogenphosphorverbindungen* der allg. Formel I, in der R_1 u. R_2 aliphat., cycloaliphat., araliphat., aromat. oder heterocycl. (auch substituierte) Reste, R_4 den gleichen Rest wie R_1 oder Halogen, X u. Y O, S-, >NH- oder >NR_1 bedeuten werden durch Kondensation von Trialkylphosphiten mit halogenierten Säurehalogeniden in einem inerten Lösungsm. hergestellt u. dienen zur *Schädlingsbekämpfung*. — Beispiel: Zu einer Lsg. von 9 (Teilen) Trichloracetylchlorid in 30 Ae. setzt man langsam unter Rühren bei —5° 17,6 Triäthylphosphit in 10 Ae., läßt 30 Min. bei Normaltemp. stehen, kocht 30 Min., dest. den Ae. u. andere flüchtige Bestandteile ab u. fraktioniert den Rückstand. Man erhält ein Öl, Kp.$_{0,1}$ 136—138° mit teilweiser Zersetzung. (**F. P. 1 071 758** vom 23/9. 1952, ausg. 6/9. 1954. Schwz. Prior. 25/9. 1951.) S. MEIER. 6313

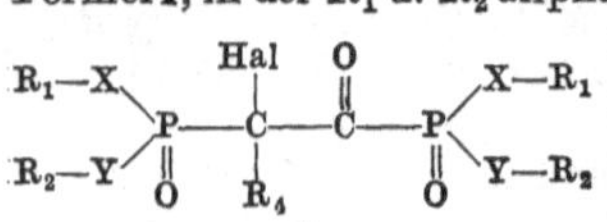
I

Adolphine M. Suau geb. **Gregoire**, Algier, *Insekticid*. Zur Bekämpfung von Insekten, bes. Bohrkäfern in Holzmöbeln, wird folgende Lösung empfohlen: Petroleum 0,380; Terpentinöl 0,300; Leinöl 0,100; Kresol 0,100; Harz 0,050; Wachs 0,050; Formaldehyd 0,020 auf einen Liter berechnet. Diese Mischung wird „Lyctol" benannt. (**F. P. 1 063 137** vom 5/6. 1952, ausg. 29/4. 1954.) W. WITTHOLZ. 6313

Gignoux & Cie. (Erfinder: **Anatole Vesterman**), Frankreich, *Organische Metallsalzlösungen* zur Verwendung in der Landwirtschaft, *Schädlingsbekämpfung* u. Therapie. Nichtalkalimetalle in Form ihrer Salze, z. B. $CuSO_4$, werden mit Na-Salzen organ. Säuren umgesetzt u. in der Säure, ihrem niederen oder höherem Homologen oder ihrem einfachen Ester gelöst u. dann in ein Lösungsm. gegeben, das das organ. Salz nicht oder nur schwach, dagegen die Säure oder ihren Ester gut löst. — Äthylhexansaures Na wird mit $CuSO_4$ in das Cu-Salz umgesetzt, das gereinigte Salz wird unter Erwärmen in Ölsäure gelöst. Nach Zugabe eines Emulgiermittels erhält man eine stabile Emulsion. Auf diese Weise können auch Ca-, Al-, Ba-, Zn-, Fe-, Mg-, Mn-, Hg-, Au-, Pb-, Sr-, Ti- u. Sn-Salze hergestellt werden. (**F. P. 1 068 154** vom 28/11. 1952, ausg. 23/6. 1954.) W. WITTHOLZ. 6313

VIII. Metallurgie. Metallographie. Metallverarbeitung.

Loren C. Bryner, Jay V. Beck, Delmar B. Davis und **Dean G. Wilson**, *Mikroorganismen beim Auslaugen von Sulfidmineralien.* Durch näher beschriebene Laboratoriumsunterss. an *Chalkopyrit* wurde nachgewiesen, daß gewisse, gramnegative Mikroorganismen, ähnlich dem *Thiobacillus thiooxidans* oder *ferrooxidans*, in erheblichem Maße das Auslaugen von Fe u. Cu aus Abfällen fördern; Tabellen u. Diagramme zeigen die Wrkg. bei verschied. p_H-Werten, Zeiten, Nährlsgg. u. Mineralien (*Covellit, Chalkocit, Bornit* u. *Tetrahedrit*). — 12 Literaturstellen. (Ind. Engng. Chem. **46.** 2587—92. Dez. 1954. Provo, Utah, Brigham Young Univ.) H. ECKHARD. 6362

Henno-Franz Strähuber, *Bauart und Ausrüstung neuzeitlicher feststehender Siemens-Martin-Öfen.* Überblick. (Stahl u. Eisen **75.** 1439—45. 3/11. 1955. Huckingen.) H. HOCHSTEIN. 6370

Franz Bartu und **Edgard Boelens**, *Ein neues Profil für den Herdraum des Siemens-Martin-Ofens.* (Stahl u. Eisen **76.** 152—58. 9/2. 1956. Zürich bzw. Lüttich.) H. HOCHSTEIN. 6370

Georg Moll, *Die Anwendung von Graphitelektroden in Lichtbogenöfen.* Darst. der Bedeutung von Graphitelektroden, bes. deren Abmessungen, Zuss. u. Annippelungsvorr., für die Entw. des Elektrostahlverfahrens. — 10 Schrifttumsangaben. (Stahl u. Eisen **75.** 1445—52. 3/11. 1955. Augsburg.) H. HOCHSTEIN. 6370

R. J. Priestley, *Sulfidröstung in Wirbelschicht.* Kurze allg. Ausführungen zum „*Fluo-Solids*"-Verf. mit Hinweisen auf zweckmäßige Beschickungsarten u. die automat. Temperaturregelung sowie auf Anwendungsmöglichkeiten bei komplexen Erzen u. die Verwertung von Nebenprodukten. (Mines Mag. **46.** Nr. 2. 16—18. Febr. 1956. Stamford, Conn., Dorr-Oliver Inc.) H. ECKHARD. 6378

Paul A. Heller, *Fortschritte im Gießereiwesen im 1. Halbjahr 1955.* (Vgl. C. **1956.** 2008.) Überblick unter Auswertung von 96 Schrifttumsstellen. (Stahl u. Eisen **76.** 93—96. 26/1. 168—70. 9/2. 1956.) H. HOCHSTEIN. 6382

Francisco Castro Yáñez, *Eine interessante Anwendung der Kunststoffe: Die Croning-Methode zur Herstellung von Gußformen für Metalle.* Beschreibung der Herst. von Gußformen aus Kunststoff, ihrer Anwendung u. ihrer Vorteile. (Metalurgia y Electr. **18.** Nr. 205. 97—102. Okt. 1954.) R. K. MÜLLER. 6382

W. Sulzer und **F. Eisermann**, *Das Verhalten von Gußstücken aus hitzebeständigen Legierungen für Rückstoßmotore.* Mit therm. Abschreckverss. an Gußstücken aus verschied. hitzebeständigen Legierungen wird nachgewiesen, daß z. B. Schaufeln für Rückstoßmotore, die nach dem Wachsausschmelzverf. gegossen wurden, die gleichen guten Eigg. besitzen wie geschmiedete Schaufeln. (Métaux **30.** 440—46. Nov. 1955.) H.-J. HEINRICHS. 6382

Sten Forslund, *Das Schichtverfahren, ein Hilfsmittel zur Bestimmung der Gießweise und der Gießgeschwindigkeit für Stahl.* Bei der Beschreibung des Verf. werden zunächst die Bewegungsvorgänge der Schmelze in der Gußhautschicht, das Entstehen von Kaltguß u. die krit. Mindestgeschwindigkeit der Schmelze behandelt. Es folgt ein Vgl. der Verhältnisse beim Gießen aus der Stopfenpfanne u. beim Gießen über die Schnauze. Die prakt. Möglichkeiten des im einzelnen behandelten Schichtverf. u. seine Vorzüge werden mitgeteilt. Obwohl die Beispiele Stahl betreffen, kann das Verf. auch für andere Gußlegierungen angewendet werden. (Giesserei **42.** 73—81. 17/2. 1955. Avesta.) H. HOCHSTEIN. 6382

H. E. Zahn, *Verbesserung der Güte von Gußstücken durch eine verbesserte bleibende Formtechnik.* Prakt. rissefreie Akkumulatorplatten werden durch eine automat. Temperaturüberwachung von Metall u. Form sowie durch eine verbesserte Konstruktiom der Gitterplatten erzielt. Hierdurch werden Erstarrungsspannungen, Schlackeneinschlüsse, Gasporen sowie andere Feinrisse, welche bisher die schnelle Zerstörung der Gitter verursachten, vermieden. (Iron Age **174.** Nr. 12. 174—75. 16/9. 1954. Depew, N.Y., Gould-National Batteries Inc.) H. HOCHSTEIN. 6382

M. R. Gross, *Magnetische Permeabilität sogenannter „nichtmagnetischer" metallischer Stoffe.* Zur Unters. der Verwendungsmöglichkeit „nichtmagnet." Metalle für den Bau von Minensuchbooten wurde eine umfangreiche Versuchsreihe durchgeführt u. viele neue Daten hier angegegebn. Im allg. stellte man fest, daß die magnet. Eigg. vieler Metalle vom Gefüge abhängig sind u. die n. u. ideale Permeabilität μ in verschied. Ausmaßen von der chem. Zus., Wärmebehandlung, Heterogenität usw. beeinflußt wird. Die Klassifikation der Metalle erfolgt entsprechend ihres magnet. Verh. in 3 Gruppen, 1. μ ca. 1, 2. 2 $> \mu > 1$, 3. μ ca. 2), wobei als Vergleichsmaß die Permeabilität von Luft gleich 1,00 gesetzt wird. (J. Amer. Soc. Naval Engr., Inc. **66.** 215—45. Febr. 1954.) H. SCHÖBERL. 6388

A. Schulze und **D. Bender,** *Über das Verhalten metallischer Heizleiter bei der Lebensdauerprüfung.* 2. Mitt. (1. vgl. C **1956.** 8748.) Die Abhängigkeit der Lebensdauer (I) der Heizleiterlegierungen von der Drahtstärke wurde an gewendelten Drähten von 0,2 bis 1,5 mm Stärke mit einer Schaltzeit von 2 Min., an V-förmigen Drähten von 3 mm Stärke mit einer Schaltzeit von 6 Min. untersucht. Bei Prüfungen von 1,5 mm Drähten, gewendelt u. in V-Form, bei Schaltzeiten von 2 u. 6 Min. wurden keine wesentlichen Unterschiede der I festgestellt. Für alle Heizleiterlegierungen ergab sich, daß sich der Logarithmus der Lebensdauerkennziffer bei größeren Drahtstärken mehr oder weniger rasch einem Grenzwert nähert. Entscheidend für die I ist die Diffusion der Legierungsbestandteile im Innern der Drähte u. die Oxydation von der Oberfläche her. Bei dünneren Drähten übt die Diffusion einen größeren Einfl. aus. — Schrifttumsangaben. (Metall **9.** 878—82. Okt. 1955. Berlin.) F. VIER. 6388

Y. Matsushita, *Geschmolzene Schlacke.* 1. Mitt. Übersicht über die Bedeutung der *Schlacke,* vorwiegend aus der Fe-Erzeugung. Qualität, Zus., Basizität, innere Struktur u. Elektrolyse. (Kinzoku [Metals] **23.** 52—53. Jan. 1953. [Orig.: japan.]) L. SCHULER. 6390

Y. Matsushita, *Über die Basizität von Schlacken.* Erörterung der Definition u. Berechnung. (Kinzoku [Metals] **23.** 264—65. April 1953. [Orig.: japan.]) L. SCHULER. 6390

S. S. Carlisle, *Meßeinrichtungen bei der Herstellung und Verarbeitung von Stahl, gegenwärtiger Stand und Ausblick.* Temp.-Druck- u. Mengenmessungen an Öfen u. Gaserzeugern, Prüfung der Abmessung u. Oberfläche beim Walzen. (Iron Coal Trades Rev. **170.** 1209—17. 27/5. 1955.) KARL STEIN. 6408

W. S. Williams, *Besondere Aufnahme von Phosphor durch Stahl im sauer zugestellten Kupolofen.* Beim Erschmelzen von Vormetall, das mit der O_2-Lanze zu Stahl verblasen wird, machte sich ein sehr hoher P-Geh. störend bemerkbar, der von Schlackenresten herrührt u. infolge der sauren Schlackenführung in das Vormetall einwandert. Abhilfe durch Neuzustellung u. sauberen Einsatz. (Iron Coal Trades Rev. **170.** 1163. 20/5. 1955.) K. STEIN. 6408

C. A. Edwards, *Die relativen Vorzüge von Öl mit niedrigem und hohen Schwefelanteil für die Siemens-Martin-Stahlerzeugung.* Die Gewichte der S-Aufnahme durch geschmolzenen Stahl während seiner Herst. im SIEMENS–MARTIN-Ofen bei Verwendung von Brennstoffölen mit unterschiedlichen S-Gehh. werden angegeben u. aus diesen die theoret. Gewichte der erforderlichen Abstichschlacken berechnet. Die Verteilung von P u. S zwischen Schlacke u. Bad wird von prakt. Gesichtspunkten aus erörtert. Für S wird festgestellt, daß die Schlackenbasizität nicht der einzige Faktor sein kann, der die Werte (S)/[S] bestimmt, sondern es wird ein ausreichender Grad der Abhängigkeit dann gefunden, wenn diese Werte in Abhängigkeit vom Prod. der Schlackenbasizität u. des Restmangans kurvenmäßig aufgetragen werden. — Schrifttumsangaben. (J. Iron Steel Inst. **181.** 138—47. Okt. 1955.) H. HOCHSTEIN. 6408

Edward A. Loria, *Untersuchungen über Entschwefelung in basischen Elektrostahlöfen.* Wesentlich ist eine streng bas. Schlacke von reduzierendem Charakter u. entsprechender Temp., um die Mischung von Metall u. Schlacke zu erleichtern. (Blast Furnace Steel Plant **43.** 86—87. 114—15. Jan. 1955.) W. HAUG. 6408

Wilhelm Anton Fischer und **Manfred Wahlster,** *Entwicklung und Blaseigenschaften eines basischen Kleinstkonverters.* Bei Blasverss. an *Roheisen* im aus einem 30 kg-Graphitstabofen entwickelten Kleinkonverter, die mit n. u. sauerstoffangreichertem Wind durchgeführt wurden, ergibt sich im Blasverlauf weitgehende Übereinstimmung mit größeren Versuchs- u. Betriebskonvertern. Es können daher wesentliche Aussagen über den metallurg. Ablauf der Konverter-Rkk. gemacht werden. Größere Unterschiede ergaben sich bei den Abgasanalysen. Bei sauerstoffangereicherten Stahlschmelzen mit mehr als 30% O_2 im Wind konnten freier O_2 im Abgas des Kleinkonverters nachgewiesen werden. Beim Blasen mit an O_2 angereichertem Wind u. Zusatz von festem Kalkferrit brennen C u. P gleichzeitig ab. Die N_2-Endgehh. sind hierbei merklich niedriger als beim Blasen mit sauerstoffangereichertem Wind allein. Die Zus. der Endschlacken entspricht im Fe- u. P-Geh. derjenigen von Betriebs-THOMAS-Schlacken. Bei Kalkferritzusatz war die Düsenhaltbarkeit gegenüber sauerstoffangereicherten Schmelzen ohne Kalkferritzusatz besser. — 12 Schrifttumsangaben. (Arch. Eisenhüttenwes. **27.** 77—84. Febr. 1956. Düsseldorf, Max-Planck-Inst. für Eisenforsch.) H. HOCHSTEIN. 6408

Robert Meldau und **Diethelm Laufhütte,** *Der Einfluß des Sauerstoffzusatzes zum Gebläsewind auf die Kornzusammensetzung der Thomas-Konverter- und Ofenabgase beim Lichtbogenofen.* Mit staubtechn. Mitteln wird versucht, aus THOMAS-Konvertern, die mit sauerstoffangereichertem Wind von unten blasen, mit größerer Annäherung als bisher Korngröße, Kornkennlinie u. Menge des braunen Rauches zu ermitteln, der unter verschied. Arbeitsbedingungen im Betrieb entsteht. Es ergibt sich, daß die scheinbare

Korngröße für alle Arten des O_2-Blasens im THOMAS-Konverter u. Lichtbogenofen eine untere Grenze von 30 mμ einhält. Der Bereich der Kornkennlinie in der Größenordnung unter 30 mμ ist daher nicht zu erfassen. Der Inhalt des Rauchanteils bei den Verlusten aus der Schmelze beträgt wahrscheinlich höchstens 1% der Schmelze am Feststoff. Die Aufgabe der Abscheidung des braunen Rauches entwickelt sich zu einer Frage der Abscheidungsmöglichkeiten der Eisenoxyde im gegebenen Rahmen, wenn die geringen Anteile an anderen Rauchteilchen vernachlässigt werden. (Arch. Eisenhüttenwes. **27.** 149—52. März 1956. Harsewinkel.) H. HOCHSTEIN. 6408

J. H. Smith, *Elektrostatische Fällung der Herdofenabgase.* Ergebnisse mit COTTRELL-Abscheidern bei der KAISER STEEL CORP. in Fontana, Californien. (Blast Furnace Steel Plant **43.** 58—59. Jan. 1955.) W. HAUG. 6408

Karl Bungardt und **Gustav Lennartz,** *Ausscheidungsvorgänge in einem mit Titan stabilisierten austenitischen Chrom–Nickel-Stahl und ihre Beziehung zur interkristallinen Korrosion.* An einem mit Ti stabilisierten austenit. Cr–Ni-Stahl wird der Einfl. der Abschrecktemp. u. der Haltedauer auf Abschrecktemp. auf den Ausscheidungsverlauf beim folgenden Glühen zwischen 500 u. 800° untersucht u. im Zusammenhang damit die Anfälligkeit gegen interkristalline Korrosion verfolgt. Bei 500° ist eine merkliche Ti- oder Cr-Carbidausscheidung bei 2000 Std. noch nicht vorhanden. Die Cr-Carbidausscheidung ist bei 600° am stärksten u. wird bei höheren Glühtempp. durch die dann verstärkt einsetzende gleichzeitige Bldg. von Ti-Carbid zurückgedrängt. Mit verlängerter Haltezeit auf Abschrecktemp. verlaufen sämtliche Ausscheidungsvorgänge bei der folgenden Glühung langsamer. Die Wiederauflsg. von Cr-Carbid mit zunehmender Glühdauer bei 700 u. 800° ergibt örtlich Cr-reichere Stellen, an denen σ-Phase entsteht. Diese ist eine weitere Möglichkeit für die Entstehungsbedingung der σ-Phase. Die Beziehung zwischen den Kornzerfallsergebnissen u. den Ausscheidungsvorgängen ist mit der Cr-Verarmungstheorie der interkristallinen Korrosion zwanglos zu deuten. — Schrifttumsangaben. (Arch. Eisenhüttenwes. **27.** 127—33. Febr. 1956. Krefeld, Deutsche Edelstahlwerke Akt.-Ges.) H. HOCHSTEIN. 6410

W. Siegfried, *Beitrag zur Verwendung von dreiachsigen Spannungen unterworfenen Stählen bei hoher Temperatur.* Untersucht wird die Dauerstandfestigkeit von solchen Legierungen, die als Werkstoffe für die tannenzapfenähnlichen Halterungen der Schaufeln auf den Turbinenscheiben verwendet werden u. nachfolgende Zuss. aufweisen: 1. 0,4(%) C, 0,8 Mn, 1 Si, 13 Ni, 13 Cr, 2,5 W, 2 Mo, 3 Nb u. 10 Co; 2. 0,23 C, 0,43 Mn, 0,54 Si, 0,14 Ni, 12,07 Cr, 0,34 V, 0,58 Mo u. 0,12 Nb; 3. 0,09 C, 0,5 Mn, 0,58 Si, 74 Ni, 20,45 Cr, 0,9 Al u. 1,9 Ti; 4. 0,35 C, 0,69 Mn, 1,36 Si, 9,5 Ni, 19,6 Cr, 1,3 W, 1,18 Mo, 0,3 Al, 0,55 Nb u. 0,57 Ti sowie 5. 0,3 C, 0,45 Mn, 0,3 Si, 0,8 Ni, 1 Cr u. 0,9 Mo. Die Verss. liefen bis zu 30000 Std. bei Tempp. bis zu 750°, wobei die Proben verschied. Zahnformen aufwiesen. Diese Verss. wurden ergänzt durch Fließverss. an glatten u. gekerbten Proben der gleichen Werkstoffe, sowie durch eine rein mechan. Prüfung der Tannenzapfenhalterung bei Raumtemperatur. Die Versuchsergebnisse werden tabellar. mitgeteilt. — Schrifttumsangaben. (Rev. Métallurgie **52.** 201—18. März 1955.) H. HOCHSTEIN. 6410

Walter Grass, *Entwicklung und Stand der nichtmagnetisierbaren Stähle.* Der Einfl. der Legierungselemente (bes. von C, Mn, Cr, Ni u. N) in nichtmagnetisierbaren Stählen, vor allem auf die Austenitbeständigkeit, wird erörtert. Infolge der großen Änderungsmöglichkeiten zwischen dem Ni-, Mn- u. Cr-Geh. in Verbindung mit dem C-Geh. sind zahlreiche nichtmagnetisierbare Stähle bekannt, deren gängigste Sorten im Stahl–Eisen-Werkstoffblatt *390* niedergelegt sind. Ihre mechan. Eigg. können größere Unterschiede aufweisen. Bei Kappenringen z. B. ist eine hohe Streckgrenze erforderlich, die durch eine Verformung bei Tempp. unterhalb der Rekristallisationstemp. erzielt wird. Bandagendrähte werden durch einfaches Kaltziehen verfestigt. Die Notwendigkeit der Kaltverformung zur Erhöhung der Streckgrenze setzt eine erhöhte Austenitbeständigkeit voraus, die nicht allen Stählen eigentümlich ist. Die Überwachung der Austenitbeständigkeit wird durch Permeabilitätsmessungen vorgenommen. Die Bearbeitbarkeit hängt wesentlich von der Austenitbeständigkeit ab. — Schrifttumsangaben. (Stahl u. Eisen **75.** 1558—62. 17/11. 1955. Wetzlar.) H. HOCHSTEIN. 6410

Ernst Czerlinsky, *Die Eigenschaften handelsüblicher warm gewalzter Dynamobleche.* An Dynamoblechen der Güten *I—IV* nach *Din 46400* wurden Magnetisierungskurven u. Hysteresisschleifen im Anlieferungszustand u. nach verschied. Arten der Kaltverformung mit oder ohne Entspannungsglühen aufgenommen. Sowohl die gemessenen Magnetisierungskurven als auch der Verlauf der Hysteresisverluste zeigen, daß eine Kaltverformung ebenso wie eine Glühbehandlung den Magnetisierungsvorgang nur bis zu Induktionswerten von 15000—17000 Gauß beeinflußt, oberhalb dieser Grenze jedoch nicht mehr. Ferner wurde gezeigt, daß der Druck, mit dem die Pakete zusammengepreßt waren, im Bereich kleiner u. mittlerer Induktionen zu einer Senkung der Magnetisierungswerte u. zu einer Verbreiterung der Hysteresisschleife führt. Durch zusätzliche Messung der Ummagnetisierungsverluste *V 10* wurden die Wirbelstromverluste in Abhängigkeit vom Druck u. vom Isolationszustand der Bleche untersucht. Der Wirbelstromanteil erwies sich bei den Abmessungen der verwendeten Kerne mit 10 mm Ringbreite als unabhängig von der Blechisolation u. vom Druck u. wurde allein durch die Dicke u. Leitfähigkeit der Bleche selbst bestimmt. — Schrifttumsangaben. Diskussion. (Arch. Eisenhüttenwes. **27.** 35—40. Jan. 1956. Nürnberg, Siemens-Schuckertwerke Akt.-Ges.) H. HOCHSTEIN. 6410

W. T. Pell-Walpole, *Beziehung zwischen Gießtemperatur, Porosität und Zugfestigkeit von Sandgußbronze.* Verss. über die die Eigg. von Sandgußbronze beeinflussenden Faktoren zeigen: Die Porosität des Gußstückes nimmt mit der Gießtemp. zu. Diese Beziehung besteht auch, wenn die Schmelze ursprünglich Gase enthält, die Form aber wasserfrei ist oder freies oder gebundenes W. aufweist. Ein aus einer Suspension von Al_2O_3 u. Graphit in Teeröl bestehender Formüberzug vermag die Porosität zu vermindern. Die Zugfestigkeit von Versuchsstäben ändert sich linear mit dem Porenoberflächenanteil des Querschnittes, nicht aber mit dem Porositätsanteil. (Foundry Trade J. **98.** 341—48. 31/3. 1955. Birmingham, Univ., Metallurgy Dep.) W. WESLY. 6432

K. Krause *Beryllium in Leichtmetallen.* Viele im einzelnen aufgeführte physikal. u. chem. Eigg. von *Cu-*, *Al-*, *Mg–Al*-Legierungen u. *aluminiertem Stahl* werden durch Zusätze von 0,0005—0,5% Be verbessert. (VDI-Z. 1283. 11/12. 1955. Ulm.) W. WESLY. 6442

John L. Everhart, *Handelsübliches Zirkonium.* Die Eigg. des nach dem KROLL-Prozeß gewonnenen *Zr* werden besprochen, u. auf die gute Korrosionsbeständigkeit des Materials gegenüber sauren u. bas. fl. Medien sowie HCl-Dämpfen wird hingewiesen. Bei chem. Anwendungen stört der Hf-Geh. nicht; für Spezialzwecke z. B. im Kernreaktor muß es jedoch entfernt werden. Geringer O_2- u. N_2-Geh. setzt die Zerreißfestigkeit des Metalls herab. $O_2 + N_2$: 0,18% : 47000 lbs./sq.in.; $O_2 + N_2$: 0,25% : 81000 lbs./sq.in. (Materials and Methods **41.** Nr. 4. 112—15. April 1955.) P. WOLF. 6448

E. Hugony, *Bei der Verarbeitung von Aluminiumpulver anzuwendende Vorsichtsmaßnahmen.* Inhaltsgleich mit der C. **1956.** 822 referierten Arbeit. (Ist. Sperim. Metalli leggeri, Mem. Rapp. [5] **1952.** Nr. 103. 1—8.) R. K. MÜLLER. 6474

E. von Burg, *Die Materialprüfung des Forschungsinstitutes der AIAG.* Beschreibung von Prüfgeräten. (Aluminium Suisse **5.** 141—47. Juli 1955. Neuhausen/Rheinfall, Aluminium-Industrie Akt.-Ges.) F. VIER. 6480

Howard E. Boyer, *Lehren aus der Härteprüfung.* Übersicht über Geschichte, Ausführung, Geräte u. Auswertung der (BRINELL- u. ROCKWELL-) Härteprüfung. (Steel Processing **38.** 223—27. Mai. 280—85. 298—99. Juni 1952. American Bosch Corp.) W. WESLY. 6480

T. O. Mulhearn und **L. E. Samuels,** *Die in die Diamondpyramide-Härteprüfung durch Kippen der Probe eingebrachten Fehler.* (J. Iron Steel Inst. **180.** 354—58. Aug. 1955.) H. HOCHSTEIN. 6480

Herbert Trommler, *Das Überschallsichtgerät und seine Anwendung bei der zerstörungsfreien Werkstoffprüfung.* Überschallsichtverff. geben die Möglichkeit, die im Werkstoff gefundenen Fehler in ihren Umrissen sichtbar zu machen. Die physikal. Grundlagen dafür werden erörtert u. ein von der Firma CARL ZEISS, Jena, entwickeltes u. nach dem Reliefbildverf. arbeitendes Überschallsichtgerät beschrieben. Hauptanwendungsgebiet hierfür ist die Unters. ebener Bleche. Die durchstrahlbare Dicke der Bleche ist werkstoffabhängig. Mit Sicherheit können Lunker, Dopplungen u. fehlerhafte Plattierungen nachgewiesen werden; bes. sind im Gegensatz zum Röntgenverf. dünnste Dopplungen nachweisbar. — Diskussion. (Arch. Eisenhüttenwes. **27.** 135—42. Febr. 1956. Jena.) H. HOCHSTEIN. 6480

David E. Driscoll, *Die Charpy-Aufschlagmaschine und Verfahren zur Untersuchung und Prüfung von Charpy V-Aufschlagkerbenproben.* Es werden 1. die Effekte zusammengefaßt, welche die Variablen in geometr. Probestücken u. die Prüfungsverff. auf die Ergebnisse von Kerbschlagschlagproben verursachen, u. 2. das Verf. beschrieben, welches im WATERTOWN ARSENAL LABORATORIUM bei der Beurteilung u. Prüfung von Standard Charpy V-Aufschlagkerbenproben angewandt wird. (ASTM Bull. **1953.** Nr. 191. 60—64. Juli.) K. PISTOR. 6480

W. G. Filimonow, *Aufnahme von Kurven der wahren Spannungen bei der Untersuchung poröser metallkeramischer Proben.* Aus Fe-Pulver mit 20, 25 u. 30% Poren hergestellte zylindr. Proben, die in einer Atmosphäre von Generatorgas bei 1170—1200°

gebrannt sind, werden auf ihre Druckfestigkeit geprüft, wobei in Abhängigkeit vom Deformationsgrad der Querschnitt u. die Spannung bestimmt werden. Wenn der angelegte Druck P, der Anfangsquerschnitt F_0, der Deformationsgrad ($\Delta l/l$) ε ist, dann ist die wahre Druckspannung $\sigma = P/F_0 (1 + 1{,}95 \varepsilon^2)$. (Заводская Лаборатория [Betriebs-Lab.] **21.** 82—84. 1955.) R. K. MÜLLER. 6480

Hans-Kurt Görlich und **Hans Goossens,** *Untersuchung des isothermischen Austenit- und Martensitzerfalls bei unlegierten Stählen im Temperaturbereich von 100 bis 400° durch Anwendung des Lösungsätzverfahrens.* Ein neuentwickeltes Isolierverf. für Gefügebestandteile, das Lösungsätzverf., wird beschrieben, nach dem Carbide oder andere Gefügebestandteile in Stählen in ihrer ursprünglichen Anordnung in der Probe durch Ätzen u. nachfolgende Einw. eines Lösungsm. durch eine zuvor aufgebrachte Lackschicht isoliert werden können. Das Verf. ist bes. für elektronenmkr. u. Elektronenbeugungsunterss. geeignet. Mit diesem Lösungsätzverf. kann die Abscheidung des hexagonalen ε-Eisencarbids in unlegierten Stählen mit 0,33—0,84% C beim isotherm. Austenit- u. Martensitzerfall nachgewiesen werden. Die wahrscheinlichen Umwandlungsmechanismen der Eisencarbidphasen werden beschrieben. Nach den Verss. zerfällt das hexagonale ε-Eisencarbid bei höheren Anlaßtempp. u. kürzeren Anlaßzeiten unter gleichzeitiger Neubldg. von Zementit. Ausrichtung u. Form des Zementits scheinen nicht von denen des aufgelösten ε-Eisencarbids abzuhängen. Die Gitterparameter u. Achsenverhältnisse der ε-Carbidphase werden berechnet. Sie stehen mit Angaben des Schrifttums in guter Übereinstimmung. — 21 Schrifttumsangaben. (Arch. Eisenhüttenwes. **27.** 119—26. Febr. 1956. Aachen, TH) H. HOCHSTEIN. 6482

F. van Wijk und **J. A. B. van Dijck,** *Die elektronenmikroskopische Untersuchung von Stahlstrukturen.* Die Ergebnisse der elektronenmkr. Unters. der Struktur von wärmebehandeltem Stahl, kaltverformtem *Troostit,* in gehärtetem Stahl eingebettetem *Bainit* u. *Restaustenit* in Martensit werden nach dem Verf. von DALITZ u. SCHUCHMANN (C. **1953.** 6124) beschrieben. — Abbildungen. (Metalen **9.** 389—94. 31/12. 1954. Metaalinst., T. N. O.) W. WESLY. 6482

Josefine Wallner, *Doppelätzung zum Nachweis sulfidischer Einschlüsse in technischen Eisenlegierungen.* Durch eine Doppelätzung mit den Ätzmitteln nach KUNKELE u. OBERHOFFER können in vielen Fällen eine sehr starke Steigerung der Helligkeitsunterschiede u. damit eine Erleichterung des Nachw. sulfid. Einschlüsse in techn. Eisenlegierungen erzielt werden. (Arch. Eisenhüttenwes. **27.** 101—02. Febr. 1956. Leoben, Montanist. Hochschule.) H. HOCHSTEIN. 6482

Fritz Binder und **Eckard Macherauch,** *Verkürzung der Belichtungszeit bei Röntgeninterferenzaufnahmen durch geeignete Anordnung und Formgebung der Blenden* (Arch. Eisenhüttenwes. **27.** 67—74. Jan. 1956. Stuttgart, TH u. Max-Planck-Inst. für Metallforsch.) H. HOCHSTEIN. 6484

G. A. Dornin jr., R. H. Spence und **W. H. Meyer,** *Vorzüge des Dorninverfahrens.* Bei Anwendung des DORNIN-Verf. wird beruhigter u. mit dem dicken Ende nach oben vergossener Stahl, ohne daß nach dem Gießen eine Warmhaube verwendet wird, durch Stauchmatrizen mindestens einmal gestaucht u. darauf zum Vorblock fertig geschmiedet. Darauf wird dieser Vorblock nochmals durchwärmt u. auf die gewünschten Endabmessungen bzw. Profile warmgewalzt. Der so behandelte beruhigte Stahl besitzt gegenüber einem n., zum Block vergossenen u. gewalzten Stahl eine höhere Reinheit u. D. u. weist eine um 12% höhere Streckgrenze auf. Das Gefüge des nach dem DORNIN-Verf. verformten Stahles gleicht dem eines warmverformten Stahles. (Iron Age **173.** Nr. 24. 141—44. 17/6. 1954. Dover, O., Shenango-Penn Mold Co.; Owensboro, Ky., Green River Steel Corp.) H. HOCHSTEIN. 6490

Kazuo Taniguchi und **Takao Sakuma,** *Untersuchungen über die Reibung beim Kaltziehen.* 1. Mitt. (Rep. sci. Res. Inst. [Kagaku-Kenkyujo-Hokoku] **29.** 43—52. Jan. 1953. [Orig.: japan.]) L. SCHULER. 6490

N. H. Polakowski, *Das Weichwerden von überbeanspruchten Metallen während der Kaltverformung.* (Vgl. C. **1952.** 5966.) Druckverss. an Zylindern aus überbeanspruchten C-Stählen zeigen: Der „einfache" BAUSCHINGER-Effekt wird von einer mechan. Erweichung des kalt verformten Metalls begleitet. An einem vereinfachten mechan. Modell das die Beanspruchung u. die inneren Energieänderungen in einem Metall während starker Umkehrverformungen wiedergibt, werden BAUSCHINGER-Effekt u. Erweichung dargestellt. (Iron and Steel **25.** 225—28. 17/5. 1952.) W. WESLY. 6490

Kurt Laue, *Die Benennung der Strangpreßwerkzeuge und ihre Stahlauswahl.* Es wird eine einheitliche Benennung der Werkzeuge für Metall-Rohr- u. -Strangpressen angegeben, u. für die einzelnen Werkzeuge werden geeignete Stahlsorten vorgeschlagen, die in Tabellen zusammengestellt sind. (Z. Metallkunde **46.** 237—42. April 1955. Frankfurt/M.) H. HOCHSTEIN. 6490

Edward J. Pavesic, *Praktische Gesichtspunkte der Wärmebehandlung von Blechen und Preßgesenken.* Übersicht über die bei der Auswahl u. Wärmebehandlung von Blechen u. Preßgesenken gewonnenen u. zu berücksichtigenden Erfahrungen. (Steel Processing **38.** 240—43. Mai 1952. Lindberg Steel Treating Co.) W. WESLY. 6492

Frank Haeßner und **Helmut Weik,** *Untersuchungen der Walz- und Rekristallisationstexturen von Carbonyleisen.* An gerade- u. kreuzgewalzten Blechen aus *Carbonyl*-Eisen wurden mit einem Zählrohrverf. die Walz- u. Rekristallisationstexturen bis zu einem Walzgrad von 97,5% untersucht. Dabei zeigte sich, daß die Walztextur (**I**) mit zunehmendem Walzgrad schärfer wird. Jedoch fehlt auf den so gewonnenen Polfiguren die starke Belegung der Querrichtung in den Außenbezirken der Polfigur, woraus eine Überlegenheit des Zählrohrverf. gegenüber dem früher angewandten photograph. Verf. hergeleitet wird. Eine Zuordnung von einzelnen Belegungshöchstwerten zu einer Zug- oder Stauchverformung wurde nicht gefunden. Die **I** von kreuzgewalzten Proben läßt sich im Gegensatz zu der **I** von geradegewalzten Blechen durch Ideallagen beschreiben. Die aufgenommenen Rekristallisationstexturen (**II**) zeigen, daß man eine Eisensorte auf verschied. Weise rekrist. kann. Drei Arten von **II** bilden sich aus: 1. Übergang zu statist. Verteilung der Körner während der Rekristallisation bei vorangegangener schwacher Verformung. 2. Bestehenbleiben der **I** auch nach vollständiger Rekristallisation bei vorangegangenen mittleren Verformungsgraden. 3. Bldg. einer neuen Texturart während der Rekristallisation bei sehr hohen Verformungsgraden, die durch eine Ideallage zu beschreiben ist. Bei Proben sehr hohen Verformungsgrades wurde der Einfl. der Rekristallisationstemp. untersucht u. gefunden, daß eine tiefe Temp. die Beibehaltung der **I** begünstigt, während sich bei einer hohen Temp. neue, von der **I** verschied. **II** ausbilden. Durch mehrfaches Überschreiten des α–γ-Umwandlungspunktes bei sehr schneller Abkühlung der Proben gelingt es, die **I** vollständig zu beseitigen u. die Kristalle in eine regellose Verteilung überzuführen. — 29 Schrifttumsangaben. (Arch. Eisenhüttenwes. **27.** 153—60. März 1956. Göttingen, Univ.) H. HOCHSTEIN. 6392

W. D. Latiano, *Vereinfachte Herstellung von Formteilen mittels einer durchgehenden Aufkohlung.* Durch eine durchgehende Aufkohlung von Formteilen aus niedriggekohltem *Stahl* zu einem hochgekohlten Stahl wird die einfache Herst. durch Gießen mit der Erzielung hoher Festigkeitseigg. verbunden. Die Aufkohlung erfolgt in einem elektr. beheizten Ofen durch aufkohlende Gase. Die Anlage u. das *Homocarb*-Aufkohlungsverf. mit genauer C-Regelung wird beschrieben (Iron Age **174.** Nr. 4. 115—17. 22/7. 1954.) H. HOCHSTEIN. 6492

S. S. Rolison, *Örtliche Flammenhärtung verbessert die Wirtschaftlichkeit für große Teile.* Bei großen Gegenständen aus *Eisen* u. Stahl, wie riesige Walzen oder Gesenke, die für eine Behandlung in einem Ofen oder in einem Abschreckbehälter zu groß sind, wird die Oberflächenhärtung zweckmäßig angewendet, wobei das Härteverf. in Abhängigkeit vom Werkstoff, von der Größe des zu härtenden Gegenstandes, dessen Gewicht, der Lage u. Ausdehnung der zu behandelnden Flächen u. der Vermeidung von Verzug auszuwählen ist. (Iron Age **174.** Nr. 19. 126—27. 4/11. 1954. Detroit, O., Detroit Flame Hardening Co.) H. HOCHSTEIN. 6492

C. W. Snyder und **F. D. Wallace,** *Das Brennschneiden von Titan vor der Bearbeitung beschleunigt den Betrieb und führt zu guten Ergebnissen.* Beschreibung des Verf. u. der Geräte zum Brennschneiden von Ti. (Western Metals **12.** Nr. 8. 54—56. Aug. 1954. Los Angeles, Calif., Magna Mill Products.) W. WESLY. 6502

Benno Sixt, *Kupfer und Kupferlegierungen als Zusatzwerkstoffe für die Schweißung und Lötung.* Übersicht. (Berg- u. hüttenmänn. Mh. montan. Hochschule Leoben **95.** 336—40. Dez. 1950. Wien.) W. WESLY. 6504

J. Raymond Wirt, *Betriebshartlötung.* Übersicht. (Welding J. **31.** 759—64. Sept. 1952. Anderson, Ind., General Motors Corp., Delco Remy Div., Process Dep.) W. WESLY. 6504

M. Brillié, *Lichtbogenschweißung in Argon.* (Vgl. C. **1956.** 5469.) Zur Prüfung der Reinheit des verwendeten Ar führt man eine Punktschweißung auf einer 3 mm dicken Al-Platte aus, deren Farbe u. Glanz sich nicht verändern darf. Braunfärbung deutet auf $>$0,002% N_2 im Gas. Porosität des Bruches einer zwischen 2 Al-Blechen von 3 mm Dicke ausgeführten Schweiße im Mikroskop zeigt die Ggw. von O_2 oder W. im Gas an. — Der Verschleiß der W-Elektroden wird mit einer opt. Vorr. oder autoradiograph. gemessen u. geregelt. Die Stabilität des Lichtbogens wird mit dem Oscillographen BLONDEL überwacht, der die Kennwerte des Stromes photograph. registriert, u. mit einer Filmkamera aufgenommen. (Berg- u. hüttenmänn. Mh. montan. Hochschule Leoben **95.** 348—52. Dez. 1950. Paris.) W. WESLY. 6506

Donald Warren und **R. D. Stout**, *Porosität von Flußstahlschweißmetall.* (Vgl. C. **1956.** 2017.) Die Einfll. von Schweißbedingungen, Desoxydation, Schweißgasatmosphäre u. Oberflächenverunreinigung auf die Bldg. von Hohlräumen im Schweißmetall werden wiedergegeben. (Welding J. **31.** Welding Res. Council Engng. Foundat. 406s—**420**s. Sept. 1952.) W. WESLY. 6506

C. G. Keel, *Über die Bedeutung des Wasserstoffgehaltes von Stahlschweißgut.* Überblick über engl.-amerikan. Arbeiten u. Arbeiten des Vf. über den schädlichen Einfl. von H_2 auf die mechan. Eigg. von Schweißgut u. über die Prüfbedingungen. — 19 Schrifttumshinweise. (Berg- u. hüttenmänn. Mh. montan. Hochschule Leoben **95.** 318—25. Dez. 1950. Basel.) W. WESLY. 6506

T. M. Slutzkaja und **Ss. M. Gurewitsch**, *Austenitelektrodendraht vom Typ Ch20N10-G6 T für automatisches Schweißen.* Aus den Unterss. über die Ursachen der Warmrißbldg. in Cr–Ni- u. Cr–Ni–Mn-Austenitschweißnähten geht hervor, daß als Hauptursache die Beimengungen von O u. S im Nahtmetall u. die Transkristallisation des aufgeschweißten Metalls anzusehen sind, daß daneben die geringe Plastizität des Austenits in der Nähe der Solidustempp. einen negativen Einfl. ausüben kann. Zum Schutz gegen die Warmrisse im Austenitmetall wird empfohlen, den Geh. an S u. O im Schweißmetall durch Bindung an MnS, TiO_2, TiS u. andere Verbb. möglichst niedrig zu halten, die prim. Struktur durch Zusatz von Modifizierungsmitteln zu zerstören u. die Austenitplastizität durch Zusatz von Ti u. Si zu erhöhen. Es wird ein Austenitdraht aus Stahl Ch20 N10-G6 T (Marke E I-613) vorgeschlagen, der beim Schweißen mit dem Flußmittel AN-22 (mit 6—7% MnO u. nicht mehr als 0,06% S u. P) einen guten Schutz gegen Warmrisse gewährleistet. Hierbei werden folgende mechan. Kennzahlen erreicht: $\delta_5 \approx 40\%$; $\sigma_b \approx 65$ kg/mm²; $a_k \approx 13$ kg/cm². (Автоматическая Сварка [Automat. Schweißen] **8.** Nr. 3. 51—59. Mai/Juni 1955. Akad. der Wiss. der UkrSSR, Paton-Inst. für Elektroschweißung.) O. LEBTAG. 6506

Viktor Walter, *Über die Gußeisenschweißung.* Übersicht. (Berg- u. hüttenmänn. Mh. montan. Hochschule Leoben **95.** 327—30. Dez. 1950. Wiener Neustadt.) W. WESLY. 6506

W. Denker, *Bewertung der Abschmelzschweißung an chromlegierten Röhrenstählen.* Die Vorgänge (Vorwärmen, Abbrennen, Stauchen) bei der Abschmelzschweißung werden im einzelnen beschrieben. Eine größere Anzahl von Schweißen wird an Rohrstählen mit 1—30% Cr ausgeführt. Die Eigg. der Schweißen werden in Zahlentafeln wiedergegeben. (Berg- u. hüttenmänn. Mh. montan. Hochschule Leoben **95.** 308—14. Dez. 1950. Düsseldorf.) W. WESLY. 6506

Lester F. Spencer, *Stumpfschweißung des nichtrostenden Stahles 430.* Das Schweißen ferrit. Cr-Stähle mit ca. bis 0,1(%) C u. 14—18 Cr läßt sich mit allen bei Flußeisen üblichen Verff., ausgenommen das Kohlelichtbogenschweißverf., durchführen. Die hierzu erforderlichen Richtlinien zum Vorwärmen u. Ausglühen sowie zur Durchführung der Metallichtbogen-, Sauerstoff–Acetylen- sowie der Widerstandsschweißung werden erörtert u. Angaben über die Kornausbldg. u. damit verbunden über die verringerte Kaltbildsamkeit gemacht. — Schrifttumsangaben. (Welding Engr. **38.** Nr. 11. 42—48. Nov. 1953.) H. HOCHSTEIN. 6506

Herbert Buchholtz, *Zur Schweißbarkeit der Windfrischstähle.* Arbeitsbedingungen u. Ergebnisse vonWerkstattverss. über die Schweißbarkeit von Walzerzeugnissen verschied. Dicke aus mehreren Windfrisch- (W-) Stählen werden in Zahlentafeln wiedergegeben. (Berg- u. hüttenmänn. Mh. montan. Hochschule Leoben **95.** **296—303.** Dez. 1950. Düsseldorf.) W. WESLY. 6506

Alois Legat, *Neue Gesichtspunkte zur Schmelzschweißbarkeit der Massenbaustähle.* (Berg- u. hüttenmänn. Mh. montan. Hochschule Leoben **95.** 303—07. Dez. 1950. Leoben-Donawitz.) W. WESLY. 6506

H. Hauttmann, *Schweißprobleme bei Hochdruckleitungen.* Bericht über Verss. mit Druckrohrleitungen aus „Aldur"-Stählen der VEREINIGTE ÖSTERR. EISEN- u. STAHLWERKE. (Berg- u. hüttenmänn. Mh. montan. Hochschule Leoben **95.** 314—17. Dez. 1950. Linz.) W. WESLY. 6506

M. Komers, *Das Ellira-Schweißverfahren im Kessel- und Behälterbau.* Prakt. Erfahrungen. (Berg- u. hüttenmänn. Mh. montan. Hochschule Leoben **95.** 330—35. Dez. 1950. Mühlheim-Ruhr.) W. WESLY. 6506

A. Scortecci, *Über die Schweißung von Ermüdungsrissen in der Hauptwelle einer Umkehrwalzenzugmaschine von 10000 PS.* Die Wiederherst. einer nach 40jährigem Betrieb durch Ermüdungsrisse beschädigten Hauptwelle einer Walzwerks-Dampfumkehrmaschine durch Kalt- u. Warmschweißen wird im einzelnen beschrieben. (Berg- u.

hüttenmänn. Mh. montan. Hochschule Leoben **95.** 326—27. Dez. 1950. Genua, Ist. Siderurgico-Finsider). W. WESLY. 6506

W. W. Podgajetzki, *Einige Besonderheiten der Kupferschweißung unter einem Flußmittel mit metallischen Elektroden.* Durch Betrachtung der Metallbldg. in der Schweißnaht u. der Rkk. zwischen Schlacke u. Metall beim Schweißen von Cu u. Stahl unter einem Flußmittel wird gezeigt, daß die Unterschiede in der Metallbldg. bei Cu u. C-armem Stahl in der Hauptsache durch die große Wärmeleitfähigkeit von Cu, daneben durch das raschere Schmelzen des Cu-Elektrodendrahtes im Vgl. zum Stahl bedingt sind. Metall u. Schlacke zeigen beim Schweißen in den üblichen Flußmitteln keine gegenseitigen Reaktionen. (Автоматическая Сварка [Automat. Schweißen] **8.** Nr. 3. 3—12. Mai/Juni 1955. Paton-Inst. für Elektroschweißung der Akad. der Wiss. der UkrSSR.) O. LEBTAG. 6506

P. T. Houldcroft, *Die Inertgasmetallichtbogenschweißung von Aluminiumlegierungen.* 1. Mitt. Kennwerte des Lichtbogens u. der Elektroden u. das Anwendungsgebiet des Verfahrens. (Welding Metal Fabricat. **21.** 58—61. Febr. 1953. British Welding Research Assoc.) W. WESLY. 6506

P. T. Houldroft, *Inertgasmetallichtbogenschweißung von Aluminiumlegierungen.* 2. Mitt. (1. vgl. vorst. Ref.) Geräte u. Arbeitsweise. (Welding Metal Fabricat. **21.** 99—102. März 1953.) W. WESLY. 6506

R. Irmann, *Anwendungen der elektrischen Widerstandsschweißung bei Aluminium und Aluminiumlegierungen.* Die Widerstandsschweißung, Punktschweißung, Nahtschweißung u. Stumpf- u. Abbrennschweißung werden erörtert. (Aluminium Suisse **5.** 127—33. Juli 1955. Neuhausen/Rheinfall, Aluminium-Industrie Akt.-Ges.) F. VIER. 6506

D. M. Rabkin, *Einige Besonderheiten des automatischen Schweißens von Aluminium und dessen Legierungen.* Die geringen Werte von F. u. D sowie die sehr große Affinität des Al zu O u. Al u. dessen hohe Wärmeleitfähigkeit bedingen die nachstehenden Besonderheiten beim Schweißen von Al u. seinen Legierungen nach dem vom Vf. (vgl. C. **1954.** 7969) beschriebenen Verf. unter Verwendung eines halboffenen Bogens: tiefes Schmelzen des Grundmetalls, bedingt durch den geringen D-Wert des fl. Al; die Notwendigkeit einer möglichsten Kleinhaltung der Flußmittelschicht, um den Übergang der Bogenentladung in einen Elektroschlackenprozeß zu vermeiden; Schutz gegen das Eindringen von H_2, O_2 u. N_2; Nichtanwendung von Silicatflußmitteln wegen deren schwerer Schmelzbarkeit u. der zu starken Legierung des Schweißnahtmetalls durch Si u. Mn; möglichste Reduzierung des NaF-Geh. im Flußmittel wegen der möglichen Red. von Na durch Al u. der Verschlechterung der mechan. Eigg. des Nahtmetalles. (Автоматическая Сварка [Automat. Schweißen] **8.** Nr. 3. 13—25. Mai/Juni 1955. Akad. der Wiss. der UkrSSR, Paton-Inst. für Elektroschweißung.) O. LEBTAG. 6506

Satoru Miyata, Yoshio Okada, Ikuo Ōtsuka und **Masashi Kurosawa,** *Analyse der Form der Entladungswelle beim Punktschweißen von Aluminiumplatten mit einem elektrolytischen Punktschweißer vom Kapazitorentyp.* Es werden 3 Entladungswellen erkannt, von denen die beiden ersten 2/10000 u. 4/1000 Sek. dauerten. Theoret. Erörterung. (Rep. sci. Res. Inst. [Kagaku-Kenkyujo-Hokoku] **29.** 26—32. Jan. 1953. [Orig.: japan.]) L. SCHULER. 6506

J. W. Hensley und **R. D. Ring,** *Untersuchungen über die Reinigung von Metallen unter Verwendung von mit radioaktiven Stoffen gekennzeichnetem Schmutz.* Der Einfl. der Alkalikonz., Zeit, Stromdichte u. Stromrichtung bei der Oberflächenreinigung von Metallen wurde untersucht unter Verwendung von Stearinsäure u. Schmieröl, die den radioaktiven ^{14}C in ihren Verbb. in genau bestimmter Menge enthielten. Die Radioaktivität wurde vor u. nach Beendigung der Reinigung mit einem GEIGER-Zähler gemessen. Die Ergebnisse waren innerhalb einer Fehlergrenze von 5% reproduzierbar; sie sind in Kurven dargestellt. Schrifttumsangaben. (Plating **42.** 1137—43. Sept. 1955. Wyandotte, Misch., Wyandotte Chemical Corp.) F. VIER. 6508

S. Wernick und **R. Pinner,** *Oberflächenbehandlung und Überziehen von Leichtmetallen.* 5. Mitt. In Forts. der C. **1950.** I. 2279 ref. Arbeit wird ein Überblick über die Verff. zur Erzeugung von Überzügen durch chem. Umwandlung der Oberfläche, ihre Theorie, geschichtliche Entw., bes. chem. Oxydations-, Phosphatierungs- u. Bonderverf. gegeben. — Ausführliche Bibliographie. (Sheet Metal Ind. **27.** 355—62. April. 553—57. Juni 1950.) F. MARKHOFF. 6512

S. Wernick und **R. Pinner,** *Oberflächenbehandlung und Überziehen von Leichtmetallen.* 6. Mitt. (5. vgl. vorst. Ref.) Überblick über die anod. Oxydantien von *Al*, Verff., Theorie u. Anwendungen. — 33 Literaturstellen. (Sheet Metal Ind. **28.** 79—87. Jan. 1951.) F. MARKHOFF. 6512

S. Wernick und **R. Pinner**, *Oberflächenbehandlung und Überziehen von Leichtmetallen.* 7. Mitt. (6. vgl. vorst. Ref.) Die anod. Oxydation von *Al* u. ihre industrielle Anwendung. Vorbehandlung des Al vor dem Oxydieren, Einhängevorrichtungen, Tiefenwrkg., Einzelheiten über die CO_2-, H_2SO_4-, Oxalsäure- u. sonstigen Verff., Färben der Schicht, Verschließen der Poren, physikal. u. chem. Eigg. der Oxydschicht, Schichtdickenbestimmung. (Sheet Metal Ind. **28.** 373—479. 383. April. 947—54. Okt. 1951. **29.** 843—54. Sept. 1027—36. 1040. Nov. 1952.) F. MARKHOFF. 6512

S. Wernick und **R. Pinner**, *Oberflächenbehandlung und Überziehen von Leichtmetallen.* 8. Mitt. (7. vgl. vorst. Ref.) Überblick über das elektrolyt. u. chem. Polieren, das Metallspritzverf. u. das Aufbringen von Emailüberzügen auf *Al.* (Sheet Metal Ind. **30.** 571—83. Juli. 1055—61. Dez. 1953. **31.** 115—22. 128. Febr. 1954.) F. MARKHOFF. 6512

S. Wernick und **R. Pinner**, *Oberflächenbehandlung und Überziehen von Leichtmetallen.* 9. Mitt. (8. vgl. vorst. Ref.) Überblick über organ. Überzüge. (Sheet Metal Ind. **31.** 223—26. März. 320—24. 340. April 1954.) F. MARKHOFF. 6512

D. A. Benfield und **K. G. A. Strachan**, *Elektrolytische Wiedergewinnung von Diamanten aus gebrauchten Bohrköpfen.* Aus eingehenden Unterss. über die Elektrolyse der zu Bohrkronen verwendeten Metalle u. Legierungen haben Vff. erprobte Vorschriften für alle Bohrkopfmaterialien der Praxis abgeleitet, die sich auf die Art der Aufhängung, die bestgeeigneten Elektrolyte, die Art der negativen Elektroden (rostfreier Stahl, Cu oder Graphit), Strombelastung, Zeit, Auffangen der abgelösten Diamanten in einem becherförmigen Netz aus „Saran" (Copolymeres aus Vinyliden- u. Vinylchlorid) sowie die Vermeidung von Schlammbldg. erstrecken. (J. chem., metallurg. Mining Soc. South Africa **55.** 43—58. Sept. 1954. Johannesburg, Diamond Res. Labor.) H. ECKHARD. 6514

A. G. Thompson, *Elektrolytische Bearbeitung.* Das neu entwickelte Verf. ermöglicht, bei der Herst. kleinster Probestäbe eine Härtung u. Verquetschung der Oberfläche, wie sie bei mechan. Bearbeitung leicht eintritt, zu vermeiden. Ein fl. Elektrolyt passiert eine metall. Kathode u. wird auf das als Anode dienende Werkstück aufgespritzt. Die elektrochem. Auflsg. des Materials kann mittels dieser Vorr. mit größter Genauigkeit gesteuert werden u. ergibt hochpolierte Oberflächen. Auch Ringnuten sind herstellbar. (Machinist **97.** 1650—52. 3/10. 1953. Teddington, Middlesex, England, Nat. Phys. Labor.) F. MODERSOHN. 6514

W. A. Helbig, *Wasserreinigung mit aktivierten Kohlen.* Auf die Möglichkeit, organ. Verunreinigungen in für die Galvanotechnik verwendeten Elektrolyten durch Behandeln mit aktivierter Kohle zu entfernen, wird hingewiesen. Durch das Verf. konnte die Haftfestigkeit galvan. Zn-Überzüge auf Stahldrähten verbessert werden. (Plating **42.** 1044—45. Aug. 1955. Wilmington, Del., Atlas Powder Co.) F. VIER. 6514

C. Fred Gurnham, *Niederschlag von Überzügen durch Elektrophorese.* Allg. Übersicht über die Elektrophorese, deren Anwendung zur Herst. von metall. Überzügen noch nicht aus dem Versuchsstadium im Labor. heraus ist. (Products Finishing **20.** Nr. 6. 62. 64. 66. 68. 70. 72. 74. März 1956. Michigan State Univ., Dep. of Chem. Engng.) B. SCHEIFELE. 6516

S. J. Morana, *Elektrolytische Herstellung von Metallüberzügen auf Kupfer–Beryllium-Legierungen.* Cu–Be-Legierungen lassen sich genau wie *Cu* oder Cu-Legierungen elektrolyt. mit Metall überziehen. Z. B. werden grobkörnige *Ag*-Überzüge aus Nitratbädern, feinkörnige aus Cyanidbädern hergestellt. Beschrieben wird die Herst. von *Cd*-Überzügen auf Bändern u. von Ag-Überzügen u. Cr-Überzügen auf Gußformen für *Kunststoffe.* Folgendes Bad hat die günstigsten Eigg.: 30—50 oz/gal (225—375 g/Liter) CrO_3, 0,3—0,5 (2,25—3,75) H_2SO_4 bei einer Temp. von 100—160° F (38—71° C) u. einer Stromdichte von 150—300 asf (15,6—31,4 A/dm²). (Plating **42.** 1144—48. Sept. 1955. Reading, Pa., Beryllium Corp.) F. VIER. 6516

H. M. Heiling, *Der Mechanismus der Einebnung bei der cyanidischen Verkupferung nach dem Westinghouse-PR (Umpol)-Verfahren.* Die Einebnung bei der cyanid. Verkupferung nach dem *PR* Verf. beruht auf der bevorzugten Auflsg. des abgeschiedenen Cu an vorspringenden Punkten, Kanten u. Flächen während des anod. Stromimpulses. Die anod. Auflsg. geht an den Fehlstellen der sich bildenden anod. Cu_2O-Sperrschicht vor sich u. wird als elektr. Durchschlag aufgefaßt. Sie kann durch Zusatz von Fremdatomen, die sich an hervorspringenden Stellen niederschlagen u. in der sich später bildenden Sperrschicht Diskontinuitäten hervorrufen, gelenkt werden. Alle Faktoren, die die Bldg. der anod. Cu_2O-Sperrschciht fördern, wie hohe Stromdichte, niedriger freier CN-Geh., hohe Hydroxylionenkonz. u. lange anod. Zeiten verbessern die Einebnung. — Schrifttumsangaben. (Metall **9.** 764—67. Sept. 1955. Neuß/Rh., Langbein-Pfanhauser-Werke Akt.-Ges.) F. VIER. 6516

R. G. Lepilina und **M. T. Beloussow,** *Verkupferung von versilberten Spiegeln.* Die Anwendung einer zusätzlichen Schutzelektrode, deren Profil dem des Prod. entspricht, ermöglicht ein gutes Haften der Metallschicht bei der Verkupferung der Ag-Schicht u. schließt Abblättern aus. Bes. gute Resultate erzielt man bei geschliffenen Spiegeln, wobei weder die Acidität des Elektrolyts noch die Stärke des Cu-Films von Belang sind. Für Glasplatten, aus denen erst Spiegel geschnitten werden, genügt bei sonst n. Verf. ein Zusatz von SEIGNETTE-Salze. (Легкая Промышленность [Leicht-Ind.] **15.** Nr. 5. 41—43. Mai 1955.) O. POLLAK V. EMHOFEN. 6516

R. C. L. Bosworth, *Die fünf Eigenschaften in bezug auf den Transport des korrodierenden Mittels.* Zusammenfassung der vom Vf. von 1946—1949 veröffentlichten Arbeiten über Korrosion mit Erläuterungen u. Beispielen. (J. Proc. Roy. Soc. New South Wales **84.** 53—58. 7/2. 1951.) W. KATZ. 6538

Franz Eisenstecken, *Einfluß der Walz- oder Glühhaut auf die Korrosion von Stahl und die Haltbarkeit von Schutzüberzügen.* Der Angriff von Stahl im wss. Elektrolyten kann durch Ggw. einer festhaftenden, aber z. T. unterbrochenen Walz- oder Glühhaut an diesen Stellen zu narbenartigen Anfressungen u. Lochfraß führen, wobei die Oxydschicht den Korrosionsvorgang wesentlich beschleunigt. Die Wrkg. der Walz- u. Glühhaut auf üblichen Baustahl wurde in Laboratoriumsverss. mit verschied. wss. Lsgg. untersucht; hierbei wurden Proben mit zu verschied. Flächenanteilen entfernter Zunderhaut benutzt. Die durch die Zunderschicht verstärkte Korrosion ist durch elektrochem. Elemenbldg. zu erklären, wobei die Zunderhaut als Kathode u. das metall. blanke Eisen als Anode wirkt. Potentialmessungen zeigen, daß unter bestimmten Versuchsbedingungen eine Potentialdifferenz von 70—150 mV auftreten kann. Die Voraussetzungen für die elektrochem. Wrkg. des Zunders werden angegeben. Die Walz- oder Glühhaut kann im allg. nicht als Korrosionsschutzschicht angesprochen werden. Die Entfernung der Zunderhaut, z. B. durch Sandstrahlen vor dem Aufbringen von Schutzüberzügen, wird daher empfohlen. — Diskussion. 12 Schrifttumsangaben. (Arch. Eisenhüttenwes. **27.** 179—85. März 1956. Essen.) H. HOCHSTEIN. 6538

J. P. Chilton und **U. R. Evans,** *Die Korrosionsbeständigkeit von Schweißstahl.* Die Korrosion von Schweißstahl unterscheidet sich von der eines typ. Stahles durch seinen zonalen Charakter; eine größere Korrosionsbeständigkeit wird in Schweißstahl nur dann erreicht, wenn die geometr. Anordnung so ist, daß von dem zonalen Charakter ein Vorteil gezogen werden kann. Die schnell korrodierenden (Q)- u. die korrosionsbeständigen (R)-Zonen, die auch in einem schichtfreien Schweißstahl vorhanden sind, unterscheiden sich in der Zugänglichkeit des vorhandenen Sulfids. Bes. bei Korrosion durch Säuren regt das Freiwerden von H_2S in den Q-Zonen die anod. Rk. an, so daß sie schneller als die R-Zonen angegriffen werden. Wenn die Säure bereits H_2S enthält, wird auch der Angriff auf die R-Zonen angeregt u. die Korrosion wird gleichförmiger. Sehr korrosionsbeständige (V)-Zonen sind nur in Schweißstahl mit Schichtenbldg. u. stellen Zeilen einer edlen Legierung dar. — 28 Schrifttumsstellen. (J. Iron Steel Inst. **181.** 113—22. Okt. 1955.) H. HOCHSTEIN. 6538

Louis Colombier, *Bei höherer Temperatur gegen Korrosion widerstandsfähige Stähle und Legierungen.* Überblick über das Verh. von Legierungen auf Fe-, Ni- u. Ferronickelbasis gegen Oxydation bei Tempp. von 650—1200°. Ferner wird das Verh. gegen N_2, H_2, Schwefelverbb. (SO_2, H_2S), Verbrennungsgase, Salze u. geschmolzene Metalle (Pb, Zn, Sn, Al) sowie gegen feste Stoffe (z. B. Verschlackung der schützenden Oxydschicht unter Bldg. niedriger schm. Prodd.) behandelt. (Métaux **30.** 294—302. Juli/Aug. 1955.) H. MENKE. 6538

W. L. Pinner, *Bericht über die Entwicklung von Korrosionskurzprüfungen von Metallüberzügen.* Es wird über das Ergebnis der Prüfungen von 23 Kurzverff. berichtet. (Plating **42.** 1039—43. Aug. 1955. Detroit, Mich., Houdaille-Hershey Corp.) F. VIER. 6540

Roger Antoine Eugène Charles Paul, Frankreich, *Magnetisierung von Eisenpyritabbränden mit Gewinnung von Nichteisenmetallen.* Die Röstung eines Gemisches von Eisenpyritabbränden u. von NaCl zunächst in einer oxydierenden u. darauf in einer reduzierenden Atmosphäre bei n. Magnetisierungstemp. wird so durchgeführt, daß die Abbrände zunächst zerkleinert u. dann innig mit NaCl vermischt werden. Das gesinterte Gemisch wird in W. gelöscht. Im Ablöschwasser werden die Nichteisenmetalle lösl. Salze wiedergewonnen. Auch findet eine Wiedergewinnung metall. Verbb. statt, welche durch die Abgase mitgerissen werden. Schließlich wird noch eine elektromagnet. Scheidung des in den im Ablöschwasser unlösl. Rückständen enthaltenen Eisenoxyds durchgeführt. (**F. P. 1 037 986** vom 1/6. 1951, ausg. 24/9. 1953.) H. HOCHSTEIN. 6379

Bristol Aeroplane Co. Ltd., Bristol, England, *Herstellung von Präzisionsgußformen.* Auf das Wachsmodell wird ein Überzug aus einem feuerfesten Pulver, z. B. aus Al_2O_3, mit einem Binder, z. B. *Wasserglas*, aufgebracht. Der Überzugsmasse können *Seifenflocken* als Netzmittel, *Oktylalkohol* zum Entschäumen u. *Tanninsäure* zum Verhindern des Quellens zugesetzt werden. Nach dem Trocknen wird der Überzug mit einer Mischung von *Äthylsilicat* u. *Diacetonalkohol* behandelt zum Wasserfestmachen. Danach wird der Überzug verstärkt, so daß er nach Entfernen des Wachsmodells genügend stabil ist. Dann wird zum Entfernen der organ. Substanzen geglüht u. in trocknem Sand eingebettet. Der Überzug kann durch Tauchen, Spritzen oder durch Elektrophorese aufgebracht werden. (**E. P. 716 121** vom 4/6. 1951, ausg. 29/9. 1954.) F. VIER. 6383

Ransom & Randolph Co., übert. von: **Thomas E. Moore** und **Claude H. Watts**, Toledo, O., *Hochhitzebeständige Gußform.* Der der einen Seite der Wachsform anliegende Teil hat eine andere Zus. als der der anderen Seite anliegende mit einer niederen Druckfestigkeit, einer nicht größeren therm. Ausdehnung u. einer Abbindedehnung von nicht mehr als 0,2% u. besteht aus 71,9—89 (%) hochhitzebeständiges Material, 7—18,2 wasserlösl. Phosphat u. 4—10 MgO u. ist frei von Zr-Silicaten, während bei dem anderen Teil 5—25 des hochhitzebeständigen Materials aus Zr-Silicat besteht. Die Form eignet sich zum Gießen von Metallen mit einem F. über 2300° F (1260° C), bes. zur Herst. von Dentalgüssen des *Cr–Co*-Typs. (**A. P. 2 680 890** vom 2/3. 1950, ausg. 15/6. 1954.) F. VIER. 6383

Régie Nationale des Usines Renault, Billancourt, Frankreich, *Herstellung von Gußformen.* Der auf dem Wachsmodell hergestellte Überzug aus *Wasserglas* u. *Quarz-* oder *Schamottepulver* wird nach dem Trocknen durch Tauchen in eine nichtwss. Lsg. eines Chlorids, wie $SiCl_4$, $ZrCl_4$, $AlCl_3$, $CrCl_3$, oder $SiOCl_6$ behandelt. Er wird dadurch wasserunlösl. u. verändert sich beim Verstärken mit Quarzsand u. Wasserglas oder Zement nicht. (**Schwz. P. 305 472** vom 4/7. 1952, ausg. 2/5. 1955. F. Prior. 1/9. 1951.) F. VIER. 6383

Norsk Hydro-Elektrisk Kvaelstofaktieselskab, Oslo, Norwegen (Erfinder: **O. Jensen**), *Reduktion von Eisenoxyd und anderen Metalloxyden* wird mittels reduzierender Gase, wie CO u. H_2, in zwei voneinander getrennten Stufen durchgeführt, wobei das Erz zunächst in einen elektr. erhitzten Reduktionsofen bei 100° eingeführt wird u. wobei bereits eine teilweise Red. durch CO u. H_2 stattfindet. Der abgekühlte u. teils red. Eisenschwamm wird nun in einen zweiten Ofen gebracht, wo er durch H_2-Gas allein vollständig red. wird. (**Schwed. P. 142 546** vom 29/12. 1950, ausg. 20/10. 1953. N. Prior. 9/12. 1950.) K. H. KÄHLER. 6391

Gußstahlwerk Witten Akt.-Ges. (Erfinder: **August Dammer** und **Georg Cohnen**), Witten/Ruhr, *Herstellung von Kugellagerstahl im basischen Siemens-Martin-Ofen* mit einem Schlackenwert gemäß den Richtlinien der Wälzlagerindustrie, d. h. einer Schlakkenausbldg. im Gefüge, die nach Zahl u. Größe so beschaffen ist, daß ein geräuschloser Lauf des Lagers gewährleistet ist, dad. gek., daß der Stahlschmelze zur Einstellung der vorgeschriebenen Endanalyse geeignete Mengen einer *Cr–Mn–Fe*-Vorlegierung mit ca. 40 bis 60% Cr, 10—40% Mn, Rest Eisen zugegeben werden. (**D. B. P. 938 485** Kl. 18b vom 3/6. 1950, ausg. 2/2. 1956. Anmeldung bekanntgemacht 26/7. 1951.) H. HOCHSTEIN. 6411

Phoenix-Rheinrohr Akt.-Ges., Vereinigte Hütten- und Röhrenwerke (Erfinder: **Hermann Josef Schiffler** und **Ewald Baerlecken**), Düsseldorf, *Ferritische bzw. ferritisch–perlitische Chrom–Aluminium-, Chrom–Silicium- und Chrom–Aluminium–Silicium-Stahllegierungen*, die einen *Zr*-Geh. von ca. 0,3—4% aufweisen, werden verwendet als Werkstoff für Gegenstände, die eine hohe Warmfestigkeit bei Tempp. über ca. 800° besitzen sollten. Zweckmäßig enthalten die zu verwendenden Stahllegierungen bis ca. 0,2 (%) C, ca. 15—35 Cr, über 0,3, vorzugsweise 0,8—2, Zr, ca. 0,5—5 Si oder ca. 0,2 bis 6 Al oder ca. 0,5—5 Al + Si, Rest Eisen mit den üblichen geringen Verunreinigungen. (**D. B. P. 941 491** Kl. 18d vom 3/11. 1940, ausg. 12/4. 1956. Anmeldnng bekanntgemacht 5/2. 1953.) H. HOCHSTEIN. 6411

Phoenix-Rheinrohr Akt.-Ges., Vereinigte Hütten- und Röhrenwerke (Erfinder: **Franz Nehl**), Düsseldorf, *Erzielung hoher Streckgrenze und eines hohen Streckgrenzenverhältnisses bei Stählen ohne Abschreckbehandlung*, dad. gek., daß Stähle mit ca. 0,1 bis 0,6 (%) *C*, 0,4—1,5 *Mn*, 0,3—1,5 *Cu*, 0,2—0,6 *Si*, 0,15—0,5 *Mo*, wirksamen Spuren bis ca. 0,06 der Elemente *Nb*, *Ta*, *Zr*, *B*, *Ti* sowie gegebenenfalls 0,3—1,5 *Ni*, gegebenenfalls bis 0,3 *Cr*, Rest Eisen mit den üblichen Beimengungen von den Normalisierungstempp. oder entsprechenden Warmverformungsendtempp. unter Vermeidung einer Abschreckung mit einer Abkühlungsgeschwindigkeit von ca. 25°/Min. bis ca. 2°/Min.; z. B. an Luft, u. zwar vorzugsweise bis auf eine Temp. unter ca. 200° abgekühlt u. dann auf eine zum Stabilglühen geeignete Temp. (von ca. 600—675°) wieder erwärmt u.

stabil geglüht werden, wobei die Dauer der Stabilglühung um so länger bemessen wird, je niedriger die Stabilglühtemp. liegt. (**D. B. P. 939 693** Kl. 18d vom 4/7. 1950, ausg. 1/3. 1956. Anmeldung bekanntgemacht 27/9. 1951.) H. HOCHSTEIN. 6411

Magnesium Elektron Ltd., Manchester, übert. von: **William Michael Doyle,** England, *Legieren von Zirkonium mit Magnesium.* In einen warmen Tiegel wird 1 Gewichtsteil getrocknetes *KF* mit 2 Teilen $ZrCl_4$ in einer Menge, das die endgültige Mischung 5—25 (%) $ZrCl_4$ enthält, vermischt. Auf diese Mischung werden abwechselnd weitere dünne Schichten von $ZrCl_4$ u. KF aufgetragen. Darauf wird der Tiegel bis auf eine kleine Öffnung geschlossen, erhitzt bis die exotherm. Rk. beginnt u. die M. schm., gut durchgerührt u. das Salzgemisch mit geschmolzenem *Mg* vermischt. Als Verdickungsmittel kann das Salzgemisch bis 25 ZrO_2 enthalten, von dem ein Teil mit dem KF vermischt u. der Rest dem geschmolzenem Salzgemisch zugesetzt wird. (**A. P. 2 698 230** vom 12/2. 1951, ausg. 28/12. 1954. E. Prior. 21/2. 1950.) C. GÖTZE. 6445

Rem-Cru-Titanium, Inc., Midland, Pa., übert. von: **Milton B. Vordahl,** Long Hill, Conn., V. St. A., *Titanlegierungen* bestehen aus 6—12 (%) *Mn,* Rest *Ti.* Die Legierungen sind duktil, in der Hitze stabil u. besitzen eine Festigkeit von 130000 lbs./sq.in. u. eine Dehnung von mindestens 10%. Das Gefüge besteht aus β-Ti, in dem α-Ti-Teilchen verteilt sind. — Festigkeitskurven u. Gefügebilder. (**A. P. 2 704 251** vom 10/12. 1949, ausg. 15/3. 1955.) C. GÖTZE. 6449

Titan Co., Inc., New York, N. Y., V. St. A., *Elektrolytische Gewinnung von Metallen, wie Titan.* Bei der Abscheidung des Metalles aus schmelzfl. Elektrolyten wird das sich an der Kathode grobkörnig niederschlagende Metall durch von außen zu betätigende Mittel laufend von der Kathodenoberfläche abgestreift, so daß eine Unterbrechung der Elektrolyse nicht notwendig ist. Das abgeschiedene Metall kommt dadurch mit der Luft nicht in Berührung u. bleibt oxydfrei. — Abbildungen. (**E. P. 730 057** vom 5/12. 1952, ausg. 18/5. 1955. A. Prior. 11/12. 1951.) F. MARKHOFF. 6449

Titan Co., Inc., New York, N. Y., V. St. A., *Elektrolytische Zelle zur Erzeugung von Metallen, wie Titan, aus schmelzflüssigen Elektrolyten.* Der von einem Diaphragma umgebenen Anode befinden sich mindestens 2 Kathoden gegenüber, von denen die eine ebenfalls von einem Diaphragma umgeben ist. Diese Kathode ist rohrförmig ausgebildet. Durch sie wird $TiCl_4$ in den Elektrolyten geleitet, das hierbei kathod. zu $TiCl_2$ u. $TiCl_3$ red. u. dadurch in der Schmelze lösl. wird. Auf der anderen Kathode wird das Metall aus der Schmelze elektrolyt. niedergeschlagen. — Abbildungen. (**E. P. 735 372** vom 22/1. 1953, ausg. 17/8. 1955. A. Prior. 31/1. 1952.) F. MARKHOFF. 6449

Metal Hydrides, Inc., übert. von: **Mario D. Banus,** Ipswich, und **James J. McSharry,** Milton, Mass., V. St. A., *Erhöhung der Brennbarkeit von Titanpulver,* das bes. als Bestandteil von Zündgemischen geeignet ist, dad. gek., daß pulverförmiges Ti mit einer Schüttdichte von ca. 0,4—1,7 g/cm², das gebundenen H_2 im Überschuß enthält, auf 500—600° in einem Vakuum von ca. 0,05 mm Hg erhitzt wird, bis der Geh. an gebundenem H_2 nicht größer als beabsichtigt ist. Dieser beabsichtigte Geh. beträgt 0,425%, wenn die Schüttdichte des Ausgangspulvers 0,4 g/cm² ist, u. vermindert sich um 0,025% für je 0,1 g/cm² Schüttdichtezunahme. (**A. P. 2 688 575** vom 9/7. 1952, ausg. 7/9. 1954.) G. APEL. 6475

Stahlwerke Röchling-Buderus Akt.-Ges. (Erfinder: **Roland Fizia** und **Albert Hollricher**), Wetzlar, *Herstellung von Zahnrädern mit gehärteter Oberfläche und zähem Kern aus unlegierten oder schwach legierten Kohlenstoffstählen,* wobei für die Zahnräder mit steigendem Modul ein Stahl mit abnehmender krit. Abkühlungsgeschwindigkeit sowie ein Warmbad, dessen Temp. wenig über der Martensitumwandlung des zu behandelnden Stahles liegt, verwendet wird, dad. gek., daß die Zahnräder vor der Warmbadabschrekkung im Einsatz aufgekohlt werden. (**D. B. P. 939 691** Kl. 18c vom 17/12. 1943, ausg. 1/3. 1956. Anmeldung bekanntgemacht 28/8. 1952.) H. HOCHSTEIN. 6493

Alloy Research Corp., Baltimore, Md., V. St. A. (Erfinder: **G. E. Linnert**), *Schneidbrennen von rostfreiem Stahl* u. anderen chromhaltigen Legierungen. Nach Erhitzen der zu schneidenden Stelle auf ausreichend hohe Temp. wird in das Sauerstoffgebläse ein Flußmittel, bestehend aus Na_2CO_3 oder $NaHCO_3$, eingeführt. Dadurch wird die an sich schwer schmelzbare Schlacke an der Brennstelle leichtfl. u. rinnt von der Brennstelle fort. (**Schwed. P. 142 599** vom 15/2. 1946, ausg. 20/10. 1953. A. Prior. 17/2. 1945.) K. H. KÄHLER. 6503

Phoenix-Rheinrohr Akt.-Ges., Vereinigte Hütten- und Röhrenwerke (Erfinder: **Franz Nehl**), Düsseldorf, *Herstellung von Schweißnähten mit hohen Warmstreckgrenzen,* die bei 350° Prüf- oder Betriebstemp. über 34 kg/mm² betragen, dad. gek., daß mit Schweißzusatzwerkstoffen (umhüllten Elektroden bzw. nichtumhüllten Schweißdrähten) geschweißt wird, die im niedergeschmolzenen Schweißgut etwa folgende Zus. gewährleisten: 0,10—0,20 (%) *C*, 0,6—1,2 *Mn*, 0,20—0,50 *Si*, 0,6—1,0 *Ni*, 0,15—0,3 *Mo*, 0,001—0,06 *Ta–Nb*, *B*, *Ti*, einzeln oder zu mehreren, höherer *Cu*-Geh. als im Grundwerkstoff, vorzugsweise mehr als 1%, wobei der Cu-Geh. so hoch bemessen wird, daß sowohl bei der schnellen Abkühlung beim Schweißen als auch bei langsamer Abkühlung nach einer nachträglichen Erwärmung oberhalb Ac_1 bzw. Ac_3 sich Zwischenstufengefüge bildet, das dann bei Tempp. von 550—650° angelassen wird. (**D. B. P. 939 605** vom 15/11. 1952, ausg. 23/2. 1956. Anmeldung bekanntgemacht 1/9. 1955.) H. HOCHSTEIN. 6507

Soc. Continentale Parker, Frankreich, übert. von: **Metallgesellschaft Akt.-Ges.,** *Reinigen von Metalloberflächen* unter Verwendung einer Emulsion, die enthält 40—60 (%) organ. Lösungsm., 35—40 W., 2—6 nicht Ionen bildender Emulgator, 1—6 anion. Emulgator, 1—6 nichtverseifbares Öl, 0,02—2 Ketonalkohol. Der p_H-Wert soll zwischen 0,5 u. 9 liegen. (**F. P. 1 079 514** vom 22/6. 1953, ausg. 30/11. 1954. D. Prior. 30/6. 1952.) F. VIER. 6513

O. Ruthner, Wien, Österreich, *Kontinuierliches Regenerieren von Beizablaugen* bei gleichzeitiger Gewinnung von Ferro- u. Ferrioxyd durch Umsetzen der Lauge mit HCl, wodurch die gelösten Fe-Salze in Chloride übergeführt werden. Diese werden durch Wasserdampf in Fe-Oxyd u. HCl gespalten bei gleichzeitiger Luftzufuhr. Die entstehende HCl wird wieder zurückgeführt zwecks erneuter Umsetzung mit Beizlauge. (**Schwed. P. 142 503** vom 19/6. 1952, ausg. 13/10. 1953. Oe. Prior. 11/7. 1951.) K. H. KÄHLER. 6513

United States Steel Co., Pittsburgh, V. St. A. (Erfinder: **J. H. Elliott** und **W. F. Nagel),** *Elektrolytische Weißblechherstellung.* Die Schwarzbleche werden vor der elektrolyt. Verzinnung in aufeinanderfolgenden Arbeitsgängen zuerst kathod., dann anod. u. schließlich nochmals kathod. in ca. 6%ig. Säurelsg., z. B. H_2SO_4-Lsg., behandelt. Es werden Stromdichten zwischen 3,8 u. 9,8 A/dm^2 angewendet. — Abbildung. (**Belg. P. 516 286** vom 16/12. 1952, ausg. 15/10. 1954. A. Prior. 21/5. 1952.) F. MARKHOFF. 6525

Soc. Continentale Parker, Clichy, Frankreich (Erfinder: **R. C. Gibson),** *Korrosionsfeste Überzüge auf rostfreiem Stahl,* der $>$ 8% Ni u. Cr enthält, werden durch Behandeln mit einer sauren wss. Lsg. von *Oxalsäure, Ferrioxalat* u. Cl-Ionen in Form von *NaCl, KCl* oder $FeCl_3$ erhalten. Der Überzug wird zum Schluß mit Kalk behandelt, um die Haftfestigkeit beim Walzen oder bei plast. Deformation zu steigern. (**Schwed. P. 142 501** vom 14/10. 1948, ausg. 13/10. 1953. A. Prior. 29/10. 1947.) K. H. KÄHLER. 6529

Alois Vogt, Liechtenstein, *Herstellung dichter, mechanisch und chemisch beständiger Überzüge* durch Aufdampfen niederer Oxyde im Vakuum in Ggw. von O_2. — Z. B. werden *TiO* oder *SiO* aufgedampft u. auf der Oberfläche bilden sich dichte Überzüge von TiO_2 oder SiO_2. (**F. P. 1 080 951** vom 22/6. 1953, ausg. 15/12. 1954. Oe. Prior. 25/6. 1952.) F. VIER. 6529

Georg Eger u. a., Hrsg., Handbuch der technischen Elektrochemie. Bd. 4. Die Anwendung des elektrischen Ofens in der metallurgischen Industrie. T. 3. Elektroöfen in der Industrie der Nichteisenmetalle. A. Leipzig: Geest & Portig. 1956. 8°.

Bruno Waeser, Rostschäden und Rostschutz. Berlin-Wilmersdorf: Pansegrau. 1956. (XI + 247 S. m. 39 Abb.) 8°. DM 28,30.

IX. Organische Industrie.

E. T. Powers, *Gewinnung von Chemikalien durch Oxydation.* Kurzer Überblick an Hand von 21 Schrifttumsstellen über die direkte Oxydation von KW-stoffen zu anderen Verbb., wie zum Beispiel Olefingewinnung oder Oxydation von Butan zu Essigsäure. (Oil Gas J. **54.** Nr. **17.** 74—76. 29/8. 1955.) F. ROSENDAHL. 6582

E. G. Curphey, *Verwendungsmöglichkeiten N-halogenierter Acylamide.* Vf. regt ihre Verwendung an Hand bereits bekannter analoger Rkk. an, bes. für Amidierungen u. Cyclisierungen. (Chem. Products chem. News **16.** 255—57. Juli 1953.) K. STEINER. H 810

H. A. L. Morris, *Aussichten für die Herstellung und Verwendung von Furfurol in Neuseeland.* Vf. gibt eine Übersicht über die Entw. der Industrie des Furfurols (I) im Ausland u. bespricht Anwendungsgebiete des I als n. oder selektives Lösungsm., als Zwischenprod. in der chem. Industrie, als Grundstoff der Kunststoffindustrie u. für verschied. andere Zwecke. Herstellungsverff. werden für verschied. Ausgangsstoffe diskutiert. Für neuseeländ. Verhältnisse dürften Haferschalen der am besten geeignete Rohstoff sein. Ein Verf. zur Herst. von I aus denselben durch Rk. mit H_2SO_4 u. der Aufarbeitung der Reaktionsprodd. wird ausführlich besprochen. (J. New Zealand Inst. Chem. **15.** 78—99. Juni 1951. Dunedin, New Zealand, Dominion Labors.) GERHARD GÜNTHER. H 3061

National Research Development Corp., London, England (Erfinder: **Edward John Bourne, Maurice Stacey** und **John Colin Tatlow**), *Veresterung von organischen Oxyverbindungen* erfolgt in Ggw. von Trifluoressigsäureanhydrid. — Beispiele: d-Mannose (I) + CH_3COOH (II) → 96% *I-Hexaacetat*, F. 121,5° (wss. A.), $[\alpha]_D^{17}$ +26° (c = 1,0; Chlf.); β-Naphthol + **II** → 93% *β-Naphthylacetat*, F. 71° (A.); Phenol + C_6H_5COOH (**III**) → 91% *Phenylbenzoat*, F. 69,5°; p-Nitrobenzylalkohol + **III** → 64% *p-Nitrobenzylbenzoat*, F. 88—89°; *Celluloseacetat*. (**E. P. 684 754** vom 16/2. 1949, ausg. 24/12. 1952.) O. MÜLLER-MEININGEN. 6573

Standard Oil Development Co., V. St. A., übert. von: **John J. Owen, Simpson D. Sumerford, Fred J. Buchmann** und **William J. Mattox**, *Kohlenwasserstoffsynthese*. (Nachtrag zu A. P. 2 610 975; C. **1954**. 8442.) Man verwendet Fe-Katalysatoren, die aus Fe-Oxyden durch 5—50, bes. 10—25%ig. Red. zu Metall erhalten wurden, so daß sie noch ca. 14—25, bes. 21—25% O enthalten. Die Katalysatoren können durch Alkalisalze aktiviert sein. Das Fe-Oxyd wird vor der Red. zweckmäßig auf 30 μ Größe reduziert. Teilchen verschied. Größe werden zweckmäßig voneinander getrennt u. in verschied. Gefäßen reduziert. (**F. P. 981 087** vom 18/2. 1949, ausg. 22/5. 1951. A. Prior. 12/5. 1948.) M. PANKOW. H 500

Standard Oil Development Co., übert. von: **Samuel B. Lippincott** und **Howard L. Yowell**, Westfield, N. J., V. St. A., *Herstellung von C_{11}–C_{13}-Mischpolymeren von Propen* (I) *und n-Buten* (II), dad. gek., daß ein Gemisch von **I** + **II**, das pro Mol **II** 3—10 Mol **I** u. < 0,5 Mol Isobuten enthält, in Ggw. von H_3PO_4 als Katalysator bei 350—500° F polymerisiert wird. Die Ausbeute beträgt 85—90 Gew.-%. Aus dem Reaktionsprod. wird eine C_7-Fraktion (zu 10—20 Vol.-% im Reaktionsprod. enthalten) die bei 160—225° F sd. u. die C_{11}–C_{13}-Fraktion, die zwischen 360—425° F sd., abgetrennt. Die C_6- sowie die C_8–C_{11}-Polymeren werden in die Reaktionszone zurückgegeben. Die C_{11}–C_{13}-Mischpolymeren werden als *Alkylierungsmittel* bei der Herst. von alkylaromat. Sulfonaten verwendet, die als Reinigungsmittel dienen. (**A. P. 2 695 326** vom 28/6. 1950, ausg. 23/11. 1954.) A. MOHR. H 510

Dow Chemical Co., Midland, Mich., übert. von: **Alexander M. Partansky**, Antioch, Calif., V. St. A., *Dichlorpropene*, bes. *1.3-$C_3H_4Cl_2$*. Eine Mischung aus Propylen oder Monochlorpropenen (Allylchlorid) oder deren Mischungen, Cl_2 u. Wasserdampf, wobei der Cl-Geh. der Gleichung: Mol Cl_2 = x Mol C_3H_6 + (x — 1) Mol C_3H_5Cl (x = 1,3—1,9) entspricht, u. der Wasserdampfgeh. hoch genug ist, um die Temp. konstant zu halten, wird auf 100—400° vorerhitzt u. dann durch eine auf 400—550° erhitzte Reaktionszone mit einer Geschwindigkeit geleitet, daß die Verweilzeit wenigstens 1 Sek. beträgt. Dadurch wird die Bldg. von Teer verhindert. Zweckmäßig verwendet man 1,3—1,8 Vol. Cl_2 je Vol. Propylen. Reaktionsbedingungen vgl. Tabellen. (**A. P. 2 688 642** vom 1/12. 1948, ausg. 7/9. 1954.) G. KRAUSS. H 520

Badische Anilin- & Soda-Fabrik Akt.-Ges. (Erfinder: **Manfred Heintzeler**), Ludwigshafen/Rh., *Herstellung von Alkoholen*, dad. gek., daß man Carbonylverbb. in Ggw. von tert. Stickstoffbasen (I) in wss. Medium mit HCOOH u./oder CO bei erhöhter Temp. u. erforderlichenfalls unter Druck behandelt. Als **I** verwendet man bes. solche, in denen die Aminogruppe aliphat. Reste enthält, wie Trimethylamin, Dimethylmonobutylamin, ferner N-Alkylpyrrolidine oder -piperidine, N-Alkylmorpholine. Die Amine können noch Substituenten, bes. Oxygruppen, enthalten. Reaktionstemp. vorteilhaft zwischen 50 u., 300°, Reaktionsdrucke 5—700 at. Durch Aufpressen eines indifferenten Gases, z. B. N_2 kann der Reaktionsdruck erreicht werden. Lösungsmittel können angewendet werden. — N-Propylpyrrolidin wird mit Ameisensäure neutralisiert, mit Isobutyraldehyd vermischt u. in einer N_2-Atmosphäre bei 160° u. 200 at im Autoklaven umgesetzt. Man erhält *Isobutanol*, Kp. 106—108°. Aus Aceton erhält man *Isopropanol*, Kp. 80—81°; aus Benzaldehyd *Benzylalkohol*, Kp. 202—207°. Aus Isobutyraldehyd u. CO erhält man *Isobutanol*; aus Cyclohexanon, HCOOH u. CO in Ggw. von N-Pyrrolidon erhält man bei 160° u. 200 at *Cyclohexanol*, Kp. 160—163°, *n-Propanol*, Kp. 96—98°, u. Wasser. In dem wss. Destillationsrückstand, welcher mit H_2SO_4 angesäuert ist, werden mit NaOH die Basen in Freiheit gesetzt u. mit W. abdestilliert. Das Destillat wird getrocknet u. fraktioniert. Neben unverbrauchtem N-Propylpyrrolidon erhält man *N-Cyclohexylpyrrolidin*, $Kp._{20}$ 99 bis 102°. (**D. B. P. 933 337** Kl. 12o vom 5/3. 1953, ausg. 22/9. 1955. Anmeldung bekanntgemacht 31/3. 1953.) G. KÖNIG. H 550

Soc. Organico, Frankreich, *Katalytische Hydrierung von cyclischen oder aliphatischen Aldehyden* mit wenigstens 2 C-Atomen in Ggw. von RANEY-Ni in einer wss. NaOH-Lsg., welche ausreichende Mengen NaOH enthält, um die dabei gebildete freie Säure zu neutralisieren. Temp. unter 130°. — Butyraldehyd wird bei 50° in *Butylalkohol* übergeführt. — 2-Äthylhexaldehyd bildet *2-Äthylhexanol* u. Benzaldehyd *Benzylalkohol*. —

Önanthol, welches 85,2% Heptanal enthält u. die SZ. 7 besitzt, bildet bei 50° unter 10 at H_2-Druck *Heptanol*. (**F. P. 1 102 544** vom 6/4. 1954, ausg. 24/10. 1955.) M. F. MÜLLER. H 560

Savonnerie et Manufacture de Produits Chimiques de Port-À-l'Anglais, Breton & R. Steinbach, Frankreich, *Konzentrieren und Destillieren von Rohglycerinen* bzw. Glycerinwässern, aus Seifenlaugen erhalten. Diese werden auf ca. 40% gebracht, wobei gleichzeitig der größte Teil der Mineralsalze abgeschieden wird. Die Dest. eines 10% ig. Glycerinwassers findet bei 130° unter 60 mm unter Einblasen von Wasserdampf statt. — 5 Zeichnungen. (**F. P. 1 101 709** vom 19/3. 1954, ausg. 10/10. 1955.) M. F. MÜLLER. H 580

American Cyanamid Co., New York, N. Y., übert. von: **Leonard E. Cadwell,** Springdale, und **Alfred F. Schmutzler,** Stamford, Conn., V. St. A., *Pentaerythrit* erhält man beim allmählichen Eintragen von Lactonitril in eine alkal.-wss. CH_2O-Lsg. bei 0—60°, wobei der p_H-Wert > 7 bis ca. 12 gehalten wird. Nach beendeter Rk. wird neutralisiert, die Lsg. konz. u. durch Kühlen das Pentaerythrit in krist. Form gewonnen. An Stelle des CH_2O kann man dieses liefernde Verbb., wie Hexamethylentetramin, anwenden. Vorteilhaft verwendet man CH_2O in 10% ig. Überschuß [1 (Mol) Lactonitril zu 4 CH_2O]. (**A. P. 2 711 431** vom 26/10. 1953, ausg. 21/6. 1955.) G. KÖNIG. H 580

Phillips Petroleum Co., übert. von: **Willie W. Crouch,** Bartlesville, Okla., V. St. A., *Di-(tert.-alkyl)-mercaptale* erhält man durch Kondensation eines Aldehyds mit einem tert. Alkylmercaptan in Ggw. von HCl nach dem Reaktionsschema: RCHO + 2R'SH → $RCH(SR')_2 + H_2O$ (R = H oder Alkyl, R' = tert.-Alkyl). — Acetaldehyd gibt mit tert.-Butylmercaptan unter Einleiten von HCl bei Raumtemp. u. Dest. *Acetaldehyd-di-(tert.-butyl)-mercaptal*, $Kp._{60}$ 275—277° F; n_D^{20} 1,4858, $D.^{75°F}$ 0,910. — *Acetaldehyd-di-(tert.-dodecyl)-mercaptal*, n_D^{20} 1,4928; $D.^{75°F}$ 0,920. — Verwendung als *Lösungsvermittler* bei der *Extraktion von KW-stoffen*, bes. zur Gewinnung von Paraffinen, Olefinen u. Diolefinen (Tabellen). (**A. P. 2 571 114** vom 26/12. 1944, ausg. 16/10. 1951.) G. KRAUSS. H 600

Dow Chemical Co., übert. von: **Robert P. Ruh,** Midland, Mich., V. St. A., *Hydrolyse ungesättigter fluorhaltiger Äther*. Trifluorpropenylalkyläther liefern beim Erhitzen mit katalyt. Mengen von H_2SO_4 oder äquimol. Mengen von HJ in Ggw. von W. *Aldehyde* bzw. *Ketone mit F_3C-Gruppen*. — Beispiele: 13 (g) 3.3.3-Trifluorpropenylmethyläther werden mit 16,6 HJ (57% ig) $3^1/_4$ Std. unter Rückfluß gekocht. Man erhält in einer Ausbeute von 77% *3.3.3-Trifluorpropionaldehyd*, $Kp._{725,8}$ 56,4°, n_D^{25} 1,3090 $D._{25}$ 1,3009[g/cm³] — Analog entsteht aus 3.3.3-Trifluorpropenyläthyläther ebenfalls 3.3.3-Trifluorpropionaldehyd, der als 2.4-Dinitrophenylhydrazon nachgewiesen wurde. — Aus 1-Chlor-2-methoxy-3.3.3-trifluorpropen entsteht *1-Chlor-3.3.3-trifluoraceton*, $Kp._{751}$ 63,8°, n_D^{25} 1,3431, $D._{25}$ 1,4467. Vermutlich entsteht das gleiche Keton auch bei der Hydrolyse von 1-Chlor-2-äthoxy-3.3.3-trifluorpropen. (**A. P. 2 715 144** vom 2/6. 1950, ausg. 9/8. 1955.) O. SCHÖN. H 650

British Petroleum Co. Ltd., London (Erfinder: **John Habeshaw** und **Leslie Senior Thornes,** Sunbury-on-Thames), England, *Herstellung sauerstoffhaltiger organischer Verbindungen*, bes. von *Aldehyden*, aus Olefinen u. Wassergas in Ggw. eines Co-Carbonyl-Katalysators, dad. gek., daß die in der 1. Reaktionsstufe erhaltenen O-haltigen Verbb. von dem nichtumgesetzten Reaktionsgemisch abgetrennt werden u. mindestens ein Teil dieses, ein Olefin enthaltenden Gemisches mit Wassergas in mindestens einer folgenden Reaktionsstufe unter Bldg. O-haltiger organ. Verbb. umgesetzt wird. — Zeichnung. (**D. B. P. 935 126** Kl. 12o vom 20/1. 1951, ausg. 10/11. 1955. Anmeldung bekanntgemacht 11/3. 1954. E. Prior. 19/1. 1950.) O. SCHÖN. H 660

Dow Chemical Co., übert. von: **Ludo K. Frevel** und **John William Hedelund,** Midland, Mich., V. St. A., *Acetale des Acetaldehyds und des Propionaldehyds* erhält man beim Leiten der Aldehyde mit Alkoholen, die 2—4 C-Atome im Mol. aufweisen, zwischen 200—600° durch nichtmetall. Röhren, in Abwesenheit von Katalysatoren bei einer Verweilzeit von 0,1—10 Sekunden. — n-Butylalkohol u. Acetaldehyd → *Di-n-butylacetal* des *Acetaldehyds*; n-Propylalkohol u. Propionaldehyd → *Dipropylacetal* des *Propionaldehyds*; n-Butylalkohol u. Propionaldehyd → *Dibutylacetal* des *Propionaldehyds*. (**A. P. 2 691 685** vom 1/3. 1950, ausg. 12/10. 1954.) G. KÖNIG. H 670

Distillers Co. Ltd., Edinburgh, Schottland (Erfinder: **Thomas Bewley, Frederick James Bellringer** und **Ronald Herbert Smith**), England, *Herstellung von β-Alkoxyaldehyden* durch Umsetzen eines α.β-ungesätt. Aldehyds mit mindestens 3 Mol. eines gesätt., prim. Alkohols in Ggw. kleiner Mengen Alkalis bei —15 bis +30°, dad. gek., daß das Reaktionsprod. auf p_H 7,5—2,5 eingestellt u. anschließend dest. wird, wobei die

Hitzeeinw. nur kürzer als 30 Sek. sein darf. Aus Acrolein u. CH_3OH bzw. A. erhält man *β-Methoxy-* bzw. *β-Äthoxypropionaldehyd* in Ausbeuten bis 94,2% der Theorie. (**E. P. 721 207** vom 11/9. 1951, ausg. 5/1. 1955. **Zusatz zu E. P. 710 489; C. 1955. 9671.**) O. Schön. H 690

Shell Development Co., San Francisco, übert. von: **Richard R. Whetstone**, Orinda, **William J. Raab**, Berkeley, und **Seaver A. Ballard**, Orinda, Calif., V. St. A., *Ester ungesättigter Carbonsäuren*, bes. von *α.β-Olefincarbonsäuren mit β.γ-Olefinalkoholen*, erhält

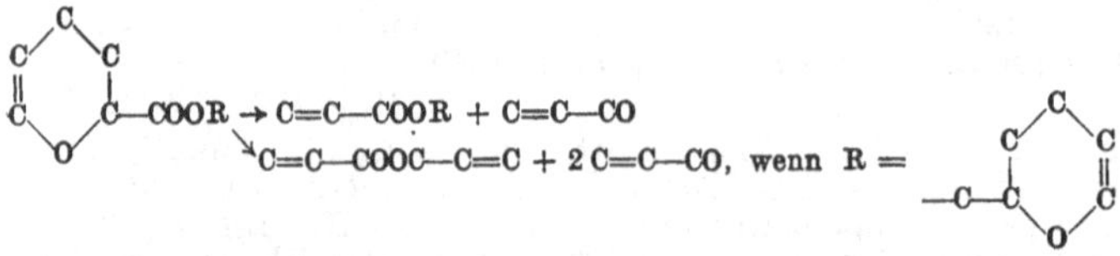

man durch Pyrolyse von Dihydropyrancarbonsäureestern bei 250—750°, bes. über 350°, nach dem nebenst. Reaktionsschema. Methacrolein wird unter 600 lbs./sq.in. auf 210° erhitzt. Der entstandene 2.5-Dimethyl-Δ^5-dihydropyran-2-carboxaldehyd, Kp.$_{90}$ 100—102°, gibt beim Behandeln mit Al-Isopropylat (2.5-Dimethyl-Δ^5-dihydropyranylmethyl)-2.5-dimethyl-Δ^5-dihydropyran-2-carboxylat, Kp.$_{0,5}$ 110—116°. Dieses wird über SiC bei 475° geleitet, wodurch man *Methacrylsäuremethallylester*, Kp.$_{50}$ 60,6—82,4° in 87,5%ig. Ausbeute erhält. — (Δ^5-Dihydropyranylmethyl)-Δ^5-dihydropyran-2-carboxylat → *Acrylsäureallylester*. — Vgl. A. PP. 2 479 284; C. **1950.** II. 229, 2 514 172; C. **1951.** I. 1234, u. 2 537 921; C. **1955.** 3501. (**A. P. 2 562 849** vom 1/7. 1949, ausg. 31/7. 1951.) G. Krauss. H 810

Harry M. Ullmann, Judson G. Smull, Bethlehem, Pa., und **Edward Artim**, Yancey Mills, Va., V. St. A., *Kondensationsprodukte*. Ein mehrwertiger Alkohol mit einer freien, sek. u. prim. OH-Gruppe, dessen andere OH-Gruppen mit einer nicht konjugierten, ungesätt., aliphat. Carbonsäure mit 10—20 C-Atomen verestert sind, werden mit 1—15% (bezogen auf den Ester) einer acycl. Olefincarbonsäure mit weniger als 10 C-Atomen wenigstens 15 Min. auf 100—150° erhitzt (Clocker-Rk., vgl. A. PP. 2 188 882, 2 188 890, 2 262 923 u. 2 412 177). Als Alkohole sind genannt: Glycerin, asymm. Glykole, Propylen-, Butylen-, Pentylenglykol, 2-Methylpentandiol-(1.3), Pentite, Xylit, Hexit, Mannit, Sorbit; als nicht konjugierte Säuren: Öl-, Linol-, Linolen-, Clupanodon- u. Undecylensäure; als Olefincarbonsäuren: Malein-, Citracon-, Itacon-, Aconit-, Dimethylmalein-, Diäthylmaleinsäure u. deren Anhydride. — Sojabohnenöl, JZ. 135, wird mit 3,7 (%) Glycerin in Ggw. von Pb-Oxyd 45 Min. auf 227° erhitzt; das entstandene Diglycerid gibt mit 7,2 Maleinsäureanhydrid nach 30 Min. Erhitzen auf 125° eine klare, beständige Lsg., JZ. 125, Acetylzahl 52,5. — An Stelle von Sojabohnenöl können Leinöl oder Leinölfettsäuren verwendet werden. Zwischenprodd. für *Weichmacher, Netz-, Dispergier-* u. *Überzugsmittel*. (**A. P. 2 587 411** vom 27/4. 1949, ausg. 26/2. 1952.) G. Krauss. H 810

Monsanto Chemical Co., St. Louis, Mo., V. St. A., *Fumarsäure* erhält man durch katalyt. Isomerisierung von rohen wss. 50—80%ig., bes. 60—65%ig. Maleinsäurelsgg. in Ggw. von 1—3%, bes. 5% freiem Cl in der wss. Lsg. zwischen 70° u. dem Kp. der Lsg., bes. bei 105—125°. Zur Isomerisierung kann auch HCl verwendet werden. Zweckmäßig nimmt man je Mol Maleinsäure 2—6 Mol W. u. 0,05—0,08 Mol HCl je Mol Wasser. Man erhält eine fast weiße Fumarsäure in 85—95%ig. Ausbeute. Verd. Maleinsäurelsgg. werden vor der Isomerisierung konzentriert. (**E. P. 719 446** vom 29/12. 1952, ausg. 1/12. 1954. A. Priorr. 29/12. u. 29/12. 1951.) G. Krauss. H 820

Schering Corp., Bloomfield, N. J., übert. von: **Erwin Schwenk**, Montclair, N. J., und **Domenick Papa**, Brooklyn, N. Y., V. St. A., *Oxycarbonsäuren, -dicarbonsäuren*, deren *Lactone* u. *Ketoncarbonsäuren* erhält man durch Behandlung einer Furanverb. der

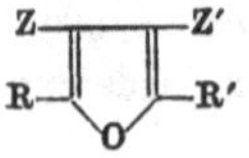

nebenst. Formel (Z u. Z' = H oder niedermol. Alkyl, R = Alkyl bis C_6H_{13}, —COOH, R' = —YCOOH oder —COY'COOH, Y u. Y' = gesätt. oder ungesätt., aliphat. Ketten, die durch Aryl, Cycloalkyl oder Heterocyclen substituiert sein können) mit Raney-Legierungen in wss., alkal. Lsg. unter dem Kp. der Alkalilösung. — Die Ausgangsstoffe können z. B. aus den Furanen durch Kondensation mit Säureanhydriden u. -chloriden nach Friedel-Crafts erhalten werden. — Durch Erhitzen von Furylacrylsäure in 10%ig. NaOH auf 50° in Ggw. von Ni-Al erhält man *γ-(n-Propyl)-butyrolacton*, Kp.$_{10}$ 103°, u. *β-(Tetrahydrofuryl)-propionsäure*, Kp.$_1$ 113—114°. — α-Phenylfurylacrylsäure (aus K-Phenylacetat + Furfurol nach Perkin, F. 147—148°) → *α-Phenyl-γ-n-propylbutyrolacton*, Kp.$_1$ 145—147°, + *α-Phenyl-β-(tetrahydrofuryl)-propionsäure*, Kp.$_1$ 175—177°. *Äthylester*, Kp.$_1$ 135°, n_D^{20} 1,5061. — α-(Δ^1-Cyclohexenyl)-furylacrylsäure (nach Perkin aus Furfurol + Cyclohexenylessigsäure oder Cyclohexylidenessigsäure) → *α-Cyclohexyl-β-(tetrahydrofuryl)-propionsäure*, Kp.$_2$ 170—172°, + *α-Cyclohexyl-γ-n-propylbutyrolacton*, Kp.$_3$ 130°. — Zwischenprodukte. (**A. P. 2 594 355** vom 28/4. 1947, ausg. 29/4. 1952.) G. Krauss. H 850

Brotherton & Co. Ltd., Leeds, Yorkshire, England (Erfinder: **Geoffrey Moorhouse Gibson** und **Walter Cule Davies**), *Quaternäre Ammoniumsalze von Formaldehydsulfoxylsäuren* der allg. Formel $R_1R_2R_3R_4NHSO_2CH_2O$, (R_1, R_2, R_3 u. R_4 = gleiches oder verschied., substituiertes oder nichtsubstituiertes Aryl, Aralkyl, Cycloalkyl, Alkyl, wobei 2 oder 3 der Gruppen R_1-R_4 mit oder ohne N einen Ring bilden können) erhält man durch Erhitzen eines bas. Zn-Formaldehydsulfoxylats mit einer wss. Lsg. eines quaternären Ammoniumhydroxyds, bes. auf 60—65°. An Stelle der Zn-Salze sind auch andere Metallsalze (Ba, Ca) verwendbar, die ein unlösl. Hydroxyd, Carbonat oder Sulfat liefern. — Aus Zn-Formaldehydsulfoxylat in W. u. einer 12%ig. wss. Tetramethylammoniumhydroxydlsg. bei 70° → *Tetramethylammoniumformaldehydsulfoxylat*, F. ca. 150° (Zers.); $Zn(HSO_2, CH_2O)OH + (CH_3)_4NOH \rightarrow (CH_3)_4NHSO_2, CH_2O + Zn(OH)_2$; leichtlösl. in OH-haltigen Lösungsmitteln, wobei eine Spur W. die Löslichkeit noch erhöht, unlösl. in Äthylacetat, Ae., leicht lösl. in 2-Oxydiäthyläther u. Diäthylenglykol; red. beim Erhitzen Indigocarmin. *Tetraäthyl*-I (I = -ammoniumformaldehydsulfoxylat), $(C_2H_5)_4NHSO_2 \cdot CH_2O$, F. 127—129°, Zers. bei 155°. — *Phenyltrimethyl*-I, $C_6H_5N(CH_3)_3HSO_2CH_2O$, F. 122—124°, Zers. bei 128°. — *Methylpyridiniumformaldehydsulfoxylat*, $C_5H_5NCH_3HSO_2$ CH_2O. — *Cetyltrimethyl*-I, $C_{16}H_{33}N(CH_3)_3HSO_2 \cdot CH_2O$, Zers. bei ca. 250°, leicht lösl. in heißem Bzl. u. kaltem Chlf., die wss. Lsg. ist gegen Phenolphthalein neutral. — *Cyclohexyltrimethyl*-I, $C_6H_{11}N(CH_3)_3HSO_2 \cdot CH_2O$, F. 120—122°, Zers. bei 129°, red. Indigocarmin nicht in der Kälte, jedoch beim Erhitzen. — *Dicetyldimethyl*-I, $(C_{16}H_{33})_2N(CH_3)_2 \cdot HSO_2 \cdot CH_2O$, F. 130°, Erweichen ab ca. 100°, lösl. in heißem Bzl. u. PAe. u. kaltem A. — *N.N-Dimethylpiperidiniumformaldehydsulfoxylat*, $C_5H_{10}N(CH_3)_2HSO_2 \cdot CH_2O$, F. 110 bis 115° (trübe Lsg., klar bei 120°). — *Phenylbenzyldimethyl*-I, $C_6H_5CH_2N(CH_3)_2(C_6H_5)HSO_2 \cdot CH_2O$. — *N.N-Dimethyl-1.2.3.4-tetrahydrochinoliniumformaldehydsulfoxylat*, $CH_2CH_2 \cdot CH_2C_6H_4N(CH_3)_2HSO_2 \cdot CH_2O$, F. 108—110°. — *N.N-Dimethylmorpholiniumformaldehydsulfoxylat*, $O{<}(CH_2)_4{>}N(CH_3)_2HSO_2 \cdot CH_2O$, F. 105—110°. — *Cetylpyridiniumformaldehydsulfoxylat*, $C_5H_5NC_{16}H_{33}HSO_2 \cdot CH_2O$. — *2-Stearamidoäthyltriäthyl*-I, $C_{17}H_{35} \cdot CONHCH_2CH_2N(C_2H_5)_3HSO_2 \cdot CH_2O$. — *Cyclohexyltrimethyl*-I. — Teilweise entsteht auch die Sulfitverb., die mit HCHO zur Bisulfitverb. red. werden kann. — Löslichkeit der genannten Verbb. in verschied. Lösungsmitteln bei 18°, vgl. Tabellen. Die Verbb. kann man auch noch dadurch erhalten, daß man quaternäre Ammoniumformaldehydbisulfitverbb. red., z. B. mit Zn u. Oxalsäure. — *Reduktionsmittel*, bes. für *Farbstoffe*. — Zwischenprodukte. (**E. P. 727 472** vom 16/10. 1951, ausg. 6/4. 1955.) G. KRAUSS. H 900

Rohm & Haas Co., Philadelphia, Pa., V. St. A., *Amine* erhält man aus ihren wasserlösl. Säuresalzen durch Elektrolyse, wobei der das Aminsalz enthaltende Kathodenraum vom Anodenraum getrennt ist durch eine anion. permselektive Membran, die zu wenigstens 25% aus einem Anionenaustauscherharz besteht. — Äthylendiaminhydrochlorid → *Äthylendiamin*. — Zeichnung. (**E. P. 738 515** vom 26/3. 1953, ausg. 12/10. 1955. A. Prior. 1/4. 1952.) G. LANGER. H 910

Ruhrchemie Akt.-Ges., Oberhausen-Holten, *Aminoalkohole* entstehen aus chlorierten Alkylaminhydrochloriden durch Erhitzen mit W. bei saurer Reaktion. — *5-Aminopentanol*, man löst n-Pentylamin in CCl_4, neutralisiert mit HCl, leitet Cl_2 unter Belichtung mit aktin. Licht ein, versetzt mit W. u. erhitzt auf 150° im Autoklaven, $Kp._8$ 105—115°. — Analog entstehen: *4-Aminobutanol*, $Kp._{10}$ 95—105°. — *6-Aminohexanol*, $Kp._{12}$ 112 bis 123°. (**E. P. 734 050** vom 31/3. 1953, ausg. 20/7. 1955. D. Prior. 4/4. 1952.) G. LANGER. H 920

Alfred Güllemann, Dessau, *Herstellung von Presslingen aus Betainhydrochlorid, beziehungsweise dieses enthaltenden Gemischen*. Betainhydrochlorid, bzw. dieses enthaltende Gemische werden mit einer einen wasserlösl. Schutzüberzug bildenden Dextrinlsg übersprüht, nach schneller Trocknung, gegebenenfalls nach Zumischung weiterer Stoffe, mit einer als Klebstoff wirkenden Lsg. übersprüht u. unter gelindem Druck zu Preßlingen verarbeitet. — In einer drehbaren, beheizten Trommel werden 4 kg Betainhydrochlorid mit 530 cm^3 einer 2%ig. wss. Dextrinlsg., die mit HCl schwach angesäuert wurde, übersprüht, nach Trocknung 0,4 kg Pepsin untergemischt, die Mischung mit Klebstofflsg. schwach übersprüht u. die M. in Formen gepreßt. (**D. P. [DDR] 7 320** Kl. 30h vom 30/7. 1952, ausg. 21/5. 1954 [Wirtschaftspatent].) G. WELTZIEN. H 950

Victor Chemical Works, übert. von: **Arthur Dock Fon Toy**, Park Forest, und **James R. Costello jr.**, Chicago Heights, Ill., V. St. A., *Pyrophosphorsäuretetraamide* von sek. Aminen erhält man durch Rk. von 1—4 C-Atomen in der Alkylgruppe enthaltenden Bis-(dialkylamido)-phosphorylchloriden bzw. von Dipiperidino- oder Dimorpholinophosphorylchloriden, mit W. in Ggw. einer Base, die hauptsächlich ein Alkalihydroxyd, -carbonat oder -bicarbonat darstellt. Man kann auch Gemische von Alkaliverbb. u. organ. Basen verwenden. Die Rk. erfolgt zweckmäßig bei 40—80°. — 0,62 (Mol) $[(CH_3)_2N]_2P(:O)Cl$ werden mit 0,62 Na_2CO_3 u. 2 g W. bei 50—55° umgesetzt. Nach Zugabe von 150 cm^3 CCl_4 wird 1 Std. auf 60° erhitzt u. filtriert. Nach Entfernen von CCl_4 erhält man fl. Pyrophosphorsäuretetra-[dimethylamid] in 68,3%ig. Ausbeute. (**A. P. 2 706 738** vom 23/3. 1950, ausg. 19/4. 1955.) J. Mühleisen. H 980

American Cyanamid Co., New York, N. Y., übert. von: **Eugene Clifton Medcalf**, Bound Brook, und **Gerard N. Vriens**, Somerville, N. J., V. St. A., *Trennen von aromatischen und gesättigten Kohlenwasserstoffen*, die ein azeotrop. Gemisch bilden, dad. gek., daß in Ggw. eines Katalysators, z. B. $AlCl_3$, mit einem gasförmigen Olefin, z. B. Propylen, alkyliert wird, wobei sich monoalkylaromat. Verbb. bilden. Nach der Alkylierung werden durch Dest. 4 Fraktionen gewonnen: azeotrop. Gemisch (**I**), gesätt. KW-stoffe, Monoalkylaromaten u. Polyalkylaromaten (**II**). **I** u. **II** werden der Ausgangsmischung wieder zugegeben. Es werden < 2 Mol Alkylierungsmittel pro Mol aromat. KW-stoff eingesetzt. Die Fraktion der gesätt. KW-stoffe dest. zwischen Kp. des azeotrop. Gemisches u. Kp. der Monoalkylaromaten. Als zu trennende Gemische werden z. B. angegeben: Bzl.–Cyclohexan, Toluol–Octan, Naphthalin–Dodecan usw. (**A. P. 2 694 095** vom 1/12. 1951, ausg. 9/11. 1954.) A. Mohr. H 1010

Établissement Public: Houillères du Bassin du Nord et du Pas-de-Calais, Frankreich, *Synthese von Alkylphenolen* aus Phenolen durch Alkylierung mit Äthylen-KW-stoffen in Ggw. von Bortrifluorid. — In 94 kg wasserfreies Phenol trägt man 2,7 kg gasförmiges BF_3 ein u. läßt diese aufeinander einwirken. Nach Zugabe von 126 kg wasserfreiem Nonen (trimere Verb. von Propen) wird 6 Std. bei 60° verrührt. Es bildet sich *Mono-p-nonylphenol* (163 kg) u. das *Di-o.p-nonylphenol* (35 kg). (**F. P. 1 103 485** vom 16/4. 1954, ausg. 3/11. 1955.) M. F. Müller. H 1060

General Aniline & Film Corp., New York, N. Y., übert. von: **Vsevolod Tulagin**, Binghamton, N. Y., V. St. A., *Stabilisierung von 4.6-Diaminometanilsäuren* durch Umkristallisieren aus wss. Lsgg., die ein Alkalimetallsulfat u. ein Alkalimetallbisulfit enthalten. — Beispiele für die Stabilisierung von *4-(β-Oxyäthylamino)-6-phenylaminometanilsäure, 4.6-Bis-(phenylamino)-metanilsäure, 4.6-Di-(β-oxyäthylamino)-metanilsäure.* (**A. P. 2 727 062** vom 26/5. 1954, ausg. 13/12. 1955.) G. Langer. H 1090

N. V. Philips' Gloeilampenfabrieken, Holland, *Herstellung von 2.4.5-Trichlorphenoxyalkancarbonsäuren*, sowie ihren Salzen u. Estern, aus 2.5-Dichlorphenoxyalkancarbonsäuren oder ihren Estern durch Einw. von Chlor bei Siedetemperatur. — Die 2.5-Dichlorphenoxyessigsäure bildet dabei die *2.4.5-Trichlorphenoxyessigsäure*, F. 153°. — Geht man von dem entsprechenden Äthylester aus, so erhält man den *2.4.5-Trichlorphenoxyessigsäureäthylester*, F. 67—68°. — Weiter ist genannt die *1-(2'.4'.5'-Trichlorphenoxy)-1-methylpropionsäure*, F. 92—93°. (**F. P. 1 103 415** vom 13/5. 1953, ausg. 3/11. 1955. Holl. Prior. 14/5. 1952.) M. F. Müller. H 1210

Monsanto Chemical Co., St. Louis, Mo., V. St. A., *Phthalsäuren* erhält man durch Oxydation von Toluylsäure mit wenigstens 30%ig. HNO_3 in fl. Phase. Das gebildete W. wird durch Dest. entfernt. — Man erhält z. B. bei 170—185° bei langsamer Zugabe von 70%ig. HNO_3 ein Oxydationsprod., das 25% *Terephthalsäure* enthält. (**E. P. 720 385** vom 28/5. 1952, ausg. 15/12. 1954. A. Prior. 28/5. 1951.) U. Sievers. H 1220

British Petroleum Co. Ltd., übert. von: **Stanley F. Birch, Frederick A. Fidler** und **Ronald A. Dean**, Sunbury-on-Thames, England, *Abtrennung von m-2-Xylidin aus Mutterlaugen von Xylidin* (**I**), dad. gek., daß man aus **I**-Mutterlaugen, die durch Behandeln von rohen **I**-Mischungen mit Essigsäure erhalten wurden, m-4-**I**-Acetat abtrennt, den Rückstand mit HCl behandelt, p-**I**-Hydrochlorid abtrennt durch Kristallisation aus W., aus den zurückbleibenden **I**-Mutterlaugen durch Einw. von Alkali rohes **I** gewinnt, dies in einer Kolonne mit 20 theoret. Böden dest. bei einem Rückflußverhältnis von nicht weniger als 15,1 unter einem Höchstdruck von 50 mm, wobei prakt. reines m-2-**I** vom $Kp._{10,5}$ 96° erhalten wird. (**A. P. 2 717 269** vom 21/5. 1947, ausg. 6/9. 1955. E. Prior. 24/5. 1946.) G. Langer. H 1310

Ruhrchemie Akt.-Ges., Oberhausen-Holten (Erfinder: **Hans Tummes** und **Hans Feichtinger**, Duisburg), *Herstellung von ω-Benzoylaminocarbonsäuren* der Formel $C_6H_5-CO-NH-(CH_2)_n-COOH$, in der n 2—5 bedeutet, dad. gek., daß man die entsprechenden Carbonsäureamide mit W. oder NH_3 auf vorzugsweise 160—180° erhitzt. — *β-Benzoylaminopropionsäure.* Man erhitzt β-Benzoylaminopropionsäureamid mit verd. NH_4OH im Autoklaven auf 150°, F. 120°. — Analog: *γ-Benzoylamino-n-buttersäure, δ-Benzoylamino-n-valeriansäure* u. *ε-Benzoylamino-n-capronsäure.* (**D. B. P. 932 013** Kl. 12q vom 13/7. 1952, ausg. 22/8. 1955. Anmeldung bekanntgemacht 24/2. 1955. **E. P. 732 415** vom 12/6. 1953, ausg. 22/6. 1955. D. Prior. 12/7.1952.) G. Langer. H 1350

Dow Chemical Co., Midland, Mich., V. St. A., *3-Aryl-1.1-dichlor-2-methyl-1-propene* der Formel I (R = Br, Cl, Alkyl, Alkoxy mit 1—4 C-Atomen) erhält man durch Kondensation von 2-Methyl-1.1.3-trichlor-1-propen mit dem entsprechenden substituierten, zweckmäßig überschüssigen Aromaten in Ggw. von wasserfreiem $AlCl_3$, bes. bei 60—125°. — *3-(4-Chlorphenyl)-1.1-dichlor-2-methyl-1-propen*, $Kp._{0,65}$ 91,3—94°; n_D^{20} 1,5576; Ausbeute 57,9%. — Anisol → *3-(4-Methoxyphenyl)-1.1-dichlor-2-methyl-1-propen*, $Kp._{1,1-1,4}$ 99—110°; n_D^{20} 1,5505; $D._4^{20}$ 1,211; Ausbeute 61,2%. — Brombenzol → *3-(4-Bromphenyl)-1.1-dichlor-2-methyl-1-propen*, $Kp._{0,9}$ 110—111°; n_D^{25} 1,5757. — Toluol → *3-Tolyl-1.1-dichlor-2-methyl-1-propen*, $Kp._{0,2-0,3}$ 65—70,5°, schwerer als Wasser. — Ferner sind umsetzbar: Äthylbenzol, sek.-Butylbenzol, Isopropoxybenzol, Butoxybenzol u. Phenetol. — Vgl. E. P. 720 845; C. **1955.** 8247. — Zwischenprodukte. (**E. P. 731 401** vom 25/3. 1953, ausg. 8/6. 1955. A. Prior. 18/6. 1952.) G. KRAUSS. H 1410

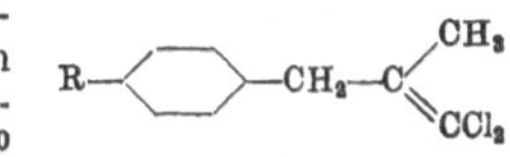
I

Union Carbide & Carbon Corp., New York, N. Y., V. St. A., *Epoxydierung von Olefinverbindungen* mit mindestens 3 C-Atomen erfolgt durch Rk. mit Acetaldehyd- u. Propionaldehydperacylaten bei ca. 25—200°. — Beispiele zur Herst. von verschied. Peracylaten u. von *Styroloxyd*, $Kp._3$ 54°; n_D^{30} 1,5305. — Ferner: 4-Vinyl-1-cyclohexen → *Vinylcyclohexenmonoxyd*, $Kp._9$ 57°; n_D^{30} 1,4665. Mesityloxyd → *3.4-Epoxy-4-methyl-2-pentanon*, $Kp._{26}$ 65°, n_D^{30} 1,4185. *Propylenoxyd.* Ölsäure → *9.10-Epoxystearinsäure*, F. 52°. Allylalkohol → *Glycid*, $Kp._5$ 57°. Methallylchlorid → *Chlorisobutylenoxyd*, $Kp._{50}$ 46°; n_D^{30} 1,4268—1,4282. *Sojaölperoxyd.* Δ^3-Tetrahydrobenzonitril → *3.4-Epoxycyclohexancarbonitril*, $Kp._{2,5}$ 76—85°; n_D^{30} 1,4724—1,4736. Ölsäureamid → *9.10-Epoxystearamid.* N-(n-Butyl)-Δ^3-tetrahydrophthalimid → *N-(n-Butyl)-4.5-epoxycyclohexan-1.2-dicarboximid.* — Zwischenprodd., Lösungsmittel, Weichmacher. *Schädlingsbekämpfungsmittel.* (**E. P. 735 974** vom 4/8. 1953, ausg. 31/8. 1955. A. Prior. 7/8. 1952.) O. MÜLLER-MEININGEN. H 1810

Minnesota Mining & Mfg. Co., übert. von: **Edward A. Kauck**, St. Paul, Minn., und **Joseph H. Simons**, Gainesville, Fla., V. St. A., *Gesättigte cyclische Fluorkohlenstoffäther* mit 6—10 C-Atomen, $\underline{O(CF_2)_m}CF(CF_2)_nCF_3$ (m = 3 oder 4; n = ganze Zahl), erhält man durch Fluorierung der entsprechenden cycl. Äther oder durch Ringschluß u. Fluorierung der entsprechenden Carbonsäuren, z. B. nach A. PP. 2 519 983, C. **1951.** I. 2804, u. 2 594 272, C. **1954.** 11 593. — Durch Elektrolyse von Capronsäure in fl. HF bei 20° → *2-Trifluormethylnonafluorpentylenoxyd*, $C_6F_{12}O$, $Kp._{736}$ 54—55°, $D._4^{25}$ 1,6857; n_D^{25} 1,2632; isomer mit *2-Pentafluoräthylheptafluorbutylenoxyd.* — *$C_7F_{14}O$*; Kp. 78—80°; $D._4^{25}$ 1,7280; n_D^{25} 1,2704. — *$C_8F_{16}O$*; Kp. 103°; $D._4^{25}$ 1,7563; n_D^{25} 1,2770. — *$C_9F_{18}O$*; Kp. 121—123°; $D._4^{25}$ 1,7959; n_D^{25} 1,2822. — *$C_{10}F_{20}O$*; Kp. 143—144°; $D._4^{25}$ 1,8210; n_D^{25} 1,2870. — *Lösungsm., Dielektrika, nicht brennbare Flotationsmittel, Wärmeübertragungsmittel, hydraul. Fll., Schmierölverdünnungsmittel.* (**A. P. 2 644 823** vom 29/3. 1952, ausg. 7/7. 1953.) G. KRAUSS. H 1850

Corn Products Refining Co., Chicago, Ill., V. St. A., *Wässerige Phytinsäure* (**I**) erhält man durch Behandeln von Ca- u./oder Mg-Phytat oder deren Mischungen mit Kationenaustauschern (Dowex-50, Nalcite HCR, Zeo-Karb), die mit Säuren regeneriert wurden, wobei man zu der in W. aufgeschlämmten Phytatlsg. zweckmäßig so viel **I**-Lsg. zusetzt, daß das p_H ca. 3—4 beträgt. Als Stabilisierungsmittel für die **I**-Lsg. gibt man $NaNO_2$, HNO_2 oder Na-Chlorit zu. (**E. P. 737 279** vom 5/1. 1953, ausg. 21/9. 1955. A. Prior. 6/9. 1952.) G. KRAUSS. H 1860

Sun Oil Co., Philadelphia, übert. von: **Herbert L. Johnson**, Media, Pa., und **Frances J. Bondhus**, Oskaloosa, Io., V. St. A., *4-Vinylcyclohexylester* erhält man durch Umsetzung von 4-Vinylcyclohexen (**I**) mit Alkyl-, α-Halogen-. α-Oxyalkylcarbonsäuren mit 1—5 C-Atomen u. Arylcarbonsäuren in Ggw. eines sauren Katalysators (H_2SO_4, BF_3, BF_3-Ae.-Komplex, $SnCl_4$, $FeCl_3$) bei 75—130°. — **I** gibt nach 12std. Erhitzen mit Eisessig auf 100° in Ggw. 98%ig. H_2SO_4 *4-Vinylcyclohexyl* (**II**)*-monoacetat*, $C_{10}H_{16}O_2$, $Kp._{765}$ 210—211°; n_D^{20} 1,4585, neben dem *Diacetat* u. Polymeren. — **II**-*Monobutyrat*, $Kp._{0,2}$ 55—56°, n_D^{20} 1,4570. — **II**-*Monobenzoat*, $Kp._5$ 135—145°. *Dibenzoat.* — **II**-*Monochloracetat*, $Kp._{0,25}$ 64—65°, n_D^{20} 1,4816. — **II**-*Monolactat*, $Kp._{0,4}$ 79—80°, n_D^{20} 1,4795. *Dilactat.* Zwischenprodd. für die Alkohole. (**A. P. 2 598 263** vom 6/10. 1947, ausg. 27/5. 1952.) G. KRAUSS. H 1870

Standard Oil Co., übert. von: **Wayne A. Proell**, Chicago, Ill., V. St. A., *Reinigung von rohen Alkan- und Cycloalkansulfonsäuren* (I), die nach A. P. 2 505 910; C. **1951.** I. 520 durch Oxydation von Alkyl- oder Cycloalkylmercaptanen oder Sulfiden $R_1S_nR_2$ (R_1 u. R_2 = Alkyl, n = 1—6) mit O_2 in Ggw. katalyt. Mengen von NO, NO_2, N_2O_3 N_2O_4 u. N_2O_5 unterhalb 300° F erhalten wurden u. die als Verunreinigungen N-Oxyde u., Disulfoxyde enthalten. Man behandelt die **I** mit 1—15% einer 60—100%ig. HNO_3, entfernt die flüchtigen Verunreinigungen durch Einleiten eines inerten Gases (Luft, CO_2, N_2) bei 180—280° F u. bleicht anschließend noch durch Einleiten von HCl die I, wobei auch gleichzeitig eine Geruchsverbesserung erfolgt (Tabellen). (**A. P. 2 567 399** vom 22/10. 1946, ausg. 11/9. 1951.) G. KRAUSS. H 1890

E. I. du Pont de Nemours & Co., übert. von: **Archibald M. Hyson,** Wilmington, Del., V. St. A., *Organische Cyanverbindungen* erhält man durch Rk. von HCN mit organ. Hydroperoxyden der Zus. R—OOH (R = Oxycycloalkyl u. 1-Alkylcycloalkyl mit 5 bis 6 Ring-C-Atomen) in fl. Phase bei 0—150° in Ggw. einer Cu(I)-Verb. in W. oder CH_3OH. — Man gibt z. B. zur Mischung von 5 (g) CuCN, 200 cm³ HCN u. 50 cm³ W. bei 26—30° 40 1-Oxycyclohexylhydroperoxyd, rührt nach Beendigung der stark exothermen Rk. 20 Min. am Wasserbad nach, kühlt u. gibt 250 cm³ Ae. zu, filtriert u. erhält aus der mit HCl angesäuerten Ae.-Lsg. durch Dest. etwa gleiche Mengen *6-Cyanhexansäure* ($Kp._{0,5}$ 135—140°; NZ. 140,0—140,9 gefunden, 141,0 berechnet) u. aus dem Destillat mit Bzl.-PAe. *Pimelinsäure,* F. 125—133° (CH_3OH), sowie durch Eindampfen der neutralen Ae.-Lsg. *Cyclohexanoncyanhydrin,* ferner *Bis-[cyancyclohexyl]-amin,* F. 125—133° (CH_3OH). Aus 1-Methylcyclohexylhydroperoxyd erhält man ein Keton der Zus. CH_3—CO–$(CH_2)_5$—CN, aus Methylcyclopentylhydroperoxyd u. anderen *6-Ketoheptonitril,* $Kp._1$ 73—75°. Zwischenprodd., bes. zur Herst. von Polyamiden. (**A. P. 2 710 302** vom 6/4. 1954, ausg. 7/6. 1955.) O. MÜLLER-MEININGEN. H 2090

Farbenfabriken Bayer Akt.-Ges. (Erfinder: **Fritz Baumann**), Leverkusen-Bayerwerk, *1.4-Diaminoanthrachinon-2.3-dinitril* u. dessen Kernsubstitutionsderivv. erhält man in sehr guter Ausbeute, wenn man die Na-Salze der entsprechenden 1.4-Diaminoanthrachinon-2.3-disulfonsäuren mit Alkalicyaniden in bekannter Weise umsetzt. — 12 (Gewichtsteile) 1.4-Diaminoanthrachinon-2.3-disulfonsäure löst man in 150 W. in Ggw. von 3,5 Na_2CO_3, gibt zu der blauen Lsg. 10,4 NaCN in 50 W., erwärmt unter Rühren auf 95° u. saugt nach 15—20 Min. das erhaltene Prod. heiß ab, wäscht mit heißem W. u. dann mit Methanol. Das erhaltene *1.4-Diaminoanthrachinon-2.3-dinitril,* Ausbeute 7,5—7,8, metall. glänzende, blauschwarze Kristalle aus Nitrobenzol oder Chinolin ist in konz. H_2SO_4 schwachgrünlich, in 90%ig. H_2SO_4 bräunlich lösl., intensiv grün auf Zusatz von Paraformaldehyd (I), in niedrigsd. Lösungsmitteln schwer bzw. kaum löslich. — In ähnlicher Weise wird aus 1.4-Diamino-6-chloranthrachinon-2.3-disulfonsäure (erhältlich aus dem 2.3.6-Trichlorderiv. durch Überführung mit Boressigsäureanhydrid in den Boressigester, Eintragen u. Verrühren des Esters bei 90—95° in eine wss. Na_2SO_3-Lsg.) *1.4-Diamino-6-chloranthrachinon-2.3-dinitril* in Form feiner Kriställchen erhalten. Ferner: *1.4-Diamino-6.7-dichloranthrachinon-2.3-dinitril,* blaue Nädelchen, in konz. H_2SO_4 fast farblos, nach Zusatz von I blaugrün, nach Erwärmen braun löslich; *1.4-Diamino-5-nitroanthrachinon-2.3-dinitril,* blaues Pulver, in konz. H_2SO_4 schwach olivbraun, in Pyridin klar blau löslich. (**D. B. P. 935 669** Kl. 12q vom 22/7. 1953, ausg. 24/11. 1955. Anmeldung bekanntgemacht 18/5. 1955.) O. ROICK. H 2800

Chempatents, Inc., New York, übert. von: **Robert B. Egbert,** Roslyn Heights, N. Y., V. St. A., *Alkylenoxyde,* bes. *Äthylenoxyd,* erhält man bei der katalyt. Oxydation von Olefinen bei 220—350° u. einer Verweilzeit von 1—6 Sek. über einem Ag-Katalysator mit nachfolgender Absorption des gebildeten Alkylenoxyds u. anschließende Oxydation eines Teiles des aus der Absorptionszone austretenden Gasgemisches in einer 2. katalyt. Stufe, wobei die gleichen Reaktionsbedingungen wie in der 1. Stufe eingehalten werden. Ein Teil des aus der 1. Absorptionsstufe austretenden Gemisches wird in die Reaktionszone zurückgeleitet. Man kann die Oxydation in mehreren Stufen durchführen. Das Verf. kann mit fest oder beweglich angeordneten („fluidised“) Katalysatoren ausgeführt werden. (**A. P. 2 693 474** vom 28/12. 1950, ausg. 2/11. 1954.) G. KÖNIG. H 3030

Usines Chimiques des Laboratoires Français, Frankreich, *Trennung eines DL-Oxyprolins in seine beiden optisch-aktiven D- und L-Verbindungen.* Man löst 20 g N-3.5-Dinitrobenzoyl-DL-oxyprolin bei 80° in 160 cm³ Dioxan, welches 5% W. enthält, u. fügt 13,5 L(+) threo-1-p-Nitrophenyl-2-aminopropan-1.3-diol bei 80° hinzu. Beim Abkühlen auf 25° scheidet sich ein Salz ab, welches von dem N-3.5-Dinitrobenzoyl-L-oxy-prolin u. von dem L(+)-threo-1-p-Nitrophenyl-2-aminopropan-1.3-diol gebildet wird. Durch Behandlung mit n-NaOH wird das abgetrennte Salz zerlegt u. das frei gewordene *N-3.5-Dinitrobenzoyl-L-oxyprolin* (I) aus dem angesäuerten Filtrat durch Extraktion mit Essigester gewonnen. Aus der vom Salz der L-Oxyprolinverb. abgetrennten Mutterlauge wird das *N-3.5-Dinitrobenzoyl-D-oxyprolin* (II) isoliert. Die Verb. I u. II liefert bei der Hydrolyse mit 5n HCl durch Kochen 40 Min. unter Rückfluß das *L-Oxyprolin,* F. 273—274°, bzw. das *D-Oxyprolin.* (**F. P. 1 102 096** vom 29/3. 1954, ausg. 17/10. 1955.) M. F. MÜLLER. H 3081

Shell Development Co., San Francisco, übert. von: **Richard R. Whetstone,** Orinda, Calif., V. St. A., *Dihydro-* u. *Tetrahydropyrane* der Formeln I u. II (R = H, KW-stoffrest, Acyl, R_1 = KW-stoffrest, R_2 = H, KW-stoffrest) erhält man durch kondensierende Polymerisation von α.β-ungesätt. Aldehyden, wobei die gebildeten Aldehyde durch Hydrierung mit H_2 in Ggw. von Cu- oder Ni-Katalysatoren unter Druck von 500–10000 lbs./sq.in. u. ca. 20–150° in die entsprechenden Alkohole übergeführt werden. — Aus Methacrolein in Bzl. bei Ggw. von Hydrochinon nach 3std. Erhitzen auf 170° unter Eigendruck → 2.5-Dimethyl-3.4-dihydro-1.2-pyran-2-aldehyd (= 2.5-Dimethyl-2-formyl-2.3-dihydropyran), $Kp._{90}$ 101–101,4°; n_D^{20} 1,4537; Ausbeute 77%; daraus mit NaOH bei 40–50° → *2.5-Dimethyl-3.4-dihydro-1.2-pyran-2-methanol*, $Kp._{7-8}$ 75,8–79,6°; n_D 1,4733; neben *2.5-Dimethyl-3.4-dihydro-1.2-pyran-2-carbonsäure.* Wird der Aldehyd statt mit Alkali mit RANEY-Ni u. H_2 bei 100–125° u. 1700 lbs./sq.in. behandelt, so entsteht *2.5-Dimethyltetrahydropyran-2-methanol*, $Kp._{10}$ 82,8–83,6°. — Mischung aus Methacrolein u. Acrolein (1:2,6) → 2-Methyl-3.4-dihydro-1.2-pyran-2-aldehyd, $Kp._{90}$ 84,4–85,5°; n_D 1,455–1,456. Semicarbazon, $C_8H_{13}O_2N_3$; → *2-Methyl-3.4-dihydro-1.2-pyran-2-methanol*, $C_7H_{12}O_2$, $Kp._{10}$ 75°; neben *2-Methyl-3.4-dihydro-1.2-pyran-2-carbonsäure.* — Der Alkohol gibt mit Essigsäureanhydrid *2-Methyl-3.4-dihydro-1.2-pyran-2-methanolacetat*, $Kp._1$ 60–63°; n_D^{20} 1,457; $D.^{20}_4$ 1,049. — α-Neopentylacrolein → 2.5-Dineopentyl-3.4-dihydro-1.2-pyran-2-aldehyd, $Kp._1$ 91,4–91,6° → *2.5-Dineopentyl-3.4-dihydro-1.2-pyran-2-methanol*, $Kp._2$ 130–135°. (**A. P. 2 610 193** vom 1/7. 1949, ausg. 9/9. 1952.) G. KRAUSS. H 3211

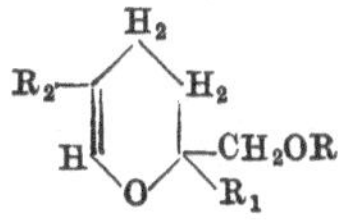

I

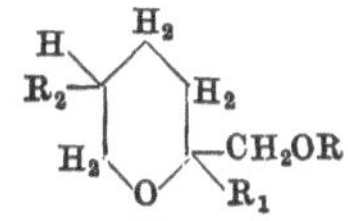

II

Yorkshire Tar Distillers Ltd., Cleckheaton, Yorks., England (Erfinder: **David William Milner** und **Peter Clapham**), *Herstellung von Pyridin und bzw. oder Alkylpyridinen durch Desalkylierung von substituierten Pyridinen*, dad. gek., daß man ein Alkylpyridin in der Dampfphase zusammen mit H_2 bei 400–500° u. n. Druck über einen Hydrierungskatalysator (Ni-, Co-, Cu-Molybdate u -Fluormolybdate) leitet u. die Reaktionsprodd. durch fraktionierte Dest. trennt. — 100 (Teile) Aceton. α-Picolin mit 5 Gew.-% 2.6-Lutidin werden in einem H_2-Strom mit einer Geschwindigkeit von 10 Liter/Std. verdampft. Die Mischung wird auf 450° erhitzt u. bei dieser Temp. über körniges Co-Molybdat geleitet (0,15 ml/Std. je ml Katalysator). Das Reaktionsprod. enthält 23% Pyridin, 68% α-Picolin u. 9% 2.6-Lutidin. — (**E. P. 739 088** vom 28/1. 1953, ausg. 26/10. 1955.) R. LINK. H 3231

American Cyanamid Co., New York, N. Y., übert. von: **Harry W. Marson,** Greenwich, und **Jackson P. English,** Stamford, Conn., V. St. A., *Arylazopyrimidine* der allg. Formel **I**, (Z = H, niederer Alkylrest, Phenyl, $-NH_2$, niederer Monoalkylamino-, Dialkylamino-, Alkoxy-, Alkylmercapto- oder der Phenylguanidinrest, OH oder Sulfhydrylrest) erhält man durch Rk. von Phenylazomalonaldehyd (**II**) mit einer Verb. $Z-C{=}NH(NH_2)$ (Z = wie vorst.) bei n. Temp. bis zu 120° in einem inerten Lösungsmittel. — **II** + Guanidinhydrochlorid → *2-Amino-5-phenylazopyrimidin.* — **II** + S-Methylthioharnstoff → *2-Methylmercapto-5-phenylazopyrimidin.* — Phenylbiguanid + **II** → *2-(3-Phenylguanidino)-5-phenylazopyrimidin.* — *Zwischenprodd.* zur Herst. von *Farbstoffen* u. *Pharmazeutica, Pigmente.* (**A. P. 2 675 375** vom 14/7. 1951, ausg. 13/4. 1954.) U. SIEVERS. H 3272

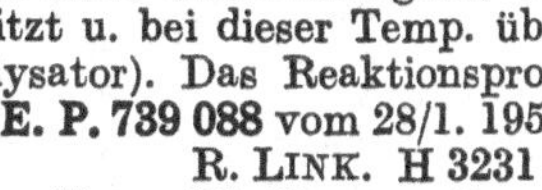

I

Soc. des Usines Chimiques Rhône-Poulenc, Paris, Frankreich, *Alkylphenthiazine* der Formel **I** (R = Alkyl) erhält man durch Cyclisierung von Alkyldiphenylaminen mit S in Ggw. von J_2 als Katalysator bei ca. 140 bis 190°. — Aus 3-Methyldiphenylamin u. S in Ggw. von J_2 bei 150° unter Abspaltung von H_2S → *3-Methylphenthiazin*, aus Bzl. F. 184 bis 185°, neben *1-Methylphenthiazin*, F. 114–115°. — *Zwischenprodd.* zur Herst. von *N-tert. Aminoalkylenphenthiazinen.* (**E. P. 724 218** vom 15/5. 1952, ausg. 16/2. 1955. F. Priorr. 24/7. 1951 u. 21/3. 1952.) G. KRAUSS. H 3292

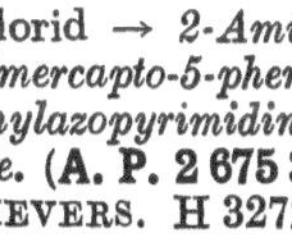

R

I

Deutsche Gold- & Silberscheideanstalt vormals Roessler (Erfinder: **Hans Huemer** und **Hermann Schulz**), Frankfurt/M., *Herstellung von Cyanurchlorid.* Inhaltlich ident. mit D. B. P. 842 067; C. **1953.** 0641. (**D. P. [DDR] 7 476** Kl. 12p vom 28/12. 1950, ausg. 4/6. 1954. [Ausschließungspatent].) M. PANKOW. H 3313

Ciba Akt.-Ges., Basel, *Herstellung von Oxyverbindungen der Steroidreihe*, dad. gek., daß man auf 7.11-Dioxy-8.9-oxidosteroide isomerisierende Mittel einwirken läßt. — Z. B. löst man in 800 Vol.-Teilen Dioxan 5 Gew.-Teile $\Delta^{8,9;22,23}$-3β-Acetoxy-7.11-dioxyergostadien, versetzt mit 67 Vol.-Teilen einer äther. Lsg. von Phthalmonopersäure (0,051 Gew.-Teile akt. O/Vol.-Teil) u. bewahrt das Reaktionsgemisch bei 20° 38 Std. im Dunkeln auf. Die Aufarbeitung des Reaktionsprod. ergibt 4,1 Gew.-Teile *$\Delta^{22,23}$-3β-Acetoxy-7.11-dioxy-8.9-oxidoergosten* (I), F. 147—148°, feine Nadeln aus CH_3OH–W.; $[\alpha]_D$ +15,5° (Chlf.). Durch Acetylierung erhält man *$\Delta^{22,23}$-3β.7.11-Triacetoxy-8.9-oxidoergosten*, F. 159—161°, $[\alpha]_D$ +6° (Chlf.). 3 Gew.-Teile I löst man in 300 Vol.-Teilen absol. Bzl., gibt zu der Lsg. 10 Vol.-Teile BF_3–Ae.-Komplex u. hält 2 Std. bei 20°. Die Aufarbeitung des Reaktionsprod. ergibt 2,5 Gew.-Teile *$\Delta^{22,23}$-3β-Acetoxy-7-keto-9.11-dioxyergosten*, F. 269° (CH_3OH–W.); $[\alpha]_D$ —62° (Chlf.). *Semicarbazon*, F. 247—249° (Zers.). Durch Acetylierung gewinnt man *$\Delta^{22,23}$-3β.11-Diacetoxy-7-keto-9-oxyergosten*, F. 191°; $[\alpha]_D$ —45° (Chlf.). — Ferner werden genannt: *$\Delta^{8,9;22,23}$-3β.11-Dioxy-7-ketoergostadien*, F. 209—210°; $[\alpha]_D$ —2° (Chlf.); *$\Delta^{8,9;22,23}$-3β.11-Diacetoxy-7-ketoergostadien*, F. 184 bis 185° (CH_3OH); $[\alpha]_D$ +12° (Chlf.); *3β.17β-Diacetoxy-7-keto-9.11-dioxyandrostan*, F. 267,5 bis 268° (CH_3OH); $[\alpha]_D$ —75° (Chlf.); *$\Delta^{8,9}$-3β.11α.17β-Trioxy-7-ketoandrosten*, F. 263 bis 267° (CH_3OH u. W.); $[\alpha]_D$ —25° (A.). Daraus *$\Delta^{8,9}$-3β.11α.17β-Triacetoxy-7-ketoandrosten*, F. 143—145°; Ausgangsprod.: *3β.17β-Diacetoxy-7.11-dioxy-8.9-oxidoandrostan*-F. 186—187°; $[\alpha]_D$ +10° (Chlf.). — Die $\Delta^{8,9}$-7-Keto-11-oxysteroide sind wichtige Zwischenprodd. für die Herst. von im B-Ring unsubstituierten Steroiden mit O in 11-Stellung. (**Oe. P. 183 873** vom 3/1. 1953, ausg. 25/11. 1955. Schwz. Prior. 21/2. 1952.) T. Oppermann. H 3700

Friedrich Asinger, Chemie und Technologie der Paraffin-Kohlenwasserstoffe. Berlin: Akademie-Verl. 1956. (XXIV + 719 S. m. 108 Abb. u. 192 Tab.) 8°. DM 39,—.

X. Färberei. Organische Farbstoffe.

Établissements Schaeffer & Cie., Pfastatt-le-Château, Frankreich, *Kontinuierliches Fixieren von Farbstoffen auf Textilmaterial.* Man imprägniert das Material mit einer Farbstofflsg. oder -dispersion u. führt das imprägnierte Material mit Hilfe eines undurchlässigen Bandes aus Gummi oder Kunststoff eng gepreßt um einen rotierenden geheizten Zylinder. — Vorr., Zeichnung. (**E. P. 729 353** vom 26/1. 1953, ausg. 4/5. 1955. F. Prior. 26/1. 1952.) H. v. Schiller. 7021

VEB Farbenfabrik Wolfen, Wolfen (Erfinder: **Karl Brodersen**), *Herstellung von Mitteln zur Verbesserung der Naßechtheiten substantiver Färbungen* aus Arylbiguaniden u. CH_2O, dad. gek., daß NH_3 mit einkondensiert wird. Die Prodd. sind auch in Ggw. von Sulfationen usw. klar wasserlöslich. (**D. P. [DDR] 7 362** Kl. 8m vom 12/9. 1952, ausg. 12/6. 1954 [Wirtschaftspatent].) G. Hoppe. 7021

Ciba Akt.-Ges. (Erfinder: **Albert Laudolt**), Basel, Schweiz, *Verminderung der Empfindlichkeit von mit Küpenfarbstoffen gefärbten Textilien gegenüber Witterungseinflüssen und Licht*, dad. gek., daß die gefärbten Textilien mit wss. Lsgg. von Metallsalzen, vorzugsweise Cu-Salzen, u. von Einwirkungsprodd. aus CH_2O u. solchen Harnstoffverbb. (**I**), die aus Elementen bestehen, deren At.-Gew. nicht $>$16 ist u. die in ihrem Mol. im Verhältnis zum C weniger O als Harnstoff enthalten, behandelt werden u. hierauf, gegebenenfalls in Ggw. von Säuren, einem Trocknungsprozeß unterworfen werden. **I** sind z. B. Dicyandiamid, Guanidin, Melamin oder Dicyandiamidin. (**D. B. P. 941 542** Kl. 8m vom 25/2. 1944, ausg. 12/4. 1956. Anmeldung bekanntgemacht 17/4. 1952. Schwz. Priorr. 6/1. u. 12/11. 1943.) H. v. Schiller. 7029

J. R. Geigy Akt.-Ges., Basel, Schweiz, *Herstellung eines metallisierbaren Monoazofarbstoffes.* 2-Aminobenzoesäure-4-chlormethylsulfon → 1-(3'-Chlorphenyl)-3-methylpyrazolon. Wolle wird nach dem Einbadchromierverf. rotstichiggelb gefärbt. (**Schwz. P. 309 410** vom 16/7. 1952, ausg. 1/11. 1955. **Zusatz zu Schwz. P. 261 126; C. 1949. E. 944.**) U. Sievers. 7053

VEB Farbenfabrik Wolfen (Erfinder: **Kurt Köhler**), *Herstellung von Polyazofarbstoffen*, dad. gek., daß Disazofarbstoffe der allg. Formel A—N=N—B—N=N—C (A = Rest eines 4-Nitro- oder 4-Acylaminobenzols; B = Rest eines kupplungsfähigen Aminobenzols ohne Sulfogruppe oder eines 1-Naphthylamins oder einer 1-Naphthylamin-6- oder -7-sulfonsäure; C = Rest einer Aminoxynaphthalinmono- oder -disulfonsäure oder ihrer Acyl-, Alkyl- oder Arylderivv.) nach der Red. bzw. Verseifung diazotiert bzw. tetrazotiert u. mit einem 1.3-Diaminobenzol, ausgenommen m-Toluidin, bes. 3-Oxyalkylamino-1-aminobenzolen oder 3-Glycinamino-1-aminobenzol, gekuppelt werden, wobei im gesamten Farbstoffmol. nicht mehr als 2 SO_3H-Gruppen vorhanden sein sollen. Die Farbstoffe ziehen hervorragend auf pflanzliche Fasern. Die Färbungen zeichnen sich durch volle blaue bis blauschwarze Töne, gute Wasch- u. Lichtechtheit u. vorzügliche Ätzbarkeit aus. — Beispiel: 1-Amino-4-nitro-6-methoxybenzol-3-sulfonsäure → 1-Amino-2-methoxy-5-methylbenzol → 2-Amino-8-oxynaphthalin-6-sulfonsäure, red. mit Na_2S → 1-Oxyäthylamino-3-aminobenzol. (**D. P.** [**DDR**] **5 483** Kl. 22a vom 17/2. 1942, ausg. 24/5. 1954 [Wirtschaftspatent]. **Schwz. P. 234 590** vom 29/12. 1942, ausg. 1/2. 1945. D. Prior. 16/2. 1942.) G. HOPPE. 7055

VEB Farbenfabrik Wolfen, Wolfen (Erfinder: **Kurt Köhler**), *Polyazofarbstoffe.* Die Diazoverb. des Monoazofarbstoffs aus 2-Aminonaphthalin-4.8-disulfonsäure u. 1-Aminonaphthalin wird mit bas. Azofarbstoffen, wie Chrysoidin oder Bismarckbraun, alkal. gekuppelt. Die Farbstoffe färben Kunstseide, Baumwolle u. Leder in braunen Tönen von guten Echtheiten. (**D. P.** [**DDR**] **7 490** Kl. 22a vom 23/8. 1949, ausg. 14/6. 1954 [Wirtschaftspatent].) G. HOPPE. 7055

VEB Farbenfabrik Wolfen, Wolfen (Erfinder: **Kurt Köhler**), *Azofarbstoffe für Leder.* Die Tetrazoverb. von 4.4'-Diaminodiphenylamin-3-sulfonsäure (**I**) wird alkal. gleichzeitig oder nacheinander mit einer Aminooxynaphthalinmonosulfonsäure u. einem 1.3-Diaminobenzol oder dessen Substitutionsprodd. gekuppelt. Die Farbstoffe, z. B. *1-Amino-8-oxynaphthalin-4-sulfonsäure* ← **I** → *oxäthyliertes 1.3-Diaminobenzol, 2-Amino-5-oxynaphthalin-7-sulfonsäure* ← **I** → *1-Methyl-2.4-diaminobenzol,* färben Leder in blauschwarzen bzw. blauen sehr echten Tönen. (**D. P.** [**DDR**] **7 491** Kl. 22a vom 23/8. 1949, ausg. 23/9. 1954 [Wirtschaftspatent].) G. HOPPE. 7055

VEB Farbenfabrik Wolfen, Wolfen (Erfinder: **Kurt Köhler**), *Diazofarbstoff.* Diazotierte 2-Naphthylamin-4.8-disulfonsäure wird sauer mit 1-Amino-2-methoxy-5-methylbenzol gekuppelt u. der Monoazofarbstoff mit $COCl_2$ umgesetzt. Der nicht kalkempfindliche Farbstoff färbt Baumwolle oder Viscosekunstseide in rötlichgelben Tönen von ausgezeichneter Allgemeinechtheit. (**D. P.** [**DDR**] **7 492** Kl. 22a vom 17/7. 1949, ausg. 23/12. 1954 [Wirtschaftspatent].) G. HOPPE. 7055

Ciba Akt.-Ges., Basel, Schweiz, *Anthrachinonküpenfarbstoff.* Man behandelt ein 1-Amino-4-acylaminoanthrachinon der Zus. **I** mit einem den Acylrest der Zus. —OC—Y abgehendem Mittel, wobei der eine der Reste X u. Y dem Rest $—C_6H_5$ u. der andere der Zus. **II** entspricht. Der Farbstoff, violettrote Kristallblättchen, färbt Baumwolle aus olivgrüner Hydrosulfitküpe echt u. rein rotstichig violett. — 2,6 (Teile) Thiophen-5-dimethylsulfonsäureamid-2-carbonsäure, F. 178°, verrührt man ½ Std. bei 90° mit 2 $SOCl_2$ in 50 trocknem Nitrobenzol u. kondensiert dann 2 Std. bei 120° mit 4,2 1-Amino-4-benzoylamino-6.7-dichloranthrachinon. Die violettroten Kristalle werden filtriert u. mit A. gewaschen. (**Schwz. P. 307 633** vom 23/7. 1952, ausg. 16/8. 1955.) O. ROICK. 7059

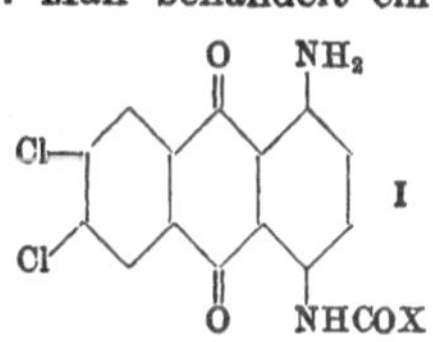

I

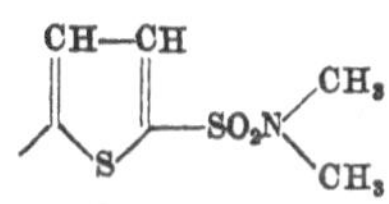

II

XIa. Farben. Anstriche. Lacke. Naturharze.

H. W. Talen, *Die Entwicklung auf dem Anstrichgebiet. Die Entwicklung der Anstrich- und Firnisindustrie und der Anwendung ihrer Erzeugnisse in den letzten 50 Jahren.* (Chem. Weekbl. **49.** 809—17. 31/10. 1953; Verfkroniek **27.** 11—17. Jan. 1954. Rijswijk, Verfinst., T.N.O.) W. WESLY. 7090

F. Oehme, *Neuere Ergebnisse der Dielektrizitätskonstantenmessung im Lack- und Kunststofflaboratorium.* Messungen der DK. bei Fll. stellen ein Reinheitskriterium dar. Sie sind auch zur Ermittlung der Mengen in Lösungsmittelmischungen anwendbar. Übersicht einiger Verff., nach denen DK.-Messungen an Platten, Folien, Filmen u. Pulvern aus Kunststoffen vorgenommen u. Feuchtigkeit sowie Polymerisationsgrad bestimmt werden können. (Farbe u. Lack **59.** 475—80. Dez. 1953. Köthen/Anhalt.) K. STEINER. 7090

—, *Die Vorbereitung des Eisens und sein Schutz gegen Korrosion.* Reinigung mittels Säuren, Flamme, Sandstrahl, Entfernen der Walzhaut u. Phosphatierung. Mikrophotos. (Ind. Vernice-Lack u. Farben-Chem. **7.** 53—57. 73. 1953.) B. SCHEIFELE. 7090

L. A. Sonsthagen, *Probleme der Farbenindustrie.* 1. Mitt. *Praktischer Überblick über Dispersionsprozesse.* Überblick über Mahlung, Mühlentypen, Pastenmischer u. a. Dispersionsmischer. (Paint Manufact. **25.** 375—78. Okt. 1955.) E. PREU. 7092

J. D'Ans und **H. J. Schuster,** *Die Bleimennige als korrosionshemmendes Pigment.* Vff. berichten über Verss. zum Studium der korrosionshemmenden Wrkg. von Pb_3O_4, PbO u. PbO_2. Hierzu wird Fe-Draht in wss. Suspensionen der 3 Pb-Oxyde mehrere Monate bis zu 1 Jahr gelagert. Zum Vgl. werden auch pigmentierte Leinölanstriche auf Fe herangezogen. Nach beendeter Wasserlagerung werden die Grenzflächen mkr. geprüft. Diese Ergebnisse sind in 12 Farbaufnahmen wiedergegeben.— Die korrosionshemmende Wrkg. von Pb_3O_4 beruht darauf, daß der Pb (IV)-Anteil sowohl kathod. als Depolarisator wie anod. durch gebildetes 2wertiges Fe red. wird. Das so entstehende Pb (II)-Hydroxyd bildet Schutzschichten, an den anod. Bezirken in Gemeinschaft mit dort gebildetem Fe (III)-Hydroxyd bzw. -Oxydhydrat. Unabhängig von der Art des Bindemittels tritt dies dort auf, wo durch eine Verletzung Lokalelemente gebildet werden. Dabei kann bei großen anod. Bezirken die Red. bis zum metall. Pb kommen. Dieses kann sich in Elektrolyten elektrochem. unedler als Fe verhalten. Durch diese Vorgänge kommt es an den verletzten Filmstellen zu einer Vernarbung. Die entstehenden Pb (II)-Verbb. können mit den Oxydationsprodd. des Leinöls anstrichtechn. wertvolle Rkk. eingehen. Pb (II)-Pigmente zeigen jedoch keine elektrochem. Korrosionshemmung wie Pb_3O_4. Auch PbO_2 ist wegen seiner hohen elektr. Leitfähigkeit unbrauchbar, schon nach kurzer Zeit tritt starke Korrosion auf. Mit den gewonnenen Erkenntnissen wird auch die korrosionshemmende Wrkg. von Pb-Cyanamid u. Wash-Primer kurz erklärt. (Farbe u. Lack **61.** 453—59. Okt. 1955.) E. PREU. 7092

Max Kronstein, *Untersuchung von filmbildenden Stoffen.* 2. Mitt. *Über katalytisches Festwerden.* (1. vgl. C. **1951.** II. 2529.) Die Viscosität von Holzöl nimmt durch Zusatz von $FeCl_3$-Hydrat sehr stark zu, der Effekt ist stark temperaturabhängig. Fe ist in Filmen mit $FeCl_3$-Zusatz nicht nachzuweisen, so daß katalyt. Wrkg. angenommen wird. Bei Leinöl u. konjugierten Ölen ist die Erscheinung nicht zu beobachten. $TiCl_4$ u. $SiCl_4$ sowie SiF_4 wirken auf Holzöl in der gleichen Weise. Ferner wurde versucht, die Eig. der Holzöle, O_2 zu addieren, für die Filmbldg. zu benutzen; bei Chinaholzöl z. B. steigt der errechnete O_2-Wert von 18% bei Erwärmung auf 100° bis 27%. Verss. mit Allylmercaptan, Diallylsulfid u. Vinyltrichlorsilan zeigten, daß das Holzöl mit reaktiven Gruppen chem. Verbb. einzugehen vermag. (Paint Varnish Product. **41.** 17—21. Mai 1951. New York, N. Y., Univ., College of Engng.) H. DOSSMANN. 7096

A. J. Seavell und **J. J. Sleightholme,** *Faktoren, welche die Wärmeverdickung von Leinöl beeinflussen.* Inhaltlich ident. mit der C. **1953** 7412 referierten Arbeit. (J. Oil Colour Chemists' Assoc. **36.** 119—26. März 1953. Haltwhistle, Northumberland, Smith & Walton Ltd.) B. SCHEIFELE. 7096

Bernhard F. H. Scheifele, *Über das Wärmeverhalten von Lackierungen.* 1. Mitt. Bei Anstrichen mit geringem Absorptions- u. Emissionsvermögen werden Dämmanstriche für sichtbares Licht (Sonnenlicht) u. für Wärmestrahlen (infrarotes Licht) unterschieden. Anstriche mit hoher Absorption u. Emission (wärme- u. strahlungsabgebende Anstriche) sind für Wärmestrahlen u. für Lichtstrahlen vorgesehen. (Ind.-Lackier-Betr. **22.** 244—47. Nov. 1954. Heidelberg.) B. SCHEIFELE. 7106

Bernhard F. H. Scheifele, *Über das Wärmeverhalten von Lackierungen.* 2. Mitt. *Anstriche mit hoher Emissions- und Absorptionsfähigkeit (wärmeabgebende Anstriche).* Anstriche mit hoher Absorption u. Emission für Wärmestrahlen dienen für Heizkörper, Raumerhitzer, Zimmeröfen, Ofenrohre usw. Bei gleicher Oberfläche u. gleicher Temperaturdifferenz zur Umgebung ist für die abgegebene Gesamtenergie allein die Strahlungskonstante maßgebend. Die Zahl der Anstrichschichten ist auf die Wärmeabgabe prakt. ohne Einfluß. Zu Anstrichen mit hoher Emission u. Absorption für Lichtstrahlen zählen schwarze bzw. dunkle Anstriche für opt. Spezialinstrumente, Energiesammler der Sonnenstrahlung usw. (Ind.-Lackier-Betr. **22.** 262—64. Dez. 1954.) B. SCHEIFELE. 7106

E. Gundermann, *Schwarzanstriche unter besonderer Berücksichtigung der Einsparung von Mangelrohstoffen.* Bericht über Verss., aus deren Ergebnissen hervorgeht, daß es möglich ist, den Anteil bituminöser Stoffe in Schwarzanstrichen durch Verwendung gewisser Austauschstoffe (bes. Montanwachspech u. Destillationsrückstände synthet. Fettsäuren) bedeutend zu vermindern. Die Eigg. der Anstriche werden hierdurch nicht nur nicht beeinträchtigt, sondern z. T. sogar verbessert. — Rezepturbeispiele. 16 Literaturhinweise. (Chem. Techn. **5.** 641—47. Nov. 1953. Borsdorf bei Leipzig.) M. WINIKER. 7106

W. I. Filatow, G. D. Atamantschukow und **O. I. Tschernjajewa,** *Die Gewinnung von Kiefernflotationsöl aus den Abwässern der Kolophonium-Extraktionsindustrie.* Im Laboratoriumsvers. u. in einer techn. Versuchsanlage zeigen Vff., daß sich das in Abwässern von Kolophoniumextraktionsanlagen in Mengen von 0,5—0,7% vorliegende *Terpinhydrat* beim Erhitzen der Lsgg. mit H_2SO_4 oder H_3PO_4 zu *α-Terpineol* dehydratisieren läßt. Die so gereinigten Abwässer, deren Geh. an bromierbaren Stoffen auf $^1/_6$ u. deren Oxydierbarkeit auf $^1/_{16}$ abgesunken ist, zeigen Kennzahlen, die denjenigen des natürlichen Kiefern-Flotationsöles ähneln: $D.^{20}$ 0,9, $[n]^{20}$ 1,47, Geh. an Alkoholen, berechnet auf Terpineol, 98,9%. (Гидролизная и Лесохимическая Промышленность [Hydrolysen- u. holzchem. Ind.] **8.** Nr. 7. 16—18. 1955.) M. ULMANN. 7150

W. Grassmann und **H. Clausen,** *Eine photoelektrische Methode zur Bestimmung des Färbevermögens der Weißpigmente.* Die bisher zur Best. des Färbevermögens (a) der Lithopone verwendeten Verff. waren sehr zeitraubend. Das neue Verf. gestattet die Messung der Helligkeit (b) bei gleichbleibenden Einwaagen auf photoelektr. Wege u. ermöglicht die direkte Ablesung des a an Hand einer Eichkurve (c). Trägt man b als Abscisse u. die Logarithmen der Pigmenteinwaagen als Ordinate auf, so erhält man eine Kurve, die innerhalb eines bestimmten Konzentrationsbereiches eine gleichbleibende Abhängigkeit der b von den Einwaagen, also ein geradliniges Kurvenstück aufweist. 5 g einer Blaupaste (bestehend aus 500 Ricinusöl, 492 g gefälltem $CaSO_4$, 3 g Ultramarin, 5 g Texapon W) werden mit 150 mg bzw. 750 mg einer Stammlithopone (a = 100) angerührt u. mittels eines photoelektr. Leukometers u. eines Multiflexgalvanometers die c festgelegt. In gleicher Weise wird die b des zu untersuchenden Weißpigments (Einwaage 150 mg oder ein Vielfaches davon) gemessen u. das a an der c direkt abgelesen. Bei einer 30%ig. Lithopone ist z. B. b = 5,5, a = 110, bei einer 60%ig. b = 46,5, a = 210, bei *Sachtolith* b = 63,5, a = 360. (Dtsch. Farben-Z. **7.** 211—15. Juni 1953. Homberg/Niederrh., Sachtleben Akt.-Ges., Wiss. Labor.) K. STEINER. 7152

Soc. Continentale Parker, Clichy, Frankreich, *Vorbehandlung von Metallen, wie Eisen, Zink und Aluminium vor dem Aufbringen von Anstrichen.* Nach Schwz. P. 305130 werden die Oberflächen mit einem Gemisch behandelt, das aus bas. Zn-Chromat, einem Harz, einem Lösungsm. für dieses Harz u. einem Phosphat besteht, das N-haltige Gruppen aufweist, bei denen N unmittelbar mit dem O des Phosphats verbunden ist, z. B. das Phosphat des Monomethylamins. Das Gemisch besteht z. B. aus 7 (%) *Polyvinylbutyralharz,* 2 $ZnCrO_4$, 4,3 *Pigment aus Ton,* 7,6 $(NH_4)_2HPO_3$, 3,1 *W.*, 62 *Isopropanol* u. 14 *Methylisobutylketon.* — Nach Schwz. P. 305 432 wird ein Gemisch aus *W.*, H_3PO_4, einem durch Öl modifizierten *Alkydharz,* einem *Lösungsm.* für dieses Harz, einem *Pigment* u. einem *Netzmittel* verwendet. In beiden Fällen bildet sich auf der Metalloberfläche eine Schicht aus, auf der Lackschichten gut haften. — Vgl. auch F. P. 1 058 986; C. **1955.** 8491. (**Schwz. PP. 305 130** vom 18/11. 1952, ausg. 16/4. 1955. A. Prior. 19/11. 1951 u. **305 432** vom 7/10. 1952, ausg. 2/5. 1955. A. Prior. 10/10. 1951.) F. MARKHOFF. 7091

National Lead Co., New York, N. Y., V. St. A., *Verminderung des Aufhellungseffektes bei $CaSO_4$-Pigmenten.* (Aufhellungseffekt: Der mit $CaSO_4$ pigmentierte Film erscheint nach dem Trocknen heller gefärbt als der nasse Anstrich.) Das $CaSO_4$-Pigment (oder $CaSO_4$-haltige Misch- oder Kompositionspigment, z. B. mit TiO_2) wird mit 0,1 bis 0,5 Gew.-% (bezogen auf trockenes Pigment) eines oder mehrerer prim. Amine mit geradliniger C-Kette, mit oder ohne Doppelbindungen, behandelt, z. B. vermahlen. Als brauchbare Amine sind genannt: Hexylamin (I); Octylamin (II); Decylamin (III); Dodecylamin; Tetradecylamin; Hexadecylamin (**IV**); Octadecylamin (**V**); Hexadecenylamin, $CH_3(CH_2)_5CH{=}CH(CH_2)_8\cdot NH_2$ (**VI**); Octadecenylamin, $CH_3(CH_2)_7CH{=}CH(CH_2)_8\cdot NH_2$ (**VII**); Octadecadienylamin, $CH_3(CH_2)_4CH{=}CHCH_2CH{=}CH(CH_2)_8\cdot NH_2$ (**VIII**); Octadecatrienylamin, $CH_3CH_2CH{=}CHCH_2CH{=}CHCH_2CH{=}CH(CH_2)_8\cdot NH_2$. Gemischbeispiele: 90 (Teile) **II** + 3 **I** + 7 **III**; 47 **VIII** + 35 **VII** + 10 **IV** (oder **V**); 45 **VII** + 25 **V** + 30 **IV**. (**E. P. 744 559** vom 28/9. 1953, ausg. 8/2. 1956. A. Prior. 3/10. 1952.) R. SCHREINER. 7093

Sherwin-Williams Co., übert. von: **Albert A. Arters,** Cleveland, und **Robert E. Blank,** Mayfield Heights, O., V. St. A., *Bleichen von Ölen.* Trocknende u. halbtrocknende Öle werden in inerter Atmosphäre, z. B. N_2, mit 0,1—5% Säurehalogenid oder -anhydrid von aliphat. Monocarbonsäuren $^1/_4$—20 Std. auf 100—325° erhitzt. (**A. P. 2 727 051** vom 21/6. 1952, ausg. 13/12. 1955.) C. LÜTTGEN. 7097

Samuel Clipson, London, England, *Anstrichmittel für Wände, Decken und dergleichen,* bestehend aus 5—8(6) (Teilen) trockenem Vermiculit, 2—3 (2,5) gelöschtem Kalk mit 40% W., 1—3,5 (1,5) Portlandzement u. 3 W., das eine Konsistenz aufweist, daß es mit der Spritzpistole aufgetragen werden kann. — Vgl. auch Schwz. P. 265 786; C. **1950.** II. 2846. (**A. P. 2 728 681** vom 25/11. 1952, ausg. 27/12. 1955.) W. GRÄGER. 7107

Siemens & Halske Akt.-Ges., Berlin und München (Erfinder: **Rolf von Have,** Berlin-Charlottenburg), *Polymerisationslack,* der auch in dicker Schicht gut durchtrocknet. Er besteht aus einer Lsg. eines durch Einleiten von Luft unter Erwärmen vorbehandelten Butadienpolymerisats (**I**) u. eines leicht polymerisierbaren Äthylenderiv. mit einem Zusatz eines Polymerisationsbeschleunigers, wie Benzoylperoxyd (**II**), sowie nach Bedarf eines Verzögerers, wie Hydrochinon (**III**), u. Siccativen. — Beispiel: 100 (Teile) **I** mit Mol.-Gew. 12000 werden 6 Std. bei ca. 150° am Rückflußkühler unter

Luftdurchleiten erhitzt u. mit 100 Lackbenzin versetzt. 74 dieser Lsg. werden mit 24 Monostyrol u. einer Lsg. von 0,4 II in Xylol vermischt. Dieser Lackmischung fügt man 0,1% III zu. Es werden körperreiche u. lösungsmittelarme Lacke mit hoher Widerstandsfähigkeit gegen Chemikalien erhalten. (**D. B. P. 935 267** Kl. 22h vom 19/1. 1945, ausg. 17/11. 1955. Anmeldung bekanntgemacht 18/5. 1955.) M. BÖTTCHER. 7107

Continental Filling Corp., Danville, übert. von: **Albert L. Bunting**, Dearborn, Mich., V. St. A., *Schneeartiger Überzug* für lackierte Flächen, Decken, Haushaltseinrichtungen u. dergleichen. Eine Mischung von z. B. 1 (%) Stearinsäure, 7,5 n- u. Isopropylmethacrylat-Mischpolymerisat, Polystyrol oder Äthylcellulose u. 91,5 eines gasförmigen, halogen-, bes. F-haltigen KW-stoffs („Freon") wird aus einem Druckbehälter aufgesprüht. (**A. P. 2 716 637** vom 13/10. 1952, ausg. 30/8. 1955.)
G. SALZMANN. 7107

XIb. Plaste (Kunstharze. Plastische Massen).

Marshall Sittig, *Herstellung von Monomeren und Polymeren — mit Natrium.* Die Verwendungsmöglichkeit des Na für die Herst. von Monomeren (z. B. von zweibas. Säuren als Grundstoffen für Alkydharze), Polymeren (z. B. als Katalysatoren für die Dienpolymerisation), Weichmachern u. Stabilisatoren sowie als Wärmeüberträger wird erörtert. (Mod. Plastics **32.** Nr. 12. 150—52. 217—18. Aug. 1955. Ethyl Corp.)
R. SCHAFF. 7170

J. K. Honish, *Polyäthylen und Phenolharze in der Verpackung.* Feste und zusammendrückbare Gefäße sowie Schläuche u. andere Verpackungshilfsmittel aus Polyäthylen u. Phenolharzen werden in Abbildungen gezeigt u. erläutert, ihre Eigg. u. zweckmäßige Verwendung auch in Verbindung mit Papier, Al-Folie u. a. besprochen. (Drug Cosmet. Ind. **77.** 481—83. 572—75. Okt. 1955. Bakelit Co., New Prods. Engng. Dep.)
H. MÜHLMEISTER. 7172

Gerry P. Mack, *Theoretische und praktische Aspekte der Stabilisierung der Vinylharze.* Inhaltlich ident. mit der C. **1953.** 5941 referierten Arbeit. (Materie plast. **19.** Nr. 1. 3—16. Jan./Febr. 1953.) G. DALL'ASTA. 7172

Ferenc Evva, *Anwendung von Kunststoffen in der Farbenphotographie.* Übersicht über die Anwendung von Kunststoffen in der Farbenphotographie. Vf. führt in mehreren Abbildungen eigene Verss. über den Einfl. des Boraxzusatzes auf die Viscositätserhöhung von *Polyvinylalkohol*-Lsgg. an. — 34 Literaturangaben. (Magyar Kémikusok Lapja [Z. Ver. ung. Chemiker] **10.** 43—49. 25/2. 1955. Vac, Photochem. Forschungsinst.)
R. BIRTHLER. 7172

E. Krell, M. Thöner und **G. Wischofsky**, *Nutzbarmachung von Mittelölphenoldestillaten und Herstellung typgerechter Preßmassen.* Inhaltlich ident. mit der C. **1956.** 7945 referierten Arbeit. (Chem. Techn., Sonderh. **1952.** 31—33. Leipzig, Heckmann-Apparate G. m. b. H., VVB Lacke u. Farben u. VVB Plasta.) M. WINIKER. 7176

F. P. Grimshaw, *Die Herstellung von stabilem Melaminformaldehydsirup.* Melamin-Formaldehydharz-Lsgg. sind unstabil. Bei ungenügender Kondensation kristallisieren monomere Methylolmelaminverbb. aus u. bei zu weit getriebener Kondensation ist Gelatinieren zu beobachten, wobei hohes p_H das Kristallisieren u. hohe Lagerungstemp. das Gelatinieren fördert. Zweckmäßig wird die Kondensation bei p_H 8,5 (unter Sodazusatz) so weit geführt, bis auf Zusatz von 2—3 Teilen W. auf 1 Teil Ansatz gerade Fällung eintritt. Nach Abkühlung unter Vakuum wird mit Sprit auf 50% Festkörpergeh. (berechnet als Trimethylolmelamin) verd. u. 0,1% Borax in Form einer 5%ig. Lsg. zugesetzt. Bei 25—30° Lagerungstemp. erreicht man so eine mindestens 3monatige Stabilität. Das p_H beträgt dabei 9—9,5. Borax wirkt als Puffer u. hemmt das Weiterkondensieren. Der Festkörpergeh. kann zwischen 40 u. 60% schwanken, der A.-Geh. zwischen 10 u. 20%, bezogen auf den Sirup. (Brit. Plastics **26.** 306—08. Aug. 1953. Brit. Oxygen Co. Ltd.) H. J. SCHENCK. 7180

W. Hechelhammer, *Formteile aus Polyamid mit einheitlicher morphologischer Struktur.* Vf. schildert Verss., aus deren Ergebnissen hervorgeht, daß es möglich ist, durch geeignete Verfahrensbedingungen *Polyamid*-Formteile mit einheitlicher (sphärolith. oder feinkörniger) Struktur herzustellen, u. diskutiert die Bedeutung dieser Feststellung für die Praxis. (Kunststoffe **45.** 414—17. Okt. 1955. Uerdingen.)
M. WINIKER. 7180

B. Maliniak, *Phenolische Preßmassen.* Übersicht über Herst., Eigg. u. Anwendung von Novolaken u. Resolen. Bes. behandelt werden Preßmassen mit Asbest u. Baumwollgewebe als Füllmaterial sowie Phenol–Anilin–CH_2O-Harze. (Przemysł chem. **10 (33).** 354—56. Juli 1954. Inst. Tworzyw Sztucznych.) F. URBAN. 7204

M. Koziński, *Dicyandiamid als Grundstoff für Preßmassen.* 1. Mitt. Übersicht über Literatur, betreffend Darst., Eigg. u. Kondensationsverff. von Dicyandiamid mit CH_2O. Es werden Verss. über Anwendbarkeit von Cellulose u. Holzmehl als Füllmasse sowie über das Homogenisieren, Trocknen u. Mahlen der Preßmassen angeführt u. die günstigsten Bedingungen der Kondensation angegeben. (Przemysl chem. **10** (**33**). 356—60. Juli 1954. Inst. Tworzyw Sztucznych.) F. URBAN. 7204

E. I. du Pont de Nemours & Co., Wilmington, Del., übert. von: **Arthur William Anderson,** Verona, N. J., V. St. A., *Azoverbindungen,* die als *Polymerisationskatalysasatoren* dienen, entstehen, wenn man Aminonitrile der Formel (R')(R")C(CN)NH_2, worin R' u. R" H oder Alkoxy-KW-stoffreste bedeuten, mit Alkali- oder Erdalkalihypohalogeniten behandelt. — *α.α'-Azodiisobutyronitril.* Man setzt Acetoncyanhydrin mit NH_3 zu *α-Aminoisobutyronitril* ($Kp._{15-19}$ 50—60°) um u. behandelt mit einer Lsg. von Cl_2 in NaOH, F. 105—107°. (**A. P. 2 711 405** vom 5/4. 1949, ausg. 21/6. 1955.) G. LANGER. 7171

Comp. Française des Matières Colorantes, Paris, Frankreich, *Färben von Kunstharzen.* Polyamide, -ester, -styrol, -äthylen, -vinylharze oder härtbare Kunstharze werden in Flocken-, Körner- oder Pulverform mit „*Perinon*"-Farbstoffen, also solchen, die die Gruppe I enthalten, deren beide freie Bindungen unmittelbar mit 2 C-Atomen verknüpft sind, vermischt u. auf 220—250° erwärmt. — Beispiele: 11.14- bzw. 12.13-Chlorphthalo-, 11.12.13.14-Tetrachlorphthalo-, 13.14-Bromnaphthalo-, 12.15-Dinitronaphthalo-, 12.15-Oxynaphthalo-, 12.15-Acetyloxynaphthalo-, 12.15-Acetylaminonaphthalo-, 12.13-Phthaloylphthaloperinon u. andere. Herst. von Formkörpern oder Fäden nach dem Schmelzspinnverfahren. (**E. P. 730 692** vom 28/4. 1953, ausg. 25/5. 1955.) G. SALZMANN. 7171

I

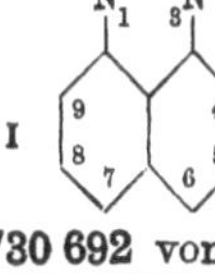

Usines de Melle, Deux-Sèvres, Frankreich (Erfinder: **Maurice Mention** und **Pierre Bourguignon**), *Entfärben und Wärmestabilität von Plastifiziermitteln* durch Hydrieren in Ggw. von Cu-Katalysatoren statt Ni-Katalysatoren. — Man behandelt neutrales 2-Äthylhexylphthalat 1 Std. bei 140° in Ggw. von Cu auf Kieselgur mit H_2 bei 24 kg/cm². (**F. P. 63 620** vom 18/12. 1952, ausg. 30/9. 1955. **Zusatz zu F. P. 1 055 454; C. 1955. 6407.**) M. PANKOW. 7171

Standard Oil Co., Chicago, übert. von: **Edmund Field,** Chicago, und **Morris Feller,** Park Forest, Ill., V. St. A., *Katalysatoren für die Polymerisation von niederen Olefinen,* z. B. *Äthylen,* bestehend aus Gemischen eines oder mehrerer Alkali- oder Erdalkalialuminiumhydride mit V_2O_5-, Ta_2O_5 oder Nb_2O_5 auf Al_2O_3 oder Silicagel im Verhältnis 0,005—2. An Stelle der Oxyde sind auch die z. B. durch Red. mit H_2 aus den Oxyden gewonnenen Metalle verwendbar. Als Hydride sind $LiAlH_4$ bzw. $NaAlH_4$ genannt. Nähere Angaben über Lösungsmittel, Temp. u. Druck. (**A. P. 2 727 024** vom 11/8. 1953, ausg. 13/12. 1955.) H. SCHINDLER. 7173

— (Erfinder: **Herbert Rein,** Wolfen), *Herstellung beständiger Lösungen von sauerstofffrei hergestellten Dichloräthylenpolymerisaten mit mindestens 75% Dichloräthylen in Tetrahydrofuran.* Den Lsgg. werden reduzierende oder die Einw. von O_2 unterbindende Stoffe zugesetzt, z. B. Hydrochinon, Sulfide, Sulfite, Sulfine, Butadiensulfon, Verbb. des zweiwertigen Pb, Mn oder Cr; ungeeignet sind Fe-Salze. (**D. P.** [**DDR**] **3 627** Kl. 29b vom 8/5. 1943, ausg. 16/3. 1953 [Ausschließungspatent].) M. PANKOW. 7173

Universal Oil Products Co., Chicago, übert. von: **Ralph B. Thompson,** Hinsdale, Ill., V. St. A., *Harzartige Produkte* erhält man unter Kondensationsbedingungen aus *Di-α.β-olefinketonen,* wie Pentadienon, in Ggw. eines alkal. Katalysators mit Methylengruppen enthaltenden ungesätt. Verbb., die Carboxyl-, Carbonyl-, Carboxyalkyl-, Cyan- oder Nitrogruppen am α-C-Atom besitzen. In den Mengenbeispielen sind genannt: Dibenzalaceton u. Nitromethan bzw. Diäthylmalonat, Phoron u. Acetophenon, als Katalysatoren KOH, Trimethylbenzylammoniumhydroxyd u. Piperidin. Die im Dampfbad erhaltenen pulverförmigen Prodd. werden bei 200—250° in klare, leicht gefärbte Harze übergeführt, die zu *plast. Massen* u. *Imprägniermitteln* verarbeitet werden. (**A. P. 2 726 228** vom 21/11. 1951, ausg. 6/12. 1955.) H. SCHINDLER. 7173

Lewis Berger & Sons Ltd., London, England, *Mischpolymerisate* von Vinylverbb. (I) mit nichtkonjugierten trocknenden oder halbtrocknenden Ölfettsäuren erhält man bei 325—550° F in Ggw. von 0,002—3,5 Gew.-%, bezogen auf die I, eines Metalle nicht reduzierenden Polymerisationsverzögerers u. von Spuren bis 5 Gew.-% eines Metalle nicht oxydierenden Polymerisationsbeschleunigers. Genannt sind Cumolhydroperoxyd, Di-tert.-butylperoxyd, Anthrachinon einerseits u. tert.-Dodecylmercaptan, p-tert.-Butylcatechol, tert.-Hexadecylmercaptan, n-Amyl- u. Octylmercaptan, Hydrochinon andererseits. — Mengenbeispiele, Tabellen. *Lackrohstoffe, Klebmittel.* (**E. P. 714 432** vom 13/8. 1951, ausg. 25/8. 1954. A. Prior. 18/8. 1950.) H. SCHINDLER. 7173

E. I. du Pont de Nemours & Co., Wilmington, übert. von: **Charles H. Hofrichter jr.**, Snyder, N. Y., V. St. A., *Polyvinylidenchloridfilme* für Verpackungszwecke. Bei der Herst. oder Anwendung als Schlußstrich auf mit Melaminharzen lackierten Cellulosehydratfolien fügt man den Lsgg., z. B. von Vinylidenchlorid–Acrylnitril-Mischpolymerisat, 0,2—1,0 (%) einer höheren Fettsäure (16—18 C-Atome) u. 0,05—2 $CaCO_3$ neben Carnaubawachs zu. Diese Folien gleiten besser auf den Verpackungsmaschinen u. können heiß verklebt werden. (**A. P. 2 711 996** vom 10/6. 1950, ausg. 28/6. 1955.) G. SALZMANN. 7173

VEB Elektrochemisches Kombinat Bitterfeld, Bitterfeld (Erfinder: **Georg Wick**, Bitterfeld, und **Rudolf Lotz**, Oderbruch b. Aschaffenburg), *Verarbeiten von Polyvinylchloridhartabfällen.* Man zerschlägt sie in erbsengroße Stücke, die zu Flocken zerwalzt u. dann mit einem 160° u. mehr heißen Weichmacher besprengt werden, worauf die M. nach kurzer Quellung zu Weicherzeugnissen verarbeitet werden kann. (**D. P. [DDR] 5 478** Kl. 39b vom 5/1. **1943**, ausg. 16/12. 1954 [Wirtschaftspatent].) M. PANKOW. 7173

E. I. du Pont de Nemours & Co., Wilmington, Del., übert. von: **Vaughn Arthur Engelhardt**, Claymont, und **Marvin Leroy Peterson**, Woodbury, N. J., V. St. A., *Beschleuniger für die Lichtpolymerisation von Acryl- und Vinylverbindungen*, bestehend aus Verbb. der Formel $[ROC(S)S]_xC(H)_y(R')_z$, worin R für Alkyl, x u. z für 1 oder 2, y für 0 bis 2 (x + y + z sind gleich 4) u. R' für einen Rest stehen, der an einem C mit doppelter Bindung hängt, z. B. Carbäthoxymethylen-bis-(äthylxanthat), Carbäthoxymethyl-n-propylxanthat, 2-Oxopropylen-bis-(methylxanthat), p-Xylol-bis-(methylxanthat), Benzyliden-bis-(äthylxanthat) u. dergleichen. (**A. P. 2 716 633** vom 22/7. 1954, ausg. 30/8. 1955.) G. SALZMANN. 7173

VEB Farbenfabrik Wolfen, Wolfen (Erfinder: **Fritz Povenz**, Bitterfeld), *Herstellung von Mischpolymerisaten.* Inhaltlich ident. mit D. B. P. 885 162; C. **1953.** 8217. (**D. P. [DDR] 3 935** Kl. 39c vom 23/10. 1943, ausg. 6/10. 1954 [Wirtschaftspatent].) M. PANKOW. 7173

Wingfoot Corp., Akron, O., V. St. A., *Elastomerer modifizierter Polyester.* Eine Mischung eines mit einem Isocyanat vernetzten Polyesters, hergestellt nach E. PP. 694 982; C. **1955.** 7566, 696 449; C. **1954.** 5187 u. 696 450; C. **1954.** 5187, 2—5 (%) Chlorparaffin u. 0,25—5 Poly-2-chlorbutadien-(1.3) bzw. weißem Faktis wird 15 Min. bei 138° gehärtet. (**E. P. 716 135** vom 18/12. 1951, ausg. 29/9. 1954. A. Prior. 18/1. 1951.) G. SALZMANN. 7177

Ruhrchemie Akt.-Ges. (Erfinder: **Josef Meis** und **Otto Roelen**, Oberhausen, **Karl Büchner, Hans Feichtinger** und **Hans Tummes**, Duisburg), *Herstellung von Estern und/oder Polyestern von Tricyclodecanen*, dad. gek., daß man Tricyclodecanmethylol oder -dimethylol mit einer Carbonsäure oder Tricyclodecanmono- oder -dicarbonsäure mit einem Alkohol in jeweils den für die Veresterung berechneten oder überschüssigen Mengen in Ggw. von Veresterungskatalysatoren bei erhöhten Tempp. bis zur Beendigung der Wasserabspaltung umsetzt, die zweckmäßig in Ggw. von Wasserschleppmitteln oder inerten Gasen erfolgt. — Aus 95,5%ig. Tricyclodecandimethylol, $D.^{50}$ 1,1111; $Kp._{1,5}$ 165°; n_D^{50} 1,5210; OHZ. 550, u. Eisessig (150% der berechneten Menge) in Ggw. von p-Toluolsulfonsäure u. Bzl. nach 12std. rückfließendem Erhitzen → *Tricyclodecandimethyloldiessigsäureester*, $D.^{20}$ 1,110; n_D^{20} 1,4879; Viscosität 3,02° ENGLER/30°; Viscositätspolhöhe (= VPH) 5,40; Mol.-Gew. 373; EZ. 394; $Kp._{1,5}$ 170—175°; Stockpunkt —24°. — *Tricyclodecandimethyloldibuttersäureester*, $Kp._{0,8}$ 185—197°; Stockpunkt —48°; $D.^{20}$ 1,053; n_D^{20} 1,4834; Viscosität 2,39° ENGLER/50°; VPH 1,95; Mol.-Gew. 325; EZ. 315. — *Tricyclodecandimethyloldistearinsäureester*, wachsartig; Stockpunkt +33°; Penetrometer-Z. 21; Flammpunkt 271°; EZ. 153; in jedem Verhältnis mit festem Paraffin mischbar. — Verzweigte Fettsäure mit 15 C-Atomen, Stockpunkt —29°, → *Ester*, $D.^{20}$ 0,943; Viscosität 5,58° ENGLER/50°; VPH 1,53; Stockpunkt —28°. — *Tricyclodecandimethyloltricyclodecandicarbonsäureester*, F. 108—121°, bei weiterem $^3/_4$std. Durchleiten von N_2 bei 280° u. anschließendem $^1/_2$std. Erhitzen bei $Kp._1$ 280° steigt F. auf 130°, Mol.-Gew. ca. 5000; festes, nicht sprödes Harz, EZ. 290; OHZ. 56. — *Tricyclodecandimethylolphthalsäureester*, EZ. 278; OHZ. 52; Mol.-Gew. 910; durch weiteres Erhitzen im Vakuum bei 300° → sprödes Harz, Mol.-Gew. ca. 1500; EZ. 301 (ca. 8 Estergruppen). — *Tricyclodecandimethyloladipinsäureester*, fadenziehendes *Harz*, Mol.-Gew. zwischen 3000—4000. — Tricyclodecandicarbonsäure (I), F. 160—187°, + Äthylenglykol bei 150° unter Einleiten von N_2 zuerst 20 Std., dann bei 200° 15 Std. → *bräunliche M.*, Erweichungstemp. ca. 70°, lösl. in Bzl., Chlf., Essigester u. Dioxan, nach dem Verdunsten des Lösungsm. entsteht ein glasklarer, harter Lack mit guter Haftfestigkeit. — **I** + Glycerin → *glashartes, gelbverfärbtes, blasiges Prod.*, unlösl. in organ. Lösungsmitteln, beim Erwärmen auf 180° entsteht gummiartige, unschmelzbare Masse. — **I**-*Dimethylester*, $Kp._{0,5}$ 143—146°. — **I**-*Diäthylester*, $Kp._{0,3}$ 153—155°. — **I**-*Dibutylester*, $Kp._{0,3}$ 186—189°; $D.^{20}$ 1,050; n_D^{20} 1,4800; EZ. 326; Flammpunkt 197°; Stockpunkt —50°; OHZ. 3; VPH 1,65; Viscosität 4,02° ENGLER/30° bzw. 2,21°/50°. — **I**-*Dihexylester*, $Kp._{0,1}$ 201 bis 203°. — *Weichmacher, Schmieröle*, Zwischenprodd. für *Lacke* u. *Kunststoffe*. (**D. B. P. 934 889** Kl. 12o vom 2/8. 1952, ausg. 10/11. 1955. Anmeldung bekanntgemacht 18/5. 1955.) G. KRAUSS. 7177

Ruhrchemie Akt.-Ges. (Erfinder: **Otto Roelen, Helmut Langwald** und **Josef Meis**, Oberhausen, und **Karl Büchner** Duisburg), *Tricyclodecen-(5.2.1.0*$^{2.6}$*)-ol-(8)*[**I** = *8-Oxytricyclodecen-*(4)], *dessen Ester und Polyester*. An 1 (Mol) Dicyclopentadien (**II**) wird in Ggw. von nur 0,5 höchstens 25%ig. H_2SO_4, gegebenenfalls in Ggw. von Katalysatoren W. angelagert, daß ca. $^1/_3$ des eingesetzten **II** unverändert bleibt u. die abgetrennte H_2SO_4 vor ihrer Wiederverwendung durch Zugabe von W. auf die Ausgangskonz. eingestellt wird. Als Katalysatoren dienen Verbb. der Metalle der 1., 5. u. 6. Gruppe des Period. Syst., bes. Ag u. dessen Verbindungen. — Aus 10,6 kg **II** unter starkem Rühren mit 16 kg 25%ig. H_2SO_4 nach 90 Min. bei ca. 103° → **I**, $Kp._{10}$ 116°; $D.^{20}$ 1,080; n_D^{20} 1,5261; Stockpunkt —20,5°; Flammpunkt 122°; Viscosität 33,2° ENGLER/30°; OHZ. 373; JZ. 169; Mol.-Gew. des **I**-Buttersäureesters 320. — Die Ester von **I** dienen als *Schmierölzusätze, Weichmacher* u. lassen sich in der *Riechstoffindustrie* verwenden. Durch Hydrierung aus **I** → Tricyclodecanol; durch Oxydation → Keton, das als Lösungsm. dient. — **I** wird in bekannter Weise durch katalyt. Anlagerung von CO u. H_2 in Ggw. von KW-stoffen als Lösungsm. in das 8-Oxytricyclodecanmethylal-4 übergeführt, dieses durch Oxydation mit O_2-haltigen Gasen oder, gegebenenfalls nach katalyt. Hydrierung zum 8-Oxytricyclodecanmethylol-(4), OHZ. 602; COZ. 2; JZ. 1, durch Alkalischmelze bei Tempp. bis höchstens 250° u. anschließende Zers. des Schmelzprod. in die *8-Oxytricyclodecancarbonsäure-(4)*, Neutralisations-Z. 265; VZ. 265; OHZ. 264, gibt oberhalb 60° W. ab, umgewandelt u. diese, gegebenenfalls nach einer Reinigung, durch Erhitzen mit sich selbst verestert, z. B. im Vakuum bei 300°. *Polyester*, F. 156—160°; VZ. 289; Mol.-Gew. 3000. — Die Ester dienen als *Lackharze* u. *Mischpolymerisationsmittel*; die Polyester sind als *hochschm. Harze* für Kunststoffe geeignet. (**D. B. PP. 937 289** Kl. 12o vom 15/1. 1953, ausg. 2/2. 1956. Anmeldung bekanntgemacht 14/7. 1955 u. **938 787** Kl. 12o vom 2/8. 1953, ausg. 9/2. 1956. Anmeldung bekanntgemacht 11/8. 1955.) G. KRAUSS. 7177

VEB Filmfabrik Agfa Wolfen, Wolfen (Erfinder: **Paul Schlack**, Berlin), *Herstellung von linearen Polyamidverbindungen mit Thioäthergruppen in der Kette*. Inhaltlich ident. mit D. B. P. 919 912; C. **1955**. **7567**. (**D. P. [DDR] 5 625** Kl. **39**c vom **14/11. 1944**, ausg. 6/11. 1954 [Wirtschaftspatent].) M. PANKOW. 7181

VEB Filmfabrik Agfa Wolfen, Wolfen, *Herstellung von Polyharnstoffen und Polythioharnstoffen*. Inhaltlich ident. mit D. B. P. 916 466; C. **1955**. 1392. (**D. P. [DDR] 5 362** Kl. 39c vom 6/5. 1943, ausg. 8/11. 1954 [Wirtschaftspatent].) M. PANKOW. 7181

VEB Film- und Chemiefaserwerk Agfa Wolfen, Wolfen, Krs. Bitterfeld (Erfinder: **Ernst Schmitz-Hillebrecht**, Bitterfeld, und **Max Hagedorn**, Dessau), *Verhinderung der Versprödung von linearen Hochpolymeren* mit Amidgruppen in der Kette bei Einw. von Hitze, Lichtstrahlen u. Witterungseinflüssen. Man setzt den linearen Hochpolymeren vor, bei oder nach der Verformung geringe Mengen von Br- u. Jodsalzen zu. Genannt seien z. B. LiBr, $ZnBr_2$, $SbBr_3$, PbJ_2, NH_4JO_3, K_2HgJ_4, $CuJ_2 \cdot 2\,NH_3 \cdot 4\,H_2O$, $MgBr_2 \cdot 3\,Mg(OH)_2 \cdot 9\,H_2O$ (= Hexolsalz), $K_3(SbBr_6)$, $2\,AsJ_3 \cdot 3\,NaJ$, die in Mengen von 0,1 bis 0,8% angewandt werden. (**D. P. [DDR] 5 350** Kl. 39c vom 23/5. 1943, ausg. 18/9. 1954 [Wirtschaftspatent].) M. PANKOW. 7181

XII. Kautschuk. Guttapercha. Balata.

G. M. Bartenew, *Frostbeständigkeit und Gasdurchlässigkeit von Kautschuken*. Die beobachtete Parallelität zwischen Frostbeständigkeit u. Gasdurchlässigkeit von Kautschuken verschied. Typs wird darauf zurückgeführt, daß mit Abnahme der Kräfte der intermol. Umsetzung beim Übergang von polaren zu nichtpolaren Kautschuken die Diffusionsgeschwindigkeit der Gasmoll. u. die Beweglichkeit der Ketten zunimmt. Die Forderungen guter Frostbeständigkeit u. niedriger Gasdurchlässigkeit sind also nicht zu vereinen, soweit es sich um reine Polymere handelt; jedoch kann Einführung eines gasadsorbierenden dispersen Füllstoffs oder geringer Mengen eines Weichmachers zu günstigen Werten beider Eigg. führen. (Химическая Промышленность [Chem. Ind.] **1955.** Nr. 6. 24—25. Sept. Wiss. Forschungsinst. für Gummiind.) R. K. MÜLLER. 7220

E. R. Beaufils, *Untersuchung der mineralischen Elemente in Latices, besonders von Kupfer und Kalium.* Die Änderungen der mineral. Elemente (bes. von Cu u. K) in Latices in Abhängigkeit vom Pflanzenmaterial u. im Laufe des Jahres sowie die Beziehungen zwischen diesen Änderungen u. denen der anderen Latexbestandteile wurden untersucht. Es wurde versucht, eine Gesetzmäßigkeit für die period. Änderungen im Elementgeh. der Latices zu finden. So wurde z. B. festgestellt, daß K sowie Cu (in % bezogen auf den Latex) im umgekehrten Verhältnis zum Kautschuktrockengeh. stehen. — Diskussionsbemerkungen. (Arch. Rubbercultuur **30.** 71—80. Okt. 1953. Inst. Recherch. sur le Caoutchouc en Indochine.) R. SCHÄFF. 7222

K. F. Heinisch, *Untersuchung des Schmutzgehaltes von Rohkautschuk.* Unters. der statist. Verteilung u. Folgerungen aus den Befunden. — Diskussionsbemerkungen. (Arch. Rubbercultuur **30.** 125—33. Okt. 1953. Indones. Rubber Res. Inst.) R. SCHÄFF. 7222

R. E. Dillon, E. B. Bradford und **R. D. Andrews jr.,** *Plastifizieren eines synthetischen Latex.* In synthet. Latex (I) dispergierte Weichmacher (II) bilden zunächst Tropfen. Bei fortschreitender Alterung diffundiert **II** durch die wss. Phase hindurch u. wird vom Polymeren (**III**) absorbiert. Wird **II** schnell absorbiert, so kommt es zu sofortiger Filmbildung. Wird **II** von **III** dagegen langsam absorbiert, so erfolgt die Filmbldg. erst nach beträchtlicher Zeit. Diese Zeit kann durch Zugabe kleiner Mengen Lösungsm. oder Quellmittel („Aktivatoren") abgekürzt werden, wodurch die Quellung von **III** u. deren Diffusionsgeschwindigkeit beschleunigt werden. Die Diffusion durch die wss. Phase ist vermutlich ein stetig verlaufender, Diffusion in **III** dagegen ein kurzzeitig verlaufender Prozeß. (Ind. Engng. Chem. **45.** 728—35. April 1953. Midland, Mich., Dow Chemical Co.) K. STEINER. 7224

Roland Linke, *Die Oppanolfolien.* Überblick über Eigg. u. Verwendungsmöglichkeiten der auf Basis *Oppanol B 200* (hochmol. Polyisobutylen) hergestellten Folien *Oppanol O, OL, ORG* u. *BA.* (Mitt. chem. Forsch.-Inst. Ind. Österreichs **5.** 66—70. Aug. 1951. Weinheim.) M. WINIKER. 7224

Shigeo Kase, *Theoretische Untersuchung der Zugfestigkeitsverteilung von vulkanisiertem Kautschuk.* Durch Anwendung der Theorie extremer Werte wird gezeigt, daß der Asymmetrie der experimentellen Häufigkeitsverteilungskurven der Zugfestigkeit von Naturkautschuk u. GR–S physikal. Bedeutung zukommt. Es handelt sich hier um sogenannte doppelt-exponentielle Verteilungen. (J. Polymer Sci. **11.** 425—31. Nov. 1953. Sumiyoshi, Osaka, Japan, Togawa Rubber Mfg.) R. SCHÄFF. 7230

Shigeo Kase, *Behandlung von Zugfestigkeitsdaten von Kautschuk.* 2. Mitt. *Eine Methode zur Berechnung.* (1. vgl. Rubber Wld. **131.** [1955.] 504; vgl. auch vorst. Ref.) Vf. gibt eine bes. für die Praxis brauchbare Näherungsmeth. zur rechner. Ermittlung der Zugfestigkeitsdaten von Kautschuk auf Grund früher beschriebener Frequenzverteilungen der Zugfestigkeiten an. Die Vorteile dieser Meth. gegenüber den graph. Methoden werden erörtert. (J. Polymer Sci. **14.** 497—501. Nov. 1954.) R. SCHÄFF. 7248

Shigeo Kase, *Behandlung von Zugfestigkeitsdaten von Kautschuk.* 3. Mitt. *Ausgleichung nach der Methode der kleinsten Quadrate.* (2. vgl. vorst. Ref.) Eine neue Meth. zur Auswertung der Zugfestigkeitsdaten von Kautschuk auf der Grundlage der Meth. kleinster Quadrate wird angegeben. Dieses Verf. eignet sich besser für die Anforderungen der Praxis als die bisher üblichen Methoden, wenn aus einer begrenzten Zahl von Meßdaten möglichst genaue Ergebnisse erhalten werden sollen. (J. Polymer Sci. **14.** 579—82. Dez. 1954.) R. SCHÄFF. 7248

Paul Gunther, *Kritik der Arbeit von Kase „Behandlung von Zugfestigkeitsdaten von Kautschuk. 2. Mitt. Eine Methode zur Berechnung."* (Vgl. vorvorst. Ref.) Krit. Betrachtung zu den von KASE vorgeschlagenen Methoden u. zur Gültigkeit der von ihm gemachten Annahmen. Replik von KASE u. Duplik des Verfassers. (J. Polymer Sci. **18.** 312—15. Okt. 1955. Schenectady, N. Y., General Electric Co., Statist. Meth. Sect.) R. SCHÄFF. 7248

Jean-Pierre Monod et Marcel Chatton, Le Caoutchouc. Cannes: L'Imprimerie à l'école. (24 S. m. Abb.) 8°.

XIII. Ätherische Öle. Parfümerie. Kosmetik.

H. H. G. McKern, M. C. Spies und **J. L. Willis,** *Kritische Untersuchungen von Abweichungen in Ausbeute und Zusammensetzung ätherischer Öle innerhalb und zwischen einzelnen Bäumen der Eucalyptusarten.* In Probenahme, Lagerung, Feuchtigkeitsgeh., Wasserdampfdest. u. Ölunters. einheitlich durchgeführte Verss. sollten klären, ob die vom Lebensalter der Bäume abhängigen morpholog. Zustände oder das physiol. Alter der Belaubung Einfl. auf Ölausbeute u. deren Geh. an Carbonylverbb. haben. Bei *Eucalyptus dives Schau* hatten die stiellosen Blätter von jungem Laub ausgewachsener Bäume höheren Öl- u. Wassergeh., aber weniger Ketone als reife, während die reifen Blätter von jugendlichen u. ausgewachsenen Bäumen sich nicht unterschieden. Zwischen einzelnen Bäumen von *E. australiana* wurden nur geringe Unterschiede in der Ausbeute festgestellt bei fast gleichem prozentualen Cineolgeh., während bei *E. macarthuri* die Ausbeute von 0,7–1,5 Vol-% u. der als Geranylacetat berechnete Estergeh. zwischen 40,0 u. 59,6% schwankte, ohne daß zwischen beiden ein bestimmtes Verhältnis bestand. Bei der Zuchtwahl für E.-Pflanzungen müssen diese Ergebnisse berücksichtigt werden. Nach der gleichen Meth. durchgeführte Verss. ergaben keinen Einfl. von Umgebung u. Jahreszeit; in dieser Hinsicht anderweitig gefundene abweichende Werte dürften auf den Einfl. von Lebensalter der Bäume u. Reife der Belaubung zurückgehen. (Museum appl. Arts Sci. [Sydney] **3.** 7–14. 1953.) H. MÜHLMEISTER. 7262

Je. D. Demidowa und **A. A. Lessjujiss,** *Zur Frage der Niederschlagsbildung in Kölnisch Wasser und Parfümen.* Durch Analyse wurde festgestellt, daß für Ndd. in Kölnisch Wasser (I) u. Bestandteile von I enthaltenden Parfüms kleine Mengen von organ. P-haltigen Stoffen verantwortlich sind, die sich durch Tiefkühlung u. anschließende Filtration entfernen lassen. (Маслобойно-Жировая Промышленность [Öl- u. Fett-Ind.] **21.** Nr. 8. 23–24. 1955. Charkow, Parfumerie u. kosmet. Fabrik; Ukrain. Hauptverwaltung für Pflanzenfette u. Öle.) J. BÖSS. 7276

G. A. Nowak, *Über die Hautverträglichkeit kosmetischer Grundstoffe.* Die durch Parfümöle, medikamentöse Zusätze u. mit ihnen zusammenhängende stärkere Alkalisierung u. Ansäuerung, ungeeignete Grundstoffe, Konservierungsmittel u. durch Licht, O_2 u. Metallkatalysatoren entstehende Reaktionsprodd. bewirkten Hautreize u. -schäden werden besprochen. Ihre Auswirkung kann im allg. nach dem *Acanthese-Test* beurteilt werden, der als Maßstab den Grad der Epidermisverbreiterung in μ angibt (2 Tabellen). Dabei können einzelne Rohstoffe eine Hautirritation verursachen, während sie innerhalb eines Fertigprod. völlig harmlos sind. Es kommt auf den Ausgleich der Eigg. der einzelnen Bestandteile eines Präp. durch richtige Dosierung an. (Parfümerie u. Kosmet. **36.** 436. 438–40. Sept. 1955.) H. MÜHLMEISTER. 7284

Günther Lindemann, *Heilkräuter in der Kosmetik.* Die Droge als Ganzes ist häufig der isolierten Substanz überlegen. Kamillenblüten von *Matricaria chamomilla L.*, ihr Vork., Gewinnung, Eigg. u. Wrkg. in kosmet. Präpp. werden mit 3 Rezepten besprochen. (Riechstoffe u. Aromen **5.** 277–79. Sept. 1955.) H. MÜHLMEISTER. 7284

W. Lewis Nobles, *Carbopol 934 in Kosmeticis und Pharmazeuticis. Carbopol 934*, ein saures, polymeres Syntheticum, bildet, in W. dispergiert, unter langsamem Rühren mit Na_2CO_3, NaOH, Triäthanolamin oder anderen Basen ein haltbares klares Gel. Es ist ungiftig u. unschädlich für die Haut u. stellt eine geeignete Grundlage für kosmet. u. pharmazeut. Präpp. dar. 7 Rezepte u. ihre Zubereitung werden besprochen, wasserlösl. Zusätze können dabei der Dispersion vor der Neutralisation u. Gelbldg. einverleibt werden. (Drug Cosmet. Ind. **77.** 178–79. 280–81. Aug. 1955.) H. MÜHLMEISTER. 7284

Hans Walter Schmidt, *Vorbeugung gegen Berufsschäden bei der Herstellung der Kaltwelle.* Die durch NH_4-Thioglykolat bewirkte Entfettung u. Quellung der Haut der mit der Kaltwelle beschäftigten Personen wird vermieden u. das Arbeiten damit ungefährlich, wenn ein brauchbares Prophylaktikum sachgemäß angewendet wird. Dazu eignen sich fettreiche Salben mit koll. verteiltem labilem Milcheiweiß. (Seifen-Oele-Fette-Wachse **80.** 674. 8/12. 1954.) H. MÜHLMEISTER. 7284

S. H. Newburger, *Die Bestimmung von 2-Nitro-1.4-diaminobenzol in Haarfärbemitteln.* Nach Extraktion der Fettsäuren u. des Resorcins aus einer sauren Lsg. des Haarfärbemittels wird die Lsg. stark alkal. gemacht u. das 2-Nitro-1.4-diaminobenzol (I) mit Ae. extrahiert. Von der stark alkal. Lsg. werden Zersetzungsprodd. anderer Aminoverbb. zurückgehalten. Das I wird aus dem Ae. mit verd. Säure reextrahiert u. sowohl in der sauren als auch in der alkal. Lsg. spektrophotometr. bestimmt. — Die Wiedergewinnung von I beträgt aus beiden Lsgg. mindestens 95%; es können I-Konzz. von bis zu 0,01% bestimmt werden. (J. Assoc. off. agric. Chemists **37.** 519–21. 15/5. 1954. Washington, D. C., Dep. of Health, Educat. and Welfare, Div. of Cosmetics, Food and Drug Adm.) F. RANG. 7294

XIV. Zucker. Kohlenhydrate. Stärke.

H. Kuipers, *Eine auf die Faktoren Bodenstruktur und Stickstoffdüngung gerichtete Gebietsuntersuchung.* Der Einfl. der Bodenstruktur auf den Ertrag an Zuckerrüben wird auf 50 Versuchsfeldern untersucht. Die Ergebnisse werden in Zahlentafeln wiedergegeben.

Es zeigt sich, daß der Einfl. der Bodenstruktur auf den Ertrag bei hohen u. niedrigen N-Gaben gleich ist. Bei niedrigen N-Gaben gehen schlechte Strukturen mit Unzulänglichkeiten des N-Haushaltes einher, die durch Erhöhung der N-Gaben ausgeglichen werden können. Deshalb ist wahrscheinlich mehr N nötig, um bei schlechten Bodenstrukturen optimale Erträge zu erhalten als bei besseren Strukturen. (Versl. landbouwkund. Onderz. **1955.** Nr. 61. 9. 1–79. Groningen, Landbouwproefstat. en Bodemkundig Inst., T. N. O.) W. WESLY. 7406

K. Scharrer und **J. Jung,** *Der Einfluß der Ernährung auf die Bildung und Bindung der Oxalsäure im Rübenblatt.* Die im Rübenblatt reichlich vorhandene Oxalsäure (I) beeinträchtigt infolge ihrer rachitogenen Wrkg. den ernährungsphysiol. Wert dieses Futtermittels. Dem Zusammenhang zwischen N-Ernährung u. I-Produktion wurde nachgegangen. Eine nennenswerte Beeinflussung der I-Produktion durch die jeweils dargebotene N-Form (NO_3-N oder NH_3-N) konnte bei Zucker- u. Futterrüben nicht festgestellt werden. Unterschiede in der Höhe des I-Geh. waren jedoch zwischen den mit synthet. Natronsalpeter (II) u. Chilesalpeter (III) gedüngten Pflanzen vorhanden. Ein wesentlicher Einfl. wird seitens der verschied. Düngemittel auf das Verhältnis von Ca zu I u. somit auf den Anteil physiol. wirksamer u. unwirksamer I-Verbb. im Rübenblatt ausgeübt. Im extremen Unterschied zu Kalksalpeter, Ammonsulfat (Leuna-) Salpeter u. Ammonnitrat begünstigen II u. III die Entstehung lösl. u. damit physiol wirksamer I. Die Ergebnisse der Unters. über Beziehungen zwischen I-Geh. u. Sorte beim Zuckerrübenblatt lassen erkennen, daß die im Blatt vorhandene I-Menge u. deren physiol. wirksamer Anteil in Abhängigkeit zur Sorte großen Schwankungen unterliegt. – 15 Literaturangaben. (Z. Pflanzenernähr., Düng., Bodenkunde **62** (**107**). 63–81. 1953. Gießen, Justus-Liebig-Hochsch. [Univ.], Agrikulturchem. Inst.) F. RANG. 7406

St. Böttger, *Betrachtungen zur getrennten Einführung der Auslaugeflüssigkeiten bei der Wasserrücknahmearbeit.* Die bei der Rübenzuckerfabrikation möglichen Arbeitsweisen mit getrennter Rücknahme der Diffusionswässer werden hinsichtlich ihrer betrieblichen Vorteile u. Schwierigkeiten diskutiert. (Z. Zuckerind. **3** (**78**). 492–94. 20/12. 1953.) M. WINIKER. 7412

Bronisław Nowakowski, *Kalk und Saturationsgas als Mittel für die Reinigung des Rübensaftes.* Der Reinigungsvorgang der Defäkation ist abhängig von der Absorptionsfähigkeit des CaO u. somit auch vom Brennvorgang des Kalksteins. Bei der Saturation wird auf Grund theoret. Überlegungen Rühren u. Erwärmen auf 85^0 empfohlen. (Gaz. Cukrownicza **57.** Nr. 12. 230–33. Dez. 1955.) F. URBAN. 7412

E. Kinder, *Praktische Erfahrungen der p_H-Wert-Regelung in Vorscheidung und Saturation.* An Beispielen aus der Praxis zeigt Vf. die Bedeutung einer Regelung des p_H-Wertes im Verlauf der Vorscheidung u. Saturation (vgl. C. **1954.** 10610). (Z. Zuckerind. **4** (**79**). 187–90. Mai 1954. Frankfurt/M.) M. WINIKER. 7412

Adriaan de Lange, *Schwachsaure Kationenaustauscher verbessern die Bonbonprobe der Stärkesirupe.* Anwendung des schwach sauren Kationenaustauschers „*Imac C 19*" (I) an Stelle von „Dusarit"-„Asmit" ergab im Falle von Maissirupen wesentliche Vorteile. Die Adsorptionskraft von I bleibt im Verlaufe von 1 Jahr konstant, der Harzverlust bleibt unter 4% pro Jahr. Die Bonbonprobe erscheint wesentlich verbessert. Die Erniedrigung des N-Geh. unter 6–8 mg% auf 3–4 mg% erwies sich vorläufig jedoch noch nicht als möglich. (Stärke **7.** 94–96. 1955. Koog aan de Zaan, Holland.) M. ULMANN. 7446

W. Hönsch, *Kontinuierliche Weizenstärkeherstellung.* Vortrag über Bestrebungen, bes. der austral. Weizenstärkeindustrie, die einzelnen Arbeitsgänge kontinuierlich zu gestalten. Das Trennschleuderverf. unter Verwendung von 2 Düsentrennschleudern dürfte die bestgereinigte Stärke liefern. (Stärke **7.** 107–12. 1955. Sydney, Australien, A. R. A. C. I.) M. ULMANN. 7448

A. Carruthers und **A. E. Wootton,** *Eine colorimetrische Methode zur Bestimmung von Invertzucker in Gegenwart von Saccharose mit Hilfe von 2.3.5-Triphenyltetrazoliumchlorid.* Invertzucker wurde in Ggw. von Saccharose mit *2.3.5-Triphenyltetrazoliumchlorid,* das in alkal. Lsg. mit reduzierenden Zuckern einen in Isopropanol lösl. roten Nd. gibt, colorimetr. bestimmt. (Int. Sugar J. **57.** 193–94. Juli 1955. Bramcote, Nottingham, Brit. Sugar Corp. Ltd., Res. Labor.) R. RUTKOWSKI. 7474

XV. Gärungsindustrie.

J. White und **D. J. Munns,** *Betrachtungen über Osmoseempfindlichkeit bei Hefen. 1. Mitt. Bedeutung und Messung der Osmoseempfindlichkeit.* Die Bldg. von gasförmigen Gärungsprodd. durch Hefe in Zuckerlsgg. variiert sehr u. ist nicht charakteristisch. Bes. hängt ihre Bldg. vom osmot. Druck des Substrats ab u. fällt mit dessen Erhöhung.

Großen Einfl. auf solche Osmose-empfindlichen Hefestämme haben Mehl (hemmt die Gärung) u. höhere Salz- u. Zuckerkonzentrationen. (J. Inst. Brewing **61** ([N. S.] **52**). 217—23. Mai/Juni 1955.) J. MILLER. 7506

J. White und **D. J. Munns**, *Betrachtungen über Osmoseempfindlichkeit bei Hefen. 2. Mitt. Ursache der Osmoseempfindlichkeit.* (1. vgl. vorst. Ref.) Hefekulturen, in denen das Wachstum die Gärung überwiegt, zeigen Osmoseempfindlichkeit. Temperaturänderungen u. Belüftung bewirken, daß die Empfindlichkeit mit der Wachstumsgeschwindigkeit u. mit dem Alter ansteigt, jedoch bei verschied. Lagertempp. schwankt, ein Maximum durchläuft u. am Ende der Gärungsperiode konstant wird. (J. Inst. Brewing **61** ([N. S.] **52**) 223—29. Mai/Juni 1955.) J. MILLER. 7506

P. D. Globin und **G. A. Ronssal**, *Der Einfluß von Natriumhumat auf die Vermehrung der Hefe und die Spritausbeute.* Die Zugabe von 0,001% eines aus Torf gewonnenen *Na-Humates* (I) zu Kulturen von *Saccharomyces cerevisiae* auf HENNEBERG-Nährboden erhöht die A.-Ausbeute u. beschleunigt die Hefevermehrung. Die Zunahme der Hefezahl durch **I** beträgt nach 24 Std. 29%, nach 48 Std. 87,6—94,0%, nach 72 Std. 31,7—58,8%. Die A.-Ausbeute wird durch **I** in 72 Std. um 19,0—26,6% erhöht. (Мікробіологічний Журнал (Киев) [Mikrobiol. J. (Kiew)] **17.** Nr. 4. 36—40. 1955. Cherson, Landw. Zjurupa-Inst., Lehrstuhl für Pflanzenphysiol. u. Mikrobiol.) O. LEBTAG. 7536

Georg Haeseler, *Verwendung von Kornfeindestillat zu verschiedenen Spirituosenerzeugnissen.* Ident. mit der C. **1956.** 4867 referierten Arbeit. (Riechstoffe u. Aromen **5.** 320—21. Okt. 1955.) G. TREWENDT. 7536

J. Ambrosius, *Malzuntersuchungen im 4. Quartal 1952.* Analysendaten von 172 Malzen. (Brauerei, wiss. Beilage **6.** 17—18. Febr. 1953. Berlin, Vers.- u. Lehranst. für Brauerei, Analyt. Labor.) H. G. SCHULTZE-BERNDT. 7540

Shiro Kudo und **Masayo Kugima**, *Über die Bruchbildung der Brauereihefe. 4. Mitt. Über die Identifizierung des den „Bruch" verursachenden Stoffs, „Bärmigen", und das Hefebruchphänomen durch verwandte Verbindungen.* (3. vgl. C. **1955.** 1632.) Das aus Lsgg. von HCl-Hydrolysaten von Malzkleie isolierte „*Bärmigen*" (I) (vgl. 2. Mitt.) zeigt bzgl. Bildungsbedingungen, Aussehen, Löslichkeiten, Oxydationszuständen u. -prodd., Gleichwertgewicht, Elementaranalyse u. p_H der Lsg. weitgehende Übereinstimmung mit einigen der *Huminsäuren*, wie „Würzhuminsäure". In Essigsäurepuffer von p_H 4,4 wird 1,5%ig. Brauereihefesuspension von 0,24 γ **I**/cm^3 in 5 Min. geflockt, 1,68 (γ/cm^3) Huminsäure aus Würze in 20 (Min.), 0,82 Standard-Melanoidin in 10, 1,95 Karamel in 20, 2,52 Hymatomelansäure in 10. Ähnlich bei Huminsäure aus Pyrogallol. — 3 Tabellen (in deutsch); 23 Literaturangaben. (J. agric. chem. Soc. Japan, Trans. **27.** 809—13. Nov. 1953. Kirin, Inst. für Brauerei. [Orig.: japan.; Auszug: dtsch.]) L. SCHULER. 7544

Iwao Kawashiro, Fumi Fukuzawa und **Mutsue Sasaki**, *Nachweis von Dulcin in Weinen.* Das bisherige offizielle Verf. (vom japan. Wohlfahrtsministerium veröffentlicht) wurde geprüft u. in Einzelheiten abgeändert, wobei die Farb-Rk. mit *Salicylaldehyd* neu eingeführt wurde. (Bull. nat. hyg. Lab. Tokyo **70.** 37—39. Juni 1952. [Orig.: japan.]) L. SCHULER. 7554

A. L. Maltschenko, *Kontinuierliche Vorbereitung und Kochen der Maischen in Aceton–Butylalkohol-Fabriken.* Die Verff. von 3 sowjet. Fabriken, bei denen dem kontinuierlichen Kochen der Maische ihre kontinuierliche Vorbereitung in 2 Bottichen mit 45—50 u. 85—90° oder ein period. Prozeß von 30 (60) Min. Dauer bei 85° (90°) vorausgeht, werden eingehend besprochen u. ihre Ergebnisse erörtert. Der Stärkeverbrauch auf 1 t erzeugtes Lösungsmittelgemisch beträgt bei den 3 Verff. 2586—2658 kg. Mikroaufnahmen der bei verschied. Drucken (2, 3, 5 at) verschied. lang gekochten Maischen lassen in allen Fällen einen ziemlich gleichen Zustand u. Verteilungsgrad der Stärketeilchen erkennen. Es ergibt sich die Möglichkeit weiterer Verkürzung der Koch- u. Sterilisationsdauer: Mischer (55°) 1 Min., Dextrinisator (85—95°) 10, Gärbehälter (147 bis 150°) 5—10, Dampfschneider (107—115°) 1 Minute. (Спиртовая Промышленность [Spirituosen-Ind.] **21.** Nr. 4. 4—10. 1955.) R. K. MÜLLER. 7578

XVI. Nahrungs-, Genuß- und Futtermittel.

R. G. Eeckhaut, *Die Frage der antiseptischen Stoffe in der Nahrungsmittelindustrie.* Übersicht über Art, Gewinnung, physikal. u. chem. Eigg. der in der Nahrungsmittelindustrie verwendeten antisept. Stoffe (H_3BO_3, Fluoride, Sulfite, Formaldehyd, Salicylsäure, p-Oxybenzoesäure u. ihre Ester, Monobromessigsäure, quaternäre NH_4-Verbb.) u. ihre antisept. Wirkung. Die meisten dieser Stoffe haben einen nachteiligen Einfl. auf das Leben der Mikroorganismen. Die Gründe, die zum Verbot ihrer Anwendung

geführt haben, werden auseinandergesetzt. (Fermentatio [Gand] **1955.** 265—78. 1955. Gent, Inst. Supér. des Fermentat., Labor. de Chim. et de Bactériol.)
W. WESLY. 7634

J. W. Pedersen und **B. E. Baker,** *Untersuchungen über Proteinhydrolyse. 2. Mitt. Die Verwendung von schwefliger Säure zur Verhinderung der Huminbildung und des Tryptophanverlustes während saurer Hydrolyse.* (1. vgl. MURRAY, C. **1954.** 905.) Vff. untersuchten zunächst die Autoxydation von SO_2 unter Bedingungen der Proteinhydrolyse, wobei sich zeigte, daß die an der Bldg. von S, H_2SO_4 u. Thionsäuren gemessene SO_2-Oxydation mit der Reaktionstemp. ansteigt u. durch Ggw. von HCl u. H_2SO_4 vermindert wird. Hydrolyseverss. mit Mischungen aus 5 g Casein, 23 g fl. SO_2 u. 50 g Eis im verschlossenen Glasrohr bei 100° ergaben, daß bei 36std. Reaktionszeit eine Hydrolyse von nur 36% gegenüber HCl-Hydrolyse erreicht wird. *Tryptophan* (I) bleibt fast vollständig erhalten, eine Huminbldg. tritt nicht auf. Ähnliche Ergebnisse wurden mit Fibrin, Lactalbumin u. Ovalbumin erhalten. Werden an Stelle von Eis gleiche Mengen n-H_2SO_4 oder n-HCl verwendet, so wird eine wesentlich weitergehende Hydrolyse erzielt. Wenn sie nicht 70% überschreitet, so bleiben die I-Verluste unter 10%, u. die Verfärbung ist nur gering. Weitergehende Verss. ergaben, daß Zusätze von 10 g SO_2 zu 100 ml n-H_2SO_4 oder 15 g SO_2 zu 100 ml n-HCl ausreichen, um die I-Zerstörung hintanzuhalten. Mit SO_2 erhaltene Hydrolysate erwiesen sich in Fütterungsverss. als wachstumsfördernd u. nicht toxisch. (J. Sci. Food Agric. **5.** 549—56. Nov. 1954.) F. KRUSEN. 7646

J. G. Woodroof, W. E. DuPree und **S. R. Cecil,** *Dosenkonservierung von Süßkartoffeln.* Beschreibung der Dosenkonservierung von Süßkartoffeln; Ursachen der Qualitätsbeeinflussungen, Maßnahmen, diese zu vermeiden, u. die Eignung einer Reihe von Varietäten zur Dosenkonservierung werden angegeben. (Food Engng. **26.** Nr. 10. 65—68. Okt. 1954. Experiment, Ga., Georgia Exp. Stat.) F. KRUSEN. 7678

Frances O. van Duyne, Royene F. Owen, Jean C. Wolfe und **Virginia R. Charles,** *Der Einfluß des Kochens auf das Gemüse in fest verschlossenen und Drucktöpfen. Retention reduzierter Ascorbinsäure und Schmackhaftigkeit.* Nach den beiden Kochmethoden wurden in den Jahren 1948/49 bei 10 verschied. gar gekochten Gemüsen die Änderung des *Ascorbinsäure* (I)-Geh. im Vgl. zum Rohgemüse ermittelt. Der %-Geh. von I betrug roh u. gekocht bei Spargel 92/83; Brokkoli 91/79; Rosenkohl 88/73; Kohl 72/66; Blumenkohl 90/76; Lima-Bohnen 86/65; Erbsen 92/74; Brechbohnen 90/73; Sojabohnen 94/81; Spinat 70/30. Bei einigen Gemüsen wurden in den beiden Jahren etwas abweichende Zahlen gefunden. Bei Rosenkohl, Blumenkohl u. Spinat ergibt der fest zugedeckte Topf höheren I-Geh. als der Drucktopf, prakt. dasselbe Ergebnis bei Spargel, Brokkoli u. Kohl. Bei Erbsen, Lima- u. Sojabohnen ist der I-Geh. nach Druckkochung größer. Geschmacksteste bzgl. der beiden Kochmethoden ergaben im allg. keine wesentlichen Unterschiede. Verlängerung der Kochzeit im Drucktopf um 0,5—1,5 Min. änderte den I-Geh. nicht mehr. (J. Amer. dietet. Assoc. **27.** 1059—65. Dez. 1951. Urbana, Ill., Univ., Dep. of Home Economics.) H. DOSSMANN. 7690

E. G. B. Gooding, *Probleme der Kohltrocknung.* Allg. Ausführungen. (Food Manufact. **30.** 311—16. 1/8. 1955. Aberdeen, Minist. of Food Res. Establ.)
F. KRUSEN. 7690

P. Jacquin und **J. Tavernier,** *Über den Gehalt der Fruchtsäfte an Methanol.* Methanol ist in den Fruchtsäften das Erzeugnis der Pektinmethylesterase aus Pektinsäuren u. schon in der baumreifen Frucht feststellbar. Der Methanolgeh. handelsüblicher französ. u. amerikan. Fruchtsäfte wird nach DENIGÈS bestimmt. Er liegt zwischen 17 u. 680 mg/Liter, der der Dicksäfte relativ niedriger. Trotz der Schädlichkeit des Methanols werden die Fruchtsäfte als gesundheitlich wertvoll bezeichnet. — 1 Tabelle u. 8 Literaturhinweise. (Alimentat. et la Vie **43.** 214—17. 1955. Rennes, Stat. de Rech. Pomologiques et Cidrocoles.) H. GUDE. 7706

Nguyen-An-Cu und **André Vialard-Goudou,** *Über die Natur der flüchtigen Säure der vietnamesischen Salzlake „Nuoc-mam".* Die flüchtige Säure von *Nuoc-mam,* einem nationalen Gewürz auf Fischbasis, entspricht dem Typus: Essigsäure (I)–n-Buttersäure (II). Die besten Sorten haben ein Verhältnis I : II = 1 : 20, die weniger guten Sorten ein solches von 1 : 1. (C. R. hebd. Séances Acad. Sci. **236.** 2128—30. 27/5. 1953.)
R. RUTKOWSKI. 7714

N. R. Jones, *Verfärbung der Muskelpräparate vom jungen Kabeljau (Gadus callarius) durch Abbaustoffe des 1-Methylhistidins.* Neben der MAILLARD-Rk. führt eine 2. nicht-enzymat. Rk. von Verbb. vom Imidazoltyp zur Bräunung des Kabeljaufleisches. Dies folgt daraus, daß durch Dialyse mit dest. W. von Extraktivstoffen befreites u. aufgeschwemmtes Kabeljaufleisch, das 100 g feuchtem Muskel entspricht, mit 50 mg dl-1-Methylhistidin beim Trocknen über P_2O_5 bei 15° im Tageslicht — nicht bei Dunkelheit — oberflächlich gelbbraun wird. (Nature [London] **177.** 748—49. 21/4. 1956. Aberdeen, Torry Res. Stat.) H. GUDE. 7752

V. A. Oyenuga, *Zusammensetzung und Nährwert einiger Futterstoffe in Nigeria.* 2. Mitt. *Kraftfutterstoffe.* (1. vgl. C. **1956.** 3446.) Die Ergebnisse der Analyse an 38 für Nigeria typ. Kraftfutterstoffen (Leguminosen, Ölsaaten, Ölkuchen, Cerealien) sowie die sich daraus errechnenden Futterwerte wurden mitgeteilt. Es wird gezeigt, daß Mais, Sorghum u. unbearbeiteter Reis bessere Nährstoffquellen als Pennisetum typhoideum darstellen u. daß Digitaria exilis anderen Cerealien wesentlich unterlegen ist. Von den Eiweißfutterstoffen sind die Samen von Citrullus vulgaris, Parkia filicoidea u. Voanzeia subterranea bes. wertvoll. Allg. gesehen weisen bei Berücksichtigung adäquater Zucht u. Selektion der Samen die in Nigeria gewachsenen Kraftfutterstoffe die gleiche Zus. im Hinblick auf Protein, Fett u. Kohlenhydrate, Mineralstoffe u. die gesamten verdaulichen Nährstoffe auf, wie die an anderen Orten gewachsenen. (Empire J. exp. Agric. **23.** 171—87. Juli/Okt. 1955. Ibadan, Univ., Div. of Animal Nutrit., Fac. of Agric.) E. SCHWERDTFEGER. 7786

E. M. Bickoff, A. L. Livingston, Jack Guggolz und **C. Ray Thompson,** *Chinolinderivate als Antioxydantien für Carotin.* Da *6-Äthoxy-2.2.4-trimethyl-1.2-dihydrochinolin* eine Schutzwrkg. auf das *Carotin* (I) in Luzerne-(Alfalfa)-Mehl ausübt, prüften Vff. weitere Verbb. auf ihre Wirkeamk it. 1,2 mg I (gereinigt, krist.) in 1,0 ml Paraffinöl wurden mit den zu testenden Verbb. im Verhältnis 1 Mol Antioxydans: 2 Mol I versetzt u. in dünner Schicht bei 75° aufbewahrt. Als Maßstab für die Wirksamkeit galt die Zeit (in Std.), nach der ein 20%ig. Verlust an I eingetreten war (A). Die Verbb. wurden weiterhin als Lsg. in *Äthylenglykolmonoäthyläther* (0,125% auf Trockenmehlbasis) Luzernemehl beigemischt. Der verbleibende I-Geh. (in % des Ausgangswertes) nach einer 2wöchigen Aufbewahrung bei 65° (B) u. einer solchen von 18 Monaten bei 25° (C) wurde ermittelt. Kontrolle: (A) 1 Std., (B) 22%, (C) 13%; *Chinolin*: 1, 24, —; *8-Aminochinolin*: 1, 20, —; *4.8-Dimethyl-2-oxychinolin*: 1, 22, 15; *8-Oxychinolin*:, 1, 22, 8; *5.7-Dichlor-8-oxychinolin*: 1, 4, 2; *Isochinolin*: 1, 24, —; *6-Methoxychinolin*: 1, 27, 16; *6-Phenylchinolin*: 1, 27, 14; *6-Äthoxy-2.4-dimethylchinolin*: 1, 27, 15; *2.6-Dimethylchinolin*: 1, 28, 16; *2-Oxy-4-methylchinolin*: 1, 28, —; *3-Aminochinolin*: 1, 28, —; *Dekahydrochinolin*: 2, 28, 16; *6-Phenyl-2.3-diisobutyl-2-methyl-1.2-dihydrochinolin*: 3, 30, 23; *5.8-Dimethoxy-2.2.4-trimethyl-1.2-dihydrochinolin*: 5, 48, 29; *8-Äthyl-2.2.4-trimethyl-1.2-dihydrochinolin*: 8, 42, 41; *8.2.2.4-Tetramethyl-1.2-dihydrochinolin*, 9, 53, 41; *7-Chlor-2.2.4-trimethyl-1.2-dihydrochinolin*: 10, 50, —; *8-Methoxy-2.2.4-trimethyl-1.2-dihydrochinolin*: 10, 40, 37; *6.7.8-Trimethoxy-2.2.4-trimethyl-1.2-dihydrochinolin*: 11, 43, 44; *6-Äthoxy-2-äthyl-2.3.4-trimethyl-1.2-dihydrochinolin*:, 11, 41, 33; *6-Butyl-2.2.4-trimethyl-1.2-dihydrochinolin*: 12, 30, 23; *2.2.4-Trimethyl-1.2-dihydrochinolin*: 16, 43, 47; *6-(2-Benzothiazolyl)-2.2.4-trimethyl-1.2-dihydrochinolin*: 17, 32, 25; *1.2.3.4-Tetrahydrochinolin*: 18, 39, 41; *6-Äthoxy-2.4-diäthyl-2-methyl-1.2-dihydrochinolin*: 23, 53, 53; *8-Äthoxy-2.2.4-trimethyl-1.2-dihydrochinolin*: 22, 38, 40; *6.6-Bis-(8.2.2.4-tetramethyl-1.2-dihydrochinolin)*: 40, 34, 28; *6-Phenyl-2.2.4-trimethyl-1.2-dihydrochinolin*: 40, 48, 45; *6-Isopropyl-2.2.4-trimethyl-1.2-dihydrochinolin*: 47, 53, 46; *6-(1-Indanyl)-2.2.4-trimethyl-1.2-dihydrochinolin*: 48, 45, 42; *6.2.2.4-Tetramethyl-1.2-dihydrochinolin*: 48, 53, 50; mit Säure zurückgewonnenes *2.2.4-Trimethyl-1.2-dihydrochinolin*: 50, 27, 15; *6-n-Butoxy-2.2.4-trimethyl-1.2-dihydrochinolin*: 68, 59, 58; *6-Isopropoxy-2.2.4-trimethyl-1.2-dihydrochinolin*: 88, 58, 61; *6-Methoxy-2.2.4-trimethyl-1.2-dihydrochinolin*: 110, 57, 59; *6-Äthoxy-2.2.4-trimethyl-1.2-dihydrochinolin*: 112, 59, 60; *6-n-Propoxy-2.2.4-trimethyl-1.2-dihydrochinolin*: 135, 56, 57; *6-Oxy-2.2.4-trimethyl-1.2-dihydrochinolin*: 155, 38, 20. (J. agric. Food Chem. **2.** 1229—31. 24/11. 1954. Albany 6, Calif., U.S. Dep. of Agric., Agricult. Res. Serv., Western Utilizat. Res. Branch.) HANS THIELE. 7786

Manuel Arcangel Guatelli, *Analysengang zur Untersuchung auf Gifte in verdächtigen Lebensmitteln.* Sehr ausführliche Beschreibung des Analysenganges zum Nachw. von Giften in Nahrungsmitteln: In 50 g der fein gemahlenen mit W. aufgeschwemmten Probe werden zunächst *CN* (Berliner Blau) sowie *P, HCHO, Chloralhydrat* u. andere reduzierende Verbb. (ammoniakal. Ag-Lsg.) nachgewiesen. Die Hälfte der Substanz wird zunächst aus saurem, dann aus alkal. Milieu einer Wasserdampfdest. unterworfen (Nachw. von *Nicotin* u. anderen flüchtigen Basen. Die andere Hälfte der Substanz wird nach REINSCH auf Hg, Bi, As u. Sb untersucht. Eine weitere Probe von 50 g wird mit gesätt. Na_2CO_3-Lsg. versetzt u. verascht. In der Asche wird zunächst F^- nachgewiesen. Der Rückstand dann mit verd. HCl aufgenommen. Es erfolgt dann Nachw. von Ba^{2+} u. H_3BO_3, durch Fällung mit H_2S von Sn, Pb, Cu, Cd u. Bi, nach Neutralisieren der Lsg. mit Na_2CO_3 von Zn u. nach Zugabe von $(NH_4)_2S$ zur Lsg. von Tl als Sulfid. Eine weitere 50 g-Probe wird 1 Std. lang mit A. u. Weinsäure extrahiert (Rückfluß) u. der

Extrakt auf 5 ml eingeengt. Nach Verdünnen mit W. wird mit Äther (I) extrahiert. Im Extrakt finden sich Glucoside, Barbiturate, Cantharidin usw. Die wss. Phase wird mit NH_3 versetzt u. mit I u. $CHCl_3$(II) extrahiert. Die I- u. II-Phase wird eingedampft, mit 5% HCl aufgenommen u. auf Alkaloide untersucht. Die wss. Phase enthält Oxalate. Eine weitere Meth. zur Isolierung der organ. Gifte beruht auf Absorption der weinsauren Probe mit wasserfreiem Na_2SO_4 u. Extraktion mit Petroläther im SOXHLET. Im Extrakt werden verschied. Medikamente u. Fettkörper nachgewiesen. Der Rückstand wird mit I extrahiert. Nach Eindampfen der Lsg. Nachw. der Barbiturate. Der Rückstand wird mit NH_3 alkalisiert u. mit I u. danach mit II extrahiert, der Extrakt eingedampft, mit 5% HCl aufgenommen, eingedampft u. auf Alkaloide untersucht. (Rev. Asoc. bioquím. argent. **20.** 67—78. März/April 1955.) HANS THIELE. 7788

Arthur W. Devor, *Reaktion mit sulfoniertem 1-Naphthol und Anthron bei der Untersuchung von Schwefelsäureextrakten von Getreide.* Vf. gibt 2 einfache Methoden zur Best. des Kohlenhydratgeh. von Getreideproben im H_2SO_4 (1,25%)-Extrakt, der bei der Rohfaserbest. anfällt, an. Rk. mit sulfoniertem *1-Naphthol* (I): 200 mg einer gemahlenen Probe werden am Rückflußkühler mit 50 ml 1,25%ig. H_2SO_4 30 Min. extrahiert, gekühlt u. filtriert. Eine Menge dieser Lsg., die ca. 6—8 mg Kohlehydrat enthält, wird auf 200 ml aufgefüllt. 5 ml konz. H_2SO_4 werden unter Umschütteln rasch (10 Sek.) in ein Reagensglas gegeben, das 1 ml des I-Reagenses u. 1 ml des verd. Extrakts enthält. 15 Sek. schütteln, dann in ein kochendes Wasserbad stellem Nach 8 Min. in Eis–W.-Gemisch kühlen. Nach dem Abkühlen im BECKMAN-Spektrophotometer (Modell B) die Absorption bei 530, 540, 550, 560, 570 u. 580 mμ messen. Die Standardlsg. enthält 40γ *Hexose* (*Glucose*; II)/ml, die Bezugslsg. dest. W. anstatt des Extrakts. Bei 570 mμ bleibt die Absorption für II bis zu einem bestimmten *Pentose*-(*Xylose* III)-Geh. (14%) unverändert, wohingegen sie bei 530, 540, 550 u. 560 mμ mit zunehmendem III-Geh. linear zunimmt, bei 580 mμ jedoch abnimmt. Der III-Geh. läßt sich also daraus berechnen. Rk. mit *Anthron* (IV): 10 ml 0,2%ig. IV (in konz. H_2SO_4) werden in einem 50 ml ERLENMEYER-Kolben 5 ml verd. Extrakt zugesetzt u. gut vermischt (Bezugslsg. aqua dest. statt Extrakt, Standardlsg. 200γ Kohlenhydrat/5 ml). Die mit III erhaltene Färbung verblaßt schnell fast vollständig. Wenn man nach 1 Std. bei 620 u. 630 mμ die Absorption mißt, erfaßt man daher nur die II. Die Differenz der nach den beiden Methoden gefundenen Kohlenhydratwerte ergibt mit 1,15 multipliziert den III-Geh., der bei Einhaltung konstanter Bedingungen mit den nach der I-Meth. erhaltenen Werten gut übereinstimmt. (J. agric. Food Chem. **2.** 1290—92. 8/12. 1954. Columbus, O., Ohio State Univ., Dep. of Physiol. Chem.) HANS THIELE. 7796

P. Je. Kalmykow, *Bestimmung von Eiweiß in den Nahrungsmitteln.* An Stelle der üblichen KJELDAHL-Best. schlägt Vf. eine colorimetr. Bestimmungsmeth. vor. 3—5 g zerkleinerter Nahrungsmittel (Buchweizengrütze, Erbsen, Hirse, Roggenmehl, fertige gemischte Kost) werden mit 5 cm^3 konz. H_2SO_4 (D. 1,84) u. 1 cm^3 Perhydrol 20 bis 30 Min. auf dem Wasserbad homogenisiert u. zu 250 cm^3 mit dest. W. aufgefüllt. 1 cm^3 Homogenisat wird mit 1 cm^3 konz. H_2SO_4 u. 3—4 Tropfen Perhydrol zur farblosen Lsg. erhitzt, mit 10n NaOH bis p_H 5,5—6 neutralisiert u. auf 250 cm^3 verdünnt. Proben der Lsg. werden nach Zusatz von NESSLER-Reagens u. Verdünnung colorimetr. bestimmt. Der Bestimmungsfehler gegenüber der N-Best. nach KJELDAHL beträgt bei photometr. Ablesung 1—2%. (Гигиена и Санитария [Hyg. u. Sanitätswes.] **1953.** Nr. 4. 34—40. April. Kriegs-Med. Kirow-Akad.) W. MÜLLER-MULOT. 7796

E. Bergander und **K. Bahrmann,** *Zur Kontrolle der Haltbarkeit von Backhefe.* 100 g gepfundete Bäckerhefe wurden mit Leitungswasser auf ein Vol. von 200 ml gebracht u. von dieser Suspension (nach gründlichem Durchmischen) je 100 ml in einen ERLENMEYER-Kolben gegeben. Probe a bleibt dabei ohne weitere Zusätze, Probe b wird mit 1 ml *Toluol* (I) versetzt. Man mißt nun in ca. 5—6 ml der Suspension das p_H (z. B. mit *Lyphan 662* oder *665*) u. sofort anschließend das elektr. Potential (*Chinhydron*-Elektrode). Die Proben stellt man sodann in einen Thermostaten (50°) u. wiederholt die Messungen in Abständen von 1 Std. bis zu 6 Std., ferner nach 24 u. gegebenenfalls noch nach 48 Stunden. Bei Anwesenheit von Infektionskeimen nimmt der p_H-Wert zu. Ob die Infektion bedenklich stark oder ungefährlich ist, ersieht man aus dem Endwert nach 24 Stunden. Waren 2% I (berechnet auf Hefemenge) ausreichend, um dieselbe zu unterdrücken, so kann die Hefe genügend haltbar sein. In Probe b nimmt der p_H-Wert in diesem Falle nicht zu. Ähnliches gilt für die Ergebnisse der Potentialmessung. (Lebensmittel-Ind. **2.** 296—97. Dez. 1955. Berlin-Adlershof, Zentrallabor. für die Gärungs- u. Spirituosenind.) M. WINIKER. 7800

H. C. Lukens, R. P. MacKenzie und **C. H. Kunsman,** *Beziehungen zwischen Farbe und Feuchtigkeit von gelbem Süßmais.* Die Best. der Farbtönung von gelbem Süßmais mit einem photoelektr. Photometer wird beschrieben. Zwischen der Farbe u. dem Feuchtigkeitsgeh. der Maiskörner bestehen deutliche Beziehungen. — 7 Literaturangaben. (J. Assoc. off. agric. Chemists **37.** 489—99. 15/5. 1954. Albany, Calif., Western Utiliz. Branch.) F. RANG. 7806

Dan E. Pratt und **John J. Powers,** *Eine polarographische Methode zur quantitativen Bestimmung von Saccharin in Nahrungsmitteln.* Zu der mit W. vermischten Nahrungsmittelprobe wird 5%ig. Pb-Acetat-Lsg. im Überschuß gegeben, der nach kräftigem Umschütteln auftretende Nd. abfiltriert u. das Filtrat mit HCl stark angesäuert. Sodann wird *Saccharin* (I) mit A. extrahiert, die Lsg. mit dest. W. gewaschen, zur Trockne eingedampft u. der Rückstand in 0,1%ig. Na_2CO_3-Lsg. eingetragen. Bei der polarimetr. Best. von I werden HCl–H_3PO_4 bzw. HCl–KCl als Hilfselektrolyte verwendet. — In 11 verschied. Proben bekannten I-Geh. wurden im Mittel 93,7% I wiedergefunden. (J. Assoc. off. agric. Chemists **37.** 486—88. 15/5. 1954. Athens, Ga., Univ. of Georgia, Dep. of Food Technol.) F. RANG. 7824

Luis N. Pizzorno, *Maßanalytische Bestimmung von Milcheiweiß.* Vf. hat die maßanalyt. Meth. der Eiweißbest. in Milch von STEINEGGER (Aldehydindex) modifiziert. Zu 50 cm^3 Milch werden 20 Tropfen 1%ig. alkoh. *Phenolphthalein*-Lsg. zugefügt u. mit 0,25n NaOH bis zur schwachen Rosafärbung titriert, 10 cm^3 40% *Formol* hinzugefügt u. mit 0,25n NaOH weitertitriert. Anzahl der verbrauchten cm^3 0,25n NaOH mal 2 u. mal 0,4475 (statt 0,481 bei STEINEGGER oder 0,495 bei anderen Autoren) ergibt die Eiweißmenge in %. Der I.A. darf bei n. Milch nicht unter 6,8 betragen. (Rev. Asoc. bioquím. argent. **16.** 407—16. Juli/Aug./Sept. 1951. Buenos Aires, Cát. Bromatolog. Fac. Cienc. Méd.) B. KRAFT. 7856

M. J. Kolbezen und **J. H. Barkley,** *Nachweis von O-(3-Chlor-4-nitrophenyl) O.O-dimethylthiophosphat und der Spurennachweis in Milch.* Vff. haben die Bestimmungsmeth. für *Parathion,* die von AVERELL u. NORRIS (C. **1949.** II. 1014) entwickelt wurde für das *O-(3-Chlor-4-nitrophenyl)-O.O-dimethylthiophosphat* (I; *Chlorthion*; BAYER, Leverkusen) modifiziert. Eine Lsg. des I in A. wird mit 10 ml 99%ig. *Isopropylalkohol,* 10 ml W., 1 ml 85%ig. H_3PO_4 u. 0,5 g Zinkpulver versetzt. Durch Kochen auf dem Dampfbad (30 Min.) erfolgt Red. zum Amin. Nach Filtration durch grobe Glasfritten in 100 ml Meßkolben u. Nachspülen mit 0,1n *HCl* wird 1 ml 0,25%ig. $NaNO_2$ hinzugegeben. Nach 10 Min. 1 ml 2,5%ig. *Ammoniumsulfamat* u. nach weiteren 10 Min. 2 ml 1%ig. *N-Naphthyl-(1)-äthylendiamindihydrochlorid.* Nach 10 Min. Zugabe von 6 ml konz. HCl, Auffüllen der Farblsg. auf 100 ml mit W., Best. der Absorption bei 545 mμ. Die Farb-Rk. gehorcht im Bereich von 20—300 γ I/100 ml dem BEERschen Gesetz. Die Verb. läßt sich aus Milch extrahieren u. nach dieser Meth. bestimmen, jedoch werden nur 50—60% wiedergefunden (genaue Angabe der Methodik). I-Konzz. von mehr als 0,05 mg/500 ml lassen sich spektrophotometr., Mengen von 0,01—0,05 mg durch visuellen Vgl. in NESSLER-Zylindern erfassen. Nach Behandlung von Kuhställen mit I konnte in der Milch nach diesen Methoden kein I nachgewiesen werden. (J. agric. Food Chem. **2.** 1278—80. 8/12. 1954. Riverside, Calif., Univ. of California, Citrus Exp. Stat.) HANS THIELE. 7856

American Viscose Corp., Philadelphia, Pa., V. St. A., *Gestopfte Lebensmittel,* bestehend aus W. enthaltendem Material, u. einer künstlichen Hülle aus hydrophilem Cellulosematerial mit einem Überzugsfilm aus in W. unlösl. polymerem Material, der die Abgabe von Feuchtigkeit aus den gestopften Lebensmitteln durch die Cellulosehülle reguliert. Der Überzugsfilm hat eine Dicke von 0,0028—0,0047 Zoll u. läßt pro cm^2 0,000 bis 0,0032 g Feuchtigkeit während 24 Std. bei 58% relativer Feuchtigkeit u. 75° F austreten. — Skizze. (**E. P. 738 036** vom 5/3. 1953, ausg. 5/10. 1955. A. Prior. 6/5. 1952.) H. MAASS. 7635

Établissements P. R. O. V. A. (S. á R. L.), *Herstellung eines in einem Fettstoff fixierten Vanilleextraktes* aus den aus der Vanilleschote gewonnenen aromat. äther. Ölextrakten durch Vermischen mit dem geschmolzenen Fettstoff, z. B. mit Palmbutter, u. durch Abkühlen auf 20° u. Verformen. Man erhält auf diese Weise ein Prod. mit einer konstanten Dosierung. (**F. P. 1 103 235** vom 28/6. 1954, ausg. 31/10. 1955.) M. F. MÜLLER. 7715

Maurizio Moris, Italien, *Löslichmachen von Albuminen, besonders von Fleischfasern,* mittels Papain, das mit Stärke, Glucose oder Salz verd. ist. — Man nimmt 6 (%) Papain, 25 Reisstärke u. 69 NaCl u. verwendet z. B. 15 g der Mischung für 1 kg Fleisch. (**F. P. 1 091 282** vom 11/1. 1954, ausg. 8/4 1955. It. Prior. 6/11. 1953.) G. WELTZIEN. 7751

XVII. Fette. Seifen. Wasch- u. Reinigungsmittel. Wachse. Bohnermassen usw.

Pedro Cattaneo, Germaine Karman de Sutton und **Josefina Rodriguez,** *Olivenöle einheimischer Erzeugung.* 3. Mitt. *Chemische Zusammensetzung der Fettsäuren von Oliventresterölen.* (2. vgl. C. **1952.** 6303.) Vergleichende Unterss. von n. Olivenölen u. durch Extraktion mit PAe. gewonnenen Tresterölen. Hierbei wurde bei letzteren neben den Hauptfettsäuren (Öl-, Palmitin- u. Linolsäure) noch die Ggw. von geringeren Mengen von gesätt. C_{20}- u. C_{30}-Säuren festgestellt. Bei den Tresterölen gibt das Unverseifbare eine sehr haltbare BELLIER- u. JAFFE-Reaktion. — 12 Literaturhinweise. (An. Asoc. quím. argent. **38.** 383—400. Dez. 1950. Recibido.) C. GRIMME. 7894

N. M. Bokow, *Ein Versuch zur Verwendung von synthetischen Fettsäuren in der Seifensiederei.* Synthet. *Fettsäuren* (I) der Fraktion C_7—C_9 können als Leimsäuren beim Seifensieden verwendet werden. Zur Herst. von Seifen hoher Qualität hinsichtlich Schaumkraft, Farbe u. Aussehen müssen 7—8% **I** der Fraktionen C_7—C_9 oder C_{10}—C_{16} zugesetzt werden. Bei 72%ig. Haushaltseife können bis zu 15% **I** der Fraktionen C_{17}—C_{21} u. C_{10}—C_{16} oder C_7—C_9 zugesetzt werden, wodurch die Härte der Seife erhöht wird. Bei 60%ig. Haushaltseife mit 4—5% **I** ist ein größerer Salzverbrauch notwendig. (Маслобойно-Жировая Промышленность [Öl- u. Fett-Ind.] **21.** Nr. 7. 18—20. 1955. Krasnodar, Öl- u. Fettkombinat.) J. BÖSS. 7910

A. M. Tanina, *Die Herstellung von 33 und 40%igem Waschpulver.* Beschreibung der Herst. von Waschpulvern mit hohem Wascheffekt mit einem Geh. von 20% synthet. Fettsäuren der Fraktion C_7—C_9. Ein solches Waschpulver mit 33% Fett u. 37—42% calc. Soda wurde beim Waschen von Wolle mit einem Fettgeh. von 7—12% verwendet. Der Fettgeh. der Wolle betrug nach dem Waschen noch 0,42—0,81% Fett. Das 40%ig. Waschpulver bewährte sich beim Waschen von Leib- u. Bettwäsche. (Маслобойно-Жировая Промышленность [Öl- u. Fett-Ind.] **21.** Nr. 7. 20—21. 1955. Ukrain. Hauptverwaltung für Pflanzenfette u. Öle.) J. BÖSS. 7912

W. P. Rshechin und **M. A. Tschudnowskaja,** *Die Bestimmung des Gesamtgehaltes an Gossypol und dessen Derivaten im rohen Baumwollsamenöl.* Beschreibung einer colorimetr. Meth. zur Best. des Geh. von Baumwollsamenöl an *Gossypol* (I) u. dessen Derivv., die darauf beruht, daß **I** beim Erhitzen der Phosphatide enthaltenden öligen Lsg. hinsichtlich ihrer Färbung stabile Prodd. entstehen, die eine Vorhersage über das Verh. des Rohöles beim Raffinieren u. die Qualität des Soapstocks erlauben. Das Maximum der Verfärbung des **I**, **I**-Derivv. u. Phosphatide enthaltenden Öles wird bei Erwärmung auf 145° in $2^1/_2$ Std. erreicht. Längere Erwärmung führt zu geringerer Verfärbung. Zur Analyse werden 5 ml Öl im Thermostaten $2^1/_2$ Std. bei 145° erwärmt. Nach Abkühlen stellt man Benzinlsgg. 1 : 10 des erwärmten u. nicht erwärmten Öles her u. bestimmt die Färbung einer 1 cm-Ölschicht im Colorimeter. Ist die Färbung des erwärmten Öles schwächer als die des nicht erwärmten, so wird für die Berechnung das letztere genommen. Dies deutet darauf hin, daß das Öl kein **I** u. kein Prod. seiner teilweisen Oxydation enthält. Gleichzeitig bestimmt man nach dem Anilinverf. den **I**-Geh. des Öles. Der Geh. der durch Anilin nicht fällbaren **I**-Derivv. ergibt sich aus der Differenz des colorimetr. u. des Anilinverfahrens. (Маслобойно-Жировая Промышленность [Öl- u. Fett-Ind.] **21.** Nr. 7. 27—30. 1955. Allunions Wiss. Forschungsinst. für Fette.) J. BÖSS. 7932

H. L. Webster und **A. Robertson,** *Die Schnellbestimmung der Gesamtfettsäuren in reinen Seifenprodukten.* Zur Best. wird die Seifenprobe (ca. 5 g) in einem Kolben mit 200 cm^3 W. auf 40—50° erhitzt, 100 cm^3 einer 0,1 mol. $CaCl_2$-Lsg. hinzugegeben u. bis zum Sieden gebracht. Nach Abkühlung auf Zimmertemp. kann die Ca-Seife abfiltriert werden. Die Titration erfolgt mit 0,1 mol. Dinatriumäthylendiamintetraacetat-Lsg. u. Murexid als Indicator bis zur ersten bleibenden Rotfärbung. Die Dauer einer Best. beträgt nur ca. 15 Min., bei Vergleichsanalysen mit den gebräuchlichen Methoden (Dauer ca. 3 Std.) konnten übereinstimmende Resultate erzielt werden. (Analyst **80.** 616—19. Aug. 1955. Newcastle-upon-Tyne, Thos Hedley & Co. Ltd., Chem. Div.) W. KNÖPKE. 7938

H. D. LeRosen, L. V. Wike und **S. W. Denton,** *Dielektrische Methode zur Bestimmung des Lösungsmittelgehalts in Entwachsungsmitteln.* Es wurde gefunden, daß die DK. eines Entwachsungsmittels aus etwa gleichen Teilen Methyläthylketon u. Toluol durch Zugabe eines Wachsöls proportional dessen Menge erniedrigt wird. Eine Eichkurve wird angegeben, die nach dielektr. Differenz zwischen Lösungsm. (I) u. **I**-Wachsöl in Abhängigkeit von den Vol.-% **I** aufgestellt ist u. geradlinig verläuft. Die Best. erwies sich abhängig von der %-Zus. der Mischung, der Temp., dem Feuchtigkeitsgeh. u. der Zus. des **I**. Die Art des Wachsöls war nur von geringem Einfluß. Die Meth. ergibt den **I**-Geh. mit einer Genauigkeit von 1%. (Analytic. Chem. **24.** 1620—22. Okt. 1952. Port Arthur, Tex., Texas Co.) PH. FRESENIUS. 7944

Laboratoires Leurquin, Frankreich, *Herstellung von Calciumlinoleat* durch Rk. von Sojaöl, welches α-Tocopherol als Antioxydationsmittel enthält, mit einer Kaliseife unter Vermeidung des Zutritts von Luft u. der Verwendung von Eisen als Apparatematerial. Temp. höchstens 80°. Das fl. Prod. wird unter Rühren mit HCl neutralisiert, u. danach wird durch Zusatz einer 10%ig. wss. $CaCl_2$-Lsg. die Kalkseife der Fettsäure ausgeschieden, abgetrennt, gewaschen u. getrocknet. (**F. P. 1 102 778** vom 22/6. 1954, ausg. 25/10. 1955.) M. F. MÜLLER. 7911

General Aniline & Film Corp., New York, N. Y., V. St. A., *Reinigungsmittel.* Die Schaumkraft u. -stabilität von Salzen sulfonierter Alkylpolyglykole wird durch wasserlösl. Chloride, Sulfate, Nitrate, Bromide oder Acetate von mehrwertigen Metallen, bes. von Mg, Ca u. Al, erhöht. (**E. P. 738 538** vom 19/8. 1953, ausg. 12/10. 1955. A. Prior. 16/9. 1952.) C. LÜTTGEN. 7913

Pagani & C. S. A., Mailand, Italien, *Reinigungsmittel in Tablettenform,* bestehend aus üblichen Mitteln mit Zusatz von Stoffen, die mit W. Gase entwickeln, z. B. 40 (Teilen) WAS, 30 Na_2CO_3, 5—10 Na-Metasilicat, 5 Celluloseglykolat, 10 Na-Perborat, 5 Weinsäure. (**E. P. 741 637** vom 28/8. 1953, ausg. 7/12. 1955. It. Prior. 3/9. 1952.) C. LÜTTGEN. 7913

Arthur Stanke, Leipzig, *Körnige und flockige Feinwaschmittel* erhält man aus Mersolsulfosäuren, den üblichen Waschmittelzusätzen u. einem Zusatz von Na-Tetralinsulfosäure („*Majamin*") zur Verhinderung der Klumpenbldg. u. Verbesserung der Schaumwirkung. — Z. B. 36,6 (%) Emulgator „E 30"; 15,0 „*Majamin*"; 5,0 $Na_4P_2O_7$; 2,5 „Zellin"; 37,4 Na_2SO_4 u. 3,5 $NaHSO_4$. (**D. P. [DDR] 6 713** Kl. 8i vom 16/4. 1952, ausg. 11/6. 1954 [Ausschließungspatent].) O. KAYSER. 7913

Produits Chimiques de la Montagne Noire, Frankreich, *Kompositionen zum gleichzeitigen Reinigen und Blauen von Textilien.* Man verwendet abweichend vom F. P. 1 011 623 in den Kompositionen vorzugsweise Reinigungsmittel, deren JZ. 0 oder fast 0 ist, z. B. sulfonierten Laurylalkohol (I). Eine solche Komposition hat z. B. die Zus.: 950 (Teile) Na-Salz des sulfonierten I, 49,9985 Äthanolamid u. 0,0015 „Uvitex W" (opt. Blauungsmittel). (**F. P. 60 120** vom 13/3. 1950, ausg. 23/9. 1954. **Zusatz zu F. P. 1011623; C. 1954. 8473.**) T. OPPERMANN. 7913

Chaïm Meyer Sal, Frankreich, *Instandhaltungs- und Reinigungsmittel,* z. B. für Silberzeug, Al, Ni, Cu, Glas. Man vermischt eine ammoniakal. Cu-Celluloselsg. mit einer Lsg. von $AlCl_3$ bis zur Bldg. einer gelatinösen Paste, gegebenenfalls unter Zusatz von Cellulosefasern, Metallpulver oder Metallsalzen. Die Paste löst man z. B. in Aceton, NH_4OH, H_2O_2 oder CCl_4. (**F. P. 1 080 755** vom 4/5. 1953, ausg. 13/12. 1954.) T. OPPERMANN. 7917

T. I. Beuger & Zoon, Inhaber: **Wilhelmina Johanna Theresia van Rooy-van Honstede** und **Gijsbertus de Bruyn** (Erfinder: **Gijsbertus de Bruyn**), Rijswijk, Holland, *Herstellung von Kerzen* mit matter, feinverteilte Luft enthaltender Außenschicht aus Wachs, Paraffin oder dgl., dad. gek., daß man unmittelbar um einen Docht oder um eine den Docht schon umschließende Schicht aus Wachs, Paraffin oder dgl. eine Schicht aus Wachs, Paraffin oder dgl. mittels einer mit Luft betriebenen Spritzpistole aufspritzt. (**D. B. P. 939 524** Kl. 23f vom 30/12. 1953, ausg. 23/2. 1956. Anmeldung bekanntgemacht 1/9. 1955.) K. DEMMLER. 7921

Theodor Hellthaler, Granschütz über Weißenfels/Saale, *Verbesserung des Ablösens gegossener Kerzen aus den Formen,* dad. gek., daß dem geschmolzenen Paraffin, Propanol oder dessen fl. Homologe in der Reihe einwertiger Alkohole oder mehrwertige fl. Alkohole, z. B. Glykol, in geringen Mengen (ca. 1%) zugesetzt werden. An Stelle mehrwertiger fl. Alkohole kann man dem Paraffin auch deren Polymerisationsprodd., Äther oder deren Ester oder Gemische derselben verwenden. — Z. B. wird Paraffin (F. 53°) bei ca. 80—90° mit 0,3—0,5% Glykol versetzt. (**D. P. [DDR] 6 020** Kl. 23d vom 4/11. 1952, ausg. 5/12. 1953 [Wirtschaftspatent].) T. OPPERMANN. 7921

Werner Struve, Bernburg, und **Willi Presting,** Halle/Saale, *Entsäuern und Bleichen von Rohwollfett* zwecks Gewinnung von Neutralwollfett. Die im Rohwollfett enthaltenen Sterinalkohole bzw. Triterpenalkohole u. die freien Fett- u. Wachssäuren werden nach Zusatz von ein- oder mehrwertigen Alkoholen verestert, mit H_2O_2 gebleicht, gewaschen u. zur Trockne gedampft. Die durch Veresterung neutralisierten Wollfette werden als Salbengrundlagen in der Pharmazie u. Kosmetik verwendet, ferner in der Technik für Rostschutz- u. Schmierzwecke. (**D. P. [DDR] 4 259** Kl. 23a vom 11/1. 1951, ausg. 27/6. 1953 [Wirtschaftspatent].) M. F. MÜLLER. 7925

Nopco Chemical Co., Harrison, übert. von: **Joseph Cunder,** East Orange, und **Francis J. Licata,** West Caldwell, N. J., V. St. A., *Magnesiumseifen,* die in organ. Lösungsmitteln lösl. sind u. als *Ersatz für Wachsester* dienen, erhält man durch Herst. einer homogenen Mischung von 100 (Gewichtsteilen) eines weißen Schuppenparaffins mit 40—400, bes. 60—200 eines bis auf 140° erhitzten Mg-Salzes einer gesätt. C_8—C_{22}-Fettsäure, z. B. Mg-Stearat, u. Erhitzen des Gemisches über seinen F. zwecks Viscositätserniedrigung. Bei der Herst. des Gemisches kann man auch KW- oder Chlor-KW-stoffe zusetzen (100 Lösungsm. auf 30—70 Seife). (**A. P. 2 716 073** vom 21/1. 1949, ausg. 23/8. 1955.) O. MÜLLER-MEININGEN. 7925

XVIIIa. Holz. Cellulose. Zellstoff. Papier. Papierdruck. Celluloid. Linoleum.

Hermann Klingler, Wolfen, *Herstellung einer Bisulfit und schweflige Säure enthaltenden Kochsäure zur Herstellung von Zellstoff.* Bei Verwendung eines Absorptionsturmes, in welchem mit Hilfe von mit W. berieseltem $CaCO_3$ u. entgegenströmendem SO_2 Turmsäure erzeugt wird, wird diese mit schwefliger Säure angereichert, die ihrerseits durch Zers. eines Teiles der im Absorptionsturm erhaltenen Turmsäure mit Hilfe einer Säure bzw. mit Sulfitablauge erzeugt wird. (**D. P. [DDR] 7 279** Kl. 55b vom 16/5. 1952, ausg. 21/5. 1954 [Wirtschaftspatent].) R. GLAFEY. 7963

Henkel & Cie. G. m. b. H., Düsseldorf, *Überführung feuchter, faseriger Methylcellulosen in Pulver von hoher Lösungsgeschwindigkeit.* Man homogenisiert die faserige Methylcellulose (Wassergeh. 50—70 Gew.-%) unter Druck, z. B. in einer knetenden Fördervorr. (Schneckenpresse), mahlt das homogenisierte Prod. in einer mit hoher Geschwindigkeit umlaufenden Zerkleinerungsvorr. u. trocknet das erhaltene Pulver, z. B. in einem Gasstrom. (**E. P. 737 127** vom 1/4. 1953, ausg. 21/9. 1955. D. Prior. 5/4. 1952.) K. FABEL. 7971

Soc. des Usines Chimiques Rhône-Poulenc, Paris, Frankreich, *Mit Säure- oder Chromfarbstoffen färbbare Cellulosederivatmasse,* bestehend aus einem Gemisch eines Celluloseäthers oder -esters u. 1—20% Polyaminoäthyläther oder dessen saurem Salz. — Beispiel: Polyvinyläther von Dimethyl- bzw. Diäthylaminoäthanol oder Oxyäthylpyrrolidin. Lsgg. in Aceton werden trocken versponnen oder zu Filmen gegossen. (**E. P. 729 183** vom 23/3. 1953, ausg. 4/5. 1955. F. Prior. 10/4. 1952.) G. SALZMANN. 7971

Cinetechnik Akt.-Ges., Zürich, *Oberflächliche Verseifung von Celluloseacetatfolien durch Behandlung mit Natronlauge,* dad. gek., daß der NaOH als Egalisierungsmittel Anlagerungsprodd. von Äthylenoxyd an höhere Alkylphenole, bes. solche aus Dodecylphenol u. 12 Äthylenoxyd, zugesetzt werden. (**Oe. P. 184 287** vom 2/2. 1954, ausg. 10/1. 1956. D. Prior. 10/2. 1953.) T. OPPERMANN. 7971

Henri Joseph Vincent Winkler, Frankreich, *Imprägnieren von Papier.* Um Papier, schwer- oder unverbrennbar u. undurchlässig zu machen, imprägniert oder bedeckt man es auf einer oder beiden Seiten mit einer 0,5%ig. oder stärkeren alkoh. Phenol–Resol-Lsg. u. trocknet es dann bei 70—140°. Die Phenol–Resol-Lsg. kann Weichmacher u. Füllstoffe (z. B. Kaolin, Gips, Stärke, Asbest) enthalten. (**F. P. 1 059 346** vom 30/6. 1952, ausg. 24/3. 1954.) T. OPPERMANN. 7987

Robert Bosch G. m. b. H. (Erfinder: **Herbert Mansfeld**), Stuttgart, *Paraffiniertes Papier* zur Herst. von elektr. Kondensatoren, dad. gek., daß der Wachs- oder Paraffinstoff unterhalb seines F. unter Druck aufgebracht wird. Das sich kristallin abscheidende Wachs oder Paraffin wird dann durch Einhalten einer Temp. von ca. 10—15° unterhalb des F. während des Erkaltens in die amorphe Form übergeführt. Hierdurch entweicht gelöste Luft, die Schicht wird glasklar, u. die Luftundurchlässigkeit wird stark verbessert. — Zeichnung. (**D. B. P. 937 806** Kl. 55f vom 10/1. 1942, ausg. 12/1. 1956. Anmeldung bekanntgemacht 4/12. 1952.) K. SCHINDLER. 7987

E. I. du Pont de Nemours & Co., Wilmington, übert. von: **Harris Walton Bradley,** Bellefonte Heights, Del., V. St. A., *Herstellung von Alkylamin- und Morpholinsalzen von polymerisierten Olefinsulfonsäuren.* Man läßt auf ein Polysulfonylchlorid eines polymerisierten Olefins, welches in monomerem Zustand 2—6 C-Atome enthält, in Ggw. eines wss. Alkohols eine N-Base, z. B. ein Polyäthanolamin, Polyisopropanolamin oder Morpholin, einwirken. Dabei geht das Sulfonylchlorid durch Hydrolyse in Sulfonsäure über, die beim Entstehen durch die Base neutralisiert wird. — Die so erhaltenen Prodd. dienen als filmbildende Mittel in Schutzüberzügen. Sie geben einen weichen Film, der sich langsam in W. löst. — *Fettdichtes Papier.* (**A. P. 2 570 094** vom 28/3. 1950, ausg. 2/10. 1951.) H. NEBELSIEK. 7987

VEB Deutsches Hydrierwerk Rodleben, Rodleben, Roßlau/Elbe (Erfinder: **Ewald Dietzel,** Köthen, und **Arthur Rivier,** Dessau), *Herstellung von Bodenbelagstoffen* aus Kondensationsprodd. hochmol. Fettsäuren aus der Paraffinoxydation u. mehrwertigen Alkoholen durch Zugabe von Füllstoffen, Verwalzen oder Aufbringen der Mischung auf geeignete Unterlagen. — 30 (Teile) eines Kondensationsprod., das durch mehrstd. Verkochen von 200 des Destillationsrückstandes hochmol. Fettsäuren aus der Paraffinoxydation (SZ. 37, Hydroxylzahl 53, JZ. 47) u. 20 techn. Hexantriol bei 220—240° erhalten worden ist (Tropfpunkt 163°), werden mit 70 Holzmehl, 10 Ocker, 5 Eisenoxyd u. 5 Kolophonium in der Kälte miteinander verwalzt u. zu einem Fell ausgezogen, das in einer Stärke von 3 mm auf eine Gewebeunterlage bei 80° aufgewalzt wird. Es entsteht ein wasser- u. benzinfester Fußbodenbelag. Die Verwendung von Fettsäuredestillationsrückständen mit Pentaerythrit u. Soda sowie mit Dipentaerythrit, Soda u. Linoxyn bzw. Natur- oder Kunstharzen (Weichmacher) wird beschrieben. (**D. P.** [**DDR**] **7 434** Kl. 8 l vom 27/4. 1952, ausg. 1/6. 1954 [Wirtschaftspatent].) O. KAYSER. 7999

XVIIIb. Textilfasern.

Albert Weissenborn, Dessau, *Herstellung von Emulgier- und Dispergiermitteln* durch Sulfochlorierung der höchstsd. Anteile der bei der FISCHER-TROPSCH-Synth. anfallenden Paraffine von 22—26 C-Atomen (*Gatsch*) bei 40—42° u. Verseifung der erhaltenen Sulfochloride. — 15000 (Teile) *Gatsch* werden bei 40° unter Bestrahlung mit UV-Licht oder Aktivierung des Cl mit Tetraäthylblei oder Peroxyden mit gleichen Mengen Cl u. SO_2 behandelt. Der bei Beginn eine D_{20} 0,789 besitzende *Gatsch* hat nach ca. 30 Std. D. 1,00—1,01. Es werden Sulfochloride erhalten, die noch ca. 20—25% *Gatsch* enthalten. Sie scheiden ca. 12—15% Polysulfochlorid mit Pentan ab u. haben eine VZ. 305—310. Zur Verseifung werden z. B. 1000 *Gatsch*, D. 0,887, VZ. 151,8 u. 275 20%ig. NaOH unter allmählichem Einlaufen bei 100° verseift u. mit 1000 Butanol, Isobutanol oder Propanol versetzt, worauf die Kochsalzmutterlauge unten abgetrennt u. der Alkohol abdest. wird. Man erhält ein „*Gatsch*-sulfosaures Na", das 50% wiedergewonnenen *Gatsch* neben Sulfonat enthält. Das Prod. wird unter Verwendung von Mineralöl zur Herst. konz. *Standemulsionen für die Textilindustrie*, Schmälzmittel für Textilien, Schmiermittel usw. verwendet. (**D. P.** [**DDR**] **7 060** Kl. 12s vom 24/5. 1952, ausg. 3/4. 1954 [Wirtschaftspatent].) O. KAYSER. 8029

American Cyanamid Co., New York, N. Y., übert. von: **Linton A. Fluck,** Pluckemin, und **Alexander L. Logan,** Westfield, N. J., V. St. A., *Antistatische Textilausrüstung* von hydrophoben synthet. Fäden, Wolle, Seide oder dergleichen. Man bringt auf das Gut aus der wss. Lsg. $>$0,1% eines Kondensates aus $\geqq$8 (Mol) Alkylen-, bes. Äthylenoxyd (**I**), u. 1 Alkylolamid einer dimerisierten ungesätt. Fettsäure auf u. trocknet danach, — Z. B. werden von dem Kondensat aus 49 **I** u. 1 Bismonoäthanolamid einer dimerisierten, dem Baumwollsamenöl zugrunde liegenden Fettsäure 2 Teile in 98 Teilen W. gelöst u. zum Foulardieren von Nylon-, Woll- oder Seidengewebe verwendet. Man trocknet, ohne zu waschen, bei 107°, wobei 1,2% Kondensat fixiert werden. (**A. P. 2 718 478** vom 27/1. 1954, ausg. 20/9. 1955.) H. MÖLLERING. 8033

VEB Chemische Fabrik Grünau (Erfinder: **Georg Wiegand** und **Hans-Dieter Selle**), Berlin, *Konservierung von technischen Eiweißprodukten.* Man verwendet zur Fäulnisverhinderung bei in der Textil- u. Lederindustrie verwendeten Eiweißlsgg. einen Zusatz von 0,2—0,4% Hydrazinsalzen. — In 1000 g eines Eiweißfettsäurekondensates mit 50% Trockengeh. werden 4 g Hydrazinsulfat unter Rühren bei 40—60° eingearbeitet, ebenso kann man Eiweißspaltprodd. vom Lysalbinsäuretyp mit Hydrazinhydrochlorid konservieren. (**D. P.** [**DDR**] **7 115** Kl. 30i vom 11/12. 1951, ausg. 20/4. 1954 [Wirtschaftspatent].) G. WELTZIEN. 8033

Thüringisches Kunstfaserwerk „Wilhelm Pieck" Schwarza VEB, Rudolstadt-Thür. (Erfinder: **Franz Steimmig,** Blankenburg, Harz, und **Walter Voigt,** Saalfeld), *Gewinnung einer Viscosespinnlösung für die Kunstfaserherstellung* mit niedrigem NaOH-Geh. durch Lsg. des Alkalicellulosexanthogenats. Man löst in Ggw. dispergierender Stoffe in W. bei Tempp. von höchstens 12° u. verd. die zunächst entstehende zähe Paste. — 2800 (g) Cellulose werden mit 20,5%ig. NaOH angemaischt u. abgepreßt, die Alkalicellulose mit 41% CS_2 von 18—28° steigend im Kneter 80 Min. sulfidiert, 60 in 500 3%ig. NaOH gelöste Huminsäure auf 4 Liter W. verd. zugegeben, 2 Std. bei 10° geknetet u. in 40 Min. mit 18 Liter W. verdünnt. (**D. P.** [**DDR**] **3 997** Kl. 29b vom 23/1. 1943, ausg. 2/5. 1953 [Wirtschaftspatent].) M. PANKOW. 8075

VEB Farbenfabrik Wolfen, Wolfen, Kr. Bitterfeld (Erfinder: **Albert Metzger,** Leipzig), *Avivieren und Weichmachen von Kunstseide aus regenerierter Cellulose* durch Behandlung der Faserstoffe mit Lsgg. von alkylsulfamidomethansulfosauren Salzen der allg. Formel $R—SO_2NH—CH_2—SO_3M$, wobei R einen Alkylrest von 12—18 C-Atomen bedeutet. Man erhält diese Stoffe, indem man Sulfochloride in bekannter Weise amidiert u. die erhaltenen Sulfamide nach KNOEVENAGEL (Ber. dtsch. chem. Ges. **37.** 4095 ff.) mit wss. Lsgg. mol. Mengen Formaldehyd u. Alkalibisulfit bei

60° umsetzt. In quantitativer Ausbeute werden alkylsulfamidomethansulfosaure Salze erhalten, die sich auch in hartem W. klar lösen. — In einer Flotte, die 1 g/Liter der Na-Salze von Alkylsulfamidomethansulfonsäuren enthält, welche aus einer Fraktion von Paraffin-KW-stoffen der FISCHER-TROPSCH-Synth. mit ca. 15 C-Atomen erhalten werden, werden Kunstseidenstränge im Flottenverhältnis 1 : 10 10 Min. bei Raumtemp. behandelt, abgequetscht, geschleudert u. bei 50° getrocknet. (**D. P. [DDR] 7 358** Kl. 8k vom 24/5. 1952, ausg. 1/7. 1954 [Wirtschaftspatent].) O. KAYSER. 8075

Dow Chemical Co., Midland, Mich., V. St. A., *Polyacrylnitrillösungen für Spinnzwecke* erhält man unter Verwendung von wss., höchstens 55%ig. anorgan. Salzmischungen, von denen der lösende Anteil ($SnCl_2$, die Chloride u. Nitrate von Zn, Ni, Co, Mn) wenigstens 30%, der nichtlösende (Chloride u. Nitrate von Na, Mg, Ca, Al) nicht >25% beträgt. Es empfiehlt sich Salzmischungen des gleichen Anions bei Raumtemp. zu verwenden, z. B. $ZnCl_2 + CaCl_2$ (bzw. $MgCl_2$). Als Fällbad dient Eiswasser. — Die Lsg. kann auch bereits durch Polymerisation der Monomeren (85% Acrylnitril + Vinylmonomere) in einer etwas höheren Konz. des Salzgemisches erfolgen. (**E. P. 729 382** vom 1/6. 1953, ausg. 4/5. 1955.) G. SALZMANN. 8081

Imperial Chemical Industries Ltd. (Erfinder: **Evan Islwyn Jones, Leslie Budworth Morgan, Stanley Minor Todd** und **Leonard Wood**), London, England, *Künstliche Fäden aus Acrylnitril-Verbundpolymerisaten* (**I**). Ein **I** aus 85% Acrylnitril u. Vinylacetat, gelöst in 75%ig. wss. Äthylencarbonat (**II**) wird in 15%ig. wss. **II** versponnen u. die Fäden anschließend durch ein Wasserbad von 85° geführt. Sobald sich das Fällbad auf 40% **II** angereichert hat, wird es abgetrennt u. auf 0 bis —2,5° abgekühlt; hierbei flockt das **II** aus u. wird abfiltriert. (**E. P. 728 519** vom 15/9. 1952, ausg. 20/4. 1955.) G. SALZMANN. 8081

Allied Chemical & Dye Corp., New York, übert. von: **Walter J. Zybert**, Morris Township, N. J., V. St. A., *Herstellung von gut färbbaren Fäden aus Polyacrylnitril*. Man verspinnt ein durch Emulsionspolymerisation gewonnenes Mischpolymerisat aus Acrylnitril u. Methylmethacrylat (60 : 40 bis 85 : 15). Festigkeit der Fäden 4,7 g/den; Bruchdehnung 15%; Schrumpfung in heißem W. 1%; reversible Elastizität bei 6% Dehnung nach Vorschrumpfung (3—4 Min./180°) 73%. Nach 2std. Lagerung in 5%ig. alkoh. KOH von 50° färben sich die Fäden mit Acetatfarbstoffen. (**A. P. 2 700 034** vom 28/3. 1951, ausg. 18/1. 1955.) G. SALZMANN. 8081

American Cyanamid Co., New York, N. Y., übert. von: **Irvin Wizon** und **Arthur Cresswell**, Stamford, und **Percival W. Cummings jr.**, Cos Cob., Conn., V. St. A., *Waschen gelierter Polyacrylnitrilfäden*. Beim Verspinnen von in einer wss. konz. Lsg. von Thiocyanat (**I**) gelöstem Polyacrylnitril (**II**) in W. von <10° als Fällbad, arbeitet man mit 2 hintereinandergeschalteten Fäll- bzw. Waschbädern, von denen das erste wegen einer raschen Konz. an **I** zur Wiedergewinnung von **I** verwendet u. nur das zweite Waschbad verworfen wird. — In einer Kurve ist der Abfall der **I**-Konz. in dem gefällten **II** nach Sek. Waschzeit angegeben. Abb. der Waschvorrichtung. (**A. P. 2 714 052** vom 11/4. 1952, ausg. 26/7. 1955.) H. MÖLLERING. 8081

XIX. Brennstoffe. Erdöl. Mineralöle.

Robert M. Kosanke, *Chemische Analysen der Bestandteile von Glanzkohle*. Getrennte Analysen von Sporen, Harz usw. aus Kohlen von Illinois wurden ausgeführt. (Bull. geol. Soc. America **62**. 1455—56. Dez. 1951. Urbana, Ill., Illinois Geol. Surv.) W. BAUR. 8126

William H. Smith, Russell A. Brant, Fred Amos und **Peter O. Krumin**, *Meigs Creek Nr. 9. Kohlenlager in Ohio*. 1. u. 2. Mitt. *Geologie und Reserven. Die Waschbarkeit und andere Eigenschaften*. Einleitend wird die Bedeutung der Kohle für das industrielle Leben herausgestellt u. eine moderne Aufbereitungsanlage in Georgetown beschrieben. Der experimentelle Teil der Arbeit gibt charakterist. Daten der aschereichen Meigs Creek-Kohle. Zahlreiche Tabellen u. Tafeln berichten über Ergebnisse u. u. a. auch über Sink- u. Schwimmanalysen. (Ohio State Univ. Stud., Engng. Ser., Engng. Exp. Stat. Bull. Nr. 151. 1—162. **1952**. Ohio, Div. of Geol. Surv., Engng. Exp. Stat.) O. BÄR. 8134

W. E. Huggett, *Industrielle Verwendung von Erzeugnissen des Cataroleverfahrens*. Überblick über die Verwendung der Prodd. des Cataroleverf. zur Crackung von Erdöldestillaten: *Äthylenoxyd* (unmittelbar u. nach Umwandlung in Kondensationsprodd., Mono-, Di-, Triäthylenglykol u. deren Alkyläther, Nitrate u. andere Ester), *1.2-Dichloräthan* (Vinylchlorid, Äthylendiamin, Succinnitril), *β.β'-Dichloräthyläther* (N-substituierte Morpholine), *Propylen* (Isopropylalkohol, -äther u. -ester, Aceton), *Cyclopentadien* (Chlordan), andere *Diene* (polymere Öle), *Bzl., Toluol, m-* u. *p-Xylol*, verschied. Gemische aromat.

KW-stoffe (Catarex-Harz). (Chem. Products chem. News [N. S.] **15.** 208—13. Juni 1952. F.R.I.C., F. Inst. Pet. [Petrochemicals Ltd.]) W. METZENER. 8196

Miklós Szűcs, *Schlammphasehydrierung ungarischer Kohlen.* Zwei ungar. Kohlen, die miozäne von Sajószentpéter u. die eozäne von Tata wurden mit schwerem Teeröl 1 : 1 vermischt, bei 340, 400 u. 450° unter einem Anfangsdruck von 100 at. H_2 im Drehautoklaven in Ggw. verschied. Katalysatoren hydriert. Erstere ist leichter hydrierbar. Die besten Aufschlüsse wurden mit MoO_3 erzielt, WO_3 u. Fe_2O_3 wirken befriedigend, Zinnoxalat u. J gaben bei niedrigerer Temp. gute Ergebnisse. Im fl. Prod. ist der leichtfl. Anteil klein, die Menge der mittleren Fraktion steigt jedoch stark an. In Ggw. von MoO_3 ist die H_2-Aufnahme am größten u. am schnellsten. Im Endgas nimmt mit ansteigender Temp. die Menge der KW-stoffe zu, die H_2-Menge ab. (Magyar tudományos Akad., kémiai Tudományok Osztályának Közleményei [Ung. Akad. Wiss., Ber. Abt. chem. Wiss.] **6.** 375—86. 1955. Budapest, Techn. Univ., Inst. für Technol. Chem.) J. PLANK. 8198

M. Ssucharew und **I. Abesgaus,** *Über Methoden der Ozokeritreinigung.* Gegenüber der von SSOLDAK (vgl. C. **1956.** 4314) empfohlenen Raffination von harzreichem Ozokerit (30—35% H_2SO_4, 50% Bleicherde) wird die Deasphaltierung mit Propan als weitaus rationeller angesehen. Bei diesem Verf. beträgt der Verbrauch an H_2SO_4 nur 13—14%, an Bleicherde 15%. Ein weiterer Vorteil liegt darin, daß neben niedrigschm. auch hochschm. Ceresin u. Rohvaselin erhalten werden. Die Ausbeuten werden mit 80% angegeben. Nach SSOLDAK kann ohne Perkolation kein helles Ceresin u. Vaselin erhalten werden. (Нефтяное Хозяйство [Petroleum-Wirtsch.] **33.** Nr. 6. 78—79. Juni 1955. A. HOYNINGEN-HUENE. 8226

M. Davoud Fotouhi, *Untersuchungen über die chemische Behandlung von Ölen, die durch Wasserdampfdestillation von Pech gewonnen werden.* Vf. beschreibt eingehend an Hand einer Abb. die von ihm benutzte App., um das Pech mit Wasserdampf dest. zu können. Die Eigg. der roten u. braunen Öle, die hierbei entstehen, werden vom Vf. in Tabellen zusammengestellt. Die erhaltenen Öle wurden hauptsächlich einer Einw. von Chlormethyl unterworfen, doch konnten dabei keine wohl definierbaren Verbb. erhalten werden. (Chim. et Ind. **74.** 71—78. Juli 1955.) F. ROSENDAHL. 8226

Jack K. Walker, *Das Massenspektrometer als „Dirigent" der Raffinerie.* (Vgl. C. **1955.** 6682.) Allgemeinverständliche Darst. der Wirkungsweise u. des Anwendungsbereiches des Massenspektrometers. (Petroleum Engr. **27.** Nr. 12. C 7—10. Nov. 1955.) H. SYDOW. 8242

R. L. Coryell und **F. J. Schwerd,** *Prüfungen der Genauigkeit der Aufbereitung und Analyse von Kohlenproben im Laboratorium.* Es wird über die Prüfungen u. über den Vgl. mit den Ergebnissen anderer Forscher berichtet. (Combustion [New York] **27.** Nr. 6. 44—47. Dez. 1955. Consolitadet Edison Co. of New York, Inc.) E. BOYE. 8246

R. L. Coryell und **F. J. Schwerd,** *Versuche über die Genauigkeit der Probeentnahme aus Eisenbahnwagen.* Die Meth. der Probeentnahme wird beschrieben. Es werden 8 Kohlenarten aus 48 Wagen entnommen u. die Aschegehh. bestimmt. Weiter wird die Anzahl der Probeentnahmen ermittelt, die zur Erfüllung der Forderungen der ASTM für Kohlen nötig ist. Es werden einige Berechnungsmethoden angegeben. (Combustion [New York] **27.** Nr. 5. 60—63. Nov. 1955. New York, N. Y., Edison Comp., Inc.) E. BOYE. 8246

Vladimír Slouka, *Čechoslovakische Normen für die Prüfung von Mineralölen.* Übersicht. (Chem. Průmysl **4** (**29**). 470—72. Dez. 1954.) K. STEINER. 8252

Hidemasa Honda, *Magnetochemie des Petroleums.* 2. Mitt. *Beziehungen zwischen den magnetischen Konstanten und den Ringen und Verzweigungen von Kohlenwasserstoffen.* (1. vgl. C. **1956.** 609.) Mathemat. Ableitung der Beziehungen zwischen der Anzahl der Ringe u. dem Mol.-Vol. von KW-stoffen, sowie zwischen der magnet. Susceptibilität (mS) u. der Ringzahl u. den Verzweigungen, wonach sich gegebenenfalls die Ringzahl (RZ) aus Mol.-Gew., D. u. mS voraus berechnen läßt. Die RZ aromat. KW-stoffe läßt sich aus der spezif. magnet. Anisotropie voraussagen. Die Zahl der Verzweigungen soll sich aus einem modifizierten Additivitätsgesetz der magnet. Konstanten von KW-stoffreihen berechnen lassen, wenn eine gewisse RZ angenommen werden kann. — 12 Literaturangaben. (J. Fuel Soc. Japan **33.** 134—43. März 1954. [Orig.: japan.; Auszug: engl.]) L. SCHULER. 8252

W. S. Levine und **W. A. Marshall,** *Colorimetrische Bestimmung von N-Phenyl-1-naphthylamin in neuen und gebrauchten Ölen.* Zur Best. des Alterungsschutzmittels N-Phenyl-1-naphthylamin in Ölen, wird das zu untersuchende Öl in Aceton gelöst. Dieser Lsg. wird ein diazotiertes p-Nitroanilin (p-Nitrobenzoldiazoniumchlorid) zugesetzt. Es entsteht eine blau-violette Farbe unter Bldg. einer Diazoaminoverbindung. Diese Best. kann in kurzer Zeit (18—20 Min.) mit einer Genauigkeit von ±10% durchgeführt werden. (Analytic. Chem. **27.** 1019—22. Juni 1955. Brooklyn, N. Y., Socony-Vacuum Oil Co.) K. O. MÜLLER. 8252

Walter Hubis und **Ralph O. Clark,** *Polarographische Schnellbestimmung von Tetraäthylblei im Kraftstoff.* Die von HANSEN, PARKS u. LYKKEN (vgl. C. **1953.** 7986) ausgearbeitete Meth. wird von Vff. in mehreren Punkten modifiziert, um Fehlerquellen auszuschließen. Der Äthylenglykolmonoäthyläther (Cellosolve) soll bei der Sättigung mit wasserfreier HCl eisgekühlt, sodann sollen geringe Mengen einer Gelatinelsg. zugesetzt werden, damit gleichzeitig die Rest- als auch Diffusionsspannung gemessen werden kann. Wird schließlich der Cellosolve–HCl-Lsg. nach der Zers. des Tetraäthylbleis etwas H_2O zugesetzt, dann werden Interferenzen, die bei gealterten Spaltbenzinen auftreten, ausgeschaltet. (Analytic. Chem. **27.** 1009–10. Juni 1955. Pittsburgh 30, Pa., Half Res. u. Devel. Co.) K. O. MÜLLER. 8254

G. Costantinides, T. Policastro und **G. Arich,** *Auf die Untersuchung und Überwachung der Selektivraffination von Schmierölen angewandte Adsorptionsanalyse mit Silicagel.* Vff. beschreiben App. u. Verf. zur chromatograph. Analyse von Schmierölfraktionen ohne vorherige Entparaffinierung mit Silicagel als Adsorbens. Das Verf. arbeitet bei 70° u. ist wegen des geringen Zeitbedarfs zur Überwachung des Betriebs geeignet. (Rev. Inst. franc. Pétrole Ann. Combustibles liquides **8.** 447–53. Sept. 1953.) H. SYDOW. 8258

Esso Research & Engineering Co., Del., übert. von: **Homer Z. Martin,** Cranford, und **Charles W. Tyson,** Summit, N. J., V. St. A., *Destillation von bituminösen Mineralien* in feinverteilter Form, ähnlich einer hochturbulenten dichten fluidisierten M., dad. gek., daß ein zusätzlicher feinverteilter fester Wärmeträger geringeren Schwebevermögens als das Behandlungsgut auf höhere Temp. erhitzt u. Wärme von jenem auf die Mineralien in direktem Gegenstromwärmeaustausch übertragen wird. — Vorr., Zeichnung. (**A. P. 2 725 348** vom 30/12. 1949, ausg. 29/11. 1955.) E. KAHLES. 8191

Esso Research & Engineering Co., übert. von: **George F. Asselin,** Baytown, Tex. V. St. A., *Entfernung von Eisen aus Ölen* durch Behandlung mit einer wss. Lsg. von NH_4SCN. Das behandelte Mineralöl hat einen geringeren Fe-Gehalt. Man behandelt z. B. eine Gasölfraktion (Kp. 400–850° F) mit 0,05–2,0 Gew.-% NH_4SCN bei 150 bis 300° F. — Zeichnung. (**A. P. 2 703 306** vom 1/5. 1952, ausg. 1/3. 1955.) P. UNGER. 8195

Esso Research & Engineering Co., Elizabeth, N. J., V. St. A., *Katalytische Entschwefelung naphthenhaltiger organischer Verbindungen* u. katalyt. Dehydrierung der Naphthene zu Aromaten in der Dampfphase in Abwesenheit von Fremdwasserstoff in Ggw. eines A-Kohlekatalysators bei 750–950° F. Dabei wird mol. H_2 von der Naphthenverb. an den S der organ. S-Verb. übertragen u. es entstehen S-freie Verbb. u. Aromaten. (**E. P. 736 678** vom 28/5. 1951, ausg. 14/9. 1955. A. Prior. 22/7. 1950.) P. UNGER. 8195

Gaz de France (Service National), Frankreich (Erfinder: **Edgard Bellet** und **Pierre Levert**), *Stabilisieren von Schwefelverbindungen enthaltenden Kohlenwasserstoffen* (Benzol, Toluol, Xylol). Man behandelt die KW-stoffe mit geringen Mengen eines Antioxydationsmittels [z. B. mit Hydrochinon (**I**)]. — Z. B. versetzt man 250 g Bzl. mit 250 mg **I**, erhitzt das Bzl. 30 Min. am Rückflußkühler u. dest. es dann fast ganz ab. Den Rückstand versetzt man wiederum mit 250 g Bzl. u. wiederholt das Verfahren. Auf diese Weise stabilisiert man 4 kg Benzol. Die erhaltenen Destillate reagieren nicht mehr mit Hg. Man versetzt sie noch mit ca. 2 g **I**, um ihnen jede Aggressivität zu nehmen. (**F. P. 1 080 729** vom 22/4. 1953, ausg. 13/12. 1954.) T. OPPERMANN. 8195

Heinrich Tröbs, Rositz/Thür., *Schwefelsäureraffination von Braunkohlenteerleicht- und -mittelölen,* die bei der Braunkohlenschwelung u. der destillierenden oder spaltenden Braunkohlenteerverarbeitung gewonnen werden, in getrennt u. parallel oder gemeinsam u. abwechselnd betriebenen Raffinationsanlagen unter Verwendung der bei der Leichtölraffination anfallenden Schwefelsäure zur Vorraffination des Mittelöls. — Wird aus einer parallel betriebenen Leichtöl-Raffinationsanlage die anfallende gebrauchte Schwefelsäure, deren Menge 5(%) der Mittelölmenge beträgt zur Vorraffination des Mittelöls benutzt, so sind zur Erreichung desselben Raffinationsgrades nur noch 2 statt 3 Schwefelsäure notwendig. Gleichzeitig erhöht sich die Ausbeute an raffiniertem Öl um 1,0 (auf 90), da die physikal. Lsg. von Mittelöl in der mit Leichtöl gesätt. Säure unterbleibt. (**D. P. [DDR] 6 256** Kl. 12r vom 19/6. 1952, ausg. 21/12. 1953 [Wirtschaftspatent].) O. KAYSER. 8195

Tide Water Associated Oil Co., San Francisco, übert. von: **Louis D. Rampino,** Associated, Calif., V. St. A., *Behandlung von schweren katalytischen Spaltbenzinen,* die zwischen 2 u. 3% Diolefine u. wesentliche Mengen Pyrrole u. N-Basen enthalten, zwecks Entfernung der beiden letzteren u. um Polymerisierung der Diolefine zu vermeiden. Man behandelt diese Benzine in fl. Phase bei 275–400° F mit geschmolzenem KOH, das nicht >30% W. enthält unter solchen Bedingungen, daß in der Hauptsache alle Pyrrole entfernt werden, während der größere Teil der Diolefine zurückgehalten wird. Anschließend behandelt man die Benzine mit H_2SO_4 (nicht >40%) unter solchen Bedingungen, daß im wesentlichen alle N-Basen extrahiert werden u. die Diolefine in der Hauptsache zurückbleiben. Vor der KOH-Behandlung werden die Benzine mit verd. NaOH von 10—35° Bé behandelt, u. die verbrauchte NaOH wird abgetrennt, bevor man die Benzine der KOH-Behandlung unterwirft. (**A. P. 2 719 110** vom 26/10. 1951, ausg. 27/9. 1955.) P. UNGER. 8197

Standard Oil Development Co., Elizabeth, N. J., V. St. A., *Umwandlung von Kohlenwasserstoffen.* Bei einer kontinuierlichen endothermen Umwandlung von KW-stoffdämpfen oder -gasen in Ggw. von festen fein verteilten Kontaktteilchen, die ein dichtes fluidisiertes Bett bilden, werden die Kontaktteilchen aus der Reaktionszone abgezogen u. in einer Mischzone mit inerten, im Gegenstrom fließenden heißen Feststoffteilchen gemischt, wobei diese inerten Wärmeträger ihre Wärme an die Kontaktteilchen weitergeben. Nach Trennung der beiden Feststoffteilchen werden die Kontaktteilchen der Reaktionszone, die inerten Teilchen der Aufheizzone zugeführt. — Zeichnung. (**E. P. 713 977** vom 6/2. 1952, ausg. 18/8. 1954. A. Prior. 14/7. 1951.) E. KAHLES. 8197

Badische Anilin- & Soda-Fabrik Akt.-Ges. (Erfinder: **Lothar Jakov,** Viernheim, und **Willy Wolf**), Ludwigshafen/Rh., *Verbesserung der Zündwilligkeit von Dieselölen* durch Verwendung von Salpetersäure- oder Salpetrigsäureestern mehrwertiger Alkohole, bei denen wenigstens eine OH-Gruppe in eine Äther- oder Acetalgruppe überführt ist. — Beispiel: Zusatz von 0,25 Vol.-% des Salpetrigsäureesters von Glycerinmonoformal bewirkt Steigerung der CZ. von 48 auf 48,5. (**D. B. P. 940 741** Kl. $46a^6$ vom 21/3. 1953, ausg. 22/3. 1956. Anmeldung bekanntgemacht 6/10. 1955.) E. DREWS. 8213

Esso Research & Engineering Co., Elizabeth, N. J., V. St. A., *Herstellung von Heizölgemischen* aus einer mercaptanhaltigen Roh-(virgin)-erdölheizölfraktion u. einer mercaptanhaltigen Spalterdölheizölfraktion, wobei die letztere vor der Berührung mit Luft mit wss. Alkalihydroxyd gewaschen wird u. erstere teilweise gesüßt wird. Dann mischt man die so behandelten Fraktionen. — Zeichnung. (**E. P. 743 425** vom 28/4. 1953, ausg. 18/1. 1956. A. Prior. 9/7. 1952.) P. UNGER. 8217

Standard Oil Development Co., Elizabeth, N. J., V. St. A., *Zusätze für Schmieröle,* bestehend aus öllösl. Polymerisaten eines Mol.-Gew. von mindestens 1000, bes. 2000—30000, aus komplexen Estern der allg. Formel R''OOC—R—COOR'—OOC—R—COOR'', in welcher R ein ungesätt. aliphat. KW-stoffrest mit 2—5 C-Atomen, R' ein Glykolrest der allg. Formel I wobei m eine ganze Zahl von 0—10, n eine ganze Zahl von 1—10 u. p eine ganze Zahl von 1—5 ist, u. R'' ein Rest eines gesätt. aliphat. Alkohols mit 8—20 C-Atomen, bes. der Rest eines Alkoholgemisches aus hydriertem Cocosnußöl mit ca. 13,5 C-Atomen, ist. — Zusatzmenge 0,01—10 Gew.-% der Ölbasis. (**D. B. P. 940 006** Kl. 23c vom 31/3. 1954, ausg. 8/3. 1956. Anmeldung bekanntgemacht 23/6. 1955. A. Prior. 1/4. 1953.) E. DREWS. 8221

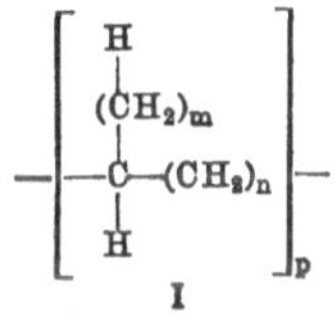

I

Esso Research & Engineering Co., Elizabeth, N. J., V. St. A. (Erfinder: **Michael Frederick Hoare**), *Extraktion von Mineralölverunreinigungen aus synthetischen Schmiermitteln* durch Behandlung der Mischung mit einer aliphat. Carbonsäure mit 1—6 C-Atomen/Mol., wobei sich das synthet. Schmiermittel (I) in der Säure löst u. eine eigene Phase bildet, die man von dem Mineralöl abtrennt. Darauf extrahiert man das **I** aus der Säure (z. B. Essigsäure, Eisessig mit bis zu 15 Vol.-% W.). Das **I** kann aus einem komplexen Ester oder einem Diester oder einem Gemisch beider bestehen. (**E. P. 740 558** vom 21/1. 1953, ausg. 16/11. 1955.) P. UNGER. 8221

Shell Development Co., New York, N. Y., übert. von: **Howard E. Schmitz,** Alton, Ill., V. St. A., *Mineralschmieröl* mit einem Geh. an 0,1—10 (Gew.-%) eines öllösl. Dihydrocarbyldithiocarbamates von Se (I), oder je 0,1—5 **I** u. Thiurampolysulfid. Das Schmieröl kann außerdem bis 10 eines öllösl. Salzes einer cycl. Säure enthalten. — Beispiele: 0,75 Se-Diäthyldithiocarbamat, 0,75 Tetraäthylthiuramdisulfid, 3 Pb- oder Al-Petroleumnaphthenat, Rest Mineralöl; 0,25 Se-Dibutylmonothiocarbamat, 0,25 Tetrabutylthiuramidsulfid, 1 Pb-Abietat, Rest Mineralöl. (**A. P. 2 713 558** vom 24/5. 1954, ausg. 19/7. 1955.) E. DREWS. 8221

Kurt Jaegers, Hamburg, *Stabile, besonders gegen Kleinlebewesen geschützte, wässerige Bohrölemulsionen,* bestehend aus in an sich bekannter Weise intensiv belüfteten Wasser-in-Öl-Emulsionen, denen an sich bekannte puffernde Verbb., wie Alkalisalze der Phosphorsäure, Kieselsäure, Borsäure bzw. deren Mischungen, zugesetzt sind. Der p_H-Wert kann 8,3—9 betragen. (**D. B. P. 941 091** Kl. 23c vom 8/2. 1952, ausg. 5/4. 1956. Anmeldung bekanntgemacht 27/1. 1956.) E. DREWS. 8221

Dow Corning Corp., übert. von: **John Junior May,** Midland, Mich., V. St. A., *Schmiermittel auf Polysiloxanbasis,* bestehend aus einem fl. Organopolysiloxan der allg. Formel $R_nSiO_{4-n/2}$, worin n einen durchschnittlichen Wert von 2—2,9 hat u. R ein Methyl- ein monocycl. oder halogenierter Arylrest ist, jedoch mindestens 37% u. gegebenenfalls bis zu 100% der gesamten R-Reste Methylreste sind, u. zweckmäßig 0,25—5 Gew.-%, berechnet auf Polysiloxan, einer halogenierten Fettsäure mit 1—12 C-Atomen sowie gegebenenfalls geringen Mengen bekannter Verdickungsmittel. — Beispiel: Schmiermittel aus einem Trimethylsiloxy-endblockierten Dimethylsiloxanpolymeren u. 2% Dichlor- oder α-Bromcapronsäure. (**D. B. P. 938 739** Kl. 23c vom 29/4. 1954, ausg. 9/2. 1956. Anmeldung bekanntgemacht 4/8. 1955.) E. DREWS. 8223

Shell Development Co., San Francisco, Calif., übert. von: **Donald S. Melstrom** und **Forrest J. Watson,** Oakland, Calif., V. St. A., *Schmiermittel auf Mineralölbasis,* gek. durch einen Geh. von 0,1—10 Gew.-% eines Polyalkylenpolysulfons (I) vom Mol.-Gew. 5000 bis 100000. Die Herst. von I erfolgt durch Mischpolymerisation aliphat. Olefine in einem Überschuß von fl. SO_2 bei ca. 10° in Ggw. von Peroxyden oder Nitraten. — Beispiel: Polysulfon aus Octen-1 oder n-Octadecen-1 u. SO_2. — Viscositätsindexverbesserer. (**A. P. 2 652 368** vom 21/6. 1949, ausg. 15/9. 1953.) E. DREWS. 8223

Atlantic Refining Co., Philadelphia, Pa., übert. von: **Joseph A. Kieras,** New London, Pa., V. St. A., *Extraktion und Fraktionierung von Erdölharzen mit n-Butanol.* Man erhält eine Anzahl von Erdölharzen, indem man eine mit Propan gefällte Asphaltfraktion in einer Extraktionszone mit n-Butanol behandelt. Man entfernt eine mit Propan gefällte Asphaltfraktion, die mindestens teilweise von Erdölharzen befreit ist, u. trennt aus der verbleibenden n-Butanollsg. der extrahierten Harze mehrerer Erdölharzfraktionen dadurch ab, daß man die Temp. der n-Butanollsg. der Erdölharze fortschreitend von 240°F auf Raumtemp. vermindert. — Zeichnung. (**A. P. 2 726 192** vom 9/10. 1952, ausg. 6/12. 1955.) P. UNGER. 8229

Generaldirektion Kraftverkehr und Straßenwesen, Berlin-Karlshorst (Erfinder: **Horst Walther,** Weimar), *Herstellung von Straßenbaubindemitteln aus Kondensationsprodukten von Braunkohlenteer-Kreosotölen,* ihren Fraktionen bzw. Mischungen mit Braunkohlenteeren u. -pechen. Es wird eine zur vollständigen Absättigung des Phenolkörpers des Braunkohlenteer-Kreosotöls unzureichende Menge Aldehyd, gegebenenfalls unter Zusatz geringer Mengen von Beschleunigern (Mineralsäuren, saure Salze), verwendet u. die Mischung bei 70° kondensiert u. anschließend durch Abdampfen entwässert. — 4000 (kg) rohes Braunkohlenteer-Kreosotöl (50—80% saure Anteile) werden mit 400 35%ig. wss. CH_2O-Lsg. vermischt u. unter Rühren auf 80° u. nach 1 Std. auf 100° erhitzt u. das W. bis auf >1,5% abgedampft. Das Prod. zeigt im Straßenteer-Konsistometer eine Auslaufzeit von 80—120 Sek. bei 30° (Düse: 10 mm). — Weitere Beispiele. (**D. P. [DDR] 3 306** Kl. 12r vom 3/1. 1951, ausg. 3/10. 1953 [Wirtschaftspatent].) O. KAYSER. 8237

XX. Schieß- und Sprengstoffe. Zündmittel.

Melvin A. Cook, G. Smoot Horsley, W. S. Partridge und **W. O. Ursenbach,** *Messung der Detonationsgeschwindigkeit und Wellenform in Abhängigkeit vom Durchmesser und Bestimmung der Reaktionsgeschwindigkeit von Trinitrotoluol.* Die Detonationsgeschwindigkeit (DG.) von Trinitrotoluol (I) der Korngrößen 0,20; 0,14; 0,10; 0,07 u. 0,009 cm wurde bei 1 mm-Papiereinschluß u. der ungefähren D. 1 g/cm³ in Abhängigkeit vom Ladungsdurchmesser d oscillograph. (Genauigkeit über ±0,2%) oder mit der Drehspiegelkamera (5 mm/µsec) ermittelt. Auch wurden die Formen der Wellenfront mittels der Kamera registriert Zur Einleitung der Detonation diente ein Sprengkörper aus I/Penthrit 1 : 1. — Die Ergebnisse werden unter den Gesichtspunkten der reaktionskinet. Theorie der Detonation von a) JONES sowie b) EYRING u. Mitarbeitern unter Zugrundelegung eines effektiven Ladungsdurchmessers $d' = d - 0,6$ cm u. Heranziehung des hydrodynam. berechneten Maximalwerts der DG. ausgewertet. Die Kurven DG./d stehen in gutem Einklang mit a), weniger mit b). Das letztere gilt auch hinsichtlich der Form der Wellenfronten. Der Einfl. der Korngrößen wird durch EYRING's Ansatz (c) einer konstanten Radialgeschwindigkeit des Kornabbrands richtig wiedergegeben. Stabile Detonation besteht jeweils bis herab zu einem krit. Durchmesser, bei welchem die DG. 75% der höchstmöglichen beträgt. Die Wellenfronten sind im wesentlichen sphär. mit Krümmungsradien R_m zwischen 0,7 d nach dem krit. Durchmesser der Nichtdetonation u. 1,9 d bei I-Ladungen gröbster Körnung von d 20 cm. — Auch R_m/d nimmt mit abnehmender Korngröße zu. — Eine als „geometr. Modell" bezeichnete Vorstellung wird auf

Grund der hydrodynam. Beziehungen der Detonation, des Ansatzes c u. der Proportionalität zwischen den für die DG. wirksamen Abschnitt der Reaktionszonenlänge mit d' entwickelt. Die erhaltenen Beziehungen, die für Teilchen vom mittleren Radius R_g eine Reaktionszeit $I = 2{,}6 \cdot 10^{-4} R_g \cdot c$ ergeben, stimmen sehr gut überein mit experimentellen Daten bei I u. anderen chem. einheitlichen Sprengstoffen u. eignen sich zur Unters. der relativen Reaktionsgeschwindigkeiten bin. u. komplexer Sprengstoffe mit Bestandteilen verschied. Reaktionszeit, welche nicht notwendig für sich allein explosionsfähig sind. Auf Anwendungen bei I-NH_4NO_3 u. I-$NaNO_3$-Mischungen wird hingewiesen. — Vgl. errechneter Geschwindigkeitskonstanten u. Aktivierungswärmen mit der aus Verss. zum therm. Zerfall extrapolierten Werten für I. (J. chem. Physics **24.** 60—67. Jan. 1956. Salt Lake City, Ut., Univ. of Utah, Explosives Res. Group.) H. AHRENS. 8294

Louis Médard, *Genormte Arbeitsverfahren der Sprengstoffuntersuchungen.* Festlegung unter Angabe der Auswertung u. der Genauigkeit der folgenden 14 im Labor. der Commission des Substances Explosives üblichen Untersuchungsverff. für Sprengstoffe: Sackungsdichte (wiederholtes Fallenlassen des Gefäßes aus 5 cm Höhe; Wiederaufnahme von Feuchtigkeit beim Lagern über Lsgg. definierten Dampfdrucks); Aufnahme von W. fertiger Patronen bei 100% relativer Feuchtigkeit; Ausschwitzung im Heizschrank (bei 40 oder 50°); Brennbarkeit des in einer Rinne liegenden Sprengstoffs; Brennbarkeit in spitzem Haufen; Sensibilität unterm kleinen Fallhammer (an 21 verschied. Sprengstoffen gefundene Ergebnisse sind zusammengestellt); Sensibilität unterm 30 kg-Fallhammer; Kompressibilität körniger Sprengstoffmasse in Abhängigkeit vom Preßdruck (mit Angabe der Kurven für Tetryl, Trinitrotoluol u. eines Ammonsalpetersprengstoffs); Weiterleitung des Druckes in der körnigen M. beim Pressen (aus den Dichteunterschieden nach dem Preßvorgang); Sensibilität gegenüber Initialen (Einw. von Hg-Fulminat in Mengen 0,20—3,00 g, ferner Einw. von Sprengkapseln verschied. Stärke, gegebenenfalls 10—50 g Pikrinsäure bzw. Penthrit mit 5% Mononitronaphthalin als Übertragungsladung; Ergebnisse von 10 Sprengstoffen); Detonationsübertragung (11 Beispiele); Vergleichszahl der spezif. Arbeitsleistung (C.U.P., als Bleiblockausbauchung, bezogen auf Pikrinsäure = 100; bei Sprengstoffen mit O-Überschuß soll dabei das Initial keine mitreagierenden Bestandteile u. O-Mangel enthalten; sehr reaktionsträge Stoffe werden in Mischung mit sensibleren geprüft u. ihr Anteil rechner. ermittelt. Begründung der Berechnungsformeln. Ergebnisse von 27 Sprengstoffen); Detonationsgeschwindigkeitsmessung nach DAUTRICHE. (Mém. Poudres **33.** 323—55. 1951. Commission des Substances Explosives, Labor.) H. AHRENS. 8304

L. W. Dubnow und **Je. M. Sintschenko,** *Sprengstoffe und Sprengmittel im Auslande.* Übersicht. (Горный Журнал [Berg-J.] **1956.** Nr. 1. 43—46. Jan.)

O. POLLAK V. EMHOFEN. 8304

„Elge" Erzeugung elektrischer Meßgeräte GmbH., Wien, Österreich, *Feststellung nicht detonierter Sprengladungen.* Jeder Ladung wird als akt. Sonde ein Permanentmagnet oder ein Resonator beigegeben. Bei ordnungsgemäßer Zündung wird die Aktivität der Sonde verändert oder zerstört. Bei nicht gezündetem Schuß läßt sich die Fernwrkg. (Magnetfeld, Strahlung) mittels eines Meßgerätes feststellen. (**Oe. P. 184 859** vom 12/6. 1953, ausg. 10/3. 1956.) W. WITTHOLZ. 8299

Glmite Corp., übert. von: **Lester P. Barlow,** Stamford, Conn., V. St. A., *Flüssig-Sauerstoffsprengkörper.* Feinverteilte Aktivkohle wird mit einer wss. Lsg. von H_3PO_4 mit 2,5—18% H_3PO_4 (bezogen auf das Kohlegewicht) zu einem Brei angeteigt u. bei 250 bis 450° F völlig getrocknet. Die so behandelte Kohle ergibt, mit fl. O_2 vollgesaugt, einen Sprengkörper mit erhöhter Handhabungssicherheit u. erhöhter Brisanz ohne Einbuße an Sprengkraft. (**A. P. 2 723 188** vom 31/1. 1955, ausg. 8/11. 1955.) A. GRADL. 8305

Imperial Chemical Industries Ltd., London (Erfinder: **James Taylor** und **Thomas James Reid**), England, *Ammoniumnitrat-Sicherheitssprengstoff* mit Trinitrotoluol u. NaCl als weitere Komponenten, gek. durch einen Geh. von mindestens 35% NaCl, wobei der Teil des NaCl, der 10 Gew.-% des gesamten Sprengstoffes ausmacht, eine solche Korngröße hat, daß er von einem 120 B.S.-Sieb zurückgehalten wird. (**E. P. 743 710** vom 19/11. 1952, ausg. 25/1. 1956.) A. GRADL. 8305

Nitroglycerin Aktiebolaget (Erfinder: **Bertil Petrus Enoksson**), Schweden, *Neutralisation der Salpetersäure in nitrierten Produkten,* z. B. bei der Nitrierung von Glycerin, Glykol, Bzl., Sorbit, Toluol u. anderen, unter Verwendung eines Gemisches von NH_4NO_3 u. NH_3 oder/u. einer organ. Base, z. B. Harnstoff, Anilin, Guanidin, Naphthylamin oder Hexamethylentetramin. NH_4NO_3 kann bis zu 50% durch $NaNO_3$ ersetzt werden, um den F. herabsetzen. — Man verwendet z. B. ein Gemisch aus 45 (%) Harnstoff, 47,5 $NH_4 \cdot NO_3$ u. 7,5 $NaNO_3$. — Das NH_4NO_3 wird in dem nitrierten Prod. fein dispergiert u. man erhält ein Prod., welches beständig ist u. *Sprengstoffe* liefert, die leichter in Kartuschen gepreßt werden können. (**F. P. 1 103 385** vom 2/7. 1954, ausg. 2/11. 1955. Schwed. Prior. 7/7. 1953.) M. F. MÜLLER. 8305

Raymond H. Heiskell, Compton, Calif., V. St. A., *Dunkelbrennender Zündsatz*, gek. durch einen Geh. von 45—85 (%) Bi_2O_3 u. von 15—55 Mn. Als weitere Zusätze kommen in Betracht: Bis zu 10 eines Binders wie Stearinsäure, bis zu 10 eines Gleitmittels wie Graphit. — Beispiel: 63 Bi_2O_3, 35 Mn, 2 Graphit oder Stearinsäure. (**A. P. 2 716 599** vom 1/12. 1949, ausg. 30/8. 1955.) A. GRADL. 8309

E. I. du Pont de Nemours & Co., Wilmington, Del. (Erfinder: **George Adelbert Noddin**, Paulsboro, und **Charles Philip Spaeth**, Woodbury), N. J., V. St. A., *Zündmittel* für Zünd-, Verzögerungs- oder Initialsätze aus einem reaktionsfähigen Metall u. einer in der Hitze O_2 abspaltenden Verb., gek. durch einen Geh. von 0,5—3% amorphen B u. 97—99,5% Pb_3O_4. Gegebenenfalls kann 0,5—1,5% eines Granulierungsmittels zugesetzt sein. Das Zündmittel ist durch eine gleichmäßige Verbrennung ausgezeichnet. (**D. B. P. 941 473** Kl. 78n vom 6/6. 1954, ausg. 12/4. 1956. Anmeldung bekanntgemacht 13/10. 1955.) A. GRADL. 8309

Imperial Chemical Industries Ltd., London (Erfinder: **Robert David John Owens** und **Charles Reid**), England, *Zündung von Zündschnüren.* Das Ende einer Sicherheitszündschnur wird mit einem wasserfesten Zündsatz (I) überzogen u. in eine Kappe aus duktilem Material gesteckt, wobei die Kappe am geschlossenen Ende einen Schlitz zur Aufnahme einer Anzündezündschnur hat. Für I wird eine Mischung aus Mennige, Si u. S-freiem Schwarzpulver in einer Nitrocellulosegelatine vorgeschlagen. — Zeichnung. (**E. P. 741 868** vom 24/10. 1952, ausg. 14/12. 1955.) A. GRADL. 8309

Aerojet-General Corp., Cincinnati, O., übert. von: **Herman Maisner**, Los Angeles, Calif., V. St. A., *Nitrokohlenwasserstoffe enthaltender Raketentreibstoff.* Aus fl. Nitro-KW-stoffen u. Nitrocellulose wird ein Gel von sirupöser bis fester Beschaffenheit hergestellt u. gegebenenfalls mit Chromacetylacetonat sensibilisiert. Als Nitro-KW-stoff wird Nitromethan bevorzugt. — Beispiel: 50—90 (%) Nitromethan, 10—50 Nitrocellulose, Spur (bis 3) Chromacetylacetonat. (**A. P. 2 712 989** vom 1/2. 1947, ausg. 12/7. 1955.) A. GRADL. 8311

August Coenders, Düsseldorf, *Herstellung pyrophorer Körper*, dad., gek., daß pyrophores Metallpulver, gegebenenfalls unter Zusatz elektrolyt. zersetzlicher, die Pyrophorität steigernder Salze, gepreßt u. im gleichen Arbeitsgang durch Stromdurchgang gesintert wird. Geeignete Salze sind z. B. Boroxyd u. LiOH. — Zündsteine für Feuerzeuge. (**D. B. P. 941 474** Kl. 78f vom 13/1. 1953, ausg. 12/4. 1956. Anmeldung bekanntgemacht 13/10. 1955.) A. GRADL. 8315

United States of America, übert. von: **Charles C. Price**, Urbana, Ill., **Orville H. Bullitt jr.**, Whitemarsh, Pa., **Herbert E. Hudson jr.**, Fairfax County, Va., und **Arthur M. Buswell**, Urbana, Ill., V. St. A., *Reines Senfgas* (I = Dichloräthylsulfid). Das rohe I wird mit W. gewaschen, getrocknet, dann unterhalb des Kp., höchstens auf 250°, erhitzt u. im Vakuum z. B. bei 100 mm zwischen 130 u. 140° destilliert. — Dem gereinigten I können noch Stabilisierungsmittel, wie Antioxydations- u. Korrosionsschutzmittel (Alkylamine) zugesetzt werden. — Vorr., Zeichnung. (**A. P. 2 691 626** vom 14/3. 1945, ausg. 12/10. 1954.) G. KRAUSS. 8317

XXIV. Photographie.

I. L. Roich, *Charakteristische Kurve der Photoschicht bei Einwirkung von Metallen.* Unter Verwendung verschied. photograph. Platten wurde die Abhängigkeit der photograph. Einw. von *Zn* u. *Mg* bei 50—75° von der Expositionszeit, Entwicklungszeit u. Entwicklungstemp. untersucht. Es zeigte sich, daß mit zunehmender Expositionszeit u. zunehmender Entwicklungszeit u. Temp. der Entwicklung die photograph. Einw. zunimmt. Die charakterist. Kurven sind den Kurven bei Lichteinw. völlig ähnlich. Auch sie weisen Gebiete der Unterexposition, der n. Exposition u. der Solarisation auf. (Журнал Физической Химии [J. physik. Chem.] **26**. 1573—76. Nov. 1952. Odessa, Stalin-Inst. für Mühleningenieurwesen.) O. LEBTAG. 8598

A. W. Borin, A. F. Makowski, M. G. Odinzow, Ss. A. Iwlewa und **W. I. Awwakumow**, *Photographisches Material mit konstantem Wert des Kontrastkoeffizienten im sichtbaren Spektralgebiet.* Um photograph. Material mit einem konstanten, von der Wellenlänge λ unabhängigen Kontrastkoeff. γ zu erhalten, tragen Vff. auf die Unterlage zunächst eine Schicht von nichtsensibilisierter Emulsion auf, dann eine Emulsion mit Zusatz eines im Gebiet $\lambda = 5000—7000$ Å sensibilisierenden disubstituierten Thiocarbocyaninfarbstoffs in Methanollsg. u. eines besonderen Sensibilisators für das gelb-grüne Spektralgebiet. Die im Gebiet 4100—6100 Å in Abständen von 100 Å durchgeführten Messungen ergeben γ-Werte zwischen 0,90 u. 1,14, im Mittel 1,05. Auch von der Temp. des Entwicklers (13—20°), der Durchmischungsgeschwindigkeit beim Entwickeln, der Belichtungsdauer (2—90 Min.) u. der Zus. des Entwicklers sind die γ-Werte weitgehend unabhängig. (Журнал Технической Физики [J. techn. Physik] **24.** 1499—1502. Aug. 1954.) R. K. MÜLLER. 8600

H. Ammann-Brass, *Über Untersuchungen des Reifungsprozesses in Silberhalogenid-Gelatine-Emulsionen: Der Einfluß der Gelatine.* Bei der Herst. photograph. Emulsionen spielt die *Gelatine* eine entscheidende Rolle. Mit ihrer Hilfe läßt sich der Emulsionsprozeß weitgehend steuern. Photograph. Gelatinen enthalten neben der Grundsubstanz, dem Gemisch hochmol. *Proteine,* reifungsakt. u. reifungsinakt. Begleitstoffe. Reifungsakt. Stoffe beschleunigen oder hemmen die physikal. Reifung. Sie lassen sich von der Grundgelatine abtrennen durch Auswaschen mit kaltem W., Adsorption an Aktivkohle, Behandlung mit Ionenaustauschern. Unter reifungsinakt. Begleitstoffen sind solche zu verstehen, die als Verunreinigungen in der Gelatine vorkommen, jedoch an der Reifung nicht oder nur unwesentlich beteiligt sind. Die Herst. von Grundgelatine hat immer mehr an techn. Bedeutung gewonnen. Inertgelatinen sind solche, die frei von *S*-Sensibilisatoren sind. Man kann eine Gelatine „inertisieren" durch Behandeln mit H_2O_2, Aktivkohle, Ionenaustauschern oder Ag-Salzen wie $AgNO_3$ oder AgCl. Die Abtrennung von Hemmkörpern gelingt nur zeitweilig, wobei anscheinend die p_H-Bedingungen in der Gelatinelsg. von Bedeutung sind. Niedermol. Hemmkörper lassen sich ebenfalls mit Aktivkohle oder Ionenaustauschern abscheiden. Sind hochmol. Grundkörper selbst Träger der hemmenden Funktionen, so kann an eine Entfernung der Hemmkörper nicht mehr gedacht werden. Die reproduzierbare Einstellung der Eigg. „natürlicher" Gelatinen durch dosierte Zusätze von reifungsakt. Stoffen zu Grundgelatinen ist bisher noch nicht in zufriedenstellender Weise gelöst. Nach dem vom Vf. ausgearbeiteten Prüfungstest ist es möglich, aus der Form der Trübungskurven auf die Wirkungsgleichheit von akt. Zusätzen zu schließen. Die Auffassung von SHEPPARD, daß es sich bei den in natürlichen Gelatinen vorkommenden Reifkörpern um *Allylsenföl*-Derivv. handle, kann als widerlegt angesehen werden. Dagegen werden durch Zusatz von *Thiosulfat* u. *Trithionat* zu Grundgelatinen Wirkungen erzielt, wie sie von den Unterss. n. Photogelatinetypen her bekannt sind. Der Reifkörpergeh. läßt sich mit Hilfe der FEIGLschen *Jodazid*-Rk. bestimmen. Die Aktivschwefelmenge in Photogelatinen liegt zwischen 0 u. 3 g je 100 kg Trockensubstanz. Wenig bis mittelakt. Gelatinen enthalten 0,5—1,0 g Aktivschwefel. Beim Standardtrübungstest mit Sicherheit erkennbar sind Mengen über 0,3 g Aktiv-S-Geh. auf 100 kg lufttrockenen Gelatine. Für eine Reihe von typ. Gelatinen werden die Trübungsänderungen in chlorsilberarmen AgCl-Emulsionen während der physikal. Reifung in Abhängigkeit von der Reifungsdauer kurvenmäßig dargestellt. Es wurde versucht, durch Vgll. zwischen 326 Einzelunterss. gemeinsame bzw. spezif. Merkmale der Gelatinen herauszufinden. Als Kriterium hierfür wird die „Trübungszunahme" eingeführt, das ist die Zunahme der Trübung, die bei Verdoppelung der Reifzeit eintritt. Auch die statist. Auswertung der Verss. zeigt, daß es möglich ist, akt. S in photograph. Gelatinen mit Hilfe der Trübungsmessung nachzuweisen. — 31 Literaturhinweise. (Z. wiss. Photogr., Photophysik Photochem. **50 I.** 173—97. 1955. Fribourg, Schweiz, Labor. für Photograph.-Chem. Industrie.) W. GÜNTHER. 8600

R. Tzschaschel und **W. Lohmann,** *Untersuchungen über physikalische Eigenschaften der neuen Agfa-K 3-Platten (Kernphotoplatten mit borhaltiger Emulsion).* Mit K 3-Platten sollte der natürliche Neutronenfluß in einer bestimmten Erdtiefe gemessen werden (Kalibergwerk „Glückauf", 662 m Tiefe = 1590 m Wasseräquivalent). Dazu war es nötig, die physikal. Eigg. dieser Plattensorte zu kennen. Zunächst wurden die günstigsten Bedingungen für die Temperaturentw. ermittelt. Eine Eichung der Platten mit einer Radium-Beryllium-Neutronenquelle ergab eine Reichweiteverteilung mit einer durchschnittlichen Reichweite von 5,5 $\pm$ 0,2 μ, die einer $^{10}B(n, \alpha)$-Rk. entspricht. Die Unterss. über natürliches u. künstliches Fading (Spurenauslöschung) zeigten, daß in einer Atmosphäre von 100% relative Luftfeuchte bei 35° eine totale Spurenauslöschung in ca. 35 Std. zu erreichen ist. Die Neutronenempfindlichkeit von K 3-Platten verschied. Borgeh. wurden untersucht. Bei drei Emulsionen mit 100 μ Schichtdicke u. 0,0085, 0,017 u. 0,063 g Bor/cm^3 ergab sich ein Empfindlichkeitsverhältnis von 1,0 : 3,3 : 4,9. Die Best. des natürlichen Neutroneneinfl. in 1590 m Wasseräquivalent ergab einen Wert von 1,8 $\pm$ 0,2 langsame Neutronen $\cdot cm^{-2}d^{-1}$. Die Abweichungen des Flusses von dem in dieser Tiefe theoret. zu fordernden Wert Null läßt sich auf radioakt. Verunreinigungen im Gestein zurückführen. (Z. wiss. Photogr., Photophysik Photochem. **50 II.** 451—63. 1955. Jena, Inst. für Mikrobiol. u. Experimentelle Therapie, Biophysikal. Abt.)
W. GÜNTHER. 8600

E.-J. Birr, *Beiträge zum Mechanismus der Stabilisierung photographischer Emulsionen. 6. Mitt. Weitere Untersuchungen über die Adsorption der Azaindolizine am Halogensilberkorn photographischer Emulsionen.* (5. vgl. C. **1956.** 10 834.) Vf. hatte an Adsorptionsmessungen gezeigt, daß bei Verwendung von *Azaindolizinen* als Stabilisator für photograph. Emulsionen der wirksame Anteil nicht am Halogensilberkorn sitzt, sondern sich in der Gelatinephase zwischen den Körnern befindet. Zur Stützung dieser Annahme wird die gegenseitige Beeinflussung der Adsorption von Sensibilisatoren u. Triazaindolizinen am Halogensilberkorn untersucht. Als Modellkörper wurde wie in den früheren Unterss. das *5-Methyl-7-oxy-2.3.4-triazaindolizin* gewählt, als Sensibilisatoren dienten ein *Thiocarbocyaninperchlorat*, ein *Selenocyaninnitrat*, ein *Oxodicarbocyaninnitrat* u. ein *Dimethinrhodacyaninbromid.* Es kann gezeigt werden, daß die Adsorption des Sensibilisators am Halogensilberkorn durch das Azaindolizin als Stabilisator nicht vermindert wird, daß dagegen der Sensibilisator die Adsorption des Stabilisators in den meisten Fällen vermindert, ohne daß photograph. eine Verringerung der Haltbarkeit der sensibilisierten Emulsion zu beobachten ist. Dieses Ergebnis bestätigt die frühere Feststellung, daß die Stabilisierung der untersuchten Azaindolizinhomologen von dem Teil des Stabilisators gelenkt wird, der sich in der Gelatinephase zwischen den Halogensilberkörnern befindet — Weitere Verss. befassen sich mit der photograph. Wrkg. der Azaindolizine als Zusätze zu Entwicklern. Vergleichsweise wird die klarhaltende Wrkg. von *Nitrobenzimidazol*, *Benztriazol*, *Phenylmercaptotetrazol* u. *KBr* in einem Metol–Hydrochinon-Entwickler untersucht. Die Klarhaltung im Entwickler ist auf das engste mit der Adsorption der Verbb. am Halogensilberkorn verbunden. Die prakt. vom Halogensilberkorn nicht adsorbierten Azaindolizine wirken als Emulsionszusatz nur in der Emulsion als Stabilisatoren, entsprechend der nichtadsorbierten, in der Phase zwischen den Halogensilberkörnern befindlichen Menge. Im Entwickler sind diese wirkungslos. Die vom Halogensilberkorn adsorbierten Homologen wirken als Emulsionszusatz entsprechend der adsorbierten Menge: in der Emulsion als Stabilisatoren während der Lagerung, während der Entwicklung als Klarhalter. — Zwischen der Blautonung des entwickelten Silbers u. der Adsorption oder Nichtadsorption der Substanzen am Halogensilberkorn besteht kein einfacher Zusammenhang. (Z. wiss. Photogr., Photophysik Photochem. **50 I.** 124—38. 1955. Wolfen, Agfa-Filmfabrik, Wiss. Labor.) W. GÜNTHER. 8600

A. Narath und **H. Gernert,** *Über die Goldsalzsensibilisierung von Kunststoff-Emulsionen auf der Basis des Polyvinylalkohols.* Vollammoniakal. Kunststoffemulsionen auf Basis des *Polyvinylalkohols* befriedigten bisher wegen ihrer geringen Empfindlichkeit nicht. Es wurde deswegen versucht, durch Zugabe von *Au*-Salzen in den Ansatz u. zur Nachreife die Empfindlichkeit zu steigern. Es gelang durch diese Maßnahmen, Empfindlichkeitssteigerungen um den zehnfachen Betrag zu erreichen. Als Au(I)-Komplexbildner wurden in Kombination mit $KAuCl_4$ folgende Verbb. verwendet: *KCNS*, $Na_2S_2O_3$, *Thioharnstoff* u. *Thiosinamin.* Als günstigstes Mengenverhältnis für 200 g Emulsion (Darstellungsrezept vgl. Original) wurde die Mischung von 50 mg KSNS u. 2 mg $KAuCl_4$ ermittelt. *l-Cystin* u. *l-Cystein* desensibilisieren die mit Au(I)-Komplexverbb. sensibilisierte u. mit *α-Naphthol* gelierte vollammoniakal. Polyvinylalkoholemulsion. *dl-Histidin* u. *Tyrosin* zeigen keine nennenswerten Einww. auf die photograph. Eigg. dieser Emulsion. Reift man eine mit α-Naphthol gelierte Typemulsion ohne Goldsalzsensibilisierung 6 Std. bei 80° nach, so verschleiert sie vollständig. Auch bei einer 48std. Alterung bei 60° verschleiert sie stark. Dagegen besitzt eine mit Au-Salz sensibilisierte Polyvinylalkoholemulsion, die ohne Zusatz von α-Naphthol hergestellt wurde, eine gute Stabilität. (Z. wiss. Photogr., Photophysik Photochem. **50 I.** 225—39. 1955. Berlin-Charlottenburg, TU, Inst. für Angew. Photochem.) W. GÜNTHER. 8604

H. Zwicky, *Über den Unterschied der Schwärzungswerte photographischer Schichten in trockenem und nassem Zustand.* Bei der Verarbeitung photograph. Schichten wird häufig beobachtet, daß sich eine bestimmte Schwärzung im Verlauf des Trockenvorganges wesentlich ändert. Die Schwärzung kann, verschieden nach Material u. Trockenbedingungen, zu- oder abnehmen. Die Schwärzungsänderungen lassen sich durch zwei einander entgegenwirkende Umstände deuten: Schwärzungszunahme tritt ein durch eine Änderung der Lage der Ag-Körner infolge einer meist schwachen Vergrößerung ihrer Projektion; ein Schrumpfen des Silberfadenknäuls verursacht eine Verkleinerung seiner Projektion u. damit eine Schwärzungserniedrigung. Die verschied. Möglichkeiten werden durch Kornaufnahmen, Schwärzungsmessungen u. Ag-Bestimmungen sowie durch Ermittlung von Korngrößenverteilungskurven belegt. Die AgBr-Körner werden bei der Entw. entsprechend dem mechan. Widerstand der sie umgebenden Gelatineschicht in voluminösere oder kompaktere Silberknäuel übergeführt. (Z. wiss. Photogr., Photophysik Photochem. **50 II.** 415—24. 1955. Burgdorf, Typon A. G., Labor.)
W. GÜNTHER. 8604

A. H. Cuisinier, *Ergänzende Bemerkungen über die Empfindlichkeitssteigerung von Emulsionen.* Vf. gibt eine Zusammenstellung von Entwicklerrezepten, die geeignet sind, die letzten Empfindlichkeitsreserven aus einem photograph. Material herauszuholen. Es wird empfohlen, bei Tempp. bis zu 25° u. mit ätzalkal. Entwicklern zu arbeiten. (Photographe **46.** 70—71. 20/2. 1956.) L. GÜNTHER. 8618

H. Staude und **M. Teupel,** *Die Abhängigkeit der Extinktion bei o-, m- und p-Oxyphenol vom p_H-Wert.* In Fortsetzung früherer Unterss. (vgl. NENS u. STAUDE, C. **1954.** 4309) untersuchten Vff. den Einfl. der p_H-Änderung auf Verlagerung des Absorptionsmaximums, auf Intensität u. Breite der Absorptionsbanden bei den Entwicklungssubstanzen *Brenzcatechin, Resorcin* u. *Hydrochinon.* Die untersuchten Substanzen zeigen zwischen 2000 u. 30000 Å zwei Absorptionsbanden, von denen das Maximum der kürzerwelligen, das etwa bei 2200 Å liegt, mit der zur Verfügung stehenden App. nicht ermittelt werden konnte. Das Hauptmaximum wird mit zunehmendem p_H nach längeren Wellen hin verschoben: zwischen p_H 5,5 u. 13,7 bei Brenzcatechin von 2750 (in Å) auf 2965, bei Resorcin von 2740 auf 2895, bei Hydrochinon von 2880 auf 3200 (Tabelle). Diese Verschiebung hängt offenbar mit der Dissoziation zusammen, da ein derartiger Effekt bei Abspaltung von Protonen bei zahlreichen Substanzen beobachtet worden ist. Bei der o- u. m-Verb. tritt eine starke Erhöhung der Banden mit Abnahme des p_H auf. Bei allen drei Verbb. wird mit zunehmendem p_H eine Verbreiterung der Banden beobachtet, die bei der p-Verb. am beträchtlichsten ist. Mit der Rotverschiebung der Banden ist noch eine Verflachung der Kurven verbunden. Mit abnehmendem p_H tritt eine Verbreiterung ein, die von o über m nach p zunimmt. Auch hier macht Hydrochinon eine Ausnahme insofern, als die Kurve von p_H 8—10,5 gleichmäßig ansteigt, während die anderen Verbb. deutliche Absätze zeigen. Bei der m-Verb. ist die Verbreiterung am geringsten. Es wird angenommen, daß bei der o- u. m-Verb. in zwei ziemlich weit auseinander liegenden p_H-Bereichen zwei Arten von Gleichgewichten bzgl. der Abspaltung des ersten u. zweiten Protons vorliegen: 1. $R(OH)_2 \rightleftharpoons R(OH)O^- + H^+$; 2. $R(OH)O^- \rightleftharpoons R(O)O^{2-} + H^+$. Die Bandenverbreiterung läßt auf Lockerung der Elektronen des Chromophors schließen, da ein schmales Absorptionsband nach MOHLER einen geschützten Elektronensprung anzeigt. Die Lockerung der Elektronen würde die zunehmende leichtere Oxydierbarkeit in alkal. Lsg. erklären. Damit ist in Einklang zu bringen, daß die m-Verb. am beständigsten ist, während die p-Verb., die die größte Verbreiterung zeigt, am raschesten oxydiert. (Z. wiss. Photogr., Photophysik Photochem. **50 II.** 425—33. 1955. Leipzig, Univ., Physikal.-Chem. Inst.) W. GÜNTHER. 8618

Ss. W. Wassiljew, *Regenerierung von Silber aus alkalischen Fixierlösungen durch Lichteinwirkung.* $Ag_2S_2O_3$-Komplexsalze, wie sie im verbrauchten Fixierbad enthalten sind, werden durch Einw. von sichtbarem, besser von UV-Licht, unter Abscheidung von Ag red., im Dunkeln erfolgt diese Red. nur in Ggw. von reduzierenden Substanzen. Fixiersalzlsgg. mit 4,8 g Ag/Liter werden in PETRI-Schalen der Einw. von Sonnenlicht im Schnee bei Lufttemp. 0 bis +8° ausgesetzt, ein anderer Teil wird der Bestrahlung einer 500 W-Lampe bei ca. 20—25° unterzogen u. ein Teil der gleichen Lsg. im Dunkeln stehen gelassen. Außerdem werden analoge Verss. mit gebrauchten Fixierbädern u. mit $AgNO_3$ (**I**)-Lsgg. gemacht. Frische Fixiersalzlsgg. zeigen beim Stehenlassen im Dunkeln keinerlei Abscheidungen, gebrauchte Fixierbäder infolge der Ggw. von reduzierenden Substanzen geringe Ausfällung. Beide Lsgg. scheiden nach 2 std. Belichtung Ag ab. Auch aus **I**-Lsgg. erfolgt nach Lichteinw. geringere Ag-Abscheidung. Zusatz von NaOH beschleunigt die Abscheidung wesentlich. Im Dunkeln erfolgt eine vollständige Ag-Abscheidung bei 30% NaOH, bei Belichtung kann diese Menge wesentlich red. werden. An Stelle von NaOH kann Na_3PO_4 oder auch Natriumsilicat genommen werden. Vf. nimmt zuerst eine Abscheidung des Ag als Ag_2O an, weitere Red. zu Ag durch Belichtung. (Журнал Прикладной Химии [J. angew. Chem.] **27.** 258—64. März 1954. Tschuwasch. Pädagog. Inst., Chem. Lehrstuhl.) H.-A. OEHRN 8620

Ss. A. Bongard, A. N. Iordanski und **W. Ss. Tschelzow,** *Farbstoffausbeute bei der Farbentwicklung.* Zwecks Best. der Farbausbeute (Farbstoffkonz. C_F/Ag-Konz. C_{Ag}) wurden photograph. Emulsionen verschied. Körnigkeit in Ggw. eines nicht näher bezeichneten Aroylessigsäureanilidderiv. (**I**; Gelbentw.), einer nicht näher bezeichneten Pyrazolonverb. (**II**; Purpurentw.) oder 1.2-Dioxynaphthalin-4-sulfonsäure (**III**; Blauentw.) mit Diäthyl-p-phenylendiamin unter starker Variation von Belichtung u. Entwicklungszeit entwickelt. Es wurden folgende Werte für die Farbausbeute erhalten: 0,21 mit **I**, 0,19 mit **II**, 0,47 mit **III**, entsprechend 84%, 76% u. 188% der Theorie. Der Wert für **III** bestätigt die Literaturangaben, wonach **III** mit einer Sulfogruppe in 4-Stellung bei der oxydativen Kondensation mit p-Phenyldiaminderivv. einige Substituenten abspaltet. Unter Berücksichtigung dieser Tatsache ergibt sich für **III** eine Farbausbeute von 94%

der Theorie. (Доклады Академии Наук СССР [Ber. Akad. Wiss. UdSSR] [N. S.] **84**. 81—84. 1/5. 1952.) O. LEBTAG. 8630

R. Reuther und **R. Meyer,** *Bestimmung der Spektralempfindlichkeit von Agfacolorfilmen.* Vff. beschreiben eine halbautomat. App. (Schemaskizze) zur Best. der spektralen Empfindlichkeit photograph. Materialien u. führen mit ihr Messungen der spektralen Empfindlichkeitsverteilung an Agfacolor-Negativ-T- u. -Positivfilm durch. Für beide Filme werden die Spektralempfindlichkeitskurven (Gelb-, Purpur- u. Blaugrünschicht) in absol. Maß (erg/cm^2) angegeben. Überraschenderweise wird festgestellt, daß Nebenmaxima auftreten. An den zur Verfügung stehenden Einzelschichten wurde nachgeprüft, ob es sich bei diesen Nebenempfindlichkeiten um „echte" Empfindlichkeiten oder nur durch den Mehrschichtguß bedingte Effekte handelt. Als einziges Nebenmaximum konnte an den Einzelschichten das der Blaugrünschicht des Negativfilms bei 480 mμ nachgewiesen werden. Alle anderen Nebenmaxima sind durch gegenseitige Beeinflussung der Teilschichten bedingt u. lassen sich durch Diffusionsvorgänge deuten, z. B. durch Diffusion der opt. Sensibilisatoren, der Komponenten oder der Entwickleroxydationsprodukte. (Z. wiss. Photogr., Photophysik Photochem. **50 I.** 96—106. Dez. 1955. Dresden, TH, Wiss.-Photograph. Inst.) W. GÜNTHER. 8630

O. Süs, *Lichtreaktion von o-Chinondiaziden — Photosynthese von Cyclopentadien — und Pyrrolabkömmlingen.* Vf. gibt eine Zusammenfassung seiner Arbeiten über Photosynthesen von *Cyclopentadien-* u. *Pyrrol*-Abkömmlingen (36 Literaturhinweise, vgl. u. a. C. **1954.** 1714). Bei der Einw. von Licht auf Diazoverbb. aus *o-Aminophenolen* (*o-Chinondiazide*) mit negativen Substituenten entstehen Farbstoffe, die in der Diazotypie unter der Bezeichnung *Lichtfarbstoffe* bekannt sind. Die Konst. dieser Farbstoffe u. der Reaktionsmechanismus bei ihrer Entstehung konnten aufgeklärt werden. Es liegen Azofarbstoffe vor, die schon während des Belichtungsprozesses durch Vereinigung von 1 Mol des Lichtzersetzungsprod., einer *Cyclopentadiencarbonsäure,* mit noch unzers. Diazoverb. entstehen. In völliger Abweichung von dem Verh. n. *Diazoverbb.* im Licht erleiden die o-Chinodiazide eine eigenartige Umlagerung, wobei aus dem nach der N_2-Abspaltung verbliebenem Rumpfmol. unter Ringverengerung *cycl. Ketene* entstehen, die unter Anlagerung von W. in Cyclopentadiencarbonsäuren übergehen. Bei Anwesenheit negativer Substituenten im Mol. der o-Chinondiazide der Benzolreihe kuppeln die entstehenden Carbonsäuren mit noch unzers. Diazoverb. auch im sauren Medium unter Bldg. der Lichtfarbstoffe. Bei der Einführung von positiven Substituenten bleibt die Farbstoffbldg. auch bei den o-Chinondiaziden der Benzolreihe aus. Die im Licht entstehenden Cyclopentadiencarbonsäuren können isoliert u. auf diesem Weg präparativ dargestellt werden. Bei den o-Chinondiaziden höher kondensierter, aromat. Ringsysteme tritt auch bei Anwesenheit negativer Substituenten keine Farbstoffbldg. ein. Es entstehen ausschließlich Cyclopentadiencarbonsäuren mit ankondensierten aromat. Ringen. Aus den direkten Lichtreaktionsprodd., den Carbonsäuren, konnten durch Decarboxylierung bis dahin unbekannte KW-stoffe dargestellt werden. Bei der Übertragung der Licht-Rk. auf die o-Chinondiazide der heterocycl. Reihe gelangt man zu Cyclopentadienabkömmlingen mit ankondensierten heterocycl. Ringen, zu neuartigen Ringsystemen der heterocycl. Reihe. o-Chinondiazide mit einem die Diazogruppe enthaltenden chinoiden Pyridinring gehen über in *Pyrrol*-Abkömmlinge. Es konnte gezeigt werden, daß die Licht-Rk. allg. anwendbar ist für die präparative Darst. von Fünfringsystemen. Der Übergang der alkaliunlösl. o-Chinondiazide in alkalilösl. Carbonsäuren unter der Einw. von Lieht hat in der photomechan. Reproduktionstechnik eine techn. Anwendung für die Herst. von Druckformen gefunden. (Z. wiss. Photogr., Photophysik Photochem. **50 II.** 476—517. 1955. Kalle & Co. A. G., Hauptlabor.) W. GÜNTHER. 8648

Buchet Fils & Ch. Colcombet, Frankreich, *Lichtstreuender Schirm.* Bei der Aufnahme von photograph. u. kinematograph. Bildern werden Schirme verwendet, die aus reliefartigen Geweben bestehen u. zusammengesetzt sind aus synthet. Fäden, wie Cellulosederivv. oder Polykondensaten, z. B. Polyaminen. (**F. P. 1 085 105** vom 18/6. 1953, ausg. 27/1. 1955.) G. GROTE. 8599

E. I. du Pont de Nemours & Co., Wilmington, Del., V. St. A., *Haftschichten für Halogensilber-Gelatine-Emulsionen auf hydrophoben Trägern.* Auf Filme aus hydrophoben Celluloseestern, Polyamiden, Polyestern u. Polyesteramiden wird zunächst eine 0,0005 bis 0,00005 in. dicke Schicht eines hochpolymeren Polyesters aus Glykol + Terephthalsäure aufgetragen, der ein Mol.-Gew. von mindestens 5000 hat u. zu mindestens ½% in Trichloräthylen lösl. ist. Nach dem Trocknen kann vor dem Aufgießen der Emulsion noch eine Dispersion von Gelatine in einem Quellungsmittel für den Polyester, z. B. Aceton, CCl_4 usw. aufgetragen werden. (**E. P. 700 957** vom 24/12. 1951, ausg. 16/12. 1953. A. Prior. 20/1. 1951.) A. KALIX. 8613

J. Theodor Geitmann, Hückeswagen, *Entwickler.* Der Entwickler besteht aus einer 3—4%ig. $Na_2S_2O_4$-Lsg., die soviel alkal. reagierende Verbb. enthält, daß sie neutral oder alkal. reagiert. Hierzu wird z. B. soviel MgO zugesetzt, daß noch etwas ungelöst bleibt. Die Lsg. kann außerdem noch die üblichen organ. Entwicklersubstanzen enthalten. (**D. B. P. 942 188** Kl. 57b vom 2/4. 1952, ausg. 26/4. 1956. Anmeldung bekanntgemacht 27/10. 1955.) A. KALIX. 8619

Gevaert Photoproducten N. V., Mortsel bei Antwerpen (Erfinder: **Jezef Frans Willams**, Trier), Belgien, *Bleichfixieren von farbig entwickelten Bildern.* Das Farbbild, das noch Ag enthält, wird mit einer Lsg. behandelt, die außer einem Halogensilber-Lösungsm. einen Co(III)–Ammin-Komplex der allg. Formel $[Co^{\cdots}(X)_m(Y)_n]Z_p$ enthält. Hierin ist X = NH_3 oder eine organ., N-haltige Gruppe, Y = H_2O oder ein Säurerest, Z ein Ion, das die Ladung von [· · ·] neutralisiert, m = 4 oder 5, n = 1 oder 2, m + n = 5 oder 6, p = 1, 2 oder 3. — Beispiele: $[Co(NH_3)_5H_2O]Cl_3$ (I). $[Co(NH_3)_5SO_4]HSO_4 \cdot H_2O$, $[Co(NH_3)_4Cl_2]Cl \cdot H_2O$, [Co(Äthylendiamin)$_2Cl_2$]Cl. Beispiel: 7,5 (g) KOH, 20 Citronensäure, 35 I, 150 $Na_2S_2O_3 \cdot 5\ H_2O$ in 1 Liter Wasser. (**D. B. P. 934 512** Kl. 57b vom 12/3. 1954, ausg. 27/10. 1955. Anmeldung bekanntgemacht 28/4. 1955.) A. KALIX. 8631

General Aniline & Film Corp., New York, N. Y., übert. von: **Robert C. Gunther**, Galesburg, Ill., und **Vsevolod Tulagin**, Phillipsburg, N. J., V. St. A., *Entfernung von Farbschleiern.* Der bei der Erzeugung von Azinfarbstoffbildern durch Entw. mit 2.4-Diaminoanilinen entstehende Farbschleier wird durch Einw. einer Lsg. von 0,5—5, bes. 3—5% Brenztraubensäure (auch α- oder β-substituiert) innerhalb weniger Min. restlos beseitigt. Geeignet sind z. B. 3-Methyl-, Benzoyl-, p-Toluyl-, β.β-Diacetyl-, β.β-Dicarboxy-, Isopropylmethinylbrenztraubensäure, 2-Oxocyclohexanglyoxylsäure u. 4-Oxo-3-piperidingloxylsäure. (**A. P. 2 618 559** vom 21/3. 1950, ausg. 18/11. 1952.) A. KALIX. 8631

Kodak N.V., Haag, Holland, *Farbkopien.* Das durch ein mehrschichtiges Mehrfarbennegativ durchgelassene Licht wird integriert u. seine Abweichung von Neutralgrau gemessen. Bei der Kopie wird diese Differenz durch eine Zusatzbelichtung kompensiert, wobei die letztere außerdem auf die gegebenenfalls vom Negativmaterial abweichende Farbempfindlichkeit der Positivschichten abgestimmt wird. (**Holl. P. 74 610** vom 8/3. 1949, ausg. 15/5. 1954. A. Prior. 11/3. 1948.) A. KALIX. 8631

Fernand Merlaud, Seine, Frankreich, *Direktherstellung farbiger Positive in einem photographischen Mehrschichtmaterial durch Bildumkehrung.* Man behandelt das belichtete Material mit einem Schwarz–Weiß-Entwickler, anschließend in einem Unterbrechungsbad u. bewirkt dann vollkommene Verschleierung durch Einw. von z. B. infraroten UV- oder X-Strahlen. Nach erfolgter Farbentw. u. Behandlung im Unterbrechungsbad wird das in den Schichten enthaltene Ag gebleicht u. entfernt. Durch weitere Behandlung im Unterbrechungs- u. Fixierbad erhält man schließlich ein farbiges Positiv. (**F. P. 1 104 605** vom 13/7. 1954, ausg. 22/11. 1955.) H. ASMUS. 8631

E. I. du Pont de Nemours & Co., Wilmington, Del., übert. von: **Henry J. Schwalenstocker**, Rochester, N. Y., V. St. A., *Bildtonverbesserung bei der Hochglanzheißtrocknung,* Der lichtempfindlichen Schicht werden bei der Herst. Salze aus substituierten Mercaptoazolen (I) mit substituierten Biguaniden der allg. Formel $HN[C(NH)NHR]_2$ in Mengen von 0,1—1 Gew.-%, bezogen auf die Ag-Menge, zugesetzt. Hierbei sind die beiden R Alkyl- oder Arylgruppen u. die I Alkyl- oder arylsubstituierte 2-Mercaptobenzthiazole, -benzoxazole oder 5-Mercaptotetrazole. Diese Verbb. können auch einer Schutzschicht, dem Entwickler, Fixierbad oder einer besonderen Lsg. zur Nachbehandlung der Bilder zugesetzt werden. Bes. geeignet ist *Phenylbiguanidmercaptobenzothiazol.* (**A. P. 2 668 113** vom 26/1. 1951, ausg. 2/2. 1954.) A. KALIX. 8637

Kodak Ltd., London, England, übert. von: **Louis Morton Minsk**, Rochester, N. Y., V. St. A., *Herstellung eines lichtempfindlichen Zimtsäureesters von Polyvinylalkohol* (I), dad. gek., daß I mit Zimtsäurehalogeniden, wie Zimtsäurechlorid, o-Chlorzimtsäurechlorid, α-Phenylzimtsäurechlorid oder β-Phenylzimtsäurechlorid, in Ggw. eines säurebindenden Mittels, z. B. Pyridin, erhitzt wird, bis I mehr als 60% verestert ist. Der Ester wird dann in einem inerten Lösungsm. teilweise so verseift, daß der Zimtsäureestergeh. von I nicht unter 60 Mol-% sinkt. Als Verseifungsmittel dienen Alkalialkoholate. — Z. B. werden 660 (g) I mittlerer Viscosität mit Pyridin erhitzt, nach 16 Std. mit 3000 Zimtsäurechlorid versetzt u. die Temp. bei 50° gehalten. Nach 4 Std. wird die Lsg. mit Aceton verd. u. in W. gefällt. Das ausgefallene Harz, das mit W. ausgewaschen wurde, enthält 99,4 Mol-% Polyvinylzimtsäureester. 100 dieses Harzes werden mit 500 (cm³) 1 : 4 Dioxan u. 200 CH_3OH versetzt; dann werden 1 g Na in 100 (cm³) CH_3OH u. nochmals 300 1 : 4 Dioxan hinzugegeben. Es tritt eine teilweise Verseifung ein. Nach 5 Min. sind 90,5 u. nach

31 Min. noch 64,3 Mol-% Polyvinylzimtsäureester vorhanden. *Für die photomechan. Herst. von Druckformen.* (**E. P. 717 709** vom 21/1. 1952, ausg. 3/11. 1954. A. Prior. 20/1. 1951.) A. MOHR. 8645

Kodak Ltd., London, England (Erfinder: **Carl Frederick Smith**, Rochester, N. Y., V. St. A.), *Abziehfilm.* Der Träger besteht aus einem Celluloseester, darauf befindet sich eine Schicht, bestehend aus einem Mischpolymerisat (I) aus Vinylchlorid, Vinylacetat u. einer α.β-ungesätt. Carbonsäure (bes. Fumar- oder Maleinsäure), darüber eine weitere Schicht aus 10—50% I + 90—50% Mischpolymerisat aus Vinylchlorid + Vinylacetat u. auf dieser die Halogensilbergelatineschicht. Der Film ist bes. zur photograph. Herst. von *Siebdruck*-Schablonen geeignet. (**E. P. 735 682** vom 10/8. 1953, ausg. 24/8. 1955. A. Prior. 16/8. 1952.) A. KALIX. 8645

Kalle & Co., Akt.-Ges. (Erfinder: **Oskar Süs** und **Maximilian Paul Schmidt**), Wiesbaden, *Lichtempfindliches Material zur Herstellung von Kopien und Druckformen.* Als lichtempfindliche Stoffe werden solche Hydrazinderivv. verwendet, in denen mindestens ein H-Atom durch einen o-Chinondiazidsulfonylrest u. mindestens ein weiteres, aber an das andere N-Atom gebundene H-Atom durch einen KW-stoff- oder Acylrest substituiert ist. Die Verbb. werden in organ. Fll. mit Kpp. von 70—120° gelöst u. die Lsg. auf eine Unterlage, z. B. eine Metallplatte, aufgetragen; bei stark zum Kristallisieren neigenden Verbb. gibt man eine geringe Menge Harz zu. An den belichteten Stellen entstehen Zersetzungsprodd., die in schwach alkal. oder schwach sauren Mitteln lösl. sind; die unzersetzten Verbb. sind oleophil. Herst. in bekannter Weise z. B. durch Rk. zwischen acylierten Hydrazinen u. o-Chinondiazidsulfochloriden. Beispiele für geeignete Verbb.: *N-Benzoyl-N'-[naphthochinon-(1.2)-diazid-(2)-5-sulfonyl]-hydrazin*, gelbe Kristalle, F. 210° (Zers.); *N-α-Naphthoyl-N'-[naphthochinon-(1.2)-diazid-(2)-5-sulfonyl]-hydrazin*, Zers. bei 210°; *N-(p-Toluolsulfonyl)-N'-[naphthochinon-(1.2)-diazid-(2)-5-sulfonyl]-hydrazin*, Zers. bei 135°, *N-(β-Naphthalinsulfonyl)-N'-[naphthochinon-(1.2)-diazid-(2)-5-sulfonyl]-hydrazin*, F. 175° (Zers.); *Benzophenon-N-[naphthochinon-(1.2)-diazid-(2)-5-sulfonyl]-hydrazon*, Zers. bei 90°; *N.N'-Bis-[naphthochinon-(1.2)-diazid-(2)-5-sulfonyl]-hydrazin*, Zers. bei 150—250°; *N-[Naphthochinon-(1.2)-diazid-(2)-5-sulfonyl]-N'-(phenanthren-3-sulfonyl)-hydrazin*, Zers. bei 135°; *N-Benzoyl-N'-methyl-N'-[naphthochinon-(1.2)-diazid-(2)-5-sulfonyl]-hydrazin*, gelbes Pulver, Zers. bei 190°; *N'-(1-Oxy-2-aminobenzol-4-sulfonyl)-N.N-diphenylhydrazin*, F. 100°, Zers.; *N.N'-Bis-[naphthochinon-(1.2)-diazid-(2)-5-sulfonyl]-N.N'-dimethylhydrazin*, Zers. ab 130°; Strukturformeln aller Verbb. im Original. (**D. B. P. 931 388** Kl. 57b vom 2/10. 1952, ausg. 8/8. 1955. Anmeldung bekanntgemacht 10/2. 1955.) A. KALIX. 8647

A. B. Dick Co., Niles, Ill., übert. von: **Robert J. Klimkowski**, Chicago, und **Robert T. Florence**, Park Ridge, Ill., V. St. A., *Vervielfältigungsverfahren mit Hilfe von Azofarbstoffbildung.* Als Ausgangsmaterial dient eine Matrize (I), die in einer Wachsschicht eine leicht kuppelnde Diazoverb., z. B. p-Diazoäthylanilin · $ZnCl_2$, enthält. Von dieser wird die zu vervielfältigende Schrift, Zeichnung usw. mittels Schreibmaschine oder Zeichenstift auf festes Papier übertragen u. dieses auf die Trommel eines Rotations-Vervielfältigungsapp. gespannt. Auf den Gegenzylinder kommt ein Blatt saugfähiges Papier (II), das mit der wss. oder alkoh. Lsg. einer Kupplungskomponente, z. B. Phloroglucin oder β-Naphthol, angefeuchtet ist. Durch Kontakt mit der Schriftmatrize wird dann auf II ein Azofarbstoffbild erzeugt. Auflagezahl: je nach der Konz. der Diazoverb. in I u. dem Feuchtigkeitsgrad von II 100—500 Abzüge. (**A. P. 2 634 677** vom 13/5. 1952, ausg. 14/4. 1953.) A. KALIX. 8647

Herausgeber u. verantwortlich für den Inhalt: Prof. Dr. Maximilian Pflücke, Berlin N 4, Schiffbauerdamm 19, Fernsprecher: 425571. Redaktion: Chefredakteure Dr. Eugen Klever und Prof. Dr. Maximilian Pflücke. Verlag: Akademie-Verlag GmbH, Berlin W 8, Mohrenstraße 39 (Fernsprecher 200386, Postscheckkonto Berlin 35021), u. Verlag Chemie, GmbH, Weinheim/Bergstraße (Fernsprecher 2017 u. 2965, Postscheckkonto Frankfurt/M. 145314 u. Berlin-West 7430). Bestell- u. Verlags-Nr.: 1007/127. Das Chemische Zentralblatt erscheint wöchentlich. Preis des Jahrganges einschl. Autoren-, Patent-, Sach- und Formelregister: DM 680,—; einseitig bedruckte Ausgabe: DM 750,—. Abgabe der Zeitschrift nur mit sämtlichen Registern.

Satz u. Druck: VEB Leipziger Druckhaus, Leipzig, III/18/203. IX. 56.
Veröffentlicht unter der Lizenznummer 1212 des Amtes für Literatur und Verlagswesen der Deutschen Demokratischen Republik.
Printed in Germany.

Handbook of Chemistry and Physics

37th Edition

Editor in Chief

Charles D. Hodgman

Cleveland 1955 · 8⁰ · XXII, 3156 Seiten
Dünndruckpapier

In strapazierfähigem Einband DM 53,—

„Die 37. Auflage dieses in ausgezeichneter Ausstattung (z. B. Dünndruckpapier) vorliegenden Handbuches behandelt auf mehr als 3000 Seiten eine ungeheure Fülle wichtigster Daten aus allen Gebieten der Physik und Chemie. Die mathematischen Tafeln sind auch ausführlich wiedergegeben. Es finden sich aber auch praktische Hinweise. Eine Reihe von Tabellen, wie z. B. Physical Constants of Industrial Organic Compounds, sind ganz besonders den Bedürfnissen der Praxis angepaßt.

Die Anordnung der Tabellen ist sehr übersichtlich. Die Zuverlässigkeit der Angaben ist bekannt. Das Handbuch ist eine kleine Bibliothek für sich. Jeder Fachkollege, der es sich anschafft, wird seine Freude daran haben. Der Inhalt ist in folgende Hauptabteilungen gegliedert: Mathematical Tables — Properties and Physical Constants — General Chemical Tables — Specific Gravity and Properties of Matter — Heat and Hygrometry — Sound — Electricity and Magnetism — Light — Quantities and Units — Miscellaneous."

Werkstoffe und Korrosion

Bestellungen erbeten an eine Buchhandlung oder an die Alleinauslieferung für Deutschland:

VERLAG CHEMIE · GMBH · WEINHEIM / BERGSTR.

Abteilung Sortiment und Antiquariat

FSC
www.fsc.org
MIX
Papier | Fördert gute Waldnutzung
FSC® C083411

Zeitfracht Medien GmbH
Ferdinand-Jühlke-Straße 7
99095 Erfurt, Deutschland
produktsicherheit@kolibri360.de